WERKSTATTWISSEN FÜR **HOLZWERKER**

Andy Rae

Möbelbau

Grundlagen, Konstruktionen, Tricks & Kniffe

HolzWerken

Impressum

Originally published in the United States of America by
The Taunton Press, Inc. in 2006: „The Complete Illustrated Guide to Furniture & Cabinet Construction"

Illustrationen The Taunton Press, Inc.

Deutsche Ausgabe

„Möbelbau"
5. Auflage 2021

Übersetzung: Michael Auwers
Fachliche Beratung: Heiko Rech
Foto Cover (unten): Heiko Rech
Produziert von PrintMediaNetwork, Oldenburg
Printed in Europe

ISBN 978-3-86630-962-3
Best.-Nr. 9160

HolzWerken
Ein Imprint von Vincentz Network GmbH & Co. KG
Plathnerstr. 4c, 30175 Hannover
www.holzwerken.net

Weitere Materialien kostenlos online verfügbar!

http://www.holzwerken.net/bonus

Ihr exklusiver Bonus an Informationen!
Ergänzend zu diesem Buch bietet Ihnen *HolzWerken* Bonus-Materialien zum Download an.
Scannen Sie den QR-Code oder geben Sie den Buch Code unter www.holzwerken.net/bonus ein und erhalten Sie kostenfreien Zugang zu Ihren persönlichen Bonus-Materialien!

Buch-Code: TE1036

Für Paul McClure, den fröhlichen Held der Holzwerker, ein Chef, der alle Grenzen überschritt, ob sie gesellschaftlich oder wissenschaftlich waren. Mögen wir die Ernte einfahren, wo er auf seiner geliebten Mutter, unserer Erde gesät hat.

Danksagungen

Zuerst möchte ich meinen bescheidenen Dank bei den Redakteuren der Taunton Press abstatten. Ich schätze mich glücklich, gleich drei gehabt zu haben: Helen Albert, die Verlegerin, dank deren Adleraugen eine Idee abhob, die zuerst zu schwer aussah, um jemals zu fliegen; und Jennifer Renjilian und Tom Clark, die durch ihre Unterstützung, ihre Verlässlichkeit und ihre schnellen Lösungen zum Gelingen beitrugen.

Die exzellenten fotografischen Dienstleistungen verdanke ich den Mitarbeitern von Commercial Color in Allentown, Pennsylvania, und Iris Photography in Asheville, North Carolina. Besonderer Dank gilt dem Fotografen John Hamel, der von nahem und weitem als Mentor einsprang und im Laufe der Jahre einige ziemlich gute Fotos machte.

Ich hatte das Glück, viele andere Holzwerker und Schriftsteller persönlich kennenzulernen. Mein tiefster Dank gilt den Lehrerinnen und Lehrern, die mir in der Vergangenheit und Gegenwart die Arbeit mit Holz und die mit Worten gelehrt haben, die bewusst und unbewusst als Inspiration und Vorbild dienten: Meiner kreativen Mutter Johanna Weir, und meinen beiden künstlerischen Vätern Jud Rae und Walter Weir, allen dreien zusammen für ihr einzigartiges Interesse an der Anfertigung von allerlei Gegenständen; meinem Bruder Gurnee Barrett, der mir zeigte, dass es sich lohnt, es richtig zu machen; George Nakashima für seine ungesprochenen Befehle, Frank Klausz für seine deutlich ausgesprochenen Befehle und Toshio Odate, der das Nichtausgesprochene aussprach; Dave Cann und Paul Connor, deren Metallarbeiterhände meine eigenen so oft gerettet haben; den durchgeknallten Holzwerkern bei Arcosanti, einschließlich Kerry Gordon, Michael Christ und Chris Fraznick; Fred Matlack, der niemals sagt, das geht nicht; Sue Taylor, die erhellende Fragen stellt; Dave Sellers, für seine Anarchie mit Herz; Jim Cummins, für seine riesige Freude an kleinen Dingen; Rich Wedler, dessen Arbeit mit Holz Musik in meinen Ohren ist; Jonathan Frank, dafür, dass er Holzwerkern traut; Palmer Sharpless, für seine Weisheit bei der Arbeit mit Holz – sogar im Dunkeln ohne Elektrizität; „Old“ Jim, Michael Burns, Jim Budlong und David Welter, für ihren „Fernunterricht‘; William Draper, der mir die Freiheit gab, Dinge zu erforschen — und mich dafür bezahlte; Tim Snyder, dessen Einsichten immer den richtigen Weg weisen; Mira Nakashima, dafür, dass er zwischen dem Alten und Neuen Brücken schlägt; Lonnie Bird, dessen schlichte Herangehensweise seine immensen Fähigkeiten nicht verbirgt; Edward Schoen, der mir zeigt, wie man für jedes Problem eine Lösung finden kann; Kitty Mace, dafür, dass sie alles in Frage stellt; Pat Edwards, die Holzwerkern auf der Walz Unterkunft bietet; Ned Brown, der mich unwissentlich dazu brachte, über mich selbst hinauszuwachsen; Simon Watts, dem Gentleman par excellence unter allen Holzwerkern; Steve und Susan Blenk, für ihr Durchhaltevermögen und unendliche gute Laune; Tom Brown, der einem jungen Mann geduldig die Kunst der Installation beibrachte; Leonard Lee, ein echter Werkzeugverrückter; Kevin Ireland, meinem ersten Redakteur (den ersten vergisst man nie); David Sloan, für seine merkwürdig anregende Neugier; Frank Pollaro, für Abenteuer und Tapferkeit; Mike Dresdner, der immer da ist, wenn man nirgendswo mehr hingehen kann; Eric Stang, für seine Begeisterung und künstlerischen Anregungen; Paul Anthony, der mit seinen Kommentaren dafür sorgt, dass ich auf dem Boden bleibe; Janet Lasley, die mir hilft, im Geschäft des Holzwerkens zu überleben; Steve „Pimo“ Metz und John Yarnall, die beide zeigen, dass man mit Geduld und Vorplanung immer durchkommt; Ellis Walentine, für seine geschickten Lösungen und unerwarteten Umwege; Mike Callihan, für Holzarbeiten im letzten Augenblick; den Menschen vom Lehigh Valley (Pennsylvania) Guild, für ihren manchmal schon peinlichen Zuspruch; Ric Hanisch, für seinen Mut, mit dem Herzen zu entwerfen; Peter Kauzman, für die langen Nächte; und Manny Pagan und Yeung Chan, beide Beispiele dafür, was leidenschaftliches Arbeiten mit Holz wirklich bedeutet.

Schließlich danke ich auch meiner Familie, Lee, Zy und Shade – vor allem meiner Ehefrau Lee Speed – dafür, dass sie meinen einjährigen „Urlaub“ ertrugen, während ich dieses Buch schrieb. Ich liebe Euch, und ich werde Euch immer lieben.

Inhalt

Einleitung

Es gibt kaum eine befriedigendere Art und Weise, seine Zeit zu verbringen, als Möbel zu bauen: das Singen des Hobels, wenn er über das Holz gleitet; der atemberaubende Duft frisch eingeschnittenen Lärchen- oder Palisanderholzes; die endlose Vielfalt an Farbe, Maserung und Textur der Holzarten aus aller Welt; die Spannung und Freude bei der Endmontage, wenn alle Vorarbeiten sich zusammenfügen zu einem Feuerwerk der Vollendung. So viel Aufregendes geschieht da! Die ist die Hohe – und vergnügliche – Kunst der Tischlerei. Die Belohnung ist ein schönes Möbelstück.

Um diese aufregenden Augenblicke zu erleben, muss man seine Arbeit und sein Werkzeug beherrschen, eine gewisses Verständnis für die Werkstoffe aufbringen, und mit einigen grundlegenden Prinzipien des Entwurfs vertraut sein. Im Vergleich zu den meisten anderen Handwerksarten sind die Anforderungen bei der Möbeltischlerei sehr hoch – sowohl was die Kenntnisse, als auch was die Aufmerksamkeit betrifft. Man muss wissen, welche Werkzeuge und Verfahren man anwenden sollte, und wie die Arbeitsschritte in der richtigen Reihenfolge ausgeführt werden. Man sollte mit Augen und Ohren dem Werkstoff volle Aufmerksamkeit widmen, das Holz weise auswählen und dabei seine Eigentümlichkeiten nicht außer Acht lassen. Wegen der zahllosen Einzel- und Bestandteile erfordert der Möbelbau ein hohes Maß an Organisation. Zur erfolgreichen Arbeit als Möbeltischler gehört die Organisation des Arbeitsablaufes ebenso wie die Organisation der Werkstatt. Wenn Sie alle Ihre Fähigkeiten einsetzen, können Sie jede Art von Möbeln herstellen, die Sie sich erträumen können. Die einzige Grenze ist jene, die Ihnen die Fantasie setzt. Ich hoffe, dass dieses Buch Ihnen die Grundlagen für die nötigen Fertigkeiten vermittelt. Mit Übung erwarten Sie viele kleine Momente der Freude. Es lohnt sich, sie zu suchen.

Seien Sie vor allem geduldig. Manchmal dauert es auch seine Zeit, kleine Dinge zu beherrschen. Natürlich gibt es Tricks und Kniffe. Man lernt sie mit zunehmender Erfahrung, und viele von ihnen werden auf den kommenden Seiten gezeigt. Wichtiger ist es, bewusst unterschiedliche Methoden zu versuchen und dann diejenige auszuwählen, die für einen selbst geeignet ist. Die Tischlerei ist im wahrsten Sinne des Wortes eine persönliche Entwicklungsgeschichte. Das liegt daran, dass es beim Möbelbau kein „Richtig“ oder „Falsch“ gibt. Das einzige was zählt, ist der Erfolg, das Funktionieren. Nachdem ich jetzt mehr als zwanzig Jahre in diesem Beruf arbeite, suche ich immer noch täglich nach neuen Methoden, Arbeite auszuführen. Wenn Sie auf eine Methode finden, die funktioniert, eignen Sie sich an und stehen Sie zu ihr. Sie haben dann etwas gefunden, das Ihre Arbeit angenehmer macht. Und das wird sich in Ihren Möbelstücken zeigen.

Über den Umgang mit diesem Buch

Dieses Buch ist vor allem dazu gedacht, dass man mit ihm arbeitet. Es soll nicht im Regal zum Staubfänger werden. Es sollte zur Hand genommen werden, wenn man ein neues oder wenig bekanntes Verfahren anwenden möchte. Als erstes sollte man also sicherstellen, das sich das Buch dort befindet, wo man mit Holz arbeitet.

Auf den folgenden Seiten finden Sie eine Vielzahl unterschiedlicher Methoden, mit denen die wichtigsten Arbeitsweisen auf diesem Gebiet der Holzbearbeitung abgedeckt werden. Wie bei vielen anderen praktischen Tätigkeiten gibt es auch in der Tischlerei oft verschiedene Wege, um zum gleichen Ergebnis zu gelangen. Die Bevorzugung der einen Methode gegenüber einer anderen hängt von verschiedenen Faktoren ab.

Zeit.

Müssen Sie zügig arbeiten, oder können Sie es sich erlauben, die Ruhe zu genießen, die bei der Arbeit mit Handwerkzeugen herrscht?

Ihre Werkzeugausstattung.

Verfügen Sie über eine Werkstatt, bei der mancher Berufstischler vor Neid blass wird, oder arbeiten Sie mit der üblichen Ausstattung an Handwerkzeugen und Maschinen?

Ihre Fähigkeiten.

Ziehen Sie einfache Arbeitsweisen vor, weil Sie noch am Anfang Ihrer Karriere als Holzwerker stehen, oder suche Sie immer nach neuen Herausforderungen, um Ihre Fähigkeiten zu erweitern?

Das Werkstück.

Planen Sie einen reinen Gebrauchsgegenstand, oder wollen Sie etwas herstellen, das Ihre Handwerkstechniken im besten Licht erscheinen lassen wird?

Im Buch haben wir viele verschiedene Methoden angewandt, um Ihren Bedürfnissen entgegen zu kommen.

Um sich im Buch zu orientieren, sollten Sie sich zuerst zwei Fragen stellen: Welches Resultat möchte ich erreichen? Welche Werkzeuge will ich einsetzen, um es zu erreichen?

In manchen Fällen gibt es viele verschiedene Methoden und viele Werkzeuge, die zum gleichen Ergebnis führen. Bei anderen Vorhaben gibt es nur ein oder zwei vernünftige Lösungen. Wir haben uns aber auf jeden Fall für eine praktische Herangehensweise entschieden, es kann also sein, dass Ihre liebste exotische Methode für einen bestimmten Arbeitsgang hier nicht vorkommt. Wir haben jede vernünftige Methode aufgenommen – und noch einige darüber hinaus, um Ihre Kenntnisse zu erweitern.

Um das Material zu organisieren, haben wir zwei Gliederungsebenen verwendet. Die verschiedenen grundlegenden Verfahren werden in entsprechenden „Kapiteln" vorgestellt. Jeder dieser Teile wird in mehrere „Abschnitte" unterteilt, die jeweils Verfahren und Vorgehensweisen vorstellen, die zu ähnlichen Ergebnissen führen. Meist kommen die einfacheren oder häufigeren Verfahren zuerst und werden von den anspruchsvolleren und jenen gefolgt, die besondere Werkzeuge voraussetzen. Manchmal wird zuerst die Methode vorgestellt, die mit grundlegenden Techniken bewältigt werden kann, dann folgen Alternativen mit anderen gebräuchlichen Werkzeugen, schließlich folgen dann solche mit Spezialwerkzeugen.

Als erstes sehen Sie eine Übersicht mit Fotos und entsprechenden Seitenzahlen. Dies ist eine Art illustriertes Inhaltsverzeichnis. Sie finden hier für jeden Abschnitt ein Foto und die Seitenzahl, mit welcher der Abschnitt anfängt.

Jeder Abschnitt beginnt mit einem ähnlichen „Wegweiser“, bei dem die Fotos als Vertreter für zusammengehörige Gruppen von Techniken oder für einzelne Techniken stehen. Unter jeder Gruppierung findet sich eine Liste der Arbeitsanweisungen für die Techniken und die Angabe der Seite, auf der man sie finden kann. Die „VISUELLE LANDKARTE“ zeigt Ihnen, wo Sie den Abschnitt finden, in dem der Arbeitsgang beschrieben wird, den Sie ausführen möchten.

Die Abschnitte beginnen mit einem Überblick, in dem die Verfahren kurz vorgestellt werden, die in dem Abschnitt behandelt werden. Hier findet man wichtige allgemeine Informationen zu dieser Gruppe von Techniken, darunter auch eventuell notwendige Sicherheitshinweise und Beschreibungen von besonderen Werkzeugen.

Die Arbeitsanleitungen sind das Kernstück des Buches. Hier werden die einzelnen Schritte des Verfahrens mit Abbildungen vorgestellt. Der Begleittext beschreibt das Verfahren und führt den Anwender unter Bezug auf die Fotos durch die Vorgehensweise. Je nachdem, wie Sie am besten lernen, können Sie zuerst die Abbildungen oder den Text studieren, bedenken Sie jedoch, dass beide zusammengehören. Falls ein Arbeitsschritt auch auf andere Weise ausgeführt werden kann, wird dies im Text und bei den Abbildungen als „VARIATION“ gekennzeichnet.

Um die Nutzbarkeit des Buches zu erhöhen, haben wir Querverweise auf Methoden und Arbeits-

Die „VISUELLE LANDKARTE“ zeigt Ihnen, wo Sie den Abschnitt finden, in dem der Arbeitsgang beschrieben wird, den Sie ausführen möchten.

In einem „KAPITEL“ werden verwandte Verfahren zusammengefasst.

Der „ÜBERBLICK“ gibt Ihnen wichtige Informationen über eine Gruppe von Techniken, er schildert, wie die Vorrichtungen gebaut werden und gibt Hinweise zum Werkzeugeinsatz und zur Sicherheit.

KAPITEL ZEHN: SCHUBLADEN

Schubladen

- Aufschlagende Schubladenvorderstücke (s. 110)
- Einschlagende Schubladen (S. 111)
- Überfälzte Schubladenvorderstücke (s. 113)
- Schubladen mit geschwungenem Vorderstück (S. 114)
- Schubladen hinter Türen (S. 114)

- Tastaturträger (S. 115)
- Drehteller (S. 115)
- Schwenkbarer Träger für Fernsehgeräte (S. 116)

- Ausgelegte Schubladen (S. 117)
- Schublade mit Unterteilungen (S. 118)

Schubladen gehören zu den wichtigsten und vielseitigsten Elementen des Möbelkorpus. Man kann Material und Gegenstände in ihnen lagern und so Ordnung schaffen. Sie tragen zum Vergnügen an der Nutzung der Möbel bei. Insofern lohnt es sich, der Schubladenart, die man herstellt, genauso viel Aufmerksamkeit zu schenken wie ihrer Konstruktion.

Das Vorgehen bei der Herstellung einer gut eingepassten Schublade erinnert an die Kunstfertigkeit, mit der ein Bautischler oder Zimmermann eine Treppe baut. Beide legen Zeugnis vom Geschick und der Hingabe des Handwerkers ab. Während eine Treppe sich selbst im Raum tragen und den Benutzer von Etage zu Etage bringen muss, ist eine Schublade ein privaterer Gegenstand. Oft enthält sie unsere persönlichen Habseligkeiten, und manchmal verbergen wir auch unsere Geheimnisse in ihr, um sie vor neugierigen Blicken zu schützen. Diese Intimität legt den Wunsch nahe, unsere Schubladen fachgerecht herzustellen, damit sie fehlerfrei funktionieren und nicht klemmen oder sich verkanten. Oft erfordert das sorgfältiges Messen und genaues Anreißen, um diese schwer zu erreichende ‚perfekte' Passung zu erlangen. Sie sollten es sich zur Gewohnheit machen, Ihre Hobel und Ziehklingen immer rasiermesserscharf zu halten, und dann die Passung der Schubladen mit diesen Werkzeugen sorgfältig nachzuarbeiten.

Neben der einfachen Schublade, dem ‚Grundmodell', gibt es eine Reihe von Abwandlungen, die von unterteilten Schubladen über Tastaturträgern bis hin zu mit Leder ausgelegten Prachtstücken und verborgenen 'Geheimschubladen' reichen.

106

SCHUBLADENENTWURF

Schubladenentwurf

Eine Schublade kann das ansprechendste Teil eines Möbelstücks sein, mit perfekt passenden, handgeschnittenen Schwalbenschwanzzinkungen und nach Maß angefertigten Griffen, an denen die Kunstfertigkeit des Tischlers zu erkennen ist. Und wenn man sie öffnet oder schließt, gleiten sie wie auf einem Kissen aus Luft aus dem Korpus. Aber manche von den Schubladen, die ich gesehen habe, waren geradezu grauenhaft. Das lag weniger an mangelnder Beherrschung der handwerklichen Technik als an der fehlenden Aufmerksamkeit für die Proportionen der Schubladen. Einige allgemeine Grundsätze (siehe „Gute Proportionen“ auf der nächsten Seite) können dazu beitragen, dass Sie schöne, funktionale und ansprechende Schubladen bauen.

Beachten Sie die Stärke der Seitenstücke an der Schublade in der gegenüberliegenden Abbildung im Verhältnis zur Stärke des Vorderstücks: Es ist kein Zufall, dass die Gesamtwirkung gut ist. Der Schlüssel liegt darin, die Seitenstücke etwa ein Drittel (oder weniger) so stark zu machen wie das Vorderstück. Beachten Sie auch, dass die Zinken am Vorderstück sehr viel kleiner sind als die Schwalben am Seitenstück. Dies ist für die Konstruktion der Verbindung nicht notwendig, wird aber oft – vor allem in Nordamerika – als eleganter betrachtet.

Die Materialauswahl ist beim Schubladenbau ebenfalls überaus wichtig. Am besten ist immer gradfaseriges Holz, und wenn man es sich leisten kann, sollte man auf solches mit stehenden Jah-

Unansehnliche Kabel verstecken

Die heute allgegenwärtige Unterhaltungs- und Kommunikationselektronik führt oft dazu, dass schöne Holzmöbel von einem Gewirr an Kabeln bedeckt werden. Um diese Kabel und die zugehörigen Stecker zu verbergen, kann man preiswerte Kabeldurchführungen in den Seitenteilen, Deckeln, Böden, Rückwände oder Regalböden der Möbelstücke anbringen. Dann werden die Kabel durch die Durchführungen geleitet. Kabeldurchführungen gibt es in unterschiedlichen Farben, um sie auf das umgebende Holz abstimmen zu können.
Die Durchführungen werden installiert, indem man an der Ständerbohrmaschine ein Loch mit dem entsprechenden Durchmesser bohrt. Spannen Sie das Werkstück am Arbeitstisch der Ständerbohrmaschine fest, und verwenden Sie einen Forstnerbohrer oder einen Bohrer mit Vorschneider, um das Loch zu bohren.
Klopfen Sie den Kunststoffring der Durchführung in das Bohrloch, und legen Sie die Kabel hindurch. Der Großteil der Durchführung wird durch eine Kappe abgedeckt, die nur die Kabel passieren lässt. Falls Sie die Kabel später einmal vollkommen entfernen möchten, kann das Loch mit einer entsprechenden Kappe vollkommen verschlossen werden.

Verwenden Sie einen Forstnerbohrer, um ein Loch mit dem Durchmesser der Kabeldurchführung zu bohren.

Klopfen Sie den Kunststoffring der Kabeldurchführung in das Bohrloch. Mit einer Kunststoffkappe wird die Öffnung verkleinert, wenn man nur wenige oder dünne Kabel verlegen möchte.

107

schritte eingefügt, die in einem anderen Abschnitt des Buches bereits beschrieben wurden. Diese gelben „Querverweise“ finden sich häufig in den Überblicksabschnitten und in den Arbeitsanleitungen.

An einigen Stellen im Text finden Sie farbig abgesetzt einen Warnhinweis: **WARNUNG**. Man kann die Wichtigkeit dieser Sicherheitshinweise kaum zu sehr betonen. Denken Sie bei der Arbeit immer an Ihre Sicherheit, verwenden Sie Schutzvorrichtungen an den Maschinen und Schutzausstattungen zu Ihrem persönlichen Schutz (Sicherheitsbrille, Gehörschutz und ähnliches). Wenn Sie sich bei einem Verfahren unsicher fühlen, führen Sie es nicht aus, sondern greifen Sie auf ein anderes zurück.

Am Ende des Buches finden Sie ein Stichwortverzeichnis, mit dessen Hilfe Sie schnell finden können, was sie suchen. Es gibt dort auch Literaturhinweise, mit deren Hilfe Sie Ihre Kenntnisse im Umgang mit Werkzeugen und über das Schärfen wieder auffrischen können. Auch auf einige allgemeine Werke zum Entwurf wird hier hingewiesen.

Schließlich sollten Sie daran denken, dieses Buch immer dann zur Hand zu nehmen, wenn Sie eine Gedächtnisstütze benötigen oder etwas Neues lernen wollen. Es ist als Nachschlagewerk konzipiert worden, das Ihnen helfen soll, ein besserer Holzhandwerker zu werden. Das kann nur gelingen, wenn es ein genauso vertrautes Werkzeug wird wie Ihre Lieblingsstechbeitel.

Die Herausgeber

„VERWEISE“ zeigen Ihnen, wo Sie im Buch verwandte Arbeitstechniken oder die detaillierte Beschreibung eines Verfahrens finden.

„WARNUNGEN“ weisen auf besondere Sicherheitsrisiken bei diesem Verfahren hin und zeigen, wie man ihnen begegnet.

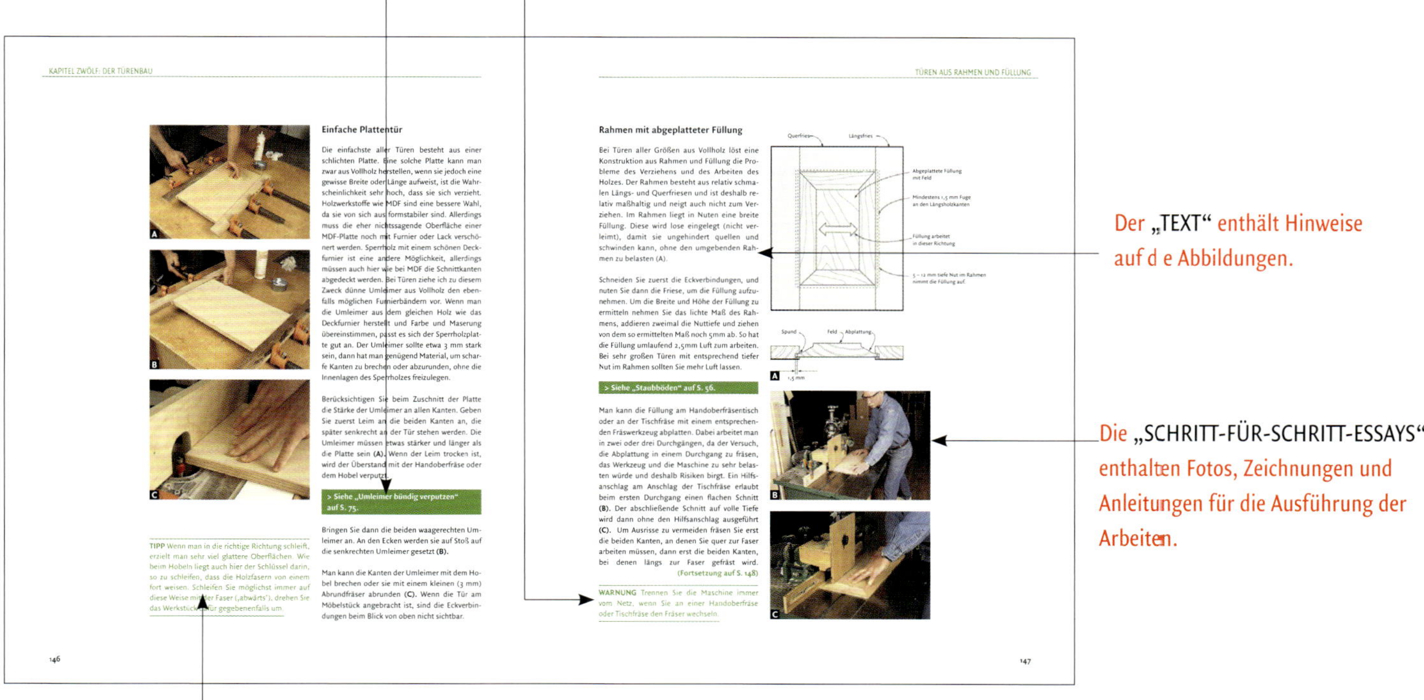

Der „TEXT“ enthält Hinweise auf d e Abbildungen.

Die „SCHRITT-FÜR-SCHRITT-ESSAYS“ enthalten Fotos, Zeichnungen und Anleitungen für die Ausführung der Arbeiten.

„TIPPS“ zeigen, wie man schneller und geschickter zum gewünschten Ergebnis kommt.

Werkzeug und Material

Um schöne Möbel zu bauen, muss man drei Bedingungen erfüllen: Man muss die Werkstoffe kennen, die richtigen Werkzeuge besitzen und über die entsprechenden Kenntnisse verfügen. Ohne gründlich mit den Arbeitsweisen des Tischlers vertraut zu sein, fällt es einem schwer, auch nur die einfachsten Baupläne zu verstehen. Aber in einer Werkstatt ohne die grundlegenden Werkzeuge und die richtigen Werkstoffe steht man vor einem ähnlichen Problem. Es gibt Holzwerker, die sich als erstes eine Werkstatt mit einer vollständigen Ausrüstung der besten Werkzeuge und Maschinen einrichten, die mit Geld zu bekommen sind. Das tun sie in der Erwartung, dass gutes Werkzeug den Mangel an Fertigkeiten wettmachen könnte. Auf der anderen Seite kann die erstklassige Arbeit eines erfahrenen Handwerkers durch die richtigen Werkzeuge noch gewinnen.

Ich empfehle Ihnen, die besten Werkzeuge und Materialien zu kaufen, die Sie sich leisten können. Aber immer erst dann, wenn Sie sie benötigen. In der Zwischenzeit entwickeln sich Ihre Fähigkeiten auch weiter. Gute Tischlerarbeit fällt nicht vom Himmel. Mit wachsenden Fähigkeiten und Kenntnissen der Arbeitstechniken nimmt auch die Fähigkeit zu, die richtigen Dinge zu kaufen. Auch die Bedürfnisse wachsen, und man kann das geeignete Werkzeug kaufen, wenn man es braucht.

Die Grundausstattung der Werkstatt

Der Möbelbau ist eine überaus befriedigende Tätigkeit. Aber oft lauert auf dem Weg zum Ziel auch die Frustration. Ich kann mich noch an den Ärger erinnern, der mein dauernder Begleiter war, als ich mit Holz zu arbeiten begann und in einem kleinen Atelierraum mit sehr wenigen Werkzeugen auskommen musste. Meine ersten Versuche, Möbel zu bauen, waren von Problemen überschattet. Einen geraden, präzisen Schnitt auszuführen war oft fast unmöglich, da schlechtes Licht, enge Raumverhältnisse und Werkzeuge, die über ihre Fähigkeiten hinaus strapaziert wurden, sich zusammentaten, um diesen Versuchen Grenzen zu setzen. Im Rückblick denke ich, dass es einen besseren Weg gibt.

Die folgenden Absätze sollen helfen, Ihnen die Frustrationen zu ersparen, denen ich als angehender Möbelbauer ausgesetzt war. Ich stelle dabei einige Ausrüstungsbestandteile vor, die Sie benötigen, um jahrelang mit Vergnügen als Holzwerker tätig zu sein. Sie sollten diese Aufzählung jedoch nicht als den Heiligen Gral betrachten. Ich führe die Gegenstände nur als Vorschläge auf. Manche von ihnen halte ich beim Bau von Möbeln für unverzichtbar – etwa die Tischkreissäge und die gute Beleuchtung. Andere sind zwar nützlich, können aber immer durch etwas weniger aufwendiges ersetzt werden.

Es ist sogar so, dass alle Verfahren und Techniken, die ich in diesem Buch beschreibe, mit unterschiedlichen Werkzeugen ausgeführt werden können, nicht nur mit jenen, die ich hier zeige. Falls Sie keine Abrichthobelmaschine besitzen, können Sie auch mit der Raubank abrichten. Falls Sie keine elektrische Säge haben, können Sie auch mit der Handsäge arbeiten. Es geht darum, mit dem auszukommen, was man zur Hand hat. Wir fangen alle auf diese Weise mit der Arbeit mit Holz an. Während Sie das Handwerk erlernen, wächst nicht nur der Vorrat an Werkzeugen, sondern auch die Erfahrung.

Der Werkstattraum und seine Einrichtung

Es gibt Dinge, die in der Holzwerkstatt vorhanden sein müssen. Meist sind sie leicht zu beschaffen. Eine gute Beleuchtung ist sehr wichtig. Falls Sie nicht auf Tageslicht zurückgreifen können, verwenden Sie eine Kombination aus Glühlampen und Leuchtstoffröhren. Arbeitsplatzleuchten mit Glühlampen (oder LEDs) sind preiswert und ermöglichen es, das Licht genau dort scheinen zu lassen, wo es benötigt wird. Eine Raumbeleuchtung mit Leuchtstoffröhren kann den Werkstattraum beträchtlich aufhellen.

TIPP Im Zubehörhandel gibt es Lampen mit magnetischen Halterungen. Damit lassen sich die Lampen an jeder Oberfläche aus Eisenmetallen befestigen, so dass man sie an jeder Holzbearbeitungsmaschinen anbringen kann, um – etwa bei der Bandsäge – den Schnitt während der Ausführung besser sehen zu können.

Wenn Sie die Einrichtung der Werkstatt planen, sollten Sie genügend Platz für die Montage vorsehen. Schränke und ähnliche Stücke mit vielen Bestandteilen können in einem kleinen Raum schnell zu Problemen führen. Eine Lösung ist die Verwendung von beweglichen Maschinen und Einrichtungen, damit Sie bei Bedarf einen Freiraum schaffen können.

> Siehe „Mobilität in der Werkstatt“ auf Seite 12.

Eine andere Lösung ist es, die wichtigsten Maschinen (wie die Tischkreissäge, den Abricht- und den Dicktenhobel) in einer zentralen Einheit zusammenzufassen. Vergessen Sie auch nicht die Beheizung der Werkstatt. Das trägt nicht nur zu Ihrem eigenen Komfort bei und verhindert klamme Finger: Die meisten Oberflächenmittel und Klebstoffe vertragen Temperaturen unter 18 °C schlecht.

In meinem Fall ist das Herzstück der Werkstatt die Hobelbank, hier finden einige der wichtigsten Arbeiten statt. Hier zu sparen oder ganz darauf zu verzichten, birgt Risiken, die man nicht eingehen sollte. Eine Hobelbank sollte schwer, solide und belastbar sein. Die Oberfläche muss eben sein, damit man Werkstücke daran ausrichten kann. Das Oberteil und das Untergestell sollten gleichermaßen schwer sein, damit sie den Schlägen und den Zug- und Scherkräften widerstehen können, denen sie bei der Arbeit ausgesetzt sind.

Man kann eine Werkbank auch aus Sperrholz herstellen, das auf Sägeböcken festgespannt wird. Das ist aber kein Vergleich zur schieren Masse und zur Fähigkeit, Material einzuspannen, die eine traditionelle Hobelbank bietet. Die große, schwere Tischfläche ist ideal, um Verbindungen anzureißen und dann zu schneiden. Eine solche Hobelbank hat eine Vorder- und Hinterzange und eine Reihe von rechteckigen oder runden Löchern in den Zangen und im Tisch, um Bankhaken aus Holz oder Metall aufzunehmen. Das Werkstück wird zwischen einen Haken im Tisch und einen in der Zange gelegt und dann auf der Tischoberfläche fixiert, indem man die Bankzange anzieht. Das ist beim Schnitzen und beim Sägen nützlich und besonders gut für die Arbeit mit dem Handhobel geeignet.

Eine andere effektive Fixierungsmöglichkeit ist ein durchgehendes Loch in der Fläche der Hobelbank, in die ein exzentrischer Niederhalter gesteckt wird, um das Werkstück zu halten. Vergessen Sie dabei jedoch nicht, eine Zulage zu verwenden, damit die Oberfläche der Arbeit geschützt wird. Meinen Niederhalter habe ich von einem befreundeten Metallarbeiter anfertigen lassen, sie sind jedoch auch ohne weiteres im Zubehörhandel zu bekommen.

Die Vorderzange ist ideal, um lange Bretter hochkant einzuspannen. Falls Ihre Hobelbank über eine schwenkbare Vorderzange verfügt, können Sie in ihr auch unregelmäßig oder sich verjüngende Werkstücke einspannen. Das beste an einer solchen Vorderzange ist jedoch, dass sich zwischen den Backen keine hinderlichen Bestandteile oder Beschläge befinden, so dass man

Wenn man das Werkstück zwischen Bankhaken einspannt, liegt es eben auf der Hobelbank auf, was besonders bei der Arbeit mit dem Hobel nützlich ist.

Ein Niederhalter wird in der Hobelbank verkeilt, um das Werkstück für Handarbeit – besonders mit dem Schnitzeisen oder Stechbeitel – zu fixieren.

In der Vorderzange können größere Werkstücke als Ganzes leicht eingespannt werden. Dieses Exemplar hat eine schwenkbare Einlage, um auch auf Werkstücke mit Verjüngungen gleichmäßigen Druck ausüben zu können.

Ein niedriger Tisch für Montage-, Einspann- und Schleifarbeiten kann einem Rückenschmerzen ersparen.

langes Material ohne weiteres hindurch schieben kann. Man kann sich eine Hobelbank selbst bauen, so wie ich und viele Holzwerker das getan haben, man kann sie jedoch auch kaufen.

Eine gute Ergänzung für die Hobelbank ist ein Montagetisch, wie er links zu sehen ist. Die niedrige Arbeitsfläche erlaubt es auch bei größeren Stücken bequemes und kontrolliertes Arbeiten. Außerdem kann man den Montagetisch auch zum Verleimen oder bei der Oberflächenbehandlung verwenden. Der Raum unter dem Tisch bietet sich geradezu an, um Schrauben, Beschläge, Zwingen und andere Hilfsmittel aufzubewahren.

Wenn man sein Werkzeug geordnet aufbewahrt, ist es leichter zugänglich. Ein Werkzeugschrank ist dafür eine gute Lösung, vor allem, wenn er sich in der Nähe der Hobelbank befin-

Montagetisch

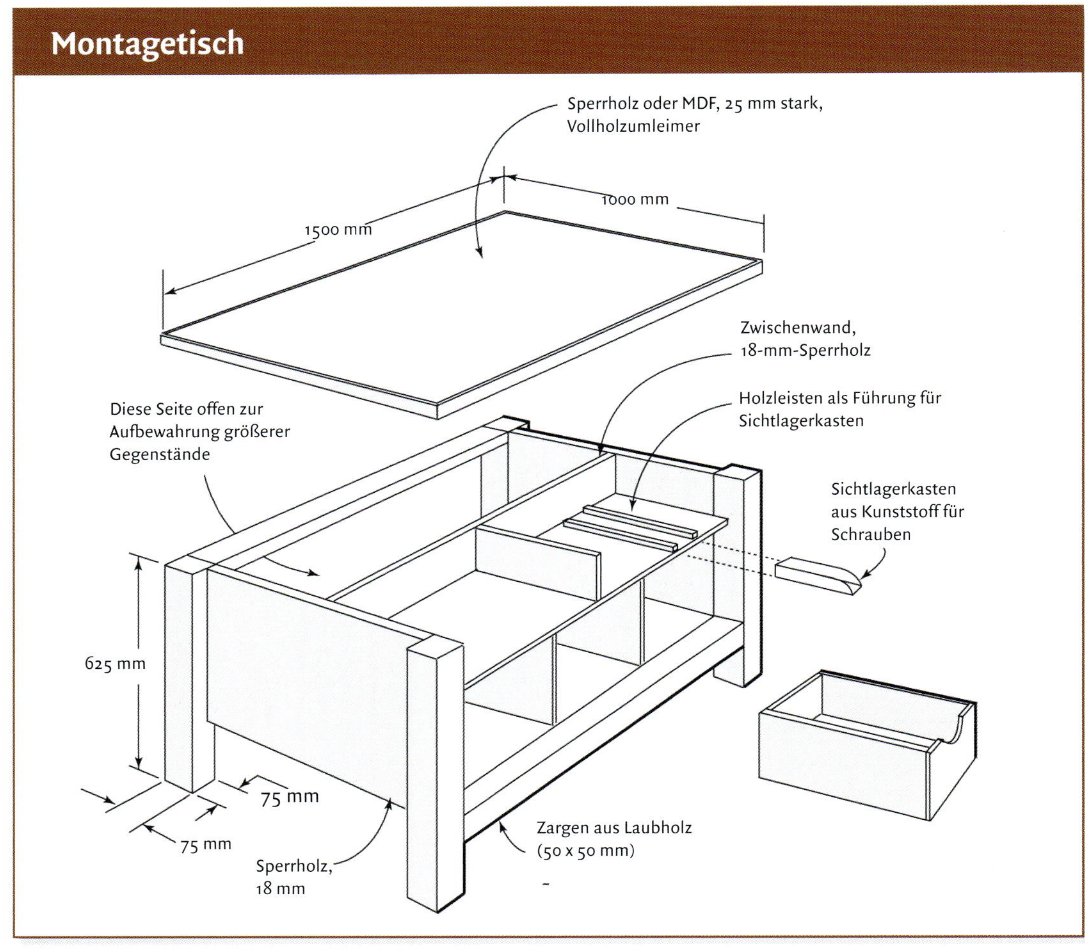

det. Ich empfehle einen Eigenbau, damit man die Inneneinrichtung auf die vorhandenen Werkzeuge abstimmen kann. Die Ausstattung kann aus einer Vielzahl von flachen Schubladen und offenen Fächern bestehen, man kann die Werkzeuge jedoch auch in tiefen, kastenförmigen Türen aufhängen, in denen jedes Stück seinen eigenen Platz hat. Auf diese Weise hat man jedes Werkzeug sofort zur Hand – und man sieht sofort, wenn eines fehlt. (Ideen und Hinweise zum Bau eines Werkzeugschrankes oder -kastens finden sich in „The Toolbox Book" von Jim Tolpin, The Taunton Press.)

Bei der Lektüre des vorliegenden Buches werden Ihnen eine Vielzahl kleiner Hilfsvorrichtungen auffallen. Solche Vorrichtungen sind Hilfsmittel, die eine Maschine oder ein Arbeitsverfahren ergänzen, um die Arbeit leichter oder präziser zu machen – oder beides. Je mehr Möbelstücke man gebaut hat, desto größer wird die Zahl der Hilfsvorrichtungen, die man sich zugelegt hat. Sie werden sogar – so hoffe ich wenigstens – selbst einige Vorrichtungen entwickeln, um die hier vorgestellten Arbeitsweisen zu ergänzen. Machen Sie sich direkt auf den Vorrichtungen Notizen, wenn Sie sie dann das nächste mal einsetzen, haben Sie die notwendigen Informationen für die Einstellung immer parat.

Halten Sie einige Grundmaterialien für den Bau von Vorrichtungen vorrätig. MDF (mitteldichte Faserplatte) und Sperrholz sind gut geeignet; und mit einem Luftdrucknagler und Leim kann man schnell eine Vorrichtung zusammensetzen. Halten Sie sich mit dem Bau der Vorrichtungen nicht zu lange auf, aber stellen Sie sicher, dass sie genau konstruiert sind, damit sie präzise funktionieren. Machen Sie sich nicht zu viele Gedanken über das Aussehen einer Vorrichtung. Bedenken Sie, dass die Vorrichtungen nur Hilfsmittel sind, um wichtigere Dinge herzustellen – die Möbel, die Sie bauen möchten. Wenn die Zahl der Vorrichtungen in der Werkstatt überhand zu nehmen droht, kann man sie geordnet an einer Stelle aufbewahren, wo sie gut zu erreichen sind. Eine Wand ist ein guter Platz.

Mit Leisten an einer Wand schafft man Platz, um Hilfsvorrichtungen aufzubewahren.

Herstellung eines Druckkammes

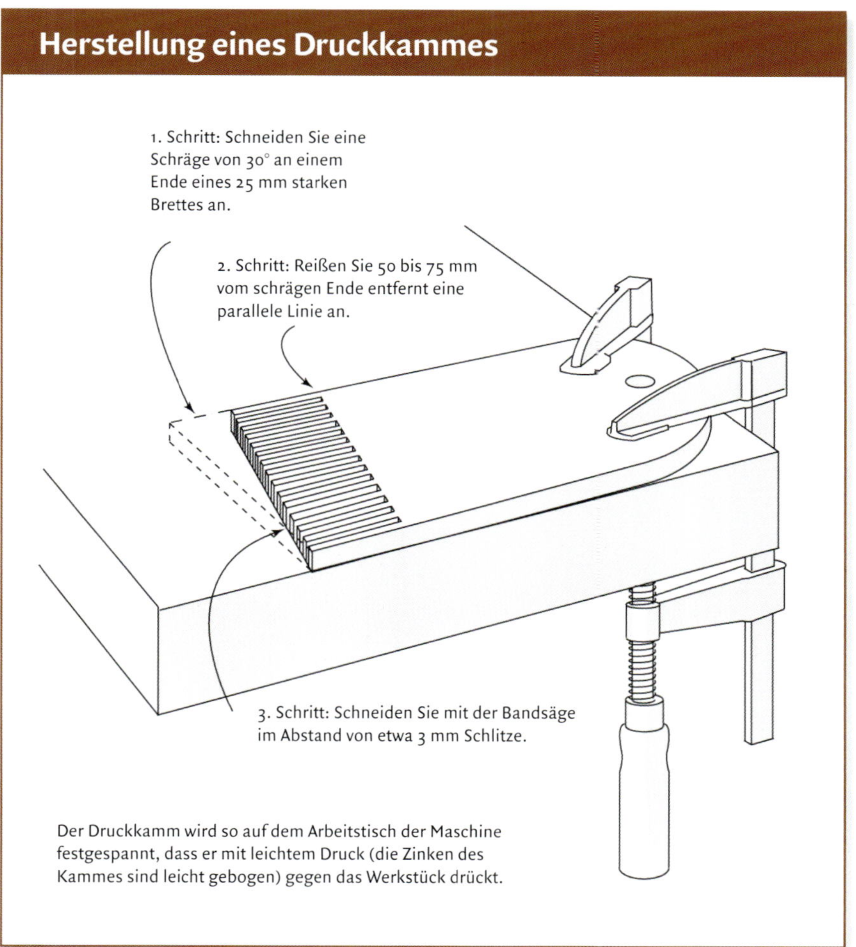

Der Druckkamm wird so auf dem Arbeitstisch der Maschine festgespannt, dass er mit leichtem Druck (die Zinken des Kammes sind leicht gebogen) gegen das Werkstück drückt.

Mobilität in der Werkstatt

Eine der wichtigsten Verbesserungen, die ich jemals in meiner Werkstatt vorgenommen habe, war das Anbringen von Rädern an fast allen meinen wichtigen Maschinen und Einrichtungsgegenständen. Wenn Sie Ihre Maschinen beweglich machen, ist es leicht, bei Bedarf Arbeitsplätze umzugestalten, etwa um einen großen, freien Platz zu schaffen, in dem man ein kompliziertes Möbelstück oder einen etwas größeren Schrank bauen kann. Große Maschinen können auf käuflichen fahrbaren Untersätzen montiert werden. Meine große (500 mm Rollen) Bandsäge steht auf einer Grundplatte mit Rädern, wenn sie stationär sein soll, um sie einzusetzen, bringe ich kleine Keile unter den Rädern an. Wenn die Keile entfernt und die Bremsen an den hinteren Rädern gelöst worden sind, kann sogar ein kleinerer Mensch diesen 200-kg-Goliath leicht bewegen.

Sogar die Werkbänke, Tische und Schränke in der Werkstatt profitieren davon, wenn sie beweglich gemacht werden, indem man schwere Bock- und Lenkrollen unten an den Beinen oder Korpussen anbringt. Am besten sind Lenkrollen, bei denen nicht nur das Rad, sondern auch die schwenkbare Platte arretiert wird. Dadurch erreicht man die größtmögliche Stabilität, wenn das Einrichtungsstück stationär ist.

Um Werkstücke zu transportieren, an denen man gerade arbeitet, oder um Stücke zu drehen, wenn man ihre Oberfläche behandelt, eignen sich Transportwagen, die man aus Reststücken Nadelholz und Sperrholz herstellt, wie es in der Abbildung oben links zu sehen ist. Solche Transportwagen sind sehr beweglich, wiegen wenig und sind leicht zu verstauen, können aber ein beträchtliches Gewicht tragen.

Selbst hergestellter Transportwagen

Ein Untersatz mit Rollen erlaubt es, auch schwere Maschinen und Zubehörteile einfach zu bewegen.

Selbst hergestellte Transportwagen tragen dazu bei, Werkstücke sicher aufzubewahren, da man sie so leicht aus eventuellen Gefahrenzonen fortschaffen kann.

Ein Untersatz mit Rollen erlaubt es, auch schwere Maschinen und Zubehörteile einfach zu bewegen.

Maschinen und Werkzeuge für die Holzbearbeitung

Es wäre zwar schön, jede denkbare Maschine und jedes vorstellbare Werkzeug für die Holzbearbeitung zu besitzen – und auch noch den Platz, um sie unterzubringen –, aber in der Realität müssen wir oft mit sehr viel weniger auskommen. Allerdings glaube ich, dass es bestimmte Maschinen gibt, die in der Werkstatt eines Möbelbauers vorhanden sein sollten, ob er diese Arbeit nun als Hobby oder gewerblich ausführt. Ganz oben auf der Liste steht die Tischkreissäge.

Sie ist die wichtigste Maschine in der Werkstatt des Möbeltischlers. Zudem ist sie sehr vielseitig. Man kann mit ihr Holz auf Länge und Breite schneiden, aber auch viele verschiedene Verbindungen herstellen. Auch Schrägschnitte aller Art, Gehrungen, Fälze und Nuten können mit der Tischkreissäge geschnitten werden. Um große Platten oder lange Bretter zu bearbeiten, sollte die Tischkreissäge mit seitlichen und hinteren Ablageflächen ausgestattet sein, entweder Rollenständern oder Angabe- und Abnahmetischen. Bedenken Sie, dass die Tischkreissäge sehr platzhungrig ist. Im Idealfall sollte vor und hinter dem Sägeblatt fünf Meter zur Verfügung stehen, und drei oder mehr Meter zu einer Seite des Blattes. Eine kompakte Säge ist für den Möbelbau ausreichend, aber eine Formatkreissäge mit einer Motorleistung von drei bis fünf PS ermöglicht genaueres Arbeiten und ausreichend Kraft, um auch kräftige Bretter aus hartem Holz zu sägen.

Investieren Sie in gute Sägeblätter für Ihre Tischkreissäge. Für die meisten Abläng- und Abbreitschnitte genügt ein Wechselzahnblatt mit 40 Zähnen. Glatte Schnitte mit der Faser in starken Laubhölzern erreicht man mit einem Flachzahnblatt mit etwa 24 Zähnen.

Aus Sicherheitsgründen sollte das Werkstück immer am Parallelanschlag oder am Gehrungsanschlag geführt werden oder an einer Vorrichtung, die einen dieser beiden Anschläge ersetzt. Halten Sie das Werkstück niemals freihändig. Mit einem normalen Gehrungs- oder Queranschlag lassen sich die meisten Schnitte quer zur Faser gut und präzise ausführen. Bei größeren Werkstücken kann es dann aber doch etwas haarig werden. Mit einem Gehrungsanschlag kann man größere Holzstücke einfach nicht präzise und sicher bearbeiten. Um diesem Nachteil entgegenzuwirken, verwende ich eine Vorrichtung, die im Grunde genommen einen überdimensionalen Queranschlag darstellt, der auf zwei Stahlkufen in der Tischnut der Kreissäge läuft. Dieser Ablängschlitten eignet sich für die Bearbeitung kleiner Werkstücke genauso gut wie ein Gehrungsanschlag, ist jedoch massiv genug, um auch lange oder breite Teile zu verkraften. Sehr große Werkstücke kann man auch mit einer Zwinge am Ablängschlitten befestigen und dann beides zusammen am Sägeblatt vorbeiführen.

Die Tischkreissäge ist die wichtigste Maschine in jeder Tischlerwerkstatt. Man kann ihre Einsatzfähigkeit durch einen schweren Ablängschlitten erhöhen, der auch breite oder lange Bretter aufnehmen kann.

TIPP Säubern Sie die Arbeitsflächen Ihrer Maschinen regelmäßig und tragen Sie eine Wachspaste als Schutz auf. Verwenden Sie dafür ein Möbelwachs, nicht eines für die Automobilpflege, da diese Schleifmittel enthalten. Tragen Sie das Wachs großzügig mit einem Tuch auf, und polieren Sie dann kräftig mit einem sauberen Tuch nach. Die glatte Oberfläche, die dabei entsteht, schützt vor Rost und erhöht die Kontrolle über Material, das man über die Arbeitsfläche schiebt. Noch besser geeignet als Möbelwachse sind spezielle Gleitmittel für Maschinentische.

Wenn Sie eine Tischkreissäge mit den zugehörigen Vorrichtungen und Zubehör haben, versuchen Sie je nach Budget die folgenden Maschinen anzuschaffen. Oft kann man im Internet oder bei Versteigerungen in der Umgebung preisgünstig gebrauchte Maschinen erwerben. Achten Sie jedoch darauf, die Maschine vor dem Kauf genau zu inspizieren. Ich habe die Maschinen im Folgenden gemäß meiner persönlichen Vorlieben aufgeführt.

Der Abrichthobel wird verwendet, um Flächen eben abzurichten und Kanten und Flächen rechtwinklig zueinander zu hobeln. Die Größenunterschiede werden durch die Breite des Arbeitstisches definiert, diese kann zwischen 260 und 410 mm oder mehr liegen. Bei breiten Werkstücken wie Tischplatten oder Rahmenfüllungen gilt: Je größer, desto besser. Richten Sie aus Sicherheitsgründen kein Material ab, dass nicht mindestens 300 mm lang ist, und verwenden Sie einen Schiebeklotz oder -stock, um das Werkstück über die Hobelwelle zu schieben.

Der Dicktenhobel wird oft nach dem Abrichten benutzt, um das Material – besonders Bretter, die kantenverleimt werden sollen – zu glätten und auf eine gleichmäßige Stärke zu bringen. Die Maschine ist nicht dafür ausgerichtet, Material abzurichten (allerdings ist das mit besonderen Vorrichtungen doch möglich). Wie beim Abrichthobel gilt auch hier, je größer, desto besser. Maschinen mit einer Hobelbreite von 200 bis 400 mm sind häufig zu bekommen. Die kleineren Maschinen, die man auf der Werkbank aufstellen kann, sind besonders preiswert, und ihre hochdrehenden Universalmotoren drehen die Hobelwelle mit einer unglaublichen Geschwindigkeit, so dass auch Material mit schwierigem Faserverlauf eine glatte Oberfläche erhält. Große, gusseiserne Dicktenhobel mit ihren schweren Gestellen und Drehstrommotoren haben eine höhere Spanabnahme und sind deswegen eher für gewerbliche Nutzung geeignet. Besonders im hobby- und semiprofessionellen Bereich haben sich kombinierte Abricht- und Dickenhobelmaschinen bewährt, da diese weniger Stellfläche benötigen.

Die Bandsäge ist eine wunderbar vielseitige Maschine, die vor allem bei Schweifschnitten aller Art ihr Licht nicht unter den Scheffel stellt. Sie ist aber auch hervorragend für gerade Schnitte und die Herstellung von Verbindungen geeignet, vor allem, wenn man sie mit einem breiten Sägeblatt

Ablängschlitten

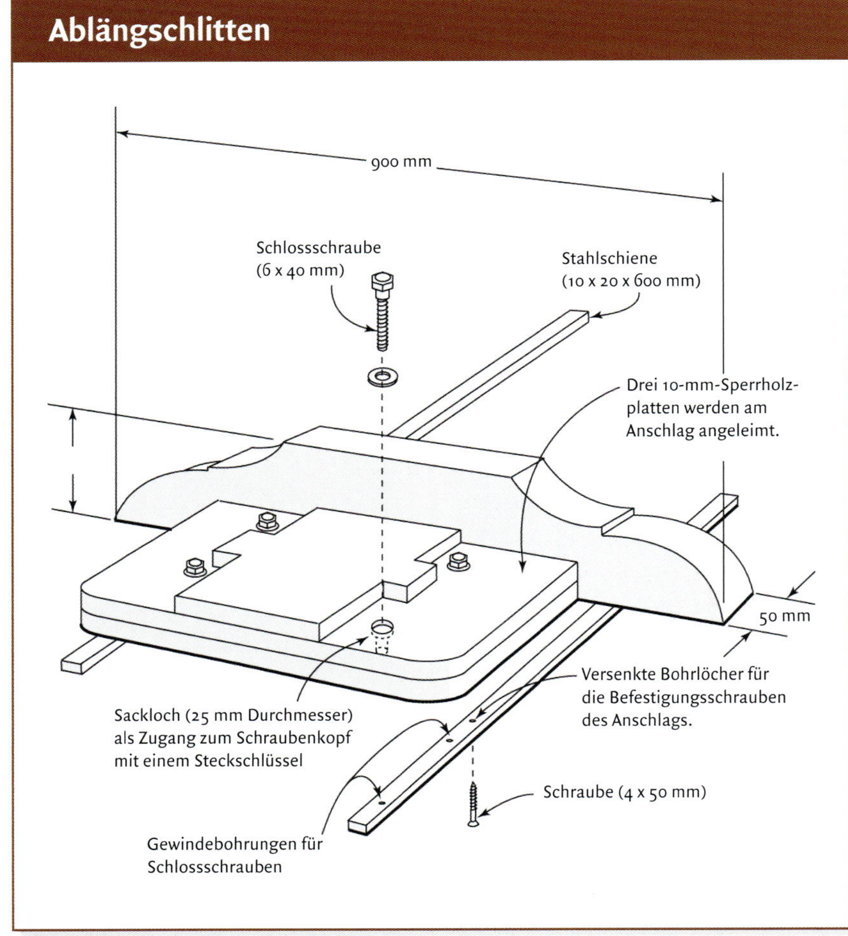

(12 mm oder mehr) und einem Parallelanschlag ausrüstet. Um grobes Material auf Breite zu sägen und sehr große Querschnitte zu bearbeiten, wie das etwa beim Auftrennen von Brettern zu Furnierblättern nötig ist, ist die Bandsäge in Bezug auf Genauigkeit und einfache wie sichere Bedienung nicht zu übertreffen.

Die wichtigen Maße bei einer Bandsäge sind der Breiten- und Höhendurchlass. Der erste wird durch die Entfernung von der Blattführung bis zum senkrechten Gestellpfosten bestimmt, der zweite durch den Abstand von der hochgestellten Blattführung bis zum Arbeitstisch. Auch in diesem Fall gilt: Je höher, desto besser. Manche Bandsägen mit 350-mm-Rollen können mit Gestellzwischenstücken ausgestattet werden, um die Durchlasshöhe zu vergrößern. Immer häufiger sind größere Maschinen mit Rollendurchmessern von 400 mm oder mehr zu bekommen, deren Leistung die der kleineren Exemplare deutlich übertrifft. Die verwindungssteifen Gestelle, großen Motoren und überlegenen Blattführungen lassen einen klaglos den ganzen Tag große, dicke Holzstücke sägen.

Die Kapp- und Gehrungssäge hat inzwischen eine wichtige Rolle beim Sägen von Gehrungsschnitten und allgemeinen Ablängarbeiten eingenommen. Wenn das Aggregat verschiebbar montiert ist, kann man damit Material bis zu einer Breite von 300 mm ablängen. Diese Sägen zeigen sich von ihrer besten Seite, wenn man sie mit Arbeitstischen auf beiden Seiten des Sägeblattes ausstattet, um ein eigenes Bearbeitungszentrum zu schaffen. Es lohnt sich auch, ein Anschlagsystem anzubringen, bei dem die Anschläge sich hochklappen lassen. So kann man dann mehrere gleiche Schnitte in Serie ausführen, ohne jedes Mal nachmessen zu müssen.

Der Handoberfräsentisch erweitert die Fähigkeiten Ihrer Handoberfräse und kann als kleine Tischfräse eingesetzt werden. Die Handoberfräse wird kopfüber darunter angebracht, um kleinere Werkstücke zu fräsen, verschiedene Verbindungen zu schneiden, und sicherer und leichter Material mit kleinen Abmessungen zu fräsen. Man kann einen Handoberfräsentisch mit Anschlag selbst herstellen, ihn kaufen oder aus verschiedenen käuflich zu erwerbenden Teilen zusammenstellen. Als Notbehelf kann man die Handoberfräse auch einfach kopfüber in der Bankzange einspannen. Wichtig bei dem Handoberfräsentisch sind eine ebene Arbeitsfläche und ein stabiler, gerader Parallelanschlag. Vergessen Sie nicht, dass große Fräser (Durchmesser von 40 mm oder mehr) mit niedrigeren Umdrehungszahlen betrieben werden müssen. Für anspruchsvollere Arbeiten ist also eine Handoberfräse mit verstellbarer Geschwindigkeit notwendig.

Die Ständerbohrmaschine ermöglicht bei vielen Bohrarbeiten, vor allem mit großen Bohrern, ein genaueres und sicheres Arbeiten als es mit einer Handbohrmaschine möglich ist. Zudem kann man sie mit einer Vielzahl von Vorrichtungen ergänzen. Mit einer entsprechenden Hilfsvorrichtung kann man sie sogar verwenden, um Schlitze für Schlitz-und-Zapfen-Verbindungen zu schneiden. Tischmaschinen sind sehr gut, wenn Sie den Platz auf einer Werkbank erübrigen können, und sie kosten nicht so viel wie die Standmaschinen. Standmaschinen haben dagegen den Vorteil, auch größere Werkstücke bohren zu können.

Die Drechselbank ist genau das richtige, wenn Sie Schalen oder Spindeln drehen wollen. Die meisten Langholzarbeiten, zum Beispiel Tischbeine, lassen sich an einer Bank mit einer Spitzenweite von 900 bis 1000 mm bewältigen. Für Säulen oder die Pfosten eines Himmelbettes benötigt man eine Drechselbank mit einem längeren Maschinenbett, und große Schalen erfordern eine größere Höhe zwischen dem Maschinenbett und Spindel- bzw. Reitstock. Falls Sie große Stücke drechseln möchten, sollten Sie sich für eine massive, schwere Standdrechselbank entscheiden.

Die wichtigsten Elektrowerkzeuge

Sie werden Ihre stationären Maschinen durch einige Elektrowerkzeuge ergänzen wollen. Im Notfall können viele dieser kleineren Maschinen sogar ihre großen Verwandten ersetzen. Zur Grundausstattung mit Elektrowerkzeug gehört eine Stichsäge, um Schweifschnitte auszuführen

Zu den wichtigen Elektrowerkzeugen gehören (im Uhrzeigersinn von unten links): Stichsäge, Schlitzfräse, Exzenterschleifmaschine, Bandschleifmaschine, Handoberfräsen und Bohrmaschine.

und im Inneren von Flächen sägen zu können; eine Schlitzfräse, um mit Flachdübeln schnelle, aber belastbare und präzise Verbindungen herzustellen; ein Schwing- und ein Bandschleifer, um große und kleine Flächen zu ebnen und glätten; eine Handkreissäge, um große Platten in handhabbare Stücke aufzuteilen; eine große Handoberfräse mit leistungsstarkem Motor und einstellbarer Geschwindigkeit, um Schlitze und Falz zu fräsen und mit großen Fräsern zu arbeiten; eine kleinere (Kanten-)Fräse für die Arbeiten, bei denen man nicht so gerne die schwere, große Maschine verwenden möchte; und einen Akkubohrer, mit dem man Löcher bohren und Schrauben eindrehen kann, ohne auf eine Steckdose in der Nähe angewiesen zu sein.

> Siehe „Schrauben elektrisch eindrehen" auf S. 84.

Sie können die Möglichkeiten Ihrer Werkstatt durch viele andere Elektrowerkzeuge und Maschinen erweitern. Manche von ihnen besitze ich; andere hätte ich gerne, komme aber auch gut ohne sie zurecht. Die nützlichsten sollen hier erwähnt werden: eine Tischoberfräse – leistungsfähiger und genauer als ein Handoberfräsentisch, man kann mit ihr sehr große Profile fräsen und breiteres oder höheres Material bearbeiten; eine Stemmmaschine, mit der man zu einem angemessenen Preis Schlitze maschinell herstellen kann; eine stationäre Band- und Tellerschleifmaschine, mit der man zwar auch gut schleifen kann, die sich aber vor allem für das Formen und Verputzen von Werkstücken eignet; eine Spindelschleifmaschine, die vor allem in konkaven Krümmungen aggressiv Material abtragen, aber auch eine glatte Oberfläche herstellen kann; eine Kantenfräse, die klein und gut zu handhaben ist, aber sich wie eine kräftige Handoberfräse benutzen lässt; ein Winkelschleifer, mit dem man in Sekundenschnelle Material abtragen kann, wenn man Schalen oder ähnliches herstellen will; eine Dekupiersäge, um Einlegearbeiten oder Puzzles herzustellen oder wenn es darum geht, präzise Schweifschnitte oder glatte Schnitte in der Fläche auszuführen; einen Kompressor und kleine und große Druckluftnagler, um mit Leichtigkeit und Genauigkeit Nägel setzen zu können; eine Vakuumpumpe und einen Kunststoffsack oder eine große Furnierpresse (auch sie nimmt wieder recht viel Grundfläche in Anspruch), um ohne unzählige Zwingen furnieren zu können; und – nur um der Bequemlichkeit willen – weitere Handoberfräsen, damit man für bestimmte Schnitte oder Vorrichtungen immer die entsprechenden Fräser eingespannt lassen kann.

Meine liebsten spanenden Werkzeuge

Mit spanenden Werkzeuge wird Holz geformt, geschnitten und geglättet. Sie sind für mich beim Möbelbau vermutlich wichtiger als alle meine Elektrowerkzeuge und -maschinen zusammengenommen. Das liegt daran, dass der Grad an Genauigkeit und Oberflächengüte, der sich mit ihnen erreichen lässt, seinesgleichen sucht. Zudem erzeugen sie keinen Lärm und nur relativ wenig Holzstaub. Man muss ihre Verwendung jedoch beherrschen. Allerdings ist es ein angenehmes Zeichen für die wachsende Meisterschaft im Umgang mit diesen Werkzeugen, wenn man feststellt, dass man beim Schleifen zu immer feineren Körnungen greift.

Einige meiner liebsten Handwerkzeuge zur spanenden Holzbearbeitung, unter ihnen verschiedene Hobel, sind auf der gegenüberliegenden Seite abgebildet. Ich arbeite auch gerne mit hölzernen Profilhobeln, mit denen ich Hohlkehlen, Halbstäbe und andere Profile schneide, wenn ich in Ruhe arbeiten möchte oder meine Elektrowerkzeuge

Ein Sperrholzboden mit Löchern für unterschiedliche Bohrungen für Fräser und Bohrer bringt auch in große Sammlungen Ordnung.

Bewährte spanende Werkzeuge. Oben: Verschiedene Hobel, Ziehklingen und Schweifhobel. Unten: Bügelsägen, Rückensägen, Feinsägen, Dübelsäge, Furniersäge, Raspeln, Drechseleisen, Stechbeitel und Schnitzeisen.

Wichtige Werkzeuge zum Anreißen (im Uhrzeigersinn von unten links): Stichmaß, große und kleine Tischlerwinkel, Schmiegen, Stangenzirkel, Stechzirkel, Lineale und Richtscheite, Innen- und Außentaster, Streichmaße, Ahlen, Anreißmesser und Schieblehren.

das gewünschte Profil nicht schneiden können. Es gibt Hunderte unterschiedlicher Profilhobel, von denen heutzutage allerdings nur sehr wenige noch kommerziell hergestellt werden. Versuchen Sie stattdessen, sich die benötigten Exemplare auf Flohmärkten oder bei Händlern zu beschaffen, die sich auf altes Werkzeug spezialisiert haben. Zu den anderen wichtigen spanenden Handwerkzeugen gehören Handsägen, Feilen, Raspeln und Stechbeitel, mit denen sich eine Vielzahl unterschiedlicher Arbeiten ausführen lassen.

Für das Bohren und Fräsen werden Sie eine Auswahl an Bohrern und Fräsern benötigen. Wenn Sie diese geordnet in einem Gestell aufbewahren, können Sie schneller darauf zugreifen. Bei den Fräsern sollten Sie so viele unterschiedliche Profile (mit 8- oder 12-mm-Schaft) anschaffen, wie Sie sich leisten können, um dekorative Kantenprofile zu schneiden, um zu fälzen, nuten, schlitzen und mit Schablonen arbeiten zu können. An Bohrern sollten normale Spiralbohrer für Holz und Metall vorhanden sein, um Führungslöcher und andere Löcher in diesen Materialien zu bohren; Bohrer mit Zentrierspitze und Vorschneidern für Arbeiten mit hohen Ansprüchen an Präzision und Schnittgüte; Forstnerbohrer, die vor allem in der Ständerbohrmaschine verwendet werden, um große oder kleine Löcher mit ebenem Grund zu bohren; Spatenbohrer, die preiswerteren, aber auch weniger präzisen Alternativen zu Forstnerbohrern, die sich gut in Handbohrern verwenden lassen; und eine Auswahl an Versenkern, Ausreibern und Zapfenschneidern, um Schrauben und/oder Schraubenköpfe zu versenken oder mit Holzzapfen oder Querholzscheiben zu verstecken.

Grundlegende Werkzeuge für das Anreißen

Es gibt einige wunderbare Werkzeuge zum Messen und Markieren, mit denen man Verbindungen anreißen, Werkstücke messen und präzise kennzeichnen kann. Kaufen Sie gute Ausführungen, die mit der Genauigkeit arbeiten, die Sie für diesen Teil Ihres Handwerks benötigen. Einige der Werkzeuge kann man auch selbst herstellen.

Zu den Anreiß- und Messwerkzeugen sollten unter anderem Grundlegendes wie Lineale und Bandmaße gehören, aber auch spezialisiertere wie verstellbare Messlatten für Diagonalen, um die Rechtwinkligkeit eines Möbelkorpus zu überprüfen. Je nachdem, wie genau Sie es mit der Instandhaltung Ihrer Maschinen und sonstigen Ausrüstung nehmen, möchten Sie vielleicht auch einige Messwerkzeuge aus dem Metallbau und der Feinmechanik anschaffen – etwa Schieblehren oder Messuhren.

Bei größeren Kreisabschnitten werden Sie auch einen Zirkel oder Stangenzirkel benötigen. Und Richtscheite in verschiedenen Größen können auch nicht schaden.

Hilfsmittel zum Schärfen

Wenn Ihre Werkzeugausstattung wächst, müssen Sie auch immer häufiger schärfen. Scharfes Werkzeug ist sicherer und genauerer als stumpfes. Es bleibt jedoch nicht scharf, wenn Sie nicht eine regelmäßige Routine für das Schärfen einhalten. In meinem Fall heißt das: Wenn ein Werkzeug stumpf ist und nicht richtig schneidet, schärfe ich es. Hartmetall bestückte Sägeblätter, Fräser und Hobelmesser für den Abricht- und den Dicktenhobel lasse ich von einem professionellen Schärfdienst schärfen. Das Handwerkzeug schärfe ich jedoch immer selbst. Sägen kann man mit entsprechenden Feilen scharf halten. Beschädigte Schneiden an Hobeleisen, Messern und Stechbeiteln können mit einer Schleifmaschine schnell wieder instand gesetzt werden, um dann mit einem Schleifstein geschärft und abgezogen zu werden. Neben der Anschaffung dieser Hilfsmittel ist die Einrichtung des Arbeitsplatzes zum Schärfen genauso wichtig. Mit einem zweckmäßig eingerichtetem Schärfplatz geht einem das Schärfen leichter von der Hand. Für einen guten Handwerker ist das Schärfen eine schnell und ohne Mühe zu erledigende Aufgabe, nach der man sich wieder der eigentlichen Arbeit zuwenden kann.

TIPP Halten Sie einen Vorrat von Ersatzeisen für bestimmte Hobel vor. Wenn das letzte der Eisen stumpf wird, schärfen Sie sie alle in einem Durchgang. Auf diese Weise können Sie stumpfe Eisen während des Hobelns gegen frische austauschen, anstatt die Arbeit zu unterbrechen, um zu schärfen.

Um die Schneiden richtig zu schärfen, muss die Schärfmaschine in der richtigen Höhe angebracht und mit einer verstellbaren, aber belastbaren Werkzeugauflage versehen sein. (Es gibt viele gute Werkzeugauflagen im Zubehörhandel.) Eine recht hoch angebrachte Werkzeugauflage ge-

Eine Schleifmaschine sollte etwa in Brusthöhe angebracht werden. Das ermöglicht eine bequeme Armhaltung und so auch bessere Kontrolle über die Arbeit.

Mit dieser einfachen Vorrichtung wird der Stechbeitel im rechten Winkel gehalten, um ihn zu schleifen.

währleistet eine bessere Kontrolle über das Werkzeug und erlaubt einen deutlicheren Blick auf das Schärfgeschehen. Die Werkzeugauflage sollte 1000 bis 1150 mm über dem Boden stehen, oder in einer Höhe, in der sich Ihre Hände befinden, wenn Sie Ihre Unterarme auf bequeme und natürliche Weise rechtwinklig zum Oberkörper halten. In dieser Stellung können Sie die Ellbogen steif halten und das Werkzeug aus den Schultern heraus drehen, wodurch die Arbeit gleichmäßiger und präziser ausgeführt wird.

Falls Sie erstmals ein Werkzeug maschinell schärfen, kann das rechtwinklige Schleifen der Schneide eine einschüchternde Aufgabe sein. Mit etwas Übung wird es Ihnen jedoch gelingen, mit Leichtigkeit und großer Genauigkeit freihändig zu schleifen. Für Anfänger ist die rechts abgebildete Vorrichtung jedoch eine große Hilfe. Sie wird in einer Nut der Werkzeugauflage verschoben und hält schmale Werkzeuge rechtwinklig zum Schleifstein.

TIPP Durch das Überhitzen der Schneide beim Schärfen verliert diese ihre Schneidhaltigkeit und wird geschwächt. Es gibt verschiedene Methoden, um die Schneide kühl zu halten. Üben Sie stets nur geringen Druck aus, und führen Sie das Werkzeug gleichmäßig auf dem Schleifstein hin und her. Verwenden Sie eine langsam laufende Schärfmaschine mit 1700 bis 1800 UpM, um Überhitzung zu vermeiden; richten Sie den Schleifstein regelmäßig mit einem Schleifsteinabrichter ab, um glasierte Stellen und in die Oberfläche eingedrückte Schleifreste zu entfernen.

Es gibt verschiedene gut funktionierende Systeme, mit denen man schleifen und abziehen kann, unter anderem keramische und diamantbesetzte Schleifplatten und -pasten und verschieden natürliche Schleifsteine (Belgische Brocken, Arkansas-Steine). Sogar Schleifpapier, das auf einer ebenen Fläche befestigt wird, funktioniert sehr gut. Ich habe mich für synthetische Wassersteine entschieden, da sie schnell und sauber arbeiten (obwohl man vielleicht beim Schleifen etwas mit Wasser um sich spritzt). Um die Steine aufzube-

Schleifhalterung

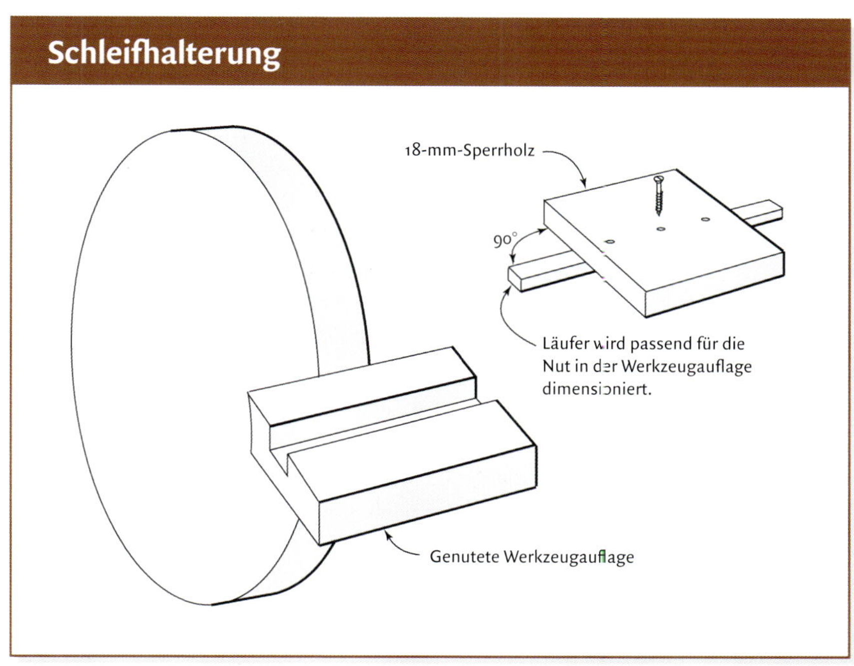

Arbeitskasten für Wasserschleifsteine

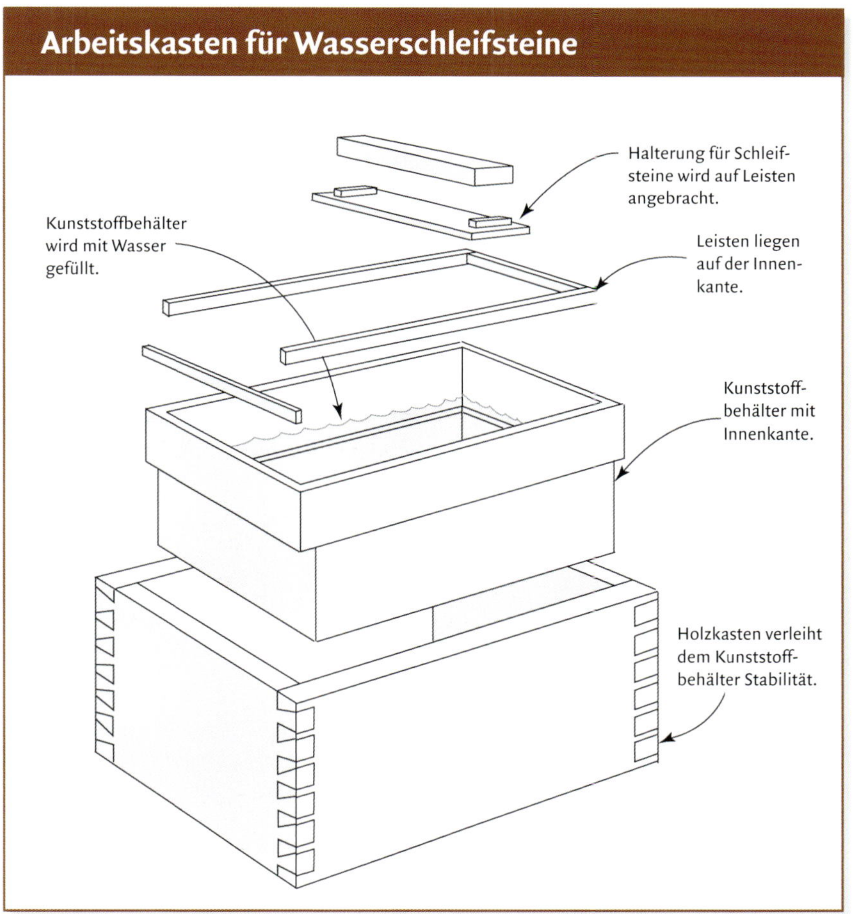

Dieser Arbeitsplatz für Wasserschleifsteine bietet nicht nur eine solide Arbeitsfläche, sondern auch einen Aufbewahrungsplatz, an dem die Steine feucht gehalten werden können, wenn man sie nicht nutzt.

Zulagen für das Verleimen sollten leicht konvexe Flächen haben, um den Druck der Zwingen auf die Mitte des Brettes zu übertragen.

Gewölbte Verleimzulagen

Bei breitem Material werden die Zulagen paarweise ober- und unterhalb der Werkstücke angesetzt, um in der Mitte Druck auszuüben.

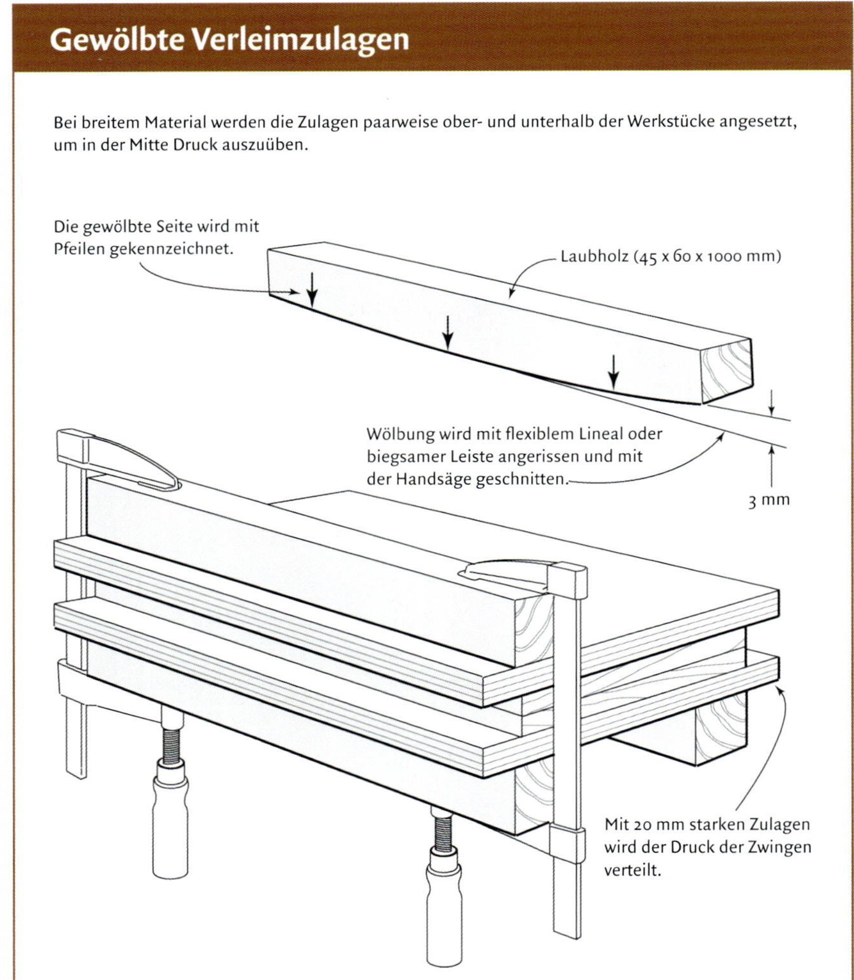

wahren, die zum größten Teil in Wasser gelagert werden müssen, und um mit ihnen zu schleifen, verwende ich einen selbst gefertigten Aufbewahrungs- und Schleifkasten.

Im Gegensatz zum Schleifen mit der Maschine wird beim Schleifen und Abziehen mit der Hand auf einer niedrigen Fläche gearbeitet, damit man mit dem Oberkörper Druck auf das Werkzeug ausüben und den Vorgang kontrollieren kann. Die richtige Arbeitshöhe ermöglicht es einem, die Schneide mit ausholenden, gleichmäßigen Bewegungen über den Schleifstein zu bewegen. Man kann die ideale Höhe für den Schleifstein ermitteln, indem man die Arme am Körper herabhängen lässt, und dann die Entfernung von den Fingerspitzen bis zum Boden misst. Sie beträgt etwa 750 mm.

Zwingen

Ja, der alte Spruch stimmt tatsächlich: Zwingen kann man nie genug haben. Es lohnt sich aber, etwas mehr zu investieren. Für den Möbelbau sind vor allem Spannelemente in Längen von 600 mm bis 2000 mm oder noch länger wichtig, um große Platten und Möbelkorpusse einspannen zu können. An zweiter Stelle stehen bei mir Einhandzwingen mit 100 mm langen Backen. Man kann mit ihnen Werkstücke positionieren und halten, Teile zusammenzwingen, und sie sind nützlich, wenn es darum geht, Maschinen oder Vorrichtungen einzurichten. Falls möglich sollten Sie sich auch einige weit ausladenden Einhandzwingen zulegen, um auch in die Mitte von breiten Werkstücken zu gelangen. Hölzerne Parallelzwingen, Bandspanner, Leimzangen und andere Spezialzwingen wie etwa Gehrungszwingen schafft man sich am besten je nach Bedarf an. Sparen Sie nicht auf Kosten der Qualität; eine gute Zwinge sollte hinreichenden Druck ausüben können, ohne sich zu verbiegen oder verziehen. Die Druckplatten sollten sicher und plan auf dem Werkstück aufliegen.

Um schwierig einzuspannende Stellen zu erreichen – etwa die Mitte einer breiten Platte – kann man selbst angefertigte Zulagen verwenden und sich so die Kosten für weit ausladende Zwingen sparen. Außerdem kann man diese Zulagen mit Druckplatten aus Sperrholz einsetzen, um Furniere aufzuleimen. Solche Verleimzulagen haben eine leicht konvexe Kante, sodass der Druck gleichmäßig verteilt wird – sogar bis in die Mitte breiter Werkstücke. Ich habe etwa zehn dieser Zulagen zur Hand, um kompliziertere Stücke zu verleimen.

Die Aufbewahrung der Zwingensammlung kann zu einem Platzproblem führen. Falls die Fläche der Werkstatt ausreicht, ist ein fahrbarer Wagen eine gute Lösung, da man die Zwingen mit ihm dahin bringen kann, wo man sie benötigt.

Balkenhalterung für Zwingen und Spannelemente

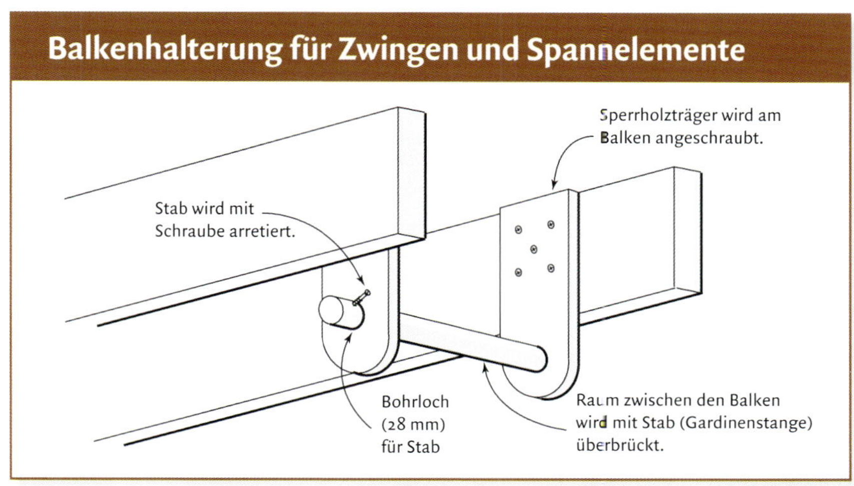

Vergessen Sie nicht, dass auch an den Wänden und unter der Decke Platz ist, um Zwingen unterzubringen. Man kann eine Vielzahl von Zwingen zwischen den Deckenbalken aufhängen, falls die Decke nicht zu hoch ist, um die Zwingen bequem zu erreichen. Eine andere Idee stammt von meinem Freund Paul Anthony, der Halterungen aus Sperrholz verwendet, wie sie auf der Abbildung unten zu sehen sind. Sie werden an der Wand befestigt, und die Zwingen sind dann stets schnell zur Hand.

Wandhalterung für Zwingen und Spannelemente

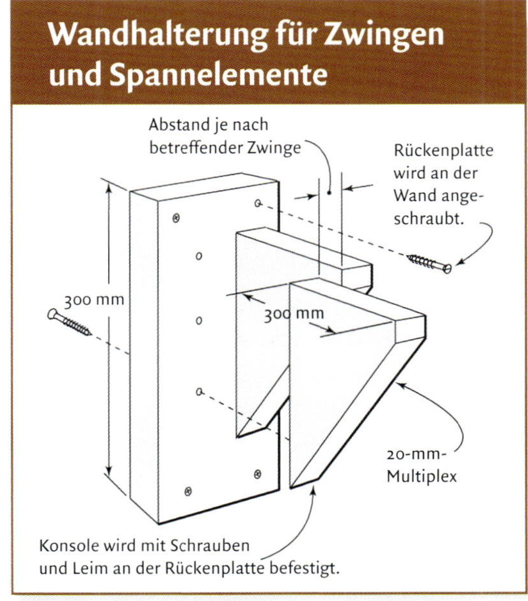

Ein Hängeregal ist eine gute Aufbewahrungsmöglichkeit für Zwingen.

Mit Sperrholzhalterungen kann man Zwingen organisiert aufbewahren, sodass sie bei Bedarf schneller zur Hand sind.

Mit Holz arbeiten

Ein wichtiger Aspekt bei der Herstellung hochwertiger Möbel ist eine gute Beziehung zum Werkstoff Holz. Welches Material man verwendet, wie und wo man es erwirbt, und wie es sich von den Anfängen als Bohle mit Baumkante bis hin zum würdigen Alter als 100 Jahre alte Antiquität verhält, das sind wichtige Informationen, die zu besseren Ergebnissen führen, noch bevor man einen Stechbeitel in die Hand genommen hat. Und die Kenntnis des Werkstoffes hilft einem auch, sicher mit ihm zu arbeiten, was vielleicht die wichtigste Fähigkeit ist, über die ein Handwerker verfügen muss. Die folgenden Informationen sollten ein guter Ausgangspunkt sein. Falls Sie sich gründlicher mit den technischen Aspekten von Holz und seinen Eigenschaften, von Sperrholz und anderen Holzwerkstoffen beschäftigen möchten, finden Sie Hinweise im Literaturverzeichnis.

Sicher mit Holz arbeiten

Die erste und wichtigste Technik, die man beim Umgang mit Holz erlernen muss, ist das sichere Arbeiten. Man kann einen handwerklichen Fehler korrigieren oder ausbessern, aber man kann einen Unfall nicht ungeschehen machen. Die Werkstatt des Holzwerkers ist voll von scharfen Werkzeugen, mit denen man dem menschlichen Körper ernste oder bleibende Schäden zufügen kann. Die gute Nachricht ist, dass Sicherheit nicht teuer ist. Die größte Investition ist die, welche Sie in Ihrer Einstellung vornehmen. Zwar gibt es viele verschiedene Hilfsmittel, die der Sicherheit dienen, aber ich glaube, beim sicheren Arbeiten mit Holz geht es vor allem um eine geistige Einstellung, die Sie annehmen sollten, wann immer Sie die Werkstatt betreten. Achten Sie auf Ihr Energieniveau. Falls Sie müde oder erschöpft sind, sollten Sie keine Maschine einschalten. Und hören Sie auf Ihr Werkzeug und Ihre Maschinen. Ja, mit den Ohren. Akustische Rückmeldungen – Veränderungen der Lautstärke oder Tonhöhe – können darauf hinweisen, dass Gefahr im Verzug ist und dass Sie innehalten sollten, um sich noch einmal zu überlegen, was Sie gerade tun. Falls eine Arbeit riskant anmutet, führen Sie sie auf eine andere Weise aus. Es gibt immer eine andere Methode, die auch funktioniert. Sie sollten sich bei dem gewählten Verwahren immer sicher und zuversichtlich fühlen.

Sicherheitszubehör ist ebenfalls sehr wichtig. Schützen Sie Ihre Ohren mit Ohrstöpseln oder Gehörschützern, vor allem wenn Sie mit Maschinen arbeiten, die laute Motoren haben – Hobelmaschinen, Handoberfräsen oder Kappsägen zum Beispiel. Schützen Sie Ihre Augen vor Spänen und Staub, wenn Sie Material schneiden, einen Hammer schwingen oder mit Druckluftwerkzeugen arbeiten. Tragen Sie eine Schutzbrille oder ein Gesichtsschild.

Achten Sie darauf, Ihre Lungen nicht dem Holzstaub auszusetzen. Der süße Duft der Holzspäne mag zur Romantik der Arbeit mit Holz beitragen, er geht aber oft mit feinem Staub einher, der stundenlang träge in der Luft schwebt. Diese Partikel sind nur Nanometer groß und sind als Übeltäter bekannt, wenn es um Erkrankungen der Atemwege und anderer Organe geht. Tragen Sie möglichst immer eine Atemschutzmaske. Empfohlen wird mindestens eine Maske mit der Kennzeichnung P2. Wenn die Staubbelastung wirklich schlimm ist, sollte man zu einem Atemschutzgerät mit elektrischem Antrieb greifen. Um größere Späne und einen Teil des Staubes abzuführen, sollte man die wichtigsten Maschinen mit Anschlüssen für einen Staubsauger oder eine Absauganlage ausstatten. Ein elektrischer Luftfilter, den man unter der Werkstattdecke aufhängt, ist eine weitere Methode, um sehr feinen Staub aufzufangen.

Ob es einem nun gefällt oder nicht, auch in der saubersten Holzwerkstatt sammelt sich Holzstaub an. Und trockener Holzstaub ist ein Brandrisiko. Um für Sicherheit zu sorgen, sollten Sie die Werkstatt regelmäßig ausfegen und säubern, und elektrische Schaltkästen und Steckdosen mit Druckluft ausblasen. Halten Sie auch immer für Notfälle einen Feuerlöscher bereit.

Bei der Oberflächenbehandlung werden Sie Ihre Lunge, Haut und Kleidung vor aggressiven Chemikalien schützen wollen. Latexhandschuhe, die jenen ähneln, die in der Medizin verwendet werden, sind preisgünstig und lassen Ihre Hände sauber bleiben. Eine Atemschutzmaske mit Filterkartuschen, die über Mund und Nase getragen wird, hindert Rauch und schädliche Gase daran, bis in Ihre Lungen vorzudringen. Und mit einer Werkstattschürze können Sie die Lebensdauer Ihrer Lieblingsjeans und -T-Shirts verlängern.

Noch wichtiger als die Sicherheitsausrüstung ist es jedoch, sich über die verwendeten Oberflächenbehandlungsmittel genau zu informieren. Dies können Sie anhand des Sicherheitsdatenblatts tun, das Sie vom Hersteller oder Lieferanten erhalten. Denken Sie daran, dass Oberflächenmittel, die Öl enthalten, selbstentzündlich sein können, wenn sie trocknen – achten Sie also darauf, feuchte Tücher in einem versiegelten Metallbehälter aufzubewahren, oder sie im Freien zum Trocknen auszubreiten.

Wenn Holz an einer scharfen Stahl- oder Hartmetallschneide vorbeibewegt wird, sollten Ihre Finger immer auf Abstand bleiben: Verwenden Sie deshalb Schiebestöcke oder -klötze oder Andruckkämme. Man kann diese Zubehörteile kaufen oder aus Restholz selbst herstellen. So oder so sollten Sie sie wann immer möglich anstelle Ihrer Hände verwenden.

TIPP Das sichere Arbeiten an einer Holzbearbeitungsmaschine erfordert die vollkommene Aufmerksamkeit für die auszuführende Aufgabe. Weisen Sie Ihre Familie, Freunde und Kollegen darauf hin, sich Ihnen niemals von hinten zu nähern, wenn Sie an einer Maschine arbeiten. Eine plötzliche Unterbrechung kann Ihre Konzentration stören.

Schließlich gibt es auch noch die Schutzvorrichtungen, mit denen Ihre Maschinen ausgestattet sind. Sie schützen Ihre Finger und Gliedmaßen und sollten weder außer Acht gelassen noch als gegeben hingenommen werden. Kontrollieren Sie, ob die Schutzvorrichtungen richtig angebracht sind, und setzen Sie sie bei der Arbeit ein. Arbeiten Sie an der Tischkreissäge immer mit dem Spaltkeil, wenn es möglich ist, um die Wahrscheinlichkeit zu reduzieren, dass Material zurückschlägt. Falls sich eine Schutzvorrichtung als störend erweist – dies kommt am häufigsten bei Tischkreissägen vor –, sehen Sie sich nach einem besseren Ersatz um. Es gibt eine Vielzahl gut gestalteter Schutzvorrichtungen in den Katalogen der Versandhändler und den Regalen der Fachgeschäfte.

Vollholz kaufen und vorbereiten

Falls Sie zugerichtetes (dimensioniertes und gehobeltes) Holz im Holzhandel kaufen, verwenden Sie es für kleinere Werkstücke – Schmuckkästen und ähnliches. Für Möbel sollten Sie Schnittholz verwenden. Wenn Sie Schnittholz (mit oder ohne Baumkante) verwenden, können Sie die weitere Bearbeitung selbst vornehmen und so Material erhalten, das winkelrecht, dimensionsstabiler, gleichmäßiger in Farbe und Struktur und schließlich auch schöner ist. All dies, weil Sie sich die Zeit genommen haben, die Bohlen während des Zuschnitts immer wieder genau zu betrachten.

Beim Möbelbau ist es sehr wichtig, mit trockenem Holz zu arbeiten. Wie trocken sollte es sein? Als Faustregel kann man davon ausgehen, dass es eine Holzfeuchte von sechs bis acht Prozent aufweisen sollte, damit sich ein Feuchtigkeitsgleichgewicht mit der Luft in Innenräumen einstellt. Man kann technisch getrocknetes Holz kaufen, sollte aber auch luftgetrocknetes Material nicht außer Acht lassen. Es ist nicht sehr schwierig, Holz selbst zu trocknen und so Geld zu sparen. Es gibt viele gute Artikel in den Fachzeitschriften und gute Fachbücher über das Thema.

Um einen genauen Wert für die Holzfeuchte im Inneren zu erhalten, schneidet man etwa 100 mm vom Ende des Brettes ab.

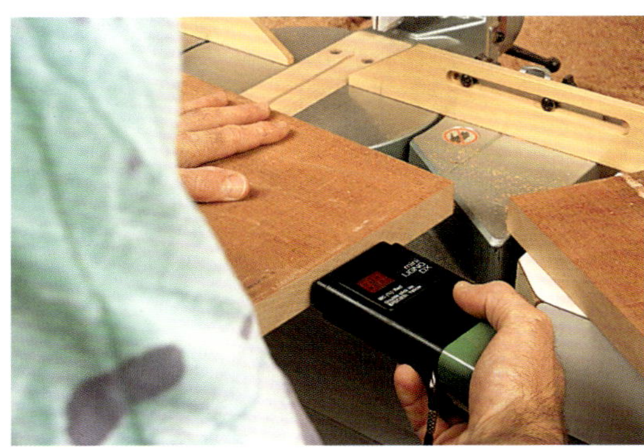

Drücken Sie beide Stifte fest in das Hirnholz, um die Holzfeuchte zu messen.

Beim Anreißen der Werkstücke auf dem rohen Holz sollte man etwa 100 mm an beiden Enden einplanen, die bei der Bearbeitung im Dickenhobel ungleichmäßig ausfallen können, falls sich der Druck der Rollen ändert, wenn das Brett aus der Maschine austritt.

Unabhängig davon, ob man technisch getrocknetes oder luftgetrocknetes Holz verwendet, sollte man darauf achten, dass es vor der Verarbeitung einige Wochen in einer Umgebung mit einer relativen Luftfeuchtigkeit von etwa 40 Prozent gelagert wird. Die meisten Holzwerkstätten haben von sich aus diesen Idealwert, man kann ihn mit einem preiswerten Hygrometer überprüfen. Es gibt zwar im Versandhandel für das Holzhandwerk und für wissenschaftliche Apparate auch teuere Hygrometer, aber ein preiswertes Exemplar funktioniert auch genau, wenn man es sauber hält (hängen Sie es unter einem Regal auf, um Staubansammlungen zu vermeiden), an einer gut belüfteten Stelle anbringt, und die Kalibrierung regelmäßig überprüft. Werfen Sie das ganze Jahr über immer wieder einen Blick auf das Hygrometer, um zu ermitteln, inwiefern sich die Luftfeuchtigkeit in der Werkstatt im Verlauf der Jahreszeiten verändert.

Wenn Sie sich mit dem Luftfeuchtigkeitsniveau in Ihrer Werkstatt vertraut gemacht haben, überprüfen Sie die Holzfeuchte in Ihrem Holz mit einem Messgerät. Um eine genaue Messung zu erhalten, sägt man ein Stück vom Ende eines Brettes ab, und misst dann in der Mitte des angeschnittenen Hirnholzes. Das Holzfeuchtemessgerät, das in der Mitte links zu sehen ist, hat eine digitale Anzeige, die beleuchtet wird, wenn die beiden Messfühler aus Stahl in das Holz gedrückt werden. Kontrollieren Sie den Feuchtegehalt Ihres Holzes, wenn Sie es zuerst in die Werkstatt bringen. Wiederholen Sie dann die Messungen im Verlauf von einigen Wochen. Wenn sich die Messwerte nicht mehr ändern, hat sich das Holz an die Umgebungswerte angepasst und kann verarbeitet werden.

TIPP Kaufen Sie Ihr Holz schon einige Zeit, bevor Sie es verwenden wollen, und lagern Sie es in der Werkstatt. Stapeln Sie es mit Stapelleisten an einer gut belüfteten Stelle, und planen Sie einige Wochen ein, in denen sich das Holz an die Umgebung in der Werkstatt anpasst, bevor Sie es verarbeiten.

Wenn sich die Holzfeuchte mit der Luftfeuchtigkeit im Gleichgewicht befindet und dem gewünschten Wert entspricht, werden die Bretter ausgelegt und auf Fehler kontrolliert, bevor Sie auf Größe geschnitten werden. Achten Sie auf versteckte Nägel und Klammern, und entfernen Sie sie mit einer Zange. Markieren Sie Risse und Aststellen, die ausgeschnitten werden sollen. Tei-

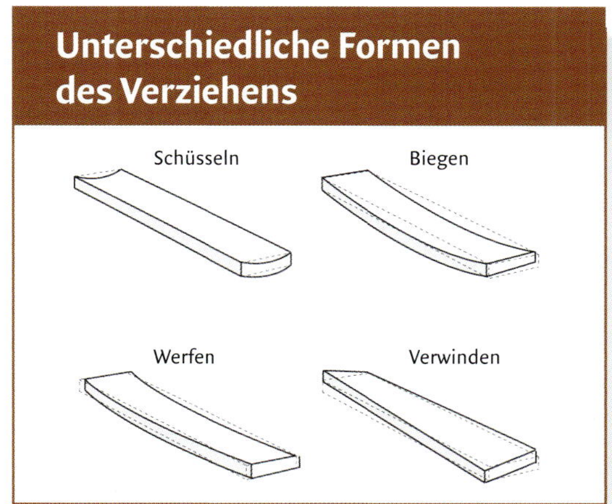

Beim Abrichten einer Fläche wird die konkave Seite nach unten gelegt, und man verwendet Schiebeklötze mit Gummibelag, um das Werkstück sicher führen zu können.

len Sie dann lange Bretter und Bohlen in kürzere Stücke auf, die sich leichter bearbeiten lassen. Rechnen Sie etwa 100 mm an jeden Ende eines Brettes als Verschnitt durch Hirnrisse oder Dellen bei der Bearbeitung am Dicktenhobel hinzu. Die Markierungen lassen sich gut mit normaler Schulkreide anbringen. Ich ziehe die „staubfreie" Variante vor. Weiße Kreide ist auf sägerauem Holz gut zu sehen, und wenn man eine Änderung vornehmen möchte, kann man sie leicht mit einem feuchten Schwamm abwischen.

Wenn alles gut gegangen ist, werden Sie jetzt feststellen, dass sich Ihr Holz verzogen hat. Bleiben Sie ruhig. Das Verziehen ist ein natürlicher Begleitumstand der Holztrocknung. Man sollte in dieser Phase damit umgehen, nicht erst, nachdem man Möbel aus dem Holz gebaut hat. Im Wesentlichen gibt es vier unterschiedliche Arten des Verziehens, die man mit etwas Übung leicht in einem Brett erkennen und auseinanderhalten kann (siehe Abbildung oben). Auf welche Weise und wo sich Ihr Brett verzogen hat, hilft Ihnen, dem Fehler durch entsprechende Bearbeitung zu begegnen.

Das Abrichten des Holzes ist ein wesentlicher Schritt, wenn Sie Möbel herstellen möchten, deren Fläche eben und deren Kanten rechtwinklig sind. Viele Holzwerker halten den Abrichthobel fälschlicherweise für eine Maschine, mit der lediglich die Kanten eines Brettes begradigt werden. Zwar ist er dafür wunderbar geeignet, aber der beste Verwendungszweck des Abrichthobels ist das Abrichten (eben hobeln) einer Fläche am Brett, bevor dieses auf Stärke ausgehobelt wird. Wenn Sie allerdings nicht über einen Abrichthobel entsprechender Breite verfügen, können Sie eine Seite des Brettes auch mit dem Handhobel abrichten.

> Siehe „Ein Brett mit Handwerkzeug abrichten" auf S. 27.

Bevor Sie mit dem Abrichten beginnen, visieren Sie am Brett entlang, um Verwerfungen zu identifizieren. Legen Sie dann die hohle Seite des Brettes auf den Angabetisch der Abrichthobelmaschine. Stellen Sie die Spanabnahme für einen leichten Schnitt ein (0,5–1 mm). Verwenden Sie einen Schiebeklotz, um das Holz zu führen und Ihre Hände vor den Hobelmessern zu schützen.

Nachdem Sie eine Seite des Brettes abgerichtet haben, können Sie das Material am Dicktenhobel auf die gewünschte Stärke bringen. Legen Sie dazu die abgerichtete Seite nach unten so auf den Arbeitstisch des Dicktenhobels, dass Sie mit der Holzfaser hobeln, um Faserausrisse zu vermeiden.

> Siehe „In Faserrichtung arbeiten" auf S. 28.

Um weiteres Verziehen des Holzes durch innere Spannungen zu vermeiden, sollte man immer gleichmäßig viel Holz von beiden Seiten des Brettes abnehmen. Deshalb sollte das Brett nach jedem Umgang gewendet und auch in Längsrichtung – um mit der Faser zu schneiden – gedreht werden.

Um Faserausrisse zu vermeiden, wird im Dicktenhobel immer mit der Faser gehobelt. Drehen Sie das Brett nach jedem Durchgang um, damit die gleiche Holzmenge von beiden Seiten abgenommen wird.

Um eine rechtwinklige Kante zu erzielen, wird Druck nach unten und gegen den Anschlag ausgeübt. Die Spanabnahme sollte 1,5 mm nicht überschreiten.

Man kann die Maserung nach Wunsch orientieren – zum Beispiel parallel zu einer Werkstückkante –, indem man entsprechend anreißt. Mit einem einzigen Schnitt an der Bandsäge wird die neue Holzausrichtung hergestellt.

Damit lange Bretter nicht wandern, visiert man am Parallelanschlag (nicht am Sägeblatt) entlang, während man das Brett am Blatt vorbei schiebt.

Richten Sie nach dem Hobeln eine Kante des Materials rechtwinklig ab; ggf. auch in umgekehrter Reihenfolge. Achten Sie darauf, dass das Brett dicht am Anschlag liegt, um sicher zu stellen, dass die Kante und Seite rechtwinklig aufeinander stehen. Bei schmalen Kanten kann man die Spanabnahme etwas stärker einstellen als beim Abrichten einer Fläche. Etwa 1,5 mm sind ein guter Wert.

Nachdem Sie das Holz abgerichtet und auf Stärke gehobelt haben, aber bevor Sie es zu einzelnen Teilen zerlegen, lohnt es, sich besser mit dem Material vertraut zu machen. Beschäftigen Sie sich eingehend mit der Maserung, Farbe und Textur des Holzes. So können Sie zu einem Komponisten werden, der mit der Struktur des Holzes Kunstwerke schafft. Kennzeichnen Sie Teile mit ähnlicher Farbe, sodass sie sich gegenseitig ausbalancieren. So sollten zum Beispiel die beiden Längsfriese eines Türrahmens von ähnlichen Stellen eines Brettes stammen. Und lassen Sie sich nicht von geraden Linien in die Pflicht nehmen, folgen Sie stattdessen den Linien, die von der Natur vorgegeben werden. Reißen Sie die Teile Ihres Möbelstücks an, indem Sie die Muster der Maserung studieren und dann Kreidelinien anzeichnen, die parallel zu den Maserungsteilen verlaufen, die Sie haben möchten. Schneiden Sie mit der Bandsäge an den Kreidelinien entlang, säubern Sie die Schnittkanten am Abrichthobel, und schneiden Sie die Teile dann an der Tischkreissäge auf Breite. Sie haben dann ein Brett, bei dem die Maserung so verläuft, wie Sie es möchten.

Wenn Sie einzelne Teile aus einem Brett schneiden, sollten Sie etwa 5 mm Überbreite sägen, und dabei eine abgerichtete Kante am Parallelanschlag führen. Drücken Sie lange Bretter fest an den Parallelanschlag, und richten Sie Ihre Aufmerksamkeit auf den Anschlag, nicht auf das Sägeblatt. Kehren Sie dann mit dem Brett zum Abrichthobel zurück, und richten Sie erneut eine Kante ab, falls sich das Brett wieder verzogen hat, weil beim Sägen Spannungen im Holz freigesetzt wurden. Achten Sie auch darauf, ob sich die Fläche geworfen („geschüsselt“) hat. Unter Umständen müssen Sie auch die Fläche erneut abrichten und dann nochmals auf Stärke hobeln. Sägen Sie dann auf Endbreite, wobei Sie wieder die abgerichtete Kante am Parallelanschlag der Tischkreissäge anlegen.

Sägen Sie schließlich die Bretter auf der Tischkreissäge mithilfe des Gehrungsanschlags oder eines Ablängschlittens auf Länge.

> Siehe „Ablängschlitten" auf S. 14.

Alternativ kann man auch mit der Kappsäge auf Länge schneiden. Mit einem Stoppklotz kann man mehrere Teile auf die gleiche Länge bringen, ohne jedes Brett abmessen und anreißen zu müssen.

Der klappbare Anschlag (links der Säge) erlaubt das einfache und schnelle wiederholte Schneiden gleicher Längen.

Ein Brett mit Handwerkzeug abrichten

Falls Sie nicht über einen Abrichthobel verfügen oder falls das Material einmal zu breit für Ihre Maschine sein sollte, können Sie dennoch breite Bretter mit schönen, ebenen Flächen versehen, wenn Sie mit dem Handhobel etwas vorarbeiten. Keine Angst, es geht nicht um die schweißtreibende Arbeit, mit der die Tischler unter unseren Vorfahren sich ohne elektrische Werkzeuge abplagen mussten. Vielmehr wird in diesem Fall mit einem scharfen Handhobel und der Dicktenhobelmaschine gearbeitet.

Spannen Sie das Brett, das Sie abrichten möchten, mit der hohlen Seite nach oben auf der Hobelbank ein. Bringen Sie unter dem Brett Keile an, um es am Schaukeln zu hindern. Stellen Sie das Eisen Ihrer Raubank oder eines anderen langen Handhobels für eine relativ starke Spanabnahme ein, und hobeln Sie die hohen Stellen auf der Oberseite des Brettes ab. Hobeln Sie diagonal über die Fläche. Kontrollieren Sie während des Hobelns mit einem Richtscheit und zwei Richtleisten Ihren Fortschritt, indem Sie die Sichtseite auf Windschiefe überprüfen. Versuchen Sie nicht, die gesamte Fläche eben zu hobeln. Stellen Sie nur sicher, dass die Außenkanten fluchten – in einer Ebene liegen.

Drehen Sie dann das Brett um, und schicken Sie es durch den Dicktenhobel, um die andere, nicht behandelte Seite, eben zu hobeln. Einige Durch-

Mit Keilen wird das Brett, das sich geworfen hat, unterlegt, damit es beim Hobeln gut aufliegt. Wenn die beiden Außenkanten fluchten, kann man die Arbeit am Dickenhobel zu Ende führen.

Auf Flucht überprüfen

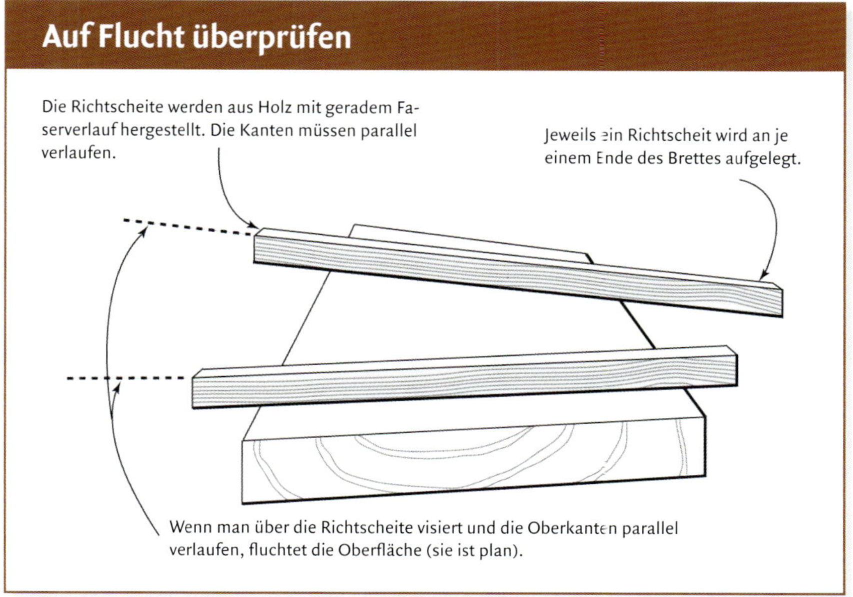

Nach der Vorarbeit mit dem Handhobel wird die gehobelte Seite nach unten in den Dicktenhobel gelegt, und man hobelt die Oberseite

gänge sollten ausreichen. Wenn Sie auf der zweiten Seite eine breite, ebene Fläche erreicht haben, können Sie beide Seiten so weit hobeln, bis Sie die gewünschte Holzstärke erreicht haben.

In Faserrichtung arbeiten

Bei der Arbeit mit Vollholz ist es wichtig, auf den Verlauf der Holzfasern zu achten. Wenn man beim Fräsen, Hobeln oder sogar Schleifen mit der Faser schneidet, erzielt man glattere Oberflächen. Das Schneiden gegen die Faser führt dazu, dass Holzfasern hochgezogen und ausgerissen werden. So entstehen raue Oberflächen. Nehmen Sie sich die Zeit, um die Maserung Ihres Materials zu betrachten, und richten Sie die Bretter dann entsprechend der Faserrichtung für das Schneiden aus. In den meisten Fällen kann man an der Kante eines Brettes erkennen, ob die Fasern nach oben oder unten verlaufen. Manche Holzarten können einen jedoch auch in die Irre führen. Manchmal kann man spüren, in welche Richtung die Fasern verlaufen, indem man mit den Fingern über das Holz streicht. Dabei fühlt sich die eine Richtung rauer an als die andere, etwa so, wie wenn man einer Katze das Fell gegen den Strich streichelt. Schließlich kann man auch noch einen Probeschnitt am Holz vornehmen. Falls es zu Faserausrissen kommt, bearbeiten Sie es in der anderen Richtung.

Mit der Faser schneiden

Falsch

Wenn man in dieser Richtung schneidet, werden die Fasern angehoben und können ausreißen.

Schneide

Richtig

Wenn die Schneide in Faserrichtung bewegt wird, erhält man eine glatte Oberfläche.

Das Putzen mit dem Hobel

Bretter, die direkt vom Abricht- oder Dicktenhobel kommen (oder gar aus der Holzhandlung) sind nicht glatt genug, um zu Möbeln verarbeitet zu werden. Kleine Hobelschläge, die meist als Kämme und Vertiefungen von den rotierenden Hobelmessern zurückgelassen werden, fallen nach der Oberflächenbehandlung stark ins Auge. Man kann diese Spuren zwar mit einem Band- oder Schwingschleifer wegschleifen, aber das ist eine staubige Angelegenheit und birgt vor allem das Risiko, eine Fläche zu erhalten, die nicht eben ist. Um Hobelspuren und andere Fehler zu beseitigen, ist der Handhobel ein schnelles und effizientes Werkzeug, mit dem man eine ebene, glänzende Oberfläche erreicht, die von keinem anderen Werkzeug übertroffen wird.

Falls Sie eine ebene Fläche bearbeiten – etwa ein langes, breites Brett – spannen Sie es auf einer ebenen Arbeitsfläche wie Ihrer Hobelbank fest. Falls Sie auf einer Fläche arbeiten, die nicht eben ist, springt und rattert der Hobel über kleine Erhebungen und Vertiefungen. Wenn Sie das Material am Dicktenhobel präzise vorbereitet haben, können Sie die Arbeit gleich mit einem Putzhobel oder einem Metallhobel in der Größe 4 oder 5 nach der englischen Nomenklatur beginnen. Stellen Sie sicher, dass das Hobeleisen rasiermesserscharf ist, und stellen Sie es auf feine Spanabnahme ein.

Die Körperhaltung ist beim Hobel überaus wichtig. Um Kraft ausüben zu können, stellen Sie sich mit gespreizten Füßen auf, halten den Hobel so, dass er mit Ihrem Handgelenk und Ihrer Schulter eine Linie bildet, und schieben den Hobel mit einer Bewegung der Beine nach vorne. Hobeln Sie mit einer gleichmäßigen, entschlossenen Bewegung, und beugen Sie Ihren Oberkörper über das Werkstück, während Sie den Hobel vorschieben. Sie sollten in der Lage sein, ein Brett bis zu einer Länge von etwa 1500 mm Länge zu hobeln, ohne Ihre Füße zu bewegen, einen Schritt zu machen oder außer Atem zu geraten. Das Hobeln mit dem Handhobel ist eine flüssige, entspannte und entspannende Arbeit. Bei längeren Brettern arbeitet man in mehreren Zügen, indem man den Hobel von der Oberfläche abhebt und wieder absenkt, so wie ein Flugzeug abhebt und landet. Auf diese Weise kann man erkennbare Ansetz- und Absetzspuren vermeiden.

Kontrollieren Sie Ihre Arbeit gelegentlich mit dem Richtscheit, um sicher zu stellen, dass die Fläche eben ist. Falls Sie eine leichte Vertiefung finden, über die der Hobel hinweggeglitten ist, stellen Sie den Hobel schräg zur Schnittrichtung, um die effektive Länge der Hobelsohle zu verringern. Falls das Holz Schwierigkeiten macht und Faserausrisse auftreten, hobeln Sie in die andere Richtung. Manchmal ist es schneller, einfach den Hobel umzudrehen und ihn zu ziehen, als das Werkstück neu einzuspannen.

TIPP Man kann die Reibung verringern und sich das Hobeln erleichtern, indem man die Sohle des Hobels regelmäßig ölt oder wachst. Leichtes Öl oder Paraffinwachs (Kerzenwachs) sind gut geeignet. Sie können aber auch Wachspaste auftragen und mit einem sauberen Tuch auspolieren.

Bei schwierigen Hölzern kann die Bearbeitung mit dem Handhobel zu Faserausrissen führen. Das trifft vor allem auf unregelmäßige Maserungen zu, bei denen die Faserrichtung häufig wechselt. In solchen Fällen ist eine Ziehklinge das bessere Werkzeug. Neigen Sie die Ziehklinge so weit, bis ihr Grat beginnt, ins Holz zu greifen und zu

Der Hobel wird am Ende des Stoßes vom Werkstück abgehoben, um Hobelspuren zu vermeiden.

Mit einem Richtscheit wird während des Hobelns immer wieder kontrolliert, ob die Fläche eben ist.

Beim „Zwerchen" wird der schräg gehaltenen Hobel geradeaus über die Fläche geführt. So erreicht man auch kleine Vertiefungen.

Manchmal ist es beim Hobel widerspenstiger Faserstellen einfacher, den Hobel zu ziehen, als die eigene Körperstellung zu ändern.

Verwenden Sie lieber eine scharfe Ziehklinge anstatt des Hobels, um stark gemaserte Hölzer mit schwierigem Faserverlauf zu bearbeiten.

Ein Filzklotz mit Schleifpapier ermöglicht feinfühliges Schleifen mit der Hand, zudem wird das Schleifpapier besser ausgenutzt.

Ecken erreicht man besonders gut mit einem Schleifklotz aus Granit, der auch die Gefahr reduziert, Kanten ungewollt abzurunden.

Mit Sprühkleber und Schleifpapier lässt sich aus einem Stück MDF ein Schleifklotz anfertigen, der auf den gegenüberliegenden Seiten unterschiedliche Körnungen aufweist.

schneiden. Eine richtig abgezogenen Ziehklinge produziert Späne, nicht Holzstaub. Das Abziehen einer Ziehklinge wird in vielen Fachbüchern und -artikeln beschrieben, und es lohnt sich, dort nachzulesen, wie dieses wichtige Handwerkzeug für die Arbeit vorbereitet wird.

Meist werden Sie noch nachschleifen müssen, um kleine Erhebungen zu beseitigen, die nach dem Hobeln stehen geblieben sind, und sicherzustellen, dass die Flächen alle die gleiche Textur aufweisen, damit Sie eine gleichmäßige Endoberfläche erhalten. Die Oberflächen sind nach der Bearbeitung mit dem Hobel oder der Ziehklinge allerdings schon so glatt, dass man gleich mit einer feinen Körnung zu schleifen beginnen und so die Zeit für das Schleifen ebenso reduzieren kann wie den dabei entstehenden Staub.

Gute Schleiftechniken

Das richtige Schleifen ergibt eine ebene Fläche ohne Schleifspuren, die nach der Oberflächenbehandlung sehr glatt ist. Wenn man nicht sorgfältig arbeitet, sind jedoch Kratzer zu sehen, oder – was ich noch schlimmer finde – die Flächen werden rundgeschliffen, so dass sie das Licht ungleichmäßig reflektieren und regelrecht schlampig aussehen. Wenn man überhaupt nicht schleift, behält das Material die Spuren der maschinellen Bearbeitung bei, die Kanten bleiben scharf und die Flächen sehen ungleichmäßig aus, wenn man ein Oberflächenmittel aufträgt. Nehmen Sie sich die Zeit, um die Oberflächen sorgfältig zu begutachten. Achten Sie darauf, sich durch alle Körnungen zu schleifen. Der letzte Schleifdurchgang wird immer mit der Hand und immer in Faserrichtung ausgeführt.

Wenn Sie mit der Hand schleifen, sollten Sie das Schleifpapier immer um einen Schleifklotz legen. Dieser verhindert das Abrunden und das Eintauchen in Vertiefungen, sodass der Schleifvorgang sehr viel effizienter wird. Auf breiten Flächen können Sie einen Filzklotz verwenden, der sich besser in der Hand anfühlt und auch sanfter für die Oberfläche ist.

Dort, wo zwei Flächen zusammentreffen, können Sie einen harten Holzklotz verwenden, um die Kanten vorsichtig abzurunden (zu „brechen"). Je dichter das Holz ist, desto besser. Brechen Sie Kanten bitte nicht mit der Hand. Das Ergebnis wird nicht gleichmäßig ausfallen. Ich verwende am liebsten einen vollkommen ebenen Granitbrocken als Schleifklotz. Mit ihm kann man hervorragend in Ecken gelangen, um ihnen ein schönes, glattes Aussehen zu verleihen.

Am häufigsten wird in meiner Werkstatt ein Stück MDF eingesetzt, auf dessen beiden Seiten ein Blatt Schleifpapier aufgeklebt ist. Ich stelle viele verschiedene MDF-Stücke mit unterschiedlichen Körnungen her, indem ich auf beide Seiten des Klotzes und auf das Schleifpapier Kontaktkleber aufsprühe und dann das Papier am Klotz befestige. Mit diesen Klötzen kann man sowohl ebene Flächen glätten als auch Kanten brechen. Sie sind auch nützlich, wenn kleine Teile geschliffen werden sollen. Dann spannt man sie in der Hobelbank ein und bewegt das Werkstück über das Schleifpapier statt umgekehrt. Denken Sie auch an das Recyceln. Wenn das Schleifpapier stumpf geworden ist, erhitzt man es einfach mit einer Heißluftpistole und zieht es ab. Danach wird ein frisches Blatt am Klotz angebracht.

Um Ordnung in Ihr Schleifpapier zu bringen, können Sie einen Schrank bauen, in dem ganze Bögen, zugeschnittene Blätter und alles Zubehör aufbewahrt werden, das Sie für das Schleifen benötigen. Richten Sie die Fachgröße an der Bogengröße aus, und ordnen Sie dann die Bögen nach Körnung an.

Werfen und Verziehen verhindern

Wenn Sie Ihr Vollholz abgerichtet und zugeschnitten, vielleicht sogar auch geschliffen haben, müssen Sie immer noch damit rechnen, dass es sich während der Lagerung in der Werkstatt wieder verzieht. (Wenn man dem Holz vor der Bearbeitung einige Wochen Zeit gibt, um sich an die Bedingungen in der Werkstatt anzupassen, wird diese Neigung zwar verringert, aber nicht vollkommen beseitigt.) Im Idealfall würde man das Material auf Endmaß schneiden, die Verbindungen anarbeiten, und dann die Teile sofort zusam-

Kleine Werkstücke kann man in einem Durchgang schleifen, wenn man Schleifklötze mit Schleifpapier unterschiedlicher Körnung hintereinander auf die Hobelbank spannt.

Mit der Heißluftpistole lässt sich das alte Schleifpapier leicht vom Schleifklotz abnehmen, um dann einen frischen Bogen aufzukleben.

In einem Regal mit verstellbaren Böden kann man das Schleifpapier nach Körnung ordnen.

Eine Vorrichtung zum Schneiden von Schleifpapier

Ich bewahre mein Schleifpapier gerne in Größen auf, die auf meine Vorrichtungen und Werkzeuge abgestimmt sind. Um Schleifpapierbögen in Drittel zu schneiden – eine Größe, die ich oft verwende – setze ich eine selbst angefertigte Vorrichtung mit Anschlägen ein. Man kann die Vorrichtung auf die bevorzugte Schleifpapiergröße abstimmen. In meinem Fall sind das $9^1/_2$" x 10". Um die Vorrichtung zu verwenden, legt man mehrere Bögen Schleifpapier gegen die beiden Anschläge, hält ein Stück Kunststofflaminat von oben dagegen, und hebt dann einzelne Bögen an, um sie in der richtigen Größe abzureißen.

Mit einem Stück Kunststofflaminat, das ein Drittel so groß ist wie ein Schleifpapierbogen, lassen sich schnell Bögen zur gewünschten Größe aufteilen.

Korpusteile sollte man möglichst trocken zusammenstecken, solange man mit anderen Arbeiten beschäftigt ist, um sie am Verziehen zu hindern.

Vorgeschnittene Teile werden gestapelt und mit Gewichten beschwert, um sie am Verziehen zu hindern, bis sie verwendet werden.

Kleine Werkstücke kann man in Folie einwickeln, um das Arbeiten des Holzes zu verhindern.

menfügen und verleimen. Eine zusammenmontiertes Möbelstück bleibt von sich aus eben und verzieht sich nicht. Meist arbeiten wir jedoch stückchenweise, und es kann passieren, dass die Verbindungen, die wir heute schneiden, erst in einigen Wochen oder gar Monaten verleimt werden. Es gibt einige Methoden, um auch bei hohem Arbeitsanfall dafür zu sorgen, dass sich bearbeitete Werkstücke nicht verziehen.

Nachdem das Material abgerichtet worden ist, sollte man es mit zwischengelegten Stapelleisten auf einer absolut ebenen Fläche aufstapeln. Stellen Sie die Stapelleisten aus Restholz her. Breite und Stärke müssen einheitlich sein, meist betragen Sie 20 x 20 mm. Die Stapelleisten müssen im Stapel genau übereinander zu liegen kommen. Legen Sie oben auf den Stapel einen letzten Satz Leisten, die Sie mit Gewichten beschweren. Mit diesem einfachen Mittel können Sie sich viele später auftretende Probleme ersparen.

Wenn Sie die Verbindungen schon angeschnitten haben, das Werkstück jedoch noch nicht montieren können, ist es eine gute Idee, die Teile trocken zusammenzustecken. Auf diese Weise hindern die Verbindungen die Teile daran, sich zu werfen.

Bei kleinen Werkstücken kann man sich auch behelfen, indem man sie in Kunststofffolie einwickelt. Ich verwende Schrumpffolie, wie sie in der Industrie eingesetzt wird und in größeren Längen vom Fachhandel geliefert wird. Bedecken Sie alle Flächen – vor allem das Hirnholz – und lagern Sie die Teile auf einer ebenen Fläche, bis Sie weiter mit ihnen arbeiten wollen.

Sperrholz und andere Holzwerkstoffplatten

Wenn man Sperrholz verwendet, kann man alle Platten auf Maß schneiden, die man für eine komplette Küche benötigt und dafür nicht mehr Zeit aufwenden, als man brauchte, um das Vollholz für ein einzelnes Möbelstück auf Dicke zu hobeln. Die konstante, vorgegebene Stärke ist einer der überzeugendsten Gründe, Holzwerkstoffplatten zu verwenden. Ein anderer Grund ist die Vielzahl der zur Verfügung stehenden Plattenarten. Zu den häufigsten zählen: Sperrholz, Faserplatte und Spanplatte. Die Maßstabilität der Holzwerkstoffplatten bedeutet auch, dass man weniger Rücksicht auf das Arbeiten des Holzes nehmen muss. Sperrholz gibt es als Furniersperrholz, Stab- oder Stäbchensperrholz oder Brettsperrholz. Die Deckfurniere können aus Nadelholz oder Laubholz hergestellt sein. Für den Möbelbau sind vor allem Sperrholzplatten aus Laubholz geeignet. Sie sind preiswert, halten Schrauben und andere Beschläge gut, und sind relativ biegesteif, so dass sie sich gut für Regalbretter eignen.

Modernere Sperrholzarten (zusammengesetztes Sperrholz) haben Innenlagen aus preiswerterem Material (Faserplatte oder Spanplatte, aber auch Kunststoffe) und sind meist dünner – ein wichtiger Faktor, wenn man rahmenlose Platten verwendet, wie etwa Tischplatten oder manchen Türen. Die sogenannte Tischlerplatte hat eine Innenlage aus verleimten Holzstäben oder -stäbchen, weshalb sie außerordentlich biegesteif ist.

A Laubholzsperrholz mit Nussbaumdeckfurnier; **B** Birkensperrholz; **C** Nadelholzsperrholz mit Fichtendeckfurnier; **D** Sperrholz mit kombinierter Innenlage und Kirschdeckfurnier; **E** MDO (beschichtetes Sperrholz); **F** Stabplatte mit Birkendeckfurnier; **G** MDF (Mitteldichte Faserplatte); **H** Hartfaserplatte; **I** MDF mit Eichendeckfurnier; **J** Spanplatte; **K** Melaminbeschichtete Spanplatte

Bedenken Sie, dass die dünnen Deckfurniere auf dem Sperrholz sehr viel Sorgfalt beim Schneiden, Handhaben und bei der Oberflächenbehandlung erfordern, damit sie nicht beschädigt werden und die darunter liegenden Innenlagen zu Tage treten. Sperrholz hat oft hohle Zwischenräume in den Innenlagen, die sich an den Kanten der Platten als Löcher zeigen. Die Kanten müssen mit Furnier oder Umleimern abgedeckt werden, um solche Löcher und die Innenlagen zu verbergen.

Es gibt Sperrholz, das nur aus Furnierlagen besteht (keine Vollholzinnenlagen aufweist). Es wird als Multiplex bezeichnet und hat keine Hohlstellen im Inneren. Deshalb können die Kanten geschliffen werden, um auch ohne Umleimer ein ansprechendes Äußeres zu zeigen. Die hohe Dichte und Belastbarkeit macht Multiplex auch zu einem guten Material für den Vorrichtungsbau.

TIPP Für Holzwerkstoffplatten mit empfindlichen Oberflächen (zum Beispiel Sperrholz mit Edelfurnieren, Melaminplatten oder Kunststofflaminate) sollte man Trapezzahnsägeblätter verwenden, um saubere, ausrissfreie Schnitte zu erhalten. Mit einem Sägeblatt mit 60 Zähnen und negativem Spanwinkel wird das ausreißen auf Ober- und Unterseite reduziert.

MDF (Mitteldichte Faserplatte) ist ein preiswertes Material und die beste Wahl für flächige Werkstücke, weil es eben ist und auch bleibt. Wegen der außerordentlich glatten Oberfläche ist MDF ein bevorzugtes Material für Furnierarbeiten und hochwertige Lackierungen. Auch für den Vorrichtungsbau ist es sehr gut geeignet. Die Nachteile: MDF ist schwer, so dass es in der Werkstatt schlecht zu handhaben ist; es hält Beschläge nicht sehr gut; es biegt sich bei Belastung durch; die rauen, offenen Kanten müssen gefüllt oder mit Umleimern versehen werden; und wenn es feucht wird, quillt es auf – der Vorgang ist nicht umkehrbar.

Spanplatten werden nicht wie MDF aus feinen Fasern, sondern aus Holzspänen hergestellt. So ergibt sich eine gröbere Oberfläche, die sich nicht als Blindmaterial für dünne oder sehr feine Furniere eignet. Es zeigt die meisten Vorteile von MDF – es belastet das Portemonnaie nicht sehr und ist in der Regel eben –, aber auch alle Nachteile. Wegen der rauen Oberfläche ist Spanplatte vor allem als Unterlage für stärkere Materialien wie Kunststofflaminat geeignet. Melaminbeschichtete Spanplatte ist, wie der Name schon sagt, mit einem harten Kunstharz beschichtet und deshalb gut für Korpusmöbel geeignet, weil es eine fertige und strapazierfähige Oberfläche bietet.

Beim Kauf von Spanplatten sollte man auf eine hohe Dichte achten (am Raumgewicht zu erkennen). Leichtere Platten sind zu grob und nicht belastbar genug für den Möbelbau.

Materialien kombinieren

Es lässt sich nicht abstreiten, dass das Aussehen und die Haptik von Vollholz angenehm sind. Man kann jedoch fertig furnierte Holzwerkstoffplatten zusammen mit Vollholz verwenden, um fast jedes Werkstück mit diesen Vorzügen auszustatten. So sind zum Beispiel die Rahmen der Wandpaneele, die Türrahmen, die Profilleisten und die Kranzgesimse des Bibliothekszimmers in den Abbildungen unten auf dieser Seite aus Mahagonivollholz. Die Rahmenfüllungen und die Tischplatte bestehen jedoch aus Sapellisperrholz. Die Gesamtwirkung ist solide und luxuriös.

Auch wenn Sie die Wirkung von Vollholz erzielen wollen, lohnt es sich manchmal, dieses mit anderen Werkstoffen zu kombinieren. Eine einfache Lösung ist es, für die Innenteile eines Korpus beschichtete Spanplatte zu verwenden, für die Außenseite jedoch furniertes Sperrholz. Bei dem Korpus, der rechts zu sehen ist, besteht das Innere – einschließlich des Bodens, Deckels und der Trennwände – aus melaminbeschichteter Spanplatte. Melaminharz ergibt eine sehr strapazierfähige Oberfläche, und man muss die Innenflächen

Die gemischte Verwendung von Vollholz und Sperrholz kann eine effektive Arbeitsweise sein. Die Türrahmen, Umleimer und Profilleisten dieses Lesezimmers in einem Privathaus sind aus Mahagoni, die Rahmenfüllungen aus Sapellisperrholz.

Die Tischplatte des Schreibtisches besteht aus Sapellisperrholz mit Vollholzumleimern und einer Lederauflage.

des Korpus nicht mit einem Oberflächenmittel behandeln, eine Arbeit, die oft eher mühselig ist. Die Sichtseiten des Korpus bestehen aus ahornfurniertem Sperrholz, dessen Rückseite jeweils lackiert wird. Wenn die Holztüren an der Vorderseite des fertigen Schrankes angebracht sind, sieht man nur noch das schöne, natürliche Ahornholz (siehe Abbildung rechts, dritte von oben).

Sperrholz anreißen und aufteilen

Sperrholz zeichnet sich zwar durch große, formstabile Flächen aus, die keine oder nur geringe Oberflächenbehandlung notwendig machen, aber die Handhabung großer Platten kann schwierig sein. Deshalb ist es wichtig, die Aufteilung zu planen und große Platten in kleinere Stücke zu teilen, mit denen sich besser arbeiten lässt.

Zuerst sollte man eine Schnittliste anfertigen, zu der auch eine Skizze jeder Sperrholzplatte gehören sollte, aus der ersichtlich wird, wie sie aufgeteilt werden soll.

> Siehe „Schnittlisten“ auf der folgenden Seite.

Man kann den Verschnitt bei Holzwerkstückplatten reduzieren, wenn man eine Schnittliste und einen Schnittplan auf Millimeterpapier verwendet.

Man kann im Inneren eines Schrankes melaminbeschichtete Spanplatte verwenden, um eine haltbare Oberfläche zu bekommen.

Die Außenseite des selben Schrankes wird mit Ahornsperrholz versehen, um ein ansprechendes Äußeres zu erhalten.

Die Türen und sichtbaren Außenseiten wirken durch die Verwendung von Ahorn natürlich. Die Innenseiten sind melaminbeschichtet.

Reißen Sie die Aufteilung der Platte zuerst grob mit Kreide an.

Einfache Vorrichtungen sind oft die besten. Diese Führung für die Handkreissäge erlaubt das einfache Aufteilen einer Sperrholzplatte in handhabbare Stücke.

Diese Vorrichtung ist einfach zu verwenden, da man die Kante direkt auf den Riss legt; die Säge wird vom Anschlag aus Spanplatte geführt.

Zuschnittvorrichtung für Plattenmaterial

Mit dem ersten Schnitt der Handkreissäge wird die Vorrichtung für die weiteren Schnitte an der Schnittlinie ausgerichtet.

Anschlag (MDF oder Sperrholz, ca. 19 x 75 mm)

Grundplatte (Sperrholz, 5 mm stark)

Nut (1,5 x 1,5 mm), damit Späne nicht die Genauigkeit des Schnittes beeinträchtigen.

Die Breite der Sperrholzplatte muss größer sein als die Entfernung vom Sägeblatt bis zur Kante der Handkreissägengrundplatte.

Die Kante der Grundplatte wird an der Schnittlinie auf dem Material ausgerichtet.

Schnittlinie auf dem Material

Auf diese Weise kann man eine ökonomische Schnittfolge planen. Wenn Sie den Schritt vom Papier zur Platte machen, ist es hilfreich, die Schnitte auf der Sperrholzplatte anzuzeichnen, damit man die gewünschte Maserung für einzelne Teile aussuchen und festlegen kann. Tafelkreide ermöglicht es einem, die Schnitte anzuzeichnen und gegebenenfalls wieder zu ändern – mit einem nassen Schwamm lassen sich überflüssige Striche leicht wieder entfernen.

Große Sperrholzplatten lassen sich auf dem Arbeitstisch einer normalen Tischkreissäge unter Umständen nur schlecht sägen, auch wenn die Maschine mit seitlichen und hinteren Tischvergrößerungen ausgestattet ist. Deshalb ist es meist angebracht, die Platte vorher aufzuteilen. Mit der Vorrichtung, die in der Abbildung auf der gegenüberliegenden Seite zu sehen ist, kann man Sperrholzplatten ohne große Einstellarbeiten mit der Handkreissäge aufteilen. Die Vorrichtung wird einfach an der Schnittlinie festgespannt, und die Säge wird auf der Grundplatte entlanggeführt, um den Schnitt auszuführen. Wenn man die Sperrholzplatte in kleinere Stücke aufgeteilt hat, kann man sie leicht an der Tischkreissäge weiter verarbeiten.

Schnittlisten

Eine Schnittliste ist ein gutes Hilfsmittel, um organisiert zu arbeiten. Wenn man sie auch während des Zusammenbaus zu Rate zieht, kann man

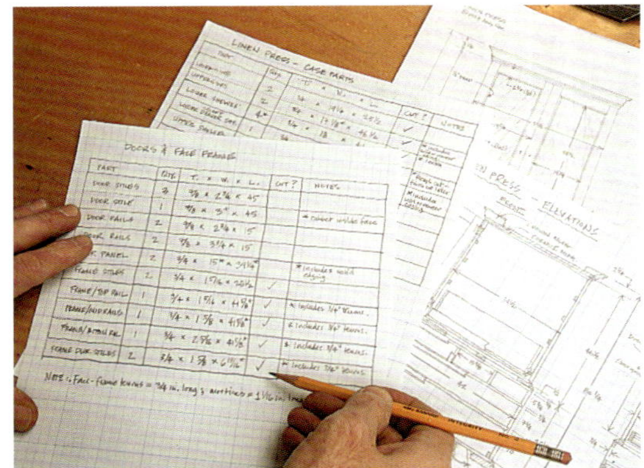

Bei Werkstücken mit vielen Einzelteilen ist eine Schnittliste ein wichtiges Instrument, um sicher zu stellen, dass alles auf die richtigen Maße zugeschnitten wird.

Fehler vermeiden. Bei komplizierten Werkstücken sollten Sie jedes Einzelteil auf einer Liste vermerken und die Maße der einzelnen Stücke auf einem Blatt Papier festhalten. Kariertes Papier macht es leicht, auf diese Weise Ordnung in die eigenen Gedanken zu bringen. Haken Sie während der Arbeit jedes Einzelteil ab, wenn Sie es auf Endmaß geschnitten haben.

Einzelteile kennzeichnen

Wie die Schnittliste helfen auch Markierungen auf den Werkstücken dabei, die Arbeit zu organisieren und die Zeit zu verringern, die man damit verbringt, ein bestimmtes Einzelteil zu suchen. Bei den meisten Arbeiten ist ein normaler Bleistift vollkommen ausreichend. Bei dunklen Holzarten kann man auch auf einen weißen Stift zurückgreifen, wie sie im Künstlerbedarf zu erhalten sind. Wenn sehr genaues Arbeiten erforderlich ist – etwa beim Anreißen von Schwalbenschwanzzinken – ist die feine Linie vorteilhaft, die man mit einem Anreißmesser zieht.

Um den Überblick über die Einzelteile eines Werkstücks zu behalten, sollte man sie systematisch kennzeichnen. Ich verwende dazu ein Dreieck und eine grade Linie. Sie können sich Ihr eigenes System zurecht legen – die Symbole selbst sind nicht so wichtig. Eine Verfahren, das ich gerne anwende, ist die Markierung der vorderen und oberen Kanten mit zwei Kennzeichen: Die Vorderseite wird durch eine Linie markiert, und die Ober- und Innenkante durch ein Dreieck oder eine Reihe von Dreiecken. Auf diese einfache Weise kann ich auch eine Vielzahl von Einzelteilen in der richtigen Anordnung aufreihen.

Mit einem Anreißmesser lassen sich Risse besonders genau übertragen.

Markieren Sie die Kanten der Einzelteile mit Dreiecken, damit Sie beim Weiterverarbeiten die Sichtseiten und -kanten richtig anordnen können.

Es gibt eine erstaunliche Vielfalt von Klebstoffen für die Verarbeitung von Holz. Die Auswahl reicht von traditionellen Haut- und Knochenleimen bis hin zu modernen synthetischen Klebstoffen, die sofort aushärten.

Die Auswahl und Verwendung von Klebstoffen

Wenn es an die Montage geht, greift man zur verlässlichen alten Leimflasche. Aber ebenso wenig, wie man ein Möbelstück nicht nur aus einem einzigen Material oder Holz bauen würde, ist es angemessen, sich bei allen Montagearbeiten nur auf einen Klebstoff zu verlassen. Trotz dieser Aussage, verwende ich bei 90 Prozent aller meiner Möbelstücke einfachen Tischlerleim. Technisch gesprochen ist dies ein Polyvinylacetatkleber (PVAC). Tischlerleim bietet meist eine längere offene Zeit (die Zeit, die man nach dem Klebstoffauftrag zur Verfügung hat, um alle Verbindungen zusammenzustecken), weshalb er vor allem bei komplizierten Stücken vorteilhaft ist. Und wie alle andere Klebstoffe, die in der Tischlerei verwendet werden, ist er für die Anwendungszwecke mehr als belastbar genug.

Andere Klebstoffe bieten verschiedene andere nützliche Eigenschaften – sie lassen sich gegebenenfalls wieder lösen, sind feuchtigkeits- oder gar wasserbeständig. Die Tabelle hilft bei der Auswahl des richtigen Klebstoffs für die anstehende Aufgabe.

TIPP Viele Klebstoffe sind nur ein Jahr lagerfähig, einige noch kürzere Zeit. Achten Sie auf das Herstellungsdatum des Gebindes, das Sie kaufen. Falls keines aufgedruckt ist, notieren Sie sich das Kaufdatum. Auf diese Weise können Sie ermitteln, wie frisch Ihr Leim noch ist.

Wenn Sie einen Klebstoff ausgewählt haben, müssen Sie lernen, wie man weder zu viel noch zu wenig davon aufträgt. Jedes dieser Extreme hat seine Nachteile. Wenn man zu wenig Leim angibt, kann Ihnen die Verbindung „verhungern“, vor allem, wenn der Druck der Zwingen den Leim aus der Verbindung hinausdrückt. So ergibt sich eine Verbindung, die bei Belastungen eventuell versagt. Besser ist es, in das andere Extrem zu verfallen und zu viel Leim anzugeben. Allerdings sollte man es auch hier nicht übertreiben und das gesamte Werkstück darin tränken. Überschüssiger Leim, der nicht entfernt wird, taucht später immer wieder auf, und zwar als Flecken, die bei jeder Oberflächenbehandlung sichtbar durchschlagen. Wie viel Leim ist genug Leim? Eine gute Faustregel besagt, dass eine Reihe feiner, gleichmäßiger Leimtropfen aus der zusammengesteckten Verbindung austreten sollte.

Beim Verleimen sollte nach dem Einspannen eine gleichmäßige dünne Schnur von Leimperlen austreten.

Offen- und Presszeiten verschiedener Klebstoffe

Klebstofftyp	Offenzeit	Presszeit	Kommentar
PVAC	3 – 5 min	1 h	allgemeine Tischlerarbeiten; Reinigung mit Wasser
Glutinleim	bei Erhitzung unbegrenzt	beschränkt	Handfurnierarbeiten, Verklebung lösbar
Glutin-Kaltleim	30 min	12 h	Verklebung mit Wärme und Wasser lösbar
Polyurethanklebstoff	50 min	2 h	feuchtigkeitsbeständig; schäumt während des Austrocknens auf
Kunstharz (Pulver u. Flüssigharz/ Pulver und Wasser)	20 min/20 min	1 h/12 h	feuchtigkeitsbeständig; Furnierarbeiten und Bugholzlaminierungen
Zweikomponentenklebstoff (schnell/langsam aushärtend)	1 min/1+ h	20 sec/24 h	schwindet nicht; auch unter Wasser verwendbar
Cyanacrylateklebstoff (Sekundenkleber)	5 sec	5 sec	schnelle Verklebung von Kleinteilen. Fugenfüller
Kontaktkleber	30 min – 3 h	sofortige Verklebung	Verarbeitung von Kunststofflaminaten
Heißkleber	15 sec	provisorische Befestigung	Herstellung von Vorrichtungen u. Schablonen

Der Entwurf von Möbelstücken

Um Holzarbeiten mit Selbstvertrauen bearbeiten und Möbelstücke bauen zu können, auf die man Stolz ist, muss man die Grundlagen des Möbelentwurfs beherrschen. Obwohl das Entwerfen guter Möbel ein Leben lang eine Herausforderung bleibt, sind die Grundlagen überaus einfach.

Bei der Anfertigung von Möbeln folge ich einem fundamentalen Prinzip: Form folgt Funktion. Auf gut Deutsch heißt das, das Möbelstück soll seinen Zweck auf bequeme und angenehme Weise erfüllen, und dennoch eine Augenweide sein. Auf dieser Grundlage achte ich sorgfältig darauf, dass das Möbelstück seine Funktion erfüllt, bevor ich mich mit seiner endgültigen Form beschäftige. Überlegen Sie, wie das Stück verwendet werden wird. So würden Sie bei einem Schreibtisch darauf achten, dass die Höhe auch zu dem Stuhl passt, auf dem man vor ihm sitzt. Die Tabelle rechts stellt einige der wichtigsten Maße zusammen.

Wenn Sie die Gesamtgröße des Möbelstücks festgelegt haben, zeichnen Sie ein Skizze. Beachten Sie, dass Sie kein Kunststudium absolviert haben müssen, um ein Werkstück zu skizzieren. Das Ziel ist es, die Grundidee des Möbels auf das Papier zu bringen, damit Sie sich weiter mit ihm auseinandersetzen können. Auch wenn sie nur grob skizziert sind, stecken diese Zeichnungen doch voller Energie und Vitalität. Später sollten Sie die Skizze immer wieder zur Hand nehmen, um Ihre Fortschritte zu überprüfen.

Fangen Sie dann an, etwas zu bauen. Natürlich werden Sie dafür die richtigen Werkstoffe und die richtigen Verbindungen verwenden. Und ich verspreche Ihnen, das nächste Stück, dass Sie danach bauen, wird noch besser werden. Und das nächste danach wieder besser. Und so weiter.

Durchschnittliche Möbelmaße

Möbelstück	Höhe cm	Tiefe cm	Länge/Breite cm
Tische			
Couchtisch	35 – 45	45–60	36 – 60
Karten-/Spieltisch	72	75	75
Beistelltisch	75	38	60
Flurtisch	75 – 100	38	60 – 100
Schreibtisch	75	60	90 – 100
Küchentisch	75 – 80	75	105
Esstisch	72 – 77	105	150 – 200
Stühle			
Arbeitsstuhl	42	40 – 45	40 – 50
Essstuhl	40 – 45	40 – 45	40 – 45
Sessel	35 – 45	45 – 60	60 – 90
Schränke			
Buffet	75	40 – 60	100 – 180
Vitrine	140 – 170	30 – 52	beliebig
Küchenschrank	80 – 90	30 oder 60	beliebig
Diverses			
Truhen	80– 140	60	beliebig
Bücherregal	80 – 210	35 – 45	beliebig
Schreibtisch	75	60 – 75	100 – 150

Maßstabsgerechte Modelle können dazu beitragen, die richtigen Proportionen für ein Werkstück zu finden. Ein Lineal mit unterschiedlichen Maßstäben an den Kanten (Vordergrund) ermöglicht es, die Maße in entsprechenden Verkleinerungen zu übertragen.

Wenn Sie Ihre Fähigkeiten auf dem Gebiet des Entwurfs verbessern möchten, gibt es einige Gesichtspunkte, die Sie beim Möbelbau bedenken sollten. Ziehen Sie das Aussehen, die Proportionen, die Ausgewogenheit, Form, Masse, Farbe und Struktur in Betracht. Diese Faktoren wirken zusammen, um ein angenehmes Möbelstück entstehen zu lassen. Sie werden das alles selbst schnell herausfinden.

Es ist immer riskant, einfach anzufangen und während des Bauens zu entwerfen. Manches kann dabei schief gehen. Die sicherere, traditionellere Methode ist es, ein Modell herzustellen und damit zu experimentieren, bevor man sich an die Ausführung macht. So könnten Sie zum Beispiel die akustischen Eigenschaften verschiedener Holzarten ausprobieren, wenn Sie vorhaben, sich Lautsprecher zu bauen. Oder der Entwurf einer neuen Tür kann Sie dazu bringen, sich mit verschiedenen Scharniertypen auseinanderzusetzen. Verwenden Sie für solche Versuchsmodelle Restholz, und fügen Sie die Teile mit Schrauben, Schmelzkleber oder sogar Klebeband zusammen.

Maßstabsgerechte Modelle können hilfreich bei Entscheidungen über das endgültige Aussehen sein. Legen Sie die Maße der Teile sorgfältig fest, und verwenden Sie einen Dreikantmaßstab mit unterschiedlichen Maßstabskalen, um maßstabsgerecht zu arbeiten.

Diese Miniaturmöbel lassen sich gut aus dünnen Reststücken Vollholz, Sperrholz, MDF oder Karton herstellen – was immer gerade zur Hand ist. Fügen Sie die Teile mit Schmelzkleber oder Sekundenkleber zusammen, und beurteilen Sie dann die Proportionen und das Gesamtaussehen des Stücks.

Manchmal gewinnt man durch ein verkleinertes Modell kein richtiges Gefühl für das spätere Aussehen. Am deutlichsten wird einem dies, wenn man eine Modell im Maßstab 1 : 1 herstellt, um die echten Proportionen eines Möbels zu beurteilen. Stellen Sie ein solches Modell aus gut verfügbaren Werkstoffen her – Dachlatten, steifer Karton und Schrauben –, und verändern Sie dann den Entwurf so lange, bis Ihnen das, was Sie sehen, gut gefällt.

Ich stelle oft einen Satz Arbeitszeichnungen her, sowohl um den Entwurf zu beurteilen, als auch, wegen der Detailinformationen zur Konstruktion, die in ihnen enthalten sind. Ein solcher Satz besteht meist aus Vorderansicht, Seitenansicht und Draufsicht. Die Zeichnungen können verkleinert oder in Originalgröße mit Hilfe eines Lineals und Zeichendreiecks mit 30°-, 60°- und 90°-Winkeln angefertigt werden. Die Arbeitszeichnung dient nicht nur der Visualisierung des Werkstücks, sie hilft auch beim Anlegen einer Schnittliste, falls Sie eine benötigen.

> Siehe „Schnittlisten“ auf S. 36.

Das Arbeiten des Holzes

Vollholz quillt und schwindet bei Veränderungen der Luftfeuchtigkeit in seiner Umgebung. Da Holz hygroskopisch ist (es nimmt Feuchtigkeit aus der Luft auf) kann man diese Dimensionsveränderungen des Holzes auch durch den besten Leim oder das beste Oberflächenmittel der Welt nicht verhindern – es sei denn, man bewahrte die Bretter in einem Vakuum auf. Glücklicherweise ist das Arbeiten des Holzes in Faserrichtung so gering, dass man es vernachlässigen kann und sich keine Sorgen über Längenveränderungen von Werkstücken machen muss. Die tangentialen Veränderungen (quer zur Holzfaser) können sich doch sehr unangenehm bei Möbelstücken bemerkbar machen, wenn man sie nicht berücksichtigt. Wenn Sie einige Grundregeln befolgen, werden sich Ihre Arbeiten nicht werfen und verziehen und lange Bestand haben.

Als Faustregel können Sie davon ausgehen, dass die meisten technisch oder natürlich getrockneten Hölzer sich bis zu 5 mm pro 300 mm in der Breite verändern werden, je nachdem, wie stark die Luftfeuchtigkeit in Ihrer Wohngegend sich im Laufe der Jahreszeiten verändert. Manche Holzarten arbeiten nur wenig; bei anderen sind die Maßänderungen recht drastisch. So wird ein 300 mm breites, tangential geschnittenes Brett amerikanischer Kirsche um etwa 3,2 mm in der Breite zunehmen, wenn die Holzfeuchte von sechs Prozent auf 12 Prozent zunimmt. Buchenholz der gleichen Breite und Einschnittweise wird bei der gleichen Veränderung der Holzfeuchte um mehr als 6,3 mm quellen.

Die Einschnittweise des Holzes spielt beim Arbeiten auch eine Rolle. Wenn man die Buche nicht tangential einschneidet, sondern radial (Riftschnitt), reduziert sich die bei dem gleichen Brett die Größenveränderung auf 3 mm. Riftgeschnittenes Holz ist auch berechenbarer als solches mit liegenden Jahresringen, das sich über die Gesamtbreite ungleichmäßig verändern und werfen kann, da die Holzfasern unterschiedlich strukturiert sind. Daraus sollte man die Lehre ziehen, dass für breite, nicht verankerte Holzplatten – etwa Tischplatten, die nicht an einem stabilen Gestell befestigt sind, vorzugsweise dimensionsstabiles Holz mit stehenden Jahresringen verwendet werden sollte. (Für weitergehende Informationen finden Sie Hinweise im Literaturverzeichnis.)

Wenn man Möbel bauen möchte, die eine lange Lebenserwartung haben, muss man das Arbeiten des Holzes berücksichtigen. Eine der besten Lösungen, und vielleicht auch die älteste, ist die Verwendung von Konstruktionen mit Rahmen und Füllungen. Bei dieser Konstruktion hält ein schmaler, genuteter Rahmen eine breite, plattenförmige Füllung. Wenn die Füllung aufgrund von Änderungen der Luftfeuchtigkeit arbeitet, kann es sich innerhalb der Nuten des Rahmens quellen und schwinden, ohne dass es reißt oder den Rahmen auseinander drückt.

Andere Verfahren beruhen darauf, dass man die Faserrichtung unterschiedlicher Teile eines Korpus aneinander ausrichtet. So sollte zum Beispiel bei einem Korpus die Faserrichtung des Bodens und Deckels von Seite zu Seite verlaufen, wenn sie an den Seiten senkrecht verläuft. Bei Änderungen der Holzfeuchte arbeiten die Teile des Korpus dann im Gleichklang. Teile mit senkrecht zueinander stehender Faserrichtung anzuordnen oder zu verleimen, führt direkt ins Unglück. Es gibt jedoch auch Ausnahmen von dieser Regel. So kann man zum Beispiel eine Schlitz-und-Zapfen-Verbindung durchaus verleimen. Die Verbindung hält, weil die Teile mit Hirnholz relativ schmal sind. Schmale Werkstücke (75–100 mm oder weniger) arbeiten nur wenig. Bei breiten Teilen ist die Maßveränderung beträchtlich, das eine Teil der Verbindung quillt und schwindet und übt so unablässig Zug- und Druckkräfte auf seine Nachbarn aus. Das unausweichliche Ergebnis sind Risse oder sich öffnende Verbindungen. Auch dicke Lackschichten können an der falschen Stelle wie eine Verleimung wirken und zu Rissen führen.

Wenn auch Oberflächenmittel das Arbeiten des Holzes nicht verhindern können, sollte man ihre schützende Wirkung jedoch nicht außer Acht lassen. Jeder Oberflächenbehandlung – auch nicht trocknende wie das Ölen – reduzieren in gewissem Maß das Arbeiten eines Brettes. Achten Sie aber darauf, die gleiche Anzahl von Schichten auf allen Seiten des Werkstücks aufzutragen. Das ist vor allem bei frei tragenden Platten wichtig. So sind Ihnen vielleicht das gute Aussehen und der Glanz der Oberseite einer Schreibtischplatte wichtiger, aber die Oberflächenbehandlung der Unterseite ist genauso wichtig. Auf diese Weise wird Feuchtigkeit von der Tischplatte gleichmäßig aufgenommen und abgegeben. Wenn Sie die gleichmäßige Oberflächenbehandlung beider Seiten einer Platte außer Acht lassen, wird sie sich werfen.

Über die spezifischen Konstruktionsmethoden hinaus ist es auch wichtig, die Umgebung und die relative Luftfeuchtigkeit in Betracht zu ziehen, in der Sie das Holz bearbeiten. So ist das Holz in den meisten Regionen in Innenräumen während des Winters trockener als im Sommer. Das liegt daran, dass die relative Luftfeuchtigkeit in dieser Jahreszeit deutlich geringer ist, zum einen wegen des kalten Wetters und zum anderen wegen der Zentralheizung im Inneren – beide Faktoren entziehen der Luft Feuchtigkeit. Deshalb tut man gut daran, Bauteile im Winter etwas schmaler oder dünner zuzuschneiden, da man damit rechnen muss, dass sie im feuchteren Sommer quellen. Das Gegenteil gilt, wenn man in den feuchten Sommermonaten Möbel baut: Man sollte eine geringe Zugabe einplanen, um das Schwinden während der trockneren Jahreszeit zu berücksichtigen. Man kann sich einen besseren Überblick über die Veränderung der Luftfeuchtigkeit im Jahresverlauf verschaffen, wenn man die Werte in der Werkstatt mit einem Hygrometer misst.

> Siehe „Vollholz kaufen und vorbereiten" auf S. 23.

Ich glaube, die sicherste Art und Weise mit dem Arbeiten des Holzes umzugehen, liegt darin, sich mit ihm abzufinden. Mit anderen Worten: Rechnen Sie mit dem Schlimmsten – und konstruieren Sie dementsprechend. Gehen Sie davon aus, dass Ihr Möbelstück irgendwann auf die Südhalbkugel gelangen, und dort in den Tropen in der Nähe eines Gewässers stehen wird, wo die Luftfeuchtigkeit immensen Schwankungen unterliegt. Das ist zwar unwahrscheinlich, aber wenn Sie es beim Entwurf und bei der Konstruktion in Betracht ziehen, werden Ihre Möbel erst lange nach Ihnen das Zeitliche segnen.

Konstruktive Berücksichtigung des Arbeitens von Vollholz

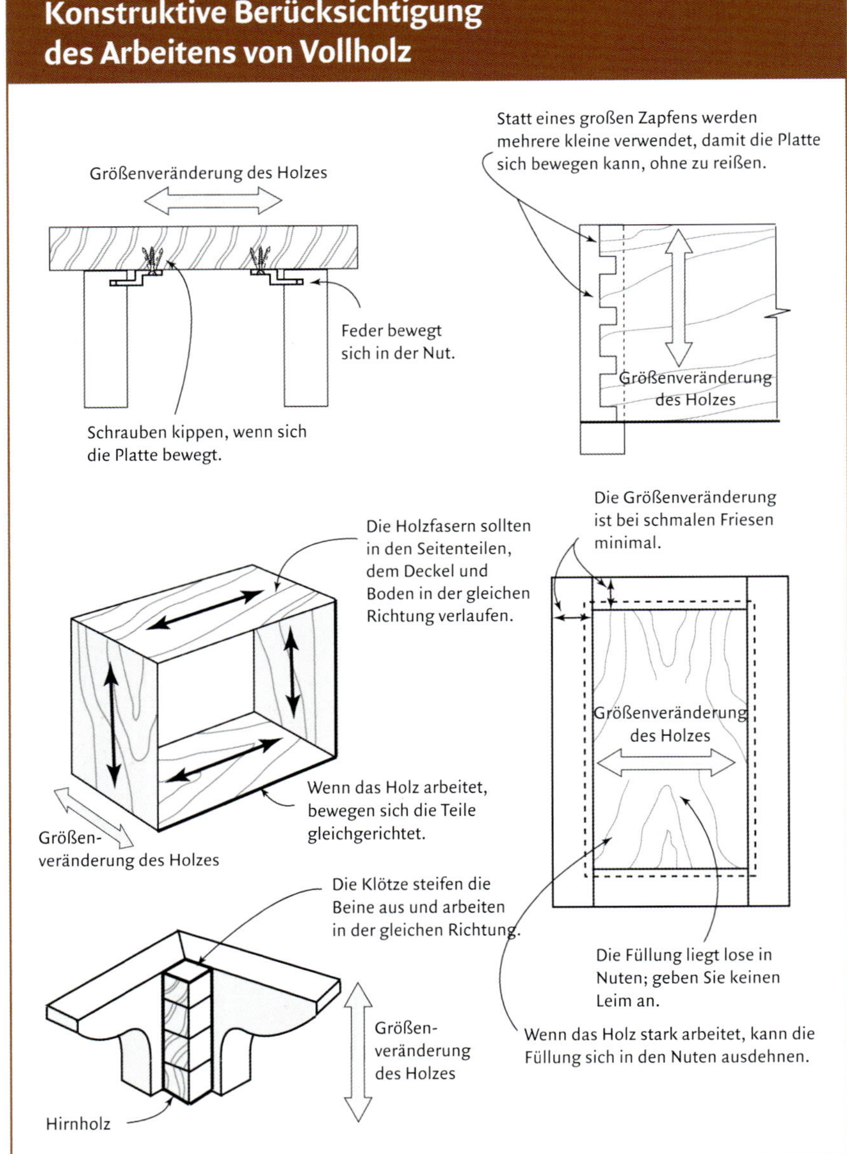

Korpuskonstruktion

Die Korpuskonstruktion ist die Grundlage der Möbeltischlerei. Es geht dabei um viel mehr, als einfach einen Kasten mit sechs Seiten zu bauen. Bei einem komplizierteren Möbelkorpus kann fast jede Holzverbindung vorkommen, die Sie kennen, und er kann auch geschwungene oder lange freitragende Teile aufweisen. Zu den Grundlagen der Korpuskonstruktion gehören jedoch einige wichtige Techniken, unter anderem die Kunst, gerade und ebene Flächen herzustellen – und auch dafür zu sorgen, dass sie beides bleiben. Eine harmonische Kurve anzulegen und dann ohne Dellen zu schneiden oder fräsen, ist auch eines der wichtigen Elemente der Handwerkskunst. Und das Einpassen von Bauteilen. Ja – Sie werden bei der Korpuskonstruktion immer wieder Teile einpassen müssen. Es ist keine Arbeit für den Zaghaften oder Unsicheren. Aber all diese kleinen Einzelteile zu einem sinnvollen Ganzen, zu einem Korpus oder Schrank zusammenzufügen, ist eine gute Erfahrung. Nach und nach lernt man, nachdenklicher im Umgang mit dem Werkzeug und Material umzugehen. Und mit etwas Glück führt das auch zu einer besseren Beherrschung von beidem.

Einfache Korpusse

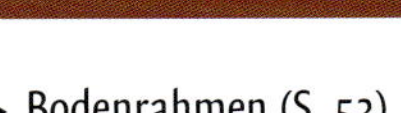

Innenteile von Korpusmöbeln

Befestigung an der Wand

Schränke, Kommoden, Vitrinen und Kästen gibt es in einer unendlichen Auswahl an Stilen und Abwandlungen, so dass jeder etwas finden kann, das seinem Geschmack und seinen Bedürfnissen entspricht. Aber die grundlegenden Korpuskonstruktionen lassen sich einigen relativ deutlichen Typen zuordnen. Wenn man sich für einen dieser Typen entschieden hat, kann man immer noch zwischen vielen verschiedenen Bauweisen auswählen.

Ob Sie eine kleine Schmuckschatulle, eine Kommode oder eine ganze Schrankwand bauen, die Konstruktionsprinzipien bleiben die gleichen. Sie müssen mindestens zwei Seitenteile miteinander verbinden und sie mit einem Boden, Deckel und einer Rückwand versehen. Wie Sie die Verbindungen gestalten, hängt zum Teil von dem verwendeten Material ab – ob es Vollholz ist oder ein Holzwerkstoff, oder eine Kombination aus beidem. Natürlich ist es in Ordnung, Sperrholz in einem Korpus aus Vollholz zu verwenden, es gibt jedoch einige Regeln, an die man sich halten sollte, sonst geben die Verbindungen in kürzester Zeit nach, weil das Holz die nicht zu beseitigende Eigenschaft hat, zu arbeiten.

> Siehe „Das Arbeiten des Holzes“ auf S. 40.

Die Abbildungen auf S. 48 und 49 zeigen einige der möglichen Verbindungen. (Für weitergehende Informationen finden Sie Hinweise im Literaturverzeichnis.)

Der nächste Schritt beim Bau eines Korpus ist die Gestaltung des Inneren. Dieses hängt sehr stark von der beabsichtigten Nutzung ab. Trennwände und Zwischenböden können den Innenraum unterteilen und den nutzbaren Platz vergrößern. Falls Sie Regalböden anbringen möchten, sollten Sie sich jetzt Gedanken über Ihre Gestaltung machen, bevor Sie den Korpus zusammenbauen.

> Siehe „Regale“ auf S. 58.

Schranktypen

Die grundlegenden Schranktypen erlauben vielfältige Abwandlungen aus ästhetischen und funktionalen Gründen. So kann der gleiche Typ zum Beispiel als Akten- oder als Küchenschrank dienen.

Freistehend

Kann hoch und breit sein oder in einzelnen Teilen hergestellt werden, zum Beispiel als Ober- und Unterschrank.

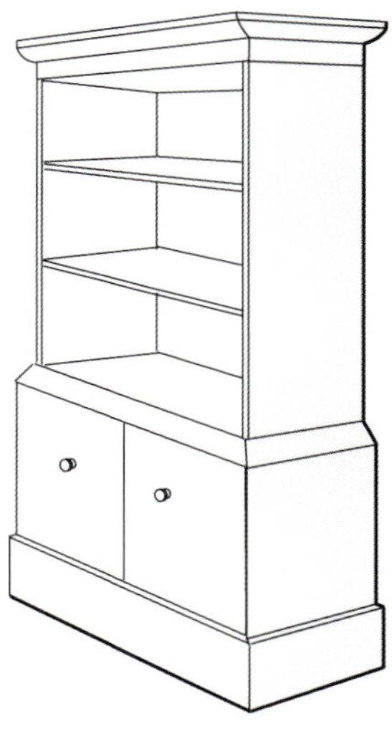

Einbauschrank

Wird an der Wand, dem Fußboden oder der Decke befestigt und an diese Raumelemente angepasst.

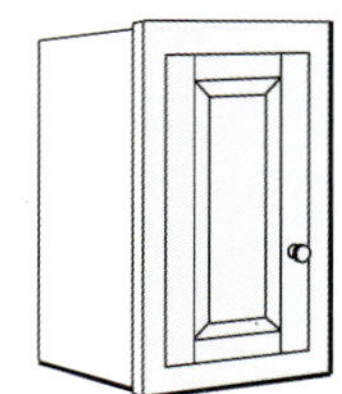

Wandschrank

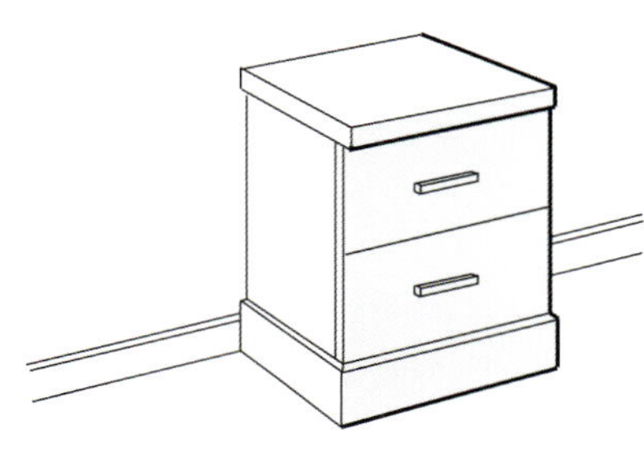

Unterschrank

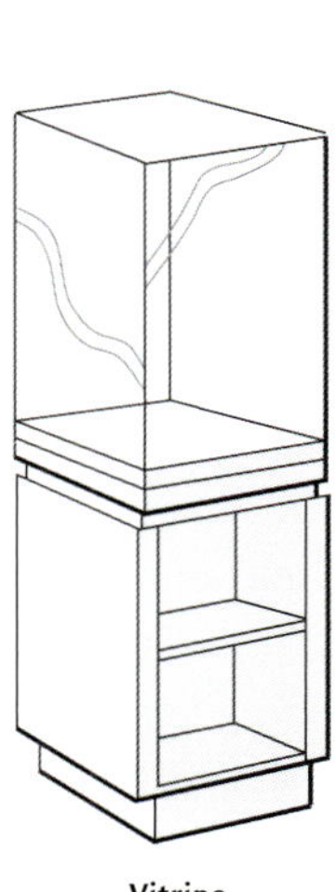

Vitrine

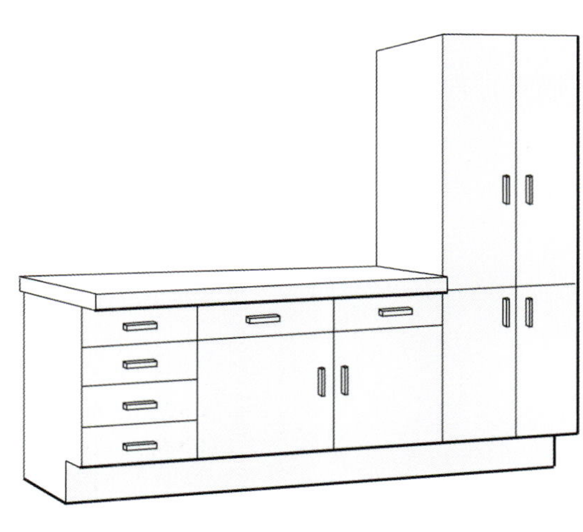

Anbausystem (rahmenlos, im 32-mm-Raster)

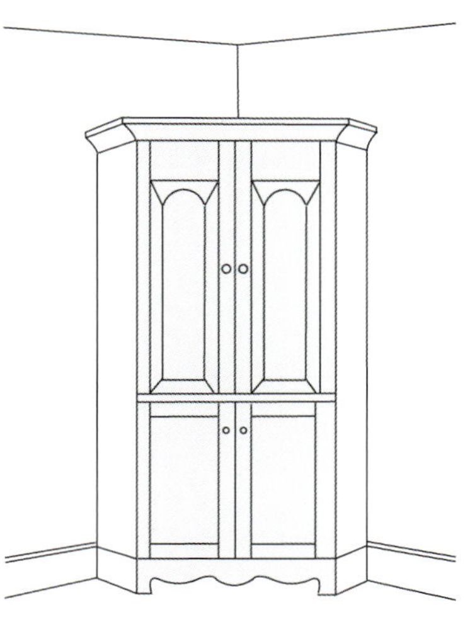

Eckschrank

Korpusverbindungen

Man kann für Schränke aus Sperrholz oder anderen Holzwerkstoffen die gleichen Verbindungen verwenden wie für Vollholz, mit Ausnahme der Gratnut, die in Sperrholz nicht sehr belastbar ist. Bei einem Korpus aus Vollholz sollte die Holzfaser so verlaufen wie durch die Pfeile in den Zeichnungen gezeigt, damit das Arbeiten des Holzes nicht zu Problemen führt.

Verbindungen auf Stoß

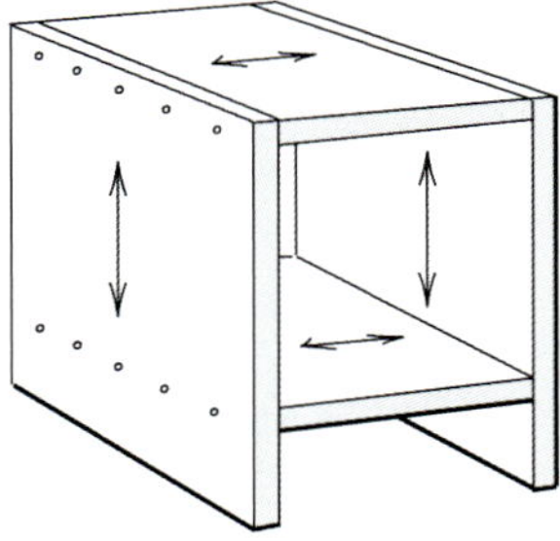

werden mit Leim und Nägeln oder Schrauben gesichert.

Demontierbare Verbindungen

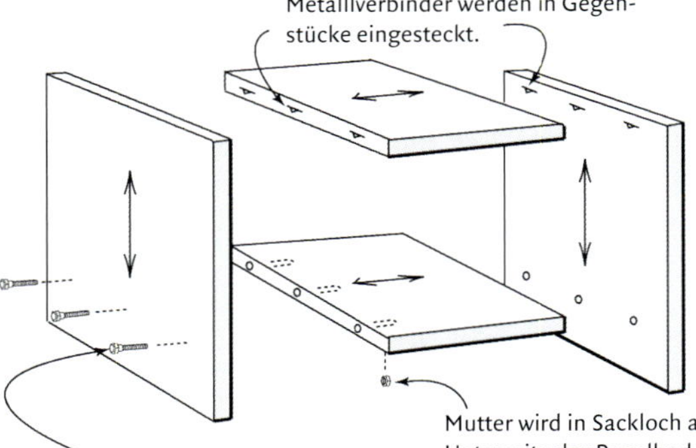

Verleimte Fälze und Nuten

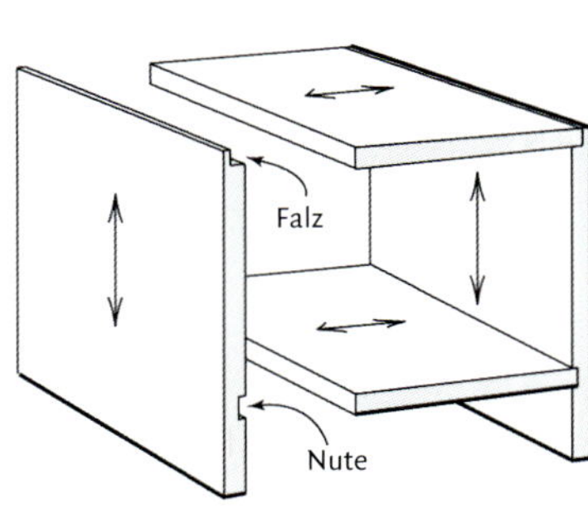

Flachdübel

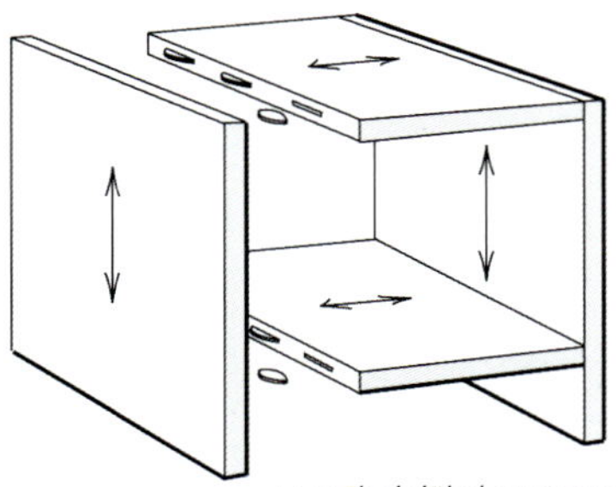

Lose Flachdübel aus gepresstem Holz, die in Schlitze der beiden Verbindungsteile gesteckt werden.

Runddübel

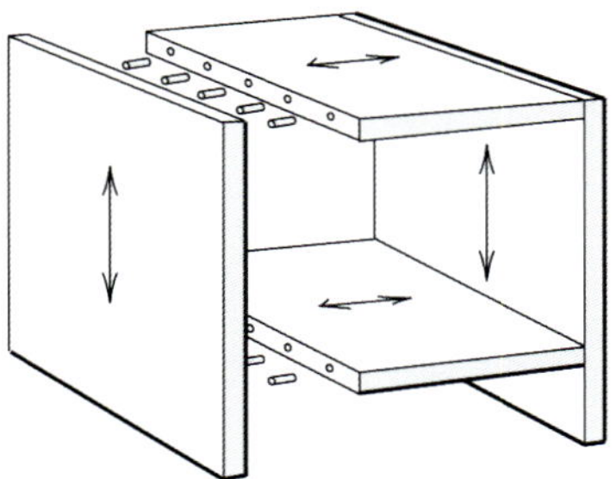

Schwalbenschwanzzinkungen

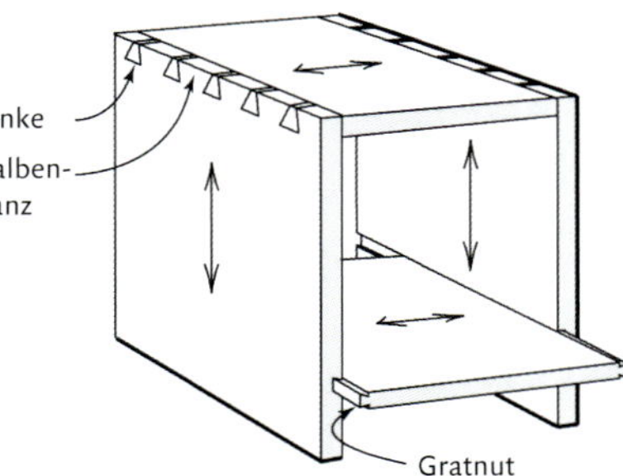

Die oberen Ecken werden durch offene Schwalbenschwanzzinkungen verbunden, der Boden oder Regalboden durch eine Gratnut.

Schlitz und Zapfen

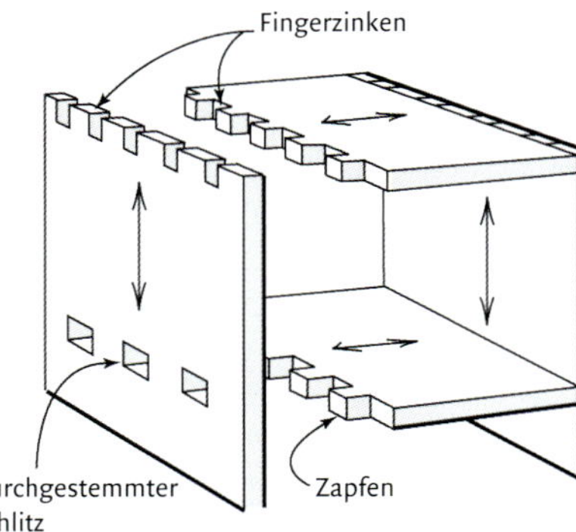

Der Deckel ist durch Fingerzinken mit den Seitenteilen verbunden, die Zapfen des Bodens greifen in Schlitze in den Seitenteilen.

Lose Federn

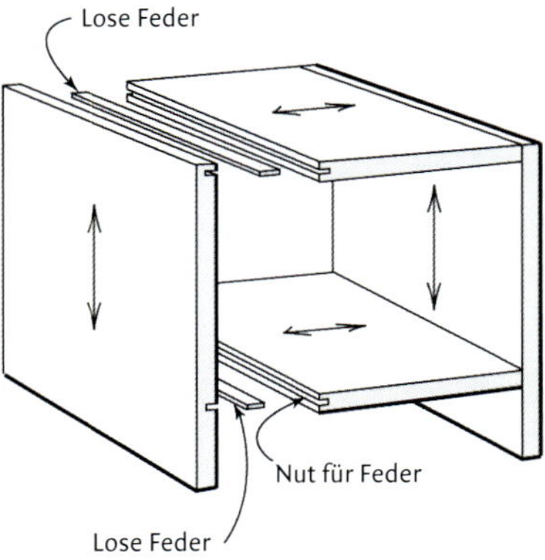

Bei einem Korpus, der Schubladen oder kleine Tablettböden aufnehmen soll, muss man Führungen vorsehen, auf denen diese Teile in und aus dem Korpus gezogen werden können. Natürlich hat jeder Schrank eine Rückwand, jede Schatulle und jede Schublade einen Boden. Zwar wird die Rückwand meist als letztes in einen Korpus eingepasst, doch sollte man beachten, dass in den meisten Fällen ein Falz oder eine andere Aufnahme für die Rückwand vorhanden sein muss, und dass diese schon vorher beim Entwurf und bei der Konstruktion vorgesehen werden muss.

Schließlich muss man sich bei Hängeschränken auch für ein Aufhängesystem entscheiden. Vielleicht müssen Sie auch einen Schrank am Fußboden oder an der Wand befestigen. Gewicht ist ein wichtiger Faktor, da ein Schrank unter Umständen ein Mehrfaches seines eigenen Gewichtes tragen muss. Trageleisten sind in den meisten Fällen eine gute Lösung und können verwendet werden, um einen Schrank dauerhaft an einer senkrechten Fläche zu befestigen. Was passiert jedoch, falls der Schrank von seinem ursprünglichen Platz bewegt werden soll? Planen Sie voraus, damit sich

Vollholz und Sperrholz kombinieren

Der Schlüssel zur erfolgreichen Kombination von Voll- und Sperrholz in einem Möbelstück liegt darin, Verbindungen mit einer Länge von mehr als 100 mm nicht zu verleimen. Falls Sie Sperrholz über einem breiten Stück Vollholz verwenden müssen, ist es am besten, die beiden Teile zu verschrauben, damit sie sich bewegen können, ohne zu reißen. Man kann stattdessen auch eine Sperrholzfüllung in einem Vollholzrahmen einlegen, so dass man keine Beschläge sieht. Sperrholzrückwände lassen sich in Fälze des Korpus einleimen, weil das Arbeiten des Holzes wegen der geringen Breite der Fälze keine Rolle spielt.

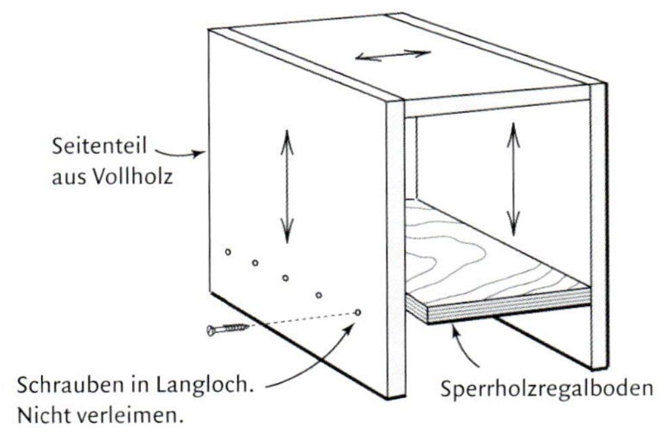

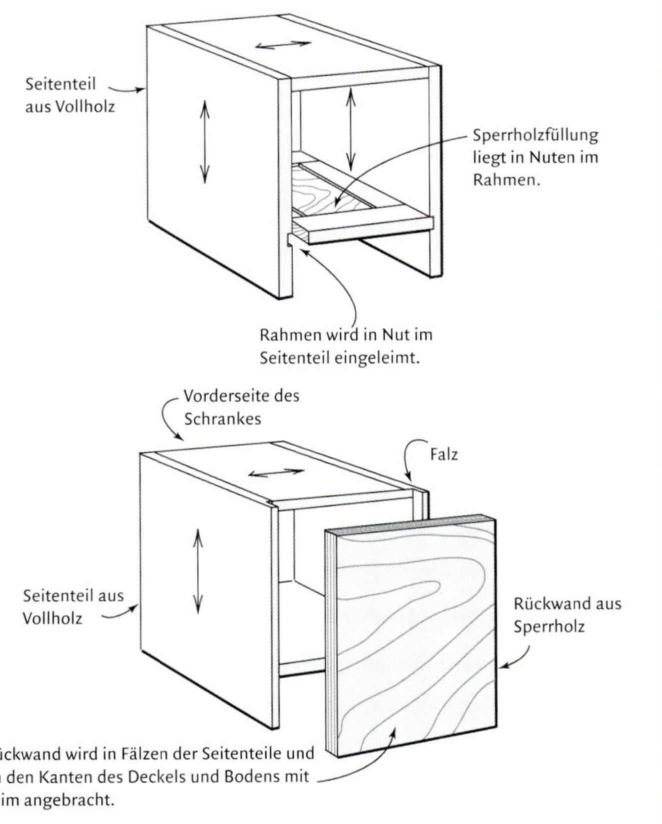

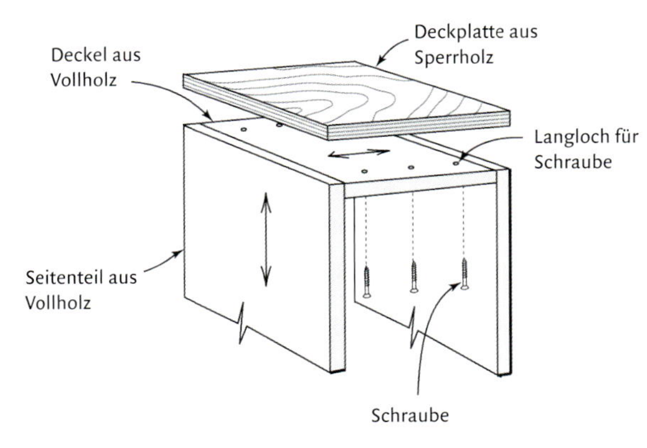

Innerer Aufbau

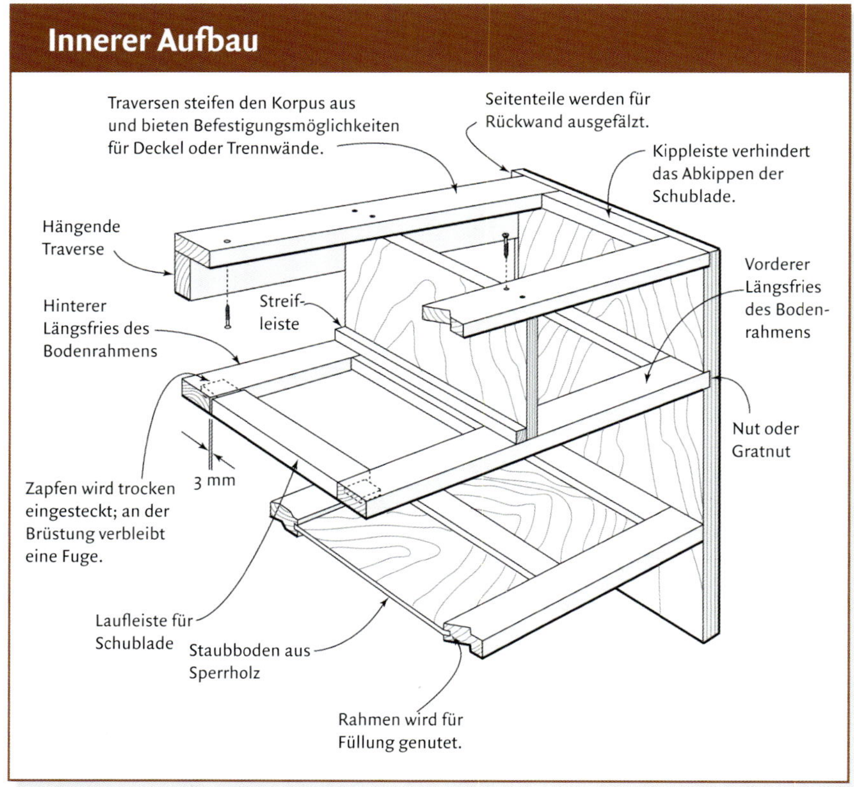

ein Hängeschrank später auch leicht – und ohne Werkzeug – abhängen lässt.

Bevor Sie sich in die Konstruktionsweisen von Schränken vertiefen, sollten Sie sich für den grundlegenden Stil entscheiden und sich Gedanken über die Funktion des Stückes machen, das Sie bauen wollen. Oft kann sich ein sehr einfacher Entwurf so abändern lassen, dass er sich für einen bestimmten Zweck eignet, etwa wenn man ein Grundelement mehrfach wiederholt, um eine ganze Küche auszustatten.

Verbindungen in Vollholz und Sperrholz

Wenn Sie sich für einen Stil entschieden haben, müssen Sie sich mit der Wahl des Werkstoffes auseinandersetzen. Im Korpusbau werden sowohl Vollholz als auch Holzwerkstoffe eingesetzt (zum Beispiel Sperrholz und Spanplatte). Bei der Verarbeitung haben sie alle ihre Vor- und Nachteile.

Die Wahl der Verbindungen wird manchmal von der Wahl des Werkstoffes abhängen, öfter bestimmt jedoch der Schwierigkeitsgrad, den Sie in Kauf nehmen möchten, die Verbindungen. So gibt es nichts an einer Verbindung auf Stoß auszusetzen, die mit Leim und Nägeln hergestellt wird. Wenn sie durchdacht und sorgfältig ausgeführt wird, kann eine genagelte Verbindung Generationen überdauern, und man kann mit ihr schnell einen Korpus zusammenbauen. Das andere Extrem ist ein Korpus, bei dem alle vier Eckverbindungen mit Schwalbenschwanzzinkungen hergestellt werden, in diesem Fall ist eine Menge sorgfältige Planung und viel Arbeit an der Hobelbank erforderlich. Man kann also so viel Zeit und Energie in die Herstellung einfacher – oder nicht so einfacher – Verbindungen stecken, wie man möchte. Oft wird die Entscheidung durch Ihr eigenes Stilgefühl, die Ausstattung Ihrer Werkstatt und Ihre eigenen handwerklichen Fähigkeiten bestimmt.

Bei Vollholz sollte man die Wahl der Verbindung vor allem durch das Arbeiten des Holzes bestimmen lassen: Berücksichtigen Sie die Richtung, in der das Holz quillt und schwindet, bei der Konstruktion des Werkstückes. Die Abbildung auf S. 48 zeigt für verschiedene Situationen, in welche Richtung die Holzfasern verlaufen sollten, vor allem, wenn die Teile miteinander verleimt werden. Bei Sperrholzplatten mit Laubholzdeckfurnieren und anderen Plattenwerkstoffen, die auf den Außenseiten Maserung zeigen, ist der Faserverlauf nicht wichtig. Wenn man jedoch die beiden Werkstoffe kombiniert (siehe Abbildung auf S. 49), muss man das Arbeiten des Vollholzes wieder in Betracht ziehen.

Die Planung des Inneren

Wenn Sie sich auf einen Stil und auf das Material festgelegt haben, müssen Sie überlegen, wie Sie das Innere des Möbelstücks gestalten möchten. Die Inneneinrichtung eines Schrankes kann viele Funktionen erfüllen. Bodenrahmen, die an den Innenseiten des Korpus angebracht werden, können seine Stabilität erhöhen und Schubladen tragen. Trennwände können Regalböden tragen und den Innenraum organisieren. Leisten können breitere Platten ersetzen und als Befestigung für Korpusdeckel dienen. Die Schubladenführungen sorgen dafür, dass sich Schubladen leichtgängig im Korpus bewegen, und die Kippleisten verhindern, dass eine Schublade beim Herausziehen aus dem Korpus kippt. Bei einem Hängeschrank muss man sich auch Gedanken über die Aufhängung machen, die oft die versteckte Anbringung von strategisch platzierten Leisten im Korpus erforderlich macht.

Trennwände und Zwischenböden

Bodenrahmen und Staubböden sind das Grundgerüst der Innenkonstruktion. Oft werden noch zusätzliche Trennwände und Zwischenböden angebracht. Zwischenböden teilen den Innenraum nicht nur auf, sondern bieten auch Befestigungsmöglichkeiten für Beschläge und tragen Schubladen oder die Seitenteile für Regalfächer. Wenn man eine senkrechte Trennwand unter einem Zwischen- oder Regalboden anbringt, wird dieser automatisch auch abgestützt und am Durchbiegen gehindert. Wenn Sie die Zwischenböden an den Korpusseiten befestigen, wird auch die Belastbarkeit des gesamten Möbelstücks erhöht.

Eine senkrechte Zwischenwand kann einen Regalboden oder eine Schublade halten – und das Durchhängen von Böden verhindern.

In Verbindung mit einer Zwischenwand kann ein waagerechter Zwischenboden eine solide Anbringung von Schubladen ermöglichen.

Mit einer Reihe von dünnen senkrechten Unterteilungen kann man Fächer für kleine Gegenstände schaffen.

Verbindungen für Trennwände

Trennwände und Unterteilungen können zu Bestandteilen der Gesamtkonstruktion eines Möbelstücks werden, vor allem wenn die Verbindungen belastbar sind. Mit Verbindungen auf Stoß und Schrauben lassen sich Trennwände leicht in einem Korpus befestigen, diese Methode empfiehlt sich dann, wenn man die Schrauben nicht sehen kann. Drahtträger ermöglichen eine unsichtbare Befestigung, zudem kann man die Trennwand später auch wieder entfernen.

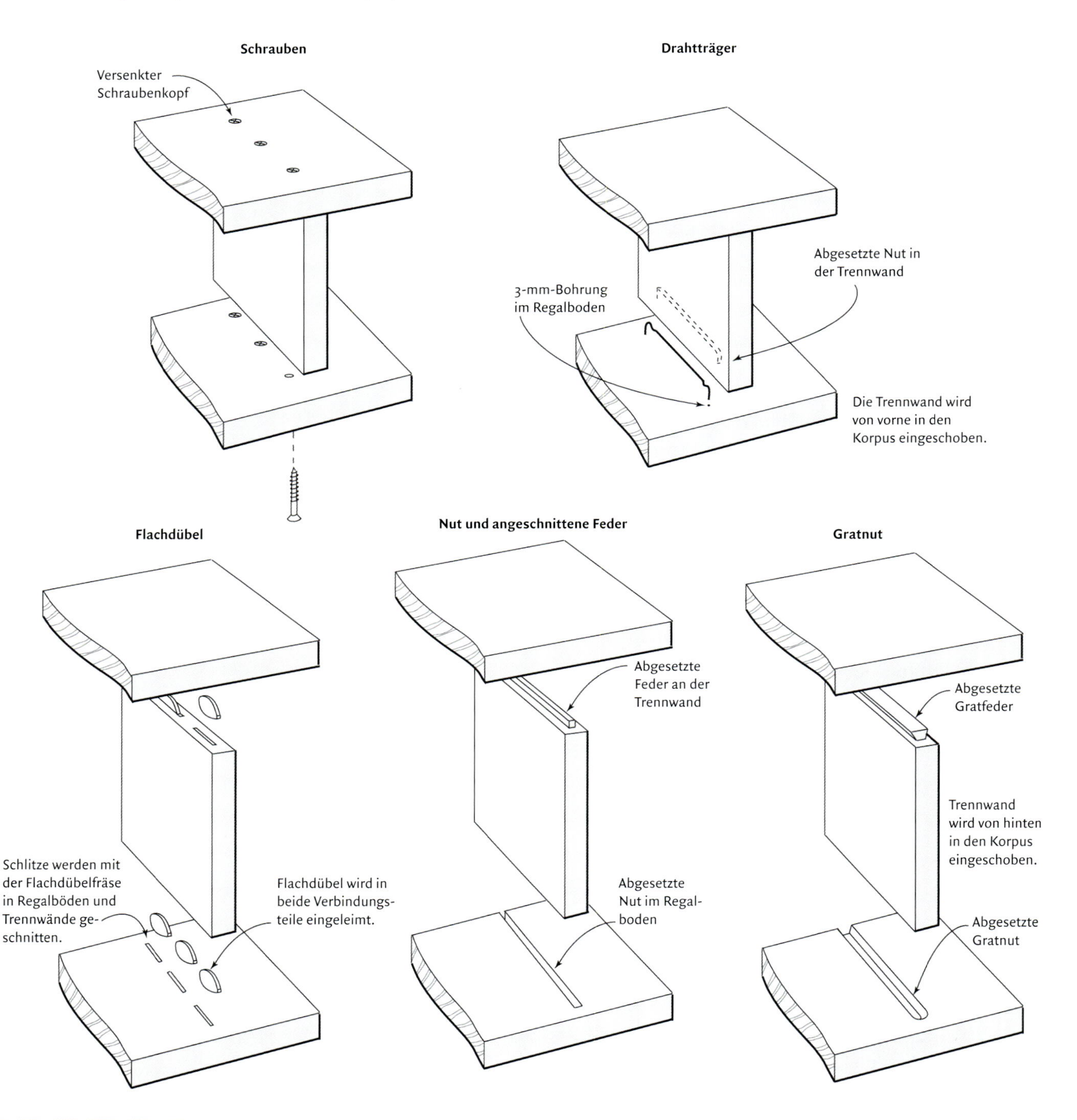

Bodenrahmen

Ein Bodenrahmen steift den Korpus aus und bietet eine belastbare Auflage für Schubladen – ohne das Gesamtgewicht des Möbelstücks nennenswert zu erhöhen. Die Konstruktion berücksichtigt das Arbeiten des Holzes bei Korpussen mit Vollholzseiten.

Schneiden Sie zuerst die Teile des Rahmens auf Größe. Diese wird durch die Innenmaße des Möbelstücks bestimmt. Bereiten Sie die Korpusverbindungen vor, indem Sie zuerst Schlitz-und-Zapfen-Verbindungen an den Rahmenfriesen anschneiden. Schneiden Sie dann die Schwalbenschwanzaufnahmen und Nuten in die Korpusseiten. Verwenden Sie dafür eine Vorrichtung, mit der Sie sehr genau arbeiten können, indem Sie gleichzeitig beide Verbindungen fräsen – allerdings mit zwei Handoberfräsen mit unterschiedlich großen Grundplatten **(A).** Die kleinere Handoberfräse wird zwischen zwei Zulagen geführt, um den Unterschied der Grundplatten auszugleichen. Stimmen Sie die Größe der Zulagen auf Ihre Handoberfräse an. Man kann die Vorrichtung auch verwenden, um mit nur einer Handoberfräse beide Verbindungen zu schneiden, in diesem Fall müssen Sie jedoch entweder den Fräser (und die Frästiefe) wechseln oder die Vorrichtung umsetzen.

Fräsen Sie mit einem 12-mm-Fräser eine 17 mm breite und 8 mm tiefe Schwalbenschwanzaufnahme für das Längsfries des Rahmens. Wenn Sie einen Fräser verwenden, der schmaler ist als die Nut, die Sie schneiden wollen, wird der Fräser nicht so stark belastet und der Schnitt wird sauberer. Legen Sie die Zulagen auf beide Seiten der Handoberfräse, und führen Sie die Fräse im Uhrzeigersinn, so dass sie zuerst an der linken Zulage anliegt und dann an der rechten. Die Länge der Schwalbenschwanzaufnahme wird mit Bleistift markiert, man setzt den Schnitt also einfach ab, wenn der Fräser die Markierung erreicht hat **(B).**

Mit dieser Vorrichtung zum Fräsen von Gratnutverbindungen kann man sowohl 19 mm breite Gratnuten als auch 20 mm breite Nuten in Korpusseitenteile schneiden. Spannen Sie einen 12-mm-Zinkenfräser in die erste Handoberfräse ein, legen Sie Zulagen zwischen die Führungsleisten, sodass Sie 9 mm seitliches Spiel zwischen der Handoberfräse und den Führungsleisten erhalten. Schneiden Sie die Gratnuten, indem Sie die Handoberfräse von links nach rechts bewegen, während Sie sie von sich fortschieben. Um Nuten zu fräsen, werden die Zulagen entnommen, und man spannt einen 20-mm-Nutfräser in eine zweite Handoberfräse mit größerer Grundplatte ein.

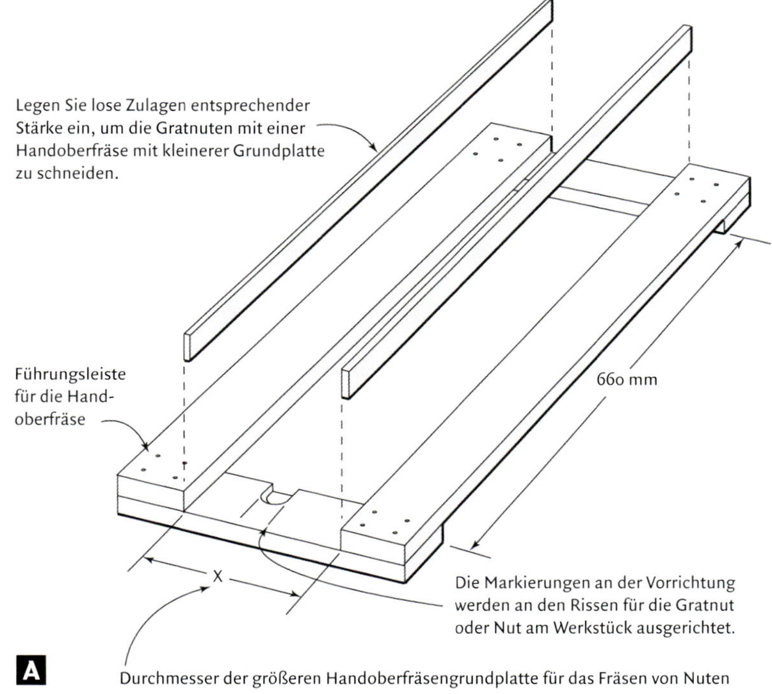

A

B

C

Dann werden die Nuten für die Schubladenführungen geschnitten. Nehmen Sie die Zulagen ab, und verwenden Sie die Vorrichtung mit einer zweiten Handoberfräse mit einer größeren Grundplatte. Schneiden Sie mit einem 20-mm-Nutfräser mit Stirnschneiden eine flache 3-mm-Nut zwischen den Schwalbenschwanzaufnahmen **(C).**

Fortsetzung auf S. 54

D

E

F

Setzen Sie von der Vorderseite des Korpus die Längsfriese des Bodenrahmens ein, indem Sie die Schwalbenschwänze in ihre Aufnahmen leimen und Zwingen über die Breite des Korpus ansetzen **(D).**

Drehen Sie dann den Korpus auf die Vorderseite, und bringen Sie von hinten die Schubladenführung an, indem Sie sie in den Schlitz des vorderen Längsfrieses leimen. Leimen Sie die Führung nicht in der Nut ein. Bringen Sie stattdessen in der Mitte der Führung ein Langloch an, und schrauben Sie die Führung durch dieses Loch an der Korpusseite fest **(E).** Verwenden Sie bei einem breiteren Korpus zwei oder drei Schrauben, um die Schubladenführung zu befestigen. Die Verwendung von Schrauben mag sich unkonventionell anhören, aber das Verfahren steift den Korpus aus und sorgt – was wichtiger ist – dafür, dass die Korpusseiten auch nach einiger Zeit noch eben bleiben.

Leimen Sie das hintere Längsfries in die hinteren Schwalbenschwanzaufnahmen, aber geben Sie keinen Leim an die Zapfen der Schubladenführungen. Stellen Sie sicher, dass sich zwischen den Brüstungen der Führungen und dem hinteren Längsfries ein Zwischenraum von 3 mm befindet **(F).** Diese Anordnung sorgt dafür, dass die Korpusseiten schwinden und quellen können. Wenn man die hinteren Zapfen außerdem noch wachst, erleichtert das zusätzlich die Bewegung der Führung. Bei der hier gezeigten Kommode befinden sich jeweils zwei Schubladen nebeneinander, deshalb wurden senkrechte Unterteilungen an der Vorderseite des Korpus eingezinkt. Hinter den Unterteilungen werden breite Schubladenführungen auf die gleiche Weise wie an den Seiten trocken eingezapft. Später werden schmale Leisten auf die Führungen geleimt, um die Seiten der Schubladen zu führen.

> Siehe „Schubladenführungen" auf der gegenüberliegenden Seite.

Schubladenführungen

Falls ein Möbelstück Schubladen enthält, müssen diese auf irgendeine Weise geführt werden. Im einfachsten Fall kann die Seite des Korpus selbst als Führung dienen. Führungen werden aber dann nötig, wenn ein Blendrahmen über die Seiten des Korpus hinausragt oder wenn senkrechte Unterteilungen zwischen zwei oder mehr Schubladen stehen.

Falls Ihr Werkstück keine senkrechten Unterteilungen aufweist und Sie den zur Verfügung stehenden Platz optimal nutzen möchten, können Sie die Schubladen direkt übereinander anbringen, indem Sie Vollholzleisten an den Seitenteilen des Korpus anbringen und dann entsprechende Nuten in die Seiten der Schubladen fräsen.

Schneiden Sie eine 5 mm tiefe abgesetzte Nut in das Seitenteil der Schublade **(A).** Befestigen Sie die Leiste mit Schrauben am Korpus. Mit einem Stück Sperrholz, das man auf den Korpusboden stellt, sorgt man dafür, dass die Leiste parallel zum Boden verläuft und gegenüberliegende Leisten auf gleicher Höhe stehen **(B).** Wenn man die Schublade auf die Leisten schiebt, sieht man nur noch die Nuten in den Schubladenseiten **(C).** Bei einem überstehenden Blendrahmen wird der Zwischenraum mit einem Sperrholzstreifen ausgelegt, und dann wird die Laubholzleiste am Korpusseitenteil festgeschraubt.

TIPP Wenn über den Schubladenseiten freier Raum ist, sollte man dort Kippleisten anbringen, um das Abkippen der Schublade zu verhindern. Die Kippleisten werden mit Schrauben oder einigen Tropfen Leim am Korpus befestigt.

A

B

C

D

Bei nebeneinander liegenden Schubladenpaaren wird eine Leiste auf die Stärke der senkrechten Unterteilung ausgehobelt und zwischen Vorder- und Rückenteil des Korpus eingezapft oder direkt am Bodenrahmen mit Leim befestigt. Um die Führungsleiste rechtwinklig zur Schubladenöffnung auszurichten, werden zwei Stücke Restholz genau auf die Breite der Öffnungen zugeschnitten. Spannen Sie diese Lehren mit der Führungsleiste dazwischen fest. Nehmen Sie dann eine Lehre ab, und leimen Sie die Leiste am Rahmen fest **(D).**

A

B

C

Staubböden

Es gibt zwei Hauptgründe, im Inneren Ihrer Möbel Staubböden anzubringen: In einer Kommode sorgt der Staubboden dafür, dass sich Kleidung nicht in der darüberliegenden Schublade verfangen kann. Außerdem schützt er den Inhalt des Möbels vor Staub in der Luft.

Fräsen Sie Nuten in die Friese des Bodenrahmens, bevor Sie ihn zusammensetzen. Am Handoberfräsentisch lässt sich das mit einem Schlitzfräser schnell erledigen **(A).**

Schieben Sie den Boden von hinten in die Nuten, nachdem Sie das vordere Längsfries und die Schubladenführung angebracht haben. Wenn Sie den Boden aus Sperrholz angefertigt haben, können Sie ihn vorne und an den Seiten in die Nuten leimen, um der Konstruktion zusätzlich Stabilität zu verleihen **(B).**

Der hintere Längsfries wird nur mit den Schwalbenschwanzzinken in die entsprechenden Aufnahmen geleimt. Achten Sie darauf, den Fries nicht am Staubboden oder an den Zapfen der Schubladenführungen festzuleimen, damit die Seitenteile des Korpus arbeiten können **(C).**

Aufhängeleisten

Wenn ein Aufbewahrungsmöbel an einer Wand, der Decke oder dem Fußboden befestigt werden soll, muss man oft noch ein zusätzliches Bauteil am Korpus anbringen. Stehende Möbel können meist mit einer waagerechten Holzleiste oben am Korpus sicher an einer Wand befestigt werden. Man kann auch unter dem Boden Holzklötze anbringen, um das Stück am Fußboden festzuschrauben.

Hängeschränke werden innen unter dem Deckel mit einer Vollholzleiste versehen **(A)**, eine zweite Leiste bringt man unter dem Korpusboden an **(B)**. Der Schrank wird dann mit Schrauben oder Nägeln an der Wand befestigt, die man durch die Leisten und Rückwand treibt. Die Leisten stützen den Boden und Deckel des Korpus und bieten deshalb wesentlich mehr Tragkraft als das einfache Schrauben durch die Rückwand. Achten Sie bei Leichtbauwänden darauf, dass die Schrauben oder Nägel in einen Ständer oder eine Schwelle getrieben werden. Bei Stein oder Beton müssen entsprechende Dübel verwendet werden.

Falls der Hängeschrank abnehmbar sein soll, kann man ihn an einer angefasten Leiste aufhängen, die man sicher an der Wand befestigt hat **(C)**. Bringen Sie ein entsprechend angefastes Gegenstück an der Rückseite des Korpus an, und befestigen Sie unten am Korpus einen Holzklotz gleicher Stärke, damit der Korpus senkrecht hängt. Senken Sie dann den Korpus einfach auf die Leiste an der Wand ab **(D)**.

Bei kleineren Oberschränken kann man mit einem entsprechenden Fräser in der Handoberfräse zwei Schlüssellochschlitze in die Rückwand schneiden **(E)**. Bringen Sie die Schlitze möglichst in einem Abstand an, der bei einer Leichtbauwand dem Abstand zwischen den Ständern entspricht. Drehen zwei Rundkopfschrauben in die Ständer, und hängen Sie den Schrank an den Schrauben auf.

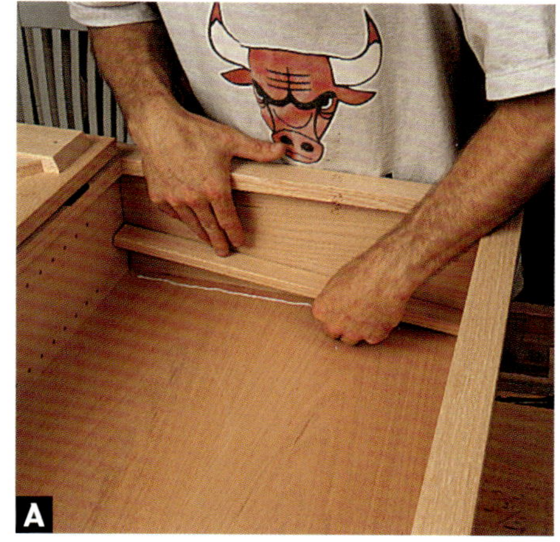
A

D

B

E

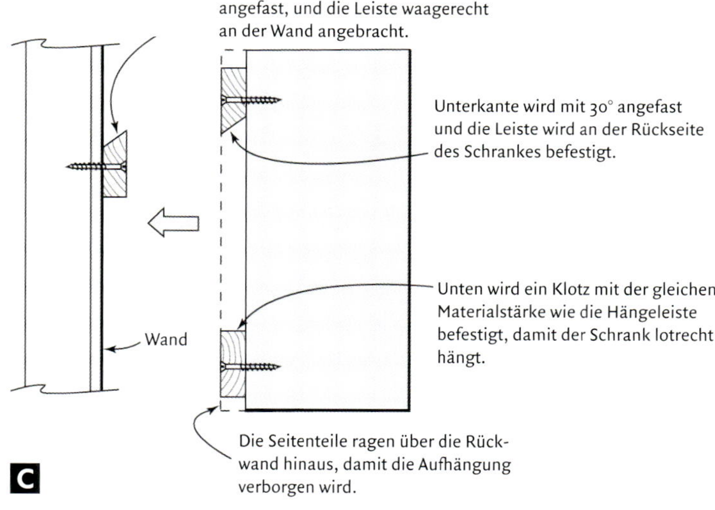

C

Regale

Verbindungen für Regale

Offene Regale

Einen Regalboden verschönern

Optionen für Regale

Das schlichte, einfache und bescheidene Regal ist eines der wichtigsten Elemente des Möbelbaus. Wo sonst bietet sich so nützliche, waagerechte Aufbewahrungsfläche? Ob Sie nun Bücher, Küchengeräte, Büromaterial, Werkzeug oder anderes mehr unterbringen müssen, das sich im Laufe eines Lebens ansammelt, das Regal, das Sie heute bauen, wird noch in vielen Jahren seine Dienste leisten.

Ausschlaggebend ist die Wahl des richtigen Materials. Vollholz kann an der Vorderkante leichter mit einem ansprechenden Profil versehen werden als Holzwerkstoffplatten. Sperrholz, Spanplatten und MDF haben den entschiedenen Vorteil, dass sie in großen Abmessungen zur Verfügung stehen, so dass die Herstellung breiter waagerechter Bauteile wenig mehr erfordert, als die Platten mit der Tisch- oder Handkreissäge aufzuteilen. Das verwendete Material hat einen großen Einfluss darauf, ob die Regalböden sich durchbiegen, wenn sie mit Ihren liebsten Besitztümern beladen werden. In der Regel zeigt Vollholz eine höhere Biegesteifigkeit als Sperrholz.

Bei der Herstellung eines Regals hat man zwei Möglichkeiten: Die Böden können fest oder verstellbar angebracht werden. Verstellbare Böden ermöglichen es, die Regalböden auch nach dem Bau des Regals noch in der Höhe zu verstellen, wodurch sich die Vielseitigkeit des Regals erhöht. Allerdings erhöht ein solches System auch die Komplexität der Konstruktion. Regale mit festen Böden sind leichter zu entwerfen und bauen, und die Konstruktion ist auch deutlich stabiler, da jeder Boden den Korpus zusätzlich aussteift. Feste Böden werden meist in die Korpusseiten eingenutet. Eine Gratnutverbindung ist jedoch deutlich belastbarer, weil die Leimfläche größer und die Verbindung formschlüssig ist.

> Siehe „Verbindungen für Regale" auf S. 64 – 65.

Bei verstellbaren Regalböden bieten sich viele Möglichkeiten, von Bodenträgern, die in entsprechend in den Korpus gebohrte Löcher gesteckt werden, bis hin zu aufwendigen, selbst angefertigten Tragesystemen.

> Siehe „Verstellbare Regalböden" auf S. 69.

Maßnahmen gegen das Durchbiegen von Regalböden

Ein Regalboden in einem Schrank oder einer Bücherwand sieht schon dann schlecht aus, wenn er sich nur um ein Geringes durchbiegt. Gute Möbel sollten Regalböden aufweisen, die gerade sind und belastbar aussehen. Entscheidend ist es, sich schon vor der Anfertigung Gedanken darüber zu machen, wie man die Böden so gestalten kann, dass sie stabil genug sind, die beabsichtigte Last zu tragen. Es gibt unterschiedliche Methoden, dies zu erreichen, von Umleimern und Versteifungen bis hin zu Trennwänden und selbstragenden Brettkonstruktionen. Andere Strategien beruhen darauf, die Spannweite des Regalbodens möglichst kurz zu halten und das richtige Material in einer angemessenen Stärke zu verwenden. Belastbare Regalboden lassen sich am besten aus starken Laubholzbrettern herstellen. Ein fest in das Regal eingebauter Boden ist auch sehr viel belastbarer als ein verstellbarer, da die Verbindung selbst schon zur Aussteifung des Regals beiträgt.

> Siehe „Umleimer" auf S. 77.

Die Wahl eines verstellbaren Bodenträgersystems

Falls Ihnen die Verstellbarkeit und höchstmögliche Vielseitigkeit des Regals wichtig ist, sollten Sie sich für ein verstellbares Trägersystem entscheiden. Man kann sich für käufliche Beschläge entscheiden oder ein eigenes System anfertigen (siehe Abbildungen auf den S. 60 bis 62).

Maximale Spannweite für Regalböden

Die angegebene Länge bezieht sich auf die Entfernung zwischen zwei Stützpunkten bei mäßiger Belastung (etwa 3 kg/100 mm) eines 250 mm breiten Bodens.

Material	Maximale Spannweite (in mm)
Spanplatte, 19 mm	600
MDF, 19 mm	710
Sperrholz, 18 mm	810
Nadelholz	
20 mm	910
25 mm	1220
40 mm	1600
Laubholz	
20 mm	1070
25 mm	1220
40 mm	1680

Aussteifung von Regalböden

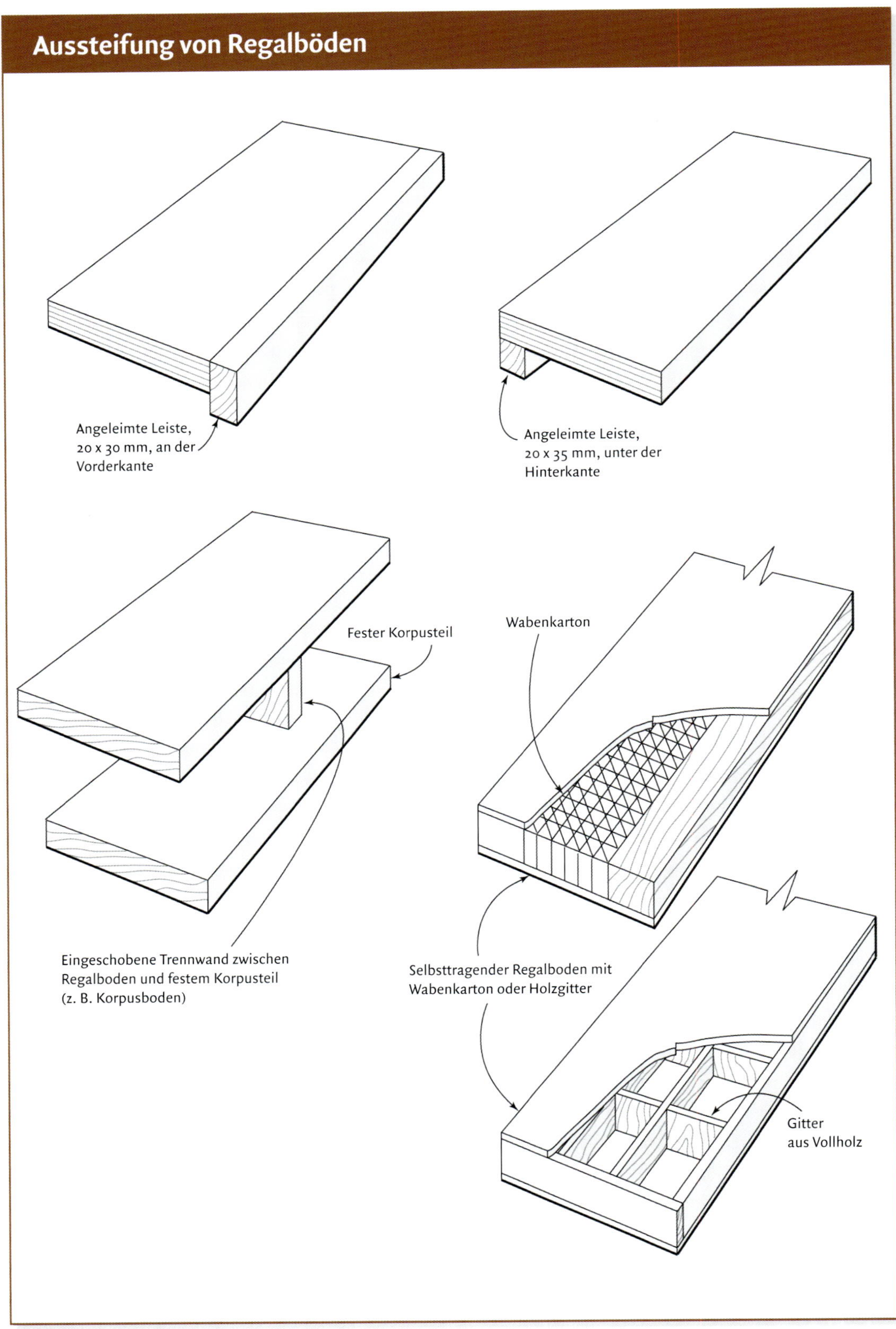

Verstellbare Tragesysteme für Regalböden

Kommerzielle Beschläge

Metallschiene zur Wandbefestigung
und Konsole

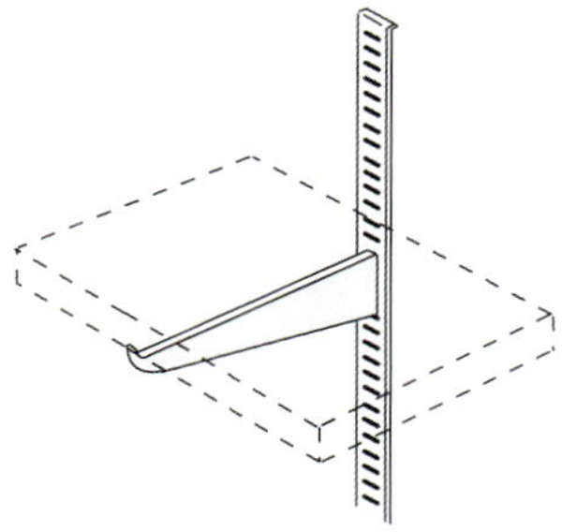

Metall- oder Kunststoffschienen zur Befestigung im Korpus
und Bodenträger

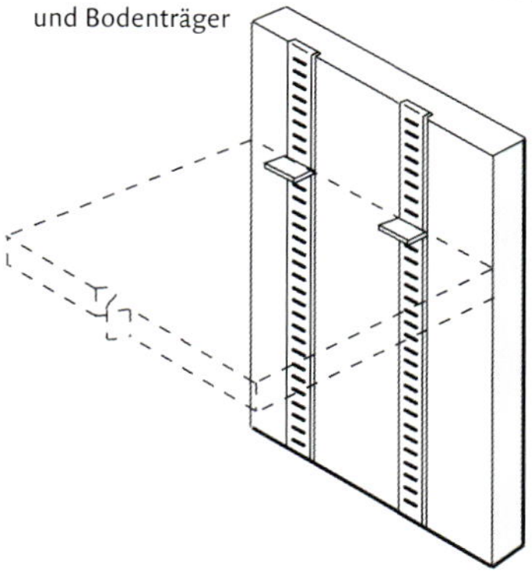

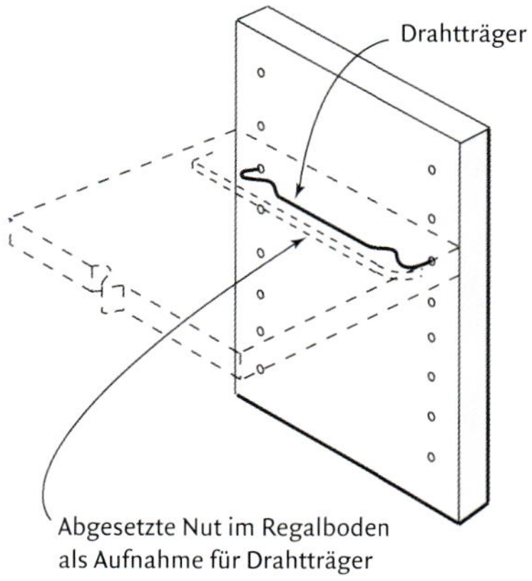

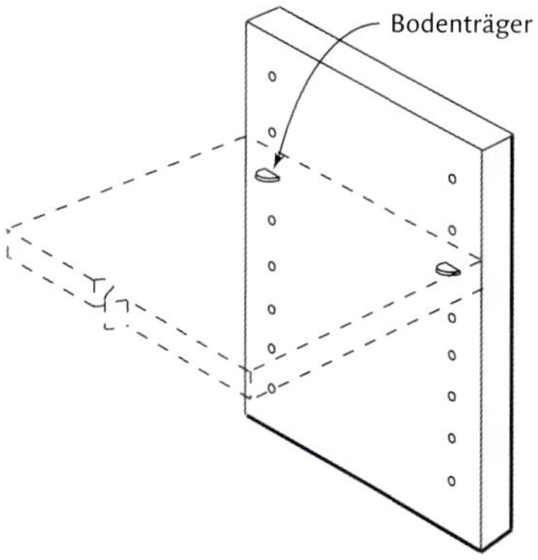

Bodenträger
Es gibt unterschiedliche Bodenträger aus Metall und Kunststoff, die in Schienen im Korpus oder Bohrlöcher gesteckt werden.

Bodenträger für Schienensysteme

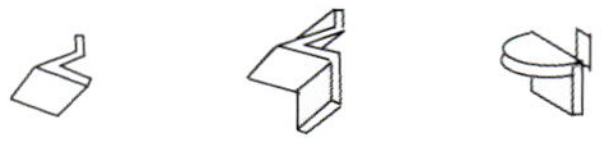

Bodenträger für Lochreihen

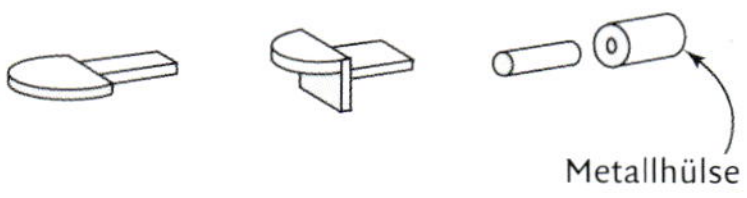

Selbst hergestellte verstellbare Regalböden

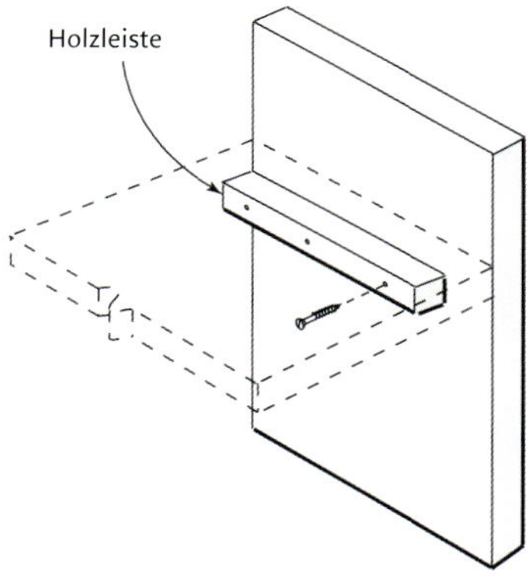

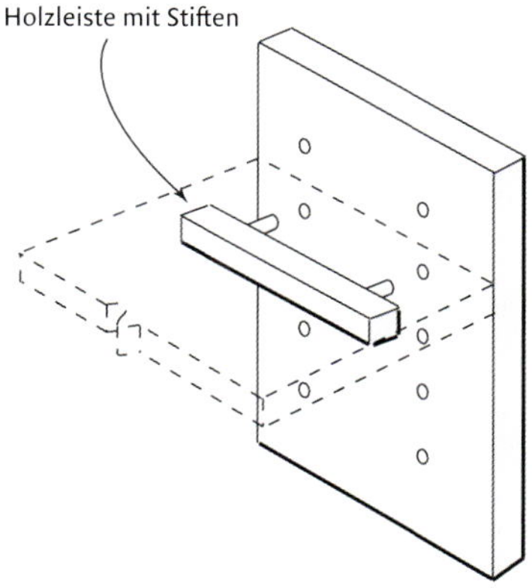

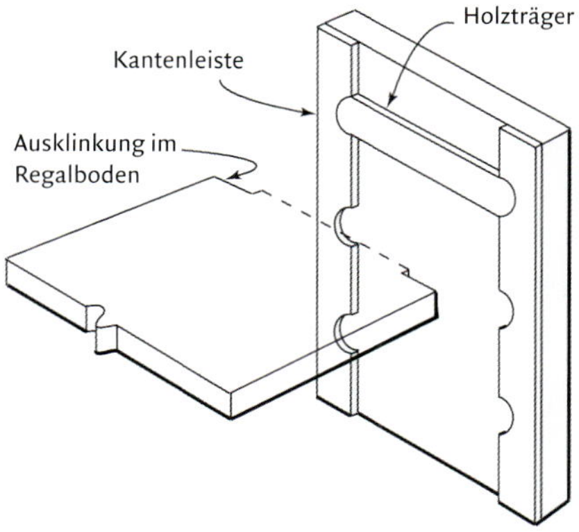

Kantenprofile

Wenn man die Kante eines Regalbodens profiliert, kann das wesentlich zum Gesamteindruck des Möbelstücks beitragen. Unten finden Sie einige Möglichkeiten.

Grundformen

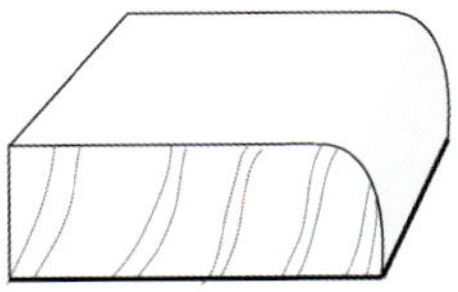

Abrundung

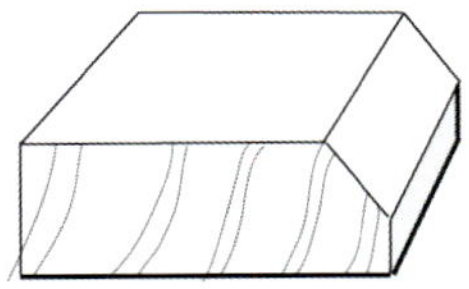

Fase

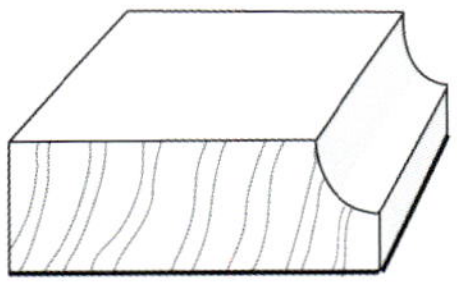

Hohlkehle

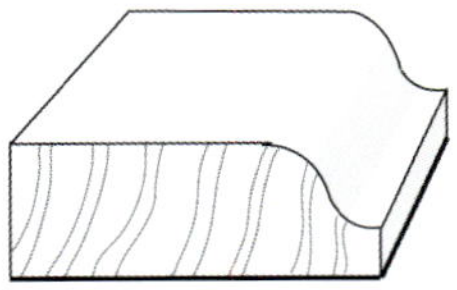

Karnies

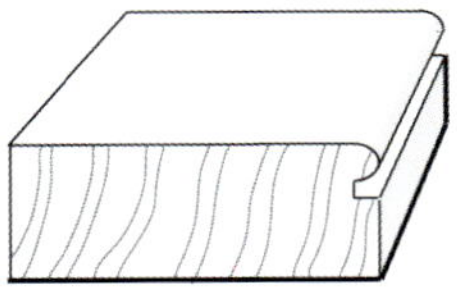

Kleiner Halbstab

Abwandlungen

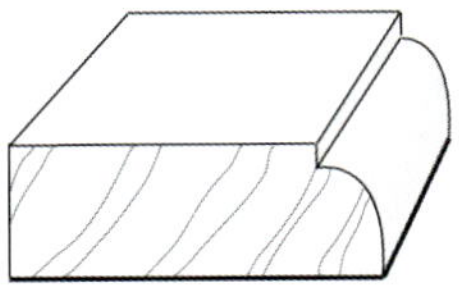

Viertelstab mit Platte

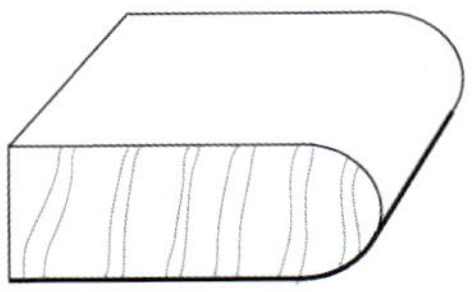

Halbstab

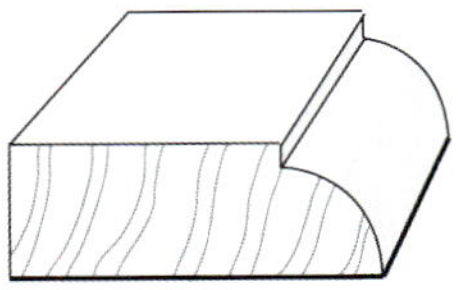

Abrundung mit Platte

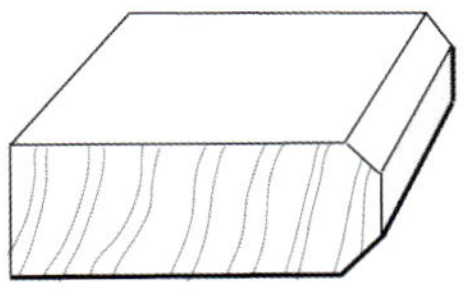

Doppelte Fase

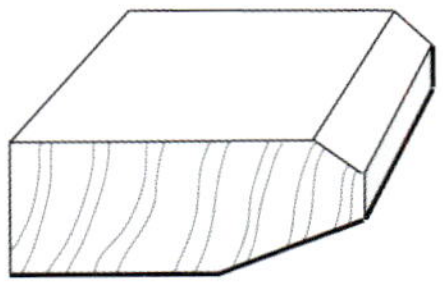

Schmale und breite Fase

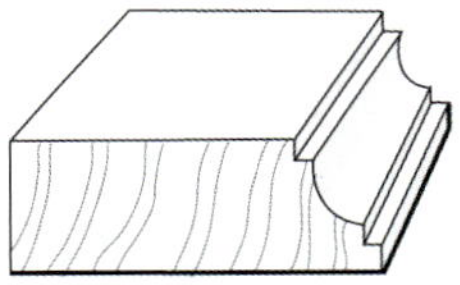

Hohlkehle mit Platten

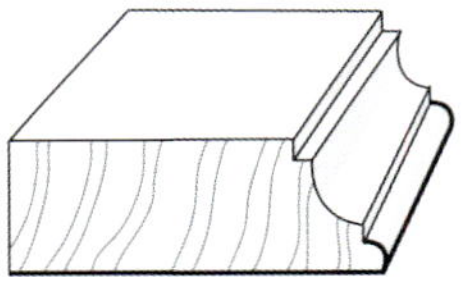

Hohlkehle mit Viertelstab

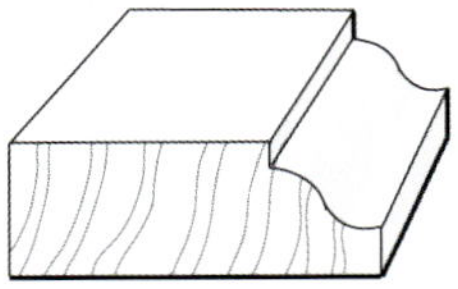

Karnies mit Platte

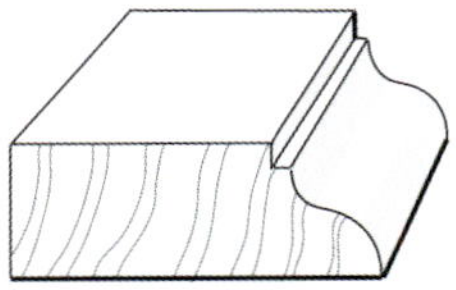

Liegender Karnies mit Platte

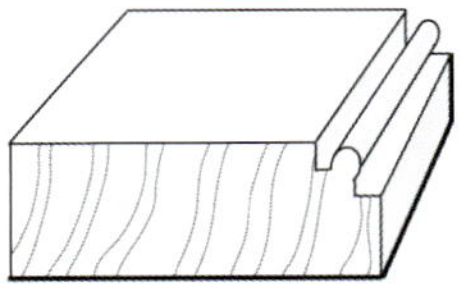

Kleiner Eckhalbstab

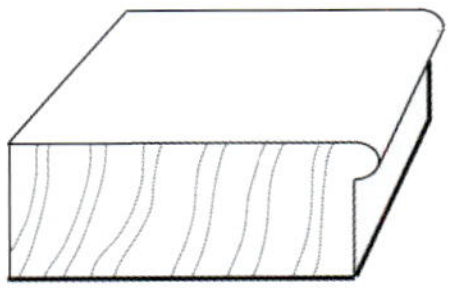

Hervorstehender Halbstab

Versteckte Holzstifte

Wenn Sie sich für das Material und die Gesamtmaße Ihres Regals entschieden haben, gibt es eine Reihe von Maßnahmen, mit denen Sie die Belastbarkeit der Böden erhöhen können, damit sie sich unter Last nicht durchbiegen. Man kann zum Beispiel Schrauben oder Nägel an mehreren Stellen anbringen, um den Boden zu tragen. Um diese Träger an den Sichtflächen zu verstecken, kann man Holzstifte verwenden.

Um eine Presspassung in einem versenkten Bohrloch zu erreichen, werden die Stifte mit einem konischen Zapfenbohrer an der Ständerbohrmaschine geschnitten. Man sollte das gleiche Material verwenden, aus dem auch das Werkstück besteht, damit die Stifte sich an ihre Umgebung angleichen. Stellen Sie den Parallelanschlag so ein, dass der Zapfenschneider an der Kante des Materials beim Bohren herausragt. Das verringert die Gefahr, dass er sich überhitzt und verlängert seine Standzeit.

Bringen Sie nach dem Bohren Klebeband auf dem Rohling auf, und reiben Sie es fest an den Enden der Stifte an. Drehen Sie den Rohling auf die Seite, und schneiden Sie die Stifte an der Bandsäge frei. Visieren Sie an der Unterseite der freiliegenden Stifte entlang, und sägen Sie an dieser Linie.

Bevor Sie die einzelnen Stifte abziehen, markieren Sie den Faserverlauf. Das ist wichtig, da die Sägespuren der Bandsäge im rechten Winkel zum Faserverlauf stehen, und einen oft über die Faserrichtung täuschen können. Stecken Sie den Stift so in das Bohrloch, dass die Faserrichtungen übereinstimmen, verputzen Sie sein Ende, und Sie werden feststellen, dass er fast unsichtbar ist.

Holzstifte kann man in Serie herstellen, indem man dicht an der Materialkante bohrt, sodass der Zapfenbohrer an der Seite durchbricht und so Reibung und Erwärmung reduziert werden.

Schneiden Sie die Stifte mit der Bandsäge entlang der Grundlinie frei.

Markieren Sie den Faserverlauf an allen Stiften, bevor Sie sie trennen.

Stifte, die in Faserrichtung des Werkstückes angebracht werden, sind fast unsichtbar.

Ein Regal mit offen eingenuteten Böden

Eine stabile Regalkonstruktion entsteht, wenn man die Böden fest mit den Korpusseiten verbindet. Dadurch wird sowohl der Korpus als auch der Regalboden ausgesteift, so dass er unter Last nicht durchhängt.

Die einfachste Methode ist es, durchgehende Nuten als Aufnahmen für den Boden in die Korpusseiten zu schneiden. Schneiden Sie die Nuten mit der Handoberfräse und einem Nutfräser. Führen Sie die Fräse an einem Anschlag. Sorgen Sie für einen sauberen Schnitt, indem Sie in mehreren Durchgängen mit zunehmender Frästiefe arbeiten, um Faserausrisse zu vermeiden **(A).** Die Nuten sollten recht flach sein – bei einem 20 mm starken Brett etwa 5 mm tief –, damit die Korpusseiten belastbar bleiben und man genug Material behält, um durch die Verbindung zu nageln oder zu schrauben.

Eine gute Passung der Verbindung ist sowohl für ihre Belastbarkeit als auch für das Aussehen wichtig. Sperrholz wird meist mit einer von der Nennstärke nach unten abweichenden Dicke verkauft (um etwa 0,3–0,4 mm), die Nuten müssen also um diesen Betrag schmaler geschnitten werden, um eine gute Passung zu erreichen. Nach dem Schneiden der Nuten gibt man einfach Leim an und spannt die Regalböden mit Zwingen ein **(B).** Falls die Korpusseiten nicht von außen einsehbar sind, kann man die Montage erleichtern und die Verbindungen verstärken, indem man zusätzlich Schrauben oder Nägel in die Verbindung treibt.

Gratnutverbindungen

Die belastbarste Verbindung ist eine Gratnut in der Korpusseite, in die man die Regalböden einschiebt. Die Gratnut sollte sich der Länge nach verjüngen.

Schneiden Sie zuerst die Gratnuten in die Seitenteile des Korpus. Verwenden Sie dafür eine selbst angefertigte Vorrichtung **(A, B),** mit der die Handoberfräse geführt wird, und einen 12-mm-Schwalbenschwanzfräser. Um die Gefahr von Faserausrissen zu verringern, wird eine Ausklinkung in die hintere Kante geschnitten, bevor man über die ganze Breite des Seitenteils fräst **(C).**

Befestigen Sie dann mit Klebeband eine 0,8 mm starke Zulage an jeder Seite des Brettes **(D).**

Fortsetzung auf S. 66

Diese Vorrichtung zum Schneiden von verjüngten Gratnuten lässt sich verwenden, um mit einem 12-mm-Zinkenfräser eine 8 mm tiefe und 16 mm breite Gratnut in ein 355 mm breites Korpusseitenteil zu schneiden. Die Gratnut verjüngt sich auf ihrer Gesamtlänge um 1,5 mm. Für breitere Seitenteile wird das Verjüngungsmaß beibehalten, und man verbreitert die Führungsplatten.

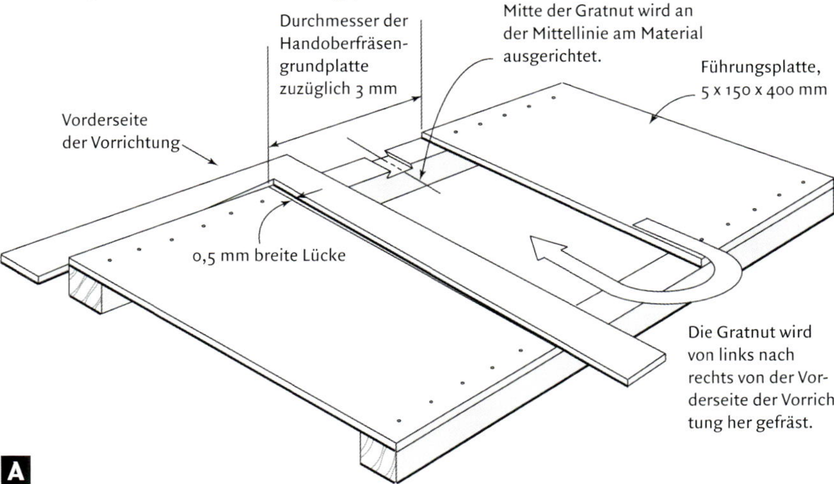

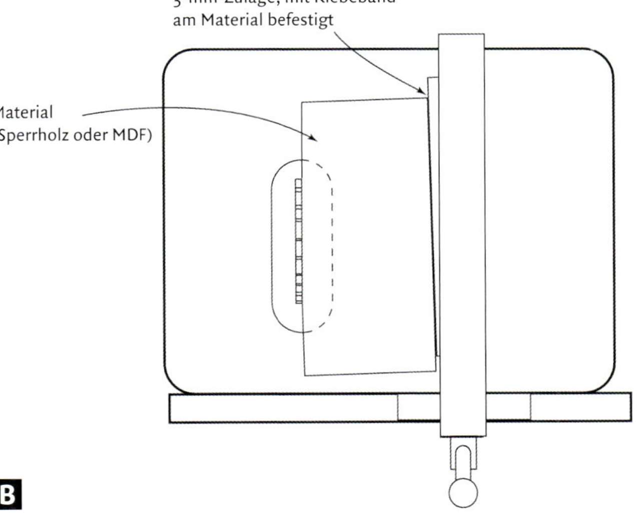

E

F

Schneiden Sie dann mit dem selben Fräser, mit dem Sie die Gratnut geschnitten haben, auch die Gratfeder, indem Sie am Handoberfräsentisch auf jeder Seite des Regalbrettes einen Schnitt ausführen. Passen Sie die Gratfeder vorsichtig ein, indem Sie den Parallelanschlag verstellen oder die Stärke der Zulage verändern, bis der breiteste Teil der Feder fast – aber nicht ganz – in das breitere Ende der Gratnut passt. Mit starken Zulagen, die man am Brett festzwingt, kann man verhindern, dass sich dieses beim Fräsen verzieht **(E)**.

Die Gratnutverbindung sollte sich festziehen, wenn das Brett in die Nut eingeschoben wird. Wenn man die letzten 10 mm mit leichten Schlägen eintreiben muss, hat man eine gute Passung erreicht. Man muss die Verbindung nicht mit Leim verstärken, aber bei Vollholz empfiehlt es sich, etwa 50 mm an der Vorderseite mit Leim zu versehen, damit der Boden mit dem Korpus bündig abschließt, auch wenn das Holz quillt oder schwindet **(F)**.

Stellleisten in Vitrinen

In Vitrinen findet man manchmal offene Fächer, in denen Stellleisten mit Schrauben an der Rückwand befestigt sind.

Um diese Stellleisten aus der langweiligen Rechtwinkligkeit zu retten, werden die Enden der Rohlinge zuerst an der Bandsäge abgerundet **(A)** und die Schnittflächen mit dem Trommelschleifer oder der Hand glatt geschliffen.

Ein zierlicheres Aussehen bekommen die Leisten, wenn man ihre Unterseite am Handoberfräsentisch anfast. Verwenden Sie dafür einen Fasefräser mit Anlaufring, und setzen Sie den Schnitt sicher an, indem Sie das Material gegen einen Anschlagstift drehen. Fräsen Sie die Fase nicht in einem Durchgang, sondern in mehreren Stufen, indem Sie den Fräser nach jedem Schnitt etwas anheben **(B)**.

Um die Leisten unauffällig zu befestigen, versehen Sie sie mit einem 5-mm-Dübelbohrer mit versenkten Bohrlöchern, und verwenden Sie Schrauben mit besonders kleinen Köpfen, um die Leiste an der Rückwand zu befestigen **(C)**. Wenn die Leisten angebracht sind, geben Sie Leim an einen 5-mm-Holzstift, und stecken ihn in das versenkte Bohrloch. Der Faserverlauf im Stift wird durch eine entsprechende Markierung kenntlich gemacht **(D)**.

Wenn der Leim trocken ist, wird der Holzstift mit der Oberfläche der Stellleiste bündig geputzt **(E)**. Da die Fasern im Holzstift in der gleichen Richtung laufen wie diejenigen in der Leiste, ist der eingesetzte Stift kaum zu sehen.

Auf Maß hergestellte Stellleisten können sehr gut aussehen. Wie man in der Abbildung sieht, bewahre ich meine größeren Handhobel auf Stellleisten auf, denen ich genau den Umriss des jeweiligen Hobels gegeben habe **(F)**.

A

B

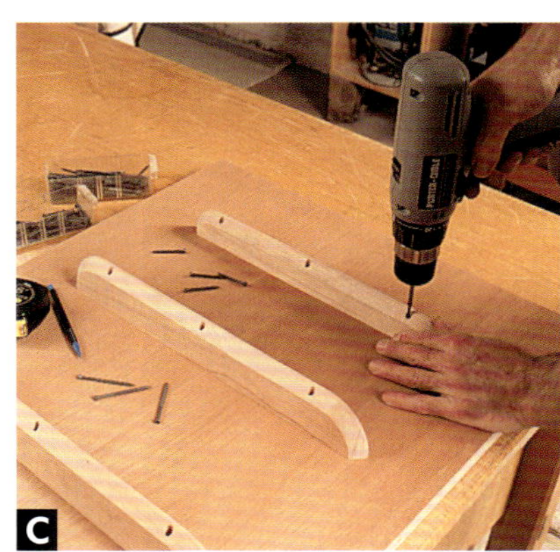
C

D

E

F

A

C

B

D

E

Holzkonsolen für offene Regale

Holzkonsolen, die man an der Wand oder in einem offenen Regal anbringt, können beträchtliche Lasten tragen und sehen zudem handwerklich solide aus.

Falls Sie nur eine oder zwei Konsolen herstellen, können Sie die gewünschte Form auf das Material zeichnen und sie dann an der Bandsäge ausschneiden. Wenn Sie mehrere Konsolen benötigen, können Sie eine Schablone aus Sperrholz verwenden, um die Form auf das Material aufzutragen **(A).**

Sägen Sie die Form an der Bandsäge bis zum Riss aus **(B).** Verputzen Sie die Schnittflächen am Trommelschleifer. Eine besonders glatte Oberfläche erhalten Sie, wenn Sie mit der Faser schleifen **(C).** Die Brüstungen und gerade Kanten werden mit einem scharfen Stechbeitel versäubert.

Schrauben Sie möglichst durch die Rückwand des Korpus in die Konsolen hinein, um die Befestigung zu verbergen **(D).** Falls notwendig können Sie auch durch die Konsolen selbst und in die Rückwand hineinschrauben und dann die Schraubenköpfe mit eingesetzten Holzstiften verbergen.

> Siehe „Versteckte Holzstifte" auf S. 63.

Das Regalbrett kann einfach auf die Konsolen gelegt werden, man kann es aber auch von hinten und unten mit Schrauben oder Drahtstiften an der Rückwand und den Konsolen befestigen **(E).**

Verstellbare Regalböden

Am vielseitigsten zu nutzen ist ein Schrank oder ein Bücherregal, wenn man Regalböden verwendet, die einfach auf Träger aufgelegt werden. Bei dieser Methode kann man die Anordnung der Böden jederzeit wieder verändern. Die Ausführung der Träger ist vor allem eine ästhetische Entscheidung, zur Wahl steht alles von einfachen Stiften, die man in Bohrungen im Korpus steckt, bis hin zu aufwendigeren Konstruktionen, die Ihren Möbeln das gewisse Etwas geben.

> Die Wahl eines verstellbaren Bodenträgersystems auf S. 59.

Holzleisten, welche die Böden tragen, sind eine einfache und effektive Lösung. Um das Aussehen zu verbessern, sollten die Leisten so dünn wie möglich sein (10 mm ist in etwa das Minimum) und mit Drahtstiften oder kleinen Schrauben befestigt werden.

Wenn das Material auf Länge und Breite geschnitten ist, werden am Handoberfräsentisch die vordere und untere Kante abgerundet. Verwenden Sie einen Anlagestift, um den Schnitt sicher anzusetzen **(A)**.

Es ist am einfachsten, die Trageleisten anzubringen, bevor der Korpus zusammenmontiert wird. Verwenden Sie einen Tischlerwinkel, um sicherzustellen, dass die Leisten genau rechtwinklig am Korpus befestigt werden **(B)**.

Der Regalboden liegt auf der Oberseite der Leisten auf **(C)**. Um den Boden in der Höhe zu verstellen, wird er einfach auf einen anderen Satz Trageleisten gelegt.

A

B

C

Mit dieser Vorrichtung schneidet man am Handoberfräsentisch Halbkreise in die Enden von Holzträgern oder an anderen Stellen, an denen man einen bestimmten Radius am Ende eines Werkstücks schneiden möchte. Schneiden Sie das Material auf Endbreite und etwa 3 mm länger als Endlänge, und schneiden Sie dann mit der Bandsäge eine Rundung an die Enden an, die etwas größer ist als der gewünschte Radius. Verwenden Sie einen Bündigfräser mit obenliegendem Kugellager, um jeden Träger mit vier Schnitten an den Ecken mit Halbkreisen zu versehen.

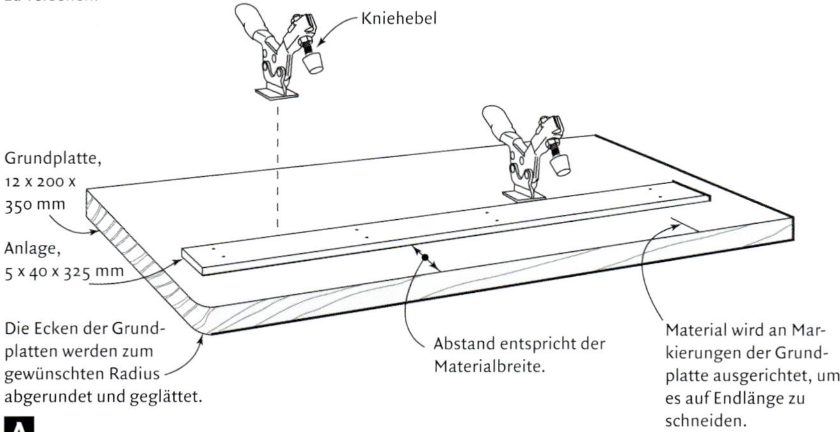

A

B

D

C

E

F

Holzträger und Kantenleiste

Eine elegante Lösung, um Regalböden verstellbar anzubringen, sind Trageleisten, die in Ausklinkungen gelegt werden, die man an senkrechten Trägern angebracht hat. Das System ist leichter herzustellen als man denken würde, und mit einer Schablone kann man die Enden der Trageleisten leicht abrunden **(A).**

Bohren Sie an der Ständerbohrmaschine mit einem 25-mm-Forstnerbohrer in zwei 50 mm breite Bretter jeweils in der Mitte eine Reihe von Löchern **(B).**

Sägen Sie jedes Brett der Länge nach in zwei Hälften **(C),** und befestigen Sie diese ausgeklinkten Leisten mit Nägeln in den Ecken des Korpus. Diese Arbeit lässt sich mit einem Druckluftnagler schnell erledigen **(D).**

Längen Sie die Trageleisten auf Endmaß plus etwa 3 mm Zugabe ab, und bringen Sie sie auf Endmaß, indem Sie die Enden mit einem Profilfräser und einer Schablone ablängen **(E).**

Bringen Sie die Trageleisten in der gewünschten Höhe zwischen den ausklinkten senkrechten Leisten an. Die Regalböden werden auf die Oberseite der Trageleisten aufgelegt **(F).** Die Böden müssen an den Ecken ausgeklinkt werden, damit sie um die senkrechten Leisten passen.

WARNUNG Nehmen Sie immer Ringe und anderen Schmuck ab, wenn Sie an der Ständerbohrmaschine arbeiten. Ein Ring, der sich in einem drehenden Bohrer oder Bohrfutter verfängt, kann Ihnen das Fleisch von den Fingern abreißen.

Bodenträgerschienen und Bodenträger

Bodenträgerschienen sind eine einfache Methode, um Regalböden verstellbar in Möbeln anzubringen. Meist liegt die Teilung zwischen 15 und 25 mm.

Sie kann aber noch geringer sein, was eine sehr genau den eigenen Wünschen entsprechende Platzierung der Regalböden ermöglicht. Manche Bodenträgerschienen werden auf den Korpusseiten befestigt, aber eine versenkte Befestigung sieht sauberer aus.

Fräsen Sie Nuten für die Schienen in die Seitenteile. Machen Sie unbedingt vorher einen Probeschnitt in einem Stück Restholz **(A).**

Längen Sie die Bodenträgerschiene auf die gewünschte Länge ab **(B).** Verwenden Sie für Aluminium, Messing und Kupfer ein hartmetallbesetztes Sägeblatt. Für Stahlschienen werden Sie zu der Metallbügelsäge greifen müssen. Unabhängig von der gewählten Bodenträgerschiene müssen die Löcher oder Schlitze für die Bodenträger gleich weit von den Enden der Schienen entfernt sein. Man muss also beim Ablängen sehr sorgfältig arbeiten.

Richten Sie die Schiene in der Nut mit Hilfe des Korpusdeckels und -bodens aus, und klopfen Sie sie vorsichtig ein **(C).**

Wenn der Korpus zusammengebaut ist, können Sie die Regalböden anbringen. Bei dieser Schiene werden die Bodenträger eingesteckt und durch Drehen arretiert **(D).**

A

B

C

D

Mit dieser einfachen Lochlehre kann man präzise Lochreihen anreißen. Die untere Kante wird dazu an der Unterkante des Möbelstücks oder an einer entsprechenden Verbindung (Nut oder Flachdübel) ausgerichtet. Dann wird die Position der Bohrlöcher mit einer Ahle oder einem Federkörner markiert, die man durch das Loch in das Werkstück drückt.

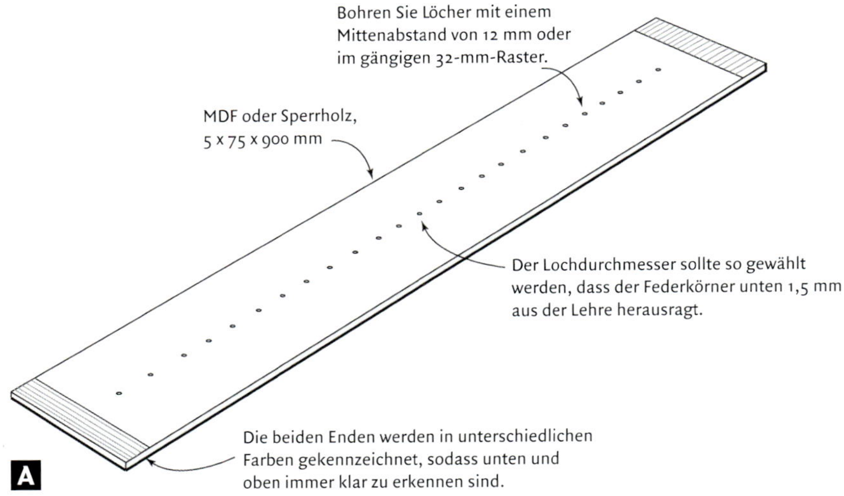

Lochreihen und Bodenträger

Eine andere einfache und doch ansprechende Lösung für verstellbare Regalböden sind Lochreihen im Korpus und Bodenträger, auf welche die Böden aufgelegt werden. Wenn Sie bei der Anordnung der Löcher jedoch Fehler machen, liegen die Böden nicht eben auf und wackeln deshalb. Der Schlüssel liegt in der Verwendung einer einfachen Schablone, die dafür sorgt, dass die Lochreihen sehr präzise auf den Seitenteilen des Korpus angerissen werden **(A).**

Befestigen Sie die Schablone so am Korpusseitenteil, dass seine Kante bündig mit der Kante des Seitenteils abschließt. In diesem Fall habe ich die Flachdübel im Seitenteil verwendet, um das Ende der Schablone auszurichten. Markieren Sie das darunter liegende Material mit einem Körner oder einer Ahle durch die Schablone hindurch. Mit Abdeckband auf der Schablone kennzeichnet man die Lochreihe, die man zum Bohren verwenden möchte **(B).**

Bohren Sie die Lochreihe mit einem Bohrer mit Zentrierspitze und einem Anschlag an der Ständerbohrmaschine. Der Anschlag ist ausgefälzt, damit die Bohrspäne sich nicht zwischen Werkstück und Anschlag setzen können **(C).**

TIPP Die Späne von einer Ständerbohrmaschine (oder einem Handoberfräsentisch) haben die unangenehme Angewohnheit, sich zwischen Werkstück und Anschlag festzusetzen, was zu einem verdorbenen Werkstück führen kann. Schneiden Sie einen Falz in die Unterkante des Anschlags, der die Späne aufnehmen kann, so dass das Werkstück dicht am Anschlagt anliegt.

Falls Sie nicht über eine Ständerbohrmaschine verfügen, können Sie auch eine fertig gekaufte Bohrschablone für eine Handbohrmaschine verwenden, wie es hier auf den Abbildungen zu sehen ist. Die Lochreihen müssen nicht angerissen werden; die Bohrschablone wird am Werkstück befestigt, und man bohrt direkt durch die gehärteten Stahlhülsen der Schablone **(D).** Die Bohrtiefe markiert man mit Abdeckband am Bohrer oder einen Tiefenbegrenzer, der auf dem Bohrer montiert wird.

Eine zusätzliche Verfeinerung kann man anbringen, indem man die Öffnungen der Bohrlöcher mit einem Versenker leicht anfast. Sorgen Sie für ein gleichmäßiges Aussehen, indem Sie jedes Bohrloch mit der gleichen Anzahl von Drehungen bearbeiten **(E).** Bodenträger aus Messing wirken elegant **(F).**

D

E

F

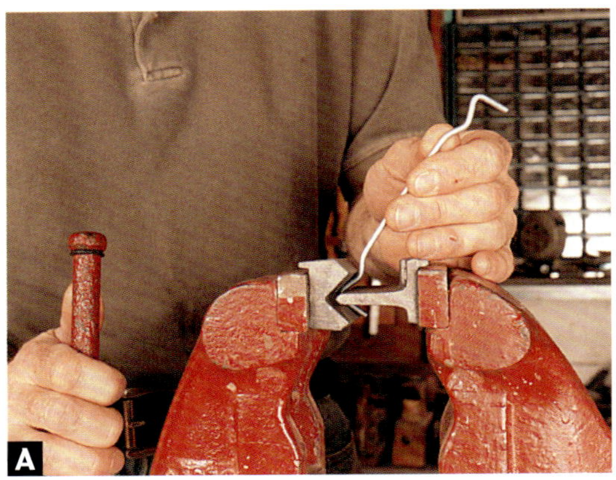

Mit dieser Lehre kann man in präzisem Abstand ein Paar Bohrlöcher für einen Drahtträger bohren. Dazu wird der Anschlag fest gegen die Vorderkante des Werkstücks gedrückt, und man bohrt durch die entsprechenden Löcher in der Acrylglasscheibe.

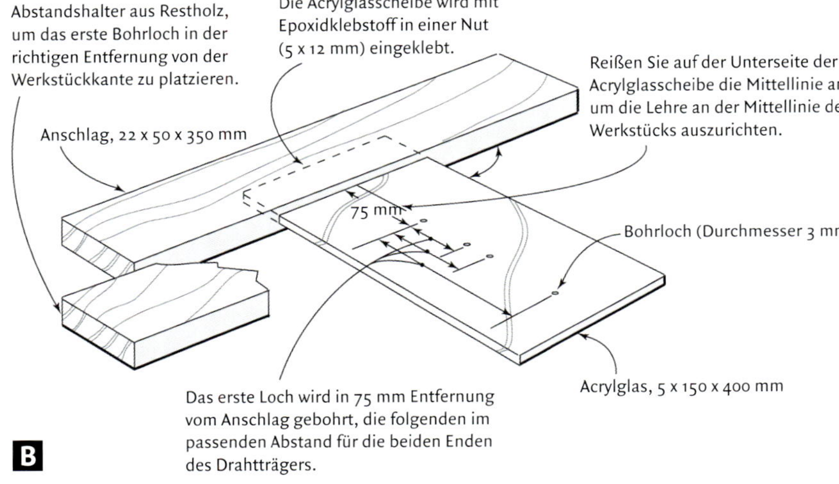

Bodenträger aus Draht

Diese kleinen Drahtbogen – die manchmal als unsichtbarer oder „Zauber-"Draht oder auch als „Schwedenträger" bezeichnet werden – funktionieren sehr gut, wenn es darum geht, verstellbare Trennwände oder Böden zu installieren.

Dazu wird ein Paar kleiner, gebogener Drahtstücke in Bohrlöcher im Korpus gesteckt, und die genuteten Enden der Regalböden werden von vorne über den Draht geschoben. Diese Drahtträger haben zwei Vorteile: Zum einen sind die Bohrlöcher im Korpus klein (3 mm Durchmesser), sodass sie das Aussehen des Schrankes nicht beeinträchtigen. Zum anderen sieht man die Träger nicht mehr, wenn der Regalboden eingesteckt worden ist.

> Die Wahl eines verstellbaren Bodenträgersystems auf S. 59.

Die Drahtträger sind in Längen von etwa 150 und 225 mm erhältlich. Falls Sie längere Träger für breitere Regalböden benötigen, können Sie zwei Träger verwenden, um die notwendige Tragefähigkeit zu erhalten. Für schmale Regalböden kann man selbst angefertigte Träger verwenden. Spannen Sie ein Stück steifen Draht mit 3 mm Durchmesser oder einen vorhandenen längeren Drahtträger in einem Schraubstock in eine Biegevorrichtung ein, um die Biegungen zu formen **(A)**.

Verwenden Sie eine Schablone, um die 3-mm-Löcher präzise in die Seitenteile des Korpus zu bohren **(B)**. Klebeband am Bohrer dient dabei als Bohrtiefenbegrenzung **(C)**.

Schneiden Sie in die Enden jedes Regalbodens eine Nut, die etwa 10 mm vor der Vorderkante abgesetzt ist, damit man sie nicht sieht, wenn der Boden auf die Träger geschoben wird. Verwenden Sie dazu einen 3-mm-Schlitzfräser am Handoberfräsentisch, und stellen Sie die Schnitttiefe mit dem Parallelanschlag ein. Mit Bleistiftmarkierungen am Anschlag werden Anfang und Ende des Schnittes gekennzeichnet **(D)**. Die fertigen Regalböden werden von vorne in den Korpus und über die Träger geschoben **(E)**.

C

D

E

Selbsttragende Regalböden

Einen Regalboden mit sehr hoher Biegesteifigkeit kann man durch eine selbsttragende Konstruktion erreichen, bei der ein Wabenmaterial oder ein Gitter aus Holzrippen zwischen zwei dünnen Sperrholzlagen eingebaut wird. Das Konzept ähnelt dem eines Flugzeugflügels. Auf diese Weise erhält man einen Regalboden, der recht leicht, aber sehr stabil ist. Solche selbsttragenden Kästen eignen sich auch für andere Möbelstücke als Bauelemente, bei denen man eine große Fläche benötigt, die sich bei Belastung nicht durchbiegt – etwa großen Konferenztischen oder Schrankwänden.

Stellen Sie zuerst das Gitter aus Vollholzrippen mit einer Stärke von 5 bis 20 mm her. Kiefer, Pappel oder andere leichte Holzarten sind besonders gut geeignet. Je breiter die Rippen sind, desto biegesteifer wird der Kasten. Die Abstände zwischen den Rippen sollten etwa 100 mm betragen, je nachdem wie stark die verwendete Außenlage ist – je größer die Abstände sind, desto höher ist die Wahrscheinlichkeit des Durchbiegens. Heften Sie die Rippen mit einem Schnellnagler (Handtacker) zusammen. Bringen Sie von beiden Seiten Klammern an **(A).** Sie müssen keinen Leim angeben, die Klammern halten das Gitter lediglich so lange zusammen, bis Sie die Decken angebracht haben.

Das Verleimen der Konstruktion kann man sich erleichtern, indem man den Leim mit einem Roller von beiden Seiten auf die Kanten der Rippen aufbringt **(B).**

Schneiden Sie die Decken aus Sperrholz oder MDF mit einer Stärke von 5 oder 10 mm zu. Sie sollten etwa 10 mm größer sein, als das zusammengesteckte Gitter. Leimen Sie die Decken auf Ober- und Unterseite des Gitters an. Verwenden Sie gebogene Zulagen, um den Druck gleichmäßig zu verteilen **(C).**

> Siehe „Gewölbte Verleimzulagen" auf S. 20.

Wenn der Leim getrocknet ist, fräsen Sie die Decken mit der Außenseite des Gitters bündig **(D).** Um den Regalboden ansprechender aussehen zu lassen, können die Außenseiten mit Furnier, Laminat oder Leder überzogen werden. Die rohen Kanten lassen sich gut mit Vollholzanleimern verbergen.

A

B

C

D

Umleimer

Die Innenlagen von Sperrholz und anderen Holzwerkstoffplatten sind nicht besonders ansehnlich und können auch Hohlstellen aufweisen. Die beste Methode, sie zu verbergen, sind Umleimer aus Vollholz oder Furnier. Die Umleimer können je nach Gestaltung des Möbelstücks dick oder dünn sein, und es gibt unterschiedliche Methoden, um sie zu befestigen. Ein Umleimer aus Vollholz kann zudem mit der Säge oder Handoberfräse weiter bearbeitet werden, um ihn dekorativ zu gestalten. Bei einer rohen Sperrholzkante geht das nicht.

Unabhängig von der Art des Umleimers, den Sie an der Kante eines Regalbodens oder Möbelkorpus anbringen, muss er etwas stärker ausgehobelt werden als der Regalboden. Dann können Sie den Umleimer nachträglich genau auf die Stärke der Platte bringen. Das Rohmaterial für die Umleimer etwa 1 – 1,5 mm breiter auszuhobeln als die Stärke des Regalbodens ist ein guter Richtwert **(A)**.

Der Umleimer kann stumpf an den Regalboden angeleimt werden. Geben Sie dazu Leim mit dem Roller an **(B)**. Legen Sie Furnierblättchen unter den Regalboden, um den überstehenden Umleimer mittig am Regalboden auszurichten **(C)**.

Die Umleimer lassen sich sehr gut mit Schraubzwingen oder Spannelementen anpressen. Eine breite Zulage zwischen den Zwingen und den Umleimern verteilt den Anpressdruck, sodass man mit weniger Zwingen auskommt **(D)**.

Noch effektiver kann man den Anpressdruck nutzen, wenn man zwei Regalböden gleichzeitig verarbeitet und die Umleimer dabei aneinander legt **(E)**. Die Kantenzwingen in Abbildung **F** ermöglichen schnelles und effektives Anpressen der Umleimer, man benötigt jedoch viele Zwingen, um die Arbeit auszuführen.

Bei dünnen Umleimern (3 mm oder weniger) reicht der Anpressdruck, den man erzielt, wenn man die Verbindung mit Klebeband zusammenzieht. Drücken Sie das Klebeband an einer Seite des Regalbodens fest an, ziehen Sie es um die Kante und bis auf die andere Seite **(G)**.

A

B

C

D

E

F

G

Umleimer bündig verputzen

Es gibt mehrere Methoden, um die Umleimer bündig zu verputzen, nachdem der Leim getrocknet ist. Bei einem dünnen Umleimer kann man einen kugellagergeführten Bündigfräser in einer Handoberfräse verwenden, um den Überstand abzunehmen. Eine Zulage, die in der Hobelbank eingespannt wird, sorgt für eine sichere Führung der Handoberfräse **(A)**.

Ich ziehe es vor, Umleimer mit dem Hobel bündig zu verputzen. Es ist ein sehr schnelles, leises und recht staubfreies Verfahren. Allerdings besteht die Gefahr, dass man im Übereifer durch das dünne Furnier hindurchhobelt. Es gibt eine narrensichere Methode: Stellen Sie das Hobeleisen für mittelstarke Spanabnahme ein, und hobeln Sie bis dicht an die Oberfläche des Furniers, ohne dies zu berühren. Kontrollieren Sie mit den Fingern, wie viel Sie noch abnehmen müssen, und halten Sie den Hobel schräg zur Schnittrichtung, um Faserausrisse zu minimieren **(B)**. Stellen Sie das Hobeleisen dann für sehr dünne Späne ein, und hobeln Sie den Umleimer zu Ende. Man kann die unterschiedliche Einstellung des Hobeleisens an den hauchdünnen Spänen erkennen **(C)**.

Falls Sie doch in das Furnier schneiden sollten, nehmen Sie so nur einen dünnen Span ab, reißen das Furnier jedoch nicht ein.

Bei sehr breiten Umleimern und Holz mit schwierigem Faserverlauf, das sich schlecht hobeln lässt, können Sie den Umleimer mit der Handoberfräse bündig fräsen, an der sie ein Stück melaminbeschichtete Spanplatte befestigt haben. Die Spanplatte liegt auf der furnierten Fläche auf, während der Fräser den Umleimer bündig fräst. Man kann jeden geraden Fräser mit Stirnschneiden für diese Arbeit verwenden, die beste Schnittgüte erreicht man jedoch mit einem vierschneidigen Spiralfräser mit Stirnschneiden **(D)**.

Nachdem Sie die Kanten der Umleimer verputzt haben, müssen Sie noch die Enden bündig schneiden. Wenn Sie vorausplanen, den Regalboden mit Übergröße herstellen und die Umleimer etwas kürzer als den Boden herstellen, können Sie die Umleimer an den Enden einfach mit den beiden Ablängschnitten für den Boden bündig schneiden **(E)**.

A

C

B

D

E

Verdeckte Schrauben

Schrauben sind eine gute Methode, um Umleimer zu befestigen, vor allem, wenn man auf der Baustelle ist oder man nur schlecht Zwingen ansetzen kann. Um die Schraublöcher zu verbergen, werden sie mit Holzstiften gefüllt. Wenn Sie bei der Herstellung und dem Einsetzen der Stifte vorsichtig arbeiten, ist die Verbindung so gut wie unsichtbar.

Bohren Sie an der Ständerbohrmaschine versenkte Bohrlöcher in die Umleimer. In diesem Fall habe ich zwischen den Bohrlöchern einen Abstand von etwa 125 mm gewählt, bei breiteren Umleimern kann man weniger Schrauben verwenden **(A).**

Halten Sie den Umleimer an den Regalboden, und bohren Sie durch die Bohrlöcher hindurch Führungslöcher in den Boden. Geben Sie dann Leim an den Boden und den Umleimer, und schrauben Sie den Umleimer am Boden an **(B).**

Versehen Sie die Holzstifte mit Leim, und treiben Sie sie in die versenkten Bohrlöcher ein. Kennzeichnen Sie die Stifte, damit Sie ihre Faserrichtung an der des Umleimers ausrichten können **(C).**

Stechen Sie die überstehenden Holzstifte mit dem Stechbeitel und Klüpfel ab. Verputzen Sie dann die Stifte mit dem handgeführten Stechbeitel **(D).** Arbeiten Sie schließlich den gesamten Umleimer mit einem fein eingestellten Putzhobel nach **(E).**

A

C

B

D

E

Mit diesem Niederhalter kann man sicher Schlitze für Flachdübel auch in kurze oder schmale Werkstücke fräsen, ohne mit den Händen in die Nähe der Schneiden zu geraten.

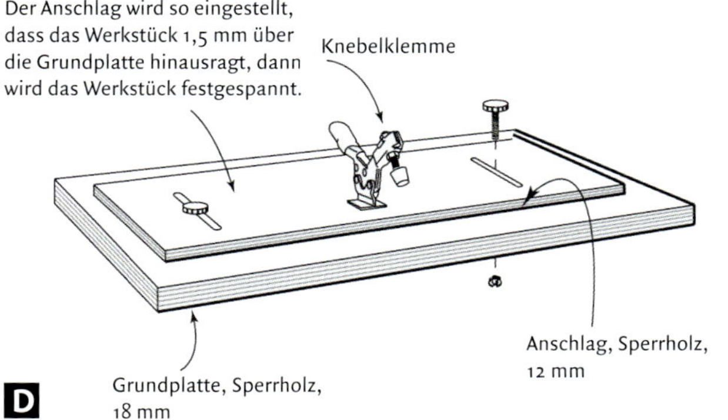

Flachdübel

Bei den meisten Umleimern muss man nicht auf Flachdübel zurückgreifen, um die Verbindung zu stärken. Um die Umleimer jedoch narrensicher auszurichten, sind sie kaum zu übertreffen. Bringen Sie etwa alle 200 mm einen Flachdübel an, und die Umleimer richten sich genau an einem Regalboden oder einem Korpusteil aus. Wenn Sie den Schlitz für die Flachdübel im Umleimer leicht versetzen, wird auch die Position des Umleimers am Regalboden etwas versetzt, sodass er etwas überragt. Dadurch können Sie den Umleimer noch verputzen, nachdem Sie ihn am Regalboden angebracht haben.

Die Längenposition der Schlitze für die Flachdübel muss nicht abgemessen werden. Es reicht, wenn man den Umleimer an die Kante des Regalbodens hält und an beiden eine Mittenmarkierung anbringt **(A)**.

Die Schlitze in den Boden zu schneiden, ist leicht: Stellen Sie den Anschlag so ein, dass der Schlitz mittig in der Kante liegt, und tauchen Sie den Schlitzfräser bei der Mittenmarkierung in den Regalboden. Spannen Sie kleine Werkstücke ein **(B)**.

Es kann etwas schwieriger sein, kurze oder schmale Holzstücke zu bearbeiten, manchmal ist es sogar geradezu gefährlich, da es nicht leicht ist, das Werkstück so einzuspannen, dass Ihre Hände nicht in die Nähe des Fräsers geraten. Sicherer lässt sich arbeiten, wenn man den hier gezeigten Niederhalter verwendet, um kleine Werkstücke zu schlitzen **(C)**. Die Vorrichtung ist leicht herzustellen und kann auf verschiedene Werkstückgrößen eingestellt werden **(D)**.

Gespundete Verbindungen

Wie die Verbindung mit Flachdübeln kann auch ein gespundeter Umleimer das Verleimen vereinfachen, da Umleimer und Regalboden genau so zusammen kommen, wie Sie das möchten. Zudem wird die Verbindung durch die zusätzliche Leimfläche beträchtlich verstärkt. Das ist ein wichtiger Gesichtspunkt, wenn die Verbindung besonderen Belastungen ausgesetzt ist – etwa bei breiten Umleimern.

A

Schneiden Sie an der Kreissäge oder mit der Handoberfräse eine Nut in den Regalboden. Die Breite der Nut sollte etwa ein Drittel der Stärke des Regalbodens betragen. Verwenden Sie einen Andruckkamm, um das Material dicht am Anschlag zu halten **(A)**.

TIPP Verwenden Sie Rohlinge mit Übermaß, um Ihre Hände vom Sägeblatt fernzuhalten, wenn Sie an Kanten arbeiten. Wenn die Nut oder das Profil geschnitten ist, wird der schmale Streifen vom breiteren Brett abgeschnitten.

B

Schneiden Sie den Spund am Umleimer mit einem Hilfsanschlag und der gleichen Höheneinstellung des Sägeblattes an. Indem Sie einen Falz auf beiden Seiten des Materials anschneiden, schaffen Sie automatisch einen mittig stehenden Spund **(B)**.

C

Nachdem Sie den Spund angeschnitten haben, schneiden Sie das Material auf Endbreite **(C)**.

Der angeleimte Umleimer muss nur noch auf beiden Seiten bündig verputzt werden und der Regalboden kann verwendet werden **(D)**.

D

Kommerzielles Kantenmaterial

Man kann die Kante eines Regalbodens auch furnieren. Da die furnierte Kante etwas empfindlich ist und nicht dekorativ profiliert werden kann, werden Umleimer aus Furnier oder anderen dünnen Werkstoffen meist für einfachere Werkstücke verwendet, also etwa die Regalböden im Inneren eines Küchenschrankes. Am einfachsten lässt sich eine Kante furnieren, wenn man kommerzielles Kantenmaterial verwendet, das an einer Seite mit einer Schicht Schmelzkleber versehen ist. Es ist in fast allen Holzarten in der Breite von 23 mm oder 45 mm lieferbar. Man bekommt auch Kunststoffmaterial in verschiedenen Farben, um melaminbeschichtete Platten und Laminate mit Kanten zu versehen.

Man kann die Furnierkante mit einer Heizschiene aufbringen, aber ein normales Haushaltsbügeleisen genügt auch, wenn man eine mittlere Einstellung wählt. Bewegen Sie das Bügeleisen stetig hin und her, während Sie den Kleber erwärmen, damit Sie das Kantenmaterial nicht verbrennen. Führen Sie das Kantenmaterial beim Aufbügeln mit der anderen Hand, sodass es gleichmäßig auf beiden Seiten des Regalbodens übersteht **(A).**

A

C

B

D

E

Reiben Sie das Kantenmaterial gleich nach dem Erwärmen mit einem harten Klotz an. Achten Sie darauf, auch die Kanten und Enden gut anzureiben, um eine gute Verbindung zu erhalten **(B).**

Die Enden des Kantenmaterials lassen sich – vor allem bei grobem Holz wie Eiche in den Abbildungen – am besten mit einem breiten Stechbeitel auf Länge schneiden. Legen Sie die Spiegelseite des Stechbeitels an der Kante des Regalbodens an, und schneiden Sie mit einer schräg nach unten gerichteten Bewegung, um einen sauberen Schnitt zu erhalten **(C).**

Die Längskanten können auf unterschiedliche Weise verputzt werden. Furniere, die zum Reißen neigen, sind am besten mit einer kantenschneidenden Feile zu verputzen. Halten Sie die Feile senkrecht und in einem leichten Winkel von der Sichtseite des Regalbodens, und schneiden Sie dann in der Abwärtsbewegung **(D).**

Um beide Kanten gleichzeitig zu verputzen, kann man spezielle Trimmer verwenden, die auf beiden Seiten Messer aufweisen. Allerdings muss man bei Hölzern mit schwierigem Faserverlauf vorsichtig arbeiten, diese Trimmer neigen dazu, Faserausrisse zu verursachen, wenn man mit ihnen gegen die Faser schneidet **(E).**

PVAC-Kleber und Furnier

Man kann sein eigenes Kantenmaterial aus Furnier herstellen und es ohne spezielle Klebstoffe oder Zwingen anbringen. Dieses Verfahren beruht auf den thermoplastischen Eigenschaften des Tischlerleimes (PVAC-Kleber, Weißleim).

TIPP Verwenden Sie diese Methode nur, um kleine Furnierstücke anzubringen. Bei größeren Arbeiten mit breiteren furnierten Flächen ist sie nicht zuverlässig genug.

Verdünnen Sie etwas Tischlerleim mit etwa zehn Prozent Wasser, und tragen Sie eine gleichmäßige Schicht auf den Regalboden und das Furnier auf. Verwenden Sie in diesem Fall zum Auftragen nicht eine Rolle, da diese kleine Blasen hinterlässt. Achten Sie darauf, auch die Kanten und Ecken gut mit Leim zu bedecken, weil an diesen Stellen das Furnier dazu neigt, sich abzuheben. Um zu verhindern, dass sich das Furnier einrollt, wird die Sichtseite mit einem Schwamm befeuchtet, bevor man auf der Rückseite den Leim aufträgt **(A).**

Schleifen Sie die vollständig getrocknete Leimschicht vorsichtig mit einem 80er Schleifpapier, um raue Stellen und Staub zu entfernen **(B).** Geben Sie dann eine zweite Schicht des verdünnten Leimes auf beide Bauteile.

Wenn die zweite Schicht vollkommen trocken ist (der Leim sieht dann klar und glänzend aus), reaktivieren Sie den Klebstoff, indem Sie ihn erhitzen, während Sie das Furnier fest auf die Unterlage pressen **(C).** Verputzen Sie abschließend noch die Kanten.

A

B

C

Nägel, Schrauben und andere Befestigungselemente

Nägel und Schrauben

Beschläge

Befestigungselemente gehören zu den wichtigsten Beschlägen für den Möbeltischler. Durch das Zusammenschrauben von Bauteilen spart man Zeit, und oft ist es auch die beste Methode, um schlecht erreichbare Verbindungen zusammenzuziehen, während der Leim anzieht. Sogar der althergebrachte Nagel hat noch seine Platz in der Werkstatt, vor allem Drahtstifte sind nützlich, um kleine Werkstücke und Bauteile zusammenzuheften. Wegen der Vielzahl moderner Pressluftnagler und der preisgünstigen Kompressoren kann man auch in einer kleinen Werkstatt auf die einfache und preiswerte Nagelung mit Druckluft zurückgreifen.

Bei einem großen Korpus, der an Ort und Stelle zusammengebaut werden muss, oder bei anderen großen Möbeln wie Betten kann man demontierbare Beschläge verwenden. Es gibt eine Vielzahl unterschiedlicher Ausführung, die bei der industriellen Möbelherstellung viel eingesetzt werden. Falls Sie ein Möbelstück bauen möchten, das zu groß ist, um es aus der Werkstatt zu bekommen, sind solche Beschläge die Lösung.

Schrauben elektrisch eindrehen

Die heutigen leistungsfähigen Bohrmaschinen sind ideal, um Schrauben einzudrehen. Obwohl man die netzgebundenen Maschinen mit den gleichen Ergebnissen verwenden kann, hat der Akkubohrer den Vorteil, dass man ihn schneller einsetzen kann und sich keine Gedanken über Zuleitungen machen muss, über die man stolpern könnte. Ich statte meine Bohrmaschine mit einem magnetischen Bithalter aus, der das Ansetzen der Schraube erleichtert und die Reichweite der Maschine vergrößert. Das elektrische Eindrehen von Schrauben funktioniert am besten bei Kreuzschlitz- und Innensternschrauben, sogenannten Torx, mit etwa Übung kann man jedoch auch traditionelle Schlitzschrauben so verwenden.

Die richtige Anwendung ist wichtig, um einen häufigen Fehler zu vermeiden: Ein durchdrehendes oder abrutschendes Bit ruiniert den Schraubenkopf sehr schnell. Man muss auf zwei Dinge achten: Das Bit muss mit der Schraube fluchten, und man muss gleichmäßigen und hohen Druck (so hoch wie möglich) auf den Schraubenkopf ausüben, während man die Schraube eindreht.

Querdübel im Hirnholz

Schrauben in Hirnholz einzudrehen ist immer ein riskantes Unternehmen. Das Gewinde der Schrauben zerdrückt die Holzfasern, und anstatt einer belastbaren Verbindung erhält man eine lose Passung, sodass die Verbindung wieder aufgehen kann, wenn sie belastet wird. Wenn man in Hirnholz bohren muss, ist es ein guter Trick, etwas Längsholz dort unterzubringen, wo die Schrauben eingedreht werden sollen. Am leichtesten erreicht man das, indem man einen Dübel quer durch die Verbindung treibt.

Dübel als Verstärkung für Schraubenverbindungen

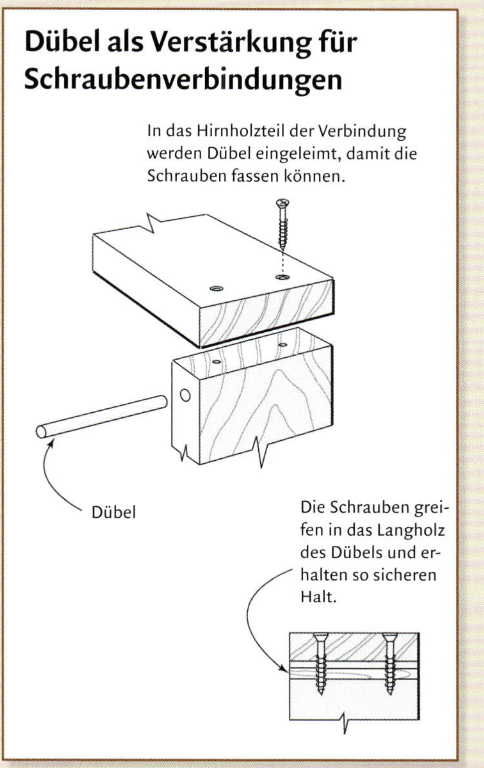

Die Anatomie der Schraube

Um eine Schraube richtig einzudrehen, ermittelt man zuerst den Gewindedurchmesser und bohrt ein Führungsloch in dieser Größe (bei Nadelholz geringfügig kleiner). Dann wird der Schaftdurchmesser festgestellt, und ein Durchgangsloch in dieser Größe in das obere Teil der Verbindung gebohrt, damit die Schraube frei hindurch gesteckt werden kann.

Schraubenköpfe gibt es in unterschiedlichen Formen, man muss also über einen passenden Schraubendreher verfügen, um die Schraube eindrehen zu können. Schlitzschrauben führen oft zum Abrutschen des Schraubendrehers. Kreuzschlitzschraubendreher nutzen den Schlitz im Kopf nicht so stark ab, wenn man mit entsprechendem Druck dreht und der Schraubendreher in der Längsachse der Schraube bleibt. Torx-Schrauben neigen am wenigsten zum Verrutschen des Schraubendrehers, und kosten nicht mehr als normale Schrauben.

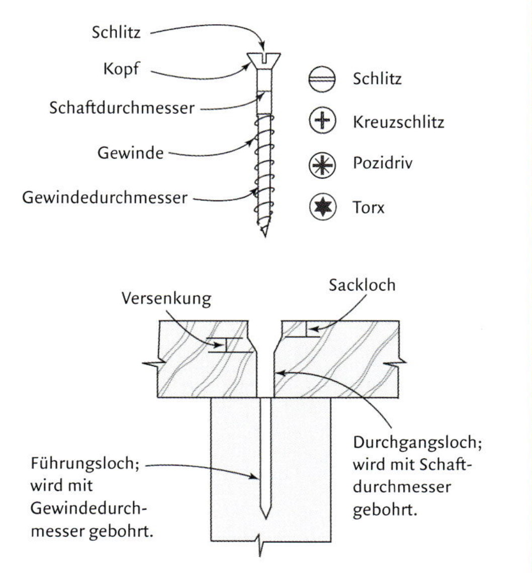

Um Beschädigungen des Schraubenkopfes zu vermeiden, sollten Bohrer und Bohrmaschine an der Schraubenachse ausgerichtet und mit mittlerem Druck gebohrt werden.

Schraubentypen

Die riesige Auswahl an Schraubentypen, die heute auf dem Markt sind, kann einen Holzwerker verwirren. Der Vorteil ist, dass es für fast jede Anwendung und für jeden Werkstoff die passende Schraube gibt. Für normale Aufgaben im Möbelbau kann man die Optionen jedoch einschränken, indem man sich für einige Typen entscheidet, mit denen sich die meisten Aufgaben erledigen lassen. Wenn Sie die Schrauben ausgewählt haben, legen Sie sich auch noch einige Zubehörteile für die Bohrmaschine zu, wie sie auf der Abbildung unten zu sehen sind.

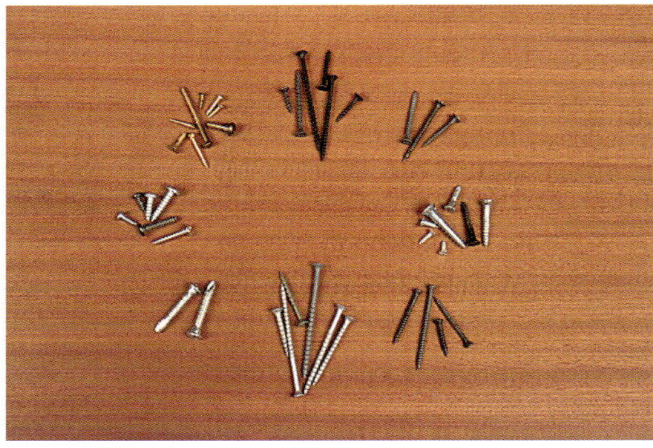

Schrauben für die Werkstatt (im Uhrzeigersinn von oben): Spanplattenschrauben, die gut in Sperrholz und in Spanplatten greifen; Gipskartonschrauben; Holzschrauben, die es in einer großen Auswahl an Materialien und Größen gibt; Senkkopfschrauben; Schrauben für die Außenanwendung; Schrauben mit besonders tiefem Gewinde, besonders für Material ohne Holzfasern wie MDF oder Spanplatten geeignet; Metallschrauben zur Befestigung von Beschlägen; Messingschrauben für hochwertige Beschläge aus Messing.

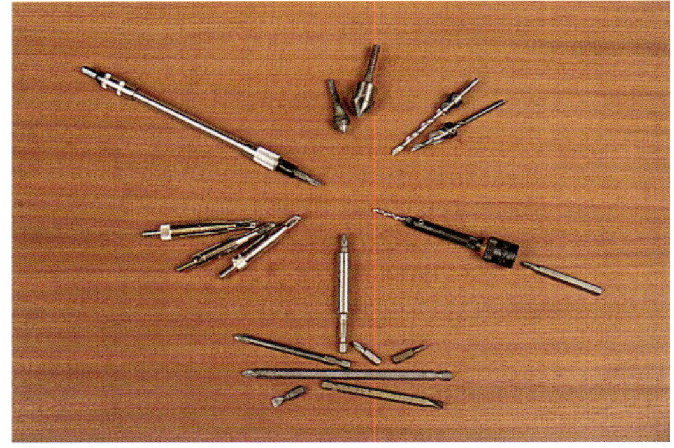

Zubehör für die Bohrmaschine (im Uhrzeigersinn von oben): Versenker, um ein Schraubenloch konisch aufzubohren, damit die Schraube sicher sitzt; Versenkbohrer, der gleichzeitig drei Arbeitsgänge ausführt (Führungsloch bohren, Versenkung für den Schraubenkopf schneiden, Durchgangsloch für den Schraubenschaft bohren); Schnellwechselbohrer und -bits, um Zeit beim Wechseln der Bohrer oder Schraubbits zu sparen; magnetischer Bithalter und eine Auswahl von Schraubbits; selbstzentrierende Bohrer für Scharniere; biegsame Welle für Arbeiten an beengten Stellen.

Genagelte Verbindungen

Manchmal ist ein gut platzierter Nagel alles, was man benötigt, um ein Bauteil sicher in einem Schrank oder an einem anderen Möbelstück zu befestigen. Meiden Sie jedoch normale Nägel. Sie sind gut für Zimmermannsarbeiten geeignet, aber für den Möbelbau zu groß. Drahtstifte eignen sich jedoch gut für kleinere Arbeiten wie etwa die Befestigung einer Möbelrückwand. Der Schaft ist stabil und verbiegt sich nicht so leicht, aber der Kopf ist relativ klein und fällt nicht so sehr auf. Vierkantnägel sind nützlich, wenn man Reproduktionen von historischen Möbel baut. Am häufigsten werden im Möbelbau kleine Drahtstifte verwendet. Mit ihnen lassen sich dünne Profilleisten befestigen, der Kopf wird dabei bis unter die Holzoberfläche getrieben, sodass er kaum zu sehen ist. Um ihn ganz unsichtbar zu machen, kann man das Loch noch mit Holzkitt ausfüllen.

Im Gegensatz zum Nageln mit einen Druckluftnagler muss beim Eintreiben eines Nagels mit dem Hammer in Vollholz meist ein Führungsloch gebohrt werden, damit das Material nicht reißt **(A)**.

A

TIPP Falls Sie für einen Drahtstift keinen Bohrer der richtigen Größe zur Hand haben, können Sie den Kopf eines Drahtstiftes abkneifen und das kopflose Ende verwenden, um ein Führungsloch zu bohren.

Treiben Sie den Nagel mit einem Nageltreiber der richtigen Größe unter die Holzoberfläche **(B)**. Das ermöglicht Ihnen nicht nur, den Nagelkopf zu verstecken, sondern trägt auch zur Belastbarkeit der Verbindung bei.

B

Füllen Sie abschließend das Nagelloch mit Holzkitt oder einem auf die Farbe der Oberfläche abgestimmten Füllstoff **(C)**.

C

WARNUNG Druckluftnagler machen keinen Unterschied zwischen Holz und Ihren Fingern. Achten Sie darauf, dass Ihre Hände nie in die Gefahrenzone geraten. Sie sollten auch einen Gehörschutz und eine Schutzbrille tragen.

Druckluftnagler

Druckluftnagler sind in Bezug auf einfache und bequeme Verwendung kaum zu übertreffen. Die Kraft, mit der ein Nagel von diesen Werkzeugen eingetrieben wird, erlaubt es einem, Montagearbeiten schnell und genau auszuführen, da die Bauteile keine Zeit haben, sich gegeneinander zu verschieben. Und der Nageltreiber kann auch in der Werkzeugkiste bleiben: Der Druckluftnagler treibt die Nägel oder Drahtstifte in einem Zug bis unter die Holzoberfläche.

Gewerbliche und industrielle Anwender greifen auf eine Vielzahl unterschiedlicher Druckluftnagler zurück, aber für eine kleine Werkstatt reichen ein Nagler für kleine und einer für große Nägel sowie ein kleiner und ein großer Tacker für Klammern aus **(A).** Sie benötigen zum Betrieb zwar einen Kompressor, aber für diese Werkzeuge ist der Luftbedarf relativ gering. Bereits ein kleiner, tragbarer Kompressor ist für den Betrieb ausreichend.

Mit einem kleinen Druckluftnagler und den entsprechenden Nägeln kann man Profilleisten und andere Kleinteile befestigen. Kleine Nägel und Drahtstifte lassen das Holz in der Regel nicht reißen. Deshalb muss man nicht vorbohren; man setzt den Nagler einfach auf und löst aus **(B).** Die winzigen Löcher, die an der Oberfläche entstehen, lassen sich leicht ausfüllen.

Größere Druckluftnagler werden mit dickeren und steiferen Nägeln verwendet, um Korpusteile durch Sichtflächen hindurch zu vernageln. Bei relativ starken Bauteilen wie den 20 mm starken Inneneinrichtungen von Küchenschränken sollte man einen großen Tacker verwenden, da die eingesetzten Klammern eine größere Haltekraft haben als Drahtstifte oder Nägel **(C).** Schrankrückwände aus 5 mm starkem Sperrholz werden dagegen mit einem kleinen Tacker und kleinen Klammern befestigt, damit diese nicht durch die Rückwand durchschlagen.

Demontierbare Verbindungen

Manchmal lassen sich die Bestandteile eines Möbelstücks am sinnvollsten mit Beschlägen verbinden, die man demontieren oder auseinander nehmen kann, um das Möbel zerlegt zu transportieren und außerhalb der Werkstatt zusammenzusetzen. Solche demontierbaren Beschläge sind vor allem für große oder schwere Stücke wie Betten und Schränke nützlich. (Weitere Informationen hierzu finden Sie in *Rogowski, Holzverbindungen*, siehe Literaturverzeichnis.)

Meine bevorzugte Art von demontierbarer Verbindung wird mit einem Quergewindebolzen hergestellt **(A).** Diese Beschläge sind leicht zu bekommen, einfach zu verwenden und sehr leicht wiederzuverwenden. Die Wiederverwendbarkeit ist ein wichtiger Gesichtspunkt, wenn das Möbelstück mehrmals zerlegt und wieder zusammengesetzt werden wird.

Quergewindebolzen bestehen aus zwei Teilen: Eine Mutter wird in ein Loch eingesetzt und hält einen Gewindebolzen, der meist sehr dünn gestaltet wird, damit er die Ästhetik des Möbels nicht beeinträchtigt. Bohren Sie ein Loch durch die beiden Teile der Verbindung, das groß genug ist, um die Mutter aufzunehmen, die meist das größere der beiden Beschlagteile ist **(B).**

Ziehen Sie die beiden Teile zusammen, indem Sie den Gewindebolzen in die Mutter schrauben. Die meisten Quergewindebolzen haben einen Innensechskantkopf, sodass man sie gut anziehen kann, ohne schweres, sperriges Werkzeug verwenden zu müssen **(C).**

Mit Korpusverbindern kann man zwei senkrechte Bauteile (etwa Seitenteile einer Schrankwand) miteinander verbinden, sie können aber auch zwei Platten Fläche an Fläche zusammenfügen. Mit einer Variante lassen sich auch T-Verbindungen herstellen, etwa dort, wo ein Regalboden auf ein Seitenteil trifft. Wenn man für die Mutter ein Sackloch in die Unterseite des Regalbodens bohrt, kann man die Verbindung verbergen.

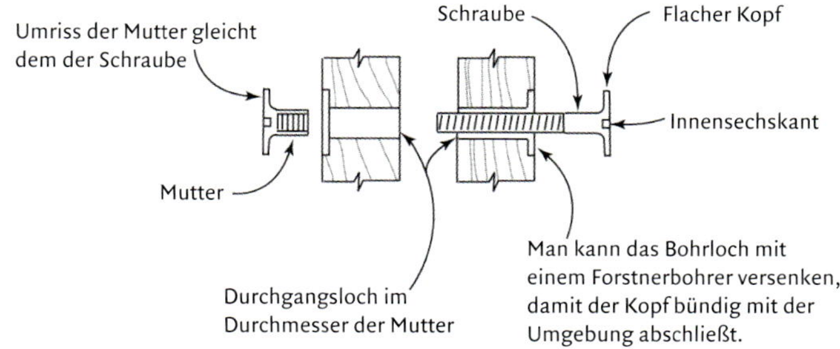

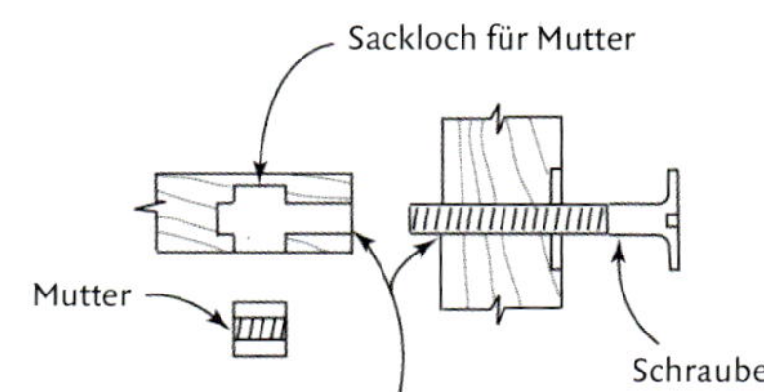

A

B

C

Bettbeschläge

Es wäre ein Fehler, alles außer dem allerkleinsten Bettgestell in der Werkstatt zusammenzuleimen. Es mag Ihnen zwar gelingen, es aus der Werkstatt hinauszubekommen, aber die neuen Besitzer werden vermutlich Schwierigkeiten haben, es in die Wohnung zu bekommen. Demontierbare Bettbeschläge sind eine Lösung für dieses potenziell katastrophale Dilemma. Es gibt zwei unterschiedliche Verbindungstypen – den klassischen Bettbeschlag und lange Gewindebolzen –, beide funktionieren gut.

A

B

C

D

Der Bettbeschlag besteht aus zwei Teilen: eine Platte mit Schlitzen, die am Bettbein befestigt wird, und eine passende Platte mit Haken, die an der Zarge des Bettes angebracht wird. Die Befestigung des Beschlags ist etwas umständlicher, aber er erlaubt später die werkzeuglose Montage und Demontage des Bettes. Schneiden Sie mit der Handoberfräse und dem Stechbeitel eine flache Vertiefung für die Platte in das Bettbein, so dass die Platte bündig mit Holzoberfläche abschließt **(A).** Reißen Sie tiefere Schlitze für die Finger des Gegenstücks an, und bohren Sie sie mit einem Forstnerbohrer aus, bevor Sie die Platte anbringen **(B).**

Fräsen Sie einen Schlitz in das Ende der Zarge, und bringen Sie die Fingerplatte oberflächenbündig darin an. Die Metallfinger der Platte greifen in die Schlitze der Platte am Bettbein **(C).** Wenn die Beschläge richtig angebracht werden, verkeilen sich die Finger in den Schlitzen, wenn das Bett belastet wird, und die Verbindung wird so zusätzlich gestärkt.

Die Verbindung der Teile eines Bettes mit einem Gewindebolzen ist eine gute Lösung, da sie leicht herzustellen und sehr belastbar ist **(D).**

Ein kurzer Zapfen an der Zarge dient als Verbindung, die mit einem Bolzen zusammengezogen wird. Bohren Sie ein Loch durch das Bettbein als Aufnahme für den Bolzen. Auf der Innenseite der Zarge wird mit einem Forstnerbohrer ein Sackloch gebohrt. Dann wird durch den Zapfen an der Zange ein Loch mit dem gleichen Durchmesser wie jenes im Bein bis in das Sackloch gebohrt. Setzen Sie eine Mutter in das Sackloch, und drehen Sie den Gewindebolzen in die Mutter. Die Mutter verkantet sich an der Wandung des Sackloches, und die Verbindung wird zusammengezogen.

KAPITEL ACHT

Die Montage des Korpus

Wenn Sie sich daran machen, ein Möbelstück zusammenzubauen, haben Sie meistens nur einen Versuch frei. Wenn der Leim aufgetragen ist, gibt es kein Zurück mehr. Wenn Sie einen Schrankkorpus nicht rechtwinklig verleimen, müssen Sie später teuer dafür bezahlen, da sich der Fehler fortpflanzt und aufsummiert, sodass das Einpassen von anderen Teilen zu einem Albtraum wird. Um gleich beim ersten Versuch mit Erfolg belohnt zu werden, ist es wichtig, die richtigen Werkzeuge zur Hand zu haben und die richtigen Zwingen in der richtigen Weise anzusetzen. Sonst mag es Ihnen passieren, dass Sie eine perfekt zugeschnittene Gehrungsverbindung verleimen und feststellen müssen, dass sie verrutscht, sobald Sie mit den Zwingen Druck darauf ausüben. Das Erlernen und Üben der richtigen Montage kann Ihnen unzählige Stunden frustrierender Fummelei ersparen.

Trocken zusammenstecken

Eines der wichtigsten Geheimnisse der erfolgreichen Montage von Möbelstücken habe ich auf die ganz harte Weise lernen müssen – durch die stete Wiederholung des gleichen Fehlers. Stecken Sie die Einzelteile eines Werkstücks vor dem Verleimen immer einmal trocken zusammen. Und in diesem Fall heißt immer wirklich immer! Dabei werden die Teile ohne Leim zusammengefügt. Stellen Sie sicher, dass Sie alle Zwingen verwenden, die Sie auch für das Verleimen benötigen werden, und achten Sie darauf, ob Sie alle Verbindungen sicher zusammenziehen können. Im Grunde handelt es sich um das Einüben des gesamten Arbeitsablaufes beim Zusammenbau.

Und in neun von zehn Fällen werden Sie bei diesem Trockenlauf feststellen, dass irgendetwas fehlt oder dass Sie mehr Zwingen benötigen, um eine bestimmte Stelle zusammenzubringen. Vielleicht müssen Sie aber auch das gesamte Verlei-

Probleme beim Einspannen

Stichmaß

Ein Stichmaß ist die genaueste Methode, um den Stich (die Diagonalen) einer Öffnung zu messen und diese so auf Rechtwinkligkeit zu überprüfen. Man kann es aus jeder Holzart herstellen – sogar Nadelholz ist geeignet –, wenn der Faserverlauf gerade ist.

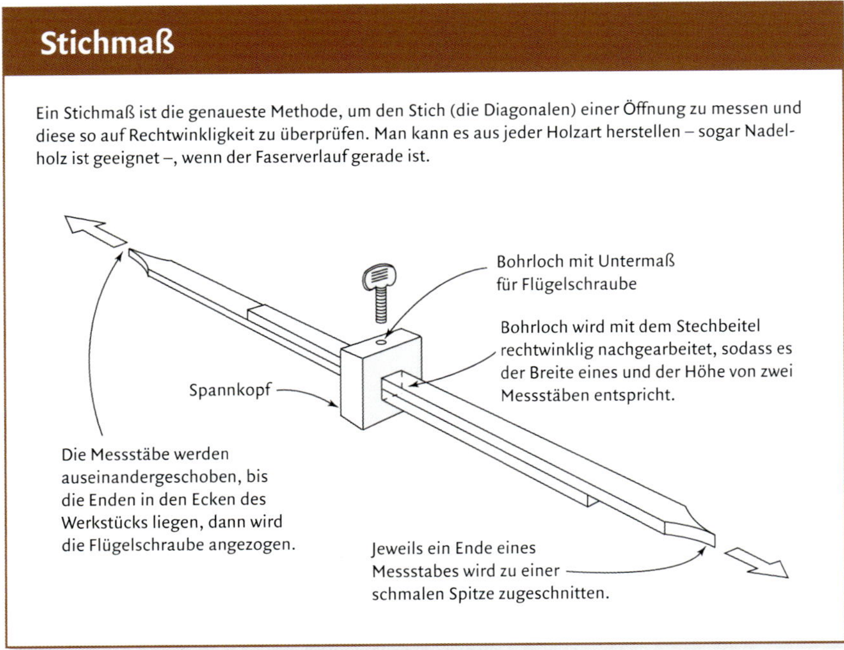

Mit einem verstellbaren Stichmaß kann man Innendiagonalen in jeder Tiefe schnell vergleichen. Wenn die Maße übereinstimmen, ist der Korpus rechtwinklig.

men neu durchdenken und den Vorgang in kleinere, leichter auszuführende Schritte zerlegen. Der Trockenlauf mag zwar Zeit kosten, aber die Investition lohnt sich, wenn man dadurch der Katastrophe entgeht, Leim anzugeben und dann festzustellen, dass man die Einzelteile nicht so zusammenbekommt, wie man das gedacht hatte.

Montagewerkzeuge und -vorrichtungen

Es gibt ein Vielzahl von Vorrichtungen und Tricks, die einem die Montage erleichtern können. Sie alle dienen dem Zweck, eine Vielzahl von Einzelteilen leichter, genauer und ohne Frustrationen zusammenzufügen. Es gibt nichts schlimmeres, als den Leim anzugeben und dann festzustellen, dass man nicht die richtigen Werkzeuge zur Hand hat oder eine wichtige Vorrichtung nicht eingestellt hat. Im Folgenden finden Sie einige Hilfsmittel, mit denen die Montage sehr viel leichter von statten geht.

Mit einem Maßstab auf Rechtwinkligkeit überprüfen

Die Rechtwinkligkeit eines Korpus oder einer Öffnung in einem Möbelstück muss sofort nach dem Zusammenbau überprüft werden – noch bevor der Leim trocknet. Eine Möglichkeit der Überprüfung ist es, die Diagonalen zwischen den gegenüberliegenden Ecken mit einem Bandmaß oder Zollstock zu messen. Wenn die beiden Maße gleich sind, ist die Öffnung rechtwinklig. Allerdings sind die Zwingen oft im Weg, es ist so gut wie unmöglich, an der Rückseite eines Korpus zu messen, und wenn man an der Vorderseite misst, weiß man bei einem tiefen Korpus immer noch nicht, ob er im Inneren rechtwinklig ist. Mit einem verstellbaren Diagonalenmaßstab, einem Stichmaß, lässt sich die Messung genauer durchführen.

In der traditionellen Version bestand dieser Maßstab einfach aus zwei an einem Ende angespitzten Leisten, die man in der Mitte aneinander hielt. Bei der verbesserten Version, die oben zu sehen ist, sorgt ein Spannkopf in der Mitte dafür, dass die Verwendung etwas leichter ist und genauere Ergebnisse liefert. Stellen Sie den Maßstab auf die Länge einer der Diagonalen ein, und überprüfen Sie dann die andere Diagonale im Inneren des Korpus. Schieben Sie die Enden des Maßstabs im Korpus hinab, um die Diagonalen auch in der Tiefe kontrollieren zu können. Verstellen Sie den Maßstab und justieren Sie den Korpus, bis der Maßstab für beide Diagonalen passt.

Mit einer Lehre auf Rechtwinkligkeit überprüfen

Um einen Korpus genau rechtwinklig zusammenzubauen, können Sie ein Stück Sperrholz genau auf die Breite der Korpusöffnung zuschneiden, bei dem die aneinander liegenden Kanten genau im rechten Winkel aufeinander stehen. Spannen Sie diese Lehre im Korpus so fest, dass jeweils eine Kante an den Seiten des Korpus anliegt. Voila! Verzogene oder nicht rechtwinklige Korpusöffnungen sind ein Ding der Vergangenheit.

Mit Zulagen und Klötzen Bauteile ausrichten

Es ist eine gute Idee, eine Auswahl von Zulagen und Klötzen unterschiedlicher Stärke zur Hand zu haben. Das können Spielkarten, Abschnitte von Kunststofflaminat, Lederstreifen und Holzstücke in Stärken von 5 mm, 10 mm und 20 mm sein. Mit diesen Zulagen können Sie Bauteile während des Verleimens ausrichten, und zudem schützen Sie die Oberflächen des Werkstücks. In der Abbildung Mitte rechts sieht man kleine MDF-Quadrate, mit denen die Spannelemente mittig über der Verbindung justiert werden, während Kunststoffzulagen dafür sorgen, dass die Rohre keine Dellen auf der Oberfläche hinterlassen.

Unterlegkästen heben das Werkstück an

Beim Verleimen eines Werkstücks kommt es oft vor, dass man Zwingen oder andere Teile an der Unterseite ansetzen muss. Die einfachste Lösung besteht darin, das gesamte Werkstück auf Holzklötzen anzuheben. Allerdings kann es schwierig sein, Material zu finden, das stark genug ist. Genauso belastbar und einfacher herzustellen ist ein Satz von Unterlegkästen aus 20 mm starkem Sperrholz, das Sie mit Nägeln und Leim verbinden. Kästen mit einer Höhe von etwa 125 mm und einer Länge von 500 mm sind für die meisten Verleimarbeiten ausreichend.

Ein rechtwinkliges Brett, das auf die Innenbreite des Korpus zugeschnitten ist, erleichtert das rechtwinklige Ausrichten.

Beim Verleimen sollte man immer einen Kasten voll Zulagen zur Hand haben.

Rückschlagfreier Hammer

Natürlich gehört zur Arbeit mit Holz auch das Zusammenhämmern von Teilen. Es kann sein, dass Sie die Verbindung zu eng geschnitten haben. Vielleicht war auch der Leim schuld, der im entscheidenden Augenblick des Zusammenbaus die Teile hat aufquellen lassen. So oder so sollten Sie auf „überzeugende Argumente" zurückgreifen können, wenn die Teile nicht mit der Hand oder mit Zwingen zusammenzubringen sind. Besser als ein normaler Hammer ist in diesem Fall ein rückschlagfreier Hammer geeignet. Diese Werkzeuge teilen deftige Schläge aus, ohne Erschütterungen, die von der Metallbahn eines normalen Hammers ausgehen. Wenn man einen Laubholzklotz als Zwischenlage verwendet, kann das helfen, die Kraft des Schlages gleichmäßig zu verteilen. Der hier gezeigte Hammer hat in den beiden Enden des Kopfes jeweils unterschiedliche Gewichte, sodass man mit der einen Seite sanfte, mit der anderen schon heftigere Schläge austeilen kann.

Verwenden Sie einen rückschlagfreien Hammer, um Teile während des Verleimens auszurichten.

Mit einfachen Sperrholzkästen kann man das Werkstück anheben, um die Zwingen leichter ansetzen zu können.

Verleimzulagen lassen sich leichter anbringen, wenn man ein Stück Klebeband als „dritte Hand" verwendet.

Eine keilförmige Zulage hilft beim Eintreiben von Schwalbenschwänzen.

Verleimzulagen

Wie Klötze können auch längliche Verleimzulagen Beschädigungen des Werkstücks verhindern. Wichtiger ist jedoch, dass lange Zulagen den Druck der Zwingen entlang einer Verbindung verteilen, sodass man beim Verleimen weniger Zwingen benötigt. Um breite Flächen zu verleimen, verwendet man gewölbte Verleimzulagen.

> Siehe „Gewölbte Verleimzulagen" auf S. 20.

Bei schmalen Verbindungen sind Sperrholz- oder Vollholzreste vollkommen ausreichend. Um die Zulagen an Ort und Stelle zu fixieren, während man die Zwingen ansetzt, werden sie provisorisch mit Klebeband befestigt.

Eintreibkeil für Schwalbenschwanzzinkungen

Oft müssen Schwalbenschwanzverbindungen – vor allem bei kleinen Kästen wie etwa Schubladen – nicht mit Zwingen zusammengezogen werden. Um die Verbindung zusammenzufügen, ohne die Zinken zu beschädigen, treibt man sie vorsichtig mit einem Keil aus dichtem Holz zusammen. Durch die Keilform kann man die Zulage unabhängig von der Größe der Schwalben über die Zinken legen.

Einen Korpus zusammenbauen

Es gibt eine grundlegende Abfolge für den Zusammenbau der meisten Korpusmöbel, der immer Erfolg verspricht – oder zumindest einen Anstieg des Blutdrucks verhindert. Das Geheimnis liegt darin, immer von innen nach außen zu arbeiten. In den meisten Fällen bedeutet das, zuerst Trennwände und ähnliches am Deckel und Boden des Korpus zu anzubringen. Falls der Korpus sehr breit ist, wird er mit der Vorderseite nach unten auf die Werkbank gelegt, und man setzt die Zwingen auf der Rückseite an **(A)**. Dann wird er umgedreht, und die Zwingen werden auf der Vorderseite angesetzt **(B)**.

Nachdem alle Innenteile eingespannt sind, nimmt man sich die Außenseite des Korpus vor – oft sind das die Seitenwände eines Schrankes. Je nach der Art von Zwingen, die sie verwenden, und der Gestaltung des Schrankes müssen Sie vielleicht warten, bis der Leim an der Inneneinrichtung getrocknet ist, bevor Sie die Außenseite einspannen können. Verwenden Sie möglichst Zwingen mit großer Ausladung und/oder Spannweite, da man sie über zuvor angesetzte Zwingen hinweg anbringen und so den ganzen Korpus in einem Durchgang verleimen kann **(C)**.

A

B

C

A

B

Ecken einspannen

Eckverbindungen sind die häufigsten bei Korpusmöbeln (einschließlich kleiner Kästen und Schubladen), und man muss zu einer effektiven Einspannmethode für diese meist größeren Spannweiten gelangen. Wie bei Kantenverleimungen liegt auch hier die Lösung in der Verwendung von Verleimzulagen, um den Druck zu verteilen.

> Siehe „Montagewerkzeuge und -vorrichtungen“ auf S. 92.

Falls die Verbindungsteile über die Ecken hinausragen – etwa bei offenen Schwalbenschwanzzinkungen oder Fingerzinken –, verwendet man ausgeklinkte Zulagen, um die Ecken zusammenzuziehen **(A).** Die Ausklinkungen werden an der Band- oder Tischkreissäge geschnitten. Die Zulagen lassen sich mittig über der Verbindung ansetzen, so dass sie weder das Zusammenziehen der Verbindung verhindern, noch die Seitenteile ausbiegen.

Gehrungsverbindungen neigen dazu, immer dann nicht dicht zu schließen, wenn man es am wenigsten gebrauchen kann. Es gibt verschiedene Methoden, Zwingen so an dieser leicht zu verschiebenden Verbindung anzusetzen, dass sie nicht abrutschen. Die bewährteste Methode besteht darin, alle vier Ecken eines auf Gehrung gearbeiteten Rahmens gleichzeitig mit Zwingen einzuspannen. Dabei sind Zwingen mit großer Ausladung nützlich, weil sie sich über und unter der Ecke ansetzen lassen **(B).** Ziehen Sie die Zwingen abwechselnd an, wie Sie das auch bei den Radmuttern an einem Auto machen würden. Kontrollieren Sie den Rahmen auf Rechtwinkligkeit, bevor der Leim trocknet.

Das System mit Eckklötzen und Stangen, das in Abbildung C zu sehen ist, ermöglicht eine sehr feinfühlige Einstellung, wenn man vier Gehrungen gleichzeitig schließt, und erfordert keinen sehr hohen Einspanndruck **(C).** Wie bei der vorigen Methode sollten auch hier die Ecken abwechselnd vorsichtig angezogen werden, um sicherzustellen, dass die Ecken rechtwinklig werden.

C

Eine der einfachsten Methoden, eine Gehrung zusammenzuziehen, ist die Verwendung von besonderen Zulagen, die man vor dem Verleimen am Rahmen anbringt. Schneiden Sie die Zulagen so an der Bandsäge zu, dass die Ansatzstellen für die Zwingen parallel zueinander sind, wenn der Rahmen zusammengefügt wird **(D).**

D

Gehrungszwingen wie sie für die Herstellung von Bilderrahmen verwendet werden, sind sehr praktisch, um Gehrungen einzeln zu verleimen **(E).** Dies ist nützlich, wenn die Verbindung genagelt oder geschraubt werden soll, da man den Rahmen Ecke für Ecke zusammenbauen kann.

E

Spannriemen erlauben es einem, vier Ecken gleichzeitig zu verleimen, und sie eignen sich gleichermaßen für Rahmen und Korpusmöbel **(F).** Man kann für große Korpusmöbel kräftige Spannriemen verwenden, sollte jedoch einplanen, dass man eventuell mehrere zur Hand haben muss, um die Verbindungen zuziehen zu können.

F

A

B

C

Schwierige Teile einspannen

Falls Ihre Rohrzwingen zu kurz sind, können Sie die verwendeten Rohre mit Verlängerungsstücken ausstatten, die im Sanitärhandel zu bekommen sind. Stellen Sie sicher, dass mindestens eines Ihrer Rohre an beiden Enden Gewinde aufweist, damit es sowohl am Verlängerungsstück als auch am Spannkopf befestigt werden kann **(A).**

Eine andere effektive Methode, auch lange Werkstücke einzuspannen, ist die Verwendung von zwei Zwingen im Tandem. Zulagen verteilen den Druck auf den Verbindungen, und mit Gummikappen auf den Druckplatten verhindert man Beschädigungen der Oberfläche **(B).**

Mit hölzernen Parallelzwingen kann man renitente Werkstücke fixieren, um sie zu bearbeiten **(C).** Die Parallelzwinge wird mit einer normalen Zwinge an der Werkbank befestigt, sodass Sie Ihre Hände für wichtigere Aufgaben frei haben.

KAPITEL NEUN

Gesimse zuschneiden und anbringen

Gesimse dienen bei Möbeln als Schmuckelement, können aber auch einen Übergang zwischen zwei oder mehr Flächen schaffen, etwa wenn man bei einer Anrichte das Oberteil am Unterteil anbringen möchte. Indem man ein umlaufendes Gesims zwischen den beiden Teilen anbringt, wird das Möbel optisch zu einer Einheit verbunden. Gesimse können ein Möbelstück auch optisch verankern (Sockelgesims) oder nach oben hin abschließen (Kranzgesims).

Fast alle Gesimse erfordern eine Gehrungsverbindung irgendeiner Art, um das Gesims um eine Ecke herumführen zu können. Obwohl man Gehrungen mit der Handsäge und einer Gehrungslade oder and der Tischkreissäge schneiden kann, ziehe ich es vor, mit einer entsprechenden Maschine – einer Kapp- und Gehrungssäge – zu arbeiten. Diese Sägen können große wie kleine Querschnitte mit höchster Präzision auf Gehrung schneiden. Allerdings sollte man sehr dünne oder empfindliche Profilleisten doch besser mit der Hand schneiden.

Die einfachste Methode, um ein Gesims an einem Möbelstück zu befestigen, ist mit Leim und Nägeln. Wenn Sie die Nagelköpfe unter die Holzoberfläche treiben und die entstandenen Löcher auskitten, ist die Befestigung unsichtbar. Bei Vollholz müssen Sie jedoch das Arbeiten des Holzes berücksichtigen. Es gibt mehrere Strategien, auf die man zurückgreifen kann. Oft ist es auch nicht angemessen oder gar unmöglich, ein Gesims mit Nägeln oder durch festzwingen zu befestigen. In solchen Fällen gibt es einige raffinierte Techniken, um das Problem zu lösen.

Mit Gesimsen arbeiten

Kranzgesimse an Vollholz befestigen

Kranzgesims wird an der Korpusvorderseite angeleimt

Das Kranzgesims wird vorne auf 75 mm angeleimt, hinten wird es mit Drahtstiften angeheftet, die sich beim Arbeiten des Holzes verbiegen können.

Korpusseite

Schraube sitzt in einem Langloch im Korpusseitenteil, sodass das Holz arbeiten kann.

Gratnut in der Rückseite des Kranzgesimses

Gratleiste wird am Korpusseitenteil angeschraubt.

Die Rückseite des Kranzgesimses wird über die Gratleiste geschoben.

Gesimse an Vollholz befestigen

Wenn Sie die Profilleiste eines Gesimses auf der Oberfläche eines Vollholzteiles wie einer Korpusseite anbringen, so dass die Holzfasern im rechten Winkel zueinander verlaufen, wird das Arbeiten des Vollholzes auf die Dauer dazu führen, dass sich das Gesims lockert oder gar das Korpusteil reißt. Verleimen Sie deshalb das Gesims nicht auf ganzer Länge mit der Unterlage, sondern nur auf etwa 75 mm an der Vorderseite des Korpus, damit hier die Gehrungsverbindung dicht bleibt. An der Rückseite des Korpus kann das Gesims auf unterschiedliche Weise befestigt werden. Am einfachsten ist es, das Gesims mit einem kleinen Drahtstift an der hinteren Kante der Korpusseite zu befestigen. Wenn Sie den Nagel eintreiben und das Loch zukitten, ist die Verbindung fast unsichtbar. Andere Möglichkeiten sind das Verschrauben durch ein Langloch im Korpus oder eine gefräste Gratnutverbindung zwischen Gesims und Korpus.

Schwierige Gesimse einspannen

Unter Umständen ist es schwierig oder sogar unmöglich, Gesimse mit Nägeln oder Zwingen zu fixieren. In solchen Fällen kann man das Gesims mit Klebeband befestigen, bis der Leim getrocknet ist. Kleben Sie das Band an einer Seite an, und ziehen Sie es dann fest über die Gesimsleiste, um es auf der anderen Seite wieder anzukleben.

Vorne ist das auf Gehrung geschnittene Gesims mit Leim befestigt. Hinten wird es mit einem einzelnen Nagel gehalten, der unter das Holz getrieben und ausgekittet wurde.

Falls es nichts gibt, an dem man das Klebeband gut ansetzen kann – bei einer ebenen Platte etwa – kann man auch Cyanacrylatklebstoff („Sekundenkleber") als Zwingenersatz verwenden. Bringen Sie zuerst ein Band von normalen Tischlerleim auf der Rückseite der Leiste an, und verteilen Sie dann seitlich vom Tischlerleim tropfenweise Cyanacrylklebstoff. Drücken Sie dann das Gesims am Korpus an. Das Wasser im Tischlerleim beschleunigt das Trocknen des Cyanacrylklebstoffes, so dass dieser fast sofort „greift". Und der Cyanacrylklebstoff beeinträchtigt die Verleimung durch den Tischlerleim nicht. Sobald der Tischlerleim getrocknet ist, haben Sie eine belastbare Verbindung.

Kleine Gesimse werden mit Klebeband gehalten, bis der Leim trocken ist.

Sich an die perfekte Passung heranschleichen

Wenn man Gehrungen an der Kapp- und Gehrungssäge schneidet, kann es vorkommen, dass man wenige Zehntel Millimeter abnehmen muss, damit die Verbindung genau passt. Die Schwierigkeit liegt darin, zu entscheiden, wie viel noch abgenommen werden muss. Es gibt einen Trick, mit dem man sich das mühselige Nachmessen ersparen kann: Senken Sie das Sägeblatt so weit ab, dass seine Zähne unter dem Arbeitstisch liegen, und schieben Sie die geschnittene Gehrung gegen den Blattkörper. Achten Sie darauf, dass keiner der Sägezähne das Werkstück berührt. Heben Sie dann das Blatt an, ohne das Werkstück zu verschieben, und führen Sie den Schnitt aus. So nehmen Sie etwa 0,5 mm von der Gehrung ab – genauer gesagt: die Strecke, um das der Sägezahn an einer Seite über den Blattkörper hinausragt. Dies ist eine großartige Methode, um sich an eine perfekte Passung heranzuarbeiten.

Die perfekte Passung

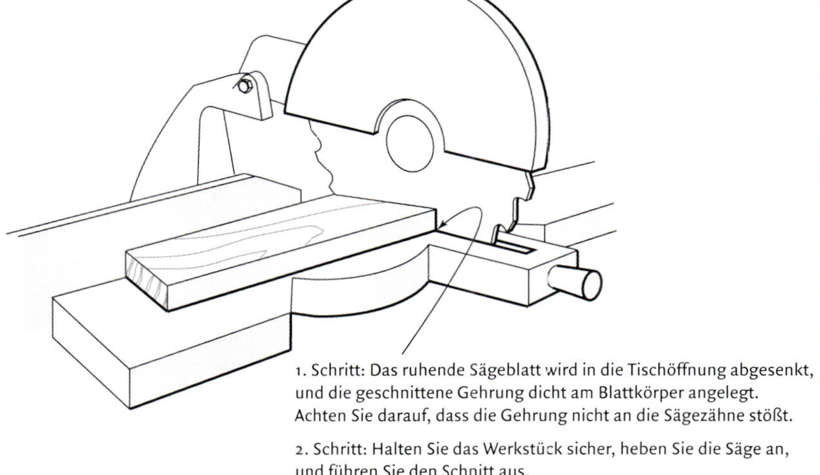

1. Schritt: Das ruhende Sägeblatt wird in die Tischöffnung abgesenkt, und die geschnittene Gehrung dicht am Blattkörper angelegt. Achten Sie darauf, dass die Gehrung nicht an die Sägezähne stößt.

2. Schritt: Halten Sie das Werkstück sicher, heben Sie die Säge an, und führen Sie den Schnitt aus.

Wenn man Profilleisten auf ebenen Flächen anbringt, wird in der Mitte eine Leimschnur angegeben, und dann fügt man daneben einzelne Tropfen Cyanacrylatklebstoff („Sekundenkleber") hinzu.

Drücken Sie die Mischung aus Tischlerleim und Sekundenkleber sofort auf die Oberfläche des Werkstücks. Die Leiste hält binnen Sekunden.

Gehrungsschnitte in großen Querschnitten

Die Kapp- und Gehrungssäge ermöglicht das schnelle und genaue Zusägen von Gesimsen. Allerdings kann es manchmal schwierig sein, an sehr starkem und breiten Material wie einem traditionellen Kranzgesims eine Gehrung anzuschneiden. Bei solchen Schnitten sollte man das Material kopfüber auflegen. Sie können eine L-förmige Anlage an der Säge verwenden, um das Gesims sicher zu führen.

Achten Sie darauf, dass die beiden ebenen Flächen auf der Rückseite des Gesimses ganzflächig an den Wandungen des Anschlages anliegen. Bringen Sie dann eine Holzleiste an der Vorderseite des Anschlages an, damit sich das Gesims während des Schnittes nicht nach vorne verschieben kann. Verwenden Sie ein Reststück des Gesimses als Lehre, um die Leiste zu positionieren. Mit zwei Schrauben lässt sich die Leiste gut provisorisch an der Grundplatte des Anschlages befestigen, sodass Sie sie für Gesimse unterschiedlicher Breite leicht umsetzen können **(A).**

Schieben Sie das Gesims so in den Anschlag, dass die obere Kante nach unten und zu der Holzleiste weist. Führen Sie dann den Schnitt aus **(B).**

Gehrungen stoßen

Bei großflächigen Gehrungen ist es sehr wichtig, eine besonders glatte Leimfläche zu erzielen, um eine hochwertige Verbindung zu gewährleisten. Mit einem scharfen Hobel erzielen Sie eine bessere Oberfläche als mit jedem anderen Werkzeug. Er eignet sich auch hervorragend, um eine Gehrung nachzuarbeiten, die nicht ganz passgenau ist. Um das Material zu halten und die Schnitte zu führen, wird eine Stoßlade verwendet, wie sie in Abbildung **A** zu sehen ist. Legen Sie das Gesimsstück in die Lade, sodass es etwas über die auf Gehrung geschnittene Kante der Lade hinausragt, und spannen Sie das Werkstück fest.

Die Gehrungsfläche kann mit jedem Hobel bestoßen werden, am meisten Kontrolle hat man jedoch mit einem großen Hobel, dessen Eisen in einem flachen Winkel steht. Damit erzielt man auch die höchste Schnittgüte. Achten Sie darauf, dass die Hobelsohle sicher auf der Lade aufliegt, und schneiden Sie von oben nach unten, also mit der Holzfaser **(B).** Hobeln Sie nur solange, bis das Gesims bündig mit der Gehrungslade abschließt, achten Sie darauf, nicht in die Lade zu schneiden.

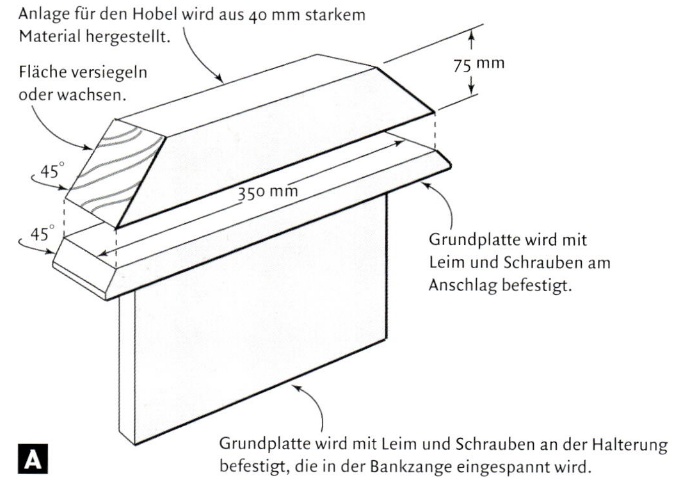

Gesimse „wachsen lassen“

Wem ist es noch nie passiert: Man schneidet ein Gesims zu kurz und muss dann feststellen, dass kein Material mit diesem Profil mehr vorhanden ist? Nicht verzweifeln. Man kann das Gesims „wachsen lassen“ und seine effektive Länge vergrößern, indem man mit dem Hobel einige Späne von der Rückseite abnimmt **(A).** Nehmen Sie nur vorsichtig Material ab, und lassen Sie den Schnitt verjüngend zulaufen, bis die Gehrung mit ihrem Gegenstück zusammenpasst, wie in Abbildung **B** zu sehen. Die Spitze des Gegenstücks ragt dann zwar über die bearbeitete Gehrung hinaus, aber mit etwas vorsichtiger Schnitz- oder Schleifarbeit lässt sich die Tatsache verbergen, dass die beiden Teile der Verbindung nicht genau zusammenpassen.

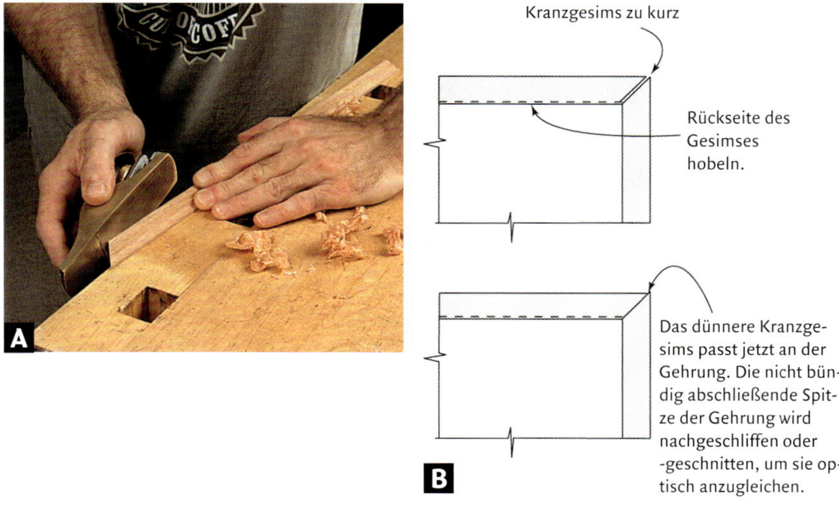

A

B

Empfindliche Leisten auf Gehrung schneiden

Kleine, empfindliche Gesimsleisten, die beim Sägen mit einer Kreissäge zum Splittern neigen, kann man am besten mit einer Handsäge auf Gehrung schneiden. Eine selbst angefertigte Gehrungslade hilft dabei, die Säge zu führen und den Schnitt zu beherrschen. Stellen Sie die Lade her, indem Sie zuerst eine tiefe Nut in einen Holzklotz schneiden, die so breit ist, wie die Gesimsleiste. Mit dem Forstnerbohrer werden dann flache Sacklöcher gebohrt, in die Sie mit den Fingern hineingreifen können. Reißen Sie die Gehrungsschnitte mit dem Winkelmaß auf dem Holzklotz an, und sägen Sie dann mit einer fein gezahnten Rückensäge bis zum Grund der Nut an den Rissen hinab **(A)**.

Schieben Sie die Gesimsleiste in den Klotz, richten Sie die Markierung an der Leiste an der Schnittführung in der Lade aus, und schneiden Sie die Gehrung mit der gleichen Säge **(B)**.

Große Gesimse mit Konterprofil verbinden

Wenn Sie Gesimsleisten mit großem Querschnitt an einer Innenecke verbinden müssen, wie es etwa bei einem Kranzgesims an der oberen Kante von Zimmerwänden nötig sein kann, lässt man am besten ein Stück die ganze Länge durchlaufen, und schneidet an das andere Stück ein Konterprofil, so dass es genau über das erste passt. Damit stellt man sicher, dass auch bei Bewegungen des Gesimses oder der Flächen, auf denen es angebracht ist, an der Verbindung keine Lücke zu sehen ist. Das Konterprofil ist leichter zu schneiden, als man denken mag. Schneiden Sie zuerst in einer L-förmigen Lade eine Innengehrung an das eine Stück **(A)**.

> Siehe „Gehrungsschnitte in großen Querschnitten“ auf S. 102.

Als Rechtshänder schneidet man das Konterprofil am besten an das Stück, das links angebracht werden wird, man sollte die Schnitte also entsprechend planen. Linkshänder sollten auf der gegenüberliegenden Seite beginnen, das Konterprofil also am rechten Stück schneiden.

Sägen Sie an der Hobelbank mit der Laubsäge gerade durch die rechtwinkligen Querschnitte oben, unten oder in der Mitte der Gesimsleiste. Diese Stücke müssen auf Stoß geschnitten werden. Die beste Passung erhält man, indem man die Säge leicht geneigt hält, um die Verbindung zu hinterschneiden **(B)**.

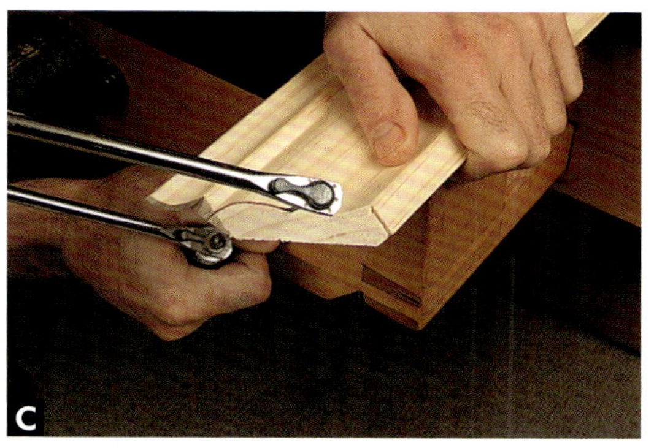

Die Krümmungen werden geschnitten, indem man der Schnittlinie des Gehrungsschnittes folgt. Auch hier wird die Säge leicht geneigt gehalten, um den Schnitt etwas zu hinterschneiden **(C)**.

Wenn die beiden Stücke zusammengehalten werden (hier werden sie kopfüber auf der Werkbank gezeigt), liegen die rechtwinkligen Flächen auf Stoß aneinander, und die Kante des Konterprofils folgt dem Profil des Gegenstücks. Keine ganz schlechte Passung **(D)**.

Schubladen

Schubladenkonstruktion

Tablare

Schubladeneinteilungen

Schubladen gehören zu den wichtigsten und vielseitigsten Elementen des Möbelkorpus. Man kann Material und Gegenstände in ihnen lagern und so Ordnung schaffen. Sie tragen zum Vergnügen an der Nutzung der Möbel bei. Insofern lohnt es sich, der Schubladenart, die man herstellt, genauso viel Aufmerksamkeit zu schenken wie ihrer Konstruktion.

Das Vorgehen bei der Herstellung einer gut eingepassten Schublade erinnert an die Kunstfertigkeit, mit der ein Bautischler oder Zimmermann eine Treppe baut. Beide legen Zeugnis vom Geschick und der Hingabe des Handwerkers ab. Während eine Treppe sich selbst im Raum tragen und den Benutzer von Etage zu Etage bringen muss, ist eine Schublade ein privaterer Gegenstand. Oft enthält sie unsere persönlichen Habseligkeiten, und manchmal verbergen wir auch unsere Geheimnisse in ihr, um sie vor neugierigen Blicken zu schützen. Diese Intimität legt den Wunsch nahe, unsere Schubladen fachgerecht herzustellen, damit sie fehlerfrei funktionieren und nicht klemmen oder sich verkanten. Oft erfordert das sorgfältiges Messen und genaues Anreißen, um diese schwer zu erreichende „perfekte“ Passung zu erlangen. Sie sollten es sich zur Gewohnheit machen, Ihre Hobel und Ziehklingen immer rasiermesserscharf zu halten, und dann die Passung der Schubladen mit diesen Werkzeugen sorgfältig nachzuarbeiten.

Neben der einfachen Schublade, dem „Grundmodell“, gibt es eine Reihe von Abwandlungen, die von unterteilten Schubladen über Tastaturträgern bis hin zu mit Leder ausgelegten Prachtstücken und verborgenen „Geheimschubladen“ reichen.

Schubladenentwurf

Eine Schublade kann das ansprechendste Teil eines Möbelstücks sein, mit perfekt passenden, handgeschnittenen Schwalbenschwanzzinkungen und nach Maß angefertigten Griffen, an denen die Kunstfertigkeit des Tischlers zu erkennen ist. Und wenn man sie öffnet oder schließt, gleiten sie wie auf einem Kissen aus Luft aus dem Korpus. Aber manche von den Schubladen, die ich gesehen habe, waren geradezu grauenhaft. Das lag weniger an mangelnder Beherrschung der handwerklichen Technik als an der fehlenden Aufmerksamkeit für die Proportionen der Schubladen. Einige allgemeine Grundsätze (siehe „Gute Proportionen“ auf der nächsten Seite) können dazu beitragen, dass Sie schöne, funktionale und ansprechende Schubladen bauen.

Beachten Sie die Stärke der Seitenstücke an der Schublade in der gegenüberliegenden Abbildung im Verhältnis zur Stärke des Vorderstücks: Es ist kein Zufall, dass die Gesamtwirkung gut ist. Der Schlüssel liegt darin, die Seitenstücke etwa ein Drittel (oder weniger) so stark zu machen wie das Vorderstück. Beachten Sie auch, dass die Zinken am Vorderstück sehr viel kleiner sind als die Schwalben am Seitenstück. Dies ist für die Konstruktion der Verbindung nicht notwendig, wird aber oft – vor allem in Nordamerika – als eleganter betrachtet.

Die Materialauswahl ist beim Schubladenbau ebenfalls überaus wichtig. Am besten ist immer gradfaseriges Holz, und wenn man es sich leisten kann, sollte man auf solches mit stehenden Jah-

Unansehnliche Kabel verstecken

Die heute allgegenwärtige Unterhaltungs- und Kommunikationselektronik führt oft dazu, dass schöne Holzmöbel von einem Gewirr an Kabeln bedeckt werden. Um diese Kabel und die zugehörigen Stecker zu verbergen, kann man preiswerte Kabeldurchführungen in den Seitenteilen, Deckeln, Böden, Rückwände oder Regalböden der Möbelstücke anbringen. Dann werden die Kabel durch die Durchführungen geleitet. Kabeldurchführungen gibt es in unterschiedlichen Farben, um sie auf das umgebende Holz abstimmen zu können.

Die Durchführungen werden installiert, indem man an der Ständerbohrmaschine ein Loch mit dem entsprechenden Durchmesser bohrt. Spannen Sie das Werkstück am Arbeitstisch der Ständerbohrmaschine fest, und verwenden Sie einen Forstnerbohrer oder einen Bohrer mit Vorschneider, um das Loch zu bohren.

Klopfen Sie den Kunststoffring der Durchführung in das Bohrloch, und legen Sie die Kabel hindurch. Der Großteil der Durchführung wird durch eine Kappe abgedeckt, die nur die Kabel passieren lässt. Falls Sie die Kabel später einmal vollkommen entfernen möchten, kann das Loch mit einer entsprechenden Kappe vollkommen verschlossen werden.

Verwenden Sie einen Forstnerbohrer, um ein Loch mit dem Durchmesser der Kabeldurchführung zu bohren.

Klopfen Sie den Kunststoffring der Kabeldurchführung in das Bohrloch. Mit einer Kunststoffkappe wird die Öffnung verkleinert, wenn man nur wenige oder dünne Kabel verlegen möchte.

resringen zurückgreifen. Sperrholz ist ein wunderbares Material für Schubladen, man sollte es jedoch nur für Schubladen verwenden, die nicht nach dem Einbau noch eingepasst werden müssen, also etwa bei der Verwendung kommerzieller Schubladenführungen aus Metall. Multiplex-Sperrholz (zum Beispiel aus Birke) ist sehr zu empfehlen, da es eben ist und aus vollem Material besteht, sodass sich an den Schubladenkanten keine Löcher zeigen.

Aufbau einer Schublade

Die Anatomie einer Schublade bleibt sich immer gleicht: An den vier Ecken müssen Verbindungen die Teile zusammenhalten, und unten muss ein Boden dafür sorgen, dass man Gegenstände aufbewahren kann. Die Verbindungsart ist wichtig, damit eine Schublade wiederholt herausgezogen und wieder hineingeschoben werden kann. Es gibt viele verschiedene Verbindungsmöglichkeiten.

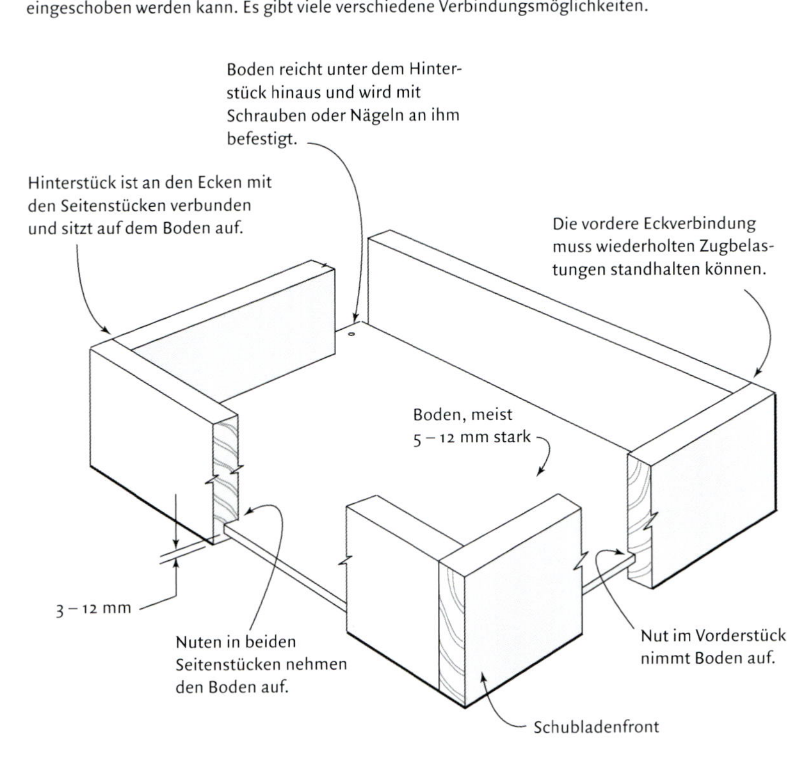

Schubladen mit ansprechenden Proportionen erhält man, wenn die Seitenstücke etwa ein Drittel so stark sind wie das Vorderstück.

Gute Proportionen

Es kann sich lohnen, auf die Gesamtgröße einer Schublade zu achten. Wenn man eine Schublade zu breit macht, wird sie dazu neigen, sich in der Öffnung zu verkanten, wenn man sie herauszieht oder hineinschiebt. Wenn sie zu schmal ist, eignet sie sich kaum noch zum Aufbewahren von Gegenständen. Die Seitenstücke sollten dünner sein als das Vorderstück, man sieht häufig Schubladen, bei denen die Seitenstücke zu dick sind.

Seitenstücke müssen nicht dicker als 15 mm sein. Bei kleinen Schubladen kann die Stärke bis auf 3 mm zurückgehen.

Die Seitenstücke sollten höchstens ein Drittel so stark sein wie das Vorderstück.

Y

X

Die Breite (X) sollte geringer sein als die Tiefe (Y), damit sich die Schublade nicht verkantet.

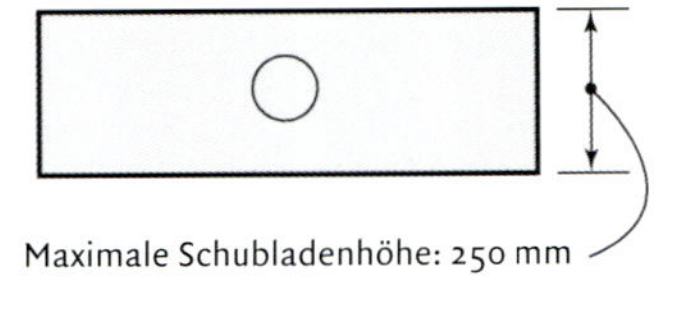

Eckverbindungen

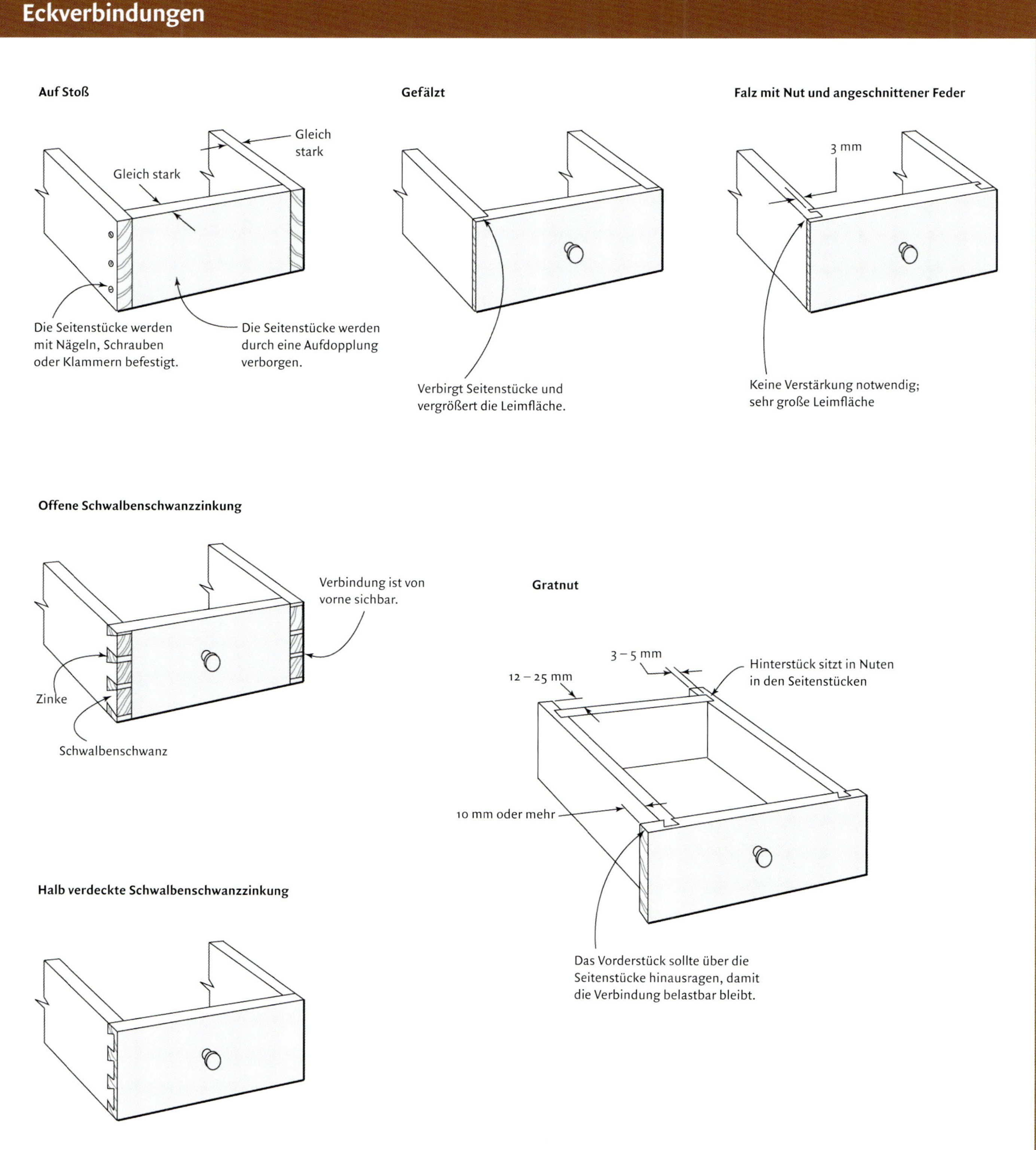

Schubladentypen

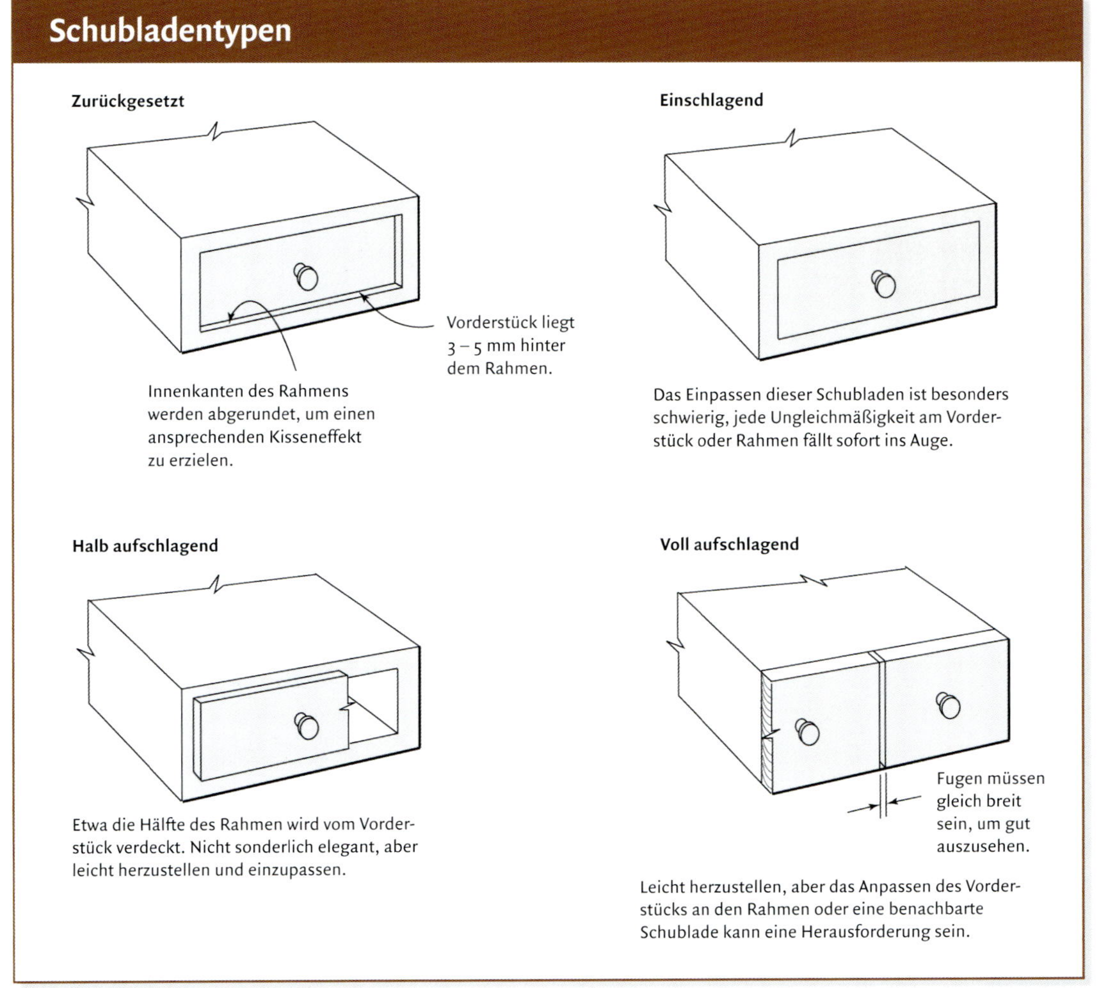

Wählen Sie die für eine Schublade verwendeten Verbindungen mit Bedacht aus. Die Eckverbindungen müssen belastbar sorgfältig gearbeitet sein, da eine Schublade im Laufe ihres Lebens durch das wiederholte Herausziehen und Hineinschieben sehr strapaziert wird. (Mehr Informationen dazu in *Rogowski, Holzverbindungen*, siehe Literaturverzeichnis.)

Wenn Sie die Grundlagen des Schubladenbaus beherrschen, gibt es vier wichtige Typen, die Sie herstellen können. Sie sind auf der Abbildung oben zu sehen. Die Innenausstattung einer Schublade bietet eine Vielzahl von Möglichkeiten. Eine besonders interessante Variante ist die Schublade mit ausgeschlagenen Vertiefungen für besonders geschätzte Besitztümer. Eine solche Schublade sieht gut aus und erleichtert es immens, den Inhalt geordnet zu halten. In der Schublade, die in der Abbildung auf S. 111 zu sehen ist, habe ich einen Satz besonders geschätzter Schraubenschlüssel untergebracht. Falls ich vergessen sollte, einen Schlüssel wieder in die Schublade zu legen, sehe ich sofort, dass er fehlt.

Eine solche Schublade herzustellen, ist ein leichtes Unterfangen, wie man an der Zeichnung auf der nächsten Seite erkennen kann. Nachdem man die Platte eingelegt hat, die den Inhalt der Schublade aufnimmt, kann man die Schublade auf traditionelle Weise mit Filz ausschlagen oder – moderner – mit einem Flockenspray auskleiden.

Schubladen mit ausgeschlagenen Vertiefungen ermöglichen die praktische und unbewegliche Aufbewahrung von Gegenständen.

Geheimschubladen

Jetzt geben Sie's schon zu: Wir Holzwerker sind ein hinterlistiges Völkchen.

Wir bauen gerne Sachen, die kein anderer richtig versteht – Holzpuzzles oder mechanisches Spielzeug zum Beispiel. Möbeltischler sind schon seit langem von diesem Leiden befallen. Wenn Sie sich Möbel aus dem 17. oder 18. Jahrhundert ansehen, werden Sie immer wieder Kommoden oder Schränke mit Geheimfächern oder -schubladen finden. Die meisten dieser versteckten Schubladen waren als Aufbewahrungsort für Wertgegenstände gedacht, um sie vor fremden Blicken und diebischen Händen zu schützen. Diese Schubladen waren vermutlich eher aus der Notwendigkeit als aus dem Spaß am Versteckspiel geboren, da es zu dieser Zeit noch keine Tresore für Privatleute oder Banken gab. Aber Sie können Ihre modernen Freunde dennoch überraschen, indem Sie hin und wieder ein solches Geheimnis in eines Ihrer Möbelstücke einbauen.

Schubladen mit ausgeschlagenen Vertiefungen

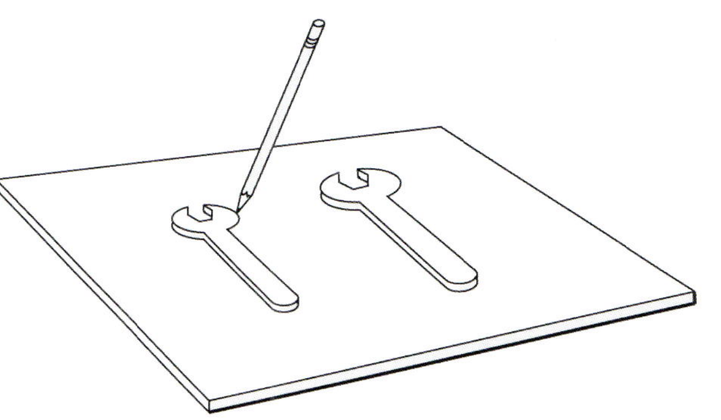

1. Schritt Schneiden Sie eine 5 mm starke Holzwerkstoffplatte auf die Innenmaße der Schublade zu. Legen Sie die aufzubewahrenden Gegenstände darauf, und übertragen Sie die Umrisse auf die Platte

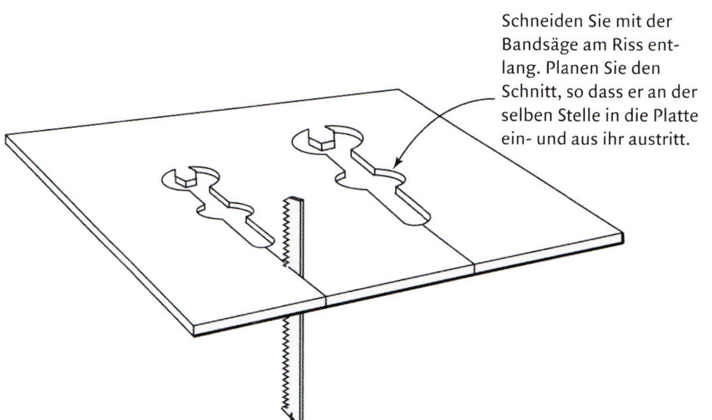

2. Schritt Schneiden Sie Griffmulden, um den Inhalt anheben zu können.

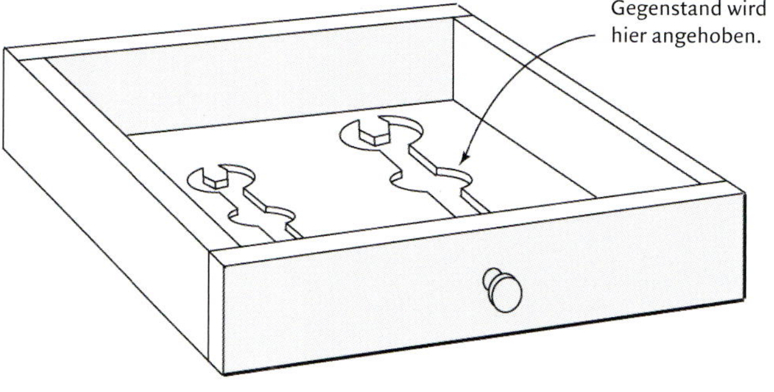

3. Schritt Leimen Sie die Platte in die Schublade, und bedecken Sie sie mit Filz oder Beflockungsmaterial.

Geheimschublade hinter der Rückwand

Das traditionelle Gewürzschränkchen des pennsylvanischen Möbeltischlers Craig Bentzley birgt auf der Rückseite ein spannendes Rätsel (siehe Abbildung unten). Zuerst wird von der Vorderseite her die unterste Schublade herausgenommen. Dann kann man in den Korpus hineinfassen und einen Riegel vorschieben, der als Gratleiste in den Korpusboden eingelassen ist. Daraufhin lässt sich die Rückwand des Schränkchens nach unten verschieben, und unter dem Deckel wird eine kleine Schublade sichtbar. Ziemlich raffiniert, nicht wahr?

Wie die Geheimschublade funktioniert

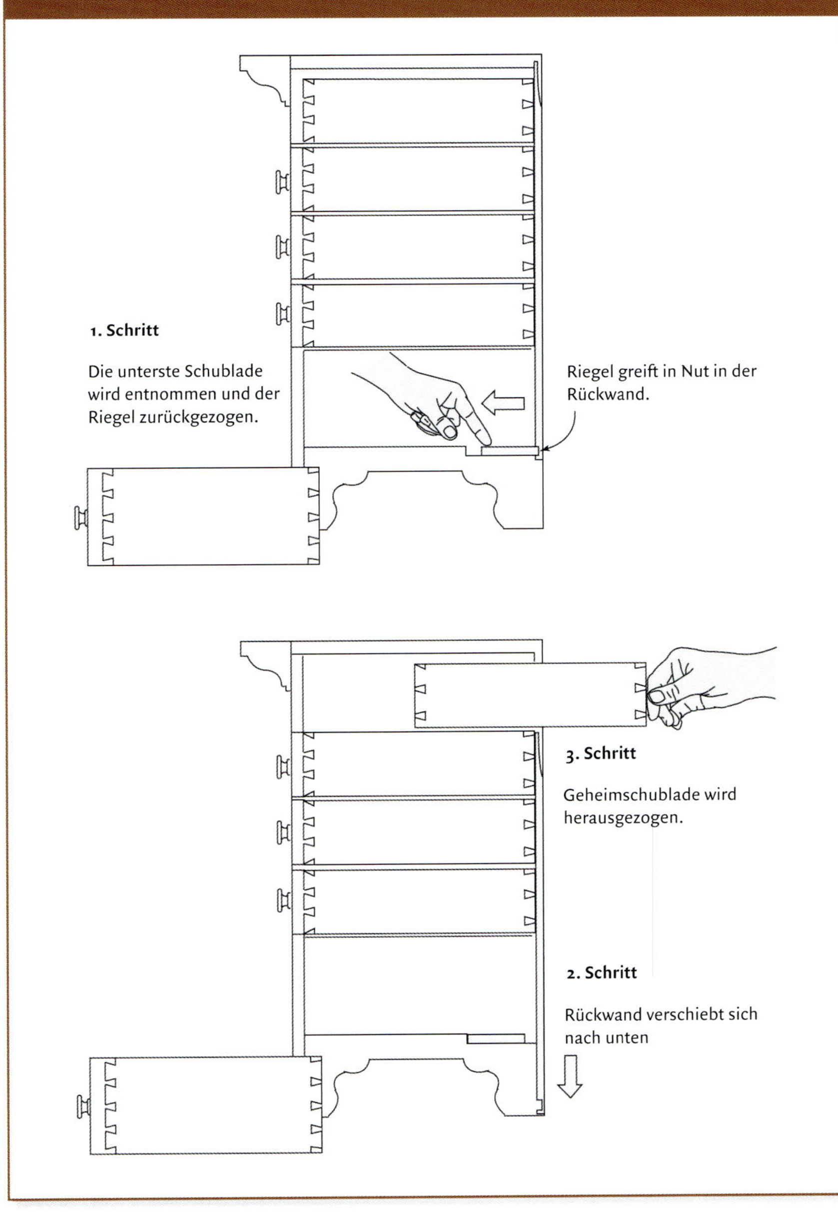

Ein Holzriegel unter der untersten Schublade von Craig Bentzleys Gewürzschränkchen (oben) ermöglicht es, die Rückwand hinunter zu schieben, hinter der eine Schublade verborgen ist (unten).

1

Die Zauberei wird zuerst offenbar, wenn man eine Schublade in der Mitte herauszieht, die wie eine feststehende Zarge aussieht.

2

Der nächste Trick besteht darin, diese Schublade wieder hineinzuschieben.

3

Verschieben Sie einen Riegel, um eine zweite Schublade an der ersten zu arretieren.

4

Jetzt kann man beide Schubladen zusammen herausziehen.

Verstecke in einer Tischzarge

Wenn man die beiden Schubladen in dem eleganten Kirschholz-Couchtisch „My Brother's Table" von Joseph Seremeth zurückschiebt, sieht man in der Mitte eine scheinbar feste Zarge. Wenn man an dieser Zarge zieht, entpuppt sie sich als kleine Schublade.

Aber das ist noch nicht alles. Schieben Sie die kleine Geheimschublade wieder in den Tisch, und greifen Sie in eine der großen Schubladenöffnungen, um hinten eine Verriegelung zu betätigen. Wenn man dann die Geheimschublade wieder herauszieht, wird mit ihr zusammen ein kleiner, dahinterliegender Kasten herausgezogen.

5

Der Inhalt der zweiten Geheimschublade wird durch einen Schiebedeckel frei gegeben.

Schubladeneinteilungen

Die Aufbewahrung in Schubladen kann man durch Schubladen in unterschiedlichen Größen organisieren. Aber wenn man das Innere noch unterteilt, ist das ein weiterer Schritt in die richtige Richtung. Schubladenunterteilungen erlauben es, Kleinkram in einer logischen Anordnung aufzubewahren. Die besten Beispiele sind Küchen- und Büroschubladen, in denen sich die verschiedenen Hilfsgeräte und Vorräte schnell unauffindbar miteinander vermengen, wenn man sie sich in einer großen, ungeteilten Schublade selbst überlässt.

Unterteilungen können auch die Konstruktion der Schublade aussteifen, wenn man sie so anbringt, dass sie ein fester Bestandteil der Gesamtkonstruktion werden. Im Allgemeinen sind Schubladen aber schon an und für sich recht belastbar, deshalb ziehe ich einfachere Lösungen vor und verzichte auf überflüssige Verbindungen. Man kann die Unterteilungen untereinander verbinden oder mit anderen Mitteln dafür sorgen, dass sie sich nicht in der Schublade verschieben können. Für beide Varianten gibt es verschiedene Ausführungsmöglichkeiten.

Schubladenunterteilungen

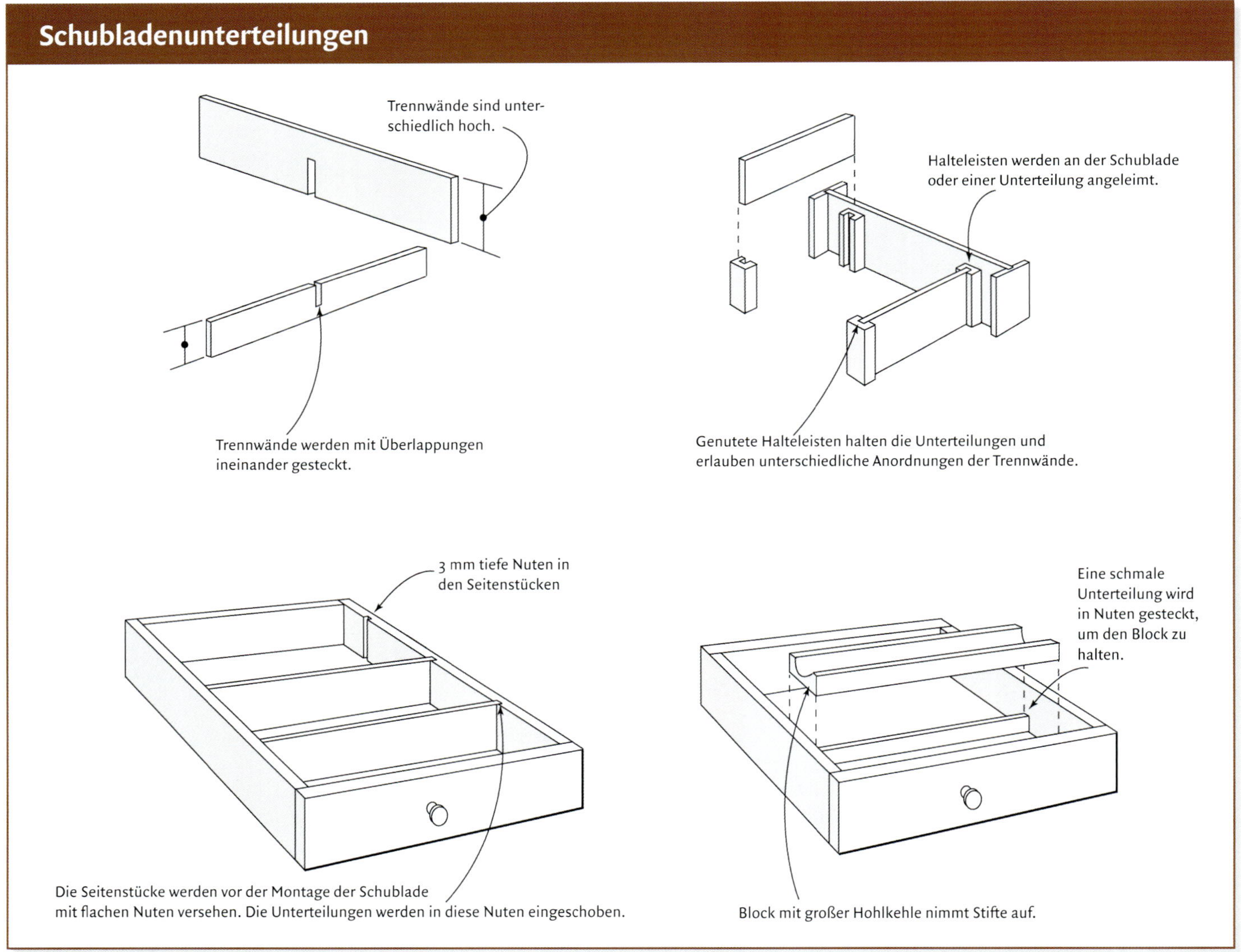

Aufschlagende Schubladenvorderstücke

Eine Schublade mit einem aufschlagenden Vorderstück ist leicht herzustellen, allerdings nicht unbedingt auch leicht einzupassen. Das Vorderstück ist breiter als die Schublade, liegt auf den Seiten des Korpus auf und verdeckt die Schubladenöffnung.

Im Gegensatz zu anderen Schubladentypen hängt bei einer aufschlagenden Schublade die endgültige Passung oft von den benachbarten Schubladen ab. Die offene Fuge zwischen den Schubladen (und eventuell vorhandenen aufschlagenden Türen) sollte nicht mehr als 3 mm betragen. Dadurch wird ein modernes, glattflächiges Aussehen erreicht. Diese Fugenbreite einzuhalten, kann etwas schwierig sein; wenn man jedoch die richtige Technik anwendet, ist es doch recht leicht.

Die Schublade kann als einzelner Kasten gebaut werden, bei der das Vorderstück über die Seitenstücke hinausragt. Ich ziehe eine einfachere Methode vor, bei der das Vorderstück einer normalen Schublade aufgedoppelt wird. Die Aufdoppelung ist breiter als die Schublade und schlägt auf den Möbelkorpus auf. Da die Aufdoppelung breiter ist, kann die Schublade mit belastbaren Fingerzinken oder offenen Schwalbenschwanzzinkungen hergestellt werden, ohne dass diese Verbindungen von vorne sichtbar sind.

Wenn Sie die Schublade gebaut haben, bringen Sie von der Rückseite des Vorderstücks versenkte Bohrlöcher für die Befestigungsschrauben an **(A)**.

Schieben Sie die Schublade bündig mit der Vorderseite des Korpus ein, und befestigen Sie die Aufdoppelung mit zweiseitigem Klebeband an der Schublade **(B)**.

Ziehen Sie die Schublade vorsichtig heraus, und spannen Sie die Aufdoppelung sofort mit Zwingen an der Schublade fest **(C)**. Befestigen Sie die Aufdoppelung dann mit zwei Schrauben durch die Bohrlöcher am Vorderstück der Schublade.

Schieben Sie die Schublade zurück in den Korpus, und überprüfen Sie die Passung **(D)**. Falls die Fuge ringsum gleichmäßig breit ist, befestigen Sie das Vorderstück permanent mit weiteren Schrauben an der Schublade. Falls die Fuge nachgearbeitet werden muss, nehmen Sie die Aufdoppelung ab und hobeln ihre Kanten nach, oder bringen Sie sie mit Schrauben in anderen Bohrlöchern in einer unterschiedlichen Lage an. Wenn die Aufdoppelung richtig passt, wird sie mit zwei weiteren Schrauben fixiert.

A

C

B

D

B

Einschlagende Schubladen

Die einschlagende Schublade zeigt das handwerkliche Können des Tischlers. Sie ist auch sehr viel schwieriger einzupassen als jeder andere Schubladentypus. Die Herstellung beruht auf vielen allgemeinen Prinzipien des Schubladenbaus, man kann an ihr also gut die Kunst üben, eine solide und gut passende Schublade anzufertigen.

Eine narrensicherer Methode, die richtige Höhe oder Breite der Schubladenteile festzulegen, besteht darin, die Maße direkt von der Schubladenöffnung im Korpus abzunehmen. Halten Sie das Vorder- oder Seitenstück an die Öffnung im fertigen Korpus, und reißen Sie die genaue Höhe an, schneiden Sie dann am Riss **(A).** Auf diese Weise erhalten Sie einen Überstand, der es Ihnen erlaubt, das Vorderstück nach der Montage so mit dem Hobel nachzuarbeiten, dass es genau in die Öffnung passt.

Bei der Montage einer Schublade mit Schwalbenschwanzzinkungen muss man meist nicht auf Zwingen zurückgreifen. Wenn man die Verbindungen zusammengesteckt hat, wird die Schublade auf Rechtwinkligkeit überprüft, während der Leim noch nass ist.

> Siehe „Eintreibkeil für Schwalbenschwanzzinkungen“ auf S. 94.

Falls die Schublade nicht rechtwinklig ist, klopft man die hintere Ecke der längeren Diagonale fest auf eine stabile Unterlage **(B).** Wenn die Schublade rechtwinklig ist, wird sie auf einer ebenen Fläche beiseite gestellt, bis der Leim trocken ist.

Dann werden mit dem Putzhobel die obere und untere Kante der Schublade gerade gehobelt. Überprüfen Sie dabei in regelmäßigen Abständen, dass die Schubladenkanten in einer Ebene liegen, indem Sie sie auf einer ebenen Fläche – wie Ihrer Hobelbank – auflegen. Um Faserausrisse zu vermeiden, wird der Hobel im Bogen um die Ecken geführt **(C)**. Bei hohen Schubladen wird etwas mehr Material abgenommen, um das Arbeiten des Holzes zu berücksichtigen.

> Siehe „Das Arbeiten des Holzes" auf S. 40.

Stellen Sie dann den Hobel auf sehr feine Spanabnahme ein, und hobeln Sie die Seitenstück so weit ab, bis die Zinken und Schwalben bündig sind. Spannen Sie das Vorderstück in der Bankzange ein, und stützen Sie das Seitenstück mit einem breiten Brett ab. Arbeiten Sie von beiden Enden, um Faserausrisse zu vermeiden **(D)**. Überprüfen Sie Ihre Fortschritte mit einem Lineal, und kontrollieren Sie wiederholt die Passung in der Schubladenöffnung des Korpus. Verputzen Sie die Seitenteile, bis sich die Schublade ohne seitliches Spiel im Korpus bewegen lässt. Schleifen Sie dann die Seitenstücke leicht mit 220er Schleifpapier und einem Schleifklotz aus Filz ab.

Wenn der hintere Stoppklotz für die Schublade im Korpus angebracht ist, wird die Schublade eingeschoben, und man markiert an allen Seiten des Vorderstückes den Überstand **(E)**.

An der Hobelbank wird dann das Vorderstück vorsichtig bis zu den Markierungen abgehobelt **(F)**. Wenn Sie auf diese Weise die Schublade eingepasst haben, bringen Sie Ihren bevorzugten Griff am Vorderstück an.

> Siehe „Stoppklötze" auf S. 129.

Schließlich wird noch ein Boden ausgefälzt und in die Nuten der Schublade eingeschoben **(G)**.

TIPP Bei großen Schubladen wird der Sperrholzboden in die Nuten eingeleimt. Dadurch wird die Belastbarkeit der Schublade erhöht und die Eckverbindungen werden ausgesteift.

Dann werden noch Nägel oder Schrauben durch den Boden in das Hinterstück der Schublade getrieben. Der Schubladenboden sollte nur bei sehr kleinen Schubladen dünner als 10 mm sein. Sperrholz mit einer Stärke von nur 5 mm wirkt billig und unstabil.

Eine Alternative ist ein Boden aus Vollholz, der ohne Leim eingenutet wird und über das Hinterstück hinausragt, um als Stoppklotz für die Schublade zu dienen.

E

F

G

A

B

C

Überfälzte Schubladenvorderstücke

Überfälzte Schubladen liegen am gegenüberliegende Ende des Anforderungsspektrums von ihren einschlagenden Verwandten. Da sich überfälzte Schubladen leicht in die Öffnung eines Korpus einpassen lassen, sind sie vor allem für Gebrauchsmöbel – etwa in der Küche oder Werkstatt – geeignet und bieten sich dann an, wenn man mehrere Schubladen anfertigen muss und sich nicht lange mit der Arbeit aufhalten möchte. Ein Teil des Vorderstücks verdeckt die Öffnung im Korpus, sodass man bis zu 10 mm Abstand zwischen der Öffnung und der Rückseite des Vorderstücks lassen kann. Das Vorderstück muss also nicht übermäßig sorgfältig eingepasst werden. Überfälzte Schubladen werden oft in Verbindungen mit Führungen aus Metall verwendet, was die Installation noch zusätzlich erleichtert.

> Siehe „Kommerzielle Schubladenführungen" auf S. 131.

Man kann die Eckverbindungen schneiden, bevor oder nachdem man den Falz am Vorderstück angebracht hat. Die Reihenfolge ist nicht so wichtig. Um den Falz herzustellen, werden die Kanten des Vorderstücks zuerst am Handoberfräsentisch mit einem 5-mm-Abrundfräser abgerundet **(A).**

Dann wird an der Tischkreissäge mit einem Hilfsanschlag an allen vier Kanten des Vorderstücks ein Falz von 10 x 10 mm angeschnitten **(B).**

Eine typische Reihe von überfälzten Schubladen lässt die sanft abgerundeten Kanten erkennen **(C).** Man kann benachbarte Schubladen recht weit voneinander entfernt platzieren, indem man sie in einem Frontrahmen anbringt, der aus breiten Längs- und Querfriesen besteht. Dadurch erspart man sich das mühselige Anpassen der Schubladen mit gleichmäßigen Fugen.

Schubladen mit geschwungenem Vorderstück

Die Herstellung einer Schublade mit geschwungenem oder gebogenem Vorderstück unterscheidet sich nur durch dieses Vorderstück von der Herstellung einer normalen Schublade. Das Geheimnis liegt darin, alle Verbindungen und die Nuten für den Schubladenboden zu schneiden, bevor die Rundungen ausgearbeitet werden und das Vorderstück so stark zu belassen, dass die gewünschte Krümmung hergestellt werden kann. Nachdem Sie die Verbindungen angearbeitet haben, reißen Sie mit einer Schablone oder mithilfe einer dünnen Leiste, die Sie zur gewünschten Krümmung biegen, den Umriss des Vorderstücks an **(A).**

Sägen Sie mit der Bandsäge auf der Verschnittseite des Risses entlang **(B).** Verputzen Sie die Sägespuren mit einem kleinen Hobel oder einem geraden Schweifhobel. Wenn man mit dem Schweifhobel zwercht (ihn schräg zur Schnittrichtung führt), erhält man einen glatteren Schnitt **(C).** Beim Hobeln wird mit den Fingern geprüft, ob die Krümmung glatt und harmonisch ausfällt. Schleifen Sie die Krümmung, und bauen Sie dann die Schublade wie jede andere zusammen.

A

B

C

A

B

C

Schubladen hinter Türen

Die Aufbewahrung in einem Schrank wird erleichtert, wenn er im Inneren Schubladen aufweist. Sie werden genauso hergestellt wie andere Schubladen auch. Der Unterschied besteht darin, dass sie im Inneren des Schrankes liegen, meist hinter einer Tür. Sie funktionieren am besten mit Vollauszügen aus Metall. Um die Auszüge zu verbergen, wird das Schubladenvorderstück so angefertigt, dass es über die Seitenstücke hinausragt wie bei einer aufschlagenden Schublade.

Verwenden Sie eine Lehre, um die Auszüge an den Seiten der Schublade anzubringen **(A).** Legen Sie eine Zulage unter den Beschlag, um ihn in der richtigen Höhe und parallel zum Schrankboden zu halten, und schrauben Sie dann den Auszug am Schrankkorpus fest. Mit einem Zwischenstück aus Sperrholz an der Korpusseite wird verhindert, dass der Auszug an die Türen stößt, wenn man die Schublade auszieht **(B).**

Bringen Sie die Schublade an, indem Sie sie auf die Auszüge im Korpus schieben **(C).**

Tastaturträger

Ein handgefertigter Schreibtisch gewinnt durch einen ausziehbaren Tastaturträger an Nützlichkeit. Der Tastaturträger in diesem Beispiel ist 250 mm tief und 650 mm lang – ausreichend für eine normal Computertastatur und ein daneben liegendes Mauspad.

Der Tastaturträger wird aus 18-mm-Sperrholz hergestellt und mit Vollholzumleimern versehen. Bringen Sie an der Vorderkante einen 12 mm breiten Umleimer an, damit Sie die Ecken des Tastaturträgers abrunden können **(A).** Putzen Sie die Umleimer bündig mit dem Sperrholz, und runden Sie die vorderen Ecken an der Trommelschleifmaschine oder mit einigen Schnitten des Stechbeitels ab. Runden Sie dann die Umleimer mit einem 3-mm-Abrundfräser am Handoberfräsentisch ab **(B).**

Formen Sie mit der Handoberfräse, verschiedenen Fräsern und Stechbeiteln und Schleifpapier eine Handballenauflage aus Holz. Legen Sie das Material kopfüber auf den Handoberfräsentisch, und schneiden Sie die Vorderkante und die Enden mit einem großen Viertelstabfräser **(C);** die hintere Kante wird mit einem kleinen Abrundfräser bearbeitet. Runden Sie die Ecken auf die gleiche Weise wie bei dem Tastaturträger ab.

Schrauben Sie die Handballenauflage von unten am Tastaturträger fest (D). Sie ist kürzer als der Träger, so dass noch etwa 150 mm Platz für das Mauspad verbleiben.

A

B

C

D

A

B

C

Drehteller

Drehteller sind eine gute Inneneinrichtung für Schränke, in denen man viele kleine Gegenstände – etwa Gewürzdosen – unterbringen möchte. Sie können auch als Stand für ein Fernsehgerät dienen.

Der Metallbeschlag ist mit einem großen Loch versehen, durch das man bis in einen Regalboden bohren kann **(A).** Um den Beschlag zu verbergen, wird darüber eine Trägerplatte angebracht. Sie müssen ein Loch durch die Trageplatte bohren, um ihn am Beschlag befestigen zu können. Falls Sie sich durch sichtbare Schraubenlöcher gestört fühlen, können Sie die Trageplatte auch mit doppelseitigem Klebeband befestigen **(B).** Wenn der Drehteller installiert ist, kann man die Trägerplatte um volle 360° drehen **(C).**

Schwenkbarer Träger für Fernsehgeräte

Es ist immer etwas schwierig, an die Rückseite eines großen Fernsehgerätes zu gelangen, um dort an der Verkabelung etwas zu verändern. Das gilt besonders, wenn das Gerät in einer Schrankwand untergebracht ist. Ganz anders sieht die Sache aus, wenn Sie das Gerät auf einem schwenkbaren Träger aufstellen. Der Träger lässt sich ausziehen, um an die Rückseite des Gerätes zu gelangen, und man kann den Winkel verändern, in dem es in den Raum weist, so dass man von verschiedenen Stellen aus einen guten Blick auf das Bild erhält **(A).**

Kaufen Sie zuerst den Beschlag, und bauen Sie dann die Trägerplatte, sodass sie darauf passt. Eine einfache Sperrholzplatte mit Vollholzumleimern kann ein großes Fernsehgerät tragen. Prüfen Sie jedoch vor dem Kauf, ob die vom Beschlaghersteller zugelassene Maximallast für Ihr Gerät ausreicht. Die Maße der Trägerplatte sollten auf Ihr Fernsehgerät und den Schrank oder das Regal abgestimmt werden, wo der Träger installiert werden soll. Schneiden Sie die hinteren Ecken schräg ab, damit die Trägerplatte nicht an den Innenseiten des Schrankes anstößt, und bringen Sie dann an der Vorderkante den hohen Umleimer an **(B).**

Dieser Umleimer sollte so hoch sein, dass er den Beschlag unter der Trägerplatte verbirgt. Planen Sie etwa 1,5 mm Freiraum für den Beschlag ein. Schneiden Sie unten aus dem Umleimer einen Kreisbogen aus, der als Grifföffnung dient. Legen Sie dann die Trägerplatte kopfüber auf die Werkbank, und leimen Sie den Umleimer an der Vorderkante an. Mit einer breiten Zulage schafft man Ansatzpunkte für die Zwingen **(C).** Verputzen Sie den Umleimer, wenn der Leim getrocknet ist.

Schrauben sie die Metallplatte des Schwenkmechanismus an der Unterseite der Trägerplatte an **(D),** und befestigen Sie die gesamte Einheit mit Holz- oder besser noch Gewindeschrauben im Möbelstück **(E).**

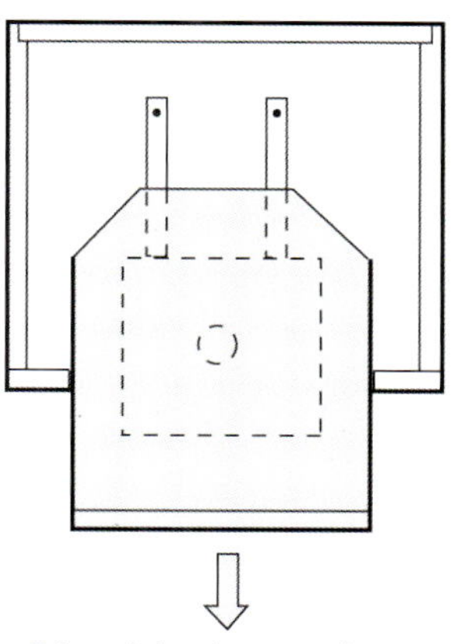

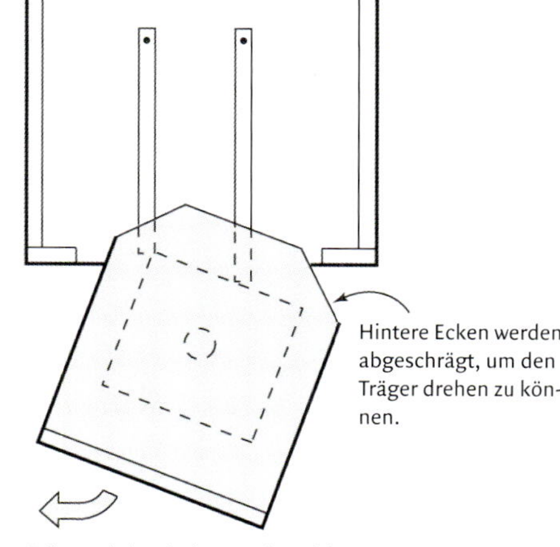

A

B

D

C

E

A

B

C

D

Ausgelegte Schubladen

Eine mit Filz ausgelegte Schublade lässt sich mit nichts anderem vergleichen. So wird eine schon an sich hochwertige Schublade noch ansprechender. Der Meistertischler Frank Klausz fertigt zuerst eine kleine, schwalbenschwanzgezinkte Schublade an. Dann misst er das Innere der Schublade aus und schneidet Karton mit leichtem Untermaß zu. Der Filz wird jeweils mit 25 mm Zugabe am Rand auf die Größe der Kartonstücke zugeschnitten. Die Ecken werden ungefähr im Winkel von 45° abgeschnitten, so dass der Filz den Karton an den Ecken eben berührt **(A)**.

Legen Sie den Karton auf den Filz, und sprühen Sie eine dünne Schicht Klebstoff auf die Kanten des Kartons und auf den freiliegenden Filz **(B)**. Dann wird der Filz über den Karton gefaltet und mit der Hand glatt angedrückt **(C)**.

Bringen Sie auf der Rückseite jedes Kartons einige dünne Streifen Tischlerleim an, und leimen Sie die Kartons mit Hilfe von Klemmzwingen in die Schubladen **(D)**.

Schublade mit Unterteilungen

Eine der einfachsten Methoden, um eine Schublade oder einen anderen Kasten mit Unterteilungen auszustatten, besteht darin, die Unterteilungen mit Überblattungen, die man an der Tischkreissäge schneidet, untereinander zu verbinden. Wenn Sie die Unterteilungen um ein geringes kürzer schneiden als die lichte Weite, wo sie angebracht werden sollen, können Sie an jedem Ende einen Filzstreifen anbringen und die Unterteilungen so mit Presspassung anbringen. Hobeln Sie zuerst das Material für die Unterteilungen auf Stärke **(A).** Sägen Sie es dann 0,5 mm kürzer als die Schubladen oder Kastenöffnung. Reißen Sie die Überblattungen mit dem Tischlerwinkel an. Die Schlitze müssen so breit sein, wie das ausgehobelte Material stark ist **(B).**

Sägen Sie den ersten Schnitt an der Tischkreissäge, indem Sie am Gehrungsanschlag einige Schnitte nebeneinander setzen **(C).** Überprüfen Sie die Passung. Die Verbindung sollte fast passen, sich aber nicht ganz zusammenschieben lassen **(D).** Wiederholen Sie den Vorgang, um den Schlitz in das zweite Stück zu schneiden.

Passen Sie die Unterteilungen aneinander an, indem Sie sie mit 220er Schleifpapier und einen Schleifklotz aus Filz nachschleifen **(E).** Die fertigen Unterteilungen werden an den Enden mit selbstklebendem Filz versehen, sodass sie auf Spannung in die Schublade oder den Kasten eingeschoben werden können **(F).**

A

D

B

E

C

F

Schubladenbeschläge

Schubladenführungen

Beschläge für Computer

Schubladengriffe

Wenn Sie Ihre Schubladen fertiggestellt haben, müssen Sie sie als nächsten im Korpus installieren. Falls Sie das Möbel schon mit Bodenrahmen versehen haben, bleibt nichts mehr zu tun.

> Siehe „Bodenrahmen" auf S. 53.

In vielen Fällen werden Sie jedoch auch andere Schubladenführungen in Betracht ziehen oder auf die eine oder andere raffinierte Vorrichtung zurückgreifen wollen, mit der Sie Beschläge genau ausrichten und im Korpus anbringen können. Moderne Schubladenführungen aus Metall sind kleine mechanische Wunderwerke, die seidenweich und recht leise ihren Dienst verrichten. Viele Holzwerker ziehen es jedoch vor, ihre Führungssysteme selbst herzustellen.

Man sollte sich auch bei der Installation der Schubladen Gedanken darüber machen, wie man sie anhält, wenn sie erst vollkommen in den Korpus eingeschoben sind. Zudem muss man entscheiden, ob man verhindern möchte, dass sie vollkommen herausgezogen werden können, um so Unannehmlichkeiten zu vermeiden.

Schließlich müssen auch Griffe, Knäufe, Leisten und andere schöne Zubehörteile in Betracht gezogen werden, mit denen man die Schublade bewegen kann, um dann tatsächlich an ihren Inhalt zu gelangen. Auch hier haben Sie die Wahl zwischen käuflich erhältlichen Produkten und der Herstellung in der eigenen Werkstatt.

Kommerzielle Schubladenführungen

Kommerzielle Schubladenführungen eignen sich vielleicht nicht für hochwertige, in Handarbeit gefertigte Möbelstücke, aber sie finden durchaus ihre Berechtigung bei der Herstellung von Gebrauchsstücken. Wenn sie richtig eingesetzt werden, kann man mit diesen Führungen eine Schublade im Handumdrehen einsetzen; und die heutigen Modelle sind leise, gleiten widerstandslos und lassen sich leicht verbergen.

Denken Sie daran, dass die meisten Metallführungen 25 mm Freiraum zwischen dem Korpus und den Schubladenseiten benötigen, also 12 mm oder mehr auf jeder Seite. Gute Führungen haben etwa 1–1,5 mm Spiel, sodass die Schublade auch etwas zu schmal oder breit sein kann, ohne die Funktion der Führung zu beeinträchtigen. Kaufen Sie auf jeden Fall zuerst die Führungen, und beachten Sie dann beim Schubladenbau die Maßvorgaben des Herstellers. Berücksichtigen Sie auch die Last, die von der Schublade getragen werden soll. Wählen Sie eine Führung, die für diese Last (oder besser noch, eine höhere) ausgelegt ist. Verwenden Sie Vollauszüge, wenn diese notwendig sind, etwa bei Registraturen oder anderen Schubladen, bei denen Sie auch auf den hinteren Teil Zugriff haben müssen.

Selbst angefertigte Schubladenführungen

Mit dem Aussehen und der Funktion von Schubladenführungen aus eigener Herstellung können kommerzielle Produkte nicht konkurrieren. Man kann fühlen, dass eine Führung aus Holz besteht, und dieses Gefühl lohnt die zusätzliche Arbeit bei der Anfertigung. Es gibt verschiedene Varianten für Führungsleisten aus Holz, die man für verschiedene Einsatzmöglichkeiten verwenden kann.

Die Abbildung auf der folgenden Seite zeigt einige Varianten mit Leisten, die in Nuten geführt werden. Eine beliebte Methode sind Nuten, die in die Seitenstücke der Schubladen gefräst werden, um diese dann an Leisten aufzuhängen, die im

Einen Griff verkeilen

Der Zapfen am Griff wird etwas länger gedrechselt als das Vorderstück der Schublade stark ist.

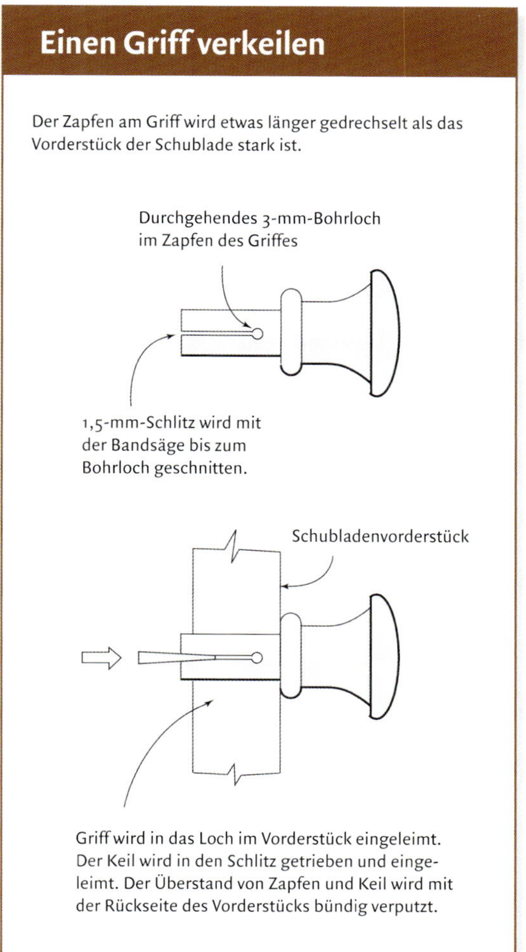

Vollauszüge ermöglichen den Zugriff auch auf den hinteren Teil der Schublade.

Laufleisten und Nuten

Laufleisten am Korpus

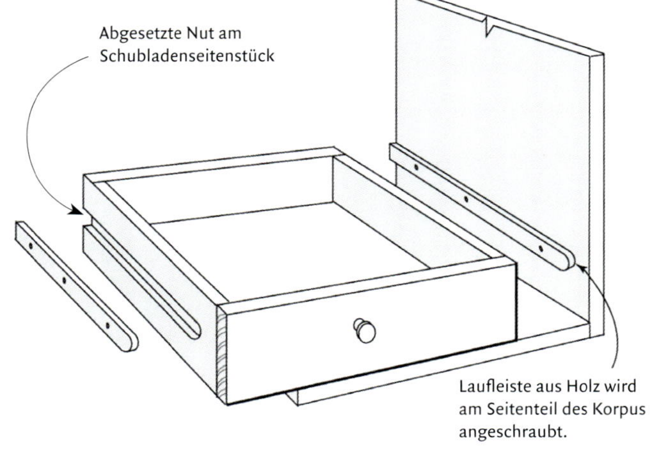

Laufleisten, die am Seitenteil des Korpus angebracht werden, ermöglichen es, die Schubladenführung zu verbergen.

Laufleisten an der Schublade

Abgesetzte Nut im Seitenteil des Korpus

Laufleiste wird am Seitenstück der Schublade angeschraubt.

Laufleisten, die am Seitenstück der Schublade angebracht sind, werden zu einem sichtbaren Gestaltungselement an der Vorderseite des Möbelstücks.

Doppelte Führungsleisten

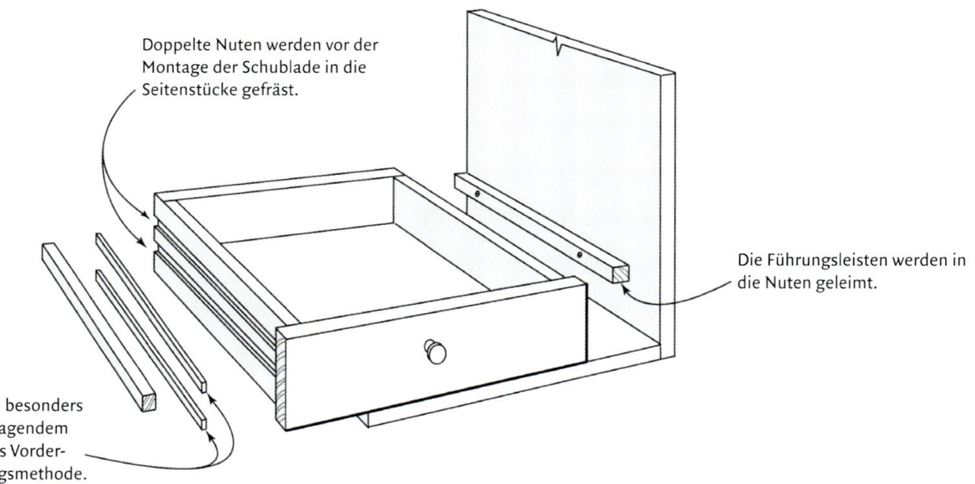

Die Laufleisten werden um die Stärke des Vorderstücks nach hinten versetzt und am Korpusseitenteil angeschraubt.

Korpus angebracht werden. Falls Sie auf eine auffällige Gestaltung Wert legen, können Sie auch die Leisten an der Schublade anbringen und die Nuten in den Korpus fräsen. Dann sind die Enden der Führungsleisten als kleine Hirnholzrechtecke an der Vorderseite des Möbels zu sehen.

Bei einer dritten Methode werden jeweils zwei Halteleisten verwendet, sie eignet sich besonders für Schubladen mit Vorderstücken, die über die Seitenstücke hinausragen. Fräsen Sie parallele Nuten in die Seitenstücke, bevor Sie die Schublade zusammenbauen, leimen Sie Holzleisten in die Nuten, sodass vorne über die Seitenteile – aber nicht bis zum Vorderstück – hinausragen. Schneiden Sie Rohlinge für die Führungsleisten zu, und hobeln Sie sie so zu, dass diese zwischen die Halteleisten passen. Schrauben Sie die Führungsleisten provisorisch an den Korpusseiten an. Schieben Sie die Schublade ein, und nehmen Sie eventuell notwendige Korrekturen vor, indem Sie die Führungsleisten abnehmen und nachhobeln. Wenn sich die Schublade ruhig und widerstandslos bewegen lässt, bringen Sie die Führungen mit Schrauben und Leim endgültig am Korpus an.

Stoppklötze

Neben der Gesamtkonstruktion und der Funktion der Schublade gibt es noch zwei wichtige Fragen, die beim Schubladenbau zu beantworten sind. Wie wird die Schublade angehalten, wenn man sie einschiebt? Soll die Schublade angehalten werden, wenn man sie herauszieht?

Bei einem Korpus mit Seiten aus Vollholz kann man einen Schubladenboden aus Vollholz als Ersatz für Stoppklötze verwenden. Lassen Sie den Boden etwa 10 mm über das Hinterstück der Schublade hinausragen, so dass es an die Rückwand des Korpus anstößt. Wenn die Seiten des Korpus arbeiten, tut dies auch der Schubladenboden, sodass das Vorderstück immer bündig mit der Vorderseite des Korpus liegt.

Die Faserrichtung des Schubladenbodens sollte von Seite zu Seite verlaufen, nicht von vorne nach hinten. Wenn die Holzfasern von vorne nach hinten verlaufen, würde das Quellen des Holzes die Seitenstücke auseinanderdrücken, sodass die Eckverbindungen sich lockern und die Schublade klemmen würde. Der Schubladenboden wird auch nicht in den Nuten der Schubladenteile eingeleimt. Eine bewährte Befestigungsmethode besteht aus einer Schraube mit Unterlegscheibe, die durch ein an der Tischkreissäge geschnittenes Schlitzloch gesteckt wird. Wenn der Boden quillt, dehnt er sich in Richtung Hinterstück aus.

Schubladenführungen aus Laubholz sind gut für Schubladen mit aufschlagenden Vorderstücken geeignet.

Man kann den Schubladenboden verlängern, um ihm die Funktion eines Stoppklotzes zukommen zu lassen. Ein Langloch in einem Vollholzboden dient der Befestigung durch eine Schraube, erlaubt aber dennoch das Arbeiten des Holzes.

Reißen Sie den Versatz für die Anschlagleisten für die Schublade mit dem Streichmaß an. Stellen Sie das Streichmaß auf die Stärke des Schubladenvorderstückes ein.

Die Leisten werden mit Klemmen gehalten, während der Leim trocknet.

Wenn Sie bei der Anfertigung eines Vollholzbodens eine kleine Zugabe einplanen, können Sie am Vorderstück genau bündig abschließen lassen, indem Sie an der hinteren Kante etwas Material abhobeln. Dieses Verfahren lässt sich auch bei einem Korpus mit Sperrholzseiten anwenden, allerdings muss dann auch der Schubladenboden aus Sperrholz anstatt Vollholz bestehen.

Eine Holzleiste, die an der Vorderzarge eines Korpus angeleimt wird, ist ein praktischer Stoppklotz und ermöglicht bei Vollholzkorpussen größere Maßtoleranzen. Um die Schublade abzufedern, können Sie Leder auf der Vorderseite des Stoppklotzes ankleben. Diese schöne Finesse dämpft den Stoß beim einschieben. Schubladen, die vorne abgestoppt werden, bleiben eher mit der Vorderseite eines Vollholzkorpus bündig, wenn dieser im Laufe der Jahreszeiten quillt und schwindet. Dieses Verfahren funktioniert nur, wenn das Vorderstück und die Seitenstücke der Schublade über den Boden hinausragen (meist etwa 5 mm).

Zwingen Sie die Stoppleiste an einem Riss fest, welcher der Stärke des Schubladenvorderstücks entspricht. Die Stoppleiste muss so dünn sein, dass der Schubladenboden darüber hinwegpasst – meist sind 3 – 4 mm ausreichend – und so kurz, dass er nicht an die Seitenstücke stößt. Wenn die Stoppleiste angebracht ist, wird das Schubladenvorderstück mit dem Hobel bündig mit der Vorderseite des Korpus verputzt.

> Siehe „Einschlagende Schubladen" auf S. 116.

Kommerzielle Schubladenführungen

Metallführungen, die an den Seitenstücken der Schublade angebracht werden, sind nach wie vor bei Möbeltischlern und Küchenbauern beliebt. Sie sind preiswert und leicht anzubringen. Jede Führung besteht aus einem rechten und einem linken Element. Die Elemente bestehen wiederum aus einer Schiene, die am Seitenstück der Schublade angeschraubt wird, und einer Führung für die Schiene, die man innen im Korpus befestigt.

Wenn man die Schienen an der Schublade anbringt, sollte man eine Lehre verwenden, um die genaue Positionierung sicher zu stellen. Drehen Sie zu diesem Zeitpunkt nur zwei oder drei Schrauben durch die Langlöcher, um die Schiene in ihrer Lage zu halten **(A)**. Wie hoch sollte die Schiene am Seitenstück sitzen? Am besten sollte Sie auf der Höhe des Schubladengriffs liegen.

Falls Sie also den Griff auf halber Höhe des Vorderstücks anbringen wollen, sollte die Schiene der Führung auf der Mitte des Seitenstücks befestigt werden. Dadurch erreicht man eine gute Funktion der Führung und ein angenehmes Gefühl bei der Bedienung.

Verwenden Sie einen Abstandshalter aus Sperrholz in der Schubladenöffnung des Korpus, um die Führung für die Schiene im Korpusinneren anzubringen. Dadurch stellen Sie sicher, dass die Führungen auf beiden Seiten gleich hoch sind und rechtwinklig und parallel zum Korpus verlaufen **(B)**. Wenn Sie die Schublade auf die richtige Auszugslänge gebracht haben, können Sie die restlichen Schrauben eindrehen **(C)**.

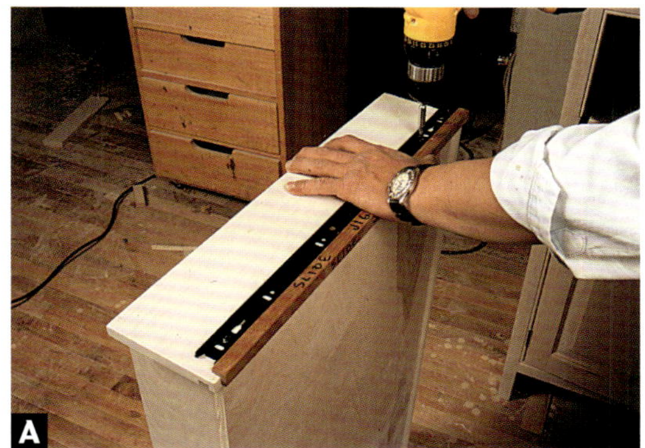
A

B

C

A

B

C

Unterflurführungen

Falls die Vorstellung, an den Seiten Ihrer sorgfältig handgearbeiteten Schubladen Auszüge aus Metall zu sehen, bei Ihnen allergische Reaktionen auslöst, können Sie eine Unterflurführung verwenden.

Die Schienen und ihre Führungen werden dabei als Einheit im Korpus angebracht. Alle Angaben zu den genauen Positionen und Abständen der Bohr- und Befestigungspunkte können Sie der Beschreibung des Beschlagherstellers zu Ihrer Führung entnehmen. Bohren Sie dann vorne an der Schublade auf jeder Seite ein Loch in die Unterkante **(A).** Schieben Sie die Schublade in den Korpus, und senken Sie sie so ab, dass die gebohrten Löcher über den Stiften vorne an den Schienen liegen **(B).** Wenn man die Schublade dann herauszieht, ist von dem Auszug nichts zu sehen **(C).**

Beschläge für Computertastatur und -maus

Die Versandkataloge für Möbelbeschläge sind voll von Zubehör für das Heimbüro und den Computeranwender. Zu den nützlichsten Dingen gehören die Beschläge, mit denen die Tastatur und Maus am Schreibtisch angebracht werden können. Gute Exemplare lassen einen die Tastatur auf einem Auszug unter dem Tisch herausziehen und dann seitlich schwenken, um die beste Position für das Schreiben oder die Arbeit mit der Maus einzunehmen.

Der Beschlag für die Tastatur besteht aus einer Platte und einer Haltevorrichtung, die an der Platte entlanggleitet. Die Installation ist leicht. Die Platte wird einfach auf der Unterseite der Tischplatte angeschraubt **(A)**. Die Schiebemechanik wird dann auf die Platte geschoben **(B)**, und man befestigt einen gekauften oder selbst angefertigten Auszug an der Mechanik. Um die Verbindung nicht sichtbar werden zu lassen, schraubt man den Auszug von unten an der Mechanik an.

> Siehe „Tastaturträger" auf S. 121.

Wenn der Auszug und die Mechanik angebracht worden sind, kann man die Position der Tastatur noch fein justieren, um die günstigste Position zu erzielen. Der Auszug kann bei Bedarf einfach unter der Schreibtischplatte herausgezogen und nach der Arbeit wieder unter diese zurückgeschoben werden. Um den Auszug zu drehen, fasst man ihn einfach an und schwenkt ihn in die gewünschte Position. Die Höhe des Auszuges kann durch einen Drehgriff so verstellt werden, dass er bündig mit der Tischoberfläche ist oder unter ihr steht. Schließlich lässt sich der Neigungswinkel der Tastatur durch einen Hebel an der Unterseite des Auszuges einstellen **(C)**.

A

B

C

Schubladengriffe anbringen

Griffe in U-Form U-förmige Griffe werden meist mit Schrauben durch die Rückseite des Vorderstücks angebracht. Um diese erfolgreich zu meistern, ist es wichtig, den Mittelpunkt der Schraubenlöcher zu ermitteln. Man kann sich die Arbeit erleichtern, indem man eine Schablone herstellt, bei der genau an den Lochmittelpunkten Löcher gebohrt sind. Die Schablone wird auf das Vorderstück gelegt, und man reißt die Bohrlöcher mit der Ahle an **(A).**

Bohren Sie die Löcher für die Griffschrauben möglichst, bevor Sie die Schublade zusammen bauen. Verwenden Sie dafür die Ständerbohrmaschine, damit die Bohrlöcher genau senkrecht durch das Vorderstück laufen **(B).**

Klappgriffe Klappgriffe sind elegante Beschläge. Leider kommt es bei Klappgriffen mit zwei einzelnen Stiften oft vor, dass diese nicht genau parallel und im rechten Winkel stehen. Wenn man die Löcher für die Stifte gebohrt hat und den Klappgriff zwischen ihnen anbringt, klemmt der Griff und lässt sich nicht frei zwischen den Stiften drehen.

Um Probleme mit nicht rechtwinkligen Stiften zu vermeiden, sollte man immer alle Klappgriffe für ein Werkstück überprüfen, bevor man die Löcher für die Stifte bohrt. Stellen Sie sich aus Restholz eine Lehre her, bei der im gewünschten Abstand Löcher für die Befestigungsschrauben der Stifte gebohrt sind. Überprüfen Sie dann jeden Klappgriff, indem Sie die Stifte in die Lehre stecken und den Griff dazwischen anbringen. Falls ein Griff sich nicht frei drehen lässt, biegen Sie ihn mit den Händen etwas zusammen oder auseinander, bis er der Position der Stifte entspricht. Falls er immer noch klemmt, bohren Sie einen neuen Satz Löcher in die Lehre, und prüfen Sie erneut **(C).**

Wenn die Griffe sich in der Lehre alle leichtgängig bewegen lassen, bringen Sie auf der Lehre Mittenmarkierungen und auf den Schubladenvorderstücken entsprechende Mitten- und Höhenmarkierungen an. Richten Sie die Lehre an jedem Vorderstück an den Markierungen aus, und reißen Sie durch die Lehre die Lage der Bohrlöcher am Werkstück an **(D).**

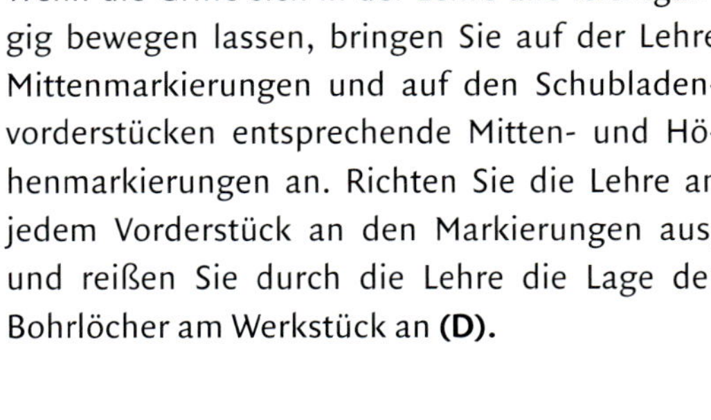

A

C

B

D

Handgefertigte Griffe

Möbelgriffe selbst zu entwerfen und anzufertigen, ist ein sehr befriedigender, vergnüglicher Aspekt des Möbelbaus. Es gibt keine Einschränkungen für die Gestaltung solcher Griffe, und sie verleihen einem Möbelstück persönliche Akzente, die kommerzielle Beschläge nie erzielen können. Die hier gezeigten Griffe sind nur Beispiele für das, was man machen kann, wenn man seiner Fantasie freien Lauf lässt. Alle diese Beispiele eignen sich auch gut als Türgriffe.

> Siehe „Türen" auf S. 139 ff.

Auf diese Weise können Sie auch all' jene schönen Holzreste verwerten, die Sie schon seit dem letzten Jahrtausend so sorgfältig aufbewahren. Dieser Griff ist so einfach, dass es kaum einfacher geht. Vermutlich mag ich ihn deshalb so sehr. Verwenden Sie ein Stück Holz mit Baumkante – ich nehme am liebsten Maserknolle oder etwas mit wilder Maserung – um jeden Griff zu einem Einzelstück werden zu lassen. Formen Sie den Griff an der Bandsäge entsprechend Ihren Vorstellungen. Achten Sie nur darauf, dass die Befestigungsfläche eben bleibt. Fasen Sie die Enden an, um einen dramatischen Effekt zu erreichen **(A)**.

Bohren Sie versenkte Schraubenlöcher auf der Innenseite des Vorderstücks der Schublade und Führungslöcher für die Schrauben in die Rückseite des Griffes. Geben Sie etwas Leim an den Griff, und befestigen Sie ihn mit Schrauben von der Rückseite aus am Vorderstück **(B)**.

A

B

C

Griffleisten

Ein einfacher, aber sehr effektiver Griff ergibt sich, wenn man an der Oberkante des Vorderstücks eine Leiste anbringt. Wenn man das Material in Hinsicht auf Farbe und Maserung sorgfältig abstimmt, kann man das Auge des Betrachters täuschen, sodass er denkt, der Griff sei aus dem Vorderstück geformt worden, anstatt einfach angeleimt worden zu sein. Am besten formt man die Leiste, bevor man sie an der Schublade anleimt.

Arbeiten Sie am Handoberfräsentisch an der Unterseite mit einem entsprechenden Fräser eine Hohlkehle an. Fräsen Sie in mehreren Durchgängen bis auf die Endtiefe **(A).** Runden Sie dann die Ober- und Unterkante der vorderen Schmalseite ab **(B).**

Leimen Sie die Leiste am Vorderstück an **(C).** Wenn der Leim trocken ist, werden kleine Unregelmäßigkeiten mit einer Schwanenhalsziehklinge und mit Hobeln verputzt.

Gebogener Griff

Ein gebogener Griff aus einem dichten, feinmaserigen Holz wie Ahorn, Palisander oder Ebenholz wirkt sehr elegant **(A).** Die hier verwendeten Schraubenattrappen tragen zu seinem Charme bei, obwohl ihre Hauptfunktion darin liegt, die Schrauben zu verbergen, mit denen der Griff an der Schublade befestigt ist.

Reißen Sie den Umriss des Griffes mit zwei Sperrholzschablonen – eine für die Seitenansicht **(B)** und eine für die Draufsicht **(C)** – auf dem Material an. Schneiden Sie die Form an der Bandsäge aus.

Glätten Sie die Krümmungen und entfernen Sie Sägespuren mit der Trommelschleifmaschine, und bohren Sie dann ein versenktes Schraubenloch in einem leichten Winkel durch den Griff **(D).** Setzen Sie einen Holzstift aus kontrastierendem Holz in das Schraubenloch, in den Sie zuvor an einem Ende mit der Handsäge einen Schlitz geschnitten haben. Treiben Sie einen kleinen Keil in diesen Schlitz, nachdem Sie den Holzstift eingeleimt haben, und imitieren Sie so das Aussehen eines Schraubenkopfes.

A

B

C

D

TEIL DREI

Der Türenbau
Seite 140

Türen einpassen und einhängen
Seite 153

Türgriffe und Beschläge
Seite 170

Türen

Die Türen an unseren Möbeln sind die Wächter und die Aushängeschilder, die den Eingang in einer breiten Auswahl an Mustern, Strukturen, Farben und Stilen schützen und verschönern. Eine gut gemachte Tür lädt einen ein, das hinter ihr Verborgene zu erforschen. Auf der praktischen Ebene verhindern Türen den Eintritt von Schmutz und Staub, und sie verwehren Neugierigen den Blick auf das Innere unserer Schränke. Außerdem machen sie sich bezahlt, indem sie die Unordnung in unserem Leben verbergen. Sie bieten uns Holzwerkern Gelegenheit, das Gute wie das Schlechte zu verstecken, aber auch Zugang zu beidem zu gewähren, indem wir gut aussehende und funktionierende Türen entwerfen und bauen.

Die Gestaltungsmöglichkeiten beim Bau einer Tür sind Dank der Vielfalt an erhältlichen Holzarten und Holzwerkstoffen wie furniertem Sperrholz schier unendlich. Der Stil der Tür, die Sie anfertigen möchten, kann auch durch kleine Details beeinflusst werden, etwa indem man eine geschwungene Linie verwendet, um ihr etwas Flair zu geben, oder Profilleisten verwendet, um Tiefe und Kontrastwirkungen zu erreichen. Natürlich können Sie sich auch für das Schlichte entscheiden und mit einer einfachen, ebenen Platte bauen. Sie haben die Wahl.

Der Türenbau

Türen aus Rahmen und Füllung

Türen aus Vollholz

Glaseinsätze

Die erste Entscheidung, die man treffen muss, wenn man eine Tür baut, betrifft ihren Stil. Hier gibt es viele Wahlmöglichkeiten, darunter auch solche über die Verwendung von Vollholz, Furnieren und Profilen. Als nächstes muss man dafür sorgen, dass die Tür, die man baut, auch jahrzehntelange Nutzung überdauern wird. Es gibt wenige Möbelbestandteile, die so misshandelt werden wie eine typische Schranktür, man muss also bei den gewählten Verbindungen darauf achten, dass sie dem Zahn der Zeit widerstehen. Die Verbindungen müssen auch stabil genug sein, um zu verhindern, dass sich der Rahmen der Tür unter seinem eigenen Gewicht verzieht. Mit der richtigen Verleimtechnik kann man dafür sorgen, dass Flächen sich nicht verwinden und Verbindungen sich nicht verschieben, was beides dazu führen kann, dass eine Tür nicht gut passt oder schlecht schließt.

In Hinsicht auf die Türart gibt es ebenfalls viele Wahlmöglichkeiten. Küchenschränke werden oft mit nüchternen, flachen Platten als Tür versehen. Dieser Typus ist am leichtesten herzustellen und kann überraschend elegant wirken, wenn er in ordentlichen Reihen nebeneinander angeordnet wird. Am häufigsten wird vielleicht die Konstruktion aus Rahmen und Füllung verwendet. Diese Gestaltung geht Hunderte von Jahren zurück, und wurde als Lösung für das starke Arbeiten entwickelt, das bei breiten Platten aus Vollholz auftreten kann. Zu den komplexeren Türen gehören Rahmen mit geschwungenen oberen Querfries und Glastüren mit hölzernen Sprossen.

Der Entwurf einer Tür

Es gibt unendlich viele Gestaltungsmöglichkeit für eine Tür. Es gibt jedoch einige Grundelemente, mit denen man die Palette der Möglichkeiten noch erweitern kann. Falls Sie Wert auf das Aussehen und die Haptik von Vollholz legen, müssen Sie sich Gedanken über das Arbeiten des Holzes machen und die Auswirkungen, die es auf die Konstruktion hat. Bei einer Konstruktion mit Rahmen und Füllung wird das Arbeiten berücksichtigt, bei einer Brettertür ebenfalls. Wenn man Holzwerkstoffe wie Sperrholz oder MDF (Mitteldichte Faserplatte) verwendet, kann man bei der Gestaltung der Türflächen auch auf Materialien wie Furnier, Leder oder anderes zurückgreifen. Schließlich kann man mit Profilleisten unzählige Möglichkeiten ausschöpfen, um Bänder aus Licht und Schatten auf die Oberfläche einer Tür zu werfen, sodass sie räumlicher wirkt.

Verbindungen

Türen – vor allem Schranktüren – werden während ihrer Lebensdauer stark strapaziert. Wer hat noch nie eine Tür zugeschlagen oder versehentlich eine Tür so schnell geöffnet, dass das Türblatt an den Scharnieren gezogen hat?

Um diesen Misshandlungen entgegenzuwirken, muss die Tür mit belastbaren Verbindungen zusammengesetzt werden.

Bei Konstruktionen aus Rahmen und Füllungen sind es die Eckverbindungen, die den Rahmen zusammenhalten. Dafür eignet sich besonders die Schlitz-und-Zapfen-Verbindung, vor allem wenn die Zapfen mindestens 25 mm lang sind. Andere Optionen sind paarweise gesetzte Flachdübel oder Dübel. Auf Gehrung gearbeitete Rahmen können durch lose Federn an den Ecken verstärkt werden, wo Hirnholz mit Hirnholz verleimt wird. Falls man für die Füllung Sperrholz oder einen anderen Holzwerkstoff verwendet, der nicht arbeitet, dann kann man die Füllung im Rahmen einleimen, wodurch die Belastbarkeit der Tür insgesamt deutlich erhöht wird.

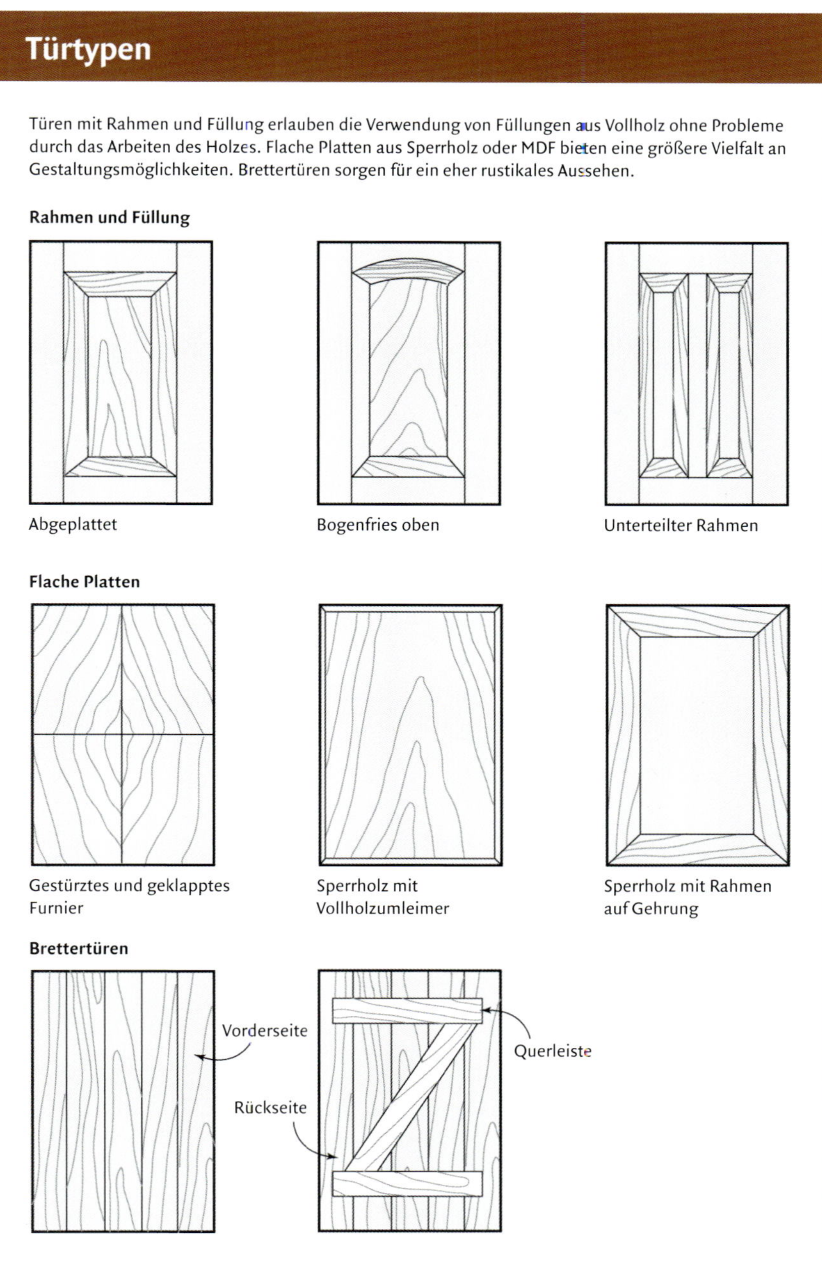

Eben und rechtwinklig verleimen

Es gibt kaum ein frustrierenderes Erlebnis, als eine schöne, handgefertigte Tür mit teueren Scharnieren in einen Schrank einzuhängen, und dann festzustellen, dass sie windschief ist. Glücklicherweise ist es meist wirklich die Tür, an der die Schuld liegt, und nicht der Schrank oder die schönen Scharniere. Das Problem entsteht meist beim Verleimen, wenn man die Zwingen ansetzt und dabei die Tür versehentlich verzieht. Um eine eben verleimte Tür zu erhalten, muss man an sich an zwei Flächen orientieren: Zum einen die Sichtseite (große Fläche) der Tür und zum anderen ihre Kante. Spannen Sie das Werkstück immer auf einer vollkommen ebenen Fläche fest, sonst übertragen sich Unebenheiten auf die Tür. Bringen Sie dann die Zwingen an den kritischen Stellen der Türkante und -fläche an.

Verbindungen im Türenbau

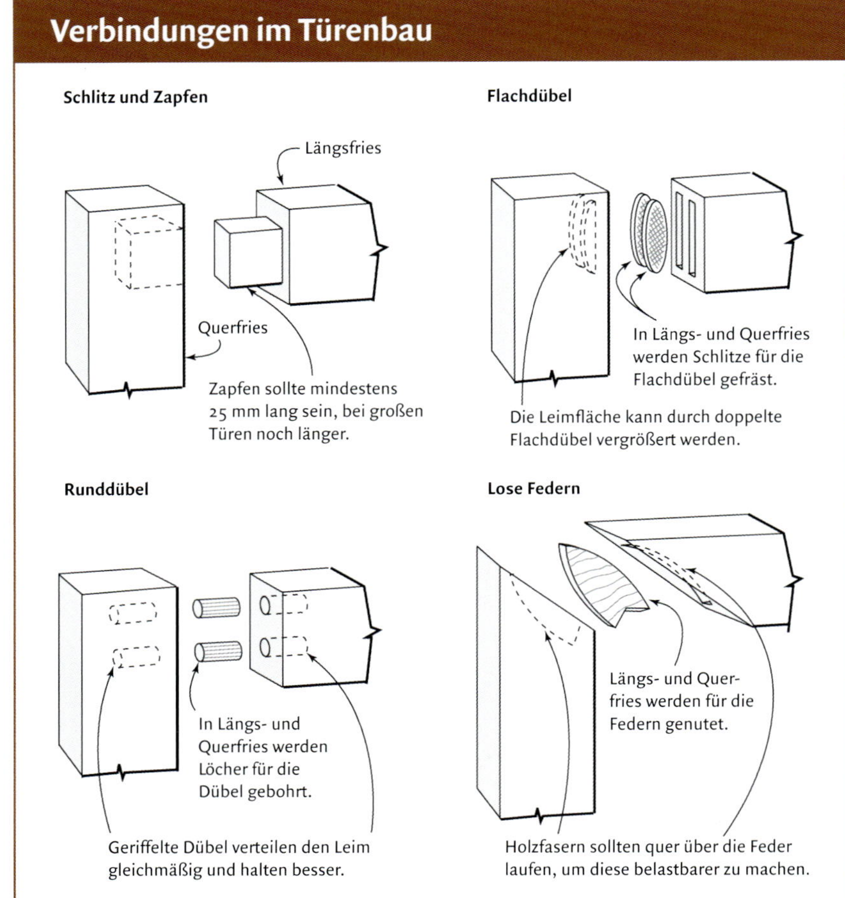

Ansetzen der Zwingen

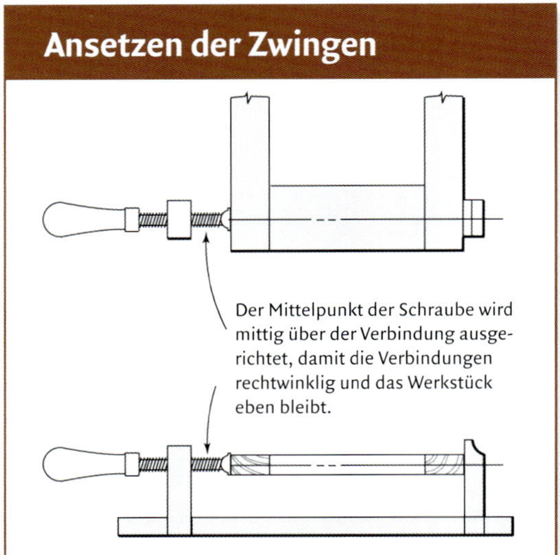

Füllungsprofile

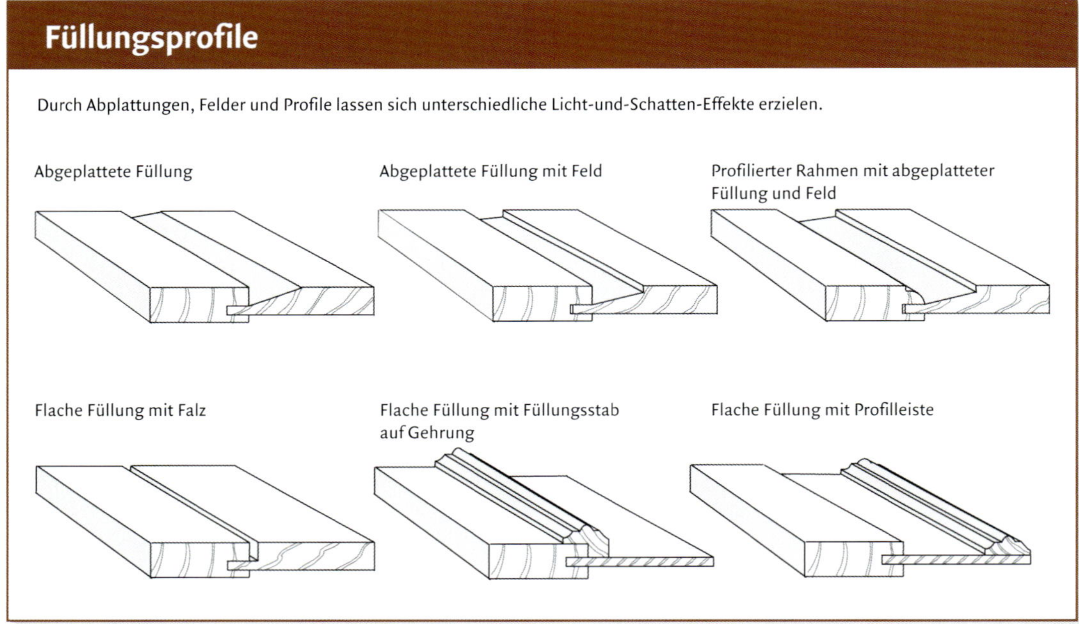

Ein Konterprofil verstärken

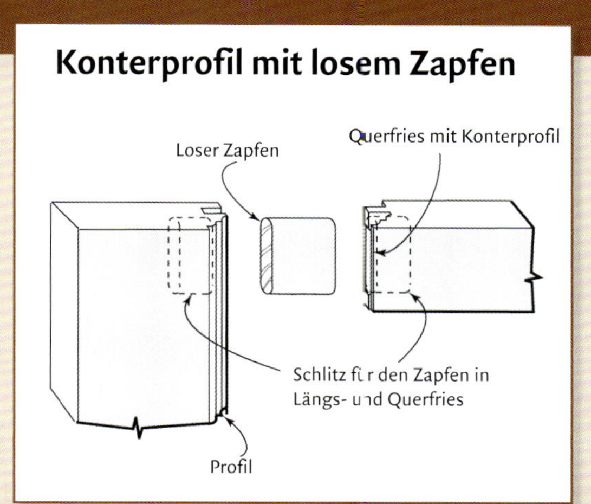

Die Frage, ob eine Verbindung mit einem Konterprofil zusätzlich verstärkt werden sollte, wird kontrovers diskutiert. Natürlich ist die größere Leimfläche und der Kurzzapfen eines Rahmens mit Sprossen nicht mit der Belastbarkeit eines normalen Zapfens zu vergleichen. Bei Schranktüren, die stark strapaziert werden, kann die Verbindung versagen, auch wenn sie von hinten mit Drahtstiften gesichert wird. Man kann die Verbindung verstärken, indem man Dübel in die Quer- und Längsfriese einleimt. Die belastbarste Lösung ist die folgende: Fräsen Sie zuerst eine Nut in die Kante des Längsfriese und das Ende des Querfrieses, und leimen Sie dann eine losen Zapfen in die beiden Nuten ein. Der Zapfen sollte mindestens 25 mm in jedes der beiden Friese hineinreichen. Wenn ein solcher Zapfen aus Laubholz geschnitten und präzise eingepasst wird, kann er belastbarer sein, als eine konventionelle Schlitz-und-Zapfen-Verbindung. Zudem ist die Verbindung für den Holzwerker mit einer kleinen Werkstatt oft leichter herzustellen. (Mehr hierzu finden Sie in *Rogowski, Holzverbindungen*, siehe Literaturverzeichnis.)

Sehen Sie sich die Tür von der Kante her an, und vergewissern Sie sich, dass die Zwinge mittig in der Stärke des Rahmenfrieses angesetzt ist. Das kann man sich erleichtern, indem man Zulagen der richtigen Stärke auf die Zwingen legt. Wenn man das Werkstück auf diese Weise mittig ausrichtet, sorgt man dafür, dass die Friese fluchten und die Tür eben bleibt. Visieren Sie auch über die Fläche der Tür, um zu kontrollieren, dass die Zwingen mittig in der Breite der Friese angebracht sind, damit die Eckverbindungen rechtwinklig zusammengezogen werden.

Üben Sie beim Anziehen der Zwingen nicht übermäßigen Druck aus, da der Rahmen sonst ausbeulen und das Holz zusammengedrückt werden kann. Wenn die Zwingen abgenommen werden, federt das Holz dann zurück, und die Verbindungen öffnen sich wieder. Üben Sie nur sanften Druck aus. Falls eine Verbindung nicht zusammengehen will, kann man sie natürlich mit den Zwingen zusammenziehen. Danach sollte man die Zwingen aber wieder etwas lockern. Kontrollieren Sie danach mit dem Richtscheit, ob die Fläche fluchtet.

Wenn man die Tür auf Zulagen legt, sodass sie mit den Schrauben der Zwinge fluchtet, verzieht sich der Rahmen nicht.

Um den Rahmen im rechten Winkel zu halten, werden die Zwingen auf der Mittellinie der Querfriese angesetzt.

Einfache Plattentür

Die einfachste aller Türen besteht aus einer schlichten Platte. Eine solche Platte kann man zwar aus Vollholz herstellen, wenn sie jedoch eine gewisse Breite oder Länge aufweist, ist die Wahrscheinlichkeit sehr hoch, dass sie sich verzieht. Holzwerkstoffe wie MDF sind eine bessere Wahl, da sie von sich aus formstabiler sind. Allerdings muss die eher nichtssagende Oberfläche einer MDF-Platte noch mit Furnier oder Lack verschönert werden. Sperrholz mit einem schönen Deckfurnier ist eine andere Möglichkeit, allerdings müssen auch hier wie bei MDF die Schnittkanten abgedeckt werden. Bei Türen ziehe ich zu diesem Zweck dünne Umleimer aus Vollholz den ebenfalls möglichen Furnierbändern vor. Wenn man die Umleimer aus dem gleichen Holz wie das Deckfurnier herstellt und Farbe und Maserung übereinstimmen, passt es sich der Sperrholzplatte gut an. Der Umleimer sollte etwa 3 mm stark sein, dann hat man genügend Material, um scharfe Kanten zu brechen oder abzurunden, ohne die Innenlagen des Sperrholzes freizulegen.

Berücksichtigen Sie beim Zuschnitt der Platte die Stärke der Umleimer an allen Kanten. Geben Sie zuerst Leim an die beiden Kanten an, die später senkrecht an der Tür stehen werden. Die Umleimer müssen etwas stärker und länger als die Platte sein **(A).** Wenn der Leim trocken ist, wird der Überstand mit der Handoberfräse oder dem Hobel verputzt.

> Siehe „Umleimer bündig verputzen" auf S. 78.

Bringen Sie dann die beiden waagerechten Umleimer an. An den Ecken werden sie auf Stoß auf die senkrechten Umleimer gesetzt **(B).**

Man kann die Kanten der Umleimer mit dem Hobel brechen oder sie mit einem kleinen (3 mm) Abrundfräser abrunden **(C).** Wenn die Tür am Möbelstück angebracht ist, sind die Eckverbindungen beim Blick von oben nicht sichtbar.

Rahmen mit abgeplatteter Füllung

Bei Türen aller Größen aus Vollholz löst eine Konstruktion aus Rahmen und Füllung die Probleme des Verziehens und des Arbeiten des Holzes. Der Rahmen besteht aus relativ schmalen Längs- und Querfriesen und ist deshalb relativ maßhaltig und neigt auch nicht zum Verziehen. Im Rahmen liegt in Nuten eine breite Füllung. Diese wird lose eingelegt (nicht verleimt), damit sie ungehindert quellen und schwinden kann, ohne den umgebenden Rahmen zu belasten **(A)**.

Schneiden Sie zuerst die Eckverbindungen, und nuten Sie dann die Friese, um die Füllung aufzunehmen. Um die Breite und Höhe der Füllung zu ermitteln, nehmen Sie das lichte Maß des Rahmens, addieren zweimal die Nuttiefe und ziehen von dem so ermittelten Maß noch 5 mm ab. So hat die Füllung umlaufend 2,5 mm Luft zum arbeiten. Bei sehr großen Türen mit entsprechend tiefer Nut im Rahmen sollten Sie mehr Luft lassen.

> Siehe „Staubböden" auf S. 56.

Man kann die Füllung am Handoberfräsentisch oder an der Tischfräse mit einem entsprechenden Fräswerkzeug abplatten. Dabei arbeitet man in zwei oder drei Durchgängen, da der Versuch, die Abplattung in einem Durchgang zu fräsen, das Werkzeug und die Maschine zu sehr belasten würde und deshalb Risiken birgt. Ein Hilfsanschlag am Anschlag der Tischfräse erlaubt beim ersten Durchgang einen flachen Schnitt **(B)**. Der abschließende Schnitt auf volle Tiefe wird dann ohne den Hilfsanschlag ausgeführt **(C)**. Um Ausrisse zu vermeiden fräsen Sie erst die beiden Kanten, an denen Sie quer zur Faser arbeiten müssen, dann erst die beiden Kanten, bei denen längs zur Faser gefräst wird.

Fortsetzung auf S. 146

WARNUNG Trennen Sie die Maschine immer vom Netz, wenn Sie an einer Handoberfräse oder Tischfräse den Fräser wechseln.

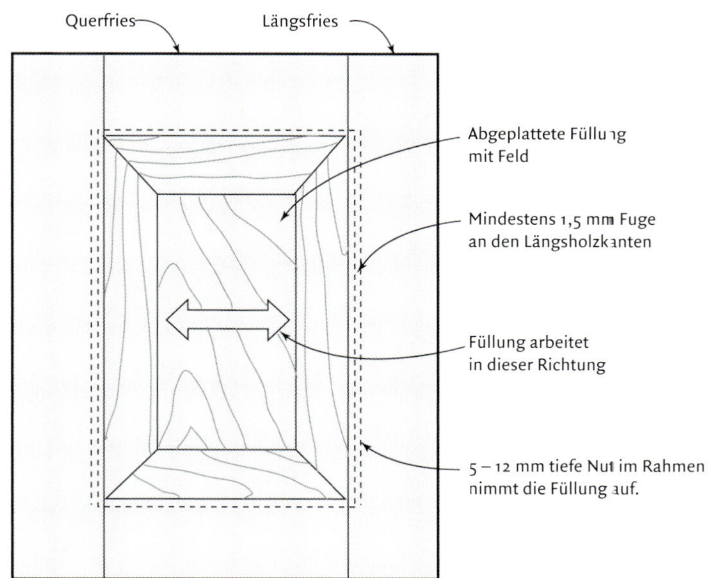

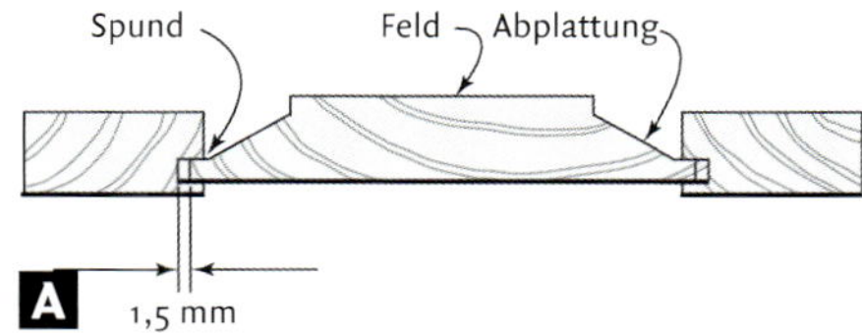

A

B

C

D

E

Bevor die Tür zusammengebaut wird, müssen noch drei wichtige Arbeiten ausgeführt werden. Zuerst werden etwa 1,5 bis 3 mm von den Längskanten der Füllung abgehobelt. Das erlaubt der Füllung, in der Nut des Rahmens zu arbeiten **(D).** (Wenn sie wie in (A) gearbeitet haben, ist das Hobeln nicht nötig.)

Falls die Tür gebeizt werden soll, werden dann diese Kanten der Füllung mit der gleichen Beize behandelt, die später verwendet werden soll **(E).** Andernfalls würde durch das Schwinden der Füllung bei geringerer Luftfeuchtigkeit ein hellerer Randstreifen an der Füllung sichtbar werden.

F

Schließlich wird die Füllung in den Nuten mit jeweils einem Drahtstift pro Seite oder mit Abstandshaltern am Klappern gehindert. Dafür kann man zum Beispiel kurze Abschnitte einer dünnen Gummidichtung verwenden, die in 5 mm breite Nuten passen und sich zusammenpressen, wenn die Füllung quillt **(F).**

G

Richten Sie die Zwingen sorgfältig über den Verbindungen aus, und verleimen Sie den Rahmen mit eingelegter Füllung. Achten Sie darauf, dass kein Leim von den Eckverbindungen an die Füllung gerät, weil diese sich sonst nicht frei im Rahmen bewegen kann und schließlich reißen wird. Der Verleimtisch des Möbelbauers Edward Schoen hat Kerben, in denen die Spannelemente automatisch zentriert werden, um so das Verleimen zu erleichtern **(G).**

H

Man kann diese Konstruktion auch durch die Verwendung einer flachen Füllung abwandeln. Die Belastbarkeit der Tür lässt sich vergrößern, indem man die Füllung aus Sperrholz oder MDF (oder einem anderen stabilen Holzwerkstoff) herstellt und in den Nuten des Rahmens einleimt. Die Kanten der Füllung können durch profilierte Füllungsleisten verschönert werden, die man an der Innenkante des Rahmens mit Drahtstiften und Leim auf der Füllung befestigt **(H).**

Rahmen und Füllung mit Bogenfries

An der Oberkante einer Rahmenfüllung einen Bogen anzubringen, ist leichter als Sie vielleicht denken mögen, wenn Sie der folgenden Anleitung Schritt für Schritt folgen. Zuerst erstellt man eine Arbeitszeichnung im Originalmaßstab, einschließlich Schweifung des oberen Querfrieses. Eine Warnung: Wählen Sie für diese Schweifung keinen zu kleinen Radius, da sonst an den Brüstungen „kurzes Holz" entsteht, das nicht sehr belastbar ist und bei einem zu starken Winkel abbrechen kann. Ein Radius von 250 mm oder mehr ist ideal.

Wählen Sie das Material für die Tür sorgfältig aus. Für die Längsfriese sollte man möglichst Holz mit geradem Faserverlauf verwenden. Das geschweifte Querfries sieht am besten aus, wenn es aus einem Brett geschnitten wird, bei dem die Holzfasern in einem Bogen verlaufen, und man beim Zuschneiden diesem Bogen folgt. Schneiden Sie zuerst – solange das Material noch rechtwinklig ist – die Eckverbindungen. Übertragen Sie dann die Schweifung des Frieses von der Arbeitszeichnung auf das Material, indem Sie einen großen Zirkel auf den richtigen Radius einstellen **(A).**

Sägen Sie die Kurve auf der Verschnittseite des Zirkelrisses an der Bandsäge aus **(B).** Verputzen Sie dann die Sägespuren mit dem Schweifhobel oder der Trommelschleifmaschine **(C).** Die glatteste Oberfläche erzielen Sie, wenn Sie in Faserrichtung schleifen.

Nuten Sie die Friese am Handoberfräsentisch mit einem 5-mm-Nutfräser mit Kugellager. Fräsen Sie die geraden Friese am Anschlag, und nehmen Sie diesen dann ab, um das geschweifte Stück am Kugellager zu fräsen. Verwenden Sie einen Anschlagstift und eine Schutzhaube (in der Abbildung der Deutlichkeit halber abgenommen!), um den Schnitt sicher durchführen zu können **(D).**

Fortsetzung auf S. 148

A

B

C

D

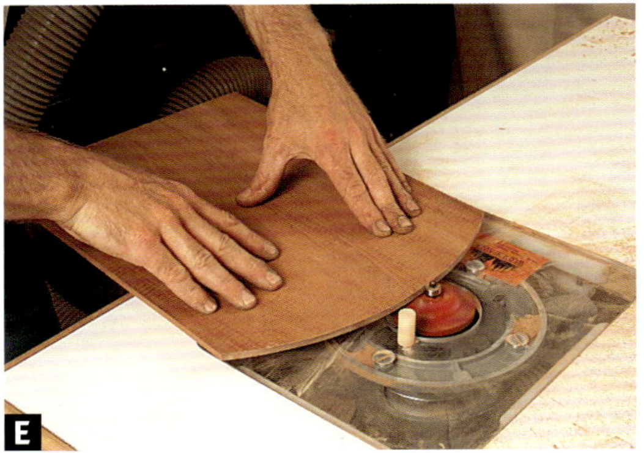

Reißen Sie auf die beschriebene Weise die Schweifung an der Oberkante der Füllung an. Der Radius dafür wird um die Tiefe der Nut, die Sie in das Fries gefräst haben, abzüglich 2 mm Luft, vergrößert. Sägen Sie dann die Schweifung wie zuvor aus, und verputzen Sie sie. Platten Sie die Füllung schließlich noch am Handoberfräsentisch mit einem kugellagergeführten Abplattfräser und einem Anschlagstift ab **(E).** Arbeiten Sie in mehreren Durchgängen, und erhöhen Sie die Schnitttiefe jeweils geringfügig, bis die Füllung in die Nuten des Rahmens passt. Sie sollte sich leicht in die Friese einschieben lassen, ohne in den Nuten zu klappern **(F).**

TIPP Wenn man in die richtige Richtung schleift, erzielt man sehr viel glattere Oberflächen. Wie beim Hobeln liegt auch hier der Schlüssel darin, so zu schleifen, dass die Holzfasern von einem fort weisen. Schleifen Sie möglichst immer auf diese Weise mit der Faser („abwärts"), drehen Sie das Werkstück dafür gegebenenfalls um.

WARNUNG Zu Demonstrationszwecken ist hier die Schutzvorrichtung entfernt. Ohne diese sollten Sie aber nicht arbeiten!

Brettertüren

Eine Brettertür wirkt bodenständig und rustikal. Wenn man die Details sorgfältig ausführt, kann sie auch recht elegant sein. Diese Art von Tür wird aus Bretter hergestellt, die mit den Längskanten aneinandergelegt werden und durch lose Federn und Blindfriese auf der Rückseite zusammengehalten werden. Sägen Sie zuerst die Bretter auf Länge. Sie können unterschiedlich breit sein oder von gleicher Breite, wenn Sie ein symmetrisches Aussehen erzielen möchten. Die Längskanten, die aneinander liegen, können angefast, mit einem Halbstab profiliert oder einfach rechtwinklig belassen werden.

Schneiden Sie mit einem Schlitzfräser am Handoberfräsentisch Nuten (5 x 10 mm) in die Kanten der Bretter **(A).** Achten Sie darauf, in die Außenkanten der beiden äußeren Bretter keine Nut zu fräsen.

Schneiden Sie Material für die Federn auf Breite zu – dies entspricht der Tiefe von zwei Nuten. Damit die losen Federn nicht aus der Tür fallen, wird jeweils eine Feder in einem Brett punktweise verleimt **(B).** Nur eines der Außenbretter erhält keine Feder.

Fügen Sie die Bretter mit den eingelegten Federn zusammen, setzen Sie Zwingen an, und überprüfen Sie auf Rechtwinkligkeit. Verleimen Sie die Bretter nicht miteinander, da sie sonst reißen oder sich werfen, wenn das von den Blindfriesen gehaltene Holz arbeitet. Bringen Sie dann an der Rückseite der Tür mit Schrauben in versenkten Löchern die Blindfriese an **(C).** Ich verwende gerne Senkkopfschrauben, da sie unauffälliger sind. Die Schrauben können auch mit Querholzscheiben abgedeckt werden, wenn Sie möchten, aber ich finde, die kleinen Bohrlöcher sind ein ansprechendes kleines Detail.

A

B

C

WARNUNG Fräsen Sie beim Schneiden von Schlitzen gegen die Drehrichtung des Fräsers. Andernfalls kann die Handoberfräse das Werkstück und mit ihm Ihre Hände einziehen. Ohnehin sollten Sie grundsätzlich immer im Gegenlauf fräsen.

Fortsetzung auf S. 150

D

E

F

Bringen Sie zwischen den beiden Blindfriesen eine Diagonalstrebe an. Sie steift die Konstruktion aus und hindert die Tür daran, sich zu verziehen. Es kann etwas schwierig sein, die Strebe genau zwischen den Blindfriesen einzupassen. Am besten spannt man den Rohling über den Blindfriesen fest und reißt mit dem Messer an jedem Ende eine Linie an, wo der Rohling auf der Innenkante des Blindfrieses aufliegt **(D).** Winkeln Sie die Risse dann auf die Seiten der Strebe über, und schneiden Sie an jedem Ende eine Gehrung an.

Bringen Sie die Strebe mit Schrauben genauso an der Rückseite der Tür an wie die Blindfriese **(E).** An der Sichtseite der fertigen Tür **(F)** sind weder die Blindfriese, die Strebe noch die Schrauben zu sehen.

Die Strebe sollte immer so angebracht werden, dass sie zum unteren Scharnier läuft. So wird das Gewicht optimal auf die angebrachten Scharniere übertragen **(G).**

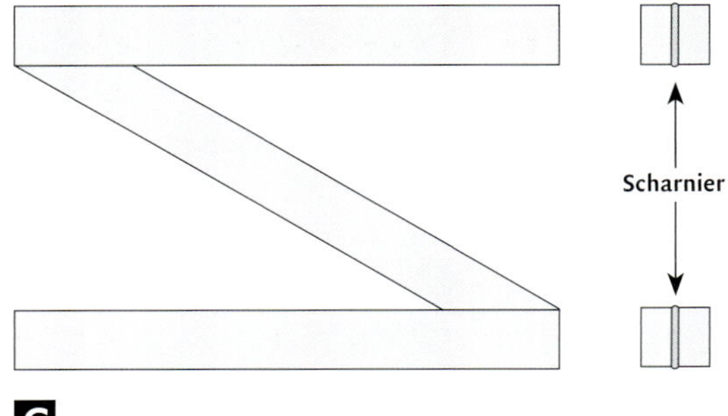

G

Sprossentüren

Im Folgenden wird eine einfache Methode beschrieben, um mit einer Vorrichtung für die Handoberfräse Türen mit Sprossen herzustellen **(A).** Stellen Sie den Rahmen der Tür wie gewohnt her, verputzen Sie gegebenenfalls die Oberflächen der Eckverbindungen, und passen Sie die Tür an das Möbelstück an.

Schneiden Sie dann auf der Rückseite einen 10 mm breiten Falz an die Innenkante des Rahmens. Die Tiefe des Falzes ist nicht entscheidend, ich mache ihn meist halb so tief wie der Rahmen stark ist. So bleibt ausreichend Raum für das Glas und Glasleisten oder Kitt, um es im Rahmen zu befestigen. Legen Sie eine Holzplatte oder Klötze unter die Tür, damit sie nicht in die Platte Ihrer Werkbank fräsen. Eine große Zusatzplatte an der Handoberfräse sorgt dafür, dass sie sicher auf dem Rahmen aufliegt und macht es so leichter, den Falz auf gleichbleibende Tiefe zu fräsen **(B).**

Stechen Sie die runden Ecken des Falzes mit dem Stechbeitel rechtwinklig nach. Am genauesten gelingt dies, wenn man die geraden Kanten des Falzes mit dem Bleistift und Lineal auf den Rahmen verlängert und dann bis zu diese Markierung absticht. Arbeiten Sie sich langsam mit dünnen Stichen bis an die Markierung heran. Stechen Sie die Brüstungen im Hirnholz mit dem Klüpfel ab, und schneiden Sie im Längsholz mit der Hand **(C).**

Wenn der Falz fertiggestellt ist, misst man die Stärke des noch darunter verbliebenen Holzes und bringt das Material für die Sprossen auf diese Stärke. Die Sprossenbreite beträgt 15 mm. Längen Sie die Sprossen ab, indem Sie sie über die Fälze halten und die Punkte markieren, wo sie auf den Rahmen treffen. Fälzen Sie dann die Enden der Sprossen auf halbe Stärke aus, und schneiden Sie Überblattungen, wo sich die Sprossen kreuzen.

Fortsetzung auf S. 152

Mit dieser Vorrichtung kann man 10 mm lange und 15 mm breite Ausklingungen in einen gefälzten Türrahmen fräsen, um 15 mm breite Sprossen aufzunehmen. Die Unterseite der Vorrichtung ist mit Schleifpapier belegt, sodass man sie nicht festspannen muss.

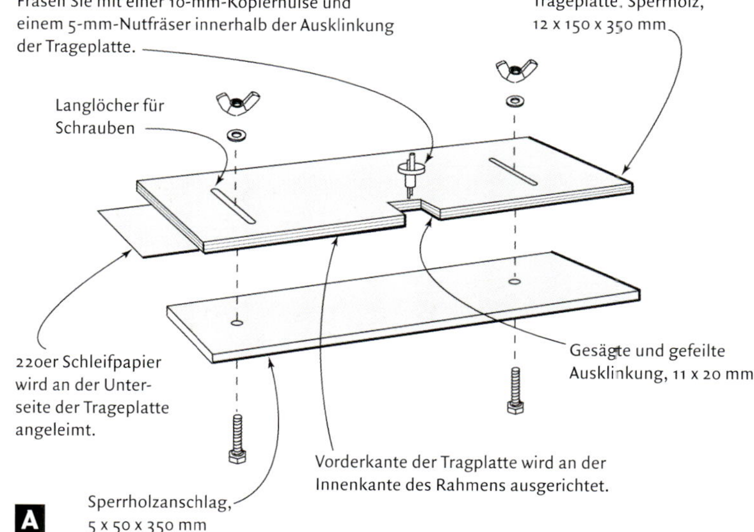

B

C

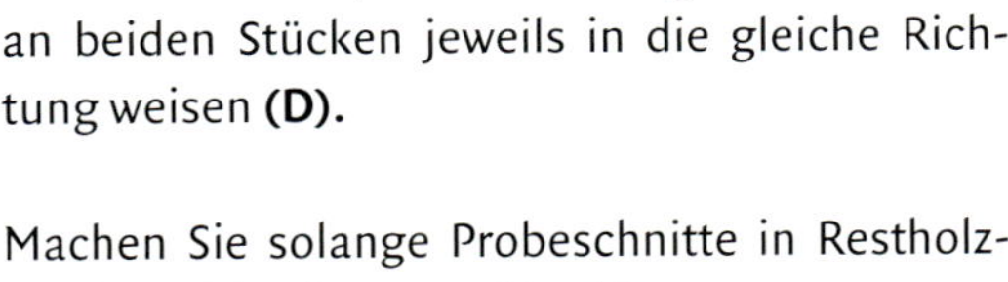

Denken Sie daran, dabei jeweils eine der Sprossen umzudrehen, damit die ausgefälzten Enden an beiden Stücken jeweils in die gleiche Richtung weisen **(D)**.

Machen Sie solange Probeschnitte in Restholzstücken, bis die Kreuzüberblattung so zusammenpasst, dass die Oberflächen der Sprossen bündig liegen.

Stecken Sie die Sprossen zusammen, und legen Sie sie in den ausgefälzten Rahmen. Markieren Sie die Stellen, wo sie auf den Fälzen liegen. Schneiden Sie dann an diesen Markierungen mit der Vorrichtung für die Handoberfräse 15 mm breite Ausklinkungen für die Sprossen in die Fälze. Falls nötig, können Sie die runden Ecken der Ausklinkungen mit dem Stechbeitel rechtwinklig nachstechen oder einfach die Enden der Sprossen abrunden. Denken Sie daran, dass die Verbindung nicht mehr zu sehen ist, wenn die Glasleisten angebracht worden sind **(E)**.

Geben Sie Leim an die Enden der Sprossen und in die Ausklinkungen des Rahmens, und drücken Sie dann die Sprossen in die Ausklinkungen **(F)**. Mit Zwingen werden die Verbindungen zusammengehalten, bis der Leim trocken ist **(G)**.

Lassen Sie sich das Glas so zuschneiden, dass es 3 mm kleiner ist als die ausgefälzte Öffnung im Rahmen. Legen Sie die Scheibe in den Falz. Sie können das Glas mit Kitt im Falz befestigen oder auf Gehrung geschnittene Glasleisten verwenden, die Sie in den Falz einpassen. Heften Sie die Glasleisten provisorisch im Rahmen fest, um die Passung zu überprüfen **(H)**. Führen Sie dann die Oberflächenbehandlung der Tür durch, bevor Sie das Glas endgültig befestigen. Von der Vorderseite sind die Verbindungen zwischen Sprossen und Rahmen nicht zu sehen **(I)**.

Türen einpassen und einhängen

Wenn Sie eine Tür gebaut haben, muss sie noch in das Möbelstück eingepasst, mit Scharnieren versehen und eingehängt werden. Den guten Handwerker erkennt man daran, dass seine Tür perfekt in den Möbelkorpus passt. Dabei ist das Ziel, gleichbreite Fugen an allen Kanten der Tür zu erreichen, ob diese nun in den Korpus einschlägt oder auf ihn aufschlägt. Wenn die Tür in die Korpus eingepasst ist, müssen noch die Scharniere angebracht werden, um die Arbeit erfolgreich zu beenden. Wenn eine Tür richtig eingehängt worden ist, sollte sie sich mühelos öffnen und geräuschlos auf den Scharnieren drehen.

Im Allgemeinen empfiehlt es sich, die Tür mit etwas Übermaß zu bauen, und sie dann an den Korpus anzupassen. So kann man die endgültige Breite der Fugen besser kontrollieren, da man die Kanten sägen, hobeln oder schleifen kann, bis man die gewünschte Größe erreicht hat. Man kann die Kanten an der Tischkreissäge mit dem Sägeschlitten oder Schiebetisch beschneiden, um sicher zu stellen, dass sie rechtwinklig bleiben.

> Siehe „Ablängschlitten“ auf S. 14.

Auch mit der Abrichthobelmaschine kann man eine Tür gut auf Endgröße bringen. Die letzten feinen Putzarbeiten lassen sich am genausten mit dem Handhobel ausführen. Wenn Sie die Technik beherrschen, eine Kante eben und rechtwinklig zu hobeln, werden Sie feststellen, dass man mit dem Hobel Späne bis hinab zu einer Stärke von 0,025 mm abheben kann – eine Genauigkeit, mit der keine andere Maschine und kein anderes Handwerkzeug konkurrieren kann. Sie werden irgendwann die Oberfläche schleifen müssen, aber seien Sie dabei vorsichtig. Verwenden Sie feines

Einfache Scharniere einhängen

Spezialscharniere

Selbst gefertigte Scharniere

Dreh-Schiebetüren

Schleifpapier und einen möglichst festen Schleifklotz, andernfalls kann es passieren, dass die Flächen abrunden und Kanten aus dem Winkel schleifen.

Wenn die Tür zur Korpusöffnung passt, können Sie sich mit den Scharnieren beschäftigen. Es gibt viele Scharniertypen, unter denen man wählen kann. Ihre Wahl wird nicht zuletzt von der Art von Tür abhängen, die Sie herstellen. Eine Möglichkeit unter anderen ist es auf jeden Fall, die Scharniere aus Holz oder einem anderen Material selbst herzustellen.

Die Wahl des Scharniers

Die endgültige Passung und die Gesamtwirkung Ihrer Türen hängt entscheidend von den Scharnieren ab. Das betrifft ebenso sehr das Aussehen der Scharniere auf der Außenseite des Möbelstücks wie die Bewegung der Tür, wenn sie sich um die Scharniere dreht. Es reicht nicht, einfach gute Scharniere herzustellen oder zu kaufen. Sie müssen sich auch mit den Eigenschaften jedes Scharniertyps vertraut machen, damit Sie das richtige Scharnier für Ihr Werkstück auswählen und es dann auch fachgerecht anbringen. Manche Scharniere lassen sich gleichermaßen für aufschlagende, einschlagende und überfälzte Türen verwenden, bei anderen ist das nicht möglich. Stellen Sie sicher, dass Sie sich für das richtige Scharnier entschieden haben, bevor Sie sich daran machen, es zu installieren.

Man kann ein Scharnier auswählen, das sowohl in der Tür als auch im Korpus präzise eingestemmt werden muss, man kann das gleiche Ergebnis aber auch mit einem Scharnier erreichen, das bei beiden Teilen einfach aufgeschraubt wird. Wenn Sie das Ergebnis kennen, hilft das bei der Wahl des geeigneten Weges. Ihre Wahl kann auch dadurch beeinflusst werden, was man von außen am Möbelstück sieht, nachdem die Tür eingehängt worden ist. An einem Ende des Spektrums liegen die Scharniere, die auf der Fläche angebracht werden, so dass die Bänder und die Buchse zu sehen sind. Vielleicht möchten Sie aber auch die Scharniere nicht so in den Vordergrund treten lassen und ein Zapfenband mit kleinem Gelenk oder ein Topfscharnier installieren, das überhaupt nicht zu sehen ist.

Unabhängig von der Scharnierart, die Sie verwenden, lohnt es sich, die Installation auf die gleiche Weise anzugehen, auf die Sie auch Verbindungen schneiden: Stellen Sie Ihre Werkzeuge richtig ein, und schärfen Sie sie, bis man sich damit rasieren könnte. Und lassen Sie sich Zeit, die Lage der Teile präzise anzureißen. Wenn Sie sich auf diese Weise mit den Details beschäftigen, werden Sie durch eine gut eingehängte Tür belohnt, die auch nach Jahren noch ihren Dienst tut.

Das Einpassen von drei unterschiedlichen Türarten

Bevor Sie eine Tür einhängen können, muss sie genau in den Korpus eingepasst werden. Von den drei möglichen Einschlagarten – einschlagend, aufschlagend oder überfälzt – ist die einschlagende Tür bei weitem am schwierigsten anzubringen. Aufschlagende und überfälzte Türen werden genauso eingepasst wie die entsprechenden Schubladenarten.

> **Siehe „Aufschlagende Schublade" auf S. 115 und „Übergefälzte Schubladenvorderstücke" auf S. 118.**

Bei einer einschlagenden Tür muss man jedoch darauf achten, dass die Kannten den gleichen Abstand von der Innenkante des Korpus haben. Zudem muss die Außenfläche der Tür mit der Außenseite des Korpus fluchten. Ich verwende eine einfache Vorrichtung, um das Einpassen zu erleichtern und genauer zu machen.

Bauen Sie zuerst eine Tür mit dem Maß der Korpusöffnung. Wenn Sie die Maße richtig abgenommen haben, sollte die Tür nicht in die Öffnung hineinpassen. Um eine erste Passung zu erreichen, hobeln Sie an allen vier Seiten etwa 0,5 mm ab.

Verwenden Sie eine Zulage, um Ausrisse am Hirnholz der Längsfriese zu vermeiden und um Faserausrisse an den Friesen zu vermeiden.

Legen Sie den Korpus mit der Öffnung nach oben auf die Werkbank, und hängen Sie die Tür

Scharniertypen

Möbelband
Einschlagende und aufschlagende Türen

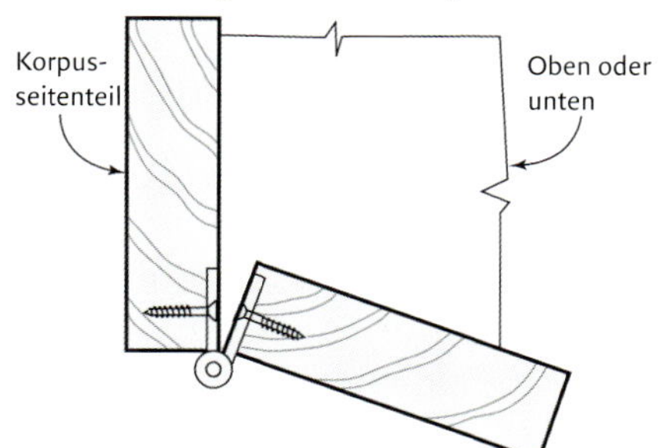

Die Lappen werden in Ausklinkungen im Korpus und der Tür eingelegt.

Klavierband
Einschlagende und aufschlagende Türen

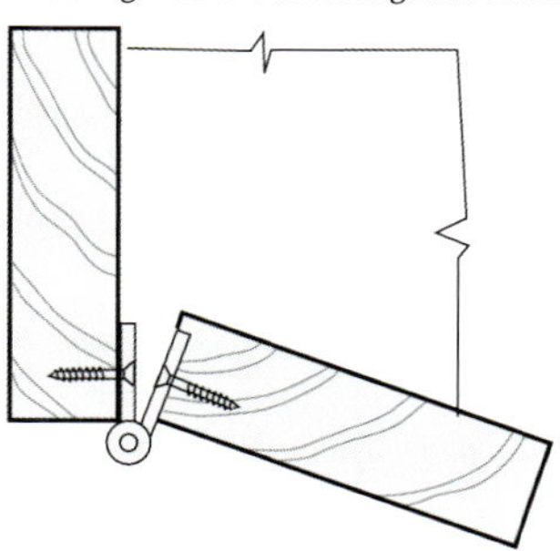

Ein Lappen wird in eine Ausklinkung in der Tür eingelegt.

Aufschraubscharnier
Einschlagende und aufschlagende Türen

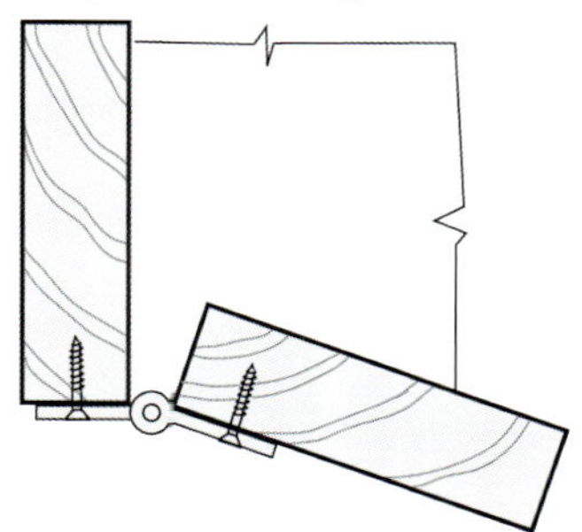

Lappen werden auf dem Korpusseitenteil und auf der Tür befestigt.

Zapfenband
Einschlagende und aufschlagende Türen

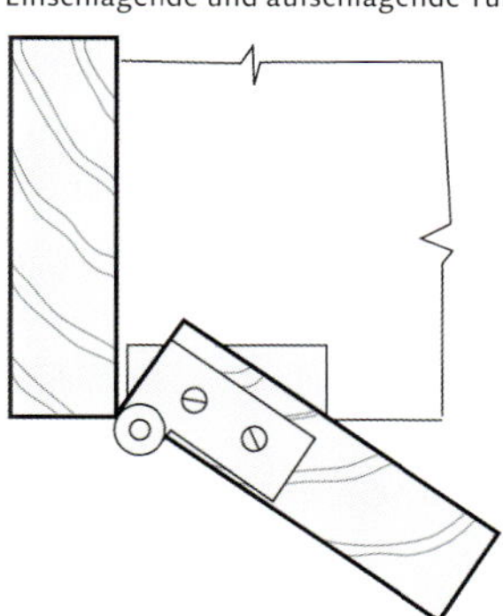

Lappen werden in Ausklinkungen an der Unter- oder Oberkante der Tür und des Korpusseitenteiles eingelegt.

Zylinderscharnier
Einschlagende und aufschlagende Türen; Falttüren

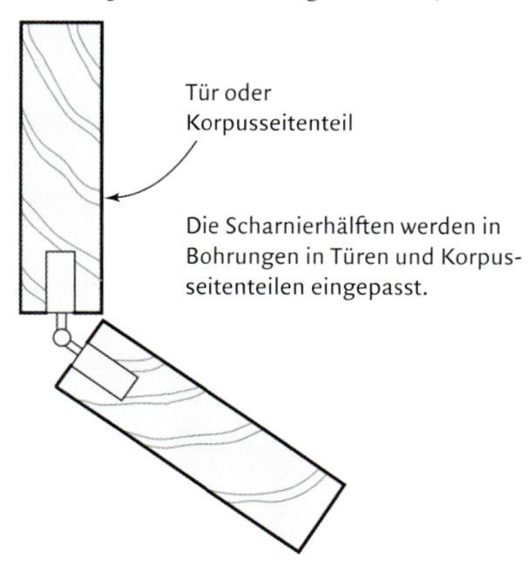

Die Scharnierhälften werden in Bohrungen in Türen und Korpusseitenteilen eingepasst.

Topfscharnier
Einschlagende, überfälzte und aufschlagende Türen

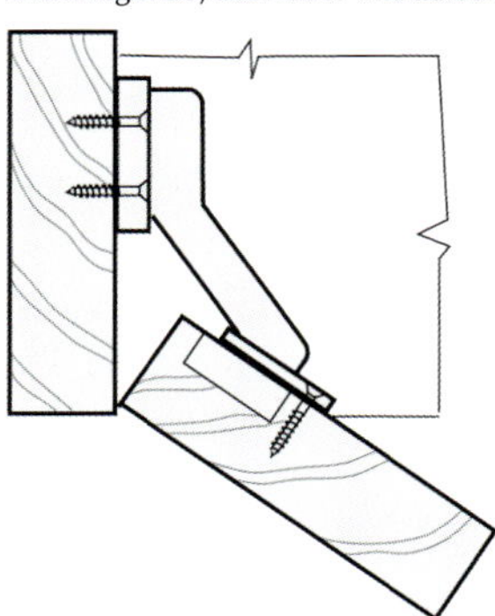

Topf wird in Sackloch in der Tür befestigt, Platte wird im Korpus befestigt

Scharnier für Dreh-Schiebetüren
Einschlagende und aufschlagende Türen

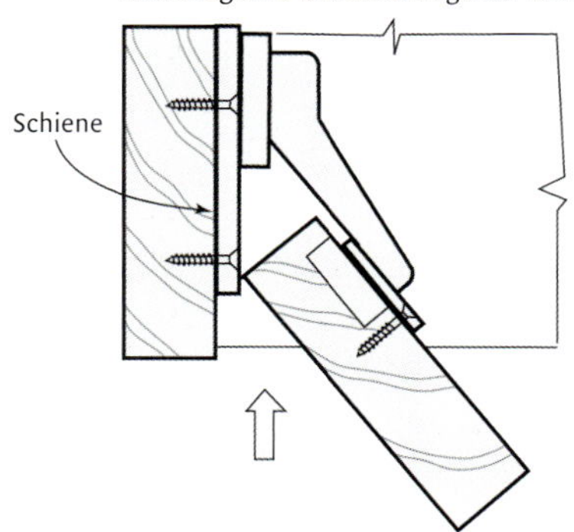

Topf wird in Sackloch in der Tür befestigt, Platte und Schiene werden im Korpus befestigt.

Führen Sie eine Zulage nach der Tür über den Abrichthobel, damit das Hirnholz am Längsfries beim Hobeln nicht ausreißt.

Verputzen Sie die Türen dann sorgfältig bis zu den Rissen. Spannen Sie eine Zulage hinter das Hirnholz des Längsfrieses, um Faserausrisse zu verhindern.

Um eine gleichmäßige Fuge zwischen den Türen zu erzielen, werden sie in Position gebracht, und man reißt die Fugenbreite mit dem Zirkel an.

Türhänger

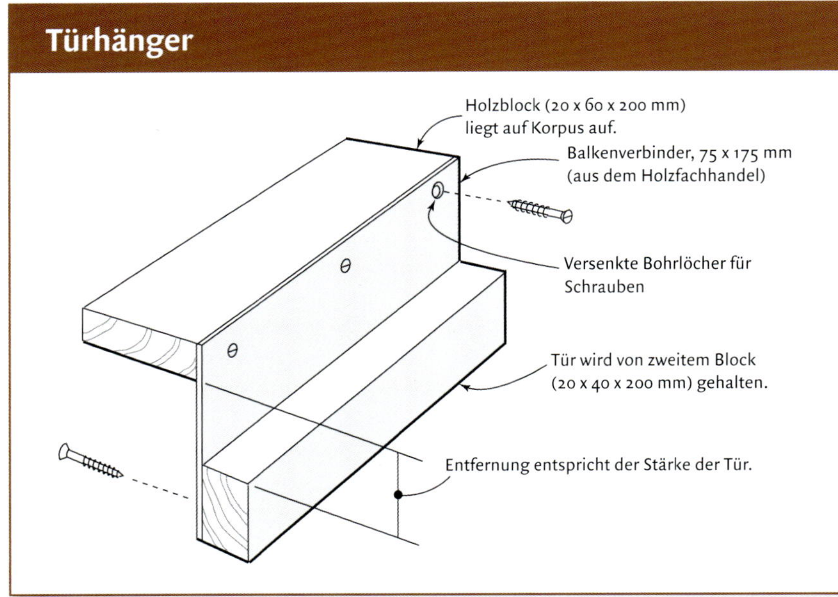

mit selbst gefertigten Aufhängern in den Korpus. Kontrollieren Sie die Fuge. Wenn sie nicht auf allen vier Seiten der Tür gleich breit ist, verwenden Sie einen Zirkel, um den Abstand vom Korpusrand gleichmäßig auf die Seiten zu übertragen. Falls dabei die Aufhänger im Weg sein sollten, können Sie die Zirkelmarkierungen auch mit dem Lineal verbinden.

Passen Sie die Tür endgültig ein, indem Sie mit dem Hobel Material bis zu den Markierungen abnehmen. Eine Zulage hinter dem Fries verhindert Faserausrisse am Hirnholz.

Käufliche Scharniere

Wenn die Tür soweit vorbereitet ist, dass Sie Scharniere an ihr anbringen können, dann können Sie sich auf den Weg in die weite Welt der käuflichen Scharniere machen. Die Verwendung von gekauften Scharnieren hat gegenüber der Eigenherstellung viele Vorteile. Man spart Zeit (aber wie so oft, kostet das unter Umständen etwas mehr), und man kann die richtigen Beschläge aus einem breiten Sortiment auswählen, damit sie auf den Stil Ihres Möbels – bis hin zu Reproduktionen historischer Stücke – abgestimmt sind. Glücklicherweise gibt es ein käufliches Scharnier für fast jede Art von Tür, die wir jemals herstellen werden.

Festlegen des Versatzes für ein Möbelband

Um ein Möbelband genau zu platzieren, misst man vom Mittelpunkt der Rolle bis zur Außenkante eines Lappens, zieht davon etwa 1,5 mm ab, und verwendet dieses Maß als Breite der Ausklinkung für das Lappenband. Wenn man das Lappenband auf diese Weise anreißt, kann man sicherstellen, dass die Tür beim Öffnen nicht an der Vorderkante des Korpus anstößt, aber die Rolle bei geschlossener Tür dennoch unauffällig bleibt.

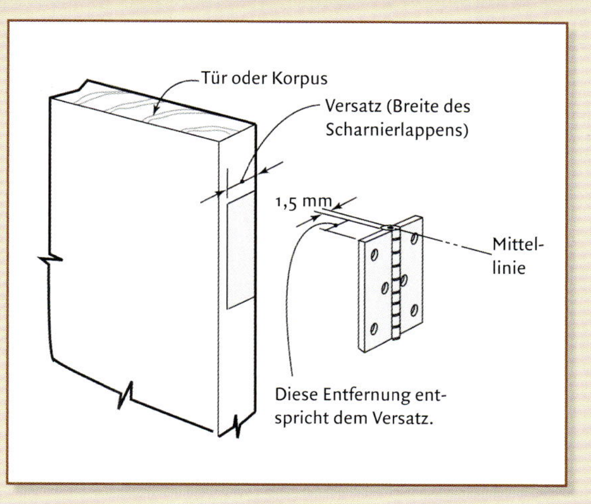

Wenn Sie sich für ein bestimmtes Scharnier entschieden haben, lohnt es sich, die beste Ausführung zu kaufen, die Sie sich leisten können. Hochwertige Scharniere zeichnen sich durch einige unverkennbare Merkmale aus. Achten Sie auf dicke Bänder – 3 mm ist schon ein recht großzügiges Maß –, die eben und nicht verzogen sind, präzise angebracht und mit sauber gebohrten und versenkten Schraubenlöchern versehen sind. Die Rollen sollten präzise gefertigt sein und dicht schließen, sich aber leicht drehen lassen. Ein gutes Scharnier kann man leicht, aber ohne Spiel öffnen. Scharniere aus Messing sind solchen vorzuziehen, die nur vermessingt sind. Hochglanzscharniere sollten wirklich so poliert sein, dass man sich darin spiegeln kann. Wenn Sie gute Scharniere kaufen, ist die Installation ein Vergnügen und Ihre schönen Türen werden noch ansprechender.

Möbelbänder

Ein Möbelband muss in die Tür und den Korpus eingelassen werden. Wann immer möglich sollte man die Ausklinkungen für Möbelbänder im Korpus schneiden, bevor man diesen zusammenbaut. Passen Sie dann die Tür ein, und übertragen Sie die Lage der Bänder mit einem Anreißmesser **(A)**.

A

D

B

E

C

F

> Siehe „Das Einpassen von drei unterschiedlichen Türarten" auf S. 154.

Die Ausklingungen für die Scharnierlappen werden auf folgende Weise präzise angerissen und geschnitten: Ermitteln Sie zuerst die richtige Tiefe, bis zu der das Möbelband in die Tür und in den Korpus hineinragen soll. Reißen Sie dann die Länge der Lappen an, indem Sie sie mit Bleistift und Tischlerwinkel von den Kanten des Scharniers auf das Werkstück übertragen. Reißen Sie dann mit dem Streichmaß die Brüstung im Längsholz an **(B)**.

Rüsten Sie die Handoberfräse mit einem 5-mm-Nutfräser aus, und stellen Sie ihn auf die Stärke der Lochlappen ein. Das gelingt am einfachsten, indem man den Lappen direkt auf die Grundplatte der Fräse legt **(C)**. Machen Sie in einem Stück Restholz einen Probeschnitt, um die Schnitttiefe zu prüfen, bevor Sie das Werkstück fräsen.

Fräsen Sie freihändig innerhalb der Risse, von denen Sie etwa 0,5 mm entfernt bleiben sollten **(D)**. Verputzen Sie dann mit einem scharfen Stechbeitel die Brüstungen. Spannen Sie eine Zulage gegen das Türrahmenfries, wenn Sie die empfindliche Brüstung am Längsholz bearbeiten **(E)**.

Legen Sie die Scharniere in die Ausklinkungen, und bohren Sie mit einem selbstzentrierenden Bohrer durch die Löcher in den Lappen die Führungslöcher für die Befestigungsschrauben. Bohren Sie zuerst bei jedem Scharnierlappen nur ein Loch **(F)**. Hängen Sie die Tür mittels dieser einzelnen Schrauben ein, und kontrollieren Sie die Passung. Falls Sie Veränderungen vornehmen müssen, drehen Sie den ersten Satz Schrauben heraus, bringen Sie die Tür in ihre neue Lage, und bohren Sie dann Führungslöcher für einen zweiten Satz Schrauben, die Sie dann auch eindrehen. Wenn die Passung stimmt, bringen Sie alle Schrauben an.

Aufschraubscharniere

Zu den am leichtesten anzubringenden Scharnieren gehören jene, die von außen aufgeschraubt werden. Es gibt viele Spielarten, unter anderem solche für einschlagende und überfälzte Türen und andere, die sich von selbst schließen, da in den Rollen Federn verborgen sind. Meist werden aufgeschraubte Scharniere verwendet, wenn man eine dekorative Wirkung erzielen möchte, wie etwa bei der hier gezeigten Variante in Schmetterlingsform **(A).**

A

Passen Sie die Tür an den Korpus an und legen Sie die Scharniere so auf, dass die Mittellinie der Rolle mittig zwischen Tür und Korpus liegt. Bohren Sie mit einem selbstzentrierenden Bohrer Führungslöcher für die Schrauben. Geben Sie etwas Bienenwachs oder Paraffin an die Schrauben, um sie leichter eindrehen zu können **(B).** Drehen Sie die Schrauben ein, und die Arbeit ist vollbracht.

B

Lappenbänder zum Aufschrauben

Mit diesen Lappenbändern kann man Türen schnell und mühelos einhängen, unabhängig davon, ob der Korpus mit einem Frontrahmen versehen ist oder nicht. Das beste an ihnen ist, dass man weder in die Tür noch in den Korpus eine Ausklinkung schneiden muss, was das Einhängen deutlich erleichtert.

Um die Löcher für die Schrauben richtig zu platzieren, wird das Lappenband umgekehrt auf die Sichtseite des Rahmenfrieses gelegt, sodass die Rolle dicht anliegt. Dann bohrt man Führungslöcher durch den Lappen in den Fries **(A).** Dann wird das Band umgedreht und mit der richtigen Seite nach oben an der Tür angeschraubt.

Legen Sie die Tür provisorisch in die Öffnung des Korpus, und reißen Sie die Lage des Lappenbandes auf der Vorderseite des Korpus an. Verwenden Sie das Mittelstück der Rolle, um die Risse nach Augenmaß anzubringen **(B).**

Nehmen Sie die Tür wieder ab, und verwenden Sie ein überzähliges Lappenband, um Führungslöcher in den Korpus zu bohren. Sie können das Lappenband ohne zu messen genau positionieren, indem Sie die Rolle dicht an den Rahmen der Tür halten und das Mittelstück der Rolle an der Markierung am Korpus ausrichten **(C).** Legen Sie die Tür dann wieder mit ausgeklappten Lappen auf, und drehen Sie die Schrauben ein, um die Tür am Möbelstück anzubringen **(D).**

Zapfenbänder

Zapfenbänder gehören zu den elegantesten und unauffälligsten Scharnierarten. Wenn sie richtig angebracht werden, drehen sie sich ganz erfreulich glatt **(A)**. Die besten Exemplare bestehen aus zwei einzelnen Lappen. Das Band mit dem Zapfen wird im Korpus eingestemmt, das ohne in der Tür. Es gibt zwei unterschiedliche Arten von Zapfenbändern: glatt gezogene für aufschlagende und gekröpfte für einschlagende Türen **(B)**. Achten Sie darauf, rechtsanschlagende Zapfenbänder für eine Tür zu kaufen, die an der rechten Seite am Korpus angebracht werden soll, und links anschlagende Zapfenbänder für die gegenüberliegende Seite.

Gerades Zapfenband
Für aufschlagende Türen

Gekröpftes Zapfenband
Für einschlagende Türen (in der Abbildung: rechte Tür)

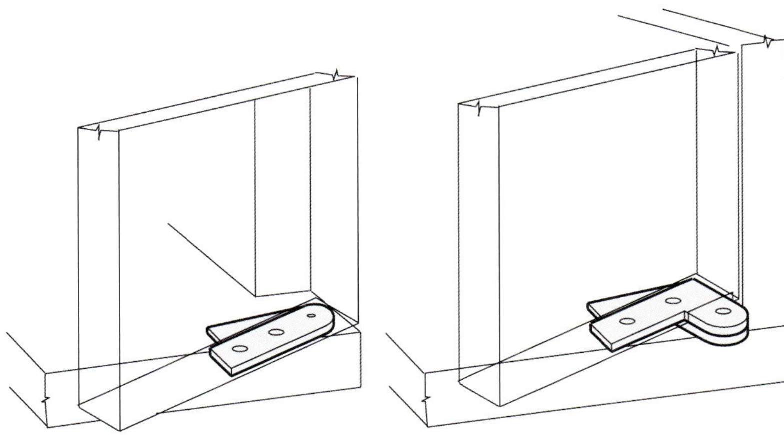

Anreißen eines gekröpften Zapfenbandes
Der Lappen mit Zapfen wird bündig mit den Seitenteilen oben und unten am Korpus angerissen. Um das erforderliche Spiel zu erhalten, wird der Lappen ohne Zapfen an der Tür so angerissen, dass er die Türkante um 0,5 mm überragt.

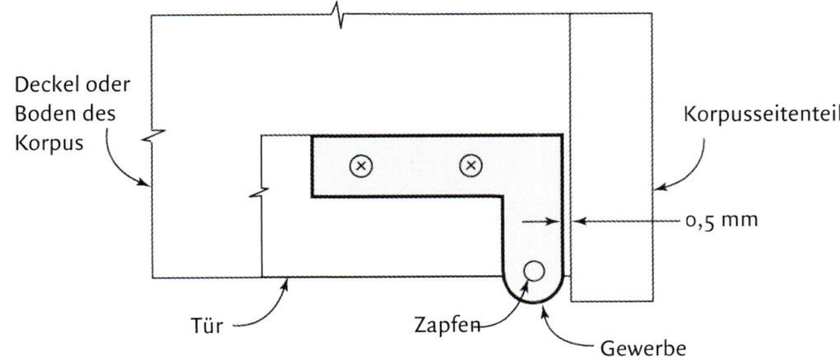

Fortsetzung auf S. 162

C

Schneiden Sie die Ausklinkungen im Korpus, bevor Sie diesen zusammenbauen, und passen Sie die Tür an den Korpus an, bevor Sie die Ausklinkungen in ihr schneiden. Die richtige Platzierung der Zapfenbänder ist sehr wichtig, um eine gut sitzende Tür zu erhalten. Übertragen Sie die Umrisse des Bandes mit einem spitzen Bleistift oder einem Anreißmesser auf das Holz, und fräsen Sie dann freihändig innerhalb des Risses bis auf die Tiefe des Bandes ein. Verwenden Sie einen 5-mm-Nutfräser, und spannen Sie eine Zulage bündig mit der Tür ein, damit die Handoberfräse nicht abkippt **(C).**

D

Stechen Sie die Ausklinkungen im Korpus auf die genauen Maße des Bandes ab, aber lassen Sie die Ausklinkungen in der Tür vorläufig noch etwas kürzer **(D).**

E

Installieren Sie die Bänder mit den Zapfen im Korpus, drücken Sie die Türbänder auf die Bänder mit den Zapfen, und schieben Sie die Tür zwischen die Bänder. Drehen Sie eine einzelne Schraube in jedes Band, und überprüfen Sie den Sitz der Tür. Sie können den Sitz verstellen, indem Sie eine oder beide Ausklinkungen an der Tür mit dem Stechbeitel verlängern. Wenn die Türfugen gleichmäßig sind, werden die anderen Schrauben eingedreht **(E).**

Topfscharniere

Topfscharniere sind ein Bestandteil des 32-mm-Rastersystems, das im gewerblichen Möbelbau häufig angewendet wird. Die Scharniere eignen sich gut für Türen in Gebrauchsmöbeln wie etwa Küchenschränken. Jedes Scharnier besteht aus einem Topf, der in die Rückseite der Tür eingebohrt und mit Schrauben befestigt wird, und aus einer Platte, die man an der Korpusseite anschraubt. Wenn die Tür eingehängt worden ist, kann man sie nach oben und unten, von Seite zu Seite und nach innen und außen verstellen.

Es gibt drei unterschiedliche Arten von Topfscharnieren: für aufschlagende, überfälzte (dieses Band kann auch für Mittelwände verwendet werden) und einschlagende Türen. Alle Arten sind in unterschiedlichen Öffnungswinkeln erhältlich **(A)**.

Die Installation ist einfach. Reißen Sie eine Mittellinie auf dem Längsfries des Türrahmens für die Höhe jedes Scharniers an. Konsultieren Sie die Anleitung des Herstellers, um den Versatz zwischen Türkante und der Mitte der Scharnierfräsung zu ermitteln, und richten Sie an der Ständerbohrmaschine den Anschlag auf dieses Maß aus. Verwenden Sie einen 35-mm-Scharnierbohrer, um die Löcher für die Töpfe zu bohren (zur Not tut es auch ein Forstnerbohrer). Stellen Sie den Tiefenanschlag an der Ständerbohrmaschine auf die richtige Bohrtiefe ein **(B)**.

Bohren Sie Führungslöcher für die Befestigungsschrauben des Scharniers in die Tür. Richten Sie das Scharnier mit dem Tischlerwinkel genau an der Türkante aus, und bohren Sie dann die Löcher **(C)**.

Messen Sie die Höhe und die Mittenentfernung der an der Tür installierten Scharniere, und übertragen Sie diese Maße auf den Korpus, um dort die Platten zu positionieren. Schrauben Sie die Platten am Korpus an **(D)**. Schieben Sie dann die Scharniere über die Platten, und befestigen Sie die Tür **(E)**. Wenn Sie sich für Topfbänder entscheiden, sollten sie bedenken, dass nicht alle Bänder für jede Materialstärke von Türen und Seitenwänden passen. Berücksichtigen Sie diesen Umstand schon bei der Planung des Möbelstückes.

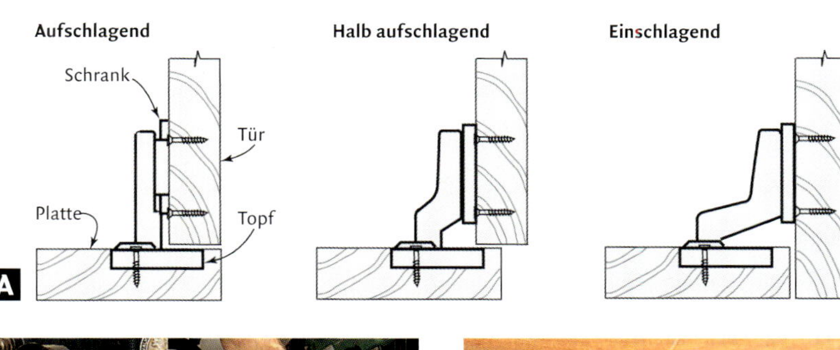

TIPP Falls Sie mehrere Türen anbringen müssen, lohnt es sich, die Lage der Scharniere auf einer Schablone aus 5 mm starkem Sperrholz zu markieren und damit die Position anzureißen. Auf diese Weise werden die Scharniere alle an der gleichen Position angebracht, und das Anreißen ist schnell erledigt.

Zylinderscharniere

Zylinderscharniere sind eine großartige Lösung, wenn man eine unsichtbare Türaufhängung wünscht. Sie werden sowohl in der Tür als auch im Korpus in die Kanten eingebohrt, verschwinden also, wenn die Tür geschlossen ist. Zylinderscharniere sind besonders bei Falttüren nützlich, weil der Öffnungswinkel von 180° es erlaubt, beide Türen ganz zu öffnen, wodurch man das Innere des Schrankes besser erreicht.

Um die Zylinderscharniere an einer Falttür anzubringen, werden die Türen mit den Sichtseiten zueinander zusammengespannt, sodass ihre Kanten fluchten, und dann reißt man die Lage der Scharniere über beide Türkanten hinweg an. Danach wird ein passendes Loch für jeden Zylinder des Scharniers gebohrt. Mit Klebeband wird die richtige Bohrtiefe gekennzeichnet **(A).** Da die Zylinder sich etwas ausdehnen, können die Bohrlöcher ruhig ein geringes Übermaß aufweisen. Wenn die Scharniere eingesetzt werden, ergibt sich dann eine spielfreie Passung.

Bringen Sie an einer Tür ein Paar Scharniere an, indem Sie die Zylinder in die Löcher in der Tür drücken, und drehen Sie dann die Schraube im Zylinder, um ihn zu spreizen und gegen die Wandung des Bohrloches zu drücken **(B).** Bei schweren Türen kann man eine Schraube in die Aussparung an der Seite des Zylinders drehen, um das Scharnier zusätzlich zu sichern. Verbinden Sie die beiden Türen dann miteinander, indem Sie die Zylinderscharniere an der anderen Tür anbringen **(C).**

Wenn Sie die Zylinderscharniere angebracht haben, wird die Falttür mit normalen Scharnieren im Korpus eingehängt.

Stangenscharniere

Stangenscharniere werden auch als Klavierbänder bezeichnet. Sie gehören zu den belastbarsten Beschlägen, mit denen man eine Tür an einem Korpus anbringen kann und sind deshalb gut für schwere Türen geeignet. Wenn die Stangenscharniere relativ klein sind, kann man sie direkt auf der Türkante und dem Korpus anbringen. Größere Exemplare – bei denen die Lappen 10 mm oder mehr breit sind – müssen in die Tür eingelassen werden, damit man hinterher nicht eine unansehnliche Fuge zwischen Korpus und Tür erhält.

In diesem Fall schneidet man jedoch keine Ausklinkung, sondern man fälzt die Türkante aus. Um die richtige Falztiefe zu ermitteln, wird das Scharnier so geschlossen, dass die Lappen parallel liegen, und man misst die Stärke eines Lappens zuzüglich der Rolle. Der Falz wird dann mit dieser Tiefe an der Tischkreissäge oder mit einem Nutfräser in der Handoberfräse geschnitten **(A).** Bohren Sie Führungslöcher für die Schrauben, und bringen Sie das Scharnier am Türrahmen an, indem Sie einen Lappen im Falz anschrauben. Der andere Falz wird auf dem Korpus angeschraubt **(B).**

A

B

A

B

C

D

Lappenbänder aus Holz

Dieses Lappenband aus Holz wird aufgeschraubt und ist ein schönes Detail für kleine Schranktüren oder Kastendeckel. Es hat einen Öffnungswinkel von etwas mehr als 90°. Um ein belastbares Band zu erhalten, sollte man mit einem harten und dichten Holz arbeiten, etwas Palisander, Ahorn oder Wenge wie im hier gezeigten Beispiel. Das Lappenband hat einen Stift aus Messing.

Um zwei Bänder herzustellen, werden die Teile so auf dem Material angerissen, dass die Holzfaser entlang der Lappen läuft. Schneiden Sie dann die Zungen und die Ausklinkungen an der Tischkreissäge. Damit die Lappenbänder richtig funktionieren, muss die Schnitthöhe der Materialstärke entsprechen. Bringen Sie als Sicherheitsmaßnahme einen hohen Hilfsanschlag am Gehrungsanschlag der Tischkreissäge an, und führen Sie damit das Werkstück. Schneiden Sie zuerst die Ausklinkungen und dann die Zungen, sodass sie in die Ausklinkungen passen **(A).** Wenn Sie auf diese Weise die Rollen geschnitten haben, schneiden Sie das Material auf Breite.

Setzen Sie die beiden Bänder zusammen, und bohren Sie ein Loch genau durch die Mitte der Rolle, in das ein 3-mm-Messingstift passt. Spannen Sie das Material gut ein, damit es beim Bohren nicht wandert **(B).**

Runden Sie die Zungen auf beiden Seiten mit dem Hirnholzhobel und der Raspel ab, damit sie Freiraum haben, um sich zu drehen **(C).** Schleifen Sie die abgerundeten Enden vorsichtig glatt.

Setzen Sie das Lappenband zusammen, indem Sie den Messingstift durch die Rolle klopfen **(D).** Schneiden Sie das Band auf Endlänge, und bohren Sie Löcher für die Befestigungsschrauben. Das hölzerne Lappenband wird aufgeschraubt wie jedes normale gekaufte Lappenband auch.

> Siehe „Aufschraubscharniere“ auf S. 159.

Zapfenbänder aus Messing selbst herstellen

Der Möbelbauer Yeung Chan stellt gerne seine eigenen Zapfenbänder aus Messing her. In unserem Beispiel sehen Sie das gekröpfte Zapfenband, das er in seinem „Ming Cabinet" verwendet hat **(A)**. Die Arbeit macht Spaß, ist nicht schwierig und erfordert keine Spezialwerkzeuge zur Metallbearbeitung.

A

D

Verwenden Sie für die Herstellung eines gekröpften Zapfenbandes eine Schablone, um präzise zu arbeiten. Zeichnen Sie die Umrisse des Zapfenbandes auf steifem Papier oder auf Karton auf, und markieren Sie die Mittellinien für die Schraubenlöcher. Die abgerundeten Enden der Lappen lassen sich gut mit einer Kreisschablone zeichnen **(B)**.

B

E

Übertragen Sie mit der Schablone den Umriss des Zapfenbandes auf 3 mm starkes Messing. Schneiden Sie dann mit der Metallsäge so dicht wie möglich am Riss entlang. Versuchen Sie nicht, zu diesem Zeitpunkt auch die abgerundeten Enden auszusägen **(C)**.

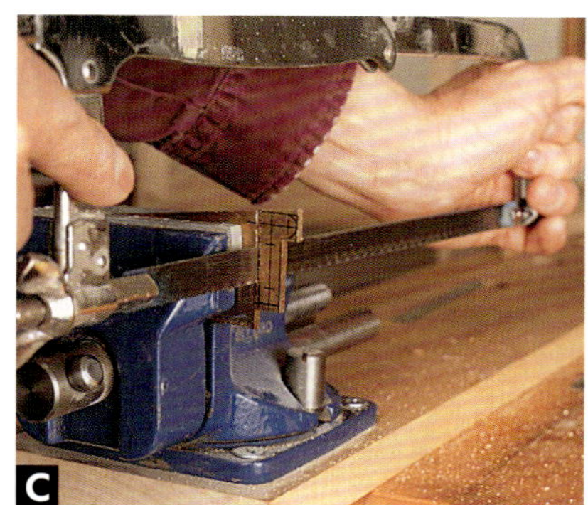
C

F

Bohren Sie ein Loch für einen 3-mm-Messingzapfen durch beide Lappen, und stecken Sie den Zapfen ein. Er kann vorerst noch länger bleiben als nötig. Die Passung sollte eng sein, aber dennoch den Lappen erlauben, sich um den Zapfen zu drehen. Bohren Sie an der Ständerbohrmaschine durch die vom Zapfen zusammengehaltenen Lappen die Schraubenlöcher, und versenken Sie sie **(D)**.

Runden Sie die Enden der noch übereinander liegenden Lappen ab, und glätten Sie die Kanten **(E)**.

Legen Sie eine Unterlegscheibe aus Metall zwischen die Lappen, und machen Sie den Zapfen mit der Säge und Feile bündig zur Oberfläche des Zapfenbandes. Nehmen Sie dann das Zapfenband auseinander, schleifen Sie die Oberflächen mit 320er Schleifpapier glatt und polieren Sie das Messing. Dann ist das Band bereit für die Installation **(F)**.

WARNUNG Messingkanten sind nach dem Schneiden sehr scharf. Handhaben Sie sie vorsichtig, und brechen Sie die Kanten so bald wie möglich mit einer Feile.

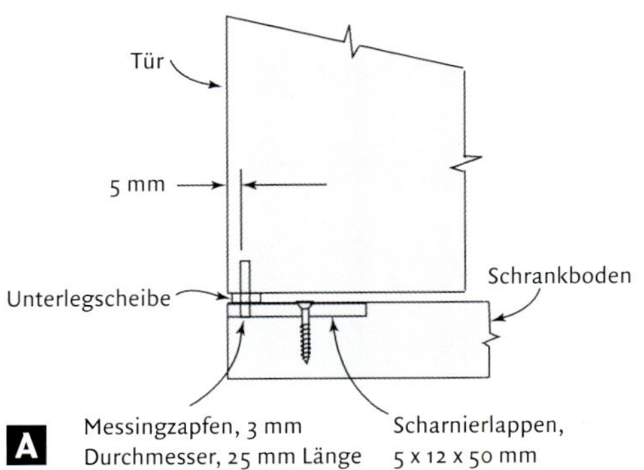

Zapfenbänder aus Holz selbst herstellen

Dieses grade Zapfenband **(A)** wurde vom Holzwerker und Designer Ellis Walentine aus Nussbaum hergestellt. Es ist für aufschlagende Türen geeignet, bei denen am Korpus oben und unten ein Überstand vorhanden ist wie bei seinem CD-Schränkchen **(B)**.

Jedes Zapfenband besteht aus vier einfachen Teilen: Einem Lappen aus Holz, in den ein 3-mm-Messingzapfen und eine Unterlegscheibe geleimt werden, und einer Schraube, mit der der Lappen am Korpus befestigt wird **(C)**.

Um eine Paar dieser Bänder anzubringen, werden oben und unten am Korpus Ausklinkungen gefräst, um die Lappen aufzunehmen. Die Lappen sollten bündig in die Ausklinkungen passen. Dann werden oben und unten in die Tür 3-mm-Löcher als Aufnahme für die Zapfen gebohrt. Stecken Sie die Zapfen mit den zugehörigen Lappen in die Löcher, und schieben Sie die Lappen in die Ausklinkungen im Korpus **(D)**. Positionieren Sie die Tür in der Korpusöffnung. Die Stellung kann verändert werden, indem die Lappen nach rechts oder links verschoben werden. Wenn die Tür in der richtigen Lage ist, wird sie vorsichtig geöffnet, und man dreht die Schrauben durch die Lappen bis in den Korpus, um die Tür einzuhängen.

Beschläge für Dreh-Schiebetüren

Drehschiebetüren, die in seitlichen Taschen verschwinden, sind die perfekte Lösung für die Fälle, in denen man möchte, dass eine geöffnete Möbeltür nicht in den Raum hineinragt. Ein typisches Beispiel ist ein Schrank für ein Fernsehgerät. Die Beschläge für eine solche Tür lassen sich auch für Klappen verwenden, die nach oben geöffnet werden, wie etwa bei einem Schrank für eine Stereoanlage. In beiden Fällen wird die Tür mit Topfscharnieren eingehängt und öffnet sich wie eine normale Tür oder Klappe. Bei einer Dreh-Schiebetür wie in diesem Schrank des Möbelbauers Hector Rodriguez kann man jedoch die Tür in den Schrank zurückschieben, damit sie nicht im Weg ist **(A)**.

Kaufen Sie die Beschläge, bevor Sie den Schrank bauen, und passen Sie dann die Dimensionen von Korpus und Türen so an, dass die Tiefe ausreicht, um die Türen einzuschieben. Am besten ist es, wenn man so plant, dass etwa 50 bis 75 mm der Tür noch herausragen, so dass man an die Griffe gelangen kann. Wenn die Türen fertiggestellt sind, bringt man die Topfscharniere an wie sonst auch **(B)**.

Bringen Sie den Dreh-Schiebe-Beschlag nach Anleitung des Herstellers im Korpus an. Der Mechanismus besteht aus oberen und unteren Schienen und einem Verbinder aus Holz oder Metall oder einem Zugdraht, der zwischen den Schienen befestigt wird. Der Verbinder hindert die Tür daran, sich zu verkanten, wenn sie aus der Tasche herausgezogen oder in sie hineingeschoben wird. Sobald die Beschläge im Korpus angebracht sind, schieben Sie die Tür mit den Topfscharnieren auf die Scharnierplatten, die an den Schienen befestigt sind **(C)**.

Um die Taschen für die Türen herzustellen, bringen Sie Regalträger aus Draht im Korpus an, und befestigen an den Trägern senkrechte Trennwände. Die Drahtträger erlauben es Ihnen, die Trennwände wieder herauszuziehen, falls Sie später einmal an die Beschläge gelangen müssen.

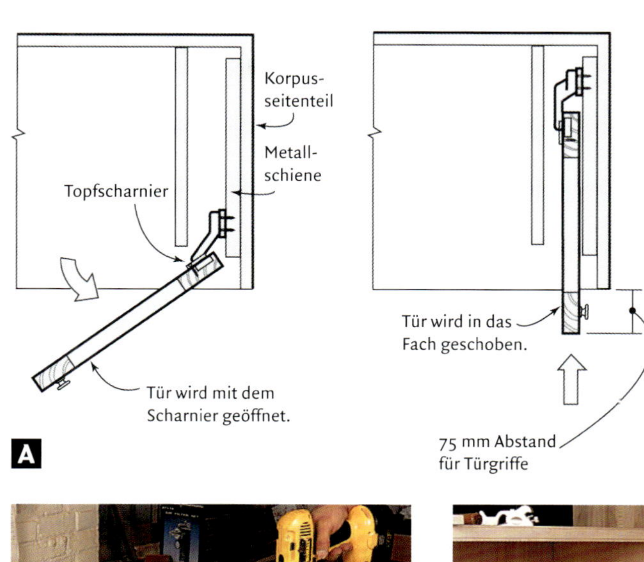

Die Tür sollte leichtgängig zwischen Trennwand und Korpusseite in die Tasche gleiten **(D)**. Um die Tür zu schließen, wird sie nach vorne herausgezogen und dann mit den Scharnieren geschwenkt **(E)**.

Türgriffe und Beschläge

Türgriffe

Türschlösser

Anschläge und Schnäpper

Wenn Ihre Tür erst einmal an gut geölten Scharnieren hängt, müssen Sie abschließend noch einen Griff anbringen. Wie bei den Scharnieren gibt es auch hier ein Modell für jeden möglichen Zweck. Glücklicherweise sind käufliche Griffe leicht anzubringen. Nachdenken muss man eigentlich nur über die Wahl eines Griffes, der zum Stil der Tür und des Möbelstücks passt. Man kann natürlich auch seine eigenen Entwurfsstandards setzen und die Griffe selbst aus Holz oder anderen Materialien herstellen.

Mit Scharnieren und Griffen kann man zwar eine Tür schließen, es ist aber unwahrscheinlich, dass sie geschlossen bleibt. Im Möbelstück kann man Anschlagleisten anbringen, so dass die Tür etwas hat, was ihre Bewegung innehalten lässt, um sie aber dann in der geschlossenen Position zu halten, benötigt man einen Verschluss. Falls Sicherheit ein Gesichtspunkt ist, kann der Verschluss die Form eines Schlosses annehmen, das mit einem Schlüssel geöffnet wird. Oft reicht aber auch ein einfacher Riegel.

Käufliche Türgriffe

Wie Griffe für Schubladen sind auch Türgriffe für fast jede Anwendung und fast jeden Möbelstil zu bekommen.

> Siehe „Schubladenbeschläge“ auf S. 126.

In der Abbildung auf der gegenüberliegenden Seite sind einige der geläufigen Varianten ebenso zu sehen wie ihre unterschiedlichen Befestigungsmethoden. Wenn man sich etwas umsieht, kann man auch recht ungewöhnliche Exemplare entdecken, etwa Griffe aus Naturmaterialien wie Stein oder Einzelanfertigungen von Juwelieren und Metallkunsthandwerkern. Allerdings kosten aufwendigere, schmückende Griffe oft auch etwas mehr.

Grifftypen

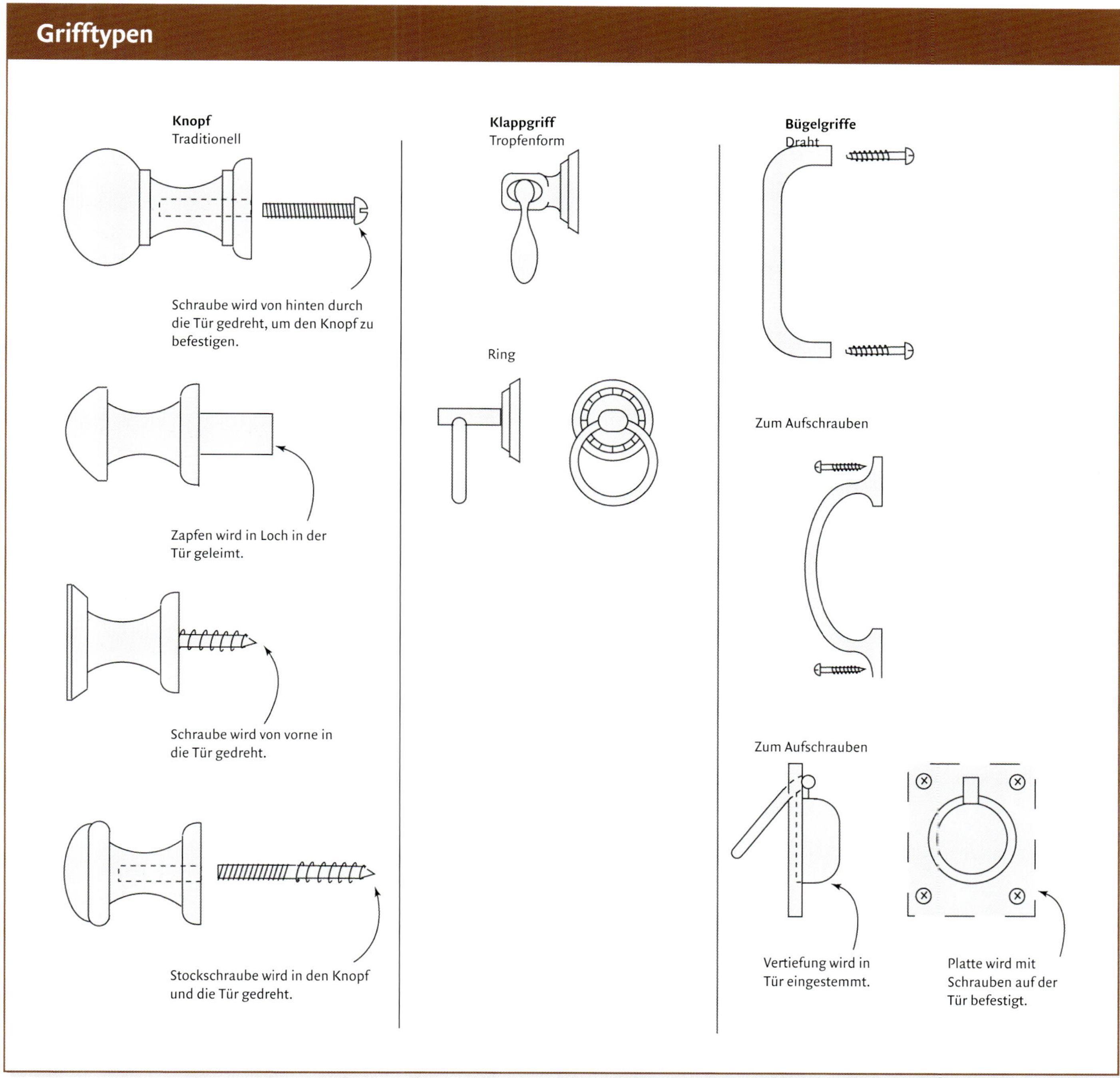

Es empfiehlt sich, alle Griffe für ein Werkstück zur gleichen Zeit zu kaufen, damit die Einheitlichkeit gewahrt bleibt. Am besten tut man dies, bevor man das Möbel baut. Falls einer der Griffe nicht so aussieht wie die anderen oder eine Befestigungsbohrung oder -schraube defekt ist, hat man dann noch Zeit, für Ersatz zu sorgen. Wenn Sie die Beschläge kontrolliert haben, werden sie an einem kühlen, trockenen Platz wie einer Schublade gelagert, bis man sie benötigt.

Selbst angefertigte Griffe

Falls Sie es vorziehen, ihre eigenen Griffe aus Holz herzustellen, machen Sie einen befriedigenden Umweg, der auch Ihre Kunstfertigkeit zur Schau stellt, wie es ein gekaufter Beschlag nicht kann. Es gibt kaum etwas, das dem Aussehen und dem Gefühl eines einzigartigen, handgefertigten Türgriffes gleichkommt. Zudem sind die Entwurfsmöglichkeiten endlos. Wie auch für Scharniere und andere selbst hergestellte Beschläge sollte man das beste Material für solche Griffe aufsparen. Harte und dichte Hölzer wie Ebenholz, Palisander und viele andere Tropenhölzer eignen sich besonders gut für Türgriffe, da sie belastbar genug sind, um auch als Kleinteile der alltäglichen Nutzung stand zu halten.

Diese Türgriffe des Möbelbauers Edward Schoen werden mit Schrauben befestigt, die von hinten durch die Tür in die Griffpfosten gedreht werden. Der Bügel wird entweder mit Stiften an den Abstandhaltern befestigt (rechts), oder die Befestigungsschrauben reichen durch die Pfosten bis in den Bügel (links).

Verschlüsse, Riegel, Fallen und Anschläge

Eine Tür geschlossen zu halten, kann schwierig sein, wenn man nicht ein Schloss angebracht hat oder selbstschließende Scharniere verwendet. Wenn wir in einer perfekten Welt lebten, würde eine perfekt eingehängte Tür geschlossen bleiben, wenn man sie schließt. Aber die Zugluft, oder die Hände von Neugierigen, oder – und das ist am wahrscheinlichsten – die Unwägbarkeiten des Möbelbaus können alle dazu führen, dass eine Tür sich ungewollt öffnet. Vor allem dann, wenn man nicht hinsieht. Glücklicherweise gibt es viele verschiedene Methoden, eine eigenwillige Tür geschlossen zu halten, von käuflichen Verschlüssen bis hin zu selbst angefertigten Vorrichtungen. Die Wahl hängt von Ihrem eigenen Geschmack und vom Stil des Werkstücks ab.

Türschlösser

Bei den meisten Türen, die wir herstellen, sind Schlösser nicht notwendig. Ein einfacher Verschluss reicht aus, um die Tür geschlossen zu halten. Natürlich hatten manche Stilmöbel Einsteckschlösser, und wir können diese Schlossart verwenden, um die Arbeit unserer Vorfahren getreu nachzubauen. Wenn es aber wirklich um Sicherheit geht, oder wenn der Inhalt eines Möbelstück vor Kindern sicher sein soll, dann ist es wichtig, das richtige Schloss zu wählen.

Schlösser für Schubladen und Möbeltüren bestehen aus zwei Teilen: dem eigentlichen Schloss, das meist in einem Metallkasten oder -zylinder untergebracht ist und in der Tür installiert wird, und einem Schließblech, das am Korpus befestigt wird. Das Schloss fasst mittels eines Riegels in das Schließblech, um die Tür zu halten. Meist ist es am besten, das Schloss anzubringen, nachdem man die Tür gebaut hat, aber bevor man sie im Korpus einhängt. Wenn die Tür dann auf den Scharnieren hängt, ist es leicht, das Schließblech zu platzieren und anzubringen oder einen kleinen Schlitz in den Korpus zu stemmen, indem man das Türschloss als Bezugspunkt verwendet.

Drehgriff

Der Holzwerker Ellis Walentine hat diesen schönen und raffinierten Drehgriff entwickelt. Er ist besonders gut für große Schranktüren und für Zimmertüren geeignet. Die meisten Bestandteile werden gedrechselt, und die Montage besteht darin, eine Reihe von Löchern zu bohren, und den Griff mit zwei Schlossschrauben anzubringen.
Im geschlossenen Zustand steht der Griff senkrecht, und der Schlossriegel ragt aus der Türkante heraus in das Schließblech oder einen Schlitz im Korpus.
Dreht man den Griff zur Seite, wird dadurch der Riegel aus dem Schlitz zurück in das Längsfries der Tür gezogen, um die Tür freizugeben.

Teile des Drehgriffes

Die Türkante wird mit Bohrlöchern für die Feder und den Riegel versehen.

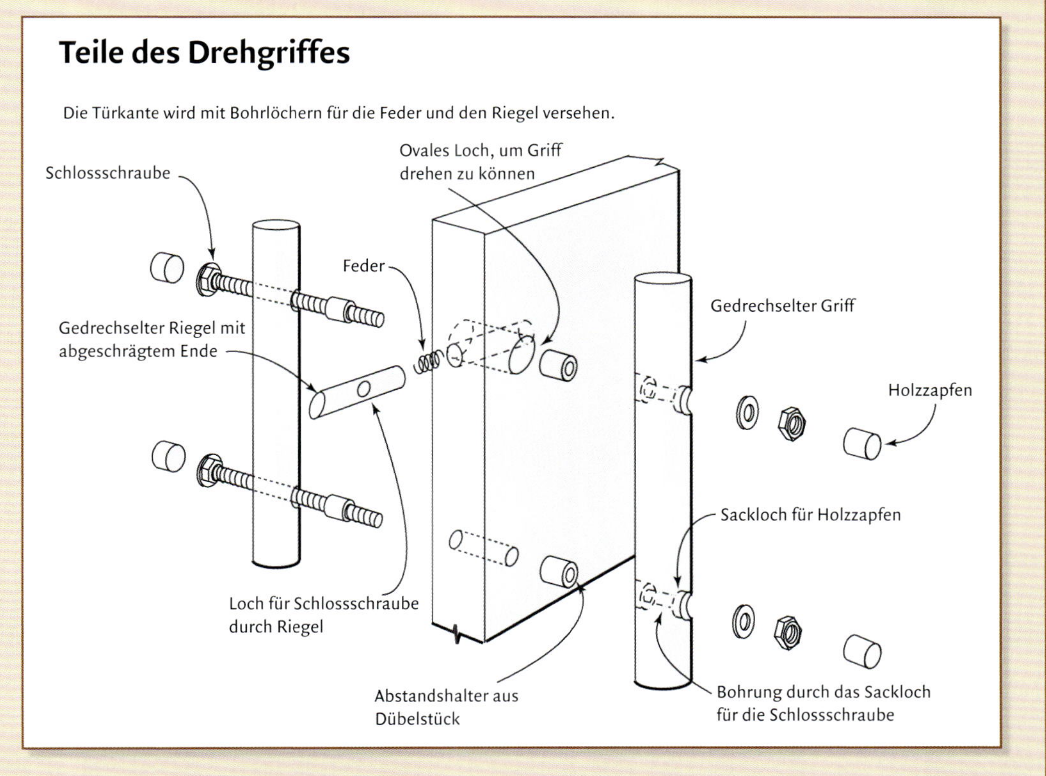

Dieses Griffloch ist für Material ab einer Stärke von 22 mm geeignet.

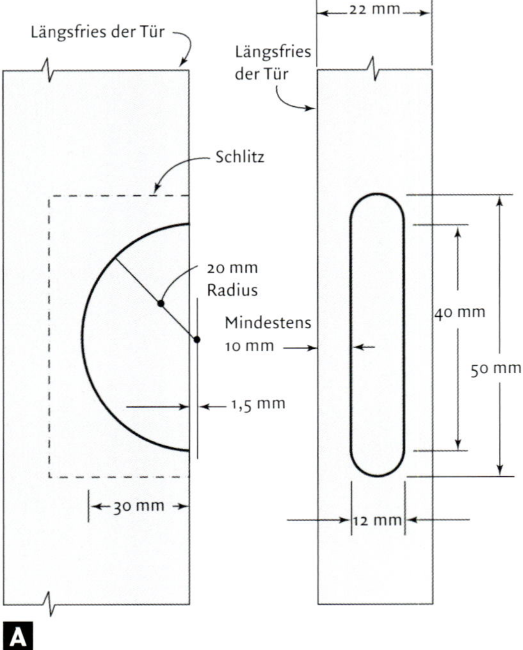

Grifflöcher

Der hier gezeigte Griff wirkt zurückhaltend und elegant. Es ist besonders für Möbel geeignet, deren Oberflächen nicht durch sichtbare Beschläge beeinträchtigt werden sollen **(A).** Der Entwurf lässt sich bei Türmaterial ab einer Stärke von 22 mm verwirklichen. Man kann den Griff schneiden, nachdem man die Tür zusammengebaut hat, aber ich finde es einfacher, die Arbeit vor der Montage vorzunehmen.

Bohren Sie zuerst mit einem 40-mm-Forstnerbohren ein Halbkreisloch in einen Anschlag aus Restholz, den Sie am Arbeitstisch der Ständerbohrmaschine festgespannt haben. Der Mittelpunkt des Bohrers sollte etwa 1,5 mm von der Kante des Anschlags nach innen versetzt sein. Reißen Sie die Position des Griffloches auf dem Material für das Längsfries der Tür an, und richten Sie dann das Material am Loch im Anschlag aus, bevor Sie es am Arbeitstisch festspannen. Bohren Sie so tief, dass etwa 4 mm Material auf der Rückseite des Frieses stehen bleibt **(B).**

Fräsen Sie dann mit einem 12-mm-Nutfräser in der Handoberfräse einen 30 mm tiefen Schlitz in das Bohrloch, so dass eine Hinterschneidung entsteht, in welche man mit den Fingern greifen kann. Um sicher und präzise fräsen zu können, befestigen Sie einen Holzklotz als Auflage für die Fräse an der Hobelbank und führen diese mit dem Parallelanschlag **(C).**

Das fertige Griffloch kann einzeln verwendet werden, es kann aber auch paarweise eingesetzt werden, wenn zwei Türen aneinandertreffen **(D).**

Selbst gefertigte Anschraubgriffe

Der hier gezeigte Griff entsteht, indem man in zwei Ebenen Kurven schneidet, was interessante Linienführungen ergibt. Reißen Sie die Form des Griffes mit zwei Schablonen aus dünnem Sperrholz an. Die erste Schablone gibt das seitliche Profil des Griffes wieder, mit ihr kann man am Rohling den Mittelpunkt für ein Halbkreisloch anreißen **(A).** Übertragen Sie mit der zweiten Schablone den Umriss der Draufsicht auf das Material **(B).**

Richten Sie die Zentrierspitze eines Forstnerbohrers an der Mittelpunktmarkierung aus, und bohren Sie dann das Halbkreisloch in den Rohling. Mit einem L-förmigen Anschlag hindert man den Rohling daran, sich mit dem Bohrer mitzudrehen **(C).**

Führen Sie mit der Bandsäge zwei Schnitte aus: Der erste Schnitt führt senkrecht durch das Material und trennt die beiden Seiten ab **(D).** Befestigen Sie das Seitenstück mit dem angerissenen Profil mit Klebeband wieder am Rohling, drehen Sie diesen um 90°, und führen Sie den zweiten Schnitt am Riss entlang **(E).** Verputzen Sie die Sägespuren, und glätten Sie die Form in Handarbeit oder vorsichtig an der Trommelschleifmaschine **(F).**

Geben Sie etwas Leim an die Unterseite des Griffes, und befestigen Sie ihn mit kleinen Schrauben an der Sichtseite der Tür **(G).**

A

B

C

D

E

F

G

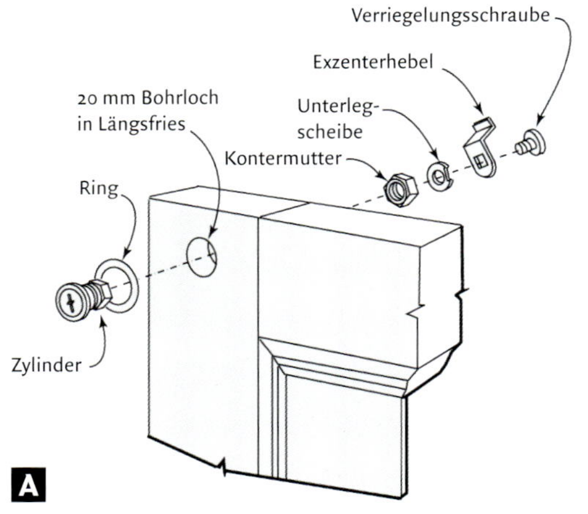

B

C

D

Zylinderschlösser

Das Zylinderschloss ist eine gute Wahl, wenn man für Gebrauchsmöbel oder für andere Stücke ein stabiles und leicht anzubringendes Schloss benötigt **(A).** Es lässt sich anbringen, indem man einfach ein einziges Loch in das Werkstück bohrt. Zum Verschließen wird ein Exzenterhebel hinter ein Korpusteil oder ein Schließblech im Korpus gedreht.

Die Arbeit ist leichter auszuführen, wenn man das Schloss anbringt, bevor man die ¯ür einhängt. Wählen Sie ein Schloss, dass der Materialstärke des Werkstücks entspricht, und verwenden Sie die mitgelieferte Schablone, um die Position des Loches anzureißen **(B).** Bohren Sie dann ein Loch passend zum Schlossdurchmesser durch die Tür **(C).**

Bringen Sie den Abdeckring und den Zylinder von vorne in der Tür an, und fügen Sie dann von hinten den Exzenterhebel und die Befestigungsteile für das Schloss an **(D).**

Einlassschlösser

Einlassschlösser sind gleichermaßen für Schubladen wie für Türen an Möbeln geeignet **(A)**. Das installierte Schloss ist recht unauffällig, da man nur das Schlüsselloch oder die Schlüsselbuchse sieht. Einlassschlösser gibt es in verschiedenen Stilen, die Installation des Schlosskastens ist jedoch immer gleich.

Das hier gezeigte Exemplar wird für bündig einschlagende Schubladen und Türen verwendet; mit dem Schlüssel wird ein Riegel in einen Schlitz geschoben, den man in den Möbelkorpus geschnitten hat. Wenn das Schloss für eine Tür verwendet werden soll, müssen Sie beim Kauf darauf achten, entsprechend des Türanschlags ein rechtes oder ein linkes Schloss zu erwerben. Reißen Sie zuerst die Position des Schlüsselloches an der Sichtseite der Schublade oder Tür an. Übertragen Sie das Dornmaß vom Schloss auf das Werkstück. Bohren Sie ein Loch durch das Werkstück, dessen Durchmesser dem des Loches im Schloss entspricht. Hinweis: Falls Sie eine eingelassene Schlüsselbuchse verwenden möchten, sollten Sie sie jetzt anbringen, bevor das Schloss installiert wird.

Für ein Einlassschloss muss man drei Ausklinkungen schneiden. Legen Sie für die erste das Schloss auf die Rückseite des Werkstücks, und reißen Sie um den Schlosskasten herum an. Entfernen Sie den Verschnitt innerhalb des Risses mit der Handoberfräse und einem kleinen Nutfräser, und stechen Sie dann mit dem Beitel die Brüstungen am Riss ab **(B)**.

Drehen Sie das Schloss um, und halten Sie es mit der Schlossplatte gegen das Werkstück, sodass der Stulp bündig mit der Oberkante liegt. Reißen Sie dann die zweite Ausklinkung für die Schlossplatte an, und schneiden Sie sie. Übertragen Sie als Nächstes die Maße des Stulps auf die Kante des Werkstücks, und stechen Sie die dritte Ausklinkung aus. Das Schloss sollte gut in alle drei Ausklinkungen passen **(C)**.

Der Riegel an einem Einlassschloss sichert bündig einschlagende Schubladen oder Türen.

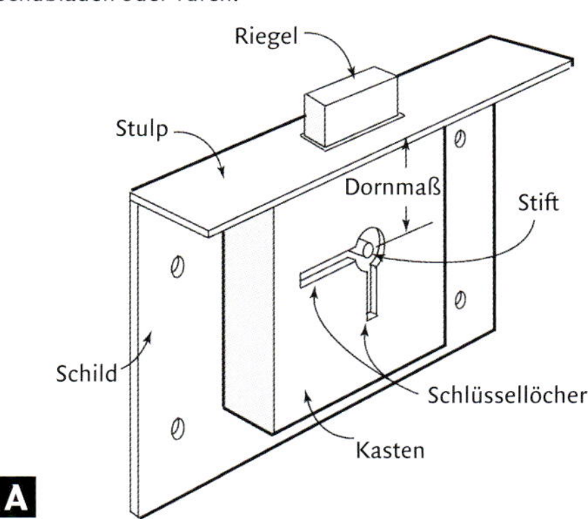

Schließen Sie die Arbeit ab, indem Sie den unteren, keilförmigen Teil des Schlüsselloches auf der Sichtseite des Werkstücks anreißen und mit der Laubsäge aussägen **(D)**. Installieren Sie das Schloss, indem Sie von der Rückseite der Tür oder Schublade Schrauben eindrehen.

A

C

B

D

E

Schlüsselbuchsen

Eine eingelassene Schlüsselbuchse schützt das Schlüsselloch und verleiht einer ansonsten schlichten Tür oder Schublade einen gewissen optischen Reiz. Es ist wichtig, die Schlüsselbuchse anzubringen, bevor man das Schloss einlässt. Als erstes bohrt man ein Loch, in welches das runde Oberteil der Buchse passt. Verwenden Sie einen Holzbohrer mit Führungsspitze oder einen Forstnerbohrer für diese Arbeit, und bohren Sie auf die Tiefe der Buchse. Bohren Sie dann für den Schlüssel ein zweites, kleineres Loch durch das erste **(A).** Die Größe muss mit dem anzubringenden Schloss übereinstimmen.

Legen Sie dann die Schlüsselbuchse auf das Werkstück. Falls die sich die verwendete Buchse verjüngt, legen Sie sie mit der schmaleren Seite nach unten auf. Stecken Sie einen Dübel mit dem Durchmesser des Schlüsselloches durch das Loch und die Schlüsselbuchse, um diese positionieren zu können. Reißen Sie dann um die untere Hälfte der Buchse herum an **(B).**

Jetzt müssen Sie den Rest des Schlüsselloches mit der Laubsäge ausschneiden.

Schneiden Sie dann mit Stechbeiteln und Hohlbeiteln geeigneter Krümmung bis zum Riss eine Vertiefung in das Werkstück. Die Tiefe sollte der des großen Loches gleichen **(C).**

Um die Schlüsselbuchse anzubringen, werden feine Sägespäne mit etwas Epoxidklebstoff vermischt, man gibt die Mischung in die Vertiefung, und klopft die Buchse hinein **(D).** Falls Sie eine farbige Buchse oder eine mit behandelter Oberfläche verwenden, wird sie vorsichtig eingeklopft, bis sie bündig sitzt, und der Klebstoffüberstand wird abgenommen. Bei Schlüsselbuchsen aus Hochglanzmessing wird die Oberfläche mit der Feile bündig verputzt, nachdem der Klebstoff getrocknet ist. Dann werden Buchse und Holz mit zunehmen feineren Schleifpapieren und einem Filzklotz geschliffen **(E).**

Türriegel

Wenn zwei Türen nebeneinanderliegen, kann man sie mit einem Einlassschloss zusammenhalten, muss dann aber an einer der Türen eine Halterung anbringen, damit sie beide geschlossen bleiben.

> Siehe „Einlassschlösser" auf S. 177.

Ein Türriegel ist dafür gut geeignet, er lässt sich bei einschlagenden Türen anbringen. Er wird an der Rückseite einer der Türen angebracht und hält diese. Die benachbarte Tür kann erst dann geöffnet werden, wenn der Schlüssel im Einlassschloss gedreht worden ist. Ich bringe den Riegel gerne an der linken Tür an, sodass die rechte Tür die „Haupt-" oder „Schlosstür" wird. Der Riegel funktioniert am besten, wenn er oben an der Tür angebracht wird und im Korpus ein korrespondierender Schlitz geschnitten wird. Auf diese Weise sammelt sich im Schlitz kein Schmutz an.

Das Geheimnis einer erfolgreichen Installation liegt darin, die drei Ausklinkungen bzw. Schlitze, die für den Riegel notwendig sind, präzise anzureißen. Übertragen Sie den Umriss des Riegels auf die Rückseite und die Kante der Tür, und reißen Sie dann die Ausklinkung für den Riegelmechnismus auf der Innenseite an **(A)**. Fräsen Sie auf der Innenseite des Risses die innere, tiefe Ausklinkung freihändig aus. Es spielt keine Rolle, wenn die Wandungen der Ausklinkung etwas rau sind. Das Ziel ist lediglich, Platz zu schaffen, in dem sich der verschiebbare Riegel frei bewegen kann **(B)**.

Fräsen Sie dann die beiden flachen Ausklinkungen, eine auf der Rückseite des Längsfrieses der Tür und eine auf der Oberkante. Bleiben Sie innerhalb des Risses, und stechen Sie mit dem Beitel bis zur Wandung der Ausklinkung nach **(C)**. Die Tiefe der Ausklinkung sollte der Stärke der Riegelplatte gleichkommen **(D)**.

A

B

C

D

E

Legen Sie den Riegel in die Ausklinkungen, und befestigen Sie ihn mit zwei Schrauben, eine am oberen und eine am unteren Teil **(E)**. Hängen Sie die Tür ein, und übertragen Sie die Lage des Riegels auf den Korpus, indem Sie den Riegel gegen den Korpus klopfen, wo er eine erkennbare Markierung hinterlässt. Bohren Sie dann an dieser Stelle ein Loch, in das der Riegel eingeschoben wird.

Kugelschnäpper

Der kleine Kugelschnäpper ist ein geeigneter Verschluss für einschlagende Türen, bei denen er versteckt an der oberen oder unteren Kante angebracht werden kann. Der Verschluss besteht aus zwei Teilen: einem Zylinder, in dem eine kleine, unter Federdruck stehende Kugel untergebracht ist, und einem Schließblech, in das die Kugel einrastet. Der auf die Kugel übertragene Federdruck hält die Tür geschlossen.

Der Schnäpper wird in einem gestuften Bohrloch in der Unterkante der Tür angebracht. Bohren Sie zuerst ein flaches 7-mm-Sackloch für den Flansch und dann darin ein tieferes 5-mm-Loch für den Zylinder. Geben Sie eine Tropfen Cyanoakrylatklebstoff („Sekundenkleber") an den Zylinder, und klopfen Sie ihn in das Loch **(A).** Der Flansch sollte bündig mit Oberfläche der Türkante liegen. Es gibt auch Kugelschnäpper die eingeschraubt, statt geklebt werden. Hier ist kein abgestuftes Bohrloch notwendig.

Hängen Sie die Tür ein, und übertragen Sie den Mittelpunkt der Kugel, um die Lage des Schließbleches zu ermitteln. Befestigen Sie das Schließblech mit zwei kleinen Drahtstiften auf der Oberfläche des Korpus **(B).**

Doppelkugelschnäpper

Ein Doppelkugelschnäpper ist leicht anzubringen und kann noch verstellt werden, nachdem die Tür eingehängt worden ist. Bringen Sie den Kugelteil des Verschlusses am Korpus an, entweder an der Seite, oben oder unten. Gegebenenfalls können Sie den Verschluss in die richtige Position im Verhältnis zur Tür bringen, indem Sie ihn auf einem Holzklotz anbringen, der am Korpus angeschraubt ist. Dieses Verfahren ist gut geeignet, um auch serienmäßige Beschläge zu verwenden, die sonst nicht an das gebaute Möbelstück passen würden **(A).**

Übertragen Sie das Mittenmaß des Verschlusses vom Korpus auf die Rückseite, und bringen Sie den Kloben an der Tür an **(B).** Überprüfen Sie die Passung. Falls der Verschluss zu fest oder zu locker auf die Tür zugreift, können Sie die Spannung, unter der die Kugeln stehen, mit kleinen Schrauben an der Ober- und Unterseite des Verschlusses verändern **(C).**

A

B

C

Druckverschlüsse

Wenn man das schlichte Aussehen einer Tür anstrebt, an der keine Beschläge – also auch keine Griffe – zu sehen sind, dann ist ein Druckschnäpper die Lösung. Der Verschluss besteht aus zwei Teilen, einem magnetischen Druckbolzen und einer Kontaktplatte aus Stahl. Bringen Sie zuerst den Druckbolzen oben oder an der Seite innen am Korpus an. Platzieren Sie den Verschluss so, dass der Bolzen etwa 3 mm nach innen geschoben werden kann, ohne dass die Tür vorne am Korpus anschlägt. Bringen Sie zuerst die Schrauben in den Langlöchern an, damit Sie die Lage des Beschlages noch fein justieren können, bevor Sie die übrigen Schrauben eindrehen **(A).**

Wenn der Druckbolzen angebracht ist, messen Sie seinen genauen Mittelpunkt aus und übertragen dieses Maß auf die Innenseite der Tür. Bringen Sie dann die Kontaktplatte aus Metall an der Tür an. Ich bohre gerne mit dem Forstnerbohrer ein flaches Sackloch für die Kontaktplatte, damit der Beschlag ordentlicher aussieht **(B).** Der Magnet im Korpus zieht die Kontaktplatte an und hält die Tür so geschlossen.

Um die Tür zu öffnen, wird sie einfach um etwa 3 mm nach innen gedrückt **(C).** Dadurch wird der Bolzen nach vorne geschoben und die Tür öffnet sich um etwa 12 mm, sodass man mit den Fingern die Türkante greifen kann **(D).**

Verstellbare Magnetschnäpper

Einer der Verschlüsse, die ich besonders gerne verwende, besteht aus einem preiswerten Kunststoffgehäuse, in dem ein verstellbarer Magnet untergebracht ist. Obwohl er vielleicht nicht zu den hochwertigsten Möbelstücken passt, bietet er eine nützliche Eigenschaft: Der Magnet lässt sich einfach mit einem großen Schlitzschraubendreher zur Korpussichtseite hin oder von ihr wegdrehen. So kann die Passung der Tür auch nach dem Einhängen noch justiert werden – ein großer Vorteil

Um den Verschluss an einem Türenpaar in einem Möbelstück in Rahmenbauweise anzubringen, wird ein Abstandshalter unter den Deckel des Korpus geleimt, in den man 10-mm-Sacklöcher für die kurzen Zapfen an den Verschlüssen bohrt **(A).** Der Verschluss wird angebracht, indem man den gerippten Zapfen mit einer Zwinge in das Loch drückt **(B).**

Bohren Sie ein kleines Loch in die Rückseite der Tür, um den Metallstift und die Metallplatte aufzunehmen, die den Magneten anziehen. Pressen Sie wie zuvor auch den Stift und die Platte mit einer Zwinge in das Loch **(C).**

A

B

C

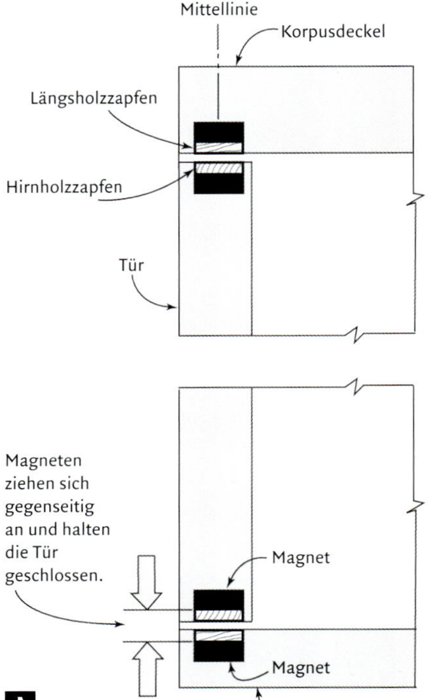

Versteckte Magnete

Eine geradezu diabolische Methode, um eine Tür geschlossen zu halten, beruht auf der Anziehungskraft von Magneten. Dabei werden in der Ober- und Unterkante der Tür Magneten angebracht, die jeweils Gegenstücke im Korpus anziehen **(A)**. Wenn man die Magneten in Sacklöcher einklebt und diese dann mit Holzzapfen füllt, ist hinterher nichts mehr zu sehen.

Die Anziehungskraft von Magneten aus Seltenen Erden ist sehr hoch. Die Größe der Magneten hängt von der Größe und dem Gewicht der Tür ab. Wenn die Anziehungskraft noch vergrößert werden soll, kann man noch besondere dicke Unterlegscheiben unterhalb des Magneten anbringen.

Am besten bohrt man die Sacklöcher für die Magneten im Korpus, bevor man ihn zusammenbaut. Für einen Magneten mit 12 mm Durchmesser bohrt man an der Ständerbohrmaschine mit einem 12-mm-Forstnerbohrer ein etwa 7 mm tiefes Loch. Dann – und dieser Schritt ist sehr wichtig – legt man die Magneten paarweise so zurecht, dass zu erkennen ist, welche Seiten sich jeweils anziehen. Bringen Sie einen Tropfen Epoxid- oder Cyanoakrylatklebstoff in das Sackloch ein, und drücken Sie den Magneten mit der richtigen Seite nach oben in das Loch **(B)**.

Schneiden Sie an der Ständerbohrmaschine mit dem Zapfenschneider passende Zapfen, um die Magneten abzudecken. Damit die Maserung passt, werden Hirnholzzapfen für die Löcher in der Tür und Längsholzzapfen für die Löcher im Korpus geschnitten **(C)**.

Geben Sie Leim in die Löcher, und bringen Sie die Zapfen über den Magneten an, sodass die Faserrichtung mit dem umgebenden Holz übereinstimmt **(D)**. Wenn der Leim trocken ist, werden die Zapfen mit der Säge oder dem Stechbeitel verputzt. Das Loch ist danach praktisch unsichtbar. Wenn man die Tür schließt, zieht sie sich von selbst sanft in den Korpus.

Anschläge

Mit dem Verschluss wird eine Tür zugehalten; der Anschlag sorgt dafür, dass man sie ohne Klappern schließen kann. Wenn es keine Staubleiste im Korpus gibt, an welche die Tür anschlägt, dann muss man mit einem Anschlag auch dafür sorgen, dass die Tür bündig mit dem Korpus schließt.

Der Anschlag kann aus jedem beliebigen weichen, aber widerstandsfähigen Material hergestellt werden und an der Rückseite der Tür oder der Innenseite des Korpus angebracht werden, um die Wucht der sich schließenden Tür zu mildern. Es gibt Gummianschläge in allen Größen und Varianten im Beschlaghandel, am nützlichsten sind jene, die an der Rückseite mit einer selbsklebenden Folie belegt sind. Der Anschlag wird einfach an der Korpuskante ausgerichtet und an der Rückseite der Tür angeklebt **(A).**

Man kann als Anschlag auch eine mit Leder belegte Holzleiste verwenden, die auf ähnliche Weise die Tür abfedert, wie ein Stoppklotz das bei einer Schublade tut.

Bei einem Korpus mit Blendrahmen kann man einfach eine Holzleiste an der Rückseite des Blendrahmens anleimen **(B).**

A

B

Sockel, Füße und Gestelle

Ab und zu möchte auch ein einfacher Kasten – ob es nun ein großer Schrank ist, der auf dem Boden steht, ein Schränkchen, das auf einem Tisch platziert wird, oder eine kleine Schmuckschatulle – einmal über sich selbst hinauswachsen. Diese Form der Erhöhung kann man mit Leichtigkeit erreichen, wenn man auf Sockel, Füße oder Gestelle zurückgreift. Auch der kleinste Souvenirkasten kann davon profitieren, dass man Füße unter ihm anbringt, die ihn über die Fläche erheben, auf der er ruht. Man kann auch den unteren Teil eines Schrankes mit einem profilierten Sockel versehen, um das Möbelstück optisch zu verankern. Von der praktischen Seite gesehen, steht ein Korpus, der auf vier Punkten ruht, grundsätzlich stabiler als einer, der auf seiner gesamten Unterseite ruht. Bei einem großen Möbelstück ist es wichtig, Raum für die Füße einer Person zu lassen, damit sie nicht gegen eine Fläche tritt, wenn sie es öffnet.

Sockel und Füße bieten jedoch nicht nur optische Vorteile, sie helfen auch, Möbelstücke einen festen Stand zu verschaffen. Tische, die kippeln oder wackeln, stehen meist auf einem ungleichmäßigen Fußboden. Wir können zwar nicht erwarten, dass alle unsere Fußböden genau eben und gleichmäßig sind, aber wir können doch dafür sorgen, dass die Möbel, die wir auf ihnen aufstellen, waagerecht stehen.

Sockel

Sockelleisten

Schränke installieren

Möbelsockel gibt es in zwei grundlegenden Formen. Bei der einen springt der Sockel des Möbelstückes unten zurück. Es ist eine praktische Lösung, bei der Sie Raum für Ihre Füße haben, um besser an den Inhalt eines Schrankes gelangen zu können, wenn Sie vor ihm stehen. Bei der zweiten Variante springt ein profilierter Sockel meist vor den Korpus hervor. Sie wird meist aus ästhetischen Gründen eingesetzt. In diesem Fall wird das Unterteil des Korpus durch Profilleisten oder Schattenfugen definiert, die sich um das Möbelstück ziehen. Dadurch wird das Möbel optisch angehoben, während das Unterteil am Boden verankert zu werden scheint. Profilierte Sockel kann man in unendlich vielen Gestaltungsformen herstellen, während die Möglichkeiten bei einem zurückspringenden Sockel wegen der funktionellen Gesichtspunkte eher eingeschränkt sind.

Durchhängende Schränke vermeiden

Der Sockel eines Möbelstücks kann auch dazu beitragen, große Spannweiten oder breite Fronten zu stützen. Wenn Sie einen vierseitigen Korpus ohne Rückwand bauen, werden Sie wahrscheinlich ein Möbel erhalten, das stark zum Durchhängen neigt. Der Boden und vielleicht auch der Deckel werden mit der Zeit durchhängen, vor allem wenn Sie das Möbelstück mit Inhalt füllen. Wenn Sie den Boden und Deckel nicht unsäglich dick gestalten möchten, müssen Sie an den Seiten, dem Deckel und Boden eine Rückwand befestigen, um den Korpus auszusteifen und das Durchhängen zu verhindern.

Manchmal reicht auch die Rückwand nicht aus, um die notwendige Stabilität zu erreichen, vor allem an der Vorderseite des Korpus. Dies gilt vor allem für tiefe oder breite Stücke, die eine lichtes Innenmaß von 600 mm oder mehr aufweisen, oder wenn der Korpus einen schweren Deckel wie etwa eine Marmorplatte tragen muss. Oft ist die schnellste Lösung, vorne unter dem Boden des Korpus eine Zarge mit 50 mm oder mehr Breite anzubringen, wie es auf der Abbildung rechts zu sehen ist. Bei einem Korpus, der einen extrem schweren Deckel tragen muss, kann man dem Durchhängen durch die Verwendung eines selbsttragenden Kastens entgegenwirken.

> Siehe „Selbsttragendes Regal“ auf S. 76.

Falls Ihr Entwurf das zulässt, können Sie die Rückwand in der Mitte des Möbelstücks bis zum Fußboden hinabziehen oder einen L-förmigen Fuß unter seinem Boden anbringen, um es zusätzlich abzustützen. Stellen Sie eine solchen L-förmigen Fuß aus zwei Sperrholzteilen her. Schneiden Sie das senkrechte Teil genau auf die Höhe zwischen Unterseite des Möbelbodens und dem Fußboden zu, und bringen Sie dann am senkrechten Teil mit Klammern oder Schrauben und Leim eine 75 mm breite Befestigungsleiste an. Achten Sie darauf, das senkrechte Teil an der Befestigungsleiste zu befestigen – und nicht umgekehrt –, um die Belastbarkeit zu erhöhen.

Reißen Sie die Position des Fußes an der Unterseite des Möbelbodens an, und befestigen Sie ihn dann mit Klammern. Sie können das Unterteil des Möbels fertigstellen, indem Sie eine umlaufende Scheuerleiste oder einen Sockel anbringen.

> Siehe „Korpus mit separatem zurückspringenden Sockel“ auf S. 197.

Traditionelle Sockelleiste

Eine auf Gehrung geschnittene Sockelleiste eignet sich gut für größere Korpusmöbel. Widmen Sie den Proportionen der Sockelleiste im Verhältnis zum Korpus die nötige Aufmerksamkeit. In der Regel sollte die Sockelleiste breiter werden, wenn der Korpus höher wird. Auf diese Weise kann man für die richtige optische Gewichtung der Möbelteile sorgen. Eine auf Gehrung gearbeitete Sockelleiste verankert den Korpus optisch am Boden, sie kann aber auch auf geschickte Weise die Konstruktion des Unterteils verbergen.

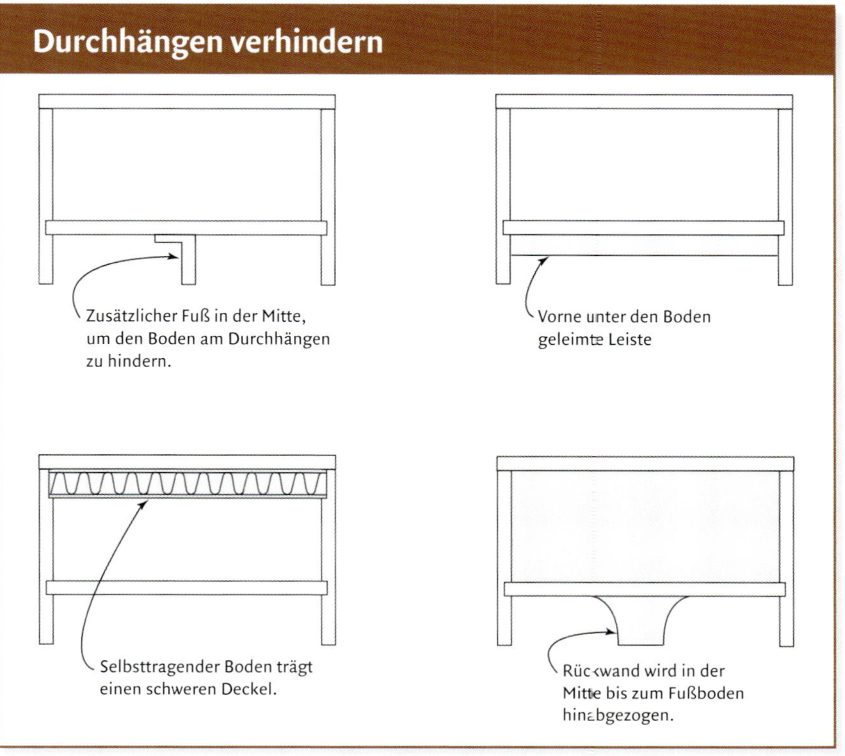

Ein Schrank kann durch eine einfache L-förmige Stütze zusätzlich gesichert werden.

Die Stütze wird mit Klammern und Leim an der Unterseite des Schrankes befestigt.

Eine auf Gehrung geschnittene Sockelleiste ist die einfachste Methode, ein großes Korpusmöbel nach unten hin abzuschließen.

Aufbau von Sockelleisten

Zweiteilige Sockelleiste

Korpusseitenteil

Profilleiste

Boden

Flaches Brett

An der Unterseite wird mit Nägeln und Leim eine Leiste befestigt, um flaches Brett annageln zu können.

Einteilige Sockelleiste

Oberkante der Sockelleiste liegt unterhalb der Oberkante des Bodens, um eine Schattenfuge an der Vorderseite des Schrankes zu schaffen.

Flaches Brett mit profilierter Kante

Moderne Sockelleiste

Die Sockelleiste auf der Ahornkommode des Holzwerkers Paul Anthony in der Abbildung unten ist elegant, modern und unauffällig. Eine schmale Schattenfuge zwischen dem Korpus und der Sockelleiste trägt zu ansprechenden Aussehen bei. Um die Schattenfuge zu betonen, hinterlegte Anthony sie mit einem Streifen Amaranth.

Die Konstruktion ruht auf einem Sockel, der sich jedoch nicht vor den Korpus vorspringt, sondern von der Front um die Stärke einer Sockelleiste aus Vollholz zurückgesetzt ist. Bei dieser Anordnung liegt die Sockelleiste an den beiden sichtbaren Seiten bündig mit dem Korpus.

> Siehe „Korpus mit separatem zurückspringenden Sockel“ auf S. 197.

Diese elegante Schrankwand aus Ahorn und Amaranth zeichnet sich durch die bündig einschlagenden Türen und die bündigen Sockelleisten aus. (Foto: Paul Anthony)

Ein subtiler Versatz und der Akzent aus Amaranth geben dieser Sockelleiste eine besondere Note. (Foto: Paul Anthony)

Profilierter Sockel

Kleine und größere Korpusmöbel können mit einem profilierten Sockel versehen werden, um dem Unterteil des Möbels optisches Gewicht zu verleihen. Die gerade Fläche an der Unterkante kann hoch oder niedrig sein, je nachdem wie stark die optische Betonung des Sockels sein soll. Der Übergang von der Fläche zum Korpus wird durch ein auf Gehrung gearbeitetes Profil hergestellt.

Anstatt einen massiven Sockel anzufertigen, werden unter dem Korpus rechteckige Holzstreifen angebracht, die an den Ecken auf Gehrung geschnitten sind. Sie werden mit Schrauben an der Unterseite des Korpus befestigt, nach Wunsch können die Schraubenlöcher mit Holzzapfen verdeckt werden. Ein Holzstreifen der gleichen Stärke wird an der Rückseite angebracht, um den Korpus in der Waage zu halten und eine belastbare Plattform zu schaffen, auf der das Möbelstück steht. Seien Sie vorsichtig, wenn Sie den profilierten Sockel anbringen: Wenn man sie auf ganzer Länge an der Korpusseite verleimt, wird dadurch das Arbeiten des Holzes verhindert, und die Seitenteile können sich verziehen oder reißen. Die Zeichnung unten rechts zeigt, wo man problemlos Leim angeben kann.

Die profilierte Sockelleiste gibt dem kleinen Schrank ein klassisches Aussehen.

Sockelleiste mit Schattenfuge

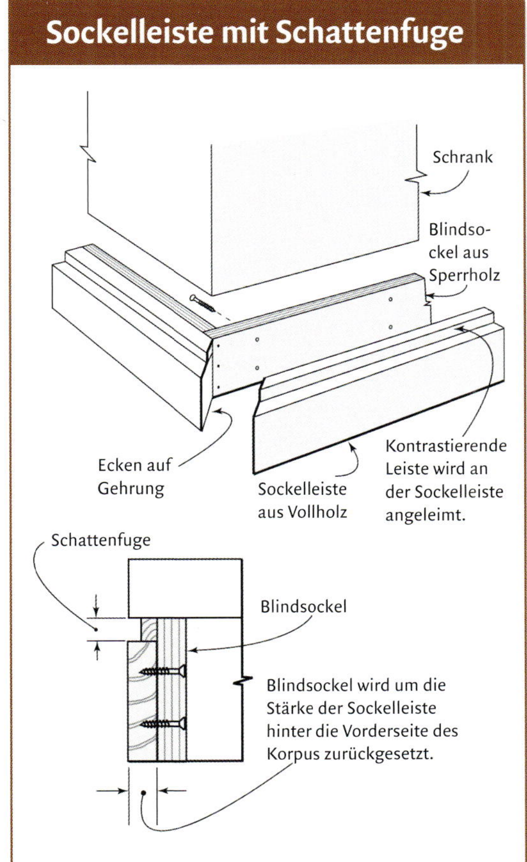

Gestufte Sockelleiste

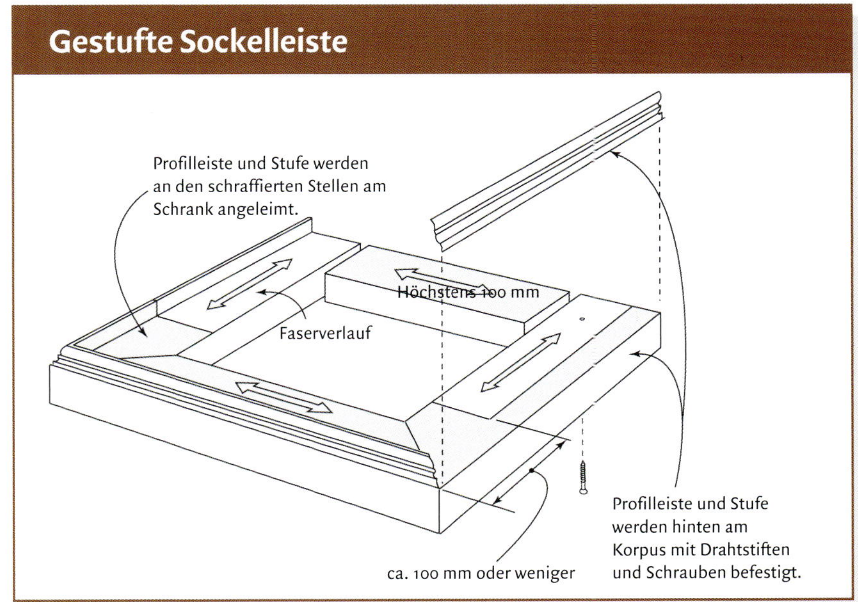

Ausgeschnittener Sockel

Truhe oder Kasten

Innenkanten des Sockels mit Falz

Ausschnitt kann schlicht oder aufwendig gestaltet werden.

Ecken werden mit Schwalbenschwanzzinkungen verbunden, um sie belastbar zu machen.

Korpus wird in den Falz im Sockel eingeleimt.

Der Sockel wird um die Stärke des Profils breiter gemacht als der Korpus.

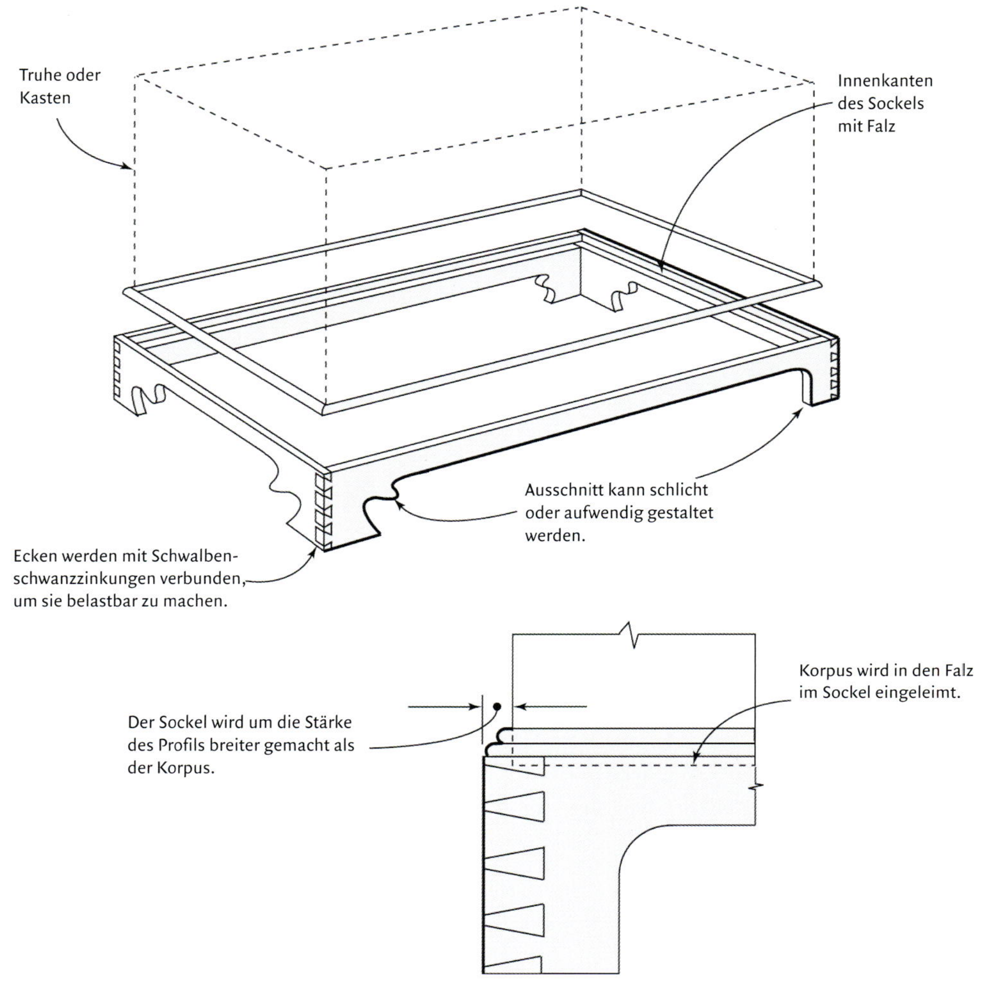

Ein ausgeschnittener Sockel kann schon durch abgerundete Innenecken entstehen.

Ausgeschnittener Sockel

Der ausgeschnittene Sockel in der Abbildung links wirkt wie ein Sockel mit einzelnen Füßen, von denen die Ecken eines großen Korpusmöbels – eines Schranks oder einer Truhe etwa – getragen werden. Die gesägte Innenkante kann je nach Geschmack recht schlicht oder aufwendig sein.

Um die Konstruktion belastbar zu machen, sollten die Ecken des Rahmens gezinkt werden, wie in der Abbildung „Ausgeschnittener Sockel“

gegenüber zu sehen. Wenn der Sockel zusammengebaut ist, wird er an der Oberkante ausgefälzt und an der Unterseite des Korpus angeleimt. Dann werden auf Gehrung geschnittene Profilleisten an der Unterkante des Korpus angeleimt, um einen optischen Übergang vom Sockel zum Korpus zu schaffen.

> Siehe „Der Entwurf von Möbelfüßen" auf S. 208.

Fußschalter für die Tischkreissäge

Die Arbeit an der Tischkreissäge wird sehr viel sicherer und genauer, wenn man Hände und Augen allzeit auf dem Werkstück haben kann. Der Ärger ist deshalb schon vorprogrammiert, wenn man mit einer Hand blind unter dem Arbeitstisch nach dem Netzschalter suchen muss – vor allem, wenn man einen Einsetzschnitt ausführen möchte. Dieser Schalter kann mit dem Fuß oder der Hand bedient werden und ermöglicht das Ein- und Ausschalten der Säge, ohne dass man die Aufmerksamkeit von der Arbeit abwendet. Die Vorrichtung ist in wenigen Minuten angebracht und funktioniert mit allen Sägetypen, die einen Ein-/Aus-Schalter in Knopfform haben.

Herstellung des Fußschalters

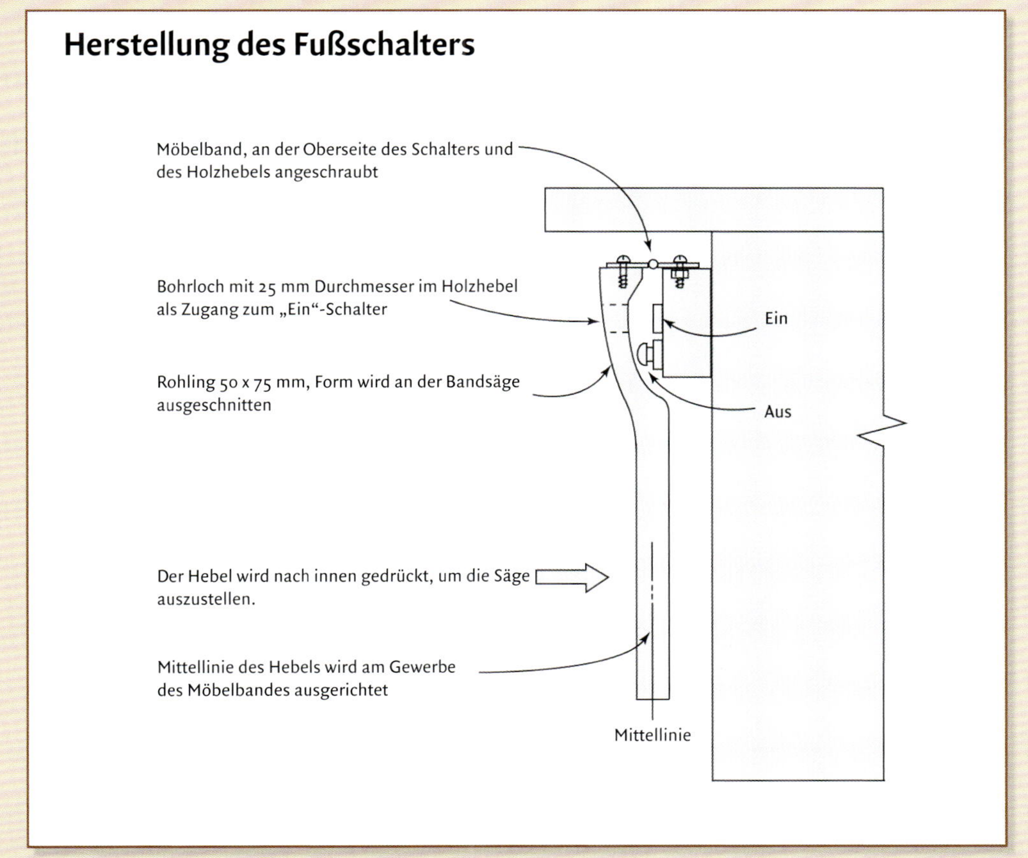

Korpus mit integriertem zurückspringenden Sockel

Ein zurückspringender Sockel unter einem Schrank lässt sich auf zwei Weisen realisieren: Man kann entweder einen separaten Sockel bauen und diesen am Korpus befestigen, oder man macht den Sockel zu einem Bestandteil des Möbelstücks.

> Siehe „Korpus mit separatem zurückspringenden Sockel“ auf S. 197.

Bei dieser Konstruktion reichen die Seiten des Möbelstückes bis auf den Boden. Sind diese Seiten sichtbar, muss man sie so gestalten, dass die Kanten der Sockelblende von den Seitenteilen des Möbels abgedeckt werden.

Wenn Sie die Verbindungen für den Korpus geschnitten haben, aber bevor Sie ihn zusammenbauen, reißen Sie mit einer Schablone den Radius des Rücksprungs an der Korpusseite an **(A)**. Die Größe der Schablone sollte die Stärke des Sockelleistenträgers und der fertigen Sockelleiste ebenso berücksichtigen wie eventuell vorhandene Rahmenteile oder Türen **(B)**. Aus Sparsamkeitsgründen wird in unserem Beispiel eine zweilagige Sockelleiste verwendet: 5 mm starkes Sperrholz über Sperrholz oder preiswerterem Sperrholz.

Abmessungen des zurückspringenden Sockels
Angenehme Abmessungen für den zurückspringenden Sockel ergeben sich, wenn x = 60 mm und y = 110 mm. Man kann diese Maße um 25 mm nach unten oder oben verändern, um sie an die Möbel anzupassen, und immer noch ausreichend Platz für die Füße unter dem Schrank erhalten.

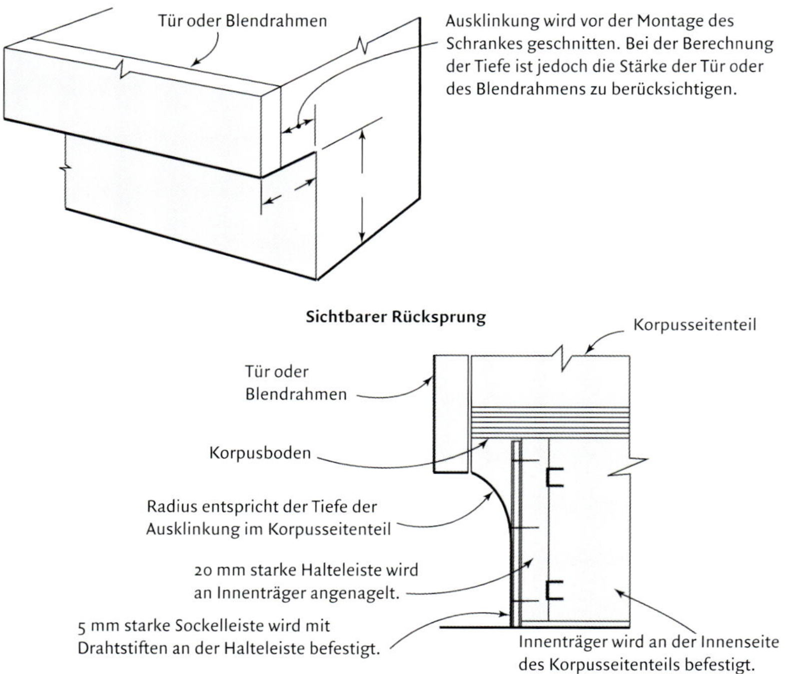

Nicht sichtbarere Rücksprung

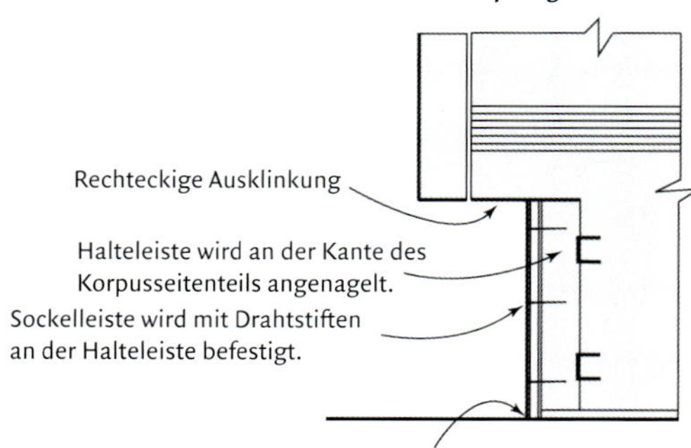

Die Sockelleiste wird gegebenenfalls mit Überbreite geschnitten und an einen unregelmäßigen Fußboden angepasst.

B

Schneiden Sie mit der Stichsäge den Umriss an der Ecke der Korpusseite an **(C)**. Schneiden Sie auf der Verschnittseite des Risses, und verputzen und glätten Sie dann die Schnittkante am Trommelschleifer oder mit einer Halbrundfeile und Schleifpapier.

Falls die Korpusseite aus Sperrholz ist, kann man die rohe Kante mit käuflichem Furnierumleimer abdecken. Diese dünnen Furnierstreifen lassen sich nach dem Erwärmen mit einem Bügeleisen und etwas Druck der Krümmung des Rücksprungs anpassen **(D)**.

> Siehe „Kommerzielles Kantenmaterial" auf S. 82.

Reißen Sie die Lage innen an der Korpusseite an (berücksichtigen Sie dabei die Stärke der Sockelleiste und des Sockelleistenträgers), und befestigen Sie dann eine Nagelleiste aus Sperrholz mit Klammern und Leim am Korpus **(E)**.

Bringen Sie den Sockelleistenträger – der aus jedem 20 mm starkem Material gefertigt sein kann – an der Nagelleiste an **(F)**. Danach können Sie die Sockelleiste mit kleinen Drahtstiften oder Nägeln so am Träger befestigen, dass sie bündig mit der Korpusseite abschließt. Für die Sockelleiste kann man gut 5 mm starkes Sperrholz verwenden, da sie durch den dickeren Träger verstärkt wird **(G)**.

C

E

D

F

G

Zurückliegende Sockelleiste

Wenn die Korpusseite nicht von außen sichtbar sein wird (der Schrank also zwischen anderen Schränken oder in einer Raumecke steht), ist ein zurückspringender Sockel sehr viel leichter zu konstruieren. Reißen Sie zuerst die Tiefe und Höhe des Rücksprungs an beiden Seitenteilen des Korpus an **(A).** Berücksichtigen Sie die Stärke des Sockelleistenträgers und der fertigen Sockelleiste ebenso wie eventuell vorhandene Rahmenteile oder Türen.

Stellen Sie an der Tischkreissäge den Parallelanschlag auf die Höhe des Sockels einschließlich der Blattstärke ein, und heben Sie das Blatt auf volle Höhe an. Achten Sie darauf, nicht mit den Händen in die Nähe des Blattes zu kommen, und verwenden Sie einen Blattschutz. Legen Sie das Korpusseitenteil mit der Innenseite nach oben auf den Arbeitstisch der Tischkreissäge, und schneiden Sie bis zum Riss, um die Höhe des Rücksprungs festzulegen. Schneiden Sie nur bis zum Riss, und stellen Sie dann die Säge aus. Ziehen Sie das Werkstück erst dann zurück, wenn das Blatt vollkommen zum Stillstand gekommen ist **(B).**

Lassen Sie das Sägeblatt auf der eingestellten Höhe, und stellen Sie den Parallelanschlag auf die Tiefe des Rücksprungs ein. Spannen Sie einen Stoppklotz am Parallelanschlag an, damit der Schnitt etwa 5 mm vor Ihrem Riss aufhört. Drehen Sie das Seitenteil um, sodass die Außenseite nach oben weist, und schieben Sie das Werkstück in das Blatt, bis es am Stoppklotz anliegt **(C).** Stellen Sie wie zuvor die Säge aus, entnehmen Sie das Werkstück, und entfernen Sie den Verschnitt **(D).** Reste können mit einem scharfen Stechbeitel entfernt werden.

Bei einer Korpusseite, die nicht oberflächenbehandelt wird, bringt man den Sockelleistenträger nicht innen am Korpus an, sondern direkt an der Vorderkante des Seitenteils **(E).** Dann wird die Sockelleiste am Träger befestigt **(F).**

WARNUNG Um sicher an der Kreissäge zu arbeiten, sollte das Sägeblatt nur geringfügig über die Oberfläche des Werkstückes hinausragen, wenn nicht wie hier gezeigt eine bestimmte Arbeit eine höhere Stellung des Blattes erfordert.

Korpus mit separatem zurückspringenden Sockel

Oft ist es leichter, einen separaten zurückspringenden Sockel zu konstruieren, als ihn in den Korpus zu integrieren. Besonders nützlich ist das, wenn man einen Einbauschrank herstellt, da es das waagerechte Ausrichten des Schranks sehr erleichtert.

> Siehe „Das Ausrichten von Möbelstücken" auf S. 200.

Um einen Sockel für einen freistehenden Schrank herzustellen, werden Sockel und Korpus als getrennte Teile gebaut und dann mit Schrauben verbunden **(A)**.

Um den Sockel bei einem Korpus mit oberflächenbehandelten Seiten um die Ecken herumzuführen, muss der Überstand des Korpus am Vorderteil und den Seiten bei der Berechnung der Breite und Länge des Sockels berücksichtigt werden, wie das auf der Abbildung zu sehen ist. Planen Sie auch die Stärke der fertigen Sockelleiste mit ein. Bauen Sie dann den Sockel aus ca. 20 mm starken Sperrholzstreifen, die Sie auf die richtige Breite zugeschnitten haben, um den Korpus um die gewünschte Höhe anzuheben. Befestigen Sie die Teile mit Nägeln und Leim aneinander, und achten Sie darauf, dass die inneren Streifen rechtwinklig angebracht werden **(B)**. Diese Streifen sollten immer so positioniert werden, dass sie direkt unter eventuell vorhandenen Trennwänden des Korpus liegen, um diese abzustützen. Auch bei großen Möbeln reichen Innenstreifen im Abstand von 600 mm, um das Gewicht zu tragen.

Fortsetzung auf S. 198

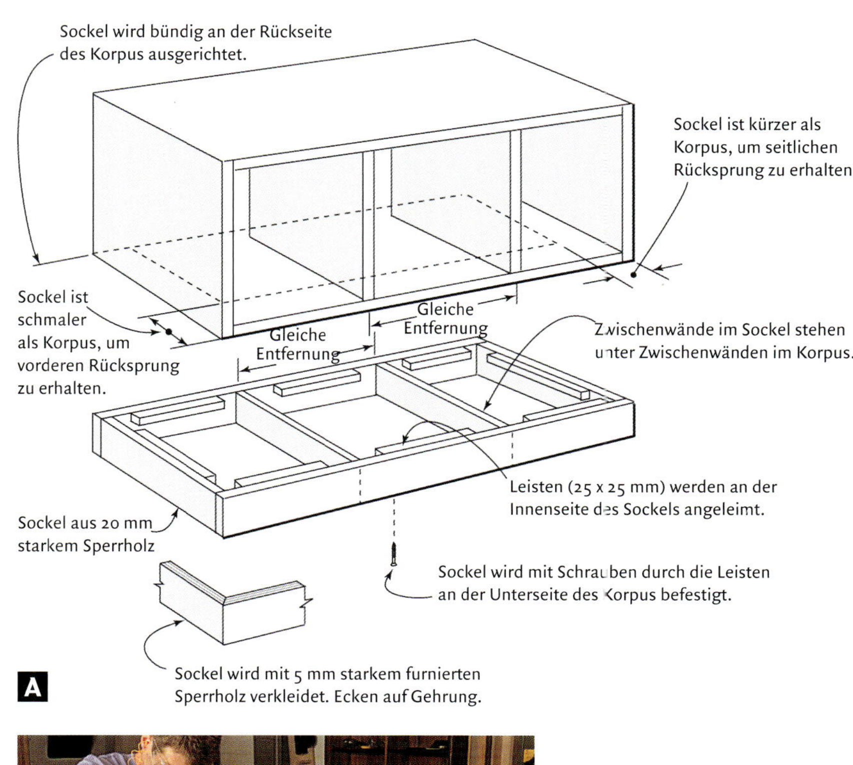

Wenn der grundlegende Rahmen des Sockels zusammengebaut ist, werden innen Befestigungsleisten angebracht, sodass sie bündig mit der Oberkante des Sockels abschließen **(C)**. Dann wird der Korpus auf die Rückseite gelegt, und man befestigt den Sockel, indem man Schrauben durch versenkte Bohrlöcher in den Befestigungsleisten in den Boden des Korpus dreht **(D)**.

Bringen Sie schließlich die Sockelleiste aus 5 mm starkem Sperrholz an der Vorderseite und den Seiten des Sockels an. Das Aussehen des Sockels kann man verbessern, indem man die Sockelleisten auf Gehrung verbindet. Sie werden mit Drahtstiften und Leim am Sockel befestigt **(E)**.

Mit Flachdübel befestigte Sockelleiste

Wie der integrierte Sockel funktioniert auch eine mit Flachdübeln befestigte Sockelleiste gut bei schmalen Korpussen (Bücherregalen zum Beispiel), bei denen die Seitenteile mit der gesamten Kante auf dem Fußboden stehen.

> Siehe „Korpus mit integriertem zurückspringenden Sockel“ auf S. 194.

Man kann unterschiedliche Verbindungen verwenden, um die Teile zusammenzufügen, aber am einfachsten sind Flachdübel, die den untersten Regalboden und die Sockelleiste am Seitenteil befestigen. Um die Verbindung auszusteifen, wird die Sockelleiste in einer flachen Nut an der Unterseite des Regalbodens eingelassen, wie hier zu sehen **(A)**. Man kann das Korpusseitenteil und den -boden verwenden, um die Verbindungen anzureißen und zu schneiden. Wenn Sie den Regalboden für die Sockelleiste genutet haben, spannen Sie ihn in der Höhe der Sockelleiste über das Korpusseitenteil und schneiden die Schlitze für die Flachdübel in die Enden des Bodens. Die Grundplatte der Schlitzfräse wird am Korpusseitenteil angelegt **(B)**.

Ohne etwas an der Einstellung der Fräse oder der eingespannten Teile zu verändern, wird dann die Fräse senkrecht gestellt und am Ende des Regalbodens angelegt, um die Seitenteile zu schlitzen **(C)**.

Geben Sie Leim in die Schlitze in der Sockelleiste und dem Regalboden **(D)**, stecken Sie die Flachdübel ein, und ziehen Sie die Verbindungen mit Zwingen dicht. Bemessen Sie die Sockelleiste so, dass sie etwa 3 mm Luft zum Fußboden hat, um zu verhindern, dass der Korpus wackelt. Auf diese Weise stehen die Seitenteile fest auf dem Fußboden, aber kleine Gegenstände können dennoch nicht unter das Möbelstück rollen. Das Ergebnis sieht schlicht und elegant aus **(E)**.

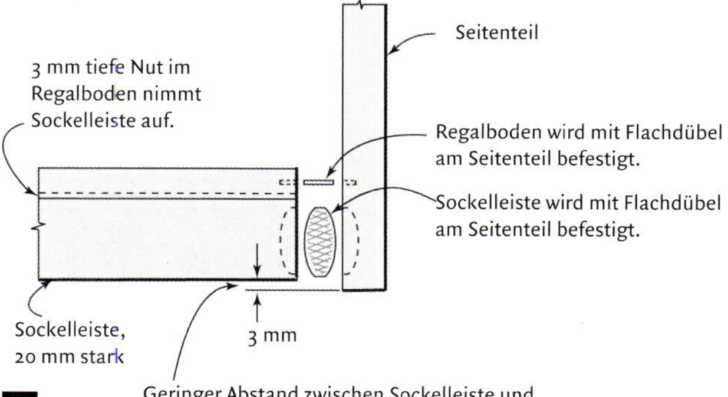

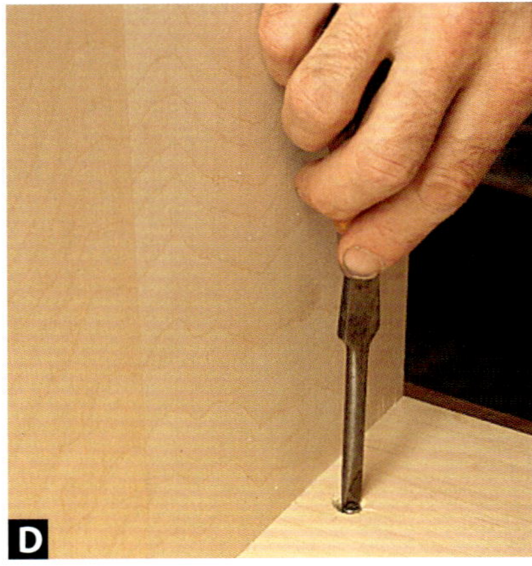

Das Ausrichten von Möbelstücken

Einen Tisch oder einen – freistehenden oder eingebauten – Schrank waagerecht auszurichten ist der letzte Schritt, den man vornimmt, bevor man das Möbelstück dann wirklich benutzt. Falls Sie sich nicht die Zeit dafür nehmen, kann es passieren, dass Ihre Tische auf unebenen Fußböden wackeln. Schwere Korpusmöbel können sich aus dem gleichen Grund verziehen.

Falls Sie vorhaben, Möbelstücke an den Wänden oder dem Fußboden einen Raumes zu befestigen, so wie das etwa bei Küchenschränken oder einem Wandregal der Fall ist, dann ist das Ausrichten sogar noch wichtiger. Noch bevor Sie das Werkstück bauen, sollten Sie einige logische Schritte vornehmen, um sicherzustellen, dass es sich später leicht installieren lässt.

Die Montage mit Möbelwinkeln und Schrauben, die hier gezeigt wird, macht das Ausrichten eines Schrankes zum Kinderspiel, auch wenn er schon an der Wand befestigt worden ist. Schrauben Sie an jeder Ecke des Schrankes einen Möbelwinkel direkt unter dem Boden am Seitenteil an **(A).** Reißen Sie dann das Einstellloch durch den Winkel hindurch auf dem Boden an **(B).**

Nehmen Sie den Winkel ab, und bohren Sie ein 10-mm-Zugangsloch durch den Boden **(C).** Bringen Sie den Winkel dann wieder an, und drehen Sie die Schraube oder den Stellfuß in den Winkel ein. Wenn der Schrank an Ort und Stelle ist, können Sie den Stellfuß von der Innenseite des Korpus mit den Schraubendreher verstellen **(D).**

Solche Stellfüße sind gut für Schränke, Truhen und Tischbeine geeignet. Ihre Unterseite lässt sich gut über raue Böden verschieben. Der Beschlag besteht aus einer Schraube, die mit Kunststoff belegt ist, und einer Einschlagmutter. Der Stellfuß wird angebracht, indem man in jedes Bein oder jede Ecke des Korpus ein Loch bohrt, dessen Tiefe der Länge der Schraube entspricht **(E).**

Stecken Sie die Einschlagmutter in das Loch. Die Sporne an der Mutter greifen in das Werkstück und hindern die Mutter daran, sich zu drehen oder zu lockern **(F).** Drehen Sie dann die Schraube in die Einschlagmutter. An einer abgeflachten Stelle am Schaft der Schraube kann man einen kleinen Schraubenschlüssel ansetzen, um die Höhe des Werkstücks einzustellen **(G).**

Bei einer anderen Methode werden Einschraubmuttern mit Schlossschrauben verwendet. Sie ist gut für Möbelbeine oder Korpusseitenteile geeignet. Sie können sich die Arbeit erleichtern, indem Sie die Löcher für die Beschläge bohren und diese anbringen, bevor Sie das Werkstück zusammenbauen. Bohren Sie zuerst von unten in jedes Möbelbein ein Loch des vom Hersteller vorgegebenen Durchmessers und der Länge der Schlossschraube. Versenken Sie das Bohrloch leicht **(H).**

Drehen Sie die Einschraubmutter in das Bein, bis sie bündig mit dem Hirnholz abschließt. Drehen Sie dann eine Schlossschraube in die Mutter ein **(I).** Der runde Kopf der Schraube ist ein guter Möbelgleiter, und gegebenenfalls kann man die Länge der Schraube mit einem Schraubenschlüssel einstellen.

A

B

C

Einschraubmuttern

Einschraubmuttern (in Deutschland vor allem unter dem Markennamen Rampamuffe bekannt) sind berüchtigt dafür, dass sie schwierig anzubringen sind. Um die Installation narrensicher zu machen, kann man auf eine Ständerbohrmaschine zurückgreifen. Bohren Sie zuerst ein Loch in der passenden Größe für die Einschraubmutter, und versenken Sie das Loch. Dadurch wird das umgebende Holz daran gehindert, unter Druck nach oben und zu den Seiten auszutreten. Schneiden Sie dann mit der Metallbügelsäge den Kopf von einer Schraube ab, die das gleiche Gewinde wie die Einschraubmutter hat, und setzen Sie die Schraube in der Ständerbohrmaschine ein. Drehen Sie eine Unterlegscheibe und eine Mutter auf der Schraube auf, und ziehen Sie die Einschraubmutter mit der Hand unter der Unterlegscheibe auf die Schraube auf **(A).**

Richten Sie das versenkte Bohrloch mittig unter der Einschraubmutter aus, und spannen Sie das Werkstück am Arbeitstisch der Ständerbohrmaschine fest. Stellen Sie sicher, dass die Stromzufuhr zu Ständerbohrmaschine unterbrochen ist, und drehen Sie die Einschraubmutter mit der Hand in das Bohrloch, während Sie die Schraube mit einem Schraubenschlüssel drehen **(B).** Drehen Sie die Einschraubmutter und die Schraube so lange, bis die Unterlegscheibe auf dem Werkstück aufliegt. Drehen Sie dann die Schraube mit dem Schraubenschlüssel zurück, und drehen Sie das Bohrfutter, bis die Schraube sich aus der Einschraubmutter löst **(C).**

Einen Schrank mit separatem Sockel ausrichten

Bei breiten Einbauschränken oder langen Reihen von nebeneinanderstehenden Korpussen wie sie im Küchenbau vorkommen, ist es oft am leichtesten, einen separaten Sockel zu bauen und ihn waagerecht auszurichten, bevor man den Korpus darauf befestigt. Bauen Sie zuerst den Sockel und legen Sie ihn dann auf den Fußboden. Verwenden Sie dann Keile, um ihn in Längs- wie in Querrichtung waagerecht auszurichten.

> Siehe „Korpus mit separatem zurückspringenden Sockel" auf S. 197.

Mit einer einzelnen Wasserwaage lässt sich zwar überprüfen, ob der Sockel waagerecht ist, aber mit zwei Wasserwaagen ist es etwas leichter, da man in beiden Richtungen gleichzeitig messen kann **(A).**

Wenn der Sockel senkrecht steht, befestigt man ihn an der Wand oder am Fußboden, und schneidet eventuell überstehende Keile mit der Außenseite des Sockels bündig. Bringen Sie dann den Korpus an, indem Sie ihn auf den Sockel stellen und von innen Schrauben bis in den Sockel drehen **(B).** Sichern Sie den Korpus durch Schrauben, die Sie oben durch die Rückwand bis in die dahinterliegende Wand treiben. Verkleiden Sie dann den Sockel auf drei Seiten mit einer oberflächenbehandelten Sockelleiste.

A

B

Einbauschränke

Bei Einbauschränken lohnt es sich, die Arbeit sorgfältig zu planen, noch bevor man den Schrank einbaut, ja sogar bevor man ihn konstruiert. Fertigen Sie eine maßstabsgerechte Arbeitszeichnung des Schrankes und des Raumes an, in dem er eingebaut werden soll. Die Zeichnung sollte Türen und Fenster sowie alle anderen festen Ausstattungsteile des Raumes (Lichtschalter, Steckdosen und ähnliches) ausweisen **(A).**

Falls der Schrank an einer Wand angebaut werden soll, ist es anzuraten, ihn nicht lediglich an Gipskartonplatten zu befestigen. In diesem Fall sollte man mit Holzschrauben bis in die dahinter liegenden Holzständer schrauben. Bei Mauerwerk oder Betonwänden werden entsprechende Dübel, Schrauben und Bohrer verwendet **(B).**

TIPP Schrauben in Mauerwerk zu positionieren, um Hängeschränke anzubringen, kann schwierig sein, wenn man nicht ein bestimmtes Verfahren anwendet. Bohren Sie zuerst Durchgangslöcher in die Rückwand des Schrankes. Bringen Sie ihn dann in die richtige Lage an der Wand, und bohren Sie durch die Durchgangslöcher hindurch mit einem hartmetallbesetzten Bohrer Führungslöcher in das Mauerwerk. Drehen Sie dann die Schrauben ein, ohne die Lage des Hängeschrankes zu verändern.

Wenn Sie die richtigen Beschläge ausgewählt haben, benötigen Sie eine genaue Wasserwaage, um die Lage des Schrankes an der Wand anzureißen und ihn bei der Montage in der Waage zu halten. Reißen Sie zuerst eine waagerechte Linie an der Wand an, mit der die Endhöhe des Schrankes gekennzeichnet wird **(C).**

Verwenden Sie dann die Wasserwaage, um den höchsten Punkt des Fußbodens zu ermitteln, und reißen Sie von diesem Punkt aus eine weitere Höhenlinie an der Wand an, um einen Bezug für die Höhenunterschiede des Fußbodens zu haben. Bei der Installation werden dann Zulagen verwendet, um diese Höhe zu erreichen.

Falls Sie an einer Trockenbauwand arbeiten, ermitteln Sie die Mittellinie der Ständer **(D),** und übertragen ihre Lage auf den Korpus des Schrankes. Bohren Sie dann für die Schrauben Durchgangslöcher in die Hängeleisten des Korpus. Richten Sie den Korpus mit Zulagen und Keilen waagerecht und lotrecht aus.

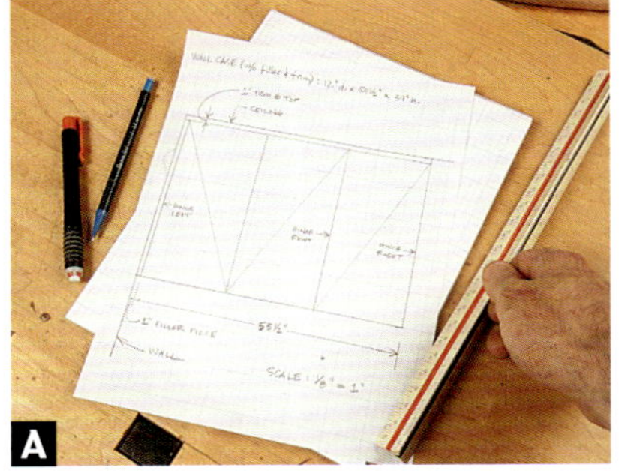
A

C

B

D

Hängeschränke

Wenn Sie einen großen und schweren Hängeschrank befestigen wollen, empfiehlt es sich, die Türen, Schubladen und Regalböden zu entfernen, um ihn so leicht wie möglich zu machen. Falls kein Helfer zur Hand ist, stellt man sich einen Satz verstellbare Stützen her. Die Stützen sollten etwas kürzer sein, als der Abstand zwischen Fußboden und der Unterkante des Möbels. Mit kleinen Keilen, die man zwischenlegt, kann man den Korpus etwas anheben und Absenken, bis er genau ausgerichtet ist. **(A).**

Bevor Sie den Schrank endgültig befestigen, kontrollieren Sie mit der Wasserwaage, ob er waagerecht und lotrecht hängt. Hier sollten Sie nicht mogeln. Ein Schrank, der nicht waage- und lotrecht aufgehängt wird, verzieht sich auf Dauer unweigerlich, so dass die Türen nicht mehr richtig schließen und die Schubladen klemmen. Kontrollieren Sie mit der Wasserwaage in zwei Ebenen: entlang des Deckels (oder Bodens) und der Vorderseite **(B).**

Wenn beide Ebenen waagerecht und lotrecht sind, drehen Sie Schrauben durch die Löcher im Korpus und in die Wand. Achten Sie darauf, den Korpus sowohl oben **(C)** als auch unten zu befestigen **(D).** Wenn man eine Reihe von Schränken nebeneinander anbringt, befestigt man den ersten Schrank, der perfekt ausgerichtet sein muss an der Wand und bringt dann die weiteren Schränke an. Die weiteren Schränke werden ebenfalls genau ausgerichtet, bevor man sie untereinander verschraubt.

A

B

C

D

A

B

Passleisten für rahmenlose Schränke

Bei Einbauschränken ohne Frontrahmen muss man oft einen Freiraum zwischen dem Korpus und der Wand oder der Raumdecke schaffen, damit Türen und Schubladen sich ohne Behinderungen öffnen lassen.

> Siehe „Einbauschränke" auf S. 204.

Anstatt einen Spalt offen zu lassen, ist es besser, den Raum mit einer Holzleiste zu füllen, die zur Vorderseite des Korpus passt. Diese Passleiste sollte aus zwei L-förmig angeordneten Teilen bestehen.

Die Sichtseite sollte aus dem gleichen Material wie der Korpus bestehen. Die Passleiste kann in jeder Breite angefertigt werden, aber in der Regel reichen 25 mm, um einen hinreichenden Abstand zwischen Wand und Korpus zu schaffen, solange die Wand selbst keine Hindernisse aufweist. Stellen Sie die Passleiste her, indem Sie das Sichtstück im rechten Winkel an das Trägerstück leimen **(A).** Das Sichtstück sollte mindestens 5 mm über das Trägerstück hinausragen, damit sie hinreichend viel Material haben, um die Passleiste an Unregelmäßigkeiten der Wand anzupassen.

Bringen Sie die Passleiste mit Schrauben an der Seite (oder gegebenenfalls am Deckel) des Korpus an, so dass das Sichtstück bündig mit der Tür oder den Schubladenvorderstücken abschließt **(B).** Falls Sie beim Ausrichten des Korpus feststellen, dass die Passleiste an die Wand angepasst werden muss, schrauben Sie sie vom Schrank ab, und sägen Sie mit der Stichsäge passend für das Profil der Wand zu. Dann bringen Sie die Passleiste wieder am Schrank an und hängen diesen auf.

Einen Schrank an eine Wand anpassen

Wenn man einen Schrank an einer Wand anbringt, kann es vorkommen, das eine oder beide Seiten einsehbar sind. Dadurch werden auch die Verbindungsstellen zwischen Möbel und Wand sichtbar, die eventuell unansehnliche Lücken aufweisen kann, wenn die Wand nicht vollkommen eben ist. Man kann dann den Schrank an die Wand anpassen.

Bei einem Schrank, der so angepasst werden soll, müssen die Seitenteile in der Tiefe mit 25 mm Zugabe hergestellt und mit einem Falz versehen werden, der ebenfalls 25 mm breiter ist als die anderen Fälze an der Rückseite **(A).** Wenn Sie die Rückwand am Schrank anbringen, sollten Sie so 25 mm überstehendes Material erhalten, in dem Sie die Anpassung vornehmen können **(B).**

Bringen Sie den Schrank in die richtige Lage an der Wand, und verwenden Sie Zulagen an den entscheidenden Punkten, um ihn waage- und lotrecht auszurichten **(C).** Ziehen Sie dann mit einem Zirkel, den Sie auf die Anpassungsbreite (etwa 25 mm, aber so gering, dass der Schrank die richtige Tiefe erhält) eingestellt haben, einen Riss an der Korpusseite entlang, um die Kontur der Wand zu übertragen **(D).**

Nehmen Sie den Schrank wieder von der Wand ab, legen Sie ihn auf die Seite, und sägen Sie mit der Stichsäge am Riss entlang. Führen Sie den Schnitt leicht zur Verschnittseite geneigt aus, um die Kante zu hinterschneiden. Dadurch wird die Passung an der Wand besser. Mir fällt es leichter, die Säge leicht zu neigen als die Grundplatte zu verstellen. Der 25 mm breite Überstand trägt die Stichsäge, wenn sie geneigt wird, und indem man die Säge zur Verschnittseite neigt, vermeidet man Beschädigungen der Sichtseite des Möbels. Verputzen Sie gegebenenfalls noch mit dem Hirnholzhobel **(E).** Danach können Sie den Schrank endgültig mit Schrauben an der Wand anbringen.

A

B

D

E

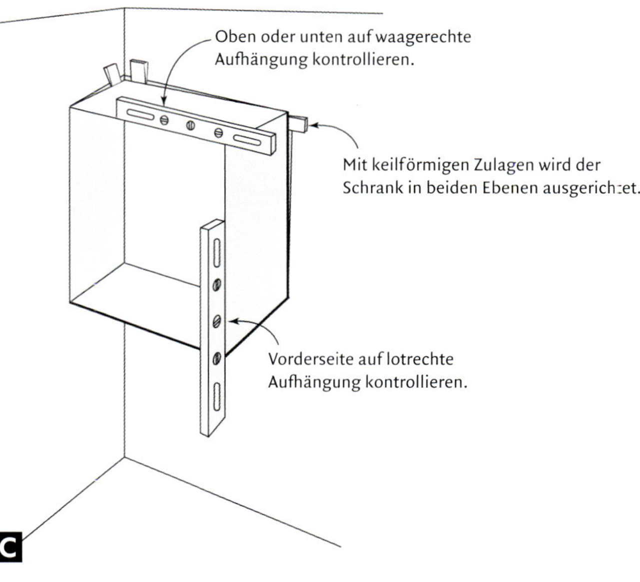

C

Möbelfüße

Möbelfüße und -rollen

Möbelstücke mit Füßen zu versehen, ist eine gute Methode, um sie vom Fußboden abzuheben, und auch gut geeignet, ein sonst eher einfaches Möbelbein mit einer persönlichen Note auszustatten. Möbelfüße können modern gestaltet werden, aber auch recht traditionell wirken. Am einfachsten kann es sein, kleine Knöpfe unter dem Korpus anzubringen, um so eine Schattenfuge zu schaffen. Falls das Möbelstück beweglich sein soll, sind Füße mit Rädern die Lösung. Lauf- und Lenkrollen oder anderen Rad- und Rollenformen können dabei helfen, Möbel von einer Stelle an eine andere zu bewegen.

Der Entwurf von Möbelfüßen

Falls das Stück, das Sie bauen wollen, auf einer Rahmenkonstruktion beruht, bei der die Längsfriese als Beine bis zum Boden hinabreichen, können Sie diese so belassen wie sie sind oder sie mit umlaufenden Profilleisten verzieren. Korpusmöbel ohne Sockel benötigen irgendeine Form von Füßen – dabei ist die Auswahl recht groß. Traditionelle Kommoden und Truhen haben oft Konsolenfüße, um das Stück anzuheben und ihm einen eignen Stil zu geben. Einfachere Entwürfe, die gedrechselt oder gesägt werden, können jedoch genauso ansprechend sein.

Die einfachste Lösung ist es, das Bein einfach bis zum Fußboden reichen zu lassen. Allerdings kann diese Methode dazu führen, dass die Kanten des Möbelbeines sich an Teppichen und anderen Bodenbelägen verfangen können. Und wenn das Möbelstück bewegt wird, können die Standflächen splittern. Dem kann man leicht entgegenwirken, indem man die Kanten am unteren Ende des Beines etwas anfast. Dadurch wird nicht nur die Gefahr des Splitterns oder Ausreißens reduziert, es sieht auch sehr viel besser aus als ein Bein mit scharfen Kanten am unteren Ende.

Mit einer kleinen Fase am unteren Ende eines Möbelbeines kann man das Absplittern verhindern.

Mit Klötzen an den Außenecken wird ein kleines Korpusmöbel auf einfache Weise angehoben.

Wenn das Möbelstück auf den Klötzen steht, ergibt sich eine ansprechende Schattenfuge.

Eine einfache Lösung, um ein Möbelbein oder einen Korpus anzuheben, besteht darin, Kunststoff- oder Gummiklötze darunter anzubringen. Diese Klötze wirken rutschhemmend und sind schnell zu installieren. Man schraubt sie einfach unter dem Werkstück an. Bei einem Korpusmöbel sollte man sie an den Außenecken anbringen, um einen stabilen Stand zu erreichen. Im angebrachten Zustand fallen die Klötze von oben kaum auf. Das Ergebnis ist ein leicht angehobener Korpus und eine elegante dunkle Schattenlinie unter ihm.

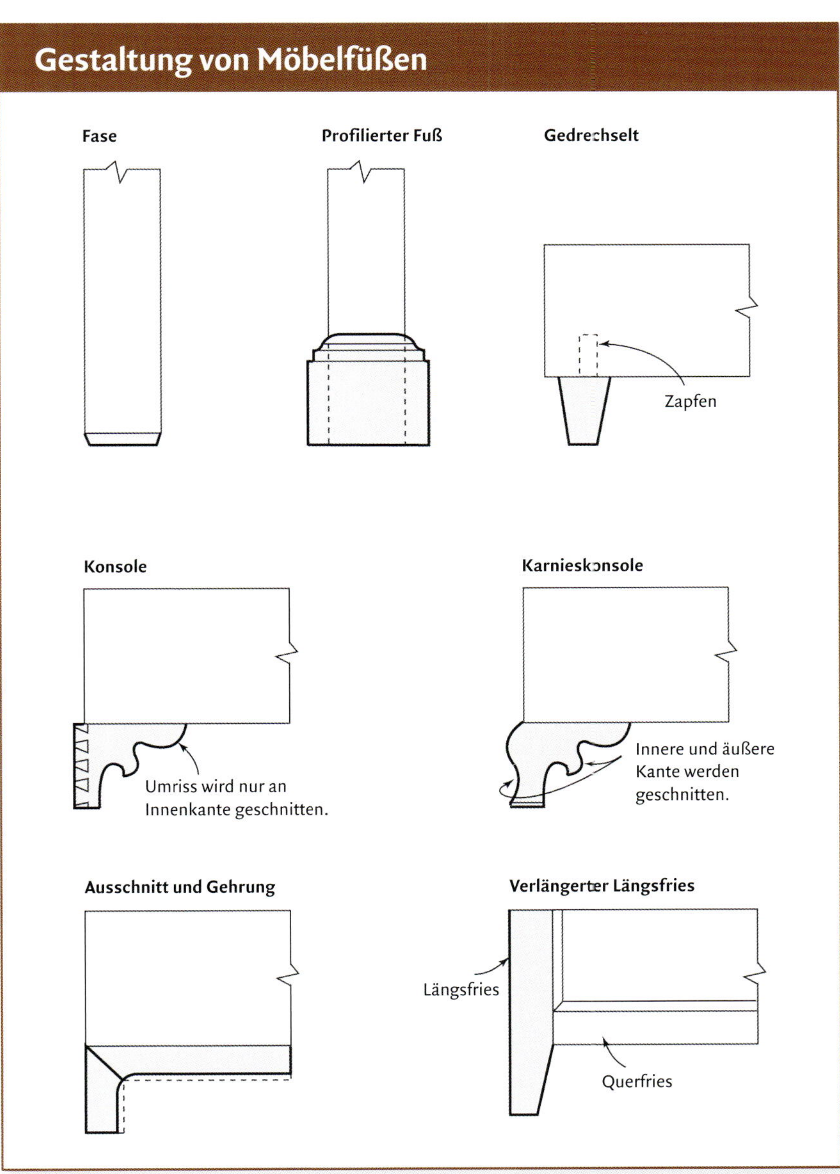

Rollen und Räder

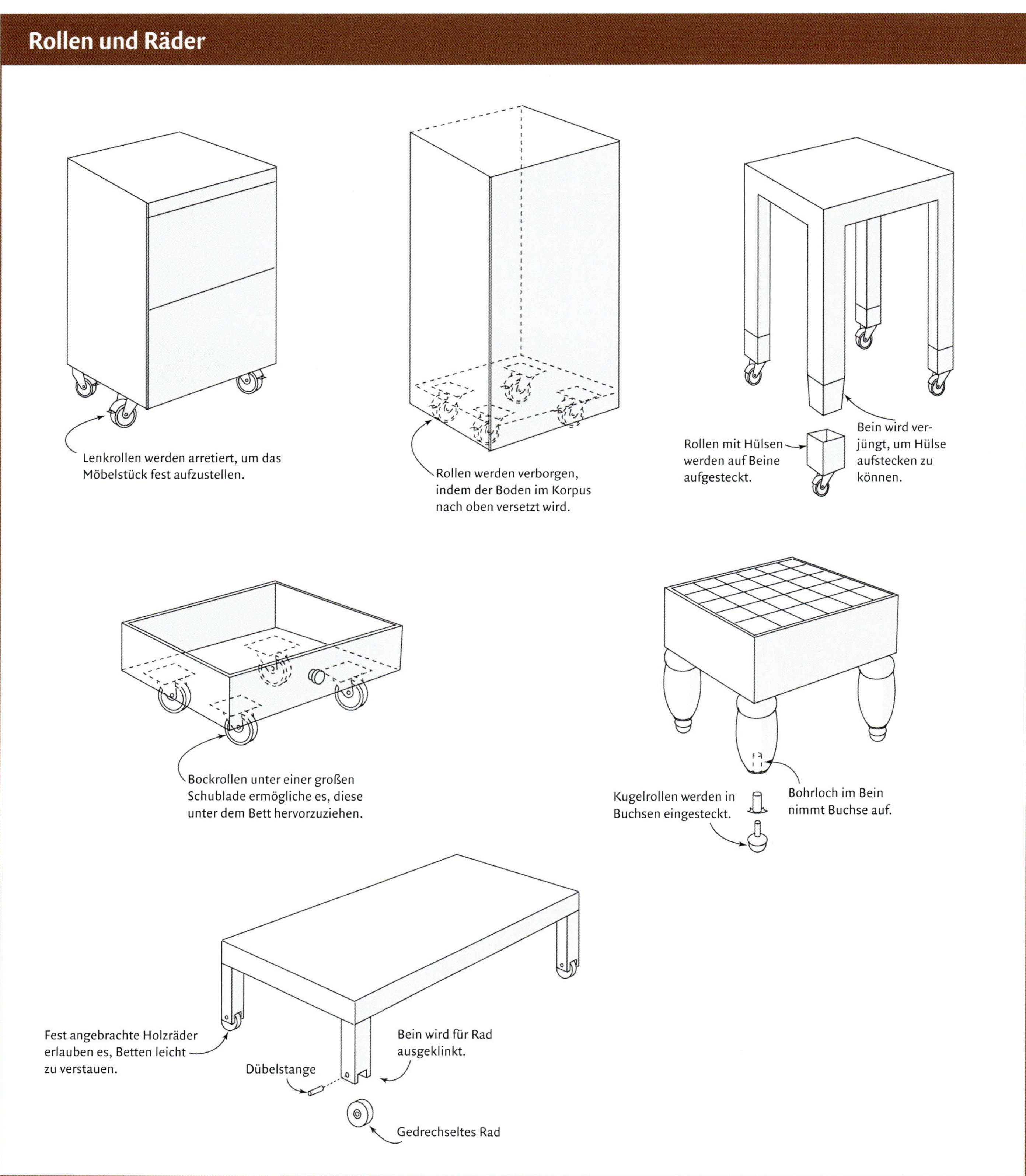

Räder und Rollen

Falls Sie Ihre Möbelstücke häufig umstellen müssen, sollten Sie erwägen, sie mit Rädern auszustatten (siehe Abbildung auf S. 199). Räder sind ein Segen bei Möbeln wie Hängeregistraturen, da man weder am Fußboden noch am eigenen Rücken Beschädigungen befürchten muss, wenn man die schweren Stücke bewegt. Man muss die Räder nicht einmal sehen. Bei einem großen Möbel lassen sie sich an der Unterseite verbergen, bei Bedarf jedoch jederzeit benutzen.

Bei kleineren Stücken wie Servierwagen kann man Messingräder unten an den Beinen anbringen, um sowohl in ästhetischer als auch in praktischer Hinsicht etwas für das Möbel zu tun. Holzräder wirken rustikal, man kann sie an der Drechselbank selbst herstellen.

Wenn Sie Ihren Möbelstücken Mobilität verleihen, sollten Sie überlegen, ob die Räder feststehend oder drehbar sein sollten. Lenkrollen erleichtern das Manövrieren eines großen Möbelstückes in beengten Umständen. Falls das Möbelstück groß oder schwer ist, sollten Sie zu feststellbaren Rollen greifen, damit es sich nur dann bewegt, wenn Sie das auch möchten.

Möbelgleiter

Wenn man Möbel so herstellt, dass sie über Fußböden gleiten, kann man Kratzer und Druckstellen im Boden vermeiden. Holzmöbel gleiten jedoch von Natur aus nicht. Eine Lösung ist es, an der Unterseite des Möbels ein Material mit geringem Reibungswiderstand anzubringen – etwa hochdichten Kunststoff oder Filz.

Wenn ein Stück sehr oft bewegt werden soll, ist es am besten, an seiner Unterseite Möbelgleiter anzubringen. Es gibt viele verschiedene Arten aus unterschiedlichen Materialien. Manche von ihnen werden an der Unterseite des Möbels angeschraubt, andere einfach mit Nägeln befestigt. Diese Kunststoffkappen gleiten auch über raue Untergründe leicht hinweg, sind abriebfest und lassen sich anbringen, indem man sie unten in das Seitenteil eines Korpus oder in ein Möbelbein einschlägt.

Bei schweren Stücken, die nicht oft bewegt werden müssen, ist ein Unterleger aus Kunststoff oder Gummi, den man unter das Bein legt, eine einfache Lösung, um den Fußboden zu schützen.

Kleine Möbelgleiter aus Kunststoff werden einfach angenagelt.

Möbelunterleger aus Kunststoff und Gummi gibt es in verschiedenen Formen und Größen. Sie schützen sowohl den Fußboden als auch die Möbel.

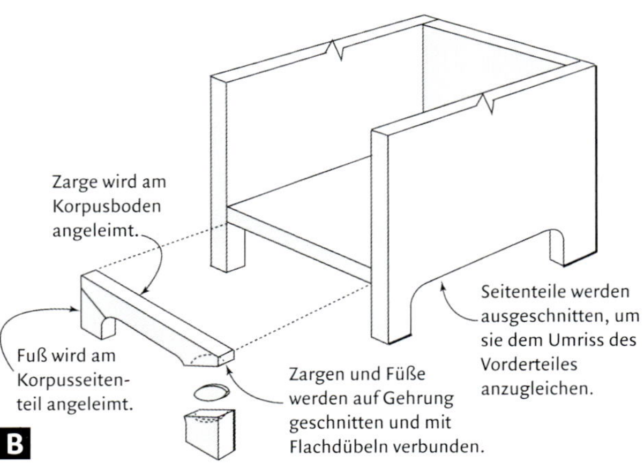

Ausgeschnittene und auf Gehrung gearbeitete Füße

Der auf Gehrung gearbeitete Fuß, der hier gezeigt wird, ist in seiner schlichten Form eine Anklang an die Möbelentwürfe der amerikanischen Shaker-Möbel **(A).** Die Herstellung ist nicht kompliziert **(B).**

Schneiden Sie mit der Stich- oder Bandsäge ein Profil an den Korpusseiten an, bevor Sie das Möbelstück zusammenbauen. Beim Vorderteil ist es am leichtesten, die auf Gehrung geschnittenen Füße und die Traverse am Korpus anzubringen, nachdem man die Verbindungen geschnitten hat, aber solange das Material noch rechtwinklig ist **(C).** Wenn der Leim trocken ist, wird der Umriss auf das Werkstück übertragen, und man sägt mit der Stichsäge am Riss entlang **(D).** Verputzen Sie die Sägeflächen mit einem Schweifhobel mit abgerundeter Sohle oder einer Schleiftrommel, die Sie in einer Bohrmaschine einspannen.

Konsolenfüße mit Karniesprofil

Konsolenfüße sind ein angemessener unterer Abschluss für Möbelstücke in traditionellen Stilen, wie etwa Schreibsekretären aus dem 18. Jahrhundert und ähnlichem **(A).** Diese Art Fuß scheint der Schwerkraft zu trotzen. Dem Karniesprofil, in dem er sich emporschwingt, traut man nicht genug Kraft zu, um eine Kommode zu tragen. Lassen Sie sich dadurch nicht täuschen: Der Konsolenfuß ist sehr belastbar.

Die Herstellung der vorderen Füße ist einfach **(B).** Schneiden Sie zuerst auf der Tischkreissäge zwei Rohlinge auf Gehrung. Mit dem Ablängschlitten lässt sich der Schnitt beherrschen und das Werkstück führen **(C).** Belassen Sie das Blatt auf der 45°-Einstellung, und schneiden Sie in jede Gehrung einen Schlitz als Aufnahme für eine lose Feder aus Sperrholz, mit der die Verbindung verstärkt wird. Reißen Sie dann auf jedem Rohling das geschwungene Profil an. Wenn Sie mehrere Füße herstellen, können Sie sich die Arbeit erleichtern und die Genauigkeit erhöhen, indem Sie eine Schablone verwenden **(D).** Sägen Sie den Umriss des Konsolenfußes an der Bandsäge aus. Sägen Sie so dicht wie möglich am Riss, damit Sie nicht so viel Arbeit mit dem Verputzen haben **(E).** Glätten Sie die Sägeflächen mit dem Trommelschleifer oder in Handarbeit. Das muss nicht allzu genau geschehen –

Fortsetzung auf S. 214

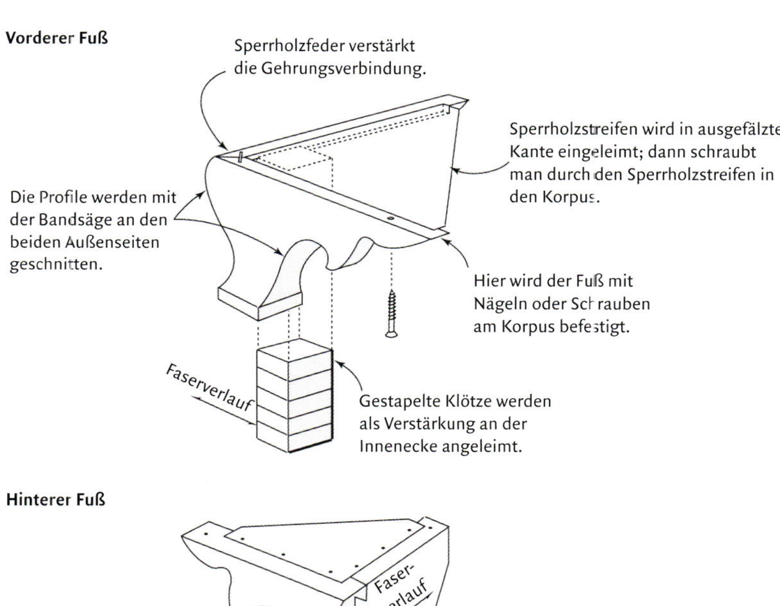

Der Fuß wird fest an dieser Vorrichtung festgespannt, wenn die Karniese ausgeschnitten werden.

Ecken werden mit Nägeln und Leim verbunden.

Höhe ist etwas größer als die Höhe des Fußes.

Kasten wird mit 45°-Winkelstücken ausgestrebt.

F

G

I

H

J

TIPP Wenn man sich auf den Gehrungsanschlag oder die Einstellung der Blattneigung seiner Maschine verlässt, um eine präzise Gehrung mit 45° zu schneiden, kann das Ergebnis vor allem bei großen Werkstücken enttäuschend sein. Es ist besser, wenn man in zwei Rohlinge Probeschnitte macht, und diese dann zusammenhält, um zu überprüfen, ob sich zusammen ein rechter Winkel ergibt. Falls das nicht der Fall ist, wird der Winkel des Sägeblattes um die Hälfte des Fehlwinkels verstellt, und das Ergebnis wiederum überprüft. Wiederholen Sie den Vorgang, bis der Winkel genau richtig eingestellt ist.

die Unterkante des geschwungenen Teils ist später kaum einsehbar. Setzen Sie die lose Sperrholzfeder ein, um die Verbindung belastbarer zu machen, richten Sie die Rohlinge rechtwinklig aneinander aus, und verleimen Sie die beiden Hälften.

Wenn Sie die Rohlinge verleimt haben, reißen Sie den Karnies auf einer Seite an und sägen das Profil an der Bandsäge aus. Sie werden eine kastenförmige Vorrichtung benötigen, um den Fuß während des Sägens zu stützen **(F).** Sägen Sie auch hier so dicht am Riss wie möglich **(G).** Sägen Sie nach der ersten Seite auch die zweite. In diesem Fall müssen Sie nicht anreißen, da die Form durch den ersten Schnitt vorgegeben wird **(H).** Folgen Sie einfach dem Umriss, um die zweite Seite zu sägen **(I).**

Verstärken Sie den Fuß, indem Sie an der Innenecke einen Stufenklotz so anleimen, dass die Holzfaser in der gleichen Richtung laufen wie im Fuß. Dadurch werden die Gehrungen gestärkt und das Gewicht des Schrankes über dem Fuß wird abgefangen. Bringen Sie dann noch eine Sperrholzplatte an, um den Fuß am Möbelkorpus anschrauben zu können **(J).**

Die hinteren Füße werden auf ähnliche Weise konstruiert wie die vorderen, nur dass hier die Rückseite nicht profiliert wird, damit die Füße und der Korpus dicht an einer Wand aufgestellt werden können. Nachdem Sie das geschwungene Profil an der Innenseite des Seitenstücks ausgeschnitten haben, verbinden Sie die beiden Stücke mit großen Schwalbenschwanzzinken. Sägen Sie dann nur am Seitenstück das Karniesprofil mit der Bandsäge aus. Verwenden Sie die gleiche Methode wie bei den Vorderfüßen.

Gedrechselte Möbelfüße

Schlichte Kegelstümpfe eignen sich gut als Füße für Schatullen und kleine Truhen **(A).** Drehen Sie die Füße zwischen Spitzen an der Drechselbank, und formen Sie an jeden Ende des Fußes einen Zapfen. Wenn Sie die Brüstung mit dem Abstechstahl genau rechtwinklig schneiden, sitzt der Fuß dicht an der Unterseite des Korpus **(B).** Bohren Sie dann Löcher in die Unterseite des Korpus, um die Zapfen aufzunehmen, geben Sie Leim an, und spannen Sie die Füße ein **(C).**

Runde gedrechselte Füße sind gut für größere Truhen oder Kästen geeignet. Wenn man die Proportionen genau richtig gestaltet, wirken sie auf angenehme Weise behäbig **(D).** Das Geheimnis liegt darin, die Unterseite abzuflachen, wo sie auf dem Fußboden aufliegt und direkt darüber eine kleine Platte anzudrechseln. Auch die Oberseite wird abgeflacht, wo der Korpus aufliegt. Diese Abflachungen lassen den Fuß so aussehen, als schwelle er ansprechend unter den Gewicht an, das er zu tragen hat. Man kann den Fuß an der Unterseite des Möbels anschrauben oder einen Zapfen an einem Ende andrehen, der dann in ein Loch im Korpus eingeleimt wird.

A

B

C

D

Bohrloch im Korpusboden als Aufnahme für Zapfen am Fuß.

Hohlkehle wird gedrechselt, dann wird ein erhitzter Kupferdraht in die Hohlkehle gelegt, um eine dekorative Brandverzierung anzubringen.

3 mm

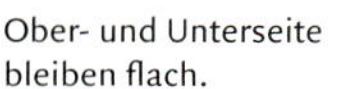
Ober- und Unterseite bleiben flach.

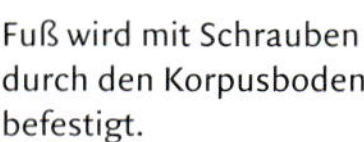
Fuß wird mit Schrauben durch den Korpusboden befestigt.

Messingrollen

Die eleganten Rollen, die hier zu sehen sind, bestehen aus massivem Messing und drehen sich sehr leicht. Sie können kleinen Tischen oder Gestellen eine raffinierte Note verleihen **(A).**

Die Installation ist ein Kinderspiel: Bohren Sie mittig in das untere Ende jedes Beines ein Loch für die Ankerschraube. Mit Klebeband wird die richtige Bohrtiefe gekennzeichnet **(B).** Bringen Sie die Ankerschraube an, und pressen Sie die Platte der Rolle mit einer Ahle oder einem Nagel dicht an das Ende des Beines **(C).** Sichern Sie die Rolle, indem Sie Flachkopfschrauben durch die Platte in das Bein drehen **(D).**

A

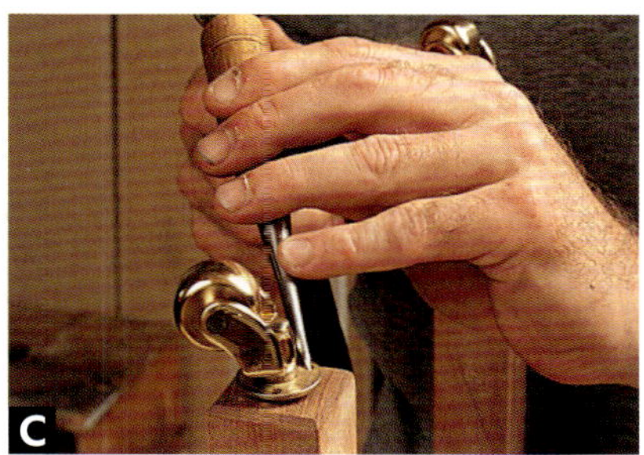
C

B

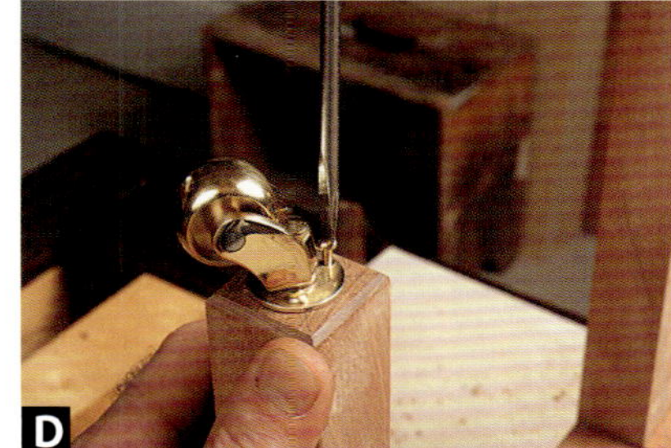
D

Kugelrollen

Kugelrollen in einem Metallgehäuse sind sehr belastbare Möbelfüße für Hackklötze und Wagen, die hin und her geschoben werden müssen. Am leichtesten ist es, die Löcher für die Rollen zu bohren, bevor man das Werkstück zusammenbaut. Besonders sauber sieht das Stück aus, wenn man den Großteil des Beschlags im Möbelbein versenkt. Bohren Sie dafür an der Ständerbohrmaschine mit einem 30-mm-Forstnerbohrer ein Sackloch in das untere Ende des Beines. Stellen Sie den Arbeitstisch der Ständerbohrmaschine senkrecht, und spannen Sie das Werkstück genau senkrecht unter den Bohrer ein. Die Ausrichtung kann man anhand von parallelen Linien vornehmen, die man am Arbeitstisch angerissen hat. Das Sackloch sollte etwa 12 mm tief sein **(A).**

Ohne die Lage des Werkstücks oder die Einstellung der Ständerbohrmaschine zu verändern, bohren Sie dann in der Mitte des Sackloches ein zweites Loch mit 12 mm Durchmesser als Aufnahme für den Zapfen und das Gehäuse der Kugelrolle. Mit einem Stück Klebeband wird die richtige Bohrtiefe markiert **(B).**

Das Gehäuse hat Widerhaken, die in das Hirnholz des Möbelbeines greifen **(C).** Klopfen Sie mit einem stabilen Rundholz das Gehäuse in das innere Bohrloch **(D).**

Stecken Sie dann den Zapfen und die Kugel in das Gehäuse, und Sie können losrollen **(E).**

Ständer und Gestelle

Ständer und Gestelle können die Wirkung eines Möbelstücks dramatisch verändern, indem sie es auf Augenhöhe anheben. Man kann Kunstwerke auf Ständern zur Schau stellen oder auf ihrer oberen Fläche Pflanzen oder andere Gegenstände aufstellen. Sogar kleine Truhen oder besondere Schatullen können davon profitieren, wenn man sie auf einen Ständer hebt. Raffinierter ist die Methode, ein Korpusmöbel auf einem Gestell zu befestigen, bei dem der Entwurf einen Rahmen mit Schubladen oder Regalböden vorsieht, so wie das in dem Beispiel „Ming's Cabinet" auf der folgenden Seite zu sehen ist.

Man kann Ständer aus Vollholz, Sperrholz oder einer Kombination der beiden herstellen. Es gibt zwei grundlegende Konstruktionsmethoden. Bei der einen werden breite, massive Platten an den Ecken verbunden, so dass eine große Masse mit hohem optischen Gewicht entsteht. Ständer in Rahmenbauweise beruhen auf eher zierlich wirkenden Bauteilen und werden meist mit Schlitz-und-Zapfen-Verbindungen hergestellt. Solche Ständer heben ein Werkstück an und verleihen ihm eine leichte Gesamtwirkung.

Der Entwurf von Ständern und Gestellen

Ständer und Gestelle können viele unterschiedliche Gegenstände und Werkstücke tragen, von kleinen Schatullen, Truhen und Kunstwerken bis hin zu größeren Möbeln wie Kommoden. Man muss sich zwischen Korpus- und Rahmenkonstruktion entscheiden. Letztere wirkt wegen der offenen Zwischenräume leichter. Bei hohen Ständern mit relativ dünnen Rahmenteilen muss man unten Zargen in der Konstruktion anbringen, um sie stabiler und verwindungssteifer zu machen.

Ständer herstellen

Ständertypen

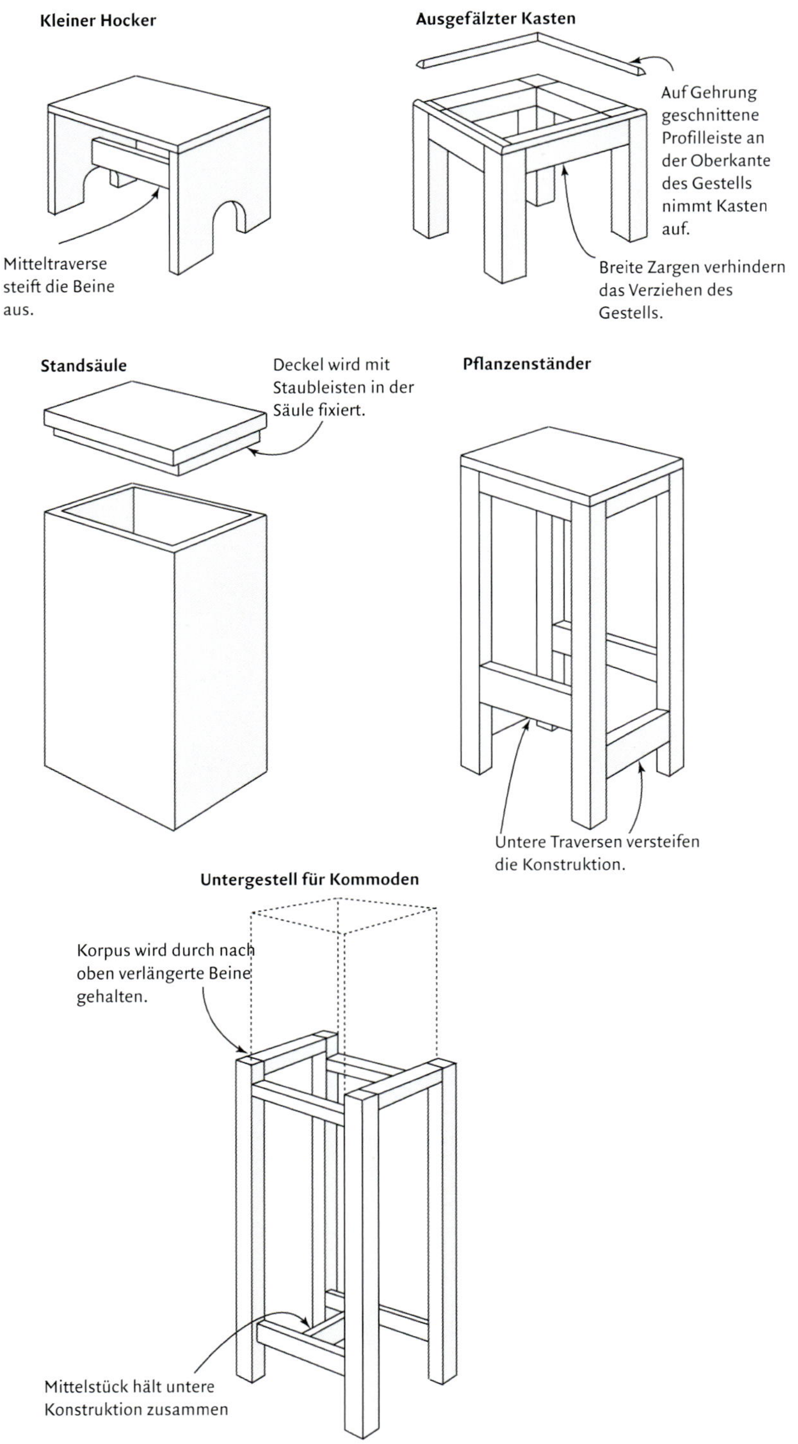

Kleiner Hocker

Mitteltraverse steift die Beine aus.

Ausgefälzter Kasten

Auf Gehrung geschnittene Profilleiste an der Oberkante des Gestells nimmt Kasten auf.

Breite Zargen verhindern das Verziehen des Gestells.

Standsäule

Deckel wird mit Staubleisten in der Säule fixiert.

Pflanzenständer

Untere Traversen versteifen die Konstruktion.

Untergestell für Kommoden

Korpus wird durch nach oben verlängerte Beine gehalten.

Mittelstück hält untere Konstruktion zusammen

Ständer aus breiten Platten sind solider. Man kann sie aus Vollholz oder Sperrholz herstellen. Vollholz kann an den Ecken auf Stoß verleimt werden, obwohl man dann an den Verbindungen oft gegensätzlich verlaufende Maserungen sieht. Eine bessere Lösung für Voll- wie Sperrholz ist es, alle vier Ecken auf Gehrung zu arbeiten. Sperrholz muss wegen der dünnen und empfindlichen Deckfurniere sehr präzise auf Gehrung geschnitten und dann an den Ecken verleimt werden, um die Innenlagen zu verbergen.

Ming's Cabinet von Yeung Chan, besteht aus Merbau und versporter Buche. Im Gestell ist ein Rahmen untergebracht, der Schubladen aufnimmt.

Gestell für ein Truhe

Das kleine Rahmengestell, das hier zu sehen ist, kann eine kleine Truhe oder einen Kasten tragen **(A).** Stellen Sie den Rahmen aus Material mit einer Mindeststärke von 40 mm her, um die darauf ruhende Truhe tragen zu können **(B).** 75 bis 100 mm hohe Zargen sorgen für belastbare Verbindungen und verhindern das Verziehen des Gestells.

Eine an der Oberkante des Gestells umlaufende Profilleiste hindert die Truhe daran, sich zu verschieben, ohne dass man sie mit Schrauben oder anderen Beschlägen sichern muss. Richten Sie das Möbelstück mittig auf dem Gestell aus, und reißen Sie die Gehrungen der Profilleiste an, indem Sie sie Stück für Stück um das Möbel legen **(C).** Befestigen Sie sie dann mit Drahtstiften und Leim oben am Gestell **(D).**

A

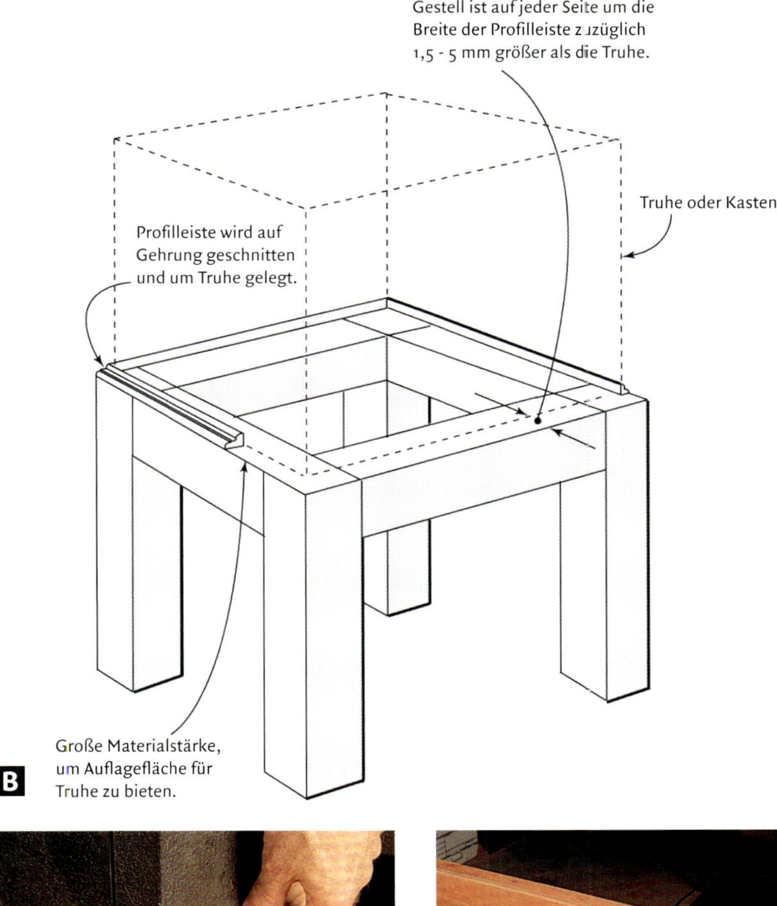

B

C

D

Standsäule

Die Standsäule in diesem Beispiel wirkt schwerer und solider als Ständer in typischer Rahmenkonstruktion. Wegen ihrer Höhe ist sie ideal, um Objekte zur Schau zu stellen **(A).** Der abnehmbare Deckel wird durch Halteleisten an seiner Unterseite in der Säule gehalten, sodass es leicht ist, ihn einzupassen **(B).** Man kann nach Wunsch einen Innenboden anbringen, um die Standfestigkeit zu erhöhen, indem man den Deckel abnimmt und die Standsäule mit Gewichten füllt.

Der Schlüssel der Konstruktion liegt in den gefederten Gehrungen an den Längskanten. Die Federn helfen bei der Positionierung der Verbindungen und hindern die Bauteile beim Verleimen des Korpus am Verrutschen. Schneiden Sie zuerst 45°-Gehrungen an den Plattenkanten an. Spannen Sie dazu ein Brett am Parallelanschlag der Tischkreissäge an, damit die Spitze der Gehrung nicht unter den Anschlag gelangen kann. Üben Sie nahe dem Sägeblatt senkrechten Druck auf das Werkstück aus, um einen genauen Schnittverlauf zu erhalten **(C).** Lassen Sie das Sägeblatt auf 45° geneigt, drehen Sie jede Platte um, und führen Sie die auf Gehrung geschnittenen Kanten am Parallelanschlag entlang, um an der gegenüberliegenden Gehrung eine Nut für die Feder zu schneiden **(D).** Schneiden Sie dann Längsholzfedern zu, die so bemessen sein sollten, dass sie ohne Widerstand in die Nuten eingeschoben werden können.

Das Verleimen der Standsäule kann etwas hektisch werden, da alle vier Platten gleichzeitig verleimt werden müssen. Es empfiehlt sich, einen Freund um Hilfe zu bitten. Auf jeden Fall sollte man vorher einen Trockenlauf vornehmen und sich vergewissern, dass man genügend Zwingen zur Verfügung hat. Geben Sie dann an alle Verbindungen Leim an, schieben Sie die Federn in die Nuten, und stellen Sie die Platten senkrecht auf. Ziehen Sie die Verbindungen mit Zulagen und Zwingen zusammen **(E).**

A

C

D

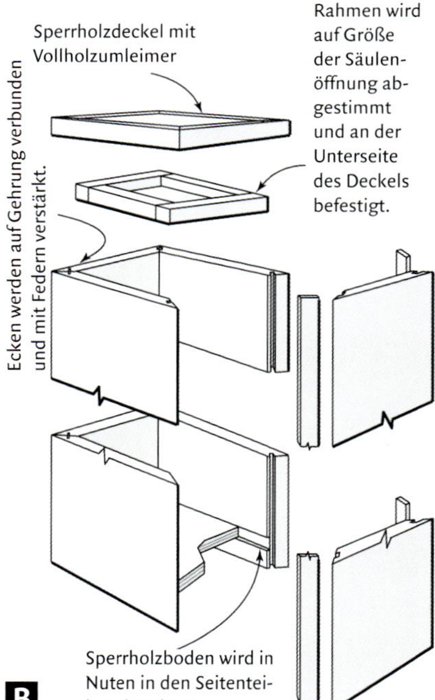

B

E

Blumenständer

Der hier gezeigte zierliche Blumenständer wurde von Yeung Chang angefertigt. Er besteht aus recht dünnen und schmalen Gestellteilen, die mit Schlitz-und-Zapfen- sowie Gehrungsverbindungen miteinander verbunden sind **(A).** Wegen der Vielzahl der Verbindungen ist der zusammenmontierte Ständer unglaublich belastbar **(B).**

Man kann die Gehrungen und die meisten Schlitze und Zapfen zwar mit Elektrowerkzeugen schneiden, aber die abschließenden Passarbeiten sollte man mit der Hand ausführen, vor allem die auf Gehrung geschnittenen durchgehenden Zapfen oben an den Beinen. Um diese Verbindung fertigzustellen, verwendet Chang einen selbst hergestellten Stechbeitel mit einer Breite von 1,5 mm, mit dem er den Verschnitt aus den kleinen Innenräumen im Oberteil der Beine ausräumt **(C).**

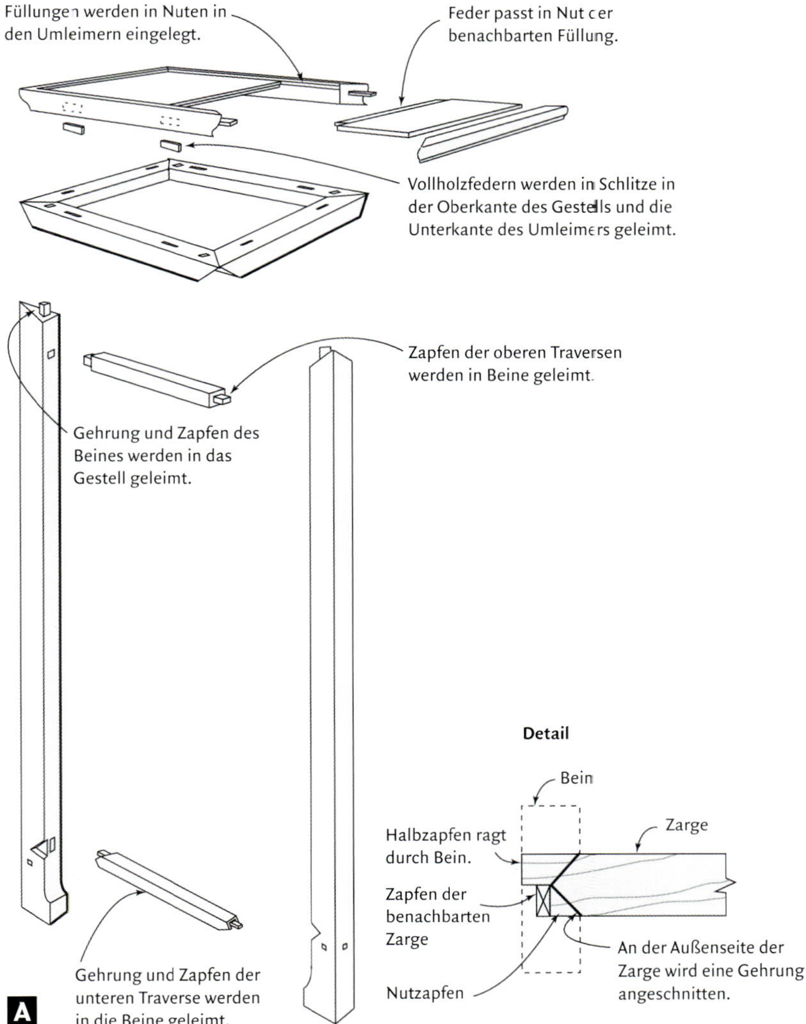

D

E

F

G

Nachdem man alle Verbindungen geschnitten hat, muss man den Ständer in genau der richtigen Reihenfolge zusammensetzen. Zuerst wird der untere Rahmen zusammengefügt, indem man die Querstücke an den Beinen anbringt. **(D).** Dann wird der auf Gehrung gearbeitete obere Rahmen zusammengefügt und vorsichtig auf die Gehrungen und Zapfen der Beine aufgesetzt **(E).**

Danach wird die Platte zusammengesetzt, indem man die gespundeten Bretter zusammensteckt und in die Rahmenstücke einfügt **(F).** Schließlich werden lose Federn in die Schlitze des oberen Rahmens eingesetzt, und die Platte wird auf diese Federn gesteckt, um sie sicher zu halten **(G).**

Gestellkonstruktionen

Wenn man sich als Holzwerker über den Bau einfacher Kästen hinausbewegt, gelangt man schnell in die weite Welt der Gestellkonstruktionen. Hier werden dann nicht breite Platten zusammengefügt, um einen Korpus zu bauen, sondern die Grundstruktur wird aus relativ schmalen Teilen, den Traversen, Zargen oder Friesen hergestellt. Der Tisch ist ein gutes Beispiel. Das Gestell besteht aus Beinen, die an Zargen befestigt werden, auf denen wiederum die Tischplatte aufliegt.

Mit der Konstruktion aus Rahmen und Füllung lässt sich auch ein grundlegendes Problem des Arbeitens mit Holz lösen. Wie bei einer Tür, die aus einem Rahmen und einer Füllung besteht, können auch andere Werkstücke in dieser Konstruktionsweise dem Arbeiten des Holzes begegnen, sodass man breite Platten aus Vollholz verwenden kann, ohne das Risiko einzugehen, dass die Verbindungen gesprengt werden. Frontrahmen, mit denen die Vorderseite eines Korpusmöbels verkleidet werden, sind eine weitere Variante, bei der schmale Bauteile miteinander verbunden werden.

Eines der Schlüsselelemente beim Bau eines jeden Rahmens ist die Verwendung der angemessenen Verbindungen, um die Konstruktion zu stärken und die schmalen Friese daran zu hindern, sich zu werfen oder zu verziehen.

Beine und Zargen

Belastbare Verbindungen

Zargen und Friese

Beine

Tische, Schreibtische, Betten und Stühle sind alle im weiteren Sinne Gestellkonstruktionen. Sie bestehen aus Beinen, die an Zargen befestigt werden. Obwohl der Stuhlbau mit seinen Winkeln und Krümmungen einen eigenen Abschnitt verdient, lohnt es sich, die Grundsätze der Konstruktion aus Beinen und Zargen zu beherrschen, weil sie einen in die Lage versetzt, unterschiedliche Werkstücke zu bauen, die auf ein Gestell als tragendes Element angewiesen sind.

> Siehe „Stühle und Hocker" auf S. 243.

Die Wahl der richtigen Verbindungen ist wichtig, weil Möbelbeine oft hohen Scherkräften ausgesetzt sind, und schmale Zargen nicht genügend Unterstützung bieten, um das Verziehen zu verhindern. Die Gestaltung eines Beines und der Zarge kann die Konstruktion des Werkstückes beeinflussen und wirkt sich auf jeden Fall auf das Erscheinungsbild aus. Es gibt viele verschiedene Möglichkeiten, Beine und Zargen zu gestalten, von einfachen, rechtwinkligen Formen bis hin zu gedrechselten Elementen, Verjüngungen und geschweiften Bauteilen.

Der Entwurf von Möbelbeinen und Zargen

Eine der ersten Fragen, die man beim Bau einer Konstruktion mit Beinen und Zargen beantworten muss, ist die Wahl der Verbindungen. Es gibt zwar viele Verbindungen, die sich hier anwenden lassen, aber die traditionelle Schlitz-und-Zapfen-Verbindung ist in Hinsicht auf Belastbarkeit und Nützlichkeit eine der besseren Lösungen. (Mehr zu diesem Thema finden Sie in *Rogowski, Holzverbindungen*, siehe Literaturverzeichnis.)

Um belastbar zu sein, muss der Zapfen an der Zarge lang sein. Wie lang? Die Antwort lautet: „Je länger, desto besser." Als Minimum sollten Ihre Zapfen 25 mm lang sein. Wenn das Material des Beines nicht ungewöhnlich dünn ist, sollte es kein Problem sein, einen Schlitz mit dieser Tiefe zu schneiden. Wenn es aber darum geht, die andere Hälfte der Verbindung zu schneiden, steht man oft vor dem Problem, dass zwei Zapfen von benachbarten Zargen in ein und demselben Bein aufeinander treffen. Die Zapfen kommen sich gegenseitig ins Gehege, sodass man an keiner der beiden Zargen einen langen Zapfen anschneiden kann. Es gibt zwei Lösungen für dieses Problem: Entweder die Zapfen werden im Material nach außen versetzt, so dass im Bein mehr Platz für die Verbindung zur Verfügung steht. Wie weit kann man die Verbindung versetzen. Das können Ihnen die Schlitze sagen. In der Regel sollte man genügend Material zwischen der Schlitzwandung und der Außenseite des Beines stehen lassen – etwa 10 mm.

Die Alternative besteht darin, die Zapfen mittig im Material zu belassen (wodurch das Schneiden der Zapfen meist erleichtert wird), und dann die Zapfenenden auf Gehrung zu schneiden, wo sie aufeinander treffen. Dadurch erhält man einen deutlich längeren Zapfen. Achten Sie darauf, in der Gehrung einen kleinen Spalt zu lassen, damit die Brüstungen an den Zargen bei der Montage dicht zusammengezogen werden können.

Gestaltung von Zargen und Querfriesen

Obwohl Zargen wesentliche Bestandteile einer Gestellkonstruktion sind, müssen Sie sich von ihnen doch nicht in die Langeweile der absoluten Rechtwinkligkeit zwingen lassen. Es gibt viele Optionen, die über die einfache, gerade Zarge hinausgehen. Bedenken Sie jedoch, dass Sie die Fläche an der Verbindung oder an den Brüstungen der Zarge so breit wie möglich gestalten müssen, damit sie belastbar ist. Dies ist besonders bei großen Objekten wie Ess- oder Schreibtischen wichtig. Als Faustregel kann man annehmen, dass eine 100 mm breite Zarge ausreichend ist, um

Wenn Zapfen aufeinander treffen

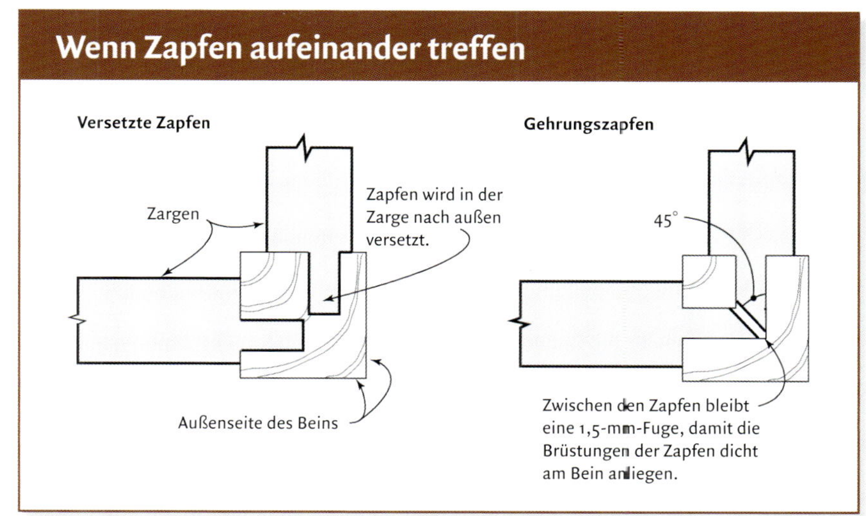

Zargentypen

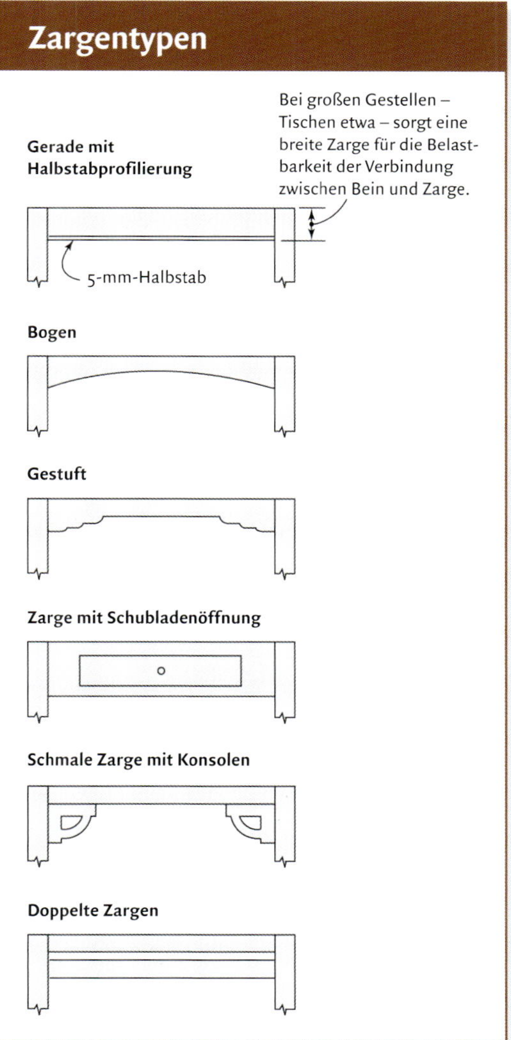

Dekorative Elemente an Zargen

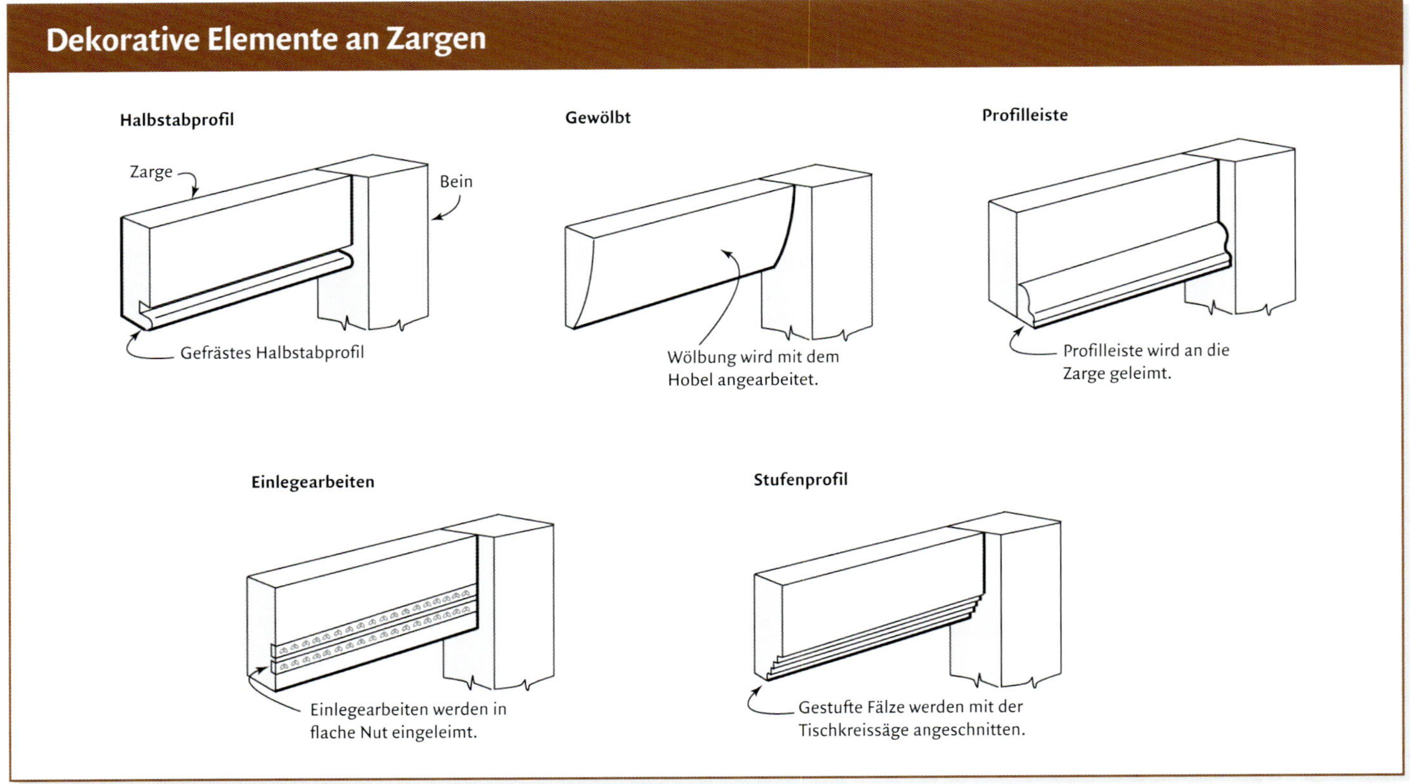

eine belastbare Verbindung zu erzielen, die sich nicht verzieht.

Die Anfertigung einer Zarge oder eines Querfrieses ist einfach, wenn man die richtigen Verbindungen verwendet.

> Siehe „Eine Zarge verstärken" auf S. 232.

Zargen können je nach Entwurf gerade oder geschwungen sein; oder man kann sie mit Details versehen, die dem Entwurf das gewisse Etwas verleihen, etwas Halbstabprofile, Einlegearbeiten oder Nuten.

Gestaltungsmöglichkeiten für Möbelbeine

Schöne Beine sind ein Kennzeichen guter Möbel. Außerdem sind sie ein schöner Anblick. Bei Gebrauchsmöbeln ist gegen ein Bein mit geraden Seiten nichts einzuwenden. Es ist solide und belastbar, und es verleiht dem Möbelstück ein gediegenes Flair. Aber wie auch bei Zargen können Ihre Tische und andere Möbel in Gestellkonstruktion dadurch gewinnen, wenn Sie sich über das einfache Bein mit quadratischem Querschnitt hinausbewegen. Mit Details wie Rundstäben und Abrundungen können Sie dem Stück etwas Eleganz verleihen, ohne zusätzliche Arbeit zu haben. Sie können aber auch mit sich verjüngenden oder geschweiften Beinen Ihre eigene Signatur setzen.

Meist ist es sinnvoll, die Verbindungen zu schneiden, bevor man den Beinrohling formt. So kann man die Anschläge und die Sägeblätter am noch rechtwinkligen Material ausrichten, was wesentlich einfacher ist, als die Verbindungen an frei geformten Werkstücken anzuschneiden. Bei gedrechselten Beinen werden meist rechtwinklige Stücke belassen, wo die Zargen in das Bein greifen. Allerdings ist es am besten, die Verbindungen vor dem Drechseln anzureißen und die Schlitze dann später zu schneiden.

Komplexe Gestelle werden aus Untereinheiten zusammengesetzt. Kontrollieren Sie beim Verleimen mit dem Tischlerwinkel immer wieder die Rechtwinkligkeit.

Es ist auch wichtig, mit einem Lineal oder Richtscheit die Flucht der Bauteile zu überprüfen.

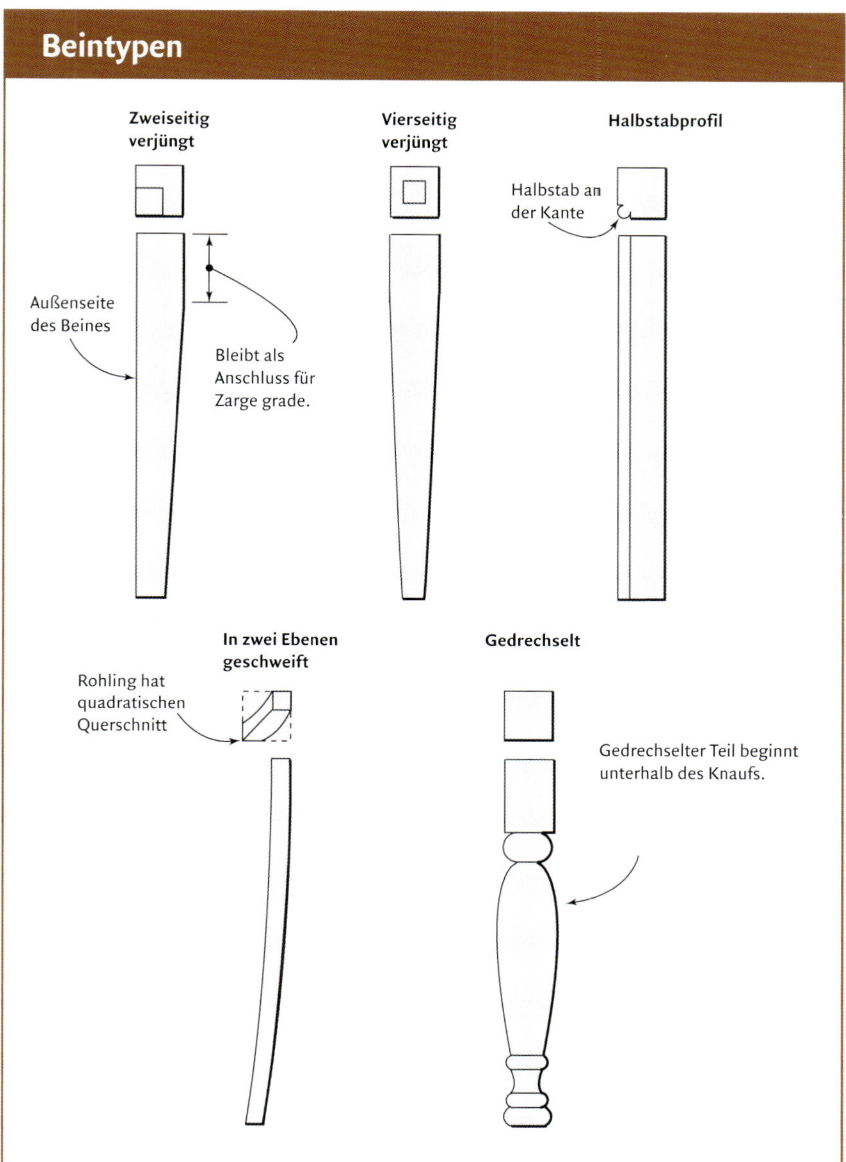

Ein Gestell zusammenbauen

Ein kompliziertes Gestell zusammenzubauen, kann eine echte Herausforderung sein, wenn man nicht genug Zeit hat, an alle Bestandteile Zwingen anzusetzen, bevor der Leim beginnt zu trocknen. Zudem kann der Druck der Zwingen ein Gestell noch verziehen, auch wenn Sie das Material präzise auf Maß und die Verbindungen genau zugeschnitten haben, so dass die Flächen gerade und eben und die Brüstungen rechtwinklig sind.

Als erstes sollte man ein größeres Werkstück in mehrere Untereinheiten unterteilen. Verleimen Sie eine Seite eines Gestells, wofür Sie weniger Zwingen benötigen, und kontrollieren Sie, dass die Zwingen über den Mittelpunkten der Verbindungen sitzen. Überprüfen Sie Teile, die sich

Am Schluss werden die Untereinheiten zusammen gebracht. Beim Verleimen ist es wichtig, auf einer ebenen Fläche zu arbeiten – zum Beispiel auf einer guten Hobelbank.

Mit solchen Winkeln kann eine Federkernuntermatraze so abgesenkt werden, dass sich ein altmodisch aussehendes Bettgestell auch mit modernen Matrazenformen verwenden lässt.

Die Winkel werden innen am Gestell festgeschraubt, um die Federkernuntermatraze zu tragen.

schneiden, mit dem Tischlerwinkel auf Rechtwinkligkeit. Falls eine Verbindung nicht im rechten Winkel steht, versetzen Sie die Zwingen und prüfen Sie erneut, bis Sie mit dem Ergebnis zufrieden sind. Überprüfen Sie mit einem Lineal oder einem Richtscheit, ob das Gestell in der Fläche fluchtet, indem Sie das Lineal an verschiedenen Stellen über das Gestell legen. Wenn Sie zwischen Lineal und Werkstück Licht hindurch schimmern sehen, ist das Werkstück verzogen, und Sie müssen die Zwingen neu ansetzen.

Wenn der Leim an den Untereinheiten getrocknet ist, werden sie miteinander verleimt, um das Gesamtstück zu erhalten (siehe Abbildung auf S. 229 unten). Es ist sehr wichtig, auf einer absolut ebenen Fläche zu verleimen, damit alle Teile beim Verleimen miteinander fluchten. Verwenden Sie Ihre Hobelbank oder den Arbeitstisch Ihrer Tischkreissäge für diese Arbeit.

Gewölbter Matratzenträger

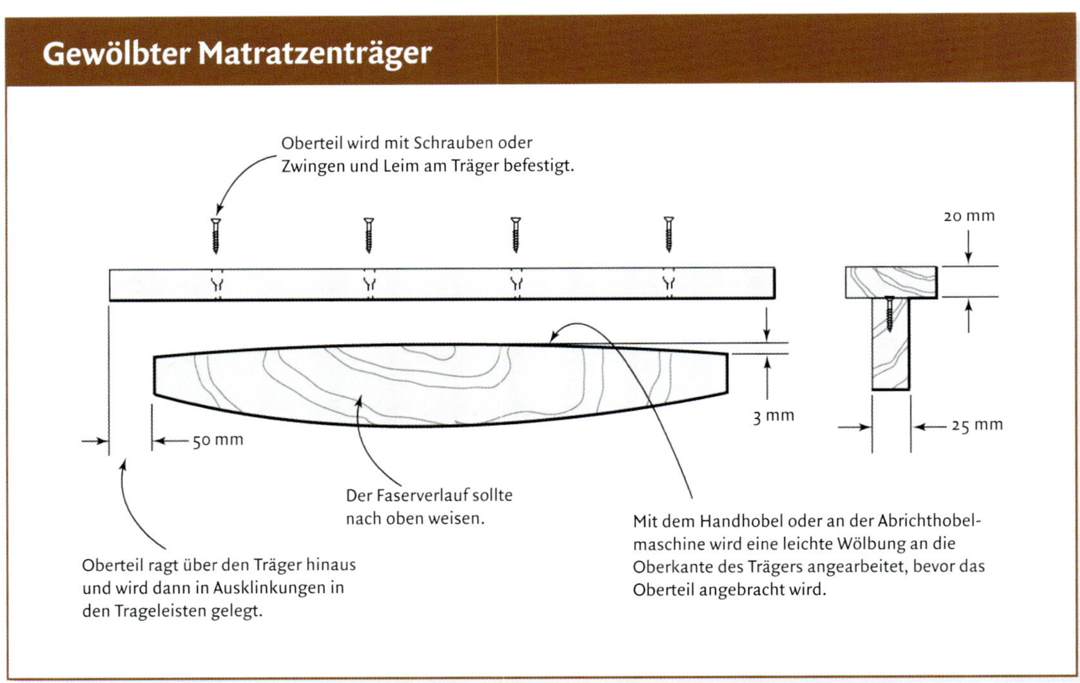

Bettzargen abstützen

Während dicke Zargen an einem Bett durchaus belastbar sind und sich auch unter größeren Gewichten nicht durchbiegen, bietet der Raum zwischen den Zargen der Matratze keine Unterstützung. Das ist nicht problematisch, wenn Sie eine sogenannte Federkernuntermatratze oder einen Lattenrost verwenden, da deren Rahmen stabil genug sind, um sich selbst und die Matratze zu tragen. Man kann die Kanten einfach auf Trageleisten legen, die man mit Leim oder Schrauben an den Innenseiten der Bettzargen angebracht hat. Bei flachen Zargen wie sie uns bei manchen modernen und historischen Bettformen begegnen, ist jedoch nicht genug Raum, um die Matratze hinter den Zargen zu verbergen. In diesem Fall muss man kräftige Winkelstücke aus Stahl verwenden. Sie werden an der Innenseite der Zargen angeschraubt, sodass Lattenrost oder Federkern-Untermatratze und Matratze die richtige Höhe aufweisen.

Bei normalen Matratzen und Futons muss im Bettrahmen eine Vorrichtung vorhanden sein, von der die Matratze getragen wird. Normalerweise ist dies ein (oft verstellbarer) Lattenrost. Man kann das Gewicht der Matratze jedoch auch mit fest installierten Trägern abfangen. Schneiden oder fräsen Sie in die seitlichen Trageleisten Ausklinkungen, und leimen Sie die Leisten an den Innenseiten der Bettzargen an. Stellen Sie dann einen Satz gewölbter Träger her, die in die Ausklinkungen passen.

Installieren Sie die Träger in den Ausklinkungen, und legen Sie dann Sperrholz- oder Spanplatten auf die Träger. Die Platten sollten je ein Drittel der Fläche bedecken, um sie leichter einlegen zu können. Mit einem Ausschnitt in jeder Platte erleichtert man sich diese Arbeit noch zusätzlich und verringert das Risiko, sich die Finger einzuklemmen.

Matratzenträger, die in Ausklinkungen in seitlichen Leisten liegen, sind eine Alternative zu normalen Lattenrosten.

Drei Platten mit Griffaussparungen für die Hände machen die Montage und Demontage der Matratzenunterlage zu einer schnellen und einfachen Angelegenheit.

Eine Zarge verstärken

Um einen belastbaren Bettrahmen zu erhalten, muss die Verbindung zwischen Beinen und Zargen stabil sein. Das kann man dadurch erreichen, dass man die Verbindung relativ breit gestaltet und auf eine belastbare Verbindung zurückgreift, etwa auf eine großzügig dimensionierte Schlitz-und-Zapfen-Verbindung.

A

B

Auch wenn Sie relativ flache Zargen verwenden möchten, können Sie dennoch an der Stelle, wo sie auf die Beine treffen eine Verbindung hinreichender Breite herstellen. Gehen Sie von breitem Rohmaterial aus, und schneiden Sie die Verbindungen an, solange das Material noch rechtwinklig ist. Reißen Sie in der Mitte der Zarge eine Kurve an, so dass die Enden noch die volle Breite aufweisen. Schneiden Sie mit der Bandsäge am Riss entlang **(A).**

Wenn Sie den Rahmen zusammenbauen, tragen die breiten Enden die Verbindung und machen diese belastbar und gegen Verziehen widerstandsfähig **(B).**

A

B

C

Eckklotz

Eine der leichtesten Methoden, die Verbindung von Zargen und Bein zu verstärken, ist die Verwendung eines auf Gehrung geschnittenen Eckklotzes. Im Stuhlbau werden auf diese Weise die Beine an den Zargen befestigt, aber man kann das Verfahren auch gut bei größeren Stücken wie Tischen und Schreibtischen verwenden. Verwenden Sie Material mit einer Stärke von 50 mm oder mehr, und schneiden Sie an jedem Ende eine Gehrung von 45° an **(A).**

Spannen Sie einen Versenkbohrer in der Ständerbohrmaschine ein, und bohren Sie ein Loch durch die Mitte des Klotzes. Bohren Sie auch durch jede der Gehrungen zwei Löcher, indem Sie das Material im Winkel von 45° zum Bohrer halten **(B).**

Geben Sie etwas Leim an die Gehrungen, und befestigen Sie den Eckklotz dann innen am Rahmen, indem Sie ihn durch die Vorbohrungen sowohl am Bein als auch an den Zargen anschrauben **(C).**

Metallbeschläge für Gestellecken

Kommerzielle Metallbeschläge erfüllen die gleiche Funktion wie ein Eckklotz aus Holz, bieten aber den zusätzlichen Vorteil, dass man die Zargen mit Flach- oder Runddübeln am Bein befestigen kann. Metallbeschläge sind bei demontierbaren Gestellen nützlich: Man kann die Teile gegebenenfalls ohne Leim zusammenfügen, da der Beschlag die Verbindung ohne weiteres alleine zusammenhalten kann. Schneiden Sie zuerst die Verbindungen an, und sägen Sie dann mit einem normalen Kreissägeblatt eine schmale Nut in die Innenseite der Zargen **(A).**

Setzen Sie die Zargen trocken an das Bein, bringen Sie den Beschlag in den Nuten der Zargen an, und bohren Sie durch den Beschlag in das Bein **(B).** Mit Klebeband wird die richtige Bohrtiefe gekennzeichnet. Nehmen Sie das Gestell wieder auseinander, und drehen Sie eine Stockschraube in das Bohrloch im Bein. Setzen Sie zwei Muttern auf das Maschinengewinde der Stockschraube, um diese in das Bein zu drehen **(C).**

Bauen Sie das Gestell wieder zusammen, und bringen Sie den Beschlag an, indem Sie ihn am Bein und den Innenseiten der Zargen anschrauben **(D).**

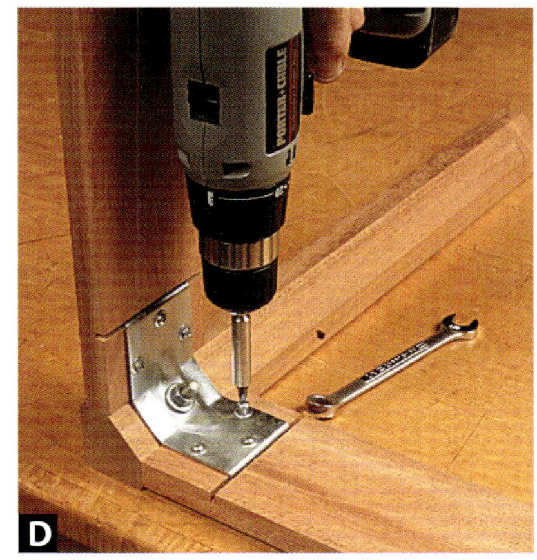

A

B

C

Konsole in Laubsägearbeit

Falls Sie flache Zargen verwenden müssen, können Sie diese verstärken und zugleich das Gestell etwas reizvoller gestalten, indem Sie an der Verbindungsstelle von Bein und Zargen eine Konsole aus Holz anbringen. Längen Sie das Rohmaterial so ab, dass eine Ecke genau rechtwinklig ist. Zeichnen Sie die gewünschte Form auf das Material. Man kann die Form mit der Bandsäge ausschneiden, aber bei sehr komplizierten Formen – vor allem bei Innenschnitten – ist es besser, eine Laub- oder Dekupiersäge zu verwenden **(A).**

Geben Sie Leim an die Innenkanten des Beines und der Zarge und an die entsprechenden Kanten der Konsole an, und spannen Sie sie dann mit Zwingen fest **(B).** Die fertige Konsole verstärkt die Verbindung und wirkt gleichzeitig als Dekoration für das Gestell **(C).**

TIPP Werkzeugspuren in engen Ecken und Winkeln zu beseitigen, kann etwas schwierig sein. Heben Sie die Holzstiele auf, wenn Ihre Kinder Eis am Stiel gegessen haben, und befestigen Sie mit Kontaktklebstoff Schleifpapier daran. Schneiden Sie dann den Stiel für die anstehende Aufgabe zu. Bei runden Öffnungen kann man das Schleifpapier um einen Dübel passender Größe wickeln.

Profilierte Zarge

Ein Halbstab lässt sich leicht an der unteren Kante einer Zarge anfräsen, und ist ein schönes Detail, das ins Auge fällt **(A).** Man kann Halbstabfräser mit Kugellager in Größen von 3 mm bis 12 mm oder mehr kaufen. Dabei bezeichnet die Größe den Durchmesser des Halbstabs **(B).** Es ist wichtig, die Höhe des Fräsers so einzustellen, dass er den ganzen Halbstab in das Material schneidet, weil man andernfalls an der Spitze eine flache Stelle erhält. Ein schöner Trick ist es, den Fräser um einige Hundertstel Millimeter über den Arbeitstisch anzuheben, sodass man eine kleine Platte an der Kante der Zarge erhält. Mit einigen Hobelstößen wird die Kante bündig zum Halbstab gebracht. Überprüfen Sie die Einstellungen zuerst an einem Stück Restholz, und fräsen Sie dann das Werkstück am Handoberfräsentisch, um größtmögliche Kontrolle über die Arbeit zu erhalten **(C).**

A

B

C

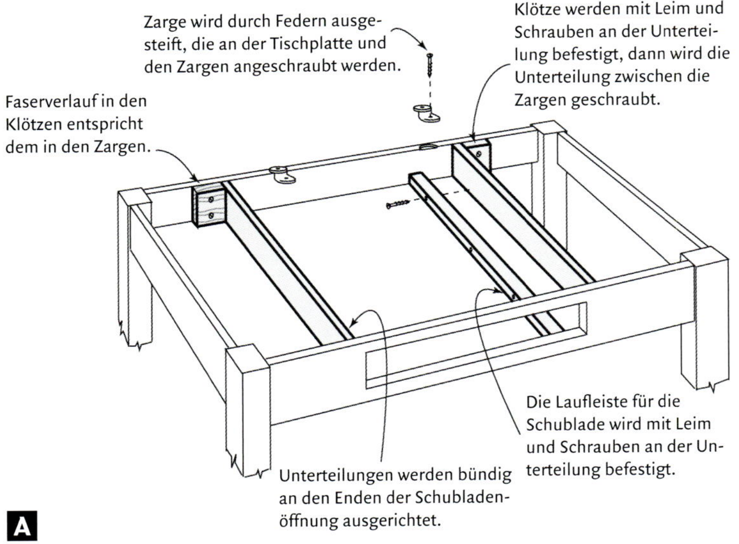

Schubladenöffnungen

Eine Schublade in der Mitte einer Zarge ist eine gute Methode, um Platz zu nutzen, der sonst verschwendet würde – vor allem wenn die Zarge Teil eines Arbeitsplatzes wie zum Beispiel eines Küchentisches ist. Achten Sie jedoch darauf, die Zarge zu verstärken, wie es in **(A)** zu sehen ist, damit die Schubladenöffnung nicht die Belastbarkeit des Gestells beeinträchtigt. Man kann die Öffnung in die Zarge schneiden und eine aufschlagende Schublade verwenden, aber eine elegantere Methode ist es, eine einschlagende Schublade zu wählen, und die Zarge als Vorderstück für die Schublade einzusetzen. Dabei wird die Zarge der Länge nach in drei Teile zersägt und ohne das Mittelstück wieder zusammengesetzt, das man als Vorderstück für die Schublade verwendet. So erhält man eine Schublade, deren Maserung nahtlos zu derjenigen der Zarge passt.

> Siehe „Aufschlagende Schubladenvorderstücke" auf S. 115 und „Einschlagende Schubladen" auf S. 116.

Reißen Sie zuerst rechtwinklige Linien über die Sichtseite der Zarge an. An einem Ende zeichnen Sie doppelte Linien. Diese Linien helfen Ihnen später, die Teile wieder in der richtigen Anordnung zusammenzufügen **(B).**

Wenn Sie sich für die Endhöhe des Schubladenvorderstücks entschieden haben, schneiden Sie an beiden Seiten des Zargenrohlings einen Streifen ab. Der verbleibende Mittelstreifen entspricht der Höhe der Schublade **(C).**

Reißen Sie an diesem Mittelstreifen die Lage und Länge der Schublade an, und sägen Sie das Vorderstück aus. Setzen Sie dann die Teile mit Leim und Zwingen wieder zusammen. Das freigeschnittene Vorderstück dient dabei als Lehre. Die Öffnung in der Zarge sollte gerade so lang sein, dass das Vorderstück hineinpasst **(D)**. Wenn Sie die Schublade hergestellt haben, können Sie das Vorderstück mit dem Hobel einpassen.

Wenn der Leim getrocknet ist, wird die Zarge im Dicktenhobel auf Stärke gebracht und gleichzeitig verputzt **(E)**. Die fertige Zarge und das Schubladenvorderstück sollten in Farbe und Maserung sehr gut zueinander passen, und außer Ihnen selbst wird niemand wissen, wie das erreicht wurde **(F)**.

D

F

E

Eckhalbstab an einem quadratischen Möbelbein

Ein schönes Detail ist ein Halbstabprofil, das man an der Kante eines Werkstückes anfräst **(A)**. Man kann dafür einen normalen Halbstabfräser mit Kugellager verwenden, die Einstellung unterscheidet sich jedoch etwas von der, die man für das Fräsen in einer Fläche verwendet.

> Siehe „Profilierte Zarge“ auf S. 235.

Am Handoberfräsentisch wird der Parallelanschlag nicht bündig mit dem Kugellager des Fräsers eingestellt, sondern um den Radius des Halbstabs vom Kugellager entfernt. Fräsen Sie dann mit gleichmäßiger Vorschubgeschwindigkeit eine Seite des Rohlings **(B)**.

Drehen Sie dann das Werkstück über die Länge und um 90°, und stellen Sie das Profil in einem zweiten Durchgang fertig **(C)**.

A

C

B

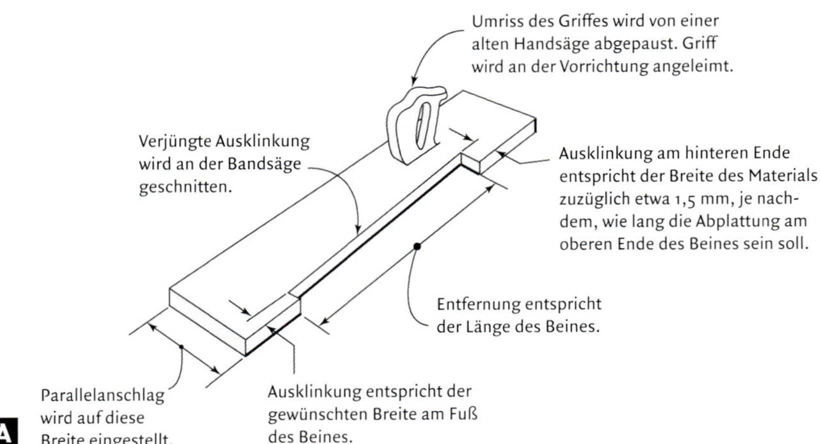

A

B

C

D

Zweiseitige Verjüngung

Beine, die sich an zwei Seiten verjüngen, passen gut zu verschiedenen Möbelstilen, von traditionell bis modern. Um die Verjüngungen mühelos und sicher zu schneiden, verwendet man eine Vorrichtung, in der das Material am Sägeblatt der Tischkreissäge vorbei geschoben wird **(A).** Die Vorrichtung ergibt bei vorgegebener Größe des Möbelbeines eine genau definierte Verjüngung. Ich besitze mehrere dieser Vorrichtungen für verschiedene Verjüngungsgrade und Beingrößen. Indem Sie die Tiefe der Ausklinkung am hinteren Ende verändern, können Sie bestimmen wie groß die flache Stelle am oberen Ende des Beines wird, an der die Verbindung zur Zarge angeschnitten wird. Wenn Sie die Vorrichtung hergestellt haben, bringen Sie auf ihr die wichtigen Informationen zur Einstellung an: Breite und Länge des Beinrohlings und die Entfernung, in der der Parallelanschlag vom Sägeblatt stehen muss.

Legen den quadratischen Beinrohling in die Ausklinkung der Vorrichtung, und stellen Sie das Sägeblatt etwas höher ein als sonst. Das hochstehende Sägeblatt hilft dabei, das Material sicher auf dem Tisch zu halten, wenn Sie es am Blatt vorbeischieben. Führen Sie den ersten Schnitt auf einer Fläche des Materials aus **(B).** Drehen Sie das Bein dann um 90°, und führen Sie den zweiten Schnitt auf die gleiche Weise aus wie den ersten **(C).**

Stellen Sie das Bein fertig, indem Sie die Sägeflächen mit dem Hobel verputzen. Achten Sie dabei auf den Übergang von der Verjüngung bis zur flachen Stelle am oberen Ende des Beines. Diese Kante sollte beim Hobeln scharfkantig bleiben und nicht abgerundet werden **(D).**

Vierseitige Verjüngung

Ein Möbelbein, das vierseitig verjüngt ist, scheint auf Zehenspitzen zu tanzen und ist besonders für kleine Tische und zierliche Gestelle geeignet. Wie bei der zweiseitigen Verjüngung kann man auch hier flache Stellen oben am Bein belassen, um die Verbindung zur Zarge anbringen zu können. Man kann aber auch auf ganzer Länge verjüngen. Allerdings erschwert man sich so die Verbindungsarbeit, da die Brüstung der Zarge den gleichen Winkel wie die Verjüngung des Beines aufweisen muss.

Schneiden Sie die Verjüngung am Abrichthobel an. Dies ist ein sicheres Verfahren, wenn man einige einfache Richtlinien befolgt: Stellen Sie die Spanabnahme auf 1 mm oder weniger ein. Bringen Sie Ihre Hände nie direkt über die Messerwelle. Verwenden Sie wann immer möglich einen Schiebeklotz. Markieren Sie am Anschlag des Abrichthobels mit Klebeband die Stelle, an welcher der Schnitt am Bein einsetzen soll. Legen Sie dann das obere Ende des Beines an dieser Stelle an, schieben Sie die Messerwellenabdeckung vorsichtig beiseite, und senken Sie das Bein langsam auf die sich drehende Messerwelle ab **(A)**. Ihre Hände dürfen dabei nicht in die Nähe der Hobelmesser geraten.

Führen Sie mehrere Schnitte an einer Seite des Beines aus, bis Sie die gewünschte Verjüngung erreicht haben. Merken Sie sich die Zahl der Durchgänge. Beim letzten Schnitt wird das Bein nicht auf die Messerwelle abgesenkt. Stattdessen hält man die verjüngte Seite fest auf den Angabetisch und führt einen Schnitt über die gesamte Länge aus **(B)**.

Drehen Sie das Bein jeweils um 90°, und schneiden Sie die Verjüngungen an den anderen Seiten auf die gleiche Weise und mit der gleichen Zahl an Durchgängen an. Mit dieser Methode erreichen Sie einen klaren Übergang zwischen der flachen Stelle am oberen Ende des Beines und der darunter liegenden Verjüngung **(C)**.

A

B

C

WARNUNG Legen Sie Ihre Hände nie direkt über die sich drehende Hobelwelle, wenn Sie am Abrichthobel arbeiten. Bei Handvorschub wird vor und hinter der Hobelwelle Druck auf das Werkstück ausgeübt. Diese Methode sollte nur von erfahrenen Holzwerkern ausgeführt werden. Die Rückschlaggefahr ist erheblich!

A

B

C

D

E

F

Geschwungene Möbelbeine

Man kann das Repertoire an Möbelbeinen durch viele verschiedene geschweifte Formen erweitern, aber eine der einfachsten Varianten ist eine flache Krümmung in zwei Dimensionen, bei der zwei benachbarte Seiten eines Tischbeines sanft voneinander fortschwingen. (Zum Verformen von Holz finden Sie Hinweise im Literaturverzeichnis.)

Zuerst muss man alle Verbindungen anschneiden, solange das Material noch rechtwinklig ist. Reißen Sie dann mit einer dünnen Schablone die Form der gewünschten Krümmung auf einer Seite an **(A).**

Rüsten Sie die Bandsäge mit einem Schweifblatt aus, und schneiden Sie am Riss entlang **(B).** Drehen Sie dann das Werkstück um 90°, und reißen Sie die Krümmung ein zweites Mal an, indem Sie die Schablone auf die gesägte Außenfläche des Beines auflegen. Achten Sie darauf, dass die Verbindungen richtig angeordnet sind, bevor Sie die Schablone auflegen **(C).** Sägen Sie die benachbarte Seite wie die erste, legen Sie aber diesmal das Werkstück so auf den Arbeitstisch, dass es direkt unter dem Sägeblatt aufliegt, damit das Material nicht schaukeln kann **(D).**

Verputzen Sie abschließend die Sägespuren an der Krümmung mit einem Schweifhobel mit gerader Sohle **(E).** Dabei wird auch der Kurvenverlauf harmonisiert. Bei sehr engen Krümmungen kann man auch einen Schweifhobel mit gebogener Sohle verwenden. Das fertige Möbelbein schwingt in zwei Richtungen elegant nach außen **(F).**

Gedrechselte Beine

Wenn man Möbelbeine drechselt, gibt es zahllose Gestaltungsmöglichkeiten. Dennoch sollte man gewisse Grundregeln einhalten, wenn man zu guten Ergebnissen gelangen möchte. Im Allgemeinen empfiehlt es sich, den Querschnitt am Oberteil des Beines rechtwinklig zu belassen, wie es der Drechsler Mike Callihan in unserem Beispiel zeigt. Dieser ebene Übergang erleichtert es deutlich, die Beine an den Zargen zu befestigen, da man die Enden der Zargen rechtwinklig lassen und auf übliche Verbindungen zurückgreifen kann, etwa Zapfen mit rechtwinkligen Brüstungen. Man kann diese Verbindungen am rechtwinkligen Rohling anreißen und dann schneiden, nachdem man die Drechselarbeiten ausgeführt hat.

Winkeln Sie zuerst Risse um den Rohling, um die Brüstung zu kennzeichnen, und spannen Sie ihn dann zwischen Spitzen ein. Runden Sie zuerst die Form grob mit der Schrupprõhre bis etwa 50 mm unterhalb des Brüstungsrisses vor **(A).**

Schneiden Sie mit der Säge den Rohling ringsum direkt unterhalb des Risses etwa 3 mm tief ein, damit der Übergang zwischen rechtwinkligem Oberteil und gedrechselten Bein klar und scharfkantig bleibt. An den Ecken können Sie tiefer einschneiden **(B).**

Schalten Sie die Drechselbank ein, und schneiden Sie mit dem Schrägmeißel auf der Verschnittseite der Brüstung ein **(C).** Runden Sie dann mit der Ecke der Formröhre den Rohling bis zur Brüstung ab **(D).**

Arbeiten Sie dann mit dem Abstechstahl und Greifzirkel die Rundung unterhalb des rechtwinkligen Oberteils heraus **(E).** Schneiden Sie mit der langen Spitze des Schrägmeißels mit leichten Schnitten bis an den Riss, um der Brüstung ihre endgültige Gestalt zu geben **(F).**

Fortsetzung auf S. 242

A

B

C

D

E

F

G

H

I

J

Bei Kleinserien ist eine Musterzeichnung nützlich, mit der man auch die wichtigen Durchmesser am Bein anreißen kann. Nachdem der Rohling grob vorgedrechselt ist, wird das Muster an der Brüstung angelegt, und man überträgt die wichtigen Durchmesser **(G).** Schneiden Sie an den Rissen mit dem Abstechstahl jeweils eine Rille, die Sie während des Schneidens erweitern, damit das Werkzeug nicht hakt. Verwenden Sie einen Tastzirkel, der auf den betreffenden Durchmesser der Musterzeichnung eingestellt ist, um bis zur richtigen Tiefe zu schneiden. Um zu vermeiden, dass sich die Spitzen des Tastzirkels im Holz verfangen, sollten diese abgerundet sein und der Tastzirkel immer an der Seite angesetzt werden, der dem Abstechstahl gegenüber liegt **(H).**

Wenn Sie die Durchmesser festgelegt haben, werden zuerst die größeren weiterbearbeitet, bevor man sich den kleineren zuwendet, damit das Werkstück nicht flattert. Schneiden Sie nach Augenmaß und Maßgabe der Musterzeichnung die geraden und konkaven Abschnitte mit der Formröhre oder dem Schrägmeißel. Der Schrägmeißel erfordert etwas Übung, um ihn richtig zu handhaben, ergibt jedoch die glatteste Oberfläche. Um einen Halbstab zu schneiden, reißt man dessen Mittellinie am Rohling an, und führt den Schrägmeißel mit der langen Spitze nach oben über das Profil **(I).** Die konkaven Stellen werden mit der Spitze einer kleinen Formröhre geschnitten. Dabei liegt die Fase des Beitels auf dem Material auf, um zu verhindern, dass sich das Werkzeug mit Material verfängt. Überprüfen Sie die Harmonie des Profils, indem Sie es an der Oberseite des Werkstücks anvisieren, nicht dort, wo Sie schneiden **(J).**

Nehmen Sie abschließend die Werkzeugauflage ab, und schleifen Sie das Möbelbein, während es sich dreht. Beginnen Sie mit einer 180er Körnung, und arbeiten Sie sich bis zu einer 220er Körnung hinab.

KAPITEL NEUNZEHN

Stühle und Hocker

Sitzgelegenheiten gehören zu den grundlegenden Möbelstücken. Stühle und Hocker sind bekannt dafür, dass sie Verbindungen zwischen Bauteilen erfordern, die nicht im rechten Winkel aufeinander stoßen. Man sollte sich durch diese Arbeiten jedoch nicht einschüchtern lassen. Die notwendigen Winkel zu bestimmen und sie zu schneiden, ist leichter als man vielleicht denken mag. Manche der dabei verwendeten Werkzeuge und Verfahren sind schon seit Jahrhunderten im Einsatz. Die meisten sind leicht zu verwenden, aber auch sehr effektiv.

Bei Stühlen lassen sich zwei grundlegende Typen unterscheiden: Gestellstühle, bei denen die Konstruktion aus den Beinen, Zargen und Traversen besteht, und die Sitzfläche aus konstruktiver Sicht eine Nebenrolle spielt; sowie den sogenannten Windsorstühlen, bei denen die Beine und die Lehne von der Sitzfläche getragen werden.

Um der Bequemlichkeit willen haben Stühle meist geschwungen Flächen, die eher dem menschlichen Körper entsprechen. Und wenn man von geschwungenen Flächen spricht, geht es vor allem um die Sitzfläche und die Rückenlehne. Man kann diese Bestandteile in Handarbeit schnitzen, sie an der Bandsäge ausschneiden oder auf Laminierungen zurückgreifen. Um einen Stuhl noch komfortabler zu machen, kann man seine Sitzfläche oder Rückenlehne polstern oder den Sitz aus Stoff, Binsen, Holz oder anderen Materialien flechten.

Der fertige Stuhl sollte sicher und stabil auf dem Fußboden stehen. Bei der Herstellung kommt es oft vor, dass ein Bein zu lang oder zu kurz ist. Deshalb ist der letzte Herstellungsschritt das Nivellieren des Stuhls. Um den Stuhl zu einem wahren Genussmöbel zu machen, kann man ihn mit Kufen ausstatten und so zum Schaukelstuhl befördern.

Verbindungen im Stuhlbau

Rückenlehnen

Sitzflächen

Bis zum Fußboden

Gestaltung: Komfort und Belastbarkeit

Bei der Gestaltung eines Stuhls verfolgt man drei grundlegende Ziele: Komfort, Haltbarkeit und gutes Aussehen. Obwohl die Ästhetik des Stuhls neben einigen universellen Entwurfsprinzipien auch persönlichen Vorlieben unterliegen kann, muss man in Hinsicht auf Komfort und Belastbarkeit stringentere Maßstäbe anlegen.

Es gibt zwar keine genauen Zahlen, aber die Abmessungen des Stuhls und der Winkel der Rückenlehne spielen eine wichtige Rolle in Bezug auf die Bequemlichkeit. Die Abbildung unten zeigt anhand eines Essstuhls die durchschnittlichen Abmessungen eines Stuhls. Man kann diese Werte als Ausgangspunkt für andere Stuhlarten vom Arbeitsstuhl bis hin zum Sessel verwenden.

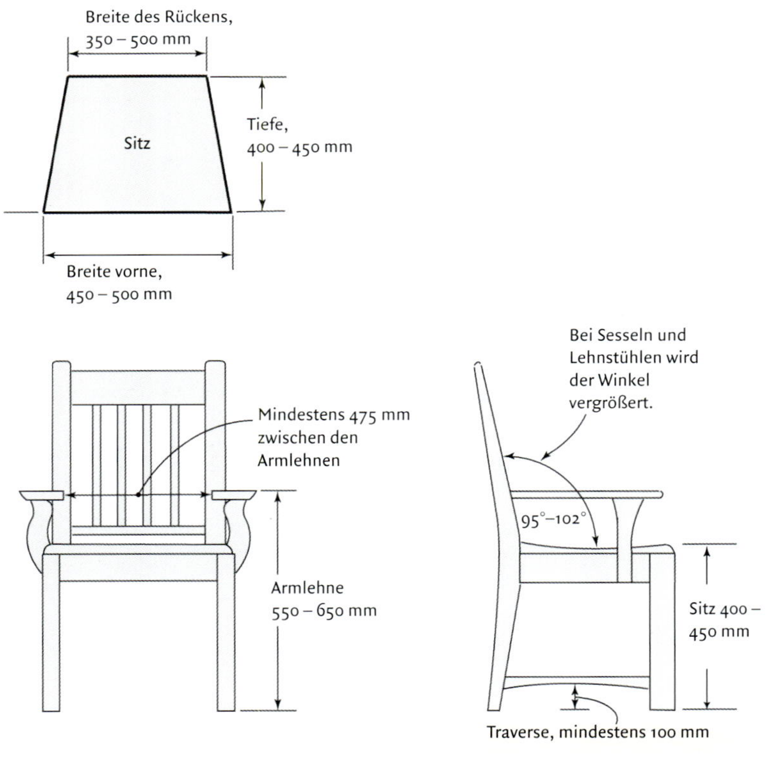

Um einen belastbaren Stuhl zu bauen, muss man einerseits die entsprechenden Verbindungen verwenden und andererseits das Holz sorgfältig auswählen. (Mehr zu diesem Thema finden Sie in Rogowski, *Holzverbindungen*, siehe Literaturverzeichnis.) Bedenken Sie, dass die meisten Teile eines Stuhls eher dünn sind, wenn man sich also die Zeit nimmt, bei der Holzauswahl auf geraden Faserverlauf zu achten, erhöht sich die Wahrscheinlichkeit, dass dem Stuhl ein langes, nützliches Leben beschieden ist. Ein wichtiges, aber oft übersehenes Detail ist die Anbringung von Möbelgleitern am unteren Ende der Stuhlbeine. Möbelgleiter können den Stoß abfedern, den man auf die Beine eines Stuhls beim Setzen ausübt, und sie erlauben es, den Stuhl über den Fußboden zu ziehen, ohne den Boden oder die Beine zu beschädigen.

> **Siehe „Möbelgleiter“ auf S. 211.**

Stuhlmaße

Breite des Rückens, 350 – 500 mm

Sitz

Tiefe, 400 – 450 mm

Breite vorne, 450 – 500 mm

Mindestens 475 mm zwischen den Armlehnen

Armlehne 550 – 650 mm

Bei Sesseln und Lehnstühlen wird der Winkel vergrößert.

95°–102°

Sitz 400 – 450 mm

Traverse, mindestens 100 mm

Windsorstühle

Das wichtigste Konstruktionselement eines Windsorstuhles und seiner näheren Verwandten ist die Sitzfläche. Der Rohling für den Sitz muss stark genug – etwa 50 mm – sein, damit die Stäbe (Beine und Sprossen der Lehnen), die mit ihm verbunden werden, tief genug eingelassen werden können, um eine stabile Verbindung zu erzielen. Die belastbarste Verbindung entsteht, wenn der Stab sich verjüngt und in einem Loch oder einem Schlitz in der Sitzfläche verkeilt wird. Traversen unterhalb der Sitzfläche können die Belastbarkeit der Gesamtkonstruktion beträchtlich erhöhen.

Gestellstühle

Bei den Gestellstühlen beruht die Konstruktion nicht auf dem Sitz als Hauptelement, sondern auf den Bestandteilen des Gestells. Bei diesem Stuhltypus kann die Sitzfläche aus einer selbsttragenden Fläche bestehen, man kann aber auch eine geflochtene oder traditionelle gepolsterter Sitzfläche in einen Rahmen einlegen. Die Beine, Sprossen und Traversen können zwar rund sein, aber meist besteht ein Gestellstuhl aus verschiedenen Teilen mit rechteckigem Querschnitt.

Sitzflächen und Rückenlehnen

Die Gretchenfrage, der sich jeder Stuhl stellen muss, wenn er „funktionieren" soll, lautet: Sind Sitzfläche und Rückenlehne bequem? Wenn man die richtigen Abmessungen für Sitzfläche und Rückenlehne festgelegt hat, wird man diese Flächen noch konturieren wollen. Bei der Rückenlehne kann man dazu gebogene Stäbe verwenden, die man in die Sitzfläche oder den Rahmen einzapft, man kann aber auch eine massive Platte mit der entsprechenden Krümmung zusägen. Die Sitzfläche kann entsprechende Vertiefungen aufweisen oder aus biegsamen Material geflochten werden, sodass sie unter dem Gewicht des Sitzenden nachgibt. Gepolsterte Sitze sehen elegant aus und bieten auch den allerempfindlichsten Allerwertesten eine bequeme Unterlage.

Umfallschutz

Weil den amerikanischen Shakern klar war, dass jeder Benutzer eines Stuhles über kurz oder lang auf diesem nach hinten kippelt – oft mit katastrophalen, (Stuhl-)beinbrechenden Ergebnissen –, entwickelten sie eine raffinierte Vorrichtung aus Holz, die an den beiden Hinterbeinen eines Stuhles angebracht wurde. Sie wurde „tilter" genannt (etwa: „Kipper") und bestand aus einer drehbar in jedem Stuhlbein gelagerten Holzkugel. Das moderne Gegenstück, ein Metall-, „Kipper", der über die Hinterbeine geschoben wird, ist neben dem Original in der Abbildung auf der nächsten Seite oben zu sehen.

Wenn man sich die Anatomie des Originals ansieht, kann man auch erkennen, wie es hergestellt wird. Verwenden Sie einen modifizierten Spatenbohrer, um die konkaven Löcher in die Stuhlbeine zu bohren. Das funktioniert gut, wenn man das Loch mit der Ständerbohrmaschine bohrt, indem man den Arbeitstisch um 90° schwenkt und das Stuhlbein parallel zum Bohrer einspannt. Drechseln Sie die Holzkugel passend für das konkave Loch. Geben Sie an die Kugel und die Innenseite des Loches Wachspaste an, um die Reibung zu verringern, bevor Sie die Kugel mit dem Lederband sichern.

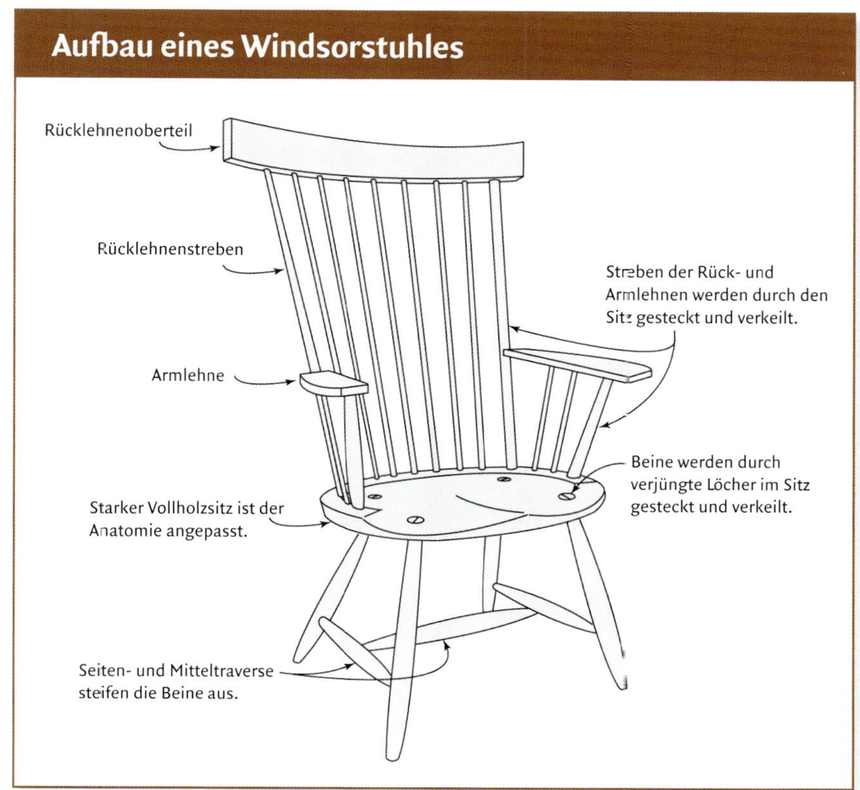

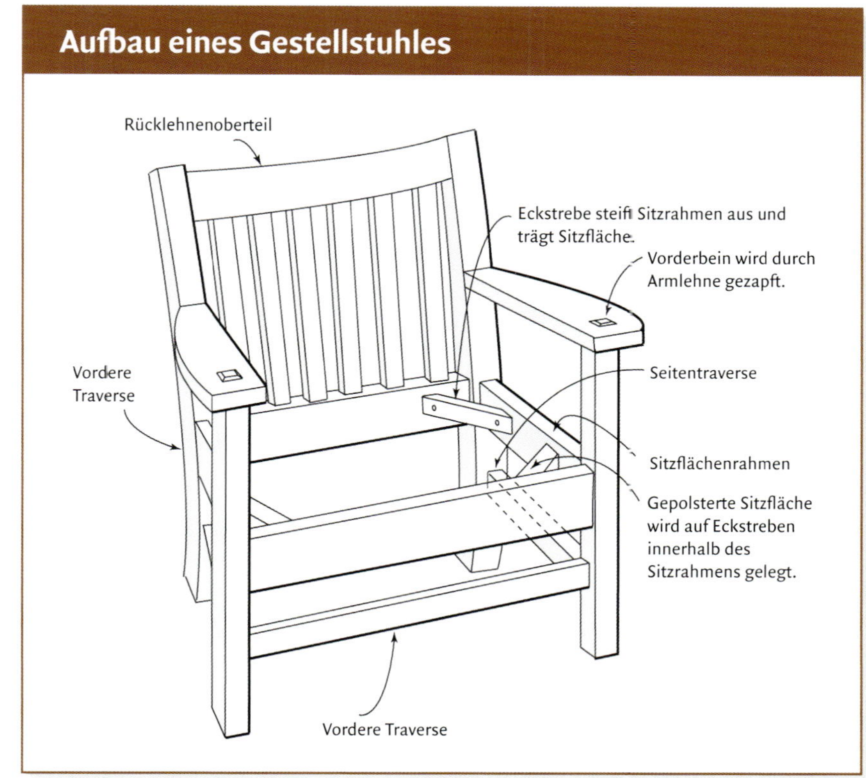

Die Shaker stellten aus Holz Stuhl-„Kipper" her, die aus einer Kugel und einer Aufnahme im Bein bestanden. Bei modernen Möbeln findet man ähnliches aus Metall. (Sammlung der United Society of Shakers, Sabbathday Lake, Maine.) Foto: John Sheldon

Das Spalten eines Scheites beginnt damit, dass man gleichmäßige Teile anreißt und mit der Axt auftrennt.

Diese Teile werden dann mit dem Spaltmesser und einem Klüpfel weiter unterteilt. Der Stil des Spaltmessers dient als Hebel, um das Spalten kontrolliert ausführen zu können und gerade Rohlinge zu erhalten.

Stuhl-„Kipper"

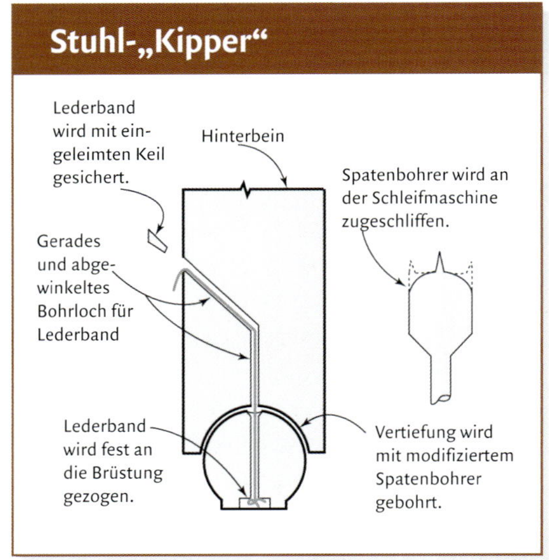

Die Verwendung von gespaltenem Material

Holzstücke, die durch Spalten anstatt durch Sägen aus dem Rohmaterial hergestellt wurden, können beim Stuhlbau für zusätzliche Belastbarkeit von Beinen und Stegen sorgen. Zudem ist gespaltenes Material leichter mit Handwerkzeugen zu bearbeiten, da die Holzfasern parallel zur Oberfläche verlaufen. Der Stuhlbauer Drew Langsner von den Country Workshops in Marshall, North Carolina, reißt dafür zuerst Quadrate auf dem Hirnholz eines frisch eingesägten Holzscheites an. Dann spaltet er den Scheit mit der Axt und einem großen Klüpfel entlang einer der Risse.

Als nächstes trennt er das gespaltene Scheit mit dem Spaltmesser und einem kleineren Klüpfel in einzelne Quadrate auf. Dazu wird die Klinge etwa in der Mitte des Rohlings angesetzt, und man schlägt mit dem Klüpfel kräftig auf die Rückseite der Klinge. Die beiden Hälften werden dann mit dem Spaltmesser auseinander gehebelt. Wiederholen Sie den Vorgang so lange, bis der Rohling vollkommen in einzelne Stücke mit quadratischem Querschnitt aufgeteilt ist.

Um diese Stücke abzurunden, werden sie in der Hobelbank oder einer Schnitzbank eingespannt, und man richtet mit dem Ziehmesser zwei benachbarte Flächen grob im rechten Winkel zueinander ab. Danach wird mit einer selbst gefertig-

Anschlag für die Hobelbank

Ich habe eine Variation diese Anschlags zuerst an der Hobelbank meines Freundes Frank Klausz entdeckt. Wenn man eine waagerechte Leiste am Ende der Hobelbank anschraubt, und dann an beiden Enden der Leiste einen schwenkbaren Anschlag anbringt, kann man diese beim Hobeln oder Sägen eines Werkstücks verwenden. Da man zwei Anschläge hat, kann man sowohl traditionelle europäische Sägen verwenden, die auf Stoß schneiden, als auch japanische Sägen, die auf Zug arbeiten.

Die Anschläge werden einfach hochgedreht, wenn man sie verwenden möchte, und werden dann von der unteren Leiste in Position gehalten. Je nach Schnittrichtung kann man den entsprechenden Anschlag verwenden.

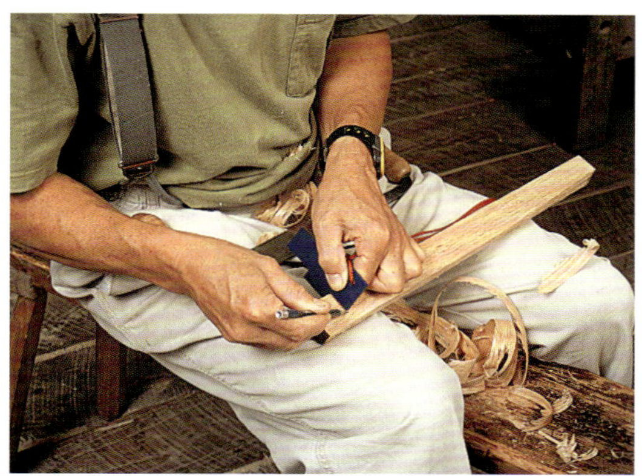

Wenn zwei benachbarte Flächen rechtwinklig zueinander abgerichtet sind, verwendet Langsner eine einfache, selbst hergestellte Lehre, um die Breite des Werkstücks anzureißen.

ten Lehre die Breite des Werkstücks angerissen. Arbeiten Sie mit dem Ziehmesser weiter den quadratischen Querschnitt des Stücks bis zu den Rissen heraus.

Dann werden die Ecken mit dem Ziehmesser abgenommen, um ein Stück mit achteckigem Querschnitt zu erhalten. Schließlich werden mit einem Schweifhobel mit gerader Sohle die acht Seiten nachgearbeitet. Wenn man nun mit dem Schweifhobel die Ecken abnimmt, kann man nach Augenmaß und Gefühl das Werkstück abrunden.

Das Spaltmesser wird als Hebel verwendet, um schnell einzelne quadratische Rohlinge zu erhalten.

An der Schnitzbank lassen sich die Rohlinge schnell einspannen, um sie zu bearbeiten. Mit festem Fußdruck wird das Werkstück durch den Kopf der Schnitzbank gehalten.

Der Rohling wird mit dem Ziehmesser bis zu den Rissen bearbeitet, sodass man ein Werkstück mit quadratischem Querschnitt erhält, dass dann abgerundet werden kann.

Zuerst werden dazu die Kanten abgetragen, um einen achteckigen Querschnitt zu erzielen.

Bei der Arbeit an dem achtkantigen Stück wird ein Schweifhobel verwendet, um glatte, gleichmäßige Seiten zu erhalten.

Schließlich werden die letzten Kanten abgenommen, um ein rundes Werkstück zu erhalten. Kontrollieren Sie mit den Fingern, ob die Oberflächen wirklich glatt sind.

Mit einem Sperrholzdeckel wird der Hackklotz vor Verschmutzungen geschützt, sodass die Äxte wirklich scharf bleiben.

Den Hackklotz abdecken

Ein Hackklotz ist eine nützliche Arbeitsfläche für verschiedene Aufgaben in der Holzwerkstatt: Man kann auf ihm Scheite spalten und Rohlinge aufteilen, aber auch Beschläge auf seiner harten Hirnholzfläche in Form hämmern. Allerdings hat er auch einen deutlichen Nachteil: Im porösen Hirnholz sammeln sich allerlei Rückstände an, von Holzstaub über Schleifpapierkörner bis hin zu Schmutz, den ein zufälliger Besucher hinterlässt, der den Klotz mit einer Sitzgelegenheit verwechselt. Wenn man mit einem Spaltmesser oder einer Axt auf diesen Rückständen arbeitet, kann man sich von der sorgfältig angeschliffenen scharfen Schneide gleich wieder verabschieden. Damit der Klotz sauber und gebrauchsfertig bleibt – und Zuschauer sich nach einer anderen Sitzgelegenheit umsehen – legt der Stuhlmacher Langsner einen Deckel aus Sperrholz und Restholzstücken auf.

Rundzapfen schneiden

Die älteste – und oft auch beste – Methode, um runde Zapfen herzustellen, ist das Schneiden mit Handwerkzeug. Wenn man eine Lehre verwendet, ist es leicht, den richtigen Durchmesser einzuhalten. Nachdem man das Material mit dem Ziehmesser und Schweifhobel abgerundet hat, fast man das Ende des Rohlings mit der Feile an **(A).**

> Siehe „Die Verwendung von gespaltenem Material" auf S. 246.

Danach wird das Ende in das entsprechende Loch der Lehre gesteckt, das man mit Grafit ausgepudert hat, und dann gedreht **(B).** Versehen Sie die Lehre mit drei Löchern, von denen eines für die endgültige Passung reserviert bleibt.

Runden Sie den Zapfen mit dem Schweifhobel ab, indem Sie die Stellen entfernen, an denen Grafit haften geblieben ist **(C).** Achten Sie darauf, dass der Zapfen bei dieser Arbeit gerade bleibt, und kontrollieren Sie wiederholt die Passung in der Lehre. Wenn der Zapfen fast in die Lehre passt, legen Sie einen Streifen 80er Schleifband mit Textilrücken um den Zapfen, und runden den Zapfen vorsichtig bis auf das Endmaß ab, indem Sie den Streifen hin und her ziehen **(D).**

Wenn der Zapfen fest und sicher in der Lehre sitzt, ist die Arbeit beendet **(E).**

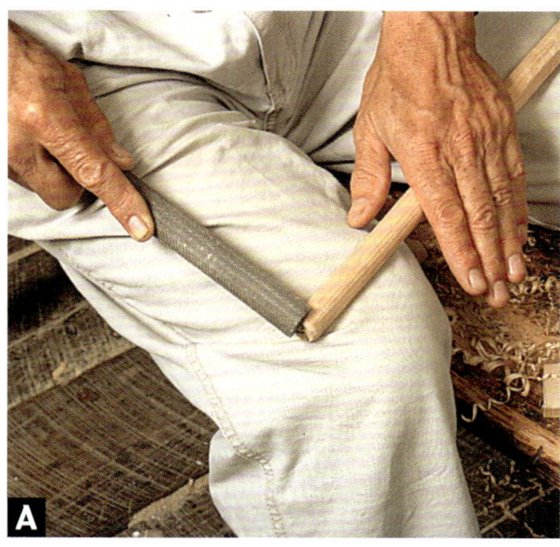
A

C

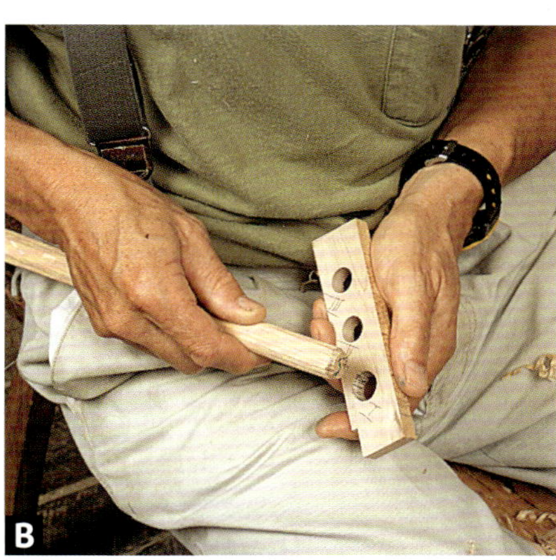
B

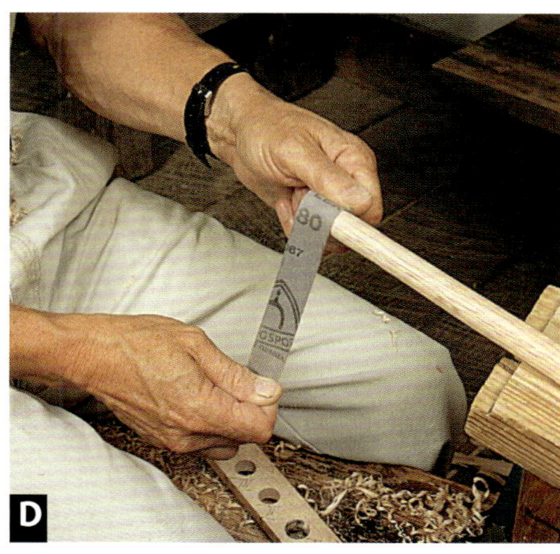
D

E

Rundzapfen drechseln

Am leichtesten, und oft auch am schnellsten und preiswertesten, lassen sich Zapfen an der Drechselbank zwischen Spitzen herstellen. Um einen einfachen Rundzapfen zu drehen, reißt man die Brüstung an und kontrolliert die Arbeit während des Drechselns immer wieder mit dem Tastzirkel. Der Tastzirkel sollte knapp über den Zapfen passen.

Wenn sie einen sich verjüngenden Zapfen herstellen wollen, der in ein konisches Loch passt, ist die Drechselbank das geeignetste Werkzeug. Man kann die richtige Verjüngung erreichen, indem man zwei Hohlkehlen in den Rohling schneidet, die den kleineren und größeren Durchmesser des Zapfens angeben. Überprüfen Sie dann den Arbeitsfortschritt immer wieder, während Sie den Zapfen grob zuschneiden **(A).**

Schneiden Sie den Zapfen mit einer 20-mm-Schrupppröhre. Arbeiten Sie am Reitstockende der Drechselbank, damit Sie nicht versehentlich mit der Kante des Werkzeugs an die Spindel gerät **(B).**

Bei großen oder starken Zapfen kann man auch auf einen kommerziellen Zapfenschneider zurückgreifen, der in eine Bohrmaschine eingespannt wird und je nach Modell Zapfen bis zu einer Länge von 110 mm schneiden kann. Um gerade Zapfen zu erhalten, wird das Werkstück waagerecht eingespannt, und man führt dann den Bohrer so heran, dass es mit der Achse des Werkstücks fluchtet **(C).**

Zapfenschneider funktionieren gleichermaßen gut in frischem und in trockenem Holz. Sie sind besonders für rustikale Arbeiten geeignet, bei denen das Material etwas unregelmäßig ist, und die abgerundete Brüstung nicht so stört.

Es gibt auch eine Reihe von Spezialwerkzeugen, mit denen man Rundzapfen herstellen kann. Eine einfache Methode, um einen Zapfen mit Brüstung zu schneiden, ist die Verwendung eines Dübelschneiders, den man in eine elektrische Bohrmaschine oder eine Bohrwinde eingespannt hat. Wenn man eine kleine Wasserwaage mit Klebeband an der Bohrmaschine befestigt, kann man den Dübelschneider am Werkstück ausrichten **(D).** Die Zapfenlänge ist beim Dübelschneider allerdings eingeschränkt.

A

C

B

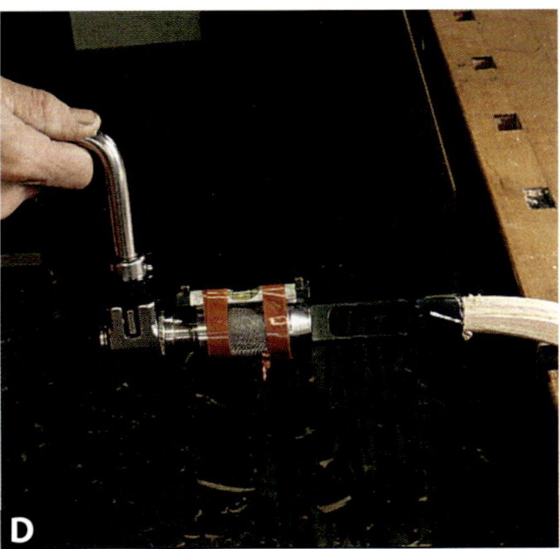
D

Zapfenlöcher

Eine der belastbarsten Verbindungen eines Stuhlbeines mit der Sitzfläche besteht aus einem konischen Rundzapfen und einem konischen Zapfenloch.

> Siehe „Rundzapfen" schneiden auf S. 249.

Diese Verbindung zieht sich von selbst zu, wenn der Stuhl benutzt wird, da das Gewicht des Sitzenden – und die Schwerkraft – die beiden konischen Teile zusammenpressen **(A).** Der Stuhlbauer Drew Langsner reißt zuerst mit einer Schablone im Maßstab 1 : 1 die Lage der Löcher auf dem Sitzflächenrohling an **(B).**

Dann werden die Löcher im richtigen Winkel mit der Bohrwinde gebohrt. Mit selbst hergestellten Lehren – einer rechtwinkligen und einer mit dem gewünschten Winkel für das Stuhlbein – kann man den richtigen Winkel nach Augenmaß einhalten **(C).** Bohren Sie so tief, dass die Zentrierspitze des Bohrers gerade an der Unterseite des Sitzflächenrohlings austritt, und drehen Sie den Rohling dann, um das Loch zu Ende zu bohren. So lassen sich Faserausrisse vermeiden.

Schneiden Sie dann (immer noch von der Unterseite des Rohlings arbeitend) die Wandungen des Bohrlochs mit einem Versenker konisch zu, den Sie in die Bohrmaschine oder die Bohrwinde eingespannt haben. Der richtige Winkel wird auch in diesem Fall nach Augenmaß mit der Schmiege und dem Tischlerwinkel bestimmt **(D).** Mit einer Beinattrappe kann man überprüfen, wann die Verjüngung tief genug reicht **(E).** Überprüfen Sie die Endpassung mit den richtigen Stuhlbein, bis der größere Durchmesser des Zapfens an der Unterseite der Sitzfläche anliegt.

Zapfenlöcher in Beinen und Zargen, die in zwei Richtungen von der Senkrechten abweichen, sind ein weiteres Problem. Man kann als Lösung eine schräge Unterlage für die Ständerbohrmaschine bauen **(F).** Es ist jedoch auch möglich, durch rundes Material zu bohren, nachdem man die Beine am Stuhl befestigt hat. **(G).**

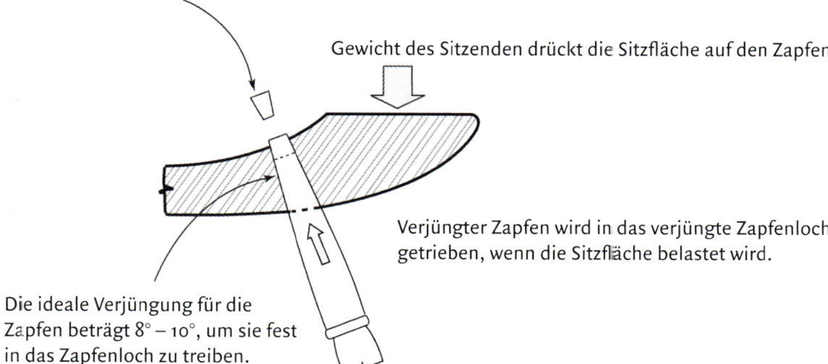

A

B

E

C

F

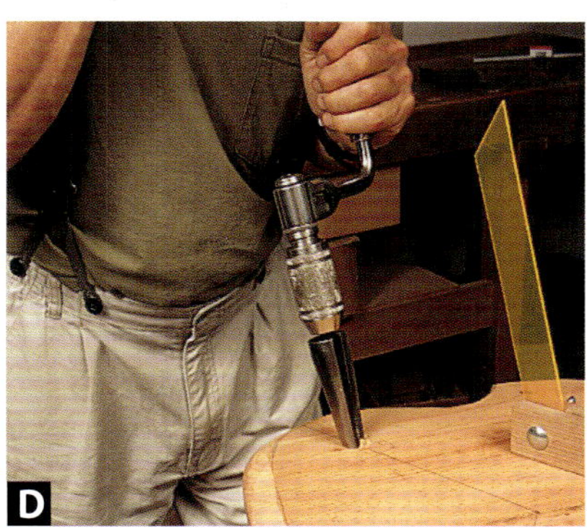
D

G

Foto: Drew Langsner

A

B

C

D

E

F

G

Schräge Zapfen und Schlitze

Die Schlitz-und-Zapfen-Verbindung ist die Grundlage des Stuhlbaus. Oft muss man diese Verbindung auch im Winkel an die Teile eines Stuhles anschneiden. Es ist immer besser, die Schlitze zuerst anzuschneiden und dann die Zapfen so anzupassen, dass sie gut sitzen. Wenn der Schlitz rechtwinklig zur Bezugsfläche des Werkstückes ist, reißt man ihn an und stellt ihn an der Ständerbohrmaschine her. Verwenden Sie dazu einen Forstnerbohrer, dessen Durchmesser der Breite des Schlitzes entspricht, und bohren Sie an jedem Ende des Schlitzes ein Loch. Entfernen Sie dann den dazwischen liegenden Verschnitt mit einer Reihe von überlappenden Löchern **(A).**

Stechen Sie den vorgebohrten Schlitz mit dem Stechbeitel rechtwinklig nach. Nehmen Sie einen schmalen Stechbeitel, um die Enden des Schlitzes nachzuarbeiten, und einen breiten, um die Längsseiten abzustechen **(B).**

Die schrägen Zapfen reißt man am besten anhand einer Arbeitszeichnung im Maßstab 1 : 1 auf dem Werkstück an. Berechnen Sie die Winkel nicht, sondern verwenden Sie Schmiegen, um die Winkel direkt von der Zeichnung abzunehmen **(C).**

Wenn Sie die Schmiegen eingestellt haben, übertragen Sie die Winkel auf das Material. Reißen Sie die Brüstungen und die Wangen an, indem Sie einen Tischlerwinkel an die Schmiege anlegen **(D).**

Spannen Sie das Werkstück senkrecht ein, und schneiden Sie die Wangen an den Rissen entlang frei **(E).** Setzen Sie dann die schrägen Brüstungen ab, indem Sie das Material flach auf der Hobelbank gegen einen Bankhaken halten und die Säge im Winkel führen **(F).** Verputzen Sie die Wangen des Zapfens mit dem Hobel. Achten Sie darauf, die Wangen eben und parallel zueinander anzufertigen **(G).**

Geschwungene Stuhllehnen an der Bandsäge

Man kann eine breite, geschwungene Stuhllehne herstellen, indem man die Krümmung an der Bandsäge ausschneidet. Dazu reicht auch eine relativ kleine Bandsäge. Schneiden Sie zuerst einzelne Bretter zu, die nach dem Verleimen der gewünschten Breite der Stuhllehne entsprechen. Richten Sie die Kanten ab. Reißen Sie dann die gewünschte Kurve mit einer angenagelten Schablone aus Sperrholz auf der Kante jedes Brettes an **(A).**

A

Stellen Sie das Bandsägeblatt sorgfältig ein, so dass es senkrecht zum Werkstück steht (diese Methode ist genauer, als den Arbeitstisch senkrecht zum Sägeblatt einzustellen), und sägen Sie die Kurve aus jedem Brett bis zum angezeichneten Riss aus **(B).** Verleimen Sie die Bretter nach dem Sägen Kante an Kante, richten Sie die Kurven so gut wie möglich aneinander aus, und setzen Sie Zwingen an **(C).**

B

C

Glätten Sie abschließend die Vorder- und Rückseite der Lehne mit Schweifhobeln mit gerader und gebogener Sohle, mit der Ziehklinge und vorsichtig mit Schleifpapier **(D).** Legen Sie regelmäßig ein Richtscheit über die Arbeit, damit die Flächen in Querrichtung eben werden.

D

Geformte Sitzflächen

Eine Sitzfläche aus einer Vollholzplatte herzustellen, ist nicht allzu schwierig, erfordert jedoch etwas Körpereinsatz, vor allem wenn man größere Vertiefungen anbringen möchte, wie sie etwa bei Windsorstühlen üblich sind. Der Stuhlmacher Drew Langsner beginnt an der Oberseite, indem er an den tiefsten Stellen mit einem Fassschaber in schnellen, kurzen Schnitten diagonal zur Faser das Holz abträgt. Die besten Ergebnisse erzielt man mit einem Fassschaber, der abgerundete Ecken und in der Mitte der Klinge eine gerade Fläche hat **(A).** Man kann freihändig bis zur gewünschten Tiefe schneiden, oder zwei kleine Löcher an den späteren tiefsten Stellen der Sitzfläche bohren. Dann trägt man Holz ab, bis man die Tiefe der Bohrlöcher erreicht hat.

Foto: Drew Langsner

Schneller als mit dem Fassschaber geht die Arbeit mit der Dechsel von der Hand, da sie größere Materialmengen abträgt. Allerdings erfordert sie auch mehr Übung, um sie zu beherrschen. Legen Sie den Sitzrohling an einen Holzklotz an, den Sie am Fußboden angenagelt haben, und halten Sie ihn mit dem Fuß fest. Schwingen Sie die Dechsel quer zur Faser auf sich selbst zu und zwischen Ihren Beinen hindurch **(B).**

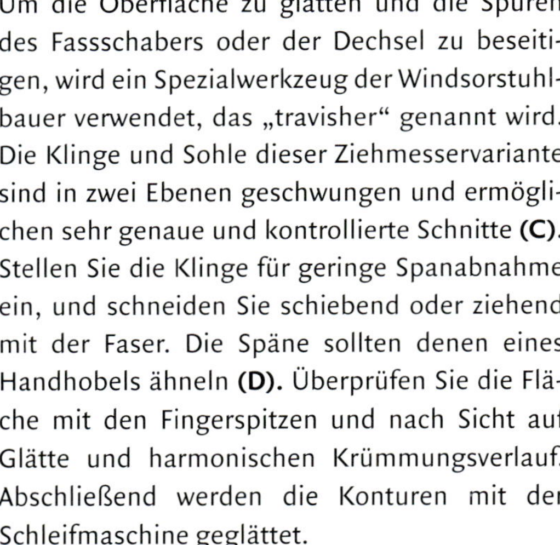

Um die Oberfläche zu glätten und die Spuren des Fassschabers oder der Dechsel zu beseitigen, wird ein Spezialwerkzeug der Windsorstuhlbauer verwendet, das „travisher" genannt wird. Die Klinge und Sohle dieser Ziehmesservariante sind in zwei Ebenen geschwungen und ermöglichen sehr genaue und kontrollierte Schnitte **(C).** Stellen Sie die Klinge für geringe Spanabnahme ein, und schneiden Sie schiebend oder ziehend mit der Faser. Die Späne sollten denen eines Handhobels ähneln **(D).** Überprüfen Sie die Fläche mit den Fingerspitzen und nach Sicht auf Glätte und harmonischen Krümmungsverlauf. Abschließend werden die Konturen mit der Schleifmaschine geglättet.

Um die Kante der Sitzfläche zu formen, wird der Arbeitstisch der Bandsäge geneigt, und man sägt am Umfang des Rohlings entlang, um eine Fase anzuschneiden **(E).** Arbeiten Sie die Fase mit dem Ziehmesser nach. Die beste Kontrolle über den Schnitt erhält man, wenn man flache Schnitte mit schräg gehaltenem Ziehmesser ausführt **(F).** Glätten Sie die Fase, und runden Sie sie mit einem Schweifhobel mit gerader Sohle leicht ab **(G).**

Geflochtene Sitzflächen

Die Sitzfläche oder die Rückenlehne eines Stuhles zu flechten, ist eine schnelle Methode, um bei Gestellstühlen (alten wie neuen) bequeme Flächen zu schaffen. Die Technik ist für viele verschiedene Materialien ähnlich, ob es sich nun um Textilbänder oder Binsen, um Rattan oder Holzspäne handelt. Der Stuhlflechter Pat Boggs aus Berea in Kentucky verwendet Streifen, die aus der Innenrinde des Hickorybaumes geschnitten werden.

Die Streifen werden etwa ½ Stunde in heißem Wasser getränkt. Dann befestigt man ein Ende eines Streifens mit Klammern oder durch Festbinden an der Seitenzarge des Stuhles und zieht ihn stramm um die vordere und hintere Zarge herum **(A, B).** Wenn Sie das Ende eines Streifens erreichen, binden Sie einen neuen am alten an. Nachdem die Öffnung zwischen den Zargen gefüllt ist, wird der Streifen um die hintere Zarge geführt und an der benachbarten Seitenzarge angebunden.

Der Schuss wird von der Hinterkante des Stuhls begonnen, indem man einen Streifen um die Seitenzargen führt und abwechselnd über und unter den Kettstreifen hindurch geführt wird **(C).** Je nach dem Flechtbild, das Sie erhalten möchten, werden die Schussstreifen über einzelne oder über mehrere Kettstreifen geführt **(D).** Verwenden Sie einen Holzklotz, um die Streifen dicht aneinander zu pressen **(E).** Sichern Sie das lose Ende des letzten Streifens, indem Sie es auf der Unterseite durch mehrere Kettstreifen flechten. Wenn die Rindenstreifen trocknen, ziehen sie sich zusammen, sodass sich ein dichtes Geflecht ergibt, das als widerstandsfähige und federnde Sitzfläche dient.

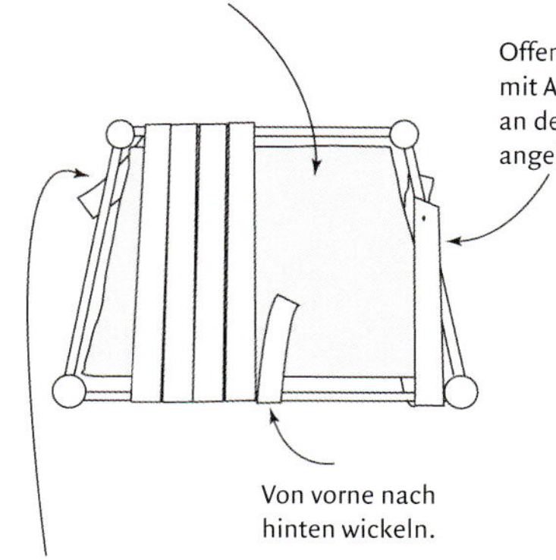

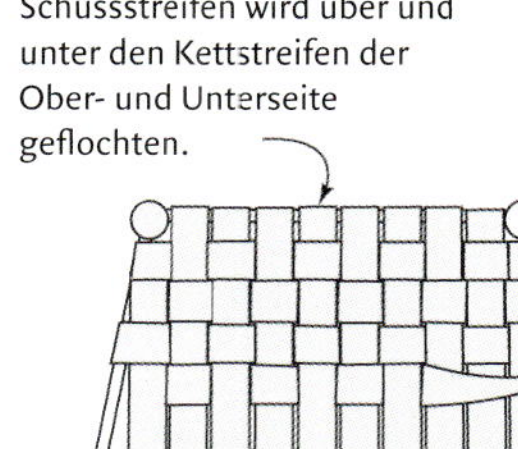

Gepolsterte Sitzflächen

Man kann einen Stuhl leicht bequemer machen, indem man ihn mit einer gepolsterten Einlegesitzfläche versieht. Stellen Sie zuerst aus einer profilierten Vollholzplatte oder einem ebenen Sperrholzstück einen Rohling her, der auf die Maße des Stuhles abgestimmt ist. Beschaffen Sie sich dann aus dem Fachhandel ein Stück Schaumstoff mit 25 mm Stärke, etwas Polsterwatte aus Baumwolle oder Polyester (Baumwolle fühlt sich „natürlicher" an) und einige Polsternägel. Schneiden Sie den Schaumstoff knapp innerhalb des Umrisses der Sitzfläche zu und legen Sie ihn auf den Rohling. Schneiden Sie dann die Polsterwolle so zu, dass sie über den Schaumstoff passt **(A).** Sie können den Schaumstoff an der Bandsäge auf Maß schneiden. Neigen Sie dazu den Arbeitstisch etwas, um die Kanten leicht anzufasen.

A

C

B

D

E

Schneiden Sie den Bezugsstoff mit 75 bis 100 mm Übermaß an allen Seiten zu. Legen Sie den Schaumstoff und die Polsterwatte auf den Rohling, richten Sie den Bezugsstoff mittig darauf aus, und drehen Sie den gesamten Stapel auf den Kopf. Heften Sie den Bezugsstoff provisorisch mit einigen Polsternägeln in der Mitte der Vorder- und Hinterkante der Unterseite der Sitzfläche an. Achten Sie darauf, den Bezugsstoff straff zu spannen und das Muster bzw. den Fadenverlauf gleichmäßig und gerade auszurichten **(B).** Heften Sie dann die Seitenkanten auf die gleiche Weise an, indem Sie den Stoff von Seite zu Seite spannen und die Polsternägel in der Mitte der Kanten ansetzen **(C).**

Befestigen Sie den Bezugsstoff endgültig mit einem Druckluftnagler an der Sitzfläche. Beginnen Sie in der Mitte der Vorder- und Hinterkante, und arbeiten Sie sich zu den Ecken vor **(D).**

Befestigen Sie den Stoff an den Seiten auf die gleiche Weise, indem Sie von der Mitte zu den Ecken hin arbeiten. Drehen Sie die Sitzfläche bei der Arbeit immer wieder um und kontrollieren Sie, dass das Muster gleichmäßig verläuft. Legen Sie einen Nagelzieher zurecht, um Klammern entfernen zu können, falls Sie den Stoff neu ausrichten müssen. An den Ecken muss der Bezugsstoff gefaltet und umgelegt werden, damit er dicht an der Sitzfläche anliegt, vor allem falls die Sitzfläche stark gekrümmt ist **(E).**

Stühle und Hocker nivellieren

Die meisten Stühle und Hocker stehen nicht gerade, wenn man sie fertiggestellt hat. Meist ist mindestens ein Bein etwas zu lang, sodass der Stuhl oder Hocker leicht wackelt. Das Problem lässt sich leicht lösen. Stellen Sie den Stuhl auf eine absolut ebene Fläche, etwa eine große MDF-Platte oder den Arbeitstisch der Tischkreissäge, sodass das schuldige Bein über die Kante hinausragt. Stellen Sie sicher, dass die anderen Beine voll und ganz auf der Fläche aufliegen. Legen Sie den Bleistift auf der Tischfläche auf, und reißen Sie um das Bein herum an **(A).**

Sägen Sie mit der Handsäge bis zum Riss **(B).** Überprüfen Sie die Beinlänge, indem Sie den Stuhl wieder mit allen vier Beinen auf den Tisch stellen. Er dürfte jetzt nicht mehr wackeln.

A

B

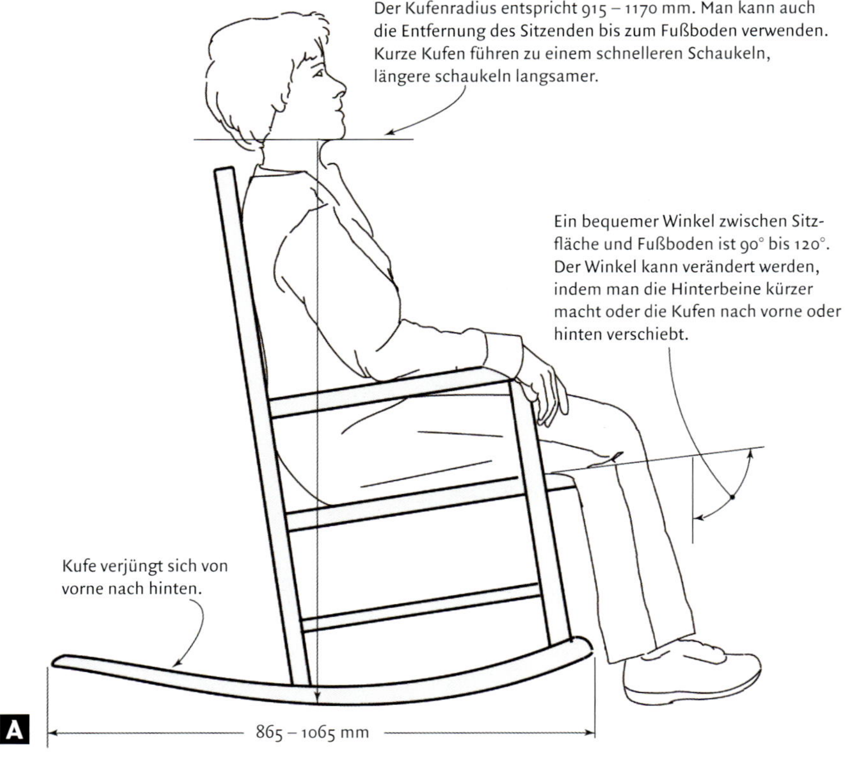

Kufen anbringen

Es gibt keine festen Regeln für die Gestaltung der Kufen eines Schaukelstuhls, aber in der Abbildung **A** sind einige Grundregeln benannt, die bei verschiedenen Formen ihre Tauglichkeit bewiesen haben.

Um eine geplante Krümmung zu überprüfen, schneidet man sie im Maßstab 1 : 1 aus Restholz aus. Damit der Schaukelstuhl richtig schaukelt, muss die Kufe eine harmonische Krümmung aufweisen – ohne gerade Stellen, Ausbuchtungen oder Dellen. Als preiswertes Material für eine Kufenattrappe bietet sich papierbeklebter Schaumstoff in einer Stärke von etwa 40 mm an, der sich auch leicht an der Bandsäge zuschneiden lässt **(B)**. Überprüfen Sie das Abrollverhalten der Kufe, indem Sie sie auf einer ebenen Fläche hin und her bewegen. Je größer die Radien sind, desto länger hält das Schaukeln an. Eine enge Krümmung führt zu einem schnelleren, schärferen Schaukeln **(C)**.

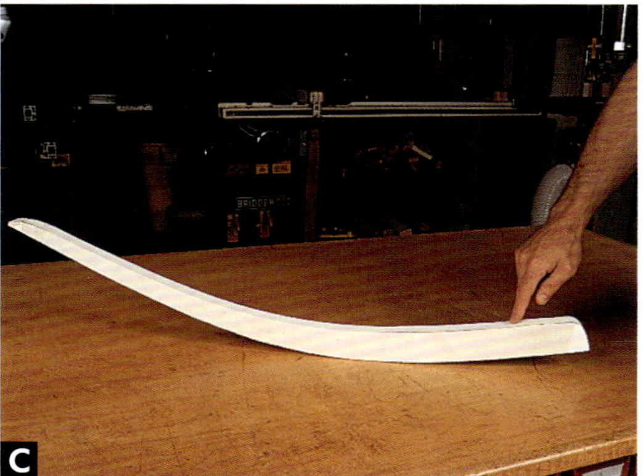

Wenn Sie mit der Schaukelbewegung zufrieden sind, schneiden Sie eine zweite Attrappe mit der gleichen Form wie die erste zu. Befestigen Sie die beiden Attrappen provisorisch an den Stuhlbeinen, um die Neigung der Sitzfläche und der Rückenlehne und deren Auswirkung auf die Schaukelbewegung zu überprüfen. Man kann die Neigung ändern, indem man die Hinterbeine kürzt oder verlängert oder indem man die Kufen im Verhältnis zu den Beinen nach vorne oder hinten versetzt. Wenn Sie die richtige Neigung ermittelt haben, markieren Sie die Lage der Verbindungen auf den Attrappen **(D).**

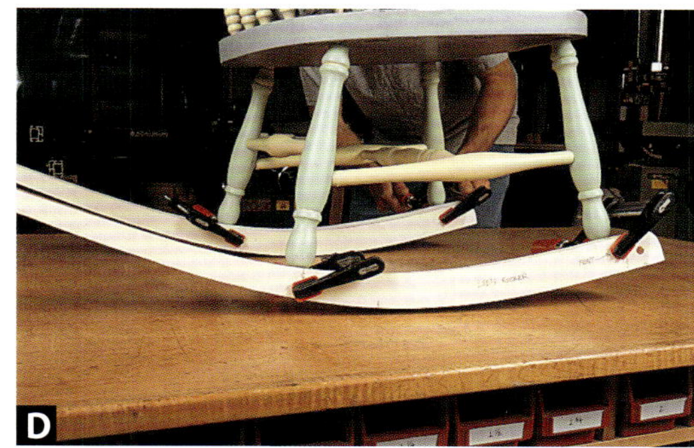

D

Verwenden Sie die Attrappen, um die Kufen herzustellen. Sägen Sie die Kufen an der Bandsäge aus, und glätten Sie die Kurven mit Schweifhobeln und Schleifpapier. Befestigen Sie nach Maßgabe der Markierungen an den Attrappen die Kufen an den Stuhlbeinen. Als Verbindung können Sie je nach Gestaltung des Stuhles zwischen Schlitz und Zapfen, Dübeln oder Rundzapfen und Löchern wählen. Die fertigen Kufen können nach Ihren Wünschen geformt sein, wenn Sie jedoch die Kanten abrunden und die Kufen von vorne nach hinten allmählich verjüngen, verleiht dies dem Schaukelstuhl ein eleganteres Aussehen **(E).**

E

Blendrahmen

Blendrahmen herstellen

Eckschränke

Ein Blendrahmen, der aus schmalen Friesen zusammengebaut und an der Vorderseite eines Korpusmöbels angeleimt wird, kann den Korpus aussteifen und dazu beitragen, dass sich dieser nicht verzieht. Zudem bietet er eine gute Befestigungsmöglichkeit für Scharniere und andere Beschläge an Türen und Schubladen.

Es gibt verschiedene Rahmenstile und unterschiedliche Eckverbindungen, zwischen denen man wählen kann, von einfachen losen Flachdübeln und Schrauben bis hin zu den aufwendigeren Schlitz-und-Zapfen-Verbindungen. Einen Blendrahmen kann man an fast jedem Korpusmöbel vom konventionellen Küchenschrank bis hin zu gebogenen oder abgewinkelten Schränken anbringen.

> Siehe „Einen Schrank an eine Wand anpassen" auf S. 207.

Die Gestaltung des Blendrahmens

Das Material für einen Blendrahmen kann so breit und stark sein wie Sie es möchten. In der Regel genügen jedoch Friese mit einer Breite von 30 mm bis 50 mm, um einen Korpus auszusteifen, ohne den wertvollen Nutzraum im Inneren einzuschränken. Rahmenstärken von 20 mm bis 25 mm sind ausreichend, um Beschläge zu befestigen. Die Verbindungen können schnell und pragmatisch ausgeführt werden (Schrauben oder Flachdübel) oder anspruchsvoller sein (Dübel oder Schlitz-und-Zapfen). Die Wahl der Verbindung kann von den zur Verfügung stehenden Werkzeugen und von Ihren eigenen Kenntnissen abhängig gemacht werden. Eine wichtige Überlegung: Bemessen Sie die Querfriese so, dass der fertige Rahmen etwas breiter ist als der Korpus. So steht einem etwas Material zur Verfügung, um den Rahmen nach dem Anleimen bündig mit den Korpusseiten zu verputzen.

Aufbau eines Blendrahmens

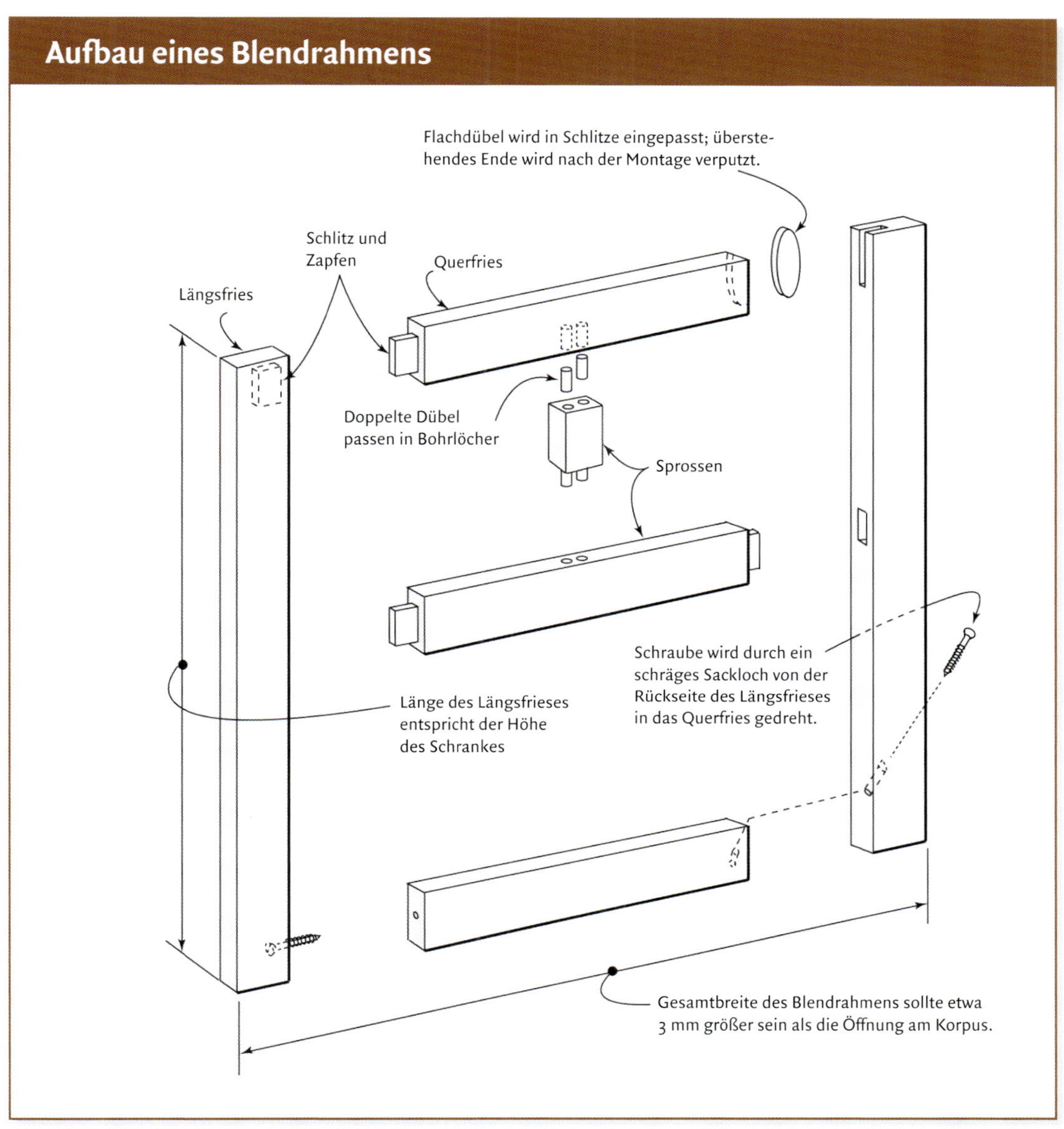

Beim Entwurf eines Einbauschrankes sollten Sie einen Überstand des Rahmens einplanen, um den Schrank dicht an den Wänden und/oder der Decke anschließen zu können.

Flachdübel frisch halten

Verbindungen mit Flachdübeln stellen eine leichte Methode dar, um Blendrahmen herzustellen.

> Siehe „Ein einfacher rechteckiger Blendrahmen“ auf S. 264.

Allerdings neigen die Flachdübel dazu, mit der Zeit aufzuquellen, wenn sie Luftfeuchtigkeit aufnehmen. Dadurch passen sie nicht mehr in die gefrästen Schlitze. Die Flachdübel müssen trocken aufbewahrt werden, da sie während der Herstellung gepresst werden, sodass sie in den Schlitzen aufquellen, wenn man Leim angibt. Wenn man die Flachdübel in der Werkstatt herumliegen lässt, nehmen sie Feuchtigkeit aus der Luft auf und sind zu dick, um gut zu passen.

Übergroße Blendrahmen

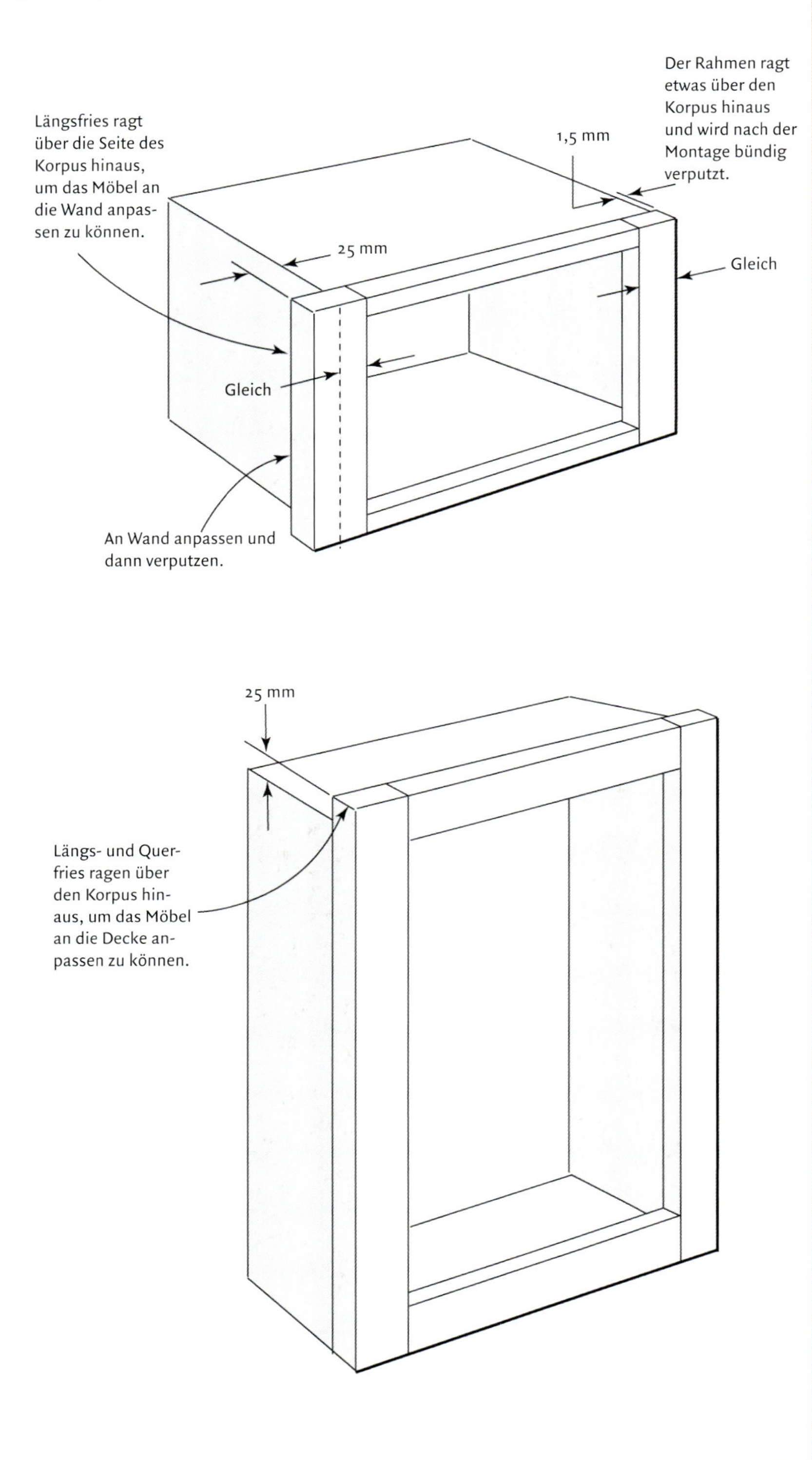

Der Rahmen ragt etwas über den Korpus hinaus und wird nach der Montage bündig verputzt.

Längsfries ragt über die Seite des Korpus hinaus, um das Möbel an die Wand anpassen zu können.

1,5 mm

25 mm

Gleich

Gleich

An Wand anpassen und dann verputzen.

25 mm

Längs- und Querfries ragen über den Korpus hinaus, um das Möbel an die Decke anpassen zu können.

Legen Sie ein oder zwei Beutel mit Trocknungsmittel in ein Glas mit Flachdübeln, um sie trocken zu halten.

Man kann dieser Neigung zum Aufquellen entgegenwirken, indem man die Flachdübel in einem Glas mit dicht schließendem Deckel aufbewahrt, bis man sie benötigt. Legen Sie als Trockenmittel ein oder zwei Päckchen Silicagel in das Glas. Man findet diese Päckchen in den Verkaufsverpackungen von vielen Geräten und Gegenständen, die zur Korrosion neigen. Legen Sie die Päckchen regelmäßig in den warmen Backofen, um die aufgenommene Feuchtigkeit auszutreiben.

Die Befestigung von Blendrahmen

Man kann einen Blendrahmen zwar an der Vorderseite eines Korpus annageln, aber eine elegantere Alternative ist es, ihn mit Leim und Zwingen zu befestigen. Wegen der relativ dünnen und schmalen Friese kann es schwierig sein, genügend Druck auf den Rahmen auszuüben, um die Verbindungen zuzuziehen. Deshalb sollte man Zulagen aus etwa 50 mm breitem Restholz zwischen die Zwingen und den Rahmen legen, um den Druck zu verteilen. Geben Sie Leim an die Kanten des Korpus, und richten Sie den Blendrahmen sorgfältig am Korpus aus. Der Rahmen sollte an allen Seiten etwa 1 mm überstehen. Legen Sie dann die Zulagen auf, und setzen Sie etwa alle 150 mm eine Zwinge an **(A).** Falls die Verbindungsfuge an einer Stelle offen bleibt, muss man hier weitere Zwingen ansetzen.

Wenn der Leim trocken ist, wird der Korpus auf die Seite gelegt und eingespannt, um den kleinen Überstand zu verputzen **(B).** Wenn man den Hobelkörper auf dem Korpus auflegt und den Hobel schräg führt, sodass das Eisen nur über dem Rahmen liegt, kann man vermeiden, in die Korpusseite zu schneiden. Anschließend wird mit der Ziehklinge verputzt **(C).**

Als letzter Schritt wird die Kante mit 180er Schleifpapier und einem Schleifklotz aus Filz geschliffen. Wenn Sie das Material für die Längsfriese des Blendrahmens mit einem sorgfältigen Blick auf die Maserung ausgewählt haben, können Sie eine fast unsichtbare Verbindungsfuge erzielen **(D).**

A

B

C

D

Ein einfacher rechteckiger Blendrahmen

Eine der einfachsten Herstellungsmethoden für einen Rahmen besteht darin, Friese mit rechteckigem Querschnitt zuzuschneiden und dann mit Flachdübeln zu verbinden. Dieses Verfahren eignet sich besonders für Möbel, bei denen man die Ober- und Unterseite nicht sehen kann – etwa einen Hängeschrank in Augenhöhe oder einen Unterschrank, der mit einer Arbeitsplatte abgedeckt wird. Schneiden Sie die Friese alle auf Länge, legen Sie sie aneinander, und verwenden Sie eine Flachdübeln als Schablone, um die Verbindungen anzureißen. Wenn Sie an dem Flachdübel eine Mittellinie markieren, können Sie die Verbindungen an den Quer- und Längsfriesen nach Augenmaß anreißen, solange Sie darauf achten, den Flachdübel so zu positionieren, dass sie nicht in das Rahmeninnere hineinragen **(A).**

Fräsen Sie Halbschlitze für die Flachdübel. Bei derart schmalen Werkstücken sollten Sie eine selbst angefertigte Vorrichtung verwenden, um das Material zu halten, damit Ihre Hände nicht in den Gefahrenbereich geraten **(B).** Schlitzen Sie mithilfe dieser Vorrichtung alle Friese, indem Sie die Mittellinie an der Fräse an den Markierungen ausrichten, die Sie auf den Werkstücken angebracht haben **(C).**

Geben Sie Leim in die Halbschlitze, stecken Sie die Flachdübeln ein, und ziehen Sie den Rahmen mit Zwingen zusammen **(D).** Schneiden Sie die herausragenden Flachdübel mit der Säge bündig **(E).**

A

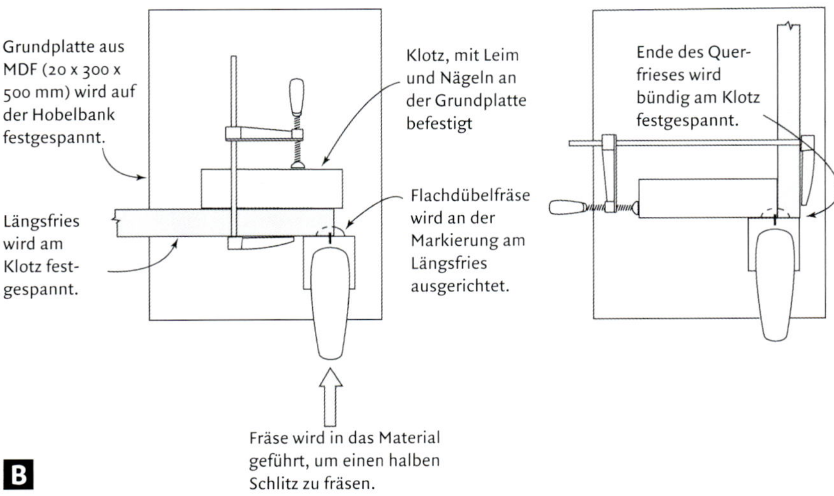

B

C

D

E

Profilierter Rahmen

Man kann dem Rahmen einen zusätzlichen Akzent verleihen, indem man die Innenkante mit einem Halbstabprofil versieht. Dies ist vor allem bei Reproduktionen von historischen Möbeln angebracht, bei denen solche Profile häufig verwendet wurden. Der Schlüssel zu einer gut aussehenden Profilierung ist die Eckverbindung, wo die Profile auf Gehrung geschnitten werden sollten **(A)**.

Ich schneide die Gehrungen nicht mit der Hand, sondern an der Tischkreissäge und einer einfachen Vorrichtung, um die etwas schwierigen Innengehrungen richtig auszurichten **(B)**. Schneiden Sie zuerst das Material auf Länge, und fräsen Sie dann die Quer- und Längsfriese mit einem Halbstabfräser am Handoberfräsentisch. Bei den meisten Rahmen mit einer Friesbreite von etwa 40 mm ergeben sich mit einem 5-mm-Halbstabfräser ansprechende Proportionen. Achten Sie darauf, bei Innensprossen jeweils zwei Halbstäbe anzufräsen **(C)**.

Fortsetzung auf S. 266

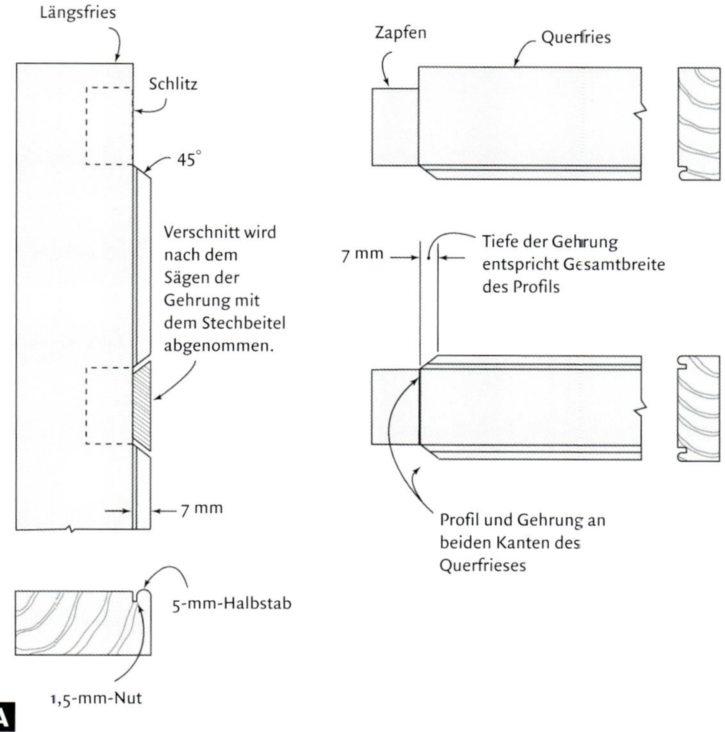

A

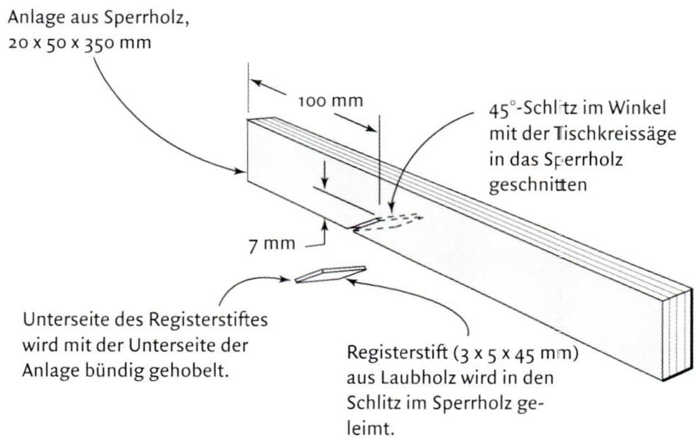

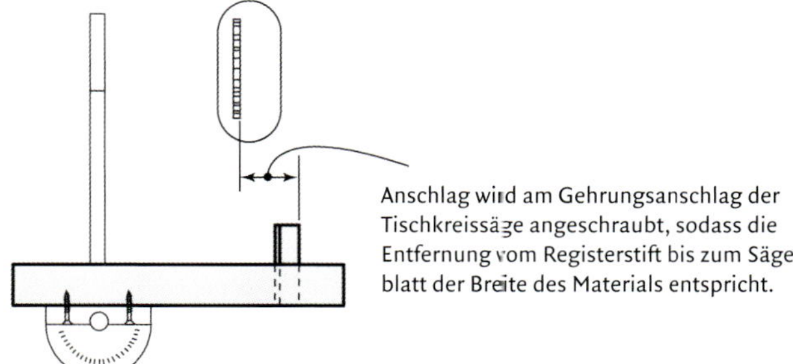

B

C

D

Nachdem die Friese profiliert worden sind, schneidet man die Verbindungen an. Achten Sie darauf, die Länge der Gehrungen an beiden Enden der Friese einzuplanen. Neigen Sie dann das Sägeblatt auf 45°, und legen Sie die Werkstücke an den Parallelanschlag an, wenn Sie die Enden auf Gehrung schneiden **(D).** Wenn Sie sehr lange Gehrungen schneiden müssen und das Sägeblatt deshalb hoch über den Arbeitstisch hinausragt, sollten Sie zur Sicherheit einen Holzklotz in einiger Entfernung vor dem Sägeblatt am Parallelanschlag anspannen. Verwenden Sie den Klotz als Anlage anstatt des Parallelanschlags.

E

Wenn Sie die Gehrungen an den Querfriesen angeschnitten haben, verwenden Sie die gleichen Einstellungen, um die Gehrungen an den Längsfriesen an einer Seite der Stellen zu schneiden, wo eine Sprosse einmündet. Legen Sie um der Genauigkeit und Sicherheit willen immer das kurze Ende des Längsfrieses an den Anschlag an **(E).**

F

Befestigen Sie die Gehrungsvorrichtung am Queranschlag, um die entgegengesetzten Enden der Gehrungen an den Sprossen zu schneiden. Schieben Sie den Parallelanschlag zur Seite, und legen Sie die Gegenseite der Gehrung am Stift der Vorrichtung an. Halten Sie dann das Werkstück gegen die Vorrichtung, und schieben Sie es am geneigten Sägeblatt vorbei **(F).**

G

Wenn Sie alle Gehrungen geschnitten haben, stechen Sie den Verschnitt zwischen den Gehrungsschnitten für die Sprossen und an den Enden der Längsfriese ab, und stecken den Rahmen trocken zusammen. Geben Sie dann Leim an, setzen Sie Zwingen an allen Verbindungen an, und überprüfen Sie den Rahmen auf Rechtwinkligkeit **(G).**

Blendrahmen und Korpus auf Gehrung

Falls die Verbindung zwischen einem Blendrahmen und dem Korpus unsichtbar sein soll, werden die Kanten von Korpus und Rahmen auf Gehrung gearbeitet. Dann werden beide mit Leim und Zwingen zusammengefügt **(A).** So vermeidet man die Verbindung auf Stoß an der Seite des Möbels und täuscht das Auge, sodass man glaubt, das Möbel sei mit besonders starken Seitenteilen hergestellt worden. Legen Sie die Seitenteile des Korpus mit der Sichtseite nach unten auf den Arbeitstisch der Tischkreissäge, und schneiden Sie eine 45°-Gehrung an **(B).** Achten Sie darauf, die gezeigten Maße einzuhalten.

Bauen Sie den Korpus zusammen. Verleimen Sie den Blendrahmen mithilfe von Spannelementen und Schnellspannern **(C).** Der Blendrahmen sollte etwa 2 mm breiter sein als der Korpus, sodass er auf beiden Seiten etwa 1 mm über diesen hinausragt. Wenn der Leim trocken ist, schneiden Sie die Gehrung am Blendrahmen, sodass die Kanten messerscharf sind. Befestigen Sie das Werkstück an einem hohen Hilfsanschlag am Parallelanschlag, und verwenden Sie Andruckkämme **(D).**

Leimen Sie den Blendrahmen am Korpus an. Verwenden Sie Zulagen, um den Anpressdruck gleichmäßig zu verteilen. Setzen Sie Zwingen sowohl in Längs- wie auch in Querrichtung an, damit sich die Gehrungen nicht verschieben **(E).**

Verputzen Sie den Überstand des Blendrahmens mit dem Hobel oder mit Schleifpapier **(F).** Brechen Sie die scharfen Kanten abschließend vorsichtig mit 220er Schleifpapier.

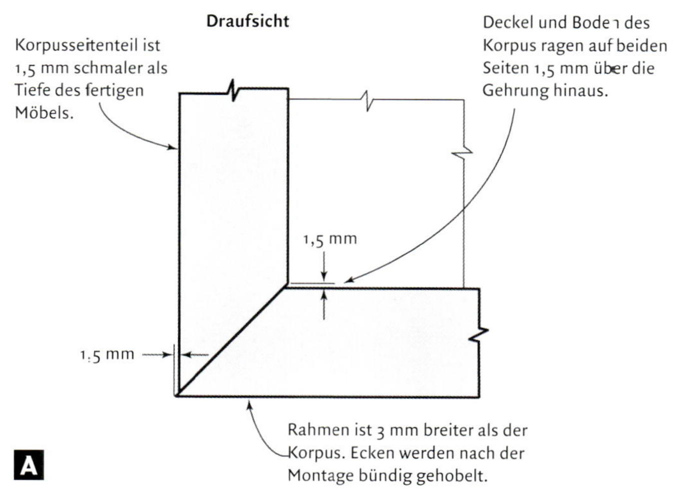

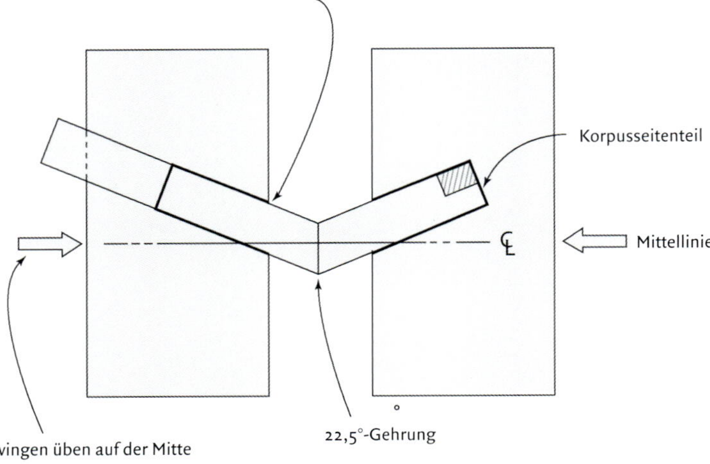

A

B

C

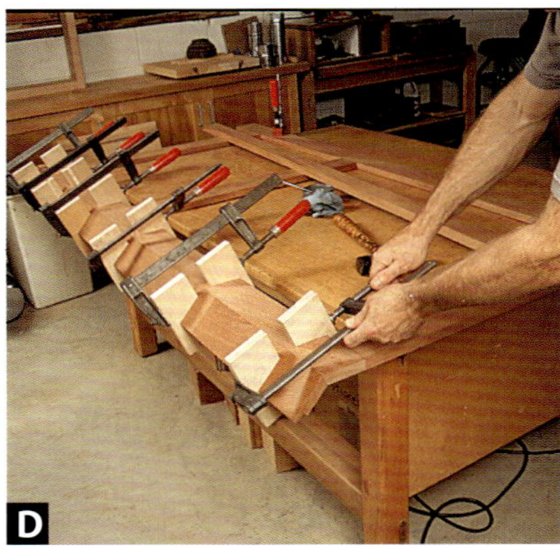

D

Abgewinkelte Rahmen

Abgewinkelte Blendrahmen, wie man sie an Eckschränken findet, sind meistens an den Kanten auf Gehrung geschnitten, damit sie an den Korpus passen. Das Verleimen eines solchen Rahmens kann etwas schwierig sein. Um einen Blendrahmen für einen Eckschrank zu bauen, geht man genauso vor wie bei einem normalen Blendrahmen, und schneidet dann an beiden Seiten des Rahmens mit der Tischkreissäge Gehrungen von 22,5° an, die den abgewinkelten Seiten des Korpus entsprechen **(A).** Ein am Parallelanschlag festgespanntes Brett dient als Hilfsanschlag und verhindert, dass die lange Spitze der Gehrung sich unter dem Anschlag verklemmt. Halten Sie einen so großen Rahmen während des Sägens mit einem Andruckkamm oder einer anderen Vorrichtung fest am Anschlag **(B).**

Auch bei einem hochwertigen Kreissägeblatt müssen Sie bei diesem Gehrungsschnitt mit einem gewissen Grad an Brennspuren rechnen. Verputzen Sie die Gehrungen vor dem Verleimen mit dem Hobel **(C).**

Die Herausforderung beim Anbringen der gewinkelten Rahmen besteht darin, sie an den Korpusseiten anzuleimen, da die Teile dazu neigen, zur Seite auszubrechen, wenn man die Zwingen anzieht. Die in der Abbildung gezeigten Zulagen dienen als Ansatzpunkte für die Zwingen, sodass diese senkrecht auf die Mitte der Verbindung Druck ausüben. Setzen Sie die Zulagen rings um den Rahmen an, und verwenden Sie einander gegenüberliegende Zulagen an der auf Gehrung gearbeiteten Korpusseite, und ziehen Sie dann die Verbindung mit Schnellspannern zusammen **(D).**

Rahmen und Füllung

Die Kombination aus Rahmen und Füllung ist eine geniale Konstruktionslösung für Möbel aus Vollholz, da sich mit ihr die Probleme lösen lassen, die durch das Arbeiten des Holzes entstehen. Man nimmt eine breite Platte aus Vollholz und setzt sie in die Nuten eines Rahmens ein, so dass sie ungehindert schwinden und quellen kann, aber dennoch daran gehindert wird, sich zu werfen. Damit ist das Grundprinzip der Konstruktion aus Rahmen und Füllung beschrieben. Aber die Gestaltung geht noch weit darüber hinaus, da das Aussehen einer Füllung in einem Rahmen bei vielen verschiedenen Möbelstilen ansprechend wirkt. Rahmen und Füllungen sind im Möbelbau und Innenausbau fast unverzichtbar, sie werden für Türen und Truhendeckel verwendet, für Raumteiler, Korpusseitenteile und -rückwände, für Zwischenböden und auch für Wandtäfelungen.

> Siehe „Türen" auf S. 139 ff.

Die Konstruktion aus Rahmen und Füllung gleicht in den meisten Hinsichten der einer Tür mit Füllungen. Falls die Füllung direkt über der Oberfläche eines Korpus angebracht werden soll – etwa am Seitenteil eines Schrankes –, müssen Sie den Rückseiten des Rahmens und der Füllung nicht sehr viel Aufmerksamkeit widmen, da die Bearbeitungsspuren nicht zu sehen sein werden. Die Konstruktion ist auch nicht auf Vollholz beschränkt: Man kann Rahmen und Füllungen auch bei Konstruktionen aus Sperrholz oder anderen Holzwerkstoffen verwenden, wenn man das Aussehen einer Vollholzkonstruktion erreichen möchte. Rahmen und Füllungen verleihen einem Werkstück auch Tiefe und Detailreichtum, da die versetzten Flächen zu Licht- und Schattenspiel führen.

Füllungen herstellen

Rückwände

Konstruktionen mit Rahmen und Füllung

Bauteile aus Rahmen und Füllung für Möbelstücke lassen sich – wie Türen auch – auf verschiedene Weise konstruieren. In der Abbildung unten sind einige Beispiele zu sehen. Die Gestaltung lässt sich durch unterschiedliche Füllungen variieren, die Möglichkeiten reichen von flach über profiliert bis hin zu abgeplattet. Bei einem Entwurf, der eine sehr hohe oder breite Füllung erfordert, ist es besser den Rahmen zu unterteilen, damit er zwei oder mehr Füllungen aufnehmen kann. Dadurch wird der Rahmen ausgesteift und das Werkstück stabiler. Man kann den optischen Reiz erhöhen, indem man die Quer- und Längsfriese unterschiedlich stark gestaltet, sodass sie gegeneinander versetzt sind. Oder man „macht einem Rahmen Beine", indem man einfach die Längsfriese über das untere Querfries hinaus verlängert und als Beine für das Möbelstück einsetzt.

Unterschiedliche Rahmen und Füllungen

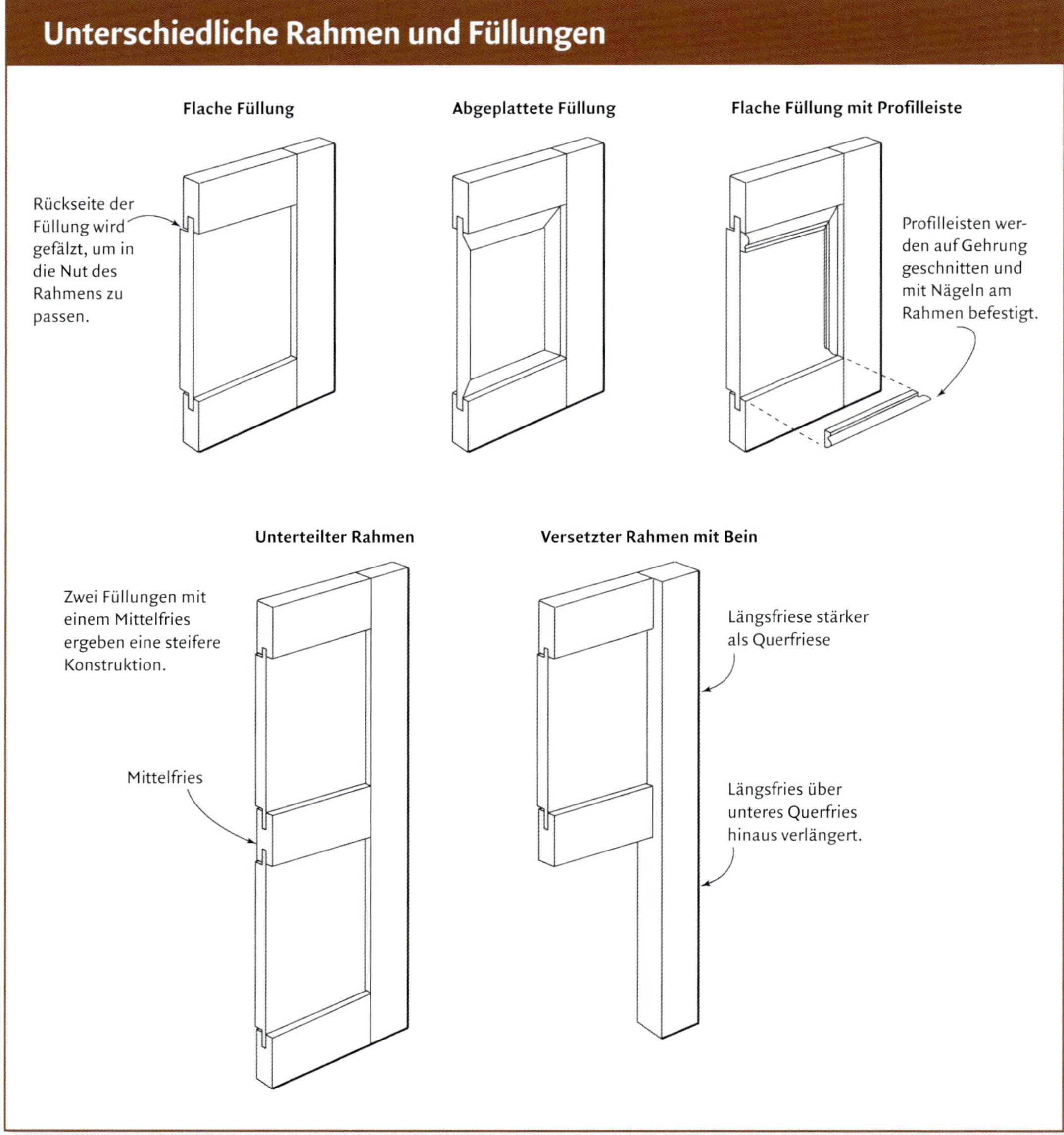

Füllungen anbringen

Eine Rahmen-und-Füllung-Konstruktion kann als Element eines Korpus dienen, wie in der Abbildung unten zu sehen. Man kann die Konstruktion mit normalen Verbindungen am Korpus anbringen, etwa mit Schlitz-und-Zapfen, mit Nuten, Flachdübeln, Fälzen oder gezinkt. Beim Entwurf eines Rahmens mit Füllung sollte man darauf achten, die Quer- und Längsfriese so anzuordnen, dass sie an den Korpusteilen ausgerichtet sind, weil man andernfalls Verbindungen in die Füllung schneiden müsste.

Falls man einen Rahmen mit Füllung an einer Sperrholzplatte befestigt, sollte immer der Rahmen am Korpus angebracht werden, nicht die Füllung. Auf diese Weise kann die Füllung immer noch schwinden und quellen.

Rahmen und Füllungen anbringen

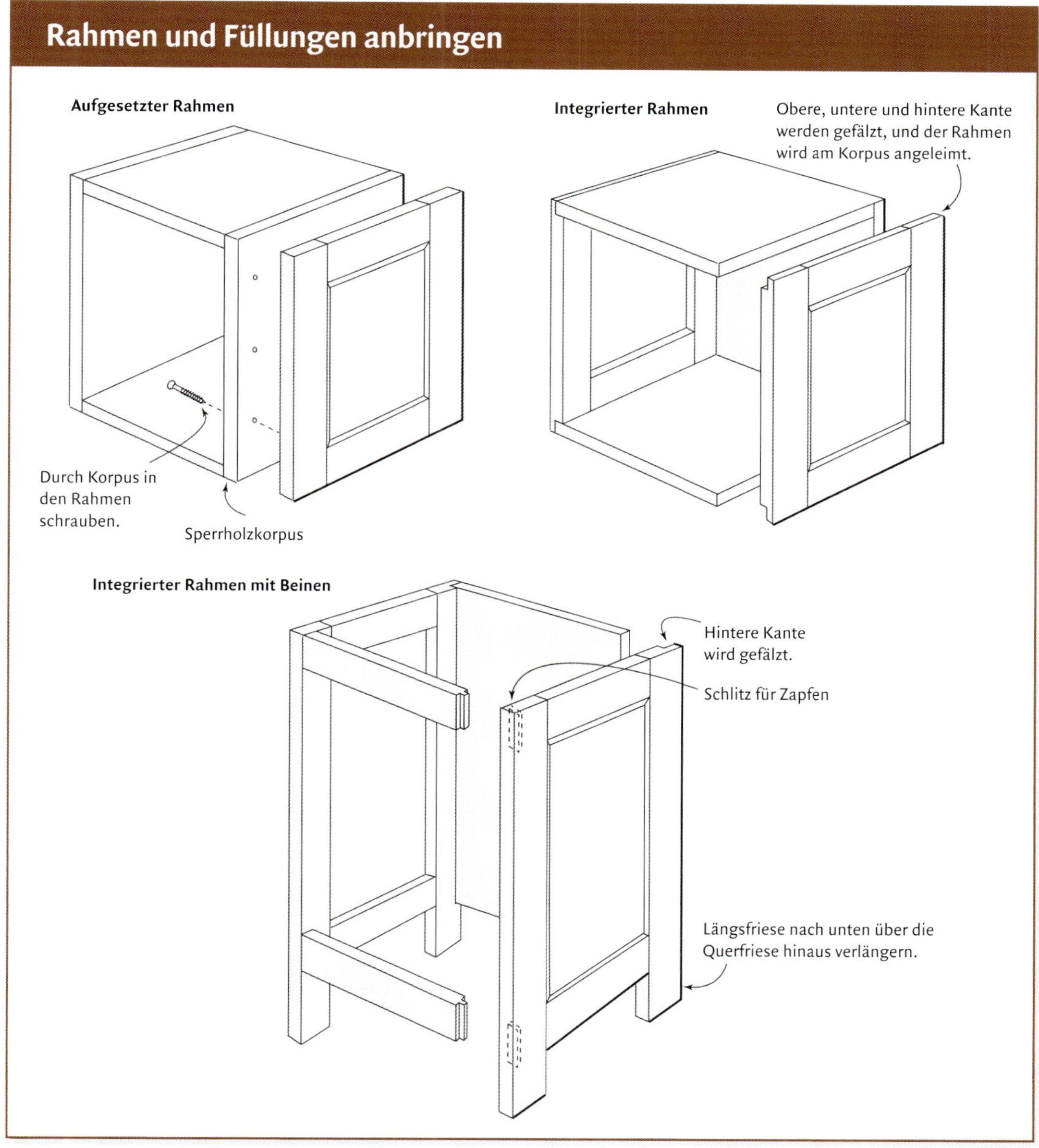

Rückwände

Wenn Sie Wert auf gut aussehende Rückwände für Ihre Korpusmöbel legen, dann ist die Konstruktion aus Rahmen und Füllung das Mittel der Wahl, da sie sowohl von außen als auch von innen „una bella figura" macht. Zudem können Sie bei dieser Konstruktionsweise relative breite Vollholzplatten verwenden, ohne sich Sorgen wegen des Arbeitens des Holzes machen zu müssen. Bei besonderen Stücken, oder wenn die Rückwand eines Korpus zu sehen sein wird, lohnt sich der zusätzliche Aufwand allemal, den man betreiben muss, um eine gut aussehende Rückwand anzubringen. Oft benötigt man jedoch eine Rückwand, die lediglich auf der Innenseite des Korpus gut aussieht. In solchen Fällen ist Sperrholz mit einem hochwertigen Deckfurnier auf einer Seite eine gute Wahl.

Unterschiedliche Rückwände

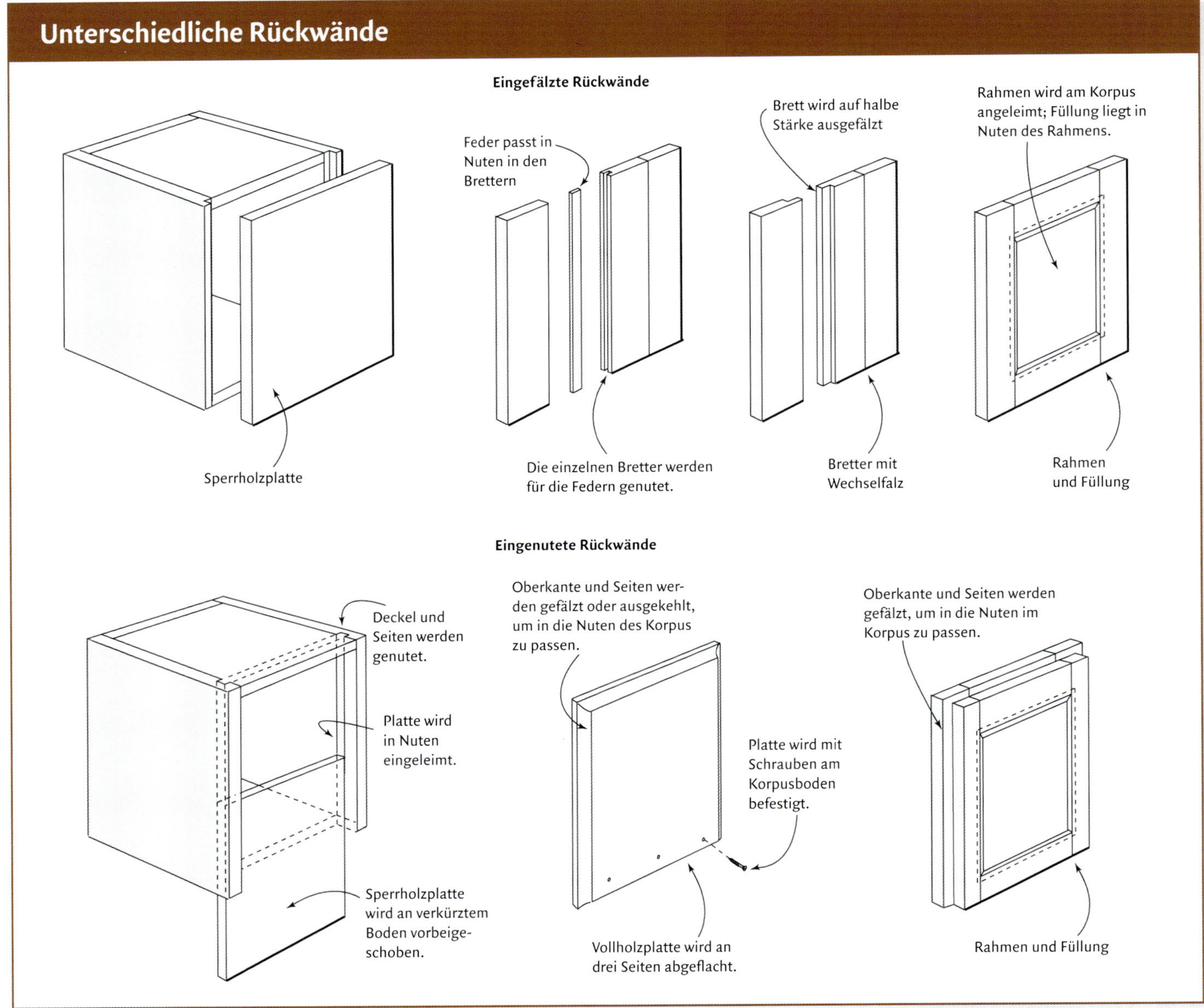

Aufsteckbarer Hilfsanschlag zum Fälzen

Die meisten kastenförmigen Parallelanschläge können mit einem Hilfsanschlag ausgestattet werden, in den man bei Bedarf hineinsägen kann – etwa wenn man die Kante eines Brettes ausfälzt –, ohne den Parallelanschlag selbst zu beschädigen. Der Hilfsanschlag wird einfach über den Parallelanschlag gestülpt, man benötigt weder Beschläge noch Werkzeuge. Um den Hilfsanschlag zu verwenden, wird das Sägeblatt abgesenkt und der Parallelanschlag verschoben, bis der Hilfsanschlag über dem Sägeblatt steht. Dann wird das Sägeblatt langsam in das Sperrholz angehoben. Wenn eine Seite des Hilfsanschlags sehr viele Sägespuren aufweist, kann man ihn wenden und die andere Seite verwenden.

Hilfsanschlag

Dieser Hilfsanschlag aus 20 mm starkem Sperrholz dient als Verschleißteil, in das man hineinsägen kann, ohne den Parallelanschlag der Tischkreissäge zu beschädigen.

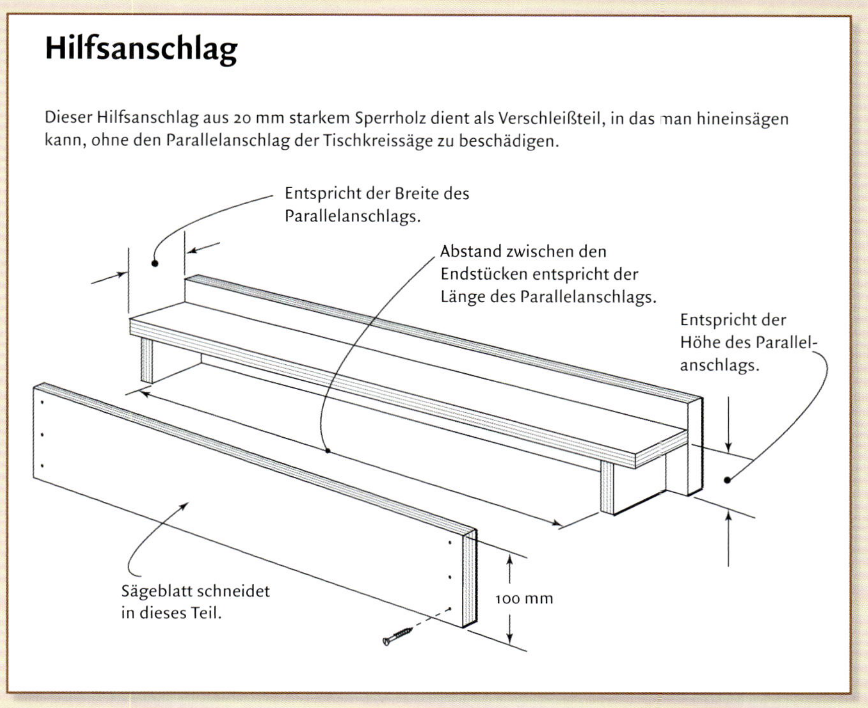

Damit man die Kanten der Rückwand nicht sieht, muss sie in die Seitenteile des Korpus eingelassen werden. Am einfachsten ist es, die Seiten auszufälzen und die Rückwand mit Leim und Nägeln in den Fälzen zu befestigen (siehe Abbildung auf S. 272). Alternativ kann man den Korpus auch mit Nuten versehen und die Kanten der Rückwand so ausfälzen, dass sie in die Nuten passen. In diesem Fall ist es am besten, nur in die Seitenteile und den Deckel Nuten zu schneiden und den Boden etwas zurückspringen zu lassen. Dann kann man die Rückwand von unten am Boden vorbei in die Nuten der Seitenteile und des Deckels schieben. Man kann auch alle Teile des Korpus nuten, aber dann ist die Montage schwieriger, weil die Rückwand schon bei der Montage des Korpus installiert werden muss. Wenn man später allerdings einmal die Rückwand entfernen möchte, hat man Pech gehabt.

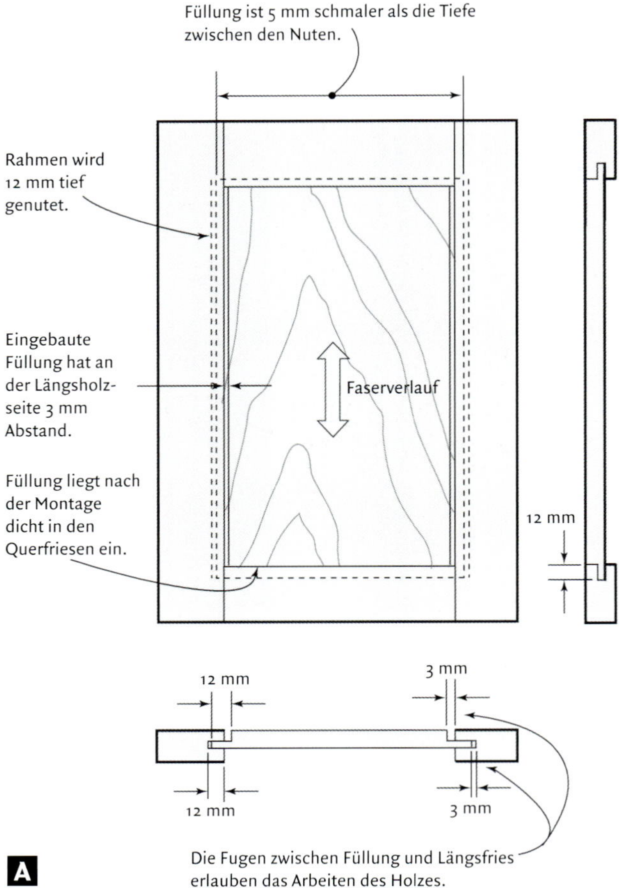

Flache Füllung mit Fuge

Die einfachste aller Konstruktionen mit Rahmen und Füllung besteht aus einer flachen Füllung, die in Nuten im Rahmen eingelegt wird. Anstatt eine dünne Füllung zu verwenden, die sich im Rahmen bewegen kann, ist es besser, eine stärkere Füllung einzusetzen, deren Kanten man ausfälzt, sodass sie in die Nuten passen. Eigentlich ist die Füllung dann nicht mehr flach, da man eine abgesetzte Kante am Umfang angebracht hat. Bei einer traditionellen Füllung wird der Falz auf der Innenseite angeschnitten, sodass an der Sichtseite eine ununterbrochene Fläche zu sehen ist. Man kann den Falz aber auch als Gestaltungselement verwenden, wenn man die Füllung umdreht und die abgesetzte Kante an der Außenseite zeigt. Um das Arbeiten des Holzes zu berücksichtigen, sollte die Füllung wie in der Abbildung gezeigt in der Breite etwa 5 mm schmaler sein **(A).**

Schneiden Sie einen Falz an die Füllung, der in die Nuten des Rahmens passt, und fasen Sie die Wangen des Falzes mit dem Schleifklotz oder einem kleinen Hobel an **(B).**

Legen Sie während der Montage dünne Zulagen zwischen Rahmen und Füllung, um die Füllung zu zentrieren, bevor Sie mit den Zwingen Druck ausüben **(C).** Achten Sie darauf, dass kein Leim von den Eckverbindungen an die Füllung oder in die Nuten gerät.

Wenn der Rahmen zusammengefügt ist, erhält man an den Längsholzkanten eine Zierfuge zwischen dem Längsfries und der Füllung. Beachten Sie, dass die Füllung in den Querfriesen dicht anliegt, da das Holz in dieser Richtung kaum arbeitet **(D).**

B

C

D

Abgeplattete Vollholzfüllung

Am einfachsten lassen sich Füllungen am Handoberfräsentisch mit einem Abplattfräser und einem stabilen Anschlag abplatten. Sie benötigen dafür eine leistungsfähige (2000 Watt oder mehr) Handoberfräse, mit einer Öffnung in der Grundplatte, die groß genug, um den Abplattfräser aufzunehmen. Falls der Durchmesser des Fräsers größer als 50 mm ist, muss die Geschwindigkeit der Handoberfräse verstellbar sein, damit man sie auf etwa 10.000 U/Min verringern kann, um sicher zu arbeiten. Um Faserausrisse an den Kanten zu vermeiden, wird in mehreren Durchgängen gefräst, indem man die Füllung nach dem Fräsen einer Kante entgegen dem Uhrzeigersinn dreht und die nächste Kante am Anschlag anlegt. Legen Sie die Füllung mit der Sichtseite auf dem Arbeitstisch auf, und schneiden Sie zuerst eine Hirnholzkante und dann eine Längsholzkante **(A)**.

Fräsen Sie die Abplattung nicht in einem Durchgang, sondern mit mehreren Schnitten. Der letzte Durchgang sollte mit geringer Spanabnahme und gleichmäßigem Vorschub ausgeführt werden, um Brandspuren und ausgerissene Fasern zu entfernen **(B)**. Die abgeplattete Kante der Füllung sollte stramm in die Nut des Rahmens passen **(C)**.

Falls Sie keinen Abplattfräser besitzen, können Sie die Füllung auch an der Tischkreissäge abplatten. Zuerst wird die Füllung bis zur Tiefe der gewünschten Abplattung genutet, sodass an allen vier Kanten eine Brüstung entsteht. Stellen Sie das Kreissägeblatt auf die gewünschte Höhe ein, und schieben Sie das Werkstück dann mit der Sichtseite nach unten über das Sägeblatt **(D)**.

Fortsetzung auf S. 276

A

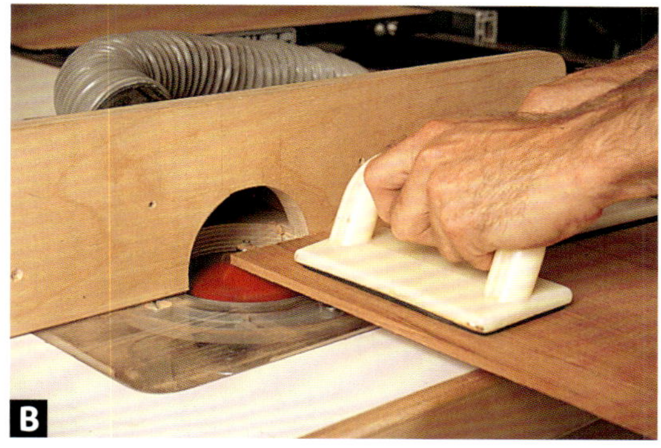
B

C

D

E

F

G

H

Neigen Sie dann das Sägeblatt auf den gewünschten Winkel für die Abplattung – 15° bis 25° sind optimal, je geringer der Winkel ist, desto breiter wird die Abplattung. Achten Sie darauf, dass das Sägeblatt vom Abschlag weg geneigt wird, damit der Verschnitt nicht eingeklemmt ist. Verwenden Sie einen Tischeinsatz, der dicht am Sägeblatt anliegt, um die schmale Kante des Werkstücks zu stützen. Bringen Sie einen hohen Hilfsanschlag am Parallelanschlag an, und heben Sie das Kreissägeblatt so weit an, dass es eben bis zur Tiefe der zuvor geschnittenen Nuten reicht **(E).**

Die Oberflächengüte einer gesägten Abplattung ist nie sehr hoch, vor allem bei dichten oder harten Holzarten. Man kann die Sägespuren und Brandspuren mit der Ziehklinge beseitigen **(F).** Um eine höhere Präzision und eine ebenere Fläche zu erzielen, verwendet man einen Simshobel mit niedrigem Anstellwinkel. Verputzen Sie die Brüstung, indem Sie den Hobel senkrecht zur nicht abgeplatteten Fläche halten **(G).** Hobeln Sie anschließend die Fläche der Abplattung **(H).**

TIPP Wenn Sie die Füllungen alle abgeplattet und die Rahmen alle genutet haben, und dann feststellen, das eine oder mehrere der Füllungen etwas zu stramm in den Rahmen sitzen, müssen Sie nicht von vorne beginnen. Stattdessen können Sie die zu starke Kante mit einigen Hobelstößen nacharbeiten. Drehen Sie die Füllung auf die Sichtseite, und nehmen Sie mit dem Hirnholzhobel an der Rückseite Holz ab, wo die Kanten zu stark sind. Wenn Sie den Hobel in einem leichten Winkel halten, können Sie die Kante verputzen, bis sie in die Nut passt, und keinem Betrachter wird die leichte Verjüngung an der Rückseite der Füllung auffallen.

Anmerkung zur deutschen Ausgabe: Die gezeigte Konstruktion hat einen Nachteil: Die Füllung wird, wenn sie schwindet, klappern. Die Abplattung ist bis zur Kante schräg. Gute Abplattfräser erzeugen eine gerade Kante, die in der Nut sitzt, was beim Sägen hier nicht gezeigt wurde.

Furnierte abgeplattete Füllungen

Den folgenden eleganten Trick habe ich vom Holzwerker Paul Sapporito gelernt. Er stellt abgeplattete Füllungen aus Sperrholz oder MDF und einigen schmalen Vollholzleisten und einigen Furnierblättern her. So erhält man eine stabile Füllung, ohne die Probleme, die durch das Arbeiten des Holzes verursacht werden. Das Verfahren eignet sich besonders für sehr breite Füllungen oder wenn man hochwertige Furniere verwenden möchte. Schneiden Sie zuerst Umleimer aus Vollholz zu, die etwa 3 mm breiter sind als die zu schneidende Abplattung. Verwenden Sie die gleiche Holzart wie die Ihres Furniers. Schneiden Sie die Umleimer auf Gehrung, und leimen Sie sie an den Kanten der Füllung an **(A).** Wenn der Leim getrocknet ist, wird der Umleimer mit der Oberfläche der Füllung bündig verputzt.

> Siehe „Umleimer bündig verputzen" auf S. 78.

Bevor Sie die Füllung furnieren, kennzeichnen Sie an einer Kante die Sichtseite.

Schneiden Sie das Deckfurnier so zu, dass es die Innenkante des Umleimers um mindestens 5 mm überlappt. Das Furnier für die Rückseite sollte über die Kanten des Werkstücks hinausragen **(B).** Verleimen Sie das Furnier auf beiden Seiten der Füllung mithilfe von Zulagen und Zwingen, einer Furnierpresse oder einer Vakuumpumpe und einem Vakuumsack. Mit einer Zulage aus Vinylkunststoff kann man verhindern, dass der Leim am Vakuumsack haftet **(C).**

Wenn das Furnier getrocknet ist, wird der Überstand auf der Rückseite mit einem Bündigfräser verputzt **(D).** Glätten Sie dann das Furnier mit der Ziehklinge und mit Schleifpapier. Das Furnierklebeband lässt sich leichter entfernen, wenn man es mit einem Schwamm anfeuchtet **(E).** Platten Sie die Füllung an der Tischfräse oder dem Handoberfräsentisch ab.

> Siehe „Abgeplattete Vollholzfüllung" auf S. 275.

Die abgeplattete Füllung unterscheidet sich optisch von einer normalen Füllung aus Vollholz, da die Maserung um alle vier Kanten herumläuft **(F).**

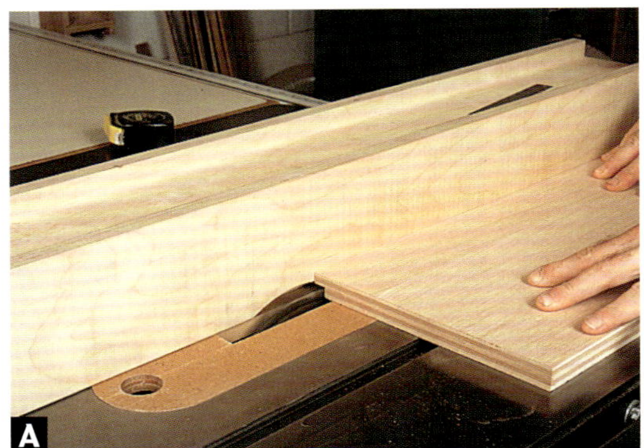

Abnehmbare Rückwand aus Sperrholz

Eine Rückwand aus Sperrholz für Korpusmöbel bietet sich an, weil das Material dimensionsstabil ist, man also auch breite Platten verwenden kann, ohne das Arbeiten des Holzes berücksichtigen zu müssen. Und wenn man die Rückwand in Fälze des Korpus einschraubt, kann man sie wieder entnehmen, um die Oberfläche zu behandeln. Fälzen Sie vor dem Zusammenbau die hinteren Kanten der Seitenteile 10 mm weit aus, die Tiefe sollte der Stärke der Rückwand entsprechen. Das kann mit einem Hilfsanschlag am Parallelanschlag der Tischkreissäge geschehen, in dem das Sägeblatt aufgenommen wird **(A).**

> Siehe „Aufsteckbarer Hilfsanschlag zum Fälzen" auf S. 273.

Wenn Sie den Korpus zusammengebaut haben, bringen Sie in der Rückwand versenkte Schraubenlöcher an, und befestigen sie ohne Leimzugabe in den Fälzen des Korpus. Setzen Sie provisorisch Zwingen über dem Korpus an, um die Seitenteile an die Rückwand zu drücken. Die Schrauben werden in einem leichten Winkel in die Fälze gedreht, um besser fassen zu können **(B).**

Wenn ein Oberflächenmittel aufgetragen werden soll, entnimmt man die Rückwand und legt sie waagerecht, um die Arbeit besser ausführen zu können. Auch die Oberflächenbehandlung der Innenseiten des Korpus ist sehr viel leichter, wenn man die Rückwand abnimmt, da man dann auch die hinteren Kanten bearbeiten kann, ohne in schwierige Ecken zu geraten **(C).**

Genutete und gefederte Rückwand

Eine gefederte Rückwand besteht aus mehreren einzelnen Brettern, die an den Längskanten verbunden und dann in Fälze im Korpus eingelassen werden. Die Kanten der Bretter werden genutet, um lose Holzfedern aufzunehmen, wodurch die Rückwand ausgesteift wird und Fugen zwischen benachbarten Brettern verborgen werden. Fräsen Sie zuerst eine schmale Nut in die Längskanten jedes Brettes der Rückwand. Die Nuten können mit einem dünnen, 1,5-mm-Schlitzfräser zu jeder beliebigen Breite gefräst werden, indem man die Höhe des Fräsers nach jedem Durchgang verstellt **(A).**

A

Schneiden Sie die Federn passend für die Nuten zu. Die Breite der Federn sollte der von zwei Nuten entsprechen. Fügen Sie die Bretter für die Rückwand zusammen, indem Sie die Federn ohne Leim zwischen die Bretter einlegen **(B).**

B

Bringen Sie die Rückwand in den Fälzen an der Rückseite des Korpus an, indem Sie sie durch versenkte Bohrlöcher anschrauben. Achten Sie darauf, eine schmale Fuge um jedes Brett zu lassen, damit sie quellen können **(C).**

C

A

B

C

Rückwand aus Rahmen und Füllung

Wenn die Rückseite eines Möbels genauso gut aussehen soll wie die Vorderseite, kann man eine Rückwand aus einem Rahmen mit Füllung in Fälze einleimen, die man in den Korpus geschnitten hat. Das erfordert viel Arbeit, lohnt sich also nur dann, wenn es sich um ein wirklich hochwertiges Stück handelt oder wenn es frei aufgestellt werden soll, sodass man die Rückseite sehen kann.

Schneiden Sie die Fälze etwas tiefer als die Stärke des Rahmens, und bauen Sie dann den Korpus zusammen. Der Schlüssel zu einer dichten Passung liegt darin, den Rahmen etwas größer anzufertigen als die gefälzte Öffnung im Korpus. Dann werden die Kanten des Rahmens leicht hinterschnitten, bis er gerade in den Korpus passt **(A).**

Legen Sie sich all Ihre Zwingen zurecht, Sie werden Sie benötigen, um die Rückwand am Korpus anzubringen. Geben Sie Leim in die Fälze, und legen Sie dann die Rückwand ein. Setzen Sie Zwingen an den Seiten, dem Boden und Deckel des Korpus an, um die Verbindungen zusammenzuziehen. Mit Zulagen zwischen dem Korpus und den Zwingen kann man den Pressdruck verteilen **(B).**

Nachdem der Leim getrocknet ist, muss man noch etwas verputzen. Hobeln Sie die etwas überstehenden Kanten des Korpus mit der Rückwand bündig **(C).**

TEIL SECHS

Tisch- und Arbeitsplatten

Seite 283

Tischplatten befestigen

Seite 309

Tischplatten und Arbeitsplatten

Der entscheidende Augenblick bei der Herstellung eines Unterschranks oder Tisches ist die Herstellung und Anbringung der Tisch- oder Arbeitsplatte. Plötzlich wird aus einem offenen Gestell oder Kasten ein nützlicher Arbeitsplatz, an dem man eine Mahlzeit vorbereiten, ein Buch lesen oder eine der vielen anderen Aufgaben wahrnehmen kann, die man alltäglich auf waagerechten Flächen ausführt.

Tischplatten und Arbeitsplatten haben zwei wichtige Konstruktionsmerkmale gemeinsam: Sie müssen eben sein und eine benutzbare Fläche aufweisen. Wenn das Unterteil, das die Platte tragen wird, selbst eben ist, dann müssen Sie Ihr Augenmerk lediglich darauf richten, dass die Platte selbst eben ist. Bei Sperrholzplatten oder Platten mit Kunststoffbeschichtungen ist das relativ leicht. Vollholz ist schon eher eine Herausforderung, vor allem wenn die Arbeitsfläche oder die Tischplatte breit ist.

Wenn Sie die Platte fertiggestellt haben, muss sie am Untergestell befestigt werden. Am einfachsten löst man diese Aufgabe durch Anschrauben von der Unterseite. Bei Holzwerkstoffen wie Sperrholz oder MDF ist das Verfahren auch durchaus akzeptabel. Platten aus Vollholz erfordern jedoch andere Techniken, die das Arbeiten des Holzes berücksichtigen.

KAPITEL ZWEIUNDZWANZIG

Die Herstellung von Tisch- und Arbeitsplatten

Die Konstruktion von Tischplatten

Optionen für Tischplatten

Einlegeplatten und Hirnleisten

Eine waagerechte Fläche oder Platte ist vielleicht der nützlichste von allen Alltagsgegenständen. Ob es nun eine Tischplatte oder Arbeitsplatte ist, der Deckel einer Truhe oder ein Tresen, eine solche Fläche hat sehr wichtige Aufgaben: Sie verschließt einen Kasten, sie bietet uns einen Arbeitsplatz, oder sie bietet einfach eine Fläche, auf der wir unsere Habseligkeiten ausbreiten können. Solche Tisch- und Arbeitsplatten sollten eben sein, aber auch glatt und mit einer gut behandelten Oberfläche, damit wir mit Vergnügen auf ihnen arbeiten können. Wenn man sich für Holzwerkstoffe wie Sperrholz oder Kunststofflaminate entscheidet, kann man auch breite Flächen leicht und ohne viel Arbeit herstellen. Falls Sie ein Faible für Vollholz haben, dann müssen Sie der Herstellung einer breiten Tischplatte einige Aufmerksamkeit widmen und bedenken, wie Sie mit dem Arbeiten des Holzes umgehen und eine solch große Fläche des Naturmaterials abrichten wollen.

Tisch- und Arbeitsplatten gibt es in unterschiedlichen Größen und Formen, von rund und elliptisch bis hin zu lang und breit. Die Oberflächenbehandlung hängt oft vom Verwendungszweck ab. Für besondere Arbeitsplätze, etwa den Schreibtische eines Managers, ist Leder eine gute Wahl, um eine Tischplatte mit einer sehr eleganten Oberfläche zu versehen.

Falls Sie einen strapazierfähigen Arbeitsplatz benötigen, etwa in der Küche, ist die Wahl eines kunststoffbeschichteten Holzwerkstoffs eine vernünftige Lösung.

Wenn Besuch kommt, kann es sein, dass Sie eine kleine Tischplatte vergrößern möchten, um mehr Platz zu schaffen. Tischverlängerungen unterschiedlicher Art können einen kleinen Tisch

Tischplatten und Arbeitsplatten

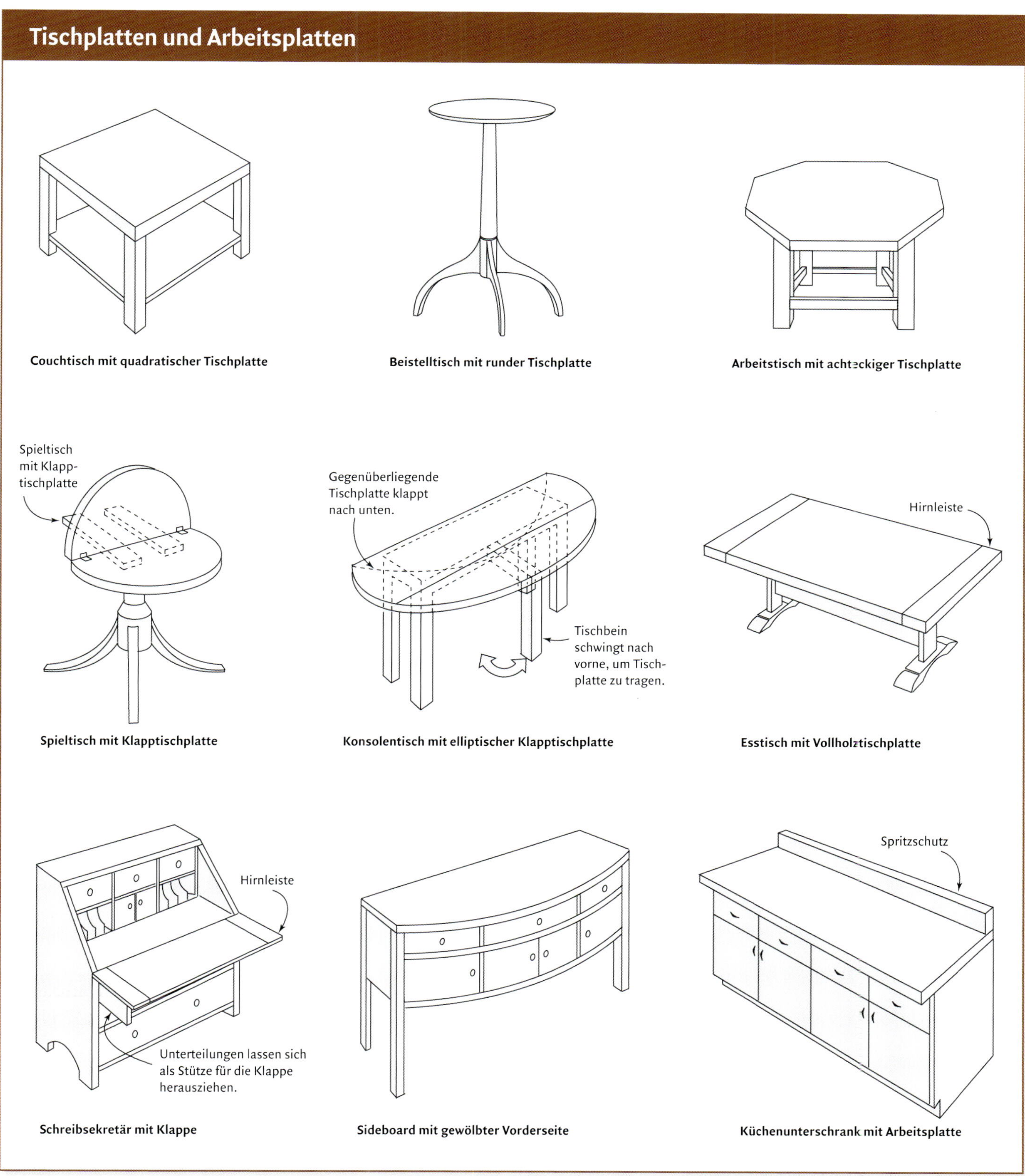

Couchtisch mit quadratischer Tischplatte

Beistelltisch mit runder Tischplatte

Arbeitstisch mit achteckiger Tischplatte

Spieltisch mit Klapptischplatte

Konsolentisch mit elliptischer Klapptischplatte

Esstisch mit Vollholztischplatte

Schreibsekretär mit Klappe

Sideboard mit gewölbter Vorderseite

Küchenunterschrank mit Arbeitsplatte

schnell in eine große Tafel für ein Fest verwandeln. Damit es Ihre Gäste bequem haben, sich aber dennoch mit Stil aufgenommen fühlen, sollten Sie auch der Behandlung der Plattenkanten Aufmerksamkeit widmen. Eine kleine Fase oder Abrundung an der Oberkante der Tischplatte lädt dazu ein, die Arme abzustützen und sorgt auch für einen angenehmen Anblick – scharfe Kanten sind optisch wie haptisch unangenehm.

Grundlegendes zur Gestaltung von Tischplatten

Tischplatten und Arbeitsplatten gibt es in vielen verschiedenen Arten und Stilen, von rein zweckmäßigen Tresen bis hin zu Meisterwerken, die mit seltenen Furnieren oder exotischen Werkstoffen belegt sind. Die Funktion des Möbelstücks spielt eine wichtige Rolle, wenn es um Stil- und Konstruktionsentscheidungen für die Tischplatte geht. Niedrige Tische – wie etwa ein Couchtisch – erfordern eine einfache Fläche, auf der man Getränke, Bücher, Zeitschriften oder andere Gegenstände, vielleicht sogar auch einmal die eigenen Füße ablegen kann. Kompliziertere Konstruktionen wie Schreibsekretäre oder Klapptische benötigen Platten, die sich bewegen oder trennen lassen, um je nach Verwendung des Stückes unterschiedliche Flächen zur Verfügung zu stellen.

Maserbildanordnung

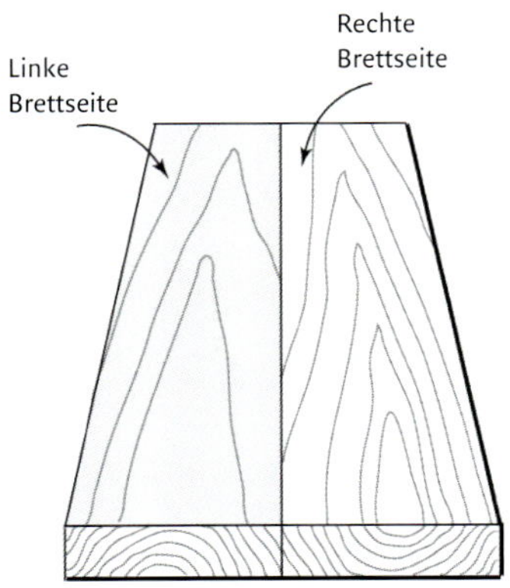

Abwechselnde Anordnung des Maserbildes führt zu scharfen Kontrasten.

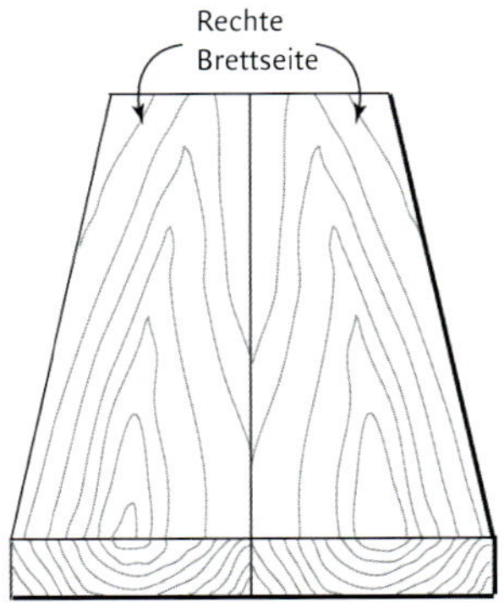

Gleiche Brettseiten führen zu gleichmäßigen Reflexionen. Am besten wirken die rechten Brettseiten. Die Bretter können sich jedoch verziehen.

Faserverlauf: Hoch, runter oder hoch und runter?

Wie sollte man Jahresringe anordnen, wenn man Bretter zu einer Platte verleimt? Hier muss man sich entscheiden, was bei der jeweiligen Platte wichtiger ist, eine schöne Optik oder die dauerhafte Ebenheit der Platte. Auch die Konstruktion unter der Platte muss in diese Entscheidung mit einfließen.

Die schönste Optik erreichen Sie dadurch, dass Sie die Jahresringe alle in der gleichen Richtung anordnen. Diese Variante birgt allerdings auch die höchste Wahrscheinlichkeit, dass sich das Holz verziehen wird. Eine solche Vollholzplatte benötigt eine Unterkonstruktion, welche ausreichend stabil ist, den auftretenden Kräften entgegen zu wirken und die Platte gerade zu halten. Je dicker eine solche Platte wird, umso schwieriger wird es sein, die auftretenden Kräfte zu kompensieren.

Eine Platte, die freiliegend ist, ohne nennenswerte, stabilisierende Konstruktion sollte aus schmalen Streifen bestehen, die immer im Wechsel, Kernholz an Kernholz und Splintholz an Splintholz verleimt wurden. Verwenden Sie Leisten mit stehenden Jahresringen, wird die Oberfläche zwar langweilig wirken, aber auf Dauer nur minimalen Verzug aufweisen.

Ein guter Mittelweg ist es die Breite der Streifen nicht ganz so schmal zu wählen (ca. 120–180 mm) und diese immer mit abweichender Maserung, also gestürzt und Kern an Kern, Splint an Splint zu verleimen. So erhalten Sie eine Platte, die sich nicht zu sehr verziehen wird und dennoch eine angenehme Optik aufweist.

Kantenausführungen

Wenn man die Kanten von Tischplatten mit besonderer Sorgfalt behandelt, zahlt sich das durch Eleganz, optisches Wohlgefallen und bequeme Nutzung aus. Im Gegensatz zu Regalböden, bei denen es in der Regel am einfachsten ist, das Werkstück zur Maschine zu bringen, um eine Kante zu profilieren, ist es bei einer großen Platte meist einfacher, eine Handoberfräse mit dem entsprechenden Fräser um die Platte zu führen. Achten Sie darauf, bei solchen freihändigen Schnitten einen Fräser mit Kugellager zu verwenden. Sie können aber auch einen Umleimer profilieren und dann mit Zapfen oder einem Spund an der Platte befestigen.

Zwei Methoden, eine Ellipse zu zeichnen

Ovale und elliptische Tischplatten bieten einen faszinierenden Anblick, dem keine andere Gestalt gleichkommt. Ellipsen scheinen ihren eigenen, fließenden Rhythmus zu besitzen. Eine elliptische Tischplatte zu schneiden und zu profilieren ist eine einfache Angelegenheit, die sich mit Elektrowerkzeugen wie der Stichsäge oder an der stationären Bandsäge bewältigen lässt. Den Umriss der Ellipse kann man allerdings nicht freihändig zeichnen, hier muss man auf ein mechanisch geführtes Verfahren zurück greifen. Am einfachsten ist es, die Ellipse mit Zirkel, Faden und Bleistift zu zeichnen (siehe Abbildung auf S. 288). Allerdings kann unterschiedliche Spannung des Fadens dazu führen, dass die Form nicht vollkommen gleichmäßig wird. Präziser wird die Zeichnung, wenn man einen Stangenzirkel und einen Tischlerwinkel verwendet.

Kantenbehandlung von Tischplatten

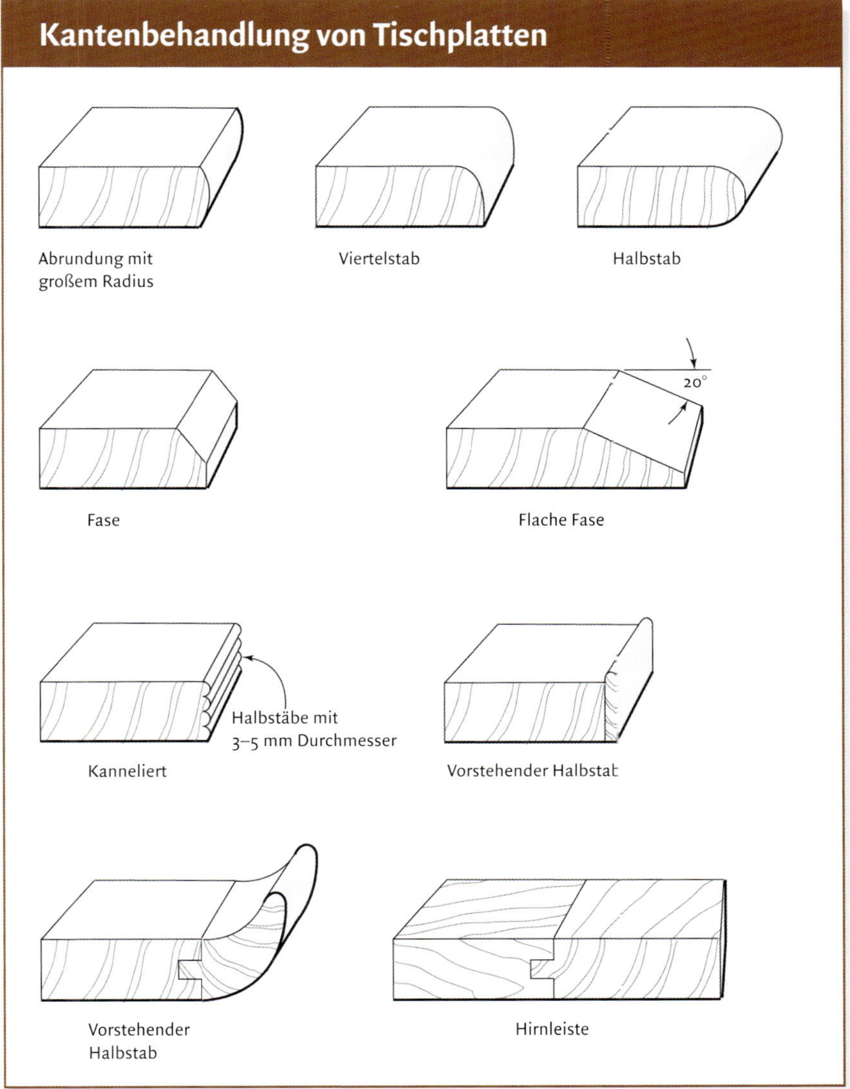

Zwei Methoden, eine Ellipse zu konstruieren

Faden und Bleistift

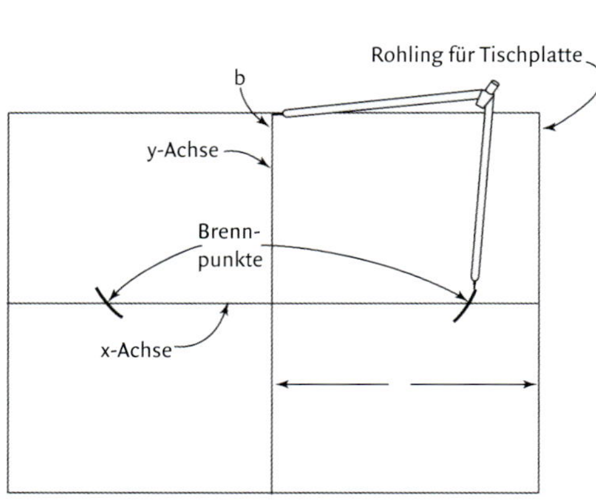

1. Schritt: Schneiden Sie einen rechtwinkligen Rohling mit den Außenmaßen der gewünschten Ellipse zu. Markieren Sie die x- und y-Achse durch den Mittelpunkt.
2. Schritt: Um die Brennpunkte zu ermitteln, stellen Sie einen Zirkel auf das Maß a ein, und schlagen Sie zwei Kreisbögen vom Punkt b.

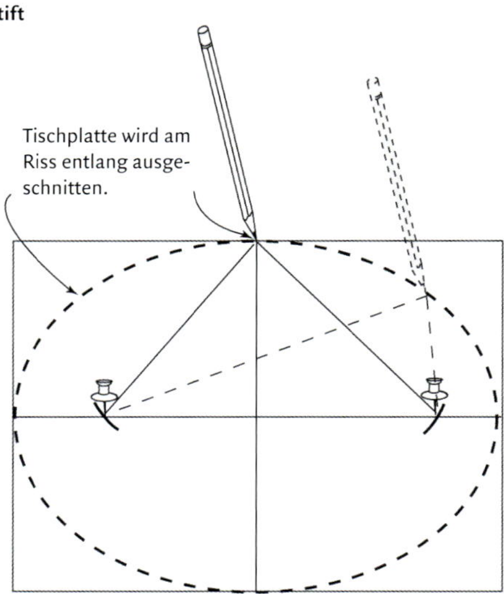

3. Schritt: Bringen Sie an jedem Brennpunkt eine Nadel oder einen kleinen Drahtstift an; befestigen Sie einen Faden so an den Nadeln, dass ein Bleistift am Punkt b den Faden straff zieht.
4. Schritt: Führen Sie den Bleistift am straffen Faden um die Brennpunkte, um die Ellipse zu zeichnen.

Stangenzirkel und Tischlerwinkel

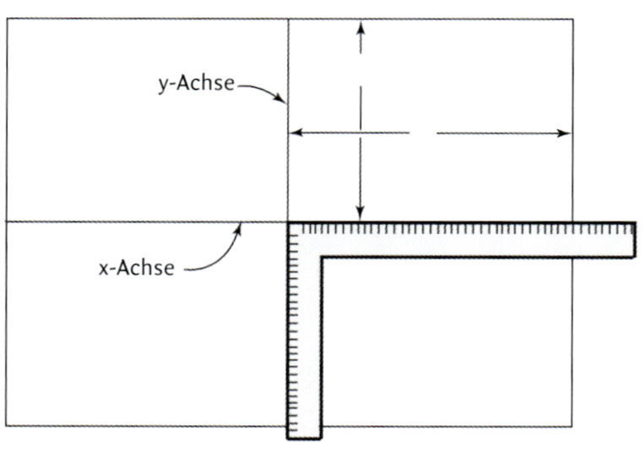

1. Schritt: Schneiden Sie einen rechtwinkligen Rohling mit den Außenmaßen der gewünschten Ellipse zu. Markieren Sie die x- und y-Achse durch den Mittelpunkt.
2. Schritt: Halten Sie den Tischlerwinkel oder Sperrholzleisten an die x- und y-Achse eines Quadranten.

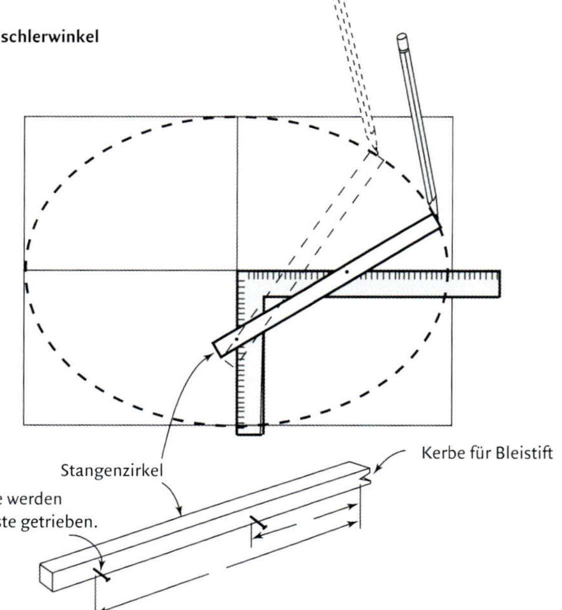

3. Schritt: Halten Sie den Bleistift in die Kerbe im Stangenzirkel, legen Sie die Stifte gegen den Tischlerwinkel, und zeichnen Sie ein Viertel der Ellipse. Positionieren Sie den Tischlerwinkel jeweils neu, um die anderen Viertel zu zeichnen.

Scharniere an Klapptischen installieren

Bei Klapptischen, deren Tischplatten nach unten weggeklappt werden können, besteht eine der elegantesten Verbindungen zwischen den Platten aus einen Viertelstab- und einen Hohlkehlprofil. Die Herstellung der Tischplatten ist einfach: Schneiden Sie mit einem Viertelstabfräser das Profil an den beiden Längskanten der mittleren Tischplatte so an, dass eine 3 mm hohe, gerade Kante stehen bleibt. Schneiden Sie dann mit einem entsprechenden Hohlkehlfräser eine Hohlkehle an einer Kante jeder seitlichen Tischplatte an. Überprüfen Sie die Einstellung an einem Reststück mit der gleichen Stärke wie die Tischplatten, um eine genaue Passung sicherzustellen. Dann kommt der schwierigere Teil: Die Scharniere zu positionieren und anzubringen. Dafür werden in den USA Spezialscharniere verwendet, die unterschiedlich lange Lappen aufweisen, in Deutschland jedoch nicht erhältlich sind. Allerdings kann man auch ohne weiteres normale Scharniere einsetzen, wenn der Abstand zwischen Gelenk und Befestigungslöchern hinreichend groß ist.

Reißen Sie zuerst die Lage der Scharniere an, sodass ein Versatz von 1 mm entsteht, um zu verhindern, dass die Seitenplatte beim Hochklappen klemmt. Schneiden Sie dann die Ausklinkungen für die Scharnierlappen und eine weitere, tiefere Hohlkehle für das Gewerbe des Scharniers. Bringen Sie die Scharniere an, und kontrollieren Sie die Funktion. Falls die Tischplatten an irgendwelchen Stellen aneinander reiben, arbeiten Sie die Passung mit dem Hirnholzhobel oder etwas Schleifpapier nach.

Mit aufeinander abgestimmten Viertelstab- und Halbhohlkehlfräser wird das Profil eines traditionellen Klapptisches hergestellt.

Anreißen des Scharniers an einem Klapptisch

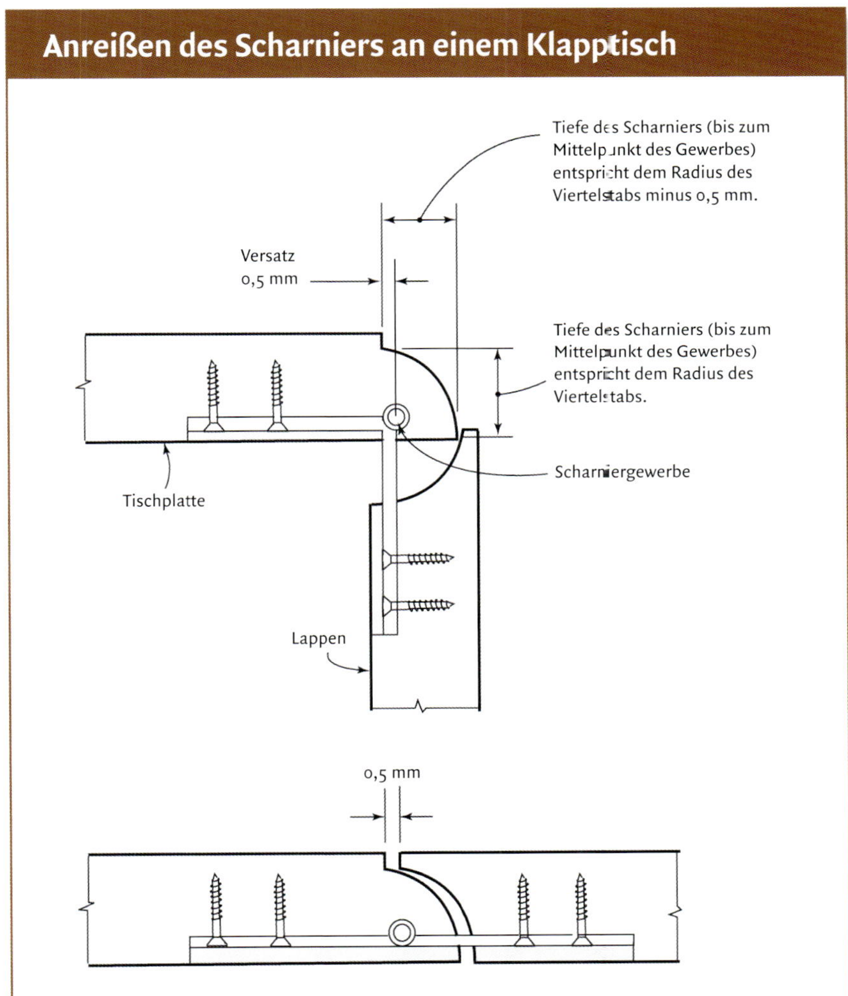

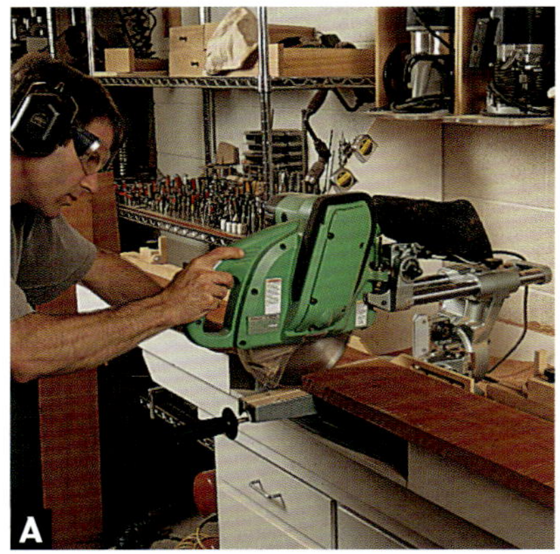
A

E

B

F

C

G

D

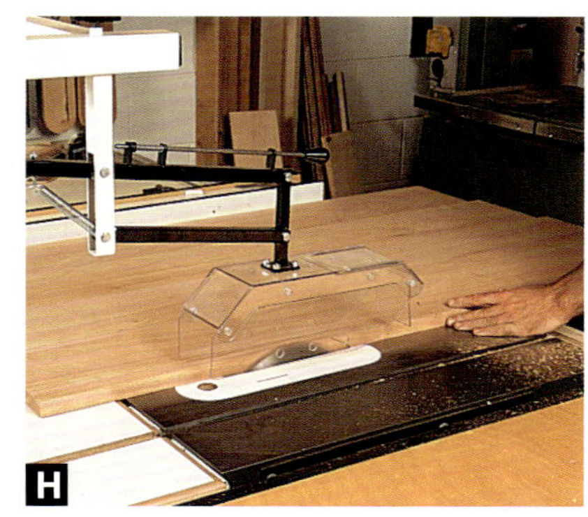
H

Breite Tischplatte aus Vollholz

Eine breite Tischplatte aus Vollholz herzustellen ist leicht, wenn man sich an die Abfolge einiger grundlegender Schritte hält. Das Verfahren lässt sich benutzen, um unterschiedliche Platten in großen Abmessungen herzustellen, von Korpusseiten über -deckel und -böden bis hin zu Regalböden und anderen waagerechten Flächen. Schneiden Sie zuerst das Material mit etwa 100 mm Übermaß auf Länge **(A).**

Richten Sie eine Seite jedes Brettes an der Abrichthobelmaschine ab **(B).** Bringen Sie das Brett dann am Dicktenhobel auf die gewünschte Stärke **(C).** Richten Sie eine Kante jedes Brettes rechtwinklig ab **(D),** und schneiden Sie das Brett an der Tischkreissäge auf Breite, bevor Sie die andere Kante abrichten.

Mit folgenden Verfahren kann man Zeit und Arbeit sparen: Verputzen Sie die Spuren der Hobelmaschinen an den Sichtseiten mit dem Handhobel, bevor Sie die Bretter verleimen. Dann müssen Sie nach dem Verleimen lediglich die Fugen verputzen, anstatt die gesamte Fläche hobeln oder schleifen zu müssen **(E).** Legen Sie die Bretter so aus, dass sich ein ansprechendes Maserbild ergibt, und kennzeichnen Sie sie, damit Sie die Anordnung beim Verleimen wieder herstellen können **(F).**

Legen Sie stabile Zulagen über die Enden der Bretter, um sie beim Verleimen bündig zu halten. Bei Brettflächen ab einer Länge von ca. 1000 mm sollte man eine solche Zulage auch noch einmal in der Mitte anbringen. Bei sehr langen Flächen sind auch mehrere solcher Zulagen über die ganze Länge verteilt sinnvoll. Sie verhindern Höhenversätze zwischen den einzelnen Brettern. Wachspapier unter den Zulagen sorgt dafür, dass sie nicht an der Platte festkleben. Üben Sie zuerst mit Zwingen sanften Druck senkrecht zu den Fugen aus. Setzen Sie dann die Zulagen an den Enden an, bevor Sie die Zwingen endgültig anziehen **(G).** Wenn der Leim getrocknet ist, werden beide Längsseiten nachgeschnitten, um Druckstellen zu entfernen und sicherzustellen, dass die Kanten parallel verlaufen **(H)**.

Es gibt unterschiedliche Möglichkeiten, die Enden der verleimten Platte rechtwinklig zu beschneiden. Bei der ersten Methode wird ein Richtscheit über das Ende der Platte gespannt und als Anschlag verwendet. Es gibt kommerzielle Sägeführungen mit integrierten Zwingen, man kann aber genauso gut eine stabile Holzleiste als Richtscheit verwenden, indem man sie am Werkstück festspannt. Kontrollieren Sie mit einem großen Tischlerwinkel, dass diese Leiste rechtwinklig zu den Längskanten steht **(I)**. Schneiden Sie das Ende der Platte mit der Handkreissäge auf Länge. Berücksichtigen Sie bei der Positionierung des Anschlags die Breite der Kreissägengrundplatte **(J)**. Verschieben Sie den Anschlag, und verputzen Sie die Sägespuren, indem Sie mit einem Spiralnutfräser etwa 1 mm von der Sägekante abnehmen. Wenn Sie die Handoberfräse mit einer größeren Grundplatte aufrüsten, ist es leichter, das Abkippen der Fräse zu vermeiden und den Fräser parallel zum Werkstück zu führen **(K)**.

Ein weiteres Verfahren, um die Enden einer großen Platte abzulängen, ist die Verwendung eines Schiebeschlittens an der Tischkreissäge. Es gibt für viele Tischkreissägen relativ preiswerte Schiebeschlitten zum Nachrüsten **(L)**. Schleifen Sie die Platte abschließend leicht, um die Fugen bündig zum Holz zu machen und die gesamte Fläche zu glätten. Dank der vorhergehenden Arbeit mit dem Handhobel werden Sie jetzt nicht mehr viel schleifen müssen.

TIPP Überprüfen Sie regelmäßig alle Anschläge und Lineale an Ihren Maschinen. Sie müssen genau justiert sein, um damit genau arbeiten zu können. Gegebenenfalls muss man die Anschläge nachjustieren, um wieder genaue Arbeitsergebnisse zu bekommen. Ein guter Tischlerwinkel mit einer Länge von 150 mm ist für viele Kontroll- und Einstellarbeiten bereits ausreichend.

I

J

K

L

A

B

C

D

Sperrholz mit Vollholzumleimer

Sperrholz ist eine sehr gute Wahl für breite Tischplatten, da man sich keine Gedanken über das Arbeiten des Holzes machen muss und das Material nur leicht geschliffen werden muss.

Um die rohen Kanten zu verbergen und die Platte haltbarer zu machen, müssen Umleimer aus Vollholz angebracht werden. Bringen Sie das Material auf Breite und Stärke, und schneiden Sie dann an einem Ende jeder Leiste eine Gehrung an. Längen Sie die Umleimer noch nicht ab. Um die Lage der Gehrung am anderen Ende genau zu ermitteln, hält man zwei Gehrungen zusammen, spannt das Stück ein, das angeschnitten werden soll, und reißt die Gehrung am freien Ende an **(A).** Reißen Sie auf diese Weise die Umleimer an, und schneiden Sie sie mit der Gehrungssäge auf Länge.

Man kann die Umleimer mit Flachdübeln an der Platte ausrichten, wenn man sie anleimt. Reißen Sie die Lage der Flachdübel an den Längsseiten der Sperrholzplatte und den längeren Umleimern an. Der Abstand zwischen den Schlitzen sollte etwa 200 mm betragen **(B).**

Leimen Sie zuerst die beiden langen Umleimer an. Legen Sie einen der kurzen Umleimer trocken an die Platte, um die langen Umleimer richtig zu positionieren, indem Sie die beiden Gehrungen aneinander legen **(C).** Setzen Sie genügend Zwingen an, um die Verbindung auf der gesamten Kantenlänge dicht zu ziehen **(D).**

Während der Leim an den ersten Umleimern trocknet, können Sie die noch fehlenden Gehrungen an den kurzen Umleimern anschneiden, indem Sie die längeren als Maß verwenden. Schneiden Sie die Gehrung an einem Ende des kurzen Umleimers so lange nach, bis er eben zwischen die beiden langen Umleimer passt **(E).** Reißen Sie dann die Position der Flachdübel an, schneiden Sie die Schlitze, und bringen Sie die kurzen Umleimer mit Leim und Zwingen an. Setzen Sie auch Zwingen an den Ecken an, um die Gehrungen zu schließen **(F).** Verputzen Sie abschließend die Umleimer bündig mit der furnierten Oberfläche.

E

F

Ecken und Kanten brechen

Wenn Sie das erste Mal an der scharfen Ecke einer Tischplatte anstoßen, werden Sie dem Tischler, der den Tisch hergestellt hat, nicht gerade wohlgesonnen sein. Achten Sie darauf, dass es bei Ihren eigenen Möbelstücken nicht genauso ist. Eine schnelle Methode, um scharfe Kanten weniger gefährlich zu machen, besteht darin, mit einem Hirnholzhobel eine kleine Fase anzuschneiden **(A).** Dann werden die Facetten mit 180er Schleifpapier und einem Schleifklotz abgerundet **(B).** Ihre Freunde werden es Ihnen danken, dass Sie so vorausschauend waren.

A

B

Runde Tischplatten

Man kann eine runde Tischplatte an der Bandsäge oder mit der Stichsäge schneiden. Allerdings sind die Ergebnisse oft alles andere als genau. Ein präziser Kreis in fast jeder Größe lässt sich mit einer Handoberfräse, einem Nutfräser und einem Stangenzirkel aus 5-mm-Sperrholz schneiden. Befestigen Sie den Stangenzirkel an der Grundplatte der Handoberfräse, und messen Sie dann von der Kante des Fräsers den gewünschten Durchmesser des Kreises ab; drehen Sie hier eine Schraube in den Stangenzirkel. Man kann für den Schnitt jeden stirnschneidenden Nutfräser verwenden, ich habe jedoch festgestellt, dass man die saubersten Ergebnisse mit einem Spiralnutfräser erzielt, vor allem wenn man im Hirnholz schneidet **(A).**

Spannen Sie ein Stück Restholz auf der Hobelbank an, befestigen Sie doppelseitiges Klebeband an der Oberseite des Werkstücks, drehen Sie es um, und kleben Sie es an der Unterlage fest **(B).** Schrauben Sie den Stangenzirkel im Mittelpunkt der Unterseite der Tischplatte an, und stellen Sie die Schnitttiefe auf etwa 5 mm ein. Fräsen Sie entgegen dem Uhrzeigersinn, indem Sie den Stangenzirkel und die Handoberfräse um die Schraube drehen **(C).** Senken Sie den Fräser nach jedem Durchgang etwas weiter ab, bis Sie durch das Material bis in die Unterlage gefräst haben **(D).**

Verwenden Sie die stumpfe Kante eines Spachtels, um die fertige Tischplatte von der Unterlage abzuhebeln, und entfernen Sie dann das Klebeband von der Oberseite **(E).** Jetzt müssen nur noch die Kanten leicht geschliffen werden, um einen perfekten Kreis zu erhalten.

Fehlstellen ausbessern

Bei Tischplatten aus Vollholz muss man oft kleine Astlöcher und andere Holzfehler ausbessern. Man kann sie gut mit Epoxidklebstoff verbergen, der sich gut als Füllstoff für Astlöcher und andere Fehlstellen eignet, da er nach dem Trocknen hart ist und vor allem nicht schrumpft. Bei kleinen Fehlern verwendet man einen in fünf Minuten aushärtenden Zweikomponenten-Epoxidkleber. Größere Arbeiten erfordern einen Klebstoff mit einer längeren Offenzeit, sodass man das Loch vollständig füllen kann, bevor der Klebstoff beginnt, hart zu werden. Mischen Sie die beiden Komponenten gründlich, und fügen Sie dann feinen Holzstaub vom Werkstück hinzu, bis die Konsistenz des Füllers cremig ist **(A).**

Falls es sich um einen Riss handelt, der durch das Brett hindurch geht, muss die Unterseite des Werkstücks abgeklebt werden, damit der dünnflüssige Kleber auf der anderen Seite nicht aus dem Riss fließt. Füllen Sie das Loch, bis ein leichter Überstand auftritt **(B).** Eventuelle müssen Sie dazu zwei oder mehr Lagen auftragen.

Wenn die Epoxidmischung ausgehärtet ist, wird sie mit der Ziehklinge und dem Schleifklotz mit dem umgebenden Holz bündig gemacht **(C).**

Anmerkung: Diese Methode eignet sich nur dann, wenn das Werkstück später lackiert wird. Bei geölten Oberflächen würde die reparierte Stelle kein Öl annehmen. Daher sollten Sie für geölte Oberflächen auf einen speziellen Holzkitt zurückgreifen. Holzkitt in verschiedenen Farbtönen ist im Handel erhältlich. Dort bekommen Sie auch eine Lösung, die sie mit Holzstaub zu einem Holzkitt anrühren können.

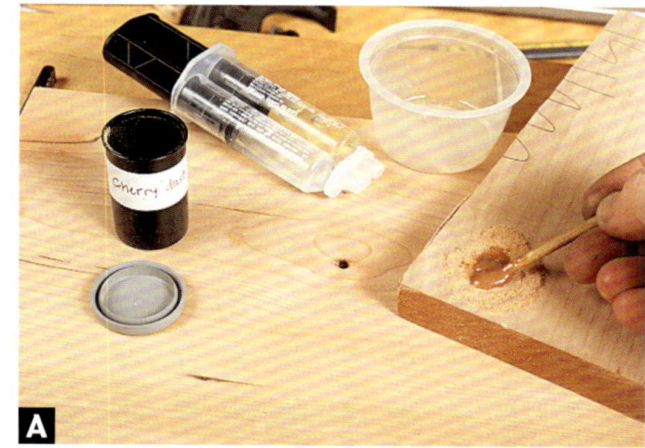

A

B

C

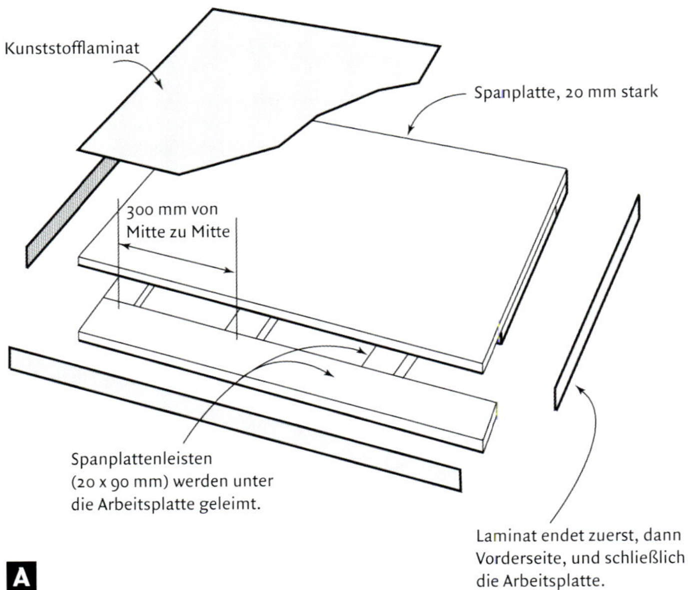

Arbeitsplatten mit Kunststofflaminat

Als Trägermaterial für eine Arbeitsplatte mit Laminatoberfläche ist Spanplatte das Material der Wahl. Spanplatte ist preiswert, dimensionsstabil und relativ eben. Seine Härte und Dichte sind Eigenschaften, die es für strapazierfähige Arbeitsplatten sehr geeignet machen. Achten Sie darauf, hochdichte Spanplatten zu verwenden, die eine gleichmäßigere Struktur aufweisen als die geläufigen Bauspanplatten. Bei einer typischen Arbeitsplatte verwendet man für die Fläche meist einer Platte mit 20 mm Stärke, unter der 20 mm starke Auflageleisten angebracht werden **(A).** Diese Leisten bringen die sichtbaren Kanten auf eine Stärke von 40 mm, steifen die Konstruktion aus, und bieten eine Befestigungsfläche, an welcher die Arbeitsplatte an den Unterschränken angebracht werden kann.

Schneiden Sie die Platte zuerst mit etwa 3 mm Übermaß an der Tischkreissäge zu. Schneiden Sie die Auflageleisten auf Breite. Befestigen Sie eine der Leisten mit Leim und Klammern an der langen Vorderkante der Platte. Positionieren Sie es mit Zwingen bündig an den Kanten der Platte **(B).** Leimen Sie dann eine zweite Leiste an der Hinterkante an, und bringen Sie im Abstand von etwa 300 mm kurze Leisten im rechten Winkel zwischen den langen Leisten an **(C).** Wenn Sie alle Leisten angebracht haben, können Sie die Platte auf Endgröße sägen. Schneiden Sie die Kanten an der Tischkreissäge genau rechtwinklig und bündig **(D).**

TIPP: In Deutschland sind 38 mm starke Arbeitsplatten üblich. Bei der Verwendung einer solchen deutlich stärkeren Platte entfällt die Notwendigkeit für die geziegte Konstruktion.

Um das Laminat auf der Oberfläche anzubringen, wird es mit etwa 25 mm Übermaß zugeschnitten, aufgeklebt, und dann bündig verputzt.

An der Tischkreissäge kann man Kunststofflaminat gut mit einem normalen, hartmetallbesetzten Sägeblatt schneiden. Problematisch kann es werden, falls das dünne Laminat unter den Parallelanschlag geraten und sich dort verklemmen sollte. Um dieser gefährlichen Neigung entgegenzuwirken, sollte man einen Hilfsanschlag verwenden, der die Lücke zwischen dem Parallelanschlag und dem Arbeitstisch schließt **(E).** Ein Streifen durchsichtiger Acrylkunststoff über dem Laminat sorgt – vor allem bei schmalen Streifen – dafür, dass dieses sich nicht vom Arbeitstisch abhebt oder am Blatt aufsteigt. Biegen Sie das Laminat nach oben, während Sie es am Sägeblatt vorbeiführen, damit es mit gleichbleibendem Druck auf dem Arbeitstisch aufliegt **(F).**

Meist bietet es sich an, das Laminat erst an den Kanten und dann auf der Oberseite anzubringen. Auf diese Weise wird die Leimfuge nicht an der Oberseite sichtbar. Bringen Sie zuerst an den Kanten der Trägerplatte und an der Rückseite des Laminats Kontaktklebstoff auf **(G).** Bei porösen Flächen, vor allem bei Spanplatte, sollte man nach dem Trocknen der ersten Schicht eine zweite auftragen. Die gesamte Fläche sollte gleichmäßig glänzen. Lassen Sie den Klebstoff 10 bis 30 Minuten trocknen, bis er nicht mehr am Finger haftet.

Beim Verkleben mit Kontaktklebstoff hat man nur einen Versuch frei. Wenn die beiden Flächen sich berühren, kann man sie nicht mehr verschieben. Bei relativ schmalen Stücken kann man die Lage des Laminats nach Augenmaß bestimmen und es so auf der Kante auflegen, dass es auf allen Seiten etwas übersteht **(H).** Drücken Sie dann das Laminat mit einer Gummirolle ringsum fest an, um eine gute Verklebung zu erreichen **(I).**

Verputzen Sie den Überstand mit einem Bündigfräser in der Handoberfräse. Es gibt dafür spezielle Kantenfräsen, die durch ihr geringes Gewicht und kleinen Abmessungen die Arbeit erleichtern, aber man kann auch jede normale Handoberfräse verwenden **(J).**

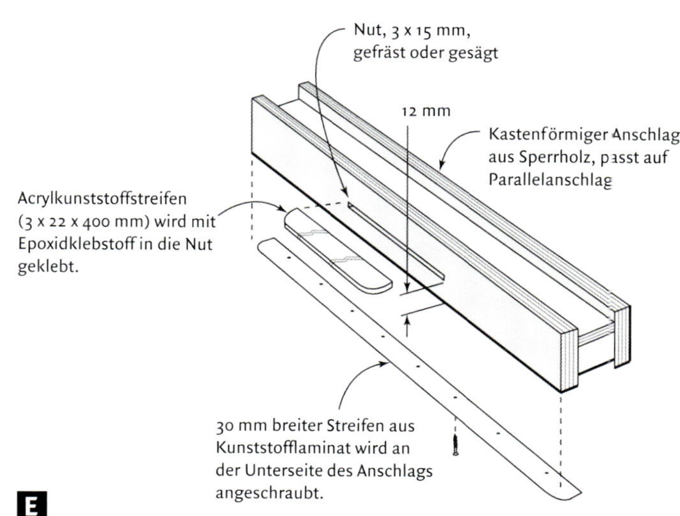

E

F

I

G

J

H

Fortsetzung auf S. 298

K

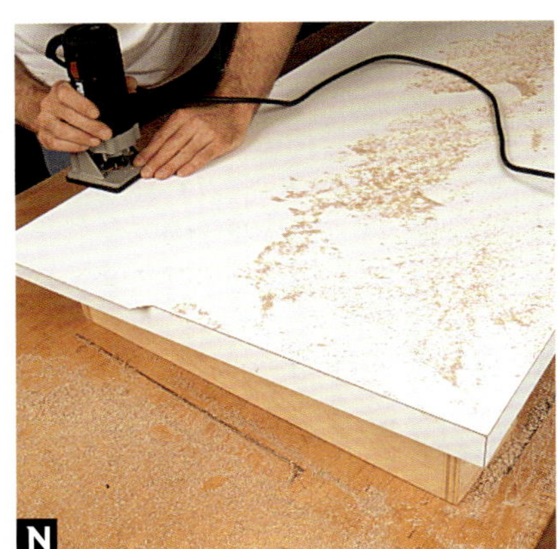
N

L

O

M

P

Beim Anbringen einer großen Laminatfläche muss man etwas anders vorgehen. Bringen Sie zuerst den Klebstoff auf beiden Teilen an, und lassen Sie ihn antrocknen. Legen Sie dann Reststücke des Laminats oder dünne Sperrholzstreifen oder ein anderes dünnes Material auf die Unterlage. Auf diese Abstandshalter wird dann das Laminat gelegt **(K)**. Die Abstandshalter erlauben es Ihnen, das Laminat so auszurichten, dass Sie an allen Seiten einen gleichmäßigen Überstand haben. Wenn Sie das Laminat positioniert haben, drücken Sie es mit den Händen von der Mitte nach außen auf die Unterlage. Entfernen Sie dabei nacheinander die Abstandshalter **(L)**. Drücken Sie dann – wieder von der Mitte nach außen arbeitend – mit einer Gummiwalze das Laminat so fest wie möglich an. Eine Walze mit seitlicher Achse erleichtert die Arbeit bei großen Flächen **(M)**.

Verputzen Sie den Überstand wieder mit einem Bündigfräser **(N)**. Der hier gezeigte Fräser schneidet eine leichte Fase, wenn er zwei aufeinander treffende Laminatflächen verputzt **(O)**. Brechen Sie zum Abschluss die scharfen Kanten, entfernen Sie eventuell noch vorhandene Überstände mit einer Feile, und schleifen Sie mit dem Schleifklotz nach **(P)**.

Im Handel sind diese Laminate oft unter dem Handelsnamen „Resopal" zu finden. Aber auch Begriffe wie „Schichtstoff" oder HPL-Platten sind geläufig

TIPP: Um zu verhindern, dass sich die Platte verzieht muss diese beidseitig beschichtet werden. Sie können die Rückseite entweder mit dem gleichen Laminat belegen, oder ein preisgünstigeres, spezielles „Gegenzugpapier" benutzen. Wenn sie noch Laminatreste haben, können Sie auch diese für die Rückseite verwenden.

Schreibtischplatte mit Leder

Als luxuriöse Schreibunterlage ist Leder nicht zu übertreffen. Man kann fast jede Unterlage mit Leder belegen, aber unbehandeltes Sperrholz eignet sich am besten. Achten Sie bei der Herstellung der Arbeitsfläche darauf, dass diese an der Kante eine Umrandung aufweist, die etwa 1,5 mm höher ist als die Fläche, auf welcher das Leder aufgebracht wird. Schneiden Sie das Leder zuerst mit 25 mm Übermaß zu. Reißen Sie die Schnitte mit einem Lineal und einem großen Tischlerwinkel an. Schneiden Sie das Leder dann mit der Schere auf Maß. Feuchten Sie die Rückseite des Leders leicht an, indem Sie es mit Wasser einnebeln. Rollen Sie es dann zusammen, und lassen Sie es fünf bis zehn Minuten ruhen, damit das Wasser gleichmäßig in die Fasern einziehen kann.

Während Sie das Wasser ins Leder einziehen lassen, schneiden Sie mit einem scharfen Messer rings um die erhöhte Umrandung der Arbeitsfläche ein **(A)**. Mischen Sie etwa neun Teile Tischlerleim mit einem Teil Wasser, um eine Mischung mit leicht sahniger Konsistenz zu erhalten. Tragen Sie mit einer kleinen Malerrolle eine gleichmäßige Schicht dieser Mischung auf der gesamten Fläche auf, und geben Sie dann eine Schnur unverdünnten Leim an den Rändern an, die Sie mit einem Pinsel verteilen und einebnen **(B)**. Der verdünnte Leim in der Mitte der Fläche sorgt dafür, dass das Leder geschmeidig bleibt.

Inzwischen sollte das Leder so feucht sein, dass Sie beginnen können. Legen Sie die Rolle mittig auf die Tischfläche des Schreibtisches, und rollen Sie sie auf dem Leim aus **(C)**. Streichen Sie das Leder mit den Handflächen von der Mitte her zu den Rändern glatt, um Luftblasen und Unregelmäßigkeiten zu glätten **(D)**. Fahren Sie dann mit dem Fingernagel oder einem stumpfen Stöckchen am Rand entlang, um das Leder dort zu falzen, wo Sie zuvor den Schnitt in der Unterlage angebracht haben **(E)**. Schneiden Sie das Leder sorgfältig am Falz mit einem scharfen Messer ein **(F)**. Lassen Sie die lederbedeckte Fläche über Nacht ruhen, bevor Sie darauf arbeiten. Wenn die Feuchtigkeit aus dem Leim und dem Leder verdunstet, schrumpft das Leder, sodass es auf der Unterlage glatt gezogen wird und die letzten Unregelmäßigkeiten beseitigt werden.

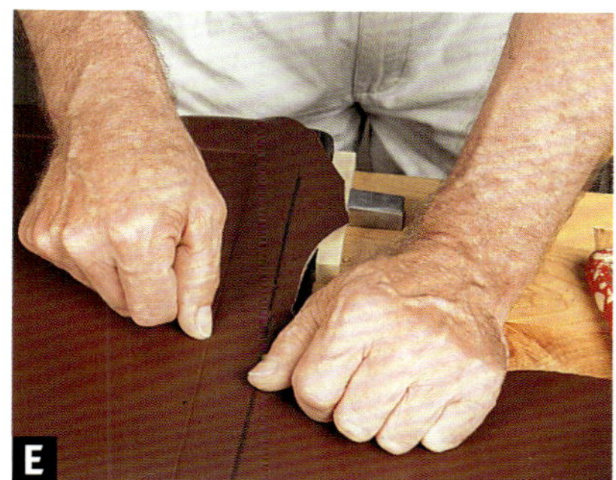

A

B

C

D

E

F

Leder prägen

Wenn man das Leder auf einer Arbeitsfläche prägt oder punzt, kann das sehr ansprechend aussehen **(A)**. Das Verfahren ist leicht, und man benötigt lediglich einige einfache Werkzeuge: einen kleinen Hammer und ein oder mehrere Lederpunzen mit den Mustern Ihrer Wahl. Die Spitze einer Lederpunze besteht aus gehärtetem Stahl, in das ein Muster eingraviert ist. Man bekommt Sie im Fachhandel für Leder- und Sattlerwerkzeug **(B)**.

Das Leder muss punziert werden, während es aufgebracht wird, da der Leim an der Unterseite noch feucht sein sollte, wenn Sie die Oberfläche bearbeiten. Punzieren Sie zuerst am Umfang des Leders entlang. Die Hammerschläge sollten fest und gleichmäßig sein **(C)**. Üben Sie währenddessen leichten seitlichen Druck auf das Punziereisen aus, damit das Leder an der Kante hochgedrückt wird. Setzen Sie das Muster während der Arbeit nach Augenmaß, sodass die einzelnen Schläge des Punziereisens in gleichmäßigen Abstand stehen. Um eine zweite Musterreihe parallel zur ersten anzubringen, spannt man ein Lineal auf der ersten Reihe fest und verwendet es als Anlage für das Punziereisen **(D)**.

Sie können das geprägte Muster mit Lack oder Blattgold zusätzlich betonen. Lackfarbe in einem Goldton ist gut geeignet, Sie können jedoch auch organischen Leim verwenden und Blattgold auf das Muster auflegen **(E)**. Bevor die Lackfarbe vollständig getrocknet ist, gibt man auf einen Ballen Stahlwolle (Stärke 0000) Wachspaste und poliert dann die bemalten Stellen kräftig, um überschüssigen Lack zu entfernen und der Prägung eine gewisse Patina zu verleihen **(F)**.

Klappdeckel

Klappdeckel sind ein guter Verschluss für Truhen und andere niedrige Aufbewahrungsmöbel, da sie das Suchen und Kramen im Inneren erleichtern. Ein wichtiger Gesichtspunkt bei der Herstellung eines breiten, rahmenlosen Deckels ist es, ihn daran zu hindern, sich zu verziehen. Meist lässt sich das durch Leisten erreichen, die man auf der Unterseite befestigt. Die Leisten werden mit Schrauben – nicht mit Leim – an der Unterseite befestigt, um den Deckel flach zu halten, ohne das Holz am Arbeiten zu hindern **(A).**

Um den Deckel an einer eher schmalen Seitenwand einer Truhe zu befestigen, wird eine zweite Leiste mit Schrauben und Leim im rechten Winkel an der Oberkante der Seitenwand angebracht **(B).** Befestigen Sie dann den Deckel mit gekröpften Truhenbändern an dieser Leiste **(C).**

Damit sich der Deckel nicht versehentlich über demjenigen schließt, der ihr etwas entnimmt – vor allem Kinder sind dadurch gefährdet –, befestigt man am Seitenteil der Truhe und der Klappe mit Schrauben jeweils ein Klappenhalter mit innenliegender Feder **(D).** Dann können die Wühler auch nach Herzenslust wühlen!

A

B

C

D

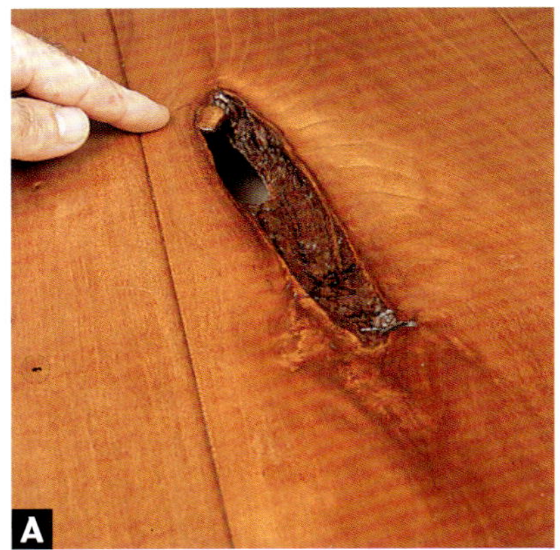
A

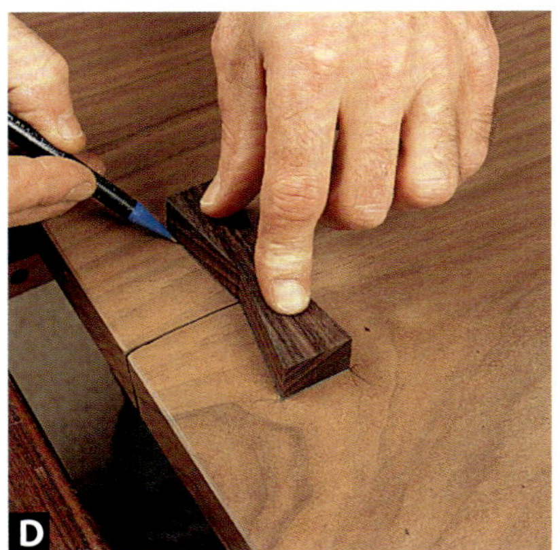
D

B

E

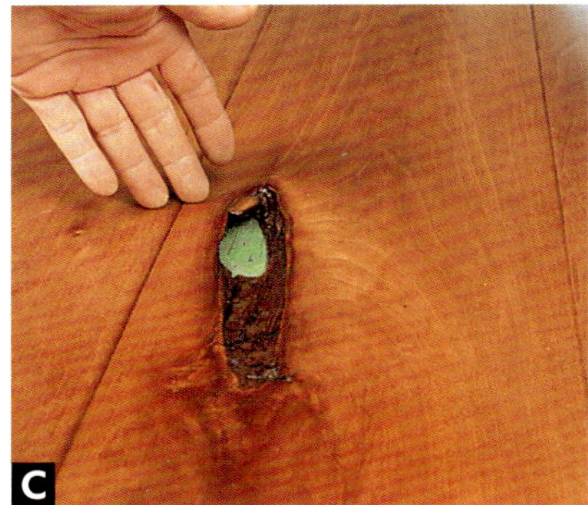
C

F

G

Holzfehler gekonnt nutzen

Manche „Holzfehler" sollte man nicht wegschneiden oder verstecken, sondern stattdessen besonders herausstellen und betonen. Aus dem hier gezeigten Brett hat sich ein großer Ast gelöst, und das verbliebene Astloch ist unansehnlich – und überdies auch unpraktisch **(A)**. Wenn man vorsichtig um die Kanten des Loches herum schleift, kann man lose Rückstände entfernen und scharfe Kanten brechen. Bringen Sie auf der Unterseite der Platte eine kleines lackiertes Holzstück oder einen Streifen Edelholz an, um das Loch von unten zu schließen **(B)**.

Jetzt ist auf der Oberseite der ehemalige Fehler zu einem Blickfänger geworden, der das Auge des Betrachters unweigerlich anzieht **(C)**.

Ein anderes Verfahren besteht darin, Risse im Holz mit einem doppelten Schwalbenschwanz zu überbrücken. Eine solche Einlegearbeit ist ein ansprechendes Dekorelement, das den Riss zudem daran hindert, größer zu werden. Schneiden Sie den Schwalbenschwanz an der Bandsäge aus dichtem und harten Holz zu, und übertragen Sie dann seinen Umriss auf das Werkstück **(D)**. Seine Stärke sollte etwa zwei Drittel der Stärke der Tischplatte betragen. Stellen Sie einen kleinen Nutfräser auf eine Schnitttiefe ein, die etwa 1 mm geringer ist als die Stärke des Schwalbenschwanzes, und fräsen Sie freihändig eine Vertiefung innerhalb der angerissenen Linien. Stechen Sie dann mit dem Stechbeitel bis zu den Rissen ab **(E)**.

Geben Sie Leim in die Vertiefung und an die Kanten des Schwalbenschwanzes, und treiben Sie ihn vorsichtig ein **(F)**. Wenn der Leim trocken ist, verputzen Sie ihn mit dem Hobel und der Ziehklinge, sodass er bündig mit dem umgebenden Holz abschließt **(G)**.

Hirnleisten

Hirnleisten sind ein schönes Detail an Tischplatten, mit denen sich das Hirnholz an den Schmalkanten verdecken lässt und dem Möbelstück ein distinguiertes Aussehen verliehen wird. Außerdem halten die Hirnholzleisten ein breite Platte aus Vollholz eben. Bei der Konstruktion einer Hirnleiste muss man darauf achten, sie so zu befestigen, dass die Vollholzplatte noch arbeiten kann. Wenn Sie die Hirnleiste auf ganzer Länge an der Platte anleimen, wird die Platte irgendwann aufgrund des Arbeitens des Vollholzes reißen. Die traditionelle Methode besteht darin, an das Ende der Tischplatte Zapfen anzuschneiden, und die Hirnleiste mit entsprechenden Schlitzen zu versehen. Wenn man nur den mittleren Zapfen einleimt, kann die Tischplatte quellen und schwinden **(A).** Schneiden Sie zuerst die Hirnleiste etwa 25 mm länger als die Breite der Tischplatte. Fräsen Sie dann drei Schlitze in die Hirnleiste (etwa 25 mm tief und 75 – 100 mm lang) (B). Schneiden Sie dann mit der Handoberfräse oder Tischkreissäge eine 5 mm tiefe Nut zwischen den Schlitzen **(C).**

Um eine enge Passung der Hirnleiste an der Tischplatte zu gewährleisten, nehmen Sie in der Mitte der Hirnleiste mit einigen Hobelstößen etwas Holz ab. Dadurch wird die Verbindungsfläche leicht konkav, sodass die Enden – die nicht verleimt werden – an die Tischplatte gezogen werden **(D).**

Schneiden Sie an der Tischkreissäge einen 25 mm breiten Spund an der Tischplatte an. Schneiden Sie den Spund auf jeder Schmalseite jeweils in mehreren Durchgängen. Bringen Sie für die ersten Durchgänge mit doppelseitigem Klebeband einen Hilfsanschlag am Parallelanschlag an, und schneiden Sie dann **(E).**

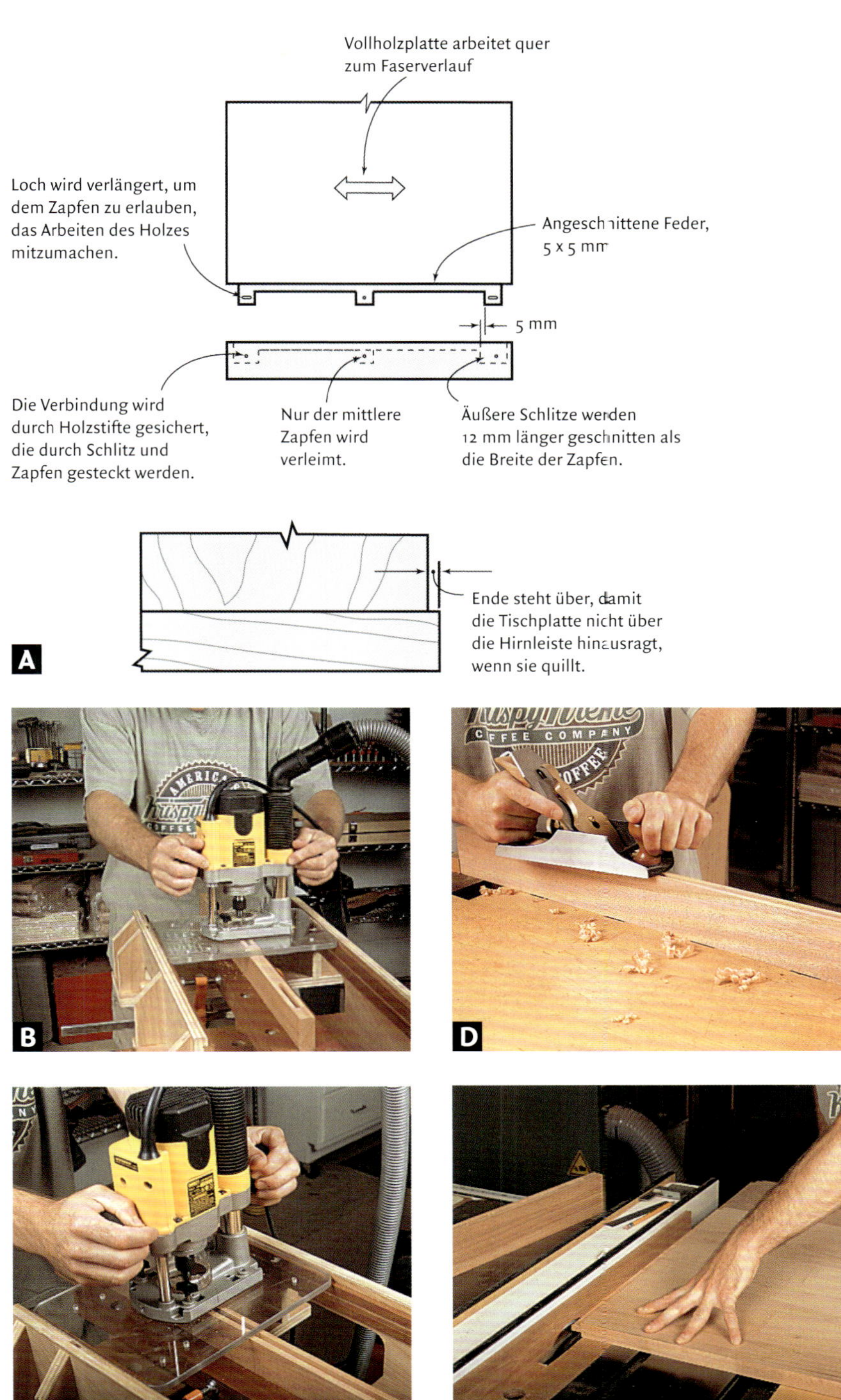

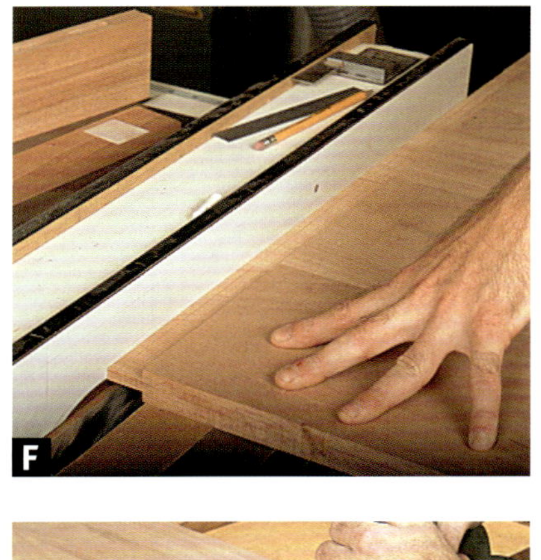
F

I

G

J

H

K

Nehmen Sie dann den Hilfsanschlag ab, und verstellen Sie den Parallelanschlag, bis Sie den Spund auf volle Breite geschnitten haben **(F).**

Reißen Sie dann die drei Zapfen an dem Spund an, sodass die beiden äußeren Zapfen etwa 10 mm schmaler sind als die entsprechenden Schlitze an der Hirnleiste. Reißen Sie dann den 5 mm breite Spund an, der in die Nut passt, die Sie in die Hirnleiste geschnitten haben. Schneiden Sie die Zapfen und den Spund mit der Stichsäge an den Rissen entlang **(G).** Die äußeren Brüstungen werden mit der Handsäge geschnitten **(H).** Um den Übergang zwischen der Hirnleiste und der Tischplatte glatter zu gestalten, hobelt man eine leichte Fase an den Innenkanten der Hirnleiste und den Brüstungen der Tischplatte an **(I).**

Bringen Sie die Hirnleiste provisorisch an der Tischplatte an, und längen Sie sie ab. Falls Sie, je nach derzeitigem Feuchtegehalt des Holzes, annehmen, dass die Tischplatte quellen wird, sollten Sie die Hirnleiste etwa 3 mm länger schneiden als die Tischplatte breit ist. Spannen Sie die Hirnleiste dann an der Tischplatte fest, und bohren Sie von der Unterseite durch die Mitte jedes Zapfens ein Loch für einen 5 mm starken Holznagel **(J).** Nehmen Sie dann die Hirnleiste ab, und vergrößern Sie die beiden äußeren Bohrlöcher mit der Laubsäge zu Langlöchern **(K).**

TIPP Ein Stück Klebeband, das man um den Bohrer wickelt, ist eine schnelle Bohrtiefenmarkierung. Lassen Sie ein Ende des Klebebandes frei hängen, um die Markierung auffälliger zu machen.

Geben Sie nur an den mittleren Zapfen und den zugehörigen Schlitz Leim an **(L)**, und spannen Sie dann die Hirnleiste mit einer einzelnen Zwinge fest **(M)**. Treiben Sie die Holznägel von unten durch die Zapfen bis in die Tischplatte. Geben Sie einen Tropfen Leim an das Ende des Holznagels, damit er nicht herausfällt **(N)**. Zu diesem Zeitpunkt ragt die fertige Hirnleiste mit den schön angefasten Kanten noch etwas über die Tischplatte heraus **(O)**. Wenn die Tischplatte quillt, sind die Kanten bündig. Je nach Jahreszeit kann die Hirnleiste wieder vorstehen. Das ist eine besser aussehende Lösung als die Tischplatte über die Enden der Hirnleisten hinausragen zu lassen.

L

M

N

O

A

D

B

E

C

F

Hirnleisten mit Flachdübeln

Eine andere, zweckmäßigere Methode, um Hirnleisten zu befestigen, ist die Verwendung von Flachdübeln. Diese Technik eignet sich am besten für relativ schmale Hirnleisten – weniger als 50 bis 75 mm breit etwa. Nehmen Sie auch in diesem Fall mit einigen Hobelstößen etwas Holz von der Mitte der Hirnholzkante ab, damit die Verbindung an den Enden gut schließt. Fräsen Sie sowohl in die Kante der Hirnleiste als auch in das schmale Ende der Tischplatte Schlitze für die Flachdübel. Achten Sie darauf, die Schlitzfräse beim Schneiden des zweiten Satzes von Schlitzen auf der gleichen Seite anzulegen wie bei dem ersten Satz. Die vier Schlitze in der Mitte sollten nicht weiter als 100 – 150 mm auseinanderliegen **(A).** Wenn Sie die Schlitze gefräst haben, leimen Sie die Flachdübel in die Tischplatte ein **(B).**

Nachdem der Leim an diesen Federn getrocknet ist, wird an der Hirnleiste nur in die vier mittleren Schlitze Leim angegeben **(C),** bevor man die Hirnleisten mit Zwingen an der Tischplatte festspannt **(D).**

Drehen die Tischplatte um, und bohren Sie von unten Sacklöcher mit 3 mm Durchmesser durch die nicht verleimten Flachdübel in der Hirnleisten. Die besten Holznägel für solche Löcher lassen sich aus Bambusspießen herstellen, wie man sie in Fachhandlungen für asiatische Lebensmittel bekommt **(E).** Treiben Sie die Holznägel in die Löcher und durch die Flachdübel bis in die Hirnleiste, und verputzen Sie sie dann bündig mit der Holzfläche **(F).** Wenn die Tischplatte schwindet und quillt, biegen sich die Bambusnägel, ohne zu brechen, und halten die Fuge zusammen, ohne dass die Tischplatte reißt.

Tischverlängerungen

Im Tischler- und Beschlagversandhandel findet man eine Vielzahl von Auszügen für Tischverlängerungen. Diese raffinierten Konstruktionen aus Metall oder Holz werden an der Unterseite der Tischplatte befestigt, sodass man diese in zwei Teilen auseinanderziehen kann. Wenn man dann eine separate Platte in die Lücke zwischen den beiden Hälften einlegt, hat man zusätzlichen Platz am Tisch gewonnen. Mit Zapfen oder Flachdübeln werden die Platten aneinander bündig ausgerichtet. Die Zapfen bestehen aus Messing, Holz oder Kunststoff und sind im Grunde nur Dübel mit abgerundeten Enden. Man kann auch gut mit Flachdübeln arbeiten, wenn man diese nur auf einer Seite einleimt, sodass der herausstehende Flachdübel in einen Schlitz in der Verlängerungsplatte eingelegt werden kann. Ob man nun Zapfen oder Flachdübel verwendet, muss man das Tischgestell auf jeden Fall als zwei separate Einheiten gestalten. Die geteilten Zargen müssen beim Verleimen genau rechtwinklig ausgerichtet werden **(A)**.

Befestigen Sie dann jeweils eine Tischplattenhälfte mit Halterungen an einer Gestellhälfte. Die freistehenden Enden der Zargen müssen durch dreieckige Sperrholzstützen gehalten werden **(B)**. Leimen Sie die Zapfen oder Flachdübel nur in eine Hälfte der Tischplatte ein **(C)**. Schieben Sie die beiden Hälften zusammen, und schrauben Sie die Verlängerungsschienen an der Unterseite an. Ziehen Sie jede der Schienen etwa 5 mm heraus, um sicher zu stellen, dass die beiden Plattenhälften im geschlossenen Zustand dicht aneinander liegen **(D)**.

A

B

C

D

E

F

G

H

Foto: Heiko Rech

Stellen Sie jetzt auf ähnliche Weise wie die beiden Tischplattenhälften auch die Verlängerungsplatte(n) her. Sie können die Verlängerungsplatten nach der Installation mit Zargen versehen, um ein einheitliches Aussehen zu erreichen, oder sie einfach flach belassen. Bedenken Sie jedoch, dass die Zargen das Lagern der Verlängerungsplatten erschweren können. Sichern Sie die Zargen mit Eckklötzen ab, und schlitzen Sie beide Enden der Verlängerungsplatte und gegebenenfalls auch deren Zargen. Leimen Sie die Zapfen oder Flachdübel nur an einem Ende ein **(E).**

Um eine Verlängerungsplatte einzulegen, werden die beiden Hälften des Tisches auseinandergezogen, man legt die Verlängerung auf die Schienen, und schiebt die Zapfen oder Flachdübel in die zugehörigen Schlitze oder Löcher **(F).** Dann werden die beiden Tischhälften wieder zusammengeschoben **(G).**

TIPP Um zu verhindern, dass der Tisch mit oder ohne Verlängerungsplatte versehentlich auseinander gezogen wird, ist es ratsam auf der Unterseite einfache Kistenverschlüsse anzubringen. Die beiden Teile des Beschlages werden auf Zug angebracht und halten den Tisch zuverlässig zusammen **(H).**

Befestigungsmethoden für Tischplatten

Das Material, aus dem Sie die Tischplatte herstellen, wirkt sich auch auf die Methode aus, mit der sie befestigt wird. Bei Vollholz muss man das Arbeiten des Materials berücksichtigen. Metallfedern oder Nutklötze aus Holz, die in Schlitze in den Zargen greifen und an der Platte angeschraubt werden, lassen das Schwinden und Quellen des Holzes zu, fixieren die Platte aber dennoch am Gestell. Eine Alternative ist es, Schrauben durch Langlöcher in den Zargen zu führen.

Sperrholz, MDF und andere Holzwerkstoffe können von unten angeschraubt werden, da diese Materialien nicht arbeiten. Am einfachsten ist es, direkt durch die Zargen zu bohren und die Schrauben dann durch die Zargen in die Unterseite der Tischplatte zu drehen. Arbeitsflächen aus Stein und anderen Naturstoffen müssen sich ähnlich wie Vollholz ausdehnen können. In diesem Fall sind Schrauben jedoch keine Lösung. Nehmen Sie zum Befestigen einer solchen Platte einen für das Material geeigneten, flexiblen Montagekleber auf. Legen sie eine Kleberwulst am Rand des Gestells entlang, und spannen Sie die Arbeitsplatte vorsichtig darauf fest, bis das Silikon getrocknet ist.

Das Arbeiten des Holzes

Beschläge

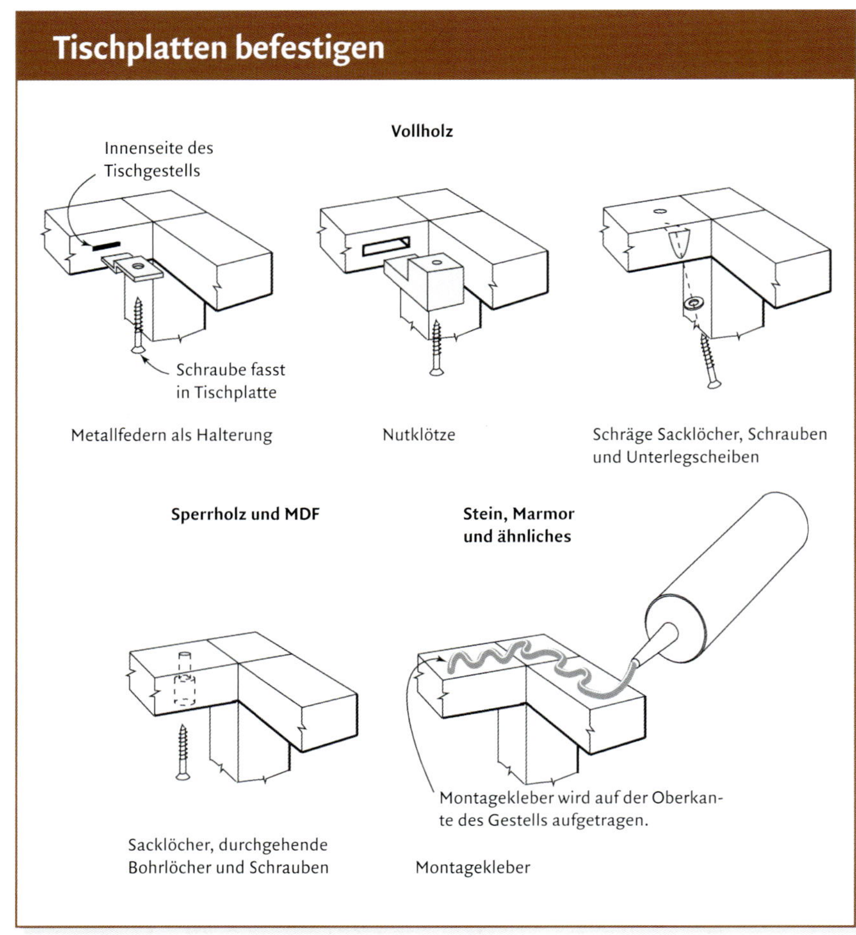

Bringen Sie kleine Leimklötze unter der Tischplatte an, damit sie fluchtet, auch wenn das Holz aufgrund wechselnder Luftfeuchtigkeit arbeitet.

Zwingen mit großer Ausladung sind bei vielen Verleimarbeiten sehr nützlich.

Leimklötze

Auch wenn man eine Vollholzplatte mit Nutklötzen oder Metallfedern anbringt, kann sie sich auf dem Gestell verschieben, wenn das Holz arbeitet. Dies gilt besonders für breite Platten. Um eine große Tischplatte zentriert auf dem Gestell zu fixieren, bringt man an jedem Ende des Gestells an der Unterseite der Platte Leimklötze aus Holz an. Wenn Sie die Tischplatte mit Nutklötzen, Metallfedern oder Schrauben befestigt haben, geben Sie großzügig Leim an zwei benachbarte Seiten eines 75 mm langen Holzklotzes an und reiben ihn mittig zur Zarge und quer zur Faser an der Unterseite der Tischplatte an. Spannen Sie den Leimklotz dann an der Tischplatte an, bis der Leim getrocknet ist. Befestigen Sie auf die gleiche Weise am entgegengesetzten Ende des Gestells einen zweiten Leimklotz.

Nutklötze

Nutklötze sind eine einfache und effektive Methode, um eine Tischplatte am Tischgestell zu befestigen **(A).** Ich stelle immer gleich eine Kleinserie der Nutklötze her und lege die überschüssigen für spätere Vorhaben beiseite. Schneiden Sie zuerst an der Tischkreissäge in eine lange Leiste (20 x 25 mm) eine Serie von 12 mm breiten Ausklinkungen **(B).** Der Abstand zwischen ihnen sollte etwa 25 mm betragen.

Längen Sie dann die einzelnen Nutklötze an der Kapp- und Gehrungssäge ab, indem Sie das Sägeblatt jeweils an der linken Brüstung der Ausklinkung ausrichten **(C).** Wenn man die 2 mm breite Sägefuge berücksichtigt, erhält man so einen 10-mm-Spund an jedem Nutklotz. Stellen Sie die Nutklötze fertig, indem Sie ein versenktes Führungsloch für die Befestigungsschraube durch jeden Klotz bohren.

Wenn Sie die Nutklötze hergestellt haben, nuten Sie die Innenseiten der Zargen, bevor Sie das Gestell zusammenbauen. Die Nut sollte 10 mm tief sein. Stellen Sie den Parallelanschlag so ein, dass die Nut etwa 1 mm gegenüber dem Spund am Nutklotz versetzt ist (siehe Abbildung A). Mit einem Pfeil auf einem Streifen Klebeband wird die Kante gekennzeichnet, die angelegt werden muss **(D).**

WARNUNG Führen Sie Ablängschnitte zum Nuten nicht direkt am Parallelanschlag aus. Das Werkstück kann sich verkanten und zurückschlagen. Bringen Sie zur Sicherheit einen Holzklotz am Parallelanschlag an, und verwenden Sie ihn, um in der richtigen Entfernung vom Blatt zu sägen.

Bauen Sie das Gestell zusammen. Legen Sie die Tischplatte mit der Unterseite nach oben auf die Werkbank, und richten Sie das Gestell mittig auf der Platte aus. Platzieren Sie die Nutklötze in den Nuten der Zargen. Einige sollten dicht an den Ecken stehen, um die Eckverbindungen zu

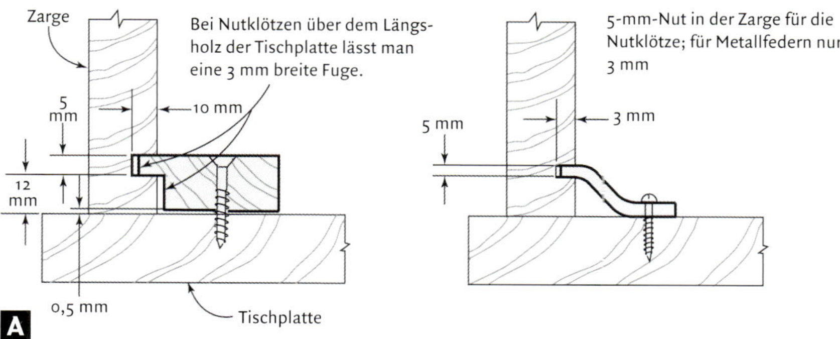

A

B

C

D

verstärken. Nutklötze auf dem Längsholz der Platte müssen in einem kleinen Versatz zur Zarge angebracht werden. Bringen Sie die Nutklötze auf dem Hirnholz dicht an den Zargen an **(E)**. Drehen Sie durch jeden Nutklotz eine Schraube bis in die Unterseite der Tischplatte **(F)**. Der Versatz zwischen Nutklotz und Zarge am Längsholz erlaubt es der Tischplatte, ungehindert zu quellen und schwinden, während die Nutklötze sie dennoch sicher am Gestell halten.

TIPP Fehler kommen immer wieder vor. Sie haben das Tischgestell zusammengebaut, und stellen dann fest, dass Sie nicht alle Zargen genutet haben, um die Metallfedern zur Fixierung der Platte aufzunehmen. Das lässt sich leicht korrigieren, indem man mit einer Schlitzfräse auf der Innenseite Schlitze in die Zarge fräst. Eine normale Schlitzfräse schneidet Schlitze mit der passenden Breite für die gängigen Metallfedern zu Tischplattenbefestigung.

Lose Federn und Leim

Bei furnierten Tischplatten oder solchen aus Sperrholz gibt es keine Probleme, die durch das Arbeiten des Holzes verursacht würden. Deshalb kann man die Zargen direkt an der Unterseite der Tischplatte anleimen. Um die Verbindung zu stärken und für eine genaue Ausrichtung zu sorgen, verwendet der Möbelbauer Konrad Leo Horsch, der am College of the Redwoods studiert, kurze Federn aus Sperrholz, die in die geschwungenen Zargen und die Tischplatte seines Lady's Writing Desk passen.

Fräsen Sie Nuten in die Unterseite der Tischplatte und die Oberkante der Zargen, und leimen Sie dann im Abstand von etwa 75 mm die Federn in die Zargen **(A)**.

Befestigen Sie die Tischplatte mit Leim am Gestell, und ziehen Sie die Verbindung mit einer hinreichenden Anzahl von Zwingen dicht. Das Ergebnis ist eine perfekte, aber unsichtbare Verbindung von Tischplatte und dem Gestell **(B)**.

Befestigungsleisten aus Holz

Eine elegante und effektive Methode, um eine Tischplatte zu befestigen, ist die Verwendung von hölzernen Befestigungsleisten oben am Gestell. Durch diese Leiste wird dann in die Unterseite der Tischplatte geschraubt. Überblattungen, die man oben in die Tischbeine, -zargen und die Befestigungsleisten schneidet, sorgen dafür, dass man die Befestigungsleisten bündig mit der Oberseite des Gestells anbringen kann. Befestigt werden sie mit versenkten Schrauben **(A).** Die Befestigungsleisten, die in der Mitte der Tischplatte anliegen, können mit einem normalen Bohrloch für eine Schraube versehen werden. Die Leisten am Rand des Gestells müssen Langlöcher aufweisen, damit die Tischplatte arbeiten kann.

Legen Sie die Tischplatte umgekehrt auf die Werkbank, stellen Sie das Gestell mittig darauf, und drehen Sie Schrauben durch die Befestigungsleisten in die Platte **(B).**

A

B

Metallfedern als Tischplattenhalter

Tischplattenhalter aus Metall werden auf ähnliche Weise befestigt wie hölzerne Nutklötze.

> Siehe Zeichnung auf S. 311.

Schneiden Sie zuerst alle Verbindungen an den Zargen an, und schneiden Sie dann auf der Innenseite jeder Zarge mit einem normalen Sägeblatt eine 12 mm tiefe und ca. 3 mm breite Nut.

Legen Sie die Tischplatte umgekehrt auf die Werkbank, richten Sie das Gestell mittig darauf aus, und ordnen Sie die Metallfedern sorgfältig an. Wie bei Nutklötzen aus Holz muss auch zwischen der Metallfeder und der Zarge ein Versatz bleiben, wenn die Feder quer zur Faser der Platte liegt **(B).** Bohren Sie Führungslöcher für Schrauben, und befestigen Sie die Federn mit Flachkopfschrauben an der Tischplatte **(C).**

A

C

B

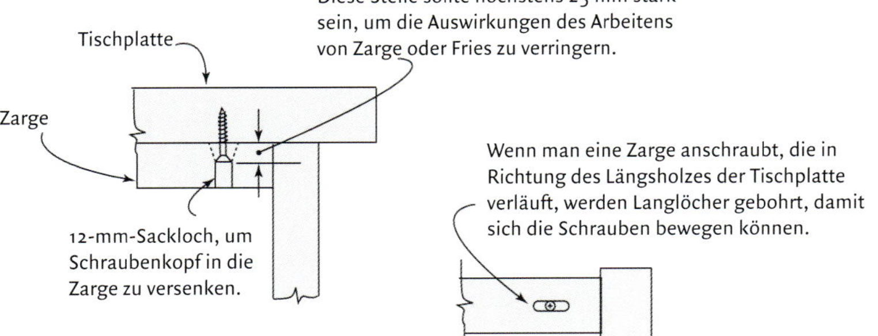

Tiefe Schraubenlöcher

Man kann eine Tischplatte durchaus mit Schrauben am Gestell befestigen, wenn man sich an einige einfache Richtlinien hält. Stellen Sie zuerst sicher, dass die Schrauben nicht durch mehr als 25 mm Material der Zarge reichen. Falls die Zarge höher ist als 25 mm, kann man einfach mit einem Forstnerbohrer bis zur richtigen Tiefe ein Sackloch bohren **(A)**. Bohren Sie dann im Sackloch ein durchgehendes Führungsloch für die Schraube. Wenn man so die Holzstärke reduziert, durch welche die Schraube reicht, verringert man das Risiko, dass sich die Schraube infolge des Arbeitens des Holzes lockert.

Das Schwinden und Quellen des Holzes muss man auch berücksichtigen, wenn man in Tischplatten aus Vollholz hineinschraubt. Man muss der Tischplatte Gelegenheit geben, ungehindert zu arbeiten, weil man sonst riskiert, dass die Platte reißt oder die Verbindungen am Gestell sich lockern. Am einfachsten berücksichtigt man das Arbeiten der Tischplatte, indem man die Schrauben in Langlöcher in den Zargen dreht **(B)**. Erweitern Sie dazu auf der Oberkante jeder Zarge das Bohrloch etwas, indem Sie den Bohrer leicht schräg ansetzen. Die Erweiterung muss natürlich in der Richtung vorgenommen werden, in welcher die Platte schwindet und quillt **(C)**.

Legen Sie die Platte umgekehrt auf die Werkbank, und richten Sie das Gestell mittig darauf aus. Drehen Sie dann die Schrauben in Führungslöcher, die Sie in die Tischplatte gebohrt haben **(D)**.

Schräge Sacklöcher

Bei einem schrägen Sackloch verläuft die Schraube in einem leichten Winkel, sodass sie näher an der Holzoberfläche liegt. Es gibt Vorrichtungen, um schräge Sacklöcher zu bohren. Man kann jedoch aus hartem, dichten Holz auch selbst eine solche Vorrichtung herstellen. Die Vorrichtung ist eine Bohrlehre, mit der man in einem Winkel ein 12-mm-Sackloch in die Zarge und dann in diesem Sachloch ein durchgehendes Bohrloch durch die Zarge bohrt. Der große Durchmesser des Sackloches ermöglicht es der Schraube, sich zu bewegen, wenn die Tischplatte aufgrund von Veränderungen der Luftfeuchtigkeit im Laufe der Jahreszeiten quillt und schwindet.

Sägen Sie zuerst an der Tischkreissäge oder Bandsäge aus einem Stück Restholz einen Keil mit einem Winkel von 20° zu. Spannen Sie dann einen Laubholzklotz (35 x 50 x 50 mm) an dem Keil und am Arbeitstisch der Ständerbohrmaschine fest. Bohren Sie mit einem 12-mm-Forstnerbohrer ein schräges Loch durch die Mitte des Klotzes, sodass der Bohrer auf einer Seite austritt **(A)**.

Sägen Sie nach dem Bohren ein Ende des Klotzes ab, sodass das schräge Sackloch in der richtigen Entfernung vom Ende des Klotzes liegt **(B)**. Spannen Sie dann den Klotz an der Innenseite der Zarge so an, dass er bündig mit der Oberkante der Zarge abschließt. Verwenden Sie den gleichen Bohrer, den Sie auch an der Ständerbohrmaschine eingesetzt haben, und bohren Sie durch den Klotz in die Fläche der Zarge. Markieren Sie die richtige Bohrtiefe mit einem Stück Klebeband **(C)**.

Nehmen Sie den Klotz ab, und verlängern Sie das Bohrloch mit einem extra langen Bohrer durch die Zarge hindurch **(D)**. Bohren Sie abschließend mit einem 5-mm-Bohrer von der Oberkante her durch die Zarge **(E)**. Das übergroße Bohrloch erlaubt es der Schraube, sich zu bewegen, wenn die Tischplatte arbeitet. Befestigen Sie die Tischplatte mit einer Flachkopfschraube und Unterlegscheibe an der Zarge **(F)**.

A

D

B

E

C

F

Literaturverzeichnis

Allgemein

Einen Gesamtüberblick bietet:

– Davy/Plewes, Handbuch Holzwerken
Techniken, Werkzeuge, Maschinen und Materialien
HolzWerken, Vincentz Network 2011
Alle Grundlagen zum Arbeiten mit Holz in einem Band.

Holz und seine Eigenschaften

– Holz erkennen und benutzen,
Das Nachschlagewerk für die Praxis –
Über 200 Holzarten und ihre Verwendung.
HolzWerken, Vincentz Network,
2. erweiterte Auflage 2011

– R. Bruce Hoadley, Understanding Wood,
The Taunton Press (in englischer Sprache)

– Alan Holtham, Holz trocknen und lagern
Eigenes Nutzholz richtig vorbereiten und schützen,
HolzWerken, Vincentz Network,
1. Aufl. 2011

Werkstatt und Werkzeug:

– Jim Tolpin, The Toolbox Book.
The Taunton Press (in englischer Sprache)

– Guido Henn, Handbuch Oberfräse
Auswählen, bedienen, beherrschen
(Reihe Werkstattwissen),
HolzWerken, Vincentz Network, 3. Aufl. 2012
Das Standardwerk zum wohl wichtigsten Elektrowerkzeug.

– Roland Johnson, Bandsägen
(Reihe Werkstattwissen),
HolzWerken, Vincentz Network 2012

– Thomas Lie-Nielsen, Schärfen
(Reihe Werkstattwissen),
HolzWerken, Vincentz Network 2010

Holz (ver)formen:

– Wolfgang Fiwek, Holz biegen.
Eine grundlegende Einführung
in das Verformen von Holz.
HolzWerken, Vincentz Network 2011

Möbelbau

– Gary Rogowski, Holzverbindungen
Auswählen, konstruieren, bauen
(Reihe Werkstattwissen),
HolzWerken, Vincentz Network 2011

– Sandor Nagyszalanczy,
Werkstatthilfen selber bauen.
Sicher spannen, führen, halten.
(Reihe Werkstattwissen)
HolzWerken, Vincentz Network,
2. korr. Aufl. 2011

– Doug Stowe, Kästen & Schachteln
pefekt konstruieren und bauen
(Reihe Werkstattwissen)
HolzWerken, Vincentz Network 2010

– Fritz Spannagel, Der Möbelbau,
HolzWerken, Vincentz Network
Der Klassiker aus dem Jahr 1954.

Register

A

B

C

D

K

L

M

N

O

P

R

S

T

W

Z

HUMAN RESOURCE MANAGEMENT IN MODERN INDIA [CONCEPTS AND CASES]

Dr. Sorab Sadri

Director of the School of Management Studies and
Dean, Faculty of Commerce and Management
Baddi University of Emerging Sciences and Technology
Himachal Pradesh.

Dr. Jayashree Sadri

Senior Management Consultant and
Visiting Professor of Human Resources and Business Ethics
at a number of B-Schools both in Pune and
in the Tricity of Mohali-Chandigarh-Panchkula.

Himalaya Publishing House

MUMBAI • NEW DELHI • NAGPUR • BENGALURU • HYDERABAD • CHENNAI • PUNE • LUCKNOW • AHMEDABAD • ERNAKULAM • BHUBANESWAR • INDORE • KOLKATA • GUWAHATI

First Edition : 2013

Published by : Mrs. Meena Pandey for **Himalaya Publishing House Pvt. Ltd.**, "Ramdoot", Dr. Bhalerao Marg, Girgaon, **Mumbai - 400 004.** Phone: 022-23860170/23863863, Fax: 022-23877178 **E-mail: himpub@vsnl.com; Website: www.himpub.com**

Branch Offices :

New Delhi : "Pooja Apartments", 4-B, Murari Lal Street, Ansari Road, Darya Ganj, New Delhi - 110 002. Phone: 011-23270392, 23278631; Fax: 011-23256286

Nagpur : Kundanlal Chandak Industrial Estate, Ghat Road, Nagpur - 440 018. Phone: 0712-2738731, 3296733; Telefax: 0712-2721215

Bengaluru : No. 16/1 (Old 12/1), 1st Floor, Next to Hotel Highlands, Madhava Nagar, Race Course Road, Bengaluru - 560 001. Phone: 080-32919385; Telefax: 080-22286611

Hyderabad : No. 3-4-184, Lingampally, Besides Raghavendra Swamy Matham, Kachiguda, Hyderabad - 500 027. Phone: 040-27560041, 27550139; Mobile: 09390905282

Chennai : No. 8/2, Madley 2nd Street, Ground Floor, T. Nagar, Chennai - 600 017. Mobile: 09345345055

Pune : First Floor, "Laksha" Apartment, No. 527, Mehunpura, Shaniwarpeth (Near Prabhat Theatre), Pune - 411 030. Phone: 020-24496323/24496333; Mobile: 09370579333

Lucknow : House No 731, Shekhupura Colony, Near B.D. Convent School, Aliganj, Lucknow - 226 022. Mobile: 09307501549

Ahmedabad : 114, "SHAIL", 1st Floor, Opp. Madhu Sudan House, C.G. Road, Navrang Pura, Ahmedabad - 380 009. Phone: 079-26560126; Mobile: 09377088847

Ernakulam : 39/176 (New No: 60/251) 1st Floor, Karikkamuri Road, Ernakulam, Kochi - 682011, Phone: 0484-2378012, 2378016; Mobile: 09344199799

Bhubaneswar : 5 Station Square, Bhubaneswar - 751 001 (Odisha). Phone: 0674-2532129, Mobile: 09338746007

Indore : Kesardeep Avenue Extension, 73, Narayan Bagh, Flat No. 302, IIIrd Floor, Near Humpty Dumpty School, Indore - 452 007 (M.P.). Mobile: 09301386468

Kolkata : 108/4, Beliaghata Main Road, Near ID Hospital, Opp. SBI Bank, Kolkata - 700 010, Phone: 033-32449649, Mobile: 09883055590, 07439040301

Guwahati : House No. 15, Behind Pragjyotish College, Near Sharma Printing Press, P.O. Bharalumukh, Guwahati - 781009, (Assam). Mobile: 09883055590, 09883055536

DTP by : Sudhakar Shetty (HPH Pvt. Ltd., Mumbai)

Printed at : M/s. Aditya Offset Process (I) Pvt. Ltd., Hyderabad. On behalf of HPH.

Dedicated to

Four learned friends and esteemed colleagues who continue to leave their indelible mark in the world of academia

Dr. Dinyar M. Pestonjee

Lt Gen Dr. Madhav S. Tutakne

Dr. Ashok Joshi

Dr. R.P. Mohanty

PREFACE

This is a postgraduate level textbook to be used in B-Schools and covers the syllabus of most Indian universities insofar as Human Resources Management is concerned. It is specifically aimed at those students who are specializing in HR at the MMS, MBA, and PGDBM levels. The intention is that the student buys the book in Semester I and uses it up until Semester IV.

Ever since the *Geometry of HR* hit the shelves in 2002, our publishers and some of our worthy colleagues in higher education wanted us to write a student-friendly book. This request that came initially from highly esteemed colleagues such as Dr. P.C. Shejwalkar and Dr. Ashok Joshi was reinforced by **Dr. Dattaji Patil, Dr. V.M. Chavan, Dr. Nitin Nayak, Dr. Subhash Sharma, Dr. Sharukh N. Tara, Dr. Sachin Vernekar,** and **Dr. R.P. Mohanty.** Despite our initial unwillingness, we have respectfully taken a decade to fulfil that request. Hence, whereas *Geometry of HR* was meant for lecturers and research scholars, the present book is meant for postgraduate students.

Since this book has been written by a political economist turned management scientist and a classics scholar turned behavioural scientist, the reader will glean an interdisciplinary flavour throughout the discourse. Simplifying and elaborating on our earlier published work, we have taken twenty-two subthemes and briefly treated each of them. Each subtheme is woven into an argument that treats People Management in Indian Organizations at the beginning of the present century. The idea is to give the student-teacher-reader a well-rounded introduction to Human Resources Management which is currently being taught in a manner that could do with some improvement.

This book is divided into two discrete parts. The first part deals with the theory of Human Resources Management and the second posits cases stratified by function and drawn from real-life examples mostly from Eastern India. These cases are copyrighted by Sadri and used in earlier published books as well as in training sessions with success. The intention here is to allow the reader to link theory with practice and assist understanding of this subject all that more.

Student feedback in classrooms over the 8-year period has helped to simplify the logic and the language as well as to fine tune the cases. A host of friends from the corporate world cooperated with us in providing information for the case studies and we expressly thank them. Anonymity has been retained in everybody's larger interest without compromising on the facts.

We have consciously extended the bibliography to assist students writing their projects/ dissertations and have also added a question bank, which would (perhaps) assist them in understanding the essence of the subject and also preparing for their examinations.

Respected friends inside and outside academic circles in Pune, Mumbai, Jamshedpur, Bhubaneshwar, Bengaluru, Delhi, Tricity of Mohali-Chandigarh-Punchkula, Kolkata, Vadodra, Gazhiabad, Kolhapur, and Goa freely interacted and enriched our thought in the process, over the ten eight-year period. They need to be profusely thanked.

Towards the end of this sojourn five friends within the academia clearly stood out for their tactical support, in the persons of Dr. Hemant Abhyankar, Prof. M.S. Bagwan, Prof. Hemchandra M. Padalikar, Brig Satish Kalia, and Dr. Haroon Sheikh.

Four friends outside the academia similarly stood fast when the going got tough and these were Mr. Hashimali Sayed, Mr. Boman Bharucha, Adv. Amit Bhowmik, Mr. Minocher Patel, and Mr. Navin Kripalani.

The first draft of the book would have been completed by the spring of 2010. However, administrative pressures, petit bourgeois problems, and intellectual isolation in Solapur prevented the completion of the book, despite all good intentions. It was only in the autumn of 2010 when both authors found themselves back in Pune that the loose ends of the manuscript were tied up and handed over to the publishers in the winter of 2010-11. When these proofs came back after blind review, we were living in North India. Our friend Dr. Rameshwar Kanwar prevailed upon us to complete the work but such was the situation that the work was further delayed. The manuscript thus took its final shape only in the spring of 2012 when Sorab Sadri was at Baddi University of Emerging Sciences and Technology and Jayashree Sadri was busy completing her Doctoral thesis in between teaching and consultancy assignments. Assistance rendered by Mr. Rohit Gupta and Ms Renu Vij in final proof reading and conversion of the entire file into Pagemaker was highly appreciated.

If, however, any overall gratitude is to be expressed and acknowledgement is to be cited, then it must go to Dr. Shivajirao Kadam and Dr. Vishwajit Kadam at Pune and Mr. Gaurav Jhunjhunwala at Baddi. Cooperation from the academic organizations especially in Pune we have until recently been associated with the Bharati Vidyapeeth Deemed University and the Indira Group of Institute's is duly appreciated. The Baddi University merely provided a platform for launching such an academic initiative. For, it is they that created the academically congenial conditions for us to complete this labour of love.

April 24, 2012 **SORAB SADRI**

JAYASHREE SADRI

CONTENTS

PART-I

CONCEPTS

PART-II

CASES

PART - I

CONCEPTS

1 THE ORIGIN, SCOPE, AND SUBJECT MATTER OF HRM

This is a postgraduate level book on people management. Its argument is set in a democratic country, (as a Doctoral Scholar Rahul Kadam has pointed out), that has 31 states, 1,618 languages, 6,400 castes, eight major religions, eight ethnic groups, and celebrates 29 major festivals while remaining one nation. The book therefore adopts a cross-cultural approach albeit by default and has relevance to a country that has passed through the stages of colonialism, neo-colonialism and is ensconced within semi-peripheral capitalism within a period of about a three-quarter century. It aims to enable the postgraduate student to understand a complex subject in a rather simple way. But let us begin by asking: what is people management after all?

Without *definition* and method no scientific argument can stand on its own ground. Hence, we will first attempt a brief discourse on methods and then briefly define the subject under investigation. This is to lay the basis for the ensuing argument and then go on to describe the mutable nature of the external environment within which the organization exists and wherein the art and the science of HR are practised.

Unlike the value-based normative approaches of spiritualists, we do not believe in positing a framework and then finding facts to sustain it. Rather, we take one piece of the structure at a time and develop an argument around it either based on logic or on empirical data, which can easily be validated. Then it is the data that throws up the paradigm, and not the converse. When we examine reality it is with a clear head and no pre-conceived notions of right and wrong. We then collect the evidence and examine the data scientifically. To paraphrase Arthur Conan Doyle, *when all that is impossible has been eliminated, whatever remains, by way of explanation, (no matter how improbable) must approximate the truth.* All truth in itself is relative and so we will always talk in relative terms and not in absolutes. (As G.F.W. Hegel had said, the only absolute truth is the Almighty to which Emil Durkheim would have added, the only absolute certainty is death).

This is typically the approach of positive social science, which we shall rigorously attempt to follow. Only then shall we define Human Resources Management and enter a detailed discourse. To begin with, let it be clearly understood that the HR specialist (like any other functional expert) *is the messenger and not the message,* we will attempt a brief discourse on methods and then briefly define the subject under investigation. He exists and performs only within the ambit of bounded rationality and his actions are founded on derived authority. The issue of *bounded reality* has already been treated at length in *The Theory and Practice of Managerial Ethics* (1999, 2008) and we shall desist the temptation to belabour the point yet again here.

Understanding objective social reality by forming subjective perceptions thereof has been the stock in trade of social scientists. However, if this is to be converted into meaningful results the social scientist must follow Rene' Descartes and begin from a position of *doubt ergo sum* (I doubt therefore I am). This is the stage of questioning, learning, and experiencing. This was followed by the stage of realization when the social scientist maintains *caught ergo sum* (I think therefore I am). This is the point at which the social scientist affirms his belief. Finally, he concludes with *sum roe's cognates* (I am thinking being). Here the humane nature of man is brought forth and HR no longer remains a dark dismal science, which fostered scientific management *a la* Taylor or categorized its traits *a la* Urwick. If the HR expert has to establish his credentials and carry the day, he must let others know where he stands. That is to say, he must *define* his position. We opine that the HR expert must specifically define his position *Vis-a-Vis* the organization and the environment only after taking cognisance of the following seven conditions:

1. The HR expert must be a part of the policy formulation team if he is expected to add value to the organization.
2. The organization must empower the HR expert to initiate and facilitate change processes for the betterment of the organization i.e. the management must be committed to change.
3. The HR expert must be accountable for the actions taken in the process of bringing about change, i.e. he must deserve the empowerment.
4. The concept of stakeholder is extremely important for the various parties in an organization to imbibe so that commitment and belongingness automatically spring from it. HR interventions that do not promote commitment and belongingness needs more often than not fail. For this purpose HR interventions must see and treat every actor *a la* Dunlop as a stakeholder.
5. Quality is built into every aspect of that fabric we call management. It is in-built into the person, the process, and the product all at once. It is not inspected at the end of the product or process chain.
6. The HR expert is a functional manager who as a leader adds value to the organization and is governed by a set of core beliefs, by which he stands and is known for. If he ceases to add value he must honourably quit.
7. In a world where companies have to run in order to keep their place in the competitive world the HR expert has to create an environment through his intervention such that change processes are facilitated.

When these seven conditions are fulfilled, research shows that such attributes as *trust, transparency, total quality, dependability,* and *creativity* easily follow suit. To sustain these attributes management does not only have to be ethical but also be perceived by others to be ethical. All this is possible only if HR function is value-based and value-driven.

Works of Straus and Sayles, Pigors and Myers, Jucius and Yoder are well known to scholars but in keeping with the pressures of modernity they need to be critically revisited. Traditionally, personnel management was defined as *the planning, organizing, directing, maintenance, and separation of human resources to the end that individual, organizational and societal objectives are accomplished.* Following this definition, Edwin Flippo distinguishes between maintenance functions (planning, organizing, directing, and controlling) on the one hand and operative functions (procurement, development, compensation, and integration) on the other. These are functions attributed to Personnel management as a specialization.

The charge is often levelled to the effect that HRM is an old wine (personnel management) in a new bottle. Even if that were so, what is the harm in looking at the same realty in a different way and shifting the paradigm in the process? That different way, that paradigm shift is what we are about to expose our readership to in this long argument.

Let us begin, like all social scientists should, by defining our ambit of inquiry. Organizational development or OD is an integrative approach developed in the 1960s and which is still developing. It is the systematic application of behavioural science knowledge at the level of the individual, the group, and the organization, to bring about planned change. A higher quality of life, internal and external customer satisfaction, enhancing effectiveness and efficiency at every level, building on core competencies, and sharpening the competitive edge are some of its objectives. To understand this one must understand the role played by causal variables. Intervening and end result variables are influenced by causal variables. Hence, a systems approach is *ipso facto* assumed. The dynamic of change must be comprehended in its entirety.

However, all this needs a seasoned expert and that is none other than the HR specialist. He does not work alone but with the help of an outside expert. Together they work in tandem with line management to enhance efficiency and effectiveness at the level of the person, the process, and the product. Excellence is brought about both at the point of production and the point of sale and thereafter through customer relations. HR intervention then becomes the prerequisite for OD and that is the focus of this argument.

Change for the sake of change is not desired nor is it recommended. However, the HR expert is supposed to bring about change and his intervention is meant to bring about organizational development. Hence it is necessary that he does not go about half-cocked. He needs to realize the following at the very outset. It has been seen that in many so-called high-tech companies, the Managing Director or the Founder Chairman is reluctant to mend his ways or alter his outlook. He is inherently to charter a new path. Yet, he wants change because that is the thing to do. Therefore, he gives after dinner speeches about innovation, creativity, and change. What he actually means is that others must change and continue to emulate him while paying tribute to his two-decade-old innovation. He continues to live in his ivory tower while the organization's fortunes continue to slide down hill.

The first point that must be taken cognisance of and which is often overlooked is that the HR specialist is a functional expert. He can only perform if the infrastructure permits him to do so. In addition, the infrastructure will only permit him to do so if the CEO is serious about HR in the first place. Unfortunately, it is fatal to proceed before ascertaining the CEO's position first. If the CEO is not serious, and sees HR as a threat to his paternalistic authority, then the derived authority of the HR expert is by itself questioned. He then has to start working on the mindset of the CEO, convert it and only then turn his attention to the rest of the organization. If not, he will surely fail as many have. This is possible only if the HR expert is confident of himself and knows his onions. There is no place for the mediocrity to thrive and only those who deliver the goods deserve to stay on. But this cannot be achieved without a humane approach, which springs from an inherent respect for man.

The second point is that the HR specialist must start respecting himself before he expects the CEO to respect him. In many organizations, the HR expert is afraid to walk his talk and confront the CEO who then rides rough shod over him in his myopic pursuit of short run progress (read profit). Hence, he must begin by defining his position *vis-a-vis* the CEO and the organization before he proceeds further. For that, he must learn to take a principled stand and defend it. And for that to take place, mediocrity has to be shunned. He must anchor his actions against his own core competence as a specialist and brook no interference from superiors who (erroneously) think they know it all. Many a time, we have come across people objecting to this position by pointing out that so and so stood up to be counted and lost his job in the bargain. We do not state that risks should be avoided. However, what we also say that the HR expert must use his intellect to create a situation wherein he can hold on to his values and his job at the same time. This is what *mind-based thought* equips him to do.

Thirdly, many CEOs cannot distinguish between HRM and HRD. So the CEO must be de-schooled and only then must the intervention proceed. When CEOs are not serious about HRM or blissfully ignorant about it they divide and rule. Hence very often we find that the personnel and administrative function is divorced from HRD as is the case in the textile division of the A.V. Birla Group. In tradition bound and feudalistic organizations many CEOs see in the HRD function, a kind or public relations role or a window dressing that makes the organization (and themselves) looks progressive. Unless the HR expert debunks this myth at the very outset and gives a holistic picture of his specialization, he is digging his own grave. To do so, the HR specialist needs to set objectives for his own self first, prove his worth and show that he adds value to the organization before he is accepted. Only after he is accepted as an expert can he make a difference. Hence this must be his priority. If not, he will be as ludicrous as the head of training who is not himself a trainer.

Fourthly, the HR specialist must know that the most potent enemy he has is not the trade union leader or the belligerent worker. In fact, they justify his very existence in some ways. The true enemy is the book-keeper-clerk turned financial manager. The accountant (by whatever name he is called) pulls out figures and shows that HR intervention is a cost, which can be avoided. To prove his point he convinces the gullible CEO to watch the bottom line. A convenient ploy of the CEO then is to maintain that bureaucracy is corrupt and it is cheaper to circumvent the law than follow it. Further, he argues that his hard-earned profits are affected adversely through HR and the accountant confirms that this is an avoidable cost. So let it be categorically stated at the very outset that *no organization has ever gone under because it followed the statutory obligations*. In fact, evidence abounds to show that it is those that tried to circumvent the law actually went bust. This is simply because so much time and energy is unproductively used up justifying the unjustifiable that the cover-up operations prove too costly in the end. It is far cheaper to obey the law and think in terms of the long run survival rather than cut corners for short run profits. In addition, the HR expert is duty bound to communicate this to the CEO so that both his *locus classicus* and his *locus standi* are ensured at the very outset. The importance of acceptability of HR initiatives by top management cannot be underestimated.

Fifthly, it is very easy to advise organizational change to keep the bosses happy. It is easier still to carry tales about colleagues and advise change in the *larger interest* of the company. That the lumpen mediocrity seldom has a clue about that larger interest is another matter altogether. Many companies have suffered because it went into change processes before proper diagnosis. It is like going in for re-engineering before even an elementary O & M study has been undertaken. As was the case with Global Tele-Systems Limited between 1995 and 1996 several self-styled consultant experts will readily recommend re-engineering the corporation without even bothering to see where, when and why the same is necessary. If the HR specialist joins that bandwagon, (as many did), he is behaving like the legendary *Kalidasa* who was cutting off the very branch of the tree on which he was seated. Hence, organizational diagnosis must become the stock in trade for the HR specialist before he recommends any change.

Every scientific inquiry has a method. Only by pursuing a scientific method can we approximate objectivity. To lay claims for being objective is *ipso facto* a subjective proposition. So to any assertions about the form and content of objective social reality are but our individual subjective perceptions of that reality. It will be our earnest endeavour to approximate objectivity so that we are able to facilitate the process of understanding the chimera of HR interventions.

It is the general experience that brevity and cogency have their merits. Consultants and executives who submit large reports and present circumlocutory solutions very often hide behind a facade. Big consulting firms are not immune to it. For instance, there was a phenomenal waste of paper in a large consulting firm in generating a voluminous report for a corporate client. The report was a recommendation for setting up a paper-less office organization! HR consultants must eschew the temptation to write long tomes using circumlocutory language. The management wants easily readable, easily understandable, and easily applicable solutions. Furthermore, the solutions must be translatable into relevant, meaningful, and measurable actions. In addition, these actions must in the end add value to the organization. This is seldom done. Diagnosis must be conducted honestly and scientifically without allowing a dream to cloud the logic or predetermined solutions to dictate the findings.

Above all, the HR consultant is advised never to plagiarize another report when you have been paid to prepare one. In one case, an institute of higher learning *copied* the consultancy report of a professional firm, tampered the figures and submitted it as finding of its own expert study to the very same public sector company in 1995. This was done with their friends within the company who worked in tandem with them. What happened was that individuals got rich as the companies became poorer. Needless to say, the institute earned a poor reputation.

Consultants, similarly, who aim solely at the renewal of their contact, end up sawing the branch on which they are perched. Contract renewal must be the result of the work and not the aim of the consultant's work. Consultants who have served long stints with organizations become internalized within the system and yield a lot of power. Management is often afraid to terminate their contracts for fear that they may rock the boat out of vindictiveness. This fear is so real that senior managers seek the consultant's opinion and act on their counsel even when it is against the manager's better personal judgement.

---

* Only after having *gained acceptance* of the logic of above-mentioned five points that this argument shall proceed further. We shall avoid tautology and eschew the desire to give ready-made answers to organizational problems. This is because although this is a postgraduate level textbook, that is written explicitly for use by professionals. It assumes that the student would already know the basics of Human Resources Management through his exposure to an introductory course. We shall assume that now that student has gone in for specialization and uses this book to develop his professional skills and expertise further in the second year of his postgraduate study.

Hence, it is a good management practice to have consultants on a *time bound* and *task bound* basis. After the time is over and the task has been completed the links must be professionally severed. If not, the consultants manage to stick on, manage to interfere in the day-to-day affairs of the company and even become *petit king makers* as was seen in few cases. In short, once the value addition comes to an end, by the sheer logic of management, the contractual agreement between the consultant and the client no longer is valid. Several companies have their own unique experience of similar phenomena and yet the internal HR expert refuses to learn!

What is true of the consultant is even truer of the manager himself. He cannot be respected if he cannot lead from the front. And respect has always to be *commanded and never demanded.* One way of ensuring this is to create one's own replacement all the time. The need to promote that replacement will ensure that the incumbent is promoted too. Stifling a subordinate's progress for the fear of losing one's own job has never stood anyone in good stead.

Finally, it is a truism that respect, concern, and trust and reciprocal compliment that must be given if one needs to receive them. Unfortunately many HR managers trust their consultants to the point wherein accountability and responsiveness disappear. That is just not professional conduct.

INTRODUCTION

Gone are the days when outdated technocrats and retired ex-servicemen looked labour matters in companies. They looked after *discipline* in the main and were governed by the *carrot and stick* rules of the game entirely. This was the state of progressive colonialism 1938–1947 when due to the political and economic environment in the country attention was drawn of the owners of capital on the activities of the owners of labour power. This was when the Factories Act, the Workman's Compensation Act, and the Trade Union Act were enacted. These supervisors were then known as *labour officers*.

This was followed by the era of independence and neo-colonialism. The Industrial Disputes Act and the Industrial Employment Standing Orders Act were enacted. The old habit of using the carrot and stick did not die an easy death. These labour officers operated in an environment, which was politically independent but economically dependent. The ravages caused by the division of the country were still fresh in people's minds and although the mercantile–feudal set up was dismantled by 1950 the feudal mentality stayed on in the Indian psyche. But neo-colonialism brought with it a certain *concern* for the workingman. The Mahalanobis plan strengthened state capitalism and ushered in a centrally planned economy.

With a centrally planned economy came a socialistic tint in state capitalism. This was natural as politicians took an interest in labour matters. In the forefront of this campaign for the emancipation of labour were leaders such as Jayprakash Narayan and Gulzarilal Nanda. Today that torch is held high by *the Indian Society of Labour Economics.* Sadri in his published papers has shown that the politicians to further their own programs and meet their own objectives used the Indian trade union movement. It is erroneous to claim as liberal labour historians often do that political parties for the emancipation of the working class developed the trade union movement.

When neo-colonialism developed nationally alongside of it developed the Non-Aligned movement internationally. With this came the concept of the *Welfare Officer* who was concerned besides legal compliance, with issues such as canteens, latrines, and crèches. The findings of the Hawthorne Experiments and the work of Carl Rogers percolated the academia and this new generation of *Labour Welfare Officers* was armed with professional degrees and diplomas.

By the 1960s the emphasis began to shift from *legal compliance* to *conflict handling*. And here for the first time people started talking of team building. Typically they stated that teams were groups of individuals with complementary skills who thought alike. The typical liberal rhetoric spoke of team as conflict resolving mechanisms. Of course, this was a very reactive way of looking at things but that is what it was. The basic premise that governed the activities of the labour welfare officers could be subsumed as follows:

Conflict is an inevitable part of organizational life, they argued. Managers spend an estimated 20 per cent of their time dealing with conflict. When people with different backgrounds, values, needs, cultures, and personalities interact some form of conflict is inevitable. However, conflict is endemic and must be avoided at any cost. Conflict has its advantage also in team building and organizational effectiveness. People are stimulated to search for improved approaches that lead to better results. Teams develop deeper understanding through several brainstorming sessions. Hence, whereas conflict by its nature is a negative term it can be converted into something positive by proactive managerial behaviour.

The aforementioned concept encompasses the wide range of conflicts that people experience in organizations mainly arising out of an incompatibility of goals, differences over interpretations of facts, disagreement on behavioural expectations. The moot question then arises: are HR specialists merely *managers of discontent*? Or are they something more than that? That is a question that needs to be raised and many companies shy away from it for fear that they may *rock the boat*. The result is, in the words of Sorab Sadri, that in the pursuit of stability organizations eventually settle for inertia.

The fact that HR is a necessary function in every developing organization is no longer a point of debate. Similarly the fact that HR is the initiator, instigator, catalyst, and agent of organizational change is well accepted in the progressive part of India's industrial world. However, the point we seek to make is this. No matter how efficient an HR function may be there are three questions that it ought to be continuously subjected to. This is if the organization has to derive any benefit from having that function in the first place:

- Does it *add value* to the organization and helps to attain its objectives?
- Does its intervention have a base on some *core beliefs*, which are shared by management?
- Does it come across as being *ethical* and therefore dependable?

Based on the answers we get to the above questions can we evaluate the true worth of the HR function? Herein comes the role of HR audit, which is something that must be religiously undertaken from time to time in every organization. Functionally, human resources management was divided into five distinct sub functions:

1. **Human resources planning:** This took care of the optimal allocation and utilization of the human resource. Hence it was concerned with ascertaining the needs of the organization and establishing ways and means to meet these needs so that the objectives of the organization are met and production continues unhampered. Recruitment, promotions, transfers, and resignations were to be dealt with by this sub-function.

2. **Human resources administration:** This took care of the erstwhile establishment function in some parts and the legal compliance function in others. It had to make sure that all the returns were filled up and submitted to the concerned authorities in order and in time. Payroll functions came under the purview of this sub-function. Peripheral functions as safety could also fall under its purview.
3. **Human resources development:** This was the most proactive sub-function of the specialization. It began at the level of training need identification, conducting climate surveys and actually conducting training programs. This had a direct role in the organization corporate culture building.
4. **Industrial relations:** This was essentially related to power relationships between the owners of capital and the dispensers of labour. It is not a systems concept *a la* Dunlop or a process or regulation concept *a la* Flanders but more of a power and control concept *a la* Hyman.
5. **Human resources information systems:** This was the bloodline of the specialization for it stored information and rendered it easily accessible so that decision-making could be facilitated. The key words were a balance between secrecy and transparency.

It has been argued all along that HRD, HRP, HRA, and HRIS cannot be separated from one another and that there is a symbiotic relationship between them. industrial relations (IR) has always seemed to be the odd one out in the scheme of things for the management school-trained HR expert. This is ironic since all value is created by labour and capital is nothing but man-made aid to production.

Going further, investment is the process of capital creation and is only viable when (*i*) < (*r*) that is to say the rate of return is more than the cost of borrowing. Hence exploiting the resources is built into the economist's paradigm. How then can labour interests be promoted while it is being exploited?

To address this contradiction we shall now move on to understanding the role of labour within the political economy of India. At the macroeconomic as well as the microeconomic level, two of the factors that impinge greatly upon its role and function are the *State* and the *Trade Unions*. Hence this chapter (in defining the paradigms) takes the reader through a historical journey delineating the role of the state policy in the history of Indian Trade Unionism. This discourse is aimed to help the reader to appreciate what ideologies the employee ascribes to and what has been the changing nature of the Indian state in respect of the *employee collectivity*. The chapter ends with a constructive critique of the HR discipline from the point of view of an informed and value-based professional. This will help the readership to realise the true form and content of HRM in the present context as well as the contextual linkage between the discipline and the industrial sector. If HR interventions are intrinsically related to organizational change and progress, should we not examine the subject of OD intervention a little more closely? And that is just what the student is advised to do, explained more clearly in the next chapter.

VALUE-BASED GOAL CONGRUENCE BETWEEN THE EXECUTIVE AND THE ORGANIZATION

INDIVIDUAL VALUES	ORGANIZATIONAL VALUES: OK	ORGANIZATIONAL VALUES: NOT OK
OK	CLEAR APPROVAL	HAZY
NOT OK	HAZY	CLEAR REJECTION

THE BINDING FORCE OF VALUES AND ETHICS IN SOCIETY

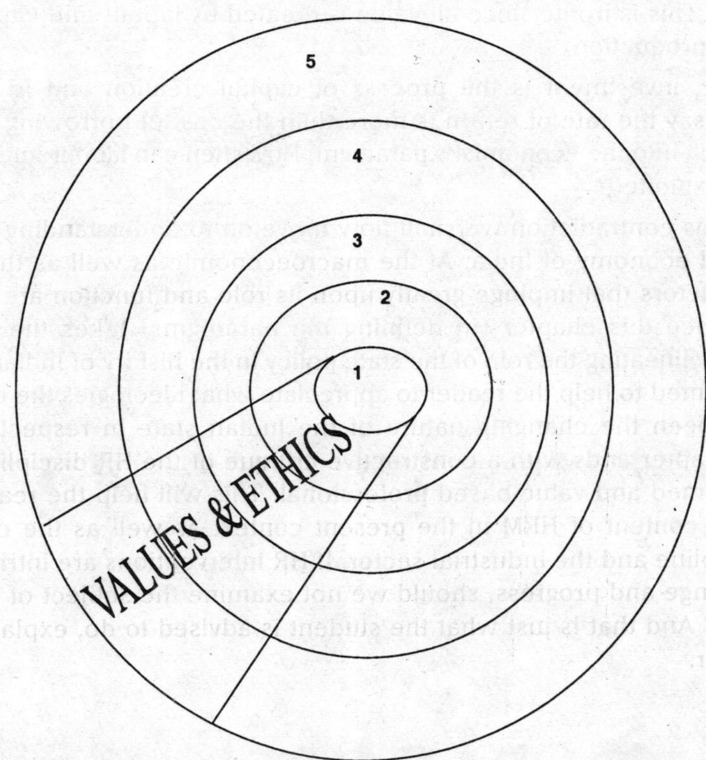

1. INDIVIDUAL BEHAVIOUR, 2. TEAM BEHAVIOUR, 3. ORGANIZATIONAL BEHAVIOUR, 4. NATIONAL BUSINESS ENVIRONMENT, 5. GLOBAL BUSINESS ENVIRONMENT

THE ARGUMENT THUS FAR

The Chapter began by introducing the subject of HRM and placing it on its rightful pedestal in the organizational context. Linking its various sub-specializations, the Chapter effectively treated its subject matter: HRP, HRA, HRD, HRA and IR. What was implied by *value* was clarified and the reader was introduced to both *method* and *change*. The point was made that one cannot speak of value addition and the SSU-SBU dichotomy in the same breath since any person or activity that does not add value is fit to be dispensed with. In addition, the SSU–SBU distinction assumes that only some departments add value while others merely lend support.

2 HRM, BUSINESS, AND STRATEGY

Not too long ago, organizations gained competitive advantages through preferential access to financial capital or technological advances. This is no longer the case. Today, international trade barriers are being broken and organizations exist in a boundary-less universe. There is evidence to show that freer access to capital and technology increasingly *levels the playing field*. This is the age of the knowledge worker whose loyalty lies with technology above all else. [In fact his loyalty actually lies with his core values and technology is an intrinsic part of his value system]. Man has assumed a greater recognition in the scheme of things and even retrograde corporations have started to mouth phrases like *internal customer satisfaction*. The stage is set to place human capital at the centre of sustainable competitive advantage. Human resources management today is an integral part of business and strategy; it is a part of corporate decision-making and decision execution processes. The four pillars upon which this argument rests are the following:

- HRM is not a window dressing, which can be used to project the organization in a new and progressive light. Indeed, it is a part of the process of management itself.
- HRM is not a business policy option. It is an integral part of corporate strategy itself.
- Change is the only thing, which as a process is permanent and perpetuating. HRM is the harbinger, the catalyst, and the facilitator of organizational change.
- HRM creates the dynamic work climate in which the internal customer produces goods and services that meet the requirements of the external customer and thus a win–win situation emerges.

A word of caution at this point is in order. To state that *change is the only constant*, as many executives and even management consultants err into saying, is a misconception. Change by definition is *dynamic* whereas a constant by definition is *static*. The statement of these executives then unfortunately becomes an oxymoron.

The purpose of this chapter is to see HRM as a whole, as a strategic whole, which acts as an initiator, catalyst, and sustenance provider for corporate culture and managerial growth. In so doing, we shall attempt to establish linkages between management strategy on the one hand and human resources management on the other. But why do these linkages assume an importance? Evidently, this happens because of the fact that HR initiatives are used for OD interventions. So let us begin by examining what is strategy, go on to HR strategy and end with OD?

A strategy is a step-by-step plan of action prepared by an organization and by which it aims to achieve its plan or plans, thus, ensuring its success and survival.

Strategic human resource defines employees as a resource, an asset, that provides competitive advantage to an organization, and on whom organizational success is leveraged. This is the new way adopted by many organizations in the treatment of their employees, making them the prime drivers or one of the prime movers of corporate success.

People, not machines, not systems, not other assets, are in the special position in helping the organization attain its objectives. These other things, however, are also important. But people are needed to make use of them in productive ways.

Some companies are now convinced that their people are the most important asset and that without them, they cannot achieve much. In this way, they are implementing a strategic human resource management approach.

HR strategy is thus a step-by-step plan of action by which an organization employs, utilizes or manages, develops, and deploys its human resources in order to attain its defined corporate mission and objectives. A human resource strategy is devised in respect of recruitment, employee deployment, motivation and engagement, and employee retention. By doing this, an organization puts itself in the position of being able to achieve its mission and objectives through its human resources. This follows from the way how strategic human resource is strategically defined.

We may see it as the effective way of organizing the workforce by the adoption of a specific strategy, where employees' performance can help to achieve the planned organizational targets, such as increasing revenue or improving the profit margin. Putting it another way, strategic human resource management is 'human resource management' carried out in a strategic way. The human resource activities are linked to the achievement of the organization's overall objectives. This is the new way of managing human resources as compared to personnel management (see Jayashree, Sadri and Nayak, 2009).

Adopting a **Strategic Approach** refers to a particular predetermined way of doing something or carrying out an activity in order to attain a target or a certain purpose. So a strategic plan is required. Human resources with all the competencies and potential are required to attain the HR objectives. These objectives are aligned to the organizational objectives by way of a strategic plan. Quite simply by achieving the human resource objectives, HR helps to achieve the business plan. And the business plan usually (but not necessarily) aims at progress. It could lead to expansion, contraction, or re-alignment of business. In any case when it has to do with positive change the logic invariably brings us to examining OD.

Change has fascinated management thinkers ever since the days of Frederick Taylor and even before him; writers were concerned about it during the Industrial Revolution. At that time if the change agent existed within the ongoing system then that change was called *reform* whereas if the change agent resided outside the ongoing system then that change was called *revolution*. But it was in the 1960s that a new integrated approach towards change originated and it came to be known as organizational development (OD).

Organizational development is the systematic application of knowledge taken rom the behavioural sciences to bring about planned change at three levels simultaneously: the individual, the group, and the organization. Its main objectives are: (*a*) an improvement in the quality of work life, (*b*) improved productivity or efficiency, (*c*) enhanced effectiveness, (*d*) greater adaptability of individuals to systems, and (*e*) synergy between man, machine, and materials for greater competitive advantage.

The knowledge from behavioural sciences is used to change strategies, structures values, beliefs, attitudes, and behaviours so that organizations can better adapt themselves to meet the challenges posed by technology, competition, and business environment. This again is done simultaneously at the level of the individual, the group, and the organization. In other words, the purpose of OD is to make various parts of the organization more humane, more capable of organizational learning and self-renewal. The corporation then is no longer static but a dynamic entity. The key is to bring about synergy between various parts of an organization so that effectiveness and efficiency at the levels of the person, the process, and the product is increased continually.

The systems approach to change is implied in OD. There are *causal* variables (i.e. which management can change most directly) such as structure, policies and training. Then comes the *intervening* variables (i.e. those that are affected by the causal variables) such as attitudes, perceptions, motivation, and teamwork. Finally there are the *end-result* variables (i.e. those which represent the objectives of management) such as increased sales, decreased cost of production, loyal customers, and greater profits. Understanding of *causality* holds the key to the reason for initiating OD programs.

OD intervention converts groups into teams. A group has mass and magnitude. A team has mass, magnitude, and direction. Direction comes from purpose. OD thus has the following characteristics:

1. OD programs are based on humanistic values, which are positive beliefs about the potential and desire for employee growth. The ideal conditions for this are low stress level, open communication, trust, and transparencies. Shared power and constructive confrontations are also important.
2. OD programs usually use one or more change agents simultaneously. Since the 1990s the internal HR expert, the external facilitator, and line management have been known to team so as to bring about desired improvements. The HR specialist is then the initiator of change as well as its guiding force.
3. OD programs emphasize the process of problem solving. Here the problem is identified, the data is gathered, there is brainstorming and a solution is found. That solution is tested; progress is assessed and then implemented. This is also called action research.
4. In training programs, participants are exposed to situations, which are similar to the actual ones they face on the job. There is a lot of discussion where views and arguments are exchanged freely. Together they find solutions to these simulated situations and this is called experiential learning.
5. OD intervention can take place at many levels simultaneously and there is no one best way of going about change. The method of change used is dependent on the environment and so OD programs are referred to as having a contingency orientation.

Change lies at the heart of OD Intervention. There are many ways of going about it. Following are the two most commonly used:

- The Sadri-Jayashree methodology or the 5-D approach: *Define* the parameters, *Diagnose* the situation, *Design* a plan of action, *Develop* this action plan with trials and mid-course corrections, and finally to *Deliver* the desired results. The sixth and hidden D, which is often forgotten, stands for data and documentation and this is very important.
- The Kitson and Campbell methodology of examining OD through the 6-Step Program: Initial *diagnosis* where the consultant meets top management to understand the problem. *Data collection* where facts are gathered arranged neatly and meaningfully so that decision making is easy. Here performance gaps are identified, i.e. the difference between expected and actual performance. *Data feedback and confrontation* where the findings are shared with line management so that priorities are ascertained. *Action planning and problem solving* when solutions are found through specific plans and open discussions. *Use of interventions* when the expert chooses the appropriate method and measure of change. *Evaluation and follow-up* when results are measured, and the entire change program is scrutinized.

Professors may already have told the students that while the Sadri and Jayashree methodology is well suited for analyses in human resources management, organizational behaviour, and business policy, the kitson and campbell methodology is better suited for analysing issues in marketing and finance. This distinction is important in the authors' opinion.

As global competition intensifies, the race is now on to place human capital at the very centre of sustainable competitive advantage. Hence HR emerges as a specialization in which the modern day top management can no longer afford to take lightly. Retired civil servants and officers from the armed forces who thought that experience alone entitled them to handle HR have become historical artifacts. One of the strongest potential links that has emerged is that between individual behaviour and corporate goals and these are what can be generally called, people processes. The re-alignment of people — processes makes particular demands on the human resource strategy and necessitates a whole new set of rules and human resources capabilities.

Over the last few years, management has become more aware of its social responsibilities and started to act in a more socially ethical manner. Consequently, HR is seen shifting from a *micro* to a *macro* view with regard to its managerial mission. The old personnel focus on individual case management has been replaced by a new concentration on organization-wide issues such as change management, leadership development, and culture building. Routine employee issues are now typically the responsibility of line managers or the individual workers themselves. In such a scenario the focus of the HR department, we opine, should shift to the macro level and seek to dovetail its functioning to the overall business plan. The time is ripe for closer interaction between the HR and strategy formulation and implementation. The chapter tries to examine these linkages in a methodical fashion by surveying literature on this topic. Accepting the role of HR in the framework of HRP, HRD, HRA, and IR along with HRIS, we have tried to see the linkages of strategy with each of these functions. In so doing this chapter finally lays down the definitional basis for the ensuing argument.

It is the zeal to win this race, which prompted CEOs to accept the role of HR as a constituent part of the strategy formulation and strategy implementation processes. In this effort to bring about change the HR executive (in-house) teamed up with the external facilitator who worked as an expert in change management. To this team was added the line management without whose support the OD intervention would fail. Human capital was increasingly seen as an asset, which had to be nurtured and exploited for the greater good of all. In this alliance came the line management that had to deliver the goods in the end, the HR executive who was the initiator and the catalyst of change and the external facilitator who would synergize with these two to bring about the desired OD intervention.

The form of the alliance was influenced by four factors:

- *Asset management*: The extent to which assets do or do not need to be managed jointly.
- *Asset separability*: The extent to which it is possible to separate the assets involved between the parties concerned.
- *Asset apportioniability:* The extent to which there is a risk of one or other of the parties involved appropriating the assets involved for them.
- *Asset leverage:* The extent to which core competence as a corporate asset can be converted into advantage for the greater good of both the organization and the business environment.

Although it is a priceless asset, human capital is fundamentally different from financial or technological capital. As humans, we have hopes and dreams, we can choose to give or to withhold our knowledge, and we search for meaning in our work. Accommodating this shift creates an unprecedented opportunity and challenge for the human resources function. Central to these challenges is the creation of the sustainable bonds that link individual knowledge and inspiration to the business goals and long-term corporate strategy.

Behavioural theorists have for decades tried to match individual needs with organizational goals. It is argued that if the individual goals are closer to organizational goal, then effectiveness and efficiency at the level of the person at least is bound to increase. One of the strongest potential links between individual behaviour and corporate goals are *people processes.*

The problem is the people processes often tend to send messages, which are at variance with the corporate message. Contradictions are built into the system, which stem development. For example, a corporate emphasis on innovation often accompanies a culture where risk-taking is punished and the risk-adverse are promoted. A corporate emphasis on customer delight may be undermined by performance metrics that emphasises the satisfaction of management, not the customer. In seeking to understand *what is important around here,* people are certainly influenced by corporate vision and mission statements. But perhaps more profoundly they are influenced by who gets promoted, what is rewarded, what are trained and measured – all processes that reaffirm what really matter. Doing so creates a bridge between corporate goals and individual behaviour.

Positioning HRM as the link between business goals and individual behaviour brings its own challenges: to create vertical alignment between business goals and the people processes; to create horizontal alignment across all of the people processes; and to create temporal alignment between current business goals and future business aspirations. The alignment of these people processes makes particular demands on the HR strategy and necessitates a whole new set of rules and human resources capabilities.

The area of discussion over here is vast and incorporates each and every aspect of business. Wherever the question of business arises there has to be the sub-question of the men running the show. Therefore, the study of business processes implicitly implies the study of man management processes. This is only logical since in our paradigm, the human being is the alpha and omega of all inquiry. The tripod is constructed through HR intervention: building corporate culture, meeting organizational objectives, and bringing about organizational development.

DEFINING STRATEGY AND ITS NEED: One of the foremost scholars on the subject, Henry Mintzberg states that

> *Strategy formation is judgmental designing, intuitive visioning and emergent learning; it is about transformation as well as perpetuation; it must involve individual cognition and social interaction, co-operation as well as conflict; it has to include analysing before and programming after as well as negotiating during; and all of this must be in response to what can be a demanding environment. Just try to leave any of this out and watch what happens!*

Understanding strategy is an ongoing journey. An awareness of past efforts provides the potential for a better understanding of current issues associated with strategic management. For example, since organizations exist in dynamic, unstable environments, how complex or simple should a strategy be? Somewhat related is the issue of stability versus change. Strategy promotes stability, but in order to survive, organizations have to be flexible to respond to its dynamic environment.

Several excellent texts are available on the subject of business strategy and the student of HR would do himself a big favour by acquainting himself with at least some of them. An excellent albeit unoriginal summary can be found in Azhar Kazmi's introductory and student friendly book on the subject.

SCHOOLS OF STRATEGY: The concept of strategy has evolved from various backgrounds and has run the full course of what William James called the classic stages of a theory's career. Any new theory, said James, *First is attacked as absurd; then is admitted to be true, but obvious and insignificant; finally it is seen to be so important that its adversaries claim that they themselves anticipated or discovered it.*

- **The Design School:** The Design School focuses on the relationship among strategy, policy, and organization structures.
- **The Positioning School:** The Positioning School discusses strategies that organizations can follow to respond to competitors in their industry.
- **The Planning School:** The Planning School formalizes strategic management. Implementation relates to emphasising objectives, budgets, and operating plans.
- **The Entrepreneurial School:** The Entrepreneurial School emphasises the role of top management.
- **The Power School:** The Power School discusses strategy as a political process. Political behaviour is part of organizations, and its influence on management decision-making deserves greater attention.

The design, positioning, and planning schools continue to be the dominant schools of thought. However, the other schools are becoming more important. Therefore, the best approach is the eclectic one. After all, strategic management is a dynamic process. In addition, it is a good strategy to incorporate the best of different schools.

This chapter lays emphasis on strategy as conceived by the Design School as it comes closest to linking the functions of HRM and business strategy.*

HR planning is critical to strategy because it identifies gaps in capabilities that would prevent successful implementation; surpluses in capabilities that suggest opportunities for enhancing efficiencies and responsiveness; and poor utilization of highly valued organizational resources because of inappropriate HR practices. Thus, it is imperative to align objectives and practices with the design, development, and implementation of organizational strategic objectives and initiatives. This is not sufficient, HR practices bear so critically on the capabilities of the organization that they should have an enhanced input role in overall strategic planning. This is a two-way linkage.

HR planning has been identified as an important means to develop a clearer focus of the function on the organization's business and it is a critical aid in identifying the areas in which it must excel in order to be successful. Planning is the basis of all strategic intervention using the 5-D approach.

Like most organizational practices, however, the effectiveness of HR planning depends on the context within which it is utilized. The various methods of formal HR planning are appropriate only in the light of the specific objectives in mind. There are three fundamentally different kinds of HR planning objectives:

- **Operational objectives:** Operational objectives seek to identify current capabilities and extrapolate existing trends, with particular emphasis on near-term work requirements. These objectives emphasize the organization's ability to control execution, using historical and current HR costs to contribute to budgets and other control mechanisms.
- **Traditional HR planning:** The primary objective of traditional HR planning is to incorporate forecasts about the types and numbers of workers who will be needed to meet long-term demands, taking into consideration various programs such as career development, executive training, external recruiting, succession planning, employee appraisal, and retirement programs. Operational data enables HR planners to accurately predict the costs and thus promote the feasibility of HR initiatives based on known parameters. These data can be employed within HR planning to ground forecasts and projects about demand and supply. In addition, HR planners require accurate operational knowledge about the workforce in order to understand the future implications of particular projections. For example, a shortfall or a surplus of a certain type of skill means little without knowing how that skill contributes to the resource conversion process, what it costs, and whether other skills or technologies can be substituted in place of it.
- **Strategic planning focus:** The knowledge gained from pursuing both of these kinds of planning objectives is useful to strategic planning and implementation in various ways. For example, without HR planning an organization, which adapts its strategy to cope with a changing environment, may find that much of its workforce has obsolete skills. This could be due to changing technologies and that an appropriate skill base can be attained only through hurried expensive and risky training and recruitment programs. Likewise, operational data about the outcomes of performance appraisal practices are useful for determining whether changes must be made to recognize

* Students may see for instance *Strategic Prospects in HRM* edited by Shaun Tyson and form their own views.

potential leadership ability needed in a future environment. Such data also help strategic planners to determine whether it is within the organization's means to achieve desired strategic objectives. Moreover, they can result in the identification or reassessment of core functional competencies. This can have fundamental implications for the overall strategic direction of the firm. Clarity of vision, mission, goal, and role cannot be overlooked and must form the basis of all HR interventions.

Clear objectives in HR planning combined with a formal planning process are more likely to be useful to their organizations in strategic planning and other endeavours. Much HR planning is still conducted which reflects the traditional, operational planning focus with an emphasis on present and near term control. Moreover, HR planning is usually used as a means of convincing top management to allocate sufficient resources for HRM, rather than to enhance organizational performance. HR planning has been identified as an important means to develop a more clear focus of the of the HR function on the organization's businesses. Organizational performance often increases following the initiation of formal HR planning which links to the organizational strategic objectives. There is a need for more widespread education at the management level to disseminate the knowledge and understanding of strategically focused planning and its benefits.

Clear objectives are indispensable to the usefulness of HR planning and that making the process explicit and codified becomes important as the range of planning objectives increases. Not only must HR planners have good techniques, they must clearly define their objectives in applying these techniques.

A formal process of HR planning may better focus and clarify the various functions of HRM in the organizations and avoid inconsistencies among various practices. As firms move towards a strategic orientation in HRM, the need for integration among various HR practices increases. Formalization is also known to enhance the institutionalisation of organizational knowledge, thereby improving the ability to learn how to approach a process over time. There will be little learning about the strategic implications of HR planning across different cycles when actions and results in past cycles are not codified in such a manner that they can be used as references. Thus internal consistency of practices may be a prerequisite to a contingent 'fit' between HRM and the broader organizational context.

HR PLANNING AND OD STRATEGY

1. **Strong two-way coordination and communication:** The HR planning objective orientation reported within this linkage emphasizes simultaneously strategic impact and communication. The former implies aligning HR practices with business objectives and conducting development programs to support strategic changes, conducting job analyses for long-term objectives, and improving HR adaptability on changing environment). The latter implies communication (communicating HR policies, improving management acceptance of current HR policies, improving employee involvement and understanding of HRM, communicating HR policies outside the company). These organizations strongly reject budget or project control objectives for their HR planning. They also place much less emphasis on co-ordination objectives than other firms do. Although these firms focus on two basic objectives in HR planning, the multiple objectives seem to complement each other. It can be characteristic of organizations

that seek to create a strategic application of HR practices in the market, while seeking to increase internal communication and support for HRM policies.

2. **One-way control:** Organizations fitting into this linkage focused on control in their HR planning (clarifying budget and resource availability, managing personnel-related costs, improving HR budget control, improving HRM procedures and control, and reviewing HR operations procedures). The main objective of HR planning is to seek control over the budget and resources and to ensure efficient and cost-effective HR project implementation. This argument rejects a strategic impact objective and pays much less attention to user involvement than to co-ordination. It can characterize an organization where HR planning is primarily conducted to identify areas of potential HR improvement.
3. **Co-ordination only:** Organizations belonging to this linkage focus their HR planning to improve co-ordination (improving co-ordination between various HRM functions, improving HR project management, developing compensation and benefit programs, co-ordinating any potential HR problems; and integrating diverse HR functions and operations). The objective of human resource planning in these firms is to create integrated HR activities and/or to facilitate a rational sequence for working on project implementation. Like linkage, this argument rejects a strategic impact objective and puts much less emphasis on user involvement than it does on cost control. This orientation can be characteristic of an organization where HR planning is used essentially for improving internal co-ordination and ensuring smooth running of their HR functions, rather than creating a strategic impact.
4. **No clear linkage:** The HR planning objective focus of this argument reflects indecision and confusion. We do not believe in conducting HR planning for budget control, but it does not emphasize any distinct pattern of HR planning objectives. This can be characteristic of an organization that has adopted some forms of HR planning methodologies but without clearly defining the objective in pursuing them.

OD STRATEGY AND HR

On an aggregate level an organization seeks to develop four different kinds of competencies which a proactive and value-based OD intervention should bring about and it is the HR expert who will enable this to happen.

- **Emerging competencies:** Those that will require greater emphasis as an organization pursues its strategic goals.
- **Maturing competencies:** Those becoming less relevant.
- **Transitional competencies:** Those required during as change process.
- **Core competencies:** Central to organizational performance.

Please note that the concept of core competency has been overtaken by a newer concept of divergent competencies.* Since managers are expected to be multi-functional and multi-tasking they need to supplement their core competency with another competency which is the divergent competency. Also, in a team members having divergent competencies work for achievement of a convergent goal.

* See HBR papers 1998–2009 for details.

Exercises like the 'broken square exercise' that are usually conducted in executive training sessions help build empathy, communication, and teamwork. This is a classic case where persons with divergent competencies work towards achieving a convergent goal.

INDIVIDUAL AND ORGANIZATIONAL DEVELOPMENT

Here, HRD assumes greater importance to train, develop, and align the required skills and competencies in tandem with the organizational strategy. The process is defined schematically below:

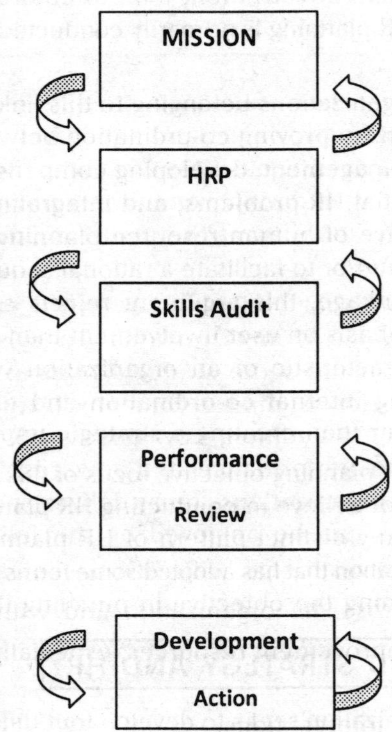

OD STRATEGY AND INDUSTRIAL RELATIONS

Industrial relations has variously been described as the Queen Bee in the Swarm of HRM, the Jewel in the Crown of HR. It is unfortunate that this is not covered adequately by the syllabus in many B–Schools. What invariably happens is two folds: (*i*) An advocate is brought in as visiting faculty and he/she concentrates only on labour laws giving the impression that IR is nothing but a bunch of regulations monitored by a bunch of regulators. (*ii*) A retired HR manager comes to class and recounts his/her experiences with labour reducing IR to an anecdotal account of experiences in labour management. This leads the student into having a truncated vision of reality. Strategy in IR is crucial to the understanding of HRM and if IR itself is not well understood the strategy itself is likely to be warped.

During conflicts and confrontations strategy plays a vital role. Anyone who has sat across a bargaining table would vouchsafe for that. But in so far as IR is a discrete sub-set within HRM strategy assumes six dimensions, as we will see presently. In the light of:

(*a*) the current labour market which is characterized by an aging workforce; (*b*) increased female participation; (*c*) contract workers; (*d*) part-time workers; (*e*) the extensive mobility of workforce, and (*f*) a trend towards an emphasis on the quality of working life and changing education levels coupled with legislation and increasing awareness of rights, the question of strategy and IR linkage assumes greater importance as we approach the end of the present millennium. An understanding of the financial implications of initiatives such as restructuring and re-engineering will become increasingly important. HR cannot carry out such initiatives without a thorough analysis of the bottom line impact. Similarly, HR executives must understand the human resources and cost implications of their recommendations to business units.

OD STRATEGY AND HR ADMINISTRATION

Businesses today are beginning to understand the gains to be attained by linking promotions, rewards, and recognition to a business strategy. There are specific goals and outcomes expected. However, just as important, employees must understand their roles in the greater scheme of things; understand what they must do to attain the goal, and why the goal is to be attained.

It all boils down to communication, but this one word encompasses many things. There is a great shift in the communication of rewards. Today's rewards and recognition programs must be communicated in the same strategic manner for which they are being used, leading to lots of questions. How should a company clarify a rewards system? How should a company communicate it? In addition, how does a HR know whether employees really understand the link between performance and rewards? Successful HR managers, who are true strategic partners in organizations, must deliver specific, tangible outputs. In the area of compensation, success can be achieved by the following guidelines:

- Integrating compensation investments with ROI-based review.
- Aligning measurements across the organization and with the new market place.
- Investing in performance improvement resources, especially in areas with the greatest value for money.
- Designing tools for specific interventions.

1. INTEGRATE COMPENSATION INVESTMENTS WITH ROI-BASED REVIEW: Compensation costs are usually not subjected to the rigor of return-on-investment-based managerial review to which other large expense items are. However, ample data often exist, particularly in the manufacturing and consumer products industries, for HR professionals to apply the well-honed tools of financial analysis in order to project compensation returns. The highest-impact work is often quantifying expected returns on compensation 'investments'. Work along these lines quantifies the linkage of historical pay practices to traditional HR metrics (turnover, absenteeism, overtime), and in turn the linkage of HR metrics to operating results (e.g., quality and productivity).

2. ALIGN MEASUREMENTS ACROSS THE ORGANIZATION AND MARKET PLACE: HR and other senior managers need to review their measurement systems regularly, to ensure that they are consistent not only throughout the organization but consistent with the new marketplace in which they compete. Too many performance measurement systems actually sub-optimize business performance by enforcing unproductive behaviours *vis-à-vis* the competition. Hence, the whole act has to be co-ordinated across the organization and with the industry, as the firm does not operate in isolation.

3. INVEST WISELY: Management (owners of capital) are expected to invest in performance improvement resources especially in respect of areas with the greatest money value. Effective performance measurement systems, aligned within the organization and to the marketplace, should do more than not get in the way of business growth. They should act as roadmaps to managers as to where to focus resources and energy. The most successful HR managers are those who know (or seek to know) not only where the processes are that the organization can do better, but where doing better makes the most difference. In many cases, 'big' problems in one location can be dwarfed by "small" problems in another location when the organization considers the relative impact on customers. Moreover, in these cases, the 'small' problems should be management's priority.

4. DESIGN TOOLS: The explosion of powerful new technologies has made it possible to simplify the role of the HR practitioner while at the same time allowing for very effective new training and orientation tools for new employees. Putting simply, the same computer tools that facilitate performance measurement, bonus administration, and other HR-led functions-designed properly can double as training mechanisms for staff, and help create a healthy environment oriented toward continuous improvement.

OD STRATEGY AND HR INFORMATION SYSTEMS

Information flows are vital for strategy formulation. Management information systems form the basis for management control systems to be effective. Strategy is intimately linked to HRIS due to the simple fact that no strategy is possible without adequate and accurate information about the HR functioning being on line. In conjunction with higher productivity demands and leaner work forces, human resources departments are increasingly relying on information technology to automate and streamline administrative functions.

It was fashionable for CEOs in the 1980s to say *that all my staff is computer savvy but I cannot even turn the damn thing on.* Should any CEO dare to say so he/she would be writing his/her resignation letter and declaring to the world that he/she is out of date with technology and out of context with reality? It is unfortunate that some general managers ape their ex-bosses and still maintain such an attitude in the 21st Century. We have come across professors in B–Schools who are not computer savvy. Today communication must be fast, reliable, and transparent. Intranets have come to stay.

Human resource intranets are good at both improving service to clients and decreasing costs to the organization, making them very easy to justify. HR Intranets are generally deployed as part of an overall human resources, corporate communications, or IT strategy for employee self-service. Some immediate **'soft' benefits** that can be expected with a HR Intranet include reduction in personal calls, accurate data, accurate information, improved retention and recruitment, and improved employee satisfaction with HR.

Other 'hard benefits' of HR Intranets include savings in paper work and production. Since the HRM function is typically a cost centre, its strategic goals fall into two broad categories: improving service and reducing costs. Not surprisingly, these two goals are typically the basis for any funding justification in terms of return on investment (ROI) for tackling and prioritizing HR projects. Precisely because HR intranets are good at both improving service to clients and decreasing costs to the enterprise, they are relatively easy to justify. HR intranets are generally deployed as part of an overall human resources, corporate communications, or IT strategy for employee self-service. Much like the deployment of a new ERP system such as PeopleSoft or SAP, HR Intranets represent a new way of doing business. While they can be a considerable investment, the actual ROI can take several years to manifest itself. Following are some immediate soft benefits that can expect with an HR Intranet:

'Soft benefits' are intangible, usually focusing on service improvement, but are often even more critical than hard savings. Successful sites streamline HR workflow and processes, while delivering vastly improved and up-to-date communications to employees. While it is not always easy to translate these benefits into figures, they do provide significant and often measurable value to the organization:

1. Reduction in personal calls: By providing information online through an HR intranet, corporations can significantly reduce personal call traffic. This frees HR professionals to focus on the more strategic issues surrounding their job. They will also be able to provide a more consultative approach when interacting with those employees who still needed to call on them, because they now had more time.

2. Accurate data: When employees are empowered to go online and change their own demographic or financial data, it helps ensure that the data is accurate. Accurate data means a smoother process, and a lower return rate on inaccurate forms and information. By giving the employees the ability to make the necessary changes, this wastage is greatly reduced.

3. Accurate information: One of the major complaints of employees in the corporate environment today is that their HR information is presented inconsistently, and that they remain unsure of the validity of the information they receive. This is especially true with the introduction of cafeteria-style and defined contribution programs. Providing employees with detailed personalized information and decision support tools online is found to considerably reduce the confusion surrounding the communication of benefits. With a consistent, homogenous presentation of benefit information on an intranet, employees not only spend less time trying to get answers to their questions or perform transactions, but they have greater confidence in the information they receive. Too much information as well as too little information is unhealthy. The cost of the information must always be less than the value derived from its application.

4. Improved retention and recruitment: Employees perceive that their corporation is committed to making an investment in them through their initiative, giving them the information and the tools they need to make intelligent, informed decisions about their benefits. The resulting sense of commitment may not be quantifiably measurable, but clearly has bearing on productivity and loyalty. This will also allow prospective or new employees to view information about company benefits and model costs. The anticipated result is a boost to employee recruitment. In today's competitive recruiting environment, such creative strategies are essential to the continued strength of any corporation.

5. Improved employee satisfactions with HR: There will be a discernible rise in employee satisfaction regarding the HR function. In the past, it would take hours to receive an answer from HR or to find the HR individual who was qualified to answer their query. With the company's HR site, employees know they are getting the one, correct view of information. In addition, they can be sure that they are receiving the most up-to-date information.

HRM AND CORPORATE STRATEGY IN MERGERS AND ACQUISITIONS

Business reasons propel mergers and acquisitions, but HR determines whether they will succeed or fail. Globally, HR professionals are pivotal in the transition and integration by communicating a clear strategy, fending off attrition, integrating the two entities' workforces-as well as their policies and functions-and helping create a unified corporate culture. In a situation where corporate and societal cultures may be disparate and perplexing to each other, only companies that have respect for the difficulties of merging two groups of workers have any chance of beating the odds. Possibly, in no other instance is HR so critical in implementing the business plan. One key reason for the loss of value is that senior executives tend to underestimate the difficulties involved in integrating the organizations, so they do not bring HR into the process until later. This decision further delays progress, dimming the likelihood of success.

Because the pecking order has been disrupted, there may be chaos created by competition between workers of the merging companies. Individuals in two companies, with two executive teams and two distinct corporate cultures may fight for territory and power.

Based on this worst-case scenario, it is clear that mergers bring a stack of significant HR challenges to the table: productivity, quality, morale, attrition, and cultural and language barriers. If there is a plan and enough time these issues can be solved before they become obstacles in the integration process. Key steps to prevent and overcome these difficulties include:

Implementing workforce-management strategy: Before the announcement, work with senior executives in designing a clearly articulated business strategy. Translate this strategy into a list of policies and programs designed to keep employees focused on their work. Consider strategic solutions, such as initiating recognition programs, installing employee self-service systems and other timesaving technologies, and organizing team-building exercises. Recognize the specific challenges that will be faced while creating a multicultural company. Employees forming the new organization will come from different cultural frames of reference and have different management philosophies and approaches to the marketplace. The HR manager has to gather information about the characteristics of the two cultures that are most dissimilar, and build cross-cultural training into the overall strategy.

Developing a communications campaign: Work with corporate communications to design a plan that will convey a positive and consistent message about the merger, both internally and externally is the key. The campaign should answer as many questions as possible, and at least anticipate the unanswered ones with some assurance that information is forth coming. Consider that those involved in successful mergers believe it is best to communicate with small groups, so individuals can respond and give feedback to managers about the proposed changes. The success of integration in part is to the strong vision statement that managers communicate to everyone involved.

Anticipating the time and effort required: There will be a need to spend tremendous amount of time getting employees refocused on their work. Part of establishing a realistic time frame is that the HR expert understands that intercultural mergers will take longer than same-culture mergers. One reason is that some cultures are slower to make decisions than others are. The other is that the mindset of the CEO needs to be changed first since in a country like India change flows from the top downward the work of HR facilitators in not easy

If the HR facilitator is expected to deliver he must be empowered and held accountable. This will be unfair if he is not a part of the strategy formulating process. And to be a part of that process he must first understand the process, be involved with it and thereby alone facilitate organizational change. But the environmental forces continue to impinge of business strategy and if the organization has to emerge as a market leader, even nationally if not globally, it has to predicate its intervention along certain core beliefs and values. And this is possible *only* if there is complete synergy between corporate level business strategy formulation and HR intervention. We shall take this up again towards the end of the course when we analyze strategic alliances in the form of mergers and acquisitions. To that extent this treatment will lay the foundation for our understanding of what will be argued later on.

3 ASSESSING THE INTERNAL ENVIRONMENT

In the first chapter, the origins of human resources management by beginning with the generic environment and then moving on to a micro analysis at the level of the organization has been examined. In sodoing, the form and the content of human resources management was defined. HRD is an important sub-function within HRM, while being a specialization in its own right. It is indispensable for bringing into play most kinds of interventions. Having examined the form and content of HRM the mutable nature of the business environment within which the HR specialist practices his craft was also examined.

In this chapter the *micro perspective* and some modern methods of *organizational diagnosis* are been discussed and the ways of ascertaining the *organizational health* of the HR System. The first will consist of a brief literature review and the latter will begin by analysing what is industrial organization (as a specialization) and then predicate human resources management within it. Having done that we shall posit a model developed in 1977 and since tested in several countries and over several industries. The aim all along is to see how best the value addition process can be implemented effectively.

The basic difference between *a witch doctor* and *a medical doctor* lies not in their ability or otherwise to cure a patient. The difference lies in the fact that when faced with a glitch the former is at sea and starts praying to metaphysical powers to bring relief, whereas the latter goes back to the textbooks to analyse the malaise and go to the root of the problem. [That he may pray and thereby concentrate his energies to help him in the task is another thing altogether.

As a part of organizational diagnosis, it is traditional to conduct climate surveys, open house meetings, and training needs analyses before an intervention takes place meaningfully. Climate surveys are usually taken from books such as the usual time tested compendiums produced by T.V. Rao and Udai Pareek. If the climate survey takes a long time the final outcome may be out of date and out of context thereby losing all reliability. It then becomes an exercise in futility. Open house meetings need a vibrant and open culture where there is transparency of the decision making process. This is usually talked about openly and seldom attained. Training needs analyses needs clarity of role and goal at all levels to be meaningful. More often than not it is reduced to a ritual on Chapter and seldom actualized. All these, in sum, are methods for perpetuating a consultancy assignment without adding real value to the organization.

So the question is begged: How does HRM add value to the organization? To answer that question the process of organizational diagnosis must be completed to identify areas of possible intervention. One way of doing so is to analyse the managerial style especially since in Indian organizations authority flows from the top downward and managerial style pre-conditions all responses to it. There are several sources from where readers can get the tools to conduct a climate survey or training needs analysis. A very good source of data being Dalpat Sarupria, T.V. Rao and P. Sethumadhevan's book *Measuring Organizational Climate* (1996) from where many so-called expert consultants borrow their wisdom. A few words on organizational climate is however in order.

The history of organizational climate research suggests that the concept has evolved through four approaches (Chhokar and Sethumadhevan 1992) viz :

- Structural and objective approaches gleaned from sociological tracts.
- Perpetual and subjective approaches based on psychological cognitive representations of situations.
- Interactionist approaches which dwell on the interaction between the person and the environment.
- Integrated approaches based on HR interventions.

The issue of identifying the specific dimensions of organizational climate can be approached in four different ways viz.:

(*a*) *A priori* dimensions like that used by Litwin and Sttringer (1968) who divided their observations into nine theoretical dimensions and the 50 items in their questionnaire were divided into these nine dimensions: structure, responsibility, reward, risk, warmth, support, standards, conflict, and identity. Campbell *et al.* (1970) reduced these nine dimensions to four viz. autonomy and control, structure, rewards, and considerations, warmth and support. Leavitt (1965), Heillreigel and Slocum (1976) stated that an ideal climate scale should have the following dimensions: task, structure, people, and technology.

(*b*) Factorial and sample–specific dimensions as that used by Muchinsky (1976) to factorize the *a priori* dimensions. The six factors of organizational climate were cited as Inter-personal milieu, standards, general affective tone towards management, organizational structure and procedure, responsibility and organizational identification.

(*c*) Theory–specific dimensions like Udai Pareek's five motivational climates: achievement climate, expert climate, extension climate, control climate, and dependency climate.

(*d*) Research or interest–specific dimensions as identified by Baldev Sharma or by T.V. Rao and E. Abraham (1994).

It is clear that the contents of organizational climate vary widely and they include almost every important aspect of the organization. There is a considerable degree of overlap between climate and culture more so because of the gross inability of many HR consultants to distinguish between the two. Hence let us look at their similarities and differences if only to clear the air.

Similarities:

- Both concepts are composed of beliefs and individualized cognition.
- Both concepts are historical, enduring and by nature resistant to change.
- Both concepts differentiate the workforces such that sub-units of a larger organization show a different set of beliefs for each sub-unit.
- Both concepts lay emphasis on consensus and consistency among members of the organization.

Differences:

- Climate surveys originated from Interactionist psychology whereas the culture concept arose from Interactionist sociology.
- Climate is descriptive whereas culture is normative.
- Climate is universal whereas many organizations do not have strong norms or culture.
- All members of an organization experience climate but not all may be a part of the culture.
- Climate represents individual perceptions whereas culture reflects group phenomena.
- Climate tends to be molar and summary whereas culture is operationalised in rich details.
- Climate represents shared perceptions whereas culture represents shared assumptions.

Many industrial psychologists working in Indian organizations have been known to use the two terms: *climate* and *structure* synonymously. Whereas, climate refers to global perceptions and is perceived as a mediating variable. (i.e. both independent and dependent), structure refers explicitly to organizational properties, which are conceptualised as an independent variable devoid of the human element (c.f. Porter and Lawler 1965, Sells 1968, Schneideer 1975, Hellreigel and Slocum 1974.)

Organizational climate studies therefore are a rather poor basis for mounting a proactive HR intervention since they are a descriptive rather than a prescriptive tool. Also there are several levels of climate such as psychological climate, aggregate climate, collective climate and organizational climate. Objective measurement of climate is moreover very difficult since cross-referencing is difficult and the phenomenological bias invariably creeps in. What astounds us is that climate studies continue to be carried out by self-styled HR specialists in organizations *ad infinitum* and *ad nauseum* nevertheless.

To be fair, a word of caution must be inserted. Whereas the trick lies in completing the climate survey as quickly as possible, the outsider consultant/specialist needs support from within the organization. When this is found to be half hearted, politicised or found to be wanting for any other reason the climate survey is delayed and the consultant earns a bad name for no fault of his own, as was seen at least in the case of one Mumbai-based software company. It then becomes *the duty and responsibility of the consultant* to point this out without mincing his words and for top management of taking the various actors to task. Climate surveys should be quick and crisp going for the jugular and leaving out the peripherals.

In this postgraduate level self-learning textbook we shall examine organizational diagnosis from the lens of an economist by using quantitative tools and from the lens of the sociologist by using qualitative tools. In sum we shall follow closely along the lines of *Critical Theory* as well as *Radical Structuralism* while positing the argument.

WHAT IS ORGANIZATIONAL BEHAVIOUR? The influence of HR and the influences brought about by the HR function will impinge upon the behaviour of organization. Everyone speaks of OB but few actually bother to find out what it is. For the HR expert, this is especially important if his/her mother discipline is economics, psychology, or sociology.

The position we take is that *Organizational Behaviour* is a specialization which is an off shoot of the behavioural sciences and which, in turn, has borrows heavily from a variety of disciplines. This is to enable us to solve problems relating to human beings as they behave in an organizational setting (Luthans). The method used for problem solving is scientific and the field of specialization seeks to obtain an increased knowledge of all aspects of human behaviour. In doing so it systemically studies individual, group, and organizational processes (Greenberg and Baron). Logically, there are three levels at which these processes are understood and studied: individual processes (e.g. work attitudes and ethics), group processes (e.g. communication and team work), and organizational processes (e.g. structures and functions). These are not just economic relationships, political relationships or social relationships but a rich mixture of all.

Organizational behaviour can be visualized as the manifestation of various forces and influences operating in the internal environment of the organization that create the ability of, or place constraints in, the utilization of resources. It would therefore lead to the creation of an organizational identity, uniqueness, a cultural trait, which helps to realise the overall business objectives. An organization can further be visualized as a structured social system consisting of individuals and groups of individuals brought together by employment so as to meet certain objectives. Organizations are seen as open systems in that they are self-sustaining in nature. It is one which converts a given set of inputs into desired outputs through a transformation process continuously. Inputs taken from the external environment are transformed into outputs by the system and returned to the environment. This behaviour is contingent upon a set of influences.

Human resources management is a fairly recent terminology. Marxist scholars have looked at this specialization with suspicion and often synonymously with industrial relations. If this position is accepted then we may be justified in stating that Ralf Miliband would perhaps see it as *a concentrated euphemism for the permanent conflict, now acute, now subdued between capital and labour*. Richard Hyman would see it *as a process of control over work relations.* The power of management is based effectively on the subjection of its employees, and workers can assert their own control only at the expense of the employer. Hence the question of power comes into sharp focus in any treatment of human resources management.

Power is therefore a means to an end and cannot be an end in itself. The end is to attain a goal or fulfil an objective. Power is the ability to make that happen. The question of *power for* will have to be distinguished from *power over*. The frontier of control at any point is a position of compromise, intrinsically unsatisfactory to both owners of capital and the owners of labour power. This frontier changes as circumstances change and power shifts take place. Classes divide society under the capitalist system. Most persons do not own any property and to earn a living are forced to sell their capacity to work. A small minority expropriates the surplus and only a part of it ploughed back into production systems.

Hence to them it makes sense to have the cost of borrowing to be less than the rate of return, before investment is justified. Hence, to them there is no ethical issue involved at all when most employees receive a wage far less than the value of output, which they produce. Class antagonism is a permanent and accepted feature of all capitalist society whether it is at the core (United Kingdom) or at the periphery (India), whether it is developed (United States of America) or retarded (Pakistan). *Conflict* and *Change* are therefore the two aspects of human resources management, which will indubitably find their justifiable place in any academic discourse. And ours is no exception. As situations change, so do the actions of management. But, when any action or a type of behaviour is repeated over a period of time it becomes a style and attracts the attention of the student of human resources management. This is different from the interest of the industrial sociologist who looks at behaviour within a social environment or an industrial psychologist who looks at the cause and effect of such behaviour.

How does management as the representatives of the owners of capital behave would be of great interest to the student of the working class? *Working class,* of course mean only the manual workers and their families but the entire category of the species. By definition employment relations are unequal. More often than not, the obligations of the employers are relatively precise and specific while those of the employees are imprecise and elastic. Through a system of operations, this inequality is strengthened to the point whereby the worker surrenders his capacity to work. An unceasing power struggle is the central feature of human resources management. And to understand how this power struggle occurs and how it manifests itself forms the basis of assessing the style of managerial behaviour.

Since the executive of the modern state is but the select committee for managing the common affairs of the entire *bourgeoisie*, the role of the state cannot also be discounted. Hence when the question of the employee collectivity was taken up for examination the role of the state formed an important part thereof. It is not the archetypical Marxist theme of the *bourgeoisie* oppressing the proletariat that is been argued. It is been said that the capitalists in the core countries and those in the peripheral countries combine to exploit the working class of the core and the peripheral economies. The realism of this statement is thrown into relief when the processes of liberalization, privatization, and globalization is going in full spate even when three governments at the centre have changed since 1992.

The HR specialist needs to know how the owners of capital will respond to a given set of stimuli, and thereby, formulate his plans for a proactive intervention. In 1977, Sadri posited a model at the London School of Economics and Political Science. Subsequently, it was tested in England, (Sadri 1977), Nigeria, (Sadri and Williamson 1988), Hong Kong, Malaysia (Sadri and Lukose 1991) and India, (Sadri and Dastoor 1991, Jayashree 1994). It was found to be valid. The model was originally meant for large-scale industries, but in 1991 Padre Carlos Linara tested it for the educational sector of Hong Kong and Macau and again found it to be valid. In 1994–95 Jayashree came up with the findings of their study, wherein, they postulated that it was equally valid for small-scale industries in India. However, the original model was static one and gave only a snapshot picture of management styles. An attempt is made in this chapter to convert that static model into a dynamic one so that the managers can use it to examine as an ongoing process of change in managerial styles. Using a static model that takes a snapshot view of reality, did not seem to be a good idea especially in a fast-changing world. The progression of thought therefore also can be visualized in stages, as the three parts of this chapter will attempt to explain. Whatever might be our recommendation, the fact remains that the HR specialist can even use the original static model with confidence and to good effect.

INFLUENCES ON ORGANIZATIONAL BEHAVIOUR: A lot has been said and written about organizational behaviour. A lot more is being taught in management schools these days. Human resources management is supposed to create a culture through HR interventions so that the behaviour of organizations facilitates and contributes towards the satisfaction of the internal customer (employee) and the external customer (client) while making sure that the organizational objectives have been met.

Unlike economics, political science, sociology, or psychology, organizational behaviour is not an academic discipline; rather, it is a field of specialization. Contributions to the field have come from economists (Galbraith, Bain, Stigler), sociologists (Gouldner, Hall, Silverman), political scientists (Allen, Mosca, Lukes), and psychologists (Mayo, Trist, Woodward). The inadequacy of theory in this field is partly the result of the multidisciplinary origin it has.

Grabowski and Mueller have pointed out that the inadequacy of data and the failure of neoclassical economic constructs compound the inadequacy of theory. This, in turn, led Sadri to recommend the use of a logical and multidisciplinary approach based on a scientific methodology. This chapter asserts that the empirical researcher in the field of organizational behaviour is left with two options, when faced with the above problem. He can either continue to work in the library awaiting an epistemological breakthrough or he could construct a model, carry out his research, and, on the basis of his findings, posit a theory of organizational behaviour.

Assuming, for the moment, that the researcher chooses the second alternative, he will require a model and it is the purpose of this brief chapter to provide him with one, especially in the context of developing capitalist economies.

Following the tradition of Freud, Pavlov, and Skinner, we could say that human behaviour is conditioned by heredity an environment. But heredity has been discounted by subsequent research as not having much influence on behaviour; so we shall redefine heredity to mean short-term non-variable factors internal to the organization. We can then postulate (in the tradition of Sadri) that: $B = f(H, E)$.

Where B is the behaviour, E the environment, and H the heredity of an organizational behaviour. The word heredity is used because it relates to organizations and not individuals. Never is the influence of either heredity or environment completely absent from an organization, and so the above is subject to: $B > 0, E > 0$.

Since such influences cannot be measured, the exact percentage of influence exerted by each of these factors cannot be ascertained. We must have another condition: $H \neq E$

(The ≠ sign is used because influence cannot be quantified and so it cannot be equated.)

Mergers and firm diversification in the dynamic world of modern business make the treatment of heredity more difficult. We shall postulate environment conditions in an organization. Furthermore, the environment is composed of variable and non-variable factors in the short run. The non-variable factors, in a peculiar way, are akin to the heredity of the organization. It is given in terms of the structure, form, and traditional policy of management. For instance, neither Marks & Spencer nor IBM recognizes an in-plant trade union. To that extent, that policy would be a non-variable factor. The variable factor can be either external to the organization or internal to it.

The trade union is a good example of an internal factor, whereas the external factor consists of three components dialectically linked to each other: the market, the law, and the multinational corporation. The first is a theoretical construct born out of classical economics and has evolved with the times, surviving in its nebulous form. The second signifies the attempt of the state to control economic forces operating in the market. The third factor is a modern enigma that seeks at once to refute the rule of law and the power of the market. Hence, it is extra economic in character and extra political in power. The state is different from the interests that control capital and the means of production. In developing countries, especially the capitalist class has enough at stake in the economy and so wishes to operate in favour of the state. The state, in turn, is so dependent on the capitalist interests that it seeks to protect them.

Examples abound in countries such as India and Nigeria to support this view. The economic interests in the market work hand in hand with the political interests in the government. While there may be some justification in combining all these three influences and studying them together as external factors, we believe that it would defeat the purpose of the study if these three components were not to be studied separately.

So it is recommended that the market, the law (state), and the multinational corporation should be studied separately, while bearing in mind that each of them exerts an influence that is external to the organization.

In the original equation, E is said to represent the variable factor in the environment of the organization. The law and the state have been used synonymously, because the latter makes and uses the former in its own interests and, therefore, cannot be separated from it. Law, after all, is codified class relationships and represents the economic, social, and political position of the dominant class. If there is no difference between the class that controls the means of production and the class that controls the means of government, there should be no problem when the two terms are used synonymously.

Now economics can be defined as *the academic justification for the sustenance and perpetuation of a socio-political system*. It is possible that more than one definition can be given at a point in time. How the science is perceived would be influenced by the ideology of the theorist, which, in turn, is based on his class position and the material conditions that govern society, i.e., the class relationships. The perception of social reality cannot be objective. The perception of reality is coloured by the values of the perceiver. Whereas values are in a way ideological description, empirical claims are evaluated by their designation. In the ultimate analysis, even empirical claims are value laden because the hypothesis construction is not a thoroughly objective exercise. Claiming to be objective is in itself a subjective position to adopt. The only thing that is objective is the methodology, as Toyo and Sadri have pointed out.

Accordingly, it can be argued that values are a product of knowledge and ideology. Knowledge, in turn, is born partly out of experience. Ideology is both internal and external to the organization; it is at once hereditary and environmental in character. The term pejoratively, cannot be used as it was used by Marx and Engels in *The German Ideology*; rather, it is used to describe a set of values and beliefs held by a dominant group of people about what is good or bad for society in general and their class in particular. It thus forms the basis of social and economic programs. Gunnar Myrdal once said that *the very concepts are value laden and cannot be defined except in terms of political valuation*. Joan Robinson argues that, *whether or not ideology can be eliminated from the world of thought in social science, it certainly exists in the world of action in social life.* A society cannot exist without some commonality of feelings that, in turn, are expressed in ideology. Therefore, the ideology as a system of beliefs or theories that usually serves as a guide to action and may form the basis of a socio-political program.

It is contended that social scientists excel in mystifying social reality and a good instance can be found in the often repeated remark: theoretically, this project or idea is sound but in reality it will not work. In other words, they distinguish between theory and practice. But all empirical researchers make certain assumptions about the nature of the social phenomena that they are studying and the distinction between theory and practice thus disappears. This is because, on the one hand, the assumptions may be value laden and, on the other, they impose stringent limitations on what reality ought to be perceived as.

Hence the theory is a necessary prerequisite to practical analysis and there can be no separation between the two. Furthermore, as V.L. Allen points out, *ideology is the process through which ideas, values, and purposes act to influence behaviour*. Since these ideas, purposes, and values have to be articulated in a particular way to influence behaviour, ideologies form an integral part of theory and are present in all societies at all times. Because there is identity of theory and practice, all social activity has a theoretical explanation and ideology covers every aspect of social reality. Hence, to omit ideology from the calculus would be a fatal error. Equally harmful would be to distinguish between theory and practice and thereby fall into the phenomenological sociologists' trap.

It can then be said: $B = f(H, E, I)$

Where I stands for the ideology. Since the influence of ideology can never be nil, we subject the above formulation to: $H > 0$, $E > 0$, and $I > 0$.

Since none of these influences is really quantifiable, it should not commit the error made by Bentham in calculating cardinal utility. Another condition is, then, imposed: $H \neq E \neq I \neq H$.

The original premise is now revised to read: $B \neq f(E)$, $B \neq f(H)$, $B \neq f(I)$.

In other words, neither heredity, nor environment, nor ideology *alone* influences behaviour. Since all three of these factors act on behaviour we say: $B \neq f(H, E, I)$.

Behaviour by itself is an abstraction (since it is its perception that often allude to the action itself) and needs to be understood and concretized before it is felt. These behavioural actions, when repeated, enable to discern a pattern which is called style. If then a researcher is able to locate the style of any particular 'locus' of power in an organization, future behaviour of that locus can more easily be foreseen and even regulated. From the management point of view, this action is seen as goal-directed behaviour, the effectiveness of which is measured in terms of the extent to which a goal or a set of goals is achieved. The performance of the organization, in a way, depends on the effectiveness of its policies.

How these policies are perceived and understood by those affected by them gives a key to understanding how the organizational actors behave? In some sense, therefore, an organization's performance is the measure of its behaviour. It may not be said that $B \alpha P$, i.e., behaviour (B) and performance (P) are positively related to one another. This is so because: (*a*) performance need not be positive, e.g., a minimal pay increase may generate union animosity and a strike may be the result, even if the increase resulted from better performance, (*b*) if the two are positively and directly correlated, the emergent actions should be a linear function and there is no reason for it to be so. (*c*) Finally, the *concept of performance,* as used by economists and social scientists, is usually *value laden*. It caters to the view of only one *locus of power*, namely, management. Could effective measure the health of an organization in terms of performance? This raises a fundamental issue in all kinds of economies. It could, however, be argued that the mode of production and the resulting relationship among the factors of production determinate the quality of life. These, in turn, are structured by class antagonisms, class contradictions, and class conflicts. *But how is this value perceived except in terms of objectives which in itself are value laden?*

The nature and purpose of the above approach can also be said to have their foundations in philosophy. The sociology of knowledge, for instance, argues that scientific thought on socio-political matters does not proceed in a vacuum. It proceeds in an atmosphere that is socially conditioned. The social habitat of the thinker determines a whole system of opinions that, to him, appears to be either true or self-evident. The assumptions made by the thinker are usually neither stated nor explicit, although they exist all the time. Karl Popper calls these socially determined systems of assumptions a total ideology. Similarly, an organization behaves in a particular way because of its inherent assumptions, which arise from its values, its total ideology.

4 SCANNING THE EXTERNAL ENVIRONMENT

The mixed (up) economy of India is today a product of a sea change in the thinking of the planning elite ensconced in New Delhi. While it began with claims of emancipating the downtrodden and eradicating poverty and ushering in *a socialistic pattern of society*, India soon relapsed into the neo-colonial mode when nationalization of industry was mistaken for the socialization of industry. Eradicating poverty did not succeed and what happened was India grew to be the house of the largest number of poor people in the world. Successive blunders ushered in a debt crisis, which made it possible for IMF to enter the Indian economy and change both its form and content. Hence, 50 years after India was granted political independence it is witnessing the rise of a peripheral capitalist economy. The private sector was always present either in the form of small-scale industry or in the form of larger conglomerates. Whereas *a feudal–mercantile–trader* outlook in management (mostly) typified the first kind of ownership, the latter was (sometimes) marked by a *innovator–capitalist–entrepreneurial* outlook. The HR specialist has to practice his art and craft within such an environment, which (often) influences his behaviour and is (seldom) influenced in turn. Understanding the macro environment with the key players comprising from the ranks of private capitalists and state capitalists becomes crucial for the HR specialist. In the first para a model chapter is put forward for understanding the macro environment and then a short critique of that model will follow to caution the HR specialist against placing too much reliance on descriptive models which lack the ability to prescribe behaviour and help formulate strategy. Environmental Scanning is therefore an indispensable tool in the hands of the corporate strategist. The intrinsic theoretical nature of this chapter is meant to lend a base upon which the HR facilitator's diagnosis can be perfected.

Environmental scanning comes within the purview of the Second D (Diagnosis).

Environmental degradation is perhaps the most counter-development of all policy outcomes. And yet Indian companies tend to take it lightly using either a cost or a corrupt officialdom or a fiscal burden excuse. This is most unfortunate since it lowers our global competitiveness.

Being globally competitive can only be through infrastructure growth quality management and value addition at every stage of the product-process life cycle. Keith Davis (1975) defines an organization's environment as *the aggregate of all conditions, events and influences that surround and affect it (the organization).*

The characteristics of environment: Broadly these are (*a*) complexity, (*b*) dynamism, (*c*) multifaceted nature, (*d*) has far reaching effects, and (*e*) influences and is influenced by social, political, and economic factors.

Given the mutable nature of reality and the dynamic of life would it be fair to divide the environment in internal and external? Besides its obvious pedagogical utility that found this division quite puerile. Herbert Marcuse described the US invasion of Vietnam as ecocide 'rather than a mere' genocide. Nevertheless, the external environment – internal environment division has a great earning value.

The External Environment *consists of:*

(i) The social environment: (*a*) Demography and social stratification, (*b*) values and beliefs, (*c*) gender bias, (*d*) level of education and (*e*) the family structure. Understanding social environment makes 'Goal setting' easy and develops the 'learning organization' such that it becomes a 'good social citizen'.

(ii) The political environment: (*a*) The political system of governance, (*b*) The structure of politics, (*c*) Political processes, and (*d*) Political ideology. The problem with India is that it has too much politics with the economics and too little economics with the politics. There is a rise of mediocrity as well as religious fundamentalism.

(iii) The economic environment: (*a*) growth contra development, (*b*) economic structure, (*c*) infrastructure and superstructure. (*d*) state policy towards labour and capital, and (*e*) monetary and fiscal controls. Regulatory environments created by state policy are of direct interest to corporate strategy makers.

(iv) The regulatory environment: This consists of (*a*) micro nationalism as in the linguistic division of states, (*b*) macro racism, as in reservation policy, (*c*) vote bank considerations as in giving ration cards to illegal migrants, (*d*) price controls through state duties, (*e*) consumer protection as in consumer courts and quality standards, (*f*) ecology as in thinking green and going green. For this, the managerial mindset needs to be changed. From the feudal–mercantilist–trader mode it must move on to the innovative–creative–entrepreneurial mode.

(v) The market environment: This consists of factors related to the groups and other organizations that compete with and have an impact on an organization's business such as, (*a*) customer or client-related factors. [values, bargaining power, taste, perceptions and needs], (*b*) Product related factors [demand, life cycle, price, promotion, differentiated costing, and image], (*c*) Marketing intermediaries [levels of customer service, middlemen logistics, delivery systems, and the financial intermediaries], (*d*) competitor-related factors [entry and exit, strategic positioning, and nature of factor markets].

(vi) The supplier environment: As production is going to be out sourced increasingly, concepts like SBA, SSU, and SBU will become old hat. It must be understood under what conditions the supplier functions. This consists of understanding and reducing damage due to issues like loss, dependability, regularity, and quality. Concerns centre on: (*a*) Cost, availability and continuity of supply of raw material. (*b*) Cost and availability of finance for improving infrastructure and supportive superstructure for implementing projects. (*c*) Cost, reliability and availability of energy for production. (*d*) Infrastructural support and ease of availability of raw materials and dispatch of output. (*e*) Access to points of dispatch like rail, road, and sea links.

Indian companies are often known to suffer from *managerial myopia* so the executives rush in even where angels fear to tread. They are too eager to conform and to please than to be stand up and be counted. Long run opportunity cost is sacrificed for short-term actual cost considerations.

(vii) The technological Environment: This is a unique commodity in always buy it without seeing; since, once we have seen it you may not need to buy it. (*a*) Sources of technology and legal implications. (*b*) Cost of acquiring technology: time, money and lags. (*c*) Research and development which lead to the rate of change in technology. (*d*) Impact of technology on the human being. (*e*) Technological support systems for communication and management.

Environmental scanning: Managers often use these terms interchangeably but that only adds to the lack of clarity. Some commonly used terms and their precise meaning:

Influences : Events, trends, issues, and expectations of different interest groups.

Events : Important and specific occurrences taking place in different sectors.

Trends : General tendencies or courses of action which take place.

Issues : Current concerns that arise in response to events and trends.

Expectations : Demands made by interest groups in the light of concern for issues.

Approaches to environmental scanning: Scanning the environment is a very important HR activity but the fact of the matter is that many HR managers take the environment either for granted or as if it does not matter. There are basically three ways of examining the environment *a la* Kubr.

- Systematic approach.
- *Ad Hoc* approach.
- Process-form approach.

Irrespective of the approach adopted the HR expert needs data for which documentation is a must. But documentation is not something which Indians are traditionally good at. That leaves data and data does not mean numbers only. There can be quantitative as well as qualitative data, both of which are necessary and important for formulating and implementing HR interventions. Hence, sources of information become important.

Sources of Information

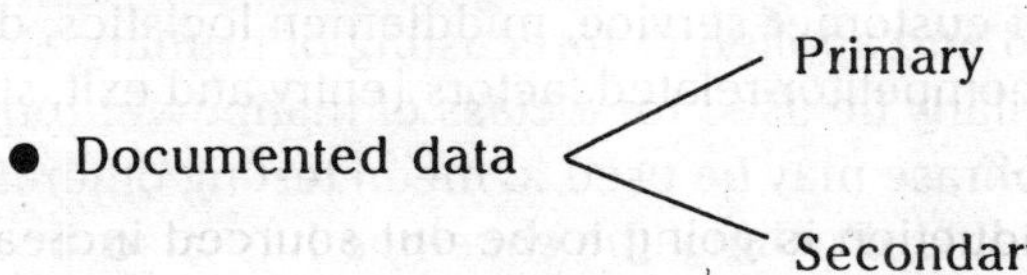

With the increasing use of the Internet, perhaps it could be categorized as a tertiary source. It can then be asked: Is there not a tertiary source now that Internet has entered the research arena? What about mass media? Will the HR expert chose internal sources or start looking within or select external agencies or begin looking without? The opinion is that he/she must develop a healthy mix of both rather than merely rely on formal studies by bodies that could possibly have a hidden or a different agenda.

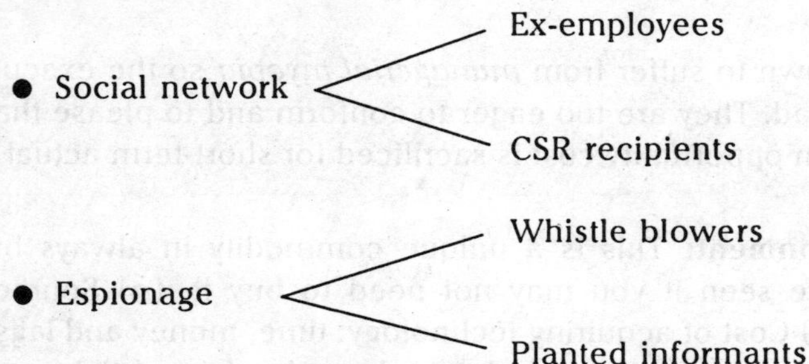

Fahey, King, and Narayanan had introduced 10 techniques in their work on environmental scanning and strategic planning. These are: scenario writing, simulation, morpohological analysis, PPBS, game theory, cross-impact analysis, field anomaly relation, multi-echelon coordination, and other forecasting techniques. These are easily available in any advanced book on manpower planning cf. the excellent work of David Bartholomew.

In addition, there are mathematical and research tools, that are seldom used, cf. LeBell and Kranner; but nevertheless the HR manager ought to be aware of its existence. This is simply because at a future date in their careers this knowledge may prove to be handy and almost every discipline is taking the quantitative route these days.

- **Single variable extrapolation:** The extrapolation technique (i.e. curve fitting) is a simplistic model that uses past gross population trends to project future population levels. The dèfining characteristics of trend of linear extrapolation are that future values of any variable are determined solely by its historical values. For this type of extrapolation, a tangent line is created at the end of known data after completing the curve. And this tangent line is extended to get the desired result. This method is suitable for graph of a linear function and not too far beyond the data. Linear extrapolation is the method available to estimate or to find projections or destroyed figures. Continuity of information can be done through this technique in case figures are missing or destroyed. Prediction of the future or estimating the future, in economic planning, policy formulation, etc., can be gainfully attained.
- **Theoretical limit envelopes:** This is used in technological forecasting. In a great number of cases, the growth behaviour of a field of technology is the sum total of many technological achievements, each following its own logistics-type life story. The tendency in sequential logistic lines positions is described with a logistic curve tangent to individual curves – a logistic envelope. A method of constructing such an envelope based on experimental data is proposed and applied to forecasting of primary electro-chemical cells' development. It can similarly be used for a class of manpower required for a specific project. By extension, this phrase may be used to mean testing other **limits**, either within aerospace or in other fields. Pushing the *envelope* has also become a method by which effectiveness and efficiency can be extended to desired limits.
- **Dynamic modes:** Physical systems, such as fluid flow or mechanical vibrations, behave in characteristic patterns, known as *modes*. In a recirculating flow, for example, one may think of a hierarchy of vortices, a big main vortex driving smaller secondary ones and so on. Most of the motion of such a system can be faithfully described using only

a few of those patterns. In purely mathematical setting similar modes can be extracted from the governing equations using an *eigenvalue decomposition*. But in many cases the mathematical model is very complicated or not available at all. Manpower flows can be studied using this method but is rarely resorted to. The *dynamic mode decomposition* (DMD) is a mathematical method to extract the relevant modes from experimental data, without any recurrence to the governing equations. It can thus be applied to any dynamic phenomenon where appropriate data is available. Advanced forms of HRD interventions could use this method but again this is rare.

- **Mapping:** In mathematics and related technical fields, the term *map* or *mapping* is a synonym for *function*. Thus, for example, a *partial map* is *a partial function*, and a *total map* is a *total function*. Related terms like *domain*, *codomain*, *injective*, *continuous*, etc. can be applied equally to maps and functions, with the same meaning. In many branches of mathematics, the term is qualified with a property specific to that branch, such as a *continuous function* in topology, *a linear map* in linear algebra, etc. Correspondingly, in category theory, 'map' is often used as a synonym for morphism or arrow. Some authors use map as a general term for an association of an element in the range with every element in the domain, and function only to refer to maps in which the range is a field. Career mapping and productivity growth mapping is usually done in corporations where HRM is practiced at a very high level.
- **Multi-variate interaction analysis:** As seen, the description of the interaction between variables within the HR domain has become much more involved as processes have become more complex. It could now perform a multivariate analysis of variance (MANOVA). Therefore to present a multivariate method for analysis of components of diversity which takes account of interactions between different axes in complex systems *a la* Etzioni. This can be especially used in studies relating to culture and climate studies as well as in intricate collective bargaining situations.
- **Unstructured expert opinion:** The need for better decision-making and therefore better planning and forecasting, implies that forecasting techniques should be selected in relation to the business environment and planning issues addressed. Forecasting techniques are categorized according to generic functions of forecasting. The applicability of each category is related to planning needs of a specific business situation, providing a conceptual framework for the development of appropriate forecasting program specification. Many a time a researcher constructs a questionnaire and administers it to persons who are experts in the field to fine tune the questions so that the correct feedback is obtained from the respondents. HRD interventions where scenario planning is used often in constructing the intervention.
- **Structured expert opinion:** Expert-opinion elicitation (EOE) is a heuristic process for gathering evidence and data or answering questions on issues/problems of concern. The Delphi Method (DM) is the most frequent technique used to obtain structured elicitation of expert opinions. It has been increasingly applied in medicine to produce guidelines and to evaluate the appropriateness of diagnostic procedures for occurrences such as accidents, absenteeism, and attrition. *The Delphi method* is a collaborative process for formulating predictions about a variety of future trends. It typically seeks to bring expert opinions together to create a consensus of where a technology or movement might lead. This forecasting method often employs a questionnaire, which

helps group members to read each other's answers and formulate predictions. In most instances, those polled maintain anonymity throughout the process, in an effort to reduce the amount of influence the group has on each answer. The Delphi method was developed during the cold war to predict development of weapons and arsenals. It has since been adopted by HR in organizations to predict other trends such as falling productivity and increasing costs. Examples of how this method may be used today include predicting the results of a potential global crisis, the timeframe in which scientists may discover a cure for cancer, or how technological advances may affect entertainment industries. An approach combining structured analysis of political economy and expert opinion is developed and used to estimate the political risk associated with implementing a series of institutional reforms in a region's water sector, for instance. It is difficult and time-consuming to get adequate information about influence groups in a society. HR managers could estimate the political risk associated with implementing a set of institutional reforms in the water sector or the rural power sector. Such an approach endogenizes the actions taken by politicians, users, service providers, and other stakeholders. This analysis provides insights into the relationships between institutional arrangements, the power structure, and policy outcomes.

Can parameters be limited? What is the utility of probes? Does executive intuition always work? Is there anything like a managerial sixth sense? Some people think there is. Some opine that it is a cultivated art and that one is not born with it. L. Fatiey, W.R. King, and V.K. Narayanan in 1983 added 10 techniques to the general list, and which they used in environmental scanning. These are (*i*) scenario writing, (*ii*) simulation, (*iii*) morphological analysis, (*iv*) PPBS (Price Product Benchmarking System), (*v*) Game theory, (*vi*) Cross impact analysis, (*vii*) field anomaly relation, and (*viii*) Multi-echelon co-ordination.

In India we tend to use quest or the quick environmental scanning technique.

All outside factors that may affect an organization make up the external environment. The external environment is divided into two parts:

- **Directly interactive:** This environment has an immediate and firsthand impact upon the organization. A new competitor entering the market is an example.
- **Indirectly interactive:** This environment has a secondary and more distant effect upon the organization. New legislation taking effect may have a great impact. For example, complying with the Americans with Disabilities Act requires employers to update their facilities to accommodate those with disabilities.

Directly interactive forces: Directly interactive forces include owners, customers, suppliers, competitors, employees, and employee unions. Management has a responsibility to each of these groups. Here are some examples:

- **Owners** expect managers to watch over their interests and provide a return on investments.
- **Customers** demand satisfaction with the products and services they purchase and use.
- **Suppliers** require attentive communication, payment, and a strong working relationship to provide needed resources.
- **Competitors** present challenges as they view for customers in a marketplace with similar products or services.

- **Employees and employee unions** provide both the people to do the jobs and the representation of work force concerns to management.

Indirectly interactive forces: The second type of external environment is the indirectly *interactive* forces. These forces include sociocultural, political and legal, technological, economic, and global influences. Indirectly interactive forces may impact one organization more than another simply because of the nature of a particular business. For example, a company that relies heavily on technology will be more affected by software updates than a company that uses just one computer. Although somewhat removed, indirect forces are still important to the interactive nature of an organization.

The sociocultural dimension is especially important because it determines the goods, services, and standards that society values. The sociocultural force includes the demographics and values of a particular customer base.

- **Demographics** are measures of the various characteristics of the people and social groups who make up a society. Age, gender, and income are examples of commonly used demographic characteristics.
- **Values** refer to certain beliefs that people have about different forms of behaviour or products. Changes in how a society values an item or behaviour can greatly affect a business. (Think of all the fads that have come and gone!)

The political and legal dimensions of the external environment include regulatory parameters within which an organization must operate. Political parties create or influence laws, and business owners must abide by these laws. Tax policies, trade regulations, and minimum wage legislation are just a few examples of political and legal issues that may affect the way an organization operates.

The technological dimension of the external environment impacts the scientific processes used in changing inputs (resources, labour, money) to outputs (goods and services). The success of many organizations depends on how well they identify and respond to external technological changes.

For example, one of the most significant technological dimensions of the last several decades has been the increasing availability and affordability of management information systems (also known as MIS). Through these systems, managers have access to information that can improve the way they operate and manage their businesses.

The economic dimension reflects worldwide financial conditions. Certain economic conditions of special concern to organizations include interest rates, inflation, unemployment rates, gross national product, and the value of the U.S. dollar against other currencies.

A favourable economic climate generally represents opportunities for growth in many industries, such as sales of clothing, jewellery, and new cars. But some businesses traditionally benefit in poor economic conditions. The alcoholic beverage industry, for example, traditionally fares well during times of economic downturn.

The global dimension of the environment refers to factors in other countries that affect U.S. organizations. Although the basic management functions of planning, organizing, staffing, leading, and controlling are the same whether a company operates domestically or internationally, managers encounter difficulties and risks on an international scale. Whether it be unfamiliarity with language or customs or a problem within the country itself (think mad cow disease), managers encounter global risks that they probably would not have encountered if they had stayed on their own shores.

Factors affecting environmental appraisal: These can be described as:

- Strategist related, e.g. phenomenological bias.
- Organization need related, e.g. complexities and conflicting paradigms.
- Environment related, e.g. volatility turbulence and hostility.

Each organization strategist must construct his/her own evaluative matrix and this matrix is contingent to his peculiar situation.

After examining the internal environment and the external environment, the HR manager is ready to make his strategy. The success of this venture can make or break a company's fortunes. The concept of HR score card, for instance, is important here. In *HR scorecard: Linking People, Strategy, and Performance,* Brian E. Becker, Mark A. Huselid, and Dave Ulrich, have clearly stated that HR scorecard "develops a measurement system that provides valid, reliable indicators of human resources' contribution to the success of strategy implementation, and ultimately to firm performance".

The understanding on the extent and scope of the strategic human resource definition, the definition of strategic HR management, and related terms, is a tool which can be employed to improve and enhance management of people through strategic human resource planning.

For example, we may need such information in the preparation of our HR mission statement.

We know that different people have their own version of strategic human resource definition due to differing work experience and organizational situation.

It is important that we have an adequate 'working' knowledge of 'strategic human resource' definition and related words and terminologies.

Definition is necessary for clarity and direction but cannot be an end in itself. Using the knowledge on strategic human resource definition to facilitate preparation of our strategic human resource plan with the aim of aligning HR to the organizational objectives, is what will ultimately matter.

Many a time strategy is implemented subjectively and there is a great deal of dependence on chance and serendipity. Strategy in order to succeed must be well supported. Bill Birnbaum a well acclaimed consultant in USA speaks of six supporting factors needed for strategy implementation.

The diagram given in the next page shows very clearly how an HR manager (or any business manager) should go about implementing strategy.

1. **ACTION PLANNING:** First, organizations successful at implementing strategy develop detailed action plans... chronological lists of action steps (tactics) which add the necessary detail to their strategies. And assign responsibility to a specific individual for accomplishing each of those action steps. Also, they set a due date and estimate the resources required to accomplish each of their action steps. Thus they translate their broad strategy statement into a number of *specific* work assignments.
2. **ORGANIZATION STRUCTURE:** Next, those successful at implementing strategy give thought to their organizational structure. They ask if their intended strategy fits their current structure. And they ask a deeper question as well... 'Is the organization's current structure appropriate to the intended strategy?'

Organizations successful at strategy implementation effectively manage six key supporting factors:

(1) Action planning.

(2) Organization structure.

(3) Human resources.

(4) The annual business plan.

(5) Monitoring and control.

(6) Linkage.

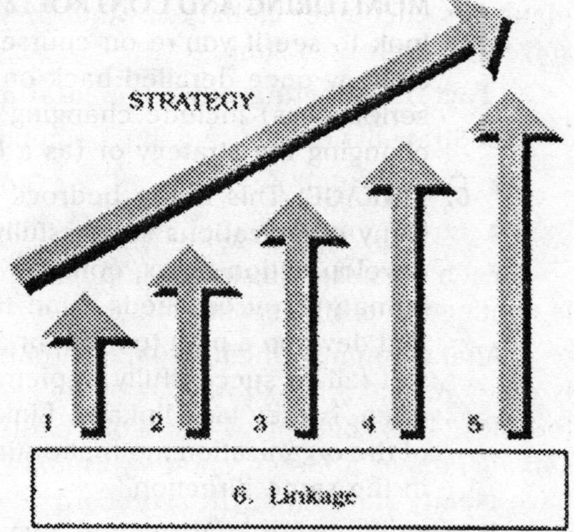

It reminds here of a client we worked with us some years ago. The company was experiencing problems implementing its strategy calling for the development of two new products.

The reason the firm had been unable to develop those products was simple... they had never organized to do so. Lacking the necessary commitment for new product development, management did not establish an R&D group. Rather, it assigned its manufacturing engineering group the job of new product development... and hired two junior engineers for the task. Since the primary function of the manufacturing engineering group was to keep the factory humming, those engineers kept getting pulled off their 'new product' projects and into the role of the manufacturing support. Result — no new products.

3. **HUMAN RESOURCE FACTORS:** Organizations successful at strategy implementation consider the human resource factor in making strategies happen. Further, they realize that the human resource issue is really a two-part story. First, consideration of human resources requires that management think about the organization's communication needs. That they articulate the strategies so that those charged with developing the corresponding action steps (tactics) fully understand the strategy they are to implement.

Second, managers successful at implementation are aware of the effects each new strategy will have on their human resource needs. They ask themselves the questions... 'How much change does this strategy call for?' And, 'How quickly must we provide for that change?' And, 'What are the human resource implications of our answers to those two questions?'

In answering these questions, we shall decide whether to allow time for employees to grow through experience, to introduce training, or to hire new employees.

4. **THE ANNUAL BUSINESS PLAN**: Organizations successful at implementation are aware of their need to fund their intended strategies. And they begin to think about that necessary financial commitment early in the planning process. First, they 'ballpark' the financial requirements when they first develop their strategy. Later when developing their action plans, they 'firm up' that commitment. As a client explains, they 'dollarize' their strategy. That way, they link their strategic plan to their annual business plan (and their budget). And they eliminate the 'surprises' they might otherwise receive at budgeting time.

5. **MONITORING AND CONTROL:** Monitoring and controlling the plan includes a periodic look to see if you're on course. It also includes consideration of options to get a strategy once derailed back on track. Those options (listed in order of increasing seriousness) include changing the schedule, changing the action steps (tactics), changing the strategy or (as a last resort) changing the objective.
6. **LINKAGE:** This is the bedrock of strategy and can on no account be neglected. Many organizations successfully establish the above five supporting factors. They develop action plans, consider organizational structure, take a close look at their human resource needs, fund their strategies through their annual business plan, and develop a plan to monitor and control their strategies and tactics. And yet they still fail to successfully implement those strategies and tactics. The reason, most often, is they lack linkage. Linkage is simply the *tying together* of all the activities of the organization...to make sure that all of the organizational resources are 'rowing in the same direction.'

It is not enough to manage one, two or a few strategy supporting factors. To successfully implement the strategies, it should be managed. And make sure to link them together.

Strategies require 'linkage' both vertically and horizontally. Vertical linkages establish coordination and support between corporate, divisional and departmental plans. For example, a divisional strategy calling for development of a new product should be driven by a corporate objective – calling for growth, perhaps – and on knowledge of available resources – capital resources available from corporate as well as human and technological resources in the R&D department.

Linkages which are horizontal – across departments, across regional offices, across manufacturing plants or divisions – require coordination and cooperation to get the organizational units 'all playing in harmony.' For example, a strategy calling for introduction of a new product requires the combined efforts of — and thus coordination and cooperation among – the R&D, the marketing, and the manufacturing departments.

Based on the strategy developed, the style of the management will be determined and analysed further to fine tune the intervention. This is what is addressed next.

5 MANAGERIAL STYLES AUDIT

This chapter is based on a research, which was monitored by Jayashree from NITIE between 1992 and 1993 and empirically validated in Southern India. It is based on an empirical examination of Sadri's theoretical contribution to the methodology of auditing industrial relations in the context of small-scale industry of three states in Southern India: Kerala, Karnataka, and Andhra Pradesh. Contrary to Sadri's original prognosis where he was concerned with only large-scale industry that had a discernible corporate culture, it is assumed by this study that the *industrial relations styles* of the original model could be converted into *managerial styles* without much trouble and without vitiating the raison d'être of the original prognosis. Consequently, a novel position emerged and Jayashree's views on the question of diagnosis for HR interventions. These views were reinforced by the Sinha–Kalse study in Western Maharashtra and can be succinctly stated as follows:

Whereas diagnosis is an activity one cannot afford to overlook precious few HR professionals actually carry it forth systematically. Their quick fix solutions are then constrained by their lack of depth and this affects the accuracy of the findings.

- Whereas the accuracy of the findings is desired, a judicious mix of time taken and the accuracy needed must be struck. Climate surveys, for instance, which take over 9 months to complete in an industry where the climate changes every 3 months, are an exercise in futility.
- Whereas it is necessary to arrive at an accurate diagnosis, this is futile if the idea cannot be converted into a feasible solution and sold to top management. This is where the link between theory and practice becomes very important. Selling the idea must be based on principles and anchored on core values.
- Seeing the solution through and being accountable for the delivery of the solution makes the difference between a consultant and a facilitator. Of course, the latter is preferred.
- Never should a decision be taken and a survey conducted to justify the same *ex post facto.* There are consultants who revel in doing so and such a practice must be eschewed.

- A competent facilitator never uses only one instrument to diagnose an organization. One method, which is used with a degree of success, is the (*a*) use the microeconomic production function to determine the health of the organization's economy, (*b*) follow it up with examination of managerial styles, and (*c*) end the diagnosis with a structured climate survey. Do not rush into conducting a climate survey straight off.
- Whereas change is often desired the HR facilitator must keep an open mind and see whether the diagnosis reveals that change is in fact called for. Change for the sake of change is disastrous.
- The HR facilitator must be alive to the internal power struggle and the corporate politics when the organizational diagnosis is being undertaken. This will ensure that inputs are cross-referenced and objectively evaluated.

One piece of advice that needs to be given to all CEOs who employ HR facilitators is to ensure that the facilitator is accountable for the solution proffered. One caution that the CEO must exercise is that he should never employ the services of a facilitator who has links with executive placement agencies. In the software industry especially this homily is well worth taking seriously since attrition levels are known to escalate when certain facilitators enter into certain organizations. With the above caveat, one can go deeper into the investigation carried out and derive our own conclusions from it.

THE THEORETICAL BASIS FOR THE INVESTIGATION

Organizational behaviour deals with aspects relating to diverse topics such as motivation, stress, conflict, consensus, and evaluation. Sociologists have concentrated on industrial relations and so have persons with a legal bent of mind. In many traditionally managed Indian companies HR begins and ends with industrial relations. All other sub-functions are conveniently forgotten or overlooked in the interest of expediency. This is sad and inexcusable. Hence, a brief examination of the theory of industrial relations will not be out of place. This is more especially so since the model discussed below has its roots in industrial relations auditing.

Over the years, a number of attempts have been made [cf. Dunlop, Parsons, Strumthal, Hyman, Fox, Flanders, Clegg, Thurley, Blain, and Gennard], to define the term 'Industrial Relations' as distinct from other areas such as human relations or personal relations. It is a pity that Indian authors by and large have adopted these definitions without batting an eyelid. A further attempt will not be made here except to reiterate Sadri's 1977 position that

> *Industrial relations is concerned with the relationship between management representing the holders of capital and trade unions representing the holders of labour power regarding the employment, unemployment, terms of employment and unemployment, conditions of employment and unemployment, and conditions of work.*

Whereas this is not the typical Flanders type of *relations of work* definition, it imbibes the Hyman argument of *process of control* as well. We further assume that the quality of this relationship differs as between companies, industries, and economics. That these relationships are based on class contradictions and antagonism historically born out of the social structure which is determined by the mode of production. A management should review and monitor the health of industrial relations, as any other function, on a regular basis. An industrial relations audit was just designed to achieve this. What is true for the goose must be true for the gander as well so we could easily extend this to cover managerial behaviour towards capital and labour as well.

The original works maintain as follows: In essence, the quality of a company's industrial relations could be judged by considering whether the existing framework of policies and practices assists or hinders the achievement of company objectives. Suppose we accept that, the aims of an industrial relations policy are to anticipate and regulate conflicts arising out of and in the course of employment relations within an organization. Then in order to enable the parties to achieve their objectives while enabling the organization to fulfil its tasks, an audit ought to highlight whether these aims are in fact being met.

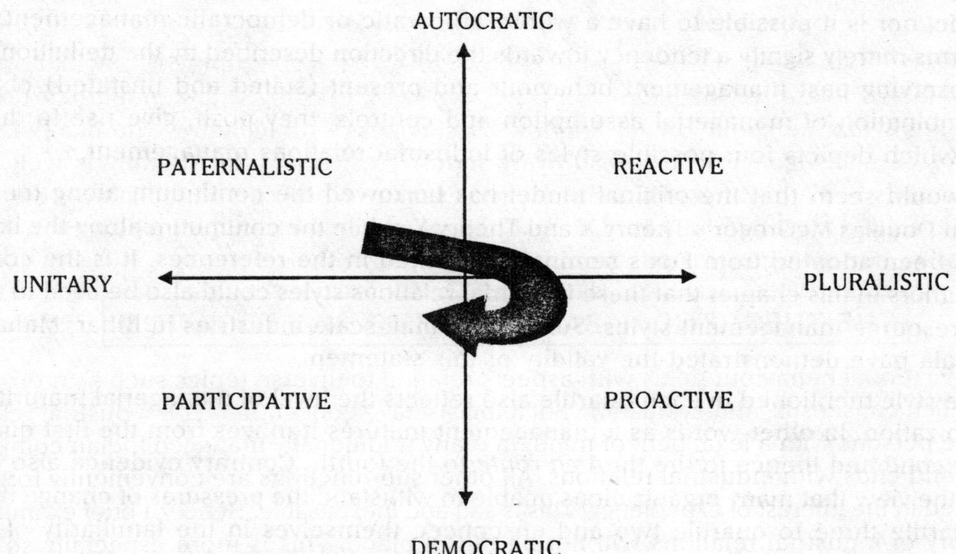

An important clarification is in order. Not for a moment is it implied that all family owned businesses are autocratic and all publicly owned businesses are democratic. Nor do we imply that power in the private sector is unitary and power in the public sector is pluralistic in character. In fact, it has been observed that much family owned businesses were more progressive than the so-called publicly owned businesses in the state sector. It is been found that such a generalized assumption is often and erroneously made by many students who ape their ill-informed mentors. In fact it has been found that family owned businesses like Godrej are highly democratic while some publicly owned management institutes have highly autocratic types of leadership. Power location similarly is found to be unitarist in many high-tech software firms while it is found to be pluralistic in BHEL as well as in several units of SAIL.

It would be observed that this approach is largely similar to a contingency Approach that states simply that different situations call for different types of organizations. It would follow that any audit or evaluation must be made against a benchmark set up by the internal organization of the company and reflected largely by the corporate objectives. But it assumes that management operates by design and not by accident.

Management as the representatives of the owners of capital *ipso facto* have a vested class interest in perpetuating the inequality alluded to earlier in this chapter. Hence it has an ideological motive as well as an economic motive to act in the manner that it does. This ideological motive forces managerial action to retain *status quo* even when *stability* degenerates into *inertia*.

There are a number of key components associated with an industrial relations audit or a human resources management audit as posited briefly, these are:

1. The corporate policy of the company or organization.
2. The industrial relations policy.
3. The environment facing the organization.
4. Attitudes and styles of the parties that are associated with industrial relations.

Sadri and Dastoor (1992) had emphasised that no management is wholly unitarist or pluralistic, nor is it possible to have a wholly autocratic or democratic management. Hence, these terms merely signify a tendency towards the direction described by the definition, arrived at by observing past management behaviour and present (stated and unstated) objectives. This combination of managerial assumption and controls, they posit, give rise to the above matrix, which depicts four possible styles of industrial relations management.

It would seem that the original model has borrowed the continuum along the vertical axis from Douglas McGregor's Theory X and Theory Y, while the continuum along the horizontal axis has been adopted from Fox's seminal work cited in the references. It is the contention of the authors in this chapter that these industrial relations styles could also be used to describe human resource management styles. Surveys of small-scale industries in Bihar, Maharashtra, and Kerala have demonstrated the validity of this statement.

The style mentioned in each quartile also reflects the level of managerial maturity within an organization. In other words as a management matures it moves from the first quartile on to the second and thence to the third *en route* to the fourth. Contrary evidence also exists to support the view that many organizations unable to withstand the pressures of change regressed from quartile three to quartile two and ensconced themselves in the familiarity of quartile one. Such was the dynamism in the small-scale industries sector.

THE EMPIRICAL EVIDENCE: Large-scale organizations have the benefit of an infrastructure and can dispense with caution since the financial cushion exists to protect managers. Hence, critics had argued, managerial style depicted in the original model would not suit Indian conditions where small-scale organizations proliferated.

For Jayashree's study whose findings are reproduced here, any concern that employed more than 5 and less than 100 employees was taken as a small-scale industry. Names of concerns were taken from the local offices of the Registrar of Companies in Bangalore, Hyderabad, and Trivandrum. No names will be disclosed as the interviews were conducted on the tacit understanding that anonymity will be ensured. A sample of 90 small-scale industries chosen at random from the three Southern States formed the basis of the empirical examination. Enterprises were divided into the following categories and as will be clear, the sample was quite representative although it was chosen deliberately.

The purpose was to show that the Sadri Model (1977) developed originally for a core capitalist economy was equally valid in a peripheral capitalist economy of a retarded variety as well. And on the strength of the empirical evidence we advise HR experts to adopt this methodology in their organizations as well. It is simple but not simplistic. It is indicative but can be used for forecasting reactions as well.

TABLE SHOWING THE NUMBER AND KIND OF SAMPLES CHOSEN

The States	*Andhra Pradesh*	*Karnataka*	*Kerala*
TYPE OF INDUSTRY			
Agriculture	5	5	5
Manufacturing	5	5	5
Distribution	5	5	5
TYPE OF OWNERSHIP			
Family Owned	5	5	5
Co-operatives	5	5	5
Registered Companies	5	5	5

In the small-scale sector, a manager is known to perform many varied functions and industrial relations is just one of them. The original position is marked with an * while the extended logic based on the empirical evidence from Southern India is marked with a +. It is admitted that it would be dangerous to generalize, there from, without committing the *fallacy of composition* (when what it true for a part is taken to be true for the whole).

In the small-scale sector it must be noted that human resources management is restricted to two activities: general administration including pay roll and industrial relations including statutory compliance. This study has examined the latter directly and the former indirectly.

Here we would like to remind ourselves that these aforementioned studies assumed that the function of industrial relations is to anticipate and regulate conflicts and aid the parties in achieving their set objectives. Industrial relations audit becomes an ongoing exercise in a free market economy. This does not *ipso facto* assume that all conflict is endemic and must be contained. It only assumes that all conflict, which hinders the achievement of corporate objectives, must be anticipated and regulated by industrial relations. Some theorists justifiably go to the extent of stating that conflict arises out of change, are a proof of dynamism and hence must be welcomed. This is indeed an extreme view but has great merit: it prevents stability from becoming inertia as it has been witnessed in the public sector of Indian industry, either in the primary, secondary, or the tertiary sectors. One has to see the institutions of higher learning especially those funded by the government to see the amount of dead wood carried on the pay rolls. The end result of this is that there is little or no real value addition arising out of managerial action. What in fact happens is that management perceives that their action will lead to the realization of their objectives and thereby add value *ipso facto*. Since the objectives are those of a mercantilist–trader–businessman, the perception of value addition is flawed and real progress is vitiated. The inevitable result is that we have organizational paralysis with all the symptoms of *development-less-growth* which is a typical feature of peripheral capitalism of a retarded variety.

Based on the theoretical underpinnings it is now possible to undertake an analysis of the empirical evidence first unearthed by the Jayashree study and subsequently verified by Sadri using postgraduate research scholars at XLRI.

1. PATERNALISTIC STYLE

- This might be described as benevolent despotism and is normally associated with an absence of union recognition (although not necessarily in absence of union members). Management (or owners of capital) takes the initiative and the terms and conditions of employment reflect the general concern for the well being of the employees with the added advantage that the company normally creates a favourable position for blood-relatives or cast-brethren of those who hold power. Discrimination abounds and people are promoted or given benefits on the basis of who they are, they know rather than what they can do, or how they know whom they know.
- Our investigation reveals that village affinity, caste bias, and political positioning of management accentuated the paternalistic style. In this plantations of Kerala for instance this way very much in evidence.

2. RE-ACTIVE STYLE

- Here unions or the workers generally take the initiative and management mounts a series of rear guard actions designed to preserve what is magically 'the right to manage'. The approach to negotiations is on a 'win/loose' basis and this philosophy might be described as 'fire fighting'. The concept of an industrial relations audit would be somewhat alien to this culture despite the situation in fact demanding it. Management and unions operate on a win–loose basis and terms such as 'us' and 'them' are common parlance for both the owners of capital and the owners of labour power.
- Our investigation reveals that the reactive style was adopted not so much in respect of the actions of workers themselves. But the environment in which the company functioned e.g. the PWG in the locality, the interest of the MP or the MLA, the state government policy regarding particular industry e.g. small machine shops in Karnataka and Bidi plantations in Andhra Pradesh.

3. PRO-ACTIVE STYLE

- This might also be called the predictive style where management accepts conflict but regards this as having virtues providing it is channelled in constructive directions. This type of organization is generally sophisticated in its approach believing in a forward-looking philosophy, which is generally associated with a clearly defined corporate policy. Negotiations are on a basis where the aim is for all parties to optimise their varying interests. This sort of philosophy might be called 'fire prevention' i.e. where the management and unions arrive at an equilibrium saddle-point. In the case of small-scale industry, management, which take the workers into confidence before affecting a policy, would fall into this category.
- Our investigation revealed that the proactive style was more prevalent in cases where the workers were skilled craftsmen as in small machine shops of Karnataka or where the manager was on educationally qualified person as in Kerala.

4. PARTICIPATIVE STYLE

- In this approach there is a commonality of purpose based on open and joint management. This should not be confused with participative mechanisms such as works councils or elected employee directors, which may simply reflect political expediency rather than a true participative philosophy. In reality very few organizations will be found in this sector due to the difficulty of achieving a common purpose within the organization. In the small-scale sector this would be closer to co-operative societies irrespective of whether they belonged to producers or consumers.

- Our investigation revealed that co-operative societies especially in Kerala fit the description best. In case of Andhra Pradesh especially where it shares its borders with Tamil Nadu the level of consciousness was found to be rather low.

Volumes can be said about the quality of industrial relations or more accurately business policy towards labour, in an organization by considering the manifestations of various types of conflict and regularity with which this occurs. Conflict can be hidden or apparent organized or unorganized and can arise at a number of levels together, separately or in logical sequence. (The response from the questionnaire's and the guided-open ended interviews are used to assess this criterion.)

If industrial relations is nothing but the behavioural aspect of the micro economic production function as any cynical social scientist will tell us, will it not be fair to suggest that these styles also depict managerial behaviour towards both capital and labour? And is that not what HRM is all about anyway? Personnel management as a concept has been criticized and the Sadri - Dastoor (1992) paper can be seen as having read the funeral rites for the orthodox view of Personnel Management. The debate continues and this is another matter. It is conceded that the sample was biased. It is also conceded that only the owners and few of the employees were interviewed. But the analysis is defended on the grounds that within the given limitations and the specificity, the contentions are valid.

In the small-scale industries studied it was found that family–owned concerns of feudalistic structures where exploitation of human labour was the norm, the management operated along paternalistic lines as in the case of the Palm oil and Bidi Plantations. In exchange for freedom labour was guaranteed employment and a minimal welfare for the families. With a disequilibrated labour market and an uncertain employment position the exploited labour force welcomed this.

It was found that in concerns where the management was involved in machine tool component manufacturing and where the level of workers was that of a skilled craftsman with a minimal educational background the managerial style was reactionary and labour exploitation was overt. This was because the workers knew their rights and also how to exercise them. However, lack of alternative employment prevented them from making too much 'noise' when the management became over exploitative.

In the case of businesses where there was some amount of bureaucracy and chapter work such as small computer companies, the management followed a proactive style of management. The level of deceit and exploitation was no longer overt but covert.

In the case of co-operative societies either of the producers or the consumers the style of management was participative. Power was shared to an extent and decisions were jointly taken. This was because there was a sense of belonging among the participants in the decision making process.

It would indeed be interesting to see where companies in the Middle East or in Japan fit into the typology presented earlier and tested yet again herein. Whereas these were mere tendencies there is no doubt that an absolute categorization is foolhardy. This chapter opines that the original 1997 model within certain parameters is found to be valid in the Indian small-scale industry sector as well. Hence it is a useful instrument to be used by the HR expert in organizational diagnosis. Nothing more is claimed by us.

The essential difference between Sadri's various studies and Jayashree's 1994 study was the context in which the model has been tested. The original model was designed for large-scale industries, whereas, in their study the authors endeavour to extend the scope to small-scale industries as well. However, they not only extended the utility of the audit but also pointed out that in era of strategic alliances, such audits would have to be conducted periodically. In doing so, they pointed out the inherent weakness of the model that it was a static devise use for measuring a dynamic phenomenon.

The Jayashree study had found that in concerns where the management was involved in a machine tool component manufacturing and where the level of workers was that of a skilled craftsman with a minimal educational background the managerial style was reactionary and labour exploitation was overt. This was because the workers knew their rights and also how to exercise them. However, lack of alternative employment prevented them from making too much 'noise' when the management became over exploitative (Yukl, and Wexley 1983).

In the case of business involving some amount of bureaucracy and chapter work, such as small computer companies, the management followed a proactive style of management. The level of deceit and exploitation's was no longer overt, but became sophisticated and covert (Mouzelis, 1983, Toffler, 1985). In the case of co-operative societies either the producers or the consumers, the style of management was participative. Power was shared to an extent and decisions were jointly taken. This was because there was a sense of belonging among the participants in the decision-making process.

It would indeed be interesting to see where the companies in the Middle East or in Japan (Thurley 1975, Thurley, and Wood 1983, Wolfern 1990) fit into the typology presented earlier and tested yet again herein. Whereas, these were mere tendencies, there is no doubt that an absolute categorization is foolhardy.

In a subsequent study, Jayashree (1999) discovered that Sadri's prognosis of movement from one managerial style to another, as a management matured (in large-scale industries) was not quite so straightforward. She found that as a management moves from the *paternalistic* style to the *reactive* style, there is a lot of turbulence as the erstwhile power relations is threatened. Hence at the slightest sight of trouble management tends to revert back to the paternalistic style wherein the CEO is more stable even though the organization is in a state of *inertia*. The process of democratization, empowerment and delegation are rolled back and the CEO relapses into the more comfortable *feudal–mercantile–trader* mode. It is here that HR intervention has to play a very vital role in preventing a roll back of progress. The transition from the *reactive* style to the *proactive* style was a little less traumatic since the CEO was used to a semblance of democracy by now. However the proactive managers depend to a great extent on the *charisma* and humane character of the leadership.

In a more recent study, Sinhala and Kalse (2010) have studied Western Maharashtra and hold that the Sadri-Jayashree formulation is not a static one but quite dynamic and reacts to the dialectic of objective social reality.

THE SCENARIO PRIOR TO 1995

This study of Sinha and Kalse is quite illuminating. Literature reviewed by the first investigator showed that as the level of working class consciousness and managerial acceptance of the fact that cooperation was a better alternative than confrontation in industrial relations, increased, the initial Sadri formulation and Jayashree's empirical evidence showed that the formulation depicted below was very much representative of objective social reality. Western Maharashtra was thriving and the textile and sugar industries in particular were the main engines of growth. The trickledown effect of growth was positive and employment levels rose as did the social-economic indices. The affluence in Kolhapur was known as was the collapse of industries in Solapur and the ambivalent business positions in Sangli. Hence these three districts represented an assortment of geo-physical environments and made the current study that much more interesting.

THE POST 1995 SCENARIO

The two scholars held that the ill-advised and almost quixotic textile strike led by Datta Samant was more damaging than beneficial to the workers' cause and their eventual emancipation from the industrialists who usually operated with a mercantilist–feudal–trader mindset. They saw reality in terms of short run actual cost and gave the long run opportunity cost the short-shrift in typical book-keeper style reminiscent of the modern day version of Uriah Heap (with apologies to Dickens). Industries died out and workers lost both their hearths and their homes consequently. After the steady collapse of the textile industry, management went on the back foot and having gone that way, the situation became retrograde. Managerial consciousness levels declined and management styles followed. To add this was the withering away of trade unions *a la* Sadri, Ray, and Hegde (1994). Politicization of the labour movement had created unnecessary rifts in the rank and file on the one hand and promoted petty bourgeois false consciousness on the other. This added to the growing malaise.

They cited a short unpublished study conducted by Sadri (2009) entitled 'The Production Function of Solapur's Textile Industry' that had further showed that the value of *A* in the elementary Cobb–Doughas Production Function [*Q*= ALá Kâ] in selected textile mills of Solapur district was 2.0 as against the desired 3.0+. In other words, the investment multiplier *A* was not adequate enough to allow companies to function above constant returns to scale and managements were reluctant to infuse capital to buttress the desired growth to meet both competition and market demand. Hence the blame for the fall of the textile industry in Solapur needs to be shared by the unions and the management in almost equal measure.

As the 21st Century was ushered in, the world saw the emergence of a triad in international trade where the three principal loci of economic power were the United States, Japan, and the European Union. Monopoly capitalism had given way to finance capitalism and an era of international finance capitalism a.k.a. imperialism, which emerged there from, had become a powerful reality that could neither be wished away nor overlooked. Traditionally the social class that controls the means of production also controls the means of government. Under this new imperialism, what will be the symbiotic relationship between the state and business becomes a major concern of political economists. The unequal distribution of wealth, incomes, and opportunities on the one hand and the uneven development of peoples, industries, and sectors on the other hand become the hallmarks of the new global economy. A market-driven balance in the spread of gains from commerce among these three loci of power does not seem imminent. Under such conditions, interdependence between governments and firms becomes more significant. This argument has been extended from Sadri's 2003 polemical paper that was based on an essentially neo-classical (capital deepening, labour deepening, and Hicks neutral) paradigms examines the question of corporate governance at the national level from the macro managerial perspective of political economy and links it to the process of structural change. In the process, some issues are thrown up for future intellectual cogitation especially as it influences the Indian Economy in the first few years of the present century. Consequently, they held that the Sadri model worked in a reverse way as can be seen from the diagram given below.

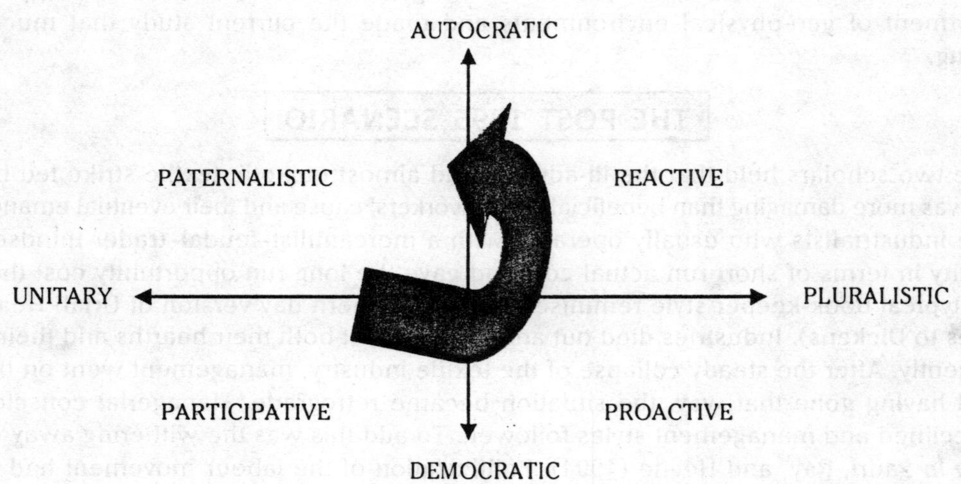

They went on to explain that when a sense of the historical mission is lost and consumerism and materialism begin to thrive, the trade union becomes a pawn in either the hands of management or the Government as seen in some cases in West Bengal and Kerala. In short, this observation is true for the so-called socialists as well for them who are not always consistent in their policies in respect of labour. And, this is exactly the position in which the protagonists of a free market economy and their capitalist pay masters want the workers to be in. We believe that as long as capitalism survives the entrepreneurial spirit will continue to generate surplus value for private distribution. And as long as this equation remains valid, productivity related growth in the Indian periphery will surely take place. Evidence of macro-economic indicators between 2006 and 2010 are adequate to support this contention. This, in turn, will determine the relations of production and the form in which capitalism will survive in the years to come. In other words, the modalities of the new socio-political order are delineated and with it the magnitude and the direction of change in the labour collectivity.

The indigenous entrepreneur's position, all over the country, then is not to negate the existence of the union *per se*. Conversely, it is to create a form of 'business unionism' which is consumerist and materialist. That union would be *sans* ideology and act as a clearing house for labour demands. To quote C. Wright Mills, (1970) unions would become 'managers of discontent' and nothing more. They will be unable to transcend the level of consciousness and grapple with issues that threaten to restructure the very relations of production. The *embourgeoisement* of the rank and file, the labour aristocracy within the leadership and the oligarchic nature of union administration helps in the formation of such business unionism. And, if the present trends persist, then the worker will be left without an adequate level of class consciousness so that the true nature of capitalism can be understood. Under the above circumstances, the alienated worker sinks into a condition of *anomie* and the macro as well as micro praxis of aggrandisement is made possible. If such a situation is allowed to persist and the markets once again begin to clear will, the exploitative nature of capitalism not be tempted to become more overt? In addition, if that happens will the working class not be caught napping, as the Sadri–Ray–Hegde (1994) paper had argued.

In the light of the above, this reformulation, should be examined more seriously than one may at first glance be attempted to do. Indeed, it can claim to be a harbinger of more extensive and in-depth studies to follow. In that, its purpose is to evoke academic interest and pave the way for further research which the changing objective reality of India urgently calls for. Having ascertained the style of management and having audited the health of the HR function, the need is to see how does it fit into the overall corporate scheme? for the sake of clarity assume the following: *(i) HRM is an integral part of the corporate strategy making team. (ii) HRM is a specialized function, which is at once the instigator and the catalyst of organizational change, (iii) Transition of a concern into a high growth company needs positive and proactive HRM intervention.*

On the strength of research and experience the authors believe that:

> *If, at the end of the day, HR intervention has been unable to change the executive mindset and create at least a learning organization (if not a doing organization) then it has clearly failed. And the end aim of changing the executive mindset is to enable various functions within the organization to add value of themselves and for themselves.*

More recently the work of Sinha and Kalse in Western Maharashtra (2010) has vindicated the authors' stand and helped in making the original static model into a dynamic one. At the risk of being normative we posit a few guidelines. The intention is clearly to enable this specialist function to add more real value to the organization. Be that as it may, any organization that is keen to build itself into a growth company must follow the following guidelines if they are to succeed:

1. HRM must assist the corporate policy team in picking the right business partners. Mergers and strategic alliances have a direct effect on employees and thence on productivity and profits so the involvement of HR in this process is crucial.
2. Determine and declare what business the company is in. This will help to clarify the vision, mission, goal, and role. HR inputs in this process cannot be underestimated.
3. What is the prime focus of the organization? Is it to render a service, create a product, gain a market share or become a world class leader. Trying to do too many things contributes to doing nothing well.
4. Create a tangible and viable business plan, which takes care of employee development since high growth companies increasingly rely on knowledge workers and they owe their allegiance to technology rather than to the organization. It need not be long range as in steel or in infrastructure sectors. It need not be short run as in the software industry. It has to be realistic and dovetailed to the kind of industry.

5. Hire well and reward well in order to sustain a committed work force. If the company pay peanuts they are bound to get monkeys and if they pay below the industry norm they will never retain talent. There is a cost of attrition, which adds up to a huge sum if care is not taken. HRM must ensure that top management does not act in a penny-wise pound-foolish manner. It takes time for tradition bound top management to realise this and the HRM facilitator first needs to work on the corporate level mind set. Career planning across the board for highly skilled manpower and knowledge workers which is clearly laid out and communicated is perhaps the best way to retain talent.
6. Set clear and unambiguous standards of performance at all levels. All evaluation must be made against these standards that are clearly laid out and the progress monitored with an aim to improve rather than to find fault. Here HRM's role in performance counselling cannot be underestimated.
7. Ensure that quality is built into the system rather than inspected at the end of the value chain. This means that quality must become a way of life and an integral part of the corporate culture, the creation of which (the culture) is the HRM's assigned role. It also makes good business sense since the external customer depends on supply of quality product and the internal customer is sure of receiving quality treatment.
8. Ensure that in their exuberance top management does not begin to run before they have learnt to walk properly. It is quite common to hear such statements like we shall be the world leader in 5 years time. But the management is not prepared to invest in infrastructure, marketing or employee growth. Hence this statement becomes a meaningless, senseless, abstract phrase.
9. Watch the funds flow with care, invest in view of the opportunity costs, and take calculated risks. CEO's, for instance, very often want corporate culture to change in 6 months little realizing that it even takes 9 months to deliver a baby. Just as the mother's eagerness or father's anxiety is not going to lessen the period of pregnancy, so to the top management's concern for profits is not going to hasten the pace of culture change, beyond a certain point. This is what the HR facilitator must educate the CEO about. And more often than not, they (HRM facilitators) are the ones who need the most education since their knowledge is out of date and their methods are often out of context.
10. Consolidate on the strengths first and then tackle the weaknesses. This is important for the HR facilitator to note since his training and executive development programs must build on core competence and leave out the frills for until later.
11. The health of the system must be such as to stand the test of time. Systems must be scientific, built to deliver and be client friendly. Unless the system health is ensured, corporate wealth will cease to flow. Setting up employee-friendly systems that ensure quality and profits at the same time must form of the HRM's long run agenda.
12. Constant monitoring of the market situation, constant monitoring of the competition and constant checking for further improvement is the only way for a company to grow. And the best way to do so is to create learning organizations, which are competitive and progressive.

However these twelve guidelines must be embellished with three *caveats* for having a proper strategic perspective:

- Whereas clarity is essential, organizations must be dynamic rather than static. Hence, stability should never be allowed to degenerate into inertia.
- Whereas HRM as a specialisation must be respected this cannot be demanded; rather it has to be commanded. Hence, mediocrity has to be discarded and meritocracy has to be promoted. If not there will be no countervailing tendency.
- Whereas it is convenient to speak of others having to add value, all HRM initiatives must be similarly guided. Hence, the question must constantly be asked: is this or that HR-related action adding value? If not the action needs serious re-examination and reformulation if not rejection.

6 SPOTTING DANGER SIGNALS AND TAKING STRATEGIC ACTION

The HR specialist is then expected to conform to the five D's Definition, Diagnosis, Design, Development, and Delivery of a strategy, which will help the organization to attain its goals and the employees to realize their expectations. Obviously, this assumes absolute clarity of vision, mission, goal, and role at all levels on the one hand and sincere value-based efforts to meet corporate objectives on the other. This notwithstanding the HR specialist would do well to keep his eye on certain barometric readings or danger signals, which signal trouble, and therefore, intervention.

DANGER SIGNAL I: For an economist, the most crippling symptom for any company exists when the expense of running the company eats into the profit. This typically happens when the fixed costs are consistently higher than the total revenue and the total revenue curve is not rising. In simple words, every company forecasts the total overhead costs for running facility during a given financial year. Against this figure are forecast various indices of production such as profits and variable costs. Once the manufacturing overhead level has been established, it is computed against expected levels of production. If the volume of production falls short, the company does not break even. And, if this continues for two consecutive financial years, the company is ready for a strategic intervention so as to bring about a turnaround.

DANGER SIGNAL II: When the company or a business unit is losing money from an operating profit standpoint. Rather than go in for serious introspection, to find out what is really wrong top management has been known to blame the circumstances. They conveniently adopt the victimization stance and instead of developing an executable turnaround plan, they blame market forces, economic policies of the government and labour unions i.e. anyone but themselves. Unfortunately this attitude of blaming externalities or socio-political circumstances often becomes a self-fulfilling prophecy.

DANGER SIGNAL III: When the company or business unit has a profit sharing incentive scheme for business heads which does not account for business development is so concerned with maintaining the bottom line that it is thinking of nothing but short-term actual costs. Profit sharing as an incentive then becomes equivalent to top management shooting itself in the foot since business heads will cut costs, pirate products and resort to cooking up figures to show profits. Often this is done by scaling down necessary expenditure on functions like marketing, human resources and executive development.

DANGER SIGNAL IV: When quality level managers start leaving the company or business unit with rapidity. It is well known that rats are the first to leave a sinking ship and when senior and top class managers start handing in their works, trouble is surely afoot. High levels of managerial turnover are attributable to seven common factors in Indian companies: (1) When managers have a feeling that they are likely to be blamed for the goof up or the poor showing. (2) When the manager is so frustrated either by the top management or by his subordinates that he literally throws in the towel. (3) When managers suffer from pangs of guilt and start blaming themselves for a debacle. (4) When the competition pays them more and they have news of getting a substantially better deal in the competitor's firm. (5) When the manager finds that there is little or no value addition to his purse or to his career by staying on. (6) When there is a dearth of leadership, which makes the organization a venue where the survival of the craftiest is ensured. (7) When the company is blatantly violating business norms and circumventing statutory obligations and the manager is compelled to legitimize the illegitimate. If he has any self-respect he elects to quit and flourish elsewhere rather than to stay on and just grow.

DANGER SIGNAL V: When the market share has steadily depleted over a period of anything between 12 and 36 months. This 3-year benchmark is taken because the mini business cycle or the 18-month blip in the cycle can account for ups and downs. But when these persist negatively for more than 18 months there is just cause for alarm. The shrinking core will force the inherent the cost of doing business upwards making the venture no longer a viable proposition. In manufacturing concerns, a steady fall in production will cause what economists call a *negative manufacturing variance* and the *per capita* costs of production rises further shrinking the profits. The reluctance to reduce overheads objectively and *right size* the organization in time is a typical top management response which helps to further worsen the situation.

DANGER SIGNAL VI: The above five symptoms will invariably lead to this sixth one. When the sense of belonging is depleted and individual as well as organizational pride is greatly diminished idea generation ceases and information flow is impaired. Morale is a great achiever. For example, in Bangladesh during the India-Pakistan War of 1971. The army had ammunition, mass rations, and armaments to last out for another 6 months — enough time for the US Seventh Fleet to enter the war arena and tilt the balance of power against India. But the troops had no morale left to fight on and they surrendered. War historians would argue that since Karachi harbour was put out of action, their navy was blockaded off Chittagong and could not re-enter the seas, their lone submarine was sunk off the coast of Vishakhapatnam and they had no air cover left, the Pakistani troops could not have fought on. No doubt some war historians will consider it a disputable issue. Whatever the reason, there is little doubt that low Pakistani morale won the day for India. In the world of business, demoralizing the competition will produce similar corporate victories.

DANGER SIGNAL VII: The standards of quality are run down and manufacturing equipment is repaired only after it has broken down. Periodic maintenance and planned shut downs are not known .to occur and equipment is purchased after the project has been bagged. Hence, in the first case a valuable resource is allowed to deplete and in the second valuable resources are procured after their purchase is unavoidable, thus, increasing the lag time for project deliverables. Both these symptoms are species of the same genus and reflect what is called *managerial myopia*, a sure-fire recipe for corporate failure.

DANGER SIGNAL VIII: This symptom is a spin off from the former one. When systems and procedures do not exist so that quality is in built into the process but rather inspected at the end of the value chain *and* the rejection levels are high. This will mean two things at once: (*a*) the absence of systems points to the lack of managerial capability and foresight, and (*b*) the rise of rejection rates points to wasted resources and revenues. Unless the margin of profit is inordinately high so as to sustain the shock, a collapse is just around the corner. And, to add to this if there is collusion between the inspector who rejects goods for minor faults and the contractor who buys the rejects at dirt cheap rates, then woe be tide.

DANGER SIGNAL IX: When business heads are evaluated on contribution, gross profit delivery, revenue goals and not held accountable for cash flow delivery. Hence project reprioritizing, changing in stock and inventory levels, modification of processes and learning to practice value engineering are side stepped. When the cash crunch looms high over the heads of top management executives are told to *manage the float*. This means that the creditor is made to chase for funds due, ex-employees are not paid their final dues in time and all employee loans are frozen. This means that management does all that is needed to stem the outflow of cash rather than create systems for the inflow of cash. When the companies tap the financial institutions for cash, collateral is required. Usually the factory is already mortgaged so top management uses receivable as collateral and funds flow out as fast as they flow in.

DANGER SIGNAL X: When on-hand levels of inventory do not adequately reflect the mix of the product line at retail level. Three kinds of scenarios may unfold: (*a*) Poor product mix leads manufacturing companies to produce obsolete goods and commodities and this leads to write downs and costs are written off to save face. When inventory stock piles are high and storage space becomes a factor to be considered, less desirable inventory is sold off at very low margins. (*b*) When a company has multiple products it is very important that retail sales are balanced against levels of inventory held. Capital is then needlessly locked up. (*c*) When the product mix is poor, companies will be saddled with the additional problem that leveraged capital needed for funding ongoing business needs. They will then look for *revolving credit lines* and even of banks are prepared to loan 50 Paise to a Rupee of inventory, these obsolete products may not fetch the desired price and the fifty Paise limit will be offered to a reduced Rupee value. Companies who are in the export market under such conditions are tempted to sell these products in return for hard currency and often the Chief Accountant helps them to think on those lines. The CEO who listens to these pieces of advice unwittingly invites the slapping of *dumping duties* on the products. The company sinks further into the *quick sand.*

DANGER SIGNAL XI: Companies faced with expense reductions have often proscribed the cutting of costs in the very items that could engineer a corporate turnaround: new product development, research, advertising, promotional spending, and employee morale building through HRM interventions. In an era marked by mergers, takeovers and other forms of strategic alliance, these measures at expense reductions further deplete the competitive advantage and reduce the level of commitment on the part of the most important factor: the human resource. An inordinately high level of interest in India up until 1998 had added fuel to fire when leveraged acquisitions were concerned. In the language of the economist, companies were being continually forced by the changed market conditions increase their competitive advantage by making profit projections in the face of either stable or declining trends of revenue. *Managerial myopia* raises its ugly head again when future prospects are traded off for present gains little realizing that publicly traded companies are usually seen in a long-term perspective by the savvy investor so window dressing of short run financial data may not help too much.

DANGER SIGNAL XII: When a product is no longer a brand of choice but may still be a part of the purchaser's basket of demand, its usage as well as its market appeal would have been sharply reduced. In the case of the software industry, for instance, the demand for expertise in VAX or Data General or WANG Systems is not quite the same as it was in 1970s. Hence firms whose core competence remains in these fields will have to either update their core competence or play for the niche and be content with it. In the case of consumer non-durables the logic is no different. Newer brands continuously overtake the old ones and companies, which continue to market the old brands only are left holding the cleft stick. For this, a proper marketing function must be in place to sense the changes in market demand.

DANGER SIGNAL XIII: When a company's newer products are eating into the market share of the existing products. In the case consumer non-durables, pharmaceutical products, and cosmetics newer brands often take the market by storm and the otherwise stable demand of the existing products loose out. This invariably happens when internal synergy within the marketing team is absent and more than one boss may be looking after the marketing function. When proper market segmentation has not been done one product suffers at the cost of the other's success and the consumer is forced to choose between two or more products from the same company. It is, therefore, unwise to have such a situation developing since it sends out all sorts of signals to the market: signals which the company need not like to send out at all.

DANGER SIGNAL XIV: When it is seen consistently that decisions are being made autocratically and the managers are asked to implement them democratically. This will breed sycophancy and reward mediocrity. Heads of strategic profit centres will then be reduced to glorified general managers and cease to function as CEOs. What they may well end up saying is something like what a senior vice president of a Software Company once told: *I look after things and worry about issues on a day to day basis leaving the Chairman to look after all long term strategy*. The chairman is left with no countervailing tendency or a corrective mechanism, which can guide him. And, for the poor chairman this is most unfair since it amounts to the colonels deserting the general in the face of battle. The fault inscrutably lies with the chairman too. Why did he promote such apple-polishing immature mediocrity? This is the price, which an organization pays for paying lip service to meritocracy and using personal equations to promote managers.

DANGER SIGNAL XV: When the relationship between fixed costs and variable costs are dis-equilibrated it is time to sit up and think. Suppose the fixed costs of a business unit or Company are inordinately high then the break-even point too is going to be high and the gestation period is going to be extended. The cost of running any facility at fifty percent capacity will be the same as those running it at 100 per cent capacity. Costs of senior executives, machinery, buildings, property taxes, amortization, and depreciation are things that are within the company's control. If these are defrayed, then fixed costs can be controlled. Similarly, if variable costs are excessive then sustained growth is difficult to be attained. Since a platform is required to launch any expansion, that platform is likely to be inadequate if the fixed costs are disproportionate to the variable costs. A safe ratio of fixed costs to variable costs is 1:1 but if ratio of fixed costs to variable costs falls to a level of 0.5:1 then strategic intervention is called for since the company will not be able to grow.

DANGER SIGNAL XVI: The ratio of current assets to current liabilities is considered to be good if it is 2:1. But if it were to fall to a level of 1:1 and stay so for a period of 24 months then the company or business unit should set off alarm bells. In other words, the liabilities are mounting while the assets are relatively stable. Of course, during an expansionary phase of the product life cycle liabilities may tend to increase but this must essentially be a very short run phenomenon.

DANGER SIGNAL XVII: What is considered an ideal turnaround time for working capital is also important. A sale is not completed until the revenues have been received. If the cycle for working capital is anything more than three months for a period of over one financial year consistently, then the company is in trouble since its debts are mounting and the funds are not being realized enough to be effectively recycled.

DANGER SIGNAL XVIII: There is one more danger signal, which is personality based and peculiar to companies, which need an ERP system implementation. This danger comes from within when such a company has a full-fledged IT professional on the managerial team. This danger signal is related to the personal agenda of the IT professional on the one hand and the fact that he belongs to highly attrition bound community of professionals on the other. No matter how good the alternative ERP package may be, he is most likely to go for a big name, i.e. something like SAP or BAAN. This is not because SAP or BAAN give the company relatively more value compared to the higher cost just because the IT professional wants to add on his *curriculum vitae* the point that he implemented a BAAN or a SAP program. The company loses money by default because the CEO does not have enough savvy to challenge the decision nor has the HRM specialist enough courage to point out the possibility. A familiar ploy used in rejecting the alternative program is that it does not have GUI (graphics user interface) and so the data from Windows Word will have to be converted to Excel to get the graphics, and that takes time. A useful question to ask under such conditions is how many CEO's actually use the GUI anyway? Is it worth cost of having a GUI when some assistant down the line is going to create the graphic presentations anyway?

The HRM facilitator is a part of the Corporate Strategy Formulation Team and so he must begin to think globally but act locally. These 18 danger signs which help in the process of organizational diagnosis can be tackled proactively through HRM intervention under five kinds of heads to bring about a corporate turnaround and bring about dynamic change: (*i*) Changing the corporate mind set through sensitivity training and culture building, (*ii*) Giving Business heads some hard lessons on developmental growth, (*iii*) Making sure that long run aims are not jeopardized for short run gains, (*iv*) Instilling Total Quality Management as a way of corporate behaviour, (*v*) Building teams that consist of divergent skills but convergent aims.

It is firmly believed that proper and timely organizational diagnosis is the duty of the HRM facilitator and having made the diagnosis it is his professional task to ameliorate the problems by proactive OD intervention. Moreover, any intervention without diagnosis would amount to something like the great Don Quixote De La Mancha fighting with windmills as if they are giants. On a more proactive note, based on business environment analysis (which has been examined at length in Chapter 2) and organizational diagnosis, the HRM facilitator can even suggest to the CEO what route to take in business development. In Indian software companies, for instance, it could be advised that they move out of the Y2K mode and into the Euro Currency Markets. It could be further advised that they start looking actively at data warehousing and data mining and given the constraints of Indian industry concentrate on customizing larger packages perfected in the USA such as SAP and BAAN. Furthermore he would assess the utility of the ERPO package. It need not take one package but may opt for specific modules taken from separate packages like People Soft, BAAN, and SAP. Change is the only permanent feature of reality and this chapter attempted to equip the HR facilitator with diagnosing an organization so as to understand the nature and character of the change process.

STRATEGY IMPLEMENTATION BY HUMAN RESOURCES: After a decade or so of haphazard evolution, it can probably at last be said that human resources, that ambiguous child of marketing and capitalism, has finally gotten his ungainly legs beneath him. The HR department has always been a point of some confusion, as companies struggle to discover the best ways in which to utilize such a vague, if obviously valuable, tool. Trial and error have gradually allowed HR to carve its niche in the business world; in recent years, HR has proven itself especially useful in the innovative development of organizational strategy. The time has come, however, for human resource professionals to push past the strategy-development phase and put their plans into action. The implementation of strategy is a key element of business success, and HR authorities are uniquely positioned to pioneer the realization of such strategies.

And why is the opposition of HR unique? To begin with, unlike any other constituent of an organization, human resources is extensive, inter-departmental, and involved throughout the company; the nature of HR is to interact with and understand the processes of the business as a whole. Furthermore, the implementation of a business strategy intrinsically demands cooperation with the human work force, and whose domain is that? — human resources, of course. Lastly, the specific arsenal of skills necessary to strategy implementation is native to those people working in HR: similar tools for similar tasks, in a manner of speaking.

The notion of 'strategic HR' is common enough — certainly a plethora of books, articles, Internet publications, and the like exists to spur HR professionals towards strategizing their business management. A great deal of progress has been made along this trend, but the fact of the matter is that much of this strategy development remains strictly conceptual; very little ground is being gained in terms of actual organizational change. Strategy, in order to be effective, must naturally be implemented. If a business is to change, people must drive the wheels of that change, and that is where HR's true role comes into play.

Honing in on a successful method of strategy implementation, of course, can be a difficult and often overwhelming task. Even HR professionals at the forefront of their field can find themselves well out of their depth when it comes to actually putting the vehicle of strategy into gear. It is the goal of the HR manager, therefore, to act as both friend and guide to anyone aiming to become more actively involved in the evolution of his company. HR can and should be a leading factor in the implementation of strategy. This chapter serves to outline but one method of strategy implementation, designed for the simple purpose of aiding HR professionals in transitioning to this new and very important realm of contribution and influence. Regardless of an organization's size, function, or ambition, there are certain steps to be taken which are all but essential to the implementation process. It is hoped that this chapter can assist in streamlining HR activities and employee objectives in order to successfully deliver on company strategy.

LEAPING THE HURDLES OF CHANGE: HR professionals must first ascertain what obstacles presently exist that prevents the desired changes from occurring in their organization. Only then they can work to implement strategy, strategy implementation is, in many ways, a systematized process of removing the company's many internal roadblocks to change. Every strategy will encounter some measure of resistance, even when it's been unanimously agreed that change is imperative; and the more dramatic the change in strategy, of course, the more struggle there will be.

HR can pre-empt many of their potential battles by anticipating and addressing some of the problems that will likely arise. As a general rule of thumb, there are five basic causes for strategy implementation failure, and from these causes stem ten or so foreseeable hurdles that HR management must endeavour to overcome. The core causes and their related issues are as follows:

Cause 1: Poor coordination Within Management: Incongruous goals, opinions, and policies among upper-level executives can obstruct the cross-system cooperation required by the strategy.

Cause 2: Employees Are not Buying in: Employees within the company do not understand the strategy. Employees feel no personal responsibility to fulfil the strategy. It's possible they may feel that their efforts will be inconsequential in actually bringing about a change, or perhaps they are contemptuous of management. Employees are impassive towards the execution of the strategy, and exert no enthusiasm in taking part. Employees are uninspired by the overarching goals of the strategy.

Cause 3: Inadequate change within the work unit: Managers fail to direct the efforts of their work units towards conforming to the new strategy. Managers' styles and tactics undermine employee enthusiasm about the strategy. Work proceeds as usual even within those units which the strategy requires to exhibit swift and considerable change.

Cause 4: Weak inter-departmental collaboration: There are insufficient processes employed to advance the collaboration between different operating and functional areas.

Cause 5: There exists no measurement of progress: A method of measuring progress towards the desired goals is either deficient or else entirely absent. It is difficult, if not impossible; to tell what exactly is changing.

In order to establish which of these barriers to change will pose the most difficulty within a given organization, consider the following questions: (*i*) 'Which of these problems will most directly affect the achievement of our goals?' (*ii*) 'If these problems persist, what kinds of challenges could result?' (*iii*) 'If these problems are removed or reduced, what quantifiable business benefits will be yielded?' (*iv*) 'Which of these problems comprises the most immediate, pressing issue?' (*v*) 'How can HR work to address these problems?'

The most crucial element to solving these kinds of internal company issues is to identify them from the start. Like any disease left undiagnosed, small discrepancies in communication and leadership can rankle deeply and result in long-term and potentially devastating problems. In order to effectively implement strategy, HR leaders must take a proactive role in seeking out and carefully eradicating these various obstacles to change.

STRATEGY IMPLEMENTATION AS A SOCIAL ISSUE: The most significant aspect of the 'obstacle course' listed above is the fact that it consists predominantly of not technical or financial system flaws, but rather, stumbling blocks within the human system. This, of course, is HR's happy realm of specialty — for, where there is discord in the human resource, there is work for the human resource professionals.

The art of strategy implementation is a symphony in three parts: the technical system, the business system, and the social system. The majority of management teams do a swell job of dovetailing their business processes with the newly–established strategy, and the benefits of cutting-edge technology typically fall into place — but the marriage of social system and strategy is far too often a rocky one. The human resource is fickle and complex, difficult to understand and, as a consequence, difficult to successfully manage. By working to improve human interactions, HR will, by extension, be working to improve the actual execution and use of the more straightforward technology and business processes.

Social issues, when left to fester, can grow to the unfortunate point of overshadowing otherwise superior efforts by the remaining two fields. Put simply: the best technology money can buy and that paragon of a business plan are meaningless without the right people to operate them. HR professionals therefore become indispensable in their roles of mediating social issues and building up a support force to help drive the strategy implementation.

WHERE TO START? That formidable string of issues listed up yonder ways can be pared down to yield a tidy little 'To-Do' list — but recognizing problems and tackling problems are two very different things. The chore of thoroughly managing barriers to strategy is an intimidating one, and given that, the rarity of effective strategy execution is really none too surprising. Fortunately, every one of those issues is within the power of HR to conquer.

From a big-picture perspective, there are four vital tasks that all businesses must accomplish. These four jobs, when properly fulfilled, add up to the bare-bones work of strategy implementation, and they are:

1. *Helping employees to understand the strategy.* Not only must employees understand the strategic direction itself, they must also comprehend the reason for the strategy, as well as the driving forces behind it. Employees are the cogs around which the gears of business turn. If the employees do not understand where the strategy is headed, they will be incapable of realizing their full potential in aiding the strategy implementation.
2. *Augmenting employee commitment to the strategy.* Changes in strategy mean changes for people on an individual level, and individual change tends to mean frustration, disappointment, and challenge. If an employee is going to put in any extra effort towards propelling a conceived strategy to fruition, he must genuinely be given to believe that, in the long run, the end product will be worth the difficult sacrifices made in order to implement the strategy.
3. *Streamlining local effort with the strategy.* Though invariably all employees must be on board for understanding and committing to the strategy, this in and of itself is not enough. Implementing a strategy means legitimately changing work production. In order to achieve the business strategy, all off-strategy work must terminate and all on-strategy work must proceed with renewed urgency and dedication.
4. *Inducing cross-system cooperation.* The final and most important step in strategy implementation is that of realigning departmental relationships within the system. Implementing strategy means carving deeper relationships between inter-dependent organizational units, such as sales and manufacturing, or customer service and distribution. This last job is as challenging as it is critical, because it demands that employees within discrete work units learn to share and interact across the traditional boundaries of their job descriptions.

This system of change as organized into four jobs is rather unique among most designs for strategic HR. Where many plans focus in on how HR can appeal to, motivate, and enrich the contribution of the individual, the Four Jobs system recognizes the work that must be done on all three tiers of organization, from the individual to the work unit to the department as a whole. Implementation of strategy is an all-encompassing procedure, demanding change at all levels of the business's social system.

Naturally, strategy implementation does not always quite follow the nice linear path laid out above. The first two jobs, however, do remain distinctly foundational, and without their proper groundwork of understanding, jobs three and four are mind-boggling to approach. Jobs one and two, meanwhile, are certainly inter-related. When employees are lead to fully understand the nature and logic of the business strategy, they will feel entirely more compelled to work towards achieving it — particularly when they can see what they stand to gain from the change.

All this talk of strategy, of course, is worthless if it does not at some point translate over into action. Therein lies the purpose of job three. Regardless of employee understanding and enthusiasm, if there's no change in work at the local level, the strategy will never achieve full implementation. Changing work means not only altering the actual processes of local work units, but also improving the ways in which they go about completing their tasks. This is not simply a job for management — the workers themselves must affirmatively be included in the process of formulating solutions. Working employees enjoy a firsthand insight which upper-level management simply does not have the ability to possess.

Fulfilling a company-wide strategy requires that change be made not only within individual departments, but also in the ways in which those departments interact with one another. Job four focuses on adjusting the relationships between different business processes, improving how they work together and accomplish their aims. The implementation of a new strategy almost always demands such cross-system changes, but rarely do organizations actually take steps to make these shifts. Granted, it's pretty hard work.

And why is job four so much more difficult than job one? Proceeding through the steps of strategy implementation, there is a distinct trend of increasing difficulty. The reasons for this are several:

- Technically speaking, HR can accomplish jobs one and two without really partnering with the line organization (and it certainly often tries to) — but HR could not possibly hope to achieve jobs three and four on its own. To really hold weight over what work is done and how it is completed, HR must have an agreeable client who wants the offered help.
- As jobs one and two suggest, it is one thing to guide people in understanding something, and another thing entirely to motivate them to take action with what they have learned. This, of course, is one of HR's specialties – but though HR might be pro at instilling such changes within its own field of the business, it should be careful not to do so otherwise without line manager involvement.
- As important as it is that employees understand the strategy, as in job one, it is exponentially more critical that they apply what they know, as through jobs three and four. Unfortunately, this is where traditional training begins to grow less effective, and different, less conventional approaches become necessary.

Job three does not apply merely to the individual — it is a sweeping movement throughout entire work units, driving a collective change in focus, work habits, and processes. To successfully accomplish such a far-flung task, HR must work closely with line managers, often in situations which are out of HR's usual comfort zone.

THE REAL ROLE OF HUMAN RESOURCES: Having established that these four jobs form the core work of strategy implementation, the question now remains: exactly whose work is it? Certainly HR has a necessary role in helping the business to address each of these jobs, but it is not the place of HR to carry them all out. HR should follow its own initiative to complete those tasks it can, and a solid partnership with the executive line will see to the rest. Put simply, HR must establish itself as the driving force behind the strategy implementation effort.

On the flip side, though it is within the ability of HR to fulfil many of the requirements of jobs one and two, the executive line should be far from uninvolved. Employees, in all honesty, would rather be lectured and inspired by line leaders than they would by HR. In the meanwhile HR has the power to generate opportunities to bring employees together with managers and executives, leading from behind the scenes. Management will have the greatest success in implementing strategy given (*a*) Thorough understanding of the strategic objectives; (*b*) Willingness to make sacrifices in order to achieve the strategy; (*c*) Common view regarding what parts of the organization must change; (*d*) Commitment to a systematic plan of employee management, support, and inter-departmental relations that will cultivate efficient execution of the strategy

If any of these elements are deficient, it is the job of HR professionals to urge the management group to address these issues and suggest means of bringing the group into greater accord.

CHECKLIST FOR STRATEGY IMPLEMENTATION SUCCESS: Putting together all of the pieces, here is a final set of guidelines to HR professionals aiming to crack down on transforming strategy ideas into actuality.

1. Look at the big-picture business problems, not just HR bustle. Be down-to-earth and talk to people about what's really going on. Ask a line executive what problems are weighing on him — chances are good he'll launch into a spiel on customer response time, bottlenecks, production costs, waste, sales slumps, and the like, not the cost of new hires or lack of corporate values. Do not worry too much about what strategic problems HR professionals should 'bother with' getting involved in, whether they are 'HR-type' priority or not. The important thing is that HR is helping the organization to make changes, and any point that falls in line with the strategy is worth HR's time.
2. Gauge HR in terms of business results. HR often deals with the difficult-to-quantify, yes — but it is worthwhile to encourage HR to be more market-driven. HR will be more successful in earning respect within the company of it can contribute what the line executives need, want, and will appreciate.
3. Buddy up with the top line executives. A good partnership includes two parties which are working to achieve a common goal. HR and the executive line should both be open to receiving feedback with regards to how they are helping one another accomplish the strategy objectives. This sort of relationship operates far more effectively than the unfortunate habit of HR simply dictating coldly to the line functions what the problems are and what 'must be done' to solve them.

4. Be obstinate in building alliances. Job four is pivotal — there must be inter-departmental collaboration and change in order for strategy implementation to succeed. The different business processes, so accustomed to their separate and competitive ways, may vary will dig their heels in and resist the building of cross-system relationships, but HR professionals should stick to their guns and manhandle the company into cooperation.
5. Get savvy about business change. HR professionals should be exactly that — professional. They, more than anyone else, should know their stuff when it comes to what's going on in and around the business. Nothing is more valuable than a thorough understanding of how HR must operate.
6. Branch out for support. Do not shy away from hiring outside partners in order to help HR compile and carry out a method of tying in organization to strategy. 'Hiring out' is not a sign of weakness or incompetence — on the contrary, it shows business maturity in seeking diversity and creativity in order to solve problems. Often HR is too far buried within its own issues to see clearly, and an outside perspective can offer a crisp new form of insight.

The purpose of this argument thus far was to illustrate the need for HR to take really action in not only conceiving but in actually implementing strategy, and to offer a generalized guide which will hopefully help HR professionals to do so. HR professionals can and should be an extraordinarily valuable asset to every organization, and when working to the full extent of their capabilities, they are more than qualified to set the wheels of legitimate strategy implementation in motion.

7 THE HR EXPERT'S GUIDE TO EFFECTIVE INTERVENTION

THE NATURE OF BUSINESS AND ITS ENVIRONMENT: The nature of the activities an organization and the particular operating environment in which it subsists may have a profound effect on the culture of the organization. According to Deal and Kennedy (1982), the business environment is the single largest influence in shaping the corporate culture. E.g. The operational requirements of a software firm or a bank may significantly differ in a cement manufacturing company. Gordon (1985) showed that utilities (such as electricity, gas, and telephone companies) which have evolved in a relatively slow changing environment tend to develop cultures which value stability integration clear communication, support from senior managers, fair compensation, etc. In contrast the dynamic market place formed in highly competitive and changeable environments generally develop cultures, which set ambitious goals and value innovative behaviour and individual initiative.

Stake holders: Customers, shareholders, Government and the Public also influence the organizational culture of the company as part of its stakeholders.

The customers: in recent times, customers have been demanding quality and improvized service. This led many companies to change the culture to focus on quality, service, and reliability issues.

The public: In general, the public have an important influence of the organizational culture. The changing views of the public in matters like environment and minorities have led many companies to abolish gender biases in the company. The public is not immune to *false consciousness* and may pass strictures, which are anti-progress. The impotence of the Fourth Estate is an offshoot of this mediocrity.

The mediocrity: Let the HR manager not be naive to write off the mediocrity. They are a necessary element in any organization that provides the buffer between the progressives and the detractors. The lumpen elements in any organization are content with *status quo* resist change because of the latent insecurity that arises out of their intrinsic incompetence. The Sadri–Dastoor–Jayashree (1994-98) study had showed an overwhelming number of Indian managers who operated in the acceptance mode or took the Praxis route when faced with an ethical dilemma. Other scholars like M.S. Bagwan and Shamira Malekar have come to a similar conclusion in their studies between 2008 and 2010. The mediocrity (as a class) is indeed a dangerous lot who resist change and will not hesitate to pull any good idea down just so that things can go on as usual. Nicolo Machiavelli in *The Prince* quite aptly wrote:

> *There is nothing more difficult to take in hand, more perilous in conduct, or more uncertain in its success, than to take the lead in the introduction of a new order of things. Because the innovator has for enemies all those who have done well under the old conditions and lukewarm defenders in those who may do well under the new.*

The above quote must be taken in the context that *The Prince* is a manual to acquiring and keeping political power. In contrast with Plato and Aristotle, Machiavelli insisted that an imaginary ideal society is not the model for a prince to orient himself by. For instance, Antonio Gramsci rightly argued that Machiavelli's audience for this work was not even the ruling class but the common people because the rulers already knew these methods through their education. His work must never be dismissed as evil or devious (though at times it came across so). In his book, *Of the Advancement of Learning* Bacon wrote: 'We are much beholden to Machiavelli and other writers of that class who openly and unfeigned declare or describe what men do, and not what they ought to do.' It takes a Herculean effort on the part of the leader to offset these insiders who resist change and stem progress for the petty personal and pecuniary reasons which the insecure mediocrity dream up.

IMPLICATIONS OF CORPORATE CULTURE: Having observed what influences the culture of the company we now proceed to observe what are the implications of a having a strong culture in the organization. A work culture should be *value driven* in this case what value is being added by persons, processes and products becomes important. Scholars like B.S. Guha take this position, a work culture should be *value based* in this case, and selected core values are seen as standards against which performance is rated. Scholars like Farida Virani adopt this position. However what is required is that a work culture is both value based and value driven and in which case it is called *value cantered*. Scholars like N. Tara have been known to take this position.

Impact of culture on working style: An organizational culture provides members with a sense of identity enhance the commitment of these members to the organization's mission and clarify or reinforces a particular standard of behaviour. It is a cognitive framework consisting of values, attitude expectations and norms, which are shared throughout the organization. It creates an optimal person-organization fit so that performance is enhanced at every level and the competitive edge is constantly improved. The shared values have to be believed and lived not mouthed for the sake of convenience. These values, moreover, are short lived unless they have been firmly rooted in ethics. If not, these values will be like a beautiful dandelion flower which the first gust of wind shall blow away.

A vibrant corporate culture enables the manager to traverse this logical path (mission–vision–culture) in his thinking and thereby come to pragmatic as well as acceptable solutions, which are rooted, firmly in their ethical standards and their set of core values. The managerial dilemma is then resolved through a thought process, which is based on values and ethics and these values, and ethics lie at the root of how power and authority are perceived and effectively handled.

IMPACT OF CULTURE ON PERFORMANCE: Why do persons from some states perform well only once they go out of their home province is a question often raised by Indian scholars like Susan Cheriath. Corporate culture is influenced by the social ethos in the existing society as had been demonstrated by the John Whitehouse and Sorab Sadri study of the *social action approach* to industrial organizations. Kotter and Hasett have conducted an extensive study on the impact of culture in the organizations and the research came up with some interesting results:

1. Corporate culture can have a significant impact on a firm's long-term economic performance. They found that firms with cultures that emphasised all the key managerial constituencies (customers, stockholders, and employees) and leadership from managers at all levels *outperformed* firms that did not have those cultural traits by huge margin.
2. Corporate culture will probably be an even *more important factor* in determining the success or failure in the future. Performance degrading cultures have a negative financial impact on the firm for a number of reasons. The most significant being their tendency to inhibit firms from adopting needed strategic or tactical changes.
3. Corporate cultures that inhibit strong long-term financial performance are not rare; they develop easily, even firms that are full of reasonable and intelligent people.
4. Although tough to change, corporate cultures can be made more performance enhancing.
5. They also found that the paradigm of merely strong cultures being able to achieve good economic performance was wrong. Their research concluded that in firms with strong corporate cultures, *managers tend to march energetically in the same direction* in a well-co-ordinated fashion. That alignment, motivation, organization and control can help performance, but only if the resulting actions fit an intelligent business strategy for the specific environment.
6. Contextually appropriate cultures do not promote excellent performance over long periods unless they contain norms and values that can help firms adapt to a changing environment.
7. Holding onto a good culture requires being both inflexible with regard to core adaptive values and yet flexible with regard to most practices and other values.
8. The executives need to differentiate basic values and behaviours that aid adaptation from the more specific practices needed to perform well today.
9. Executives need to foster pride among employees, yet they also must be intolerant as possible of arrogance in others and in themselves.

WHAT IS VALUE-BASED CORPORATE CULTURE? It was seen earlier value in the objective sense as well as value in the subjective sense. It was also stated that the objective notion of value is born out the subjective notion of value and that the two change *pari passu* with a change in the attitude of the CEO. It appears quite ambivalent; therefore, when one speaks of value-based corporate culture since values differ from one organization and one socio-political culture to another. Does it mean that the culture holds certain values as sacrosanct and uses them as a guide to managerial action? Or does it mean that the organization works incessantly towards value addition at any cost? What is the role of ethics in all this? Does value-based culture mean caring for the individual even at the cost of the organization thereby turning the economic entity into a social service body? These questions need to be squarely answered but are not as easy as they seem. Nevertheless, It could be attempted to introduce the reader to a working definition. Michael Porter for instance defines culture as:

> *The cumulative deposit of knowledge, experience, meanings, beliefs, values, attitudes, religions, concepts of life, the universe and the self-universe relationships, hierarchies of status, role expectations, spatial relations, and time concepts acquired by a large group of people in the course of generations through individual and group striving.*

One of the most significant of the concepts in Porter's list is *value.* The nature of values and value systems are the key points along which organizations exist and operate. A *value is then an enduring conception that a given end state of existence is preferable and not referable to other end states.* It involves an assessment of good or bad, and in contrast to the concept of attitude, typically covers a wide range of experiences, and stimuli rather than being attached to a particular object. Affirmation of basic values implies various moral and ethical standards for a given culture. It would be logical to assume then that for any corporate body to survive it has to be guided by values. That does not *ipso facto* imply that these values are ethical or unethical. They are just beliefs that act as a guide to corporate or managerial action either at the individual, group or larger collective level.

Value-based corporate culture can be defined as the manner in which the corporate body interacts within and with the external environment while keeping certain beliefs sacrosanct and inviolable. In other words whereas the corporate body exists within a larger environment, is influenced by it and influences it turn, it is not entirely contingent upon the circumstances that surround it. It has certain beliefs and values around which an organization functions.

To explain what value-based corporate culture is a small digression is made. The case of an organization that has to deal with clearing imported goods consignments from the ports as a part of its business. It is common knowledge that things do not happen unless palms are greased or in short bribes are given to facilitate the import of goods. But there is one such company in Mumbai that does not give bribes as a matter of policy. What it does instead is that it *builds relationships* with the dockworkers and clearing agents on a personal level. In this activity a considerable expenditure is incurred but that is not a bribe. There is a bond developed between the company and the dockworkers and clearing agents and this bond is so personal that bribes need not be given and the work goes on unhampered. A more mundane example at the personal level can be taken up to explain this analogy. You give *Divali Bakshsish* to the postman as a regular feature. You are courteous to him and even give him a box of sweets on *Holi.* This does not amount to a bribe but expenditure for building relationships. This is ethical whereas *giving a bribe is not.* What is the difference one may ask? The answer is simple. In giving a gift there is relationship that is being developed so that the ordinary business life is made smooth. In a bribe there is a *quid pro quo* involved, whereas in relationship building there is no such immediate *quid pro quo* involved.

The above paragraph deals with the difference between culture-based values in Japan and the USA. We found a marked difference was found between oriental and occidental cultures. When an Indian company makes a maximization of wealth as its objective then there is every chance that it may cut corners and break rules to achieve this. On the other hand, if the credo is to create wealth then the objective can only be fulfilled if there is a genuine effort to improve the quality of life. Whereas the first company may bribe its way out of a sticky situation, the latter company will honestly pay the fine, if it transgresses any law and it is caught. That does not mean that the first company does not have beliefs. It only means that the second company has ethical management, which is by definition value based.

A lot of problems do arise when the oriental culture is at variance with occidental objectives taken up by a company. This mismatch gives human values a different dimension altogether. Take the case when one of the authors was sitting in the office of Mr S.P. Godrej in the winter of 1998–99 and someone telephoned him to say that he had placed spikes on the pavement to prevent land encroachment. Any other Indian CEO may have been happy at the subordinate's zeal. But Padma Bhushan S.P. Godrej reacted in anger, admonishing the caller in firm language. Godrej opined that he would rather plant trees or put concrete flowerpots to prevent encroachment than plant metal spikes that might injure a human being. That is what corporate values are all about and that is the difference between him and a lesser mortal.

In India, a senile octogenarian in the family may still try to control the activities of his/her middle-aged children. When questioned they will defend his senility in the name of values and Indian culture. That is not what is been alluding to when it is spoken of Indian culture. It mean the mores that govern business and the behaviour of managers against an ethical backdrop.

Here a word of caution needs to be inserted. It is easy to be ethical when things are looking up. But it is when things are rough and a person is ethical he is said to be value based. So is true of business houses. B.K. Karanjia recounts how Naoroji Godrej ordered the taking back of all the defective safes, repairing them at the company's cost and then returning them to the buyers. And this was done even when customers told him that it was not necessary for him to do so and the safes were otherwise quite in order.

But values are bound to differ from corporation to corporation. In the Birla Group, senior executives are encouraged to have their separate businesses which are ancillaries to the Birla's business interest. In the Tata Group such behaviour would be anathema and cause enough to demand the senior executive's resignation. That does not mean that senior officers in the Tata Group did not misuse authority or that managerial behaviour is in consonance with corporate culture. The infamous elephant ride through Jamshedpur town and the conspicuous expenditure to mark the occasion of Mr Russi Modi's 50 years with Tata Group is an example when an executive behaviour was clearly at variance with corporate culture. Was the demonstration of loyalty by a boot licking mediocrity ethical? Was its acceptance by a seasoned and senior executive equally ethical? Certainly not!.

The question is begged as to what is it that makes corporate culture value based and vibrant? There is one strand of thought championed by *soul-based philosophers* like S.K. Chakraborty, who suggests that spirituality holds the key. Unfortunately a lot of corporate leaders seem to believe in it. *The Times of India* on July 29, 1999 (J.R.D. Tata's birth anniversary) carried a news item. The World Bank has been discussing with spiritual leaders of major religions under the chairmanship of the Archbishop of Canterbury on how to improve the lot of the common man. Perhaps if they looked deeper into the *modus operandi* of imperialism they would find the answer more readily! Needless to add, that with such a position, we differ very strongly with his holiness and his spiritualist friends.

While metaphysics is a respected and very developed form of knowledge it cannot be so loosely used as to presume that people will be good and business will be ethical automatically if spirituality enters the arena. While a vibrant corporate culture needs to be value based, the creation of wealth does not imply destruction of ethics as Russi Lala has categorically shown in his work on J.R.D. Tata. Hence we proffer three *mantras*, which will contribute to the building of a value-based culture. A mantra is a metaphysical chant that creates an environment within which desired acts can be carried out. And, the presence of these three sets of beliefs in a corporation having value based culture is very logical indeed.

- The first mantra is the commitment for building and nurturing trust relationships.
- The second mantra is the unshakeably incorporating transparency in the decision-making process itself.
- The third mantra is taking the art of delegation to its logical conclusion by empowering managers *and* holding them accountable.

To this, three *tantras* are added that will bring about the desired results. The *tantra* is the practice or ritual of a metaphysical craft. In the particular case under review the HRM facilitate also has some *tantras* and these are:

- Making rules for the benefit of man and not make man behave to satisfy the stipulated rules.
- Setting up client-friendly systems, which harmonize pluralistic tendencies and bring about goal cohesiveness?
- Building quality into every aspect of the system so that effectiveness and efficiency combine to give the company a competitive edge.

These *mantras* and these *tantras* are not discrete sets while retaining their individuality. One set conditions and mutates another. But who will lead the change? The task falls to the lot of the HRM specialist without a shadow of doubt.

Suppose a Mephistopheles within the ranks of management were to question the myth of shared values. What would become of the HR function then? This is an important issue and needs to be addressed.

IS THE MYTH OF SHARED VALUES ORGANIZATIONAL TOTALITARIANISM?

This enigmatic question was raised by Jayashree writing in *Indian Express* in 2007 from where this brief section of the chapter (and the charts) has been extended. Shared behaviour versus agreed values has been the bane of all experts who have mooted HR interventions especially when these are aimed at building corporate culture. A lot has been said but a lot less has been done in this field. Building corporate culture is the beholden task of HR interventions and revolves around generally shared and accepted beliefs, values, and ethics. The moot issue then arises as to what is the role of free will in all this? What about individual liberty and freedom to choose in the tradition of Amartya Sen?

The first question need to be addressed is what it really means to share values. Management literature seems to slither past this question. Tom Peters and Robert Waterman, in the most celebrated source of idea of shared values is one in which the context, seem to presume that an organization with shared values is one in which the workforce as a whole — or a sufficient majority — simply hold the same values. In a similar but more detailed vein, Andrew Campbell and Kiran Tawadey identify shared values as conformance of the values of employees to those of senior management. They explicitly identify 'company values' as 'what senior management believes in', and a little later state that 'Employees who have personal values similar to the organization's values find a sense of fulfilment and meaning in their work and behaviour standards. The language here seems to suggest that the issue is one of whether or not an individual's values correspond to some extent set of 'organizational' values. There are two additional nuances worth noting here — first, that employee's values should be identical with organization ones; and second, that the employee must fit in with organizational values, rather than the other way around. Several concepts that need explanation, in particular these three: (*i*) The existence of a single value within an individual overall framework. (*ii*) The idea of 'an organization's values' and the associated question of how uniform is the culture of the organization. (*iii*) The manner in which value conformance is expressed or interpreted in an organization.

The Existence of Values: Many writers of business ethics see important part of their task as identifying a list of key values or virtues that are relevant to the world of business. They then go on to infer that key tasks of business ethics is to establish whether an organization possess or holds these, and how far individuals can be influenced to hold the same values. So Laura Nash talks about the common denominators of ethics — honesty, reliability, fairness, and pragmatism — while at a more abstract level. Ronald Green presents an overall framework of objectivity in decisions, which he terms 'NORM'

The basis for these two examples illustrates the main alternative routes to such proposals. Nash claims to have arrived at her set via an extensive poll (her term) of managers in the US. Green is proposing this as the result of his own analysis, although he acknowledges a debt to two philosophers, the contemporary John Rawls and the 18th Century Immanuel Kant. In both Nash's and Green's cases, though the overall strategy remains same — given a set of recommended values or values structures, the key issues are: Whether organizations display or support these; and How does a manager increase the degree to which individuals within those organizations also support them?

The Organization's Values: There are two related areas that need to be considered where the question of 'organizational values' is concerned. One is the idea that an organization can itself be said to 'have' values at all; and the other is the extent of homogeneity of values within an organization's culture. Can an organization legitimately be ascribed values at all? Legally an organization is treated like a person-for example, where issues of liabilities are concern. That is to say, an organization may be held responsible for debts, liable to give or receive compensation, and so on. However, even in the legal sphere there are constraints on this. Certainly in UK law, organizations are 'personalities' only in a civil sense. They cannot be tried in a criminal court. Where criminal proceedings are involved, it is the directors or employees over tried. If the organization cannot be said to act criminally, what sense is there in ascribing to it moral responsibility and hence moral attitude?

So one answer would be that an organization is a social unit which takes personal characteristics by virtue of being composed of human beings as members — an investment bank might be seen as aggressive because of the vast majority of its brokers are. Equally an answer to other extreme would be that the ideas of corporate culture and organizational values are entirely metaphorical, conveniences to help simplify the complex reality of large group of people.

In practice neither answer is satisfactory. Some organizations, partially because of the structure, partially because of other factors such as nature of their business, degree of competitiveness, and so on, are culturally similar. Wherever a person go in the organization he will find similar responses from the staff, similar approaches to non-standard problems and task, and so on. By comparison other organizations are as much more complex. Subcultures abound. The same task presented to different group might elicit quite different responses. This difference is called degree of culture saturation.

NUMBER OF CULTURES REPRESENTED IN ORGANIZATION

		Monoculture	*Few Sub-Cultures*	*Many Sub-Cultures*
DEGREE OF CONFORMITY AMONGST WORKFORCE	**HIGH**	Totalitarianism	Imperatorial power base	Team culture
	MEDIUM	Influential role model	Party/faction based	Departmentation
	LOW	Tolerant	Loose confederation	Minimalist

The figure above portrays this is on a two-dimensional plane the degree of conformity and number of key cultures leading to nine different organization types. This model indicates that organization vary widely in the extent to which they can be regarded as unified whole, and hence it demonstrate that they cannot be conveniently identified as possessing one set of values. This model emphasises that the whole project of trying to manage culture and values is more appropriate for some organization and less for others. However the main point to draw from it is that idea of an organization as a bearer of attitudes and values has greater sense the further to the top left an organization is placed. Equally, it has less sense the further to the bottom right the organization might be. A minimalist organization is not one in which it is particularly useful to talk about sharing values at all, for there is little if any central core of values that define the organization. On the other hand, a highly conformist culture (which has been labelled totalitarian with deliberate bias) is one where there does seem to be some sense in talking about the organization values. The other issue arising from this model is the question of 'whose' values represent those of the organization. As mentioned earlier, Campbell and Tawadey see this specifically in terms of 'senior management'. Similarly Peters has identified early senior managers — often but not always the founders of companies — as key sources of organization cultures and values. The international academic opinion is this: whereas values area thought-based concept, ethics are an activity-based concept. This epistemological difference must be never lost sight of. After all the building of corporate culture rests on this understanding.

The Expression of Conformity. The third point to be made concerning shared values is a theme of internal intention versus external behaviour. Do we always mean what we do or do what we mean? Are we always guided by rationality or are we subjective? If we are subjective then what happens to the theory of rational choice that economists swear by? Is the *homo logicus philosophicus* dead?

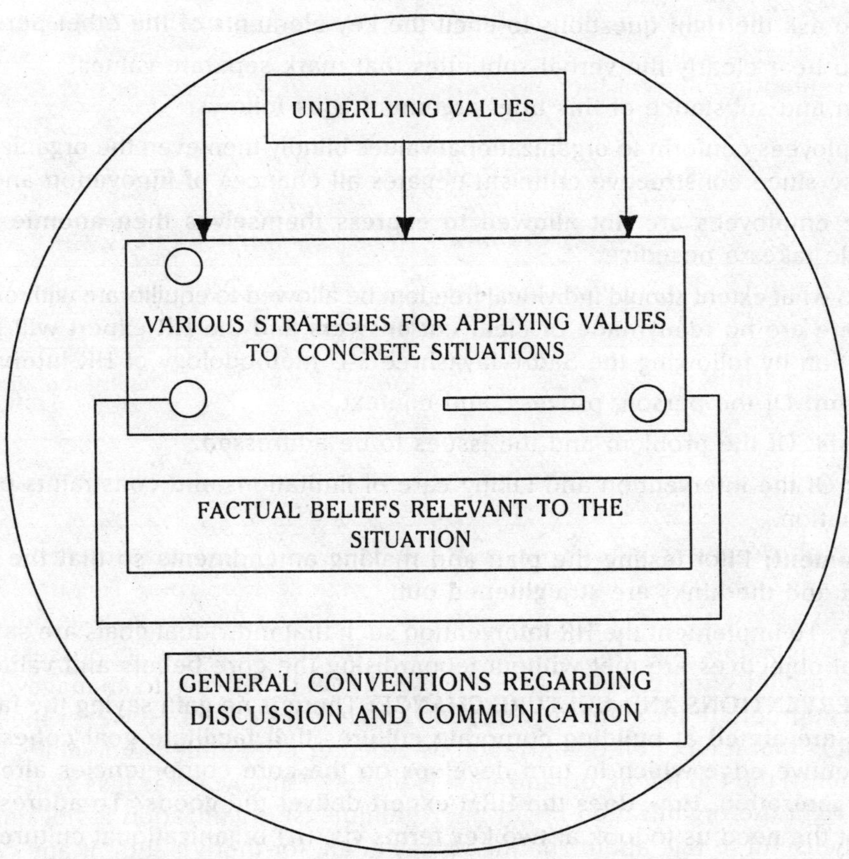

THE CONTEXT AND CONTENTS OF VALUE JUDGEMENTS

The above diagram illustrates multiple factors underpin and contribute to someone's verbal judgements of values. But it is not that the kind of superficial 'agreement' exemplified above exists solely when all factors 'pull' in the same direction. Different elements may conflict, and in doing so cancel each other out. Consider the following range of possible sources of superficial verbal agreements, which almost certainly are not exhaustive. Two people engaging in a discussion about ethics may:

- Share exactly the same values, apply these in the same way to the situation at hand and share the same factual beliefs relevant to situation.
- Have the same basic beliefs, differing in how these should be applied to situations, but this difference itself cancelled out their differing factual beliefs.
- Have different basic ethical values, but different factual beliefs leads them to agree in particular situation.
- Come to an agreement for social or power-based reasons, with one or both choosing not to make open their true feelings.
- Attribute different meanings to key words or phrases.

- Fail to ask the right questions to elicit the key elements of the other person's views.
- Fail to hear clearly the verbal subtleties that mark separate values.

The sum and substance of this brief argument is as follows:

- If employees conform to organizational values blindly then even the organization stands to lose since constructive criticism negates all chances of innovation and creativity.
- If the employees are not allowed to express themselves then anomie sets in and morale takes a nosedive.

Hence to what extent should individual freedom be allowed to equilibrate with organizational purpose? There are no readymade or clear cut answers and the HR expert will have to find his own solution by following the Sadri–Jayashree 5-D methodology of HR intervention viz:

Definition: Of the person, process, and context.

Diagnosis: Of the problem and the issues to be addressed.

Design: Of the intervention and taking care of limitations and constraints posed by the objective situation.

Development: Pilot testing the plan and making amendments so that the corners are well rounded and the kinks are straightened out.

Delivery: To implement the HR intervention such that individual goals are satisfied while organizational objectives are met without jeopardising the core beliefs and values.

HR INTERVENTIONS AND CULTURE CHANGE: There is no gain saying the fact that HRM interventions are aimed at building corporate cultures that facilitate goal cohesiveness and give a competitive edge which in turn develops on the core competencies already present within the organization. How does the HRM expert deliver the goods? To address the above question, first the need us to look at two key terms viz. (*a*) organizational culture and (*b*) HR interventions.

In the argument, which is already seen what organizational culture is. Emphasis is given on its importance and implication and its natural evolution in the preceding section. In order to critically examine whether one can influence corporate culture through HRM intervention, the following framework will be used for this section.

- What do we mean by HR intervention?
- What criteria are needed for the HR intervention to succeed?
- What are the tools for HR intervention for incorporating culture change?
- Where lie the pitfalls in HR intervention during the culture change?

WHAT MEANT BY HRM INTERVENTIONS: HRM interventions are a sub set of overall organizational interventions, which is a subset of organizational development. By organizational development, is meant 'a system-wide application of behavioural science knowledge to the planned development and reinforcement of organizational strategies, structures, and processes for improving organizational effectiveness. The term intervention refers to a set of sequenced planned actions or events intended to help an organization increase its effectiveness. Interventions purposely disrupt *status quo*; they are a deliberate attempt to change an organization and submit it to a different and more effective state.

CRITERIA FOR SUCCESSFUL INTERVENTIONS: There is no clear cut prescription for successful interventions since the prescription for two patients suffering from the same disease may be different depending on their age, sex, and extent of damage caused to the system. However some generalizations, within limits, can be permitted. For an intervention to be effective, the following criteria must be met: (*a*) The extent to which an intervention is relevant to the organization and its members. (*b*) A reasonable knowledge of outcomes. (*c*) The extent to which the organization's capacity to manage change is enhanced. (*d*) The will and determination to bring about change. (*e*) The ability to think creatively and cast away the fetish of accepted custom and tradition.

Three major sets of contingencies that can affect the success of an intervention can be enumerated. (*a*) Having to do with the change situation itself. (*b*) Having to do with the target of change. (*c*) Having to do with the initiator of change.

Contingencies having to do with the change situation itself include individual differences among organizational members (e.g., needs of autonomy). Then there are organizational factors (e.g., management style and technical uncertainty) and dimensions of the change process itself (e.g.,, the degree of top management's support). The other situational factors are: willingness to change, readiness for change, capability to change, cultural context, capabilities of the change agent, etc.

Interventions seek to change specific parts/features of the organization. They are divided into organizational issues and organizational levels. The key targets of intervention on the organizational issue front are as follows : strategic issues, technological and structure issues, human process issues and human resource issues. Organizations function at the individual, group and organizational level. And these different levels can be the targets for change. There are certain proven approaches and techniques to organizational culture change which work. Albert King (1990), writing in *Vikalpa* on various areas of leadership gives us a chart, which looks as follows:

	Area	*Focus On*
1	Personality	Traits and qualities of great personalities
2	Influence	Relationship between individuals
3	Behaviour	Actions of leaders
4	Situation	Environment in which the leadership operates
5	Contingency	Result of influences exerted by various actors on behaviour
6	Transactional	Role differentiation and social interaction between groups
7	Anti-leadership	Absence of a real concept
8	Culture	The entire organization culture
9	Transformational	Using influence to create intrinsic motivation
10	Integrative	The integration of various approaches

THE 7S APPROACH AS A MODEL OF HR INTERVENTION

The 7S framework of Mckinsey is a management model that describes seven factors to organize a company in a holistic and effective way. Together these factors determine the way in which a company operates. All the factors are interdependent on each other and the relative importance of each factor will vary from time to time.

Whereas we have adopted the 5D methodology throughout the course, it is our opinion that the student should be familiar with the 7S approach of McKinsey. This is simply because we are dealing with strategy as an ingredient of the HR interventions. The 7S system is broken down into the following heads which shall briefly be treated herein. These tools are and which of these tools will they help in implementing an HR intervention for culture change. The hard S refer to the logical, technical, and observable tools and techniques for change. The Soft S refer to the more intuitive, creative elements for culture that are driven by people. Only those which were felt relevant for culture change are enumerated.

(i) **Strategy:** Corporate culture change cannot be brought about unless a coherent, well-defined direction/strategy is spelled out. Organizations with a murky vision of the business and no tangible objectives will find it the hardest to implement culture change in their organization. In addition, merely formulating the strategy/direction is not enough. This strategy has to be well communicated throughout the organization. Again, companies who keep *the plan* secret will find it harder to get the co-operation and contribution from their staff.

(ii) **Staff:** There is surely no argument that people are the company's most important assets. Also it is the people who make up 'culture' in an organization. This tool typically involves changing the attitudes and behaviours of the staff through processes of communication, involvement and empowerment. Tools like: compensation management (productivity linked) and employee wellness (stress management, counselling, etc.)

(iii) **Skills:** Providing training in attitude, skills and knowledge is necessary to bring about the new culture. The new culture will be different, it will change the way in which people interact and behave. This will involve a lot of training. This training must be of a nature that people accept, adjust, and adapt to the new culture.

(iv) **Style:** Staff focuses on the congruency between what you say and what you do. This congruency is critical, especially during the intervention phase because any divergence from 'word and deed' will frustrate any efforts towards culture change. A more important variable in this context is the variable of leadership. The single most visible factor that distinguishes major cultural changes from those that failed is a competent leadership and leadership style. Creating teams to implement culture change, support, and maturity of the top management are elements of leadership style when it comes to culture change. All these techniques lead to resistance, which will be discussed later. However, all of them lead to incremental culture change, which finally leads to comprehensive culture change.

(v) **Shared values and beliefs:** A major role of the mission and vision statement of an organization is to impart knowledge, both to the organizational members and externally, about the super ordinate goals of the organization, what the organization stands for and what it believes in. This is precisely the role of the senior management. They must not only formulate and constantly reiterate the values and beliefs but also adhere to them and practice them on an ongoing basis. Only such endeavours on their part will help in changing the conventional mindset of the people, changing their paradigms, shaping the behaviours of the people in such a way that radical changes in the prevalent culture of the organization is smoothly brought about that are essential for the growth and development of the people in an organization.

(vi) **Systems:** Systems are codified knowledge, organized in a logical sequence. They are the processes, methods, procedures, rules, techniques, technology, manuals, etc. that ensures that work is undertaken efficiently and accurately. They are the instructions that guide staff and management in their daily tasks. In order to match the dynamic requirements of business and technology, the ways in which people work, business policies and controls, organizational relationships and business practices and the important organizational systems are undergoing radical changes. The changing systems require better capabilities in organizational process and methods in order to march towards a highly performance driven, open, flexible and vibrant cultural systems.

(vii) **Structures:** Changes in organizational structure is imperative in the face of changes in organizational process and management or leadership styles. For instance in order to be more responsive and result-oriented organizations need to move to a network structure. Those that are hierarchical may need to adopt transition structure, via decentralized, matrix or Process structures. To increase responsibility and accountability the number of management levels may be reduced. Process organizations need to introduce a new form of organization that aims to break away from many of the above traditional types, particularly the bureaucracies and divisional forms. The matrix organizations should accommodate a balance between functional expertise and process involvement and essentially remove the functional barriers. Thus, structural changes within the organization play a vital role in changing the cultural milieu of the organization.

However, how does this transcend into HR interventions towards organizational change? For that we take recourse to the diagrammatic representation given below.

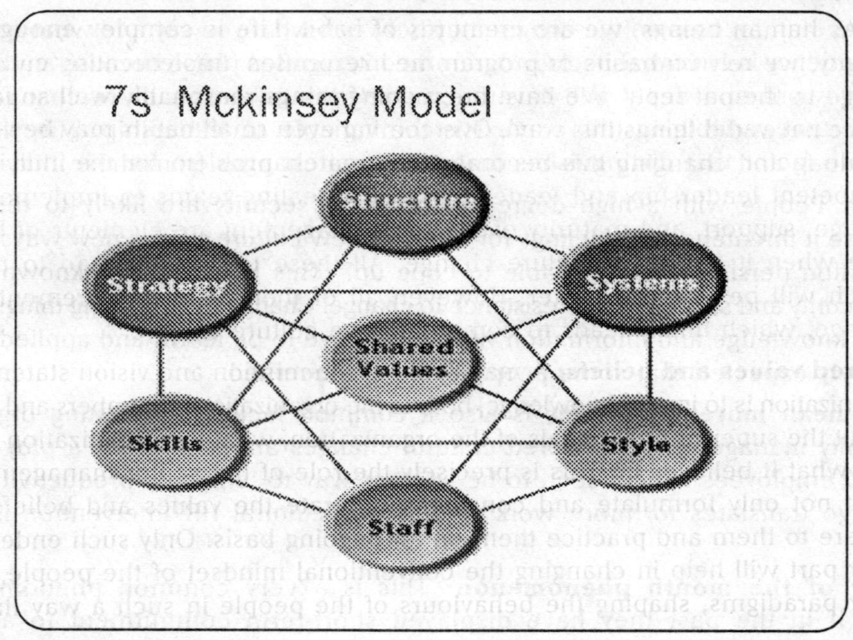

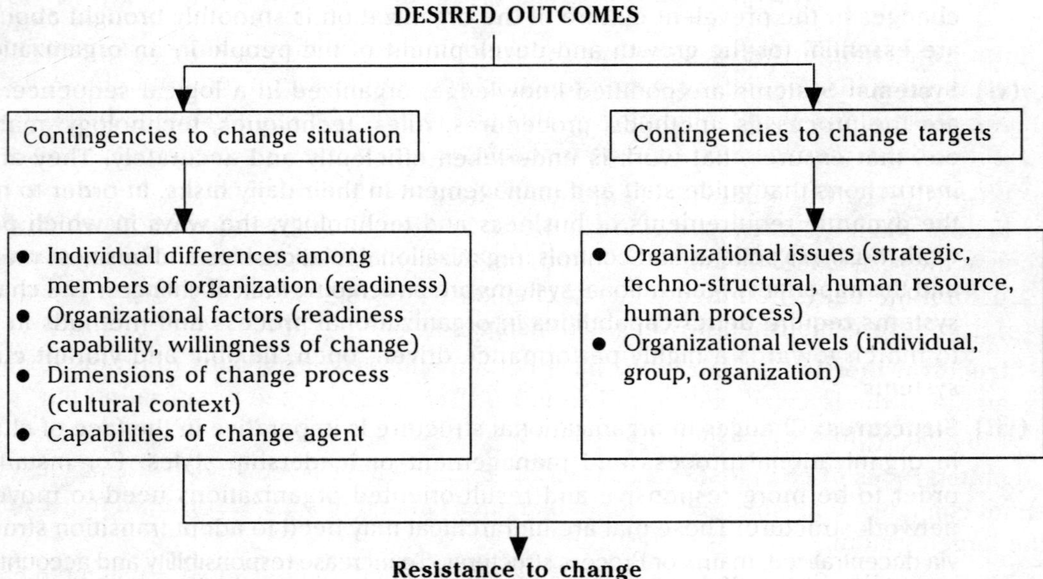

The above model explains the tools of culture change. Now the focus is on the resistance. Resistance can be thus categorized: (*a*) individual resistance and (*b*) organizational resistance. Resistance doesn't really surface in standardized or overt ways. Resistance can be covert, implicit, or deferred.

INDIVIDUAL RESISTANCE: The basic sources of individual resistance to culture change are known to stem from these issues: (*i*) Habit, (*ii*) Security (perceived loss of control), (*iii*) It may mean more work, (*iv*) Past resentments, (*v*) 'Flavour of the month' phenomenon, and (*vi*) First you change, then I will sort of logic.

Habit: As human beings, we are creatures of habit. Life is complex enough. To cope with complexity, we rely on habits or programmed responses. Implementing culture change will be hostage to the pat reply 'We have been doing things reasonably well so far, why the change' or 'We never did things this way'. Overcoming even small habits may be very difficult for the individual, and changing this becomes the greatest problem for the individual.

Security: People with a high degree of need for security are likely to resist change simply because it threatens their feelings for safety. A new culture means new ways of working and the question persists 'Will I be able to cope up?' This fear of the unknown leads to a feeling of insecurity and subconscious resistance to change. Change means doing things differently, creating new knowledge and information which will have to be learnt and applied. Therefore it is not entirely expected that some people will be concerned.

It may mean more work: This is also a common factor for resisting organizational change. Usually management sponsored cultural changes are seen to be a ploy to off-load more work to employees as it is seen to be another way to 'enhance productivity' which in employee lingo translates to 'more work' Hence any cultural HR intervention is met with hostility.

Flavour of the month phenomenon: This is a very common phenomenon with organization if in the past they have displayed short-term commitment to a variety of programs. This is seen as 'just another fad' which will die its own natural death.

First You change then I will change: This mindset of the managers is based on the phenomenon that if someone is strong enough to oppose the action required, this will create a stimulus for total inactivity. In employees this phenomenon is manifested in the form of the expectation of the management leading by example.

ORGANIZATIONAL RESISTANCE: Organizations by their very nature are conservative. When culture change is attempted some of the 'sacred cows' of the organizations are disturbed and hence the resistance. Usually, it is found that the sources of organizational resistance are: (*a*) Structural Inertia, (*b*) Limited focus of change, (*c*) Group inertia, (*d*) Threat to expertise, and (*e*) Threat to established power relationships

Structural inertia: Organizations have certain built-in-mechanisms to produce stability. For example, if the issue of culture fit is followed scrupulously, the organization has 'certain kind of people' who are resistance to culture change.

Limited focus of change: Organizations are formed out of several independent subsystems. It cannot change one in isolation. So limited changes in and of subsystems tend to get nullified by the larger system.

Group Inertia: Group norms act as a constraint even if the individual is willing to change. Peer pressure assumes significance in this context. The automation in Fleet Street during the 1980s is case in point. Senior faculty in a particular department of a B-School resisting the need to learn how to use a computer even in 2010 is another instance.

Threat to expertise and established power relationships: This includes perceived as well as actual threats to destabilize established resource allocations. Changes in an organization's attitude, ways of functioning affects the expertise of specialized groups. Any redistribution decision-making authority can tend to threaten some groups. Usually it is the mediocrity that takes up cudgels in the name of custom and tradition when in fact they are covering their own insecurity.

OVERCOMING RESISTANCE: The research indicates that when the following conditions prevail, implementing successful interventions becomes easier.

Organizational support: This actually boils down to top management commitment: Cultural change must be managed from the top of the organization. The management itself needs to deeply believe in what they are doing and must have the staying power to take it through. Also the clear strategic thinking that is the backbone of every culture change is to be made, internalized, communicated, and propagated throughout the organization.

Symbolic leadership: Senior executives must communicate new culture through their own actions. The behaviours needed to symbolize the kind of behaviour being sought from and expected of the employees. Employees seek congruency between the word and deeds of the top management. During time of crisis especially, top management must be extra careful. It is easy to be ethical when the going is good but the difference between the men and the boys is apparent when the chips are down and yet ethicality is not mortgaged on the altar of short run gain.

Organizational support: Cultural change requires supporting modifications in organization structure, HR systems, information and control systems, and management styles. In order to adjust to the new employees who are facing problems counselling and therapy, new skill training or a short leave with pay will take the sting out of the adjustment process. No matter how tempting it may seem, avoid using sensitivity training and T-Group exercises since there are several quacks around and they do more harm than good to the organization.

Education and communication: Communicating with the employees so as to help them see the logic of change can reduce resistance. This will reduce unnecessary misunderstandings and suspicion on the part of the employees. The tools employed in this regard are: one-on-one. Take the case of ayurvedic medicine *vis-a-vis* allopathic medicine. The former is far more old and developed but was never passed down or shared easily and a lot was lost in antiquity. The latter developed by sharing and communicating knowledge and findings. Hence a closed system though more scientific may not perpetuate and develop as well as an open system would.

Participation: It is a basic premise that people find it difficult to change even during discussions, issuing memos, group presentations, or writing reports. These also enhance trust and credibility, which makes culture change easy. Decisions in which they have participated are easily acceptable. Prior to making the change, it is advisable that those affected mainly (maximum expected resistance) can be brought into the decision process assuming that the participants have the expertise to make a meaningful contribution.

Negotiation: Negotiation can be a tactic when the source of the resistance is powerful. It is basically a technique of exchanging something of value for lessening the resistance. But it has a high cost associated with it and is fraught with risks, e.g. Possible blackmail later on cannot be ruled out. However, we negotiate everything in life without realizing it. Yet when it comes to the organization we shy away or sweep it under the carpet or hide our head in the sand like a threatened ostrich.

Manipulation and Co-optation: Manipulation refers to covert influence attempts. It refers to twisting and distorting facts so as to make them appear more attractive, withholding undesirable information, and creating false rumours to get employees to accept a change. etc. Co-optation on the other hand is an example of both manipulation and participation. It seeks to 'buy off' the leaders of a resistance group by giving them a key role in the change decision. Again these tactics may actually backfire and are potential credibility destroyers.

Coercion: In certain extreme cases, coercion may be used. Ad hoc termination of chronic deviants and selection of newcomers are examples of coercion. The risks mentioned are the same as those of manipulation and co-optation. This is not recommended under any condition whatsoever. But before we go about stating what should be done and what should not, let us pause and ask ourselves what is the uniqueness of a vibrant corporate culture. Three aspects stand out when we try to answer the above question. (*i*) A learning organization. (*ii*) A transparent decision-making process. (*iii*) A general feeling of trust and belongingness.

Then Mona Sinha suggests that we ask ourselves the inevitable question what will all this lead to? And the answer is that we attempt to facilitate the organization to develop and not just grow. One cardinal feature of developing organizations is the presence of *innovation*.

> *Innovation is defined simply as the process of creatively bringing in new methods of doing the old things so that the system is made more effective and efficient. It implies new ways of looking at reality and finding solutions rather than seeking out problems.*

HR INTERVENTIONS FOR PROMOTING INNOVATION

Ever since Joseph Schumpeter in *Capitalism, Socialism, and Democracy* argued that capitalism will, like any other system, sows the seeds of its own destruction. So, if it had to survive the onslaught of time it would have to change along with time, innovation became the life restoring plasma for capitalism. Even almost a century later innovation remains the buzzword today. However there is a paradigm shift in the manner in which organizations are seen. This change of vision is crucial to the understanding of the internal environment as well as its external pressures, for the HR expert. From the new millennium, approach, there can be seen a distinct shift from the long-time *learning* organization to the *doing* organization. Organizations' today are concentrating on implementing newer ideas and bolder strategies in order to cater to a more aware customer who has a plethora of alternatives laid in front of him. All this is done to achieve the erstwhile objective of obtaining greater profits and credibility that could be sustained over a long period of time. As economists would put it, this is to enhance the competitive edge by harnessing its core competencies.

With the right kind of corporate culture emerging and with the advent of the knowledge worker, the HR expert will find that new and bold ideas are not few and far between. They only need to be nurtured in an organization and this can happen only if the culture of the organization is one that promotes freedom of work at all levels. This freedom of course needs to be defined; this may be a contradiction but is necessary in order to achieve that critical amount of discipline and order. The management should respect the employees' intelligence and promote his ideas by seeing them through implementation. Care should be taken not to discourage the employee if the idea fails. All this will take a lot of patience and financing on the management's' behalf but will go a long way in establishing a culture conducive to innovation.

An organization will be truly innovative if the above mindset percolates down at all levels and it is a strong belief that effective human resource management and development in a company could make a lot of difference in this regard. Therefore, in the report, focussed on the effective intervention of HRM in building an innovative organization. To create a semblance of order in the presentation, the HRM expert may find it fruitful to adopt the following structure for his intervention:

- A brief note on innovation in organizations.
- Need for innovation and how should companies go about it.
- HR intervention at what levels?
- A comprehensive look at the role of HRM towards cultivating a culture of innovation through the following activities: (*a*) recruitment, (*b*) redeployment, and (*c*) prevention of discrimination through internal audits, resulting in healthier employee morale which will provide an environment conducive to innovation.

It was argued earlier in the text that the HRM expert has to first of all change the attitude of the CEO by dealing with his mindset. This short section is intended to facilitate this process of change by showing the path. One good way is to develop in-house training programs for senior executives and involve them in the change process. The trick is to always make the other person believe it was his idea, when all along it has been that of the HRM expert. Once the idea is *owned* by line managers they will leave no stone unturned to achieve the objective. In this section, we present the theoretical background for the HRM facilitator to develop his own program of change so that innovation is brought about.

The adage that *work starts well before the ink is dry* is very true for the HRM intervention as it is seen throughout the long argument. Like the process by which a child learns how to walk, most business innovations emerge from a series of trial-and-error experiments, from seemingly random actions that eventually form a pattern, and from very small adjustments that would ultimately form a solid step in the forward direction. Golden words like lean manufacturing, business process reengineering, etc. have been the result of years of trial and error experiments the results of which have finally crystallized, to give the benefits of the productive ideas.

The years gone are proof of the fact that many innovative ideas never get translated in to meaningful strategic actions simply because they are at odds with the mindset of the management in the organization which in a way defines the corporate culture of the company. Systemic insights never find their way to operating ideas and though a pilot experiment may lead people to believe that a new idea could work wonders, this idea never gets adopted because of the existing mindset that is averse to implementation of anything that is untried and untested. Why does this happen? Why do perfectly brilliant ideas never see the light of the day in want of financial support from the company?

An astute observer can see just one main reason to this, that bearing the fear in the minds of people to adopt something new which could be a gamble that might not pay off. People have cultivated a certain mindset and feel safe to stick by it, little do they realize that it is the ones who have the first bite of the apple who eventually end up having the biggest share. Why is this mindset so crucial? Well simply because what we think that affects what we perceive of what we see. In short, as argued in *The Theory and Practice of Managerial Ethics*, perception is the reality. If perceived an employee to be efficient and good at his work will definitely be appreciated for the work and tend to find fewer faults with it, for at some subconscious level are always trying to justify the perception about that particular employee. *The only flaw to this kind of appraisal is that we may not always be right and the employee may not always be effective.* In such cases it is better to err in favour of the employee than to err in your judgement against his interests. The former can be corrected over a period of time through transfers and redeployment after training. The latter has killed innovation and drive forever and this does not augur well for the company image. News spreads fast in organizations and bad news spreads faster. A very appropriate example of mental attitudes impeding the application of perfectly operational ideas would be the case of a leading American goods manufacturer·

In the book *Putting Ideas into Practice,* an instance has been cited to make this point. In the late 1960s, the firm found that it was losing market share. Hoping to analyze their situation, top executives sought help from an MIT team of 'systems dynamics' specialists. Based on computer models, the team concluded that the firm's problems stemmed from the way its executives managed inventories and production as it cost so much to store its bulky, expensive products, production managers held inventories as low as possible and aggressively cut back production whenever orders turned down. The result was slow and unreliable delivery, even when production capacity was adequate. In fact, the team's computer simulations predicted that deliveries would lag further during business downturns than during booms — a prediction that ran counter to conventional wisdom, but which turned out to be true. Impressed, the firm's top executives put into effect a new policy based on the analysts' recommendations. From that point on, when orders fell, they would maintain production rates and try to improve delivery performance. During the 1970 recession, the experiment worked. Thanks to prompt deliveries and more repeated buying from satisfied customers, the firm's market share increased. The managers were so pleased that they set up their own systems group. But the new policies were never taken to heart, and the improvement proved temporary. During the ensuing business recovery, the managers stopped worrying about delivery service. Four years later, when the more severe OPEC-induced recession came, they went back to their original policy of dramatic production cutbacks. Why discard such a successful experiment? The reason was the mental attitudes deeply embedded in the firm's management traditions. Every production manager knew in his heart that there was no more sure-fire way to destroy his career than to be held responsible for stockpiling unsold goods in the warehouse. Generations of top management had preached the gospel of commitment to inventory control. Despite the new experiment, the old mental model was still alive and well. This example shows the importance of a corporate mindset that encourages new, workable ideas against all odds. It is very important to have such a culture existing in the organization in order to constructively exploit the creative talent of the employees and therefore move towards the goal of sustained profits and credibility for the organization.

One of the major problems faced by the office equipment division of the Godrej and Boyce Manufacturing Company in India has been the delay in delivering ordered steel almirahs and the poor synchronization between marketing, field sales, and production departments. One of the ways it is overcoming it is that P.D. Lam is hell bent on making systems effective and bringing in innovation through stakeholder ship and belongingness among the employees. And surely but slowly he is succeeding. On the other hand in a stainless steel company in Navi Mumbai innovation and creativity could not be realised because the managing director interfered with everything and unwittingly killed the managerial zeal to work. That company is doing quite poorly since 1998. That innovation at this late stage may resurrect its fortunes is questionable. But what is certain is that lack of innovation caused the situation to deteriorate in that stainless steel company.

If we were to think about the process of creating a culture conducive to innovation in any organization, it would be obvious that the human resource management and development plays a very important role in the entire activity. What exactly is this role and the extent of its importance shall be discussed later in this section. Also one cannot ignore the role of organizational behavioural studies in this context. And it is imperative that the HRM facilitator is well schooled in theory.

It is a strong belief that HR and OB practices cannot be looked at in isolation when talking in about bringing a change in the mindset of the management and also a change in the organizations' work culture. The process of policy making for the purpose is as important as the actual implementation of the policy and its acceptance by the workers. One golden rule to be observed would be to make executive decisions democratically but once made, they should be pursued autocratically with enough room left for mid-course corrections.

INNOVATION: ITS NEED AND FULFILLMENT

With the advent of the knowledge worker whose loyalty is only to technology, a new kind of employee is taking charge and having success in today's volatile job market. He is the new creative risk taker who is helping companies stay competitive by enhancing innovation and increasing profitability. Companies eager to attract and retain this employee must transform their organizations to meet his need for a working community that supports short-term working relationships and rewards individual contribution. For a company that wants to overcome competition, they are the workers who bring expertise, flexibility, and energy to every project who are important assets and not the machinery or capital. Therefore the management of these assets is what the HRM department is required for as it is this department that is most adept at the task.

To build an innovative organization, the management should redefine its selection process, compensation schemes and the flow of information within the company to suit the needs of the innovative employee. This as was stated earlier will require a change in the mindset of the management. It has to appreciate new ideas and have the gumption to implement them and live with failures but never give up the fire to try out something new again. Amidst all this the costs and the capability of the organization to bear these costs should also be considered, for the uppermost goal of profits should not be lost. Therefore it is very important to find the right mix of encouragement and rejection of ideas. And it is here that the science of HRM is transformed into the art of management. This cannot be taught in an Institute of Management. It has to be learnt in the school of hard knocks. It can only be facilitated by the study of textbooks such as this one.

THE VALUE-CENTRED HR INTERVENTION

The term value in management circles is often used synonymously with ethics. This is incorrect. Value is a thought-based proposition. Ethics is an activity-based proposition. Therein lies the fundamental difference between the two. When an intervention is concerned mainly with upholding core values and beliefs it is called being *value based.* When an intervention is mainly concerned with what value is added to the company by the person, process or product it is called being *value driven.* The former depicts a subjective notion of value whereas the latter treats the objective notion of value. And both propositions are needed to make a choice ion which is the best HR intervention given the existing limitations and stated assumptions. What is needed in the opinion is an HR intervention that is *both value based and value driven*, when the terms are combined they are treated as being *value centred*. Indeed we recommend that in this market and competition driven competitive world it is necessary for HR interventions to create a value-centred work culture and thus a value-centred organization. Hence the intervention itself needs to be value centred.

We do not give up the proposition that the HRM is a part of the strategy formulating team, that he is empowered and held accountable as well. The distinction between line and staff management disappears in a schema where delegated authority hinges on accountability and empowerment. Human resource management can then be seen to have a role to play in the following aspects when a company is working its way towards being innovative.

- The recruitment process.
- Redeployment and retrenchment.
- Promotion and tenure awards.
- Transfers.
- Training and professional development.
- Performance appraisal
- Termination.

Apart from all these aspects the HRM department should also be responsible for conducting internal audits with the idea of checking for discrimination at all levels. As was argued by Jayashree (1999), efforts must be made not only to be fair but also appear to be fair. Issues of discrimination should *never* be swept under the carpet. This will ensure that employees are not discriminated on grounds like race, religion, region, and sex. This will help in achieving two motives:

- An effective implementation of the reward system in the organization.
- Maintaining the motivation level of the employees thereby giving way to a more productive workforce.

Though it is obvious that HRM has such a multifaceted role to play, in this section of the overall argument we shall be concentrating on its role in the following three aspects only since they are vital points of intervention: (*i*) recruitment, (*ii*) redeployment, and (*iii*) prevention of discrimination

The recruitment process for an innovative company the role of HRM: This process involves selection of employees who best suit the company's needs. And when a company is looking for a creative employee it is the HRM departments' responsibility to recruit such employees. The recruitment activity could be external as well as internal.

External recruitment: This can be through the means of external advertisement, which means advertisement in a medium available to targeted members of the general public. Vacant positions must be advertised in a way that is designed to maximize the number of such targeted members. In many cases, the mainstream press will be the medium of advertisement chosen; in other cases, professional publications, ethnic and /or local press will be the chosen medium of advertisement. *The aim of advertising vacant positions is to attract the most appropriate pool of suitably qualified applicants and not to put up a façade of transparency when the selection process has been pre-ordained.*

After getting this pool of applicants it is the prerogative of the HRA section of the HRM department to select the required number of employees with discretion. It should conduct certain tests to measure the level of creativity of the individual. Certain questionnaires that could help in assessing the mindset of the aspirants could also be made use of while selecting. It should keep in mind the technical requirements specified for the post and not to use a sledgehammer to kill a fly.

One point that needs to be made abundantly clear is that while merit is the key to success, loyalty and seniority cannot be given the short shrift. An effective blend between seniority and proven merit should be the guiding light for promotions.

Here a rider has to be inserted. Whereas proven performance is the basis for reward, both performance and potential is needed for promotion. And the decision-making process should be both fair and transparent.

Internal Recruitment: Strong internal candidates must be ensured through clear, open, and non-arbitrary mechanisms that identify prospective candidates for the post; the departments should professionally develop, and prepare company employees for promotion to administrative vacancies. Internal candidates should be given an equal opportunity to compete with external candidates for administrative positions. All searches must be conducted in a timely and professional manner that respects the rights of candidates to confidentiality.

In conducting the recruitment process the human resource management team should convey to the best of their abilities the goals, objectives, and the work culture of the company to the prospective employees. This will help in achieving a good employee and organization goal fit. This fit is very important for the success of any recruitment plan. In order to achieve all these objectives the HR department frames a policy, which ideally should contain the following

- Introduction and purpose of the policy
- Equal employment opportunity and affirmative action — this would ensure that the most deserving candidate is chosen.
- Recruitment options — this would cover the current and future workforce requirements of the Unit., the available financial resources and the relevant workforce planning strategies within the organization.
- Method of appointment which may include a note of the competitive recruitment and selection techniques designed to assist the appointment of the most capable person.
- Closing date — The closing date is usually a minimum of one working week from date of advertisement of the position.
- Position description.
- Selection criteria.
- Selection process.
- Composition of selection committees.
- Particulars regarding the initial short listing of applicants.
- Particulars regarding the written offer of appointment.
- A list of actions to be taken if any of the statements made by the employees at the interview is found to be false.

In short, we go back to our original premise that for HRM interventions to succeed thy have to ensure clarity of vision mission, role, and goal. But for the HRM intervention to sustain the ravages of change in the environment, it must necessarily have to be value based.

Innovation requires individuals who are creative and also who are capable of seeing their ideas through completion if the required resources are provided to them. These employees breed in an organization that encourages freedom of work and thought. But it so happens that in this kind of a set up there is a possibility of encouraging non-productive employees, these have to deal with to retain the credibility of the work culture prevalent. This can be done through effective HRM intervention, the HR department. should conduct training programs to improve the skill level of these employees and also involve itself in redeployment measures as a second resort.

Redeployment requires a great negotiation skill for transfer of employees on the grounds of low productivity can be a very tedious task. The HR department should frame an effective policy on redeployment and see to the effective implementation of the policy. While doing all this they should always remember that the appeal to the greed of the employee while conducting any program that he would not appreciate in the normal circumstances. One can always short circuit the two or three neurones that people use for common sense by appealing to their greed. Nothing defines humans better than their willingness to do irrational things in the pursuit of phenomenally unlikely payoffs (of the kind that would most appeal to them). A HR manager should always remember that he can use this quirk of human nature to his advantage and it won't cost him a dime. The underlying philosophy is to give people a glimpse of the riches that they can acquire or the realisation of some dream, by doing your bidding. Once the people are convinced that there is something to be gained, any desire to be fulfilled no matter how un-materialistic, they will fall in line. Thus it is upto the HR manager to handle sensitive issues like these and handle them well so as to maintain employee morale and productivity in the least controversial of manners. In short, technocracy and meritocracy are very important for bringing about development but these initiatives must don a humane face at all times. The point that building a vibrant corporate culture is the task of HR innovation is well made and well taken. That this kind of culture will promote innovation and creativity is also understood. However, how does all this that we have argued above lead to innovation one may rightly ask? The answer is simple. It will promote a culture of trust, transparency, and belongingness. The employee will become a stakeholder in the bargain. In addition, it is this stakeholder ship that will generate an atmosphere where creativity and innovation will blossom.

8 ORGANIZATIONAL STRUCTURE AND DESIGN

Usually this is amply covered in organizational behaviour but is included here since structure and design have an indelible effect on people relations. Pugh defines organization theory as the study of the structure and working of organizations and the behaviour of the groups and individuals involved in them. It is an emerging interdisciplinary field based on several disciplines such as sociology, psychology, economics, mathematics, and production engineering.

SIGNIFICANCE OF ORGANIZATION THEORY

The study of organization theory is of significance for two reasons:

- From the standpoint of theoretical consideration — as some psychologists believe, the proper study of mankind is the man outside the laboratory. The statistical method can be substituted for the laboratory one in investigations and statistics can be used to control independent variables. Thus, the study of men in organizations may provide possibilities of direct comparison between individuals akin to a laboratory experiment;
- From practical considerations — the O (organization) is the mediating organizm between the S (society) and the R (resultant attainment of goals, the enhanced standard of living and the longer expectation of life).

THE CLASSICAL ORGANIZATIONAL THEORY: The classical organizational theory as exemplified in the writings of Henry Fayol, L. Gluick, L.F. Urwick, J.D. Mooney and A.C. Reiley, provides an excellent anatomy of the formal organization, describing it as a system of co-ordinated activities of the group of individuals striving co-operatively towards the attainment of objective under the unified direction of authority and leadership. In order to attain the common objective the organization theory prescribes a number of techniques in the form of pillars (including division of work, the scalar and functional processes, structure and the span of control) for structuring the organization which must be adhered to strictly. Among these, the division of work is most critical and highly inclusive.

DIVISION OF WORK: The division of work implies that work must be divided to obtain a clear cut and precise specialization with a view to improve the technical performance of the organization. It is not limited to a production line job alone but it embraces all the activities ranging from the lowest level of rank and file workers to the highest level of the top executives in the organizational pyramid. The work should be divided in a manner so that a co-ordinated work group develops. It is possible to do so by dividing work into levels and functions and then putting people and resources on the emerging jobs. This leads us to the functional processes, which are related to the organization's vertical and horizontal growth, respectively.

The scalar process refers to the growth of the chain of command resulting in levels added to the organizational structure. It is termed scalar process because it gives a scale or grading of duties in terms of varying degrees of authority and responsibility. The scalar process is almost universally employed. In addition to the division of work into levels it is possible to divide a given work in terms of duties involved. This is called the functional process. It is the means by which the organization tends to grow horizontally and differs from the scalar process, which deals with the determination of grades of duties in organizational settings. In general, whenever two individuals form a supervisor — subordinate relationship in a scalar process, they are likely to involve several human relations' aspects.

DELEGATION: It refers to the assignment of duties, responsibility and authority to other persons by a manager enabling him to increase his influence more than what his time; strength and knowledge permit him at a point of time. A manager can delegate a decision making power to his subordinates at lower levels in the organization and avoid his involvement in decisions on routine matter which can be effectively handled by them. Managers who have not learnt the art of delegation often suffer from a burnout and are a prime case for failure.

Delegation must be strictly in terms of certain guidelines as prescribed by the classical theory. If delegation involves an overlap of duties, it causes dual command and confusion. Moreover, classical theory prescribes delegation in terms of a job to be accomplished. Accordingly, individuals are made to fit into jobs rather than attempting to modify jobs to fit individuals. The classical theory when strictly follows causes rigid adherence to rules and procedures that in turn, give rise to a bureaucratic model of organizational structure.

THE BUREAUCRATIC MODEL: According to Weber, one of the pioneers of modern sociology, bureaucracy is characterized by specialization and division of labour, hierarchical position, a system of abstract rules and impersonal relationships. He prescribes that employment procedures and promotion policies must be based strictly on technical qualifications and seniority and/or performance, respectively. However, no organization in the world follows Weber precisely because it represents an ideal derived by abstracting the most characteristic bureaucratic dimensions of all known organizations in the world, which can seldom be obtained in reality.

All features of bureaucracy are built around the structure of a large-scale business administration. It is because of this that throughout the world large business and industrial houses are bureaucratic in nature. Obviously, these houses have heavily relied on hierarchy, specialization, rules, and impersonality with a view to accomplish their goals effectively.

IMPLICATIONS OF SCALAR DESIGN: Under this design, the division of work in terms of level and functions, as prescribed by classical theory, has numerous implications for human relations and organizational behaviour. As far as organizational levels are concerned, they have wide implications as they determine power relationships, provide social status and authority, and affect patterns of association and role perceptions. E.g. the top management mostly stays isolated from the day-to-day operations but still performs an integrating function for the whole organization. He has to reconcile specialized interest within the organizational set up and adjust the organization to the outside environment. Thus, his role is of utmost significance in determining human relation's practices at work. On the other hand, there are operative supervisors at the lowest extreme of the chain of command who have no one else whom they could delegate the work, which causes numerous human relations problems at work.

IMPLICATIONS OF FUNCTIONAL DESIGN: As far as functionalisation is concerned, it brings numerous technological and economic benefits but at the same time, is disadvantageous from the standpoint of human relations. Unless suitable measures are taken to integrate technology with people, it causes several problems of human relations in work settings. Indeed, the functionalisation creates a complicated maze of procedures and relationships and poses problems for effective co-ordination at work.

Obviously, technical interdependency necessitates that individuals work as a co-ordinated team, failing which the entire system is likely to become highly unproductive. Moreover, because of the complicated nature of external dependency, other organizations are also likely to suffer greatly if productivity is thus paralysed in a specific sector of the economy. Therefore, effective human relations, as a measure to create a well-co-ordinate team of workers, are of utmost significance from even the broader social standpoint.

As functionalisation ignores the human aspects of the cost of technical aspects, it may lead to ineffective attainment of individual, organizational and social goals. Again, since functionalization leads to the development of staff activities, both general and specialized as supplementary to the primary functions of an organization, it would be plausible to consider the implications of these activities from the standpoint of human relations and organizational behaviour.

The specialized staff, which relates itself to several managers and their departments, severs special functions by providing advanced proficiency in a narrow domain of activity. Usually, it is considered as an authority on ideas and others look to its expertise. It may involve three roles, including advisory, service, and control which necessities the adaptation of different approaches to human relations of these approaches; they are unable to vary their actions appropriately to cope with the varying situations.

An advisory staff member feels insecure because he can be thrown out of his job unless he can prove his usefulness. In addition, the service staff member causes numerous human relations problems because he limits the scope of the manager's action. This necessitates a better recognition and handling of the human relations' problems, which result from such technical efficiency of service groups. As far as a control staff member is concerned, he controls all activities, which fall, outside his chain of command and generates several human relations' difficulties in organizational settings.

Notwithstanding the several human relations' problems involved in classical prescription of division of work in terms of levels and functions, most organizations rely substantially upon the classical principles of organization in building their structures. These principles might be described as the biases of the classical model and are associated with Henry Fayol, Mooney, Reiley, and others. The principles most frequently cited include the scalar functional and the line and staff principles.

- **The scalar principle:** The scalar principle prescribes that organization, as they grow vertically, must meet the requirements of unity of command and determine the hierarchy. It has been assumed that co-ordination is facilitated if a person is accountable to only one boss in a hierarchical system and if positional authority is clearly defined in organizational settings. Accordingly, unity of command asserts that each member in the formal organization should be responsible to, as well as receive orders from, only one boss. Fayol visualizes that any violation of unity of command is likely to undermine authority, jeopardise discipline, and threaten stability. The scalar is related to the military organization and stems from the bureaucratic concept of hierarchy. It manifests itself in the functional principle.

- **The functional principle:** The functional principle arises when the number of specialized activities increases in an organization and includes three sub-principles:
  1. Limited span of control.
  2. Delegation of routine matters.
  3. Equal authority and responsibility.

Limited span of control is addressed in the classical theory as a bias toward close supervision and refers to the number of subordinates directly responsible to a superior. It is been assumed that co-ordination will be facilitated if a superior has limited number of subordinates. (Maximum 3 to 6, on the grounds that average human brains can effectively manage three to six other brains effectively. Delegation of routine matters asserts that the top management should not involve themselves in the decision-making process of routine matters, which could be handled effectively by the person at the lowest levels of the management hierarchy. However, the delegation must in terms of some prescribed procedures, which lead to sub-principle of equal authority and responsibility. This implies that if a person is charged with the responsibility of performing a given task, he must be charged with the commensurate authority to accomplish it. Thus for the smooth running of the organizations, authority, and responsibility must be equal at all levels.

- **The Line & Staff Principle:** As far as the line and the staff principal is concerned, it is an outcome of a functional process. Staff connotes specialization of process performed to the utmost extent of refinement. Staff consists of people with substantial expertise in their narrow domain of specialisation; it tends to violate the unity of command. Because of their advanced knowledge in their specialized areas of work, the staff members are likely to exert potential command and authority over the line. This leads to dual accountability for the line personnel, especially the foreman. The classical theorists believe that such situations tend to block communication and thereby unity of action. It is because of this that the classical principle of line and staff prescribes that the staff function should function only in an advisory and facilitative capacity without exerting authority over the line personnel in the organizational settings.

CRITICISM OF THE CLASSICAL THEORY: Organizational theorists, especially those who adapt a behavioural approach have made numerous criticisms of the classical theory based on the empirical studies and logical analyses. It has been forcefully remarked that the classical theorists lack sensitivity to the behavioural dimensions of an organization and make over simplified and mechanistic assumptions for the smooth running of organizations, ignoring the extreme complexity of the human being.

In general, it has been argued that among the classical theorists, there prevailed a tendency to regard the individuals as mere instruments accomplishing tasks assigned to them. As a result, they tended to ignore the significant effects of the people on the anatomy of the formal structure. Although the classical theorists were aware of the human problems which influenced an organization, they failed to provide a systematic treatment of the interplay of individual personalities, informal groups, intra-personal organizational conflicts, and the decision-making process while conceptualizing their formal structure. Moreover, they ignored the contributions of the behavioural science in the interpretation of the human behaviour in work settings. Consequently, the classical theories are likely to create motivational problems and as Argyris concludes, they may lead to frustration, conflict, failure, and short-time perspective.

Another criticism is that the classical theorists tended to regard their ideas as universal truths while it has been proved that any one single principle is not applicable to all organizational situations and sometimes one contradicts the others. Not withstanding the definite limitations inherent in classical principles, they exist in vary degrees in modern organizations, although they are gradually giving way to newer organizational concepts.

THE NEO-CLASSICAL ORGANIZATION THEORY: The neo-classical theory has been associated with the human relations approach and the theory has been described as a refinement and extension of the classical theory and viewed as the outcome of the impact of the informal groups, decision, and power systems and informal communication channels.

The neo-classical school includes all those theorists who oppose the shortcomings of the classical model of organizational behaviour but, as they have no bonfire theory of their own, are reluctant to divorce themselves completely.

Indeed the neo-classical theory betters the classical theory by giving greater significance to the human element and emphasizing that simple, mechanistic structural arrangements are inadequate for complex organizations. It embodies the concepts of centralization and decentralization, flat and tall structures, departmentation and staff.

CENTRALIZATION AND DECENTRALIZATION: There are three kinds of centralisation – decentralisation, viz. geographical, functional and analytical.

- **Geographical centralization** — Decentralization refers to the concentration or dispersal of an operation in one or more regions.
- **Functional centralization** — Decentralization refers to the concentration or dispersal of specific functions in one or several departments.
- **Analytical centralization** — decentralization refers to the retention or delegation of the decision-making process. The third type of centralisation — decentralisation is frequently used in organizational theory.

Decentralization has been considered to be more democratic whereas centralization as more authoritarian. However, in the actual work settings, centralization is more frequently practised.

The extent of decentralization can be ascertained by the number and significance of decisions made at the lowest level in the management hierarchy, number of functions influenced by such decisions as well as by the magnitude of checks required on these decisions. The greater the number and significance of decisions, the more the functions influenced, and the smaller the magnitude of checks involved, the greater the extent of decentralisation.

Obviously, decentralization leads to increased motivation and is consistent with the behavioural dimensions of management because of the involvement of the lower level personnel in the decision-making process. Moreover, decentralization leads to effective decisions because of the availability of first hand information and knowledge at the lower levels in the managerial hierarchy. Last but not the least, it gives more time to top executives to help focus their attention on policy formulation

Although the optimum amount of decentralization depends upon the situational requirements, while determining the extent of decentralization one must consider a series of questions such as who has the access to facts for decision-making purposes, which has the ability to make rapid decisions, etc.

FLAT AND TALL STRUCTURES: According to Yukl and Wexley, flat and tall structures are an extension of the span of control concepts of the classical theory and relate to the vertical structural arrangements for the whole organization. The tall structure possesses very narrow span of control and facilitates tight control and strict discipline whereas the flat structure possesses wide spans and is conducive to better morale and managerial effectiveness.

Both tall and flat organizations have advantages as well as disadvantages. While tall structure facilitates closer control over subordinates, the flat structures connote that a superior cannot keep close control over several subordinates simultaneously and is bound to delegate a part of work, thus encouraging individual initiative and self-control which is more effective than control imposed from above. The behavioural advantage of flat organization is based on the assumption that self-direction and self-control govern people, and no external controls are required to mobilize their efforts towards the organizational goal.

Tall structure facilitates better personal contact between the superior and his subordinate and establishes a positive rapport between them. On the other hand, flat structures provide a simplified upward and downward communication because of the involvement of few levels producing less distortion and providing more accuracy, although the enhanced equality among subordinates may cause communication problems, and horizontal communication may be heavily loaded in the absence of authority differentials. Flat structures incorporate the advantages of decentralization, individual responsibility, initiative, and provide valuable experience in decision-making although co-ordination may be difficult. However, tall or flat management's do not determine the extent of centralization or decentralization, but merely encourage them structurally. Choice of either flat or tall structure, of course, depends on the type of product, service or purpose the organization is involved in.

DEPARTMENTATION: FUNCTIONAL VS. PRODUCT: Departmentation relates to the horizontal organization at one level of the hierarchy. As an organization consists of more than one hierarchical level, there may be several types of departmentation. The levels may be organized in terms of product, function, time, and equipment. However, it may be noted that sometimes an organization is designated by one type of departmentation (e.g. product departmentation) because of similar identification at the primary level, although several types of departmentation may prevail at the secondary levels.

The significance of the functional departmentation emerges from the positive dimensions of specialization. Although, theoretically, functional departmentation purports to achieve maximum efficiency and greatest utilization of manpower, in practice kinds of several dysfunctions develop to negate its potential advantages.

Several organization resorts to product departmentation, which is in line with profit-centred decentralization and provide groups of self-contained, small product organizations. The advantages of a product-based organization include its adaptability to accounting control techniques and management appraisal, and flexibility in adding or dropping product departments without interruption to the rest of the organization. Structurally, product departmentation is consistent with the behavioural approach and minimizes several conflicts prevailing in the upper level under functional departmentation; although they reappear at lower levels, they are less detrimental to the overall organizational goals. Moreover, it provides behavioural advantages, such as opportunity for personal growth and self-control, emerging form decentralization and flat structures.

Staff concept: Staff is an ambiguous concept and causes numerous problems for the organization. As Koontz and O' Donnell observed, there is no other area in management which causes so much difficulty, conflict, ineffectiveness and loss of time. However, the military staff concept which has been applied to large organizational structures can avoid these problems because of its precise definition and successful implementation of pure staff system where line carriers command responsibility and staff gives advice. Success emerges primarily from the maintenance of unity of command as well as high degree of specialization, simultaneously. Although the military staff concept has been adopted in modern organizations, no attempts have been made to differentiate line and staff precisely and spell out the functional authority of managers.

Conflict can be minimized by reverting to the pure line-staff relationship. A line relationship refers to the authority relationship between superior and subordinate in the chain of command whereas a staff relationship relates to a service or advisory relationship. However, this is not true of other kinds of organizations where dual authority and lack of understanding lead to break down of communication and personal conflict. Despite the fact that these staff organizations have successfully achieved their objectives, they are susceptible to severe conflict.

Line managers frequently view staff managers as a threat. The reasons for this conflict are reported to be personal characteristics like age and formal education. The conflict can be minimized by assigning an each individual a specific authority, concealing status symbol and emphasising symbols of service quality and science although this may not be generalized to a situation. There are several measures to manage line-staff relationship in order to minimize inefficiency in the organization. These measures include:

- Understanding authority relationship.
- Making line listen to staff.
- Keeping staff informed.
- Completed staff work.
- Staff works as an organizational way of life.

There results misunderstanding if line and staff is considered as a group of people or a group of activities. Indeed they form organizational relationships and thus most managerial jobs involve both components. Every individual should try to understand the objective of his/her tasks and whether he or she operates in a staff or a line capacity keeping in purview that staff relationships relates to assistance and counselling while line relationships involves decision making and execution. Moreover, line executive should appreciate the idea that staff exists to aid rather than to undermine their authority.

Since acceptance of an idea by line executives facilitates it implementation, the staff should avoid taking credit for it. This will not only minimise alienation among the line personnel but also create trust and confidence.

THE MODERN BEHAVIOURAL THEORIES: The modern theory is of recent origin, having developed in the 1950s. From the very outset, this theory has developed in at least three dimensions; behavioural, systems, and contingency. Based on these orientations, modern organization theory can be thus classified: (*a*) behavioural theory, (*b*) systems theory, and (*c*) contingency theory.

The behavioural theories involve the concepts of balance, roles, and groups. In everyday life, these are easily visible but the fact remains that these are not discrete descriptions in that roles often overlap as do group activities and the balancing of this in a complex environment becomes difficult. Here is where the strategic HR expert steps in.

The balance theory: It was originally found by Barnard and subsequently reinforced by Simon, lays stress on human decision to participate in organization and involves two facets, the behaviour of joining, remaining in or withdrawal, and the balance of inducements and contributions or utilities for all participants. Explicitly, this analysis emerges as motivation theory.

Role theories: It was originally associated with Kahn, considered organization as a system of overlapping and interlocking role sets. Because of the role overlap, there result role conflicts and ambiguities, which intensify if the role sets involve insiders as well as outsiders and if the focal person holds a higher tank in the role set. This theory has several implications for organizational design.

The group theory: This theory has been largely stressed by Likert, who conceptualizes the organization as a group-to-group relationship, with each individual acting as a linking pin for the above groups above and below one's own group. The linking pin concept forms an actual model for an organization structure in which each person is a vital member of two groups — a leader of the lower group and a member of the upper group. Initially, Likert proposed a structure involving upward orientation stressing communication, supervisory influence and attainment of a goal. Subsequently, he also provided lateral linkages to the model to accomplish effective communication, influence, motivation, and coordination, and suggested that all groups and *ad hoc* committees will not only avoid the group chain from breaking but also bind the organization together. The model is criticized on three grounds:

- It is simply drawing triangles around the traditional structure
- Like the committee system it slows down the decision-making process.
- Notwithstanding this criticism, this arrangement facilitates participation, open communication, and commitments leading to binding decisions. Thus, this structure is likely to enhance productivity and performance along with improved upward and horizontal linkages and is preferable to the simple downward orientation in the traditional structure.

The Contingency Theory: This theory stresses the complexities of organizations and raises serious doubts about classical and behavioural approaches regarding their ability to provide a universally applicable design. It seeks to understand the interrelationships within and among organizational sub-systems, as well as, between the organizational system as a whole and the external environment. It stresses the multivariate nature of organizations and indicates their operations under varying conditions and in particular situation. It purports to assist managers by providing organizational design strategies and by accomplishing organizational goals effectively in a specific situation.

Accordingly to Ivancevich, this theory is popular among practicing managers for several reasons:

- Frequently they find that implementation of a best approach provides very little goal achievement, while the contingency theory suggests no one particular design, and stresses the need for a search through several significant variables, and a selection of a design for the organization which is suitable at a point in time in the prevailing environment
- Not withstanding its empirical basis, the contingency theory takes into account the personal opinions about the situation to which the organization is exposed and indicates the application of different measure for optimally meeting the situational requirements.
- This theory distinctly stresses that different departments of a particular organization may use different organizational designs to accomplish effective results, depending upon the situational mix of variables influencing their goals at a point of time.

Notwithstanding the popularity of this theory, the precise nature of variables upon which an organizational design the contingent forms a controversial issue. However, it is convenient to select environmental, technological, information, processing, and decision tree factors as the significant contingencies in design.

The Systems Theory: As Scott and Mitchell observe, the distinctive features of the modern organization theory include its conceptual–analytical base, its dependence on empirical research data and its synthesizing, integrating character. These features are embodied in a philosophy, which accepts the assumption that the only way to study an organization is as a system. The study of a system depends on a method of analysis, which involves the simultaneous variations of mutually dependent variables. It may be noted that the systems analysis regards the organization as a system of mutually dependent variables. Consequently, the modern organization theory that incorporates the systems analysis possesses the conceptual level of organization study much higher than the classical and neo-classical theories.

It should be recognized that the modern organization theory is yet *not a unified body of knowledge* and each theorist gives his own special emphasis while analyzing the system. Nevertheless, there is a unifying approach, which considers the organization in its totality. The ingredients involved in systems analysis include the parts, interactions, processes, and goals of systems.

The Parts: The parts of the system are the individual, the formal organization, the informal organization, the status and role patterns, and the physical setting:

- The first fundamental part of the system is the individual and the personality structure with which he comes to the organization. The basic facets to an individual's personality are the motives and attitudes, which determine the expectations he strive to fulfil by participating in the system.
- The formal organization involves the interrelated pattern of jobs which form the structure of a system.
- The informal organization involves a network of personal and social relations not needed by formal authority but emerging spontaneously as people interact with each other.
- The status and role arrangements, which prevail in the organization, are the fourth part, and are internally linked by hierarchical ordering. Besides these, there exists simultaneously informal ordering of statuses and role in terms of prestige groups.

- The physical setting involves a context in which the job is performed, and embodies the technical engineering efficiency considerations, which connect the different jobs together.

Within each of the five parts of the system, interactions are obtained among the units, which incorporate them. Individuals interact with individuals, and informal groups with other informal groups. In addition, the status systems and roles are interdependent, and various jobs depend in other jobs and so on. Obviously, the major cause for such intra-part interactions is the division of work. Dependency of units within the parts is bound together by processes, including communication, balance, and decisions. Besides the inter-part interactions, there exist interpret interactions.

The individual has expectations from the job he performs and, in turn, the job makes performance demands on the individual. A lot of attention has been given by theorist to inconsistencies caused by the interactions of organizational and individual demands. As the formal structure of the job fails to meet the demands of the mature individual, he is bound to find outlets for his demands in informal organizations. The informal organization makes demands on individuals in terms of prescribed forms of behaviour whereas the individual derives the satisfaction of his expectancies from association with people on the job.

Processes: The interactions pattern among jobs, the informal organizations and the individual may be viewed in the context of Bakke's fusion process that deals with the modification of role expectancies and trends to weld divergent elements together to preserve organizational integrity. Organizational expectancies and an individual's perception of these expectancies tend to modify each other. This process is a prerequisite for the continuity and stability of the organization. It brings out the fusion of the personalizing process (possession of means, harmony, and freedom of decision sought by the individual) and socializing process (work assignment, rewards, and penalties, etc. provided by the organization). The modern theory indicates that there are some linking activities, such as communication balance and decision-making, by which the interactions are achieved. Communication, as a mechanism, which links the parts of the system together, has achieved great attention in the modern organizational theory. It is considered as a means by which action is initiated from the parts of the system, and as a control and co-ordination device linking the decision centres in the system into an agreeable pattern. Each part of the organization communicates with the other, obtains information from the environment and stores it. These communication functions of the parts form a configuration representing the total system.

The total concept of balance as a linking device incorporates numerous complex ideas and refers to an equilibrating mechanism, which maintains different parts of the system in a harmoniously structured relationship with respect to each other. Balance is of two types, quasi-automatic and innovative, and ensures system integrity in view of changing conditions. Quasi-automatic balance refers to 'homeostatic' features of the system showing built-in tendencies to maintain steady states. Innovative balance is involved when adaptation to a change is beyond the purview of the existing program having to be developed with a view to maintain harmony in the system.

As far as the third linking activity, decision making, is concerned, theorists have discussed two varieties: decision to produce and decisions to participate in the system. Decision-making means to 'cut off', or concluded. Terry, in his *Principles of Management*, defines decision making as 'the selection on the basis of certain criteria of one behaviour alternative from two or more possible alternatives.' The criteria are numerous reduction of costs, increase in volume, and enhancement in the prestige of the company. The decisions to produce are the outcome of an interaction between the individual attitudes and the organizational demands. Motivational analysis emerges as a core for studying the nature and of outcome of the interaction.

Individual decisions to participate in the organization are manifested in issues such as the relationship between organizational rewards and organizational demands. Participation decision also deals with reasons as to why individuals stick to organizations. Attempts have been made to regard decisions as internal variables in an organization based on jobs, individual expectations, and motivations as well as on the organizational structure. The decision process is also viewed as an independent variable, which determines the survival of the organization. Thus, an organization has been considered as structurally equipped with the ability to maximize survival conditions through its decision processes.

Goals: Organizations have three goals: growth, stability, and interaction, which may be interrelated or independent ends in themselves. These goals apply to various forms of an organization at varying levels of complexity. These similarities in organizational goals have been observed by several theorists, which led to the development of the systems theory. The modern organization theory forms the core of the general systems theory. Both theories are similar in so far as they consider the organization as an integrated whole. However, they differ in terms of their generality in so far as the systems theory is related to every level of a system while the modern organizational theory concentrates on the human organization. It may be noted that other system levels include the static structure, the simple dynamic, cybernetic, open, genetic-societal, animal, human, social, and transcended systems.

Dynamic Models Of Social Structure: Classical and many modernist approaches to social fall into the category of static rather than dynamic models; that is, they give the impression that social structure stays more or less constant over a long period. Static models focus on defining the essential features of stable phenomena, and attempt to isolate the critical conditions necessary to predict their appearance or success. Dynamic models, on the other hand, focus on hoe a phenomenon change over time and with changing circumstances.

Dynamic models of organization social structure typically take one of two forms. One is a historical, often evolutionary, approach general to explaining how an organization develops over a long stretch of time. Evolutionary and historical perspectives often see organizational development in terms of a series or progression of static states, which are described as phases or stages. The other type of dynamic models is aimed at discovering the dynamics of change as these occur in the course of everyday life in organizations. In these views, the seeming stability of social structure is undermined by a view of the numerous interactions that shape and transform social structure on a continuous basis. Evolutionary or stage models tend to stay within the boundaries of the modernist approach, while everyday interaction views are more typical of symbolic–interpretative perspectives.

The evolutionary perspective is represented by Larry Greiner's highly popular lifecycle theory that depicts organization growth as a sequence of evolutionary periods punctuated by revolutionary events. The historical view will be illustrated using an open systems model that portrays social structure as emerging from organizational responses to environmental and technical pressures. Anthony Gidden's structuration theory and his conception of the duality of structures will offer an opportunity to examine social structure as the product of ongoing interactions.

The Organizational Lifecycle: American organization theorist, Larry Greiener describes organizations as if they, like humans, have a lifecycle that moves through phases or stages of development. According to Greiner, an organization passes through five stages that was labelled Entrepreneurial, collectively, delegation, formalization, and collaboration. In each stage of the lifecycle, the organization is dominated by a different focus, and each phase ends with a crisis that threatens organizational survival. When a crisis is successfully met, the organization passes into its next development stage.

In the entrepreneurial phase, the organization is familiar with what the other members are doing. The entrepreneur can easily control most activities personally and this personal contact makes it easy for other employees to sense what is expected of them and to receive responses and close supervision. If successful, the entrepreneurial organization will find itself in need of professional management. Entrepreneurs are usually 'idea people' or technical experts rather than organizers, and further organizational development often necessitates bringing management skills in forms outside the organization, although sometimes it is development from within.

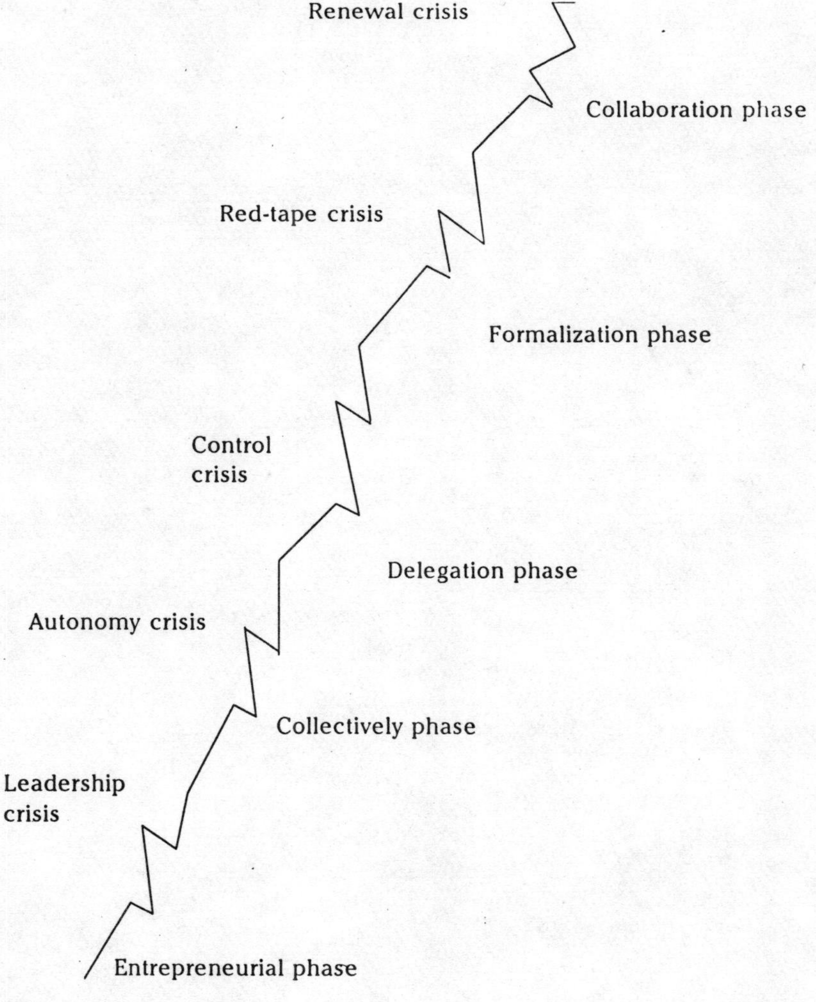

It often takes a crisis to convince the entrepreneur that professional management is required, since the early successes that allowed the organization to survive and prosper will also give the entrepreneur the impression that things are fine the ways they are. However, eventually the organization becomes too complex for a single individual to monitor everything that is going on. This condition can be compounded by an entrepreneur's distaste for management activities. According to Greiner, the result of this early differentiation, coupled with inadequate attention to integration, throws the organization in a view phase of development called the collectively phase.

It would help the HR expert immensely to keep this cycle in mind especially for planning long run interventions.

9 INDUSTRIAL RELATIONS

Industrial relations has become one of the most delicate and complex problems of modern industrial society. Industrial progress is impossible without cooperation of labour and harmonious relationships at the work place. Ricardo, Marx, and Sraffa do not fail to remind us that all value is produced by labour and capital is man-made aid to production. Therefore, it is in the interest of all stakeholders to create and maintain good relations between employees (labour) and employers (management).

Concept of industrial relations needs to be placed in perspective at the very outset. The term 'Industrial Relations' comprises of two terms: 'Industry' and 'Relations'. 'Industry' refers to 'any productive activity in which an individual (or a group of individuals) is (are) engaged'. By 'relations' we mean 'the relationships that exist within the industry between the employer and his workmen in particular and the various factors of production along with labour in general.'

The term industrial relations explains the relationship between employees and management which stem directly or indirectly from employee–employer relationship within the organizational settings. Industrial relations in India thanks to post independence interventionist policies are basically the interactions between employers, employees, and the government, as well as the institutions and associations through which such interactions are mediated.

The term, industrial relations, has a broad as well as a narrow connotation. Originally, industrial relations, was broadly defined to include the relationships and interactions between employers and employees. From this perspective, industrial relations covers all aspects of the employment relationship, including human resource management, employee relations, and union–management (or labour) relations. Now its meaning has become more specific and restricted. Accordingly, industrial relations pertains to the study and practice of collective bargaining, trade unionism, and labour–management relations, whereas human resource management is a separate, largely distinct field that deals with non-union employment relationships and the personnel practices and policies of employers.

The relationships which arise at and out of the workplace generally include the relationships between individual workers, the relationships between workers and their employer, the relationships between employers, the relationships employers and workers have with the organizations formed to promote their respective interests, and the relations between those organizations, at all levels. *Industrial relations* also includes the processes through which these relationships are expressed (such as, collective bargaining, workers' participation in decision-making, and grievance and dispute settlement), and the management of conflict between employers, workers, and trade unions, when it arises. Inter-union and intra-union rivalry that stems from (*a*) provisions of the Trade Union Act 1926, (*b*) provisions of the Industrial Disputes Act 1947, managements that believe in the policy of divide and rule, and (*c*) union leaders who operate as 'managers of discontent.

Lately termed as people management, industrial relations is indeed the backbone upon which the entire skeleton of employer-employee relationship rests. Unfortunately, only about 12 per cent of the Indian labour force is organized and so the employees are mostly on a sticky wicket. To add to this an absence of a viable state security system makes the chimera of unemployment more alarming than in developed countries. The relationship is *unequal* due to this economic environment in which business and industry operates. Inter-union and intra-union rivalry in the case of the 12 per cent organized labour force makes this situation worse. Therefore, the policies and practices of trade unions, lately known as employee collectivities, are influenced by internal politics and power play making the collectivity function in an *uneven* fashion. The above notwithstanding, it would be of use to understand the concept of industrial relations and how the paradigm shifts have effected its role and perception over the last century. The concept of Industrial Relations, however, has a very wide meaning. Four leading views on this are given below.

According to V.B. Singh,

Industrial relations is a set of functional inter dependencies involving historical, economic, social, psychological, demographic, technological, occupational, political, and legal variables.

As per Dale Yoder, it is:

Industrial relations is a whole field of relationships that exist because of the collaboration between man and women in the employment process of an industry.

The international Labour Office takes a position changing the bipartite relationship into a tripartite one by introducing the State as a major player. Consequently for the ILO:

Industrial relations deal with either between the state and employers' and workers' organizations or relations between the occupational organizations themselves.

John T. Dunlop took a systems view and posited that:

Industrial relations is a subsystem of a social system on the same logical level as an economic system. Industrial societies necessarily create IR defined as a complex of interrelationships among workers, management, and government

One must realize that whereas Vir Bahadur Singh of Lucknow took the Nehruvian view and saw IR as a cultural interface between the owners of capital, the owners of labour power and the larger society, Dale Yoder of Columbia took the view based on the historical growth of unionism in the United States. The ILO at Geneva took a view based on the synthesis between micro- and macro- variables that comes into play when unions and managements interact with one another within a given environment conditioned to a large extend by state policy towards capital and labour. Not satisfied with the above positions, John Dunlop of Harvard took the systems approach to IR where a set of inputs is converted into a set of outputs based on a pre-defined transformational process. If the transformation process is not known i.e. one does not know how the inputs get converted into outputs, it is called a Black Box. However, arising from the symposium held in 1976 involving the London School of Economics and Political Science, the Warwick University and the Trade Union Congress a definitive view was called for. This was because the unions, the employer, the state and the larger civil society each saw IR in their own terms. This definition assumed that there was no ideological difference between the government and the management. Hence, At the London School of Economics and Political Science in 1977–78, Sadri had defined it thus:

> *IR is concerned with the relationship between the management (as agents of the owners of capital) and unions (as representatives of the owners of labour power) regarding all issues relating to the employment, non-employment, terms of employment and non-employment and conditions of work.*

The absence of unions in some industries like IT, ITES, BPO, and BKO notwithstanding, throughout this book we shall retain this definition and work our argument around it.

FACTORS AFFECTING INDUSTRIAL RELATIONS

Industrial relations do not exist in vacuum. A number of factors impinge upon the parties involved: employers, employees, and government. These factors, in turn condition, behaviour and attitude both at work and outside the factory gates. A quick examination of these factors follows:

Industrial: In the case of mines, collieries, and plantations the factors that govern inter-group and intra-group behaviour are different from those in manufacturing establishments located in the urban belt. When, for instance, a major catastrophe strikes the blame game begins, the inept-corrupt-mediocre babus take over and victims have to wait interminably for compensation, as was seen in the case with of the Union Carbide tragedy in Bhopal. This has an adverse impact on other industrial establishments in the vicinity and good industrial relations in these places invariably took a beating.

Economic: How the labour market functions is very important, as people do not work for bread alone. When there is galloping inflation for instance or a run on the banks employment levels fall and so do compensation rates. The attitude towards workers of both employers and government in the 1930s was 'take what you can get and shut up'. The recent slump in the US market affected the outsourcing industry and high tech migrant Asian labours were summarily repatriated. In the UK, the situation in 2009 is similar but some Asian migrants suffering from a sense of false consciousness and a low self-esteem still manage to stay on, remain unemployed and moan about it. These labours are ready–made cannon fodder for extremist elements of various hues who convert this frustration and disgruntlement into actions that promote their own nefarious agendas. Local labour suffers and race relations deteriorate.

Technological: Technology is the scientific process that converts inputs into outputs under optimal conditions with optimal results. In sum, however, it is but a unique commodity in that you buy it without seeing it; because if you see it, you need not buy it. Progress brings along with it mechanization, automation, and de-humanizing relationships. E-business has exacerbated this tendencies and personal contact is minimal. Consequently, the relationship is no longer subjective and emotional but objective, work-related, and virtual. Under such conditions, the employee collectivity is no longer possible to build and bargaining is reduced to an individual level. Industrial relations become people management.

Socio-cultural: Socio-cultural and tradition bound relationships in and out of the workplace to a large extend define how the employer–employee behaviour is conditioned at work. This is because the organization is a microcosm of the larger civil society, is influenced by it and influences it in turn. Issues pertaining to race, religion and cultural attitudes to work generally are included herein. For instance, in the BIMARU, states, caste equations are paramount, that is perhaps one major reason why the level of social consciousness is so low, and the levels of exploitation (and accompanying crime) are so high.

Political: In the UK, the Labour Party was formed by the Trade Union Congress to represent worker interests in Parliament. In India, the political parties set up unions that were affiliated to its ideology and reversed the relationship. The Trade Union Act 1926 based on the British colonial policy of divide and rule provided for the compulsory registration of trade unions but left the question of compulsory recognition of the representative trade union an open question. Thus, the neo-colonial legacy perpetuated the divide and rule policy even after independence. What could be a better example of political interference than the ill-advised and Maoist supported agitation against Tata Motors mounted by Mamata Bannerjee and her Maoist collaborators at Singur in West Bengal? The workers in Maharashtra's Textile Industry suffered the same fate under the leadership of Datta Samant. Factory units closed down and employees became unemployed overnight without even a shelter over their heads! As was the case with the relocation of Tata's Nano Plant, states that were forward looking like Gujarat benefited whereas those with recalcitrant non-CPM political leaders like in West Bengal ensured that the electorate and the working class lost out.

Governmental: It may be interesting if not alarming to know that in India there are more than 100 pieces of legislation dealing with labour (combining the state and the central ordinances). These laws and policies that regulate IR practices often contradict each other. For instance, the worker under the Workman's Compensation Act is differently defined from a workman under the Industrial Disputes Act. In addition the Central Government can declare a state of emergency and abrogate all laws as was infamously done by Indira Gandhi in the mid-1970s. Railway workers were driven out at bayonet point from their homes at night just because they dared to go on strike! The promised new Industrial Relations bill is still hanging fire in Parliament. The Industrial Disputes Act is almost silent about voluntary arbitration and lays stress on conciliation, labour courts, industrial and national tribunals thereby giving the Government a say in all labour matters. Thanks to governmental interference, mediation of disputes has given way to adjudication of disputes.

Coming to the English-speaking Anglo-American world even today the adherents of systems theory in industrial relations are in a position of academic influence. Consequently, views on IR both on either side of the Atlantic either stem from or are in opposition to the views of John Dunlop.

John T. Dunlop spoke in terms of certain actors, certain contexts and certain outcomes. Consequently, the IR activity was always a tripartite activity. He saw three principal power centres that interacted with each other on the IR front. These were: (*a*) the workers, who put in their labour, combine to form unions to protect their rights, improve their conditions of life and resisted exploitation. (*b*) The management wanted to increase the returns on investments made by the shareholders and/or owners by regulating the process of production and controlling the workforce. (*c*) The government as the administrative arm of the state translated the official ideology into action and often played the role of the nation's custodian.

In the process of creating value in a manner that arise out of relationships between the three actors: workers, management, and the government the emergence of *rule making* becomes important. Hence, thinkers like Allan Flanders and Alan Fox distinguished between *substantive* rules and *procedural* rules. (*a*) *Substantive* rules were *policy*-oriented and addressed the question of *why* the rule was needed and *what* it aimed to achieve. (*b*) *Procedural* rules were *practice*-oriented and addressed the question of *how* the rule was to be followed and who would be in charge of its maintenance.

On the other hand, there were those like Richard Hyman and Victor Allen who saw IR as essentially a bipartite activity since there was no ideological difference between the class that owned the means of production (management) and the class the controlled the administration of the state (government). Nevertheless, the fact remains that IR is an integral part of the HR function and yet there are some clear linkages as well as differences between the policies and practices of the HR expert and the IR expert.

Industrial peace through consensus lies at the heart of industrial relations. The absence of conflict enables value and sales to be generated through smooth production, operations thereby bringing in profits from which the employee can be compensated, and the returns on owners' investment can be realized. However, for achieving this consensus four conditions are needed: (*i*) Mutual trust and respect between management and unions. (*ii*) Mutual trust and respect between union leadership and the rank and file. (*iii*) A high level of class consciousness on the part of all parties. (*iv*) A corporate work culture that promotes trust, transparency, and teamwork.

These four conditions are as valid for IR as they are for all people management processes such as HRM and OD.

CONTRASTING APPROACHES TO PEOPLE MANAGEMENT

The HR Position	*The IR Position*
There are only two parties: employers and employees.	There are four parties in all: employers, employees, trade unions, and government.
Formulating HRM strategies and practices.	IR is the result of the implementation of IR strategies.
Reformulation of strategies a result of evaluation, diagnosis, and conflicts.	Working towards consensus and avoiding conflicts at the workplace.
The chain of command is followed for reporting and grievances.	Individual issues can be taken up collectively and at the highest levels.
Discipline and organizational customs are given a lot of importance.	Problems are solved through conciliation and collective bargaining.

PRINCIPLES OF SOUND INDUSTRIAL RELATIONS

A sound IR policy is equilibrating and a conflict free atmosphere lays down a foundation for excellence, sustainability, and growth. According to Scott, Clothier, and Spiegel, *Industrial relations has to attain maximum individual development, desirable working relationships between management and employees and the effective moulding of human resources.* The principles rest on three conditions:

(*a*) Maintaining the dignity of the individual, his right to personal freedom and equality of opportunity.

(*b*) The mutuality of respect, trust, understanding, and confidence between employees (and their unions) and employers (and their associations).

(*c*) The realisation that the employee has a right to an honest wage as much as the employer has a right to an honest profit.

If the work environment is stress-free and motivational, then innovation and creativity can blossom. Moreover, when that happens, a win–win situation arises for all the stakeholders. Hence, it is in everybody's interest to have a sound industrial relations policy so that opaqueness and uncertainty are reduced if not removed.

For this, a good industrial policy needs to (*i*) promote congenial labour-management relations. (*ii*) enhance the economic status of the employee, (*iii*) improve the quality of work life, (*iv*) provide workers to have a say in the management of industry and promoting industrial democracy, and (*v*) enhance production through maximizing motivation and minimizing conflicts and stress. (*vi*) introduce systems that enable innovation and creativity at the workplace.

MAJOR VIEWS ON INDUSTRIAL CONFLICT

The bases for conflict in industry are no diffident from those in any other area of human endeavour. Most of social and psychological, economic and political factors underly every conflict situation. Thus, a broader framework of industrial conflict is the complex of influences of socio-economic and political factors. Means of conflict management or resolution must incorporate considerations of these dynamics. Some of the theories/models of conflict are presented below for a better understanding of the entire relationship of labour and management.

1. Classical Approach (Marxist Model): Karl Marx considered industrial conflict as a part of the broader social conflict between classes and used it to explain the fundamental historical process of change and development in human society. He was concerned with certain macroeconomic processes and deep-rooted inequalities in society as a whole, and not with specific industries or firms. Marx divided the society into two classes: (*i*) capitalists, who own the means of production? and (*ii*) proletariat, who own nothing but their own labour power. These classes are antagonistic groups. Antagonism and conflict are the very essence of Marx's conception of class. The reasons for this fundamental antagonism lie in the capitalist mode of production. The main drawback of the capitalist mode of production is the exploitation inherent in the system of wage labour. Wage labour implies that labour is a commodity which is bought and sold like any other. Labour is bought at the cheapest price possible and put to work on means of production owned by the capitalist. The worker is paid a wage which is barely sufficient for his subsistence. This gap is the surplus value which the capitalist appropriates. This appropriation of the surplus by the capitalist employer is not lessened rather increases, for the actual distribution of additional increments of revenue is determined by the power situation. Workers with no power may get nothing. There is no automatic distribution based on a sense of equity. Thus increases the exploitation of the worker by the capitalist. Wage labour is, alienated because of exploitation by the capitalists. Alienation of a worker arises from the fact that he does not own the tools with which he produces. Whatever is produced from the contribution of his labour is not exclusive creation (because of division of labour), it arises from the appropriation of the surplus; finally, it arises from himself because his labour is no longer a form of self-expression or an end itself, but a mere means to an end-the end being the wage which is necessary in order to survive.

2. Human Relations or Neo-Classical Approach: This approach has its origin in the Hawthorne experiments conducted by Elton Mayo, Roethlisberger, Whitehead, Whyte, and Homans, etc. According to this theory, conflict is an aberration and not the natural state of human society. This aberration occurs when tendency of the industrial society is to treat worker as an isolated individual, and deprive him of all control over his environment. This loss of mooring and control is a major source of conflict. The core of human relations theory consists the importance attributed to the small informal social groups as a source of human satisfaction. This satisfaction results from better human relations through the encouragement in creating informal social groups and better communication by providing not only downward communication but upward communication also. The key to sound industrial relations lies in achieving better human relations in the organization. The major criticism of this theory is that it treats the factory as a self-contained and isolated social system. The sources of conflict lie as much outside the factory as within it and the argument that all these strains can be handled by the management through better human relations within the factory is not convincing. Neo-human religionists like Maslow, Herzberg, and McGregor felt that workers look for satisfaction of their needs from their employment. The motivators include both economic and non-economic rewards like appreciation of performance, knowledge of results, competition, etc.

3. Pluralistic Approach: The pluralistic theory is based on the premise that the enterprise contains people with a variety of interests, aims, and aspirations; therefore, it is a coalition of different interests. Arthur Ross argued that view an organization as a 'plural society containing many related but separate interests and objectives which must be maintained in some kind of equilibrium.' Given such views, conflict is not abnormal but quite natural. The capitalist is no longer a ruthless exploiter. He is willing to sit down and discuss terms with those who protest. Thus, protest has become institutionalized and has lost its bite. Given the nature and distribution of power in industry and society, both labour and management restrain each other to exercise the exclusives of power. Rather, together they construct and maintain rules and institutions for the regulation of conflict. Conflict cannot be wished away in this system. Arbitration, mediation, and adjudication emerge as the major regulators of conflict, and strike becomes a weapon of last resort. Pluralism does not imply the inevitability of compromise and consensus in all situations. Fox argues that the aim of pluralism is to combine social stability with adaptability and freedom — this involves the assumption that on most occasions, conflict will be resolved by collective bargaining — the major institutional apparatus of the pluralist.

4. Social Action Approach: The social action model has its origins in Weberian sociology. Under this model, the actors own definitions of the situations in which they are engaged and these are taken as an initial basis for the explanation of their social behaviour and relationships.

This model points but the reciprocal nature of the relationship between social structure and behaviour. Social structure limits social action. Thus, a worker's ability to take strike action or an entrepreneur's ability to invest may be limited by his personal and by more general economic conditions, and this will help to determine the environment for similar decisions in future. One of the most important features of the social action models is the attitude it adopts towards social theory. The social action approach suggests that general explanations of social action are not possible simply because of the nature of the subject of social sciences — men do not react to the stimuli in the same way as matter in the natural sciences. The social action approach has been contrasted with the systems approach whereas the systems approach regards behaviour as a reflection of the characteristics of a social system containing a series of impersonal processes which are external to actors and constrain them, the social action approach stresses the way in which man influences the social structure and makes society.

5. Systems Approach: The systems approach views the industrial relations system as a sub-system of the society or the total social system. The society is seen as providing certain external influences and constraints but not as completely dominating industrial relations. An industrial relations system at any particular time is regarded as comprising of certain actors, certain context and ideology which bind the industrial relations system together through a body of rules created to govern the actors at the place of work and work community. The creation of rules is the central aim of the industrial relations system and a cursory look at Dunlop's work will show that he isolates three groups of actors — Workers, Management and the Government — who take part in the rule-making process. In a simplistic fashion it could be thus posited. $R = f(a,i,b)$, where R = industrial relations system, a the actors, i the ideology, and b the body of rules.

Since the problem of industrial relations is multifaceted, the first step will be to diagnose a situation in terms of the prevailing circumstance in the organization and then to adopt a strategy of effecting changes at crucial points. Conflict in industry cannot be completely wiped out; it can only be contained with reasonable limits.

6. Gandhian Trusteeship Approach: As B.D. Pande explains in his 2010 paper, Mohandas Gandhi's views on industrial relations are based on his fundamental principles of truth and non-violence and non-possession. Out of these principles evolved the concept of trusteeship on which his philosophy of industrial relations rests. This philosophy presumes the peaceful co-existence of capital and labour, which calls for the resolution of conflict by non-violent, non-co-operation (i.e., Satyagraha), which actually amounts to peaceful strikes in ordinary parlance. Gandhi accepted the workers' right to strike, but cautioned that this right is to be exercised in a peaceful and non-violent manner; and it should be resorted to only after employers fail to respond to their moral appeals. The principle of trusteeship propagates that the capitalist order can be transformed into an egalitarian one. It does not recognize the right to property except to the extent permitted by society for its own welfare; the individual does not have any right to hold or use wealth in disregard of the interests of society; and the character of production is to be determined by social necessity rather than by personal whims or greed. The capitalist is expected to hold industry in trust for the community; and the workers should be treated as co-trustees with the capitalist employer. The trusteeship theory implies that there is no room for conflict of interests between the capitalist and the workers. Alhough wealth legally belongs to its owners, virtually it belongs to the society. If capitalists fail to pay minimum living wages to workers, workers should appeal to their conscience. If this does not work, they should resort to non-violent non-co-operation.

As a pre-condition to the above, two things are expected from workers: one is an awakening and other is the unity among them. By awakening among workers, Gandhi meant developing and nurturing faith in their moral strength and their awareness of its existence which means that the workers should realize the fact that without their co-operation, capitalists cannot work and when the workers resort to non-co-operation, their exploitation by capital would stop. For putting the Gandhian concept of trusteeship into practice, the following guidelines, we opine, should invariably be followed:

(*a*) The workers should seek redressal of reasonable demands only through collective action.

(*b*) The workers should avoid strikes as far as possible in industries of essential services.

(*c*) The strikes should be resorted to only as a last resort after all other legitimate measures have failed.

(*d*) As far as possible, workers should take recourse to voluntary arbitration where efforts at direct settlement have not succeeded.

(*e*) If they have to organize a strike, trade unions should seek authority from workers to do so, remain peaceful and use non violent methods.

In sum, the Indian academia is divided into four distinct positions viz. (*a*) Conflict is endemic and must be avoided at all costs (Monappa and Sayadain). (*b*) Conflict must be understood and regulated strategically (Ray and Mamkootam). (*c*) Conflict arises out of class antagonism and is unavoidable (Joseph and Ramaswamy), and (*d*) Conflict arises out of change and is a proof of dynamism (Sadri and Nayak).

APPROACHES TO UNDERSTAND INDUSTRIAL RELATIONS

Industrial relations is concerned with the relationship between the management and the employees of an industry. With the liberalization of the economy industrial relations in India have changed over the last 10–15 years. There are different approaches to industrial relations, psychological, sociological, human relations, socio-ethical, Gandhian, and systems approaches. The employees, trade unions, and management are the three major players in industrial relations. The government also has a key role to play, but steps in only when the major players fail to maintain harmonious industrial relations. The government also provides the basic framework for industrial relations through its legislation.

In India, the industrial disputes prevention machinery mostly helps in averting situations of conflict between the management and the workers that might lead to a strike or a lock-out. Some of the basic requirements for prevention of industrial disputes are an effective grievance redressal system, worker participation in management and collective bargaining.

Collective bargaining is the process of negotiation between the management and the worker representatives for resolving differences related to wages, bonus and other benefits, employee working conditions, grievance redressal procedure, collective bargaining procedure, etc. The process of collective bargaining has three steps — preparation for negotiation, negotiation, and contract administration.

If collective bargaining fails, the other stages in conflict settlement are conciliation, arbitration, and adjudication, in that order. Worker participation in management is an effective tool for prevention of industrial disputes. The level of workers' participation can vary from organization to organization. The basic objective of worker participation is to provide an opportunity to the workers to participate in the organizational decision-making.

By virtue of their participation, employees are bound to abide by all the decisions taken. This also helps in boosting the employee morale and enhancing their commitment to the organization. Some of the common forms of worker participation in management in India are works committees, joint management councils, joint councils, plant councils, shop councils, etc.

Worker participation in India has achieved only partial success due to factors like lack of proper education among workers, lack of understanding between the management and the workers and multi-unionism. A good organizational environment built on mutual trust and confidence between the management and the workers would help in effective and successful worker participation in management.

Aditya Bhattacharjea of the Delhi School of Economics in his paper offers a critique of recent empirical studies on the impact of labour regulation on industrial performance in India. It begins with a review of earlier studies that tried to infer the effects on manufacturing employment of amendments to the Industrial Disputes Act (IDA) in 1976 and 1982 that required government permission for layoffs, retrenchments and closures, and shows that the results are ambiguous. It then criticizes the widely used index of state-level labour regulation devised by Besley and Burgess (2004), and the econometric methodology they use to establish that excessively pro-worker regulation led to poor performance in Indian manufacturing. Several recent studies that have used their index are also surveyed. Finally, the chapter reviews other evidence, pointing in a very different direction, on the actual enforcement of labour laws, labour flexibility, and industrial employment. Throughout, attention is paid to the crucial role of judicial interpretation of the IDA, which has been neglected in a lot of non-legislative literature. The attention of the astute student is directed towards such literature. However, the appeal of such work is more to the economist and social scientist than to the management scientist and often B-Schools are known to give this a convenient miss.

Alternatively, since the 1980s Quality of work life (QWL) is continually being viewed as an alternative to the control approach of managing people. The QWL approach considers people as an 'asset 'to the organization rather than as 'costs'. It believes that people perform better when they are allowed to participate in managing their work and make decisions.

This approach motivates people by satisfying not only their economic needs but also their social and psychological ones. To satisfy the new generation workforce, organizations need to concentrate on job designs and organization of work. Further, today's workforce is realizing the importance of relationships and is trying to strike a balance between career and personal lives.

Successful organizations support and provide facilities to their people to help them to balance the scales. In this process, organizations are coming up with new and innovative ideas to improve the quality of work and quality of work life of every individual in the organization. Various programs like flex time, alternative work schedules, compressed work weeks, telecommuting, etc., are being increasingly adopted by these organizations. Outsourcing functions and re-engineering structures have helped organizations to strategically manage human resources in the early part of the 21st century and prepare Indian companies to become more and more globally competitive.

Technological advances further help organizations to implement these programs successfully. Organizations are enjoying the fruits of implementing QWL programs in the form of increased productivity, and an efficient, satisfied, and committed workforce which aims to achieve organizational objectives. The future work world will also have more women entrepreneurs and they will encourage and adopt QWL programs.

Quality circles which have been popularized by Japanese firms are being used all over the world because of the benefits that accrue to the firm. A quality circle involves participation from a small group of employees doing the same type of work. They meet regularly to identify, analyze and solve the problems that arise during the course of their work and their association with the organization.

From the 1990s, Indian organizations have started borrowing heavily from the Japanese management system with the result that Kaizen, Kanban, and the Fishbone diagram have become common managerial parlance in HR departments. For instance, the basic objectives of quality circles are to develop and utilize human resources effectively, to develop quality products, improve the quality of work life and sharpen and utilize an individual's creative abilities. There are different steps involved in the development of quality circles from getting started to problem-solving. Communicating the importance of quality circles to the employees is of prime importance.

The next step is the composition of a quality circle. Then the stage of initial problem solving through which employee suggestions are presented, follows. The suggestions are then evaluated and the best one, chosen by consensus, is implemented. Various techniques like brainstorming sessions, fish bone diagram, and sampling and charting methods, are used in quality circles. Problems arise in the implementation of quality circles because of lack of understanding regarding the concepts, low education levels and training, delays in execution and operational problems. Most of these problems can be resolved through effective training of employees and management support.

The four main views on industrial relations that are briefly explained below.

Psychological View: Differences in perceptions on crucial issues by principal actors lead to differences in attitudes and behaviours.

Sociological View: Industry is a microcosm of the larger society and reflects the culture and mores of the society at the workplace.

Human Relations View: Human resources are not inanimate and people have feelings, expectations, and beliefs that must be respected.

Radical View: Relations between union and management is based on the class conflict and class antagonism inherent in civil society.

From *Industrial Relations* the focus of attention and hence of inquiry shifted to *Personnel Management* between 1970 and 1990. Within organizations that employ people, this is the function with policy responsibility for the selection and recruitment of staff, training, performance assessment, career development, disciplinary proceedings, pre-retirement advisory work, equal opportunities policies, pay bargaining, and industrial relations. In small organizations, these functions may be combined with other management responsibilities; in large organizations, a substantial separate department may be involved in setting policy, its implementation, and in keeping up to date with developments in labour law. In recent years, the newer alternative term 'human resource management' has come into use, reflecting the increased importance of this function in labour-intensive service-sector industries.

From personnel management the focus in between 1990 and 2010 changed to *Human Resource Management* (HRM). This is the *strategic* and *coherent* approach to the *management* of an organization's most valued assets — the people working there who individually and collectively contribute to the achievement of the objectives of the business. The terms 'human resource management' and 'human resources' (HR) have largely replaced the term 'personnel management' as a description of the processes involved in managing people in organizations. In simple sense, HRM means employing people, developing their resources, utilizing, maintaining, and compensating their services in tune with the job and organizational requirement. Its features include: (*a*) Organizational management, (*b*) Personnel administration, (*c*) Manpower management, (*d*) Industrial management.

But these are traditional expressions that are becoming less common for the theoretical discipline. Sometimes even employee and *industrial relations* are confusingly listed as synonyms, although these normally refer to the relationship between management and workers and the behaviour of workers in companies. The theoretical discipline is based primarily on the assumption that employees are individuals with varying goals and needs, and as such should not be thought of as basic business resources, such as trucks and filing cabinets. The field takes a positive view of workers, assuming that virtually all wish to contribute to the enterprise productively, and that the main obstacles to their endeavours are lack of knowledge, insufficient training, and failures of process.

HRM is seen by practitioners in the field as a more innovative view of workplace management than the traditional approach. Its techniques force the managers of an enterprise to express their goals with specificity so that they can be understood and undertaken by the workforce and to provide the resources needed for them to successfully accomplish their assignments. As such, HR techniques, when properly practiced, are expressive of the goals and operating practices of the enterprise overall. HRM is also seen by many to have a key role in risk reduction within organizations.

Synonyms such as *personnel management* are often used in a more restricted sense to describe activities that are necessary in the recruiting of a workforce, providing its members with payroll and benefits, and administrating their work-life needs. So if we move to actual definitions, Torrington and Hall (1987) define personnel management as being:

> *A series of activities which: first enable working people and their employing organizations to agree about the objectives and nature of their working relationship and, secondly, ensures that the agreement is fulfilled.*

On the other hand, Miller (1987) suggests that HRM relates to:

> *.......those decisions and actions which concern the management of employees at all levels in the business and which are related to the implementation of strategies directed towards creating and sustaining competitive advantage.*

Academic theory: The goal of human resource management is to help an organization to meet strategic goals by attracting, and maintaining employees and also to manage them effectively. The key word here perhaps is 'fit', i.e. a HRM approach seeks to ensure a fit between the management of an organization's employees, and the overall strategic direction of the company (Miller 1989).

The basic premise of the academic theory of HRM is that humans are not machines; therefore we need to have an interdisciplinary examination of people in the workplace. Fields such as *psychology*, industrial engineering, industrial, legal/paralegal Studies and organizational psychology, industrial relations, *sociology*, and critical theories: *post-modernism, post-structuralism* play a major role.

One widely used scheme to describe the role of HRM, developed by *Dave Ulrich*, defines 4 fields for the HR function: (*a*) Strategic business partner (*b*) *Change management* (*c*) Employee champion (*d*) Administration.

None of these four can be actualized unless proper industrial relations systems and processes are in place. However, many HR functions these days struggle to get beyond the roles of administration and employee champion, and are seen rather more reactive than strategically proactive partners for the top management. In addition, HR organizations also have the difficulty in proving how their activities and processes add value to the company. Only in the recent years, HR scholars and HR professionals are focusing to develop models that can measure if HR adds value. That not withstanding just as man does not work for bread alone; companies do not operate to provide employment alone. They need to make profits, approach excellence and remain sustainable businesses. And for that good employer–employee relationships are a *sine qua non* and IR remains the jewel in the crown of human resources management which no expert can either bypass or treat lightly.

10 HR PLANNING AND COMPETENCY MAPPING

This chapter deals with two important aspects that link HRP and HRA: Recruitment and Selection.

From the 1950s and in the early 1970s many organizations applied 'manpower planning' as a process for anticipating and meeting staffing requirements. In the typically stable, slow changing environment of most business, military, and governmental organizations of the time, planning was based on extrapolation of current staffing patterns to meet future demands, taking into account attrition and internal movement. Labour economists held sway during this era. Then came the era when industrial engineers held sway and that was catastrophic as these technicians could not distinguish between the process and the person, causing many an uncalled-for heart-burn and many an unnecessary conflict situation. This went on up until the mid-1970s after which things began to change for the better and the specialization began to evolve into its present form.

Through the 1980s and into the early 1990s human resource planning began to be applied to help anticipate the changing staffing requirements. Such planning aimed at directly linking human resource actions to strategic business issues priorities. Because actions relating to human resource such as organizing, staffing, development, performance appraisal, and devising reward systems must address planned business changes, they are considered to be strategic. And with the onset of the new millennium, it is this view of human resource planning that is increasingly gaining credibility.

Well-managed companies continuously define the competencies and levels of staffing needed to implement business strategies, usually based on assessment of changes in business context. Through a repetitive assessment process, managers and human resources staff strives to examine and improve staffing in relation to changing needs. This process of planning defines the actions that will be necessary to ensure the staffing required by the business in the future.

Staffing actions typically include:

- Recruiting and developing the talent required to meet future capability requirements.

- Adjusting overall staffing and associated costs to match business requirements assigning talent in an organization to the highest value work that they can perform and thus improving staff utilization;
- Enhancing the capacity of talent to perform higher value work through training, education, and job-related development;
- Moving out employees whose capabilities is not likely to fit future needs, in a way that is fair and respectful.

Some Examples

- A pharmaceutical company identified a need to reduce overall staffing levels, so as to reduce costs and improve profitability. However, senior management wanted more than just constraints on new staffing; it wanted improved deployment of staff to areas of business having the greatest strategic impact (e.g. research and product development). As a result, a staffing process was established that called for selection of staff to suit business unit plans and objectives, and deployment of staff according to overall company priorities.
- The information services function of a major oil company similarly sought reductions in its staffing, as part of an overall company effort to reduce staff expenses. In this case, senior management sought to improve service to the various units simultaneously and to reduce costs by shifting from mainframe to PC/LAN computers. This required new emphasis on consulting skills, knowledge of the business context, and new technical skills and knowledge.
- A health care organization is expanding its coverage, opening medical centres in locations not currently served. As part of its 7-year plan, staffing requirements and availability are assessed, so that recruitment, training, and redeployment may be planned well in advance of needs. In some instances, teaching program were established at local colleges, with company support.
- In all these situations, the staffing issues, the analysis and planning process is an essential element of organizational diagnosis. The steps for developing a staffing strategy are presented in logical order. These are not necessarily sequential, and may be addressed concurrently, in the same manner, as business planning is typically ongoing, with no clear beginning and end. Each year's planning cycle builds on the previous plan and base of information. A company establishing a strategic staffing process from scratch, however, will find these steps provide a useful guide.

Understanding the business context: In today's changing business context, however, planning begins by looking 3–5 years into future. Managers and human resource staff develop and evaluate alternative scenarios of future business conditions and demands. They identify the staffing implications of the most likely scenarios and factors that will demand changes in staffing requirements, both quantitatively and qualitatively. For example, models of business strategy like Porter's model and D.E. Hussey's model are used to determine the business scenario that could face an organization. These two models are discussed below to show how business strategy can impact upon manpower planning.

Michael E. Porter's model: The forces that act upon the individual firm in the context of labour can be explained in terms of the four-force model, as developed by Michael Porter.

The entry of new firms poses a potential threat to the firm in question, as the supply of the required type labour is almost fixed in nature. The greater the influx of new firms, the greater the risk factor of the firm in question, as regards a smooth flow of labour.

A threat of another nature arises in the form of the entry of new firms in the manufacture of similar products and services. The increase in number and the growth of firms in the manufacture of similar product poses a greater threat if the labour pool employed in the production process is of a highly skilled and scarce nature. The bargaining power of the suppliers of labour is dependent on the labour market mechanism. A unified labour force, strong trade union presence, an organized labour market and the relative importance of labour in the production process help in strengthening the supplier's bargaining power. The bargaining power of the buyer of labour on the other hand depends primarily on the size of the labour pool and skill factor of the required labour force.

D.E. Hussey's direction policy matrix: Hussey developed a business policy direction matrix, (found in any good textbook) on the basis of two parameters.

(*a*) The business sector prospects and

(*b*) The company's competitive abilities

(*c*) The matrix so developed helps in the Strategic Positioning and Action Evaluation Process (SPACE), first developed by Shell Chemicals, USA.

As shown in the matrix, weak competitive ability of a firm, coupled with an unattractive business environment, is a sufficient indicator to the firm to go in for divestment. At the other extreme, we have an attractive business environment with strong company competitive ability. This signals us the hope of success, which should lead to product innovation as the most logical business alternative.

The role of the human resource staff is to develop an understanding of the situation and to guide its analysis by passing questions, examining business plans, and facilitating a dialogue with and among those managers who are in the best position to anticipate future business changes.

Definition of future requirements: Once the future business context is defined, managers and human resource staff interpret the anticipated changes in terms of the competencies and the staffing levels required. Managers who are familiar with the business, with the technology, and the work demands are best able to project future requirements. They also define current staffing, including both the head count and the capabilities currently represented in the work force. In some companies, such information is available from automated systems, or from regular management reporting; in most, even rudimentary information has to be amassed. Future staffing availability is determined by projecting attrition, transfers, promotions, and other staffing changes. Rigorous data analysis and use of forecasting models is helpful in this step (and may be supported by human resource staff), but projections are ultimately management judgements. Based on their experience and knowledge, managers identify opportunities to improve job design, talent utilization, organization structures, and competency mix. Then they project the available staff supply relative to the projected requirements and identify ways to bridge the gaps, using analytical tools that enhance the rigour and speed of the process.

Establishing future commitments: Action plans are ideally based on a sound analysis of facts and alternatives. Near terms actions should not only address near term staffing imbalances, but also cater to anticipated longer-range needs. Because human resource staff are familiar with alter native actions, such as redeployment, out placement, organization realignment, recruitment, they play a key role in helping managers formulate suitable, realistic plans. Commitments to action can then be specific and measurable. Managers define staffing objectives in such a way that achievements may be tracked and evaluated. Where are we trying to go? How will we know that we are progressing? The more clearly future expectations are defined, the easier it will be to measure and evaluate the effects of management action.

Planning: In most organizations, line managers are ultimately responsible for defining staffing requirements, assessing current talent and performance, rather than HR specialists, and making the selection and development decision deemed necessary to ensure that staff supplies will equal staffing demand. Human resource staff plays a key role in supporting this decision making by providing information, technical support and consultation. They help managers who are unfamiliar with human resource planning to move up the learning curve.

Managers involved in planning need to apply enlightened "out of the box" thinking for effective strategic staffing. Often, managers and HR staff raise more questions for consideration during the planning process than are answered. In a sense planning is an educational exercise for participation, in which framing the right question is critical.

Link with business planning: Creating and implementing strategic staffing plans is easier in a more stable organization and more difficult in organizations experiencing rapidly changing conditions. However, planning is most valuable precisely in organizations that are faced with rapid changes, because a context is needed to guide actions in the face of uncertainty. HR planning provides a guide to action, not a prediction of the future. In a changing environment, planning provides information that is understandable and useful to managers and different scenarios and contingencies that help them make better near-term staffing decisions. Business plans usually have both a long-term and a short-term focus. HR planning typically has a short-term focus. For example, defining the necessary recruitment, movement, and development and termination actions to be taken in the coming year is an important activity. However, these short-term actions should be taken within the context of an overarching HR strategy. The four-cell career typology is also good model to help planners know where their organizations stand.

Career systems typology: A career system is the set of policies and practices that an organization uses to provide staff to meet its HR requirements. Applying General Systems theory to the flow of human resources, we would expect to see input and output in the form of entry and exit, and it is internally interdependent upon its components in the process of throughput (development). We can thus combine the entry and exit of staff into one dimension, which we shall call assignment flow. The two dimensions provide us with a classification system for career planning. This can be measured in the following way:

- Supply flow may be primarily internal, in which case jobs are filled from the internal labour pool at all but the lowest levels. Or it can be external, in which case the firm is as likely to hire talent from the outside environment at all levels as it is to promote from within.
- Assignment flow measures the basis on which people are assigned and promoted to new tasks. It may focus primarily on the individual contribution to production or profits, or more on group contribution, loyalty, tenure, etc.

- Squaring these dimensions off against one another gives the four-cell typology shown on Business Policy or in *Geometry of HR*. The four types of career systems are distinctly different features:

Academies are firms with internal labour markets, and reward systems based on individual contributions. Stability and low turnover characterize them. These companies hire from outside only at entry levels, and expect a large proportion of their employees to stay through to retirement. They key HR function is development. These firms obtain needed talent and create barriers to the exit of labour, by developing firm specific skills and in many cases, a deep-seated loyalty in their employees.

Clubs also employ the internal labour market but assign and promote more on the basis of group factors than on individual contributions. They are more concerned with seniority, commitment, status and equal treatment of members than with innovation or profitability. The critical HR function here is retention of the members

Baseball Teams in the United States are open to external labour markets at all levels, and seeks out those employees who will make the largest contribution individually. In the UK, it is football (soccer) and cricket. The major HR function here is recruitment, to keep the firm or clubs fully staffed and performing. People in Baseball teams tend to identify more with their profession than with any firm they work for. The same is true with football fans in the UK and cricket enthusiasts in the Indian sub-continent. Firms act as if they are fortresses preoccupied with survival. As such, they cannot afford to focus on individual members, either by promising job security through internal labour markets or by rewarding only on the basis of individual contributions. Fortress recruitment may focus on generalists with turnaround skills, whereas exists may be based on business imperatives such as pushing certain product lines, rather than on a person's performance. In the fortress, the good of the many outweighs the good of the few, and group factors dominate in the choice of assignments, promotions and layoffs.

A STRATEGIC PARALLEL: Miles and Snow (1970) proposed four strategic types of firms: Analysers, Defenders, Prospectors, and Reactors. Analysers, although not the most innovative group, tend to excel in the delivery of new products and services, paying close attention to the market. Their career systems must produce people who take moderate risks and strive for freshness while remaining loyal to the firm. They are stable but not entrenched in their market position. *Analysers* are firms that evaluate current scenarios and forecast future developments based on certain assumptions about the nature of things to come. The unfortunate syndrome of analysis–paralysis often becomes a stumbling block to their progress. *Defenders* are firms with narrow product markets. Their leaders seek mastery over a narrowly defined organization. Their focus is on reliability and stability. They must develop loyal members, committed to maintaining the institution over a long term. *Prospectors* depend on product innovation and the creation of new markets. Their pioneering strategy is to identify new opportunities and emerging trends. They may sacrifice internal efficiency in their effort to stay innovative. Their career systems must continually recruit creative, independent, expert thinkers who will produce ideas to pursue. *Reactors* are usually those firms that act once the situation unfolds and mount rear guard actions. They are indeed the survivors who manage to wiggle out of many a crisis.

SYSTEMS AND STRATEGY COMBINED: Combining the two analytical frameworks yields a strategic explanation of career systems. The *analyser* strategy of the academies led them to survey their competitive contexts thoroughly and to develop all the necessary skills before deploying staff into new areas. At the same time, innovation in marketing and delivery of products and services keeps these firms in the competitive forefront of their industries, although they rarely lead with new product ideas. Instead they are skilled at execution and offer better quality products and services. Their competitive strategy is usually one of differentiation through marketing or support. Human activity may not be the actual product of academies, but is often a source of advantage.

The *defender* strategy of the clubs reflects a preoccupation with holding their strategic ground instead of seeking new or better product markets. They pursue a focussed strategy of non-competition, fulfilling their niche function free from any external threat.

The *prospector* strategy of the Baseball teams includes an implicit decision to "buy" rather than "make" talent. The uncertainty of their new product markets makes it impractical to invest in "vertically integrated" career systems to meet projected talent needs; uncertainty as to demand and the changing technological aspects of the business will militate against this kind of development. People more than processes confer competitive advantage in their businesses

The *reactor* strategy of the fortresses also forces them to forego "making "talents. These firms not only "buy" but also often "sell" labour into the outside market through layoff's early retirements, etc. Many fortresses are academies, clubs or Baseball teams, which have failed at their mission. Some spend a long time at the fortresses before recovering: others make quick and drastic change in order to turn around: still others never leave the fortress mode. These semi-permanent fortresses often find themselves competing on the basis of cost, but without the means to attain a stable position. They are highly competitive businesses in which markets are fragmented or experience large swings.

Long-term and short-term links: Human Resource plans are developed and implemented within a business context. In well-managed companies, both the business focus and the HR focus include long- and short-term components. On business side, a set of business strategies defines the direction in which the organization plans to move (and the actions that will be taken accordingly) during the planning period. In the short-term, a budget or annual plan defines actions. Often, this annual plan is the first year of a long-term business strategy.

On the human side, immediate staffing actions (including recruiting and development) are defined annually, often as an integral part of the budgeting process. Many companies also prepare longer-term HR strategies — defined as longer-term, directional plans of action that support business strategies. These HR strategies provide a context for defining and integrating short-term HR activities and initiatives such as training and development programs.

Direct links exist between business planning and HR planning in both, the long and the short term. Business strategies both influence and are influenced by HR strategies. Once business strategies are developed, it is possible to define HR issues that must be addressed for effective implementation of business strategies. These gaps typically include shortages and surpluses in staffing levels, deficit in the number of employees with the required competency. Once these gaps are identified, the strategies needed to address the issues can be developed. These HR strategies can also have an impact on the business strategies. Links are also established in the short-term business plans.

Logically, a company first formulates a sound understanding of its long-term business context and defines its long range business plan. From this, the management formulates an annual budget, including staffing plans and a long range staffing strategy or a HR plan. The management then, determines and implements specific short-term actions that meet the immediate needs and also fit the longer-term requirements.

UNDERSTAND THE BUSINESS CONTEXT: Strategic staffing analysis and planning is not merely a onetime project or product. It is a focussed data-based process that enables managers to make near-term staffing decisions within a longer-range strategic context. A long-term staffing plan considers the business context that extends 3-5 years into the future. In this planning time frame, more significant changes may be expected, than can be addressed in a single year. The first steps in the strategic staffing process require the establishment of a base line based on the current organization, its position and staffing and identifying the business structures influencing future staffing requirements.

1. DEFINING BUSINESS SCENARIOS: The following steps and the most difficult (because of the uncertainty of future requirements), is to define one or more scenarios of what the business will be like in future. Future business pointers or drivers suggest what the business will be like:

- What changes in the industry, the competition, and other external factors will affect the business of the future?
- What business strategies are to be implemented?
- What changes are called for in the business, in technology, and in functional plans?
- What will be the impact of planned business changes and future objectives on the way the company is managed?
- What will be the necessary processes, the organization, and the functions required implementing the strategies and achieving the objectives?

2. IDENTIFYING STAFFING IMPLICATIONS: Once the business scenario is defined, managers can then identify its impact on the required competency and staffing levels. It is important to know how radically the future will depart from the present situation. If the changes are merely evolutionary, managers can project staffing requirements based on past experience and trends that may continue into future. In contrast, organizations expecting radical, revolutionary change need fresh thinking about future conditions and requirements. Here the planning must focus on new initiatives and new thinking as to how the work must be done. Alternative visions define different future scenarios.

As there is often insufficient certainty regarding the extent of the changes, it is helpful to develop one or more possible scenarios of the future business situations rather than relying on a direct relationship of business indicators with staffing requirements. A team of knowledgeable managers can readily develop such scenarios and select those most likely to occur. They assume that both organization and job structure will be different and that radical changes in the work force are likely. It is often useful to define, in broad terms, the primary activities that will engage people in the business. The following questions can then be addressed:

What factors or changes in the business plans will determine the work that will get done and how it will get done?

1. How will changes in the primary roles and relationship shape work?
2. What kinds of work will people do?
3. What will be the most difficult or challenging aspects of this work?

4. How is this work different from what is being currently?
5. What work will disappear or be performed by others?

Alternatively, the HR staff may conduct an initial assessment of work changes, based on the inputs received from a team of knowledgeable managers and their concurrence. Once the changes in the work have been identified, managers should estimate the approximate volumes of that work. This brings business requirements a step closer to staffing requirements.

3. IDENTIFYING STAFFING DRIVERS: Finally, it is necessary to identify those changes in business plans that will specifically impact the required competencies or staffing levels. Example of staffing drivers include (*a*) Changing production volumes or the mix, (*b*) Changes in products or services, and new products, (*c*) Capital expenditure (e.g., new equipment, new facilities), (*d*) Acquisitions or divestitures, (*e*) Changes in current technology or introduction of new technology, (*f*) Environmental demands, (*g*) Quality improvement efforts, (*h*) Increased manufacturing flexibility, and (*i*) Cost containment.

Once the drivers are identified, managers estimate how these drivers will change and the impact they will have on future staffing requirements. For example, business activity in one area will increase and thus the need for individuals with particular skills will also increase.

4. DEFINING FUTURE REQUIREMENTS: Once the business context is understood, it is possible to begin the process of defining the competencies and the staffing level required to effectively executing the business strategies decided. A staffing plan including a comparison of expected supply and demand must be drawn up. In order to compare supply and demand directly, a two-dimensional matrix form must be used. The matrix would traditionally array functions by salary grades. When business changes are minimal, the matrix framework reflects the current organizational structure. But in cases involving a significant change, managers need to create a new framework, which can often be quite unrelated to the current organizational structure.

5. DEFINING COMPETENCIES AND STAFFING REQUIREMENTS: The next step in the strategic staffing process is to forecast staffing requirements, availability and net gaps or surpluses. Requirements are determined by examining the specific impact of each staffing driver on each category of staffing requirement. Through this analysis, answers are formulated for diagnostic questions such as the following:

- What will be the primary categories and levels of capabilities required in relation to the type of work required?
- What staffing levels will be required in the cells of this skills matrix?
- What skills will these jobs require?
- How will these requirements change under future scenarios?

The process must begin with an analysis of the competencies that will be required in each job defined. Once this is done, it is possible to define the number of individuals with those competencies that would be required to support the business plans. In certain cases, it is possible to define the required competencies directly. In other cases, it is more effective to start with a definition of current competencies and have the managers indicated how these will change in the future.

6. DEFINING CURRENT STAFFING: Once the demand side of the analysis has been completed, it is possible to define the supply side. Typically, an organization uses the strategic staffing framework to define the number of people currently in each job category, make assumptions regarding recruitment, movement and turnover and the creation of future supply that takes into account the effects of these staffing actions on the employee population being analyzed. Some companies maintain current organization charts and tables of staffing. They have a position control system in which all positions are authorized through the budgeting process. During the year, replacements are selected as vacancies occur. As the organization becomes more and more flexible and loosens up on budget controls, job evaluation and hiring control, the management finds that it does not have reliable organization charts or staffing information. This information needs to be developed as a starting point in planning future changes.

7. PROJECTING FUTURE STAFF AVAILABILITY: The next step in the process is to project staffing levels and competencies in the future, based on the affects of movement, turnover, and retirements upon the current population of employees. For current staffing on each category, the following calculation steps are completed:

- The number of employees leaving the category (i.e. turnover, retirement, and terminations) is subtracted out.
- The number of employees leaving that job to take other jobs is also subtracted.
- The number of new hires is also added.

The planning time frame or horizon for these projections should match that of the demand or requirement analysis. At the end of this step, an organization will have a realistic estimate of numbers and types of employees that will available at the end of the planning period.

8. IDENTIFYING STAFFING GAPS: The HR specialist has to define specific differences and surpluses between projected requirements and the talent available. Once the requirements have been defined and staff availability projected for the planning period, the demand can be compared to the supply of each category and the various mismatches identified. When the demand exceeds the supply, the supply must be increased through hiring or accelerated promotions. In other cases, supply will exceed demand and the organization may choose to reduce the surpluses through or may instead tolerate some extra head count.

To be successful in today's business environment, human resource planners need to focus in their modelling and forecasting efforts on addressing business needs. The output of their work must provide relevant information to the senior managers of the human resource organizations they support. First, each organization needs to initiate a process to identify the critical external and internal forces which will impact business performance over both a short- and long-term planning horizon. Equally important, however, is to understand the impact of these forces on the organization. This is presented in two steps: Business and Organization issues and Human Resource Implications. Once the Human Resource implications of the business strategies and opportunities are understood, the human resource organization is in a position to develop the strategies needed to support and implement business plans and opportunities. Finally, specific human resource action programs can be developed to address the priority human resources needs of the organization.

Most practitioners of Strategic HR feel that the modelling and forecasting can further define the human resource implications of business plans. Modelling and business plans can provide management with important information about the implications of the HR strategies needed to support the business goals and objectives. Three such typical objectives are:

- to assure that we have the human resources to meet the organization's total need for people over the multiple year planning period;
- to establish a framework for staffing, development, and succession planning programs and priorities;
- to integrate the decisions and actions to be taken in the management of Human Resources within the company.

Successful HR professionals must understand these questions and be able to identify those that can be addressed by proved modelling and forecasting techniques. We can then develop a framework for more directly integrating business issues and strategies with modelling and forecasting opportunities. Both human- and business-related issues in the internal as well as external environment are incorporated in *Step I.* Although the issues identified are not typically integrated directly into the forecasting models, they do influence the selection of the type of HR forecasting model to be used. *Step 2* deals with the identification of the HR requirements, which is the demand. In this step, the HR planner must match the needs the data provided by the business plan with an appropriate HR demand forecasting methodology. An analysis of HR availability is conducted in *Step 3.* A study of HR availability or supply or often includes definitions of the existing headcount as well as analysis of promotions, lateral moves, demotions and turnover. Needs (defined as the difference between supply and demand) can, in most cases, be met by a combination of staffing and development options, each possible solution having associated costs and implementations. The job of the HR planner is to use an appropriate forecasting methodology so as to access the implication of the various scenarios. This will allow the supply of human resources to meet demand requirements. This interactive process is represented by *Steps 4 & 5.*

Depending upon factors of cost, organizational culture, the ability to integrate new employees at senior levels in the organizational statistics regarding job seniority, and training and development opportunities, an organizational can eventually design an appropriate set of strategies, recommendations, and contingency plans as shown in *Step 6.*

The final step provides a feedback mechanism to the entire system. It links the HR alternative to the strategic and operational programs.

The various modelling techniques can be grouped into three categories namely:

(*i*) Demand forecasting techniques.
(*ii*) Supply forecasting techniques.
(*iii*) Integrated manpower planning models.

The most popular **demand forecasting techniques** are regression analysis, time analysis services, and simple percentage changes in the staffing levels and project driving estimates.

On the **supply side,** replacement charts are used extensively in succession planning applications. However, for larger workforce segments and for situations where forecasting is required over a multiple year planning horizon, the most popular and most generally most applicable forecasting methods are based on the Markov model.

Two types of Markov application are possible namely the "supply push" and the "demand pull" models. The Markov model allows organizations to test multiple assumptions and undoubtedly the most important manpower forecasting techniques available to organizations today. The model is an ideal forecasting method in situation where manpower must be studied for each year of a multiple planning period. Integrated models, like linear programming, goal programming, goal programming and network model are relatively complex and are design to simultaneously analyse demand and supply. Because these models tend to be more difficult to handle and require more data, their use tends to be limited to very large private sector or government organizations.

Any human resource-forecasting model should examine the "flows" of employees within the organization over specific periods of time. The model itself should be straightforward. Management will better understand a simple, logical process and consequently the result of such a process will be more readily accepted and used.

Analysis must lead to action. Given an assessment of alternative actions to address anticipated staffing needs, it is necessary to evaluate the current capabilities and development needs of talent, define action plans, and review progress as implementation progresses.

9. EVALUATING CURRENT TALENT: To be able to plan specific actions, it is necessary to review current talent in the light of required future capabilities, current performance, and potential for learning. For management employees, this is frequently included ongoing management succession and development process. In many organizations, it is applied to all the employees through a religious performance and development process. Individuals who are assessed as low potential and marginal performers are helped to bring performance up to par. High potential personnel are identified for participation in development program. Initially, past performance was the sole criterion to determine who would be retained and who would be asked to go. After completing strategic staffing plan, management could consider future required competencies as well. As a result excellent performer in the past sometimes asked to leave as they were deemed to be unable to learn and apply new technology.

10. DEFINING ACTION PLANS: Specific staffing actions need to be define to close gaps and reduce surpluses. These actions include recruitment, turnover, and the development necessary to meet these requirements. Action plan focus on outcomes and address certain questions about the actions required:

What external turnover or attraction is required? *(i)* Gradually reduce staffing levels and costs in a unit while strengthening its capacity to perform. *(ii)* Accelerate turnover in a group through voluntary or inventory severance. *(iii)* Remove blocks in positions by terminating or by reassigning plateau like performance.

What external movement is necessary to achieve the targeted staffing levels and mix? *(a)* Provide employment security through internal redeployment. *(b)* Manage movement strategically — whether upward, lateral, or diagonal. *(c)* Create border career path.

What training and development will be needed? Develop within the work force the new required skills through focused training and development.

What changes in external recruitment are required? *(i)* Increase external hiring versus promotion from within. *(ii)* Shift the emphasis in external recruiting sources. *(iii)* Shift the emphasis in regard to the skills and capabilities of recruits.

Specific objectives may be set in each of these action areas, based on the plan. The remaining work force is reallocated according to future requirements framework. In other organizations, however, more specific allocations are made.

11. REVIEWING PLANS AND THE IMPLEMENTATION PROCESS: At least annually, and often more frequently, the senior management reviews the implementation of plans and discuss future plans, so as to obtain agreement and commitment. Alternatively, this may be the subject of separate reviews, which focus on staffing, organizational changes and perhaps related topics such as quality and productivity improvement.

For effective manpower planning the following ratios must be known:

$$\text{Wastage rate} = \frac{\text{Number of leavers} < n \text{ years of service}}{\text{Average no. of men on rolls} < n \text{ years of service}}$$

For the InfoTech industry, n should be taken as 2 years to be on the safer side.

$$\text{Labour turnover} = \frac{\text{No. of levers in a year} \times 100}{\text{Average no. of men on rolls in that year}}$$

This is expressed as ratio in terms of percentage. This will give us the rate at which recruitment must take place.

Attrition beyond 20 per cent is not acceptable under any conditions since there is a cost attached to recruitment and leaving. If investment in training is made properly the attrition levels can come down considerably.

Unfortunately, this function is often outsourced to the Industrial Engineering Department and consequently the HR function becomes dehumanised, labour gets alienated and IT problems surface. Hence this is one function that can make or break an HR strategy.

COMPETENCY MAPPING

Competency Mapping is the method that weaves a web between HRP, HRD, and HRA.

For HRP, it provides the right person at the right time for the right job.

For HRD, it facilitates existing talent sets to be converted into desired talent sets.

For HRA, it plots the career of an individual in an organization so that job rotation, proper fitment and correct placement are enabled.

Main benefits of competency mapping could be either direct, indirect, or both.

Direct: Enables HR strategists to plan against a future scenario.

Indirect: Enables employees to view their future and so address their belongingness need.

Combined: Promotes loyalty and contains attrition.

The unpleasant truth is that many HR managers speak of Competency Mapping, many CEOs claim their company does competency mapping but less than 10 per cent of these actually do the exercise. This is because it assumes the knowledge and existence of the P-CMM system that seldom exists.

The company maps competence through examining performance and thereby managing change. Hence we could say that Competency Mapping is an effective management tool to assist intervention. It is thus recommended that the reader is acquainted with (*a*) Concept of role and competencies, (*b*) the competency mapping framework, (*c*) competency identification, (*d*) competency assessment, and (*e*) competency development.

(a) The concept of role involves the expectations of significant others and self. It is a linking concept between the individual, team, and organization. It is different from position and must not be mixed up.

(b) The concept of competency involves skill, the ability to accomplish, talent, and inherent ability. So we can view Competency as underline characteristics that give rise to skill accomplishment, knowledge, skill, and attitude.

(c) Competency was identified and first popularized by Boyatzis (1982) with research result on clusters of competencies. He looked at "capacity that exists in a person that leads to behaviour that meets the job demands within parameters of organizational environment, and that, in turn brings about desired results." Three terms need to be clarified *a la Woodruffe (1991)*

(*i*) *Competency:* A person-related concept that refers to the dimensions of behaviour lying behind competent performer.

(*ii*) *Competence:* A work-related concept that refers to areas of work at which the person is competent.

(*iii*) *Competencies:* Often referred as the combination of the above two. e.g., UK organizations.

Competencies could either be generic or specific. For understanding the threshold or performance, we need to understand (*i*) basic competencies required to do the job, which do not differentiate between high and low performers, (*ii*) performance competencies are those that differentiate between high and low performers, (*iii*) Differentiating competencies involve looking at behavioural characteristics that high performers display

Role competencies are basically a set of competencies required to perform a given role. Each competency has a skill set. Competencies change with time. Core competencies are used as the base for developing divergent competencies. Included in competency identification are (*i*) structure and list of roles, (*ii*) definition of roles, (*iii*) job description, and (*iv*) competency requirement

Competency Applications involve the following: (*i*) competency frameworks that define the competency requirements that cover all the key jobs in an organization. This consists of generic competencies, (*ii*) competency maps that describe the different aspects of competent behaviour in an occupation against competency dimensions such as strategic capability, resource management, and quality, (*iii*) Competency profiles which are a set of competencies that are require performing a specified role.

Structure of role can be understood through study and examination of organizational structure. This is followed by listing all the roles in the structure to identify redundant and overlapping roles and formulate the final list of roles. The steps involved can be thus listed as follows: (*i*) Identify KPAs of the role. (*ii*) Link the KPAs with Departmental and Organizational goals. (*iii*) State the content of the above in one or two sentences, and (*iv*) Position the role in perspective with that of others. This is followed by Job Description that involves listing down all the activities/tasks in terms of small and big, routine and creative. Thereafter they are categorized as activities under major heads.

Steps involved in identifying competencies involve identifying against each activity the following: (*i*) Role holder interview and listing. (*ii*) Internal/External customer interview and listing. (*iii*) Star performer interview and listing. (*iv*) Role holder critical incident analysis.

MACRO VIEW OF COMPETENCY MANAGEMENT

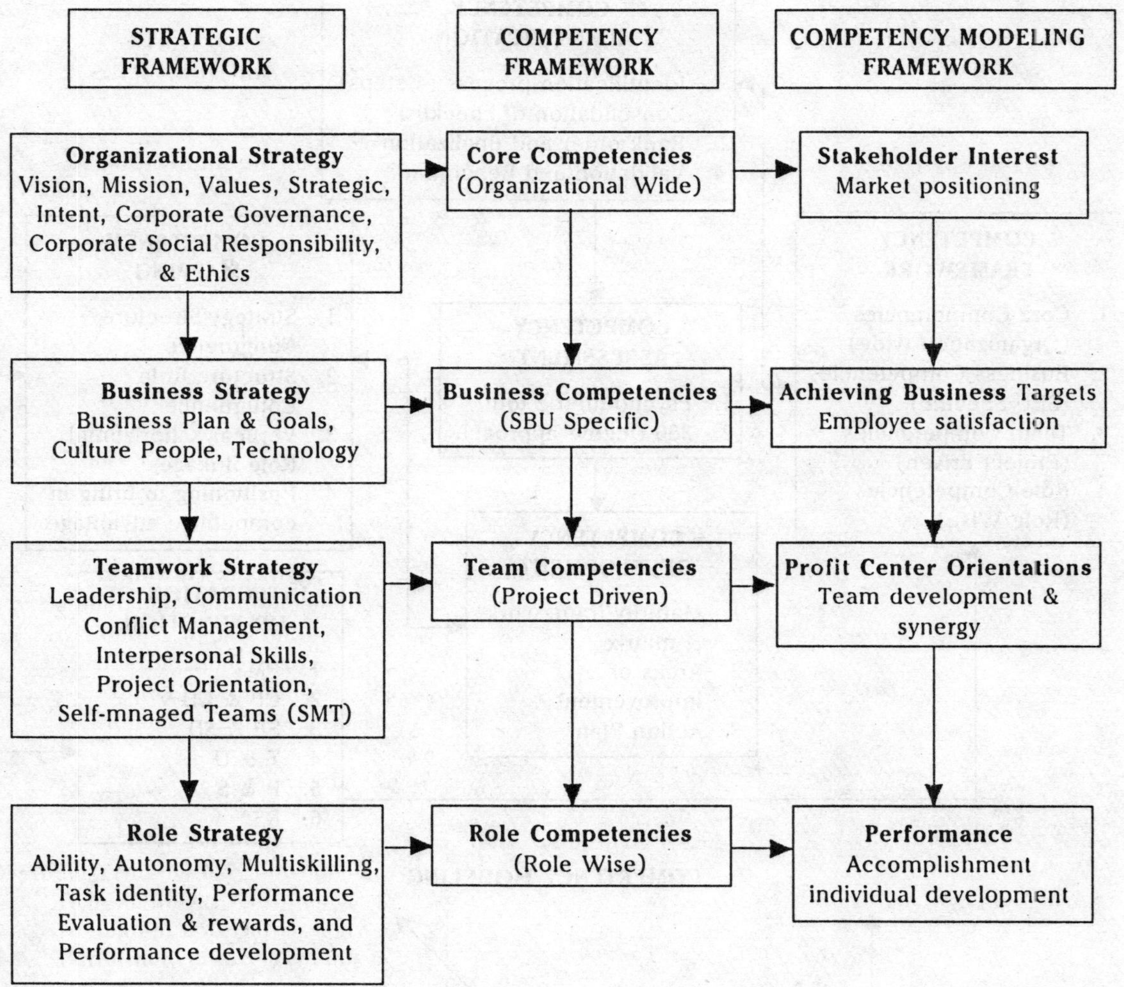

(*v*) Consolidate the above and make a checklist of competencies and (*vi*) Rank-order and finalize on 5/6 competencies critical to the role.

(d) However for purpose of Competency Assessment the following methods are used: (*i*) Assessment/Development Centre, (*ii*) 360 Degree feedback, (*iii*) Role plays, (*iv*) Case study, (*v*) Structured Experiences, (*vi*) Simulations, and (*vii*) Business Games.

(e) Competency development is another factor that links HRP, HRA, and HRD. Thus, it is usually presented in tabular form. It could be tabulated for an individual or for a team but usually it is restricted to individuals.

PROGRAM DESIGN AND IMPLEMENTATION: THE MODEL

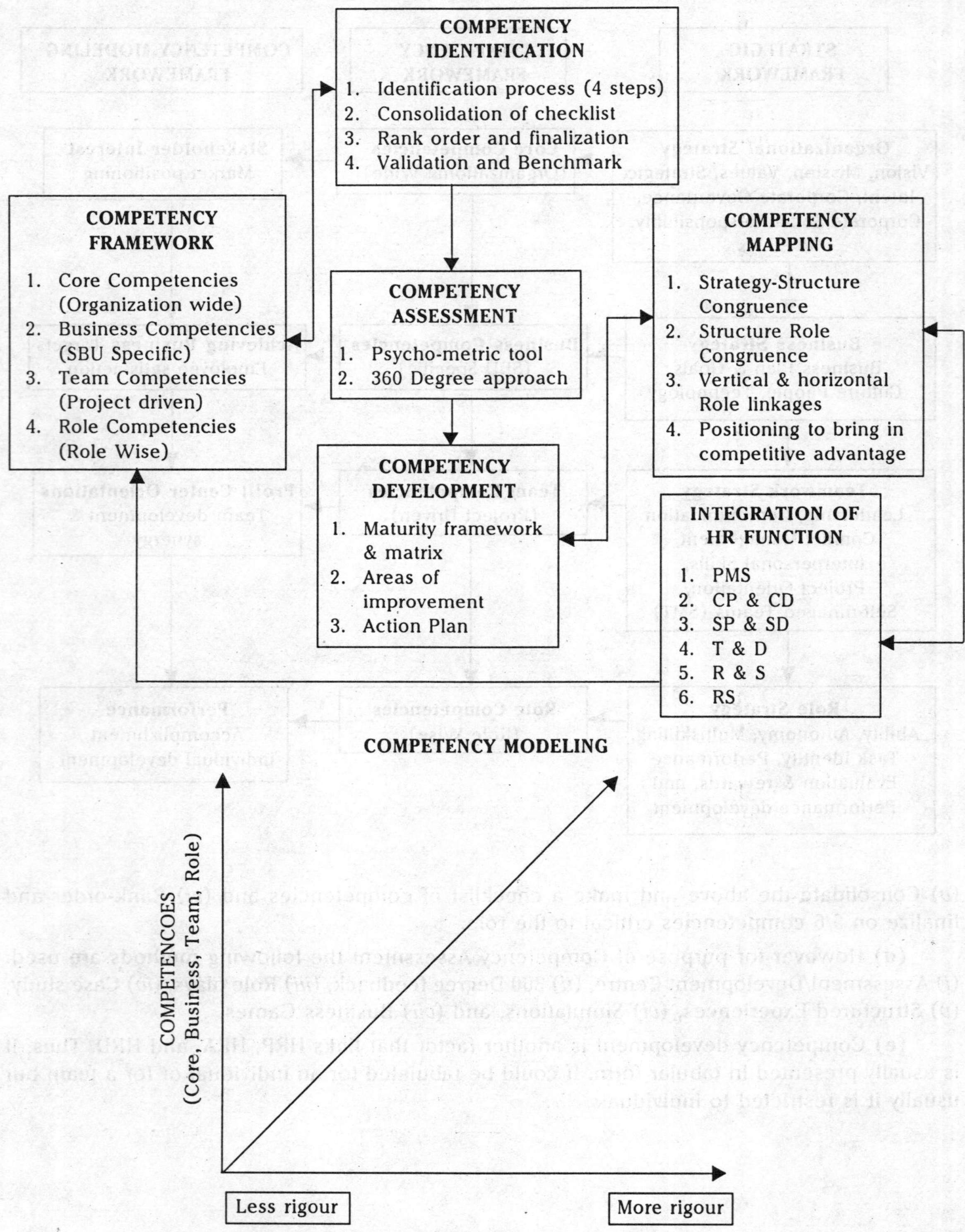

CRITERIA: Validaity, Applicability, Speed, Satisfaction

ROLE	IDENTIFIED COMPETENCIES	ASSESSMENT RESULT	AREAS OF IMPROVEMENT	ACTION PLAN

This leads us to competency mapping which examines and ensures:

(*i*) Strategy structure congruence.

(*ii*) Structure role congruence (role uniqueness, non-repetitive nature, and value addition)

(*iii*) Vertical and horizontal role congruence.

(*iv*) Ensure non-repetitive tasks in two different roles to avoid confusion.

(*v*) Ensure core competencies for each task.

(*vi*) Link all the above and position to bring in competitive advantage.

2. The following are the expected deliverables of competency mapping. (*a*) Role Directory, (*b*) Competency profiles, (*c*) Competency Map, (*d*) Competency-based HR systems, (*e*) Recommendations: Rationalization of structure and manpower, (*f*) Institutionalization of interventions, and (*g*) Organization Diagnosis Report.

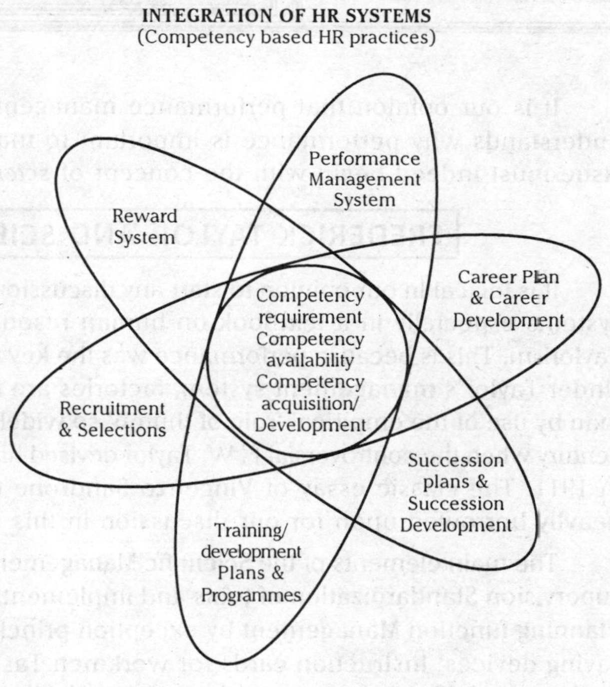

To conclude: An HR Manager is expected to handle inadequate role competencies with just two options: (*a*) develop the competencies within a timeframe or (*b*) quit the role. There is no option other than to perform [excellence is a business necessity]. HRD function is charged with the responsibility to ensure competencies in each role. This involves considerable amount of introspection, analysis ,and discussion must go in before competencies are firmed up.

❊ ❊ ❊

11 CONVENTIONAL PERFORMANCE MANAGEMENT SYSTEMS

It is our opinion that performance management can best be appreciated if the reader understands why performance is important to management and any discussion on such an issue must indeed begin with the concept of *scientific management*

FREDERICK TAYLOR AND SCIENTIFIC MANAGEMENT

It is logical in our opinion to start any discussion on conventional performance management systems especially in a textbook on human resources management, with an examination of Taylorism. This is because performance was the key to Taylor's concept of *scientific management.* Under Taylor's management system, factories are managed through scientific methods rather than by use of the empirical 'rule of thumb' so widely prevalent in the days of the late nineteenth century when the controversial F. W. Taylor devised his system and published *Scientific Management* in 1911. The classic essay of Vincenzo Sandrone (easily available on the Internet) has been heavily borrowed upon for our discussion in this section.

The main elements of the Scientific Management are: 'Time studies Functional or specialized supervision Standardization of tools and implements Standardization of work methods Separate Planning function Management by exception principle The use of 'slide-rules and similar time-saving devices' Instruction cards for workmen Task allocation and large bonus for successful performance The use of the 'differential rate' Mnemonic systems for classifying products and implements a routing system, a modern costing system, etc. Taylor called these elements 'merely the elements or details of the mechanisms of management'. He saw them as extensions of the four principles of management: (*a*) The development of a true science. (*b*) The scientific selection of the workman. (*c*) The scientific education and development of the workman. (*d*) Intimate and friendly cooperation between the management and the men.

Taylor had warned of the risks managers make in attempting to make change in what would presently be called, the culture, of the organization. He stated the importance of management commitment and the need for gradual implementation and education. He described 'the really great problem' involved in the change 'consists of the complete revolution in the mental attitude and the habits of all those engaged in the management, as well of the workmen.' Taylor taught that there was one and only one method of work that maximized efficiency. "And this one best method and best implementation can only be discovered or developed through scientific study and analysis. This involves the gradual substitution of science for 'rule of thumb' throughout the mechanical arts." "Scientific management requires first, a careful investigation of each of the many modifications of the same implement, developed under rule of thumb; and second, after time and motion study has been made of the speed attainable with each of these implements, that the good points of several of them shall be unified in a single standard implementation, which will enable the workman to work faster and with greater easy than he could before. This one implement, then is the adopted as standard in place of the many different kinds before in use and it remains standard for all workmen to use until superseded by an implement which has been shown, through motion and time study, to be still better." An important barrier to use of scientific management was the limited education of the lower level of supervision and of the work force. A large part of the factory population was composed of recent immigrants who lacked literacy in English. In Taylor's view, supervisors and workers with such low levels of education were not qualified to plan how work should be done. Taylor's solution was to separate planning from execution. "In almost all the mechanic arts, the science which underlies each act of each workman is so great and amounts to so much that the workman who is best suited to actually doing the work is incapable of fully understanding this science." To apply his solution, Taylor created planning departments, staffed them with engineers, and gave them the responsibility to: (*i*) Develop scientific methods for doing work. (*ii*) Establish goals for productivity. (*iii*) Establish systems of rewards for meeting the goals. (*iv*) Train the personnel in how to use the methods and thereby meet the goals.

Perhaps the key idea of scientific management and the one which has drawn the most criticism was the concept of task allocation. Task allocation is the concept that breaking task into smaller and smaller tasks allows the determination of the optimum solution to the task. "The man in the planning room, whose specialty is planning ahead, invariably finds that the work can be done more economically by subdivision of the labour; each act of each mechanic, for example, should be preceded by various preparatory acts done by other men."

The main argument against Taylor is this reductionist approach to work dehumanizes the worker. The allocation of work "specifying not only what is to be done but how it is to done and the exact time allowed for doing it" is seen as leaving no scope for the individual worker to excel or think. This argument is mainly due to later writing rather than Taylor's work as Taylor stated "The task is always so regulated that the man who is well suited to his job will thrive while working at this rate during a long term of years and grow happier and more prosperous, instead of being overworked." Taylor's concept of motivation left something to be desired when compared to later ideas. His methods of motivation started and finished at monetary incentives. While critical of the then prevailing distinction of "us" and "them" between the workforce and employers he tried to find a common ground between the working and managing classes.

"Scientific Management has for its foundation the firm conviction that the true interests of the two are one and the same; that prosperity for the employer cannot exist a long term of years unless it is accompanied by prosperity for the employee [sic], and vice versa " However, this emphasis on monetary rewards was only part of the story. Rivalry between the Bethlehem and Pittsburgh Steel plants led to the offer from Pittsburgh of 4.9 cents per ton against Bethlehem's rate of 3.2 cents per day to the ore loaders. The ore loaders were spoken to individually and their value to the company reinforced and offers to re-hire them at any time were made. The majority of the ore loaders took up the Pittsburgh offers. Most had returned after less than 6 weeks. The rates at Pittsburgh were determined by gang rates. Peer pressure from the Pittsburgh employees to not work hard meant that the Bethlehem workers actually received less pay than at Bethlehem. Two of the Bethlehem workers requested to be placed in a separate gang; this was rejected by management for the extra work required by management to keep separate record for each worker. Taylor places the blame squarely on management and their inability "to do their share of the work in cooperating with the workmen." Perhaps the adage" there is no such thing as a bad student — there is always a bad teacher, just as there is no such thing as a labour problem — there is always a management problem", springs from here.

Taylor's attitudes towards workers were laden with negative bias "in the majority of cases this man deliberately plans to do as little as he safely can." The methods that Taylor adopted were directed solely towards the uneducated. "When he tells you to pick up a pig and walk, you pick it up and walk, and when he tells you to sit down and rest, you sit down. You do that right through the day. And what's more, no back talk". This type of behaviour towards workers appears barbaric in the extreme to the modern reader, however, Taylor used the example of Schmidt at the Bethlehem Steel Company to test his theories. Taylor admits "This seems rather rough talk. And indeed it would be if applied to an educated mechanic, or even an intelligent labourer." The fact that Taylor took the effort to firstly know the workers name and to cite it is some indication that he empathized with the workforce. This study improved the work rate of Schmidt from 12.5 to 47.5 tons per day showing the worth of Scientific Management.

The greatest abuse of scientific management has come from applying the techniques without the philosophy behind them. It is obvious from Taylor's own observations that the above discussion would be misplaced in other workers. Taylor acknowledged the potential for abuse in his methods. "The knowledge obtained from accurate time study, for example, is a powerful implement, and can be used, in one case to promote harmony between workmen and the management, by gradually educating, training, and leading the workmen into new and better methods of doing the work, or in the other case, it may be used more or less as a club to drive the workmen into doing a larger day's work for approximately the same pay that they received in the past." Scientific study and standardization were important parts of the scientific management. One example was the study undertaken to determine the optimum shovel load for workers. The figure of 21 pounds was arrived at by the study. To ensure that this shovel load was adhered to, a series of different shovels were purchased for different types of material. Each shovel was designed to ensure that only 21 pounds could be lifted. This stopped the situation where "each shoveller owned his own shovel that he would frequently go from shovelling ore, with a load of about 30 pounds per shovel, to handling rice coal, with a load on the same shovel of less than 4 pounds. In the one case, he was so overloaded that it was impossible for him to do a full day's work, and in the other case he was so ridiculously under-loaded that it was manifestly impossible to even approximate a day's work."

Taylor spent a considerable amount of his books in describing "soldiering" the act of 'loafing' both at an individual level and "systematic soldiering". He described the main reasons that workers were not performing their work at the optimum. Though worded in a patronizing way the essence of the descriptions are still valid: (*a*) the belief that increased output would lead to less workers. (*b*) Inefficiencies within the management control system such as poorly designed incentive schemes and hourly pay rates not linked to productivity. (*c*) Poor design of the performance of the work by rule-of-thumb

The fear of redundancies within the workforce was a valid argument during the previous style of management. Taylor not only countered this argument by using economic arguments of increased demand due to decreased pricing but put forward the idea of sharing the gains with the workforce. Taylor saw the weaknesses of piece work in the workers reactions to gradual decreases in the piece rate as the worker produced more pieces by working harder and/or smarter. The worker then is determined to have no more reduction in rate by "soldiering". This deception leads to an antagonistic view of management and a general deterioration of the worker/management relationship. Taylor also was a strong advocate of worker development. It follows that the most important object of both the workman and the establishment should be the training and development of each individual in the establishment, so that he can do (at his fastest pace and with the maximum of efficiency) the highest class of work for which his natural abilities for him."

Taylor's ideas on management and workers speak of justice for both parties. "It (the public) will no longer tolerate the type of employer who has his eyes only on dividends alone, who refuses to do his share of the work and who merely cracks the whip over the heads of his workmen and attempts to drive them harder work for low pay. No more will it tolerate tyranny on the part of labour which demands one increase after another in pay and shorter hours while at the same time it becomes less instead of more efficient." Taylor's system was widely adopted in the United States and the world. Although the Taylor system originated in the factory production departments, the concept of separating planning from execution was universal in nature and, hence, had potential application to other areas: production support services offices operations service industries.

Management's new responsibilities were extended to include: Replacing the old rule-of-thumb with scientific management Scientifically select and train, teach and develop the workman "Heartily cooperate with the men so as to insure [sic] all the work being done in accordance with the principles of the science which has been developed" Take over the work for which they are "better fitted" than the workmen. Relationship between Taylorism and TQM Taylor's more general summary of the principles of scientific management are better suited for inclusion into the TQM methodology, than the narrow definitions. "It is no single element , but rather the this whole combination, that constitutes Scientific Management, which may be summarized as: Science, not rule of thumb Harmony, not discord Cooperation, not individualism Maximum output in place of restricted output The development of each man to his greatest efficiency and prosperity" Much has happened, since Taylor developed his method of Scientific Management, to make obsolete the premises on which he based his concepts: Lack of education is no longer reason enough to separate the planning function The balance of power between managers and the work force has changed. Whereas in Taylor's time it was heavily weighted against the workers. Unionism (or the threat of it) has profoundly changed that balance. Changes in the climate of social thinking and revolts against the "dehumanizing" of work found its way into the works of Braverman, Hyman, Gorz, Sadri, Ilych and some other left wing writers.

A basic tenet of scientific management was that employees were not highly educated and thus were unable to perform any but the simplest tasks. Modern thought is that all employees have intimate knowledge of job conditions and are therefore able to make useful contributions. Rather than dehumanizing the work and breaking the work down into smaller and smaller units to maximize efficiency without giving thought to the job satisfaction of the working. Encouragement of work based teams in which all workers may contribute. Such contributions increase worker morale, provide a sense of ownership, and improve management–worker relations generally.

THE CONCEPT OF INCENTIVES

Performance management is directly related to (*a*) money wage including incentives earned and (*b*) promotion in rank, both of which are direct fallout from Taylor's *scientific management.* In economics and sociology, an *incentive* is any factor (financial or non-financial) that enables or motivates a particular course of action, or counts as a reason for preferring one choice to the alternatives. It is an expectation that encourages people to behave in a certain way. Since human beings are purposeful creatures, the study of incentive structures is central to the study of all economic activity (both in terms of individual decision-making and in terms of co-operation and competition within a larger institutional structure). Economic analysis, then, of the differences between societies (and between different organizations within a society) largely amounts to characterizing the differences in *incentive structures* faced by individuals involved in these collective efforts. Ultimately, incentives aim to provide value for money and contribute to organizational success.

We found that one common and useful taxonomy divides incentives into three broad classes:

1. *Remunerative incentives* (or *financial incentives*) are said to exist where an agent can expect some form of material reward — especially money — in exchange for acting in a particular way.
2. *Moral incentives* are said to exist where a particular choice is widely regarded as the *right thing to do*, or as particularly admirable, or where the failure to act in a certain way is condemned as indecent. A person acting on a moral incentive can expect a sense of self-esteem, and approval or even admiration from his community; a person acting against a moral incentive can expect a sense of guilt, and condemnation or even ostracism from the community.
3. *Coercive incentives* are said to exist where a person can expect that the failure to act in a particular way will result in *physical force* being used against them (or their loved ones) by others in the community – for example, by inflicting pain in punishment, or by imprisonment, or by confiscating or destroying their possessions.

TYPES OF INCENTIVE PLANS

Up Until the 1980s, it was the Industrial Engineer who held sway in determining performance measurement and incentives accruing there from. With the benefit of hindsight, we can quote the legendary singer Harry Belafonte in *Man Piaba* when he said "it was clear as mud but covered the ground" to show the problems that accrued in the industrial relations front because of the technocracy of the industrial engineers who were incapable of understanding the human being behind the technology. After all technology is a unique commodity in that we buy it without seeing, for if we see it there may be no need to buy it! Nevertheless for purely academic interest, below are given four well know incentive plans that (thankfully) no longer hold sway on the shop floor. The student of HR may never use them but it would be wise to be aware of them just in case he/she is lumbered with an old fashioned boss who has refused to change with the times.

1. **Straight piece rate:** In the straight piece rate system, a worker is paid straight for the number of pieces he produces per day. In this plan, quality may suffer.
2. **Straight piece rate with a guaranteed base wage:** A worker is paid straight for output set by management even if worker produces less than the target level output. If worker exceeds this target output, he is given wage in direct proportion to the number of pieces produced by him at the straight piece rate.
3. **Halsey Plan:** $W = RT + (P/100)\ (S-T)R$ where W is the wage of worker, R is the wage rate, T is the actual time taken to complete job, P is the percentage of profit shared with worker, S is the std. time allowed. Output standards are based upon previous production records available. Here management also shares a percentage of bonuses.
4. **Rowan Plan:** $W = RT + ((S-T)/S)RT$ Unlike Halsey Plan gives bonus on $(S-T)/S$, thus it can be employed even if the output standard is not very accurate.

THE PURPOSE OF PERFORMANCE APPRAISALS

There are countless variations on the details of what we can call conventional performance management. We shall construct a composite that reflects the literature on the subject so that an astute student can look beyond the superficial logic of the conventional approach.

What we are going to find is that while performance management can be described as absolutely logical, the assumptions underlying it that relate to organization effectiveness are somewhat flawed. We will also see that conventional performance management contains many excellent notions, but that the positive things about it are lost in a morass of conflicting purposes that usually guarantee that it will not work.

Conventionally, performance management approaches are generally described within the context of a *Managing by Objectives* framework (MBO). While some writers discuss performance appraisal independent of such a framework, there is an awareness that appraisal must be anchored to functions like strategic planning, goal-setting, etc.

Generally, an MBO system includes the following components. (*a*) Development of role & mission statement. (*b*) Establishing strategic goals/strategic plan. (*c*) Defining key results areas. (*d*) Establishing indicators or effectiveness, goals, or organizational objectives. (*e*) Establishing or negotiating individual employee objectives. (*f*) Establishing performance standards for each objective. (*g*) Action planning for each employee. (*h*) Periodic measurement and assessment of status of each objective/standard. (*i*) Coaching/training to remediate deficits. (*j*) Some form of evaluation or assessment done formally and included in an employee's record.

Different writers use different terminologies, or add, subtract or modify the sequence of steps. Some systems, for example, include the writing and maintenance of job descriptions; some do not do so explicitly. Within an MBO system, the performance management process pertains to the management of individuals, beginning with the assignment of individual objectives through to the final, formal assessment process.

What Is Performance Management Supposed to Accomplish? The literature regarding MBO and performance management suggests a plethora of benefits and purposes that are designed to make organizations more effective. We can summarize them as follows: (*i*) Increases management control over work and results. (*ii*) Increases management ability to identify or "red-flag" problems early. (*iii*) Links employee objectives and functions to overall organization objectives, thereby creating a sense of contribution for the employee. (*iv*) Motivates employees by allowing them input into and ownership of their objectives and standards of performance. (*v*) Enhances communication by ensuring there is clear understanding of management expectations about results. (*vi*) Supports remedial action or disciplinary action because a breach of standards can be defined objectively and in a measurable way. (*vii*) Provides a system where feedback can be given to employees on a more objective basis, and not on management's subjective criterion. (*viii*) Provides objective criterion that management can use to make decisions regarding pay scale, and promotion. (*ix*) Provides a centralized record of performance for each employee, usually kept in the personnel office.

Doubtless you can add more to the list, but these are the common ones in the literature. In the next chapter we will examine issues related to how performance management systems are implemented, and some of the problems associated with the logistical, and practical sides. For now we will confine ourselves to examining the claims for performance management, the assumptions underlying the approach, and assessing whether this system is as logical and sensible as it seems.

There is no question that there is a compelling surface logic for the steps in an MBO or performance management system. And, the benefits and purposes cited for such a system are intuitively compelling. There are very few managers (or employees) who would disagree with any of the functions or results supposedly associated with performance management. Keep in mind that while most agree with the concepts, few actually implement them.

We suggest that performance management systems are based on a number of assumptions or premises about what effective organizations do, and what is required to make organizations work effectively.

What Does Conventional Performance Management Assume? There is no single manner in which this matter is viewed. For a clearer understanding, we have posited some models that are used conventionally in organizations for performance management.

I. An Additive Model for Organization Performance: Performance management systems are based on the assumption that an organization's success is a result of adding together all the individual outputs. In an American Management Association film, a leading authority of the time suggests "if person A and person B and person C do their jobs, the organization's results are A+B+C. Manage each individual's results and you succeed. While it may have once been the case that this was true, current research indicates that an organization succeeds as a result of the interaction of people, not the simple adding together of results. The whole is not simply a sum of its parts, but in a well managed workplace the parts interact to create the successful organization. Whether you read the accounts of Tom Peters, Rosabeth Moss Kantor, Edward Deming, Philip Crosby, Bob Waterman and others, the conclusions are clear. Organization success is based on synthesis, not adding results.

2. Focus on Results and There Will Be No Problems: Performance management assumes that if you focus on results, that you are much more likely to succeed. It makes sense ... set goals, reach goals, and you get what is desired. The problem is that a sole focus on results neglects organizational and system issues that need to be in place for the results to happen. Again, the assumption is that somehow if you are clear about results, effective systems will emerge magically to bring those results to reality, or that leadership will be effective. We know this is not true. While results ARE important, an examination of the process required to achieve these results may be even more important. Total quality initiatives have brought this to the forefront. North American companies, focusing on results, quotas and output have gotten skunked in the market place and one reason is that they have been less able to provide the necessary conditions for quality output. There is an increased understanding that problems related to an organization's output are more often related to poor management of the systems, or the WAY work gets done, rather than problems with the people. In short, organizations set up barriers for the people to do their work.

3. Involving People in Goal Setting is Motivating: Intuitively, this is true as the felt need to own a decision is important to most of us. People do appear to want to have more control over their job tasks. Unfortunately, research suggests that this conclusion may be unwarranted. In Managing Organizational Behaviour (Tosi, Rizzo and Carroll, 1986) some interesting results were reported. In a study by Carroll & Tosi (1973) results indicated that "subordinate participation in setting goals did not result in higher levels of perceived goal success or in more favourable attitudes towards a superior or toward management by objectives". It may be that in some situations, employee involvement is seen as positive, and in other not. Research aside, the simple act of involving employees in the setting of their objectives is not sufficient. This is because employees are still uninvolved in the setting of organization goals and objectives that, by and large determine their personal objectives. For example, executive generally set overall goals for an organization, and then individual employees are given some control of what they will do, personally to achieve these goals. If the overall goals make no sense to the employee, management is only offering a choice of doing one stupid thing or another stupid thing. Let us make it concrete. Departmental executive determine that a particular branch "needs" to move to another building. The manager of that branch, using a performance management approach, allows employees to choose activities and set standards and schedules related to the tasks. Employees can pack files, communicate the change to clients, or choose from a number of tasks. So, while employees have control over the smaller tasks, they are NOT in control of the overall direction or decision. If the decision seems arbitrary, no amount of choice about tasks will convince an employee that they are in control, or contributing to a worthwhile task.

4. You Can Measure Results Objectively and Meaningfully: If you have ever tried to set meaningful standards of performance that are "measurable and observable" you will know how difficult it can be. If you have ever been involved in a performance dispute that goes to grievance, you will also realize how absolutely difficult it is to measure work, or document the findings. What people find is that the more precise the standard, and the more objective the standard, the more likely it is to seem silly, or not capture the essence of the task or objective. Let's look at an example. Consider the case of a person that processes driving license renewals, and deals directly with the public. This is a good example because it initially appears that one can set quantitative objective standards. Discussion between supervisor and employee results in the following initial standard. To process license renewal applications at an average rate of 20 per hour, with no errors. Upon reflection the supervisor realizes that this standard does not account for customer satisfaction. A further discussion result in adding a "no complaints" clause, but it is somewhat complicated. Often irate customers will complain despite the best efforts of the employee. The employee is not willing to have his or her formal evaluation reflect things that are uncontrollable. A compromise is struck and it looks like this.

Process license renewal applications at an average rate of 20 per hour, with no errors and generate no legitimate customer complaints regarding rudeness, uncooperativeness or poor service. Now we have a problem. By adding the clause regarding legitimate customer complaints, a new element has been added. Now, subjective judgement must be exercised. Now there is room for interpretation, and the manager is required to judge whether a complaint is "legitimate" or not. The standard is no longer objective. We could carry this example to the point where the standard resembles War & Peace, but the point here is that the more quantifiable and measurable a standard is, the less relevant it becomes. It is easy to measure the trivial, but it is very hard to measure what is important in an objective way. Even well-written standards have an appearance of objectivity but require subjective judgments. This is problematic for performance review and disciplinary action. Many public sector managers have found that even when standards are in place, it is impossible for disciplinary action to occur, because the standards "violated" were far more subjective than they initially appeared.

5. Coaching and Evaluation Can Co-exist: Another important assumption is that a manager can evaluate performance, thereby affecting things like classification, salary, and promotion, while at the same time function as a coach to improve performance. It is possible, but highly unlikely that a manager can fulfil both of these functions. Possible if there is a high degree of trust between manager and employee, but that trust is hard to create. The reason is that it is rare for an employee to be completely open about his or her incompetence in a particular area, particularly when there is a possibility that the manager will (*a*) record that incompetence for posterity, and (*b*) use that information to make decisions about the future of the employee. Without the information from an employee, it is difficult for a manager to coach for improvement. Book learning suggests that an employee will self-evaluate, and in fact this is anticipated in some performance management schemes. There have also been suggestions that an employee will be tougher in evaluating him or herself than the manager might be. Do we honestly believe that each and every employee will work with a manager to improve performance, thereby exposing failures and inadequacies? It happens, but you can't count on it.

A research study conducted by Meyer (1975) asked employees to rate themselves relative to their peers. Thirty-seven percent (37 per cent) of accountants rated themselves in the top 10 per cent Forty-six percent of a blue collar group rated themselves in the top 10 per cent. At no time did any significant number of people rate themselves as below average. Obviously you can't have 100 per cent of people above average. Other studies corroborate this tendency for people to see themselves in a favourable light compared to others.

We do not want to place too much emphasis on this research, but it makes the point that self-evaluation can be problematic. In addition, it is difficult to establish the degree of trust necessary for a manager to wear the evaluator's and coach's hats.

Let us take the common appraisal questions which ask the subordinate to list for the boss his principal weaknesses. Who but a fool would hand his boss any of his real weaknesses on a silver platter? The question practically demands that anyone with his/her wits about him/her lie like a Judas; no doubt the Biblical pieces of silver having been replaced substantially.

Conclusion: We need to reiterate that on the surface performance management appears to be a logical, rational approach to organization success. The problem is that it is based on assumptions that do not bear up under scrutiny. We have described a number of these assumptions, and we would like to add the comments of Odiorne, from his book *Managing By Objectives* (1968). He describes the following limitations: (1) It cannot appraise and completely identify potential. The system deals only with performance on the present job. (2) The system presumes that the man and his boss will together establish suitable standards that will serve the company well. (3) It implies that the boss understands the strict limitations on what he is supposed to do, and will refrain from playing with God. (4) In action, it often aggravates a problem that appraisal should help to solve. It stresses results alone and doesn't provide for methods of achieving them.

Based on the above discussion, it would still be foolish to throw out the whole concept. It would be like throwing the baby out with the bathwater. There is more. The next question we must examine is whether performance management has a downside. Does it send the WRONG messages?

Is there a Downside to Performance Management? Is it possible that conventional performance management programs cause problems for an organization? The answer is a resounding yes. The performance management system conveys to people in an organization how work is to be performed, and communicates, often unintentionally, values and organizational culture. More specifically conventional performance management systems can foster a lack of collective responsibility for the achievement of organizational goals, encourage competition rather than cooperation, and can impede the development of effective teamwork. Just as important is that conventional performance management purports to empower employees, allow self-control and self-evaluation, allow participation and involvement, and increase the meaningfulness of work. More often than not these results do NOT occur, resulting in a reduction of the credibility of the manager, and subversion of the manager's ability to lead.

Are You Responsible For Your Work? Since we live in a very individualistic society, it is not surprising that we eagerly embrace the idea that each person should be both responsible and accountable for his or her work. We are almost sure you will agree. Performance management is designed to enhance this personal responsibility. But, at the same time, it also implies that we are not responsible for the work of others, or by extension, the work that is done by others that is important to the organization. Performance management, by focusing on individual responsibility, reduces an employee's responsibility to the organization, and to activities that are not "his or her job". This is no trivial or philosophical issue. Again, if we look at the research about successful innovative organizations we find that a distinguishing characteristic is that employees feel a strong responsibility for almost everything that goes on. They want to be involved, they contribute ideas, and they function in a team context because they see the achievement of overall organizational objectives as more important than the achievement of their own objectives. They see the forest as well as the trees — missing nothing.

Let us illustrate this with an example from the first author's experience in a B School not long ago. A receptionist was responsible for answering a telephone within some specific standard of etiquette, time, and salutation. Other employees did not have this responsibility. Unfortunately, there are occasions when the phone rings and the receptionist is otherwise engaged with another matter, fax message, or other important task. It is not uncommon for another employee who happens to be in the area to ignore the ringing phone, because it isn't part of their jobs. This response is common, and often occurs unconsciously. The result is that the phone goes unanswered, or the receptionist must do some juggling which may result in someone getting upset. The point is that while performance management systems do not tell others not to answer the phone, the performance management system doesn't encourage them to do so. Because that function "belongs" to someone else.

Do We Need To Compete For Resources? In a performance management system, employees are evaluated based on the achievement of their objectives (and standards). The payoff for employees is to get their things done, at times, competing for resources to the detriment of the achievement of other people's objectives. In the government organization where I worked it was common for a person working on a project re, hoard books and materials needed to complete their objectives, often without telling anyone they had done so. Things just disappeared, sometimes for months at a time. The hoarder benefited by making sure that his or her objective could be achieved, while others suffered because of this very short-sighted approach. It happens more often than we think, and it results from the emphasis on individual achievement rather than corporate results. Performance management systems tend to send the message implicitly. Nobody intends it.

Work As a Team but You Personally Get Hung: Modern managers are realizing that teams are important to the achievement of organizational objectives because many tasks are too large or complicated for one person to handle. So they encourage people to work in teams. Usually, though, a manager committed to performance management will want to designate one person to be both responsible and accountable for the project, a team leader if you like. As one manager put it, "I want to know who to blame if this gets screwed up". Now this sends some messages. It says to the team leader that he or she is to harness the energy and skills of the team, but if the team fails, the team leader hangs. This encourages the team leader to revert to individual mode when the team is not succeeding. It is not uncommon for a team leader to end up doing a great deal of the work, thereby negating the purpose of the team in the first place. A second message is then sent to team members who are not uniquely responsible for team outcomes. A team member is less likely to commit to the team if it is clear that there is only praise or blame for the team leader. In the situation where a team member must choose between working to achieve a team goal and working to achieve a personal objective that he or she is responsible for, the choice is clear. The team will suffer. Conventional performance management does not encourage a focus on cooperation, teamwork and the "big picture". It has a tendency to fragment an organization, or to use Rosabeth Moss Kantor's terminology, it causes segmentation.

Let's All Pretend: The truth of most workplaces is that the manager has the ultimate power to make work-related decisions. This is simply the way we set up organizations. The best performance management systems encourage employees to be involved in decisions that involve their objectives and standards, and many managers make a special effort to make use of this input. They solicit, they encourage, and they do all manner of neat things to tell employees that their ideas are important and that employees can and should control their own work

That is nice, but it really doesn't wash. Employees know that if push comes to shove, it is the opinion of the manager that will win out. Despite the fact that the manager encourages the employee to self-evaluate, the employee knows that the manager will make the final assessment.

What good performance management systems involve is getting everyone to pretend that this is not so. The message is: ***Let's pretend that we are really in power and control, and pretend that our inputs carry equal weight***,

If we sell performance management as a participative process, sooner or later employees will realize that it isn't quite as participative as it seems. This engenders a great deal of cynicism and accounts for the fact that in many organizations, performance management is seen by employees as unpleasant and negative. No amount of dressing up changes the reality of the power imbalance.

Now, employees recognize the legitimacy of the manager's position. The power imbalance is not the problem. The problem is pretending that decisions and evaluations are made on the basis of equal power. This pretending causes an erosion of trust and manager credibility, as the employee, who may have initially bought into the performance management system, finds that it is the manager's opinions that will prevail.

Some summations: Even without looking at the logistics and practicality of conventional performance management, it is clear that there are problems. Each of these problems could be remedied with some creative modification of the system, but not without sacrificing something. Make standards measurable, and you waste time on the trivial. Make standards more subjective and you can't use them for disciplinary purposes. The more you stress individual responsibility the more you reduce collective responsibility. If one person owns an objective, by definition, nobody else does.

We close with a comment on what must be going on in your head. You either have a system that appears to work, or know of one. If performance management is so bad, how can this be? It must and does succeed sometimes.

First, it is rare that performance management systems are evaluated properly. We assume that they work. Second, where it is clear that a performance management system works well, you will invariably find a manager with superior interpersonal and leadership skills. Good managers can make almost anything work. Where it succeeds it succeeds because of this, not because of anything intrinsically wonderful about a conventional system. One hazards a guess that managers, who can make performance management work so well, would bring success to the organization even if there was no performance management of any consequence. An excellent manager can use a performance management system as a tool. No performance management system will make a poor manager seem like a good one.

THE OFT STATED REASONS FOR HAVING A PERFORMANCE MANAGEMENT SYSTEM

- **Promotion of Employees:** One important administrative purpose of performance appraisal is to promote employees as per their performance in the previous period. Performance serves as a basis for promotion. Appraisal indicates whether the employee can contribute still more at a higher-level job and accordingly decision is taken about his promotion. This is particularly true when promotions are given strictly on merit basis. This method of promotion on appraisal basis is in the interest of both the management and employees. Promotions can be given on fair and impartial manner by introducing a properly developed and administered performance appraisal system.
- **Other Personnel Actions:** In an organization, certain personnel actions such as transfers, demotions, and discharges are required to be taken by the management. Such actions need to be taken in a fair manner. For example, an employee may be demoted due to his negligence or serious mistakes in his work. Similarly, employee can be removed

due to his unsatisfactory performance or an employee can be transferred because of increases in works in another department. Such personnel actions can be justified when they are based on fair and impartial performance appraisal. In brief, performance appraisal provides information that is useful in making and enforcing important personnel policies and decisions.

- **Wage and Salary Payment:** Wage and salary payment is normally linked with performance appraisal. Wage increase is based on the performance appraisal reports. Sometimes, it is based on seniority and performance. Similarly, performance appraisal also provides the rational foundation for the payment of wages, bonus, etc. Wage payment is normally related to the contribution of employees at the work place.
- **Training and Development Programs:** Performance appraisal indicates the strengths and weakness of an employee. This information can be used fruitfully for formulating a suitable training and development program to improve the performance of an employee in his present job. Such appraisal also suggests the area of skills where numerous employees are not up to mark. This enables the management to adjust the training program, which will be useful to employees and also to the organization. Performance appraisal also indicates the employees with potentials to learn and develop quickly. Such employees can be given special training for executive development. In brief, performance appraisal reports can be effectively for making the training and development programs more purposeful.
- **Personnel Research:** Performance appraisal serves as a feedback to the management. It serves as a base for the conduct of research activities in the personnel management. Various theories regarding incentives to employees, training of employees, selection of employees, etc., developed through such research activities. The appraisal system gives valuable information or data as regards human relationship, which can be used in different areas of personnel management.
- **Favourable Impact on Employees:** Performance appraisal creates a favourable impact on the employees. It serves as an incentive to all the employees who feel assured of the management's continued interest in them and their continuous possibility to develop. Employees feel that they are given attention by the management. Employees get a feeling that permanent performance appraisal record will be taken into consideration for promotion, training, etc., and that injustice will not be done to them. Sincere and honest employees get a moral support through such appraisal. Supervisors may be shifted but the appraisal reports will avoid injustice to employees. In brief, performance appraisal in general creates a positive and favourable impact on employees.

(*i*) To confirm the services of probationary employees upon their completing the probationary period.

(*ii*) To let the employees know where they stand in so far as their performance is concerned and to assist them with constructive criticism and guidance for the purpose of their development.

(*iii*) To improve communication. Performance appraisal provides a format for dialogue between the superior and the subordinate, and improves understanding of personal goals and concerns. This can also increase the effect of trust between the rate and the ratee.

THE IMPORTANCE OF PERFORMANCE APPRAISALS

- Placement of staff and adjustment in the placement can be made scientifically and also as per the physical and mental makeup of the employees. Thus, correct placement is one of the benefits of performance appraisal.
- Performance appraisal assists the employees in their self-improvement and development. It gives and motivates employees for self-improvement and self-development.
- Performance appraisal acts as an incentive to employees to improve their performance, develop new qualities and secure higher positions in the organization.
- Performance appraisal is useful for suitable modifications in the training programs and thereby raising their utility.
- Performance appraisal is beneficial for the introduction of sound personnel policies.
- Scientific and systematic performance appraisal does not create problems or opposition from the employees. On the other hand, it ensures cordial relations between management and employees.

ESSENTIALS OF A GOOD PERFORMANCE APPRAISAL SYSTEM

- **Easy to understand and simple to operate:** A good performance appraisal should be easy to understand and simple to operate. It covers all employees and so all of them, including those at the lowest level should be able to understand it easily and quickly. Similarly, the appraisal procedure should not be too complex or time consuming. Simplicity of appraisal gives convenience to all.
- **Support from the employees:** Performance Appraisal is of the employees benefit. Naturally, they must feel confident about it. They should not feel it is too theoretical, too unrealistic and partial. So the employees should not oppose the appraisal. On the other hand, there should be proper understanding in between the rater and the ratee. It is also good to discuss the appraisal procedure with the employees or their unions before finalizing it.
- **Wide publicity:** The performance appraisal should be given wide publicity for the information and guidance of employees. This will make them conscious and alert about the appraisal procedure and its benefits. The opposition to appraisal will be limited when it is given wide publicity through notices and posters. Similarly, employees will support the appraisal if it is objective and without any bias.
- **Suitability to the Organization:** The performance appraisal should be suitable to the organization. This will make the appraisal scientific as well as accurate. In brief, the appraisal system needs adaptability to the organization structure.
- **Reliability:** The appraisal should be scientific and also reliable. There should be no scope for partiality or favouritism. It should work in a uniform manner at all times even when the superiors or raters may change. A reliable appraisal gets support from the employees.
- **Establishing a standard of performance:** In a good appraisal, the performance standards should be clear and well defined. Similarly, performance standards for different classes of employees should be different. For example, there should be separate performance standard for top managers, middle level managers, and front line supervisors.

- **Provision for incentives:** The performance appraisal should provide incentives to those who show satisfactory performance. Such incentives may be increment, promotion, etc. Such incentive creates a favourable impression on the employees. They take more interest in the work and show good performance in order to get benefit of the incentive.
- **Periodical Review:** A good performance appraisal should not remain the same over a long period. It should be reviewed periodically in order to update it. Necessary changes should be introduced in the appraisal as per the changing situations. Flexibility in the appraisal procedure is essential. It can be introduced through periodical review.
- **Proper selection of rater:** Rater means the person who actually studies the performance of every employee according to the fixed standards. He may be a superior executive or a supervisor of the section. Sometimes, experts are also appointed for the appraisal of the employees.
- **Frequency of appraisal:** Performance appraisal is a continuous process. It should be made frequently. There should be periodical assessment of the employees.

BENEFITS OF A SUCCESSFUL APPRAISAL SYSTEM

Having introduced the subject of performance appraisal as a necessary tool in the arsenal of the HRM expert let us now examine the benefits that will accrue to the organization, the appraiser and the appraisee if the performance appraisal scheme is implemented correctly and in a positive manner. In fact, the performance appraisal system transgresses the HRA, HRD, and IR thereby affecting production and productivity as well as motivation and morale.

It benefits the organization as well as the employee and his superior. The following are some of benefits to each stakeholder.

For the Organization: (*i*) It creates an atmosphere of trust and transparency. (*ii*) It creates a climate of give and take where communication channels are open. (*iii*) It is a feedback to improve an employee's performance and not victimize him. This creates a win-win situation in which the organization gains.(*iv*) This forms the very basis of creating a learning organization.(*v*) A vibrant corporate culture based on everyone trying to go up the experiential learning curve is brought about. (*vi*) The management knows the extent of its core competence and where it lies. (*vii*) The management realises that it has no real core competence but some excellent divergent competencies, which can be harnessed.

For the Appraiser: (*a*) The opportunity to develop an overview of individual jobs and complete departments. (*b*) Identification of ideas for improvements. (*c*) Increased job satisfaction. (*d*) Increased sense of personal values. (*e*) The opportunity to link team and individual objectives and targets with departmental and organizational objectives. (*f*) The opportunity to clarify the expectations of the contribution the manager expects from teams and individuals. (*g*) The opportunity to re-prioritize targets. (*h*) A means of forming a more productive relationship with staff based on mutual trust and understanding.

For the Appraisee: (1) Increased Motivation to better his performance. (2) Increased job satisfaction because he knows that his performance is appreciated. (3) Increased sense of personal value. (4) A clear understanding of what is expected and what needs to be done to meet expectations. (5) The opportunity to discuss work problems and how they can be overcome. (6) The opportunity to discuss aspirations and any guidance, support or training needed to fulfil these aspirations. (7) Improved working relationship with the manager.

THE APPRAISAL PROCESS

The thing to bear in mind is that performance appraisals are not an end in themselves. They are only a means to attain a goal. They are valuable instruments in the hands of the HRM expert to be used for facilitating OD intervention. This is done by assessing not only the performance and potential of the concerned employee but also by examining how the individual, the group, and the organization synchronize. Generally the process of performance appraisal can be broken down into the following steps:

Objectives of appraisal: Objectives of performance appraisal should be clearly stated. It shall be affecting promotion, transfers, assessing training needs, etc.

Establish job expectations: The second step in the appraisal process is to establish job expectation. This means to inform the employees what is expected of him or her on the job; it is done after a long discussion.

The appraisal process diagram: The following schematic representation of the performance process will go a long way in clarifying the subject. It shows Performance Appraisals in terms of systems–flow rather than a static stock.

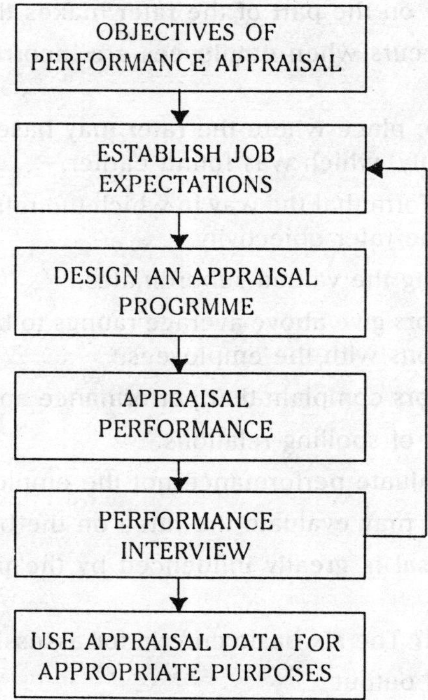

DESIGNING THE APPRAISAL PROGRAMME

The success and the acceptance of the appraisal program depend on how it is designed and to what extent it assists the process of building trust, transparency, and teamwork. To design an appraisal program, several questions has to be answered. They are:

- Whose performance is to be assessed?
- Who are the raters?
- What problems are encountered?
- How to solve the problems?
- What should be evaluated?
- When to evaluate?
- What methods of appraisal are to be used?

Whose performance is to be evaluated? The answer to this question is employees it may be individual or a group.

Who are the raters? The raters may be: immediate supervisors, subordinates, peers, clients, rating committees, self appraisal, and/or specialist from the HRD.

The Usual Problems Encountered: Some of the problems encountered are:

- Leniency or severity on the part of the rater makes the assessment subjective.
- Central tendency occurs when employees are incorrectly rated near the average or middle of the scale.
- Halo effect may take place where the rater may base the full appraisal on the basis of one positive quality, which was found earlier.
- Personal bias in the form that the way in which the rater personally feels about a ratee may greatly affect the rater objectivity.
- There is fear of losing the valued subordinates.
- Sometimes supervisors give above average ratings to below average performers, so as to avoid confrontations with the employees.
- Sometimes supervisors complain that performance appraisal is pointless paper work.
- There is always fear of spoiling relations.
- The rater should evaluate performance not the employee.
- Sometimes the rater may evaluate the ratee on the basis of one negative point.
- Performance appraisal is greatly influenced by the past performance i.e. spill over effect is seen.

What should be rated? The six basic criteria for assessing employee performance are:

- Quality of effort and output
- Quantity of effort and output
- Timeliness of delivery
- Cost effectiveness
- Need for supervision
- Interpersonal impact.

When to evaluate the employees? This is an important issue and the answer to it depends upon the organization. Normal trend is to evaluate once in 3 months, or 6 months or once in a year. Newly hired employees are rated more frequently than the older ones. Continuous evaluation is good but difficult to implement. Manager training must precede any intervention that involves appraisals with proper guidance so that rating objectivity is increased.

There are four rules of performance appraisal systems, which need to be scrupulously followed. If not, performance appraisal will remain a ritual devoid of commitment and value.

1. Transparency must be built into the process through frequent consultation and on-going dialogue regarding performance.
2. Rewards must be strictly based on performance that can be measured and evaluated against pre-established targets.
3. Performance is like the rear view mirror of a car, which tells what has passed and not what is expected ahead. Hence, performance and potential appraisals must go hand in hand.
4. A performance measurement system must be able to identify strengths so that career growth and job rotation is made possible, and it should identify weaknesses which can enable appropriate training to be given to enhance skills, attitudes, and behaviours.

12 MODERN PERFORMANCE MANAGEMENT SYSTEMS

DEFINITION: The performance appraisal system is a scientific system of eliciting feedback, benchmarking it, communicating it to the employee concerned with a view to bring about development. Each step in the performance appraisal process is therefore crucial and must be arranged logically. Two of the widely accepted definitions of performance appraisal are:

A performance appraisal is a process of evaluating an employee's performance of a job in terms of its requirements — ***Scott, Clothier and Spiegel***

Performance appraisal refers to all formal procedures used in working organizations to evaluate personalities and contributions and potential of group members.
— ***Dale Yoder***

In general,one could say that performance appraisal is a systematic, periodic and so far as humanly possible, an impartial rating of an employee's excellence in matters pertaining to his present job and his potential for a future job in the organization.

Performance management is a broad term coined by Aubrey Daniels in the late 1970s to describe a technology (i.e. science imbedded in applications methods) for managing behaviour and results, two critical elements of what is known as performance. A performance problem is any gap between desired results and actual results. Performance improvement is any effort targeted at closing the gap between actual results and desired results.

Other organizational development definitions are slightly different. The U.S. Office of Personnel Management (OPM), for example, indicates that performance management consists of a system or process whereby:

1. Work is planned and expectations are set.
2. Performance of work is monitored.
3. Staff ability to perform is developed and enhanced.
4. Performance is rated or measured and the ratings summarized.
5. Top performance is rewarded.

Mainly due to work done at IIM (A), SRCIR & HR, and XLRI the concept of performance management entered the Indian lexicon.

Performance management (PM) includes activities to ensure that goals are consistently being met in an effective and efficient manner. Performance management can focus on the performance of an organization, a department, employee, or even the processes to build a product or service, as well as many other areas. Performance management involves thinking through various facets of performance, identifying critical dimensions of performance, planning, reviewing, and developing and enhancing performance and related competencies. Performance is what is expected to be delivered by an individual or a set of individuals within a time frame. What is expected to be delivered could be stated in terms of results or effort, tasks, and quality, with specification of conditions under which it is to be delivered. Understandably, therefore, PM has many dimensions viz:

1. Output or result dimension.
2. Input dimension.
3. Time dimensions.
4. Focus dimension.
5. Quality dimensions, and
6. Cost dimension.

The Results and Output Dimension: This is the most acceptable and visible as well as measurable dimension of performance is result or the output. It describes the consequence of inputs in a summary form or a final or semi-final product form or service form. It describes the standard. It is easily measurable. Normally, all performance management starts with this final targeted performance. It is to achieve this performance output that performance activities need to be planned. Performance activities are the inputs to be given by the individual.

The Input Dimension: This dimension deals with the activities or tasks to be accomplished by the individual. The nature of activities to be undertaken by the individual, the time frame, the quality of inputs to be given, etc., constitute the input dimension. Hence, performance can be managed better if the nature of inputs required to be put in can be envisaged without mistake, planned properly and implemented. It is here that the performance equation comes into picture. Performance equation says that any individual's performance is a function of three sets of factors: ability or competence to perform various tasks that lead to performance, motivation to carry on each of these tasks or work effort to carry out the tasks and the organizational support one gets to carry out these tasks. If any one of these is less, the performance is bound to be poor. In this equation, performance is output and work effort is the input and the ability and organizational support are the intervening variables. They also can be considered as the input variables. If the inputs (ability, work effort or motivation, and organizational support) are inadequate, reasonably, we can assume that the performance is also likely to be inadequate.

Time Dimension: Another dimension of performance is time. Performance can be defined for a task, for a day, for a week, for a month, year or for life. The time period for performance is important as it indicates the speed and dexterity of the performers. Normally, individual performance is judged in relation to a role and across a short period. We normally talk about how well an individual has done in a given role across a period of two or three years. While organizations are interested in performance, they are more concerned with the individual's performance consistently, say over a financial year or parts of a year. Thus, in the context of organization, performance management is time bound as well as role specific. Getting the individual to give his/her best in a given role and during a given period of time is a performance management issue. Performance of an individual in organizational setting may therefore be defined as the output delivered by an individual in relation to a given role during a particular period of time under the set of circumstances operating at that point of time.

Focus Dimension: Performance also has a focus dimension. The focuses can be on anything. It could be on quality, or on cost or financial dimensions. In defining the performance of a sales executive, the focus of performance can be on market share, profits, or new areas covered, or some of thee or most of these. This dimension enables us to see whether the role and the goal are congruent. Goal-directed behaviour is respected but behaviour (no matter how good) that is not goal directed is not preferred. Efforts that do not yield the desired fruits are not very useful either to the organization or to the market where the product or service is being offered.

Quality Dimension: Performance when linked with incentives can go very wrong if the plan is defective. In one case of an automobile company in 1975–76, the Springs Department of the Forge Division manufactured a lot of spirings such that the stockpile of inventory for 6 months lay in the stockyard. Linked to this kind of a problem is the quality dimension. In a stainless company in Navi Mumbai in the late 1990s, performance was judged purely on the quantity of output and tejection rates were inordinately high since the coordination between production and inspection departments was not very good. In the end, the company suffers. Hence performance must be linked to output in terms of quantity *as well as* quality at all times.

Cost Dimension: Closely linked to the quality dimension is the question of cost. Quality must be inspected at every step of the product chain and not at the end of it. This cuts down costs of rejection. On the other hand, the costs of inspection itself must not be so steep as to defeat its purpose. At all times, quality must conform to what the market demands and a few notches higher. But if the notches go way up then costs also rise and product sales get adversely affected as was the acse with the Rolls Royce car. Hence, performance management (and incentives linked thereto) must be linked to (*i*) cost of output, (*ii*) cost of rejection, and (*iii*) cost of time used in the process.

Input–output Relationships: An important issue to be understood in performance management is the input-output relationship. Let us take the case of Mr X, a student in a B School. Assume he has done all that he decided to do. He attended all classes, put in all the extra work required, listened attentively in class, clarified all his doubts, solved all previous papers and in addition done some extra things. At the end he got only 85 per cent marks instead of the targeted 95 per cent. How do we rate his performance? You may give one of the following:

1 Average or OK.

2 Excellent as he had one more than the class average.

3 Not good as he got a far lower percentage than what he had aimed for.

The question then arises in one's mind: are we judging inputs or outputs or are we judging a combination of the two. The benevolent teacher will give him 1. The realistic teacher will give him 2. The critical teacher will give him 3. On getting the score of 1, the student will be dejected as the student would feel that all efforts were in vain. On getting the score of 2, the student will be motivated to work harder next time. On getting the score of 3, the student will feel that efforts went unappreciated. The same is true with the manager and the subordinate.

Important Components of Performance Management Process: One must always remember that performance management is an ongoing process. It never ends. Once established in an organization, it becomes part of an organization's culture. Employees understand it, accept it, and conform to it expecting tangible results meted out fairly and transparently.

The performance management process includes six closely related components and these are: (*a*) Prerequisites, (*b*) Performance planning, (*c*) Performance execution, (*d*) Performance assessment (*e*) Performance review, and (*f*) Performance renewal and recontracting.

(a) Prerequisites: There are two important prerequisites that are required before a performance management system is implemented:

(1) Knowledge of the organization's mission and strategic goals.
(2) Knowledge of the job in question.

(b) Performance Planning includes: Results, Behaviours, and Development Plan.

Results refer to (*a*) What needs to be done, (*b*) Key accountabilities, and (*c*) Specific objectives. These are gauged against performance standards that are a consideration of behaviours includes discussing competencies which are measurable clusters of KSAs that are critical in determining how results will be achieved. This brings us to the Development Plan that ideally should include identifying areas that need improvement and setting goals to be achieved in each area. Development plans usually include both results and behaviours.

(c) Performance Execution: At the performance execution stage, the following factors need to be present: The Employee's responsibility lies in (*i*) Commitment to goal achievement, (*ii*) Ongoing performance feedback and coaching, (*iii*) Communication with supervisor, (*iv*) Collecting and sharing performance data, and (*iv*) Preparing for performance reviews. On the other hand, the supervisors responsibility in this regard lies in (*i*) Observation and documentation, (*ii*) Updates, (iii) Feedback, (*iv*) Resources, and (*v*) Reinforcement. At the performance execution stage, activities for which Employees and Managers have primary responsibility are:

Employees	*Managers*
Commitment to goal achievement	Observation and documentation
Ongoing performance and coaching	Updates
Communication with supervisor	Feedback
Collecting and sharing performance data	Resources
Preparing for performance reviews	Reinforcement

(d) Performance Assessment: Both the employee and the supervisor must evaluate employee performance. Employee involvement in the process increases employee ownership and commitment to the system. In addition, it provides important information tô be discussed during the performance review.

(e)Performance Review: The performance review stage involves the meeting between the employee and the manager to review their assessments. The meeting is usually called the "appraisal meeting" or "appraisal discussion". The discussion about past performance can be challenging, particularly when performance levels have not reached acceptable levels. There are six recommended steps for conducting productive performance reviews and these are:

(*i*) Identify what the employee has done well and poorly by citing specific positive and negative behaviours.

(*ii*) Solicit feedback from your employee about these behaviours. Listen for reactions and explanations.

(*iii*) Discuss the implications cf changing or not changing, the behaviours. Positive feedback is best, but an employee must be made aware what will happen if any poor performance continues.

(*iv*) Explain to the employee how skills used in past achievements can help him overcome any current performance problem.

(*v*) Agree on any action plan. Encourage the employee to invest in improving his performance by asking questions.

(*vi*) Set up a meeting to follow up and agree on the behaviours, actions, and attitudes to be evaluated.

(f) Performance renewal and recontracting: Essentially, this component is identical to the performance planning stage. However, performance renewal and recontracting uses information gathered during the review period to make adjustments as needed.

The performance management Process includes a cycle starting with prerequisites and ending with performance renewal and recontracting. But, the cycle is not over after the renewal and recontracting stage. In fact, the process starts all over again. We have to remember that one of the main goals of any performance management system is to promote the achievement of organization-wide goals. Obviously, if managers and employees are not aware of these strategic goals, it is unlikely the performance management system will be instrumental in accomplishing the strategic goals. Because markets change, customers' preferences and needs change, and products change, there is need to continuously monitor the prerequisites so that performance planning, and all the subsequent stages, are consistent with the organization's strategic objectives. We have to remember that one of the main goals of any performance management system is designed to promote the achievement of organization-wide goals. Obviously, if managers and employees are not aware of these strategic goals, it is unlikely the performance management system will be instrumental in accomplishing the strategic goals.

Performance Management is used most often in the workplace, can apply wherever people interact – schools, churches, community meetings, sports teams, health setting, governmental agencies, and even political settings — anywhere in the world people interact with their environments to produce desired effects. Armstrong and Baron (1998) defined it as a "strategic and integrated approach to increasing the effectiveness of organizations by improving the performance of the people who work in them and by developing the capabilities of teams and individual contributors."

It may be possible to get all employees to reconcile personal goals with organizational goals and increase productivity and profitability of an organization using this process. It can be applied by organizations or a single department or section inside an organization, as well as an individual person. The performance process is appropriately named the self-propelled performance process (SPPP)

First, a commitment analysis must be done where a job mission statement is drawn up for each job. The job mission statement is a job definition in terms of purpose, customers, product, and scope. The aim with this analysis is to determine the continuous key objectives and performance standards for each job position.

Following the commitment analysis is the work analysis of a particular job in terms of the reporting structure and job description. If a job description is not available, then a systems analysis can be done to draw up a job description. The aim of this analysis is to determine the continuous critical objectives and performance standards for each job.

Who Manages Performance? The answer is obvious. The performer or the candidate whose performance is being planned, analyzed, assessed, and developed, etc. does so. It is he who manages his performance. It is a mistaken notion to think that the primary responsibility for managing the performance of a person lies with this boss. The boss is an important instrument in managing performance. He has the responsibility to ensure that it is defined, planned, analyzed, measured, reviewed, and developed. He is a partner in this. It is the performer who has to manage his performance.

Role of Appraisals in Performance Management: Performance management is a continuous process. Appraisals are periodic activities. Management is a dynamic process while appraisals are static. Appraisals are a part of performance management. If the management involves improvements, the moment you assess where we stand there is an appraisal taking place. Therefore without some form of appraisal management becomes difficult.

Performance management with performance appraisal should lead to increased performance. However, in most organizations, performance appraisals have lead to decreased performance. This happened particularly when appraisals are linked to rewards and when fewer people are rewarded than those expecting them. Those who are not rewarded get de-motivated. If those who expect to be rewarded exceed the number of those who actually get rewards, the net outcome of performance appraisal may be negative. If people continue to perform in spite of appraisals and they do not have a positive attitude to appraisals, then the organization is spending more psychological energy.

The effort should be to make the performance management process more effective and productive using appraisal systems. Appraisal systems help managers manage their performance. They should be seen by line managers as aids for performance management. Managers should not be overwhelmed with appraisals and appraisal outcomes and ignore the most important aspects of performance management — performance improvements and competency building. This happens when the concerns get focused on appraisals rather than improvements or on ratings and rewards rather than performance enhancement and development.

Managers need to learn to enjoy the performance management process itself as it occurs round the year and is not blocked by appraisals as they occur once in a while. Performance management systems with an appraisal component built into them should mean improved performance, more motivated people, and more competent people.

Implementing a Performance Management System: There are six important steps to be taken before the performance management system is implemented and these are:

1. **Preparation:** Implementation of a performance management system requires the involvement of many players. Specifically, the successful implementation of the system requires a clear understanding of how the system works and a clear understanding of its benefits from the different perspectives of all involved.

2. **Communication Plan:** Before the system is launched, a successful communication plan must be implemented that will gain system acceptance. Having a more and better knowledge of the performance management system, inevitably leads to a greater employee acceptance and satisfaction. Organizations often design a communication plan to ensure that information regarding the performance management system is widely disseminated in the organization. What is performance management? How does performance management fit in our strategy? What is in it for me? How does it work? What are my responsibilities? How is performance management related to other initiatives?

There could be three types of biases that affect the effectiveness of a communication plan viz: *Selective Exposure, Selective Perception, and Selective Retention.*

It is recommended that management takes the following considerations to minimize the effects of communication barriers. (*a*) Involve employees. (*b*) Understand employee needs. (*c*) Strike first. (*d*) Provide facts and consequences. (*e*) Put it in writing. (*f*) Use multiple channels of communication. (*g*) Use credible communicators. (*h*) Say it and then say it again.

3. **Appeals Process:** This is important and must be installed as it gains employee acceptance as well as Increases perception of the system's fairness. Employees have the ability to question two types of issues:

Judgmental: These issues centre on the validity of the performance evaluation.

Administrative: These issues involve whether the policies and procedures are followed.

The importance of HR's role in the appeal process can never be under-rated. When an appeal is first filed, the HR department serves as a mediator between the employee and the supervisor.

Level 1 or Level A Appeal: An appeal sent to the HR department is usually called a Level 1 or Level A appeal. The HR department is usually in a good position to judge whether policies and procedures have been implemented correctly and also has good information about the various jobs, levels of performance expected and levels of performance of other employees within the unit and organization. The HR department gathers the necessary facts and brings them either to the attention of the rater to encourage reconsideration of the decision that caused the appeal or to the complainant to explain why there have been no biases or violations. In other words, the HR department either suggests corrective action to the supervisor or informs the employee that the decision or procedures were correct.

Level 2 or Level B Appeal: If the supervisor does not believe in corrective action and the appeal continues, then an outside unbiased arbitrator makes a final and binding resolution. This is usually called a Level 2 or Level B appeal. This arbitrator can be of a panel of peers and managers. The Panel reviews the case, ask questions, interviews witnesses, researches precedents, and reviews policy. Then they simply take a vote to make the decision. *In some cases, the vote represents the final decision. In other cases, the vote is forwarded to a high-level manager (Vice President or higher level) who makes the final decision*

4. **Training Programs Acquiring Required Skills:** Training the raters is another step necessary in preparing for the launching of the performance management system. Training not only provides participants in the performance management system with needed skills and tools to do a good job implementing it, but also helps increase satisfaction with the system. Training programs are of many sorts such as:

(i) **Rater error training (RET) Program:** The goal of rater error training (RET) is to make raters aware of what the rating errors they are likely to make and to help them develop strategies to minimize those errors. The goal of RET is to increase rating accuracy by making raters aware of the errors they are likely to make. In rating performance, raters may make intentional or unintentional errors. Intentional errors take place when raters believe it will be more beneficial to them to provide distorted as opposed to accurate ratings. Intentional errors occur in respect of Leniency, Severity, and Central Tendency *when a conscious choice is made on subjective criterion.* The HR expert must demonstrate to the raters that the benefits of providing accurate ratings outweigh the benefits of intentionally distorting ratings either by inflation, deflation or central tendency. *Unintentional errors occur when the attitude taken is:* Similar to me, Contrast, Halo, Primacy, Recency, Negativity, or First Impression.

(ii) **Frame of reference (FOR)** training helps improve rater accuracy by thoroughly familiarizing raters with the various performance dimensions to be assessed. The overall goal is to give rater skills so that they can provide accurate ratings of each employee.

(iii) **Behavioural Observation (BO)** training is highly recommended to bring about objectivity. It is a type of program that focuses on how raters observe store, recall, and use information about performance.

(iv) **Self-leadership (SL)** training on the other hand, is a type of program that aims at improving raters' confidence in their ability to manage performance.

5. **Pilot Testing:** In any case, before the performance management system is implemented formally, it is a good idea to pilot test a version of the entire system so that adjustments and revisions can be made as needed. In this *pilot test* of the system, evaluations are not recorded in employee files. However, the system is implemented in its entirety from beginning to end, including all the steps that would be included if the system were to be implemented for real. The most important aspect of the pilot test is that all participants should maintain records noting any difficulties they encountered, ranging from problems with the appraisal form and how performance is measured to the feedback received. The pilot test allows for the identification and early correction of any flaws before the system is implemented organization-wide.

6. **Ongoing Monitoring and Evaluation:** When the testing period is over and the performance management system is implemented organization-wide, it is important to use clear measurements to monitor and evaluate the system. In a nutshell, a decision needs to be made about how to evaluate the system's effectiveness, how to evaluate the extent to which the system is being implemented as planned, and how to evaluate the extent to which it is producing the intended results. Nothing can be taken for granted and there is no such thing as a "system monitors itself". It needs to be constantly monitored and evaluated. In our opinion, unexpected and spot checks are the best form of monitoring and the aim must be not to find faults but to enable improvement to take place.

MODERN PERFORMANCE APPRAISAL METHODS AND INSTRUMENTS

Performance appraisal, or performance evaluation, is the process by which a manager (1) evaluates an employee's work behaviours by measurement and comparison with previously established records, (2) records the results, and (3) communicates the results to the employee.

Performance is defined as the record of outcomes produced on a specified job function or activity during a specified time period. It involves assessment of performance within a given time frame against agreed upon targets and within the bounds of accepted assumptions and limitations. The usual objectives of this system are it is used (*a*) as a guide for promotions, (*b*) guide for transfer and demotion, (*c*) justifies wage increments, (*d*) helps to develop training programmes, (*e*) provides valuable data for HRIS, and (*f*) gives employee an incentive to perform better.

These benefits are to be periodically highlighted so that the performance appraisal system is taken seriously and not dismissed as another routine bureaucratic activity. The HR manager always begins at the top since by logic all bottle necks are at the top of the bottle. Then he/she work their way down and involve the departmental heads after convincing them. Thereafter, they should involve and convince the trade unions and finally induct the employees in this overall Training initiative. This process usually takes place in three steps and takes at least 1 year before the system is fully introduced:

1. Objective of PA must be clearly stated and followed at all levels.
2. Establish job expectations and targets against which the employee is judged and have them accepted.
3. Designing The Program: Whose performance is to be assessed? Who will rate the employee? What problems are likely to be encountered? How to solve the Problems? What should be evaluated? What methods are to be used?

METHODS OF APPRAISAL

Graphic Rating Scales: These are the simplest method of rating individual performance. Usually, the five-point Likert Scale is used: Poor, Fair, Good, Very Good, and Excellent.

This is followed by *Rating Identification*: O–Outstanding — Performance is exceptional in all areas and is recognizable as being far superiors to others. V–Very Good — Results clearly exceed most position requirements. Performance is of high quality and is achieved on a consistent basis. G–Good — Competent and dependable level of performance. Meets performance standards of the job. I–Improvement needed — Performance is deficient in certain areas. U–Unsatisfactory — Results are generally unacceptable and require immediate improvement. No merit increase should be granted to individuals with this rating. N–Not rated — Not applicable or too soon to rate.

The checklist is a simple rating technique in which the supervisor is given a list of statements or words and asked to check statements representing the characteristics and performance of each employee.

Alternative Ranking: Under this method, the employees are ranked best to worst on some characteristics. The rater first finds the employee with the highest performance and the employees with the lowest performance in that particular job category and rates the former as the best and the latter as the poorest in the first list, all subordinates to be rated. Then on a form indicate the employee who is the highest on the characteristic being measured and also the one who is the lowest. Then choose the next highest and the next lowest, alternating between highest and lowest until all employees have been ranked.

Essay Method: Rater is required to give a narrative essay describing employee behaviour.

Paired Comparison Method: The paired comparison method helps make the ranking method more precise. For every trait (quantity of work, quality of work and so on), you pair and compare every subordinate with every other subordinate.

The Forced Distribution Method is similar to grading on a curve. With this method, you place predetermined percentages of rates into performance categories. Teachers often plot a bell-shaped curve and plot the students along it. For example, you may decide to distribute employees as follows: (*a*) 15% high performers, (*b*) 20% low-average performers, (*c*) 20% high-average performers, (*d*) 30% average performers, (*e*) 15% low performers.

Behaviourally Anchored Rating Scales (BARS): The BARS method combines elements of the traditional rating scales and critical incidents methods. Using BARS, job behaviours from critical incidents — effective and ineffective behaviours are described more objectively. This method employs individuals who are familiar with a particular job to identify its major components. They then rank and validate specific behaviours for each of the components.

- Generate Critical Incidents: Ask persons who know the job (jobholders and/or supervisors) to describe specific illustrations (critical incidents) of effective and ineffective performance.
- Reallocate Incidents: Another group of people who also know the job then reallocate the original critical incidents. They get the cluster definitions and the critical incidents, and must reassign each incident to the cluster they think its fits best.
- Develop a final instrument: Choose about six or seven of the incidents as the dimension's behavioural anchors.

FIVE COMMON ERRORS IN EVALUATION

Error 1 : **Hallo Effect:** Excessive dependency on the rating of one trait to form an overall perception. This happens when a senior person is engaged in a particular task that is being evaluated.

Error 2 : **Central Tendency:** Playing safe by rating in an around the midpoint of the scale helps nobody. This often happens with respondents filling up a questionnaire like at the end of the training program.

Error 3 : **Leniency and Strictness:** Taking either of these ratings in extremes is damaging and counter-productive. In the first case, the manager tries to please all. In the second case, the process of administration becomes more important than the purpose of administration. Both are ubntenable propositions.

Error 4 : **Personal Preference/Prejudice:** Allowing personal feelings to interfere with fair and objective evaluation must be curtailed. Money lenders operating in many B-Schools and masquerading as visiting faculty with the connivance of some persons already on rolls is a good example where personal preference wrecks havoc with the organization. In case of prejudice anything the person one does not like is seen with a jaundiced eye and upward reportage is politically motivated and far from reality.

Error 5 : **Recency Effect:** When evaluation is based on the most recent events rather than on the performance over the entire period. This happens in the case of spot tests when the Managing Director is on rounds sees something wrong and forms an opinion that this is so always.

Great deal of maturity is required to offset these errors but once these errors having been taken care of the HR manager is primed to deal with potential appraisals. The principal tasks of potential appraisal are (*a*) Identify the vital few and plan their career for growth, and (*b*) Identify the trivial many and help them improve through training or remove those who cannot improve. Potential appraisals help HR.

- To plan growth path for the vital few or 20 per cent and keep up their morale.
- To initiate training programmes and improve work climate in order to increase their efficiency and effectiveness for 50 per cent.
- To create policy to ease out 30 per cent through VRS or downsizing if all hope is lost.

FOUR METHODS OF POTENTIAL APPRAISALS

Performance tells how well the employee has done. Potential tells us what else the employee can do. Hence, performance appraisals are followed by potential appraisals and the following methods are most commonly used: (1) Management by Objectives (MBO). (2) Using Psychometric Testing. (3) 360-degree Appraisal. (4) Assessment Centre.

We shall now examine each in turn.

(1) MBO: The acronym stands for Management by Objectives. In this method, the superior and the subordinate sit across the table and agree on what goals are to be met and how as well as under what conditions. The performance and potential is then evaluated against these agreed goals. The steps involved in MBO are: (*a*) Discussing the organizational goals and departmental goals and convince the subordinate to achieve them. (*b*) Relate subordinate's personal goals to the organizational and departmental goals. (*c*) Agreeing upon targets that need to be met by the subordinate and obtain his commitment.

This is a highly popular strategy for assessing employee potential but the HR Manager needs to be an expert to pull it off successfully:

The advantages of using MBO are: (*a*) Makes achievement evaluation objective, i.e. against goals. (*b*) Since employees can determine their goals in consultation, communication channels are open and frustration is reduced (*c*) Open communication produced creativity and innovation among employees. (*d*) The joy of work is increased and the need to belong is satisfied.

The disadvantages of using MBO are: (*a*) Management seldom walks its talk. (*b*) Setting unrealistic goals to impress the superior or setting easy to achieve goals to give an air of efficiency. (*c*) Mid course correction of goals seldom takes place.

(2) Psychometric Testing: Psychometric tests are standardized, scientific tests usually taken on a computer, which are used to assess your intelligence, abilities, potential, and personality. Most employers now use them as a sifting mechanism during the recruitment process. These tests (*a*) can predict behaviour under certain conditions which may arise later. (*b*) Identify latent skills and talents to harness them for the good of all. (*c*) Identify and isolate potential trouble spots in human minds that could affect behaviour.

Although the temptation may be strong the HR manager should remember: never misuse tests or results to settle political scores. Psychometric Tests should be conducted by experienced consultants or this could lead to individual breakdown, stress, and even stroke. Test findings are highly confidential data and only the concerned employee should know of them. Every test must be followed by a counselling exercise by a trained expert. All HR experts cannot conduct these tests since deep knowledge of psychology is required. The human mind is fragile and it is criminal to experiment with another person's mind. There have been several cases where employees have had to seek clinical help because the psychological test has gone wrong. Incidents in the case of Neuro Linguistic Programming NKP going wrong are well known and documented.

(3) 360-Degree Appraisal: This is also known as multi-rater feedback or all round feedback. According to Peter Ward "It is the systematic collection and feedback of performance data of an individual or a group, derived from a number of stake holders". Unlike, traditional top-down appraisal where a supervisor appraises the performance of their subordinate, 360-degree appraisal incorporates multiple perspectives by using feedback from a variety of sources. These sources include, peers, subordinates, customers, self, and the supervisor. The result of this type of feedback process provides an understanding how the employee is perceived from different perspectives. This process helps an individual understand how others perceive them. It is based on the notion that others know of which the person himself may be unaware.

Types of data generated are thus categorized:

Category A : Development Areas (Where improvement is needed now).

Category B : Strengths (Behaviour perceived as good performance).

Category C : Discrepancies (Where others believe change is needed).

Category D : Hidden strengths (Where others hold persons in higher regard than oneself).

All four sets of data help to identify potential for growth and provide basis for counselling to individual.

4. Assessment Centre: This might appear to be a place but it is not. It is actually an approach, a concept or a process. It helps an organization in identifying the most suitable potential candidate for recruitment/promotion. Assessment centre are a battery of assessment and situational exercises, which are competency based and are used extensively in various countries for recruitment, potential appraisal, promotion, and human resource development and organizational development. The concept focuses on performance against predetermined selection criteria and has the advantage of providing objective information about a range of competencies to the organization for making the 'right' decision. The methodology used in it helps to reduce subjectivity in judgment to which most traditional means of selection are generally prone. Assessment centres are events attended by several participants who engage in a range of exercises and activities that have a high degree of work-related content. Trained experts observe participant reaction and evaluate the employee's potential after eliminating all individual bias. Potential is evaluated on skill, attitude, and behaviour.

Purpose of Assessment Centre: This is often vague and needs to be spelt out clearly.

(*i*) Make selection and promotion decisions.

(*ii*) Identify strength and weakness to plan training.

(*iii*) For a selection procedure to quality the Centre must: (*a*) Use multiple assessment techniques. (*b*) Use multiple assessors. (*c*) Make judgment based on pooling inputs from assessors.

Our experiences of organizations indicate that having gone through assessment centre, participants feel that they have been fairly assessed. When it is employed for recruitment, candidates give a positive feedback which sends out favourable image about the organization's professionalism. When it is used for development, participants develop valuable insights into their strengths and areas of improvement.

5. People capability Maturity Model (PCMM): The PCMM is a maturity framework that guides an organization in managing and developing its workforce. It describes an evolutionary improvement path from *ad hoc*, inconsistently performed workforce practices, to a mature, discipline development of the knowledge, skills, and motivation of the workforce.

The Initial Level Maturity Level 1: There are no processes at the Initial Level of Maturity. Although workforce practices performed in Maturity Level 1 organizations tend to be inconsistent or ritualistic.

Level 2: In achieving Maturity Level 2, the organization develops the capability to manage skills and performance at the Unit Level. The process areas at Maturity Level 2 are staffing, communication and coordination, work environment, performance management, training and development and compensation

HOW P-CMM WORKS

Level	Action	Results
Level 5 Innovating	• Implement continual proactive improvements to achieve business targets	• Capable processes • Perpetual innovation • Change management
Level 4 Predictable	• Manage process and results quantitatively and exploit benefits of standardization	• Predictable results • Reuse/knowledge mgt. • Reduced variation
Level 3 Standardized	• Develop standard processes, measures, and training for product and service offerings	• Productivity growth • Effective automation • Economies of scale
Level 2 Managed	• Build disciplined work unit management to stabilize work and control commitments	• Reduced rework • Repeatable practices • Satisfied Schedules
Level 1 Initial	• Motivate people to overcome problems and just "get the job done"	• Mistakes, bottlenecks • *Ad hoc* methods • Hero worship

THE FIVE CAPABILITY LEVELS

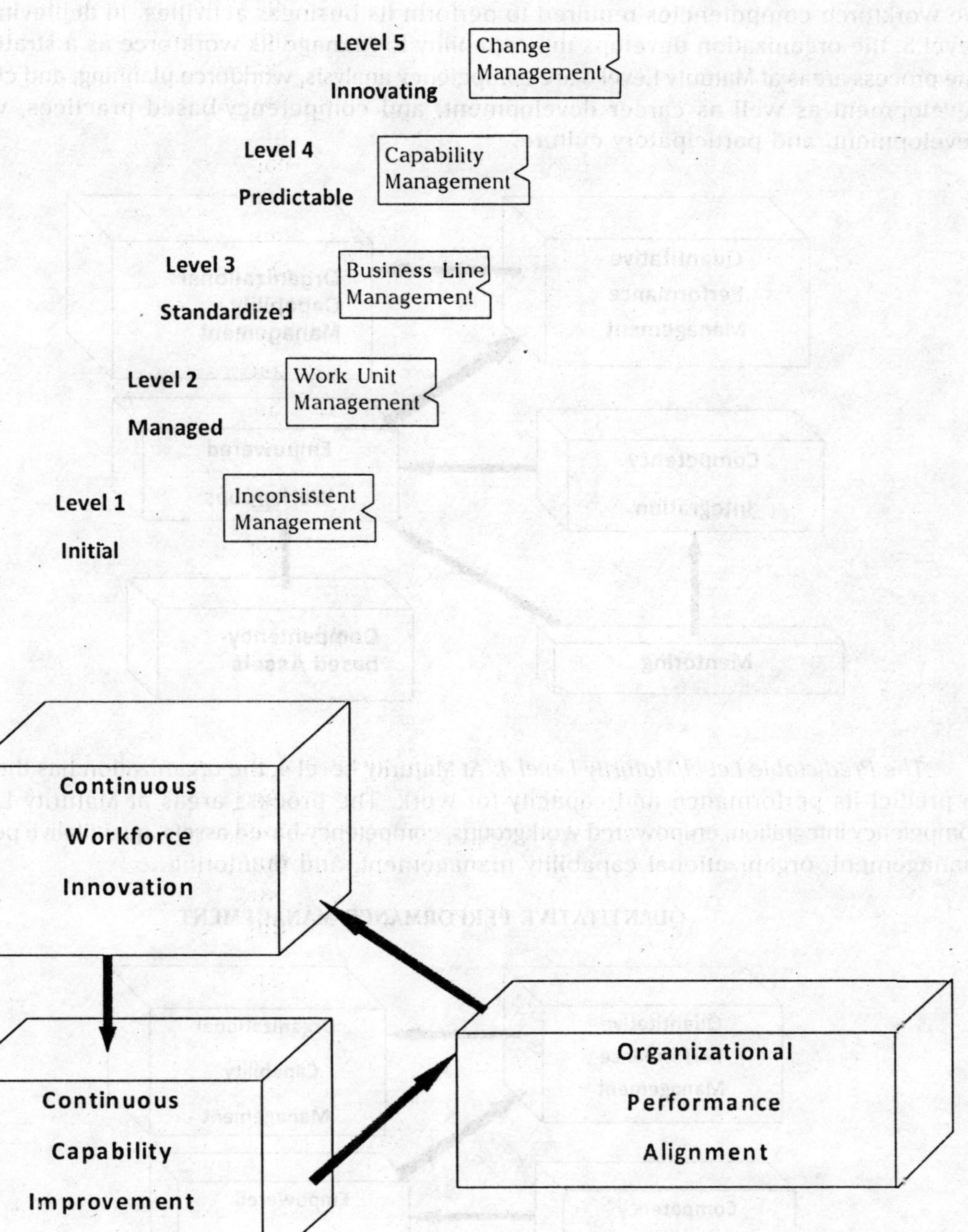

The Defined Level/Maturity Level 3: To achieve the Defined level, Maturity Level 3, the organization identifies and develops the knowledge, skills, and process abilities that constitute the workforce competencies required to perform its business activities. In achieving Maturity Level 3, the organization develops the capability to manage its workforce as a strategic asset. The process areas at Maturity Level 3 are competency analysis, workforce planning, and competency development as well as career development, and competency-based practices, workgroup development, and participatory culture.

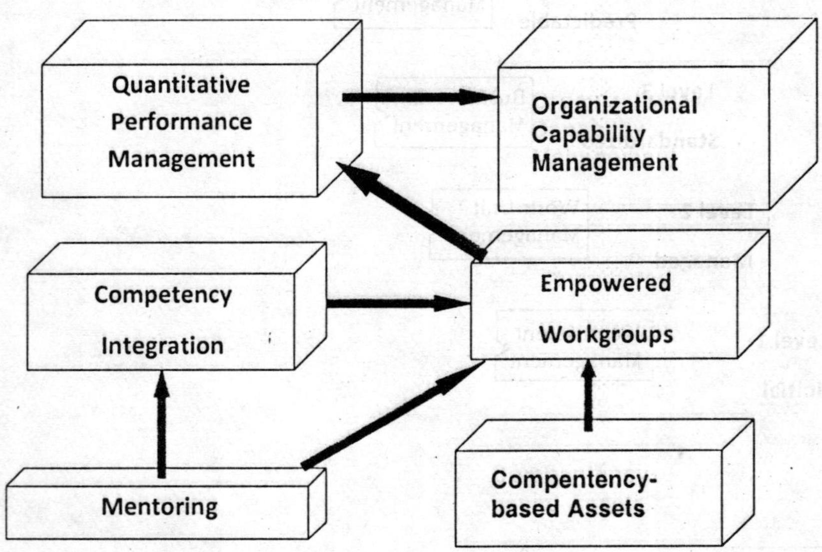

The Predictable Level/Maturity Level 4: At Maturity Level 4, the organization has the capability to predict its performance and capacity for work. The process areas at Maturity Level 4 are competency integration, empowered workgroups, competency-based assets, quantitative performance management, organizational capability management, and mentoring.

QUANTITATIVE PERFORMANCE MANAGEMENT

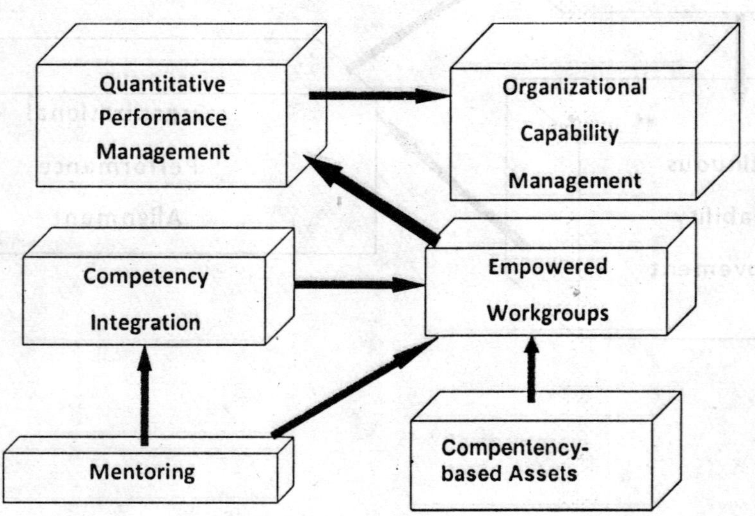

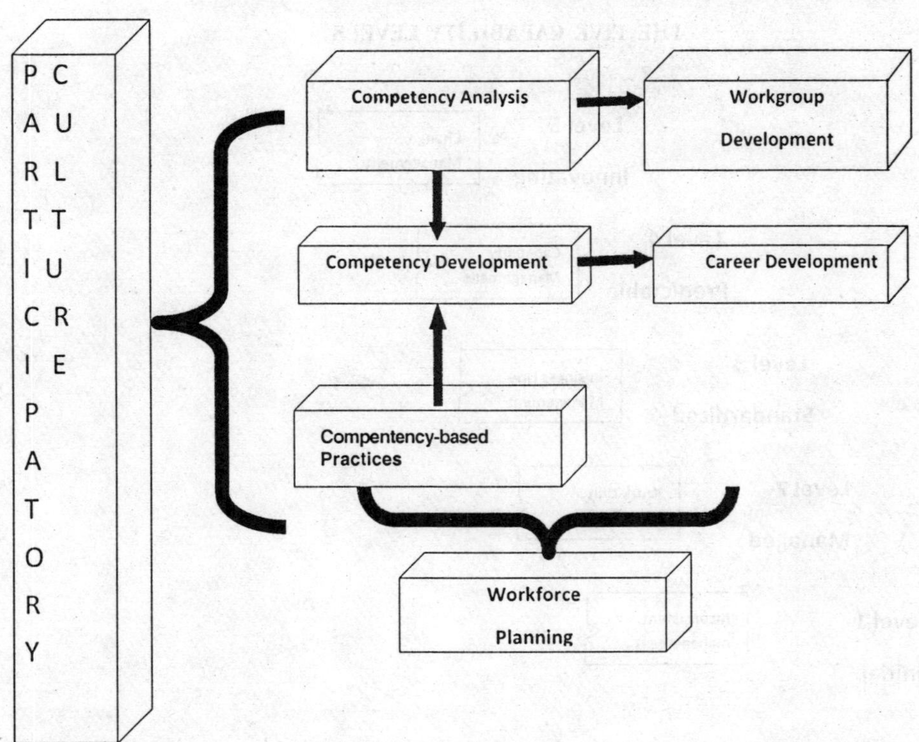
PARTICIPATORY
CULTURE
Competency Analysis
Workgroup Development
Competency Development
Career Development
Compentency-based Practices
Workforce Planning

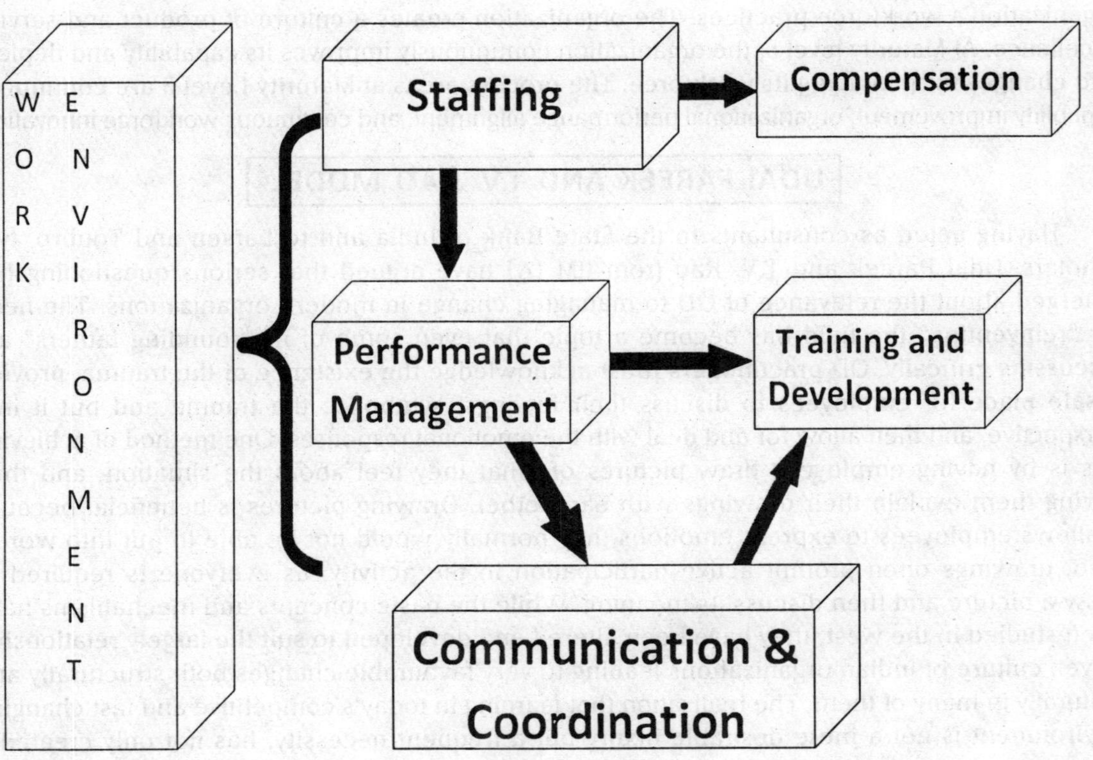
WORK
ENVIRONMENT
Staffing
Compensation
Performance Management
Training and Development
Communication & Coordination

THE FIVE CAPABILITY LEVELS

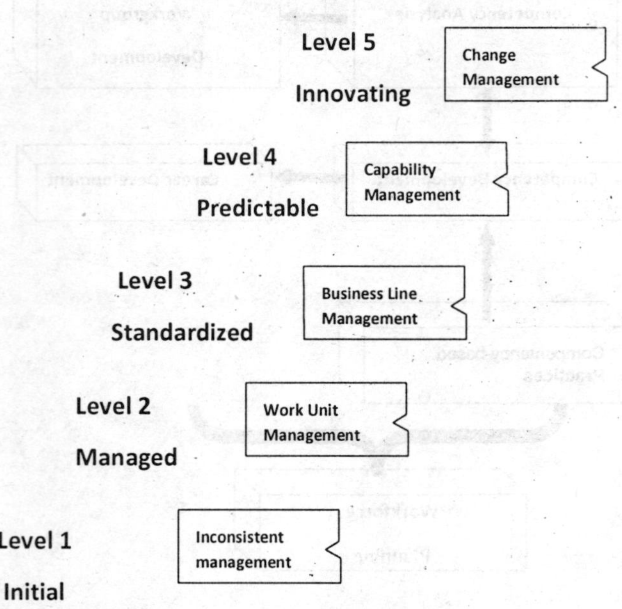

The Optimizing Level/Maturity Level 5: To achieve the Optimizing Level Maturity Level 5, everyone in the organization is focused on continuously improving their capability and the organization's workforce practices. The organization creates a culture of product and service excellence. At Maturity level 5, the organization continuously improves its capability and deploys raid changes for managing its workforce. The process areas at Maturity Level 5 are continuous capability improvement, organizational performance alignment, and continuous workforce innovation.

UDAI PAREEK AND T.V. RAO MODEL

Having acted as consultants to the State Bank of India and to Larsen and Toubro, two scholars, Udai Pareek and T.V. Rao from IIM (A) have argued that serious questioning has emerged about the relevance of OD to managing change in modern organizations. The need for "reinventing" the field has become a topic that even some of its "founding fathers" are discussing critically. OD practitioners must acknowledge the existence of the trauma, provide a safe place for employees to discuss their feelings, symbolize the trauma and put it into perspective, and then allow for and deal with the emotional responses. One method of achieving this is by having employees draw pictures of what they feel about the situation, and then having them explain their drawings with each other. Drawing pictures is beneficial because it allows employees to express emotions they normally would not be able to put into words. Also, drawings often prompt active participation in the activity, as everyone is required to draw a picture and then discuss its meaning. While the basic concepts and mechanisms have been studied in the west, they have been altered and developed to suit the largely relationship driven culture of Indian organizations leading to very favourable changes both structurally and culturally in many of them. The realization that learning in today's competitive and fast changing environment is not a mere desirable luxury but a frequent necessity, has not only created a conducive milieu for further growth and intensification of OD but also has thrown open challenges for social scientists and OD practitioners in India at present. They have argued that the existence of certain conditions in an organization which may be descried the internal environment is at some time assumed. Those who have been in an organization for too long cease to be conscious of such an environment and probably only new comers notice such condition. Hence infusion of new blood into the organization is vital and enhances overall performance. Different interventions are used when a need arise to change those conditions some of those interventions are as thus given: (*i*) culture analysis, (*ii*) process consultation, (*iii*) structure change, (*iv*) team building, (*v*) role negotiation.

They go on to argue that in a general way some others characteristics are as follows: (*a*) focus on culture and process, (*b*) encourage collaboration between organizational leader and member in managing culture and process, (*c*) focus on standarisation on the organizational, (*d*) focus primarily on the human and social side of the organizational (*e*) team of all kinds are particularly important for task accomplishments.

During the last few years, Dr. Rao has been popularizing the methodology of "**D**eveloping **L**eadership through **F**eedback by **K**nown **P**eople" **(DLFKP)**, which he developed in the mid–1980s at IIMA and worked on it along with Prof P.N. Khandwalla, J.P. Singh, and S. Ramnarayan. This methodology is now termed by other specialists as 360-degree feedback methodology. To popularize this methodology as a development tool, he has started a 360-degree feedback club and has also conducted over 50 workshops in the last 5 years in India, Thailand, Philippines, Nigeria, and Egypt. Currently, he is developing HRD Auditors and Trainers of Development Centers and creating manuals for HRD Audit in an effort to make HRD Audit like ISO certification.

It is generally agreed among scholars that skill alone is not enough to perform well. The correct attitude and behaviour are as if not more important for success. Finally we can say that, taken together, these indicators and instruments enumerated above are a powerful tool to demonstrate the value that is added by the performance management system (PMS).

We opine that on its own, the PMS is just window dressing so the HR expert must relate it to strategic planning for it to be meaningful.

Strategic Planning is a process that involves describing the organization's destination, assessing barriers that stand in the way of that destination, and selecting approaches for moving forward. The main goal of strategic planning is to allocate resources in a way that provides organizations with a competitive advantage. Overall, a strategic plan serves as a blueprint that defines how the organization will allocate its resources in pursuit of its goal. Strategic planning serves the following purposes:

1. Allows the organizations to define their identity.
2. Helps organizations prepare for the future.
3. Enhances ability to adapt to environmental changes.
4. Provides focus and allows for better allocation of resources.
5. Produces an organizational culture of cooperation.
6. Allows for the consideration of new options and opportunities.
7. Provides employees with information to direct daily activities.

The mere presence of a strategic plan does not guarantee that this information will be used effectively as part of the performance management system. To ensure that strategy cascades down the organization and leads to concrete actions, there needs to be a conscious effort to link the strategic plan with individual performance.

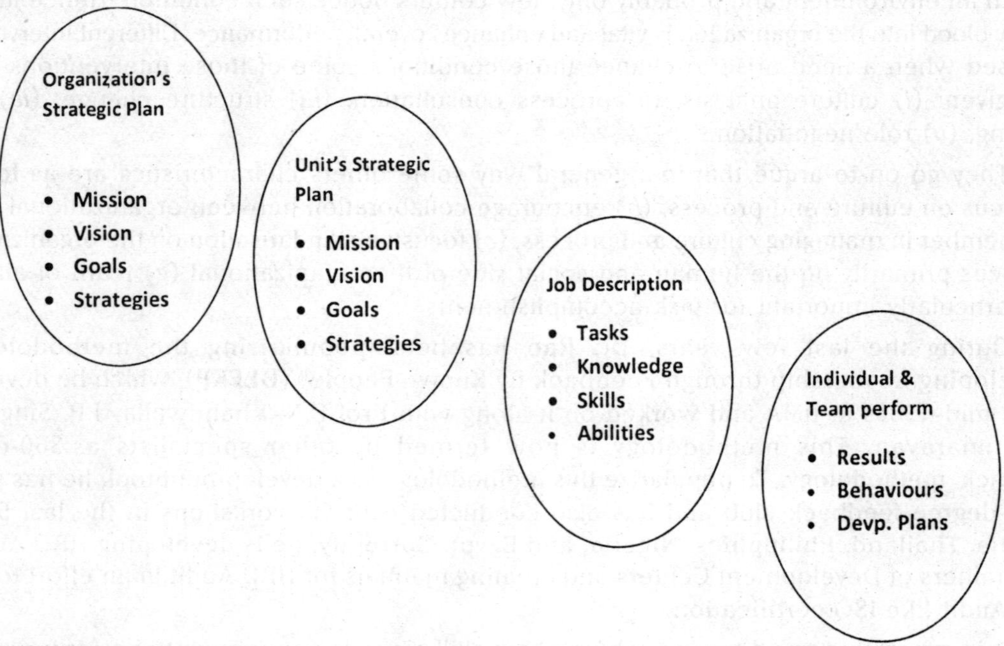

- **Strategic Plan:** The development of an organization's strategic plan requires a careful analysis of the organization's competitive situation, the organizations current position and destination, the development of the organization's strategic goals, the design of a plan of action and implementation, and the allocation of resources (human, organizational, physical) that will increase the likelihood of achieving the stated goals. Factors essential for a successful strategic plan, (*a*) conduct of an environmental analysis, (*b*) creation of an organizational mission, (*c*) creation of an organizational vision, setting goals, (*d*) creation of strategies.

Now let us link the performance management system with strategic planning.

TRENDS TO CONSIDER WHILE CONDUCTING AN ENVIRONMENTAL ANALYSIS

Internal	*External*
Organizational structure	Economic, Political, Social and Legal
Organizational culture	Technological
Politics	Competitors
Process	Customers
Size	Suppliers

Research indicates that analysis would lead to the following situations (ranked from most to leave competitive).

1. Opportunity + Strength = Leverage
2. Opportunity + weakness = Constraint
3. Threat + strength = Vulnerability
4. Threat + Weakness = Problem

Therefore, the process of creating a strategic plan begins with an environmental analysis, which considers internal as well as external trends. Internal trends can be classified as either strengths or weaknesses and external trends can be classified as either opportunities or threats.

This is followed by *Gap Analysis,* which consists of pairing strengths and weaknesses with opportunities and threats and determining whether the situation is advantageous (i.e. leverage), disadvantageous (i.e. problem), or somewhere in between (i.e. constraint and vulnerability).

The *mission statement* summarizes the organization's most important reason for its existence. Mission statements provide information on the purpose of the organization and its scope. A good mission statement answers the following questions: Why does the organization exist? What is the scope of the organization's activities? Who are the customers served? What are the products or services offered?

An organization's *vision* is a statement of future aspirations. In other words, the vision statement includes a description of what the organization would like to become in the future. The following characterize a good vision statement: brevity, verifiability, bound by a timeline, currency, focus, understandability, inspiring nature, and a stretch. In sum, a vision statement includes a description of future aspirations. Whereas the mission statement emphasizes the present, the vision statement emphasizes the future.

The purpose of *setting goals* is to formalize statements about what the organization hopes to achieve in the medium-to long-range period. Goals provide more specific information regarding how the mission will be implemented. Goals can also be a source of motivation and provide employees a more tangible target to strive for. Goals also provide a good basis for decisions by keeping desired outcomes in mind. Finally, goals provide the basis for performance measurement because they allow for a comparison of what needs to be achieved Vs what each unit, group, and individual is achieving.

Strategies are descriptions of game plans or procedures to reach the stated objectives. The strategies could address issues of growth, survival, turnaround, stability, innovation, and leadership, among others. The human resources (HR) function plays a critical role in creating and implementing the strategies that will allow the organization to realize its mission and vision.

The HR department is expected to make the following contributions towards strategic planning: (*a*) Communicate knowledge of strategic plan. (*b*) Outline knowledge, skills, and abilities needed for strategy implementation. (*c*) Propose reward systems.

At the Unit Level: Organization's strategic plan has a direct impact on the Unit's strategic plans. The organization's strategic plan including mission, vision goals and strategies cascades down to all organizational levels. Thus, each division or unit also creates its own strategic plan, which should be consistent with the organization's overall plan.

Job descriptions also need to be congruent with the organization and unit mission, vision, goals, and strategies. **Job analysis** process leads to the creation of job descriptions. Once the strategic plan is completed, some rewriting of the existing job descriptions may be in order. The performance management system needs to **motivate** employees to display the behaviours and produce the results required to support the organization and the unit's mission, vision, and goals.

Developmental plans need to be aligned with unit and organizational priorities as well. Well-designed performance management systems define clear path from organizational mission, vision, and goals to individual and team performance. This is critical because organizational success is a direct function of the alignment between collective and individual objectives.

The following are some choices in **Performance Managements System Design:**

- **Criteria:** Behavioural criteria Vs. results criteria
- **Participation:** Low employee participation Vs. high employee participation.
- **Temporal dimension:** Short-term criteria Vs long-term criteria
- **Level of criteria:** Individual criteria Vs. team/group criteria
- **System orientation:** Developmental orientation Vs. administrative orientation
- **Rewards:** Pay for performance (i.e. merit-based) Vs. pay for tenure/position.

To summarize the discussion so far, we have introduced the reader to definition of strategic planning (*i*) Goal of Strategic Planning, (*ii*) Purpose of Strategic Planning, (*iii*) Linking PM with the Strategic Plan, (*iv*) Factors essential for a successful strategic plan, and (*v*) Trends to consider in conducting an Environmental Analysis.

We then went on to explain the following (*a*) Mission, Vision, goals defined, (*b*) Characteristics of good vision statements, (*c*) Strategies, (*d*) HR's role, (*e*) Developing Strategic Plans at the unit level, (*f*) Job Descriptions, (*g*) Individual and team Performance, (*h*) Some choices in Performance Managements System Design.

Now we shall deal with performance appraisals to give the reader an idea of how the workforce is evaluated. So doing, we would have primed the reader to move on from understanding Human Resources Administration to going in for understanding training and development.

PERFORMANCE APPRAISAL SYSTEMS: Performance appraisal systems are an essential part of effective human resources administration. It has been said that through the process of reviewing people's performance the performance of the whole organization, in turn, is managed. Monitoring the performance of the organization is a vital process, since it is only through the realization of at least an adequate performance that the organization can hope to achieve its objectives and continue to survive and develop. This is becoming all the more crucial as market competition intensifies and organizations are compelled to build on either their core competence or their divergent competence as the case may be. In fact, monitoring is part of a larger process that gathers information about performance and, by implication, it should be assumed that an analysis of the information carries with it recommendations for specific actions that are designed to correct or improve situations where necessary. It is that link which converts HRP through HRA into HRD interventions. In other words, performance appraisal is the process of assessing quantitative and qualitative aspects of an employee's job performance. Performance appraisals should provide answers to some basic, yet important questions for both the employee and the employer (A) How well am I doing? (B) How can I do better? (C) How well are our employees doing individually and collectively (D) what can we do to help our employees do better for us and for themselves? (E) For which employees are various personnel actions appropriate?

Ultimately, the levels and standards that are achieved by its employees determine the level and quality of an organization performance. The argument that external pressures have a strong influence on an organization's performance is indeed a powerful one. But what we are saying here is that the delivery of a good performance by its employees must enhance the organization's chances of survival, even under the most dire market and economic constraints. Putting it negatively, we could say that a poor performance by the employees could cause the demise of the organization, regardless of the positivity of external influences. It is, therefore, important to assess employee's performance formally, and to have a set of follow-up systems that are designed to solve any problems that might inhibit a good performance.

The appraisal of individual's performance is an essential component of employee development. The techniques employed within systems of appraisal represent some of the means through which we are able to keep our finger on the pulse of the effectiveness of the training and development plans and strategies. There are several approaches to appraising employee's performance, but the one most frequently found involves a manager in carrying out an annual review of the performance of his or her staff. In this well used system, the manager and employee both complete a form in advance of an interview, in which two reach an agreement over the degree to which the employee has met the required standards of performance and achieved the objectives that were agreed upon in previous review. Any problems that might have appeared since then are also reviewed, the causes identified and decisions reached about solutions. The issues we have touched upon so far relate to the past. While it is essential for both parties to have similar perceptions and understanding of past performance, the manager should ensure that in the whole process, most of the emphasis is on what is going to happen in the future. The identification of problems, for example, gives the manager the opportunity to discuss solutions, which, of course, can only be applied in the future. It may be that coaching counselling or training is the answers to the employee's problems. Whatever kind of solution is discussed, agreement should be reached about the employee's future objectives and standard of performance in the job.

About 2 weeks before the interview, the employee is given a 'self-appraisal' or 'self-assessment' form; at this stage he or she already has been informed of the time, date and place of the interview. The structure of the form gives the employee a measured way of considering his or her performance over the past year. The nature of the questions on the form also provides the employee with guidance about the kind of things that he or she should be thinking about. The form used by the manager is usually an extended version of the one given to the employee.

From his or her normal day-to-day monitoring of the employee performance throughout the year, the manager will have a broad perception of how each particular employee is performing. He or she will have handled any grievances that may have arisen, be aware of the nature of any problems that were beyond the employee's control, and, through informal contact, will have developed perceptions of the personalities and motivations of the staff. In fact, since managers have this kind of contact with their staff, some argue against the need for formal systems of performance appraisal.

Let us take this logic further. If there is a real camaraderie, open communication channels and ongoing dialogue and feedback throughout the project period, is there a need for an annual appraisal exercise? After all, any performance appraisal is nothing but a rear view mirror, which tells what the employee has achieved but cannot tell what he can do in the future. For that performance appraisal must be linked to a potential appraisal.

It should be appreciated that even with the best of intentions; it is unlikely that performance appraisals can ever be made completely objective and accurate. One major reason is that we as human beings have limited information-processing capabilities. However, completely accurate and objective performance appraisals require the processing without error of complex and occasionally inconsistent information. These demands almost certainly exceed our information processing capabilities. Further, it should be realized that organizations are political in nature, and many decisions, especially evaluative ones, may be heavily influenced by their probable political consequences. A manager, exercising professional judgment, may be less interested in providing an accurate appraisal than in motivating or otherwise influencing the behaviour of subordinates. Inter-personal dynamics are often more important to a harmonious and efficient workplace than an accurate appraisal for a particular subordinate. In addition, managers may shy away from having candidly accurate evaluations filed in an employee's permanent personnel folder. Such statement may adversely affect an employee's motivation, commitment, and possibly entire career. These realities make it possible that no organization, however hard it tries, will be able to eliminate political behaviour from the appraisal process. Such appreciation notwithstanding, the appraisal process should not be dismissed as merely as another example of organizational politics. It is important to realize that performance appraisals will probably always reflect an element of managerial discretion and that such discretion is not necessarily bad.

13 HUMAN RESOURCES AND ORGANIZATIONAL DEVELOPMENT

Many managers and even CEOs use the words HRD and HRM synonymously. It is downright erroneous to speak of HRD as being a subject specialization. It is a sub-specialization within a larger specialization — HRM. It cannot and should not be seen in isolation from IR, HRA, HRP and HRIS. T.V. Rao the doyen of HRD in India states.

Human Resources Development is a continuous process to ensure the development of employee competencies, dynamism, motivation and effectiveness in a systematic and planned manner.

Hence the process of training is subsumed within the process of HRD. Training is an integral part of HRD and cannot be confused with HRD itself as many software companies in Mumbai tend to do. In short, do not mistake the part for the whole.

HRD has multiple goals viz:

- Employees require multiple competencies to perform effectively and efficiently. The dynamic nature of change requires that these competencies are also changing with the times. As the nature of jobs develops the nature of competencies change and HRD must ensure that the two are in sync.
- Persons have to be prepared for performing roles, jobs, tasks, and functions in the future as the employee progresses up the hierarchical ladder. This means that the potential development of the employee to meet future needs is addressed.
- To identify competency gaps of employees to perform their present tasks, roles and functions and organize programs to bridge these gaps through development.
- Motivation is the key aim of HRM since unless there is a fire the proverbial belly all influences will come to naught. But let it be clear that self-motivation is the hallmark of an achiever.
- Build relationships between various individuals, teams, and groups so that when the individual tries to satisfy his personal goal, the organizational goals are also met. This

goal-synergy is a must for the success of any intervention. Hence team building, teamwork, and climate development arise out of HRD intervention.

There are many instruments, which facilitate HRD. These instruments are nothing but methods, sub-systems, techniques, and aids. An ideal intervention uses many instruments simultaneously. The success of the instrument depends on:

- The accuracy of the diagnosis
- The choice of the technique
- The art of implementation

The most frequently used instruments are:

1. Role analysis and development exercises.
2. Performance planning.
3. Performance analysis and review.
4. Performance counselling and inter-personal feedback.
5. Induction training.
6. Training.
7. Job rotation
8. Potential appraisal and development
9. Career planning and development
10. Self-renewal and institution building exercises.
11. Stress audit and stress management
12. Organizational development exercises.
13. Personal growth laboratories and worker education programs.
14. Quality circles.
15. Task forces
16. Weekly and monthly meetings
17. Managerial learning networks

A performance appraisal is like a rear view mirror of a car that is important to drive safely. However, if the driver were to constantly gaze at the mirror he will surely bang into a lamppost or run off the road. This is true of HRD too. Performance appraisals must be supplemented by potential appraisals if the HRD intervention is to bear fruit.

Performance Appraisals and their importance to the HRD Specialist

The performance appraisal system is a scientific system of eliciting feedback, benchmarking it, communicating it to the employee concerned with a view to bring about development. Each step in the performance appraisal process is therefore crucial and must be arranged logically. This is of crucial importance to the success of the HRD intervention. Two of the widely accepted definitions of performance appraisal, we have already examined.

We agreed that in general one could say that performance appraisal is a systematic, periodic and so far as humanly possible, an impartial rating of an employee's excellence in matters pertaining to his present job and his potential for a future job in the organization.

The purpose of performance appraisals has already been dealt with. Now we shall examine MBO and assessment centres at some greater length. These are vital for HRD interventions.

(i) MANAGEMENT BY OBJECTIVES

Participative management is actualized through MBO in such a way that the organization stands to benefit in overall terms and the managers have a definite direction in which to proceed. It is a very popular individualized method of evaluating the performance of managers and professionals. The process of MBO *management by objectives* involves three steps:

1. The employee meets with his or her superior and agrees on a set of goals to achieve during a specified period of time. Goals should be quantifiable and should include an agreed-on target.
2. Throughout this period, progress toward the goals is monitored, though the employee is left generally free to determine how to go about meeting them.
3. At the end of the period, the employee and superior again meet to evaluate whether the goals were achieved and to decide together on a new set of goals.

Advantages:

1. Result-oriented goals replace the difficult-to-observe, subjective traits.
2. MBO can encourage innovation and creativity, since employees are free to determine how they will meet their goals.
3. It also leads to performance improvement, particularly if goals are specific, moderately difficult, and accepted by the employees.

Disadvantages:

1. Lack of management support.
2. Inadequate training of managers in how to use MBO.
3. Easy goals.
4. Setting unrealistically difficult goals.
5. Lack of flexibility in setting goal for different units.
6. Not altering goals to meet changes in circumstances.
7. Pseudo-participation.
8. Over emphasising goal attainment.
9. Excessive paperwork.

(ii) ASSESSMENT CENTRES

The Assessment Centre is a concept that stands for a set of tools and devices meant to appraise the worth of an employee for the purpose of either making a selection or for acting as a guide to career planning and manpower development.

The assessment centre concept for examining and identifying personnel with potential for managerial success began with the German Military in World War II. It spread to Great

Britain in the form of a War Office Selection Board, moved to the United States in selecting agents for the office of strategic services, and was finally introduced to American Business by the American Telephone and Telegraph Corporation in the mid 1950s. It was estimated that in 1972 there were approximately a dozen large business firms operating executive assessment centres. Predictions now vary from 2,000 to 4,000 companies being involved with this type of activity.

The two basic purposes of an assessment centres are:

(*a*) to make selection and promotion decisions, and

(*b*) to identify strengths and weaknesses of candidates for development purposes.

The Third International Congress on the assessment centre method set forth certain minimum requirements before a selection procedure could be termed assessment centre. Among these requirements are (*a*) multiple assessment techniques; (*b*) multiple assessors; (*c*) judgements made must be based on pooling information among assessors; (*d*) an overall evaluation of behaviour must be made at a time separate from the observation of behaviour, and (*e*) simulation exercises.

WHAT ARE ASSESSMENT AND DEVELOPMENT CENTRES?

Assessment and Development Centres are now in frequent use with a range of leading organizations in the UK and overseas. These organizations have consistently found that Assessment and Development Centres are one of the best means yet of accurately revealing their managers' strengths and development needs and of identifying appointments for key roles.

Assessment and Development Centres are events attended by several participants, usually of at least 1-day's duration, although this can vary. Participants engage in a range of exercises and activities - many of these exercises and activities have a high degree of work-relevant content (e.g. developing strategies and plans; conducting a 'meeting' with an important client). Psychometric tests of personality and ability are often included although they are not an essential element.

Participants are carefully observed and evaluated by managers from the organization who have been trained in advanced assessment techniques. More than one 'assessor', so balancing out individual bias in the assessment decision, evaluates each participant.

OUTCOMES AND BENEFITS

- Highly accurate assessment decisions result — the 'assessment centre' is currently the strongest predictor of future job performance.
- Managers feel that they have built a very full picture of each participant's abilities and therefore make very confident decisions.
- Participants feel that they have been fairly assessed and judged.
- When used as part of a recruitment process, candidates typically give very positive feedback — the process sends out favourable messages about the organization's professionalism.
- When used as a development activity, centres provide participants with valuable insight into their strengths and acceptance of the development areas they need to work on.

A TYPICAL MANAGERIAL ASSESSMENT CENTRE SCHEDULE

DAY 1: Orientation of dozen candidates

Break-up into groups of four to play management games (observe and assess organizing ability, financial acumen, and quickness of thinking, efficiency under stress, adaptability, and leadership).

Psychological testing (measure and assess verbal and numerical abilities, reasoning, interests, and attitudes) and/or depth interview (assess motivation).

Leaderless group discussion (observes and assesses aggressiveness, persuasiveness, expository skill, energy, flexibility, self-confidence).

DAY 2: In-basket exercise (observe and assess decision-making under stress, organizing ability, memory, and ability to interrelate events, preparation for decision-making, ability to delegate, concern for others).

Role playing of employment of performance appraisal interview (observes and assesses sensitivity to others, ability to probe for information, insight, and empathy).

Group roles in preparation of a budget (observe and assess collaboration abilities, financial acumen, expository skill, leadership, drive).

DAY 3: Individual case analysis (observe expository skill, awareness of problems, background of information possessed for problems, typically involving marketing, personnel, accounting operations and financial elements).

Obtain peer-ratings from all candidates.

Staff assessors meet to discuss and rate all candidates.

2. WEEKS LATER: Manager with assessor experience meets with each candidate to discuss assessment with counselling concerning career guides and areas to develop.

CHARACTERISTICS OF ASSESSMENT CENTRES ACTIVITIES

Four characteristics seem to contribute most significantly to the theme of these assessment activities, as inspired by the initial AT & T effort;

ASSESSMENT IN GROUPS: The assessment centre approach is distinguished from most previous managerial assessment approaches by the nearly universal practice of operating with fixed-sized groups of assesses. A typical is the choice of 12. Group assessment also permits the use of peer evaluations.

ASSESSMENT BY GROUPS: The use of several assessors and the roles these assessors play also set assessment centres apart from approaches to managerial assessment done previously. Although the qualifications and backgrounds of the assessors vary from program to program, the use of a team of evaluators is universal. Again, this practice is most strongly inspired, perhaps; by the commitment to use group situational exercises.

MULTIPLE METHODS: The use of several testing and assessment techniques is characteristics of most assessment centres though the use of multiple methods of assessment is not, of course, unique, a point elaborated by Taft (1959), there are several tests conducted, some of them are:

OBJECTIVE TESTS: Instruments in which scores or weights have been pre assigned to discrete answers, usually presented in multiple choice format. These tests may measure mental abilities, knowledge, skills, attitudes, interests, values, or personality characteristics. These may be timed or untimed. They lend themselves readily to quantitative analysis and verification.

PROJECTIVE TESTS: Instruments to which responses are provided to ambiguous or loosely structured or defined stimuli. Specially trained and experienced professionals make interpretation of the responses. In assessment centres, when used at all, the most common techniques have been the Thematic Appreciation test and a form of sentence completion test.

INTERVIEWING: Interviewing can be attempted by anyone from well trained professionals to untrained laymen. It can vary in structure, standardization of interpretation, and in the mood or climate in which it is conducted.

SITUATIONAL EXERCISES: Such activities more or less standardizes exposures of one or more assessors under conditions and performing tasks believed to stimulate work exposures or at least to elicit performance that generalizes to the work environment. Examples of those used in assessment centres are the In basket. Here the trainee is given a number of issues in a basket, which he has to prioritize and decide upon thereafter.

The key to HRD intervention is to satisfy the internal customer (employee) sufficiently so that he/she produces optimally and meets organizational objectives in the process in such a way that the output (product or service) is able to satisfy the external customer. When a person comes to buy your product or service he/she is your external customer. When he/she is so satisfied that he/she comes again, the customer becomes a client. Marketing management increasingly depends on HRD to help the sales team convert customers into clients. However, there is a sufficient body of work on Motivation Theory itself which the student of HRM must be aware of. Here is a summary of the main trends of thought.

MOTIVATION THEORY

Motivation is a basic process which begins with the physiological and psychological deficiency or need that activates a behaviour or drive aimed at achieving a goal or realizing an incentive. The key to understanding this phenomenon lies in the meaning of and the relationship between needs, drives, and incentives. Management is concerned with motivation so that with the help of right policies efficiency and effectiveness can be raised at individual, group and organizational levels. The following are the usually cited theories of motivation.

MASLOW'S NEED THEORY: Abraham Maslow has outlined, in a classic paper, the elements of an overall theory of motivation. He identified five levels of need hierarchy and the realization of the higher need is contingent upon the satisfactory realization of the lower need. The lowest order of needs is the *Physiological* needs (food, shelter, and clothing). Then come the *Safety* needs (emotional and physical security). Next come the *Love* needs (belongingness and social acceptance). Then come *Esteem* needs (power, achievement, and status). Last of all come *Self-actualization* needs (self-fulfilment and the ability to transform perception into reality). As an individual moves up the ladder the level of needs that are to be satisfied to keep him motivated are raised to the higher order. Maslow showed how management policy should address various levels of worker needs. Maslow's need hierarchy was popularized by Douglas McGregor through his Theory X (management by carrot and stick) and Theory

Y (management through social integration). Traditional management preferred Theory X while modern management preferred Theory Y. Both theory X and Y are derived from Maslow's need hierarchy as is William Ouchi's Theory Z.

HERZBERG'S TWO FACTOR THEORY: Frederick Herzberg conducting research on professionals in Pennsylvania as two questions. (1) When do you feel particularly good about your job i.e. what turns you on? (2) When do you feel exceptionally bad about your job i.e. what turns you off? Tabulating these responses, Herzberg found that job satisfiers related to *job content* and he called these the *motivators.* Those factors, which were job dissatisfiers, related to *job context* and he called these the *hygiene factors.* Motivators included the Work Itself, Recognition, Responsibility, and Achievement. Hygiene factors included Salary, Company policy, Supervisory Style, Work Conditions, and Future Prcspects. Herzberg tried to show how management policy can prevent worker dissatisfaction and thereby increase efficiency.

ALDERFER'S ERG THEORY: Clayton Alderfer formulated a need category model of motivation. He identified three groups of core needs existence, relatedness, and growth. Hence, it is known by the name ERG. Maslow stressed upon hierarchy of needs while Alderfer stressed on a continuum of needs. The three needs are *Existence* (physiological well being), *Relatedness* (inter-personal and social relationships) and *Growth* (desire of the individual to make progress), which management should address in a continuum.

VROOM'S EXPECTANCY THEORY: Victor Vroom presented the VIE model or the valence, instrumentality and expectancy. *Valence* is the strength of an individual's preference of a particular outcome. If he is wishing to attain an outcome the valence is positive, if he is indifferent then valence is zero and if he prefers to not attain the outcome it is negative. *Instrumentality* is the reason for a person to have a positive valence e.g. the need for promotion or higher income. *Expectancy* refers to the probability of an eventual benefit if the immediate action is taken and benefit derived from it. It is the degree to which a second level output will be converted to a first level output. Vroom refers to contingent variables, which reflect individual differences in work motivation. The same stimulus can produce varied responses just as varied individuals need varied stimuli. Hence management cannot have a uniform method of dealing with all workmen although a corporate policy is surely needed. After all, treating unequals as equals is perhaps the greatest inequity.

PORTER AND LAWLER'S MSP THEORY: The two authors begin with a premise that motivation (effort or force) does not equal satisfaction or performance. *Motivation, Satisfaction,* and *Performance* are separate variables and relate in different ways from what was traditionally assumed. Abilities, Traits, and Role Perceptions are instrumental in converting effort into outcomes. They say that the relationship between performance and satisfaction is based largely on *reward* and *recognition.* They point out that the greatest motivators are compensation packages and recognition schemes. This is what management must concentrate upon.

McCLELLAND'S THEORY: David McClelland states that power is the greatest motivator and stresses the need to delegate, empower and hold subordinates accountable for decision making and decision executing. He calls the individual's need for power as the *n-pow* variable. He distinguishes between social power and personal power. To motivate a manager he must be given both. Personal power comes from empowerment, delegation, and span of control. Social power comes from his designation and status in the organization, which is a part of the overall society.

David McClelland is most noted for describing three types of motivational need, which he identified in his 1961 book, *The Achieving Society:* (*i*) achievement motivation (n-ach) (*ii*) authority/power motivation (n-pow), and (*iii*) affiliation motivation (n-affil).

These needs are found to varying degrees in all workers and managers, and this mix of motivational needs characterizes a person's or manager's style and behaviour, both in terms of being motivated and in the management and motivation others. (*a*) *the need for achievement (n-ach).* The n-ach person is 'achievement motivated' and therefore seeks achievement, attainment of realistic but challenging goals, and advancement in the job. There is a strong need for feedback as to achievement and progress, and a need for a sense of accomplishment. (*b*) *the need for authority and power (n-pow):* The n-pow person is 'authority motivated'. This driver produces a need to be influential, effective and to make an impact. There is a strong need to lead and for their ideas to prevail. There is also motivation and need towards increasing personal status and prestige. (*c*) *the need for affiliation (n-affil).* The n-affil person is 'affiliation motivated', and has a need for friendly relationships and is motivated towards interaction with other people. The affiliation driver produces motivation and need to be liked and held in popular regard. These people are team players.

Knowledge of basic motivation theories is crucial for the HRD expert. Recent research shows that the greatest motivation comes from within and HRD can assist this by addressing the belongingness need of the employee. ESOPS is just a sop without the belongingness need!

Having given the various views above, it is germane to pose the question: how does a Major in the hazardous regions of the Siachen glacier motivate his men to die for the country when he can neither reward them with money or any other promotion besides field promotion? It is our opinion that the above theories at best show how persons are motivated *ex post facto* or can be motivated in future. But they do not motivate *an sich* (of themselves) or *fur sich* (for themselves). Real motivation comes from within one's self and here the concept of "fire in the belly" becomes important.

QUALITIES AND COMPETENCY REQUIREMENTS OF HRD MANAGERS

Before we go down to specifics, there are three essential traits or qualities that the HRD specialist must possess: (1) He must have a vision and must be able to strategize. (2) He must have certain core values and ethics. (3) He must be able and prepared to stand up and be counted.

In addition these are the essential competencies that the HRD specialist must possess. He or she must be:

1. A positive person with a positive attitude towards people in general. That means good listening, being optimistic, having faith in others and approaching issues with an open mind.
2. Have a high desire to learn. Someone who thinks he has all the answers is an inveterate bore and an incompetent fool or both. He thus cuts off all feedback.
3. Have a genuine interest in people. The surest way to go up the ladder is to create your own replacement and this comes from competence and confidence. This comes if one is genuinely interested in helping people to grow.

4. Have the willingness to sacrifice personal goals for larger organizational goals. This means having a *high extension motivation*.
5. Willing to take risks, be proactive and take initiatives. A ship that fears going out to sea tends to rot on the shore and not fulfil the task it was built for!
6. Able to persevere and have patience. He must not mistake stability for inertia and embrace the latter. There must be an innate restlessness to make things happen.
7. A communication expert. This does not mean having an Oxbridge accent but being able to listen, understand, and carry one's views across with conviction. If he/she cannot communicate all his other skills will fall by the wayside. Hence all managers must be good communicators. If you are intelligent but cannot communicate do not take a managerial position but sit a cubbyhole doing fundamental research all by yourself. An HRD man who cannot communicate is dead weight.
8. Have a degree of self-respect and self-confidence, which will enable him/her to be objective in approach and professional in conduct. One who does not respect others cannot have respect for him!
9. Lead by example and lead from the front. This means walking your talk and putting your money where your moth is. This requires discipline and self-sacrifice.

T.V. Rao rightly calls him *a missionary* i.e. one who has a clear mission and is committed to it. One cannot be a perfect HRM specialist without being a specialist in HRD. This function assumes even more importance in the knowledge-based industries in this new age of the intellect.

14 TRAINING AND DEVELOPMENT

The world is changing at a very fast pace. Just to survive people will be forced to keep looking for new ideas and methods, at the individual level as well as the organization level. The organizations will have to use creativity thinking processes to cut down the costs and provide products and services with a competitive edge. People like living in a predictable world, which they can understand and predict. Creativity comes as a disrupting factor in an otherwise controlled world. For many it may be a threatening experience, which they prefer to block. Creative people are highly enthusiastic and strong willed. That notwithstanding managements often takes decisions that are not conducive to promoting creativity. The most common blocks are: (*a*) the fear of making a mistake or making a fool of oneself, (*b*) difficulty in changing a mind set, (*c*) needing quick success, (*d*) fear of superiors distrust, and (*e*) refusal to take detour in reaching the desired goal. This is something the HRD expert must address through creative culture building before undertaking a prolonged training intervention.

To overcome these blocks the HRD expert needs to (*i*) recognize that people at times fail. We grow only through learning from our failures, (*ii*) learn to expect criticism of your ideas and keep an open mind, (*iii*) whenever someone else suggests an idea never reject it outright, (*iv*) not to be afraid to break away from tradition, it the risks are relatively low and the outcome is likely to lead to a solution to an important problem, (*v*) never be afraid to ask "Why"? or "Why Not"? (*vi*) always think positively and above all, and (*vii*) be committed to overcome obstacles.

Usual factors that stymie (kill) creativity are (1) penalizing risk-taking, (2) ridiculing new ideas, (3) non-recognition of person and effort, and (4) not providing resources. This means a change in mindset that must precede action on the training front. In short, the HRD expert must be a change he/she wants to see. Once this is taken care of training interventions may commence.

As was seen earlier, HRM develops through a series of stages which are: (*a*) Industrial Revolution, (*b*) Rise of labour consciousness. (*c*) Expanding social awareness (*d*) Advent of the First World War. (*e*) The Great October Revolution. (*f*) The Birth and Death of the League of Nations. (*g*) The Second World War.

Similarly, the growth of HRM after the Second World War as a profession fell into the hands of (*i*) labour officers, (*ii*) labour welfare officers, (*iii*) personnel officers/establishment officers; (*iv*) The advent of skills Training, (*v*) the growth of behavioural training, (*vi*) The era of HR strategy, and finally (*vii*) the emergence of Strategic HR.

As a sub-specialization of HRM, human resources development or HRD is an activity designed to improve the performance of existing workers and managers, provide a supply of managers to meet the need of organizations in future. Expertise to prepare for the future will come from three main sources: (*a*) Knowledge, skills, and teaching abilities taken from academia. (*b*) Experience, expertise, and resources provided by the organization. (*c*) The individual employee himself/herself So we could say that HRD was concerned with the (*i*) overall improvement in the skill, attitude, and behaviour of the employee, and (*ii*) creating systems and processes that will aid the increase of both production and productivity while keeping morale and motivation high.

Overall objectives of HRD programmes and initiatives can be stated thus.

1. To improve performance of employees currently in employment with the organization. (quantity and quality of output).
2. To provide "adequate cover" in the event of short run and sudden demands of manpower. (Production does not suffer.)
3. To raise the general level of consciousness (thinking, understanding, feeling, and envisioning) across all levels of manpower.
4. To provide the manpower and people-centred systems to assist long-term organizational growth.
5. To extend the "frontiers of knowledge" about the work, the organization, and the general socio-economic environment.

The next issue is **why do organizations need HRD**? Some of the important reasons are

- Rapid technological developments call for new skills.
- Market competition calls for manpower to give its best and improve on that effort.
- Managerial consciousness has to be sensitized to the needs and aspirations of employees.
- The "vital few" have to be improved upon but the "trivial many" also need to be brought up.
- A degree/diploma only give basic career competencies which need to be sharpened to become a competitive advantage.
- Errors in selection can be rectified without losing an employee.
- A general work environment conducive to learning has to be created.

At managerial levels each job calls for:

Background knowledge: Of the subject specialization and the work environment. E.g. Organizational needs and employee capabilities.

Knowledge of application: How this knowledge theory converts into practice. E.g. Target setting and motivating employees to improve.

Instruments of application: The tools that will aid conversion from theory to practice to take place. E.g. Use of assessment centres.

Techniques of application: The method of converting theory to practice. E.g. Training, follow-up, and feedback.

Hence it follows that: HRD develops (*a*) Skills: conceptual and people management. (*b*) Attitudes: progressive, helpful, and positive; (c) Behaviour: motivating, nurturing, and leading.

On an ongoing basis it becomes the duty of HRD to identify job requirements and address them through training and facilitation.

However, it would be erroneous to say that HRD is a stand along activity in people management. Indeed it is linked with other sub-specializations as demonstrated in Table below.

Sub-Specialization	***What HRD Gets***	***What HRD gives***
HRP	Demand for the quality and quantity of manpower over a time scale. A long run view of the organization.	The quantity and quality of manpower prepared through training keeping a long run view in mind.
HRA	The past record of employee performance. The potential of the employee for progress.	Can the past performance and latent potential be converted into reality? How to create an efficient workforce through training.
HRI S	How many people at what levels will leave and when. How is this calculated?	Provide adequately trained manpower to meet demand on time. Advise on whether such employees can be recruited from outside.
IR	Will employees agree to accept HRD initiatives? Does management and union support HRD initiatives.	Make sure that training is rewarded. Provide a fair incentive system so that the employee wants to improve.

The following are the tools available to the HRD expert for people development: (*a*) Data from Performance Appraisals. (*b*) Data from Counselling and Potential Reviews. (*c*) Job rotation, (*d*) Organizational Development Activities. (*e*) Training. (*f*) Periodic meetings, feedback, and improvement of processes and systems. (*g*) Implicit and explicit support from both the Top Management and the Trade Union. (*h*) Feedback from exit interviews.

Traditional View	*Modern View*
Training is transformed into action immediately.	Skills are acquired through training and practice but it must be supported by motivation so as to lead to action.
Learning is a simple function of the capacity of learner to imbibe and ability of trainer to teach.	Training is a complex function wherein motivation and organizational climate plus managerial behaviour also matter.
Individual action leads to improvement on the job performance.	Norms of workgroup and organizational climate matter since unused individual learning leads to frustration.
The responsibility of HRD begins and ends with the Training programmes	HRD has the responsibility overall, but training is the joint responsibility of: (*a*) The organization (*b*) The participant (*c*) The trainer and his team.

The issue then raised is: does top management view training as an HRD initiative? For which two prominent views arise as given below:

The old and conservative view still held by a number of managements especially in the SME sector is as follows. (*a*) Why should management spend on training when the employee may quit after he has been trained? (*b*) The employee should pay for the training either through contribution, sacrifice or by signing a bond.

The more progressive companies view that (*i*) Modern management should spend on training irrespective of who will quit. (*ii*) It is better to have some trained employees who will stay on than to have none of the employees trained. (*iii*) When a trained employee leaves he takes with him gratitude and that in the end enhances organization's brand image.

Then we arrive at the question of what should top management realistically expect from HRD. There is a great deal of fuzziness on this issue and so the following pointers should help:

- To build and efficient and effective work force.
- To foster a spirit of trust, transparency, and teamwork.
- To create a learning and sharing work culture.
- To create an environment and a workforce such that organizational objectives are met.
- To assist employees to enhance their self-worth and self-esteem.

In this regard, HRD expert has to remember the following:

- Training is the most "visible" of HRD initiatives.
- Training is "one of" the HRD initiatives.
- Transparent reward and recognition for performance aids training processes.
- Training should be goal-directed, bench-marked, and evaluated to be effective.
- Training budgets are high in progressive minded organizations.

- Training budgets do not vary greatly with market ups and downs in a progressive minded organization.

Besides training employees at all levels for enhancing their skill, attitudes, and behaviours, the main objective of HR department is to create a learning environment and a developmental climate. For this to happen, top management support and line management's active cooperation is necessary. For this we need a learning climate which needs the following basics:

- Employees enjoy work.
- Desire to make things happen.
- System is open to new ideas.
- Managers walk their talk.
- There exists a climate of trust.
- Decision making is fair and transparent.
- Team work and camaraderie thrive.
- Experimentation is encouraged.
- Bona fide errors are acceptable.
- Mistakes are seen as learning opportunities.
- Accountability of HRD is public.

However, these should be explicit and clarified through management policies and practices routinely. They cannot be implied or assumed. Thus, a modern organization requires a learning culture is no longer debatable but the HR expert must ensure that the following to implement:

1. Develop a clear and realistic HR philosophy and ensure that top management openly and consistently supports it.
2. Inspire line managers to develop a desire for learning and growth.
3. Constantly enhance HRD plans, systems, and policies.
4. Ensure that goals of the HRD department are in sync with goals of other departments.
5. Monitor effective implementation of HRD policies and plans.
6. Work in harmony with all HRM sub-functions like HRA, HRP, HRIS, and IR to project a comprehensive HR initiative.
7. Enjoy the confidence and support of the employee collectivity.
8. Keep communication flows open.
9. Have a scientific temper so that climate surveys, styles audit and the imparted. learning is reinforced periodically.
10. The HRD head should be a good leader, communicator, as well as loyal and professional in his conduct so that respect is earned.

We know that Training and Development are not synonymous terms.

Training is a process of learning through a sequence of planned and programmed behaviour. It tries to improve present job performance and prepare employees for future or intended performance. It is therefore a short-term process, an activity-based concept, wherein skills are learned, unlearned, or relearned. The aim is to enhance individual effectiveness on the job and it involves practical application of programmed knowledge.

Development is a wider term than training that has job specific as well as culture-specific improvement methods. Therefore, it involves personality development, is essentially a thought- based concept, involves a long run intervention and relates individuals to the organization in terms of goals, skills, attitudes, behaviours, and values. In a way, therefore training is a part of development.

Training Need Assessment: Before undertaking training programmes, organization should make a thorough assessment about the actual need of undertaking training programmes. Training need assessment would lead to training need analysis. Three types of analyses are used to ascertain training needs viz. (*a*) Organizational Analysis. (*b*) Job Analysis, and (*c*) Person Analysis.

Organizational Analysis answers the question **where** the training emphasis should be placed in organization. The six types of data required are Organizational goals, Personnel Inventories, Climate Index, Job Satisfaction Index, Efficiency Index, and Allocation of training Budget.

Job Analysis tries to answer **what** should be taught so that the job can be efficiently performed. Knowledge, Abilities, Skills, and Other Characteristics or KASOCs *a la* Dressler are effectively addressed in the training programmes. The six types of data required are job descriptions, job specifications, performance standards, and review of literature on the job, work sampling, and analysis of operating problems.

KASOCS are better known as KSA, Knowledge, Skills & Abilities KSAs are narrative statements that must accompany Federal resumes when applying to Jobs with Uncle Sam. KSA answers are a very important in the hiring process as they must showcase how your personal attributes and qualifications perfectly fit the job requirements. KSAs shouldn't be underestimated by candidates as they are used by Federal hiring managers to identify the best qualified candidate for the position.

To put it plainly, KSAs are essays that focus on showcasing your strength in a specific area and are structured in four specific parts: (*a*) Challenge, (*b*) Conflict, (*c*) Action, and (*d*) Result.

The HR expert must list clearly which knowledge, skills, abilities, and other characteristics are required in the job announcement, which will include not only how many points — or questions answered — are required but also what they should be about. Students must not be confused by acronyms. KASOCS, KSAOs and KSAs are the same thing. KSAO stands for knowledge, skills, abilities, and other characteristics. Other characteristics refer to mental and physical characteristics that cannot be categorized as knowledge, skills, or abilities but are relevant to the job or training programme one is applying to.

Person Analysis tries to answer **who** needs training in what areas and in what depth. Altered skills, attitudes, behaviours, and values can be focused upon in the training programmes. The six types of data required are performance appraisal data, interviews, questionnaires, attitude surveys, tests (KASOCs), and assessment centers.

Only after the compilation of the three analyses, objectives for the training programmes can be derived. However, some further explanation is in order to facilitate understanding.

Techniques: The use of assessment instruments for which understandable and comprehensive documentation is available is always recommended. Assessment techniques include:

- direct observation
- questionnaires
- consultation with persons in key positions, and/or with specific knowledge
- review of relevant literature
- interviews
- focus groups
- tests
- records and report studies
- work samples

5. Checklist for Training Needs Analysis: It is helpful to have an organized method for choosing the right test for your needs. A checklist can help you in this process. Your checklist should summarize the kinds of information discussed above. For example, is the test valid for your intended purpose? Is it reliable and fair? Is it cost-effective? Is the instrument likely to be viewed as fair and valid by the test takers? Also consider the ease or difficulty of administration, scoring, and interpretation given available resources. A sample checklist that you may find useful appears on the following page. Completing a checklist for each test you are considering will assist you in comparing them more easily.

Kurt Lewin (1898–1947) is widely recognized as the father of OD, although he died in the mid-1950s before the concept became current. From Lewin came the ideas of group dynamics, and action research which underpin the basic OD process as well as providing its collaborative consultant/client ethos. Institutionally, Lewin founded the "Research Centre for Group Dynamics" at MIT, which moved to Michigan after his death. RCGD colleagues were among those who founded the National Training Laboratories (NTL), from which the T-group and group-based OD emerged. In the UK, the Tavistock Institute of Human Relations was important in developing systems theories. The joint TIHR journal Human Relations was an early journal in the field. The Journal of Applied Behavioural Sciences is now the leading journal in the field.

The term "Organization Development" is often used interchangeably with Organizational effectiveness, especially when used as the name of a department within an organization. Organization development is a growing field that is responsive to many new approaches including Positive Adult Development. The core of OD is the concept of organization, defined as two or more people working together toward one or more shared goal(s). Development in this context is the notion that an organization may become more effective over time at achieving its goals.

OD is a long range effort to improve organization's problem solving and renewal processes, particularly through more effective and collaborative management of organizational culture, often with the assistance of a change agent or catalyst and the use of the theory and technology of applied behavioural science. Although behavioural science has provided the basic foundation for the study and practice of organizational development, new and emerging fields of study have made their presence known. Experts in systems thinking, leadership studies, organizational leadership, and organizational learning (to name a few) whose perspective is not steeped in just the behavioural sciences, but a much more multi-disciplinary and inter-disciplinary approach have emerged as OD catalysts. These emergent expert perspectives see the organization as the holistic interplay of a number of systems that impact the process and outputs of the entire organization. More importantly, the term change agent or catalyst is synonymous with the notion of a leader who is engaged in doing leadership, a transformative or effectiveness process as opposed to management, a more incremental or efficiency-based change methodology.

Organization development is a "*contractual relationship* between a *change agent* and a *sponsoring organization* entered into for the purpose of *using applied behavioural science and or other organizational change perspectives* in a *systems context* to *improve organizational performance* and the *capacity of the organization to improve itself*".

Organization development is an ongoing, systematic process to implement effective change in an organization. Organization development is known as both a field of applied behavioural science focused on understanding and managing organizational change and as a field of scientific study and inquiry. It is interdisciplinary in nature and draws on sociology, psychology, and theories of motivation, learning, and personality.

Contractual relationship: Although neither the sponsoring organization nor the change agent can be sure at the outset of the exact nature of the problem or problems to be dealt with or how long the change agents' help will be needed, it is essential that some tentative agreement on these matters be reached. The sponsoring organization needs to know generally what the change agent's preliminary plan is what its own commitments are in relation to personal commitments and responsibility for the programme, and what the change agent's fee will be. The change agent must assure himself that the organizations, and particularly the top executives', commitment to change is strong enough to support the kind of self-analysis and personal involvement requisite to success of the program. Recognizing the uncertainties lying ahead on both sides, a termination agreement permitting either side to withdraw at any time is usually included.

Change agent: A change agent in the sense used here is not a technical expert skilled in such functional areas as accounting, production, or finance. He is a behavioural scientist who knows how to get people in an organization involved in solving their own problems. His main strength is a comprehensive knowledge of human behaviour, supported by a number of intervention techniques (to be discussed later). The change agent can be either external or internal to the organization. An internal change agent is usually a staff person who has expertise in the behavioural sciences and in the intervention technology of OD. Beckhard reports several cases in which people have been trained in OD and have returned to their organizations to engage in successful change assignments. In the natural evolution of change mechanisms in organizations, this would seem to approach the ideal arrangement. Qualified change agents can be found on some university faculties, or they may be private consultants associated with such organizations as the National Training Laboratories Institute for Applied Behavioural Science (Washington, DC) University Associates (San Diego, California), the Human Systems Intervention graduate program in the Department of Applied Human Sciences (Concordia University, Montreal, Canada), Navitus (Pvt) Ltd (Pakistan), and similar organizations.

The change agent may be a staff or line member of the organization who is schooled in OD theory and technique. In such a case, the "contractual relationship" is an in-house agreement that should probably be explicit with respect to all of the conditions involved except the fee.

Sponsoring organization: The initiative for OD programs comes from an organization that has a problem. This means that top management or someone authorized by top management is aware that a problem exists and has decided to seek help in solving it. There is a direct analogy here to the practice of psychotherapy: The client or patient must actively seek help in finding a solution to his problems. This indicates a willingness on the part of the client organization to accept help and assures the organization that management is actively concerned.

Applied behavioural science: One of the outstanding characteristics of OD that distinguishes it from most other improvement programs is that it is based on a "helping relationship." Some believe that the change agent is not a physician to the organization's ills; that s/he does not examine the "patient," make a diagnosis, and write a prescription. Nor does s/he try to teach organizational members a new inventory of knowledge which they then transfer to the job situation. Using theory and methods drawn from such behavioural sciences as (industrial/organizational psychology, industrial sociology, communication, cultural anthropology, administrative theory, organizational behaviour, economics, and political science, the change agent's main function is to help the organization define and solve its own problems. The basic method used is known as action research. This approach, which is described in detail later, consists of a preliminary diagnosis, collecting data, feedback of the data to the client, data exploration by the client group, action planning based on the data, and taking action.

Systems context: OD deals with a total system — the organization as a whole, including its relevant environment — or with a subsystem or systems — departments or work groups — in the context of the total system. Parts of systems, for example, individuals, cliques, structures, norms, values, and products are not considered in isolation; the principle of interdependency, that is, that change in one part of a system affects the other parts, is fully recognized. Thus, OD interventions focus on the total culture and cultural processes of organizations. The focus is also on groups, since the relevant behaviour of individuals in organizations and groups is generally a product of group influences rather than personality. Improved organizational performance.

The objective of OD is to improve the organization's capacity to handle its internal and external functioning and relationships. This would include such things as improved interpersonal and group processes, more effective communication, enhanced ability to cope with organizational problems of all kinds, more effective decision processes, more appropriate leadership style, improved skill in dealing with destructive conflict, and higher levels of trust and cooperation among organizational members. These objectives stem from a value system based on an optimistic view of the nature of man — that man in a supportive environment is capable of achieving higher levels of development and accomplishment. Essential to organization development and effectiveness is the scientific method — inquiry, a rigorous search for causes, experimental testing of hypotheses, and review of results.

Organizational self-renewal: The ultimate aim of OD practitioners is to "work themselves out of a job" by leaving the client organization with a set of tools, behaviours, attitudes, and an action plan with which to monitor its own state of health and to take corrective steps toward its own renewal and development. This is consistent with the systems concept of feedback as a regulatory and corrective mechanism.

Kurt Lewin played a key role in the evolution of organization development as it is known today. As early as World War II, Lewin experimented with a collaborative change process (involving himself as consultant and a client group) based on a three-step process of planning, taking action, and measuring results. This was the forerunner of action research, an important element of OD, which will be discussed later. Lewin then participated in the beginnings of laboratory training, or T-groups, and, after his death in 1947, his close associates helped to develop survey-research methods at the University of Michigan. These procedures became important parts of OD as developments in this field continued at the National Training Laboratories and in growing numbers of universities and private consulting firms across the country.

The failure of off-site laboratory training to live up to its early promise was one of the important forces stimulating the development of OD. Laboratory training is learning from a person's "here and now" experience as a member of an ongoing training group. Such groups usually meet without a specific agenda. Their purpose is for the members to learn about themselves from their spontaneous "here and now" responses to an ambiguous hypothetical situation. Problems of leadership, structure, status, communication, and self-serving behaviour typically arise in such a group. The members have an opportunity to learn something about themselves and to practice such skills as listening, observing others, and functioning as effective group members.

As formerly practiced (and occasionally still practiced for special purposes), laboratory training was conducted in "stranger groups," or groups composed of individuals from different organizations, situations, and backgrounds. A major difficulty developed, however, in transferring knowledge gained from these "stranger labs" to the actual situation "back home". This required a transfer between two different cultures, the relatively safe and protected environment of the T-group (or training group) and the give-and-take of the organizational environment with its traditional values. This led the early pioneers in this type of learning to begin to apply it to "family groups" — that is, groups located within an organization. From this shift in the locale of the training site and the realization that culture was an important factor in influencing group members (along with some other developments in the behavioural sciences) emerged the concept of organization development.

Case history: The Cambridge Clinic found itself having difficulty with its internal working relationships. The medical director, concerned with the effect these problems could have on patient care, contacted an organizational consultant at a local university and asked him for help. A preliminary discussion among the director, the clinic administrator, and the consultant seemed to point to problems in leadership, conflict resolution, and decision processes. The consultant suggested that data be gathered so that a working diagnosis could be made. The clinic officials agreed, and tentative working arrangements were concluded.

The consultant held a series of interviews involving all members of the clinic staff, the medical director, and the administrator. Then the consultant "thematized" or summarized, the interview data to identify specific problem areas. At the beginning of a workshop about a week later, the consultant fed back to the clinic staff the data he had collected.

The staff arranged the problems in the following priorities.

Role conflicts between certain members of the medical staff were creating tensions that interfered with the necessity for cooperation in handling patients. The leadership style of the medical director resulted in his putting off decisions on important operating matters. This led to confusion and sometimes in action on the part of the medical and administrative staffs. Communication between the administrative, medical, and outreach (social worker) staffs on mutual problems tended to be avoided. Open conflicts over policies and procedures were thus held in check, but suppressed feelings clearly had a negative influence on interpersonal and intergroup behaviour.

Through the use of role analysis and other techniques suggested by the consultant, the clinic staff and the medical director were able to explore the role conflict and leadership problems and to devise effective ways of coping with them. Exercises designed to improve communication skills and a workshop session on dealing with conflict led to progress in developing more openness and trust throughout the clinic. An important result of this first workshop was the creation of an action plan that set forth specific steps to be applied to clinic problems by clinic personnel during the ensuing period. The consultant agreed to monitor these efforts and to assist in any way he could. Additional discussions and team development sessions were held with the director and the medical and administrative staffs.

A second workshop attended by the entire clinic staff took place about 2 months after the first. At the second workshop, the clinic staff continued to work together on the problems of dealing with conflict and interpersonal communication. During the last half day of the meeting, the staff developed a revised action plan covering improvement activities to be undertaken in the following weeks and months to improve the working relationships of the clinic.

A notable additional benefit of this OD program was that the clinic staff learned new ways of monitoring the clinic's performance as an organization and of coping with some of its other problems. Six months later, when the consultant did a follow-up check on the organization, the staff confirmed that interpersonal problems were now under better control and that some of the techniques learned at the two workshops associated with the OD programs were still being used.

Organizational development is a system-wide application and transfer of behavioural science knowledge to the planned development, improvement, and reinforcement of the strategies, structure, and process that lead to organization effectiveness.

Understanding organizations: The six-box model is a framework developed by the American analyst Marvin Weisbord to assess the functioning of organizations. It is a generic framework and is intended for use across a wide variety of organizations. It is based mainly on the techniques and assumptions of the field of organizational development.

His model represents a particular way of looking at organizational structure and design. It gives attention to issues such as planning, incentives and rewards, the role of support functions such as personnel, internal competitions among organizational units, standards for remuneration, partnerships, hierarchies and the delegation of authority, organizational control, accountability and performance assessment. The model also follows the basic 'systems' approach to organizational functioning including the well-known inputs and 'outputs' categories.

The **six-box model for understanding organization** is comprised of the following components (boxes):

1. **Purposes:** What 'businesses' are we in? The organization member are clear about the organization's mission and purpose and goal agreements, whether people support the organization' purpose.
2. **Structure:** How do we divide up the work? The question is whether there is an adequate fit between the purpose and the internal structure.
3. **Relationship:** How do we manage conflict (coordinate) among people? With our technologies? Between individual, between units or department that perform different tasks, and between the people and requirements of their job.
4. **Rewards:** Is there an incentive for doing all that needs doing? The consultant should

diagnose the similarities between what the organization formally reward or punished for doing.

5. **Leadership:** Is someone keeping the boxes in balance? Is to watch for blips among the other boxes and maintain balance among them
6. **Helpful mechanism**: Have we adequate coordinating technologies? Is a helpful organization that must attend to in order to survive which as planning, control, budgeting, and other information systems that help organization member accomplish.

In recent years, serious questioning has emerged about the relevance of OD to managing change in modern organizations. The need for "reinventing" the field has become a topic that even some of its "founding fathers" are discussing critically.

With this call for reinvention and change, scholars have begun to examine organizational development from an emotion-based standpoint. For example, deKlerk (2007) writes about how emotional trauma can negatively affect performance. Due to downsizing, outsourcing, mergers, restructuring, continual changes, invasions of privacy, harassment, and abuses of power, many employees experience the emotions of aggression, anxiety, apprehension, cynicism, and fear, which can lead to performance decreases. deKlerk (2007) suggests that in order to heal the trauma and increase performance, OD practitioners must acknowledge the existence of the trauma, provide a safe place for employees to discuss their feelings, symbolize the trauma and put it into perspective, and then allow for and deal with the emotional responses. One method of achieving this is by having employees draw pictures of what they feel about the situation, and then having them explain their drawings with each other. Drawing pictures is beneficial because it allows employees to express emotions they normally would not be able to put into words. Also, drawings often prompt active participation in the activity, as everyone is required to draw a picture and then discuss its meaning.

Action research: Wendell L. French and Cecil Bell define organization development (OD) at one point as "organization improvement through action research". If one idea can be said to summarize ODs underlying philosophy, it would be action research as it was conceptualized by Kurt Lewin and later elaborated and expanded on by other behavioural scientists. Concerned with social change and, more particularly, with effective, permanent social change, Lewin believed that the motivation to change was strongly related to action: If people are active in decisions affecting them, they are more likely to adopt new ways. "Rational social management", he said, "proceeds in a spiral of steps, each of which is composed of a circle of planning, action, and fact-finding about the result of action"

Lewin's description of the process of change involves three steps.

Unfreezing : Faced with a dilemma or disconfirmation, the individual or group becomes aware of a need to change.

Changing : The situation is diagnosed and new models of behaviour are explored and tested.

Refreezing : Application of new behaviour is evaluated, and if reinforcing, adopted.

Lewin summarizes the steps and processes involved in planned change through action research. Action research is depicted as a cyclical process of change. The cycle begins with a series of planning actions initiated by the client and the change agent working together. The principal elements of this stage include a preliminary diagnosis, data gathering, feedback of results, and joint action planning. In the language of systems theory, this is the input phase, in which the client system becomes aware of problems as yet unidentified, realizes it may need outside help to effect changes, and shares with the consultant the process of problem diagnosis.

The second stage of action research is the action, or transformation, phase. This stage includes actions relating to learning processes (perhaps in the form of role analysis) and to planning and executing behavioural changes in the client organization. The feedback at this stage would move via Feedback Loop A and would have the effect of altering previous planning to bring the learning activities of the client system into better alignment with change objectives. Included in this stage is action-planning activity carried out jointly by the consultant and members of the client system. Following the workshop or learning sessions, these action steps are carried out on the job as part of the transformation stage.

The third stage of action research is the output, or results, phase. This stage includes actual changes in behaviour (if any) resulting from corrective action steps taken following the second stage. Data are again gathered from the client system so that progress can be determined and necessary adjustments in learning activities can be made. Minor adjustments of this nature can be made in learning activities via Feedback Loop B. Major adjustments and revaluations would return the OD project to the first, or planning, stage for basic changes in the program. The action-research model of Lewin closely follows Lewin's repetitive cycle of planning, action, and measuring results. It also illustrates other aspects of Lewin's general model of change. As indicated in the diagram, the planning stage is a period of unfreezing, or problem awareness. The action stage is a period of changing that is, trying out new forms of behaviour in an effort to understand and cope with the system's problems. (There is inevitable overlap between the stages, since the boundaries are not clear-cut and cannot be in a continuous process.) The results stage is a period of refreezing, in which new behaviours are tried out on the job and, if successful and reinforcing, become a part of the system's repertoire of problem-solving behaviour.

Action research is problem-centred, client-centred, and action oriented. It involves the client system in a diagnostic, active-learning, problem-finding, and problem-solving process. Data are not simply returned in the form of a written report but instead are fed back in open joint sessions, and the client and the change agent collaborate in identifying and ranking specific problems, in devising methods for finding their real causes, and in developing plans for coping with them realistically and practically. Scientific method in the form of data gathering, forming hypotheses, testing hypotheses, and measuring results, although not pursued as rigorously as in the laboratory, is nevertheless an integral part of the process. Action research also sets in motion a long-range, cyclical, self-correcting mechanism for maintaining and enhancing the effectiveness of the client's system by leaving the system with practical and useful tools for self-analysis and self-renewal.

OD interventions: "Interventions" are principal learning processes in the "action" stage of organization development. Interventions are structured activities used individually or in combination by the members of a client system to improve their social or task performance. They may be introduced by a change agent as part of an improvement program, or they may be used by the client following a program to check on the state of the organization's health, or to effect necessary changes in its own behaviour. "Structured activities" mean such diverse procedures as experiential exercises, questionnaires, attitude surveys, interviews, relevant group discussions, and even lunchtime meetings between the change agent and a member of the client organization. Every action that influences an organization's improvement program in a change agent–client system relationship can be said to be an intervention.

There are many possible intervention strategies from which to choose. Several assumptions about the nature and functioning of organizations are made in the choice of a particular strategy. Beckhard lists six such assumptions:

1. The basic building blocks of an organization are groups (teams). Therefore, the basic units of change are groups, not individuals.
2. An always relevant change goal is the reduction of inappropriate competition between parts of the organization and the development of a more collaborative condition.
3. Decision making in a healthy organization is located where the information sources are, rather than in a particular role or level of hierarchy.
4. Organizations, subunits of organizations, and individuals continuously manage their affairs against goals. Controls are interim measurements, not the basis of managerial strategy.
5. One goal of a healthy organization is to develop generally open communication, mutual trust, and confidence between and across levels.
6. People support what they help create. People affected by a change must be allowed active participation and a sense of ownership in the planning and conduct of the change.

Interventions range from those designed to improve the effectiveness of individuals through those designed to deal with teams and groups, intergroup relations, and the total organization. There are interventions that focus on task issues (what people do), and those that focus on process issues (how people go about doing it). Finally, interventions may be roughly classified according to which change mechanism they tend to emphasize: for example, feedback, awareness of changing cultural norms, interaction and communication, conflict, and education through either new knowledge or skill practice.

One of the most difficult tasks confronting the change agent is to help create in the client system a safe climate for learning and change. In a favourable climate, human learning builds on itself and continues indefinitely during man's lifetime. Out of new behaviour, new dilemmas and problems emerge as the spiral continues upward to new levels. In an unfavourable climate, in contrast, learning is far less certain, and in an atmosphere of psychological threat, it often stops altogether. Unfreezing old ways can be inhibited in organizations because the climate makes employees feel that it is inappropriate to reveal true feelings, even though such revelations could be constructive. In an inhibited atmosphere, therefore, necessary feedback is not available. Also, trying out new ways may be viewed as risky because it violates established norms. Such an organization may also be constrained because of the law of systems: If one part changes, other parts will become involved. Hence, it is easier to maintain the status quo. Hierarchical authority, specialization, span of control, and other characteristics of formal systems also discourage experimentation.

The change agent must address himself to all of these hazards and obstacles. Some of the things which will help him are:

1. A real need in the client system to change.
2. Genuine support from management.
3. Setting a personal example: listening, supporting behaviour.
4. A sound background in the behavioural sciences.
5. A working knowledge of systems theory.
6. A belief in man as a rational, self-educating being fully capable of learning better ways to do things.

A few examples of interventions include team building, coaching, large group Interventions, mentoring, performance appraisal, downsizing, TQM, and leadership development

Organization Development (OD) is a unique organizational improvement strategy. The sets of structured/planned activities adopted by groups or individuals in an organization as a part of the organization development programme are known as OD techniques or OD interventions. While change programs may involve either external or internal consultants, OD interventions mostly involve external consultants.

Some OD interventions include sensitivity training, survey feedback, process consultation, team interventions and intergroup interventions, third party peacemaking interventions, and structural interventions. The most widely used structural interventions are parallel learning structures, self-managed teams, management by objectives (MBO), quality circles, total quality management (TQM), quality of work life (QWL) projects, large-scale systems change, organizational transformation, and process reengineering.

The research and practice in the field of OD has led to the emergence of new concepts and interventions. Therefore, OD is a continuously growing field. The factors that add to the strength of OD include soundness of its processes, the emphasis of OD interventions on democratic processes and on bringing about a simultaneous change in people as well as technology. Though OD seems to have a promising future, there are certain factors that have the potential to make the future of OD uncertain. These include nature of organizational leadership and the values of top management, knowledge of management about OD, the importance given by management to training employees in OD skills, interdisciplinary nature of OD, dissemination of OD techniques, and integration of techniques in the field of OD with those in other fields and the recording and maintenance of the history of OD.

The changes in global economy, technology and nature of workforce have significant implications for the future of OD. In the future, OD will become a part of organizational operations and OD skills will be acquired by employees at every level in the organization. OD processes will use advanced technology and the duration of OD interventions will be reduced. OD will focus on learning and innovation and its interdisciplinary nature will increase. As OD practitioners have to work with diverse client organizations and cross-cultural teams, they will need to develop the required competence. Prior to solving the value dilemmas of modern organizations, OD practitioners will be required to resolve the dilemma within them regarding the focus of OD interventions.

And, how these dilemmas are resolved will determine the form, nature, and content of human resource development. However, to keep a tab on what is going on, the accuracy of data and the accessibility of information we need a well-developed information system that dealt in the next chapter.

There is a clear and indelible link between training and career development. The organization has a vision, mission, goal, and role. HRD initiatives are meant to facilitate achieving these. An individual also has aims and hopes and career aspirations. HRD initiatives are also meant to take cognizance of these.

ASSUMPTIONS ABOUT ORGANIZATION AND PEOPLE

The organization has objectives.	People have aspirations.
These objectives can be achieved only through the employees.	In order to learn and use new abilities people need appropriate opportunities, resources, and conditions.
Therefore, people must know what they need to learn in order to achieve organizational goals.	Therefore, organizations must provide effective resources and conditions.

Hence on the one hand training need assessments help to develop the right person for the right job. On the other hand, training helps employees to become what they wish to be. The three main methods of imparting training are: Didactic Method, Participative Method, and Simulation Method.

The didactic method consists of lectures, seminars and programmed learning.

The participative method consists of case studies, syndicates, and sensitivity analysis.

The simulation method consists of business games, role play, in-basket exercises, and fish bowl.

In any effective training intervention, the participant is exposed to all three types of methods although only one or two tools within each type may be used. Which tool is eventually used depends on: (*a*) its assessed need by the trainer, (*b*) level of participants' knowledge and skill, (*c*) expertise of trainer and experience gained and time and cost constraints

Of course, the lecture method is the oldest tool. It can be very powerful, ensures that both the trainer and trainee are committed and is most effective when an examination is involved. However, the four points to be kept in mind are: Who is your audience? What is the purpose of your talk? What is the time available? What is the subject matter? To be successful it has three necessities viz. a good preparation and plan, a clear flow of thought, good oratory and effective backup. The four common pitfalls are poor communication, irrelevance of matter, no logical sequence and when the audience is passive. Students in B-Schools will have ample evidence of both varieties and therefore some scholars like us opine that taking attendance is irrelevant, and yet is a good feedback mechanism for the teacher. If the teacher has something worthwhile to offer students will come to class. If not, they will skip lectures.

Alternatively, trainers could opt for a panel wherein a chosen few experts discuss specific topics or opt for a Round Table where experts exchange views with a clear goal in mind. In top level B Schools like the IIMs, XLRI, XIMB, and MDI this is a common feature as it is at Gyandodaya in Navi Mumbai and Tata Management Training Centre in Pune.

In a Case Study, Scenario is presented to be analyzed for learning and the participants can be facilitated in linking theory to practice through example. (We have treated this at length in the second part of this book.)

The syndicate method means working in a small group to achieve a particular purpose. It is designed to provide an environment to help a participant to (*a*) critically reflect on his own work and experience, update his/her knowledge of new skills and concepts with the help of co-participants and learn to work in teams where members have divergent skills but convergent goals.

The simulation method involves business games that are classroom simulation exercises in which teams of individuals compete against one another or against an environment in order to achieve a given objective. These games are designed to be representative of real life condition. Under such an atmosphere is created on which the participants play a dynamic role and enrich their skills through involvement.

Another type of simulation method is the use of in-basket exercises. Typically, this is a simulation of a manager's workload on a typical day. It stresses on time management, setting priorities, and delegating duties. Negative aspect is that these exercises are individualistic and non-interactive. The positive aspect is that they are highly adaptive, focused, and reality-based learning.

The fish bowl exercise is another experiential method of training involving the active participation of trainees to enhance their learning experience. It is essentially used in providing skills in understanding human behaviour. It effectively uses group interaction to develop in the participants a degree of self-awareness. This inculcates the discipline of observing others, to learn about oneself through the eyes of others. In order for the exercise to be effective the number of participants in the group should be 24. Carefully observed, the HRD expert can characterize the participants dominant personality in terms of any of characteristics stated below.

The above notwithstanding, it must be amply clear that no HRD intervention can succeed unless top management is visibly committed to it, does not use training as a window dressing, and is prepared to walk its talk by supporting training initiatives through its reward policies. Hence the first step for the HRD manager will be to ensure that top management is on his/her side. Having done that the HRD expert must start and maintain the following initiatives so as to succeed.

(*i*) Motivational
(*ii*) Articulated
(*iii*) Realistic
(*iv*) Credible
(*v*) Objectives related
(*vi*) Novel
(*vii*) Immediate

This **MARCONI** principle gives the HRD manager *respect, reliability,* and *recognition* without which his intervention will be ineffective. But all this will come to naught unless the HRD expert possesses the following four competencies. (*i*) To organize the HR system as a whole. (*ii*) To design training programmes and develop skills within the HRD system. (*iii*) To implement policies into meaningful practices. And (*iv*) to lead from the front and even become a role model. This brings us to the professional matrix that helps to understand organizational culture and develop people within the organization.

The basic outlook of the HRD expert is crucial. The HRD manager is not likely to succeed unless he views the HRD function as a "dynamic system" and a "developing system" wherein he can alter inputs for getting desired outputs so that organizational goals are achieved. M.R. Sheikh writing in the *Indian Journal of Training and Development* Vol XXXII No 3 2002 posited the following two tables (matrices). The first table identifies the kind of employee whereas the second table tells the HR expert what to do with each type described in the first table (matrix). In doing so he shows how HRD intervention can retain the achievers and retrain or retrench the dead wood leading to an efficient lean and mean organizational structure.

TABLE (MATRIX) I

THE PROFESSIONAL MATRIX

LOYALTY to PROFESSION			
High	High Flyers (1.3)		Achievers (3.3)
		Balancers (2.2)	
Low	Dead Wood (1.1)		Loyalists (3.1)
	Low	LOYALTY to ORGANIZATION	High

TABLE (MATRIX) II

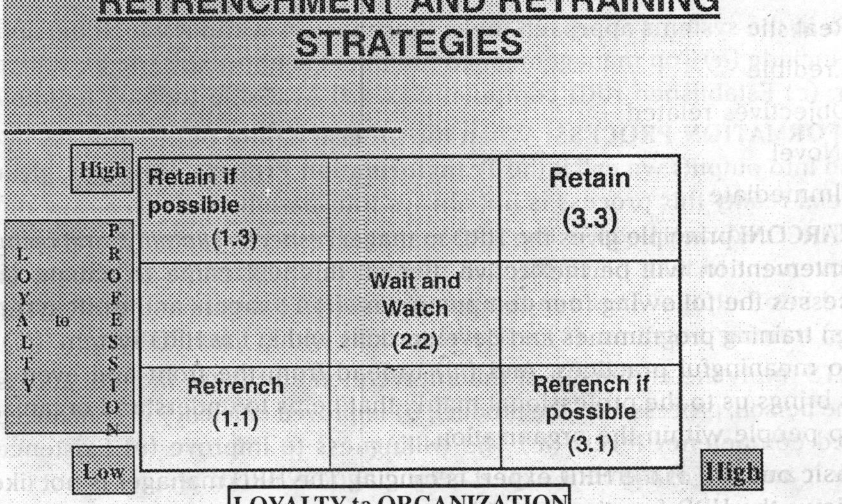

RETRENCHMENT AND RETRAINING STRATEGIES

LOYALTY to PROFESSION			
High	Retain if possible (1.3)		Retain (3.3)
		Wait and Watch (2.2)	
Low	Retrench (1.1)		Retrench if possible (3.1)
	Low	LOYALTY to ORGANIZATION	High

The costs (direct and indirect) of recruitment are indeed high and so retraining is always a better option than retrenchment. For instance, the brand value of a company takes a beating if it goes in for retrenchment and attracting future employees becomes difficult. Assuming the newer better employees are recruited this involves a cost added to which is the time lag between selection, joining, induction, and placement on the job. Even after placement the newer employee often takes time to achieve the optimum rate of output desired by the management. Adjustment to the new environment also takes time as all this affects both production and productivity leading to profits. It is only when retraining is not possible that retrenchment is resorted to. Empowerment, giving challenges and facilitating growth of high achievers as against motivation, re-skilling, and job enlargement for low achievers then becomes a part of the HRD intervention. But this intervention is not a one-off exercise but an ongoing task as an teacher of HRD would know.

Given the fact that HRD is in itself a dynamic (ongoing) system it needs to have a set of inputs; some well defined outputs, a transformation process and a feedback loop. Parsons and Smelser have spoken at length about the systems view and this has been expanded upon by John T. Dunlop in his treatment of industrial relations as well.

Hence a brief examination of a system is in order.

A SYSTEMS VIEW OF TRAINING

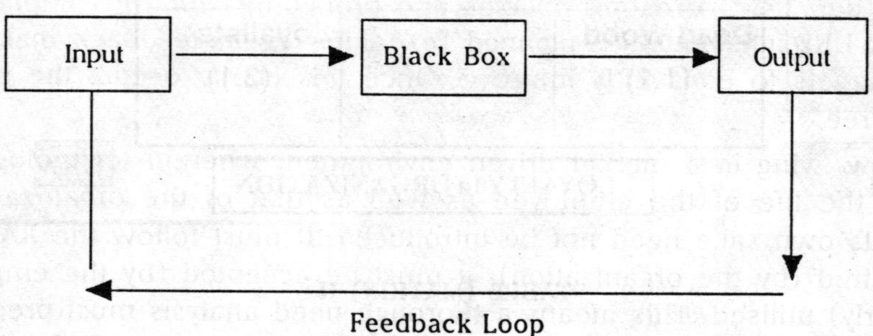

INPUTS in the systems approach mean those factors without which the approach cannot take off and include (*a*) Top management commitment support. (*b*) The existence of a learning organization. (*c*) Established HRD competencies. (*d*) Available training technology.

TRANSFORMATION PROCESS: When the precise nature of the process by which inputs get converted into outputs we call it the **Transformation Process**, However, given the mutable nature of social reality this process is not always transparent or clear. So we refer to it as the **Black Box**. The Feedback Loop is the source that allows the system to remain dynamic and allows improvement to take place through innovative and creative practices. How do inputs get converted into outputs? This needs a transformation process and principally includes the following: (*a*) training Sessions, (*b*) encouragement and (*c*) facilitation.

OUTPUTS imply the end result of the intervention and these include across the board at the level of the person, process, and the product, (*i*) Improved efficiency (*ii*) Enhanced effectiveness (*iii*) Increased competency levels (*iv*) The willingness to improve (*v*) Existence of creativity and innovation and (*vi*) Fulfilment of the belongingness need.

In other words, an HRD system implies (1) understanding the needs of the organization and the people. (2) planning the HRD intervention very carefully with an eye on detail, (3) creating policies and procedures for HRD implementation, (4) implementing the HRD intervention as planned, (5) taking regular feedback, making corrections, and re-setting targets to constantly improve.

Any system is useless unless it is accepted by the concerned stakeholders and the following seven questions need to be addressed before the utility of that system can be gauged. (*i*) Does it consider human values? (*ii*) Does it consider human emotions? (*iii*) Does it take account of aspirations? (*iv*) How does it deal with stress and conflict? (*v*) Does it help the people to develop? (*vi*) Does it encourage creativity? (*vii*) Does it reward innovation?

We opine that the HRD managers must constantly strive to ensure that both the people and the technology are regularly upgraded. People must also understand technology, apply it properly and be able to relate well to it. Unless the internal customer (employee) is motivated enough, possesses the required skills, attitudes, and behaviours he will not be able to provide the quantity and quality of products and services in a manner so as to keep the external customer (client) delighted.

The HRD expert must then clarify to all the employees (including top management) as to what an HRD system implies. Mainly it implies the following. (*a*) Understanding the needs of the organization and the people. (*b*) Planning the HRD intervention very carefully with an eye on detail. (*c*) Creating policies and procedures for HRD implementation. (*d*) Implementing the HRD intervention as planned. (*e*) Taking regular feedback, making corrections, and re-setting targets to constantly improve. Once this clarity occurs the process will be relatively hitch-free.

We are now living in a market driven environment wherein technology has a major role to play in the life of the employee as well as that of the organization. However, technology for its own sake need not be introduced. It must follow the **RAU** principle i.e. it must be required (by the organization), it must be accepted (by the employees) and it must be (properly) utilised. This means a thorough need analysis must precede its choice and a proper evaluation must follow its introduction and usage. This unfortunately is seldom done leaving many a lemon lying unused in the organization. Costs are involved, capital that could have been better utilised is unavailable and funds are unnecessarily locked up. Often technology imported into the system is of a higher order than what the employees are capable are utilizing, so retraining may be called for. Is the cost of retraining and high price of technology required? A balanced long-run view is called for. So, the HRD expert then needs to ask whether his/her system is tech-savvy. In other words is the latest technology brought in and implemented? Determining if the technological intervention logical and necessary? Are systems of work updated so that the organization remains competitive? Are technical skills of employees regularly upgraded through training? The logic for this is simple. Unless the internal customer (employee) is motivated enough, possesses the required skills, attitudes, and behaviours he will not be able to provide the quantity and quality of products and services in a manner so as to keep the external customer (client) delighted.

VISUAL AIDS: Films for training are passé. More and more use of power point presentations, over-head projectors, LCD, and computer simulated games is being witnessed and we are in an era wherein visual aids are a necessary instrument for imparting training.

This is because they help in illustrating and reinforcing the spoken message so that the audience can imbibe it. They provide a change of pace and thus break the monotony of speech. Charts, figures, and models cut down explanation time considerably. They also help understanding how situations have changed over time. A photograph or a cine-film shot adds a sense of realism to the presentation, thus making it much more interesting. Additionally, visual aids are excellent instruments for relating theory to practice and thus promoting learning. A participant understands what a furnace looks like in real life when shown a clipping. We need to remember that visual aids are not a replacement of training but an assistance to the trainer enabling him/her to communicate his/her message to the audience such that retention is facilitated. They are not window dressing but should be legitimately used. At this juncture a few tips are as follows: (*a*) Never experiment with an aid at the expense of the audience. (*b*) Speak to the participants not to the aid. (*c*) Be familiar with the audience seating scheme and voice travel. (*d*) Test-run the gadget to avoid glitches. (*e*) Make sure that the message displayed is brief, visible and legible. (*f*) Ensure that infrastructure support is available (electricity, screen, generator backup). (*g*) Use the aid selectively and at the proper time. (*h*) The aid is not the presentation of the message but a help to it. (*i*) Switch of the aid when not in use.

If the HRD expert does not take adequate care a very good presentation can easily go awry and the desired message may be lost in communication. After all training leads to learning new skills, attitudes, and behaviours. Learning signifies any relatively permanent change in skill, attitude and behaviour as a result of study, practice or experience. It should not be confused with understanding.

LEARNING VS UNDERSTANDING

Learning	Understanding
Borrowed or taken from others	Your own original experience
Gives you knowledge	Gives you wisdom
Comes from outside the self	Comes from within the self
Possible even for unintelligent being like animals or mentally challenged persons	Possible to achieve only through intelligence
Requires good memory	Requires the active use of intelligence
Things learnt may be forgotten	Understanding is never forgotten
Often involves monotonous and repetitive act	Is an extremely creative act

At this juncture a word or two on training, learning, and motivation is quite in order. Training is futile if he trainee lacks the ability or motivation to benefit from it. The trainer can take several steps to increase the trainee's motivation to learn. Providing opportunities for active practice, and letting the trainee make errors and explore alternate solutions improves motivation and learning. At the end of the day, the motivation to learn must come from within the trainee cannot be thrust upon him/her.

Here are some tips to make learning meaningful.

1. At the start of training, provide a bird's eye-view of the material to be presented. Knowing the overall picture facilitates learning.
2. Use a variety of familiar examples makes it interesting.
3. Organize the information so you can present it logically, and in meaningful units

4. Use terms and concepts that are already familiar to trainees.
5. Use as many visual aids as possibly for variety and break monotony.

Undoubtedly, there are several types of learning situations, each with its own ways of producing learning. Principal among these are:

- Learning by reading
- Learning by seeing
- Learning by writing
- Learning by listening
- Learning by touching
- Learning by doing

Psychologists have identified three kinds of learning. The first is Ivan Pavlov:

Classical Conditioning. It is just an emotional response to stimuli. DOG – BELL – FOOD. Every time the bell rang, the dog was given food. So when the food was not there and the bell was rung the dog started to salivate. This stimulus-response method is often used in organizations. However, we must know that a stimulus can be doctored to achieve the desired response and therein enters the role of HRD strategy

Then came B.F. Skinner: **With View of Operant Conditioning.** In a lecture delivered at the London School of Economics and Political Science min 1977 Skinner had cynically questioned the Pavlovian theory by saying "how do we know that the dog thought of food when the bell was rung. Pavlov thought that the dog thought of food." In his experiment on Rat - Pellet – Search, Skinner had concluded that stimulus and response is not enough and that it need re-enforcement Basically, a reinforcer is any stimulus or a situation that strengthens the response that precedes it.

Having immigrated to the USA during the Second World War, Kurt Lewin viewed the social environment as a dynamic field which impacted in an interactive way with human consciousness. Adjust elements of the social environment and particular types of psychological experience predictably ensue. In turn, the person's psychological state influences the social field or milieu.

Lewin was well known for his terms "life space" and "field theory". He was perhaps even better known for practical use of his theories in studying group dynamics, solving social problems related to prejudice and group therapy (t-groups). Lewin sought to not only describe group life, but also to investigate the conditions and forces which bring about change or resist change in groups.

Kurt Lewin whose **Field Theory** introduced the concept of cognitive learning. Every person has a "field" that is accepted and any learning that is associated with that field is easily imbibed. So he argued, information is processed as a result of experience a person has had. Factors effecting transfer of learning then assume importance. For Kurt Lewin, behaviour was determined by totality of an individual's situation. In his field theory, a *field* is defined as the totality of coexisting facts which are conceived of as mutually interdependent? For Lewin, learning is more effective when it is an active rather than a passive process.

Any training activity has two aspects. cognitive dissonance is learning and the other is transfer of learning to the job. The method chosen must be such that training is imparted and imbibed with ease. It must fulfill three Cs. These are:

Right Content: (*i*) Usefulness, (*ii*) Relevance, (*iii*) Goal directedness.

Right Context: (*i*) Relatedness, (*ii*) Logical flow, (*iii*) Task-centered behaviour.

Right Communication: (*i*) Clarity, (*ii*) Understandable, (*iii*) Translatable.

As a follow through from the above, there are six features of effective training viz. motivation, involvement, individualized approach, sequence and structuring, feedback and Transfer.

The transfer of learning can be helped or hindered by the following aspects which can be visualized as four coins with each having a positive and negative face to it.

Personality of the learner	Open mindedness for each reception	Over confidence becomes a mental block
Perception of training	Belief in training as a means to improvement of trainee	Belief in trainees' natural gift will hinder transfer of training.
Organizational climate	Open and learning culture for promoting innovation with long-run perspective	Bureaucratic and rule bound culture that has short-term vision only.
Imbibing skills for improved results	Good inter-personal relations and willingness to take risk.	Low analytical skills and a resistance to change.

Based on the authors' consultancy experience and research the following are some suggestions on transfer of learning that the HRD expert may find useful. (*i*) Positive attitude towards training needs to be developed. (*ii*) Selection procedures of the trainees must be objective and transparent. (*iii*) Proper job assignment after training must be fair and acceptable to all. (*iv*) Conducive organizational climate is a *sine qua non* for all HR interventions.

Barriers to learning exist; they must be recognized and dealt with appropriately. For instance in the use of language and speech: Vocabulary used must be simple, Jargon is to be avoided and Ambiguity must be removed. If not, cognitive dissonance shall prevail. Psychological barriers include pressures of work and family, mood swings, resistance to change, shyness in expression of opinion that may build up and eventually burst suddenly. Aggression though good within limits tends often to distance possible supporters. Status difference is necessary but cannot become a barrier. Environment must free of politics, power play, and supportive towards teamwork, creativity, and innovation. Trainer must be a good listener and a good learner. Prejudices exist and nobody can be totally objective but these must be reduced to a bare minimum.

It was the US Psychologist Leon Festinger who is perhaps best known for the *Theory of Cognitive Dissonance*, which suggests that inconsistency among beliefs and behaviours will cause an uncomfortable psychological tension. This will lead people to change their beliefs to fit their actual behaviour, rather than the other way around, as popular wisdom may suggest.

Festinger was also responsible for *Social Comparison Theory*, which examines how people evaluate their own opinions and desires by comparing themselves with others, and how groups exert pressures on individuals to conform to group norms and goals. Fastener's theory of cognitive dissonance can account for the psychological consequences of disconfirmed expectations. One of the first published cases of dissonance was reported in the book, *When Prophecy Fails* (Festinger *et al.* 1956). Festinger and his associates read an interesting item in their local newspaper headlined "Prophecy from planet clarion call to city: flee that flood."

Festinger and his colleagues saw this as a case that would lead to the arousal of dissonance when the prophecy failed.

Understanding the twin concepts of cognitive dissonance as well as the field theory would equip the HRD specialist to devise a training program that meets the needs of the organization, motivates the employee to learn and bring about developmental growth at the micro-level.

The HRD expert must appreciate that the basic idea behind training is to improve the overall effectiveness and thereby reduce waste in the use of manpower, money, materials, etc. The measurement of this improved effectiveness is the major crux of any evaluation of training. Learning from training programs should be transferred to the job. Supportive organizational climate, top level management, and high level of motivation among the trainees are the basic requirements to facilitate this transfer of learning to the job.

ADULT LEARNING

Increasingly today HRD experts are getting involved in and promoting adult learning. They have realized that: (*i*) Learning is a continuous process. (*ii*) However, the psychology of an adult learner is different. (*iii*) Adult would need to know why they should learn something. (*iv*) Adult would spend considerable time and energy exploring what the benefits would be of their learning something and what would be the cost or loss if they do not learn something.

The three impediments to learning among adults are: ego, insecurity, and laziness, all of which combine to resist change. This is not something restricted to industry and business but instances within the academia also abound.

THE BACKGROUND

PEDAGOGY: All formal educational institutions were initially established exclusively for the education of children and youth. At that time, there was only one model of assumption about learners and learning — the pedagogical model — which literally means "the art of teaching children". The Greek word Peda means "child". Trainer here makes all assumptions on what, when, how and why anything should be learnt. Trainees were viewed as dependent personalities that had little experience but were ready to learn.

ANDRAGOGY: The Greek word "Ander" means "man" as in adult. Unlike children, adult learnt best when they determined what, when, how, and why anything should be learnt. Forces in the large environment (customs and attitudes) influenced adult earning.

The Pedagogical model is assigned full responsibility for making all decisions about what should be learned, how it should be learned, and when it should be learned. Students were given the role of being submissive recipients of the direction. It assumed that they were depended personalities. The backbone methodology of pedagogy is transmission techniques.

The Andragogical model deals with adult learning and relates learning to trainees' goals. It focuses learning on 'real world' problems. The model emphasizes how the students can apply the learning. It relates training materials to what trainers already know. Respondent uses their experience as learning resource. The model permits ideas to be discussed and challenged. It allows participants them to actively participate in learning process.

Andragogy is being increasingly used in B-Schools and in Executive Development Programmes. These are some of the characteristics of adult learners: (*i*) adults are autonomous and self-directed, (*ii*) adults have accumulated a foundation of life experiences and knowledge, (*iii*) adults are goal-oriented, (*iv*) adults are relevancy-oriented, (*v*) adults are practical, and (*vi*) adults need to be shown respect. Distinguishing between pedagogy and andragogy is more important to be understood and the following table depicts that in detail:

Pedagogy	*Andragogy*
Trainer acts as a teacher	Trainer acts as a expert
Trainee is inexperienced and eager to learn.	Trainee is mature and knows what he wants to learn
Trainer capitalizes on knowledge and experience to teach	Trainer uses participants' knowledge and experience to transfer learning
Training is oriented towards delivery of skill and knowledge	Training is oriented towards allowing participants to "discover"
Training is mainly theoretical. It is theory based	Training is mainly experiential. It is Application based
Participant receives and stores knowledge for future recall	Participant receives skills and learns how to solve problems
The philosophy is that knowledge is power	Power is how you use knowledge

The four elements of adult learning can be summed up in four words: **Motivation, Reinforcement, Retention,** and **Transference.**

But let us not go home with the idea that all adults wish to learn. In fact the contrary is the case. Principal among reasons for the reluctance to learn are: (*a*) lack of time, (*b*) money to spend, (*c*) confidence levels, (*d*) lack of interest, (*e*) lack of relevant Information, (*f*) scheduling problems, (*g*) problem with child care, (*h*) transportation, (*i*) age constraints, (*j*) past experience, and (*k*) status consciousness. However, one issue that often props up especially in Indian conditions is Ego. In 2009, the first author found that none of the six senior professors in one of the B-Schools were computer illiterate. Special classes were arranged and due to peer pressure the six persons enrolled and actually attended classes. But when the classes were over all they wanted was a personal computer on their work desk (as a status symbol) and went back to using clerical staff to help with their correspondence. One of them said: "we are all fifty plus in age; how can you expect us to learn computers when we have managed all these years without them? This is a common refrain.

Conditions for motivating adult learners could be stated as the acronym LEARN.

- **L** – Let discussion take place
- **E** – Experience based
- **A** – Active involvement
- **R** – Relevant content
- **N** – Numerous activities

We would strongly suggest that the HRD expert keeps concepts of adult learning theory in mind as he/she prepares and presents professional development programs. And one of the time tested ways to succeed at this task is to actively engage participants in the learning process, make the content relevant to their jobs, and work to transform inaccurate assumptions into accurate perceptions if adult learning has to be effective and successful.

TRAINING METHODS

Task roles	***Building roles***	***Self-centered roles***
Initiator Information/opinion seeker Information/opinion giver Clarifier Coordinator Orientater	Supporter Harmonizer Tension reliever Encourager	Blocker Recognition seeker Clown Dominator Aggressor

Similarly there are three types of tools available to the HRD expert and the table given below will show how each tool can be used by knowing its characteristics.

Generic type	***Training tools***	***Ideal target participants***
Didactic	Lecture Seminar Programmed learning	Large audience Adult audience Self-motivated learners
Participative	Case studies Syndicate groups Sensitivity training	Managers Sub-set at a conference or seminar Mature departmental heads
Simulation	Business games Role play In basket exercises Fish bowl exercise Transactional Analysis	Strategists Senior level manager Middle level manager Junior level manager Senior supervisors

The most commonly used training aids are chalk and talk, over-head projector, power point presentations, and management films.

In today's environment of increased accountability, the training evaluation process is a critical component of an organization's training program. Training is a process of changing people to a more effective state so that the business aspects of the organization are improved. Training without business improvement is usually training for training sake and is frowned upon.

HAY'S APPROACH TO ASSESSMENT CENTRES

Since 1995 at least, Indian HRD managers are using assessment centres for training interventions. Hence a few words on this aspect are very much in order. It is important to realize that it is not what you do; it's how you do it. According to CIPD Recruitment and Retention Survey of 2005:

- 40% of employers use ability tests*
- 34% of employers use assessment centres*
- 75% of FTSE use assessment/testing

The aim is to enhance competencies. Competencies are behaviours that individuals demonstrate when undertaking job-relevant tasks effectively. The most common competencies are communication, customer focus, teamwork, leadership, problem-solving, developing others and planning and organizing.

Assessment centre approach to managerial training involves (*i*) assessing competencies determined by job analysis, (*ii*) using multiple assessment techniques, (*iii*) using multiple trained assessors, and (*iv*) Assessors pooling information to arrive at a consensus decision.

According to Hay's HR Services, the predictive accuracy of different selection methods are as follows:

This leads us to a Competency matrix which is presented as follows:

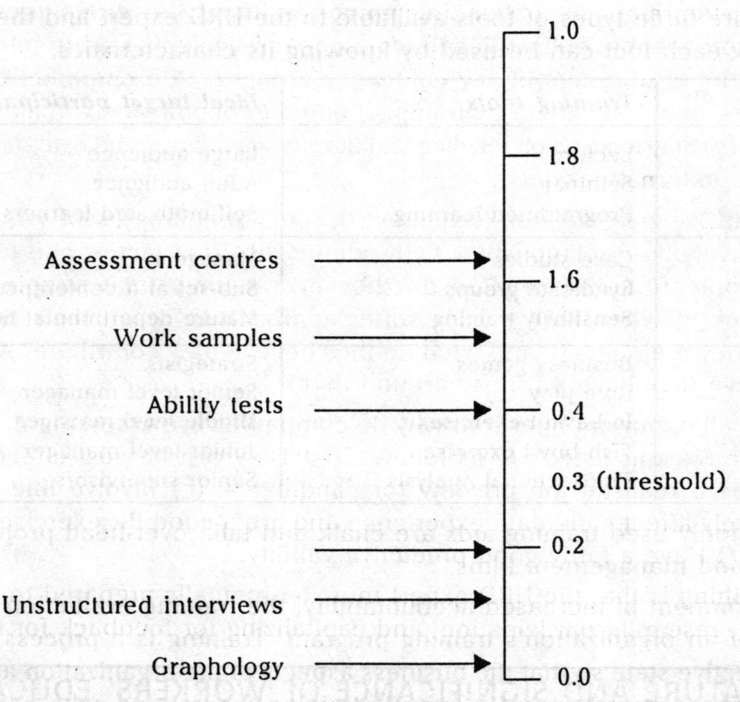

Competency/ Exercise	*Interview*	*Role Play*	*Written Exercise*	*Group Exercise*
COMMUNICATION			x	x
CUSTOMER FOCUS			x	x
PROBLEM SOLVING		x	x	
TEAMWORKING	x			x
LEADERSHIP	x	x	x	
DEVELOPING OTHERS	x	x	x	

What should the HRD expert and the participants legitimately expect from assessment centers? To actively participate in various activities and this may include the following: (*a*) presentation, (*b*) role play, (*c*) written exercise (*d*) competency-based interview, (*e*) aptitude tests, (*f*) personality questionnaire, and (*g*) group discussion.

In the context of executive profiling what should the HRD expert and the participants legitimately expect? (*i*) written analysis /In-tray exercise (pen and paper), (*ii*) Ability Test (pen and paper or online as well as verbal and numerical reasoning), (*iii*) Personality Profile (online completion, validation interview with trained professional as well as verbal/ written feedback for client).

We next examine personality questionnaires that ideally include the following: (1) self-report, not timed, (2) preferences not abilities, (3) best practice recommends that candidates should not be short-listed out on basis of their personality, and (4) Statements such as "I am comfortable in social situations" or "I am determined to beat the opposition".

Team working and relationship building processes need the group members to be (*a*) team focused, approachable and willing to work cooperatively, (*b*) share information and ideas and values the input of others in any context or group, (*c*) Be empathetic, supportive, and sensitive to others' needs, aware of their impact on other people and will alter their goals/ approach accordingly. (*d*) Stay focused on building and developing internal and external relationships with key internal and external partners.

Areas for the HRD expert to probe include (*i*) Specific examples of when they have proactively and positively built relationships with others. (*ii*) What tactics and techniques do they use to win people round? (*iii*) How do they ensure they take people with them? (*iv*) Specific examples of when they used a softer approach to reach their end objective. (*v*) What teams are they members of and what do they believe they contribute? And (*vi*) What impact do they believe they have on those around them?

Now comes the all important question: why do companies use assessment. The answers vary but generally the reasons listed are as follows. (*a*) They can be cost effective and time efficient. (*b*) Provides a realistic job preview for candidates. (*c*) Involve line managers in decisions. (*d*) Positively affect candidate experience and are a good PR exercise. (*e*) Possess strategic value and (*f*) Have a fairly good predictive validity.

One important thing is that the HRD expert must be mentally prepared to succeed and this involves attitude, research, participation, and capitalizing for feedback for next time.

CONCEPT NATURE AND SIGNIFICANCE OF WORKERS' EDUCATION

Following the tradition of Ricardo – Marx – Sraffa all value is created by labour and capital is just man made aid to production. It is in the interest of management that production and productivity increases and so the value generating factor – labour – must be well trained. In order to conceptualize the term workers education is indeed a difficult task. This is partly because, there is lack of definitiveness of aim of workers education and partly because lack of unanimity among labour experts on these aims. ILO held a landmark seminar in 1956 at Copenhagen to consider the idea of workers education. From the deliberations it was evident that the participants had very different conceptions of workers education. To some members it was meant to be education of the workers as a trade unionist whereas to some it meant basic education to the workers who lacked the opportunity of formal schooling. To still others it meant educating workmen as a member of the community. Clearly that concept itself had ideological overtones.

According to the *Encyclopaedia of Social Sciences,* workers education helps a worker solve his problems not as an individual but as a member of social class. Workers education has to take into consideration the educational needs of the workers as operative for his efficiency and advancement, as a citizen for a happy and integrate life in the community, as a member of the trade union to protect his interest as a member of the working class. It is therefore to bridge the lacuna caused by the illiteracy, to create a better understanding of work and one's own place in the national economy, to prepare the worker for effective collaboration with the management, to make him better citizen, to create leadership among the rank of labour, to replace the outsiders in trade unions, and ultimately to make them conscious of their rights and responsibilities that workers' education aims at. There are several other definitions but we shall not belabour the student with these.

According to its official website, the Central Board of Workers Education was established by the Government of India on September 16, 1958 with following structure. The philosophy of Workers Education in India is that strong and enlightened trade unions could be of great value in the rapid industrialization of the country. The Central Board for Workers Education has devised a number of training programs, the most important of which are training of education officers, worker–teachers training, and training courses for workers at the unit-level.

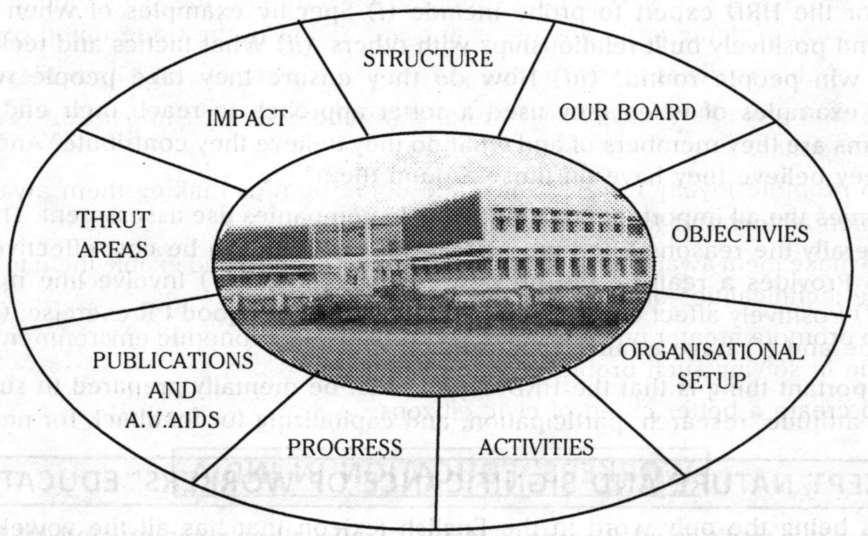

CHARACTERISTICS OF WORKERS' EDUCATION

There are several definitions of workers education. On the basis of the various definitions of workers' education, the following characteristics emerge:

(1) The scope of the workers education is much wider than that of trade union education but is narrower than that of adult education.

(2) The workers themselves would prescribe the curriculum and select the teachers who have sympathy for working class.

(3) It is designed to create trade union awareness besides making them; good citizens and understand their status, rights, and responsibilities.

(4) It would differ from vocational and professional education as its main aim is to train workers for group advancement.

(5) It includes general education, technical education, social education, and understanding productivity.

(6) It also aims at understanding the bargaining mechanism.

(7) It aims at making them psychologically and philosophically strong.

OBJECTIVES OF WORKERS' EDUCATION

Besides the need of management to have an efficient manpower so that profits and profitability accrue, the main objective of workers education is to educate them to understand their responsibility and thereby raise the level of their social consciousness. It also aims at making them aware of technological changes and thereby meets the challenges of technological advancement. Other notable objectives are:

(1) To equip the organized labour to take its rightful place in a liberal democratic society so it prepares itself to play a major role in process of economic development and fulfil effectively its social and economic functions.

(2) To develop leadership qualities among the rank and file. This would lead to the creation of democratic processes and a tradition in the trade union organization.

(3) To enable workers to realize the purpose of human life and its achievements.

(4) To make workers aware of cultural differences and its impact on the industrial economics.

(5) To promote loyalty towards the trade union by thus making them aware of trade union history and its social functions.

(6) To make them aware of their duties and responsibilities and enable them to understand the technicalities of handling new equipments.

(7) To promote greater understanding of problems of economic environments and their role in solving such problems.

(8) To create a better creed of civic citizens.

WORKERS' EDUCATION IN INDIA

Besides being the only word in the English lexicon that has all the vowels within it, education is the foundation of a civil society. It should not be confused with literacy. Education involves *gyan* (knowledge), *buddhi* (intelligence), and *vivek* (the consciousness to discern). It is an instrument for providing access to opportunity as well as for maintaining that competitive edge which makes a nation prosperous. Whether it is industrial development, health care or emergence of a knowledgeable society, education is an essential input. Further, for sharing of information and creating awareness of their rights and responsibilities for an effective participation in the socio-economic development of the country, a scheme for workers' education was conceptualized. Accordingly, the Central Board for Workers' Education (CBWE), Nagpur, within the Ministry of Labour, Government of India, was established in 1958 to implement the scheme at national, regional, unit, and village levels. This massive task is being ensured since then through a tripartite mechanism which the CBWE has adopted for its functioning. The Board consists of representatives from central organization of workers, employers, the Central and State governments and educational institutions. Over the years, the Board's programmes reflected the new orientation, direction, and dimensions for meeting the wider educational needs of the workers, trade unions and managements. In order to adopt the pro-active approach towards industrial and agricultural development, different training programmes were organized to foster leadership development, industrial health, safety and environment, industrial relations, trade unionism, courses for rural workers, and the programmes to motivate workers to combat social evils. Following the Nehruvian philosophy, workers in the country were to be looked upon as the most significant components of the community. Their needs were to be psychologically satisfied by providing them the opportunities of good training to enhance their skills. The major capital stock of the country at that time was not physical equipments but the knowledge and skill acquired by the workers and its application in the proper manner so as to make the country industrially developed. That was also the compelling factor that led to the formation of the Industrial Policy Resolution 1956 and the consequent primacy given to the public sector *vis-à-vis* the private sector as the engine of India's economic growth.

It is true that though India got its freedom way back in 1947 it was only after 2006 that it started asserting its independence. Ever since India achieved liberty, the country has been busy in a progression of planned industrialization. In order to bridge the gap of more than 200 years of stagnation, the nation decided to achieve industrial development through the Russian Model of Planning that gave rise to *Panchsheel* or 5-year plans. But industrial development does not happen by itself. A multitude of other socio-economic problems have to be solved before any concrete results are achieved. The most far-reaching of these problems is that of human resources development. Process of education and training is both time-consuming and arduous.

One of the earliest national training programmes was the Craftsmen Training Scheme for semi-skilled and skilled workers. Under this scheme, training is provided in Industrial Training Institutes (ITIs) in 42 engineering and 22 non-engineering trades. The duration of courses varies from 1 to 2 years. ITIs are set up both by the respective state governments and by private agencies. As state finances are becoming scarce, more private agencies are setting up private ITIs.

With the changing needs of industry, the skills developed by trainees in the ITIs were not adequate and a great need was felt for on-the-job training. The Apprentices Act was therefore adopted in 1961 with a view to meeting the requirement for skilled workers in industry. The Act makes it obligatory for employers in both the public and private sectors to engage a prescribed proportion of apprentices. The duration of training for apprentices varies from 6 months to 4 years, depending on the trade. In the case of trade apprentices, training consists of basic training followed by "on-the-job" or shop-floor training with related instruction throughout the period of training.

During the whole period of training, apprentices are paid prescribed stipends. Enterprises employing more than 500 employees cover all the expenditure for apprenticeship training, including the stipend. For enterprises with fewer than 500 employees, expenditure for apprentices is shared between the concerned government and the enterprise. The cost of instruction is reimbursed to enterprises which provide it themselves, or is covered by the relevant government at its own cost. An apprenticeship contract is registered containing the obligations of the employers and apprentices. After the completion of training, a trade test is conducted for trade apprentices and the National Apprenticeship Certificate is issued to all apprentices who pass the test. The basic training is the same as the training provided in ITIs. Enterprises which do not wish to recruit trainees educated in ITIs take on "fresher" apprentices and set up their own basic training centres (BTCs).

The above were the main components of the National Vocational Training System (NVTS). However, the following programmes also form part of the system: (*i*) the craft instructors, (*ii*) basic training programme, (*iii*) the advanced vocational training system, (*iv*) part-time training for industrial workers, (*v*) supervisory training, (*vi*) training programmes for women, persons with disabilities and weaker sections of society including ex-servicemen, and staff training and research programmes.

THE ALL INDIA SKILLS COMPETITION FOR CRAFTSMEN AND APPRENTICES

To foster a spirit of competition among trainees in the various ITIs, the all India skill competition for craftsmen was started in 1964. The winners in the various trades at the state level take part in regional competitions and thereafter in the all India skill competition. The best craftsmen at the all India level are awarded a merit certificate and a cash prize. An ITI whose trainee comes first in the competition at the national level is declared the best for that trade and is awarded a merit certificate. The state whose trainees secure the highest total marks in all the trades is declared the best and is awarded a merit certificate and a President's shield. Regional and all India skill competitions are also conducted for apprentices. The winners are given cash prizes and merit certificates and the enterprise whose apprentices secure the highest marks is declared the best all India enterprise.

With a view in making the training system more responsive to the rapidly changing needs of the labour market and enhancing the mobility and efficiency of the system, modular programmes have been introduced in four model ITIs. Their programmes consist of a 1-year broad-based basic training module, followed by specially designed modules for the specific trade group during the second year. The number of modules for each trade in the second year depends on the employment potential in the various specialized areas.

Many even took up employment in foreign countries. Both of the above enterprises take only "fresher" apprentices;

The apprenticeship training programme in India follows similar lines to the dual system of vocational training in Germany, with the State and enterprises both playing their roles. The Apprentices Act, 1961, prescribes the rules and the sharing of roles between the Government and enterprises, although the extent of the involvement of enterprises may vary,

THE ROLE OF GOVERNMENT

Training delivery is totally by the enterprise under the Apprentices Act, 1961. However, the following functions are performed by the state or the central Government in the implementation of the apprenticeship training scheme: (*a*) development of legislation and policy under the Apprentices Act, 1961; (*b*) provision of loans by state governments, for the setting up of training centres, where so required by the enterprise; (*c*) the expenditure incurred by the enterprise in the training of apprentices is 100 per cent exempted under the Income Tax Act; (*d*) the central Government also reimburses 50 per cent of the cost of training for graduates, diploma holders and technician (vocational) apprentices; in addition, 50 per cent of the cost of training for fresher trade apprentices is also reimbursed by the concerned government;

(*e*) in the case of enterprises with fewer than 500 employees in total; (*f*) curricula for the different trades under craftsmen and apprenticeship training schemes are developed by trade committees appointed by the Directorate General of Employment and Training; (*g*) refresher training/retraining for instructors at training centres is carried out at the advanced training institutes of the Directorate General of Employment and Training: (*h*) courses for officers are provided at the Central Staff Training and Research Institute in Calcutta: (*i*) quantitative and qualitative inspection/monitoring of the training programmes conducted by the enterprises is carried out by the respective governments; (*j*) after completion of training in enterprises, all apprentices are trade tested by the Directorate General of Employment and Training and National Apprentice Certificates are issued to all apprentices who pass the test; (*k*) the cost of theoretical/related instruction carried out by the enterprise is reimbursed by the respective governments; and (*l*) exemption of customs duty for training equipment is granted on the recommendation of the Directorate General of Employment and Training.

THE ROLE OF ENTERPRISES

Apprenticeship training programmes in industry were made statutory by the Apprentices Act, 1961, under the terms of which each enterprise is required to train a certain number of apprentices. This involves the following: (*a*) The delivery of basic training and practical training for apprentices in the industry by the enterprise, with the whole cost borne by the enterprise; (*b*) Appointment of experts from these training centres as members of the curriculum committee at the national level to draft the curricula for the Craftsmen and Apprenticeship Training Programme; (*c*) The appointment of experts from these training centres as examiners and paper setters for the Craftsmen, Apprenticeship and Instructor Training Programmes; (*d*) The appointment of the experts from the training centres as members of advisory committees, such as the Central Apprenticeship Council, the National Council for Vocational Training, the State Apprenticeship Council and the State Council for Vocational Training, as well as advisory committees of ITIs and Advanced Training Institutes; (*e*) And the syllabus prescribed under the Apprenticeship Programme constitutes a minimum and the enterprise can train apprentices in higher skills.

CENTRAL STRUCTURES

The Central Apprenticeship Adviser in the Ministry of Labour is the principal official responsible for the implementation of the provisions of the Apprentices Act and the rules issued. The Apprenticeship Training Programme for trade apprentices in central sector enterprises and departments is directly administered by the six regional directorates of apprenticeship training, which come under the direct control of the Central Apprenticeship Adviser. The training of trade apprentices in private and state enterprises is administered by the respective state Apprenticeship Advisors, who are also responsible for craftsmen training in the respective states. The implementation of training for graduate engineers, diploma holders, and technician (vocational) apprentices is administered by four regional boards of apprenticeship training, under the control of the Ministry of Human Resource Development.

According to the *National Commission on Labour*, workers' education should make a worker:

(*a*) A responsibly committed and disciplined operative.

(*b*) Understand the basic economic and technical aspect of the industry and the plant where he is employed so that he takes interest in its affairs.

(*c*) Aware of his rights and obligations.

(*d*) A responsible and alert citizen.

(*e*) Lead a clean and healthy life based on firm ethical foundation.

(*f*) Understand the organization and functioning of the union as well as develop qualities of leadership, loyalty, and devotion to trade unionism, so that he may intelligently participate in the affairs of his union.

In sum, the aim of workers' education is to arouse the social consciousness of the worker, promote his solidarity with other workers, and enable him to perform his functions effectively by committing him to workers' organizations for the protection of common interest

To conclude this discussion, it is very important for developing countries such as India to improve their productivity if they are to compete successfully in an era of rapid technological and economic change. This requires not only heavy capital investment, but also the acquisition by the workforce of new skills for emerging jobs. The level of competence of skilled workers and technicians in a country is very important for the productivity of the labour force. This raises enormous challenges for the Government, employers and coordinating agencies for the development of an appropriate training system. It is also necessary for employers, if they are to be successful, to play a more active role in implementing training programmes.

Until fairly recently (pre-1981), training was generally considered to be mainly a pre-employment strategy. Once trained prior to employment, the education and training acquired was enough to earn a livelihood throughout a worker's life. This approach had the advantage of keeping training costs low. However, with the introduction of technology by the Rajiv Gandhi government this situation has changed considerably and workers risk obsolescence if they do not renew their skills. In these circumstances, training therefore has to be based on an appropriate level of education which can provide a solid base for further training.

As a result of the increased liberalization and globalization of the Indian economy, competition is at both the national and international levels. Workers have to be trained in such a way that they are productive enough to meet the challenges of changing technology and the globalization of the economy. Training therefore needs to be both efficient and responsive to changing needs.

The above factors have created the following implications for the training system: (*i*) the need for an increased knowledge base; (*ii*) a need for multiple skills; and (*iii*) the training programme should be compatible with emerging technologies and changing processes.

In the case of companies with rapidly changing technologies, such as electronics, in which knowledge rapidly becomes obsolete, fast-cycle retraining is needed for the workforce with inappropriate training infrastructure at all levels, with retraining as a regular activity; the development of new technologies will require greater generic skills, which are normally acquired through a higher level of formal education. As a result of technological restructuring, the post–1991 workforce consists of larger proportions of higher level scientists and engineers and an equal proportion of skilled workers and operators at the lower level, with a correspondingly smaller proportion of middle-level supervisory, technical, and secretarial staff. In addition, at the craftsmen level, the training programmed should put greater emphasis on knowledge-based skills than manual labour.

FROM BRICKS TO CLICKS: CHANGING PERCEPTIONS OF TRAINING

This concluding section of the chapter is a pedagogical treatment based on the authors' research experience with relation to the knowledge worker and first hand exposure to distance learning over the past decade beginning with the ISTD Diploma (both in India). The era of economic liberalization, privatization, and globalization, was kick-started by Rajiv Gandhi through his reforms in 1981 but a decade later were finally ushered in by the triumvirate of Narasimha Rao – Manmohan Singh – P. Chidambaram through their reform initiative after 1991. This is often referred to as the first generation reforms and during this period traditional modes of management slowly began to be de-engaged in favour of a market-driven modes of management. Proactive intervention by the Confederation of Indian Industry and the withering away of trade unionism helped this transformation greatly. Old attitudes and behaviours die hard and vestiges of the licence and quota raj as well as the mediocrat-bureaucrats continued to wield power. So after the Doha Round of talks, the Indian economy changed gears and the second generation reforms began to unfold, perceptions began to change both in the management as well as the labour camp. The proletariat of old was replaced by the upwardly mobile knowledge worker. Even industrial sector participation in the economy changed. Some things remained less altered. As against 70 per cent of the 65 million strong population in 1950, the figures in 2006, showed that 60 per cent of the 1.2 billion strong population continued to depend on the agricultural sector. The role of the manufacturing industry took a relative beating in the process, and 53 per cent of the GDP came from the services sector. This sector included information technology, bio-technology, financial and non-financial services, and education. This is the sector where the knowledge worker thrives. But, the services sector is traditionally (merely) an enabler of economic growth and so there was needed to buttress the flagging fortunes of the manufacturing industry if this economic boom was to persist. If not, there would be little left to enable and speculative growth could take us only so far! What was needed was strong financial fundamentals which the manufacturing sector could only provide and it is here that persons like Ratan Tata, Lakshmi Mittal, the two Ambani brothers, Vijay Mallaya, and Kumarmangallam Birla grasped the gauntlet and delivered India, as a power to reckon with, in the global market. As the economy and its focus changed so too did the HRM function and with it the training and development sub-function. This change in focus led to a change in perceptions and this is just what this paper is concerned with. To use the Berger and Luckman terminology, we are witnessing a "social reconstruction of reality". On the one hand, the state is pro capitalist and on the other the unions are "withering away" as Sadri Ray and Hegde 1994 had argued. This had created just the kind of situation when TQM became both very necessary and yet difficult to attain as Creech has alluded to in the American context. This is the kind of ongoing contradiction in human nature that David Hume had spoken of as far back as in 1739. This human nature created certain pretexts of change *a la* Huxley 1935 which led to generating changed socio-political and economic situations that most "emergent democracies" have to deal with *a la* Tocqueville 1945. This, in turn, conjured up a novel "sociological imagination" *a la* Mills 1970. Within this new sociological imagination training and education moved from the *traditional brick and mortar mode* into an *electronic – distance learning select and click mode*. Therein, the justification for this paper's title can be found.

THE ADVENT OF THE KNOWLEDGE WORKER: When the "proletariat" of Karl Marx and Frederick Engels was replaced by the "knowledge worker" of Peter Drucker and Tom Peters there arose a need to change the pattern of imparting skills, behaviours, and attitudes as well. This paper addresses the issues related to the form and content of both education and training as an industrialized skill based world transformed itself into a knowledge based and globalised economy. On May 4, 1994, Peter F. Drucker, the Marie Rankin Clarke Professor of Social Science and Management at Claremont Graduate School, delivered the 1994 Edwin L. Godkin Lecture at Harvard University's John F. Kennedy School of Government, when for the first time, perhaps the term *knowledge worker* was used.

Drucker (1994) had argued that no century in human history has seen such radical and swift social transformations as the twentieth century that was then drawing to its close. He went on to argue that in the first decades of the 20th century up to the first world war, society in all developed countries, was in its structure still pretty much what it had been since the first humans became farmers and settlers on the land some 5,000 years earlier.

The next largest group hailing from the monarchic–feudal–mercantilist days were live-in domestic servants. The next group almost as numerous as the domestics were small tradesmen and small craftsmen and their apprentices and employees. Blue-collar workers in industry, in mining, and in transportation largely the creation of the nineteenth century were growing very fast between 1870 and 1914. But in 1914, they still constituted a fairly small minority at most one-sixth of a nation's work force. They alone worked for an organization as we know it today. Everyone else, that is four-fifths of the total labour force, worked either for themselves or by themselves; or they worked for a master or a mistress. Farming as an occupation was then a negligible portion about 3 per cent in developed countries like the US and about the same proportion elsewhere. Live-in domestic servants had started to become extinct while small tradesmen and independent craftsmen had, but far less than the total population or total work forces. They and their employees now account for less than half proportionately of what they accounted for 90 years ago.

Blue-collar workers grew phenomenally in the first half of the 20th century to the point where workers making and moving things in factories, in mines, in transportation were by the mid-1950s an actual majority of the working population in the UK, in West Germany, in Japan, and at least two-fifths of the total even in the US. In the past 50 years they have declined equally rapidly first as a proportion of the total, and since the early 1980s, even in absolute numbers. By then they are down in the U.S. to the fraction they were before World War I and by the end of the century, they had shrunk to about one-eighth. Yet industrial production everywhere was actually growing faster than ever before in peacetimes and especially in the US.

These were unprecedented developments, taking place that were profoundly affecting people, structures and systems in all walks of life. With this the world saw the rise of the group which was fast replacing both history as well as sociology of traditional groups and the groups of industrial society. This group which was fast becoming the centre of gravity of the working population was also fast becoming the largest single group (though by no means a majority) in the work force and population of post-industrial society and in every developed country: **knowledge workers.** Could India be left behind?

Ferdinand Tonnies in *Gemeinschaft und Gesellschaft* (Community and Society) had classified the known forms of human organization as being either community, which is organic, and fate, or society, which is a structure and very largely under social control. He never talked of organization and neither did any of the other sociologists of the nineteenth or twentieth century even up until John Rex, 1986, Ralf Dahrendorf, 1959, and Anthony Giddens, 1989. Today the sociologist has to deal with an entirely new concept of civil society and in more ways than one, the critical prognosis of Mills, 1970 has been borne out by recent history. The knowledge worker "defies all forms of social control" and is largely swayed by peer approval.

However, our infatuation with the advent of the knowledge worker needs to be tempered with restraint. This is because some common misconceptions have to be taken note of and discarded. For, unless we do so the question of a change in training–teaching paradigm will be inadequately addressed. Primary among the misconceptions are: (*a*) the belief that knowledge workers primarily create new knowledge is untenable since accepting this would relegate creativity and innovation into the world of ordinary business. (*b*) The belief that demand for knowledge work will grow in pace with the increased supply and rising productivity of knowledge workers is also flawed since uniformity of pace is never a precondition of economic development. (*c*) The economist belief that we can make meaningful assessments of future labour markets by projections from today's labour markets is wrong since technology does not change in a linear fashion. Indeed it is, if anything, non-Newtonian. The belief that productivity increases, by themselves, will lead to increases in income is not acceptable since there is no reason for levels of surplus profit and inflation to be in tandem with rise in productivity. These premises need to be accepted before we embark on examining the emergent knowledge society.

THE NEW KNOWLEDGE SOCIETY: Knowledge workers, even though only a large minority of the work force, had already started to give the emerging knowledge society its character, its leadership, its central challenges and its social profile. In the post 1991 era what Drucker had seen in the west was very much evident in a slowly globalising India. They were not the *ruling class* of the knowledge society, but they certainly were its *leading class.* In their characteristics, their social positions, their values, and their expectations, they differed fundamentally from any group in history that has ever occupied the leading, let along the dominant position. This included the maharajas and their feudal retinues, the colonial masters and their local epigones, as well the traditionally existent middle-men (munims, desais, the book-keepers, and the money lenders). What factors set the knowledge worker apart from the rest were as follows.

The knowledge worker gained access to work, job, and social position through formal education. They were by no means mere pen pushers or key board operators or generally high class un-skilled workers. A great deal of their knowledge work required high manual skill and substantial work with their hands. A very good example is the neurosurgeon. The neurosurgeon's performance capacity rests on formal education and theoretical knowledge. Absence of manual skill disqualifies anyone for work as a neurosurgeon. Manual skill alone, no matter how advanced, will never enable anyone to be a neurosurgeon. The formal education that is required for knowledge work is education that can only be acquired in and through formal schooling. It cannot be acquired through apprenticeship.

The first implication of this is that education became the centre of the knowledge society and schooling became its key institution. Pune: the land of the Peshwas became known as the "Oxford of the East". Assuming the city's description is apt what knowledge mix was required for everyone? What was the desired quality in learning and teaching? All these became central concerns of the knowledge society and also its central political issues. Those who owned the new citadels of learning were not public bodies like the Universities of yore but private entrepreneurs who had entered the field of education for varied reasons. Like the proletariat and the knowledge worker, public and private ownership of education also shared the same geo-physical space and, often, the same resources (as in the case of visiting faculty).

This does not imply that the school, as we know it, will become any less important. Since market competition would force persons processes and products to demand both excellence and sustainability, advanced knowledge, would be acquired well past the age of formal schooling. Increasingly *evident*, perhaps, would become non traditional modes of training. In the past formal education *ended with completion of* the school, college, and university. Today modern training *begins after the completion* of the school, college, and university. These new forms would be visible in and through educational processes which do not centre on the traditional school, e.g. systematic continuing education offered at the place of employment. But, at the same time, there is very little doubt that the performance of the schools and the basic values of the schools will increasingly become of concern to society as a whole, rather than be considered professional matters that can be left to the educator. This will redefine what it means to be an educated person. The German *Allgemeine Bildung* and the Anglo-American *liberal arts* would be passé. An educated person, would then be someone who has learned how to learn, and throughout his or her lifetime continues to learn, especially in and out of formal education.

Persons would move away from pursuing the Hamel and Prahalad 1994, concept of "core competency" and move towards the Sadri and Guha 2008, notion of "divergent competency". We must understand that the knowledge required in the post 1991 India is a "clutch of knowledge" enabling multi-tasking and cross-functional operations. Requirements of the knowledge society are fundamentally different from what was considered knowledge in earlier societies. *Allgemeine Bildung* and *liberal arts* that had prided themselves earlier on now seemed to have little utility whatsoever.

In the knowledge society, knowledge exists only in application. Knowledge in application is, by definition, highly specialized which was why Plato, Socrates several centuries ago, refused to accept it as knowledge and considered it mere *techne*, or mere skill. This post-1991 civil society has degenerated into one in which the emphasis is on formal degrees rather than on performance capacity. This new knowledge society had fallen prey to overvaluing immediately usable, practical knowledge, and underrated the importance of fundamentals and of wisdom altogether.

Sadri and Guha 2008, have argued that this society, in which knowledge workers dominate, is also in danger of a new class conflict i.e. the conflict between the large minority of knowledge workers and the majority of people who will make their living through traditional ways, either by manual work, whether skilled or unskilled, or by services work, whether skilled or unskilled. Authors like Berger and Luckman, 1967 had alluded to this as had sociologists like Rex 1986, Dahrendorf, 1959 and Giddens, 1989. The productivity of knowledge work that was abysmally low in the last century will predictably become the economic challenge of the knowledge society in the present century. Unlike what Porter, 1992 had argued, the competitive position of every country, industry, and institution within society will depend on this criterion and all predictions about the future have to be so factored. The productivity of the non- knowledge services worker has increasingly become the social challenge to the knowledge society. The ability of the knowledge society to give decent incomes and simultaneously provide dignity and status to non-knowledge people depends on this criterion as well. The acquisition of knowledge and access to leadership positions has become more egalitarian. Learning will become the instrument of the individual available to him or her at any age. As new technologies emerge the concept of continuous learning will take on a new and wider meaning. Knowledge will become an instrument for gaining competitive advantage *a la* Porter 1980 as well as for collaborative growth *a la* Kim and Mourborgne, 2006. This is applicable to the individual as it is to the group, the organization, the economic sector and the national economy.

The central work force in the knowledge society will, therefore, consist of highly specialized people. In fact, it is a mistake to speak of generalists. What is implied is that increasingly, people who have learned how to acquire additional specialties, and especially to acquire rapidly the specialized knowledge needed for them to move from one kind of work and job to another, e.g., from being a market researcher into general management, or from being a nurse in a hospital into hospital administration, will benefit. But generalists in the sense in which we used to talk of them are becoming dilettantes rather than educated people. The organizational structure and the sociology associated with it *a la* Silverman will also have to change.

Sadri and Jayashree, 2002 had argued that the knowledge worker is highly materialist, self-centred, egoistic, and ruthless. He or she wants immediate benefits and will switch their allegiance for a lot less than the Biblical *thirty pieces of silver*. Attrition levels among knowledge workers increased. While CEOs and their HR experts continued to believe that the knowledge worker was loyal to money and technology, the fact was that they were loyal *only* to their values. Hence monies spent on training programs alone could not contain attrition. What was clearly needed, instead, was OD intervention that concentrated on building a corporate culture which promoted and addressed the *belongingness need* of the knowledge worker. Sadri and Guha, 2008 further argue that leaders, that have failed to walk their talk, who consistently took the path of least resistance and were confined to tick marking activity instead of pursuing quality, will soon be consigned to the trashcan of history by the sheer dynamics of the new competitive – collaborative environment of civil society.

In the knowledge society, it is not just the individual who performs. The individual is a cost centre rather than a performance centre. It is clearly the organization that performs. Teams and team-work consequently became the *sine qua non* of operational management. The individual knowledge worker had also have to learn something that up until recently practically no one had learned: how to switch from one kind of team to another; how to integrate one's self into a team; what to expect of a team; and, in turn, what to contribute to a team. Hence when Sadri, Jayashree and Ajgaonkar (2002) spoke of teams they emphasised that "team members in the post–1991 world had to possess *divergent* skills but *convergent* goals".

Organizations that had to access a consultant now contacted other organizations that provided specialized services. This gave birth to *outsourcing* and projects that did not fit into the central vision were hived off as was the case with the cement Division of Tata Steel in the first generation reforms period. During the second generation reforms, several specialists had to work together to deliver results. Earlier a sick patient went to a physician who put a thermometer in the patient's mouth, felt his pulse and used a stethoscope to examine the chest. In the knowledge society, the individual physician may have a great deal of knowledge. However, the physician cannot function without the test results produced by a host of diagnosticians that run the imaging machines whether X-ray or ultrasound, making and interpreting blood tests, administering brain scans, etc. The hospital became the lifeline to the physician just as the organization became the bread line of the non-knowledge worker.

The new knowledge society was an employee society. Traditional society, or, society before the rise of the manufacturing enterprise and the blue-collar manufacturing worker, was not a society of independents. The *mode of production* was such that they were working for an owner, as slaves, as serfs, as hired hands on the farm; as journeymen and apprentices in the craftsmen's shops; as shop assistants and salespeople for a merchant; as domestic servants, free or bonded, etc. As Drucker, 1994 had pointed out "knowledge workers were both employees who had a boss, and bosses who had employees". With the emergence of the knowledge society, society has become a society of organizations. Most of us (academics) work in and for an organization, and we are dependent for our effectiveness and equally for our living on access to an organization whether as an organization's employee or as a provider of services to an organization (visiting faculty).

Because its work was based on knowledge, the knowledge organization is altogether not one of superiors and subordinates. What emerged was a matrix organizational structure - the prototype was the symphony orchestra. The first violin may be the most important in the orchestra. But the first violinist was not the superior of the harp player. He was a colleague. The harp part was the harp player's part and not delegated to her by either the conductor or the first violinist. Peters and Waterman had argued that historically, workers were generalists and competition would force them into becoming specialists. We are today witnessing the new age of super specialization alongside that of the age of multi-tasking. This new matrix threw up a host of possibilities that education needs to address. "Competitive advantage" *a la* Porter would be replaced by collaboration alongside of globalised segregation as in the form of a "blue ocean strategy" *a la* Kim and Mouborgne 2006. Disequilibrium will be permanent and yet dynamic since without a disequilibrated society all progress (growth and development) is difficult. Competition we all understand, but what is blue ocean strategy? The basic premise is that the market environment is composed of two kinds of spaces very much like the Wallerstein, 1980 and the Sadri, 1985 position of two world economic systems co-existing in a disequilibrated universe. For Kim and Mouborgne *Red Oceans* represent all the industries in existence today: this is the known market space wherein boundaries are defined and competitive rules of are known. Companies try to outperform their rivals in this space: cut-throat competition turns the euphemistic 'ocean' red. On the other hand, *Blue Oceans a*re defined by the untapped market space, demand creation and highly profitable growth which are and can be created beyond existing industry boundaries as well as from within the Red Oceans by expanding the existing boundary! The key to this new system is founded on the theme of *co-existence.* So, red oceans will always be a reality of the business. But with Supply outstripping Demand, operating strategies for this, while necessary, will not be sufficient for sustained high performance. To seize new profit and growth opportunities, *Blue Oceans* need to be created. Though the term *Blue Oceans,* is new, their existence is not. The dominant focus of strategy theory has been traditionally *Red Ocean* based, while blue oceans are uncharted: and thus, we have no 'guide' in the available literature. That being the case, learning processes for the new concept need to be developed. This where traditional-formal takes a back seat and e-learning comes to the fore.

When the world capitalist economy changed from being industry driven to being high-technology driven, the proletariat moved away from its vanguard position and was replaced by the knowledge worker who gained importance in the new globalized world. Both of the same species co-existed nevertheless. However, given the new found prominence of the knowledge worker education and training had to move from the brick and mortar mode (of formal classrooms) into the select and click mode (of embedded learning systems). The paper shall now briefly examine this new e-learning system that emerged out of this changed need.

THE E-LEARNING SYSTEM: As was argued above, the exponential growth in economic activity in India in the past decade has warranted simultaneous development of other basic factors conducive to the growth. e-Learning including synchronous online learning is one of the IT-based key tools being increasingly used by the education industry to meet the growing requirements of the economy for quality education and training along with other forms of distributed learning. This paper will briefly examine the need for e-learning in India at a time when the knowledge worker is proliferating. Educationists will have to think in an "upside down fashion" *a la* Handy so that innovation and creativity can flourish and "re-engineer their processes" for optimal utilisation and allocation of resources *a la* Hammer and Champy 1994.

Synchronous education refers to education that simultaneously involves interaction between the teacher and the taught. It is wholly interactive during *real time.* One could therefore call classroom training as off line synchronous education while video conferencing in on line synchronous education. On the other hand, a CD attached to the back cover of a book is a-synchronous learning because it is produced at one point and consumer or used at another point with a substantial *time lag.* The difference between synchronous and a-synchronous learning is *time based,* and since for the knowledge worker time is of the essence, he or she prefers synchronous learning without having to go to class. Hence synchronous e-learning is the best bet for him or her.

The term e-learning comprises a lot more than online learning, virtual learning, distributed learning, networked or web-based learning. As the letter "e" in e-learning stands for the word "electronic", e-learning would incorporate all educational activities that are carried out by individuals or groups working online or offline, and synchronously or a-synchronously via networked or standalone computers and other electronic devices. The various types or modalities of e-learning activity are represented in Table below culled from the work of Romiszowski, 2004. These segments are also briefly treated below.

E-LEARNING MODALITIES

Individualized self-paced e-learning offline	Individualized self-paced e-learning online
Individualized self-paced Group-based e-learning synchronously	Group-based e-learning synchronously

Individualized self-paced e-learning online refers to situations where an individual learner is accessing learning resources such as a database or course content online via an Intranet or the Internet. A typical example of this is a learner studying alone or conducting some research on the Internet or a local network.

Individualized self-paced e-learning offline refers to situations where an individual learner is using learning resources such as a database or a computer-assisted learning package offline (i.e., while not connected to an Intranet or the Internet). An example of this is a learner working alone off a hard drive, a CD or DVD.

Group-based e-learning synchronously refers to situations where groups of learners are working together in real time via an Intranet or the Internet. It may include text-based conferencing, and one or two-way audio and videoconferencing. Examples of this include learners engaged in a real-time chat or an audio-videoconference.

Group-based e-learning a-synchronously refers to situations where groups of learners are working over an Intranet or the Internet where exchanges among participants occur with a time delay (i.e., not in real time). Typical examples of this kind of activity include on-line discussions via electronic mailing lists and text-based conferencing within learning managements systems. e-Learning may alternatively be classified into four categories; from the very basic to the very advanced. The categories are: (*a*) knowledge databases, (*b*) online support, (*c*) Asynchronous training, and (*d*) synchronous training.

Internationally, organizations are devoting "increasing time and energy to online training" as shown in the work of Bonk, 2002 and that of Urdan and Weggen, 2000. As distance-learning technology contracts are announced and new policies are enacted, there is a "growing need for research on distributed learning courses" and programs *a la* Bonk and Wisher 2000. Perhaps the fastest growing aspect of this movement is a blended approach that weaves together "multiple training approaches and technologies" as needed according

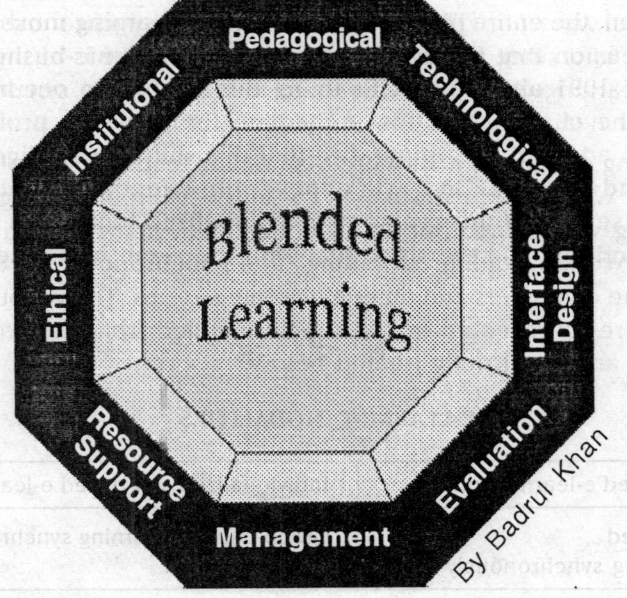

Figure 1: Khan's Octagonal Framework

to Ganzel, 2001. In blended learning, instructors might embed Web-based instruction with live instruction, use the Web to supplement live instruction, or combine segments of a Web course that are self-paced with those that require significant instructor presence and guidance as Bonk, 2002 and Rowe, 2000 have argued. Yet another model would combine opportunities for live Web-based instruction with delayed or a-synchronous on-line instruction as well as face-to-face meetings. Research by Kang 1998, for example, revealed that such "combined approaches" affect student social identity and relationships, team-building, and decision making, as well as the mentoring, scaffolding, and overall role of the instructor.

Khan's Octagonal Framework presented in his 2001 work is used for blending and as shown below, demonstrates that a number of learning methods can be combines to deliver an optimal training mix. This is what the knowledge worker needs and the knowledge environment demands.

Conclusion:

Based on the above discussion, the following observations can perhaps be made:

1. The knowledge worker needs to get hold of (and possibly master) divergent competencies while remaining up to date in his or her knowledge. There is little option therefore except to pursue his or her learning electronically.
2. This e-learning initiative saves cost, time and realised maximum educational advantage with minimal time hassles — something the knowledge worker aspires for.
3. e-Learning is mostly performed on line but for greater effect it could be blended with the off line component. This means (on line) synchronous and (campus based synchronous learning goes arm in arm.
4. It is possible and indeed desirable, to also have an on-line a-synchronous component to supplement the on-line synchronous training-learning program.

For this to happen, the entire philosophy of imparting learning must undergo a sea change of the type and dimension that the socio-political and economic-business environment in a globalised India post–1991 already has. Enabling this change to occur smoothly, the paper opines, is basically the challenge of the immediate future which professional trainers and educationists need to address. It is imperative that this shifting paradigm of learning is taken serious account of and adopted. On it will depend, the effectiveness and efficiency required in various facets and sectors of the economy in a globalized India. This is also where training evaluation becomes critical and we shall deal with the same in the next chapter.

15 EVALUATION OF TRAINING INTERVENTION

(With Satish Bendigiri)

WHY DO WE NEED TO EVALUATE TRAINING?

It helps to determine the results of the training and development program. It helps to determine the cost effectiveness. It ensures that any changes in trainee capabilities are due to the training program and not due to other factors. Creditability of training is greatly enhanced when it is proved that the organization has benefited tangibly from the training programs. The principle behind any evaluation design is that the process must confirm whether or not the training and learning objectives have been achieved and subsequently implemented in an effective manner. Therefore if the training programs are not properly evaluated, there will be no evidence of the success or otherwise of the programs.

Evaluation involves collection of data on: *Participants Satisfaction*, regarding programmes, material and applicability. *Functional Satisfaction*, regarding extent and nature of departmental gain from the programme: *Organizational Satisfaction* to gauge whether or not it was worthwhile.

Evaluation is generally needed to achieve the following purposes: (1) To know increase in productivity and company profit through human perfection by training. (2) To know whether improvement in quality of a company product or service has taken place. (3) Whether existing employees are ready for higher level jobs. (4) Whether there is enhancement in personal growth of the employees and motivation towards their work area has taken place. (5) Whether improvement in organizational climate has taken place. (6) Existing employees require refresher training so as to keep abreast of the latest development in job-operations. (7) To make employees mobile and versatile. They can be placed on various jobs depending on organizational needs. (8) To raise the morale of the employees and maintain the validity of an organization and maintain the employees. (9) Need for enabling employees to do the work in a more effective way to reduce learning time, reduce waste and spoilage of raw material and product quality service and develop their potential.

EVALUATION OF TRAINING

Evaluation of training programmes are actually assessment of various methods and techniques used for imparting training. It identifies weakness of training programmes and thus helps to accomplish closest possible correlation between the training and the job. The question basically arises as to why to evaluate training programme?

The answer provided by evaluation is very much vital for the organizations plan to chalk out strategy in the competitive environment. The criteria could be enhanced output, minimized production time, reduced scrap and wastage, improved quality of output, improved morale, and decline in absenteeism, turnover and accidents, and reduction in overhead. Of all these, productivity undoubtedly forms a crucial aspect for measurement of training for effectiveness. Experimentally a control group which has not acquired the training may be compared with the one which has been trained with a view to determine the impact of training. According to Yoder *et al.* there are several techniques to assess the effectiveness of training programmes. These can be evaluated by discontinuing them using checklists, employing attitude and rating scale, using cost accounting and administering tests and plotting learning curves.

Accountability and decision making are the most cited reasons for evaluating training. Feedback evaluations (or formative evaluations) help monitor the quality of design and delivery of training. They provide information on the effectiveness of the methods used, the achievement of the training objectives, or the appropriateness of management and training design. Decision making evaluations focus instead on the value and contribution of the training for an organization or a project. These evaluations assist managers, team leaders, and donors in making informed decisions regarding training activities. Other types of evaluations are input evaluations and process evaluations. An input evaluation shows how resources were employed and whether they were adequate for achieving the goals of the program. A process evaluation examines why certain objectives were achieved and others were not, and where improvements are needed. There are several evaluation "levels," ranging from simply providing information on participants' reactions to the training — the effectiveness of the instructor, the relevance of the content, the quality of the materials — to measuring the outcomes or results of the training program. Several tools can be used to evaluate training. These include evaluation sheets, questionnaires, and interviews, as well as direct observation of training results in the workplace.

CONCEPT OF TRAINING EVALUATION

Evaluation literally means the assessment of value or worth. It would simply mean the act of judging whether or not the activity to be evaluated is worthwhile in terms of set criteria.

Hamblin (1970) defined evaluation of training as:

Any attempt to obtain information (feedback) on the effects of training programme and to assess the value of training in the light of that information for improving further training.

Validation applies directly to the programme and its immediate results. Validation is defined in terms of internal and external validation. It deals with a series of tests and assessments designed to ascertain whether (*a*) training is carried out in the most efficient and effective manner; (*b*) At the lowest cost; (*c*) with the high implementation value.

- Internal validation focuses on the immediacy of the training and learning resulting in the improvement of the trainee.
- External validation involves a series of tests designed to ascertain whether the objectives of an internally valid programme are based on an accurate identification of training needs in relation to the criteria of training needs in relation to the criteria of effectiveness adopted by the organization.

Formative Evaluation: Evaluators often talk about two different types of evaluations: "formative" and "summative." A formative evaluation is usually conducted in the early stages of a program and addresses questions about implementation and ongoing planning. Used in the classroom as planned. Formative evaluations are useful for various purposes such as (*i*) they may help catch problems early on, while they can still be corrected, (*ii*) They are an evaluation of process, so they may be useful in understanding why different outcomes emerge and improving program management. (*iii*) they provide an opportunity to collect baseline data for future summative (or "impact") evaluations.

Summative Evaluation: Summative evaluations assess program outcomes or impacts. To determine the relationship of different factors to outcomes, similar to formative evaluations, some information used in summative evaluations is collected early in the life of a program (e.g., baseline data, test scores).

Some advantages of summative evaluations include: (*a*) They can, if designed correctly, provide evidence for a cause-and-effect relationship. (*b*) They assess long-term effects. (*c*) They provide data on impacts. (*d*) They can provide data on change across time.

OBJECTIVES OF THE EVALUATION OF TRAINING

Reasons why training should be evaluated rigorously are mainly (*i*) to find out where the desired expectations (goal) are and are not being met, (*ii*) To make the training environment more supportive of learning, (*iii*) To revise and redefine the course to make it more effective, (*iv*) to identify and reduce workplace constraints that inhibits transfer, (*v*) to prove that training does not cost, (*vi*) To win commitment and support of training by management, (*vi*) to give instructors and course developers feed-back to help them improve, (*vii*) To justify and perhaps enlarges the training budget, (*viii*) To influence future decisions like on what kind of course to run, and (*ix*) to manage the training function more professionally.

THEORIES OF TRAINING EVALUATION

Saks studied the relationship between training and outcomes for newcomers. A sample of 152 newly recruited entry level professionals completed a questionnaire after the first 6 months of socialization. Supervisor rating of job performance were obtained 4 months later. The result indicated that the amount of training received by newcomers was positively related to job satisfaction, commitment, ability to cope and several measures of the job performance, newcomers perceptions of training were positively related to job satisfaction.

Huselid studied the impact of high performance work practice by using survey data on 968 firms. The survey completed in 1992 by senior human resource executive in the firm and solicited information about the firm's 1991 human resource policies, including the average number of hours of training received by the typical employee for the last 12 months. Huselid grouped the companies HR policies in two categories, the employee skills and organizational structure with employee motivation. It was found that organizational structure and employee skills were important for the rate of return on capital. Each one standard deviation increase in high performance and work practices increased cash flow by $43,814 and raised the company's market value by $418,641.

Manpower requirement in tourism sector indicates that the training programmes need modification to suit the requirement of operational skills. The need for infrastructure to create trained manpower requires finding out how to upgrade existing hotel management institutes and whether to set up new hotel management institutes or food craft institutes. Need for suggestions of measures to upgrade training courses that provide higher level of skills is required.

Colligan and Cohen reported the benefits of the training showing how training objectives are met such as increased hazard awareness among the worker who are at risk of health hazards. Knowledge of safe working practices reduces the work-related accidents and improves workplace safety. Lack of safety training may result into workplace hazards which may cost the company even more in terms of lost man-hours. In their reports, the authors concluded how training resulted into reduced injury, reduced time for work, and reduction in the medical costs. Training outcomes were successful which were supported by management decision in supporting the safety training, whatever may be the job site. The issue is not so much whether training is worthwhile but the factors beyond the training process which can make great impact.

Jacobs and Washington studied the effects of formal training courses. During his study, he examined the work setting characteristics and the work outcomes. He used questionnaires to be completed anonymously by large sample of managerial and professional categories. All were the employees of one large single firm. Study findings indicated that training courses have tangible benefits in several important areas of perception and job satisfaction. The participation in both external and internal training programs were beneficial to the organization as well as individually. Employees who had a perception of greater value in their formal courses were more satisfied with their present jobs and felt comfortable about the firm as compared to other places where they could work. Thus these employees were less likely to leave the firm. Interestingly enough, the work setting also showed positive result as employees described the firms cultural value more positively, they rated the competence of their colleagues more highly, they indicated greater opportunities for on the job development and continuous learning, said that they participated in more training courses and found it very valuable for gaining skills and knowledge.

Perdue *et al.* assessed the relative effectiveness of alternative training methods in private clubs across US. He used an e-mail questionnaire and collected data from random sample of 123 private club managers from across USA. The result indicated that one-to-one training method is considered the preferred method for all the objectives of training except for the objective of interpersonal skill development. The use of video ranked as the fifth best training method. Audio conferencing, paper and pencil, program instruction, audio tapes, computer conferencing, self-assessments were considered least effective training methods.

Harris examined the opinions of a sample of American directors of human resource as well as of training about their training methods and the quality of these methods. The result indicated that classroom training method was most used and useful. One on one and on the job training method was mostly preferred by smaller firms. The most preferred method was videotapes regardless of company size. The main barrier for using computer technology was high cost and obsolescence of computer technology. The author concluded by suggesting that computer-based technology and multi-media should be used for saving time and money.

Klink and Streumer examined the effectiveness of on the job training and some possible factors that clarify effectiveness of two samples taken from two Dutch companies. The first sample was from 36 sales staff working in a telephone company. They were being trained to improve the quality of telephone sale call so as to increase the telephone sales. The second sample consisted of 45 new counter clerks of post offices, who were trained on how to behave and function independently at the post office counter. The results indicated higher level of effectiveness for telephone sales staff than counter clerks. The perception of telephone sales staff about the managerial support and their own experience as sales staff added to the high level of effectiveness. In case of counter clerks, the work place atmosphere and their own efficiency was the main variable to determine the effectiveness of the training.

Mann and Robertson studied trainees' reaction and know ledged acquired in order to find out the effectiveness of the training programme. Sample of about 29 trainees who were part of 3-day e-mail and internet training programme held in Switzerland. Each participant was asked to fill up a questionnaire before training, at the end of the programme, and after a month of the programme. The results showed that trainees increased their knowledge. The positive attitude shown during training is not the sole indicator of actual work performance. Attitude and reaction measures were not linked to later performance. Therefore the authors advocate that such measures should be used with care for evaluating training programs.

Hashim had observed 262 training institutes in Malaysia to identify training evaluation practices. The result indicated that training institutes used different methods including trainees' feedback, observation, interviews, and performance analysis and training reaction forms. Most used form of evaluation was trainee reaction.

A study made by Kunaviktikul found that the training outcomes were of immense help for trainees, clients, and organization. Trainees enhanced their knowledge, practical skill and attitude. Training did achieve its objectives. In this case, outcomes were measured immediately after the training programme. The follow-up evaluation were few. It was found out that the communication skill increased as well as there was considerable decrease in the stress level. Willingness to work as well as sustainability of the knowledge and skills was also achieved.

The observation made by Currie regarding effectiveness of training, indicated that the learning was more effective when the trainees applied the concepts and the techniques in suitable ways. The learning cycle used in structured sessions brings good results. Trainer should use different ways and techniques to encourage learning, use self-assessment methods to encourage group activities, and use case methods to promote analysis skills. Learning becomes effective when learners feel that they are not criticized and can apply the skills learned back at their workplace. Trainer should guide, direct, lead, coach, and encourage become an facilitator and not a instructor. Mistakes should be considered as learning steps and adult to adult relationships should be developed. It was suggested that induction programme should take place where trainees, trainer and participants' managers take part in order to solve the difficulties about the confidence and promises.

When Putra investigated service training programme at four big hotels in Sydney, Australia he advocated the importance of linking training activities with the organizations' bottom line connecting with strategic HRM objectives. The major part of the research was concerned with the usefulness of Kirkpatrick model of evaluation, which identifies evaluation at the reaction of training, learning of the trainees, behaviour of the trainees and the final results. A participants' reaction was requested to ensure whether training provided was in line with the workplace, the course contents were applicable to the job specifications, whether it helped to do the job better, and whether the trainer was able to motivate to learn. The findings showed that trainees perceived the training programme as relevant to the hotel work environment. The trainees confirmed that they were benefited by the training as they applied the knowledge back at the workplace. There was an interesting finding that some of the junior level trainees stated that lack of managerial support was a hindrance in transferring the learning at the workplace. Thus the research suggested that after training, the more encouragement the trainees receive, the more successful it becomes in achieving the bottom line results.

Hamblin defined evaluation of training as any attempt to obtain information on the effects of training programme and to assess the value of the training in the light of that information. He described evaluation as a training aid and identified four levels of evaluation. They are- the reaction level-the learning level-the job behaviour level and the functioning level. Williams defined evaluation as the assessment of value or worth. He observed that value is a rather vague concept, and this has contributed to the different interpretations of the term evaluation.

Rackham offered perhaps the most amusing and least academic definition of evaluation, referring to it as a form of training archaeology where one is obsessively digging up the past in a manner unrelated to the future.

Stufflebeam defined evaluation as a study designed and conducted to assist some audience to assess an object's merit and worth. He came out with a method of evaluation known as CIPO which stands for Context, Input, Process, and Product Evaluation, which he presented at the 2003 Annual Conference of the Oregon Program Evaluators Network (OPEN).

Stufflebeam further argued that the model's core concepts are denoted by the acronym CIPP, which stands for evaluations of an entity's context, inputs, processes, and products. Context evaluations assess needs, problems assets, and opportunities to help decision makers define goals and priorities and help the broader group of users judge goals, priorities, and outcomes. Input evaluations assess alternative approaches, competing action plans, staffing plans, and budgets for their feasibility and potential cost-effectiveness to meet targeted needs and achieve goals. Decision makers use input evaluations in choosing among competing plans, writing funding proposals, allocating resources, assigning staff, scheduling work, and ultimately in helping others judge an effort's plans and budget. (We tend to see input evaluation as the most neglected, yet critically important type of evaluation.) Process evaluation assesses the implementation of plans to help staff carry out activities and later help the broad group of users' judge program performance and interpret outcomes. Product evaluations identify and assess outcomes — intended and unintended, short term and long term—both to help a staff keep an enterprise focused on achieving important outcomes and ultimately to help the broader group of users gauge the effort's success in meeting targeted needs.

Holli and Calabrese defined evaluation as comparisons of an observed value or quality to a standard or criteria of comparison. Evaluation is the process of forming value judgments about the quality of programs, products, and goals.

Boulmetis and Dutwin (2000) defined evaluation as the systematic process of collecting and analyzing data in order to determine whether and to what degree objectives were or are being achieved.

Burke (1969) in an attempt to determine the impact of 33 hours of human relations training on the managerial attitudes and beliefs of 57 students of School of Business Administration (Midwestern State University) used social reaction inventory, Machiavellian scale and semantic differential scale. The concepts covered were in semantic differential scale were listening, creativity, openness, conflict, trust, etc.

Thorley (1969) published a report on using microscopic measurement when he evaluated in-company management training programme in Britain. He gathered responses from 234 managers by asking a question, in what way do you expect the course to improve your job performance? The areas of application answered were, new techniques, financial control, cooperation, decision making, staff development, attitude towards job, etc. To assess the usefulness of the course, the managers were interviewed after 6 months to find out their subordinates' (who had attended the training course) reflected changes in job behaviour. Fifty percent replied that there were positive changes and none reported any adverse effect of the training course on the job.

Fast (1974) worked out an evaluation form for quantitatively measuring the programme effectiveness. The form contained a list of objectives defined by a participant in the beginning of course. At the end of the programme, degree of importance was attached by the participant on each objective by spreading 100 points between them. Likewise degree of fulfilment of these objectives was to be indicated by considering the following numerical scale 0-poor, 1 to 2 =satisfactory, 3 to 4 - below average, 5-average, 6-above average, 7-good, 8-very good, 9 to 10=excellent. By multiplying both the indices the indicator of objective fulfilled is derived. Sum total of these indices would reveal overall programme effectiveness. It was found out that using such procedure in combination with written evaluation worked very well. This measurement was done in about 19 training programmes participating around 300 people in the industry.

Swanson and Sleezer (1987) developed and pilot tested a practical training effectiveness evaluation (TEE) system that could be applied to any training programme in industry. TEE consisted of three major elements (1) an effective evaluation plan to assess whether the training programme produced the desired results, (2) tools for measuring training effectiveness in terms of satisfaction, learning, and performance, (3) evaluation report containing organization performance need, performance goals, narrative summarizing effectiveness of training, an evaluation summary, and an improvement proposal. TEE provided tools for planning evaluations, gathering the effectiveness information, and reporting the information. Through systematic analysis and reporting of effective evaluations, training managers can ensure that their programmes contribute to their organizations bottom line.

Ray and Dolke attempted a study to evaluate a supervisory training programme in textile technology conducted in Ahmedabad to progress and revive the technical knowledge and problem solving skills of supervisors. Open-ended interview schedules were used. At the same time-structured interviews were held to evaluate the effect of training. The subject matter tests were conducted. Post-test experimental design was also used. First, the experience of the trainees was gathered and then secondly when they actually started performing the job, after the training. This was to know the retention of the training. It was concluded that the experimental trainee group performed better in all the aspects.

Premila Seth and Veermani (1990) defined evaluation as an attempt to obtain information on the planning of a training, the conduct of the training and feedback on the application of learning after the training so as to assess the value of the training. This evaluation finding may be used for a variety of purposes.

Walker (1972) developed a unit of instruction planning of change for facilitating transfer of learning on the job by participants. He attempted to develop a better approach to the problem of meaningful result centred evaluation and to bridge the gap between training and on the job performance. Six months follow-up and 16 months follow-up was made. The various tests that were used were entitled as *career motivation programme to change behaviour*, *evaluation of training checks sheets, and questionnaires,* etc.

Eitington (1984) advocated that the participants' reaction might be obtained by various group in action devices including self-appraisal, circular whip, fish bowl. Movement, individual critique and group critique. Observation, review of proposed action plans, and attitude surveys may be employed for judging learning. Transfer of learning can be found out by observing implemented action plans and supervisory reports. Reports on productivity, sales, costs, and turnover are indications of impact of learning on organizational effectiveness.

Sullivan *et al.* (1988) believes the use of performance tests for either process or product or both type of assessments. In the process assessment the evaluation will be based on (*a*) whether the correct steps were followed? (*b*) Were the steps performed in right order? (*c*) Whether the learner completed the task in-time? (*d*) Was the learner conscious of safety norms?

In case of product measurement, the evaluator can check the final outcomes. Erikson (1990) had developed certain criteria for evaluating the training results viz., whether trainees retain information given in the course, whether course objectives are achieved, whether trainees' level of knowledge has increased, whether trainees' retention of knowledge taught in the course varies, depending on the ability of the instructor.

Peter Bramley (1996) defined evaluation as *the process of establishing the worth of something*. The worth herein means the value, merit or excellence of the thing, is actually someone's opinion. Evaluation of training is a process of gathering information with which to make decisions about training activities. It is important that it is done carefully so that decisions can be based upon sound evidence. Good decisions to introduce retain or discard particular training activities can make a major contribution to the well being of the organization. He suggested the following methods of evaluation:

(I) Impact analysis — At the pre-training stage, the stakeholders conducted a workshop to arrive at the ultimate outcome of training intervention. Evaluation after a year showed the results such as — positive movement in the profitability, reduction in the recruitment of technical staff, introduction of new training programmes.

(II) (*i*) Aspects of organizational effectiveness. Here Peter Bramley used the following criteria: (*a*) achieving organizational targets, (*b*) attracting resources, (*c*) satisfying interested parties, (*d*) streamlining internal processes.

Researches by the American Society of Training & Development (ASTD) disclosed that the actual practice of evaluation did not often follow the strict recommendations of evaluation literature. Most of the training managers who participated in ASTD research efforts believed that the concerned efforts should be made to increase the practice of employee training evaluation.

Other theorists have also suggested models which are similar to Donald Kirkpatrick's but rather different approach was suggested by Warr *et al.* (1970). They also suggested four levels, the first letter of each level forms an acronym CIRO, that is (1) Context evaluation, (2) Input evaluation, (3) Reaction evaluation, and (4) Outcome evaluation.

Reaction evaluation has the same meaning in both Kirkpatrick and CIRO. Outcome evaluation is further subdivided into three levels, corresponding to Kirkpatrick's last three levels. Context evaluation refers to obtaining information on the operational aspects. This will be used to decide training needs and objectives. Objectives are set at three levels i.e. *immediate, intermediate,* and *ultimate*. Immediate is concerned with knowledge, skill and attitude (KSAs) desired at the end of training; intermediate is related to changes in job performance, and ultimate are the desired changes in the organization.

This view of evaluation is much broader than Kirkpatrick. It sees evaluation as a continuous process, starting with identifying training needs and closely interlaced with training process.

Based on the various literature reviews on training evaluation and definition of evaluation, the Kirkpatrick Model was the most frequently reported model of evaluation.

In 1952, Donald Kirkpatrick (1996) conducted doctoral research to evaluate as supervisory training program. Kirkpatrick's goal was to measure the participants' reaction to the program, the amount of learning that took place, the extent of behaviour change after participants returned to their jobs, and any final results from a change in behaviour achieved by participants after they returned to work. From Kirkpatrick's doctoral research, the concept of the four Kirkpatrick measurement levels of evaluation emerged. While writing an article about training in 1959, Kirkpatrick (1996) referred to these four measurement levels as the four steps of a training evaluation. It is unclear even to Kirkpatrick how these four steps became known as the Kirkpatrick Model, but this description persists today (Kirkpatrick, 1998). As was reported in literature, this model is most frequently applied to either educational or technical training. Donald L. Kirkpatrick, Professor Emeritus, University of Wisconsin (where he achieved his BBA, MBA and PhD), first published his ideas in 1959, in a series of articles in the *US Training and Development Journal*. The articles were subsequently included in Kirkpatrick's book Evaluating Training Programs (1975 and since revised), published by the American Society for Training and Development (ASTD), for whom Kirkpatrick previously served as president and with whom he maintained strong connections. Donald Kirkpatrick has written several other significant books about training and evaluation.

Donald Kirkpatrick's 1975 book *Evaluating Training Programs* defined his originally published ideas of 1959, thereby further increasing awareness of them, so that his theory has now become the most widely used and popular model for the evaluation of training and learning. Kirkpatrick's four-level model is now considered an industry standard across the HR and training communities. The four levels of training evaluation model was later redefined and updated in Kirkpatrick's 1998 book, named *Evaluating Training Programs: the Four Levels.*

The four levels of Kirkpatrick's evaluation model essentially measure:

- Reaction of trainees — what they thought and felt about the training.
- Learning — the resulting increase in knowledge or capability.
- Behaviour — extent of behaviour and capability improvement and implementation/ application.
- Results — the effects on the business or environment resulting from the trainee's performance.

All these measures are recommended for full and meaningful evaluation of learning in organizations, although their application broadly increases in complexity, and usually cost, through the levels from levels 1–4. In his 1994 book "Evaluating Training Programs: the Four Levels", Kirkpatrick suggests that the effort and overheads required to evaluate at successively higher levels requires a growing amount of effort and resource, so it is perhaps easier and cheaper to evaluate at Level 1 but this is unlikely to be the case at Level 4. This is the argument (made by Kirkpatrick himself) for evaluating some 95 per cent of training at Level 1 but perhaps only 5–10 per cent of training at Level 4.

Phillips (1991) stated the Kirkpatrick Model was probably the most well known framework for classification of areas of evaluation. This was confirmed in 1997 when the American Society for Training and Development (ASTD) assessed the nationwide prevalence of the importance of measurement and evaluation to human resources department (HRD) executives by surveying a panel of 300 HRD executives from a variety of types of US organizations. Survey results indicated the majority (81 per cent) of HRD executives attached some level of importance to evaluation and over half (67 per cent) used the Kirkpatrick Model. The most frequently reported challenge was determining the impact of the training (ASTD, 1997). *Lookatch* and ASTD reported that only one in ten organizations attempted to gather any results-based evaluation.

PERCENTAGE USE OF THE KIRKPATRICK MODEL

Bassi *et al.* (1996) discovered that 96 per cent of companies surveyed used some form of the Kirkpatrick framework to evaluate training and development programs. McMurrer *et al.* (2000) surveyed the American Society for Training and Development Benchmarking Forum to determine what percentage each of Kirkpatrick's four levels are used in organizations:

Level 1: 95% Level 2: 37% Level 3: 13% Level 4: 3%

Twitchell *et al.* (2000) performed a meta-analysis of studies performed in the last 40 years. Their research indicates the following ranges for the use of Kirkpatrick's four levels:

Level 1: 86–100% Level 2: 71–90% Level 3: 43–83% Level 4: 21–49%

Kirkpatrick's first level of measurement, reaction, is defined as how well the trainees liked the training program. The second measurement level, learning, is designated as the determination of what knowledge, attitudes, and skills were learned in the training.

The third measurement level is defined as behaviour. Behaviour outlines a relationship of learning (the previous measurement level) to the actualization of doing. Kirkpatrick recognized a big difference between knowing principles and techniques and using those principles and techniques on the job. The fourth measurement level, results, is the expected outcomes of most educational training programs such as reduced costs, reduced turnover, and absenteeism, reduced grievances, improved profits or morale, and increased quality and quantity of production (Kirkpatrick, 1971).

Numerous studies reported use of components of the Kirkpatrick Model; however, no study was found that applied all four levels of the model. Although level one is the least complex of the measures of evaluation developed by Kirkpatrick, no studies were found that reported use of level one as a sole measure of training.

One application of the second level of evaluation, knowledge, was reported by *Alliger and Horowitz (1989* in this study the IBM Corporation incorporated knowledge tests into internally developed training. To ensure the best design, IBM conducted a study to identify the optimal test for internally developed courses.

Four separate tests composed of 25 questions each were developed based on 10 key learning components.

Four scoring methods were evaluated including one that used a unique measure of confidence. The confidence measurement assessed how confident the trainee was with answers given. Tests were administered both before and after training. Indices from the study assisted the organization to evaluate the course design, effectiveness of the training, and effectiveness of the course instructors. The development of the confidence index was the most valuable aspect of the study. Alliger and Horowitz stated that behaviour in the workplace was not only a function of knowledge, but also of how certain the employee was of that knowledge.

Two studies were found that measured job application and changes in behaviour (level three of the Kirkpatrick Model). British Airways assessed the effectiveness of the Managing People First (MPF) training by measuring the value shift, commitment, and empowerment of the trainees (*Paulet and Moult, 1987).* An in-depth interview was used to measure the action potential (energy generated in the participants by the course) and level of action as a result of the course. A want level was used to measure the action potential and a do level for the action. Each measurement was assigned a value of high, medium, or low. However, high, medium, and low were not defined. The study showed that 27 per cent of all participants (high want level and high do level) were committed to MPF values and pursued the programs aims/philosophy. Nearly 30 per cent of participants were fully committed to the aims/philosophy of MPF although they did not fully convert commitment to action (high want level and medium and low do level). Approximately one-third of the participants (29 per cent) moderately converted enthusiasm into committed action (medium and low want level and medium and low do level). But 13 per cent remained truly uncommitted (low want level and low do level).

Behavioural changes (level three of the Kirkpatrick Model) were measured following low impact Outdoor-Based Experiential Training with the goal of team building (OBERT) (*Wagner and Roland, 1992).* Over 20 organizations and 5,000 participants were studied. Three measures were used to determine behavioural changes. First measure was a questionnaire completed by participants both before and after training. The second measure was supervisory reports completed on the functioning of work groups before and after training. The third measure was interviews with managers, other than the immediate supervisor, to obtain reactions to individual and work-group performance after an OBERT program. Results reported showed no significant changes in behaviour.

After 40 years of using the classic Kirkpatrick Model, several authors have suggested that adaptations should be made to the model. Warr, *et al.* (1999) evaluated a 2-day technical training course involving 123 motor-vehicle technicians over a 7-month period in a longitudinal study using a variation of the Kirkpatrick Model. The main objective of this study was to demonstrate that training improved performance, thereby justifying the investment in the training as appropriate. Warr *et al.* (1999) suggested that the levels in the Kirkpatrick Model may be interrelated. They investigated six trainee features and one organizational characteristic that might predict outcomes at each measurement level. The six trainee features studied were learning motivation, confidence about the learning task, learning strategies, technical qualifications, tenure, and age. The one organizational feature evaluated was transfer climate which was defined as the extent to which the learning from the training was actually applied on the job.

Warr *et al.* (1999) examined associations between three of the four measurement levels in a modified Kirkpatrick framework. Warr *et al.* (1999) combined the two higher Kirkpatrick measurement levels, behaviour and results, into one measurement level called job behaviour. The three levels of measurement included were reactions, learning, and job behaviour. Trainees (all men) completed a knowledge test and a questionnaire on arrival at the course prior to training. A questionnaire was also completed after the training. A third questionnaire was mailed 1 month later. All questionnaire data were converted into a measurement level score. The reaction level was assessed using the data gathered after the training that asked about enjoyment of the training, perceptions of the usefulness of the training, and the perceptions of the difficulty of the training. The learning level was assessed using all three questionnaires. Since a training objective was to improve trainee attitude towards the new electronic equipment, the perception of the value of the equipment was measured at the second level of learning. Because experience or the passage of time impacts performance, these researchers measured the amount of learning that occurred during the course. Change scores were examined between before training and after training data. Warr *et al.*(1999) derived a correlation between change scores and six individual trainee features such as motivation. Individual trainee features appeared correlated with both pre-test and post-test scores and could predict change in training. Job behaviour, the third measurement level, was evaluated using the before training questionnaire results as compared to the data gathered 1 month after training. Multiple regression analyses of the different level scores were used to identify unique relationships. Warr *et al.* (1999) reported the relationship of the six individual trainee features and one organizational feature as predictors of each evaluation level. At Level 1, all reaction measures were strongly predicted by motivation of the participants prior to training. At Level 2, motivation, confidence, and strategy significantly predicted measures of learning change. Learning level scores that reflected changes were strongly predicted by reaction level scores. Findings suggested a possible link between reactions and learning that could be identified with the use of more differentiated indicators at the reaction level. At Level 3, trainee confidence and transfer support significantly predicted job behaviour. Transfer support was a part of the organizational feature of transfer climate. Transfer support was the amount of support given by supervisors and colleagues for the application of the training material. Warr *et al.* (1999) suggested that an investigation into the pre-test scores might explain reasons for the behaviour and generate organizational improvements.

Abernathy (1999) admitted quantifying the value of training was no easy task and mentions about Donald J. Kirkpatrick's Level 4 model. He first published a series of articles in 1959, describing a four-stage evaluation model reaction, learning, behaviour, and results — and he and others have been refining it ever since. Abernathy (1999) quotes Kevin Oakes of Asymetrix Learning Systems who sums up the Kirkpatrick levels this way:

Level 1: Smile-sheet evaluation. *Did you like the training?*

Level 2: Testing. *Did you understand the information and score well on the test?*

Level 3: Job improvement. *Did the training help you do your job better and in- crease performance?*

Level 4: Organizational improvement. *Did the company or department increase profits, customer satisfaction, and so forth as a result of the training?*

Another adaptation of the Kirkpatrick Model was developed by Marshall and Schriver *(1994)* in work with Martin Marietta Energy Systems. Marshall and Schriver suggested that many trainers misinterpreted the Kirkpatrick Model and believed that an evaluation for knowledge was the same as testing for skills. Because skills and knowledge were both included in level two of the Kirkpatrick Model, evaluators assumed skills were tested when only knowledge was tested. As a result, Marshall and Schriver recommended a five-step model that separated level two of the Kirkpatrick Model into two steps. The five-step model included the following:

Measures of attitudes and feelings, paper and pencil measures of knowledge, performance demonstration measures of skills and knowledge, skills transfer, behaviour modification measured by job observation, Organizational impact measurement of cost savings, problems corrected, and other outcome measures. However, only the theory of the model was presented in the article; no application of this model was found.

Bushnell (1990) also created a modification to the Kirkpatrick Model by identifying a four-step process of evaluation. Bushnell's model included evaluation of training from the development through the delivery and impact.

Step 1 : This involved the analysis of the system performance indicators that included the trainee's qualifications, instructor abilities, instructional materials, facilities, and training dollars.

Step 2: : This involved the evaluation of the development process that included the plan, design, development, and delivery.

Step 3 : This was defined an output which equated to the first three levels of the Kirkpatrick Model. This step involves trainees' reactions, knowledge and skills gained, and improved job performance.

Step 4 : Bushnell separated outcomes or results of the training into the fourth step. Outcomes were defined as profits, customer satisfaction, and productivity. This model was applied by IBM's global education network, although specific results were not found in the literature. With the advancement of training into the electronic age and the presentation of training programs electronically, evaluation of these types of programs is also necessary. However, much of the literature described evaluation of electronic-based training programs formation rather than evaluation of the training effectiveness. Two applications of effectiveness evaluation were found.

Evaluation of the training deals broadly with four questions: (*a*) whether a training programme has actually brought about the desired modification in behaviour or not? (*b*) whether training has demonstrable effect on the performance of the task or achievement of organizational goals? (*c*) whether present methods of training are the superior one to achieve the desired results? (*d*) whether the cost of training is proportionate with achievements in the performance.

Evaluation also refers to reaction of the participants as to how they found the training program. This is usually done at the end of the last session where participants are asked to fill out the form the form contains information on the objectives of the programme and how well they were achieved during the training period. It also seeks information on the content material presentations, trainers' qualities, and relationship with other participants.

Evaluation of training effectiveness is most critical phase. It aims at assessing the quality of training imparted and based on the findings the future changes in the training programs is also foreseen. The effect of training on the performance of the people to achieve organizational goals and objective is difficult to measure because performance is a function of complex forces and motives (Mirza & Saiyyadain 1988).

The training effectiveness deals with the issue that whether formal training programmes contribute to the development of job-related skills which ultimately lead to greater effectiveness. Mehta (1970) points out that the training effectiveness is dependent on two considerations. Firstly, trainers are fully responsible for training activities. If the employees do not show the result, the trainer shall be accountable. Secondly, training *per se* is not an answer to the problem. Training effectiveness depends on the kind of atmosphere and culture prevalent in the organization.

It may be pointed out here that the qualitative and quantitative improvement in the output is difficult indicator. Changes in the output depend on numerous variables, some known and others unknown. At a given time evaluating the effectiveness of training is a very slippery proposition. Because of this some researchers' have tried to test the effect of the training on performance by the use of control group where two matched groups are identified and their performance is measured before and after training. Of these two groups one group takes training and the other does not. Changes in the performance in the post training are taken as indicators of learning.

Jain (1985) collected data on 119 managers in the steel industry who had attended in company training programmes. A questionnaire was administered and their responses were tallied. A majority of the respondents were found to be satisfied with the instructors, the size of the training group, the training material, and training equipments. All but one felt that training contributed to a large extent in developing their knowledge, skills and attitudes.

Yet, two studies suggest some opposite findings. Bannerji (1981) collected data on supervisors who underwent training in an Indian engineering company. They were given a checklist. The responses indicated that the inputs on industrial relations had little impact on their effectiveness. However, most of them felt that training improved their self confidence, motivation, identification with the management goals and communication ability. In another study, Maheshwari (1981) collected data on 999 respondents from banking institutions. Although managers found the training programme less effective with respect to their contributions to job performance, they agreed that the formal training is useful.

In a supervisory development programme, Sinha (1984) asked the participants before the commencement of training programme to write what qualities, in their opinion, should supervisor must have, and rate them on a scale of 1 to 10. The results of the study suggest that training can show visible and effective results and that depending upon the nature of the training participants could be helped upon improving existing qualities and develop new ones.

Sikka (1985) suggests two models to evaluate training effectiveness. First is the expectations achievements model consisting of matching post-training achievements with pre-training expectations of the boss, peers, the subordinates, and trainee himself. The second is the experimental control group model wherein a group of employees who have gone through training is compared in terms of their performance with those who have not. The models are useful in generating comparative data to judge if training has really made an impression.

To conclude: Evaluation, in simple terms, may be defined as the assessment of value or worth of an activity in terms of some criterion of value in the light of the available information. In the field of training, the meaning of evaluation has been broadened to cover not only the measurement of value of a training programme but also the collection and analysis of the information facilitating the assessment. Learning is basically a process of subjective improvement which has to be expressed through consistent objective parameters to substantiate thal learning has taken place in a person. This suggests that the worth of training can be assessed provided information on the total situation like the learning programme and its logistics, learning process, its conduct and application of learning in real life situations, is available. Evaluation of training therefore, includes appraisal, investigation, review, or measurement of all such activities and efforts to ensure its effectiveness and it is conducted before, during and after training. These three types of information disclose three situations of training and help in finding its effect. In summary, evaluation can be defined as an analytical process involving the collection of data of all (or some) phases of the training programme and finishing in the combination of a report containing recommendations about the training program being evaluated. The overall aim of evaluation is to influence decisions about the need for the program in the future; the need for modifications to the program; and the need to provide cost/benefit data about the program. Therefore, evaluation can be said to have at least seven purposes:

1. To confirm needs assessment tools and methods.
2. To confirm or revise answer alternative.
3. To confirm or revise training strategies.
4. To determine trainee/trainer reactions.
5. To assess trainee acquisition of knowledge and attitudes.
6. To assess trainee performance.
7. To determine whether organizational goals are met.

Training is about changing the people. The process of setting objectives defines what changes we intend to make, and make possible the assessment of those changes. Determining whether or not the training has been effective and worthwhile is difficult, but number of methods have been developed to make this exercise possible and to find out evaluation strategies. The strategies and usefulness of training evaluation was demonstrated in the studies made by many authors. The Kirkpatrick Model was assessed as a valuable framework designed with four levels of measure to evaluate the effectiveness of training.

The popularity of the Kirkpatrick Model was demonstrated by the 1997 ASTD survey results; however, few studies showing the full use of the model were found. Kirkpatrick (1998) recommended that as many as possible of the four levels of evaluation be conducted. In order to make the best use of organizational resources of time, money, materials, space, equipment, and manpower, continuous efforts are needed to assess all levels of effectiveness of training programs. Trainers from all disciplines should develop evaluation plans for training and share the results of these methods.

Since the **Kirkpatrick Model** of Evaluation is perhaps the most well known and commonly used some more space must be devoted to its discussion. Evaluation of training as we saw above, must include a study of Reaction, Learning, Behavior and Organizational Results. Donald Kirkpatrick's *Four Level Evaluation Model* that was first published in a series of articles in 1959 in the *Journal of American Society of Training Directors* (now known as T+D Magazine). The series was later compiled and published in a book, *Evaluating Training Programs* in 1975. While Kirkpatrick has written a number of books on the subject, his best known work is the 1994 edition of *Evaluating Training Programs*.

The four levels of evaluation consists of (Kirkpatrick, 1994):

- Reaction — how the learners react to the learning process.
- Learning — the extent to which the learners gain knowledge and skills.
- Behavior — capability to perform the learned skills while on the job.
- Results — includes such items as monetary, efficiency, moral, etc.

Reactions are studied through Questionnaires. What the questionnaire seeks is (a) Degree of satisfaction with trainer, training methods, content of training, and material supplied, environment and comfort, and Relevance. Based on this a decision is taken on what aspects to include or delete. What the guidance achieves as a result of the evaluation is fine tune learning, apply learning to job and create zeal to improve. HRD professionals should assess trainees' reactions several months after the programme to determine how relevant trainees felt the training was to their jobs.

Learning at this level the HRD expert assesses the learning that has taken place, the degree to which the trainees have mastered the concepts, knowledge, and skills. This is usually measured through paper–pencil tests, on-line tests, performance tests, and simulation exercises. These tests are used to measure: (*i*) Level of understanding, (*ii*) Level of Knowledge Impact, and (*iii*) Level of Applicability Ideally, trainees should be tested on their level of understanding before and after training to determine the effects of training on their knowledge. It is imperative that the instrument or method used to measure pre-training and post-training behavior must be the same.

Behaviour: This evaluation involves testing the students capabilities to perform learned skills while on the job, rather than in the classroom. Level three evaluations can be performed formally (testing) or informally (observation). It determines if the correct performance is now occurring by answering the question, "Do people use their newly acquired learnings on the job?"

Organizational Results: The purpose of collecting organizational results is to examine the impact of training on the work group or entire company. This is to determine impact of training on individual role fulfillment, work group performance, and meeting company targets. So HRD managers seek pre-training and post-training data on: (*i*) productivity (*ii*) grievance (*iii*) discipline and diligence, (*iv*) wastage and employee turnover, (iv) willingness to experiment, (*v*) quality of work, (*vi*) willingness to learn further, (*vii*) absenteeism, (*viii*) sales volume, and (*ix*) customer satisfaction.

An ideal evaluation should address two questions: (*a*) whether change has taken place in the desired criteria or not, and (*b*) Whether this change can be attributed to the training programmes or not. The four levels — Reaction, Learning, Behaviour, and Results actually fit together has be explained pictorially below (Gilbert 1968).

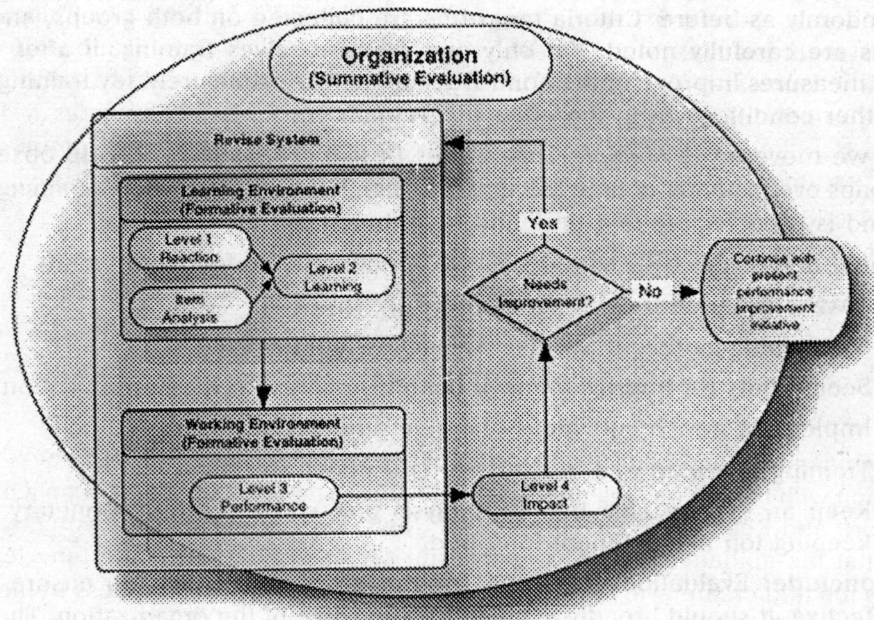

EVALUATION DESIGNS

Most commonly used designs for evaluation are:

1. **One-shot Post-Test-Only Design.** This involves three aspects: (*a*) Evaluation as afterthought. (*b*) Any one of the four types of criteria is used. (*c*) Change cannot be measured.

   Training ———— Measure

2. **One Group Pre-Test Post-Test Design.** In this method (*a*) some planning is involved. (*b*) It can assess whether change has occurred (*c*) But cannot attribute change to training

   Measure ——— Training ——— Measure

Our research demonstrates that both these methods are prevalent in companies where HRD has little influence on top management. So are advice is to try to avoid them as possible.

A more systematic method of Evaluation to our mind is *Post-Test-Only Control Group Design.* Here two groups are used and individuals are randomly chosen. Random selection helps to equalize and reduce bias and it is used when quick results are needed to pilot test an intervention. Then a comparison is made thus

Group A Training ——— Measure

Group B No Training ——— Measure

The HRD expert must ensure that implements, environment, tools, resources, incentives, timings, and targets for both groups A and group B must be the same. If successful, group B must be trained later.

Yet another method is the *Pre-Test Post-Test Control Group Design.* Both groups are chosen randomly as before. Criteria measures are collected on both groups, and compared. Differences are carefully noted. Yet only one group receives training. If after task is over, compared measures improve in the control group then we can surely say training contributed to it. All other conditions as in the other test remain.

Now we move on to *Multiple Time Series Design.* This allows HRD to observe changes in both groups over a period of time (several months). It is preferred when a training intervention is novel and is used for the first time and no benchmarks are available.

It would help if the HRD expert were to remember the following points.

1. Always evaluate training so as to justify your role.
2. Share findings openly so that colleagues feel involved.
3. Seek inputs for improvement of content, context and communication.
4. Implement new inputs/ideas and give due credit.
5. Training is not an end in itself nor is it only a fun thing.
6. Keep an eye on cost–benefit analysis and convert it into monetary terms while keeping top management informed.

To conclude: Evaluation of training programs are very critical to ensure that training input in effective. It should broadly achieve the objective of the organization. There are many barriers like time, cost, and difficulty in gathering data. However, training evaluation can be simple, inexpensive and yet be effective. Evaluation ensures that training programs are accountable and are meeting the needs of the employees in a cost effective manner. This is especially important today, as organizations attempt to cut cost and improve quality. Without evaluation it is very difficult to show that training was the reason for any improvements. As a result, management may reduce training budgets in times of financial hardships.

AN OVER VIEW OF COST BENEFIT ANALYSIS FOR TRAINING INTERVENTIONS

Managements operating in the feudal-mercantilist-trader mode tend to watch just the bottom line sacrificing long run opportunities for short run gain. Even in the more progressive companies the cost–benefit angle of training is never lost sight of. The HRD expert must realize that A cost–benefit analysis or Return on Investment (ROI) can be a powerful, essential step in the decision-making process. Herein important questions which needs to be considered such as (*i*) has the training been cost effective? And (*ii*) do the benefits of training outweigh the cost? Essentially, cost-benefit analysis (CBA) or return on investment (ROI) refers to comparing the training's monetary benefits with the cost of the training.

Training costs can be direct or indirect. But opportunity costs are equally important in a competitive environment.

Direct costs include salaries and benefits for all employees involved in training, including trainees, instructors, consultants and employees who design the program; program material and supplies; equipments or class room rentals or purchases, and travel costs.

Indirect costs are not related directly to the design, development or delivery of the training program. They include general office supplies, facilities, equipment and related expenses;

travel and expenses not directly billed to one program; training department management and staff salaries to any one program; and administrative staff support salaries.

Opportunity costs are the money value of opportunities foregone when a particular choice has been made.

Benefits are the value (monetary or intrinsic) that the company gains from the training program.

A cost-benefit analysis is usually performed at the end of a training program. In making a report to the client, the training consultant will want to make recommendations for action and change. These will usually include training recommendations, but will also involve any management actions required to support training, ensure transfer of learning and evaluate the changes resulting from the interventions. However, we recommend that an estimate be made before the training intervention is launched so that top management is well informed about the costs and benefits before making the budgetary allocation and other commitments that go with it like releasing manpower from the workplace for the time duration of the training.

We can define benefit as all positive outcomes or consequences that result from actions of the program. **Direct benefits** are the primary positive outcomes or consequences of the program that accrue to participants and others directly involved in the program. They are typically derived from program objectives. Evaluation of training program costs involves comparison of the costs incurred in conducting a training program to the benefits received by the organization. The greater the ratio of results to costs, the greater the benefit the organization received by conducting the training program.

According to the National HRD Network (India) Training program costs include (*a*) direct costs, (*b*) indirect costs, (*c*) development costs, (*d*) overhead costs, and (*e*) compensation for participants.

Direct costs include (*i*) consultancy/trainers charges, (*ii*) materials used, (*iii*) travel and accommodation cost, and (*iv*) Training room, equipment, catering.

Indirect costs include (*a*) administration (record keeping, etc.), (*b*) clerical, typing, and other support people, (*c*) ongoing course maintenance/development efforts, (*d*) catalogs, mailing, telephone, etc., and (*e*) Top management time.

Costs are usually straight-forward; benefits are more complex. Those that can easily be monetized are referred to as tangible; those that cannot easily be monetized are referred to as intangible. The time horizons over which costs and benefits have occurred or are expected to occur also need to be indicated both at the time of making the proposal and plan as well as at the time of outcome and evaluation.

Return on investment is calculated in percentages, the formula for it is net program benefits/program costs × 100. The feedback from participants is seldom a good indicator since employees are wary of being candid. The financial benefits of training cannot be measured in terms of employee's reaction, nor the amount of learning that has been achieved; not even the extent to which behaviour may have changed. The real benefits come from improved performance.

Productivity improvements include: (*a*) improved methodologies reducing the effort required. (*b*) higher levels of skill leading to faster work, and (*c*) higher levels of motivation leading to increased effort. Alongside of this comes labour savings, i.e. a reduction in the *per capita* cost of output. These include (*i*) reduced duplication of effort, (*ii*) less time spent correcting mistakes, and (*iii*) faster access to information. and (*iv*) Increased productivity.

Non-monetary benefits of training are important too and these include (1) self-development of employees, (2) change in attitude of the employees, (3) change in the behaviour of the employees, (4) improvement in work culture, (5) knowledge enrichment, (6) employees feel sense of belongingness; and (7) importance of employees for organization. For any ROI calculations, the thumb rule used is: the higher the percentage, the more desirable the program. However, to determine if the ROI is acceptable, one way is for managers and trainers to agree on what level of ROI is acceptable.

Let us recount a story: there were two men who could be called loggers. Their job was to cut trees. The older man cut as many as twice the number of trees as the much stronger younger man working alongside. This puzzled the latter until he observed what the old man did. He took a break of 10 minutes after he felled a tree. When asked why he did so, the answer came pat: *to sharpen my axe you dummy.* Training in any organization is akin to the logger sharpening his axe.

One thing must be clarified: Training is an investment in people and not a cost that can be curtailed when the going is rough and undertaken when the organization is doing well. On the contrary when production is low, and resources are idle, they should be trained to prepare them for the moment when the markets pick up. This is what distinguishes a trader (whose eyes are glued on short run actual costs) and an industrialist (who is ever mindful of long run opportunity costs). When the CEO is a trader by mentality, HR never rises more than window dressing and workers benefit marginally and by default. When the CEO is an industrialist by mentality, HR has the potential of coming into its own and contributing meaningfully to organizational growth and employee development.

Many a time, we have found that managers confuse between training and development using the terms interchangeably. Hence it is opportune to re-define the terms at this juncture.

> *Training is a systematic process to foster the acquisition of skills, rolls, concepts, or attitudes that result in an improved match between employee characteristics and employment requirements.*

> *Development is a long-term process of enhancing employee capabilities and motivation to make them valuable future members of the organization. Development includes not only training but also careers and other expectations.*

The above distinction drawn by Milkovach and Boudreau (1997) is very important for all students of HRM.

Training is not to be undertaken for training's sake. It must be clearly focussed with a mission in mind and an objective to fulfil. This means like all targets, the training target must also conform to the SMART (simple, measurable, achievable, realistic, and time bound) principle.

It has been found that training programs occur either because someone decides that a program is needed or because a particular person is at hand and his skills need to be disseminated irrespective of the fact that they are relevant or not. HRD managers err further when they somehow manage the funds, somehow get the participants and measure the success of the program by the number of participants. This is unscientific and dangerous.

Even more dangerous is the *quid pro quo* between some mediocre professors and training managers who seek some kind of academic legitimacy. The latter are invited as guest lecturers in return for the former being given in-company training programs. Since this is barter, value addition need not follow to the customer. The employee and the student are both short changed. Hence value-based HRM interventions make it their business to prevent this from happening. This happens through the following processes, which can be remembered by the sentence: **ELEGANTLY DRESSED SPINSTERS MENTOR ERRANT BOYSCOUTS.**

Using the first letter from the above sentence we get the much-needed characteristics of successful training programs.

Envisioning (and planning what is to be achieved)

Diagnosing (the need to train whom, when, and how)

Scheduling (the training program so that value addition is assured)

Monitoring (to ensure that time is not wasted and effort is not misdirected)

Evaluating (the impact of training so that there is a return on investment)

Benchmarking (against best practices in the industry to constantly learn and improve).

Evidence from the high tech industrial sector of India shows an overwhelming number of companies going in for training just as an exercise that must be performed by the HRD specialist irrespective of its need or its utility. The specialist and the profession consequently get a bad name and that is unpardonable.

Best training practices tend to integrate training within a systematic set of HR activities, including external and internal staffing, rewards and job designing. In the Ministry of HRD the department of Personnel organizes training with the result that money is simply wasted since no clear goals benchmarks and evaluation machinery is in place. Head count is a very poor proxy for the effectiveness of a program.

There is a very popular story regarding Thomas Watson of IBM. A manager made a mistake that cost the company $ 2 million. Being a conscientious man the manager resigned. Thomas Watson remarked *why should I let you resign? I just spent $ 2 million educating you.* The lesson is twofold.

- Firstly, only those who work make mistakes.
- Secondly, converting a mistake into a learning experience is the best form of training.

In India this culture existed in TISCO when Russi Modi was the MD. Every senior manager was entitled to make one big mistake if the mistake was made in the course of work and the intentions were clear. D.G. Robinson and J.C. Robinson (1992) have distinguished between *training for activity* and *training for impact.* For them, the training for activity is characterized by —

(*i*) No client, (*ii*) No business need, (*iii*) No assessment of performance, effectiveness or of cause, (*iv*) No effort to prepare the work environment to support training, (*v*) No measurement of results.

This is the typical scenario in a company where HR is either window dressing or an uncoordinated effort. Training for impact is characterized by (*a*) partnership with client, (*b*) linked business need, (*c*) assessment of performance effectiveness and of cause, (*d*) preparation of work environment to support training, and (*e*) measurement of results.

Sadri and Jayashree (2000) state that *value-based organizations* go in for the latter variety of training while eschewing the former. Although linking training to assessed needs and its subsequent evaluation seems logical to all, this seldom occurs.

There are three distinct stages of achieving impact and we shall refer to this as the diagnostic approach. The three stages involved are developing, implementing and evaluating training. The figure given below will explain how the diagnostic process of training is actuated according to George T. Milkovich and John W. Boudreau of Cornell University (1997).

It is always advisable to remember the following sentence to understand the above model. **NICE OLD CATS DON'T TEASE ELEPHANTS.** The first letter is every word stands for various aspects of the model, viz.

- Needs assessment
- Objectives
- Criteria
- Design of programs
- Training
- Evaluation

For any HRM intervention to be successful, top management must believe in HRM and must support it to the hilt. If not, it will wither away leaving behind hoards of disillusioned people. Hence training must have an impact and must strengthen the HR intervention meaningfully by contributing to value addition for the organization.

For the above to occur the HRM specialist must prove his worth and must definitely know his onions. This comes from following the 5-D approach detailed in this series of chapters and from being thoroughly professional and having the gumption to walk his talk.

The HRM intervention must be a part of the strategy formulation and the strategy implementation process where the HR functions are evaluated and benchmark their performance against the highest standards.

Training is a strategic weapon for organization building where effectiveness and efficiency is optimized at the level of the person, the process and the product. This is best achieved in a learning organization.

Some definitions are in order:

Effectiveness is the extent to which an objective has been achieved.

Efficiency is the ratio of output to input expressed as a percentage.

Learning is a relatively permanent change in knowledge, skills, beliefs, attitudes, or behaviours, produced by experience.

Peter Senge (1990) had argued that the learning organization was the wave of the future dedicated to (*a*) systems building, (*b*) Personal mastery, (*c*) mental models, (*d*) shared vision, and (*e*) team learning.

Today we are talking about the knowledge worker and the age of the intellect where the importance of a learning organization is enhanced. Training more than ever before has become a weapon to combat attrition in high tech industries.

To know whether your organization's conditions are fertile ground for learning it is advisable to use the *Learning Organization Quiz* developed by Calhoun W. Wick and Lu Stanton Leon in 1995 and available in "From Idea to Action: Creating a Learning Organization" in *Human Resource Management*, Summer. Similar research based instruments developed by Udai Pareek and D.M. Pestonjee from IIM (A) are also worthy of note.

The identification of training needs is the first step in a uniform method of instructional design.

Training Analysis [sometimes called *Training Needs Analysis* (TNA)] is the formal process of identifying the training gap and its related training need. Training can be described as "the acquisition of skills, concepts, or attitudes that result in improved performance within the job environment." Training analysis looks at each aspect of an operational domain so that the initial skills, concepts, and attitudes of the human elements of a system can be effectively identified and appropriate training can be specified. Satish Bendigiri's work on this subject is quite illuminative.

Training analysis as a process often covers:

- Review of current training
- Task analysis (of new or modified system)
- Identification of training gap
- Statement of training requirement
- Assessment of training options
- Cost-benefit analysis of training options

Training Analysis is most often used as part of the system development process. Due to the close tie between the design of the system and the training required, in most cases it runs alongside the development to capture the training requirements.

Design Integrated Training Analysis: K. Tara Smith proposed and developed tools and methods for an integrated approach design integrated training analysis, where the trade-offs between design and training are both assessed in the light of the understanding of the operational tasks.

This approach also used information regarding recorded critical incidents to review proposed training and to provide traceability between hazards and training.

This single integrated approach to human factors and training analysis has been successfully used on a number of defence projects.

Over the last 20 years the critical nature of the man-in-the-loop has changed from simply manual dexterity and procedural operation to a state in which their decision making, cognitive abilities, data assimilation, communication skills, and attitude are all crucial. In addition the job structure of the personnel operationally involved with modern systems has diversified in direct proportion to the complexity of the technology. This has fuelled the need for a formal approach.

The task of training can be broken down into a number of discrete components, each addressing a different part of the overall learning process. This breakdown is as follows: (*i*) psycho-motor skills, (*ii*) procedural skills, (*iii*) knowledge transfer, (*iv*) communication skills, (*v*) colossal thinking, (*vi*) attitude learning, and (*vii*) performance training.

The role of training analysis is to build a formal bridge between the available design data and the training media and training objectives, in order to facilitate the transfer of training elements into the operational environment.

For complex multi-user system a user-to-task map is often constructed to present the relationship between the tasks and the identified team structure and also to identify new groups of users that would need to have an understanding of the system. The training gap is assessed by a comparison between the goals and tasks undertaken by the individuals and the existing training.

There is a wide variety of training media that can be used, ranging from traditional lecture-based teaching to sophisticated simulators. Different media will be more or less appropriate for different activities. It is necessary to determine the most suitable and cost-effective training media for the different areas.

There have been many different approaches defined; however, the system approach to training has been the most successful.

Training Needs Analysis (TNA) is defined as the "Identification of training requirements and the most cost effective means of meeting those requirements."

A TNA should always be performed where a major new development in policy, equipment acquisition or procedures is deemed to have potential impact upon the current training regime.

TST has considerable experience of successfully employing the accepted techniques applied to the development of training systems, including the Systems Approach to Training (SAT) in both the defence and civilian domains using customer specific standards such as JSP 822 where required.

Carrying out all TNA activates in accordance with SAT principles ensures rigorous visibility in each design stage with clear audit trails from the initial Scoping Study through to the recommended solution.

Types of Needs Analyses: Many needs assessments are available for use in different employment contexts. Sources that can help you determine which needs analysis is appropriate for your situation are described below.

- **Context Analysis**. An analysis of the business needs or other reasons the training is desired. The important questions being answered by this analysis are who decided that training should be conducted, why a training program is seen as the recommended solution to a business problem, what the history of the organization has been with regard to employee training and other management interventions.
- **User Analysis**. Analysis dealing with potential participants and instructors involved in the process. The important questions being answered by this analysis are who will receive the training and their level of existing knowledge on the subject, what their learning style is, and who will conduct the training.
- **Work analysis**. Analysis of the tasks being performed. This is an analysis of the job and the requirements for performing the work. Also known as a task analysis or job analysis, this analysis seeks to specify the main duties and skill level required. This helps ensure that the training which is developed will include relevant links to the content of the job.
- **Content Analysis**. Analysis of documents, laws, procedures used on the job. This analysis answers questions about what knowledge or information is used on this job. This information comes from manuals, documents, or regulations. It is important that the content of the training does not conflict or contradict job requirements. An

experienced worker can assist (as a subject matter expert) in determining the appropriate content.

- **Training Suitability Analysis**. Analysis of whether training is the desired solution. Training is one of several solutions to employment problems. However, it may not always be the best solution. It is important to determine if training will be effective in its usage.
- **Cost–Benefit Analysis**. Analysis of the return on investment (ROI) of training. Effective training results in a return of value to the organization that is greater than the initial investment to produce or administer the training.

HUMAN RESOURCE INFORMATION SYSTEMS

[With Hemchandra Padalikar]

Let us begin by restating that information is only useful if it adds value to HRM. What is HRM? For the purpose of the argument posited in this foundation level course, the following definition has been adopted from Sadri and Jayashree (2000, 2002) and repeated in Sadri Jayashree and Nayak (2009).

HRM is a specialized aspect of corporate strategy, which ensures the right environment in the workplace and its environs so that the internal customer (employee) is enabled to produce goods and services, while meeting the organizational objectives, such that the external customer (client) is satisfied by the dependability, quality, and deliverability of the good or service produced.

The right combination of functionality and reporting tools helps a **Human Resource Department** to deliver the services effectively. At Semaphore, we pride ourselves on providing you with such a tool. Our products are designed to meet the needs of any organization in human incentive industry like **Pharmaceuticals, IT, BPO, Financial, FMCG.** Created for HR professionals, these HR software products help eliminate many administrative duties, allowing you to focus on the employees and decisions in your organization which impact the bottom line.

The Human Resource Information System: We are living in a unipolar capitalist world economy with the United States of America at its apex. With inter-related organizations and inter-dependent trade it is well worth our while to see how HR as a profession evolved in the West. HRP, HRA, HRD, and IR all require data and documentation which HRIS provides. With increased use of Information Technology we have what is known as e-enabled HR that is supported by a selected (or specifically developed) HRIS package.

The selected HRIS package is usually the leading web enabled HR software; this application can be scaled to fit organizations with up to 10,000 employees. Providing total core HR functionality with robust reporting capabilities, HRIS can meet the unique needs of every HR department.

The development of HRM as a profession in the West and especially the United States has been a long and hard journey. To understand what form HRM will take in the future it would be instructive to examine its historic progression as shown by Milkovich and Boudreau (1997).

Industrial Model: The first HR men were foremen who hired and fired employees at will. Physical assault was not unknown. The war effort prior to 1918 needed movement of men and material to be moved and logistics became important. In the 1920s the West saw the emergence of personnel departments due to four main reasons: (1) Structural unemployment caused by the upswing of the business cycle. (2) The scientific studies of Frederick Taylor which gave management a scientific status. (3) The development of psychological testing enabled the academia to come closer to the means of production than they would otherwise have been. (4) The Hawthorne studies showed that paying attention to employees would increase productivity and thus profits. Just as the Great Depression of 1930 decreased interest in HR the renewed war effort in 1940 increased that interest. It appeared that the fluctuation in the business cycle determined the level of interest in HR and this trend continued well into the mid-1950s. The focus was on control and direction of the workforce. The role of HR was one of containing conflict.

Investment Model: The decade of 1960–70 saw the rise of the Soviet Union as a major political power and socialism spread from one country to another. Trade union consciousness rose as capitalist regimes fell very much like Dominos during the period. The focus simultaneously changed from labour relations to personnel management and the *professional* emerged. However, technology also developed during the period and the first signs of a non-union workforce emerged in Eastman Kodak, IBM, Intel, and Disney. Morale building became a major preoccupation of HR and HR began to be viewed as an integrated set of specialized activities. Management began to *invest* in labour and employees were given discretion in many matters. The emphasis shifted from control to job enrichment and employee socialization. The line-staff distinction became clear and personnel managers began to be accepted as a necessary part of overall management. Payroll and Establishment work came within the purview of personnel. This gave rise to the number of clerks required and a bureaucracy burgeoned to keep up the paperwork. The role of HR was one of an advisor to management.

Involvement Model: As global competition threatened the US domination of markets, particularly from Japan, South East Asia and Western Europe the 1980s brought new economic pressures on industry. Through job enrichment programs, employee involvement increased. Mutuality of goals, trust, transparency, and teamwork became the new buzzwords. The employee was taken as a mature partner who could be delegated with work, given authority and held accountable. HR would still have to be in-house and there was an increased importance of people in organizations. Power sharing schemes, group incentives, MBO, and Small Group Activity became the key HR concerns since the professional HR manager was seen as a centralized expert playing a bonding role between employers and employees.

Hi-Flex Model: As the last century entered its twilight years and a new dawn of the 21st century was envisioned, mergers and acquisitions became a routine affair. Capital was increasingly centralized and concentrated. Re-engineering of every aspect of management was called for and this did not exclude the HR function. Teams were becoming more and more flexible. Routine administration was taken care of client friendly automated systems, touch-tone telephones, and personalized computers. The new Hi-Flex model of HR emerged in which the organization was seen as a loose set of alliances between professional teams each of which laid claim to a different expertise. Outsourcing routine HR activities was commonplace and a new role was envisioned for the HR professional. He was a part of the corporate strategy formulation team and his profession was decentralized.

The HRIS must be specifically adapted to the model being followed in the organization. If not, we shall be putting a square peg into a round hole. Before venturing examination of HRIS, three things have to be taken care.

- HRA, HRP, HRD, and IR cannot work in isolation but must function in tandem if organizational objectives are to be met. For this to happen the sixth D (Documentation) is of paramount importance.
- One could visualize HRM as a table with four legs: HRA, HRP, HRD, and IR. There is also a tie bar running through each leg holding them steady and in place. That tie bar signifies HRIS.
- There is more than one mode of production existing in an economy at a time. The HRIS must be suited to the particular mode of production and the particular managerial style so that rich benefits can be reaped. It is a misconception to expect an all-pervasive, all knowing, and all-powerful HRIS, which can be adapted to any system. The system must be developed.

Traditionally, HRIS was used to solicit and collate information in order to control the organization processes. Hence HRIS was synonymous with HRCS (human resource control systems) and we could speak of the two jointly as HRMS (human resource management systems). However, a lot of water has flowed from under the proverbial bridge and today we are talking of the *three Ts: Trust, Transparency, and Teamwork.* Under the new genre it would be better to adopt the definition posited by A.J. Walker (1982)

A Human Resource Information System is a systematic procedure for collecting, storing, maintaining, retrieving, and validating data needed by an organization about its human resources, personnel activities and organization unit characteristics.

Simply put, an HRIS, the cryonin for human resources information system, is a process that lets the HR manager keep track of all your employees and information about them. It is usually done in a database or, more often, in a series of inter-related databases.

HRIS systems include the employee name and contact information and all or some of the following: department, job title, grade, salary, salary history, position history, supervisor, training completed, special qualifications, core competency, ethnicity, date of birth, disabilities, veterans status, visa status (for expatriates), benefits selected, and more.

HRIS include reporting capabilities. Some HRIS track applicants before they become employees. Some HRIS systems are interfaced to payroll or other financial systems.

Human Resources Information System, HRMS, Human Resources Management System are some other names used for HRIS. Companies surveyed in the Pune–Mumbai region overwhelming stated that "installation of an HRIS has reduced our HR costs and produced our government-required reports more quickly".

There are generic packages like RAMCO Business Systems and PeopleSoft (until recently), which claim that they can be adapted to any organization. Experience shows the contrary. The package is selected and the organization adapts its style to suit the package. This causes problems since it is not enough to have a modern system without a modern mindset. And in India, the mindset of top management has to move from being in the feudal–mercantilist-trader mode to blossoming in the creative–innovative–entrepreneurial mode.

HR practitioners must have the following competencies, which can be augmented through HRIS:

- Knowledge of the business, which implies how markets function, how finances are managed and how products are sold.
- Delivery of HR practices, which implies the ability to design and implement strategies for staffing, compensation, training, organizational design, and industrial relations.
- Management of change, which means the ability to make change happen, to manage data, lead and influence change.
- Create a climate for the learning organization to flourish and a vibrant value based corporate culture to blossom.
- Act as the guardian of core beliefs and values, promotes core competencies, and ensure compliance through good governance.

In short to fulfil each and all of these five competencies the HR practitioner needs data and information that is *Recordable, Reliable, and Retrievable*

T.V. Rao (1999) speaks of developing a Strategic HR Framework, which in the tradition of Ulrich and Lake (1990) aims to leverage and/or align HR practices to build critical organizational capabilities that enable an organization to achieve its goals. He gives the following sample questions that need to be asked for each of the three components in aligning business strategy with HR practices. And a capable HRIS would enable these questions to be answered accurately.

Business Strategy: What is the business strategy of the company? How do we win the market place with regard to customer buying criteria, competition, government regulations, superior situation, etc.?

Organizational Capabilities: In order to implement the business strategy what are the critical organizational capabilities we need to develop? These include speed, a competitive mindset, innovation and quality.

Human Resource Practices: How should HR practices be designed and delivered to build these organizational capabilities? How do we motivate and build our leadership capabilities and also empower people to contribute towards the development of organizational capabilities?

To emphasize learning let us pose the question. *What do you mean by HRIS? Why is it an important asset for managing human resources? How can one describe the use of computers for HRIS in a company of your choice?*

HRIS is the sum total of all systems that store data, classify data, and make it easily available to the decision-maker in as far as the human resource is concerned. It could range from establishment records kept in personal files, to cardex cabinets to simple data base management and finally to highly developed mathematical packages that are computerized.

Managing human resources has many forms and manifestations. Invariably it boils down to taking decisions concerning the employment, non-employment or terms of employment of the human resources such that the organizational goals are met. But decision making is difficult under conditions of uncertainty. To reduce the level of uncertainty, the HRM specialist requires information and data regarding the human resources in the particular environment in which he has to function. This information and data is provided to him by the HRIS function.

Management is the science of decision-making and the art of decision executing. Neither the science nor the art of management can be performed effectively unless there is adequate and correct information about the various factors that go into the making of that decision. HRIS provides the storage, retrieval, and analysis of that information and data. Having good HRIS enhances the accuracy and effectiveness of managerial decision-making and hence its presence is always an important asset for a company. Indeed it is the lifeline of HRP, HRD, and HRA functions within HRM. It has three main functions that in general it is meant to perform:

- Store data and information of each individual employee and keep it updated.
- Make the data available to the administrative decision-maker so that leave, promotion, PF, increments, and incentives.
- Permit the company to file returns to the governmental bodies as required by various labour laws.

Hence one can argue like Ranjit Mirchandani in Mumbai and Bijoy Guha in Pune do, that Management Information Systems and Management Control Systems are intrinsically interrelated. In other words without adequate and reliable data, managerial decision-making becomes an exercise in futility and business policy remains like a pie in the sky. This argument is both relevant and tenable for the HRM specialization as well. More specifically HRIS ideally provides the following facilities to the three main sub-functions of HRM so that the twin tasks of decision-making and decision-execution are made more clear, logical, and transparent. Hence their acceptability is increased. Let us take the case of how HRIS helps HRP, HRD, and HRA.

HRIS for HRP:

- Inventory of manpower demand (needs).
- Inventory of manpower supply (available resources).
- Location, allocation and utilization details of the human resource.
- Matching the right man for the right job at the right time.
- Providing measures for proper recruitment and selection of manpower.
- Assess the costs involved in employing manpower (wages).

HRIS for HRD:

- Measurement of performance and potential of employees.
- Training needs on the job and individual skills and aspirations matched.
- Organizational goals and individual needs matched.
- Calculating cost and benefits of training.
- Career planning and Succession planning.
- Analysing various diagnostic indicators of organizational health.

HRIS for HRA:

- Providing linkages between productivity, profits, and wages (payroll and wages).
- Determining the impact of monetary benefit on morale and performance (incentive).
- Analysing the costs of turnover and the frequency of separations (VRS).
- Deriving effective value added (EVA) by each employee through productive input.
- Diagnosing the work climate of the organization.
- Preparing for ISO 9000 series certification.

Use of Computers for HRIS: As technology becomes more complex and the need to make quick decisions increases, manual maintenance of manpower records is counter-productive. Too much manpower is used to keep the data and too much time is used to retrieve and analyse it. Hence, organizations are increasingly computerizing the HRIS function.

Computerization makes information sharing easy and possible over large areas. If there are many computers within one location, they are linked through LAN or local area network. If there are computers in multiple physical locations, they are linked through WAN or wide area network. It thus reduces the time taken to take decisions and this positively affects company costs. Until 1990, Mainframe Computers were used mainly for recording wages, PF, Gratuity, and payroll work and for filing of regular statutory returns to governmental bodies under labour law. However, with the advent of personal computers other decisions regarding various aspects of HRD, HRD, and HRA are being made with the use of computers. This is because of five things:

- Storage of data is orderly and easy.
- Data can be updated with ease.
- Data can be categorized and re-categorized as per the need of the manager when certain decisions are required.
- Analysing data generated by surveys becomes easy.
- Mathematical manpower planning and manpower development is facilitated.

To recap, a *Human Resource Management System (HRMS), Human Resource Information System (HRIS), HR Technology* or also called *HR modules,* or simply "Payroll", refers to the systems and processes at the intersection between human resource management (HRM) and information technology. It merges HRM as a discipline and in particular its basic HR activities and processes with the information technology field, whereas the programming of data processing systems evolved into standardized routines and packages of **enterprise resource planning** (ERP) software. On the whole, these ERP systems have their origin on software that integrates information from different applications into one universal database. The linkage of its financial and human resource modules through one database is the most important distinction to the individually and proprietary developed predecessors, which makes this software application both rigid and flexible.

The function of human resources departments is generally administrative and not common to all organizations. Organizations may have formalized selection, evaluation, and payroll processes. Efficient and effective management of "Human Capital" has progressed to an increasingly imperative and complex process. The HR function consists of tracking existing employee data which traditionally includes personal histories, skills, capabilities, accomplishments, and salary.

To reduce the manual workload of these administrative activities, organizations began to electronically automate many of these processes by introducing specialized Human Resource Management Systems. HR executives rely on internal or external IT professionals to develop and maintain an integrated HRMS. Before the client–server architecture evolved in the late 1980s, many HR automation processes were relegated to mainframe computers that could handle large amounts of data transactions. In consequence of the low capital investment necessary to buy or program proprietary software, these internally developed HRMS were unlimited to organizations that possessed a large amount of capital. The advent of client–server, Application Service Provider, and Software as a Service or SaaS Human Resource Management Systems enabled increasingly higher administrative control of such systems. Currently Human Resource Management Systems encompass facets, mentioned above.

The *payroll module, which is the most popular,* automates the pay process by gathering data on employee time and attendance, calculating various deductions and taxes, and generating periodic pay cheques and employee tax reports. Data is generally fed from the human resources and time keeping modules to calculate automatic deposit and manual cheque writing capabilities. This module can encompass all employee-related transactions as well as integrate with existing financial management systems.

The Time Office located at the entrance of the premises is linked to the payroll package for obvious reasons. The *work time* gathers standardized time and work-related efforts. The most advanced modules provide broad flexibility in data collection methods, labour distribution capabilities, and data analysis features was outdated. Cost analysis and efficiency metrics are the primary functions.

The *benefits administration module* provides a system for organizations to administer and track employee participation in benefits programs. These typically encompass insurance, compensation, profit sharing and retirement.

The *HR management module* is a component covering many other HR aspects from application to retirement. The system records basic demographic and address data, selection, training and development, capabilities and skills management, compensation planning records and other related activities. Leading edge systems provide the ability to "read" applications and enter relevant data to applicable database fields, notify employers and provide position management and position control not in use. Human resource management function involves the recruitment, placement, evaluation, compensation and development of the employees of an organization. Initially, businesses used computer-based information systems to:

- produce pay checks and payroll reports;
- maintain personnel records;
- pursue talent management.

Online *recruiting* has become one of the primary methods employed by HR departments to garner potential candidates for available positions within an organization. Talent Management systems typically encompass:

- analyzing personnel usage within an organization;
- identifying potential applicants;
- recruiting through company-facing listings;

- Recruiting through online recruiting sites or publications that market to both recruiters and applicants.

The significant cost incurred in maintaining an organized recruitment effort, cross-posting within and across general or industry-specific job boards and maintaining a competitive exposure of availabilities has given rise to the development of a dedicated *Applicant Tracking System*, or 'ATS', module.

The *training module* provides a system for organizations to administer and track employee training and development efforts. The system, normally called a *Learning Management System* (LMS) if a standalone product, allows HR to track education, qualifications and skills of the employees, as well as outlining what training courses, books, CDs, web-based learning or materials are available to develop which skills. Courses can then be offered in date specific sessions, with delegates and training resources being mapped and managed within the same system. Sophisticated LMS allow managers to approve training, budgets, and calendars alongside performance management and appraisal metrics.

The *Employee Self-Service module* allows employees to query HR-related data and perform some HR transactions over the system. Employees may query their attendance record from the system without asking the information from HR personnel. The module also lets supervisors approve OT requests from their subordinates through the system without overloading the task on HR department.

Many organizations have gone beyond the traditional functions and developed electronically enabled human resource management information systems, which support recruitment, selection, hiring, job placement, performance appraisals, employee benefit analysis, health, safety, and security, while others integrate an outsourced Applicant Tracking System that encompasses a subset of the above.

We can then go on to say that the ***e-Human Resource Information System*** *(e-HRIS)* is a software or online solution for the data entry, data tracking, and data information needs of the human resources, payroll, management, and accounting functions within a business. Normally packaged as a database, hundreds of companies sell some form of HRIS and every HRIS has different capabilities. HR managers choose their HRIS carefully based on the capabilities they need in their company. Typically, the better The Human Resource Information Systems (HRIS) provide overall: (*a*) Management of all employee information. (*b*) Reporting and analysis of employee information. (*c*) Company-related documents such as employee handbooks, emergency evacuation procedures, and safety guidelines. (*d*) Benefits administration including enrolment, status changes, and personal information updating. (*e*) Complete integration with payroll and other company financial software and accounting systems. (*f*) Applicant tracking and resume management.

The diagram given below encapsulates the utility of HRIS very well.

USES OF A HUMAN RESOURCE INFORMATION SYSTEM (HRIS)

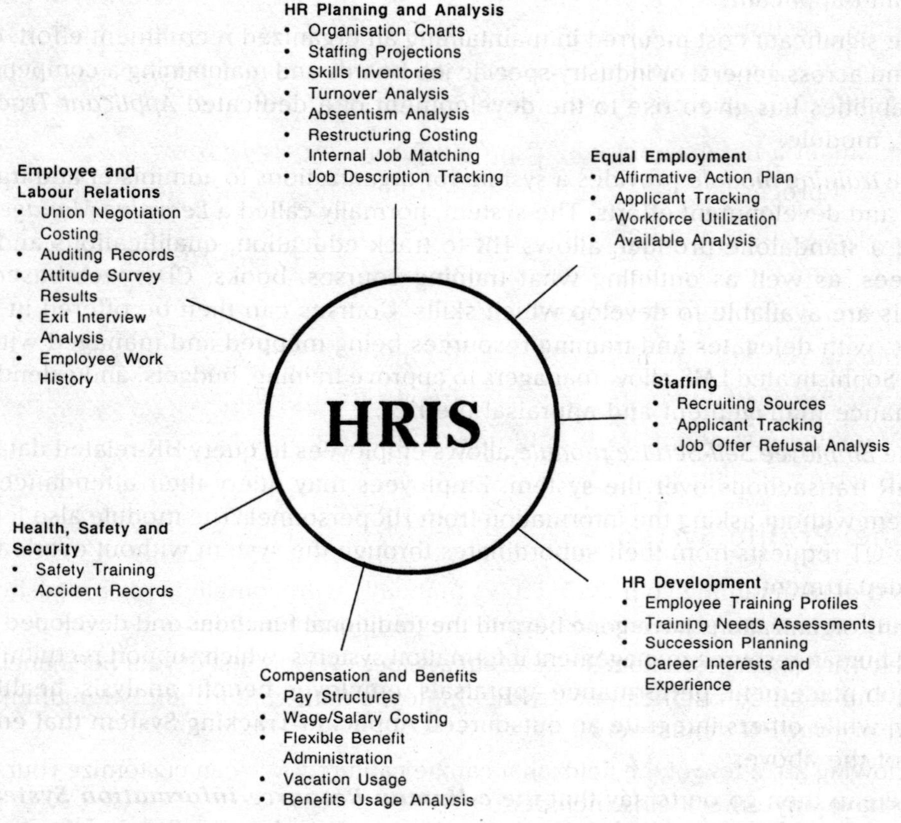

HRIS FEATURES DEVELOPED IN INDIAN CONTEXT

A typical HR Consultancy firm offers its technical and HR expertise to custom develop just the right solutions for your company's requirement. We combine state of the art technology with HR expertise to deliver a comprehensive HR information system that will streamline and automate the entire HR cycle, onto one platform.

Following are the modules that we can automate for you with our HRIS software solution:

Recruitment Management/Requisition Controls

Is your recruitment process hectic and time consuming? May be you haven't web-enabled your processes or maybe you have a software that doesn't cover all the features that are there.

In any case, Beakware's Recruitment solutions are designed to automate and streamline every aspect of your recruitment process and thereby plan, increase, and manage your manpower.

Here are the features of our recruitment solution. We can customize these for your organization's specific process:

- On-line searches for qualified applicants and employees based on requirements.
- Tracking of applications by personal data, skills, education, training, and test results.

- View position interviews, set up new interviews, change existing interviews, email interview confirmations, tracking interview results, and delete interviews.
- Route resumes.
- Summary information of applicant's requisitions.
- Applicant flow statistics.
- Maintain a database of applicant and job information.
- Word processing interface for customizing recruitment letters system.
- Process offers and new hires system.
- Recruiting effectiveness evaluation system.
- Resume scanning capabilities.
- Import resumes from the Internet or e-mail.
- Create and maintain any number of consultant profiles.
- Matching competencies of internal candidates.
- Tracking of skills inventory system.

Personnel Profile System

Tired of maintaining your staff details manually with complicated spreadsheets? Looking for a solution to ease your information management requirement?

BeakWare organizes, automates, and streamlines every aspect of your personnel management process. Our solution will help maximize employee data capture and strengthen the strategic potential of your HR department.

Following are a few of the fields that can be captured. We can customize your requirements so as to have any other fields included:

- Position Title
- Address, city, state, and zip
- Telephone number
- Social security number
- Marital status
- Ethnic classification
- Job classification and skill code
- Pay type (hourly/salary)
- Exempt/non-exempt code
- Salary
- Salary History
- Job history
- Date of birth
- Date of Hire
- Date of Last promotion
- Termination date

Payroll

Do you find your payroll processing confusing and complicated? Is it keeping you from focusing on your core business needs?

Web-enabling your payroll processes is just the solution for you. It will not only save you time through handling all the complicated calculations, keeping up with changing rules and regulations, ensuring up-to-date recordkeeping and recording; but will also generate revenue, by enabling you to translate all the time saved, into your core business.

Following are the features of the Payroll application:

- Pay by any pay period, daily, weekly, biweekly, semimonthly, monthly, quarterly, semiannually, or Miscellaneous.
- Import Employee information.
- Import timecard information.
- Create eligibility controls.
- Check user balances.
- Automatic tax computations.
- User modifiable tax tables.
- Exemption on employee's federal and provincial returns.
- Additional federal and state withholding.
- Earnings including quarter-to-date, year-to-date, and user-defined period.
- Employee insurance premium/worker's compensation/other withholding by quarter-to-date, year-to-date, and user-defined periods.
- Vacation/Sick leave accrual rate, accrued, and used.
- Unpaid leave.
- Handle Fringe benefits.
- Have spousal distribution of retirement pension plan, for example, in case of employee death.
- Create portrait and landscape employee reports.
- Wage reports for month, quarter and year to date.
- Payroll history reports employee mailing labels, lists and pay envelope labels.
- Create your own customized and consolidated reports.
- Post-transactions to QuickBooks 2002, 2003, 2004, and 2005.
- Multiple State option available.
- Print on Federal/State forms or on specific forms.
- Supports multiple State and City Tax Tables.
- Supports withholding and reporting taxes for all US states and territories.
- Create logon/user permissions for security.
- Unlimited payroll employee accounts.
- Create multiple company accounts.

- Create separate pay accounts for hourly, salaried, commissioned, and non-employee contract workers.

Benefits Administration

People are one of the biggest assets of an organization and which is why, it is crucial to offer different benefits to attract and retain them.

But often, both the employer and the employees struggle with this process. The employer on his part struggles with gathering key data and verifying the same. The situation is further compounded with manual, paper-based systems that are difficult to manage and maintain, resulting in high costs.

The employees on their part struggle to have access to information of their own benefits, resulting in job dissatisfaction and attrition. The requirement here is to streamline and automate the entire benefits administration process and to communicate the same effectively to one's employees.

Following are some of the features that we can offer:

- Create and manage multiple benefits programs.
- Review all benefit plans annually.
- Create performance reviews, track past reviews and schedule future reviews.
- Ensure compliance with government requirements (ERISA, HIPAA, DOL).
- Merge and audit monthly insurance/benefits invoices.
- Interface directly with insurance carriers and payroll system.
- Identification of appropriate dates for calculating coverage and deductions.
- Maintenance of dependent and beneficiary information.
- Rollover benefit options.
- Create eligibility controls.
- Employee benefit plan profile.

Data Warehousing

Does your staff spend more time searching for information than acting on them and once found, spend even more time on making relevant use of the information?

In a day and age, when time is synonyms with money; businesses need to ensure that they operate in an efficient manner, ensuring information is readily accessible and is easily usable.

To do that, an enterprise needs a system that's designed to summarize knowledge enterprise wide and report it. A data warehouse system does just that.

The benefits that a data warehouse system brings are enormous, ranging from customized reporting solutions to exchange of business information between different enterprises to valuable customer relationship management and to many more.

Following are a few offerings of a data warehouse system:

- Create and view the entire organizational structure of your enterprise graphically.
- View job position, wage profiles, and employee data in real-time.

- Create career development and training reports.
- Government compliance reporting.
- EEO-1, EEO-4, I-9 Citizenship Verification.
- Employment history and personnel reporting.
- Staff headcount, movement, and turnover trends analyses and reports.
- Workforce planning reporting.
- EEO/affirmative action /disabled employee reporting.
- Absence and leave accrual reporting.
- Wage and salary costs data, with detailed breakdowns across, for example, earnings, deductions and disbursements.
- Reports on vacancies.
- Competency profile of the workforce, with breakdowns per departments, positions, etc.
- HR budgeting reports (dollars, hours, FTE, and headcount).
- Budgeting versus actual comparisons by position or business unit.
- External and internal training requirements reports, with detailed breakdowns per departments, positions, etc.
- Reports on training history, success rate, course attendance, inability to accommodate all interested candidates.
- Alert supervisor when an employee is out of compliance in training or certification.
- Report on vacation usage and alert supervisors when allocation is exhausted.
- Create alternate views, filters, and formatting options.
- Include data fields from multiple locations.
- Publish it over the Internet/Intranet.
- Create a one stop secure environment to organize, store, and distribute important company content. View employee documents such as resumes, applications, and accident reports as scanned images.
- Create a document library to store regularly used formats like offer letter, etc.
- Choose from a wide range of standard reports, for all your diverse reporting requirements. Reports can be customized by location, division, department, and position.
- Create automated reminders and alerts.
- Keep a track of company property among employees.
- Create a comprehensive information portal with all the above features and create a communications portal to transmit information seamlessly and accurately between employees and management.

Employee Self-Service

Would you like to improve the quality of your employee information, while at the same time reduce the administrative workload of your HR staff?

The Employee self service module is just what you need. It empowers employees to manage and maintain their own personal data, thereby not only improving the quality of employee information but also decreases the administrative workload for the HR staff. The module also adds to employee satisfaction by giving them access to their benefit plans and other key details.

Following are some of the offerings of an Employee self service:

- Review and maintain name, address, telephone number, etc., associated with life events.
- Review or enroll in benefits for open enrollment period.
- Change benefits related to a life event.
- Update W4 information such as tax filing status, number of exemptions, and withholding information.
- View pay stub info: gross pay, taxes, other deductions, net pay, pay period, and year-to-date totals.
- Maintain dependents and beneficiaries related to life event.
- Maintain emergency contacts.
- Review vacation and sick day balances and submit leave requests.
- Review and maintain bank info for direct deposit and reimbursements.
- Review and enter or submit expenses.
- Account for time based on type of absence or attendance.
- Allocate time to multiple projects and assignments.
- Internal and external application for a job and view the status of the application.
- Choose and maintain personal passwords.
- Posting and updating resumes.
- View personal training history.
- Search for available courses based on topic, text, language, and location.
- View course calendars and details.
- Enroll in or cancel participation in courses.
- Pre-book for courses not yet scheduled.
- Review and maintain deduction information for automatic bill payment service.
- Review and maintain a knowledge sharing diary.
- Maintain health and safety records.
- Report and investigate incidents of injury and illness for employees and contractors.

Conclusion

The HRIS is an extremely practical and easy to use application. It saves precious resources, while enhancing productivity. Empower and build your human capital with technology.

As time goes by more and more companies will computerize their HRIS and manual records will very soon be a thing of the past. This will change the nature of employment and the skills needed by employees involved in record keeping and record maintenance. The logical follow up of HRIS is that it assists accurate and scientific diagnosis and at this juncture a word on the *Personnel Audit* is opportune.

The word audit generally signifies an examination of records and verification of accounts. Personnel Audit refers to an examination of policies, procedures, and practices to determine the effectiveness of the Personnel Management function. These periodic reviews are concerned with: The measurement of the effectiveness of personnel programs and activities, assessing what is right and wrong with them and then forming the basis of future personnel policies. It depends on the degree of accuracy of data available and therefore both transparency and HRIS have a role to play in its success. It covers the entire gamut of personnel activities from recruitment to retirement. No part of the total system can be ignored since all parts are interlinked.

The primary purpose of the personnel audit is to how the various units are functioning, and how they have been able to meet the policies and guidelines agreed upon. It bridges the gap between objectives and results by identifying lacunae. The end product of the audit is to formulate plans for corrections and adjustments.

Organizations exist in environments that are constantly changing. How the organization meets the challenges of change is one of the main concerns of the audit. The organization is a microcosm of the society and so changes in society are reflected in changes within the organization. The audit monitors and examines these changes. Change of government and natural calamities are some socio-political influence an organization. Inflation, rising unemployment levels, rising prices, and wages are some socio-economic changes that effect an organization's working. Hence, it is the HRM specialists' Management Control System. Its scope is thus as wide as the Personnel Function itself.

The need for a regular and scientific personnel audit needs a well-formulated and client-friendly HRIS and this need is influenced by the following conditions:

- Increasing number of employees from various areas.
- Increasing complexity of the organization structure.
- The need to have effective two-way communication is strengthened by the audit.
- Location and dispersion of various units of the organization needs unified policies, which the audit monitors and ensures.
- The greater the delegation of authority the more is the value of the audit.
- If the HRM Specialist is not involved in management strategy formulation this audit becomes a necessary device to appreciate ground reality better.

Today we are living in the age of the intellect where the knowledge worker is a major HRD concern. So let us take the case of a software company by way of illustration.

In a software company we are dealing with the knowledge worker whose loyalty lies with the level of technology rather than with the boss or with the organization. (The actual loyalty lies with his values and technology is only an important element of his value system.). Hence, continuous HRD intervention that adds value to the knowledge base of employees is the best way to promote belongingness and restrict attrition. Retention of staff is the primary problem whereas loyalty to the organization is the secondary problem in a software company.

Project management is critical in a software company since the level of technical knowledge is more or less even throughout the staff. In fact, the juniors are more likely to have up to date knowledge than those who have been on the job. Egos problems are high therefore. If we were, for instance, to organize such an audit in a software company we would be well advised to take the following steps:

- Study the personnel policies of the company.
- Study the personnel practices of the company.
- Study the hierarchy and divide the organization into five distinct levels of employees.
- Make out a questionnaire that can be administered to 10 per cent of the employees in each hierarchical level and then administer the same to them.
- The questionnaire must be user friendly and address issues directly.
- There must be an in-built mechanism in the feedback analysis to discount biased views of respondents.
- Analyse the findings into the three heads HRP, HRD, and HRA selecting two most critical concerns in each of them only. Minor concerns can be kept in abeyance.
- Share the findings with top management and seek their feedback on the findings. Do they concur?
- Form task forces to address these concerns and generate remedies to deal with these concerns.
- The generated remedies will then be the basis of new policies, which will be activated at once, and time bound.
- Results of the new policies will be closely monitored and this will show whether the concerns were genuine.
- Changes brought in by the new policies will be crystallized. This is what organizational change is all about.

The exercise will fail unless there is complete trust and transparency in the entire audit, top management lends its complete support and the HRM Specialist is a competent to act as the change agent. Needless to say that Documentation conforms to the three Rs: *reliability, retrievability* and *recordability*.

It is fashionable these days to speak of the HR Audit instead. HR Audit means the systematic verification of job analysis and design, recruitment and selection, orientation and placement, training and development, performance appraisal and job evaluation, employee and executive remuneration, motivation and morale, participative management, communication, welfare and social security, safety and health, industrial relations, trade unionism, and disputes and their resolution. HR audit is very much useful to achieve the organizational goal and also is a vital tool which helps to assess the effectiveness of HR functions of an organization.

Scope of Audit: Generally, no one can measure the attitude of human being and also their problems are not confined to the HR department alone. So it is very much broad in nature. It covers the following HR areas:

— Audit of all the HR function.

— Audit of managerial compliance of personnel policies, procedures, and legal provisions.

— Audit of corporate strategy regarding HR planning, staffing, IRs, remuneration, and other HR activities.

— Audit of the HR climate on employee motivation, morale, and job satisfaction.

Benefits of HR Audit: It provides the various benefits to the organization. These are:

- It helps to find out the proper contribution of the HR department towards the organization.
- Development of the professional image of the HR department of the organization.
- Reduce the HR cost.
- Motivation of the HR personnel.
- Find out the problems and solve them smoothly.
- Provides timely legal requirement.
- Sound performance appraisal systems.
- Systematic job analysis.
- Smooth adoption of the changing mindset.

Approaches to HR Audit: There are five approaches for the purpose of evaluation of HR in any organization and these have been dealt with under this chapter on HRD:

- Comparative approach.
- Outside authority
- Statistical instruments.
- Compliance approach.
- Management by Objectives (MBO).

The auditors always prepare and submit an audit report to authority of the organization, which may be clean or qualified. The clean report indicates the appreciative of the department's function, but the latter one represents the gaps in performance and therefore contains remarks and remedial measures. HR Audit is very much helpful to face the challenges and to increase the potentiality of the HR personnel in the organization.

17 CORPORATE CULTURE BUILDING

Groucho Marx famously one said that in life one must always be honest and fair; if you can fake that you have got it made. Unfortunately, HR managers have developed a reputation that seems to take this gibe almost too seriously. Without appearing overtly sanctimonious we opine that corporate culture among other things must be based on honesty and fair-play. Without that the three Ts of *trust, transparency*, and *teamwork*, will for ever remain a pie in the sky and the *back-stab and deceipt brigade* will run riot. Mediocrity will consequently flourish and merit will be consigned to the trashcan. That would be a sad day for HRM and the student is urged to learn how to prevent it from occurring.

In this chapter, we shall therefore introduce the reader to the role and importance of core values and beliefs in culture building as they form an important element in strategic HR interventions. We have often seen, in the doom's day type scenario what happens when the mediocrity is empowered and the HRM expert becomes frustrated and emasculated. The way out of the quagmire is to help the CEO in building a corporate culture, which can withstand the tide of time. To do so one needs to predicate all HR interventions and indeed all corporate progress along core values and beliefs.

Core values are the essential and enduring tenets of organization. A small set of timeless guiding principles, core values require no external justification; they have intrinsic values and importance to those inside the organization. All corporations that have made an international name for themselves have had a set of core values and beliefs that have percolated down the hierarchy and have been accepted as an intrinsic part of the system.

For instance, the Walt Disney Company's core values of imagination and wholesomeness stem not from market requirements but from the founder's inner belief that imagination and wholesomeness should be nurtured for their own sake. William Procter and James Gamble didn't instil in P&G's culture a focus on product excellence merely as a strategy for success but as an almost religious tenet. And it is that core value which has been passed down for more than 15 decades by P&G people. Service to the customer even to the point of subservience-is a way of life at Nordstrom that traces its root back to 1901, eight decades before customer service programs became stylish. For Bill Hewlett and David Packard, respect for the individual was first and foremost a deep personal value; they didn't get it from a book or hear it from a management guru. In India, TISCO epitomises this when their credo reads *In Tata Steel you come first*. Ralph S. Larsen, the CEO of Johnson & Johnson, puts it this way:

> *The core values embodied in our credo might be a competitive advantage, but that is not why we have them. We have them because they define for us what we stand for, and we would hold them even if they became a competitive disadvantage in certain situations.*

The point is that a progressive and established company decides for itself what values it holds to be core, largely independent of the current environment, competitive requirements, or management fads. Clearly, then, there is *no universally right* set of core values. A Company need not have as its core value customer service (Sony doesn't) or respect for the individual (Disney doesn't) or quality (Wal-Mart stores doesn't) or market focus (HP doesn't) or teamwork (Nordstrom doesn't). A Company might have operating practices and business strategies around those qualities without having them at the essence of its being. Furthermore, great companies need not have likable or humanistic core values, although many do. The key for the HR specialist to note is that it is not so important what core values an organization has, but that it has core values at all.

Review of literature suggests that companies tend to have only a few core values, usually somewhere between three and five in number. In fact, we found that none of the visionary companies we have covered in this book had more than five: most had only three or four. And, indeed, we should expect that. AMUL was the only exception with six. In any case, only a few values can truly be core — which is to say they are so fundamental and deeply held that, they will change seldom, if ever.

Our advice to the HR facilitator is this to identify the core values of your own organization, push with relentless honesty to define what values are truly central. If you articulate more than five or six, chances are that you are confusing core values (which do not change) with operating practices, business strategies, or cultural norms (which should be open to change). Remember to values must stand the test of time. After you've drafted a preliminary list of the core values, ask about each one, if the circumstances changed and penalized us for holding this core value, would we still keep it? If you can't honestly answer *yes*, then the value is not core and should be dropped from consideration. And that is an acid test, which is as good as any.

The point to be made is best shown with an example. A high technology company wondered whether it should put quality on its list of core values. The CEO asked, *suppose in 10 years quality doesn't make a hoot of difference in markets. Suppose the only thing that matters are sheer speed and horse power but not quality. Would we still want to put quality on a list of core values?* The members of the management team looked around at one another and finally said no. Quality stayed in the strategy of the company, and the quality improvement programs remained in place as a mechanism for stimulating progress; but quality did not make list of core values. The same group of executives then wrestled with leading edge innovation as a core value. The CEO asked, *would we keep innovation on the list as a core value, no matter how the world around us changed?*

This time, the management team gave a resounding *yes*. The managers' outlook might be summarized as, *we always want to do leading edge innovation. That's who we are. It's really important to us and always will be, no matter what. And if our current markets don't value it, we will find markets that do.* Leading-edge innovation went on the list and will stay there. A company should not change its core values in response to market changes; rather, it should change markets, if necessary, to remain true to its core values.

The next question, which arises, is who should be involved in articulating the core values? There is no single answer but it varies with size, age, and geographic dispersion of the company. In many situations, we have recommended what we call a *Venus Group*. (We chose the name Venus because it symbolizes passion, beauty, and enticement since a good HR intervention needs those attributes so that it is stakeholder friendly.) It works like this: imagine that you've been asked to re-create the very best attributes of your organization on another planet but you have seats on the rocket ship for only five to seven people. Whom should you send? Most likely, you'll choose the people who have a gut-level understanding of your core values, the highest level of credibility with their peers, and the highest levels of competence. We'll often ask people brought together to work on core values to nominate a *Venus Group* of five to seven individuals (not necessarily all from the assembled group). Invariably, they end up selecting highly credible representatives who do a super job of articulating the core values precisely because they are examples of those values-a representative slice of the company's genetic code.

Even global organization composed of people from widely diverse cultures can identify a set of shared core values. The secret of identifying these core values is to work from the individual to the organization. But this does not obviate the fact that in India organizations are hierarchy driven and change is introduced from the top downward. So is there a contradiction? The answer is an emphatic: *certainly not*! The CEO is expected to walk his talk and lead from the front by example. In this he is guided by certain principles, which he adheres to and which are known to all. This message gets percolated down the chain of command and these principles are imbibed by all. The HR expert merely crystallizes this message and gives it a cognisable form. What of a company, which is just starting its operations and needs to have certain core values. There are three ways of handling this situation:

- To form a team that lays down the values after a lot of brainstorming and cross-fertilization of ideas.
- Allow the CEO to state his vision and mission clearly and unambiguously and then allow top management to lay down the values it holds dear and wishes to base its actions on.
- Allow history to take its course and gradually hope that values and beliefs will evolve as the company grows.

Suppose now that we opt for forming a Venus Group. People in the Venus Group involved in articulating the core values need to answer several questions: What core values do you personally bring to your work? (These should be so fundamental that you would hold them regardless of whether or not they were rewarded.) What would you tell your children are the core values that you hold at work and that you hope they will hold when they becoming working adults? If you awake tomorrow morning with enough money to retire for the rest of your life, would you continue to live those core values? Can you envision them being as being valid for you 100 years from now as they are today? Would you want to hold those core values, even if some point or more of them became a competitive disadvantage? If you were to start a new organization tomorrow in a different line of work, what core values would you build into the new organization regardless of its industry? The last three questions are particularly important because they make the crucial distinction between enduring core values that should not change and practices and strategies that should be changing all the time.

There is the instance of a company that had employed several HRD Consultants to help them with developing a vision, mission, and core values. The results were not acceptable to top management. Therefore, someone came up with an idea. All Divisional Heads were taken to a resort. They were not allowed to go out of the hotel nor were they allowed to communicate directly with the outside world including their family. The Public Relations Department made sure that the families were comfortable and all was well. The proviso was that unless there was a unanimous agreement of what the core values were they could not leave the hotel. There was however a catch to it. They had to not only come up with the core values but also defend it before the Board of Directors. Once this was ensured, it took just three days for the team to arrive at a set of core values which could be justified and defended publicly. One more thing happened. The team owned these values and with that came their commitment to uphold these values and perpetuate them. Not all companies need to take this route to formalizing the values. For instance, it took a couple of hours for T Doongaji single-handedly to come up with the vision and mission statements for Tata-SSL in Mumbai. These were in fact accepted down the line. Such examples are indeed rare but they do occur.

CORE VALUES AS A COMPANY'S ESSENTIAL TENETS

Given below is a list of core values which foreign and Indian corporate like to be known by and act according to. These core values may evolve over time or may be ascertained as a conscious strategy of growth. Whatever the route taken may have been the importance of these core values cannot be underplayed.

WIPRO

- Human values
- Integrity
- Innovative solutions
- Value for money

MERCK

- Corporate social responsibility
- Unequivocal excellence in all aspects of the company
- Science-based innovation
- Honesty and integrity
- Profit, but profit from work that benefits

NORDSTROM

- Service to the customer, above all else
- Hard work and individual productivity

- Never being satisfied
- Excellence in reputation; being part of something special

PHILIP MORRIS

- The right to freedom of choice
- Winning-beating others in a good fight
- Encouraging individual initiative
- Opportunity based on merit; no one is entitled to anything
- Hard work and continuous self-improvement

SONY

- Elevation of the Japanese culture and national culture
- Being a pioneer — not following others; doing the impossible
- Encouraging individual ability and creativity

WALT DISNEY

- No cynicism
- Nurturing and promulgation of "wholesome American values"
- Creativity, dreams, and imagination
- Fanatical attention to consistency and detail
- Preservation and control of the Disney magic

TATA GROUP

- Integrity
- Transparency
- Excellence
- Unity
- Responsibility

HINDUSTAN LEVER

- To meet everyday needs of people everywhere.
- Deep roots in local cultures and markets are our unparalleled inheritance.
- Total commitment to exceptional standards of performance and productivity.
- Highest standards of corporate behaviour towards all stakeholders.

CADBURY (INDIA)

- Neither takes for granted nor compromise the loyalty and trust of customers.
- Customers have a right to expect quality of service and product offering.

- An environment of work which encourages everyone to realise their full potential.
- Integrity, open mindedness, courtesy, and concern for the well being of others.

THE OBEROI GROUP

- Dharma: realizing values through conduct.
- Highest ethical standards of conduct.
- Teamwork
- Customer first, self second, and company last.

GUJARAT COOPERATIVE AND MARKETING FEDERATION (AMUL)

- Integrity
- Cooperation
- Innovation
- Belongingness
- Pride in organization
- Employee satisfaction

The only common thread besides ethics that runs through the core values selectively cited above is the concern for the satisfaction of the internal customer (employee) and the external customer (client). And is that not what HRM is all about? However, these core values go further: they define the essence of a company.

MAKING VALUES STICK

The first rule in making values real is to distinguish them from *ideals*. In a perfect world, a company may wish to pursue many ideals. In the real world, not all of them can be pursued. Values are not those ideals. They are the absolute promises a company makes, which it lives by irrespective of the consequences.

According to Chakraborty, there is an acid test to see if a company's values are indeed such inviolable promises. Think of all the managers of your company in terms of two dimensions viz. business performance and adherence to the company's values. Those in the high–high category of both-great performers, excellent values, obviously raise no questions. It is upwards and onwards with all of them. Those in the low–low category, too, are relatively easy to deal with poor performers with lousy values. They deserve all your help in polishing up their CVs.

The challenge is those managers who are outstanding in their business performance, but their conformity to the values: what do you do with them? In GE, the rules are clear either they have to conform to the value of the company, or they must leave. The reason GE can take such an uncompromising stance is because its values are not motherhood, they are the core norms of conduct that the company expects everyone to conform to, at all times. This does not mean that the company does not knowingly accept such non-compliance.

Generally speaking we assume that values are "what an individual believes" and to find out values just look at the behaviour of individual and in a quick step we conclude that managing the values of an organization are: (1) To discover what the values of staff are and

(2) to do what is necessary for the values of staff to become more aligned with the values that management wish to promote.

Charles McCoy describes the central task of management as that of managing values and their environment. Sadri *et al.* (1999) instead speak of this central task as being that of decision-making and decision executing. Values are the binding force that makes consistency and dependability of managerial actions possible and gives them the desired social credibility. Accordingly, Jayashree and Sadri (1999) speak of value-based leadership as the torchbearer in the new millennium. Jayashree and Sadri (2003) speak further of an amalgam of value-based and value-driven corporate cultures. In similar vein Richard Pascale and Anthony Athos have stated

> *An organization's super-ordinate goal emerges, in part, from leadership, which instils vales through clarity and obsessive focus. A firm's history also contributes to its enduring value system. New members are exposed to the common history and acquire insight in to some of the subtler aspects of their company.*

Although this may seem unobjectionable, there are significant difficulties to overcome before anyone, manager or not, could be reasonably confident of having an accurate estimate of the values of individual or groups of people at work.

Consider the following example: Company has been through difficult times. A recovery plan is put in to operation, based on widespread sweeping, restructuring exercise, which involved over 30 per cent redundancies, increased responsibilities for team leaders, etc. The company survived but the perception among senior management is that morale is low. So well-trained and well-meaning HR facilitators (who unfortunately are called consultants), are brought in. They carry out a survey, using a custom-designed questionnaire and in-depth interviews (using only trained individuals) and conclude that main difficulty is job security. A program of counselling and morale-building is put in to place, with bonding exercises, increased contact between management and staff and 6 months later the CEO reports to the board the morale has risen significantly, and staffs are more committed and more satisfied. Three aspects of the case can be questioned:

(*a*) *Perception of the situation by the CEO:* Usually at top level of management they think that polices formulated by them are implemented and are successful and beneficial. They are the ones who are enthusiastic about the corporate mission, or philosophy or value statements. But if you move further down line, middle managers express their scepticism to their importance, junior mangers are only aware of them.

(*b*) *Perception and response by the staff:* Another complicating factor is that staff will modify and adjust their responses, both to senior staff and to consultants and researchers, in light of what they expect will result, example the Hawthorne Effect. In absence of a convincing and authoritative explanation about the current situation, people will supply their own, which may well conceal their true views about senior management.

(*c*) *Assumptions about underlying beliefs:* It's more difficult when management assume that their staffs hold specific intentions or values. Issue is that management may simply have wrong beliefs about what staff think or like having a wrong mindset. For e.g. take theory X and Y by Douglas McGregor, suppose if a manger tends towards one of the extremes of this theory, he/she is going to interpret people's behaviour in those terms. Therefore we don't interpret other people's values in a purely neutral way, our own beliefs and values prejudice us one way or another.

Values can therefore be seen as being both emotive and intellectual. Basically, there are two kinds of values:

1. **Deontological:** The idea that an action is good or bad in itself, irrespective of what the consequences if it may be. So someone might say 'Lying is wrong, always'.
2. **Teleological:** The idea that an action has to be judged in terms of what its effects are. Someone with this view might say 'It's ok to lie if it prevents some harm befalling someone'.

Philosophers often treat these as absolute positions, but in practice many people have deontological view about others. So question arises how a good manager might be at identifying the values of the staff. Four clusters of attitudes and qualities that assist manger that can be identified:

(1) Attitude to self:
- Ability to distance from own emotions.
- Recognition of own personal standpoints and perspectives.

(2) Attitude to analysis:
- Determination to look beyond the face value of the scenario.
- Determination does not rest on past experience as a prime mode for present behaviour.

(3) Recognition of alternatives:
- Ability to imagine alternative perceptions.
- Ability to acknowledge alternative reactions, even when one cannot empathize with them.

(4) Attitude to others:
- Ability to empathise with others
- Ability to balance perception of the team as a whole with their perceptions to those individuals who go to make it up.

However, it has been found that there is a third mode of ethical conduct which soul-based philosophy omits. This is the *Praxis* view, which relates to the acceptance mode of managerial behaviour. When it is positive then it gives rise to teamwork. When it is negative, it leads to mediocrity. Corporate culture is vibrant when it creates the belongingness need in every stakeholder.

The creation of this belongingness need is what makes a stakeholder proud to be a part of the organization and thus work towards a common goal. This phenomenon of belongingness hinges on what we call the five Cs.

The first of these Cs is *Change*. Change is the only constancy and stability when taken to its limits turns into inertia quite readily. The second C is *Comfort Level*, which is born out of trust and transparency. The third C is the *Customer Satisfaction* and here comes the role of motivation and morale. But a leader who is not motivated himself cannot motivate others. The fourth C stands for *Consistency* and the fifth C stands for *Courage* and with it come the conviction to do things as they should be done.

Oscar Wilde once said that *no one who is consistent could be imaginative or innovative*. Hence, the person cannot blaze a trail if he is a conformist nor can he be innovative if he treads the oft beaten path. The HRM facilitator is thus faced with a paradox. Will laying down systems and procedures promote consistency and eschew innovation?

CULTURE AND VALUES

The issue concerning the values of people of different cultures has become a central question for business management over the last half-century. The growth in international trade, the increase in international corporations, the acceleration in international labour mobility and migration, have all meant that is it is far common today for an organization to have significant representation of several different cultures. With each fresh set of values comes the question of how these may be integrated within an organization.

Linda Trevino and Katherine Nelson identified four different levels of comparisons between values of different cultures (and along the way make important point that no culture is completely deterministic – people can do and make up their own minds):

- Universal standards
- Comparable values
- Values in tension
- Incompatible value

There are models of the culture internal to organizations, of which best known are the Harrison/Handy and Deal/Kennedy models they are as follows:

THE HARRISON/HANDY MODEL

- Role emphasis on rules, order, structure.
- Power emphasis on personalities and internal politics.
- Task emphasis on the direct requirements of work.
- People emphasis on individuals as members of the organization.

THE DEAL/KENNEDY MODEL

- Macho: High risk, quick feedback.
- Work hard play hard: Low risk, quick feedback.
- Bet your company: High risk, slow feedback.
- Process culture: Low risk, quick feedback.

Second there are models relating to national cultures, of which the most influential in management education are those of Geert Hofstede and Fons Trompenaars. Both these models measure national culture along a range of dimensions. These are not extreme types but attributes or qualities which culture will demonstrate to a greater or lesser degree.

THE GEERT HOFSTEDE MODEL

- Power distance: How far equality is valued.
- Uncertainty avoidance: How prone to taking risks or avoiding them.

- Masculinity/Femininity: How far ambition and achievement is preferred over collaboration and relationships.
- Individualism: As opposed to collectivism.
- Long-term: As opposed to short-term.

FONS TROMPENARRS TYPOLOGY

Achieved vs. Ascribed status	Importance placed on what you do or who you are
Sequential vs., Synchronous time	Importance placed on the present against a past relationship
Individual vs. Collective	Similar to Hofstede's position
Universal vs. Particular	Rules and generalities as opposed to flexibility
Neutral vs. Emotional response	Importance paced on emotional expression *vis-à-vis* a stiff upper lip
Diffused or Specific	Relations based on the whole person or on limited contractual basis
Individual vs. Environment	Are people masters of their destiny or are externalities more powerful?

VALUES IN TENSION

This is the age of the boundary less universe. When a company crosses its nation's boundaries, its moral clarity often blurs. Without a backdrop of shared attitudes, and without familiar laws and judicial procedures that define standards of ethical conduct, certainly is elusive. But how can managers resolve the problems? What are the principles that can help them work through the maze of cultural differences and establish codes of conduct for globally ethical business practice.

Competing Answers: One answer is according to *cultural relativism*, no culture's ethics are better than any others; therefore there are no international rights and wrongs. The cultural relativist's creed — When in Rome, do as the Romans do is tempting especially when failing to do as the locals do means forfeiting business opportunities. Cultural relativism is morally blind. There are fundamental values that cross cultures and companies must hold them.

At the other end of the spectrum from cultural relativism is *ethical imperialism*, which directs the people to everywhere exactly as they do at home. The theory behind ethical imperialism is absolutism, which is based on three problematic principles. Absolutists believe that there is single list of truths, that they can be expressed only with one set of concepts, and that they call for exactly the same behaviour around the world.

The first claim clashes with many people's belief that different cultural traditions must be respected. In some cultures, loyalty to a community — family, organization, or society — is the foundation of all ethical behaviours. The Japanese for example define business ethics in terms of loyalty to their companies, their business networks, and their nation. American place higher value on liberty than loyalty, the US tradition emphasizes equality, fairness, and individual freedom. It is hard to conclude that truth lies on one side or the other, but an absolutist would have just selected one.

The second problem with absolutism is the presumptions that people must express moral truth using only one set of concepts. For instance, some absolutists insist that the language of basic rights provide the framework for any discussion of ethics. But we all learn ethics in the context of our particular cultures, and the power in the principles is deeply tied to the way in which they are expressed. Internationally accepted lists of moral principles, such as the United Nations' *Universal Declaration of Human Rights*, draw on many cultural and religious traditions.

The third problem with *absolutism* is the belief in a global standard of ethical behaviour. Context must shape ethical practice, as our 7-year long research showed. Very low wages, for example, may be unethical in rich, advanced countries, but in developing nations may be acting ethical if they encourage investments and improve living standards by accepting low wages.

Balancing the extremes: Three guiding principles: Companies must help managers distinguish between practices that are merely different and those that are wrong. For relativists, nothing is sacred and nothing is wrong. For absolutists, many things that are different are wrong. Neither extreme illuminates the real world of business decision-making. The answer lies somewhere in between.

When it comes to shaping ethical behaviour, companies must be guided by three principles:

- Respect for core human values, which determine the absolute moral threshold for all business activities.
- Respect for local traditions, history, and social mores.
- The belief that the context matters when deciding what is right and what is wrong.

Core values: This is where the HR facilitator gets into defining the ethical threshold. Few ethical questions are easy for managers to answer. But there are some hard truths that must guide manager's actions, a set called *core human values,* which define minimum ethical standards for all companies. The right to good health and right to economic advancement and an improved standard of living are two core human values. Although no single list would satisfy every scholar, but it is possible to articulate three core values that incorporate the work of scores of theologians and philosophers around the world. To be broadly relevant, these values include elements found in Western cultural and non-western cultural and religious traditions. An example given below:

At the first glance, the values expressed in the two lists Oriental and Occidental Values seem quite different. Nonetheless, in the spirit of what philosopher John Rawls calls *overlapping consensus*, one can see that the seemingly divergent values coverage at key points. Despite important differences between western and non-western cultural and religious traditions, both expresses shared attitudes about what it means to be human. First, individuals must not treat others simply as tools, in other words, they must reorganize a person's value as human being. Next, individuals and communities must treat people in ways that respect people's basic rights. Finally, members of a community must work together to support and improve the institutions on which the community depends. These three values are *respect for human dignity, respect for basic rights,* and *good citizenship.*

Those values must be the starting point for all complaints as they formulate and evaluate standards of ethical conduct at home and abroad. But they are only a starting point. Companies need much more specific guidelines, and the first step top developing those is to translate the core human values in to core values of business. What does it mean, for example, for a company to respect human dignity? How can a company be good citizen? Companies can respect human dignity by creating and sustaining a corporate culture in which employees, customers, and suppliers are treated not as means to end but as people whose intrinsic values must be acknowledge and by producing safe products and services in a safe workplace. Companies can respect basic right by acting in ways that support and protect the individual rights of employees, customers, and surrounding communities and by avoiding relationships that violate human beings right to health, education safety, and an adequate of standard of living. And companies can be good citizens by supporting essential social institutions, such as the economic and the educational system and by working with host governments and other organizations to protect the environment.

The core values establish a normal compass for business practice. They can help companies identify practices that are acceptable and those that are intolerable- even if the practices are compatible with a host country's norms and laws. Dumping pollutants near people's homes and accepting inadequate standard for handling hazardous materials are two examples of actions that violate core values.

Similarly, if employing children prevents from receiving a basic education, the practice is intolerable. Lying about product specifications in the act of selling may not affect human life directly but it too is intolerable because it violates the trust that is needed to sustain a corporate culture in which customers are respected. Sometimes it is not company's action but those of a supplier or customer that pose problems. Take the case of the Tan family, a large supplier Levi-Strauss. The Tans were allegedly forcing 1200 Chinese Filipino women to work 74 hrs per week in guarded compounds on the Mariana Islands. In 1992 after repeated warnings to the Tans, Levi-Strauss broke off business relations with them.

Coming back to India the forces of market competition forces the CEO and the HR expert to bring the nest out in organizations. Trust, transparency, and teamwork consequently become the cornerstones of corporate culture building that must be robust on values and vibrant on ethics with good governance to match.

TRUST TRANSPARENCY AND TEAMWORK IN CORPORATE CULTURE BUILDING

One can find out more about the organization culture with the help of the instrument OCTAPACE. Each alphabet stands for a particular dimension or value. Another explanation to the term: An optimum level of "Development Climate" is essential for facilitating HRD. Such a climate is characterized as consisting of the following characteristics i.e. known as OCTAPACE. A brief explanation to each characteristic/dimension is as follows:

OCTAPACE is an instrument developed by Udai Pareek in 1981 that can help us to find out about the organizational culture. The million dollar question confronting the HR expert is how can we improve on the eight dimensions of OCTAPACE, where O stands for openness, C for confrontation, T for trust, A for autonomy, P for proaction, A for authenticity, C for collaboration and E for experimentation. OCTAPACE also represents eight HRD values; 'The eight HRD values, viz. OCTAPACE values (Openness, Trust, Pro-action, Confrontation, Collaboration, Authenticity, Autonomy, and Experimentation), give a sense of direction to the HRD function.'

The OCTAPACE profile is a 40-item instrument that gives the profile of organization's ethos in eight values. These values are openness, confrontation, trust, authenticity, proaction, autonomy, collaboration, and experimentation. The instrument contains two parts. In part I, values are stated in items 1–24 (three statements of each of the eight values), and the respondent is required to check (on a 4-point scale) how much each item is valued in his organization. Part 2 contains 16 statements on beliefs, two each for eight values, and the respondent checks (on a 4-point scale) how widely each of them is shared in the organization. In addition to checking the items on the extent of their importance or sharing in the organization, the respondent can also check how much they should be valued, or how much the beliefs are useful. Thus present as well as desired and ideal profiles can be obtained.

SCORING

To make scoring easier, an answer sheet is provided. From the key (appended), the items marked with an asterisk are first reversed so that 4 becomes 1, 3 becomes 2, 2 becomes 3 and 1 becomes 4. This makes all items unidirectional. The rows are then added. The eight rows represent the eight aspects (octapace) in the same order. The scores on each aspect range from 5 to 20. In a group, participants can themselves score their completed answer sheets.

Openness	1	9	17	25 *	33
Confrontation	2	10	18	26 *	34
Trust	3	11	19	27	35 *
Authenticity	4	12 *	20	28 *	36
Proaction	5	13	21	29	37
Autonomy	6	14 *	22 *	30 *	38
Collaboration	7	15	23 *	31 *	39
Experimentation	8	16	24	32	40 *

OPENNESS: Openness can be defined as a spontaneous expression of feelings and thoughts, and the sharing of these without defensiveness. Openness is in both directions, receiving and giving. Both these may relate to ideas (including suggestions), feedback (including criticism), and feelings. For example, openness means receiving without reservation, and taking steps to encourage more feedback and suggestions from customers, colleagues and others. Similarly, it means giving, without hesitation, ideas, information, feedback, feelings, etc. Openness may also mean spatial openness, in terms of accessibility. Installing internal E-mailing may be a step in this direction: everyone having a computer terminal has access to information which he may retrieve at any time. Offices without walls are another symbolic arrangement promoting openness. In some organizations, even the chief executive does not have a separate exclusive cabin; floor space is shared by other colleagues at different levels in the organization. This willingness to share and this openness results in greater clarity of objectives and free interaction among people. As a result of openness, there should be more unbiased performance feedback. Indicators of openness in an organization will be productive meetings and improved implementation of systems and innovations.

CONFRONTATION: This can be defined as facing rather than shying away from problems. It also implies deeper analysis of interpersonal problems. All this involves taking up challenges. The term confrontation is being used with some reservation and means putting up a front as contrasted with putting one's back (escaping) to the problem. A better term would be confrontation and exploration (CE). Let us use the term confrontation in this sense of confrontation and exploration, i.e. facing a problem and working jointly with others to find a solution to the problem. The outcome of confrontation will be better role clarity, improved problem solving, and willingness to deal with problems and with 'difficult' employees and customers. There will be willingness of teams to discuss and resolve sensitive issues. The indicators, which are also outcomes, can be improved by periodical discussions with clients, bold action, and not postponing sticky matters.

TRUST: Trust is not used in the moral sense. It is reflected in maintaining the confidentiality of information shared by others, and in not misusing it. It is also reflected in a sense of assurance that others will help, when such help is needed and will honour mutual commitments and obligations. Trust is also reflected in accepting what another person says at face value, and not searching for ulterior motives. Trust is an extremely important ingredient in the institution building processes. The outcome of trust includes higher empathy, timely support, reduced stress, and reduction and simplification of forms and procedures. Such simplification is an indicator of trust and of reduced paper work, effective delegation and higher productivity.

AUTHENTICITY: Authenticity is the congruence between what one feels, says and does. It is reflected in owning up one's mistakes, and in unreserved sharing of feelings. Authenticity is closer to openness. The outcome of authenticity in an organization is reduced distortion in communication. This can be seen in the correspondence between members in an organization.

PROACTION: Proaction means taking the initiative, preplanning and taking preventive action, and calculating the payoffs of an alternative course before taking action. The proact can be contrasted with the term react. In the latter, action is in response to (and in the pattern of) an act from some source, while in the former the action is taken independent of the source. For example, if a person shouts back at his friend's accusation he shows reactive behaviour. However, if he does not use this pattern (of shouting) but responds calmly and suggests that they discuss the problem together, he is showing proactive behaviour. Proactivity gives initiative' to the person to start a new process or set a new pattern of behaviour. Proactivity involves unusual behaviour. In this sense, proactivity means freeing oneself from, and taking action beyond immediate concerns. A person showing proactivity functions at all the three levels of feeling, thinking and action.

AUTONOMY: Autonomy is using and giving freedom to plan and act in one's own sphere. It means respecting and encouraging individual and role autonomy. It develops mutual respect and is likely to result in willingness to take on responsibility, individual initiative, better succession planning. The main indicator of autonomy is effective delegation in organization and reduction in references made to senior people for approval of planned actions.

COLLABORATION: Collaboration is giving help to, and asking for help from, others. It means working together (individuals and groups) to solve problems and team spirit. The outcome of collaboration includes timely help, team work, sharing of experiences, improved communication, and improved resource sharing. The indication could be productivity reports, more meetings, and involvement of staff, more joint decisions, better resource utilization, and higher quality of meetings.

EXPERIMENTING: Experimenting means using and encouraging innovative approaches to solve problems; using feedback for improving, taking a fresh look at things, and encouraging creativity. We are so caught up with our daily tasks that we often only use traditional, tried and tested ways of dealing with problems. While these methods save time and energy, they also blind us from perceiving the advantage of new ways of solving a problem. The more we work under pressure, the less is our inclination to try a different approach as the risk seems to be too high. And yet, complex problems require new approaches to their solutions. Organizational learning does not imply repetitive action; it implies applying past experience to current problems to reach beyond. This can be called creativity. Other terms such as innovations, experiments, new approaches, etc. also convey the same meaning. There are several aspects of creativity in an organization. Creativity is reflected in new suggestions generated by employees, attempts at improving upon previous ways of working, trying out a new idea to which one has been exposed, innovating new methods, and thinking about a problem while ignoring so called constraints. The last one is also called lateral thinking, i.e. thinking aimed at generating alternatives. There is enough evidence that such thinking contributes towards the development of new products, new methods and new processes.

COMPARISONS

In a paper published in the *IMED Journal of Management and Social Research* Vol 1 No 2 2008 Asha Nagendra made very useful comparisons between the culture of Tata and Bajaj in Pune. Both companies are giants in the automotive sector and her published findings are given below to show the reader how OCTAPACE can be useful to the HR expert while drawing comparisons between two or more companies. Such work can be gainfully replicated across the country and HR experts can thereby make valuable contribution to management strategy formulation.

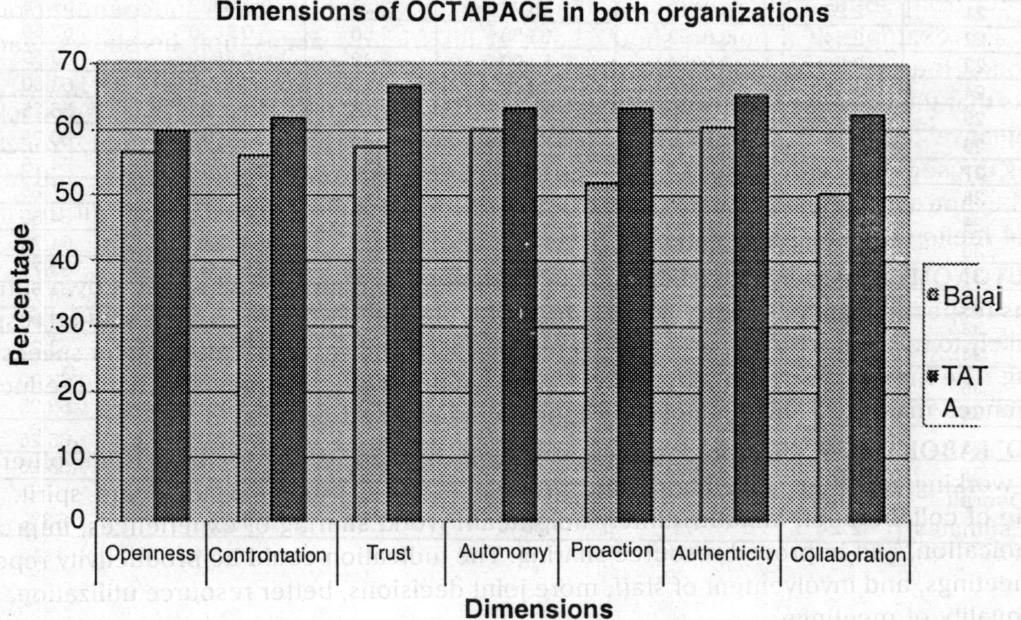

TABLE 1

Mean responses (scores), percentages, and SD (scores): organizationwise

	Bajaj Auto			TATA Motors		
Qu. No.	**Mean**	**SD (scores)**	**%age**	**Mean**	**SD (scores)**	**%age**
1	1.61	1.0908	40.25	2.41	1.0454	60.25
2	2.03	1.0679	50.75	2.86	0.9537	71.50
3	2.16	1.0418	54.00	2.56	0.9777	64.00
4	1.87	0.9812	46.75	2.77	0.8022	69.25
5	1.94	0.9409	48.50	2.47	0.9688	61.75
6	2.21	0.8444	55.25	2.33	0.8883	58.25
7	1.90	0.9045	47.50	2.32	0.8748	58.00
8	2.19	1.0512	54.75	2.62	0.8138	65.50
9	2.81	0.7875	70.25	2.80	0.8040	70.00
10	2.30	0.9796	57.50	2.40	0.8646	60.00
11	2.18	1.0385	54.50	2.50	0.9482	62.50
12	2.27	0.9195	56.75	2.47	0.8097	61.75
13	2.39	0.9837	59.75	2.64	0.8935	66.00
14	2.59	0.9000	64.75	2.78	3.0800	69.50
15	2.17	1.1896	54.25	2.73	1.0136	68.25
16	2.07	0.9239	51.75	2.64	0.9901	66.00
17	2.49	0.9481	62.25	2.38	1.0520	59.50
18	2.13	1.0116	53.25	2.28	0.8655	57.00
19	2.43	0.9239	60.75	2.60	0.9744	65.00
20	2.53	0.8582	63.25	2.47	0.9477	61.75
21	2.27	0.9519	56.75	2.27	0.9832	56.75
22	2.54	0.8093	63.50	2.50	0.7850	62.50
23	2.08	0.9394	52.00	2.42	0.8549	60.50
24	2.92	0.8000	73.00	2.72	0.8998	68.00
25	2.25	1.0384	56.25	2.25	0.9783	56.25
26	2.42	1.0841	60.50	2.41	1.0740	60.25
27	2.38	1.0128	59.50	2.59	0.9754	64.75
28	2.19	0.9395	54.75	2.29	0.9566	57.25
29	2.52	0.9264	63.00	2.56	0.8799	64.00
30	2.29	0.9244	57.25	2.47	0.9688	61.75
31	2.17	0.9540	54.25	2.43	0.9771	60.75
32	2.71	0.7823	67.75	2.75	0.7571	68.75
33	2.08	1.0218	52.00	2.68	1.0138	67.00
34	2.14	0.9849	53.50	2.53	0.9477	63.25
35	2.14	0.9849	53.50	2.52	0.7975	63.00
36	2.11	1.1625	52.75	2.65	0.9143	66.25
37	1.69	1.1164	42.25	2.61	1.0239	65.25
38	1.94	1.2294	48.50	2.21	1.0180	55.25
Overall Estimates	2.24	1.01	56%	2.52	1.0537	63%

18 ROLE OF HR IN CONTAINING UNETHICAL MANAGERIAL BEHAVIOUR

Speaking of and even writing about value-based culture is very impressive. But the fact remains that unethical conduct is very much visible if only one has the time and the inclination and seeks it out. Thanks to the 114 odd pieces of labour legislation and the preponderant Indian managerial habit to opt for adjudication rather than negotiation has given a legal taint to HR. However, the more laws one has, the more ways can be found to circumvent them. Hence, in order to understand how to build corporate culture as discussed in the earlier chapter, the HR Manager ought to know a bit about unethical managerial behaviour as well.

Lord Shawcross once remarked that *the so-called new morality is too often the old immorality condoned*. Mark Twin claimed that *an ethical man is a Christian holding four aces*. Will Rogers stated that *I would rather be the man who bought the Brooklyn Bridge than the man who sold it*. Over the last decade, Business Ethics has gained a lot of popularity in business professional and academic circles in this country. That this newfound zeal coincided with the liberalization of the economy can only be put down to coincidence. Some economists (cf. Sadri) do argue that an open economy requires more transparency and hence ethics gains importance. Some behaviourists like Narayan Ranchodas Sheth state that in order to build trust relations individuals and organizations need to ethical. And, trust relations are the basis of teamwork, something so necessary for building a vibrant corporate culture. Some marketing specialists like Rajan Saxena say that in order to be globally competitive, business ethics is the new imperative. Yet, ethics is a favourite topic of discussion when the inebriated executive pompously expounds what he does not practice. The purpose of this brief paper is to shed some light on what could be called unethical business behaviour. Take three cases that have come to light in the hi-tech sector of Indian industry.

- A senior executive allegedly molests a management trainee who promptly reports the matte to the CEO of the Company. Rather than take the executive to task for impropriety the HR Chief is asked to tell the management trainee to quit. The underlying assumption being that it was easy to get another management trainee but very difficult to get another senior executive.

- An HRD consultant takes upwards of 9 months to conduct a climate survey and six more thereafter to form task groups to monitor the findings and keep deviance in check. In an industry where the climate changes every quarter and the attrition rate is more than 30 per cent per annum this seems somehow ridiculous.
- There is a nexus between an HRD consultant and a headhunting firm. The consultant identifies the competent employee who the recruiter contacts at night or on weekends and secures a better job. The firm pays the consultant for the expertise in containing attrition and by the recruiter for securing the employee. The bread is buttered on both sides.

How than can we accept the argument that ethical conduct is what management actually pursues? Without painting everyone with the same wide brush we could say that as competition becomes sharper casualisation and feminization of the workforce will occur. And corners will continue to be cut in order to maximize short run actual profits even at the risk of jeopardizing long run opportunity costs. Herein comes the need for corporate governance.

INTRODUCTION: The historical background of Public Control of Business, especially in the framework of *laissez faire* capitalism that existed in the Industrial Revolution era is that, businesses committed huge excesses and inhuman acts against their consumers and workers as Eric Hobsbawm maintained. The entire thesis of Karl Marx and Frederick Engels is predicated against this capitalist exploitation of the working class. The Trade Union Act 1926, the Factories Act 1948, the Workman's Compensation Act, and the MRTP Act 1969, were all responses to a huge public outcry heralded by the workers collectivity that forced reluctant governments to legislate and control the hawkish instincts of businesses. The same brutal instinct pervades the business scene even today.

In India especially, the history of oppression of the many by the few is long and writ in blood. So it is conceivable that some unscrupulous Indian business houses would also try to exploit the customers and workers to achieve their own ends. What is saddest in this entire sordid saga is that they are being helped in this unethical practice by well-heeled managers who employ their considerable intellect and experience to exploit loopholes and sometimes quite brazenly break the law. India has codified several laws to control the unethical acts of business but legislation and enforcement are two different things. The nexus between the underworld and the political forces in power is all too well known. This author goes on to the present and asks why is it that managers, who have no economic necessity to do so, act unethically.

In the competitive business environment of today, managers, under pressure to achieve extremely difficult targets, will literally go to any lengths to keep the cash registers ringing. As a result, ethics, values and proprieties are being subverted if not outright ignored. Even within organizations, personnel in a hurry to climb up the ladder are using devious means to get ahead of their colleagues. Backstabbing, lies, malicious rumours are all employed to discredit co-workers and move ahead. Sadri *et al.* (1999) revealed three things:

- There is a rise of mediocrity across all strata of society, and especially among managers many of who do not have the gumption to stand up and be counted.
- As managers rise in the hierarchical ladder, the propensity for them to be unethical increases.

- In their zeal to look good and perform well at the personal level, individual goals take precedence over organizational goals. Managers and owners thrive even as their companies become economically sick.

Against this backdrop is the increased interest in ethics and values and top level managers are speaking of building vibrant corporate cultures anchored on core beliefs. In one breadth top managers speak of corporate governance and in the other they speak of participative management. While in 1992–1993 the corporate houses were clamouring for a level playing field, in 1998–1999 they sought a reinstitution of protection.

We speak of a global village and a boundary-less universe in one breadth and wish to promote the swadeshi spirit in another. We are indiscriminately destroying the flora and fauna thereby disturbing the ecological balance and speaking of pollution control in another. Contradictions are there for all to see, but it is a pity that few are discerning it. We are living in an era where increased competition has led to concentration and centralization of capital on the one hand and an increased casualization and feminization of the labour force on the other. In this backdrop of unethical behaviours and devious practices, this paper raises the question why and what for does an otherwise well off and conscientious manager act unethically. According to Kenneth R. Andrews, Professor of Business Administration, Harvard Business School,

> *Any decline in ethical behaviour is chargeable to all institutions of society that deliver morally weak people to the companies that they join. Long before people go to work to make a living, family, church and schools have shaped their moral characters. If so then the corporation may have to eliminate all unethical persons or more practicable, look to see what it can do to foster moral development and eliminate corporate practices that bring more pressure than is necessary, upon a person's ability to resist temptation.*

So it cannot be said that it is the company that fosters this behaviour in the managers. Even in our own life, we find that since childhood we are taught that success is everything and many parents even encourage their children to earn (monetary) success at any cost. The signal we are sending to the impressionable child is that *win and to hell with ethics and fair play. Blame and frame whomever you have to in order to come out clean and on top.* Doting parents bail out students who are caught cheating in examinations or in other spheres of life and the kids never learn any values in their lives. Therefore, there is a crying need to establish practical use of ethics and to teach our young to enshrine these values into everyday life. Only then can we expect that they upon becoming managers will act ethically.

Religious instruction is of less help than nostalgia suggests it used to be when it was supported by membership in a distinct community that promoted coercive convention of moral behaviour. Changes in lifestyle, culture, and human behaviour brought about by intermarriages, changes of religion, greater individuality and freedoms, secularizations have led to a situation where we can no longer depend entirely on religious dictums to persuade people to act against temptation. Religion is steeped in myth and was clearly meant for a bygone era.

Even the writers and thinkers of the 20th century, in the areas of philosophy and humanities have deliberately avoided moral indoctrination. Great literature was once considered to be the source of ethical instructions, for it informs the mind and heart together of the complexities of moral decisions. But in the middle part of this century the focus had shifted to quantitative and practical areas ignoring the moral welfare of the managers. However, the need for ethical behaviour has prompted the B-Schools and other educational institutions to focus on ethics and values once again.

Thomas Hobbes's egoism postulates that person acts only in their self-interest to procure for themselves more good than bad reasons. An economist might argue that this is the only framework that does justice to the reality of human motivation. That human motivation in which self-interest must be an important part, excludes any obligation or concern for others and thus concern for means, however is not established by research or commonsense. Philosophers such as Jeremy Bentham and J.S. Mill, insist that persons and organizations ought to act only to seek the greatest good for the greatest number. Appealing as is this altruism which is embodied in what Ralph Waldo Emerson said was the first civic duty of any govt.; it omits altogether the claim of any minority or justice owed to the individual. Since the heart of Emerson's Philosophy is the sanctity of the individual against any claim by organization or society, he and the utilitarians have a problem. Nevertheless, as in the case of self-interest the utilitarian's position cannot be abandoned altogether.

We begin to see the problem of submitting to any one school of thought. The conflicting claims of self and others were recognized by Henry Sidgwick, who wrote sensibly enough, that the two had to be reconciled. We then come to the question we all face; how are we to do that? Whereas Hobbs, Bentham, and Sidgwick are concerned with ends that justify the means, another set of frameworks stresses duty and obligation over results.

SCHOOLS OF THOUGHT ON ETHICAL MANAGERIAL DECISION MAKING

In the world of business managers, three different approaches of social responsibility become distinct. They are elucidated below:

Teleological: Founded on the twin principles of Jeremy Bentham's *utilitarianism* and William Stanley Jevons's *greatest good of the greatest number*, they argue that outcome or consequence of the decision must govern whether or not the decision is ethical. This view of ethics is the consequential view where the means are less important than the ends. So every decision must be weighed as according to its perceived outcome and before taking the decision whether or not to proceed. This perception of good and bad is highly personal and subjective and differs from person to person. Bentham has said that mangers will argue "what is in it for me" while making decisions. This is a utilitarian approach wherein the rules are not broken but merely bent depending on which way benefits the manager more. It is concerned with potential benefits and harm from any particular action. It judges an act to be morally appropriate if it maximizes the benefits and minimizes the harm for all parties concerned.

Deontological: Immanuel Kantian divided the world into the real and the metaphysical. He propounded the categorical imperative to explain decisions involving an ethical dilemma. According to this thought using the Kantian position, an action is right or wrong irrespective of the consequences. It is also called the basic rights model. It asserts that all people have basic rights that have to be respected. Here Georg Frederick Wilhelm Hegel's position is when a moral issue is involved; minority of one is enough to justify a decision. Therefore, no situation specific or double standard is entertained. The world is seen as being either black or white... no grey.

Praxis: Sorab Sadri who founded the school borrowed this term from Marxist literature to demonstrate the acceptance mode of behaviour of an individual. In the praxis school, people try to base the consequential mode of behaviour within the ambit of pre-designed or commonly understood principles, often exhibited in the people of the social group. It shows pragmatism on the one hand and the lack of individualism on the other. Seldom do we find such people standing up for their beliefs because they always go with the flow. For them the majority decision is the right one and personal convictions are given the go by. Most are content to sit on the fence, see which way the wind blows and how those in power think and only then take sides.

FORMS OF UNETHICAL BEHAVIOUR

What is acceptable and what is not is a question that has beleaguered many a mind. And in the capitalist periphery the following old English rhyme is probably apt to remember in any discussion on unethical conduct.

The law locks up the hapless felon who steals the goose from off the common, but lets the greater felon loose who steals the common from the goose.

Having said that, Jayashree's investigation in Western India brought into focus the following kinds of unethical behaviour:

1. Monetary Unethical Behaviour

- Bribery: Payments in Cash or kind made to any person (govt. official or otherwise) for obtaining company's ends.
- Piracy: Stealing technology, copying intellectual property without license, industrial espionage, etc.

2. Not Necessarily Monetary

- Blackmail and Sexual harassment: When a person uses threats or sexual innuendoes in order to force compliance from a subordinate or any other party.
- Unfair Practices: Dumping sub-standard products, Falsifying payment vouchers, branding other's products as your own etc to achieve higher profits even if it means health hazards or poor satisfaction levels.
- Social Damage: Not taking cognizance of environmental pollution as a social cost because the cost of safe disposal is too high.
- Worker's safety: Not giving enough concern to the worker's health so that costs of operations are reduced and avoiding compensation to injured or dead workers.
- Corruption: Feathering ones' own nest and taking bribes or favours for self advancement.

In, *The Theory and Practice of Managerial Ethics*, we had found that the following to be some of the reasons that influence a manager to act unethically:

- Generally accepted practices in the organization 26%
- Behaviour of Co-managers 24%
- Society's Moral Environment 17%
- Ability to take a position and justify it 11%
- Fear of getting exposed 10%

- Lack of social conscience 7%
- Personal Greed 3%
- Lack of formal policy 2%
- Economic Necessity 0%

This demonstrates that the principal reasons why financially secure managers act unethically is not financial motive but the inability to stand up for their convictions. They are much influenced society and peer pressure and unable to stand and be counted for their beliefs. This is further concealed under the cloak of team building or group identification by organizational behaviourists but what about principles and creativity of the individual that gets trampled underfoot.

Managers tell themselves that what they are doing is within legal and ethical limits even when it is not. They further convince themselves that the activity is within the best interests of the company and since it is favourable to the company, they will condone it and protect those that commit these acts. They might further believe that the activity is safe because it will never be found out or publicized. Thus, though under normal circumstances, an action may be seen as unethical, due to the above influencing factors, managers may undertake it.

The worst part is that top managers drop hints and ensure that subordinates undertake some unethical work and pretend that they don't know anything about it. Further they give elaborate hints to the effect that the subordinate will be well rewarded. The managers are unable to determine their course of action because they don't know the limits: what will be tolerated and what won't. Saul W. Gellerman says "managers aren't paid to take risks but to decide which risk is worth taking Also maximizing profit is the company's second priority. The first is ensuring its survival and continued growth. A company is a social organization and exists due to the benevolence of society that patronizes it. If the company's managers act in a fashion that is unpleasant to the society then they will reject it and consequently the Co will suffer.

Managers undertake all their activities in the context of defines moral and ethical norms but the profit motive in competitiveness fostered in free enterprise economic systems puts pressure on managers sometime to operate in less than ethical ways and still be within law. This may gain an advantage for the managers. The line between ethical and unethical behaviour is not always clear.

Managers facing ethical issues must be able to solve moral dilemmas. We must address these issues when faced with such dilemma. First ethical responsibility is of concern at three levels of analysis. The systematic level includes the entire environmental relationship to ethical responsiveness. An organization can address the ethical issues in an obstructionist manner denying wrongdoing or it can use legal rationalisation to defend its action. An accommodative approach would lead to corrective actions after the occurrence of unethical activity. Finally the organization could adapt a proactive approach — an attempt to forestall unethical activity.

The organization level must also be considered. An organization relates internally with employees and investors. Also must consider the external constituencies with which it interacts through boundary spanning activities. Finally, individual behaviour is relevant to the issue of managerial ethics. How one chooses to act in a given situation becomes the direct manifestation of the social responsibility and managerial responsibility of an organization.

Another reason is that ambitious managers look for ways to attract attention and to outperform their peers. Hence they might cut corners and take an apparent short-cut to the top. Most organizations are obsessed with results and are not overly concerned with the means employed. Nick Leeson was encouraged by the top management at Barings because he was bringing in the profits even though it was by illegal methods. Only when he lost it all and broke the bank did the top management wash their hands off the whole affair. In this environment of deception and non merit based rewards, it is no wonder that many managers act dishonestly.

It is disconcerting to note that very often-extraneous pressures cannot be the reason why we see unethical behaviour. Managers do it because they feel that the risks are low and that they can get away with it. This shows that they have a healthy contempt for the law enforcement system and feel that they are above reproach. Hence, greater emphasis must be laid on checks within the organization so that such elements are uncovered. Spot inspections, surprise checks all will not only detect such behaviour but also deter others from perpetrating it.

Apart from monetary misconduct, we see other personal misconduct such as sexual harassment or racism at the workplace. While the reasons for this are similar to the reasons for monetary unethical conduct, there are some special features. An all male law firm is more likely to be sexist and lewd with regard to female workers than a cosmopolitan equal opportunity multi-national concern. Apart from organizational features, ethnic composition of the work-force, general development of the workers, social development and level of education all play a major role in shaping the behaviour of the organization's managers. Very often the managers have stereotyped images of how women should be treated and are unable to adapt to a scenario where they are also equal players in an organization. In addition, top management sometimes wants to operate a closed shop and overlooking merit decides not to promote a deserving female because of her sex. All these are unethical practices that persist commonly in our work culture today. They arise because of the biases and prejudices of the existing mangers. These habits are hard to break but the major problem is that top managers themselves hold such biases and overlook such misconduct with a "boys will be boys" attitude. Unless there is a change in mindset at the top and such change is communicated to the lower and line managers, we will continue to see unethical practices in the organizations.

Affirmative action such as deliberately recruiting more female and black mangers at higher level will help redress the situation. However, again it requires determined action and will at high levels.

A WORKER WITH A CONSCIENCE

A study by Maya Reddi, wherein she asked several students from IIM's and IIT's whether they would be willing to pay a bribe to secure some contract for their company. They all without exception said that they would pay he bribe or commit some such unethical act provided that it would benefit the company. So they said that they would be willing to subordinate their own personal values in favour of companies' success. The reason they gave for such an attitude is that they did not see any role model in industry to look up to and give them guidance.

Furthermore Reddi points out that such an attitude is widespread and more the rule than the exception. It is evident that the values that are preached and purported to be practiced are not being internalized. They are merely being paid lip service and when an opportunity comes up to do something contrary they jump at the chance. Also the reason given by them, namely that they have no role model to look up to is not only untrue but unfair. Our memory serves to highlight the roles of J.R.D. Tata and Alacrity Foundation's managers. They strived each day to implement their own values and did not compromise, whatever was at stake.

It is clear from the study of Reddi that what mangers in India believe to be their values in personal life; they are not the values they implement in business. The same manager that goes to temples and donates to charity would not hesitate to provide call girls to customers if that would enhance sales. So a clear double standard exists. The self same ethical person becomes a perfect demon when it comes to business. That is why the rest of the world does not place much trust in Indian businesses. When it comes to quality, quantity and specification, Indian businesses have been known to compromise. The worldwide sourcing managers for Bloomingdale's, a large departmental store chain in the USA say "the final consignment from an Indian business has no relation in quality or workmanship to the sample that was sent to us. That is why we do not purchase in the volumes that we would like to otherwise." His words make it clear that unless Indian businesses especially exporters clean up their act and make a name for themselves as ethical and trustworthy, they are not going to reap success. Short term profits by cheating have to be sacrificed in order to gain long term trust through which are going to come the lasting relationships of trust.

Reddi further says that double standard and signals from top management are largely responsible for the present climate of unethical practices. They preach one thing and when it comes to action, either actively encourage or condone widely unethical practices ranging from relatively harmless acts to pressurize the competition to heinous crimes like adulterating oil, which leads to widespread loss of life. They have to stand up to be counted and ensure that they avoid all unethical acts and make sure that their employees also strictly ethical.

Reddi points out that in many cases it is a failure of senior managers to "walk their talk". They pretend that they have set down moral guidelines for others to follow but in reality they are either actively pursuing hidden agendas or letting their subordinates do so for the profits. A study in the USA has identified some of the reasons for unethical behaviour in the workplace. They are:

- **Inadequate standards, training or too much responsibility too soon:** This is a problem in most of the organizations in the world today. As pressures on sales and productivity mount, coupled with higher manpower turnover rates, green or inadequately trained persons are being sent to front line tasks leading to higher incentive to get results at any cost which in turn leads to unethical practices.
- **Conflicting Objectives:** The inherent contradiction in capitalism is as follows — strictly speaking a true capitalist should strive to maximize profits and gain a monopoly. However social needs prompt us to legislate to protect public interest, which brings in concepts, like anti-trust and anti-monopoly which are truly speaking, not fair to the ambitious capitalist. So even within the company, a manager is told to maximize to "optimize" sales and profits, without any clue as to what is optimum. As a result, he often strays from the beaten track and encourages unethical practices.
- **Intolerance of failure:** Oftentimes the refrain in companies is "get me results or get out". So a culture of only success pervades the organization so much so that the middle and lower managers are scared of failure to a point where they will commit

unethical and even criminal acts than fail. This is another clear case of top management failing to "walk their talk".

- Dishonesty and failure to lead by example: when managers at lower or middle level see their top managers either behaving dishonestly or not leading by example, it prompts them also to be lax. A manager who uses office equipment for personal use on a regular basis cannot expect his employees not to do the same.
- Leading by instruction rather than by discovery: it is sometimes useful to let the managers have some leeway to learn by their own experiences rather than spoon-feeding them all the time. After all it is the fire than makes fine steel. So if top management has a "do it this way or else..." attitude then there will be a certain level of frustration and resentment that causes managers to again act unethically.

So what of the poor executive who is pressurized from all sides? Can he afford a conscience? Alternatively, should he merely succumb to the pressure and do as he is told? Very often we see children employed in hazardous industries like fireworks and construction. They work longer hours and are paid less than the adults. Lives are lost and innocence ends rather suddenly. So, can an executive employed in these companies speak up against these practices? Very often he cannot because the pressure on him not to protest is very high. He is threatened, intimidated or blackmailed into keeping mum. So what of his conscience? Is he to bury it deep and pretend all is right with the world? An executive who repeatedly pesters his management to improve pollution standards or stop bribing officials will most often be curtly rebuked. When the men who hold the real power in the company come together to formulate policy they may give lip service to the moral element in the issue but not much more. The decision making process at high levels is skewed in favour of unethical behaviour as it leads to higher profits in the short run which is what the top managers are obsessed with. We often find that the same unethical corporate manager is very ethical and pure when it comes to personal life. This dichotomy is because of the fact that in his personal life he looks beyond profits and gains and focuses on moral issues as well. But in work he is motivated only by personal gain (which is a function of organization's gain) and so he does unethical things to get ahead.

If they did not subordinate their inner scruples to the consideration of profitability and growth, they would fail in their responsibility to the company that pays them. A kind of Gresham's law of ethics operates here; the ethic of corporate advantage invariably silences and drives out the ethic of individual self-restraint. This incidentally is true at every level of corporate structure. An executive who adheres to ethical standard disregarded by the associates is asking for trouble. No one for example is so much hated in purchasing dept. where graft is rife as the man who refuses to take kick-backs from suppliers, for he threatens the security of others. Unless he conforms they are all too likely to "get him". The crucial question in boardroom meeting where social responsibility is discussed is not, "are we morally obligated to do it?" but rather "what will happen if we don't do it?" or perhaps, "How will it affect the rate of return on investment?" Even the force of law is often regarded as a nuisance and very often ignored or violated.

It is not unusual for a management to break a law, even when they expect to be caught, if they calculate that the fine that they eventually must pay represents only a fraction of the profits that the violation will enable them to collect in the meantime. More than one corporate merger has been announced to help insiders make a stock market killing at the expense of the poor private investor even though the force of anti-trust laws will either not permit or force a separation in the end.

We can thus conclude here that a manager can very well afford a conscience and can also act according to it provided that there is an environment of honesty and direction within the organization. Also the signals from above should be clear and unambiguous. Above all, a feeling that it is not proper to act unethically and one must think of the larger picture is also important. We now examine the larger issue of how an organization itself can be made moral.

MORAL ORGANIZATION: REALITY OR MYTH?

A moral organization is one that is more sensitive to the needs of the society and social costs of economic activity and opportunity to focus corporate power on objectives that are possible but sometimes less economically attractive than socially desirable. It is both value-based and value-driven and as the terms are combined the organization is called value-centred.

The term includes:

- The determination of corporate houses to reduce their profits by way of voluntary contribution to education and other charities.
- The election of an ethical level of operations higher than the minimum required by law and custom.
- The choice between business of varying economic opportunity on grounds of their imputed social worth.

The advocates of public responsibility for a so called public enterprise assert that in an industrial society, corporate power vast in potential strength must be brought to bear on certain problems if the latter are to be solved at all. They argued that corporate executives of the integrity, intelligence and humanity required to run companies whose revenues often exceed the Gross National Product of some nations cannot be expected to confine themselves to economic activity and ignore it's consequences and that henceforth able young men and women coming into business will be sensitive to social worth of corporate activity.

Qualitative attention; once targets and plans have been defined the measurement system must incorporate in appropriate proportion quantitative and qualitative results. Bias to short-term results can be corrected by qualitative attention to social and organization programs. The transfer and promotion of managers successful in achieving short term result is a gamble until their competence in balancing short- and long-term objectives is demonstrated. When young middle managers fall short of their targets, enquiry into the reasons and ways to help them achieve assigned goals should precede adverse judgment and penalty. Whenever measurement and control can be directed towards ways to correct problems observed, the shrivelling effects of over-emphatic evaluation are postponed.

Standards of personal conduct in themselves are no longer an adequate index of business ethics. Everyone knows that a minority of businessmen commits commercial mayhem on each other and on the public with practices ranging from subtle conflicts of interest to the sale of injurious drugs and unsafe automobiles. But in the moral crises through which we are living such tales of executive wrongdoing, like nudity in motion pictures have lost their power to shock. The Dropsy epidemic in Delhi last year because of adulterated mustard oil is long forgotten by the public. Even the accidents of the Indian Railways which claim hundreds of lives are humdrum nowadays. In fact, the numbers do not shock any more. Why do organizations commit harmful acts against the very public whose confidence and trust is vital to their very survival?

After we hear a few of these stories they become monotonous. We cannot turn a blind eye to corporations who flout safety norms and cause grave dangers to society. So a government doctor who takes money under the table to operate is a lesser evil than a doctor who operates on a healthy person and removes a kidney and sells it. They are as different in scale and scope as Jesse James and Nero. The executive of a firm that indulges in unethical behaviour cannot merely disclaim moral responsibility on the ground that he is not responsible for the decision. He is guilty vicariously by employment. If he is aware that his products pollute or are unsafe and why does he persist in selling them. A classic example would be how tobacco industry in the west persisted for years with the argument that tobacco is harmless and does not pose any health hazard while they knew all along that there was serious health risk because of smoking. It is estimated that smoking related illnesses cause the US economy $ 30 Bn each year.

Let us examine the larger issue of how can we achieve a moral organization. One that is flawless in all respects. An organization that truly serves society and at the same time makes adequate returns to its owners. It must produce good quality goods and services and give value to its users. So is this a figment of imagination or can such an organization really exist. I think a live example is a company called Alacrity Foundations in Chennai. They started up in 1985 and have never since paid a bribe or asked for a favour. They lost money, time, their projects lagged over time but they never yielded. Once they had to pay a delay penalty per owner for a 6-month period because the electric connection was not given by TNEB (Tamilnadu Electricity Board) who were demanding a bribe that all other construction companies do pay. Yet, Alacrity chose to accept the loss and did not buckle, until TNEB gave the connection without any bribe.

Other companies that resort to unethical practices laughed at this "impractical" methodology of Alacrity but in the end the customers came to value alacrity properties more than theirs because they were certain that all papers and title would be in order, construction would be to the highest standards and there would be higher resale values. As a result, Alacrity actually earns higher profits than several of the dishonest builders as people are willing to pay much more for Alacrity flat. Even in depressed times they have had no problem in finding buyers at their prices. Also all employees are clearly told that no unethical practise, whatever may be at stake, will be tolerated.

Thus, those who say that ethical behaviour does not pay are hiding behind a façade that they have created to avoid taking responsibility for their role in propagating and sustaining a corrupt culture. People should take a leaf from the books of Alacrity and stand up for their beliefs or else admit that they like a quick buck as much as the next person.

In his article, Kenneth R Andrews asks the million dollar question "Can the best corporations be made moral." That is an extension of the question on how to make managers moral. We find symbiotic relationships between the two. Ethical managers make a moral organization and vice versa. But the drivers of change in immoral organizations are ethical persons because an organization is its personnel. In economic terms, moral behaviour represents the trade off between maximum profits and social welfare. Moral organizations tend to sacrifice a bit of profit to achieve some social aims.

Although we have seen an increase in moral behaviour over the past 100 years of Industrial revolution, from the time of little boys sweeping chimneys and dying of coal dust to children being born deformed on account of Thalidomide to car companies designing safer and more efficient cars that are actually cheaper and more fuel efficient than ever before: it is still not enough. Companies and their managers must personally crusade against this culture of corruption and chicanery. Only then can the vision of socially appropriate and productive companies be realised.

All too often a dropsy tragedy or a rail accident takes place. In fact corruption in the public sector has eaten away the vitals of our society. In a country where most corporate managers dislike paying even corporate tax, I suppose it is too much to expect them to give up their sneaky habits and attachment to supernormal profits straight away. But if managers become more aware of the fact that the long-term costs of their petty behaviour could be more expensive in the long run then we should see a shift towards better corporate governance.

CONCLUSION: Our study, of the grey area of why financially secure managers have taken her to places that she did not anticipate. Jayashree has identified the reasons and the motivations for such behaviour. Now all that remains is for us to decide on a panacea for this widespread and damaging phenomenon. Based on a study conducted by the ethics and compliance department at Raytheon we have concluded that the following steps must be implemented:

Every employee should report any conduct that he or she believes in good faith to be a violation or apparent violation of the standards. The Companies should strongly encourage employees to work with their supervisors in making such reports. In addition, provides to employees the right to report such violations directly to the Corporate Ethics Office, as appropriate. Prompt reporting of violations is in the best interest of everyone. Reports by employees will be handled as confidentially as possible. No employee will suffer retaliation by the Company because of a report made in good faith.

All managers should maintain an "open door" policy regarding employee questions, including those of business conduct and ethics. Employees should raise a question of ethical behaviour before it happens, rather than afterwards. Never hesitate to talk to your supervisors, no matter how small or insignificant an issue may seem. Managers should investigate any suspicion that unethical activities are taking place and call upon the Business Ethics and Compliance Officer for assistance. A final determination will be made on the relevant facts, and appropriate corrective action taken, whenever cases of possible misconduct are reported. Every employee's cooperation is required in assuring that violations of these standards are called to the attention of those in the Company who should be informed. The company should have it clearly understood that adherence to these policies carries the highest priority.

SOME RECOMMENDATIONS: Therefore, what should be the outcome of this exhaustive study? Do we conclude that even financially secure manager's act unethically and that is the end. No, we have to devise a framework such that a manager as above need not act unethically and what is more, will not be penalized for his rectitude. That is an integral part of HR intervention. We suggest the following steps for managers who wish to act conscientiously and carry their organization's top management with them. Managers seeking to convince senior management to adopt a compliance program or support an existing one, face daunting challenges. They must convince management to focus on compliance at a time when those same executives may be wrestling with business crises or dealing with other strategic matters. If compliance managers are to compete in this environment, they must have the sales skills of seasoned marketers. In the interests of advancing the cause, I offer the following 10 sales tips for selling compliance to senior management. These steps outlined below can help managers package their ideas in such a way as to be acceptable to senior management.

Big Stick Phobia: Show all the dire effects that are visited upon violators: Massive fines, damages, debarment, and jail. A compliance program can help a company avoid the '$100 million club.' As in the USA or the Billionaires Club in India.

Protect the Board: In the wake of ITC's Excise evasion case decision, a heightened risk exists that board members could face personal liability, or at least litigation, if something goes wrong and prosecutors find that the company lacks a compliance program. Also the fear of being personally liable will make them more circumspect.

Fear of the Spotlight: The 'Star news' cameras are approaching. You can see the Company's good name pilloried on network television, or in the next day's newspaper headlines. A compliance program can forestall a public relations nightmare.

It Can't Happen Here: Senior managers may not know what is happening deep in the organization. If a company conducts a compliance audit or investigation, and then graphically displays the results, the organizational impact can be electrifying. For example, showing an internal e-mail that contains the exhortation: 'Let's be predatory' can help convince management that antitrust training is needed.

Everyone Else Is Doing It: Executives don't want to be left behind. If presented with data regarding the number of other companies that have instituted compliance activity), senior managers' competitive instincts may be aroused and they will not want to be left behind.

Protect the Company From Waste, Fraud and Abuse. The same techniques that prevent and detect violations of law can also protect the organization from being victimized. Effective audits, hotlines, discipline, supervisor awareness training — all increase the chances of detecting internal corruption. Avoid the '$1 billion loss club.' (Current members: Daiwa, Sumitomo, Barings, and others.)

Start Today. No Budget, No Delay: Some companies cannot or will not spend money on compliance. But all is not lost. Some of the most effective compliance steps can be taken with no budgetary additions. Companies can empower a compliance officer, adopt strong board resolutions and policies, add compliance to the appraisal process, and impose tough discipline, at little or no cost. Few companies start from zero. Existing policies, management practices, and auditing programs form an already-existing base upon which to build a program.

It's the Right Thing To Do: Cynics may be surprised that this could have a 'sales' impact, but many business people really do feel committed to working for a "good citizen corporation." For them this can be a powerful motivating factor.

The 'Big Wind' Approach: For the more cynical, the pitch is to catch the big wind that is blowing through management (whatever that may be at the moment). If 'quality' is in, then compliance is a key quality program (which it can be). Compliance can also be sold as a critical component of 're-engineering,' 'empowerment,' 'globalization,' etc. Just be sure to adjust your sails when the wind starts shifting.

Taking the Offensive: Some companies have found that compliance programs can be used for business advantage. Some license their program materials to other organizations. Others use the program to help secure reduced insurance rates. Some have won customers because of an exemplary program. Others have used the legal knowledge gained through their compliance programs for competitive advantage.

This is not an exhaustive list but one that is good enough to begin with especially in a country like India where unethical managements get away with wrong doings with impunity just because they have the political clout to do so or there is no countervailing tendency to offset it.

Sadri has emphatically maintained that corruption is a necessary condition of capitalism and when the political system is itself flawed corruption reaches unimaginably high limits as in Nigeria, Pakistan, and some South American countries. The legendary J.F. Kennedy on the other hand said when asked why he did not counter place nuclear weapons against Cuba just because someone else does, he replied in the negative saying "so it does not make it right". This statement says it all. How can one subordinate one's values and systems to ape someone's *modus operandi*? Yet, the lumpen mediocrity does so and reaps rich dividends in a retrograde society. There are clear-cut rights and wrongs and that is why we have codified laws as well – to protect the hoi polloi from the excesses of commerce. In fact the entire legislation on public control of business came about in the west when it was realized that very often the lure of profits can cause even capitalists to act in a perfidious manner. It is very true of Indian businesses, especially small businesses that will cut corners. Therefore, we must not only force them to comply but also induce them to comply by bringing about an ethical environment within which all companies are encouraged to operate. That is perhaps why the various corporate governance committees in India (Kumarmangallam Birla, Narayana Murthy, and Jamshed Irani) took steps to introduce transparency, accountability and countervailing tendencies at the board level.

The point then arises: why can HR intervention not bring this about at the corporate culture level? Which behaviour is unethical? Pursuit of this may be good but could also snow ball into a disciplinary matter and enter the realm of industrial relations.

For instance, how do you deal with unethical behaviour in the workplace that creates a stressful environment? We feel this would really depend on who has the unethical behaviour. If it is a colleague who is not a supervisor, than the best way is to approach them about it first and have a quiet chat. This is not always the easiest thing to do though. If once you have spoken to them about it and still nothing changes, approach your supervisor about the behaviour. If it is a supervisor who has the unethical behaviour, you may want to see who is above them in the chain of command and see what they would suggest. You may also want to see if any of your other colleagues feel the same way you do about this unethical behaviour. It is important not to gossip about the situation, but instead to discuss your concerns.

Then again, what "unethical behaviour" are you talking about? If stealing is involved, the police should be called. If it's harassment you're talking about, a lawyer should be called to conciliate.

If it's physical abuse, two lawyers should be called and the matter would take a legal turn. This also depends both on the nature of the unethical behaviour and who you are in the business environment. If you are a fellow employee you should approach your line manager and make him/her aware of the circumstances. In the end, however it depends on what it is and who's doing it. And since it's impossible to control other people, focusing on what's working well as much as possible might be a possible solution. If your organization has an HR person, I would suggest taking your concerns to him/her. In my experience, unethical conduct normally results in termination or at least serious disciplinary action. Dump it in the lap of HR and then stand back. You have an obligation as an employee to report unethical conduct. If you know about it and don't report it, you may take the fall, too. If there is no HR person, a meeting with the errant employee's immediate superior should suffice. If you're uncomfortable with that, an anonymous note might work, although many employers completely discount anonymous reports. Remember that the stressful environment that results is secondary to the primary ethics issue.

Unethical behaviour is unacceptable under any circumstances. The line manager must always consult with HR. From the victim's point of view this is a call which the management has to take. Most organizations do not support unethical behaviour if they live by their values. If any employee or person is unethical they are asked to leave. In cases, where no action is taken, it's better to quit such organizations and move on to better companies.

Two M.Phil. scholars from Periyar University, Salem C. Pavithira and R. Yuvarani have argued that what is important to discuss today is how research informs us about the pivotal role human resource professionals can and should play in ethics management. Research suggests that successful ethics management depends less on formal ethics programs and more on employees' fairness perceptions, ethical leadership at all levels, and the alignment of multiple formal and informal cultural systems to support ethical conduct. To the extent that HR systems invoke fairness evaluations, HR managers design leadership training, and HR systems help to create and maintain organizational culture, HR professionals must play a key role in ethics management.

Research has found that employees' perceptions of fairness are equally or more important than other factors in terms of their influence on ethics-related outcomes. Fair treatment is so important because employees who perceive unfair treatment will rebalance the scales of justice by harming the organization. Employees who perceive fair treatment, on the other hand, will reciprocate by going above and beyond the call of duty to help management (by reporting ethical problems, for example). To ensure that employees feel they are treated fairly, it is important to design HR systems and interventions with perceived fairness as a key goal, with an emphasis on procedural (fair decision-making procedures) and interaction (fair interpersonal treatment) fairness. Employees' perceptions of fair treatment should be monitored regularly via employee surveys, and changes should be made based upon the results.

It is also important for HR managers to work with the ethics/compliance office to follow up on employees' ethics concerns because a large percentage of reported concerns are fairness and therefore HR system-related. Most employees equate ethics and fairness; for them, there is no bright line between the ethics and HR offices.

Ethical leadership is vital to creating an ethical workforce. It is a myth that employees are fully formed moral agents who can 'lead themselves' when it comes to ethics. Research indicates that most employees look outside themselves to significant others for guidance in ethical dilemma situations. If this leadership and guidance is not provided by the leader of the organization, employees will seek it elsewhere, most likely from their peers.

According to research on ethical leadership, an ethical leader is a leader who cares, listens to what employees have to say, and has the best interests of employees in mind. In addition, an ethical leader communicates an ethics and values message. When making decisions, he/she asks "what is the right thing to do?" An ethical leader also role models ethical conduct and conducts his/her personal life in an ethical manner. This role model is trusted by employees and sets an example of how to do things the right way in terms of ethics. An ethical leader holds everyone accountable, and defines success not just by results but also by the way they are obtained.

It is important that HR managers design performance management, career development, and training systems that: (1) Hold leaders accountable for the ethical dimension of their leadership; (2) Identify ethical leaders and rely on them for role modelling and mentoring others; (3) Incorporate the ethical dimension of leadership into all leadership training and development programs.

Conclusion

HR systems are key to the development and maintenance of ethical culture. One of the steps HR managers can take is to focus on how ethics and values fit into the design of key systems such as performance management and reward systems. HR managers can integrate accountability for ethics and values into performance management systems so that implementing ethical values is weighted substantially in promotion and compensation decisions (at least as much as bottom line results). Additionally, HR managers can focus on reward systems by rewarding 'exemplary' ethical behaviour. To focus on discipline, unethical conduct must be disciplined consistently and at high levels, to send a powerful signal that management means what it says about ethics. Finally, effective ethics management requires regular assessment of the ethical culture. Overall, HR and ethics managers must focus on how cultural systems fit together or align in support of ethical conduct, a common goal.

19 HR AND THE MANAGEMENT OF CHANGE

The entire unicentric capitalist world economy is undergoing a change and the World Trade Organization is the harbinger of things to follow. This part of the chapter sheds light on what the HR expert ought to know about the WTO, how it will impact the industrial sector. So far in the book we have dealt with the form and content of the human resource management function, how it can be audited in an organizational setting, and finally, what is the role of values and ethics in management. What has been argued is that in the Indian scenario, organizational change must be positivist in that it must be from the top downwards. It is, therefore, only proper that we include a chapter on how Chief Executives perceive and hence react to organizational change. This, in turn will aid the HRD facilitator to give both direction and magnitude to his intervention. The authors, herein, have used a research-based analysis and business policy recommendation for small- and medium-scale organization to convey the message to the readership.

BASIC THEORISATION

As student of HR we know that OD is a process that applies behavioural science knowledge and practices to help organizations build the capacity to change and to achieve greater effectiveness, including increased financial performance and improved quality of work life. The focus is on building the organization's ability to assess its current functioning and to achieve its goals.

Organization development can be seen as a group of activities with the common aim of improving the organization's effectiveness. It is thus a problem-centred process that addressed itself to real organizational problems — existing and anticipated, and seeks to solve them through a variety of appropriate methods. Solving these problems usually involves identifying and removing impediments to the effective mobilization of the organization's resources, both material and human for the achievement of its objectives.

The concept of organization development calls for change wherever necessary in technology and structures or change in individuals and their interaction process (behavioural), rather than efforts to change only the people, only the structure/process, or only the technology of the organization. An organization concludes people, technology, and process/structured entwined together to secure an objective. These components interact in the techno-structural and human processual systems on behalf of the objectives of human fulfilment and task accomplishment. Of course, environment obviously interacts with all of these components in terms of input to and output from the organization. Therefore it is a dynamic as well as a holistic process that engulfs the entire organization.

Thus OD is oriented to improving the total system — the organization and its part in the context of the larger environment that affects them. OD is both a professional field of social action and an area of scientific inquiry. The practice of OD covers a wide spectrum of activities, with seemingly endless variations upon them. Team building with top corporate management, structural change in a municipality, and job enrichment in a manufacturing firm are all examples of OD. The study of OD addresses a broad range of topics, including the effects of change, the methods of organizational change and the factors influencing OD success.

OD is over the past two decades playing an increasingly key role in helping organizations change themselves. It is helping organizations assess themselves and their environments and revitalize and rebuild their strategies, structures, and processes. OD is helping organizations members go beyond surface changes to transform the underlying assumptions and values governing their behaviours. Perhaps at no other time has OD been more responsive and practically relevant to organizations needs to operate effectively in a highly complex and changing world.

The readers must appreciate that OD is obviously important not just to the CEO but also to those who plan a professional career in the field, either as an internal consultant employed by an organization or an external consultant practicing in many organizations. A career is OD can be highly rewarding providing challenging and interesting assignments working with managers and employees to improve their organizations and their work lives. In today's environment, the demand for OD professionals is rising rapidly.

Organization Development is also important to those who have no aspirations to become professional practitioners. All managers and administrators are responsible for supervising and developing subordinates and for improving their departments' performance. Similarly, all staff specialists, such as accountants, financial analysts, engineers, information technologists, personnel specialist, or market researchers are responsible for offering advice and counsel to managers and for introducing new methods and practices.

Finally OD is important to general managers and other senior executives because OD can help the whole organization be more flexible, adaptable, and effective.

Organization development can help managers and staff personnel perform their tasks more effectively. It can provide the skills and knowledge necessary for establishing effective interpersonal relationships. It can show personnel how to work effectively with others in diagnosing complex problems and in devising appropriate solutions. It can help others become committed to the solutions, thereby increasing changes for their successful implementation. In short, OD is highly relevant to anyone having to work with and through others in organizations.

When we set about the task of *defining organizational development* and go through the relevant literature, the following emerge.

- Organization Development is a planned process of change in an organization's culture through the utilization of behavioural science technology, research, and theory (Warner Burke).

- Organization development refers to a long-range effort to improve an organization's problem solving capabilities and its ability to cope with changes in its external environment with the help of external or internal behavioural-scientist consultants, or change agents, as they are sometimes called Wendell French.
- Organization development is an effort (1) planned, (2) organization-wide, and (3) managed from the top, to (4) increase organization effectiveness and health through (5) planned interventions in the organization's "processes", using behavioural science knowledge (Richard Beckhard).
- Organization development is a system wide process of data collection, diagnosis, action planning, interventions, and evaluation aimed at (1) enhancing congruence among or organizational structure, process, strategy, people, and culture; (2) developing new and creative organizational solutions; and (3) developing the organization's self-renewing capacity. It occurs through the collaboration of organizational members working with a change agent using behavioural science theory, research and technology. Michael Beer had, for instance stated:

Organization Development is a system wide application and transfer of behavioural science knowledge to the planned development, improvement, and reinforcement of the strategies, structures, and processes that lead to organization effectiveness.

This definition emphasizes several features that differentiate OD from other approaches to organizational change and improvement, such as management consulting, technological innovation, and operation management.

1. OD applies to changes in the strategy, structure, and/or processes of an entire system, such as an organization, a single plant of a multi-plant firm, a department or work group.
2. OD is based on the application and transfer of behavioural science knowledge and practice, including micro concepts such as leadership, group dynamics, and work design, and macro approaches such as strategy, organization design, and international relations.
3. OD is concerned with managing planned change, but not in the formal sense typically associated with management consulting or technological innovation, which tend to be programmatic and expert-driven approaches to change.
4. OD involves both the creation and the subsequent reinforcement of change. It moves beyond the initial efforts to implement a change program to a longer-term concern for stabilizing and institutionalizing new activities within the organization.
5. Finally, OD is oriented to improving organizational effectiveness. This involves two major assumptions. First, an effective organization is able to solve its own problems and focus its attention and resources on achieving key goals. OD helps organization members gain the skills and knowledge necessary to conduct these activities by involving them in the change process. Second, an effective organization has both high performance, including financial returns, quality products and services, high productivity, and continuous improvement, and a high quality of work life.

A brief history of OD will help to clarify the evolution of the term as well as some of the problems and confusion that have surrounded it. As currently practiced, OD emerged from five major backgrounds or stems:

- The first was the growth of the National Training Laboratories (NTL) and the development of training groups, otherwise known as sensitivity training or T-groups.
- The second stem of OD was the classic work on Action Research conducted by social scientists interested in applying research to manage change. An important feature of action research was a technique known as survey feedback. Kurt Lewin, a prolific theorist, researcher and practiconer in group dynamics and social change, was instrumental in the development of T-groups, survey feedback, and action research. His work led to the creation of OD and still serves as a major source of its concepts and methods.
- The third stem reflects a normative view of OD. Rensis Likert's participative management framework and Blake and Mouton's Grid OD suggest a "one best way" to design and operate organizations.
- The fourth background is the approach focusing on productivity and the quality of work life.
- The fifth stem of OD, and the most recent influence on current practice, involves strategic change and organization transformation.

But is OD synonymous with Change Management? There are similarities no doubt but they are not the same thing. OD and Change Management both address the effective implementation of planned change. They are both concerned with the sequence of activities, processes and leadership issues that produce organization improvements. They differ, however, in their underlying value orientation. OD's behavioural science foundation supports values of human potential, participation, and development in addition to performance and competitive advantage. Change management focuses more narrowly on values of cost, quality, and schedule. As a result, OD's distinguishing feature is its concern with the transfer of knowledge and skill so that the system is more able to manage change in the future. Change management does not necessarily require the transfer of these skills. In short, all OD involves change management, but change management may not involve OD.

Similarly, organization change is a broader concept than OD. *OD can be applied* to managing organizational change. However, it is primarily concerned with managing change in such a way that knowledge and skills are transferred to build the organization's capability to achieve goals and solve problems. It is intended to change the organization in a particular direction, toward improved problems solving, responsiveness, quality of work life, and effectiveness. Organization change, in contrast, is more broadly focused and can apply to any kind of change, including technical and managerial innovations, organizations decline, or the evolution of a system over time. These changes may or may not be directed at making the organization more developed in the sense implied by OD.

The Relevance of Organization Development is increasingly being felt in this dynamic border-less universe. The competition is so intense that organization must adapt to increasingly complex and uncertain technological, economic, political, and cultural changes. OD could help an organization to create effective responses to these changes and, in many cases, to proactively influence the strategic direction of the firm. The rapidly changing conditions of the past few years confirm our arguments and accentuate their relevance. Organizations are in the midst of unprecedented uncertainty and chaos, and nothing short of a management revolution will save them.

Three major trends are shaping change in organizations over the first two decades of the 21st century: globalization, information technology, and managerial innovation.

Globalization is changing the markets and environments in which organizations operate as well as the way they function. New governments, new leadership, new markets, new countries are emerging and creating a new global economy with both opportunities and threats.

Information Technology is redefining the traditional business model by changing how work is performed, how knowledge is used, and how the cost of doing business is calculated. The way an organization collects, stores, manipulates, uses, and transmits information can lower costs or increase the value and quality of products and services. The internet and the World Wide Web have enabled a new form of work known as telecommuting; organization members can work from their homes or cars without ever going to the office. Finally, information technology is changing how knowledge is used. Information that is widely shared reduces the concentration of power at the top of the organization. Organization members now share the same key information that senior managers once used to control decision-making. Ultimately, information technology will generate new business models in which communication and information sharing is nearly free.

Managerial Innovation has responded to the globalization and information technology trends and has accelerated their impact on organizations. New organizational forms, such as networks, strategic alliances, and virtual corporations, provide organizations with new ways of thinking about how to manufacture goods and deliver services. New methods of change, such as downsizing or reengineering have radically reduced the size of organizations and increased their flexibility.

Fortunately, a growing number of organizations are undertaking the kinds of organizational changes needed to survive and prosper in today's environment. They are making themselves more streamlined and nimble, more responsive to external demands, and more ecologically sustainable. They are involving employees in key decision and paying for performance rather than for time. They are taking the initiative in innovating and managing change, rather than simply responding to what has already happened.

The purpose of organizational change is *value addition* and can be nothing else. Change has fascinated man ever since the beginning of time. It has been viewed as a symbol of progress and feared as a sign for breeding uncertainty. The purpose of this Chapter is to put forth a step-by-step action plan for activating change in organizations and thereby help the executive in being successful in bringing it about. The Chapter is born out of industry experiences and aimed at the practising top level executive in small- and medium-scale organizations.

Be that as it may, it would only be proper if a chapter such as this would begin by examining the precise role of CEOs in the Indian context before honing in on the question of how they perceive organizational change. The appointment of a new CEO is a very important move on the part of the owners of capital and therefore the importance of symbolism in the activities of CEO cannot be discounted. Very often the new CEO brings his own men in with his own rules of professional ethics and his own agenda for progress. A case in point, during the era 1993–1999 was the change brought in by Dr J.J. Irani in Tata Steel. It would have been fatal for the HR professional not to be alive to this situation. He had to retain his identity and integrity, and yet facilitate organizational change. This could only come through *value-based professional conduct* that the work culture of the Tata Group has been known for and that top management has been consciously promoting since 1940.

Let us begin with the typical trading company, which has grown into the modern business unit mainly due to a reallocation of its investment portfolio and not because of a paradigm shift in the executive mind set. Hence the industrialist 50 years ago wanted his sons to go to English Medium Schools and study abroad, just so that they can retain the family's superior image in the corporate world, Similarly, CEOs today send their sons to USA to study for an MBA degree in the belief that this will give the heir an edge over his subordinate professionals. A moot ethical point emerges and it can be stated thus. The industrialist hardly ever uses his own capital. He borrows it from society or the collective wealth of the community i.e. the banks, albeit against some collateral. His professional task force develops the company and takes it forward. The company is a body corporate with its own identity and its own personality. What gives the CEO then a right of succession merely on grounds of blood relationship?

Supplementary objections can then be raised in the name of overall *corporate ethics*. Whatever happened to commitments to professionalism and meritocracy that were being mouthed by the erstwhile CEO before his son came of age? Has the venture capital syndrome not taken precedence over professionalism? In addition, when the heir is not able o carry the torch any further, the company starts to sink. A classic example of this is the famous Wang Laboratories of USA. The Chinese-American entrepreneur Dr Wang was a genius whose wrong choice of successor contributed to first a stagnation of growth and then a downward slide in the business. In the case of DCM in India or in the case of Ranbaxy Laboratories, for instance, the question of succession through blood relation rather than pure professional merit has caused many a hiccup. Few companies have had as smooth a succession as the Birlas have had in the 1990s. Ratan Tata has already gone public in 2010 to state that his successor will more likely be a professional outside the family tree thereby opening a new refreshing and innovative chapter in the management of private sector companies . Perhaps this is just the kind of attitude that has helped the Tatas to reopen the Taj Hotel in Mumbai so soon after the Pakistan sponsored and devastating terror attack of 26/11.

Merely because the original entrepreneur took risks (albeit with another's capital), give him the right to choose a successor purely on grounds of the laws of family succession? While this may well be all right for a farmhouse where the father passes his ownership on to a son, for a public body like a corporate business the logic will not hold. Let us take the case of a Medical Doctor who runs a successful clinic in town. The Doctor is now old and wants his son to take over the clinic. He pays a whacking donation and gets his son an admission into a medical college of sorts. He does not quite make the grade but knows enough to dispense medicines. Can the son take over the father's clinic successfully? Will the patient-clients trust him and will the medical association allow it? The question relating to corporate governance is raised: why can the same thing not apply to a business / corporate venture? Yet, these kinds of questions are rarely being raised even in privately run academic institutions which profess to teach management.

This idea of having a family heir has a lot to do with the stinted vision of the entrepreneur who has made it big but lacks the vision to help the baby; he has produced, to grow. For instance, many Indian entrepreneurs do not quite understand what their core competence should be. One top industrialist has gone on record as having said that *my core competence is to maximize the returns for the investor.* The issue regarding his lack of conceptualisation is easy to understand. But the more important issue of his *mind set* then can be raised: Is he is an effective middle man-trader or is he an industrialist-entrepreneur? The overlap in and confusion between these two roles has led to the downfall of many a company. This is most easily ascribed to a weak knowledge base at the apex of these organizations and their having risen by demand-pull factors or historical accidents rather than by professionally planned programs.

Dun Gifford Jr writing in the *Harvard Business Review* (Jan–Feb 1997) makes the following point brilliantly thus. *The appointment of a CEO is a highly symbolic event that greatly effects how employees perceive the company and themselves.* Nitin Nohria and Rakesh Khurana in their study that was based on a study of 222 CEO successions at Fortune 200 Companies between 1978 and 1994 observed that Indian companies are now facing the capitalist world economy with a weak infrastructure (especially in marketing and HRD) which is born out of their even weaker mind set. They elaborated at length in *Substance and Symbol: the Effects of CEO Turnover on Large Scale Corporation.* In the Indian context, to illustrate the point, let the readers take a long hard look at the information technology industry (and especially at the software companies). Why are some players like Icim, DCM, and Tata Infotech not doing as well as the newer players like Cognizant and Tata Infosys? What is the criterion for determining the pecking order among these software companies? Is there a uniform Benchmark against which comparisons can be made? Why is TISCO and SAIL doing so well when the Stainless Steel Companies are dying a slow death? This question is very pertinent since the international market for mild steel is falling and that of stainless steel becoming slightly better.

However not all CEOs, it must be contended come through the bloodline. Public sector undertakings, in this regard have a definite professional edge over the private sector industries in India. Indeed, the full extent of innovation, creativity, development, and freedom that is found in the work culture of the public sector companies has seldom been eulogised since India opted for the market based economic growth model in 1991. That is both unfair and unfortunate. True, there is a preponderant bureaucracy that needs to be tackled at each step, and yet the public sector companies have definitely embraced change more readily than is usually acknowledged both by the media and by the academia.

The impact of types of CEO succession on performance is nevertheless important both in the public as well as the private sector companies to help us understand organizational change and can be given thus.

	If the new CEO is an insider	**If the new CEO is an outsider**
If former CEO was fired	(1) Wait and See Scenario	(2) Clean-Break Scenario
If former CEO retired	(3) Status -Quo Scenario	(4) Mixed-Signals Scenario

In case (1) evidence showed that company performance will be *slightly* better than average whereas in case (2) the company performance will be *considerably* better than average.

In case (3) similarly it was seen that company performance would show *little effect* whereas in case (4) the company performance will be *below average*.

Hence as soon as the new CEO moves into *the corner office* he is known to make a flurry of changes in the hope of improving corporate performance considerably and for many years to come. So it is important to know how the CEO got to the corner office in the first place.

This will give us a good indicator of what change to expect and how it would be brought about. And, this is the fundamental basis for HRD intervention regarding organizational change, since it has to be (in the Indian context) positivist (or top downwards) and must have the unbridled support of top management if the efforts are not to be scuttled by the insecure mediocrity. But some instances of change could also be contra-progress. A newly appointed B-School Director in 2010 is known to have gone back to the neo-colonial system of "fill up a slip before you can see me" type of office culture even for academic colleagues who were used to an open door policy earlier. That is of course an aberration that can be side stepped.

Contrary to popular belief, our research both in India and other studies abroad show that by a large even in high tech companies investment decisions are taken by the investor-business man rather than the professional technocrat. Take the case of the information technology (IT) industry. Thomas Kiely writing in the *Harvard Business Review* (Jan-Feb.1997) appears to have echoed our finding that even in the so called high tech companies; managements do not undertake fundamental change and restrict themselves to making cosmetic changes only. In a study between 1997 and 2009 it was discovered by the authors that:

1. It is the business managers and not the IT professionals who take the lead in determining and justifying investments in new computer systems. Hence, return on investment in the short run, based on actual costs, prevails over opportunity cost considerations for long run sustained growth.

2. CEOs tend to drive home the point that the needs of business must drive technology decisions. Hence, third world countries concentrate on low-end jobs which spin immediate monetary returns, like electronic publishing and Y2K projects, rather than invest on fundamental technological research. Hence they will be consigned to play second fiddle *ad infinitum* and *ad nauseum*.

3. IT companies will be more responsive to the needs of business in a meaningful way if they can Bench mark against the best practices companies and reshape their units to look like and behave like consulting firms.

4. Management tends to err on the side of caution and so investment in infrastructure is limited to purchase of landed property, whose prices by the law of averages, is bound to rise in the long run. Calculated risk taking is not yet to find its way into their mindset.

5. Even business heads who have not risen to the top because of their politicking and apple polishing, leave the investment decision in the hands of the founder entrepreneurs who continue to be emotionally attached to the business to the extent that they have been rendered incapable of delegate power and enable the technocrat in making objective decisions so that the cutting edge is retained.

THE GENERAL ENVIRONMENT OF CHANGE

Let us begin with an examination of the macroclimate within which organizational change is to be brought about. This will give us a platform from which to understand the dynamics of change and plan for its success. Based on unstructured interviews and open interactions held on a one to one basis with executives in various fields of specialisation in industrial and non-industrial, organizations between 1992 and 1997, this Chapter is written with the sole objective of assisting top executives in the management of change their respective organizations on the one hand and to facilitate the HR specialist's intervention on the other. Whereas examples of corporate giants have been used to illustrate many a point, the thrust of our argument is directed towards the Chief Executive Officer (CEO) in small- and medium-scale organizations that are proliferating since 1989. It gives a step-by-step approach to enable the executive to conceive, plan, and administer the change. This is because he is more often than not the instigator of and the motivating force behind the process of organization change.

Having change for the sake of change is not recommended under any conditions. However, change continues to fascinate many chief executives since it is seen by them as a sign of progress. Conversely, it scares others to death since they are unable to cope with uncertainties which change brings along with it. Nevertheless, change is a way of life and cannot be simply swept under the carpet. This contribution is considered important because some organizations have (during the period of this study), disintegrated because of the mis-management of change while others have simply ossified because of the ham handed manner in which change has been administered. The question often arises: what position should the CEO adopt in introducing and managing change? The position which ought to be taken, in our opinion, will be have to based on HRD intervention since that specialisation has now matured such that it has become a part of Corporate Policy. We have in this chapter made this assumption *ipso facto* and we opine that administering change without going through the HRD function could be catastrophic. This research-based treatment could therefore be seen as a contribution from a position of HRD to the development of business strategy especially in regard to organization change.

Winds of change are sweeping the economy and policy of this vast sea of humanity which we call India ever since the New Economic Policy was promulgated. When the Central Government in 1989 began to engineer a macroeconomic turn-around by liberalising the markets, privatising productive ownership and globalizing competition, the Liberal Press and the general populace were almost euphonious in their praise. Five years down the line unfortunately, the economy has yet to show the fruits of a promised miracle. Industries are going bust by the day, the stock market is following the theory of *random walks* and the people do not know whether the political leadership is coming or going. This is ideally a case of *retarded capitalism* whose *factor* and *product* markets are in a condition of dis-equilibrium. It is perhaps the textbook case of the road to hell being paved with the holiest of intentions. The currency is being debauched, there is a liquidity crunch in the market and exports are not picking up the way they were expected to.

On the flip side of the coin, we have the self same industrialists who in 1988 wanted to free market with no government control, begging for a level playing field and state protection in 1997. Export incentives to Indian industry were being viewed by Courts in Europe and America as amounting to an unfair trade advantage, a charge, which if sustained, might attract the question of dumping duties on our goods. The logic of local resistance in USA and UK on the question of outsourcing jobs is similar. Should that happen, the present economic recession may would have slipped into a depression as exports will dwindle. Instead of the infrastructure improving substantially we were consumerising our tastes so that imports of Wrigley's chewing gum, McDonald's burgers, Kentucky's chicken and Kellogg's corn flakes have made a much-heralded entry into the Indian market. Imported products are beating many of our indigenous products in terms of price, quality and packaging at the same time. However, a timely revival of the manufacturing sector and substantial improvement in the primary sector helped India to launch the second generation reforms and come out of the recession.

There were instances in the late 1990s galore of industries run by erstwhile traders and which have logged up credit dues far beyond their capacity to repay. Their dismal performance has precluded the possibility of future funds being pumped in by financial institutions to save the day. Their new projects had been unduly delayed and there is a strong temptation for their accountants to capitalize the interest rate and then to show that production has not begun, so profits have not accrued. Unit Heads continue to spin webs and the CEOs continue to be ensnared into these webs. The writing was on the wall but either for want of will or for paucity of intellect the CEOs refused to read this. Some industries like Textile, Cement, Steel, and Chemicals have been harder hit than others. But economic growth was registered even though economic development was not.

Companies like in the Pharmaceutical trade were looking at the year 2005 as if it is apocalypse, when the Patents Rights will become enforceable under the GATT. Some industries like construction are suffering due to the downwards swing in the business cycle. Automobiles were also in a glut since foreign competition is showing up the inadequacies of the national products like in the case of Hind Motors and Premier Automobiles while the liquidity crunch is biting into the buyers' willingness and ability to purchase. And amidst this general picture of doom and gloom some players are tempted to take unnecessary risks. What marks a successful CEO from the one, who is not, is the fact that risks. What marks a successful CEO from the one who is not, is the fact that the risks are well calculated and that despite the odds, the former keeps his head above water level while the latter sinks like lead. For instance, if a stainless steel factory closes down just because a string of furnace heats were lost, can we call the CEO a mature risk taker? There was a preponderant absence of consciousness on the part of the top honchos in many medium-small scale enterprises.

At the national level, we have had several coalition Governments in Delhi and the very persons who made a show of supporting them from the outside have pulled the rug from under their feet. The price of betrayal has risen far above the legendary *thirty pieces of silver* and parliamentary trading of seats has become as common as going to buy vegetable in the local market. Uncertainty and disequilibria were the ruling orders of the day even when a new coalition had taken over at the Centre under the table leadership of a veteran politician in the person of Atal Bihari Vajpayee. History, of course was to repeat itself and we now have another Congress led coalition in New Delhi.

Corporate governance remains a need that has to be seriously addressed if development-less-growth has to be stymied and a repeat of the UTI, L & T and Satyam, type disasters have to be avoided. For this to happen, Company Secretaries and Chartered Accountants have to get out of the regulator-regulation-compliance mindset. And for this OD intervention supported by top management is imperative.

Elsewhere we have remarked that it is the bourgeoisie that scams it is the proletariat that schemes. We saw the first instance when the Commonwealth Games issue surfaced in 2010 and we witness the second when the Singur plant of Tata Motors was forced to shut down due to tender minded political tinkering.

In such a climate, traders who had been masquerading as industrialists have started to revert back to their earlier roles and shop floor industrial relations is increasingly becoming neo-mercantilist. The managers of the *comprador* variety, unable to comprehend the dynamics of change, have started to manage companies in a ham fisted manner with the result that industry is leading the downward spiral of economic activity in India. It is precisely at such a time when HRD interventions hold the key to industrial revival. And it is precisely the moment when CEOs opine that training is an un-affordable cost rather than a necessary investment. Such is the bitter anachronism that envelopes Indian industry that it seeks to defy logic.

This is precisely the macroeconomic environment within which organizational change is desired and must be implemented if Indian industry in the small- and medium-scale sectors is to survive. The question before business policy *gurus* is how? The fact must be clearly understood that *perception is the reality* or the CEO will never know where the real bogey lies. And, if that happens, organizational change will most probably be counter-productive. And the insecure mediocrity that did not want the change in the first place will be quick to say *Sir, I told you so.*

THE GENERAL NEED FOR CHANGE

In the late 1980s, many self-styled consultants with hardly a clue about HRD had recommended Total Quality Management as a panacea for all industrial ills. In the 1990s these very same persons started to toot their trumpets in honour of Business Process Re-engineering. Now that neither has given industry the kind of results that were promised these pseudo-academic consultants started talking of Incremental Re-engineering, which is a something of a middle path between TQM and BPR. The trend has moved towards BPO and PKO during the present decade. This new magic wand will give management's the benefits of TQM, BPR, BPO, and KPO without any of the negativities thereof, it is further claimed. Are these persons trying to look important by flashing a few buzz words and unfolding a supposedly new plan of action or are they like Don Quixote chasing windmills taking them to be imaginary giants?

The crux of the issue which is still being evaded by these pseudo-geniuses: the inability of Indian industry to deal with organizational change. If industrial groups that are closely held such a Godrej, and Groups that are amorphous like Tata are progressive, proactive and doing so well, what ails the rest of Indian industry? why were Jamshyd Godrej, Keshub Mahindra, Vijay Malaya, Kumar Mangallam Birla, Jamshed Irani, Harsh Goenka, Deepak Parekh, Keki Dadiseth, and some others were standing up like beacon lights amidst the gloom during the last decade of the 20th century ? The answer lies in the ability of some and the inability of most to understand and adapt to *change*.

Why did the Board Room battles during the 1990s turn so acrimonious? Why did some CEOs not want to change while others wanting to have change, which they saw it, fit, oblivious of the environment? Why the entry of multinationals was resisted by some and welcomed by others? Should change be managed? Should change be avoided? Is stability not likely to lapse into inertia? Should behemoths like the Taj Hotel Group remain solid as they were known to be and yet start smaller ventures across the world as was being debated in the mid-2010s? These are some of the question that research scholars seek to address.

Who should benefit from the change? There are numerous instances where organizations have been impoverished while their owners have amassed wealth. There are equally numerous examples where the captains of industry have gone down honourably with their sinking ship. There are corporate managers who publicly say: look at the industries that died because a perfectly stable traditional (feudalistic) environment was changed in keeping with international norms. What of course they actually imply is: we do not want HRD because delegation of authority will ruin our power base and empowerment at the point of production or the point of sale will take away our discretionary role. Executives who have been grown up with a culture of management by exception will be ill at ease in an environment where a culture of *management by consensus and administration by stated and accepted objectives is the norm.* The Indian Textile industry is a classic case for this syndrome. The case of Solpaur is worthy of note. Whereas the labour unions did cripple the industry by raising seemingly insatiable demands, the management fared no better by refusing to upgrade technology such that the investment multiplier in the production function could have created the much needed upswing.

Then there are instances when fast growth companies employ HRD consultants but fail to give them ground level support from within just because those who are already inside the company are the insecure mediocrity and wish to hog the glory without putting in the efforts for it. The poor consultant earns a bad name as a result. In an IT Company for instance, a high level and extremely professional HRD Consultant was blamed for delaying the *Climate Survey* by the very persons who from within the HRD department failed to give that HRD Consultant, the desired support, when push came to shove. What compounded the damage was the fact that these young and insecure members of the professional mediocrity complained against the HRD Consultant and the top management in their blinkered wisdom believed them.

When you have CEOs whose plans are *activity* governed rather than *thought* governed, when you have senior technical executives spending a lot of time in non-technical activities, when you have senior managers using expletives freely and resorting to both verbal and physical violence, there is a crying need to change the organizational culture. But, change does not come about easily and it is staunchly obstructed in the name of tradition, convenience, stability, and culture itself. How does the CEO manage change?

The rest of this chapter shall be concerned with addressing that question and in the process make a contribution to the corpus of knowledge on that aspect of business strategy that concerns itself with the Human Resource.

ACTUALIZING THE MANAGERIAL ROLE TO FACILITATE CHANGE

To implement change the CEO must be convinced and committed enough to take the lead and arm the HRD with executive powers. Most CEOs are myopic and trust their accountants instead. The inevitable result is that figure considerations supersede all other considerations. The accountant is trained to look for actual costs and unlike the economist or business analyst does not bother about opportunity costs. Hence, he has developed a blinkered vision due to his very training. The key to a CEOs success lies in his breadth of vision and his willingness to walk his talk. He needs to make a lasting impact if change has to be sustained and his mission is to be perpetuated. For this, he needs a vision and a mission that is clear and attainable.

The CEO is expected to lead from the front and by example. But just as an army marches on its belly so too, executive need adequate compensation to stick on. If not, those who stay on in the organization will be those who cannot get a better job or are too foolish anyway to look for one, or are making enough money on the side to stick on.

He must retain stability (not to be mistaken for inertia). To do so the CEO must implement change while perpetuating history. He must not go on any kind of rampage or throw tantrums. He must not appear to act like a bull in a China Shop. People do not like to be told to change. CEOs need to positively create a climate such that change is desired because given the Indian managerial psyche only he is in a position to do so. With stability comes retaining the corporate character. The Tatas, the Godrejs, Mahindra & Mahindra, Vikram Ispat, the Hindujas Bombay Dyeing are some examples where giants have introduced change while the corporate character has been retained. In many public sector undertakings the record has been very good and in their zeal to privatize many a commentator has bashed the public sector such that the baby was thrown out with the bath water.

One must not forget that even CEOs like any other species, can also be a very insecure lot. Hence, the first task of the HRD facilitator is to convince the CEO and get him committed to organizational change. The need to maintain a healthy tension between tradition and change is the key to success. CEOs do not know quite often, when they should gracefully retire. Hence in small-scale and medium-scale industry you will quite often find senile chairman insisting in being consulted by the CEO and all others everything even if they comprehend nothing. They become a serious impediment to change as a result of their inability to grasp the gravity of a situation. CEOs in turn, often do not uphold key commitments, but smooth talk their way or blast their way in meetings. Hence, the CEO is unable to keep faith and if this key ingredient is absent then change will surely be negatively received.

If change is consistently bench marked against value addition for the employer and the employee then acceptability will become a lot easier. And that is the job of HRD intervention to ensure.

UNDERSTANDING THE EXTERNAL ENVIRONMENT

Environment scanning is an exercise which is reserved for the academics and to which certain CEOs pay occasional lip service. But this is the first step which an organization must take before change is introduced. It seeks to understand the climate and its many manifestations so that plans are in conformity with ground realities.

What does the external environment consist of? Plainly, it consists of endogenous influences such as the company structure, the management style, and the Employee collectively. Together these determine the conditions of service and contractual relations of employment. It also consists of exogenous influences like the State Policy on Labour and Capital, the presence (or absence) of a level playing field and finally the competition in both the factor and the product markets. Why do we call these the external environment one may ask? It is because it plays an external role in conditioning the climate for change to take place.

The CEO must keep a level head; have a clear vision, an articulated mission, and a well-defined set of objectives. These must be translated into quantity, quality, cost, and time dimensions. If not, they will be pious wishes at best and senseless murmurs at worst. And, how does the CEO decide where to go unless he understands the external environment first?

If an organization goes for change without understanding the environment, unless there is a fluke success, there things are likely to happen. Firstly, a single success may spur over investment and finances may be spread too thin. When the financial fundamentals are weak, a single blip in the trade cycle will spell down. To avoid this doom, there will be further risks taken and manic behaviour is the result. Organizations, for instance, will economize on paper, phone calls, and telex messages while neglecting important items like raw material control, inventory costs and rejection rates. Secondly, an organization will slip into a comatose slumber while the CEO irrationally sleep-walks and hallucinates. It will be like Adolf Hitler planning the final invasion of England' after Germany had begun to lose the war. The organization will soon get used to the CEO's visions of success and go about their business as if nothing happened. Thirdly, an organization will go into a state of depression that will infuse either a guilt complex or a defeatist complex. And when this happens, every manager will be an infectious agent of doom and gloom.

It is precisely when any of these symptoms surface that the CEO must take charge and introduce change. Thos who will do so successfully will be the leaders and survivors. Those who will not shall certainly be consigned to the trash can of history.

UNDERSTANDING THE INTERNAL ENVIRONMENT

Let us take for granted that the CEO desires change. Evidence abounds to show that decisions regarding change are taken autocratically and enforced democratically. In a steel company in the SME sector within Navi Mumbai, for instance, the MD told Sadri in 1997 that he wanted training to be conducted on the shop floor but not during duty hours. This was because the workers were going to "gain" something for it and they must "pay" to gain that knowledge by coming to work on the off day. Nothing could be a better example of executive myopia if this is how training is perceived. Clearly, the CEO failed to see the internal climate of the company, which was crying out for knowledge enhancement through training. It did not occur to the MD that training was an investment and that the internal climate demanded it. In another case, when some senior HR Managers were invited to speak at an academic campus in Solapur during 2009–2010, their level of domain knowledge was found to be wanting and their vision of the future was truncated. Their renditions smacked of the "commit to memory and vomit on paper" school of learning. Also what came across clearly was that they were "yes men" who would readily and unquestioningly put into action what the CEO wanted. The situation in many other companies in Pune and Mumbai was found to be no different. This means that the onus of thinking about the future lay on the shoulders of the CEO. Hence, the CEO must form a task whose primary duty would be to understand the climate within the organization. The CEO will err if he wishes to do everything himself. He is the visionary who must supervise the rest, and when time comes, get down to the job himself. What is this task force one may enquire?

It is a group of achievement-oriented specialists who having comprehended the vision, set about as a team to actualise the mission. This group having developed a direction is transformed into a team. It is this team that will understand the climate and bring about the change. In recent times, Kumar Mangallam Birla set up such a task force under the umbrella of the Birla Management Centre. Adi Godrej did the same before introducing TQM in his company, as did Jamshed Irani who turned around Tata Steel in the last decade.

The CEO must act his role. He must never lose sight of the fact that he is a visionary and a leader, not a school monitor, a time keeper, a CID inspector or an accounts clerk. Under no conditions whatsoever should a CEO try to pit one executive against the other so that either he gets an up to date report on what is going on or that the executives are kept busy guarding their backs to take cognizance of their perceived follies. This tendency though tempting has always proved disastrous.

THE CEO having formed a task force cannot wash his hands and expect profits leaping out like rabbits from a magician's bag. He must be involved with the task force and lead from the front. Those task forces that will succeed are those that will take decisions democratically but enforce them dictatorially. An HRD facilitator without executive powers becomes window dressing just as a CEO who is democratic in decision-making ends up supervising what Lewis Carroll may have called "a mad tea party". The task force must have permanency or else it would be like a Kibbutz secretary who manages for a while and goes back to milking cows. The task force must be motivated to stay on. And money is often a basis need but not a mutilator for success. Hence the task force must be compensated well. The adage "if you pay peanuts you will get monkeys" is quite true.

The task force is not like a quality circle. The former is time bound and is disbanded after the task is completed. The latter continues to exist. The task force is a team that consists of persons whose skills complements those of the others have a shared vision, a uniform objective and who have a commonality of values. However, once formed, it is imperative that it is not disbanded unless the task has been fruitfully completed.

The following are the danger signs that the task force should never overlook and which surface quite often during the first phase of change. And having identified the particular danger sign would also help the task force to identify the problem for which a solution is needed. The most common symptoms have been elaborated upon earlier in this textbook and need not be repeated.

These must be individually and squarely attended to and corrective actions should be taken immediately. The option now open is clear: the CEO must grasp the gauntlet. At the first sight of the diagnosis it was seen that in some cases the task force was disbanded. That is usually fatal for the CEO and the organization. The CEO develops cold feet and the insecure mediocrity exacerbates this by feeding him various dooms day scenarios which will unfold if he goes ahead with the change.

Research showed that alternate scenarios could be: The Unit Head, the Factory Manager or the CEO is either weak enough to bury his head under the sand and wish away the problems. This is the *ostrich syndrome*. He may choose to sweep facts under the carpet and hope that a market upswing will hide this impropriety. This is the *optimistic-charlatan syndrome*. He may hold up his hands and call it a day. This is the *concerned rate syndrome*. Finally, he may wish to gamble and manage his portfolio so that he gets rich which the organization goes bankrupt. This is the *swindler's syndrome*. The task force is then duty bound to see this, point it out squarely and devise an action plan. Assuming that the CEO is the guardian of the company, the task force is charged with the duty to *guard the guardian*.

DIMENSIONS OF ORGANIZATIONAL CLIMATE

The task force will seriously blunder its way through change unless it understands the organizational climate and its various manifestations and dimensions. By climate we mean those aspects of the work environment in an organization which are perceived by those employed in the organization and which help them to conform their behaviour to expected (or perceived) norms. Research indicates that organizational climate has 12 dimensions which are enumerated briefly below, and which the CEO must take a serious note of.

1. Vision and Mission: If a person does not know where he is going he cannot get lost. So too an organization must have a clear vision and a clear mission which are both articulated and known to all. They must be crisp and stimulating personas to action rather than a mere statement of purpose.

2. Objective and Goal: The former is an open-ended attribute which gives the direction of change whereas the latter is a close-ended attribute which gives the magnitude of the change. The former is qualitative whereas the latter is essentially quantitative.

3. Structure: The rules and constraints placed upon the actors must be such that creativity and innovation are made possible. Rules are meant for the benefit of man and not the vice versa. This does not mean that rules will be made and unmade with impunity.

4. Responsibility: Trust begets trust and accountability without authority leads to neo-feudalistic management behaviour. Here it must be stressed that most management's that administer by exception do so at their own peril.

5. Risk: He who works will err. Hence punishment for errors made, will only create a risk avoidance syndrome that can do nobody any good. Hence, managements should be induced to take calculated risks within the bounds of law and ethical propriety.

6. **Reward:** Recognition for good work done must be quick and public. The adage that subordinate should be praised in public but rebuked only in private is something which is easily lost sight of in the heat of the moment.

7. Standards: Emphasis must always be on excellence and goals once realised must be realistically upgraded. Standards cannot be compromised whether they are in the field of production, quality, or human behaviour.

8. Clarity of role: This is so important that merit rating and performance appraisal exercises fall flat on their face without it. And yet, many organizations go through with the annual exercise without bothering to clarify roles first. Such actions are not defensible either in the name managerial prerogatives or situational constraints: two often used excuses.

9. Warmth and Support: Goodwill is a prized commodity and when that is lost, no matter how efficient a manager is, success will always elude him. There is the case of a super-efficient secretary to a CEO who has alienated every manager with the result that nobody wishes even to greet her in the morning unless they want to speak to the CEO. The is the other case of a CEO who, in the midst of a strike, went out and spoke to the union leaders over a cup of tea at the factory gate. Both examples show the polarities of behaviour which exist in industrial organizations.

10. Conflict: This is a very misunderstood term. Confrontation, which results from a clash of ego, should be avoided at all costs but conflict which arises out of a clash of opinion should be encouraged and channelled constructively in the organization interest.

11.Leadership: Whenever a clique dominates the decision-making function, objectivity is lost and progress cannot be achieved. Fresh leadership is discouraged and mediocrity thrives since they are comfortable in saying yes sir without the slightest twinge of conscience.

12. Technological superiority: Managements which are comfortable in doing the same old things in the same old way often find that they have been living in cloud cuckoo-land and the rest of the market forces have passed them by.

A word of caution needs to be inserted here: Climate surveys need to be done expeditiously and accurately such that actions emanating there from are evident. And a survey must be followed up by regular action taken reports if it is not to degenerate into intellectual fornication at best and a means to perpetuate the job of the HRD man at worst.

And, any organizational change must take into serious cognisance each and every one of these 12 facets because they permit the CEO's decisions to be meaningful and effective. These 12 facets, in turn, create three kinds of organizational climates whose negative traits are given below viz.:

(*a*) The *authoritarian* climate where conformity is treasured and innovations are stifled.

(*b*) The *affiliative* climate where there is *bonhomie* and work seldom gets done.

(*c*) The *achievement* climate where performance is demanded at any cost.

In a lighter vein, these climates could be seen thus: Whereas, the first produces a *wasteland* and the second produces a *fun land*, it is the third which produces a *wonderland*, albeit in conditions that seldom exist. Change after all, is alterations that will enrich or impoverish the organizational climate and therefore the task force must have absolute clarity about each and every dimension mentioned above if the change process is to succeed.

What will finally matter is: What is the purpose of management? Is it to stay on in an inherited legacy? Is it to enable the CEO to get rich at the expense of the organization? Is it o make others perform at their peak levels irrespective of the fear of a burnout? Is it to break new ground, blaze a new trail and light a new torch so that history and posterity can remember the CEO with pride? It is once that these cobwebs are cleared, that management can start talking of Change in a realistic manner.

In some instances the outgoing CEO (industrial as also non industrial organizations) has appointed his own "man" against all norms, as the successor, so that his own improprieties can be suitable covered up. Finding an heir is not an easy job and he must be scientifically eased into the new position with least resistance if corporate battles and the accompanying unpleasantness are to be avoided. Hence under these conditions change is bound to be just a feeble attempt at window dressing. In other instances, the CEO has wanted change but has gone about it the wrong way. Research showed that under these 10 conditions, organizational change is likely to be an exercise in futility. These conditions are:

(*a*) When the CEO uses low level informants (charge-men, security guards, drivers, and clerks) who have been with the organization for a long time, to report on the performance of their superiors. And, managerial decision is based on such feedback. Objectivity is lost and with it goes trust.

(*b*) When the CEO uses the technique of "divide and rule" by giving dual responsibilities and then getting his executives to unhealthily complete with each other so that he can retain his grip on what his going on. This alienates the professional executive and defeats team work.

(*c*) When the CEO decides on the change process dictatorially and expects it to be implemented democratically. This inhibits commitment and responsibility is shunned.

(*d*) When the CEO expects and demands managerial accountability but is not prepared to delegate authority down the line. Hence there is no sense of belonging among the executives, each of whom fends for himself.

(*e*) When the CEO rebukes his subordinates in the presence of their peers or worse still in front of their subordinates. It is arguable that a CEO who cannot control his temper or is vindictive has a slim chance of controlling others.

(*f*) When the CEO is seen as an indecisive person who either takes too much time to make and execute a decision or contradicts his own orders *de facto or de jury*. This leads to uncertainty.

(*g*) When the CEO manages *by exception* and plays favourites. Favoured executives whom he constantly keeps changing to maintain a perceived level of objectivity is one reason why nobody really trusts him.

(*h*) When the CEO criticizes one executive (in his absence) in front of his peer. Why the peer should believes it won't happen to him as well?

(*i*) When two equally powerful men at the top give conflicting orders and the CEO is unable to lend clarity by making both of them to act similarly.

(*j*) When drastic changes are introduced without taking care of contingencies which may rise in their implementation.

Also, it was seen that in each case when the organization is in a crisis situation, the CEO found himself deserted. The basis assumption remains and that are: the CEO must be seen as a reasonable, humane, logical, and farsighted decision-maker who is prepared to walk his talk. His actions must speak for this fact, rather than his memos and speeches.

ACTION PLAN FOR ORGANIZATIONAL CHANGE

What is the use of a doctor who tells you what you are suffering from if he cannot prescribe the cure? And why waste time and money going to a doctor if you are not willing to tell him what really ails you? This is a homily is never wasted on the CEO as well as his HR Expert.

Having diagnosed the climate and identified the problem is winning half the battle. In the grid below is a matrix plan for change. In the first column is the principal task to work the plan. Against it is the sequence in which the three major facets are to be addressed (from left to right). And having addressed the solution will come out from the cause of the problem itself, as our research shows:

ANALYSIS	of	:	product	market	process
LOGIC	in	:	market	product	process
IMPLEMENTATION	at	:	process	product	market

What this means basically is that analysis of the product must precede that of the market and end at the process. Having analysed the three the logic of the change must be addressed. It must be in time with market realities before it examines the kind of product needed to be produced (quantity, quality, cost, and time dimension wise) and then the process needed to do so.

Finally, we come to the implementation of the change. Here the process must be changed before a change in the product takes place and even before an impact of the change is felt in the market. For all this the task force needs a distinct action plan with alternatives open for all possible eventualities. After all, a plan is nothing but an overall programme that included goals, policies, rule, and feedback. And, to activate the plan this task force needs a strategy. To put it in another way, what a plan is but the ultimate goal so strategy is the war to be waged to attain that goal. If strategy is akin to a war then tactics used (to implement that strategy) are akin to a battle.

As any mind-based philosopher will vouch, change begins in the mind and it is imperative that the CEO first is convinced that change is desired and is prepared to change himself in conformity to his overall scheme. Very often, the feedback from middle management ranks showed, CEOs expect others to change and he is not required to conform as he is the boss and calls the shots.

Over dependence on consultants, internal old timers who have risen from the ranks or on one's own prognosis of the situation at hand are some of the responses of CEOs in organizations that needed to be change if the organization had to develop. The CEO was not utterly committed to change but agreed to it since it appeared to be a good idea. Such a situation is a sure shot recipe for disaster since the CEO will surely fail to walk his talk and lose credibility. Change is often associated with a corporate turnaround and it is when companies are performing poorly that organization change is desired by the CEO. This is fire-fighting of the highest order. Research further showed that the following were the elements which when addressed, by task forces, proved to be crucial in engineering a corporate turnaround. And, that is a high level of organizational change indeed!

1. Change in the top layers of management and even changing the CEO.
2. Initiate some immediate credibility building actions such as meeting departments openly, publicly and addressing some grievances at once while explaining why others are kept on hold.
3. Neutralising external pressures from competitors' shareholders and consumers. This is by mounting a PR campaign and improving performance at the same time. Undertaking one without the other will prove more damaging than doing nothing.
4. Take the initial control of the change process so that it can be guided and monitored. If not, the insecure mediocrity will sabotage the process of change in the name of stability.
5. Identifying quick pay off activities so that the sceptics also get involved in change.
6. Take quick cost reduction measures that make a difference and not those that try to make a show of doing so. One way is to control rejections of finished goods and cut down on investments.
7. Start the process of revenue generation so the cash inflow motivates the change catalysts.
8. Liquidate unproductive assets for generating cash.
9. Mobilize the organization to move in a unidirectional fashion so that those who disagree can leave.
10. Improve internal co-ordination so that both magnitude and direction of the change is felt.
11. Get rid of the dead wood and reward good performance publicly and quickly.
12. Control inventory, stores and raw material flows so that real from the circular flow of income are checked at once.

THE STRATEGIC MANAGERIAL OPTIONS FOR CHANGE

Now that the task force has understood the environment, ascertained the climate, identified the problem and brought out a range of options by way of a solution, what does the CEO do? He can use any of these business policy options to change the course of the company. All along we have assumed that there is a need for change and there is both a will and ability on the part of the task force to implement the change. Bearing in mind the political scenario in India today, the policy options for the CEO are as follows as Azhar Kazmi (1992) explained..

Diversification Strategy	*Advantages*	*Disadvantages*
Vertical integration	Economizing operations,Control of demand and supply	Risk of unfamiliarity, Less than desired flexibility
Horizontal Integration	Eliminating competitors, access to new markets	Increased risk, Reduced flexibility
Concentric diversification	Attain synergy, tax benefits, and economies of scale	Investing in new technology and untried markets.
Conglomerate diversification	Better management of cash as ROI is increased. Increased investment spread	Lack of concentration and risk of managers' new business initiatives.

Let us further assume that the business policy option has been identified and the task force has zeroed in on the target, what is left for the CEO to do?

He has to lead the change process, as has been emphasized earlier and in order to lead the process he must have a model which he follows ethically, consistently, and transparently. There are four further options then open to the CEO and the model he chooses could be any of the four given below.

If the polarities on the horizontal axis signify internal and external agents of change, then the polarities of the vertical axis signify the two structural traits desired: flexibility and control. A judicious mix of the two should produce the desired output: the quantity and quality of change. Each of the four models has a means and an ends dimension so the choice is simplified. We would like to re-emphasize that there must be clarity and synergy between the CEO and the task force, there must be consistency in actions and options must be given a fair chance before they are rejected.

How well this process is performed will determine whether the CEO of the small or medium scale organization will make it or break it. Vertical links are often deceptive since the tenacity of the chain does not depend on the strength of the links but on the human links between members of the organization: the internal customers. Neo-feudalistic CEOs with neo-mercantilist ideals tend to make this internal customer alienated and indifferent to change. That must be avoided at all costs. Research indicates than in whatever the CEO does; time and speed will be of the essence. Organizations with low overheads respond easily to change and will have the best chance of survival when the going in 1998 gets rougher for Indian industry and capital will be tight as well as expensive. The financial manager must be one who has a wide experience with a number of types of companies and knows his onions really well. A green horn may spell doom for the company as would a person who has stayed on in the same organization all his life knowing little else of the outside world. And while the financial man will be important the anchor, the catalyst of change remains the HRD chief who heads the task force and the CEO who provides the vision. The CEO must show a healthy awareness of others' experiments with change so that he can learn from them. He must be the change he wants to see.

Hence we argue that the CEO of a company just as the leader of a country has a rendezvous with destiny. What kind of difference did the leader make would become a decisive factor in judging whether the leadership was good or bad for the organization or the country. It is healthy to remember that next to God if man should fear anything then it is history. Because, when history passes judgement it is most unforgiving.

We opine that five lessons from history that will shed further light on the *management of* and *resistance to* change need to be imbibed by the CEO and this is what we choose to end this long argument with.

(*a*) Without his artillery and his armies, Napoleon Bonaparte was just a normal man with grandiose ideas and stanch beliefs.

(*b*) When Leon Trotsky ordered that the armoury be opened to the revolutionaries in 1917 he neither had the power to sign the order nor did the sentries on duty have the power to refuse to comply.

(*c*) Despite his charisma, power and authority, Adolf Hitler could not get the Germans to burn down their country before the allies invaded it in 1945.

(*d*) The national leadership in North Korea has remained dynastic in spite of the fact that the country had accepted and promoted socialism as its state ideology several decades ago.

(*e*) In spite of its claims of fighting terrorism, the USA has in the face of evidence to the contrary, retained its Cold War syndrome of treating Pakistan as its favourite South Asian ally.

20 HR INTERVENTIONS — BPR, BPO, AND KPO

[With Mona Sinha]

Gone are the days when India tooted its role in promoting a socialistic pattern of society. Beginning with Rajiv Gandhi's technocratic reforms in the 1980s India steadily but surely moved away from a centrally planned and controlled model of economic growth to embrace an emerging market-driven model. In the process, India has emerged as a strong world power with a strong and resilient democracy that withstood the attack of state sponsored terrorism from an unstable and undemocratic neighbour — Pakistan. With a growing middle class, a large section of its 1.2 billion strong population being young, a large section of English speaking technocrats willing to cross the seas in search of work, an education system that is improving steadily as the days go by, India is truly a force to be reckoned with on the stage of the new capitalist world economy. With being a member of G-10, having played a leading role in cutting down on carbon emissions and now a seat on the United Nations Security Council with every possibility of becoming a permanent member of UNSC India has at last been recognized. This has forced business to view reality differently than it has been hitherto used to doing and the HR managers to change their focus. It is in this environment that business process re-engineering (BPR), business process outsourcing (BPO), and knowledge process outsourcing (KPO) have to be viewed by students of HR.

There are four major reasons why HR managers are going to change their focus in the years to come. (1) The market is getting highly competitive and any person, function or system that does not add value will have to be re-evaluated and dispensed with. (2) The HR function is being recast from being a strategic support function to being a strategic business function. (3) The trade unions are withering away and there seems to be an end of ideology in sight leading to tasks such as labour law administration and welfare activities becoming redundant. (4) The HR function is fast becoming a catalyst of change and is mooting value-based OD interventions towards building a corporate culture that supports learning organizations. Under the circumstances, processes have to be re-engineered and tasks have to be outsourced after proper analysis. This means that the student of HR must understand the nuances of BPR and BPO very well. This is what the purpose of this chapter is. The reader will glean an understanding of what Business Process Re-engineering and Business Process Outsourcing actually means and imply.

BUSINESS PROCESS RE-ENGINEERING [BPR]

BPR has been around for quite some time: a lot has been written about it in both the practitioner trade press and the academic research journals. A lot more has been debated in HR circles where the old school bureaucrats continue to look after latrines, canteens and pursue labour law. They feel insecure with the change that is taking place and consequently resist it by hook or by crook. They distort fact and present a tinted view of reality — that view that suits them most. The new school of OD interventionists uses BPR as an instrument of desired change but are unable to come up with a one best methodology. Hence, the controversy still remains if there is any accurate description of BPR, or if BPR is just a fad: an appealing label to tag on to whatever your company is doing to suggest that your latest and greatest work is 'in vogue.' To get some bearing about the question of what is BPR and what is the role of information systems and human factors in that process, you may like to start here. Is BPR the great equalizer? Before the issue of equality is taken up by its HR exponents, they must be made aware that *treating unequals as equals is the greatest inequality*.

What is BPR? Scanning the Internet the student will find that overview papers on BPR generally cover key concepts regarding BPR, processes, and myths about BPR, relation between BPR and information technology, role of IS function in BPR, BPR methodology, failure of BPR projects, and future of BPR. On a related note, you may also like to peruse the diverse notions of 'Enterprise Architecture', as they are relevant to planning and implementing organizational change. These notions are presented in papers written on a framework of *Strategic Capabilities Architecture*.

Is BPR Out of Vogue? Strategic planning experts often question if BPR is out of vogue- no longer the flavour of the month so to speak. After two decades of streamlining processes for efficiency, companies are adopting a more proactive stance toward the future. The re-born strategy that invariably emanates from such discussions must be **"subversive"** i.e. it *must* challenge the internal company rules and industry rules; it must be customer-oriented; and it must be based on "thinking in terms of whole systems." Looking at such work makes one think if BPR and the "new" Strategy are *really* **'apples and oranges'**? In sum however this is nothing but an exponential dimension of strategic HR interventions that bring about organizational development.

Does BPR Always Require External Consultants? Some companies do reengineer without consultants but these are few and far between. Management usually thinks that an outsider is more likely to examine objective social reality better and therefore employ these experts for BPR initiatives. Companies like Texas Instruments and Harley Davidson are setting the precedent for implementing reengineering initiatives with internal process improvement teams. We shall try to outline the development of their home-grown BPR initiatives that were implemented independent of external consultants.

Does BPR Initiatives the Benefit of Employees? Balancing Work and Family has been the aim of sociologists since Weber and Durkeim. Short-sighted nature of BPR initiatives has been often criticized because of their key emphasis on restructuring and downsizing [read 'dumb sizing']. BPR efforts have been expected to benefit the company and, in several cases, the customers of the company. How often have we heard of the BPR efforts oriented to the *benefit of the employees*? Often we forget that the success of almost all BPR initiatives depends upon the employees: in the final analysis they are the persons responsible for delivering the benefits to the customers and to the company. Here are some companies that are turning the **'nuke them' BPR philosophy** on its head. Business processes meet work processes head on but unless the top management is a visionary one such exercise are bound to fail as in the case of Global Tele-systems.

Systemic View of Organizational Change: If the student is interested in a "holistic" perspective about management of organizational change and organizational interdependence by deploying information technology, he/she would do well to read up on the *role of Information Technology in managing organizational change and organizational interdependence*. This synthesis of ideas from systems theory,. organization research and information technology practices, provides a "holistic" perspective of the relevant organizational and technological issues. The synthesis suggests that the survival and growth of organizations in an increasingly turbulent environment would depend upon effective utilization of information technology for aligning the organizational structure with environmental preferences and for creating symbiotic inter-organizational structures.

Is BPR Incremental or Radical? : Most students are all too familiar with the initial thrust of BPR on 'forcing' radical change on the employees propounded by Hammer and Champy. They are also aware of the criticism of such 'radicalism' and the later about turn of the above authors when they suggested that BPR needs to take into consideration the human factors necessary for successful implementation. The question remains as to should BPR, be incremental or radical?

Our thinking is that the process changes need to be radical in the sense that they are of frame-bending or frame-breaking nature. In other words, the assumptions underlying the existing processes need to be surfaced and analyzed by considering multiple and contradictory perspectives of the present and the future. However, the implementation needs to be preceded by a well thought out action plan that *involves* the employees at the various levels. For a relatively recent case study of an organization that used such an approach, students could peruse the story culled from *CIO* (February 15, 1997) and entitled *Enterprise Systems: The Big Switch: Would You Shut Down Your Business to Bring Up A New System?* Going against the generally accepted notion of reengineering business processes piece-by-piece, the computer manufacturer Quantum had replaced its worldwide legacy systems with an integrated client/server system using the 'big bang' approach. However, the 'big bang' required: a 4-year planning and implementation process that involved managers and employees from all business units; the ability to respond quickly to unforeseen situations and take decisive actions; and the resolution to go through several testing cycles while often remaining on tenterhooks. The axe had to be well and truly sharpened before the logger set to work on felling trees.

What are the Myths about BPR Created by the Popular Literature? The popular management literature has created more myth than practical methodology reengineering. The concept of BPR has been with us since about 1990, however it is widely misunderstood and has been equated to downsizing, client/server computing, quality, ABC, and several other management nostrums of the past several years. Based on interviews and conversations with more than 200 companies, and 35 reengineering initiatives, Davenport and Stoddard (1994) identify seven reengineering myths.

The Myth of Reengineering Novelty: Reengineering, although about familiar concepts, is new in that these concepts are combined in a new synthesis. These key components have never been together before. This requires the ability to think outside the box and imagine that you are in a kind of time machine that has catapulted you into the future. Existing time and space dimensions have to be transcended and new ones have to be redrawn.

The Myth of the Clean Slate: Regardless of Hammer's (1990) famous exhortation "Don't automate, obliterate!" clean slate change is rarely found in practice. Or, as Davenport and Stoddard (1994) stated: A "blank sheet of paper" used in design usually requires a "blank check" for implementation. This is seldom forthcoming. Hence, a more affordable approach for most companies is to use Clean Slate Design which entails a detailed vision for a process without concern for the existing environment. However, the implementation is done over several phased projects. Also supported by preliminary findings of Stoddard and Jarvenpaa 1995: their findings ran contrary to Hammer (1990): "although reengineering can deliver radical designs, it does not necessarily promise *a revolutionary approach to change*. Moreover, a revolutionary change process might not be feasible given the risk and cost of revolutionary tactics."

The Myth of Information Sector (IS) Leadership: In contrast to the much touted leadership role, IS is generally viewed as a partner within a cross-functional team that is generally headed by a non-IS project leader and a non-IS business sponsor who have better control over the processes that are being redesigned.

The Myth of Reengineering vs. Quality: Unlike Hammer and Champy's (1993) call for all out "radical change," most companies have a portfolio of approaches to organizational change including reengineering, continuous improvement, incremental approaches, and restructuring techniques.

The Myth of Top–Down Design: The implementation and execution of the redesigned processes depends upon those who do the work. Hence, the participation, and more importantly, acceptance and ownership, at the grass roots level are essential for successful BPR.

The Myth of Reengineering vs. Transformation: BPR is a process that contributes to organizational transformation (OT); however, it is not synonymous with transformation. OT is defined as, "Profound, fundamental changes in thought and actions, which create an irreversible discontinuity in the experience of a system" (Adams, 1984). OT is generally about the emergence of a new belief system and necessarily involves reframing, which is a discontinuous change in the organization's or group's shared meaning or culture. It also involves broad changes in other organizational dimensions besides the work processes: such as organizational structure, strategy, and business capabilities.

The Myth of Reengineering Permanence: Davenport and Stoddard (1994) speculate that reengineering has peaked in the US in 1994 and would probably become integrated with much broader organizational phenomena: such as another synthesis of ideas that includes the precepts of reengineering; its integration into existing change methods; or its combination with quality and other process-oriented improvement approaches into an integrated process management approach.

What is the Relation between BPR & Information Technology?: Hammer (1990) considers IT as the key enabler of BPR that he considers as "radical change." He prescribes the use of IT to challenge the assumptions inherent in the work processes that have existed since long before the advent of modern computer and communications technology. He argues that at the heart of reengineering is the notion of 'discontinuous thinking' — or recognizing and breaking away from the outdated rules and fundamental assumptions underlying operations... These rules of work design are based on assumptions about technology, people, and organizational goals that no longer hold." He suggests the following "principles of reengineering": (*a*) Organize around outcomes, not tasks, (*b*) Have those who use the output of the process perform the process, (*c*) Subsume information processing work into the real work that produces the information, (*d*) Treat geographically dispersed resources as though they were centralized, (*e*) Link parallel activities instead of integrating their results, (*f*) Put the decision point where the work is performed, and build control into the process, (*g*) Capture information once and at the source.

Davenport and Short (1990) argue that BPR requires taking a broader view of both IT and business activity, and of the relationships between them. IT should be viewed as more than an automating or mechanizing force: to fundamentally reshape the way business is done.

Business activities should be viewed as more than a collection of individual or even functional tasks: in a process view for maximizing effectiveness. IT and BPR have recursive relationship. IT capabilities should support business processes, and business processes should be in terms of the capabilities IT can provide. Davenport and Short (1990) refer to *this broadened, recursive view of IT and BPR as the new industrial engineering*.

Business processes represent a new approach to coordination across the firm; IT's promise — and its ultimate impact — is to be the most powerful tool for reducing the costs of coordination (Davenport & Short 1990). Davenport and Short (1990) outline the following capabilities that reflect the roles that IT can play in BPR: Transactional, Geographical, Automatical, Analytical, Informational, Sequential, Knowledge Management, Tracking, and Disintermediation.

Teng *et al.* (1994) argue that the way-related functions participate in a process — i.e., the *functional coupling* of a process — can be differentiated along two dimensions: *degree of mediation* and *degree of collaboration*. They define the *degree of mediation* of the process as the extent of sequential flow of input and output among participating functions. They define the degree of collaboration of the process is the extent of information exchange and mutual adjustment among functions when participating in the same process. In their framework, information technology is instrumental in reducing the degree of mediation and enhancing the degree of collaboration. Also, innovative uses of IT would inevitably lead many firms to develop *new, coordination-intensive structures*, enabling them to coordinate their activities in ways that were not possible before. Such coordination-intensive structures may raise the organization's capabilities and responsiveness, leading to potential strategic advantages

Is there a BPR Methodology? Davenport and Short (1990) prescribe a five-step approach to BPR:

Develop the Business Vision and Process Objectives: BPR is driven by a business vision that implies specific business objectives such as cost reduction, time reduction, output quality improvement, QWL/Learning/Empowerment (cf. Shared Vision of Senge 1990, Ikujiro Nonaka 1995).

Identify the Processes to be Redesigned: Most firms use the *High-Impact* approach which focuses on the most important processes or those that conflict most with the business vision. Lesser number of firms uses the *Exhaustive* approach that attempts to identify all the processes within an organization and then prioritize them in order of redesign urgency.

Understand and Measure the Existing Processes: For avoiding the repeating of old mistakes and for providing a baseline for future improvements.

Identify IT Levers: Awareness of IT capabilities can and should influence process design.

Design and Build a Prototype of the New Process: The actual design should not be viewed as the end of the BPR process. Rather, it should be viewed as a prototype, with successive iterations. The metaphor of prototype aligns the BPR approach with quick delivery of results, and the involvement and satisfaction of customers.

BPR: All or Nothing? Insights from CIGNA: At CIGNA BPR meant "breakthrough innovation focused on customer needs" (Caron *et al.* 1994). BPR was essentially driven by the senior management's strategic planning process that had concluded that the mix of business in its portfolio needed to change. It was viewed as a vehicle to realign strategy, operations, and systems to deliver significantly increased financial results. Caron *et al.* (1994) argue that the real life story of BPR at CIGNA represents a contrast to the general prescriptions of "radical" "all-or-nothing" organizational transformation. At CIGNA, BPR started out as an experimental pilot. The knowledge from the success of this initiative was disseminated for implementing other BPR projects. The BPR initiative was sustained "from the bottom up, with learning transferred "across." At CIGNA, the prerequisite for BPR success was a corporate environment that promotes learning, especially learning from failure. Although, the process was initiated from the top, the ownership was moved down to the people who actually had to implement the changes and was affected by those changes. The BPR effort took into consideration the differences in management cultures in different countries. The BPR initiative started at the operational levels and was later moved to "higher forms" (strategic) of reengineering over time.

Why do BPR projects fail? What can be done about it?: Seventy per cent of the BPR projects fail. Biggest obstacles that reengineering faces are: (*i*) lack of sustained management commitment and leadership, (*ii*) unrealistic scope and expectations, and (*iii*) resistance to Change. Based on the BPR consultants' interviews, Bashein *et al.* (1994) outline the positive preconditions for BPR success as: senior management commitment and sponsorship; realistic expectations; empowered and collaborative workers; strategic context of growth and expansion; shared vision; sound management practices; appropriate people participating full-time (cf. CIGNA: BPR as a way of life), and sufficient budget. They also identify negative preconditions related to BPR as: The Wrong Sponsor, a "Do It to Me" Attitude, Cost-Cutting Focus, and Narrow Technical Focus. The negative preconditions relating to the Organization include: unsound financial condition; too many projects under way; fear and lack of optimism, and animosity toward and by IS and HR specialists. To turn around negative conditions, firms should: Do Something Smaller First (CIGNA's pilot); Conduct Personal Transformation (CIGNA's change of mindset); and Get IS and HR Involved (CIGNA's CIO initiated the change and HR factors were given due emphasis).

King (1994) views the primary reason of BPR failure as overemphasis on the tactical aspects and the strategic dimensions being compromised. He notes that most failures of reengineering are attributable to the process being viewed and applied at tactical, rather than strategic levels. He discusses that there are important strategic dimensions to BPR, notably, developing and prioritising objectives; defining the process structure and assumptions; identifying trade-offs between processes; identifying new product and market opportunities; coordinating the reengineering effort, and, developing a human resources strategy. He concludes that the ultimate success of BPR depends on the people who do it and on how well they can be motivated to be creative and to apply their detailed knowledge to the redesign of business processes (cf. Davenport & Stoddard 1994, Markus *et al.* 1994).

Where is BPR headed? : Over the last few years, the reengineering concept has evolved from a "radical change" to account for the contextual realism (Caron *et al.* 1994, Earl, 1994), and to reconcile with more incremental process change methods such as TQM, towards a broader, yet more comprehensive process management concept (Davenport 1995).

Based upon a theoretical analysis and survey of literature relevant to reengineering, Kettinger and Grover (1995) outline some propositions to guide future inquiry into the phenomenon of BPR. Their propositions centre around the concepts of knowledge management, employee empowerment, adoption of new IT's, and a shared vision. Earl et al. (1995) have proposed a "process alignment model" that comprises four lenses of enquiry: process, strategy, MIS, and change management and control, and used it for developing an inductive taxonomy of BPR strategies. Malhotra (1996) has developed the key emphasis on these issues based primarily on an integrative synthesis of the recent literature from organization theory, organization control, strategy, and MIS.

King (1994) believes that although the current faddism of BPR may end, however, process reengineering, in some form or known by some other name (cf. Davenport & Stoddard 1994) would be of enduring importance.

BUSINESS PROCESS OUTSOURCING [BPO]

A bone of contention between the developed and the developing world business process outsourcing (BPO) is the delegation of one or more IT-intensive business processes to an external provider that in turn owns administers and manages the selected process based on defined and measurable performance criteria. This adversely affects jobs at home and often becomes a politically sensitive issue. However, some of the motivation factors as to why BPO is gaining ground are: (*a*) factor cost advantage, (*b*) superior competency, (*c*) utilization Improvement, (*d*) economy of scale, and (*e*) business risk mitigation.

In addition, the availability of highly qualified skill pool and faster adoption of well-defined business processes leads to higher productivity gains without compromising on quality.

Customers across verticals like Insurance, Banking, Pharmaceuticals, Telecom, Automotive, and Airlines seem to be the early adopters of Business Process Outsourcing. Of the vertical listed above insurance and banking are able to generate bulk of the savings purely because of the large proportion of processes they can outsource like claims processing, loans processing and client servicing through call centres.

Improvement in cost, quality, and productivity has encouraged customers to rapidly scale up their offshore operations. It is no longer seen as a one-time cost reduction or process improvement but customers are demanding year-on-year improvements in process metrics.

Why India?: Robust communication infrastructure, a large English-speaking workforce, low labour costs, appropriate time-zone difference with the West and the brand equity built by the software services sector are compelling reasons for choosing India as the BPO destination.

Reading the newspapers we know that the international bandwidth situation has improved dramatically over the last 3 years with the launch of India's first private undersea cable. Moreover, considerable bandwidth is also available to companies through state owned Videsh Sanchar Nigam Limited — VSNL (partially owned by India's largest business conglomerate). VSNL has strategic stakes and has negotiated contracts to use parts of several international cables like SEA-ME-WE II, SEA-ME-WE III (40 GBPS capacity), FLAG (10 GBPS capacity) and

SAFE (40 GBPS capacity), offering connectivity to most locations around the world. Other private operators in India also have aggressive plans to build undersea cable with considerable bandwidth over the next 2–3 years. Besides, the privatisation of NLD operations within India has resulted in the emergence of new players. The privatisation of the telecom Industry has resulted in significant drop in telecom rates. Continuing competition in the industry with the recent entry of newer players will see a further drop in telecom prices. As a result, the telecom costs have dropped by 85 per cent in 3 years.

Power availability has also improved dramatically over the last 15 years, thus ensuring power reliability at most ITES locations like Bangalore, Delhi, Chennai, Bombay, Pune, and Kolkata. Respective state governments in India have undertaken reforms in the power sector to improve power supply to ITES companies.

The Indian BPO industry has been growing 70 per cent a year and is now worth $1.6 billion, employing 100,000 people. And as McKinsey analysts put it, BPO has to grow only 27 per cent till 2008 to deliver $17 billion in revenues and employment of a million people. That is the question facing companies today when they look to outsource their business processes — human resources especially. Most companies understand very well that the best practice may be to leave the clerical work to someone else; companies want their executives to focus on strategic issues rather than back-office work. Many companies, however, still choose to outsource specific functions piecemeal - payroll, for example, are handled by one vendor, and benefits by another. Now a few early adopters have latched on to what's being called "end-to-end HR outsourcing." Perhaps only 14 such deals have been put in place, but the companies involved are no small fry — those deals cover some 1.2 million active employees worldwide. Direct cost savings, as well as the usual synergies, are two big reasons that these companies have switched from the piecemeal to the unified approach. Outsourcing HR as a whole, to a single vendor, also presents the opportunity to lower the headcount in the human resources department dramatically. One large company that recently unveiled an integrated HR strategy expects to lower that department's headcount by 25 per cent over the next 3 years; another company has already done even better.

In 2006, General Motors was the world's leading travel agent — or so it would seem. The automaker sent more than 100,000 employees on the road, and that's just in the United States. Its peripatetic workforce racked up an eye-popping array of expenses for airfare, hotels, fleet transportation, entertainment, communications, and other business needs, most of them paid for via four different corporate-card accounts. The mountain of data produced by all that activity required a veritable company-within-a-company to process, flag questionable expenses, and record everything in the general ledger.

Does a company that designs and builds cars really want to devote so many internal resources to the management of corporate travel? In December 1998, GM said no, and shifted the burden to Kirkland, Washington-based Captura Software Inc. GM is not alone in moving its non-core business processes to outsource service providers. Many companies are following suit, outsourcing a growing list of functions that includes purchasing and disbursement, order entry, billing and collection, human resources administration, cash and investment management, tax compliance, internal audit, payroll, and customer relations. A survey conducted by CFO magazine and AMR Research found that business process outsourcing, or BPO, has already become popular among companies of all sizes for a variety of reasons, and will likely gain steam in the months ahead.

Saving money is a prime motivator, of course, but advocates claim that strategy also enters into the equation. "Outsourcing has moved up the food chain," says Frank J. Casale, CEO of *The Outsourcing Institute,* a Jericho, New York—based professional association of more than 26,000 outsourcing executives. "It is no longer seen solely as a cost-cutting measure, a last-ditch effort to save money and perform financial triage."

Casale contends outsourcing has become a management tool, freeing companies to build upon their core competencies by leaving the non-core stuff to specialized providers. "There is definitely strategic value here, particularly in the areas of improving quality and service, instilling best practices, and having an expert on tap that will stay abreast of constant change," he says.

The institute estimates that 36 per cent of all companies with sales of more than $50 million outsource today, up from 29 per cent in 1996; among CFOs responding to our survey, the percentage was significantly higher. Altogether, outsourcing (both BPO and traditional IT) represents some $345 billion in resources that lie outside corporate boundaries, indicating that what was once considered a project-based tactical move is now a standard business practice. "Companies are fed up with managing complicated, messy things outside their core function," says Christine Ferrusi Ross, an analyst with Forrester Research in Cambridge, MA.

Increasingly, companies are deciding that plenty of things look messy, which is why analysts believe the BPO market will grow faster than the more traditional IT outsourcing market. "Look at the tax laws, for instance," says Ross. "There are thousands of tax jurisdictions in the U.S., constantly changing their rules. Same thing with employee compensation, benefits, and recruiting — what you can and cannot do legally is exhausting, and costly to monitor and manage." Enter BPO, which, she says, can not only alleviate the headaches but also provide "strategic benefit." Motives and measurements of outsourcing activities are crucial for the HR specialist. But is outsourcing truly strategic, or is it simply a way to rent what you don't want to own? Moreover, how do companies gauge whether or not outsourcing is a better strategy than internal management? Outsourcing consultants concede that because most forms of BPO have been around for a few years at most, calculating their effectiveness is almost impossible. "There's really no way to measure it in an apples-to-apples comparison," says Rita Terdiman, vice president and research director at Gartner, the Stamford, and Connecticut-based technology research firm.

KNOWLEDGE PROCESS OUTSOURCING (KPO)

Knowledge process outsourcing (KPO) is a form of outsourcing, in which knowledge-related and information-related work is carried out by workers in a different company or by a subsidiary of the same organization, which may be in the same country or in an offshore location to save cost. Unlike the outsourcing of manufacturing, this typically involves high-value work carried out by highly skilled staff. KPO firms, in addition to providing expertise in the processes themselves, often make many low level business decisions—typically those that are easily undone if they conflict with higher-level business plans.

Knowledge process outsourcing is the allocation of relatively high-level tasks to an outside organization or a different group (possibly in a different geographic location) within the same organization. KPO is, essentially, high-end business process outsourcing (BPO).

Most low-level BPO jobs provide support for an organization's core competencies and entry-level prerequisites are simply a command of English (or applicable language) and basic computer skills. Knowledge process outsourcing jobs, in comparison, are typically integrated with an organization's core competencies. The jobs involve more complex tasks and may require an advanced degree and/or certification. Examples of KPO include accounting, market and legal research, Web design, and content creation.

KPO and BPO are often conducted through offshore outsourcing as corporations seeking the most value for the least money source projects to countries where wages are lower. Because KPO jobs may bring in twice as much money to the economy as BPO, countries such as India are actively promoting development of that industry.

As there is no uniformity on definition of KPO and BPO, but in our view Knowledge Process Outsourcing is a process in which companies outsource the specific processes which require "Domain Expertise", getting in return better quality of job done, increased ROI and less time consumption, monetary benefits and other consultancy online. E.g. If a company is working very well for last 4 years but this year the sales starts declining and they are unable to find the cause in spite of all the data and knowledge residing with them. In this condition, the company will contact a marketing expert requesting for the diagnosis and solution to the problem. The domain expert will analyze the data and situation up to the level of his expertise and will suggest findings to the parent company which will help the company to overcome the decline.

So, KPO is a domain expertise phenomenon while BPO is a process-oriented phenomenon. KPO is a knowledge intensive process which requires deep knowledge of the field and process. It requires understanding the clients requirements in his words like we do system analysis and design in building an application software for a client. The outsourcing for knowledge based works is getting paced day by day in many fields like equity and investment, engineering, market analysis, education, business analysis, pharmaceuticals, clinical research, content development, multimedia, business and market research, intellectual property and legal, etc. As India is one of the very few developing countries in the world which is having talented professionals of multi-domain nature with English on their tongue, it has a distinct competitive edge. As most of the population in India is in the bracket of youngster graduates in different streams with all hard and soft skills this competitive edge becomes a potent bargaining tool in the international market for Indian companies.

An example would perhaps drive the point home better. Writing in Hindu Business Line, Egedio (Edge) A.B. Zarrella, KPMG Global Partner-in-Charge, IT Advisory said that it is likely that the knowledge services phenomenon will have far-reaching consequences for the global financial services industry over the next three years, foresees Mr Egidio (Edge) A. B. Zarrella, KPMG Global Partner in Charge, IT Advisory.

"A significant shift in the boundaries between 'outsourceable' and 'non-outsourceable' activities may happen with high-value activities overtaking low-end cost arbitrage work," he added, during an e-mail interaction with Business Line, soon after the launch of report titled Knowledge Process Outsourcing (KPO): Unlocking top-line growth by outsourcing 'the core', at Nasscom on February 13, 2008 in Mumbai.

Various sources of market research predict the knowledge services industry were expected to be anywhere between $10 billion and $17 billion by the year 2010. *As the KPO industry moves from basic and moderate complexity work to high complexity work, the boundaries separating the "core activities" of a global institution from the "non-core activities" are likely to be redrawn,* observed Mr. Zarrella. Furthermore he said, *Decisions about outsourcing are likely to be accelerated to preserve and increase competitive advantage with large global banks and insurers looking at knowledge services strategies as key business drivers.* He saw the emergence of a new trend of 'boutique' providers who would look at leveraging knowledge services to create a differentiation and offer new services and offerings. *Outsourcing strategies have progressed from being at the periphery of the enterprise to being at the heart of the business," informed Zarrella. More rigorous regulatory and compliance control will likely be demanded, as knowledge service providers deliver more complex services,* he argued.

It could well be argued that *KPO is about "intellectual arbitrage"*. This differentiates KPO from IT outsourcing (ITO) or BPO, both of which emphasize cost arbitrage. KPO is characterized by niche offerings, highly skilled staff and a relatively small scale. It cuts into the traditional "core competencies" of many organizations. KPO is non-rule based whereas BPO is rule-based and continuous. Communication with client is more in KPO as compared to BPO wherein the backend operations do not involve client interaction.

While KPO involves high complexity and judgement-based work, BPO involves basic processes involving templates and standard procedures. The per-hour billing rate is much higher for a KPO as compared to that of a BPO. While staff numbers, volume and accuracy of output were the key drivers for the success of BPO, staff capabilities and expertise of the resources are the key drivers for the KPO to rise. Knowledge processes are different from business processes in terms of the value proposition to the client, which leads to a clear demarcation in process complexity, the amount of intellectual intervention in the process, the skills required and the ability to scale. While business processes are essentially process-driven and rule-based, knowledge processes involve judgment. By outsourcing their core operations to KPO providers (third-party or captive), KPO clients enhance their top line revenues by being able to make different investment decisions and take on more work than would otherwise be the case. An example of a BPO activity would be finance and accounting outsourcing — accounts receivables and payables, and HR (human resource). On the other hand, an example of KPO would be equity research — initiation of uncovered stocks and valuation modelling. It then becomes obligatory for the HR expert to assist the CEO in taking the correct decisions on outsourcing both business and knowledge.

In conclusion, we find that those HR activities that are most conducive to outsourcing are those that are peripheral to the business process itself. Examples can be found in Security, Canteens, and even maintenance of records under the various pieces of labour legislation. Selection is outsourced to head hunting firms as is training to professional agencies. But in the latter case the HR control over the processes of business remain weak. There is no general rule, which says that these functions can be outsourced and these cannot. However, the point to note is what is the long-term cost and benefit of such a practice?

21 MANPOWER RETENTION STRATEGIES IN A HIGH-TECH ENVIRONMENT

It is often and erroneously argued that competition entered the Indian economy only after the reforms of 1991. This is a half-truth simply because even prior to and almost a century before 1991 competition had existed but was restricted to the consumer market. Only after liberalisation did market competition enter the production sector. However, as the unipolar capitalist world economy began to take on a new and definite shape, after 1991, a year, which also marks the disintegration of the USSR, the rules by which organizations were managed, changed. It was no longer necessary to have a tall organizational structure where roles and goals were too clearly defined, the span of control was definite, small was beautiful and the State had a direct stake in managing business. Worker control was replaced by employee empowerment and managerial responsibility was replaced by executive accountability. Today the organization was expected to be nimble, adaptive, flexible, and big. Creativity and innovation were required to be built into the corporate culture. The human resource was no longer an appendage but the fulcrum that held the wheels of industry in place. Skill was replaced by knowledge and the doing organization was replaced by the learning organization. It became the task of HR intervention to promote *gyan* (knowledge), *buddhi* (intelligence), and *vivek* (consciousness) amongst employees across the hierarchical boundaries. The age of the intellect was ushered in along with the new century and in it the knowledge worker found his rightful place. Along with this also came the phenomenon of structural imbalance in the macro economy. For instance, in 2001 more than 60 per cent of the Indian population continued to depend on agriculture but 53 per cent of the GDP contribution came from the service sector, which included information technology.

This knowledge worker was thus a highly prized commodity who had to be recruited, retrained, and retained at a fairly high cost. It was felt that it was the knowledge worker alone who could give the organization the much-needed competitive edge in global competition. So the barons of industry did to this new breed of worker exactly what Plato had warned against (above). In this paper, we are concerned with the question of *how to motivate the knowledge worker without having to dangle the proverbial carrot and use the stick in this highly euphoric atmosphere of e-Business*. It is argued that monetary incentives have their own limitations and the real answer lies in building corporate culture that gives the knowledge worker a sense of belonging and restores his self-esteem which has been taken away in the name of technological imperatives of free market economics.

This research-based paper is founded on investigations conducted between 1999 and 2001 in the *high-tech sector* of Indian industry mostly in the Greater Mumbai region. The *modus operandi* of this study was simple one to one dialogue with those who could be described as knowledge workers. The question posed was *why do companies employing knowledge workers in general have high attrition rates?* The answers varied a lot but generally the respondents found little motivation to stay on in one place. At one end of the polarity were monetary expectations while at the other end of the scale was the aspect of being treated as human beings. In short, we were concerned with the *pride* of the knowledge worker and the need to be treated with dignity.

As expected, we also found that those employees whose technological skills were outdated and/or who had moved in administrative tasks higher up the hierarchical ladder were found to be more stable. This stability-buoyancy dichotomy in the high-tech sector of Indian industry is legion. Indeed it is not an Indian phenomenon but a universal phenomenon wherein structural contradictions make the understanding of objective social reality that much more clear.

Are these positions that are generally well known and well accepted in the high-tech industry sector trying to tell a story? Our opinion is that they are and that we must wake up to see the writing on the wall and perhaps we are not equipped fully to read and adequately tackle our business environment! HR experts advocate that we urgently need to upgrade our training and research efforts besides we must emphasize *on doing* rather than *on knowing*. And without the *thought process* preceding the *activity process* our efforts will bear little fruit. True, we get paid for what we do and not for what we know. But in accepting this we are still skimming the surface and failing to get to the root of the problem. And they go on looking for ways and means to get on top of the situation.

People constantly delve into the past for answers. The HR expert, very often, is no different in his approach. One instance can be found when The *Book of Five Rings* written by a relatively uneducated Japanese warrior in the sixteenth century is now considered to be Business Bible. Indian scholars, for their *locus standi*, rely on the Vedanta (Chakraborty, Sekhar, and Balchandran) or to Catholic Christian Catechism (Mathias and Bonnerjee), or to the Koran (Kazmi). Seldom do they rely on cold objective social science and empirical research alone. Perhaps respected scholars such as Subhash Sharma are few and far between. They walk the tight rope with élan while keeping one eye on our glorious culture specific past and the other eye of modern scientific rationality. Relying on scriptures, of course, has its problems. Karl Marx described it as *the opiate of the masses.* Napoleon Bonaparte said that *religion is excellent stuff for keeping common people quiet.* Thomas Jefferson called it *the loathsome combination of Church and State.* While religion may have its merits, using it for basing scientific thought may be a big mistake as John Stuart Mill had pointed out that *it is conceivable that religion may be morally useful without being intellectually sustainable.*

A similar error lies in delving into past experiences to deal with modern problems. One must live in the present especially in the realm of Human Resource Management. This is because, as Peter Drucker reminds us, *long range planning does not deal with future decisions but in the future of present decisions*. The result is that they are sitting on the driving seat and are too busy looking at the rear view mirror to concentrate on the road that lies ahead.

Whereas recruitment and even retraining of the knowledge worker is relatively simple, his retention poses a major problem to the HR expert.

Management experts routinely also coin new terms to explain the old reality. They end up putting old wine in new bottles and flog it as a step forward. Epistemological breakthroughs however elude them because they seldom attack the source of the disease and are satisfied with treating the symptoms albeit superficially. Management experts euphemistically stand at the edge of the well peering down to gauge the depth of the water. What is needed, we argue, is to jump into the well and begin measuring the height from the bottom up, to use the words of Leon Trotsky.

A word now about the new age would only be proper. Using the terminology of Alvin Toffler we are *riding a new wave of change*. In this new wave, using the terminology of George Bernard Shaw, we are forced *to be constructively unreasonable* and as Charles Handy says, we *must be able to think in an upside down fashion*. Here we shall briefly examine the accepted wisdom and then proffer an opinion. In doing so we shall take our cue from Toffler, Shaw and Handy in approaching the issues at hand.

We are living in what is described as the *age of the intellect* where the *knowledge worker* has replaced the *proletariat*. He is, by nature, a buoyant commodity, highly unstable and with a king-size ego. Often he is fickle minded and concerned with short run pecuniary benefit as a result of which he changes jobs frequently. Moreover, there is a cost associated with separation and another cost with recruitment. Hence, one of the glaring problems faced by HR experts is *how to curb the levels of attrition*? It is well known that attrition levels in the high-tech industrial sector are alarmingly high. They range from as low as 20 per cent per annum to as high as 55 per cent per annum in the technical knowledge worker categories. The three ₹ of Human Resources Management, i.e., *Recruitment, Retraining,* and *Retention* become fundamental to addressing the problem. Most HR experts would agree that if recruitment is correctly done and if the retraining is both timely and continuous then retention is not such a big problem. This is the typical view of the HR expert in the high-tech industry. The underlying assumption is that technology is an important consideration and cannot be lost sight of by the HR expert.

The other assumption made by the HR expert is that the knowledge worker is loyal to technology. Consequently, the common view touted in many software companies is that the knowledge worker is loyal only to technology and as long as technological skills continue to be upgraded he can be retained. *Ergo,* the HR manager gives due emphasis on training intervention and an enhanced investment in management development programs. This sounds plausible at first sight, but let us pause and consider.

This also is a self-fulfilling prophecy, which gives legitimacy to the HR interventions without bothering to evaluate their cost or their impact. This is partly because HR specialists advocate benchmarking for everyone but himself or herself. They speak of values and ethics without seeing the need to walk their talk. Instead they are motivated *only* by the selfish greed to secure their own future even at the risk of jeopardizing the future of the organization. They are quick to please the boss who is often concerned with pleasing his boss and keeping an eye on maintaining the bottom line *only*. The CEOs talk of and even advocate creativity and innovation but are quick to clamp down on it for they fear that might erode their own power. The HR expert falls in line with this kind of managerial behaviour and makes little or no attempt to correct the false consciousness of the CEO, from who he derives his authority. The profession's image takes a severe beating in the process and the titular image of HR as a function is retained. The CEO speaks of change but refuses to change. The physician, euphemistically, has neither the willingness nor the ability to cure himself! The HR specialist then is guilty of both omission and commission in discharging his professional duty.

To demonstrate our above point, we give three examples of HR activity in the high-tech sector of industry in Mumbai between 1996 and 2001 of which we have personal knowledge and which Sadri and Jayashree have quoted in their earlier work.

- A consultant took 10 months to conduct a climate survey in a software company and six more months thereafter to formulate task forces to tackle the issues thrown up by the survey. All this in an industry where the climate changes every quarter is a bit much to digest. Effectiveness of HR interventions became questionable.
- A senior officer allegedly molested a management trainee in his office. She reported the matter to the top management, which frequently paid lip service to ethics and values. The HR Chief at the behest of top management asked the girl to resign since (it was argued) that it is easy to replace a management trainee than to find an efficient senior executive. To the HR Chief the internal customer was inconsequential!
- There was a known tie-up between a HR consultant who worked in the software industry and a headhunting firm. Wherever the HR consultant went, attrition levels rose, as did the consultant's bank balance. Professional ethics went for a toss.

Under the circumstances, depending on HR consultants and in-house HR experts to cure attrition may be a tall order to make. Following Trotsky, therefore, let us jump into the well and measure the depth of water from the bottom up. That is to say, let us use objective social science methodology to get to the root of the problem.

Let us at the outset, admit that there is far too much hype and brouhaha about the so-called computerization of India and how it will be the pedestal from which we shall launch ourselves as a global power. In a country where 65 per cent of the population is dependent on agriculture, where a majority of the populace lives in rural areas and where constant electric supply is a luxury that not many enjoy, how can we be so euphoric about e-Business? We must learn to live with the fact that no matter the hype is given to software and telecom sectors, more than one modes of production shall continue to coexist in India. In other words, high-technology based industry will co-exist with traditional industry and accompanying modes of production. And real development would mean addressing the larger populace and bridging income and wealth inequalities on the one hand and improving the quality of life on the other. This does not seem to be emanating from the e-Commerce explosion.

Let us also realize that the knowledge worker is merely a euphemism to describe the worker in high-tech industry. Nothing more should be read into it. For instance, a skilled craftsman is a knowledge worker, a professor is a knowledge worker, and stock market speculator is also a knowledge worker. Hence, who is actually a knowledge worker remains a nagging question. The narrow use of the term to describe technicians and engineers working in the high-sector of Indian industry needs to be viewed with circumspection. But for the purpose of this paper, we have restricted its use to describe persons having special skills and who work in white-collar jobs within the information technology sector.

The three inter-related concepts line Data, Information, and Knowledge also seem to have been collapsed into the term technology. This is an erroneous position to take. Data refers to technologically derived facts, which can be collated and structured for easy retrieval.

Information refers to the use of the data in a structured fashion by the application of the human mind. Knowledge relates to derived wisdom, experience and knowing what others are doing (networking). The culmination of data–information–knowledge cycle is, of course, wisdom, but let that pass. Let us, with reservation, accept the term knowledge worker as used by management scientists.

Now let us turn our attention to *technology*. This is especially so since the knowledge worker operates in high-tech companies that are computer-related or computer-enabled. In both these cases the sophistication of technology implementation is very important. On closer examination, we find that technology is just a commodity, albeit a unique one, which you buy without seeing. This is because, if you see it, you do not have to buy it (the process and not the product). Technology nevertheless remains in prime position whenever the knowledge worker's loyalty is discussed.

Now, we ask, how can a person be loyal to a commodity? So the view posited above is either flawed or incomplete. What we state is that the knowledge worker is (like any other professional), loyal only to his *values*. This position has been amply vindicated in the works of Chakraborty, Sharma, Jayashree and Sadri, albeit from different perspectives.

We opine that as long as his values are in consonance with those of the organization, the knowledge worker will remain in his job. If they are not in sync then he will either change his values or change his employer. This is a veritable fact of life. Where technology fits in, one may well ask. Technology is an integral part of the overall value system of the knowledge worker and should *not* be considered in isolation. The knowledge worker seeks to enhance his self-worth all the time and upgrading technology is only a part of this process of self-development. Reifying technology as many management scholars do, is an epistemological blunder, which we are in no mood to commit. To find the Achilles heel of the knowledge worker let us first examine the available literature on motivation theory. This will tell us what makes him tick and what makes him chime, that is to say, what will make him stay in or quit the organization.

BASIC THEORIZATION

Ever since Gary Becker popularized the term *human capital,* management theorists seem to be using it rather freely. So some definitions are in order. Capital is not money. It is manmade aid to production and production is the creation of value either *an sich* (of itself) or *fur sich* (for itself). In other words, conversion of inputs to outputs is production. This need not be in terms of goods and commodities but could also be service e.g. financial and legal advice, portfolio management or human resource training. It could be in terms of final products e.g. cars or intermediate products e.g. semi-conductors. One could go further and call the knowledge worker a form of *human capital*. However, we find this unacceptable since knowledge and capital are dichotomous. For one thing, knowledge can be obtained for itself whereas capital is only a factor of production, and whereas production can be for itself, capital cannot. Secondly, capital when used gets dissipated whereas knowledge when used only expands. To take the point further, capital used in process A is used up and may not be adequate for process B. Knowledge can be used for so many processes and so many times as possible without depletion. Thirdly, capital is finite and limits can be placed upon it, whereas, knowledge is potentially infinite and limitless. Hence categorizing the knowledge worker as human capital is flawed. So the knowledge worker is a peculiar species of a larger genus: labour. And, labour, as any economist will vouchsafe is just an important factor of production, is not the only factor capable of creating value.

The question posed in many software companies is how to retain the knowledge worker. There are three general responses which HR experts proffer. The first is to buy the knowledge worker out. This happens in campus interviews and when the company cannot provide the right environment to retain the student, he or she quits anyway.

The second is providing training. Training needs analysis and organizational diagnosis lack the depth given by the studies of Udai Pareek, T.V. Rao, Dinyar Pestonjee, and Ishwar Dayal. Moreover, this approach is often vitiated since many trainers are ill equipped to deal with rising expectation levels and all they do is to rehash the old wisdom and prescribe well-known remedies even when they do not fit the disease.

The third is making people sign bonds, which if properly challenged do not stand up in court anyway. We have treated this aspect within an overall framework of scientific slavery in a recent paper.

Of late, there is evidenced, a new wave to contain attrition in the high tech industry. This is giving the knowledge worker an *Employee Stock Option Scheme* or ESOPS. This is successful to a very great extent but the reason lies more in understanding what motivates the knowledge worker than in waving this newfound remedy as a magic wand.

Let us get our logic right. One of the most inexplicable facets of macroeconomics is the business cycle. The fluctuations in the Nikkei, NASDAQ, Hang Seng and Dow Jones indices in April 2000 bear adequate testimony to the volatility to speculative spending and its effect on the economy. When an industry is along the upswing or recovery path of the business cycle moving from the bust to the boom, ESOPS can be a major motivator. If the industry is along the recessionary or downswing path of the business cycle, from boom to bust, ESOPS is a great de-motivator. The first thing then is to see when the ESOPS alternative is offered. And like finance and manufacturing before it, this sector will have its downswing. A prolonged upswing is an economic impossibility. The UTI fiasco, the Anderson–Enron imbroglio and the WorldCom debacle point to the universality of the view that what goes up will come down i.e. the stock market. The *theory of random walks* that describes stock market behaviour was very much evident.

Another factor to be viewed is that if there are only a few companies that offer ESOPS then it could hold out some promise. But if many companies offer the same perk then its charm would have worn off. Then comes what is called a *joining bonus*, which is given to a person to join Company Y after leaving Company X when both companies offer him an ESOPS perk. This too, like ESOPS, is a monetary incentive that does not amount to ownership and control of business.

Thirdly, comes the taxation angle. If ESOPS is a perk then it is taxable. But is it correct to tax it when the ESOPS is offered and there is a lock-in period during which it cannot be sold? And then to tax it again when the option is exercised at the end of the lock-in period? This is something that has to be considered before its motivational prowess is gauged.

Fourthly, does ESOPS give anything more than a notional financial stake? It certainly does not give control or ownership. Then what is it really? It is a script, which has speculative value at best and a bond that, may not be redeemable at worst.

The question arises. How do we use ESOPS or the *joining bonus* as motivation and a safeguard against attrition? To answer that question we must understand motivation. What then is motivation one may ask? Motivation is a basic process, which begins with the physiological and psychological deficiency, or need that activates a behaviour or drive aimed at achieving a goal or realizing an incentive. The key to understanding this phenomenon lies in the meaning of and the relationship between needs, drives and incentives.

Management is concerned with motivation so that with the help of right policies and practices, efficiency and effectiveness can be raised at individual, group and organizational levels. This basically means that if the internal customer (employee) operates at high levels of effectiveness, efficiency, and quality, he will produce a good or a service, which the external customer (client) will readily and continually accept. At the end of the chain, of course is the smooth flow back of funds from the market into the company coffers. The corporate objectives are fulfilled without having to place corporate beliefs and values in jeopardy.

Some well-accepted theories of motivation have been summarized, earlier in the textbook and we shall not repeat the same. But we shall, instead, raise the question: *what will make the knowledge worker work?*

The question now arises: which of the accepted theories of motivation holds the key to the management of the knowledge worker and how should the HR specialist act in this regard? Let us attempt an answer based on our findings. It was stated by respondents times without number and in multifarious ways that what they loathed most was being treated as a commodity. This was more so when the knowledge worker had signed a bond. What use was a bond when the work given to him was unchallenging and he was treated as a dispensable commodity? The HR expert (in-house) cannot wash his hands away from this. He is responsible for creating an environment in which work was pleasurable. This meant job enrichment and job enlargement schemes must be activated so as to retain the interest of the knowledge worker. If not, as soon as the bond period is over he will quit. Money would fail to contain him and money has ceased to be a motivator as soon as the job has stopped being challenging. Therefore, the HR Manager must work closely with and on the same level as the technical manager overseeing the software project or the software factory as the case may be.

Above all, we strongly feel, he should quit being a *yes man* to top management and start assuming the role of the *corporate conscience keeper.* Only after this question is addressed properly and adequately can the HR expert start examining the issue of ESOPS and its motivating power? Be that as it may, let us examine the logic of ESOPS a mite closely. Is ESOPS the only carrot that is dangled or is there not something that is called the joining bonus as well? That *dot coms* have degenerated into *dot cons* and thence to *dot gones* does not seem to deter the thinking of most of these blinkered HR specialist.

It is against the background of these seven theoretical positions that the investigation has proceeded to answer the question: why are attrition levels high for the knowledge worker in India's high-tech industry sector?

THE METHODOLOGY OF INVESTIGATION

Using the help of postgraduate students between 1999 and 2001 we interviewed 265 persons, who we opined, would fit into the framework of our theorisation. From that sample population in Greater Mumbai i.e. SEEPZ, INFOTECH PARK, and other locations, only 220 responses were found to be valid. The others were either incomplete or confusing and so were eliminated. The findings are given in the appendix to the paper. Only two academic years were taken (as the time span for the investigation), since the climate is ever changing and so is the profile of the knowledge worker. Hence considering any longer period of investigation would have resulted in increasing the limitations of the investigation.

We finally calculated the feedback of 80 team leaders/project managers, 125 software engineers and team members who were either into developmental jobs, maintenance jobs or quality control related jobs on the various projects. Fifteen other senior managers not directly related to software work but working in the industry in various capacities were interviewed.

Based on the various theories of motivation and an initial pilot survey conducted in 1998 at SEEPZ, Andheri, we delineated eight possible reasons why the knowledge worker shifted jobs and contributed to attrition. Against each possible reason (which was actually a clubbing of a sub-set reason) we asked the respondents to grade the reason of attrition. The response was given along a five point Likert Scale where 5 was the most likely level of importance for the reason and 1 was the least likely importance ascribed to that reason. Simple averages were taken and tabulated. In addition, one more reason was added to the initial 12 and that was the belongingness need. With various CEOs stating that the employee was loyal only to technology and our maintaining that employees are loyal only to their values, we felt that the need to belong was worthy of investigation. Ultimately it was found that this was the reason, which elicited the most responses, and this was the factor HR initiatives needed to address.

The investigation found that there was an overwhelming desire to migrate away from India purely for career growth and associated reasons of financial benefits. Hence this reason was taken as given and the investigation proceeded to identify other reasons for attrition. This was because the lure of the West and the power of hard currency were economic realities that could not be discounted.

The external environment determined by business cycle fluctuations, labour market equilibrium, structural unemployment levels, new entrants into the product market, and nature of competition were similarly factors that could be taken as given and the investigation sought to go beyond this.

After discounting the above two points, as ground realities, the investigation relying on the accepted theories of motivation then identified seven possible reasons for attrition and asked the respondents to rate the same in order of preference. To it was added an 8th. Reason which was thrown up in the pilot study that preceded this investigation. These eight reasons were:

- The brand image of the organization in which the incumbent was employed including market perceptions of its business ethics and how it treated its customers (internal and external) in terms of financial returns. (Maslow)
- The work climate including the teamwork, congeniality of the organization.(Herzberg)
- The leadership quality of the Head of the Strategic Business Unit which included his sense of fair play, recognition of merit, professional accountability, ability to lead from the front, and transparency in decision-making.
- The learning opportunity afforded by the organization and which would contribute to the individual's career growth. (Adelfer)

- The vision of top management (CEO and the Board) including whether they had a long-term view or were they reactive operators who responded to short-term product market needs. (Vroom)
- Organizational stability and the soundness of its economic fundamentals. (Porter and Lawler)
- Opportunity given by the organization to take decisions, accept responsibility and accountability alongside of empowerment especially at the point of production or the point of sale. (McClelland).
- The need to belong i.e. the unique identity of the organization which enabled the employee to take pride in belonging to it.

BASIC FINDINGS OF THE INVESTIGATION

All the companies covered were in the private sector and as such we can state that the findings are relevant to a competitive environment rather than one governed by state capitalism where job security is assured and performance takes a back seat as against seniority. The facts notwithstanding, in the interest of academic rigor, at the very outset let us clarify that the findings are given under two caveats:

(*i*) The condition of *post hoc sed non proctor hoc* prevails. That is to say that any occurrence after an event cannot be construed to have taken place because of the event. That means we cannot say that because the companies considered were in the private sector, attrition levels were high.

(*ii*) The condition that *correlation does not amount to causation* applies. That is to say that because two variables are correlated one does not automatically become the independent variable and the other the dependent variable.

There was, furthermore, no gender bias in the administration of the questionnaires and therefore this aspect was not taken into consideration for the investigation. While it is conceded that attrition among females would be less due to the overwhelming social ethos in India, where the wife follows the husband on his transfer but the reverse is seldom true, we felt that this aspect was not germane to our research intent.

Appendix 1 demonstrates an upward career growth and mobility among this category of professionals and therefore we find that in the project manager and team leader category the number of respondents increases as the age profile increases. On the other hand in the software engineer and team member category the number of respondents decreased as the age profile increased.

Appendix 2 demonstrates the fact that once again there is an upward career growth and mobility in this category of professionals. Hence we see that the numbers in the category of Project Manager and Team Leader increased as the number of years of work experience increased whereas in the Software Engineer and Team member category the numbers decreased as the number of years of experience increased.

Appendix 3 demonstrates the fact that the attrition *per capita* follows a somewhat normal distribution (a bell-shaped curve) in that the number of persons in the lower ranges increases, reaches a peak and then decreases. This shows that attrition levels are *perhaps* governed by the degree of socialization i.e. as and when family responsibilities increase the propensity to change jobs relatively reduces. However, there is no direct evidence to enable us to conclude so but during the interviews and discussions this point was thrown up.

On the issue of loyalty to the organization there was a lot of discussion. Whereas some respondents felt that high attrition levels meant that loyalty was low, others felt that it had nothing whatsoever to do with loyalty to the organization but rather to the profession. Some even felt that software engineers should take a position, which is in the best interests of the organization even if it was at variance with the position taken by the various heads of the strategic business unit. The investigators opine that even at the level of the project manager or team leader a strategic perspective may not be quite possible to adopt since the whole picture is seldom clear to incumbents at that level, given the positivist nature of Indian management. Hence becoming self-righteous guardians of the organizational interests would not do much good to anyone. The precise position taken by the investigators is that an employee is loyal *only to* his/her values. If the personal value system is in sync with the value system of the organization the employee will stay on. If not, then the employee will either change the personal value system or leave the organization.

One more issue that was thrown up by the investigation and this was that clarity of vision, mission, goal, and role was found wanting. Often the situation in the workplace was kept intentionally fluid so as to permit senior managers to take arbitrary decisions or ion a case by case basis. This was unfortunate and led to a work climate that did not have adequate levels of trust and transparency. This depleted level of trust was further exacerbated when CEOs and senior executives made public statements regarding issues like ethics and governance but failed to walk their talk.

The inability of HR specialists to keep finance managers and heads of strategic business units at bay was found to be a big problem especially in the software industry sector. Both these species of the genre called managers assume that they are experts at man management and tend to see *everything* in terms of maintaining the bottom line. In the process their eyes are so glued to reducing short run actual costs that they miss out on the long run opportunities. By training they are not innovative are mostly concerned more in protecting their rear than in taking a calculated risk. And those CEOs who listen to and are guided by this kind of banter were seen to have invariably missed the wood for the trees.

Subsequent one-to-one interactions confirmed our belief that the need to belong was indeed important, yet often overlooked and the most possible cause for high attrition rates in the high tech sector of Indian industry. Knee jerk responses by HR managers to address the issue did not help much and instead of looking at building corporate cultures, which would attract and retain talent they went along with the CEO and began to dangle the proverbial carrot coated in money. This took the form of offering employee stock option schemes (ESOPS) and joining bonuses (JBs). And, this really did not help as events unfolded even after the bubble had burst.

MOTIVATING THE KNOWLEDGE WORKER

During this investigation and the personal interactions that followed the data collection, we found that it is convenient to say, as many HR specialists these days do, that ESOPS is the answer to the problem of attrition and motivation of the knowledge worker. What exactly is ESOPS giving to the knowledge worker which motivation theory does not help the HRM facilitator appreciates? To understand this let us ask the rhetorical question: how does a Major motivate his troops to fight for the country and even embrace death on the Siachen Glacier? This is especially so when he cannot reward the soldier or give him any preferential treatment? The answer lies in addressing the *belongingness need.* Is the Employee Stock Option Scheme not giving the knowledge worker the same kind of motivation as the *need to belong*? Perhaps yes but then perhaps not.

One elementary truth, however, needs to be highlighted before the argument ensues further. This new magic wand of ESOPS is going to work only as long as the economic logic does not stand in its way. A single company or a few companies offering ESOPS may motivate temporarily. But the evidence is that others too are adopting this route to entice and so the shine has worn off. What has replaced it is a *joining bonus* to attract a person from Company A to Company B both of whom are giving ESOPS as a sop.

Let us examine, first of all, what organizations in the high-tech industry find as a suitable response to the malady. We shall skip those companies whose myopic management considers executive training as a cost rather than an investment and prefers to hold all programs on weekends so that the normal business is not "disturbed". They are destined to remain in the feudal–mercantilist–trader mode and never move up to the creative–innovative–entrepreneurial mode. Soon they shall occupy their legitimate place in the trashcan of business history with their *yes man* HR expert in dutiful attendance.

ESOPS is giving the knowledge worker a financial stake in the organization. It is just a newer form of holding on to the employee just like retention through the house building loans and good schooling, which many entrepreneurs who acted ahead of their times, like the Tatas, have been providing for decades in Jamshedpur and in the captive mines surrounding the city. But if that stake were to be converted into a belongingness need then retention would be easier. That need does not rest with financial blackmail or dangling the proverbial carrot. It has to go beyond that in order to have lasting impacts. It begins by treating the knowledge worker as a human being rather than as an exploitable and dispensable human capital.

It is precisely here that corporate culture building exercises must create the right environment and it is here that the belongingness need that must be addressed. This is where value-based management comes into its own and where HR interventions must seriously concentrate their efforts in the years to come. And this is the only way, in our opinion, that we can continue to motivate the knowledge worker to stay on and continue to enhance his contribution along with the passage of time spent in the organization.

In many if not most high-tech companies, unfortunately, human resources management is seen as a luxury when times are good and an expense to be curtailed when the organization is not doing well. That it is precisely when the organization is not doing well that HR becomes important, is a point that is sadly missed.

There is no gainsaying the fact that the knowledge worker is an asset to the organization in this age of the intellect. Furthermore his retention and continued enhancement of his inputs are a major concern for HR specialists. And, for that to happen four things must be clarified accepted and implemented at the very outset:

- HR specialists must have more self-respect and be willing to be benchmarked, to stand up and be counted and not be *taken for granted* by the technocrats as they usually and unfortunately are.

- HR management *is not* a soft option and cannot be left in the hands of either finance managers with a bookkeeper's mentality or the line manager with an eye on tasks rather than persons. It is an intrinsic part of strategic policy formulation and decision making process at the corporate level and must be left to experts.
- HR must be *empowered* to act and held *accountable* for deliverables. It is *not a* support function, which plays second fiddle to production, marketing and finance.
- Attitudinal change must flow from the top downwards and the Chief Executive *must walk his talk*. He must, in short, lead by example. The others will surely follow.

The HR function must carry the Chief Executive along with it since without top management support and involvement no HR intervention can really succeed. Hence before considering programs for curbing attrition levels and retaining the knowledge worker, the HR expert must start by retraining the Chief Executive. If he has to have a future he must stop being a *trader* and start being an *entrepreneur.*

Once the above is complied with, the HR intervention must aim at creating a culture of belongingness. It is clear that ESOPS does not give the knowledge worker a sense of belonging. What do we mean by the belongingness need? We are of the firm opinion that fulfilment of the belongingness need is germane to the realization of the basic theory of entrepreneurship. It forms the basis of innovation and creativity without which entrepreneurial efforts will remain a pipe dream.

The first aspect of belongingness is the *sense of mattering.* This means that the worker feels that he matters and that he makes a difference. And this is the real motivating factor because his ego is satisfied and his creativity is allowed to blossom.

The second aspect is *autonomy.* This implies the freedom to work unfettered. It also means the freedom to express one's views and the right to be wrong. He is a rational being who works and experiments. And all experiments do not succeed. If he is penalized for failures then he will cease to innovate.

The third aspect of belongingness is to recognize the existence of *multiple relationships.* The knowledge worker has a multiplicity of social economic political and cultural relationships, which cannot be negated. Above all he is a human being and demands to be treated as such.

The fourth aspect of belongingness is the *work culture*. This is the environment within which he works and to which he is proud to belong. This pride is critical to the belonging need and it comes from constantly enhancing his self-worth.

The fifth and most crucial aspect are the *values and ethics*, which accompany his *professionalism.* Professionalism is the ability to promise to deliver and deliver as promised without sacrificing one's values. If he can boldly and openly lay claim to being ethical then trust transparency and teamwork automatically follow. His pride then gets enhanced and he wears his colours on his shoulder with pride.

The need to belong does not happen by wishing it to happen or by offering a palliative. It has to be planned. In our opinion this belongingness need must be planned for and then developed in two stages if it is to make a positive difference.

First of all, the owners of the means of production must get out of the mercantilist-feudal–trader mode and begin operating in the creative–innovative–entrepreneurial mode. They should start looking beyond short-run actual costs and start examining long-run opportunity costs as well. If the owners of industry restrict themselves to body shopping at worst and taking on porting and migration jobs at best, how can the enthusiasm of a knowledge worker are retained? How many of these high-tech companies are into computer architecture and sophisticated data warehousing remains a question mark. Mundane jobs fail to attract talent and retain it. The key lies in giving the knowledge worker new challenges and this means investing in the future. That is to say, investments in research and development at one level and taking on software architecture at another level must be undertaken. They should lead by example and be prepared to think big. Having thought that way they must be prepared to put their money where the mouth is.

Secondly, as our findings reveal, the key is to enhance the *need to belong* and the *pride to belong* to an organization through creating a *corporate culture.* The environment must be conducive to innovation and foster creativity by giving the knowledge worker an intellectual challenge and a sense of self-worth in his labour. The trick then is to appeal to the ego of the knowledge worker, accord him the due dignity, and not just enhance his bank balance. Money is an incentive no doubt, but has its own limits since beyond a point it ceases to attract and retain talent.

Only *after* these two stages have been completed can the interventions in respect of recruitment, retraining, and retention of the knowledge worker be further fine-tuned. This realisation along with a real change in the corporate mindset is the first step in the way forward if the Indian organization has to thrive at the cutting edge of global competition in the years to come. In addition, it is the beholden task of human resources management to make this possible.

APPENDIX 1

AGE PROFILE OF THE RESPONDENTS BY CATEGORY

JOB CATEGORY	23–26 years	27–30 years	31–34 years	35 years & above
Project Managers and Team Leaders	8	22	24	26
Software Engineers and Team Members	44	31	28	22

APPENDIX 2

NUMBER OF YEARS OF WORK EXPERIENCE OF THE RESPONDENTS BY CATEGORY

JOB CATEGORY	1–3 years	4–6 years	7–9 years	10–12 years
Project Managers and Team Leaders	8	17	24	31
Software Engineers and Team Members	51	40	26	6

APPENDIX 3

NUMBER OF JOBS CHANGED DURING THE WORKING LIFE OF THE RESPONDENT BY CATEGORY

JOB CATEGORY	1–3 Jobs	4–6 Jobs	7–9 Jobs	10–12 Jobs
Project Managers and Team Leaders	15	22	26	17
Software Engineers and Team Members	27	44	41	13

22 ORGANIZATIONAL EXCELLENCE AND BUSINESS SUSTAINABILITY

This long and concluding chapter takes the reader through a kaleidoscope of what the future unfolds and thereby acts as a guide to future HR interventions. There is no doubt that if HR interventions are to be meaningful they must support the business intent and help in achieving corporate goals. Business organizations in the twenty-first century are marked by the concurrent collapse of structures, systems and processes on the one hand and the emergence of divergent competencies on the other. Change is non-linear and non-Newtonian and as a result a state of permanent general dis-equilibrium persists. As the battle for competition intensifies, capital will become increasingly concentrated and centralized. With this will surely come the imperative for companies to thrive on the cutting edge of both technology and competition? It is no big surprise therefore that management in the 21st century is being increasingly marked by the twin concerns for organizational excellence and business sustainability.

Today, we need to get together to give direction to our company, determine its vision and objectives. Let us therefore initiate a debate on the issues and adopt a schedule for action based on the results of the company-wide discussion. We have to move fast, for time is running short. To do so, we shall posit the following:

- A brief note on innovation in organizations
- Need for innovation and how should companies go about it.
- HR intervention – at what levels?

Let us take a comprehensive look at the role of HR towards cultivating a culture of innovation through the following activities, and if necessary through outsourcing:

- Recruitment
- Redeployment
- Prevention of discrimination through internal audits, resulting in healthier employee morale, which will provide an environment conducive to innovation.

We have argued earlier in the text that the HR expert has to first of all change the attitude of the CEO by dealing with his mindset. This short section is intended to facilitate this process of change by showing the path. One good way is to develop in-house training programs for senior executives and involve them in the change process. The trick is to always make the other person believe it was his idea, when all along it has been that of the HR expert. Once the idea is *owned* by line managers they will leave no stone unturned to achieve the objective. In this section, we present the theoretical background for the HR facilitator to develop his own program of change so that innovation is brought about.

The adage that *real work starts well before the ink is dry* is very true for the HR intervention as we have seen throughout the long argument. Like the process by which a child learns how to walk, most business innovations emerge from a series of trial-and-error experiments, from seemingly random actions that eventually form a pattern, and from very small adjustments that would ultimately form a solid step in the forward direction. Golden words like lean manufacturing, business process reengineering, etc. have been the result of years of trial and error experiments the results of which have finally crystallized, to give us the benefits of the productive ideas.

The years gone by are proof enough of the fact that many innovative ideas never get translated in to meaningful strategic actions simply because they are at odds with the mindset of the management in the organization which in a way defines the corporate culture of the company. Systemic insights never find their way to operating ideas and though a pilot experiment may lead people to believe that a new idea could work wonders, this idea never gets adopted because of the existing mindset that is averse to implementation of anything that is untried and untested. Why does this happen? Why do perfectly brilliant ideas never see the light of the day in want of financial support from the company?

An astute observer can see just one main reason to this, that being the fear in the minds of people to adopt something new which could be a gamble that might not pay off. People have cultivated a certain mindset and feel safe to stick by it, little do they realise that it is the ones who have the first bite of the apple who eventually end up having the biggest share. Why is this mindset so crucial? Well simply because it is what we think that affects what we perceive of what we see. In short, as we argued in *The Theory and Practice of Managerial Ethics*, perception is the reality. If we perceive an employee to be efficient and good at his work we will definitely appreciate his work and tend to find fewer faults with it, for at some subconscious level we are always trying to justify our perception about that particular employee. *The only flaw to this kind of appraisal is that we may not always be right and the employee may not always be effective.* In such cases, it is better to err in favour of the employee than to err in your judgement against his interests. The former can be corrected over a period of time through transfers and redeployment after training. The latter has killed innovation and drive forever and this does not augur well for the company image. News spreads fast in organizations and bad news spreads faster. A very appropriate example of mental attitudes impeding the application of perfectly operational ideas would be the case of a leading American goods manufacturer.

In the book entitled *Putting ideas into Practice,* an instance has been cited to make this point. In the late 1960s, the firm found that it was losing market share. Hoping to analyse their situation, top executives sought help from an MIT team of "systems dynamics" specialists. Based on computer models, the team concluded that the firm's problems stemmed from the way its executives managed inventories and production as it costs so much to store its bulky, expensive products. Production managers held inventories as low as possible and aggressively cut back production whenever orders turned down. The result was slow and unreliable delivery, even when production capacity was adequate. In fact, the team's computer simulations predicted that deliveries would lag further during business downturns than during booms — a prediction that ran counter to conventional wisdom, but which turned out to be true. Impressed, the firm's top executives put into effect a new policy based on the analysts' recommendations. From that point on, when orders fell, they would maintain production rates and try to improve delivery performance. During the 1970 recession, the experiment worked. Thanks to prompt deliveries and more repeat buying from satisfied customers, the firm's market share increased. The managers were so pleased that they set up their own systems group. But the new policies were never taken to heart, and the improvement proved temporary. During the ensuing business recovery, the managers stopped worrying about delivery service. Four years later, when the more severe OPEC-induced recession came, they went back to their original policy of dramatic production cutbacks. Why discard such a successful experiment? The reason was that the mental attitudes were deeply embedded in the firm's management traditions. Every production manager knew in his heart that there was no more sure-fire way to destroy his career than to be held responsible for stockpiling unsold goods in the warehouse. Generations of top management had preached the gospel of commitment to inventory control. Despite the new experiment, the old mental model was still alive and well. This example shows us the importance of a corporate mindset that encourages new, workable ideas against all odds. It is very important to have such a culture existing in the organization in order to constructively exploit the creative talent of your employees and therefore move towards your goal of sustained profits and credibility for the organization.

One of the major problems that was faced by the office Equipment Division of the Godrej and Boyce Manufacturing Company during the mid 1990s was the delay in delivering ordered steel almirahs and the poor synchronisation between marketing, field sales and production departments. One of the ways it is overcoming it, is that, P.D. Lam was hell bent on making systems effective and bringing in innovation through stakeholder ship and belongingness amongst the employees. Surely but slowly, he is succeeding. On the other hand in a stainless steel company in Navi Mumbai innovation and creativity could not be realized because the Managing Director interfered with everything and unwittingly killed the managerial zeal to work. That company is doing quite poorly since 1998. That innovation at this late stage may resurrect its fortunes is questionable. However, what is certain is that lack of innovation caused the situation to deteriorate in that stainless steel company.

If we were to think about the process of creating a culture conducive to innovation in any organization, it would be obvious that the human resource management and Human Resource Development play a very important role in the entire activity. What exactly is this role and the extent of its importance shall be discussed later in this section. Also one cannot ignore the role of organizational behavioural studies in this context. And it is imperative that the HR facilitator is well schooled in theory.

It is our strong belief that HR and OB practices cannot be looked at in isolation when we talk about bringing a change in the mind set of the management and also a change in the organizations' work culture. The process of policy making for the purpose is as important as the actual implementation of the policy and its acceptance by the workers. One golden rule to be observed would be to make executive decisions democratically but once made, they should be pursued autocratically with enough room left for mid-course corrections. The people involved in decision-execution must feel that they own the decision and that it is their idea which is being promulgated. This ownership of idea brings with it the much-needed enthusiasm without which even the best ideas will fail. A good HR facilitator ensures that line managers always are *involved* in the decision-making process and nothing is done as a matter of company policy or because someone higher up in the hierarchy wants it to be done. Building corporate culture is all about creating teamwork, togetherness and ownership by peoples of processes, which make up the fabric of organizations.

THE NEED FOR INNOVATION

The conscientious HR facilitator constantly asks himself as to what the need for innovation is and what companies should do to fulfil it. The answer is not always easy. With the advent of the knowledge worker whose loyalty is only to technology, a new kind of employee is taking charge and having success in today's volatile job market. He is the new creative risk taker who is helping companies stay competitive by enhancing innovation and increasing profitability. Companies eager to attract and retain this employee must transform their organizations to meet his need for a working community that supports short-term working relationships and rewards individual contribution. For a company that wants to overcome competition, it is these workers who bring expertise, flexibility, and energy to every project who are important assets and not the machinery or capital. Therefore the management of these assets is what the HRM department is required for as it is this department that is most adept at the task.

To build an innovative organization, the management should redefine its selection process, compensation schemes and the flow of information within the company to suit the needs of the innovative employee. This as was stated earlier will require a change in the mindset of the management .It will have to learn to be appreciative of new ideas and have the gumption to implement them and live with failures but never give up the fire to try out something new again. Amidst all this the costs and the capability of the organization to bear these costs should also be considered, for the uppermost goal of profits should not be lost. Therefore it is very important to find the right mix of encouragement and rejection of ideas. And it is here that the science of HRM is transformed into the art of management. This cannot be taught in an Institute of Management. It has to be learnt in the school of hard knocks. It can only be facilitated by the study of textbooks such as this one. The framework needed to actualise the above has three basic elements:

THE BALANCED BUSINESS SCORECARD

The most popular approach to organizational competency is through balanced business scorecard. Two American management experts, Robert Kaplan and David Norton have created this measurement approach for a well-balanced organizational development. When we need to analyse progress of the organization, we generally look for financial indicators. Kaplan and Norton say that this can lead to misinterpretation of the organization's performance as the financial indicators denote past performance. They do not indicate as to how organization is presently performing or may perform in future.

In order to tackle this problem, Kaplan and Norton developed the concept of Balance Business Scorecard. As the name suggests, this is a set of measures to assess the organization's performance. It is called as balanced because it not only concentrates on the financial performance, but also the other metrics, which are important to the organizational growth. The Balanced Business Scorecard covers the following areas:

Financial Perspective: The financial ratios and measures like return on capital employed, net worth of the organization, debt equity ratio, etc. are considered to assess the financial health of the organization.

Customer Perspective: The focus on customers i.e. internal as well as external, is evaluated by deploying metrics like customer satisfaction index, ratio of the volume of business from repeat customers to the to the total volume, brand recall index, investor and the employee satisfaction.

Internal Process Perspective: Any organization requires quality processes to achieve high customer satisfaction, improve response time to market, cut operational and support costs including cost of poor quality. The effectiveness and efficiency of key operational and business processes is measured and tracked through a set of metrics. The metrics that can be included are cycle time, productivity measures, cost per unit produced, measures regarding accuracy of the process, etc.

Learning and Growth Perspective: The organization must learn continuously about the changing business scenario, technological developments, competitors' products, etc. and proactively respond to the business situations. It should place a high emphasis on innovation and new product/service development to be way ahead of the competition. Metrics that are considered for the performance evaluation of the organization would be like ratio of the number of new products launched to the total products offered, percentage of profits/ income earned from the new products to the total profits/income, investments in training and development, number of man days spent per employee on training etc. The metrics that are taken into consideration under each head are not constant or fixed. The organization is expected to evolve its own set of measures as per its own business situations/priorities and strategies. However, what it considers as metrics should genuinely reflect organization's progress in the priority areas and sound foghorns in the distress situations so that the organization would be able to rectify its course.

Sometimes the organizations develop a balanced scorecard by putting together metrics, which are easy to measure, and not which are essential to measure. Thus it may just become a fancy exercise without any benefit to the organization. The organization need to achieve a uniform progress in all the four areas of the balanced business scorecard and should not concentrate on any particular area or it should not register growth in few areas and lag in others. In that case, the organization's progress would become skewed and then it's an area of concern for that organization where an immediate corrective action is required.

MAPPING STRATEGY USING BALANCED BUSINESS SCORECARD

Organizations undertake various strategic initiatives to improve its position at the market place. The success of the strategy depends upon its flexibility and effective and timely execution. The strategic initiatives sometimes falter as they assume a very static position in the form of rigid strategic plans. Balanced Business Scorecard can help the organizations in effective formation of complementary strategies and their effective execution. For this purpose, we use a tool called *Strategy Mapping*.

Under the financial perspective, organization has to evolve a strategy to improve financial performance. The ultimate objective is the improvement in shareholders' value, which is measured through increase in share price and/or return on capital employed. To achieve this objective, the organization can devise two strategies: revenue growth strategy and productivity strategy.

Revenue Growth Strategy demands introduction of new products/services or variants of the existing products as per the customer requirements and increasing value to the customers. This is measured through revenue from new sources and customer profitability.

Productivity Strategy aims at improving cost structure and improved usage of assets. The effectiveness of this stately is measured through operating cost per unit produced and asset utilization.

The Financial Perspective is supported by the Customer Perspective. Under this perspective, an organization can follow three different strategies to create customer value proposition. The organization would have to choose one, by taking care that it is matching customers' expectations about the competitors' products pertaining to the other strategies.

Operational Excellence: Companies excel at competitive pricing, product quality and selection, speedy order fulfilment, and on-time delivery. They try to build an image of a smart shopper. Relationship with the customer is a general requirement and need to be matched with the level offered by the competitors. This could be measured by customer satisfaction indicators, pricing comparisons with the competitors; response time in order fulfilment compared with the competitive benchmarks, customer complaints regarding on-time delivery, and overall product quality, etc.

Customer Intimacy: Companies excel at offering personalised service to customers and building long term relations with them and stressing on the completeness of the solution that they offer. The companies try to produce an image of a trusted brand. Product/service attributes are generally expected to match with the competitors. This could be measured by the share of target customer segments, opinions from mystery shoppers and customer satisfaction indicators, etc.

Product Leadership: Companies excel at creating unique products by stressing on functionality features, and overall performance. They focus an image of *best in class*. Customer relationships should be matching at least to the levels offered by the customers. This could be measured by customer perceptions about the uniqueness of the product features and their usefulness and value created for the customers, market share of the targeted market segments, etc.

The customer perspective is supported by internal process perspective. The organization should focus on the following key processes to create customer value proposition through:

1. Development of new products through innovations.
2. Increase in customer value through customer management processes.
3. Achievement of operational excellence through operations and logistics processes.
4. Becoming a good corporate citizen through regulatory and environmental processes.
5. The process measures should be evolved by the organizations depending upon their business situations.
6. Learning and growth perspective supports the internal process perspective. This perspective covers the following strategies:

Employee Competencies: Organization definitely requires right competencies to create customer value. This could be measured through training man days per employee, expenses incurred on training and development, etc. When customer value is converted into market competency, the organization thrives.

Technology: Organizations require right technology to achieve leadership in quality. This could be accessed through benchmarking and competitive analysis. Imitation *per se* is not bad as long as the organizations can build innovation around it and leverage the advantage as the Japanese firms did so successfully through reverse engineering

Corporate Culture: The entire strategy map is based on providing the right environment for employees to perform. This could be accessed through organizational climate surveys, internal diagnosis of managerial styles and role efficacy scales. We have alluded to these earlier under the section on diagnosis.

The strategy mapping through balance business scorecard approach helps to plan and deliver complementary strategies to achieve organizational growth. Also this tool brings out the connectivity between different strategies and ensures that the loose contacts are removed. The metrics and measures help to introduce flexibility in the entire approach as through these metrics one can track the execution of the strategies and also take timely corrective actions.

The march of quality has not stopped here. The new frontiers are being explored by the professionals. However a measure convergence is taking place. Quality is no longer being considered a separate function. It has developed in to larger philosophy of improvement in the overall quality of the management and formation of business strategies, processes and reward mechanisms. The emerging cross-functional initiatives like "total cost management" or "economic value added" would have been covered under the umbrella of "quality" in the earlier times. As we seen so far, "Quality" marches on. It is not a luxury any more but a necessity for survival.

THE LEARNING ORGANIZATION

For the purpose of this argument, we can safely adopt this as our premise. Peter Senge, a noted American management expert has coined the word "learning organizations". Peter Senge has emphasised in his book *The Fifth Discipline* that organizations should pay more attention to learning. May be more that what they pay to the immediate revenue models and endeavour to create an environment that fosters motivation and wherein people get charged to make great things happen for themselves and for the organizations. Knowledge Management is an important feature of the learning organizations. It covers: Identification of the customers' stated and latent needs, feedback and satisfaction levels regarding organization's product and service. It includes perception of these needs and as the philosopher Krishnamurti reminds us *perception is the reality* if it is founded on truth.

- Feeding back this knowledge within the organization so that everyone is aware of the customers' expectations and feedback/satisfaction levels.
- Managing the innovation process to develop products that will fulfil the customers' expectations.
- Harness information about the best practices within the organization to improve productivity and innovation.
- Engage in the continuous improvements of products and processes to enhance quality.

- Benchmark the world class standards and processes to constantly enhance organization's performance and market leadership.
- Develop organization wide culture and practice of continuous learning and development.

Peter Senge has visualized *five disciplines* of a learning organization. He believes that organizational effectiveness is a direct outcome of the thinking and interacting habits of the organizational members. If an organization has to change, then the organizational members need to change their thinking first. Then only we can change the deeply embedded practices and policies within the organization. Only by changing how the organizational members interact, can shared visions, shared understandings and capacities for co-ordinated action be established. To follow the organizational learning path, Peter Senge has proposed life long study and practice of five inter-related disciplines, which he describes as more like artistic disciplines than traditional management practices. In contrast to the business processes that provide scores on efficiency and cost effectiveness, these disciplines are aimed at the "subtler tasks" of enhancing an organization's creative capabilities. Practice of the following discipline focuses not only on achieving performance goals but on also motivating the organizational members in developing a personal stake in shaping the organization's character. The HR Manager would do well to include this in his schedule for OD intervention so that the corporate mindset changes and then its downward percolation would become relatively easy.

(a) Personal mastery: This is the ability to clarify what one most desires in life and work and then consciously apply the principles and values most important to achieving these goals. Understanding personal strengths and weaknesses is very critical. The person should focus on managing creative tension, which is the gap between aspired goals and present reality.

(b) Mental models: These are unarticulated and unrecognised assumptions or paradigms that shape ones view of the world. They are judgements and perceptions from past experiences that influence what one hears, says, and react to others. It is very difficult to recognise our mental models as most of us are blinded by confirmation bias that resists change. Confirmation bias is a tendency to seek evidence and advocate position consistent with prior beliefs. Mental models force people to arrive at conclusions before examining all facts. They shape managers' perceptions about business scenarios and strategies. The mental models can be correct or otherwise. However, it is important to know what they are and how they influence our thinking.

(c) Building shared visions: Whether a vision has to be created by an entire company or a group of people within the organization, it has to be created jointly as the collective capability of the group to realize the vision is more powerful than that of any single individual. For example, in the 1970s researchers at the Xerox Corporation's Palo Alto Research Centre had a vision to create a user-friendly computer years before the transition from mainframes to personal computers took place. This early vision created many successful milestones of technology in the journey to create a personal computer.

(d) Team learning: People in cohesive teams can learn more than they can by themselves in their individual capacities. But most of the teams fail to tap the power of collective learning and thinking. The disciplines of building shared visions, practising personal mastery and bringing mental models to the surface are all critical to team communication that leads to productive learning and action. Effective group learning and action. Effective group learning involves listening to others without confirmation bias, exposing new ideas through constructive disagreement and being comfortable not knowing answer to every question.

(e) Systems thinking: This defines a system as asset of inter-related parts. To understand the system holistically it is imperative to digest the connectivity and interactions of its parts. A business is a complex system, consisting of many subsystems. Therefore, when we indulge in to any study pertaining to any aspect of the business, it is extremely critical to have a total view of all the relevant subsystems and not to dissect them in different parts. Other dimension of systems thinking is regarding problem-solving process within the organization. Typically, any problem is attributed to the concerned employee and his efforts. There will be counselling, threats of disciplinary actions or a carrot and stick approach to make the concerned employee work better in future. Applying Pareto Principle, we can say that 80 per cent of the problems are due to 20 per cent of key systems failure. Unless and until the system is corrected, these problems are going to reoccur in spite of counselling or disciplinary actions or promises of rewards for a trouble free performance. Therefore this approach teaches us to look at the system, study it and analyse bottlenecks. By simplifying the system and removing bottlenecks, we can get rid of 80 per cent of the problems.

While Peter Senge was perfecting his theory of the five disciplines that are vital to the creation of a learning organization, Ikujiro Nonaka was busy laying foundation of the *knowledge-creating company* on the opposite shores of the Pacific. Ikujiro Nonaka, professor at Hitosubashi University, did some pioneering work in 1980s in Japan on the very same subject. Although Ikijiro Nonaka agrees with Peter Senge regarding the importance of the human dynamics in context of the learning organization, he has concentrated more on the management of knowledge and its linkages with the innovation of a product or a service.

Ikujiro Nonaka, along with his co-author, Hirotaka Takeuchi, brilliantly puts forwards the requirements for knowledge creation for a progressive organization in their book, *The Knowledge Creating Company*. The professors in Japan and Peter Senge share many of the similar concerns: faith in the team effort at the core, the importance of the shared vision with the diversity of perspectives and the criticality of striking equilibrium between individual freedom and organizational discipline. Nonaka and Takeuchi have sought to distinguish between organizational learning and the knowledge creation. They have defined organizational learning as assimilation and consolidation of the existing knowledge base within the organization where as knowledge creation is the innovation of the new frontiers of knowledge.

Nonaka and Takeuchi have divided knowledge into two types: tacit and explicit. The tacit knowledge is something, which is unarticulated and intuitive. The explicit knowledge is articulated and made known to people through manual policies and communication memos, computerized databases and repositories of the best practices. Nonaka and Takeuchi have further described tacit knowledge as something has like our mother tongue. We start speaking our mother tongue without any formal coaching. It just happens and within no time we achieve fluency. In the similar manner we have a large tacit knowledge base in the organizations in the form of experience, wisdom and learning interactions. The learning interactions are the interactions that generate learning while doing business, interacting with the external agencies and interacting with colleagues in the day to gay course without any formal objective to learn. In a learning organization, the tacit knowledge is always converted in to explicit knowledge through documenting it in the form of manuals, computer-based repositories, etc. And made available to all concerned. As more and more tacit knowledge becomes explicit, the individuals within the organization strive for acquisition of more tacit knowledge. There is a burning desire to improve their depleted tacit knowledge base. Once again this knowledge is articulated for the benefit of the organization by updating of manuals and other repositories. Thus a spiral of acquisition of the tacit knowledge and its conversion in the explicit form becomes an ongoing process.

Nonaka and Takeuchi has presented five requirements to promote the knowledge spiral:

1. Organizational intention: The intention of the organization to promote learning as a vehicle to explore new business propositions and growth engines should be clearly articulated in the firm's strategic vision. The vision should be broad enough to allow room for various interpretations. But it should be inspiring to be a core value within the firm. An example to quote, Akio Tanii, CEO of Matsushita, coined the phrase "human electronics" as his grand theme during the business plan unveiled in 1986 and in 1990, updated it with a goal of becoming a "possibility searching" company.

2. Autonomy: Trust is the foundation of this characteristic. All employees should be allowed to perform independently and the organization should strive to provide the work environment that foster freedom. Ideas are generated when the individuals have the freedom to think and act. The organizational culture allows employees to share these ideas with their team members and then eventually they can be shared by the organization. Organizations must allow the work teams or the individuals to follow their own hunches even when they appear to be going against the conventional wisdom. Canon has a core value known as "three self spirit" – self-motivation, self-knowledge, self-government that symbolises company's emphasis on individual freedom and creativity.

3. Fluctuation and creative chaos: Fluctuation is similar to the concept of challenging mental models or perceptions, in response to the changes in external environment. Creative chaos is an internally generated feeling of urgency that give rise to extra ordinary efforts to come up with a product, service or process or strategy that will provide a major breakthrough in organization's growth. Unlike a chaos or a crisis situation that organizations experience when there is a sudden and sharp reduction in market share, changes in government regulations/ policies impacting the business or a challenge from a new competitor, creative chaos happens when a leader starts shaking up things proactively to change the organization. The examples of creative chaos are the slogan coined by Yutaka Kume, CEO of Nissan; *let's change the flow* or the stretch goals made famous by *neutron* Jack Welch of G.E.

4. Redundancy: While in plain and simple English, redundancy is associated with superfluous people or tasks, Nonaka and Takeuchi use this word to indicate a Japanese tendency to promote intentionally the overlapping of information and management responsibilities. As per Nonaka and Takeuchi, such 'redundancy' spreads information more widely and accelerates knowledge creation process. Japanese companies regularly stage competition between several product development teams working on the same project. The teams come up with individual proposals and debate each proposal on merit in a common forum before choosing the best one. The Japanese organizations have a system of rotating people in various functions and rotation to broaden the employees' perspective and tacit knowledge.

5. Requisite variety: This characteristic aims to create conditions that maximize accessibility, variety and sharing of information. Innovation can best be achieved by teams whose members can bring diverse experience to the table. Nonaka and Takeuchi describe one innovation team in a Japanese organization that had representation from Rand, Production, Marketing, and product design from the very beginning of a project. The advantage is that members pool in their varied skills to evolve a broad-based concept and there are no ugly surprises when project moves through stages and is being handed down to various functions from Design to production to marketing.

Tokyo-based Kao Corporation is Japan's leading manufacturer of household package goods and chemical products. Yoshio Maruta, Chairman of Kao, had articulated three principles of knowledge creation consistent with Peter Senge's interpretations of organizational learning, several years before the publication of *The Fifth Discipline*.

(i) Contribution to the customer: The first purpose of the corporation is to provide consumers with the products they want, not to create market share. Absolute equality of humans assumes that every individual has the capacity for creativity. If someone is not relaxing his potential, it is because the organization or the individual's supervisor has failed to be supportive. Yoshoi Maruta says that the management's task is to organize different individuals' creative strength.

(ii) The search for truth and the unity of wisdom: The collective intelligence of the organization comes from sharing and building on the knowledge of all its members. It is the responsibility of the leader to create the environment for sharing and building.

Kao believes that the knowledge most critical to its businesses consists of its proprietary expertise and the cross-application of the core technologies to create variety of products. Kao has classified its expertise in to the five-core areas — fat and oil science, surface science, polymer science, biological science, and applied physics. By applying technologies across the core areas, Kao has successfully built different products. The study of surface science i.e. surface tension has led to innovations in products ranging from shampoos, detergents, cosmetics, and floppy discs.

Kao places special emphasis on a computer network that has spread throughout the organization. It facilitates very open knowledge sharing across the hierarchies and functions. In principle the organization wants to make all information within the company to be available to all organization members. All members can access the network regardless of their positions. Yoshio Maruta had an objective to create an organization structure in which all parts of the organization react to each other in the same way the parts of the human body responds to each other's signals. To make this happen, there is a strong emphasis on cross-functional and cross-hierarchical teams working on various quality improvement projects. Much of the company's decision-making from strategic decisions on pricing, new product development, entry into the new geographical markets, business process improvements, etc. are conducted by cross-functional teams. Openness and transparency is demonstrated by keeping all the meetings open to all employees. Even top management meetings are also open for the junior level employees to attend.

Kao has integrated its value chain by using information technology. The database is inclusive of the sales accounting, status on the manufacturing of all the products, volumes of sales, and cost of goods sold. As soon as the order is received, it is entered in the database as all the sales staff has the laptops provided to them. Any employee can access this database (starting from the previous day and by region or sub region, sales division, type of distribution outlet and even by individual sales representative) and plan the work schedules on the basis of the latest data.

The organization has a nation-wide customer response time and operators respond to the customer queries and complaints throughout the day. The computer network provides product display and detailed information on the product along with crisis response instructions.

All customer responses are archived and this data is used to generate portrait of consumer responses, which is further used in product development.

The knowledge creation and management has helped Kao to become a highly successful market leader in all its business segments.

The other organization that has leveraged knowledge creation and management to be a highly successful enterprise is 3M or Minnesota Mining and Manufacturing Co. In United States. The organization has a range of about 60,000 products and 30 per cent of its annual revenues are generated from products that are less than 4 years old. *Honour the Innovator* is an ongoing policy of the organization. To cultivate entrepreneurship, 3M encourages the employees to develop product ideas in to small and dynamic teams. The organization has about 4,000 profit centres that began as product development teams. *"Thou shalt not kill new ideas for products"* is known as the 11th commandment. There are series of stories that bring this commandment to life. Dick Drew was a sand chapter salesman who innovated scotch tape pursued the idea to the end and overcame Herculean difficulties to make his idea a reality. *"The captain bites his tongue until it bleeds"* — another 3M homily is an old naval expression referring to the patience a ship's captain must possess when a junior officer brings a ship alongside a dock for the first time. At 3M, once a manager has agreed to sponsor a product development project, he is expected to back it no matter how long it takes. All employees spend 15 per cent of their time pursuing personal research interests. People are encouraged to enlist support from other employees and suppliers and customers for their product development ideas. The employees are also given Genesis grants — seed money to support the product development. *"Make a little, sell a little"* is the other principle 3M follows. It closely works with University of Minnesota to train its staff to improve their skill in managing an innovation process. It encourages seeking customer feedback at every stage of the innovation process. The propriety technologies are freely available for all the researchers and cross application of these technologies is used to ensure the development of the breakthrough products. Art Fry, the inventor of Post-it notes got first leads when another scientist had developed a peelable adhesive and sent out an invitation to try it out. It took several years of further research to modify and improvise this invention in to glue for post-it notes. 3M organizes several trade shows and conferences to transfer wisdom across the organization. Researchers are invited to display their research at these events. The newly developed technologies are immediately converted in to training courses and the knowledge is cascaded throughout the organization on a priority basis.

3M has aggressive financial goals. Compensation structures are tied to business goals linked to innovation process. A large percentage of it is dependent on the percentage of sales from the new products. 3M believes that there is a connection between employment stability and creativity. In the era of lay off and downsizing, the organization has maintained employment stability and constantly nurtured the human capital.

Now let us compare this with what the *mediocrat bureaucrat* does in the Indian corporate context. He stifles creativity, kills off new ideas and discourages anything or any activity that may even have a remote potential of threat to him and his position. Tackling the *mediocrat-bureaucrat* and neutralizing his potential for tripping up his superiors, colleagues and subordinates becomes the foremost task of any effective OD intervention.

As we have discussed different approaches to developing a learning organization, we cannot neglect the efforts made by the Swedish insurance giant, Scandia. As a corporate entity Scandia is a major force in the global casualty and personal insurance business and grown over the years in to a global insurance giant with a motto "security for generations" and building on to its hard earned reputation for last 140 years in the Nordic countries. As the global insurance business is becoming more and more competitive and the other insurance companies sharply reducing their exposures or increasing their premiums, Scandia has embarked on the massive international expansion. Scandia has attributed its market success to its intellectual capital. Scandia has defined its intellectual capital as a combination of its human capital and its structural capital. The structural capital includes information technology, product designs, corporate knowledge of customers and markets, organizational structure, and management processes. Human capital includes personal creativity, energy, experience, insights, and ability to share resources with others. Structural capital transforms human capital in to the knowledge assets that create long-term value for the company. The organization has developed an approach called "Navigator" for its intellectual capital and financial accounting. It attempts to identify and organize strategic measures such as human creativity and skills and other knowledge based intangibles that are largely hidden in financial performance measurements.

Scandia believes that financial capital as a roof supported by a foundation of structural and human capital. At the core is the human focus or the human capital. It is supported by the structural capital in the form of customer focus, process focus and renewal and development focus. Customer focus represents the organization's ability to capture customer feedback and their expressed and unstated needs/expectations. Process focus, deals with the ability of the organization to develop of the effective systems and policies to translate the customer focus in to products and services designed to exceed customer expectations and to create HR processes to enhance the human capital. Renewal and development concentrates on the long-term corporate sustainability. Key objective of the Navigator is to get managers to pay more attention to the foundation. For Skandia, this became the new bottom line. Following are the Navigator Measurement Indices for American Skandia Life (U.S. subsidiary of Skandia) which the Indian HR manager can well be acquainted with so that when the time is ripe he/she can include these in the strategic intervention mooted.

Financial

- Per cent return on net asset value.
- Result of operations (Swedish Kroner)
- Value-added per employee (Skr)

Customer

- Number of contracts
- Savings per contracts (Skr)
- Number of fund managers
- Policy surrender percentage
- Number of funds
- Number of points of sale

Human

- Number of full time employees
- Number of managers
- Number of female managers
- Training employee per employee

Process

- Number of contracts per employee
- IT expense as part of administrative expense
- Administrative expense as part of gross premiums
- Number of personal computers per employee

Renewal and Development

- Per cent increase in premiums from new launches
- Per cent increase in net premiums
- Business development expense as a percentage of administrative expense
- Per cent share of total employees below 40.

The structural capital measures aim at charting a course for strategic investments to improve efficiency, profitability, and to promote growth. In line of this policy, Skandia not only tracks the growth of the broker network but also the value and volume of the brokers' accounts. The purpose is to find how many customers the organization has on its cash flow rolls. Skandia also invests heavily to build databases of its employees that track employee turnover, number of leaders (managers), average years of the employment with the organization etc. This data creates general picture of the workforce — the diversity of experience and the perspective, quality of kills and knowledge, equilibrium between the agility of the youngsters with the wisdom of the elders. Skandia also tracks the employee opinion on working conditions. Skandia is heavily investing in to information technology to create a competitive edge through improved knowledge sharing and process efficiency. To track the progress of this strategy, the organization is developing a set of measures, which are not part of the traditional financial accounting. This measurement process is being called as "IT Economics".

Navigator measures has a component called IT reference card. For example, Customer focus measures number of contracts per IT literate employees, percentage of the employees who are IT literate. The financial measures includes total monetary value of IT investments while renewal and development indicators track its impact with a metric of expense on IT related training as a percentage of total IT expense. From what was started as a conceptual experiment, Navigator model has rapidly becoming an integral tool at Skandia for planning and execution of business strategy. Skandia is also winning support for this approach from stock analysts and institutional investors. In achieving this success, Skandia has followed the two principles:

1. If you invite them, people will come: At the introductory phase, the Navigator model was promoted through educating managers through a strong logical and interactive process where they were invited to share their concerns and deliberate on the issues of measurement of the intangible assets. Still its use within Skandia is an exploratory opportunity and not a mandate.

2. Top leadership must be visible and credible: The commitment of Skandia's top leadership is unwavering to the Navigator model. The top management promoted the education on Navigator through numerous internal communications and other avenues like annual reports and investors' meets. The top leadership has actively participated in the development process by contributing their wisdom and sharing business strategies with development team. Some top executives actively participated in the training and deliberation process as facilitators.

Skandia believes in the continuous up gradation of the Navigator model by refinement of the metrics. The company is also attempting to develop measures to assess the contribution from leadership development, management recruitment and job rotations to the development of the intellectual capital.

The Economic Intelligence Unit and IBM Consulting Group have developed a reality checklist on the characteristics of the learning organization by studying the world's most successful organizations. This checklist is sub-grouped into four areas: *Leadership, Culture, Strictures and Processes and Managing People as Assets.*

Leadership

- Senior executives visibly reinforce values by talking about them frequently and behaving in ways consistent with the company's stated values.
- Top executives' vision for business success focus on personal as well as profit aspirations.
- CEOs view their role not as a commander-in-chief, but as a chief supporter of people throughout the organization.
- CEOs and other top managers spend less time in their offices and more time meeting with employees across levels to share ideas and concerns.
- The outward trappings of executive privilege and management authority based on hierarchical position are diminishing. Earned authority, based on quality of individual knowledge, skills, and effectiveness, is on the rise. Performance and rewards systems are gearing up to reflect these changes.
- Responsibility for business decision making is, as often possible, delegated to the persons who actually perform work.
- Strategy is no longer an exclusive province of senior managers. Rather it is a joint responsibility of people at many levels in the organization.

Culture

- Corporate values and principles are formally articulated and are source of inspiration and unity. They provide framework for behaviour and performance that helps the organization to reduce bureaucracy.
- Values commonly expressed include the following: respect for individual freedom, honesty, learning from mistakes and appreciation of the personal and business significance of continuous learning.
- Management encourages employees to contribute to the success of colleagues by sharing information and wisdom.

- Time is allowed for exploratory learning, skill development, and reflection.
- The company publicizes internally the successful application of ideas.
- Employees feel comfortable expressing criticism of the organization.
- Values are strong consideration in the recruitment of prospective employees.

Structures and processes

- Investment patterns are consistent with corporate messages.
- If learning and knowledge transfers are high on a company's strategic list, the funding reflects these priorities.
- The organization has a process to archive and distil learning from past experiences and distinguish what works and what does not.
- The company conducts events frequently to share ideas, knowledge, and experience.
- Business information on performance, current activities, and best practices is widely accessible and shared.
- Information technology facilitates rapid dissemination of knowledge and improves communication and collaboration among employees at all levels and locations.
- IT systems are designed to increase the speed and precision with which tasks are completed.
- The organization encourages — and works routine follow — people to capitalise on opportunities for informal learning.
- Procedures exist to retain the business knowledge acquired by people who leave the organization.
- The company uses a variety of mechanisms to learn from external sources, including customers, suppliers, and competitors.

Managing people as assets

- All employees understand short- and long-term business missions, which are a significant motivational factor in their day-to-day work lives.
- Non-financial measures of business performance include employee perceptions of work conditions, workforce diversity, and other measures of human assets.
- Management considers expenditure on individual skill development as an indispensable investment and not a luxury.
- Self-knowledge and personal growth are formally recognized as important elements in the improvements of management skills and the success of the organization.
- Training and development emphasize the responsibility of the individuals for their own learning experiences. The company provides support for the self-paced learning.
- Human resource professionals play an active role in developing business strategies with line managers.
- The organization promotes periodic off the job learning experiences both outside and inside the organization.

All this will no doubt lead towards organizational excellence. But is excellence enough? If it was then the Rolls Royce Car would still be competitive. So we say that excellence is necessary but not enough; it must lead to business sustainability and that is where the HR intervention of the future must be concentrated.

We shall try to understand the concept of business sustainability. If established sustainability principles will guide us to a secure future, then we opine that nowhere do these principles need more urgent application than within the fields of science and technology. What do these principles mean in practice? What knowledge, skills, and actions are required to shift sustainability theory to practical application? What are the current initiatives and best practices locally and globally? This quest for excellence and sustainability is a long pilgrimage in search of a response to the question: What can we do? Indeed, sustainability is an incredible complex concept, subject to a multitude of interpretations. And maybe the answer can be found outside science and technology in the soft side of art, philosophy and sociology.

With more than 300 definitions of sustainability, it is little wonder there is some ambiguity over what exactly the term means. The best-known definition comes from *Our Common Future* (the so-called "Brundtland Report") prepared under the auspices of the World Council on Environment and Development in 1987, which defines sustainable development as that which "...meets the needs of the present without compromising the ability of future generations to meet their own needs". While this hints at a number of important principles, it provides little concrete guidance about what to do differently. In 1993, APEGBC took the position that sustainability from an engineering and geo-science perspective can best be understood as a process of complying with seven principles, known as the Sustainability Guidelines. Sustainability Guidelines should, in our opinion, essentially embody the following fundamentals of sustainability:

Systems Thinking: We need to acknowledge the fact that seemingly discrete projects or activities are in fact a part of many interacting or interdependent social, ecological, and economic systems that together form one complex global system. Such thinking encourages us to critically assess the boundaries we assume our projects or activities lie within, and to expand or modify those boundaries where appropriate.

Temporal and Spatial Scales: We also need to assess the environmental, social, and economic impacts of our actions over varying scales of space and time. Are space and time mere illusions as Schopenhauer would have us believe or are they an aspect of objective social reality as Russell would say? Should be forget the past and stop worrying of the future as Osho had suggested or should we get caught up with the proponents of Game Theory and weigh the pros and cons of every action and its probable outcome? As Peter Senge puts it, cause and effect are separated by time and often they get mixed up.

Risk, Uncertainty, and the Precautionary Principle: For any business to prosper, three concerns are critical. (*i*) Identifying and actively managing both risk and uncertainty. (*ii*) Recognizing the value and limitations of both quantitative risk analyses and subjective risk perception in situations characterized by significant uncertainty, and (*iii*) maintaining a level of precaution in the face of potentially major negative consequences that is cognizant of stakeholder concerns and values.

Values-Focused Thinking: Developing alternative solutions to problems based on human needs and values, and evaluating these options based on those values allows us to keep the end goal in sight. This implies that management simultaneously behaves in both a value-based and a value-driven manner at all times.

Engagement and Integration: Engaging stakeholders and forming integrated design and consultation teams at the onset of appropriate projects to take advantage of a pooled body of knowledge to help define and solve the issues at hand. Unless this is done with an open mind and on a continuing basis management could easily develop managerial myopia or a "frog in the well" syndrome.

Equity and Disparity: Ensuring that the equity and disparity of current and future generations has to be considered and that a fair and consensus-seeking process is in place to ensure that the benefits and costs are distributed fairly among various stakeholders. This equity and disparity of managing corporate affairs in a fair and transparent manner is known to work wonders.

Efficiency: Management must not only be engaged in but also be seen to be engaged in seeking to maximize the contribution to well-being of humans and ecosystems while minimizing the stress on people and ecosystems, seeking win–win situations and clarifying irreducible trade-offs.

Process and Practicality: With emergent and growing concerns regarding the environment and its degradation, management should be seriously concerned with applying sustainability in engineering and geo-science in practical and rewarding ways. Perhaps paradoxically, sustainability is best seen as a dynamic process rather than a static end-point — within a small number of fundamental physical constraints at a planetary scale, the scope for sustainable living in the context of changing technology and human values is enormous.

What is driving our interest in sustainability? For technocrats worldwide, an abiding interest in sustainability is being driven by a number of factors, including:

(1) Mounting evidence that certain forms of technological and economic development are either physically or socially unsustainable, and that the usual feedbacks that modify development patterns might not reveal themselves in time for us to make those changes in a controlled and timely manner. In some respects, sustainability is taking a feed-forward control philosophy to socioeconomic development in the hope of avoiding some of the negative impacts and inefficiencies associated with feedback control systems.

(2) Social changes in the past 40 years or so have lead to a more complex and demanding role for engineers and geoscientists in society. It is no longer acceptable (if ever it was) for engineers to focus exclusively on technical issues; almost every "technical" decision has social, economic and environmental implications that we must recognize and balance in ways that reflect a complex mixture of interests and values. Increasingly, technical professionals of all disciplines (including physicians, for example) are obliged to be more open, inclusive and accountable in the way their skills are exercised.

(3) Many engineers and geoscientists believe that embracing sustainability will help shift the focus of professional engineering leadership to a well-defined, confident and less defensive footing, and may enhance the otherwise waning image of engineering in society — one of the primary concerns of engineers throughout the western world.

One important question then posed is: How is economic development currently unsustainable? At various stages of history, human societies have engaged in a variety of activities that were literally unsustainable. Modern western societies have avoided collapse to date because techno-economic developments have limited the duration of particular unsustainable activities; for example, in the early days of the Industrial Revolution, wood was used as a primary fuel and construction material at an unsustainable rate — until focus shifted to the use of coal and iron for a variety of technological and economic reasons.

Market forces have, in other words, proven quite adept at modifying human behaviour in time to avoid the negative impacts that would otherwise have resulted from continuing that behaviour too long. No doubt many of our current activities will be modified by the same mechanism without much conscious effort. However, several of the major information feedback loops upon which market forces now rely appear to contain within them sufficient uncertainties and lag times (and the activities are creating sufficient irreversibility's) that by the time reliable information is available to drive a market solution, the damage may have been done. Also, many of the foreseeable impacts appear likely to occur outside the time horizon of current political and commercial frameworks. Just as a process engineer would look to employ some form of feed-forward controls to compensate for a delay in information feedback, so it makes sense for us to identify how we might modify current activities to avoid some of the negative unintended consequences of our actions.

There are many environmental, social, and economic "indicators" of sustainability that we can use to inform a feed forward control strategy. Some of these include:

Population: From 1961 to 2001, human population doubled, to 6.2 billion. Forecasts show that the Earth's population will grow to 9 billion by 2050. The significance of population on material sustainability can be approximated by the so-called "IPAT" equation, which suggests that the environmental impact over a given area (I) can be estimated by finding the product of appropriate indicators of population (P), affluence (A) and technological sophistication (T): $I = P \times A \times T$. Much has been written on the relative value of this approach, which has seen widespread application since its development by population scientists in 1972. Some of the debate centres around the metric for "T", that some argue should be arch-shaped — increasing T increases I up to a point, but then begins to decrease I as advanced technologies become less energy and materially intensive.

Climate Change: Although climate change is a naturally occurring phenomenon, the Intergovernmental Panel on Climate Change now believes that there is "new and stronger evidence that most of the warming observed over the last 50 years is attributed to human activities." Climate change is not inherently negative, but human societies are not well prepared to deal with its likely impacts. On a global level, climate change may lead to widespread hardship, species loss and could introduce instability to a range of critical socioeconomic systems.

Ecological Diversity: In the second half of the 20th century, the Earth lost 300,000 species, and species are disappearing between 100 and 1,000 times faster than before Homo Sapiens evolved. This rate of loss in diversity may be unappealing to us and may cause ecological instability, but also reduces our option value — the option we have to take advantage of these species in the future, for medical, economic or other gain. For example, at least 25 per cent of all modern drugs originally came from rainforests, and over 2,000 plants have been clinically shown to have anti-cancer properties

Energy Use: Global energy use will increase by about 2 per cent per year to 2010. The vast majority of this will come from non-renewable resources such as gas, coal, and oil, and more significantly, will create emissions that contribute to global climate change and local air quality problems. While these and related indicators report worrying trends, the Earth itself is, of course, a finite ecosystem. Like bacteria in a petri dish, there are limits to the extent to which we can use non-renewable resources and create waste before the reality of our planet's scale begins to affect our lives. One way or another, sooner or later, logic demands that this lack of equilibrium must eventually end. Are existing institutions up to the task of ensuring that this occurs on terms favourable to us?

ACHIEVING AND SUSTAINING GLOBAL COMPETITIVENESS

India started liberalizing its economy since 1990. Today it markets are fast integrating into the world markets. Trade barriers are going down. License Raj is almost over. Foreign capital is being welcomed with open arms. On the global scene, technology has become the driving force of change. Businesses world over are globalizing.

As our business globalizes and interlinks itself with the world, the nature and range of business opportunities as well as challenges for us are extensive. Present day competitiveness in the global market place is determined by organizational and technological innovations, superior and consistent product quality, and customer satisfaction by delivering more than he expects at competitive prices.

The threat that the emerging trends in the world markets will render us un-competitive in the coming years looms larger. Already we are facing the pinch with Indian buyers looking overseas for products that are either of superior quality, of lower cost or both. In other words, they are looking for value for money. They are demanding customized solutions, excellent service at competitive prices. In this quest, they do not hesitate to look beyond the shores. With the rapid advancements in telecommunications, information flow is instantaneous.

In this scenario, we find ourselves at crossroads. Do we go on to the front foot or the back foot? In other words do we take the battle into their territory or merely try to defend our territory. Looking at the global trend where businesses are trying to outsource all items and services except for a critical few. At a situation where emphasis is on partnership in the production process where each player produces only what he is most competent at, an inward looking strategy is bound to fail. We either have to join the mainstream of corporate life in the global village or we will be at best left as a small player in a small niche.

In our endeavour, we have to move from the state of international pessimists to international achievers. We will have to shed the negative attitude towards competing in the global markets. We have to bury our fears for once and all. We need to develop an increasingly positive attitude towards international business and being competitive in the global marketplace. We have to move to a state where the globe will be our marketplace, both for sourcing and selling. We have to develop the skills and knowledge to become world-beaters, i.e., reaches the state of being international achievers.

How do we do it? What are the necessary steps that will ensure that we are able to build up on our competitiveness and become global players in our product markets? I have tried to identify some critical strategic initiatives, to progressively build organizational competence, capability and competitiveness. However, it will be crucial that organization wide consultations are held to determine the exact policies with participation across all managerial levels. These are:

Customer-driven approach: In the global market place, the customer has a wide range of choices, and as such, he is more demanding and selective in his choice. He demands more value for money both in the tangible form such as a superior product and intangible form such as courteous and prompt service, proper guidance, and training. Today service is becoming the biggest determinant of satisfaction. Right from the time when the Company first comes into contact with a potential customer, the service starts. Be it in the form of replying to queries, giving a demonstration of the product, training to use the product, sales, and delivery and after sales follow-up and service. The emphasis is clearly on building a mutually beneficial relationship. The customer gets greater value for money and the company benefits from his patronage for the existing as well as new products. The customer is the greatest carrier of brand equity. By his word of mouth recommendations, which are more effective than many advertisements, he can build a brand overnight.

The most important characteristics of successful organizations such as Sony, 3M, and Microsoft have been their nearness to the customer. In our endeavour to become global players, we have to put the customer at the centre of our strategy. This customer-based focus will provide the foundations for developing the organization's vision, strategy and structure.

Strategic Outlook: Strategy is a deliberate search for a plan of action that will develop a business's competitive advantage and compound it. This search is an iterative process that begins with recognition of where we are and what all we have. We will have to embark on this exercise of determining where we stand in the present market and what resources we have.

The fundamental basis of above-average performance in the long run is sustainable competitive advantage. There are two basic types of competitive advantage that we can possess: cost leadership or differentiation. The results of the above exercise and the vision that we determine for ourselves will decide whether we go for being the cost leaders or offer differentiated products that will ensure our competitiveness and leadership in the global arena. However, the sustainability of either requires that we possess some barriers that make imitation of the strategy difficult. Since, barriers to imitation are never insurmountable; it is imperative that we keep moving, updating our skills and erecting yet newer barriers. A moving target is the most difficult to hit by the competitors.

Corporate Governance: The Quality of Corporate Governance depends on the quality of the Board. The Board must be compact and balanced. It should be made of individuals from different disciplines having diverse viewpoints. It should be capable of appreciating the issues put forward by the management and discharge its duty towards the various stakeholders in the organization. It should also keep the company abreast of the latest happenings in the corporate world and evolve strategies to maximize the welfare of the various stakeholders towards which it is responsible.

In the past, we have confused to role of the Chairman and the Managing Director. Taking a cue from the public sector units (PSU) we had a single individual occupying both these posts. However, today it has become necessary to separate the offices of Chairman and the Managing Director. Division of powers at the top and the concept of "four eyes" have come to stay. Business Ethics must combine with Corporate Governance if Organizational Excellence has to be approximated.

The Chairman will be responsible for re-vitalizing the Board of Directors. He has to ensure that fresh talent is inducted into the board to keep it fresh. A proper succession program has to be developed. He will have to set up a committee for evaluating the performance of the CEO and fresh appointment of directors.

The Chairman should ideally be a multidisciplinary professional. He should be a leader of men. He should be capable of enthusing the employees with a sense of purpose to achieve the organizational goals. He should also be a visionary, as he is the one who would provide the direction to the company in the years to come.

The Chairman along with the Board should be responsible for defining the vision of the organization that derives realistically from the company's strengths and that builds on a distinctive competitive advantage.

A good system of corporate governance will ensure that we do not lose sight of our vision and purpose. It will also ensure that we are fair to all stakeholders in the company. In the long run this relationship with the stakeholders will determine the corporate image, which is essential for the growth and diversification of the company.

Quality Process and Innovations: Until now our general approach to quality has been the final test carried out by the Quality Assurance department. This concept has to be thrown into the trash box. Quality will have to become an ingredient into our products and services if we are to be competitive. Every member of the organization will have to strive for achieving the highest standards in quality. We have to get the products right the first time. In the competitive market place there may be no second chance. Today everything is being finely scheduled to the last second. There are simply no lags. For any product, the whole of the supply chain has to perform its part, in time. Getting it right the first time is the only option available to a global player.

We, have to remove the misconception that better quality increases costs. Rather, multitudes of companies have shown that having better quality in fact brings down the costs. This is true if we see the cost of rejections, reworking, production time lost, labour time lost, and the time spent in fire fighting once a bad lot has been dispatched.

In the past, we have followed the approach of doing old things better and faster. Improving productivity through removal of inefficiencies and improvement in process efficiencies becomes a managerial priority. While this would still be required, in a world where change is the only certainty, these measures would be unable to sustain our organization for long. What we need today is bringing about an organization wide cultural change to commitment towards innovations, development of new products and services. A dedication to become pioneers in areas, which merely exist as remote possibilities today, becomes necessary if competitiveness has to be achieved and sustained. This means that the corporation has to be value based i.e. ethical and exhibit a total dedication for creating value for the customer i.e. be value driven.

For this, we have to learn to tolerate failures. If there are no failures, it implies we have not tried our hands at lots of things. For an organization to be a learning organization in the spirit, we have to develop a culture where a failure does not mean a setback in the career for a highly talented individual. Rather he should be evaluated on the criteria of the quality and quantum of effort that he has put in. From another angle using the Harvey Liebenstien model of X Inefficiency we can argue that there is an inbuilt inefficiency in all persons, processes and systems. Unless it were to be so technological progress would not be possible.

Learning Organization: As was discussed earlier in this text, It is beyond doubt that there exists immense opportunities in the world market. Yes, they are there for us too. However, starting from behind, our managers will need to perform much better than their counterparts in the developed world. If we are to move out of our slumber and move ahead towards the vision of not only catching up with the global players in our areas of operations but forging ahead of them and becoming the trendsetters we have to strive to develop a culture of continuous improvement. Business it becoming increasingly knowledge driven as we make progress with technology. Innovations both organizational and technological are setting the pace for change. In the past few years, capital and labour accounted for only 25 per cent of the total growth in developed countries. The remaining 75 per cent come predominantly from technological innovations. That the technological and managerial innovations are going to shape up the coming competition more intensely is under no doubt.

In today's technologically driven business paradigm, it is knowledge that commands premium in the marketplace. Thus, acquiring and assimilation of knowledge becomes an essential ingredient in the strategy for global competitiveness. For this, we require to develop systems that foster the process of knowledge acquisition and dispersion within the organization. To see how well we are doing we will have to consistently benchmark ourselves against the best, not only in our line of business, but also in other businesses where similar processes might be used. We have to keep abreast of the happenings in the world and embrace new developments/ideas faster than our competitors. In short, the organization has to constantly update its knowledge and develop new skills. The process of learning in the organization has to be a continuous one.

Integration of IT in every day work: Today the advances in IT are fundamentally changing the way business is done. The concept of supply-chain management, electronic commerce, etc. has been made possible with the huge strides in computing and telecommunication technology. The fusion of increasing computer power available cheaply at the users' desktops and rapidly growing telecommunication technology will provide the kind of energy yet unseen. This will propel organizations into changes at a very rapid pace almost on a daily basis. Those who lag behind will be obliterated. For us this calls for a fusion of computing and networking technologies into the corporate strategy and in the organizational structure. We have to move towards where we would be able to source and distribute information, products, and services across the globe. The concepts that will make these happen are Internet, Intranet, and electronic commerce. With Internet, customers can access information from any corner of the world. With electronic commerce, they would be able to place their orders and make payments on-line. With Intranet, we will be able to decimate information to our branches and plants across, include the suppliers, distributors and key customers. Thus, this would extend our reach to the remotest areas with great speed and very little investment. Managers and even professors who are IT illiterate are already out of date and hence out context waiting to be consigned to the trash can of history.

With on-line discussions and brainstorming sessions, the ideas can be put through much faster across the organization. It will carry new concepts and get people started on new things. Decision-making and implementing time will be cut dramatically and the inputs for it will be superior and versatile. Confusions in communication will be avoided, leading to better functioning of the company. Thus our ability to become global leaders will depend to a large extent on how we are able to harness the powers and flexibility provided to us by the growth in IT. And how IT fits into the corporate environment becomes the task of Strategic HR.

HR on the corporate map and appropriate HR systems: People have assumed a hitherto undiscovered importance in business and industry with the emergence of the knowledge worker and this new age of the intellect. As a result of liberalization and globalization, human resource management (HRM) has acquired strategic importance. The quality of human resources available to the company and the relationship will determine whether we succeed in achieving our vision or be relegated to being an also-ran. Thus, attracting, developing and retaining superior knowledge in the form of human resources will be a priority for the organization.

However, before we do that there has to be a paradigm shift in the employee–manager relationship. It would be imperative to have flat and non-hierarchical organization if such people are to flourish. It would call for breaking down the communication barriers, with information and knowledge to be shared across the organization. It also calls for empowerment in the decision-making process. Thus, the people will have greater freedom and latitude for developing and delivering to their potential. Proper HR planning and HR development activities have a very important role in achieving this.

Logically one can visualize a corporate culture that values trust, honesty, ethics, and transparency in all actions for the modern organization without giving up on the financial goals. This approach we believe will negate the need for controls at every step. Peer pressure and the culture of the organization will become the controlling and motivating factors. All these calls for integrating HRD in the corporate strategy formulation and developing appropriate HR systems that will ensure the acquisition, development, and retention of the vital human resources and provide them with the climate in which their talents would flourish and they would be able to achieve their potential.

THE MANAGER OF THE FUTURE

Today the global trend is that of an intrapreneur (an entrepreneur within the organization) being the ideal individual for bringing about innovations. Many of the product and process innovations are brought about by teams rather than isolate individuals working under large corporate settings. Sony and 3M instantly come to mind when one visualizes such an organization. One expectation here would be that the new breed of intrapreneurial managers will be pioneers. They would be able to develop new markets, new products and innovate the entire industry, set the pace for the participants in that industry. At the more local level, it would require monopolization of market niches, having complete supremacy in them by making available superior products at competitive prices and providing high valued services, i.e., aiming for total customer satisfaction and surpassing it.

The work will increasingly be done by cross-functional teams, which will progressively become self-managing. Managers will now be more of facilitators rather than commanders. The managers will be exposed to virtually unlimited data requiring an ability to visualize common pattern between seemingly disparate phenomena. For this, we want managers who will not only have sound management and technical skills, but more importantly should possess imaginative and creative thought process and are good team players. Our vision of a modern day professional manager is thus of a dynamic professional who combines risk taking with risk management, infuses academic rigour to practice vigour, merges cold analysis with creative synthesis, possesses hindsight with foresight and exhibits spontaneous verve with steely nerves. It is a tall order for one no doubt. However, if we are to succeed in the global arena we have to achieve this.

CORPORATE UNIVERSITIES

The international trend will most likely come to India within the next decade and the HR expert must be primed for it. Many organizations have created resource and learning centres to promote competency building. A well-known example is of Hamburger University promoted by McDonalds at their headquarters in USA. Croton Ville Training Centre of General Electric is the other example. The interventions designed at Croton Ville had helped Jack Welch in transforming GE. In the Indian context, a public sector company like BHEL in Trichy had founded the Bharati Dasan Institute of Management almost two decades ago. However, the late J.R.D. Tata who encouraged the establishment of what is now known as Tata Management Training Centre at Pune in 1954 brought this concept to India. This is a healthy trend, which unfortunately is not picking up and their pace is slower than that what is required for India to be globally competitive. Even if the organization is evolving slowly and/or the environmental evolution is faster, it is conceivable that the organization may be left behind in the race for competency. Hence, like quality and competency, learning and knowledge management must become an organizational passion. To create a learning organization, one has to create a change within the *hearts* and *minds* of people. They need to fundamentally change their thinking processes. Whatever helps that the organization's top leadership may seek on the technological front, to leverage that strength, they have to have the power of minds of the organizational members with them. This is where the HR expert shall galvanise the company with radiant activity leading to positive and salutary results.

Survival and growth in the coming decades will depend upon the speed at which we are able to respond to and predict the environmental conditions. The key resource for competitiveness would be knowledge and skills that are available to us and how fast we are able to upgrade it. Delivering value to the customers will form the base on which our vision and strategy will be based. A clear formulation of strategy would give focus to our efforts. And all this would be possible only with having quality people in each sphere of company's activity.

THE FUTURE CHARACTER OF HUMAN RESOURCES MANAGEMENT

Electronic Human Resources (E-HR) is a function of HR that is concerned with the use, management, and regulation of electronic information and processes within an organization.

E-HR is different from E-HRM (Electronic Human Resource Management) and HRIS (Human Resource Information System) which are uses of technology. More specifically, E-HRM is a system that allows management and employees access to human resource related information and services through an organization's intranet or web portal. HRIS refers to enterprise resource planning software that streamlines human resource functions such as payroll.

In contrast, E-HR is a function of human resources that requires cross-functional knowledge and collaboration between multiple departments, most notably human resources and information technology.

E-HR focuses on using technology to increase productivity, security, and sustainability within an organization. Some examples that illustrate human resources use of technology include HRIS and E-HRM. Use also includes other technological advances applied to human resource needs such as tele-presence and RFID (**Radio-frequency identification)** systems.

The Management aspect of E-HR involves drafting policies and controlling both the traffic and collection of electronic information.

As new technology comes out that is more portable and capable of creating and storing more information, it is the responsibility of HR to define how employees interact with the data. According to a Deloitte study in August 2008, 90 per cent of employer data is electronically stored information (ESI), and 40 per cent of executives say that data volumes are becoming unmanageable. Unmanageable data makes locating relevant data more challenging which can manifest into significant losses through wasted storage space and reductions in productivity. Excessive data volumes are especially troublesome during litigation that requires electronic discovery.

E-HR policies strive to control and organize data within an organization. To accomplish this, effective records management policies must be created to facilitate lean data storage which involves maintaining pertinent information while removing data as it becomes irrelevant.

E-HR also involves the regulation of electronic data and processes. This requires employers to monitor employees and establish security measures to prevent employee data theft and misuse of technology. Regulation is a vital component of E-HR because data is considered a form of collateral. Therefore, similar to other capital assets, it becomes a business necessity and fiduciary duty to protect the assets of a company from theft or exploitation.

Today, data theft is known as one of the fastest growing white collar crimes globally. Unfortunately, a significant source of data theft is employees and former employees because they have access to intellectual property stored on company networks. As a result, preventing data theft is a primary concern of E-HR specialists.

RELEVANT CASE LAW

There are numerous legal cases that have increased the need for E-HR over the last decade. As case law is established through hearings the role of human resources with respect to technology will continue to grow to reduce liabilities from future litigation. Below are two cases related to E-HR:

A case from New Jersey cited by Pawar and Padalikar (2010) demonstrates the need for employers to monitor and discipline employees for misuse of technology. In the case an accounting employee posted nude photographs of his step daughter on the internet from the employer's computer. The mother claimed that the employer knew or should have known that the employee was using company computer systems to view, download and participate in child pornography. The Court stated: "We agree with plaintiff that defendant [the employer] had a duty to report Employee's activities to the proper authorities and to take effective internal action to stop those activities, whether by termination or some less drastic remedy." The Court then sent the case back to the lower court for a trial on whether the employer's action was the cause of the claimed injuries.

The Supreme Court ruled in favour of the California police chief which addressed whether the 4th Amendment's ban on "unreasonable searches" puts any limits on searches by public employers. The court said the limits were minimal, so long as the employer had a "work-related purpose" for inspecting an employee's desk or reading messages sent by the employee on an agency paging system. It then is considered reasonable search. The ruling came was based on a situation where police officers who sued after a wireless provider gave their department transcripts of an officer's text messages. The case was on appeal to the US Supreme Court.

According to US, e-HR is defined as:

> *The application of conventional, web, and voice technologies to improve HR administration, transactions and process performance.*

It was linked to the broader concept of B2E that embraced a wider range of applications than simply HR ones. Technology has only recently (since 2005) developed in a way that enables e-HR to make its mark, especially the introduction of corporate intranets and web-enabled HRIS. The nature of the development path, however, varies considerably from organization to organization. There is a direction of travel from static information provision to dynamic interactive functions. There is also typically a move from single project-based initiatives (on recruitment, for example) through web-enabled self-service models, to advanced B2E solutions that seek to influence employee relationship management.

Literature reviewed indicated that organizations adopt e-HR for reasons that include:

- The aim of HR service improvement, making it more strategic and business focused. This may be facilitated by e-developments.
- The objective of cost cutting and aiding operational efficiency.
- The desire of the HR function to change the nature of its relationship with employees and line managers.
- The transformation of HR into a customer-focused and responsive function.
- The offer of services that fits the new world of work and is attractive to current and future staff.
- The ability to produce comprehensive and consistent management information.

There is little independent evidence on the extent of take-up of e-HR. Most of the research is from the USA, and is carried out by consultants and vendors.

Before embarking on e-HR, organizations should review and optimise their business processes. This may be a case of major process redesign, or a more tactical exercise tackling areas of concern. Following a process review, a common next step is to introduce a form of self service. This is likely to involve employee self-service, where staff can access their personal record and update it or add new information. Manager self-service is usually a logical development, allowing the sign-off of various decisions or proposals. Organizations can then avail themselves of a wide range of other applications:

- e-recruitment
- e-learning
- performance management
- e-reward.

Going beyond transactional improvements, some organizations are concerned to make relational differences. This might be via better communication mechanisms, knowledge management, or by enhancing the employee proposition or brand.

In considering e-HR, organizations have a number of design decisions to make:

- What proportion of services will be delivered through employee and manager self-service?
- What are the best means of delivery — voice, web or call centre technologies, for what circumstances?
- How do the above delivery mechanisms link up with generalist HR 'business-partners', specialist advisers, centres of excellence, etc.?
- Where do you locate call and service centre(s)? How important is co-location, or can you support a dispersed delivery of services?
- Which services will be delivered via a shared service centre? What kind of shared service — separate entity, internal cost or profit centre, outsourced?

Redesigning the HR function will impact on the roles and skills of HR staff. There will be many areas of upskilling as the move away from transactional work gathers pace. This will stretch the capability of staff, not just in terms of technological facility but also in customer and relationship skills.

A number of challenges face those moving to e-HR.

- There is an imperative to align any investment in e-HR with the strategy of the business.
- The design of e-HR should take account of the needs of a varied workforce, their access to, and familiarity with, technology.
- It is desirable to customize your e-HR offering wherever possible (within reasonable costs). This could be by location or activity
- Resistance to change is likely, especially within the HR function. Users are also likely to be uncertain, unless their requirements are acknowledged at an early stage.
- Information overload — managers and employees may get weighed down by the volume of communication in a way that they may perceive as more intrusive than in the past.
- Will e-HR actually improve organizational performance, and what is the best way to measure this?

What is e-HR? Recent developments in technology have made it possible to create a real-time, information-based, self-service, interactive work environment — something that was not possible throughout most of the twentieth century. The term "e-HR" was first used in the 1990s when "e-commerce" (or electronic commerce) was sweeping the business world. Like e-commerce, e-HR referred to conducting business transactions — in this case human resources — using the Internet. The Internet initially provided human resources departments with the opportunity to make information available to managers and employees any time they needed it and anywhere they wanted it — as long as they had access to a connected computer. However, over time, human resource professionals began to explore the full range of possibilities for using the Internet along with other technologies for the delivery of human resource services. Today, a total e-HR system may include enterprise resource planning software (ERP), HR service centres, interactive voice response (IVR), web applications, voice recognition systems (VRS), and manager and employee portals.

With e-HR, managers can access relevant information and data, conduct analyses, make decisions, and communicate with others — and they can do this without consulting an HR professional unless they choose to do so. For example, a manager who wants to make a merit pay decision may access files containing text, audio, and video describing how best to make the decision. Then, the manager can access the data file containing information on his/her employees. With a click of the mouse, the decision is recorded and other departments (such as finance) are notified. Hours of processing are reduced to minutes, and much paperwork is avoided by the use of this technology.

With e-HR, employees control their own personal information. They can update records when their situations change and make many decisions on their own, consulting human resource professionals only when they deem it necessary. For example, an employee who wishes to increase investments in a retirement plan can do so from work or home using the Internet. Employees may also, for example, participate in a training program at home after working hours.

For the human resources function, e-HR has the potential to affect both efficiency and effectiveness. Efficiency can be affected by reducing cycle times for processing paperwork, increasing data accuracy, and reducing human resource staff. Effectiveness can be affected by improving the capabilities of both managers and employees to make better, timelier decisions; e-HR also provides the HR function the opportunity to create new avenues for contributing to organizational effectiveness through such means as knowledge management and the creation of intellectual and social capital.

THE BENEFITS AND COSTS OF e-HR

Why would an organization undertake the implementation of an e-HR system? An e-HR system can represent a large investment decision for companies of all sizes. Therefore, a convincing case must be made to persuade decision-makers that the benefits outweigh the costs. A typical argument is: Use e-HR and your organization can reduce process and administrative costs. Fewer human resource professionals are needed because e-HR eliminates the "HR middleman." Furthermore, e-HR speeds up.

Transaction processing, reduces information errors, and improves the tracking and control of human resource actions. Thus, e-HR improves service delivery.

Most organizations that adopt e-HR rely on available, accessible, and tangible measures to make a business case for the investment. Some metrics that are used to justify e-HR include: the average cost of an HR transaction, number of inquiries to the service centre, cycle times, headcount changes, employee satisfaction, and financial metrics, such as the return on investment or payback period (Anonymous, April, 2002). In their 2002 e-HR survey, Watson Wyatt found that the top four metrics used in formal business cases supporting e-HR were: productivity improvements within the HR organization, cost reductions, return on investment, and enhanced employee communications.

Many of these cost reductions and efficiency gains are likely to be realized early in the implementation of an e-HR system, so they provide compelling evidence when it is needed to get a project up and running. In fact, the payback period, or the time it takes to recoup the investment, can be as short as one to three years (Lego, 2001). However, while it may be possible to identify many of the relevant costs (e.g., software and hardware), it is more difficult to quantify the intangible benefits to be derived from an e-HR system.

Beyond cost reductions and productivity improvements, e-HR also has the potential to fundamentally affect revenue channels. However, establishing direct and objective measures of these benefits is more difficult to achieve. For example, e-HR may improve employee productivity, employee morale, decision-making, and information sharing; it may enhance innovation; and it may speed up the time-to-market for products. In addition, e-HR can fundamentally change the way individuals relate to one another and to their organizations through various communication media. This may improve the flow of information and expertise throughout the organization enhancing firms' strategic capabilities. While a logical case can be made that these consequences of e-HR affect an organization's "bottom line," an empirical case is more challenging to develop.

On the other hand, there are costs associated with implementing an e-HR system. For example, "wiring the work force," (ensuring that everyone has access to the e-HR system), requires providing personal computers and Internet connections for all employees. Moreover, to capitalize on all of the possibilities of e-HR, workers need to have

Personal computers and Internet connections at home as well as at work (including work "on the road"). Some companies facilitate this outcome by providing employees computer discount programs to encourage home usage. In addition to "wiring the work force," there are inevitably transition costs associated with moving from a more traditional" HR to an e-HR system, including slowdowns, mistakes, and other consequences of changing from old to new — from legacy systems to integrated suites. Hardware costs for servers and software costs for application programs entail sizeable initial outlays and continuing costs over time as better technology becomes available

THE FUTURE OF e-HR

What's next for e-HR? Technologically, there will be enhancements to the web portals — they will become more sophisticated and more individualized workplace productivity tools for managers and employees. Improved decision-support tools, such as those currently being tested for health insurance, will benefit both organizations and employees. And, virtual workplaces will become more commonplace and heavily used. The human resources function will be liberated from administrative shackles and able to focus more on developing intellectual capital, social capital, and managing knowledge to improve an organization's competitive advantage. Consequently, the human resources function of the 21st century will be substantially different from that of the previous century.

Web portals that give employees access to information will continue to evolve.

For example, Dell has created a visionary prototype for the next level of web portal called the "personalized corporate portal." Different people need different information; one size does not fit all. Therefore, this prototype consists of a personal start page ("My Intranet"), which is a dynamically generated home page that would combine: (1) what the company knows an individual employee needs to be successful and (2) what an individual employee knows he/she needs to be successful. This dynamically generated home page operates similarly to how Amazon.com tailors specific information to its customers when they log on to the company's website.

Decision-support tools will become more numerous and more sophisticated, improving decision making by managers and employees in organizations (Boyett and Boyett 2001). These tools will provide managers step-by-step information about human resource issues. For example, what information managers receive will depend on how they respond at each step. In addition, managers will be provided with risk assessments for each of the alternatives they consider. These decision-support tools will also provide "predictor" algorithms that aid managers in anticipating and forecasting potential problems, such as turnover, recruitment, compensation, and labour relations. Sensitivity analyses (or "what if" analyses) will allow managers to try out different alternatives and assess the potential consequences of their decisions.

Decision-support tools will also provide employees step-by-step information about human resource issues. For example, Humana is currently testing a health insurance system on its own employees that will soon be offered to the company's many customers. Employees enrol in the health plan, called SmartSuite, and an on-line "wizard" asks them questions and helps them choose the most appropriate of six options that meet their needs (Hathcock 2002, O'Keefe 2002). In the summer of 2002, Humana tested a version of its system that offers employees 42 different plans. It presents employees with trade-offs, such as pay less in monthly salary deduction by agreeing to a larger deductible and bigger prescription co-pays. Humana's preliminary results show that employees are accepting more risk in exchange for lower monthly payments, which helps control health insurance costs. Both the decision support and the degree of individualized health care options would not be possible without web-based technology. Decision-support tools are key to educating employees about the true cost of health care, providing them with the information necessary to make complex benefit decisions, and generating preference data that HR can use to drive strategy.

Virtual workplaces will become more commonplace in the future. Employees will use on-line meetings, project-team workspaces, web conferences, and video conferencing. Virtual workplaces provide several advantages to organizations (Cascio 1998): (*a*) they save time, travel expenses, and eliminate the lack of access to experts; (*b*) they can be organized whether or not members are in reasonable proximity to each other; (*c*) firms can use outside consultants without incurring expenses for travel, lodging, and downtime; (*d*) they allow firms to expand their potential labour markets, enabling them to hire and retain the best people regardless of their physical location; (*e*) employees can accommodate both personal and professional lives; (*f*) dynamic team membership allows people to move easily from one project to another; (*g*) employees can be assigned to multiple, concurrent teams; and (*h*) team communications and work reports are available on-line to facilitate swift responses to the demands of a global market, e-HR will become the "connecting tissue" that brings together disparate technologies to enhance employee productivity — likely through the web portals described in relevant literature and which we need not go into in the textbook. However, one thing is certain: the HR expert needs to be technology savvy unless he/she wishes to be consigned to the trashcan of history.

PART - II

CASES

DISCLAIMER

Every single case cited herein has been painfully developed over the years by the authors from real life situations. These cases have been tested in classroom as well as management development sessions with good effect. However, names and dates have been camouflaged to retain anonymity. If it per chance resembles any particular person or company then it is purely accidental and unintentional. Hence, apologies heretofore are unconditionally tendered.

A NOTE ON USING THE CASE STUDY METHOD

Pedagogy in B-Schools can be divided into four types. (*a*) *The didactic type* where the professor comes to the podium and lectures in true classical style. There is a fair deal of oratory and seldom if ever are lectures read from a set of notes. The professor is completely a master of the subject on which he is propounding his/her thoughts. Questions are usually taken up at the end of the class and selectively so. (*b*) *The classroom interactive type* where the professor comes to class with no transparencies or notes but engages the lecture in a discussion mode and there is a great deal of use of the chalk and board. The professor is leading the class and hand holding it through a pre-planned learning process. There is some discussion but it is controlled. (*c*) *The presentations type* where the professor has prepared a power point presentation or have a set of transparencies, which he/she takes the class through. This presentation is on a particular topic and considerable homework has been done on the subject before the professor comes to class. (*d*) *The case study type* where learning is imparted with short case studies. This is also the point where androgogy replaces and joins hands with pedagogy and this is precisely what this compendium of short case studies attempts to help the facilitator of Human Resources Management with: to use androgogy to impart learning and reinforce the theory imparted through pedagogy.

Unfortunately, when the professor does not want to prepare a lecture and takes the easy route of discussion to kill time he/she sometimes uses short case studies. In addition, there is a fair degree of confusion on what a case study is and this is evident when students prepare case studies as a part of a competition or an assignment. The role of the facilitator is important and he must come well prepared otherwise students will open their mouths before engaging their brains into gear. Ideally the professor *who writes the case* must develop it as he goes along and gains student feedback year after year.

Case studies were known to be used by Cyrus II in ancient Iran to simulate war exercises, and during the Second Punic War, Cato the Elder used his case experience to famously proclaim *ceterim censio Carthagenem ese delindam* meaning "certainly I say, Carthage must be destroyed". In modern times, the first recorded use of case studies was at Harvard Law School in 1871 by Professor Christopher Langdell. One could define a case as a description of situation, consisting of a few pages of written description of an actual situation facing an organization describing how the current position developed and what problem a key personality in the case is currently facing. Alternatively, one could posit that a case is a written or filmed description of an actual or imaginary situation, which the writer presents in some detail. One could also view a case study as an intensive or complete examination of a facet, an issue or perhaps the events of a geographic setting over a period of time.

Cases used in B-Schools can be *categorized* variously in terms of its *form* thus.

(a) *Short case*: A brief narration or illustration that serves to reinforce a general point of view through using practical relevance. The student can view reality through his/her own personal frame of reference as in values and beliefs. The length of such a case varies from one to five pages. These are used by facilitators in classroom situations for explaining the nuances of behavioural sciences and human resources management.

(b) *Classic case:* These are long studies giving detailed and factual accounts regarding maximum relevant material in the given context of the business situation. The student becomes an analyst who can spend up to a week studying and deciphering the nuances of the cases. The length of such a case can even extend up to sixty pages. These are usually used in strategy related subjects.

(c) *Technical case*: These describe a technique, process or system of analysis without taking account of the human factor. The student learns how to analyse and document given data to draw meaningful conclusions. These are usually used in finance and operations related subjects where calculations are called for and a business or organizationally relevant problem has to be solved.

(d) *Complex cases*: These are usually complicated and aimed at bringing out deep rooted issues and are often a mix of individual, organizational, and cultural forces that impinge upon industry and business. The coverage of such cases is wider than others and is used at the end of a postgraduate course when the student has already mastered several subject specializations enabling a *comprehensive* analysis.

When cases are categorized in terms of *content* they could be either *open ended* or *close ended* in character. In the former instance participants have to find out the problem, exercise their minds and propose alternative solutions to one or more scenarios that may emerge. In the latter instance, the problem has been identified and a solution is sought given the assumptions and constraints.

Such a case either open ended or close ended can be of three kinds thus.

First, a case history details a series of events leading up to a conclusion. It is a researched body of work, which tells us a trend adopted in an organization or the contribution of a particular kind of leader. In a way, the presentation could be biographical. The learning derived is in terms of what happened and why it happened so.

Second is a case analysis that presents a set of data and either expects the student to analyse it or leads the students through the process of analysis. A good example is to be found in inter-sectoral growth in an economy, where the analyst sees trends and attempts to ascribe reasons for a particular success or failure of policy. Another good example can be found in market surveys that highlight consumer demand for a particular commodity in preference to another or as in financial data where a company's health is examined.

Third is a case study where an event, a set of events or policies is narrated in story form such that in analysing it the student imbibes a definite and pre-programmed learning. The facts are normally not massaged beyond recognition although the identities of the actors may be often be concealed in the larger interest of society. Fake names and places are given but the facts are generally not tampered with. This is generally the case in HRM where the case study is used to impart a theory or a pre-determined learning.

Experts in strategic HRM have treated the subject of ego at some length. At the risk of repetition let me reiterate that mankind's greatest enemy is his/her own self, his/her ego. Unmasking the ego can be very traumatic but its therapeutic value cannot be underestimated. The purpose of these Short case studies is to help the student/participant/facilitator to unmask his/her ego and confront reality, or perceptions thereof. Even professors of management need to unmask their ego if they are to achieve real intellectual progress. The easiest way to do so is to encourage free flow of ideas when the case is being discussed, inviting innovative solutions even when they clearly go against the grain of accepted wisdom and constantly revising the case to make it more realistic and relevant to objective social reality. In a humble way, this has been done with every single case study posited herein.

While the basis for writing the cases lay in our Indian experience, it *does not mean* that the problems are unique to either India or even to the Indian high-tech sector. Rather, they are relevant to all business and industry in the capitalist periphery that seeks to thrive in the 21st century. They are important for all HR facilitators and teachers of HR since it enables them to bridge the gap between perception and reality in such a way that perception becomes the reality. This is where perception proves to be infinitely superior to description. In addition, in the age of the intellect and the predominant position occupied by the knowledge worker, HR intervention has become that much complex and inevitable. People who think of HR as a soft option are merely showing their own ignorance of objective social reality. Industries have a lot more in common, than they are credited for and so the appeal of these short case studies is to a wider audience.

Certain facets, we all know, are common to all such industries that depend on technology and the knowledge worker to propel their growth. Principal among these is selection of personnel, attrition levels, and re-skilling of manpower. Trust, teamwork, and transparency are the benchmarks against which effective project outcomes can be viewed. To some extent one could even, say that all these short case studies relate to the human aspects of project management. However, almost every activity is a separate project in the high-tech sector. Hence, the term project management should be viewed in that light alone. In addition, this is the age of the knowledge worker whose loyalty is believed by many HR experts to belong to technology and nothing else. Hence, for them, HR intervention is the only way of creating a sense of belongingness and training where continuous upgrading of skills are needed, keeps attrition levels low.

Subsequent research by this author and Jayashree has unearthed two fallacies especially in the case of the knowledge worker. First, the term knowledge worker itself needs some understanding. Is cobbler, a tailor, or a blacksmith not using his knowledge to work? Second, any skill contains an element of knowledge within it. Hence, how can we describe *only* the employee in high-tech industry as being a knowledge worker? After all (we hope), the professors in classrooms teach on the basis of some knowledge and so can we not describe them as knowledge workers too? This comprises the first fallacy i.e. one of definition. The second fallacy arises out of a belief regarding employee loyalty. Throughout the works of this author, the contention remained that the employee is loyal only to his/her own values. As long as individual values are in accord with organizational values, the employee will remain on the job. The moment these values differ the employee either changes the personal values or quits the organization. That is why three types of organizations always have high attrition rates. (*a*) An organization managed by a CEO with a *feudal-mercantilist-trader* mindset and having knowledge workers. (*b*) An organization that is by the nature of its business operating in the short run i.e. on a project to project or assignment to assignment basis. Once the task is over the employees automatically leave the organization. (*c*) An organization that hires people on contracts rather than for long-term employment. Once the contract is over it may or may not be renewed. Free market capitalism and the withering away of the employee collectivity are solely to blame for this malaise. In all these three instances, the commitment of the employee is questionable and the belongingness need is negligible. This belongingness need is two edged: the employee acts as if he/she belongs to the organization and that the organization belongs to him/her. Hence any organization or any HRM intervention that fails to bring about this two-edged belongingness fails to retain people.

Many CEOs do not invest in training as they point to high attrition rates and state that money spent on training is a waste. On the contrary, we argue that it is always better to have a trained workforce who may leave for greener pastures than to try to compete globally with manpower on rolls that possess out dated skills and expertise. Many a B-School has failed to make the grade since the Director with one or more of the above-mentioned traits run it. Those who stay on do so because they have no other choice for some reason or the other. The number of part time lecturers who outnumber the full time ones in the non-premier institutes exposes the short sightedness of free market capitalism and its inability to create conditions to sustain a steady pursuit of knowledge.

Experience shows that most inter-personal problems in management are *ego based*. This often takes the form of *attitude based* and *behaviour based* being attached. The employee/ subordinate is often said to have a problem managing his ego. This may not be true. When a senior manager tells an executive (reporting to him/her) that the executive has an attitude problem, many a time what the senior manager is actually saying is that *I need a yes man and you are not he*. Reading in between the lines of messages is a cultivated art in many ways and no training except that in the *school of hard knocks* can help.

However, there is little that cannot be understood with a little bit of healthy open-minded introspection and frank exchange of views. We shall, in these short case studies, attempt to *de-mystify management* and break that halo placed by the managerial ego and sustained in the name of managerial prerogatives. In doing so, we shall try to lay bare the vital areas where Senior Level Management intervention can make a difference. But this cannot be done on the basis of either *historicism* or *empiricism*. It has to be based on the subjective perceptions of objective social reality. Objectivity like excellence can only be approximated and so to claim objectivity is in itself a subjective statement. This HR managers must be well aware of since it is our experience that many of them tend to speak with an air of absolute certainty about things that they possess absolute ignorance. This must be avoided at all cost and one way of doing so is to understand what perception is? It is what reality seems like to the beholder. It is not a description as Soli Parukh reminds us. He uses the innate Kantian logic to rightly maintain that a description can never approximate reality since it is lacking in feeling.

These short case studies could be envisioned as perceptions of what really occurred in reality. The background of this perception lies the unerring belief that no matter how technologically superior and organization or a technocrat is, he cannot afford to overlook either the human being behind the exterior of the employee or break the very rules he has laid down for others. In short very HR intervention must have a very humane face and the attitude towards all parties involve must be one of fairness, equity, and propriety. The dignity of mankind as well as that of the organization must always be respected.

- The concept of value (generation and contribution) is an integral part of corporate strategy.
- Human resources management cannot be divorced from the process of business policy formulation and execution.
- In the final analysis, it is the corporate culture and the ethics of the managers, which will delineate the form, and content of the Behavioural Dynamics of the organization.
- The ultimate aim of Strategic HR intervention then would be to increase the satisfaction levels of the internal customer through a vibrant corporate culture and to leverage core competencies for gaining advantage over other players. This has to be done in the global market such that corporate objectives are met without sacrificing core beliefs.

It is in keeping with these assumptions that the short case studies were specifically developed from real life situations. I opine that all value is created by Labour while Capital is manmade aid to production. Investment is the process of capital creation and Business policy aims to maximize returns on investment such that organizational goals are met. It uses HR to optimally allocate and utilize its manpower within the constraints of the immediate environment.

Hence, it would make a lot of sense to even approach an elective course on Business Policy from a *man management* angle. Students and teachers should not fight shy of being subjective well remembering that the very claim of being objective is a subjective perception.

As the ambit of competition is internationalised, the corporations, which will survive, are definitely those who have a value-based business policy and a management strategy founded on ethics. Others will be consigned to the wayside along the great motorway of history. In most management schools students get a good grounding in economics, marketing, and finance with the result that teaching a full semester course would imply that the curriculum traverses such a path as has not been covered by either of the three mother disciplines, for fear of repetition. Hence, the approach from a position of *man management* is resorted to in this book. This is the basic *raison d'être* of this book is to predicate experience against the threshold of theory and give *man* his rightful place in business and industry. Philosophically speaking, *man* is the beginning and the end of all analysis; he is both the subject and the object of social inquiry. Hence, the present approach of making *man* the focus is further vindicated.

He, who knows not where he is going, cannot get lost. But at the same time, he cannot get anywhere in particular, except perhaps by serendipity. Corporate strategy is therefore crucial to the future health of every organization. Unfortunately, it is side stepped in the interest of immediate returns and what we get is development less growth. It was further argued that like marketing or finance or any managerial function needs to be empowered and held accountable. Furthermore, all management actions not *only* have to be ethical but *also* perceived to be ethical by both the internal and the external customer.

Hence, the management of organizations in the next century has *per force* to be value based where the core values are without any apology purely ethical. And for this, a planned and proactive management strategy rooted in theory, and based on practice, is seen as being imperative. These are the core beliefs by which an organization stands by, is known for and act as a guide to managerial action.

The greatest danger to a logical mind comes from *uncertainties, not from risk.* This is because there is a theory for calculating risk but there is no way of understanding or calculating uncertainty. Similarly, the greatest danger to the smooth functioning of an organization comes from *external uncertainties*, which we referred to earlier as the mutable nature of social reality and which are often caused by the market conditions.

Further, the danger to the smooth running of the organization comes from internal uncertainties, which are mostly caused by lack of *clarity* at the level of vision, mission, goal, and role. In addition to the negative impact caused by uncertainty, it is the *definition* of the *problem* and the *premise*, which goes a long way in removing uncertainty by bringing about clarity. Once a situation is properly defined, the limitations are known and the variables affecting its behaviour have been identified, it ceases to be uncertain and therefore poses little danger to the logical mind. It is almost a truism that even with the best of systems, reality continues to remain opaque and decisions are made under conditions of relative uncertainty. The art and the science of management, in the main, are geared towards removing the cobwebs and reducing the level of uncertainty. HR plays a positive, proactive, and facilitating role in this activity by laying down employee friendly policies, and ensuring their compliance without losing sight of the fact that organizational objectives have to be met.

In this new age of globalised competition, four aspects have assumed enormous importance and must never be lost sight of. These are corporate governance, total quality management, core competency, and business ethics. This is brought out clearly in all high level discussions involving strategic HR.

Some terms need to be clearly defined at the outset so that there is no ambiguity among the discussants of these short case studies. Readers are cautioned against getting confused since the lines drawn are very thin and the distinctions are often academic in nature while being quite blurred in reality. Nevertheless, they need to be defined, if for nothing else, then at least in the name of academic clarity, which being a pedagogical imperative also enables the strategy to be properly communicated through the organization's systems and sub-systems.

Vision: Every entrepreneur has a dream, which his creativity helps to actualize. The vision in this case is nothing but a dream of what the future holds for the company and where the company sees itself in *n* year's time. This is the light at the end of the tunnel towards which the company/organization will move.

Mission: Organizations exist within a given society and are a part of it. But there are some functions, which the organizations perform in keeping with the vision. The mission statement defines the role, which the organization wishes to play within society. To that extent, it brings about synergy between the needs and activities of the organization and those of the society giving the former a sort of *locus standi.*

Purpose: The mission statement has an external orientation. What the organization desires to achieve internally in line with the corporate vision is called purpose. These are born out organizational values that represent the personal beliefs and convictions that underlie choice decisions.

Objective: It is an open-ended attribute, which attempts to denote a future state or business outcome. They are indicative of action to be taken and are stated in general terms. Usually this is a long run attribute.

Goal: It is a short run and close-ended attribute, which is expressed, in specific terms within the dimensions of quantity, quality, time, and cost. An objective is actualized through goals.

Target: What a goal is to an organization, a target is to a function or a team or an individual within it. Performance is bench marked against targets and every time a target is achieved it has to be re-set or re-formulated. An organizational goal is broken down into specific targets.

Role: It denotes the range and kind of activity, which is functionally expected of an incumbent because of his particular status, is the organizational structure. Role is always in relation to a stated or un-stated goal and the expectations that arise there from. Hence a role could be both overt as well as covert.

Policy: Policy can be seen, as a guide to action required to be taken to attain a goal. In a way these are value-based contingent decisions, which guide managers and organ zations about what to do or what not, to do when faced with a dilemma.

Strategy: We derive the word from the Greek *strategos* meaning general-ship. These are a means to an end and are best seen as a set of decision-making rules meant to guide organizational behaviour. They lead managers and organizations to definite action. It can be seen as an overall plan of action, which is to be implemented if a target has to be achieved or a goal is to be realized.

Tactics: Whereas a strategy can consist of one or more tactics, it is possible that the distinctions here are extremely foggy. Several tactics can make up a composite strategy just as several battles go into making a war.

Corporate Planning: It is but a term used to denote a formal, systematic, and comprehensive appraisal of the constraints and assumptions, which go into making strategies to achieve a desired organizational goal. It is usually undertaken either by or at the behest of top management. It involves an apex view of the entire planning process in a systematic, logical, and sequential manner.

Actual Costs: These are costs actually incurred in the pursuit of business. They can be *fixed* by which is implied that they do not vary with increase or decrease in output or they can be *variable* in that they vary with changes in output. Rent and salaries are a fixed cost. Raw material used and wages are a variable cost. When the manager talks of maintaining his eye on *the bottom line* he implies that short run actual costs should be held in check. That is good business sense so long as he does not turn a blind eye to long run opportunities due to a myopic vision.

Opportunity Cost: This can best be understood as the cost of an opportunity foregone because of a particular decision taken. For instance, a marketing manager may have 1,000 leads of which only 80 could be converted into an account due to one reason or the other. The profits that would have accrued to the company had the other 920 leads been successfully converted are an opportunity cost. Strategic managers always keep an eye on long run opportunity costs because it is the power to envision or accurately perceive what the future state of affairs may be like helps him to plan realistically and beat the competitors.

Infrastructure: Technically speaking, infrastructure refers to the economic relationship between the four factors of production: land, labour, capital, and organization. Hence when an economist speaks of infrastructure he speaks of the industrial base required for growth. In management parlance, infrastructure refers to the body that will deliver the goods. E.g. if a company has to undertake expansion they find it necessary to have the infrastructure in place. This means that people (labour), machinery, and materials (capital) as well as buildings (land) must be in place so that desired objectives may be met. For instance, a company cannot launch a global marketing campaign by merely having one man placed in New York, one in Lagos, one in Hamburg, and the other in Sydney to liaise with potential clients and keep in touch with customers. It needs an entire network upon which marketing growth can be based. That is the infrastructure.

Superstructure: In pure economic terms, superstructure refers to the socio-cultural and political relationships based on the economic relationships between factors of production. Hence when an economist speaks of superstructure he speaks of law and bureaucracy that make governance possible. In management parlance, superstructure refers to the systems, procedures, and policies that are needed to obtain the promised deliverables. Systems insure conformity to acceptable norms and can be a very potent basis for objectivity in managerial action.

Growth: In economics this stands for an annual increase in *per capita* income or net national product. Hence it is a mere statistical indicator that does not *ipso facto* imply progress. In management terms, growth is said to exist when either one or more economic variables registered an increase annually. This variable could be positive such as profit and net bloc (fixed assets less depreciation) or it could be negative such as costs and inventory. Growth does not necessarily imply a change in the corporate mind set since many a feudal–mercantilist-trader has made it big in the world of business. Man then becomes just another resource to be exploited and the de-humanization of wage labour is the inevitable result.

Development: In economics this stands for a holistic and total improvement in the quality of life. More particularly, it stands for an increase in *per capita* productivity without a concomitant fall in the *aggregate level of employment*. This means, that the number of *exercisable choices* available to the average citizen increases. If a company is seen as a body corporate or as a legal entity, the logic can as well be applied in the case of a company. This is a sure test barometer for the measurement progress. Development *ipso facto* implies a positive change in the corporate mind set so that both the internal customer (employee) and the external customer (client) is satisfied while making sure that organizational objectives are met.

Tendermindedness: We have borrowed this term from Van Dusen Kennedy. It signifies *high-mindedness not sufficiently conditioned by intellect*. For instance, companies speak of a *momentum of progress* that they can only hope to achieve, if all goes well. However, investment in both infrastructure and superstructure is found to be wanting. Hence, this remains a pious wish. In scientific terms, *momentum* is equal to *velocity* multiplied by *mass*. Velocity in this case is brought about by the corporate mindset but an absence or inadequacy of both infrastructure and superstructure prevents the existence of the required mass. Hence, the desired momentum is not achieved. And the management is seen as being tender minded.

While writing these short case studies, from real life data in the fast track industries, one belief was reinforced. Just as metaphysics is not easily understood and the ritual of religion is something, which the majority are more comfortable with, so too, the majority of managers are comfortable, when others do their thinking for them. However, they wish to retain their power so they feel so themselves indispensable that they continue to wear that false halo. Using an analogy, some could argue that God had to make the Devil to ensure His perpetual employment and importance. In the same manner, managers create problems only to solve them, feel good about it and retain their importance. They try to play God.

Leaders are not necessarily managers and *vice versa*. The former envisions and leads the latter follows and obeys. However, like a good leader, a good manager is one whose team functions as efficiently as in his absence as it did in his presence. Conscious management through positive and proactive strategic HR interventions must aim at creating such a climate throughout the organization, such that problems are not intentionally created only to be solved and the mediocrity take credit theretofore.

Taking the example cited above further, let us say that the Bible erred when it claimed that man was made in the image of God. Rather this immensity that engulfs us, this *magna mater*, is too vast, complicated and profound for our puny brains to understand. The mind-body genome of man is grossly inadequate and can never comprehend this nature that surrounds us. So man makes God in his own image: a forgiving God, an angry God, a fearful God, a loving God, a beautiful God, and so on. This is because we see what we want to see, hear what we want to hear and willingly block out that which is unpalatable. So is true of our perception of all reality.

Given below in this, are 50 short case studies culled from real life scenarios in the industrial environment and meant for imparting classroom learning only. Their purpose is academic and meant to generate debate so that the level of social consciousness of participants is elevated. Names and other data have been suitably camouflaged so as to retain the organization's anonymity. Any resemblance to persons and institutions living, dying or dead is purely accidental and certainly unintended. Apologies in advance are tendered, should any person or institution be inadvertently hurt or offended.

The case study approach to learning has been quite contentious. Some management trainers replace prepared lectures by giving out short case studies for discussion to fill in the time. In such instances, the case study degenerates into story telling sessions. There are some again who use short case studies to reinforce a message. In such instances the case study becomes a parable or a homily. This is what teachers who appeal to the sentiment and the heart are more comfortable in doing. However, pontificating is not necessarily an intellectual or academic exercise and must be eschewed. Here the intention of the cases is to bring out learning through the discussion. The discussants would have arrived at a solution or an outcome, which they will *own,* and therefore, be committed to. This outcome will lead to a theory and form the basis of action at any point where value is being added to the product or the process chain.

There is a great need to insert an important *mia culpa* here. *There can be no single correct solution to any case study since social reality is mutable in nature and the human mind is difficult to comprehend.* What you, as serious students of the managerial science should do is to place yourself in the shoes of the executive and then take an informed decision. Having taken the decision, execute it. In addition, having executed the decision, see that your superiors, your peers and your subordinates *accept* it. You are all participants who, as responsible managers, are expected to read the cases and come prepared for a full-fledged discussion in class. The facilitator/teacher is advised not to take up more than one case study *per* day. Each session should ideally begin with a strong theoretical input, and then followed by the case study so the learning will thus be re-enforced through case discussions. Hints, questions, and issues given at the end of the case are at best tautological and should *never* be taken very seriously, since in doing so innovation and creativity will be sacrificed and the purpose of learning itself will be defeated.

Theory must emanate from the discussion and *not* precede it. Some tips for discussion have been given at the end of each case, but as managers and technocrats (both those in waiting and those in position), you cannot be expected to restrict your intellect to these points. These tips are more meant for the facilitator who has to make sure that the discussion does not go out of control. Let the spirits wander, let the mind charter new territories, and let not the constraints of conventional wisdom fetter your thoughts: *cast off the fetish of society*.

Unlike what some fundamentalists, spiritualists, and normative thinkers would wish to argue it is fairly certain that reality cannot be seen in clear black and white terms. It is a vast grey area with shades in between. How you behave within that vast grey area depends on how well an executive you are and what where your values lie. But merely attending a training program, as some management theorists are wont to argue cannot facilitate change and bring about development. A conscious effort to change and having an open mind often works wonders.

Learning does not end with classroom interaction. Nay, it begins there. A useful book that we shall recommend that every middle level manager read is Gerry Johnson and Keran Scholes (1997) *Exploring Corporate Strategy: Text and Cases* (Prentice Hall). Another good book, which our fellow professionals will learn from and that has recently entered, the Indian market is Lyle M. Spencer Jr (1995): *Re-engineering Human Resources* (John Wiley). If the reader just wishes to have a compendium of Indian Short case studies based on value based policy then we recommend the collection *Business Ethics: Concepts and Cases* (Tata McGraw Hill 1998). To glean an understanding of the ethical dilemma and managerial responses to it, readers and students of management as well as senior executives should consider reading *The Theory and Practice of Managerial Ethics* (JAICO Pub. 1999, 2008). A good compendium, which every student of man management must have, is *Geometry of HR*, which was brought out by Himalaya Publishing House in 2002. Unfortunately the publisher was unable to sell the book due to its heavy academic content.

These are the basic working tools that every senior manager should have in his personal library. Here we have given a selection of short case studies in an attempt to link theory to practice and make the understanding of the subject that much easier. The underlying theme of these cases can be stated as *value-based human resource management strategy*. The focus of attention is high growth sectors in a globally competitive environment. Some points around which discussions can generally centre are given below. These are not merely *beliefs* but definite and actualized lessons culled from experiential learning and action research that went into the writing of these cases, which reflect some particular aspects of objective social reality in the high growth industry of India between 1994 and 2000. Every single case highlights one or two intended aspects of strategic human resources. We have not stated these and left it to the creativity of the facilitator to treat the case as he wishes. Hence, despite the temptations to do so, cases have *not been* shown under different functional heads like HRP, HRD, and HRIS, etc. One basic reason is that there can always be different ways of looking at the same phenomenon and the other reason is that perception is the reality.

At the risk and expense of being called normative, the following pieces of advice are worth handing down to all managers during executive development programs wherein these cases could be used.

- Never forget the human being behind the mind–body genome of the employee. Respect the person in every man, for he is ultimately an aspect of that great immensity.
- The primary product is *people driven* and the loyalty of knowledge workers is seemingly to technology. However, technology is a unique commodity that we buy without seeing. For, if we see it we need not buy it. Hence, it is absurd to have loyalty to a commodity. Loyalty can only be to one's values.
- There must be *absolute clarity* of vision, mission, goal, and role.
- Managers must *learn* to walk their talk, think holistically and act locally.
- Decisions are best taken democratically but enforced autocratically.
- Trust and faith relationships hold the key to synergy and growth.
- Managers who contradict themselves or are inconsistent in their decision-making are poor leaders and not trusted by those down the line.
- Transparency in decision-making is crucial to building faith and trust.
- Communication must *freely* take place in all directions, truthfully and politely. There must sufficient maturity to take and receive criticism provided it is well meant.
- One must avoid using criticism to re-enforce one's presumed superiority or to *retain* control.
- Empowerment must accompany accountability: they are not mutually exclusive,
- Managers must learn to be *constructively unrealistic* so that breakthrough is possible.
- Mangers must not only act *ethically* but also others must see them as acting so.
- Values and ethics can be imbibed but never imposed.
- One cannot afford to forget opportunity costs due to a preoccupation with actual costs although one cannot overlook actual costs in themselves.
- Even the basic concepts of Human Resource Management are being re-engineered.
- Many HR and especially training and arbitration functions are being outsourced and the right choice of HRD consultants can make or break a company. Negotiation skills assume importance and purchasing needs to be added to the current MBA syllabus.
- Quality must be *built into* the system and procedures must be streamlined and followed scrupulously.
- Do not delegate authority upwards and always take positive charge of the situation. (Your superior may not be as efficient as you think or he poses to be.)
- Under no circumstances must one resort to either apple-polishing or petty politicking. These are contemptible and below managerial dignity.
- If someone speaks ill of others in front of you and in their absence watch him well. He will most likely be doing that to you too. He may mean well, but he is a slave of habit.
- Always commit to deliver and deliver as committed without compromising your values. It helps to ask yourself: does your action *add value*?

- Bullying, passing the buck, taking undue credit, harassment, fudging facts, whistle blowing, discrimination, etc., are signs of mediocrity, insecurity, and general managerial immaturity. [Once the fear of the bully is taken out from the mind of the victim, the bully loses his power.]

The present era is typified by a change process heralded by the concurrent collapse (of old beliefs and structures), on one hand, and a quantum change (in technology and its outcomes), on the other. Developing a value based corporate culture is the need of the hour. Achieving this through strategic HR interventions is hardly likely to happen without a proper understanding of the basic beliefs, values, and ethics along which the business of the organization is conducted. That is what this chapter aims to examine so that the foundation for building corporate culture is effectively laid. This chapter as well as the one on corporate governance begins with a tacit understanding of man and life. Neither ethics nor corporate governance can be thrust upon an organization nor administered to its employees by HR. What Strategic HR does is to help create an environment in which ethics and corporate governance can blossom within an organization. Yes, ethics can be imbibed and this happens when those around you are ethical and when these values are within you. Strategic HR merely clears the smog to enable one to see reality more clearly.

Recalling what the late and erudite Justice Bakhtavar Lentin once said: *a non-conformist conscience is the harbinger of change and a necessary component of the HR Manager's psyche.* One cannot and should not dismiss this. This non-conformist behaviour comes from an inner belief, a value system that stands against the tide of accepted public opinion. Possessing this quality is what makes the difference between chalk and cheese, the leader and the follower, the creative–innovator and the mediocrat-bureaucrat. What makes a leader walk his talk, blaze a trail or lead from the front by example? Does this come from within the person or is it caused by some externality? Is the decision-maker acting in a rational, mechanical robotic manner each time a dilemma is confronted? Does he depend on his sixth sense or his intuition? Alternatively, does he fall back on some inherent values and beliefs? Is he supposed to be sufficiently "angry" or "uncomfortable" to want change?

Would the rational decision-maker follow the Sadri and Jayashree (1997) five-step model elaborated here at length or adopt the Kitson and Campbell (1966) five-step methodology used by management students? Alternatively, would the teacher and the taught take the oft-trodden path and restrict their analysis to SWOT (strength, weakness, opportunities, and threats)? This certainly appears to be practice among many facilitators.

The second analytical structure mentioned above, is well known to all academics that use the case study method of imparting learning seriously. However, the Kitson and Cambell model is more apt for cases in finance, marketing, and production management while the Sadri and Jayashree Model is more suited for cases in human resources management, organizational development and diagnosis. Facilitators should especially take care not to allow discussions to degenerate into story telling sessions where students open their mouths without bothering to engage their brain into gear, and the facilitator nods his acquiescence if he/she has not done the homework properly. The case study approach ideally links theory to practice so that knowledge creation and learning result from it. Hence, a case is never static. As it is used increasingly, varied feedbacks are received and the author acts on some of these feedbacks to enrich the case and make the discussion-based learning that much intellectually interesting.

The students should be aware that the choice of the model is highly subjective and depends on the facilitator's preference.

The Kitson and Campbell methodology consists of the following steps:

(*a*) Identify the problem

(*b*) Generate alternate solutions

(*c*) Evaluate alternatives using the cost–benefit analysis

(*d*) Select the solution

(*e*) Implement the chosen solution.

If the decision-maker will depend on his subjectivity instead, then what is the ideological basis of his decision? For some managers it is fashionable to say they are non-ideological. Little do they realize that in so saying they are making an ideological statement! Anyone who has been in a decision-making position long enough will vouchsafe for the fact that more than 90 per cent of decisions are based on the subjective perception of an objective social reality. This subjectivity takes us into a discussion on ethics that is something that can make or break and organization.

The Sadri and Jayashree *Five Ds of Corporate Strategy* provide the facilitator as well as the analyst with a unique instrument to study these cases. The HR Specialist cannot lose this fact either, since he is involved in decision-making and decision executing all the time. Pressures of work, shortage of time, listening to the boss's views, and the need to make quick decisions in a competitive world often tempt the HR Specialist to bypass these 5 Ds. However there is ample evidence to show that when the chips are down it is the HR Specialist who rues the fact that corners were cut in the name of expediency. This gives the professional and the profession a poorer image than they deserve.

To recap the 5 Ds:

1. **Diagnosis** of the organization before deciding whether HR intervention is required.
2. **Definition** of the problem and the ambit of enquiry so that the parameters of the solution are bounded and the constraints are taken into account.
3. **Designing** a solution which will address the issues germane to the organization and which spring from the diagnosis.
4. **Development** of the strategy so that it synchronizes with organizational requirements as well the environmental constraints.
5. **Delivering** the results by implementing the strategy and activating the process of HR intervention so that desired goals are met.

What makes the second methodology superior to the first one is the inclusion of the *sixth or hidden D* that stands for *data and documentation.* We Indians are particularly poor on this aspect, as many an organization has found out on eve of any accreditation exercise. Perhaps the fact that adequate data and documentation was not preserved is the reason why in our present day the knowledge of Ayurveda, Vastushastra, and Vedic Mathematics is so dependent on beliefs rather than on science.

Now we come to the questions of management and leadership. It is a fallacy to assume that every good leader is also a good manager and *vice versa.* A leader envisions and charts a path for others to follow towards a pre-determined goal. A manager enables the achievement of this goal by scrupulously following the path already laid out. For the leader, exercises like goal setting, innovation, and lateral thinking are extremely important. For the manager, practices like following proper policies, processes, and systems are very important.

Research and experience shows that good leadership comes from within the individual's self. It comes from a sense of self-esteem and an inherent belief in oneself. The strength of conviction can move mountains and make giants out of dwarfs. All great leaders have this common trait even when their ideologies or *modus operandi* differs. What made great corporate leaders to stand out like beacon lights were their high self-esteem, strong sense of values, respect for mankind, and an inherent humility. Values are imbibed and can rarely be imposed on anyone, as any scholar will agree.

In analysing these short cases within a limited time allocated for it, the individual or group taking on the task will (hopefully) undergo an intellectual and emotional involvement that will prepare them to face similar situations in real life as when the manager in waiting is metamorphosed into a manager in action. In all cases the participant is encouraged to think outside the euphemistic box, free the spirit and be constructively illogical to borrow the phrase of George Bernard Shaw. The fact that many students will not have the administrative experience and will lack the ability to comprehend the complexity and start looking for the non-existent one best solution to the issues will be easily overcome when the horizons of imagination are extended and fetish of structured reason is cast aside.

When analysing these short cases, the participants should bear in mind the four fallacies of positive social science which this author has always avoided and rather depended on objectivity and bounded rationality to understand the situation. These fallacies, which participants must avoid, are explained below.

- *The fallacy of composition*: When what is true for a part is taken to be true of the whole as well. One cannot forget that the whole is more than the sum of its parts and has its own identity and characteristic as well.
- *The fallacy of accident:* When what is true for a whole is taken to be true for the part as well. When we speak of characteristics of the whole certain generalities and averages are used. This is not necessarily the case when we speak of a particular part.
- *Post hoc sed non-proctor hoc:* When we assume that an occurrence after the event was because of the event. Sequencing of occurrences is usually random in real life and we cannot ascribe motive or reason to something merely because one occurrence followed another.
- *Correlation does not amount to causation*: Just because two variables are related statistically to each other it does not follow that one causes the other.

One sure shot way to make a mark and leave your footsteps on the sands of time is to stand by certain values and ethics come-what-may, and, rely heavily on good governance practices if excellence is to be approximated. This is neither simple nor easy. Nevertheless, it is strongly recommended.

Especially HR experts must remember at all times this famous tenet of Karl Marx: *Man is the beginning and the end of all analysis; he is both the subject and the object of all inquiry.* (Here the word *man* is gender neutral and refers to mankind). Anybody who respects himself will surely respect others. In addition, if anyone wants to be respected, he/she must begin by respecting the other. Trust, faith, transparency, honesty, respect, and love are virtues that must be cherished and they are always reciprocal. For instance, one cannot expect to be trusted by others if one does not give others the trust that is due to them. The influence of the internal as well as the external environment cannot be assumed away or under estimated. This is because, in the end, to quote Fredrick Engels, *Every man, like every country, makes his own destiny; but he makes it under certain specific conditions over which he has little control.*

To end this homily it would be always better for participants to use statistics judiciously and not read too much meaning into them. In short, remember Confucius who proclaimed that *do not look for reason when reason need not exist.* A healthy mistrust for statistical inferences is safe although statistical evidence cannot and should not be completely discounted. George Bernard Shaw, the first Director of the London School of Economics and Political Science had once thus remarked: *Statistics is like a blind man looking for a black cat in a dark room that does not exist.* This is where statistics stops becoming an end in itself and starts becoming one of the important instruments to augment decision-making.

SOME POINTS TO REMEMBER

The Facilitator's Obligations:

- The facilitator insures that channels of communication are open and there is no inhibition on the part of the participants to speak their minds freely. Anything that would impinge creativity is removed.
- He/she acts as a guide, integrator, and moderator of the discussion among the participants. He merely insures that deviance is prevented and convergence of ideas and cohesiveness of logic is made possible.
- The facilitator asks questions throws an idea here and there so that any glut in the discussion is not prolonged and when deadlocks occur, he/she insures that tension is relieved.
- He/she insures that discussion is kept at an objective level and no personalized criticism of people or views is allowed.
- He/she classifies and summarizes the discussion and relates it to theory so that learning takes place.
- The facilitator encourages those who are silent to speak up and those who are too noisy to calm down. To that extent, he/she plays a moderating and encouraging role.

What the Participants Should Do:

- They must read the case thoroughly and usually two readings are minimal. Avoid giving immediate reactions based on part reading of the case.
- Look for clarity when identifying the problem remembering that the real problem is seldom the apparent one.
- Analyse the facts as objectively, dispassionately, and logically as possible. Never skip the diagnosis since that can prove fatal to the argument.

- Be as creative as they can since the most outlandish solutions are sometimes the best. However, while holding your own ground, always be ready to listen to others and mend your views.
- Conduct a SWOT analysis and list down all the assumptions and constraints before beginning the argument.
- Use the Pareto paradigm to distinguish between the vital few and the trivial many issues thrown up by the case. Many a time red herrings are thrown in by the case writer intentionally to test the student.
- Detail the methodology and the process while addressing the issues and base this on the imbibed theoretical understanding of the subject.
- Never stop at positing the solution. After all, there is no one-best solution to any case and every solution must be actualized based on a theory of the subject. The participant must state how the solution will be actualized.

SECTION ONE

Short Case Studies in STRATEGIC HRM

ASSOCIATE STAINLESS STEEL LIMITED

CASE # 1

Associate Stainless Steel limited is a ₹ 200 Crore Company, which is located in Jabalpur. It has a total manpower strength of 8,500 of which 100 are senior managers, 300 are managers and 600 are junior managers/first line supervisors.

You (Mr C.R. Narayanan), the Divisional Manager in the Steel Plant Unit consisting of a Forge and a Foundry. Both these departments form one unit and there are five other such units in the company such as the rolling mills, the blast furnace and steel melting shop, the general engineering division (which includes maintenance), quality control, and inspection, commercial division which consists of the support functions. This means that you are a very senior line executive. You have a Masters Degree in Mechanical Engineering from IIT (Powai) and a Masters Degree in Industrial Engineering from NITIE (Mumbai). Hence many issues relating to HR are marked to you and you assist the General Manager in Manpower Planning. However, you have a flair for technology and consider HR a soft option, which always occupies a secondary position in your scheme of things.

Each unit is a separate profit centre but all the five units commonly share the support functions, which fell under the commercial division. The commercial division consists of finance, personnel, electronic data processing, training and development, corporate communication and marketing and sales. Within materials management comes the production planning and control function. The personnel function is not involved in manpower planning since that is the General Manager's job. It is involved mainly in industrial relations and welfare-related tasks. Training and development function consists of two engineers acting as liaison officers who arrange trainers from outside to impart mainly technical training to employees. Who gets trained in what function is determined by the departmental Head and there is no fixed training budget.

There is one senior representative from the Commercial Function, who along with a small team, works for each of the four production units. For the Foundry and Forge a Manager, Dr R.B. Sharma, who is a very efficient, 35-year-old, soft spoken, sincere, and hard working engineer with a flair for computerised systems control, heads this function. Employees of his section are very pleased with him and he generally commands respect among his subordinates and peers. However, Dr Sharma's performance depends on the cooperation given to him by Mr Ulhas Naik, the Senior Manager (Production) and Mr Fred Suarez, the Senior Manager (Materials). The maintenance function comes under the purview of Mr Naik's section and the stores function falls under the purview of Dr Sharma's section. And it is the stores control function that is letting Dr Sharma down.

The annual target realization exercise has just been concluded for the year. You have made certain discrete inquiries about the reason for the poor performance of Dr Sharma although the Foundry and Forge, as a Unit has done well. Independently, both Mr Naik and Mr Suarez speak highly of Dr Sharma both as a performer and as a manager. However, both Mr Naik and Mr Suarez are in their mid-1950s who have risen up from the ranks and do not have anything more than a plain Bachelor's Degree. They feel that if Dr Sharma is permitted to succeed, management may soon promote him and they may have to report to the young man. This, they secretly wish to avoid but are too decent to make it obvious.

Individually both Mr Naik and Mr Suarez are very capable managers who have held on to their commitments and attained their individual KRAs all along. But, there is also a long-standing rivalry between the two at the personal and at a professional level. Hence they do not cooperate with each other, to the extent that is expected. As a result of this especially, the commercial section is not being able to support unit targets and perform as per the organization's expectations of it. Requisitions to the stores are not given in time and stated clearly. Hence, Dr Sharma is at a loss to support the profit making functions.

You are sitting in your room after a lunch break and are about to go over the regular but important divisional reports to be sent by you to the General Manager of the Steel plant. Just then Dr Sharma, who is usually a calm and dignified person, storms into your office and starts to blabber in an agitated voice. You calm him down, order two cups of tea and glean the facts from him. After an hour long meeting you are convinced that Dr Sharma has performed poorly since he is the unwitting victim of circumstances that lie beyond his control and it is clear that you have to intervene in the matter.

What will you do? This is clearly a strategic HR problem and top management expects you to handle it.

INTERNATIONAL TELECOMMUNICATIONS

CASE # 2

International telecommunications is a part of the medium seeks industry located in Borivali, Mumbai. It is a family owned company that went in for a public issue of shares in 1995. The Software Support Function in the Telecom Company consists of a highly dedicated team of young persons who are not really software professionals but who have learnt the science individually in the school of hard knocks. A very prestigious Government of India project in the area of fax store and forward has been given to your Company by the MTNL. Software to run the proposed program has to be developed in house and then alone can the project be executed. This is one of the terms in the MTNL contract.

The software team has already spent 3 months and not come up with any meaningful results. They have been working night and day on the job. Then suddenly in May 1997 they have come up with a program, which has been tried and tested for quality as well as for accuracy and reliability. The MTNL Project has been saved in the nick of time. A euphonious project manager has directly recommended that the software team be given an incentive by way of an annual increment thrice that of the other good performers. Top Management has agreed to the recommendation. The team has been issued congratulatory letters but the actual increment has not been given yet.

You are the HRD manager who was not a party to this decision and subsequently you find out that: (*i*) There was only one dedicated and competent person in that team and the others were only busy playing second fiddle to him. (*ii*) The competent person in the team privately does not like to be equated to other non-performers in his team and resents getting the same quantum of increment. (*iii*) Giving this team a special annual increment would de-motivate other teams and other departments since it comes across as if the Company rewards those who come up with immediately discernible results and not those who may have silently contributed to the overall performance of the Company.

You have reason to believe that top management had not been given the complete picture, not so much by intent but by default, when approval for special increment had been sought. What will you do?

INDIA TEXTILES (PVT) LTD

CASE # 3

After graduating from VJTI as a Mechanical Engineer you were gifted a legacy by a rich relative in his will. So you decided to become an entrepreneur. Approaching a cooperative bank you started a small Textile Company in Bhiwandi, which employs 400 persons, and became its CEO. When other textile mills were closing down you started exports and minted your money between 1980 and 1990. The year now is 1995. Messrs. Meat Parwick has just approved the ISO 9001 certification for the company. The Company has a senior manager, human resources management under who are manager training and development and manager (Personnel). You look after production, commercial and HR departments yourself well knowing that your expertise lies in technology and striking commercial deals.

There is a highly efficient Senior Human Resources Manager who reports to you. The Manager (Personnel) and Manager (Training) report to him. He is trustworthy and transparent. He is incapable of playing organizational politics and the employees respect him a lot. But he is known to speak his mind and put his money where his mouth is.

The Manager (Training) is a young graduate from TISS and this is his first job. His training skills are excellent and he has successfully undertaken a number of HRD interventions. He has computerized the personnel records and streamlined policies under the guidance of his boss. The pay for performance scheme introduced by him as well as the Suggestion Box Scheme was very successful. Unfortunately, he is a man of few words, has a very self-effacing attitude, and not very ambitious.

The Manager (Personnel) is a middle-aged ex-army man who had joined the Company as a Security Officer 10 years ago. He was promoted 5 years ago and transferred to the Personnel Department. He is loud mouthed, arrogant and has little finesse at the personal level. But at the public level he is an excellent PR man who has kept the labour authorities and the state bureaucracy pleased as a result of which the Company has had no problems in respect of statutory compliance under labour law. The Trade Unions too have stopped showing off their muscle ever since he took charge of the Industrial Relations function. However, he has no formal qualification in Human Resources Management, he is not interested in Training, cannot write or speak good English and does not really come across as a corporate executive in his manner and bearing. But in his task of maintaining external liaison and strike free industrial relations, he is very effective.

Due to a fall in export orders your company has started recording losses and all HR initiatives like training were halted on the advice of manager personnel. The senior manager, human resources management has resigned and while going had stated that unless the company starts taking HR seriously, it will face acute problems in future. He has accused you of paying lip service to HR and for indulging in double-speak. He also accused you of paying manager Personnel the same salary as you did to him who the manager (Personnel) reported to. He added that this was because you were weak and did not want to upset both your managers so you had equated their pay but changed reporting relationships. You are so miffed that you have withheld his last salary. The Manager (Personnel) who the employees do not respect has

started lobbying for promotion. He has let it be known that if an external candidate is recruited he will make life miserable for the person and the company would suffer. You also know that if you do not promote him the liaison built with the external authorities may be jeopardized.

Based on what you have gleaned from your interactions you also suspect that if he is made to supervise the work of Manager (Training) the young graduate from TISS would quit because they do not see eye to eye on many matters, and their style of functioning is very different. Besides, if you do promote him, you are aware that the image of the Company might suffer and internal customer satisfaction might no longer be the same.

How will you deal with the situation?

BANGALORE SOFTWARE TECHNOLOGIES

CASE # 4

You are a marketing specialist from Lancaster University who has just been recruited to serve in India from abroad. You are to head a small-scale industrial unit in the software industry that had been set up by Non-Resident Indians some years ago. The story of the Company is typically one of from rags to riches variety. At the top level, the original team had loyally stayed on and grown with the Company. The erstwhile CEO who had brought them with him, when he left a British Multinational to start this venture with NRI funds swore by their loyalty and individual excellence. And in the past they had delivered the goods. Now the CEO has left due to a more challenging (and financially rewarding) assignment in the Middle East, which came out of the blue and you have stepped into his shoes at short notice. You are new to the environment but you sense that something is not quite right.

As the new CEO of the small but growing computer Software Company in Bangalore, you decide to employ a Business Policy Analyst to study the Company and give you a confidential report. Three months later you get the report only to discover that a large chunk of the market in Southern India is not being exploited. As a result of this, your Company has lost out on possible profits and the possibility of increasing its market share. This is because of a variety of reasons principally among which are the following: (*i*) Managers are concerned with immediate short-run actual costs and profits rather than long-run opportunity costs. (*ii*) Managers do not maintain records of clients they have serviced so that follow up cannot be done and further customers cannot be tapped. (*iii*) There is an unusually high rate of turnover among software professionals so that continuity of personnel dedicated to specific projects cannot be ensured.

When you pose the problem in a meeting with the senior managers of the Company you are informed that your fears are unfounded because: (*a*) The net profits have risen by average rate of 150 per cent per annum since 1993. (*b*) The company shares are after all doing very well in the National Stock Exchange. (*c*) The attrition rate is an industry wide phenomenon and since every person wants to do development tasks as against software maintenance tasks, there is an in-built frustration in the profession anyway. (*d*) The Company may not be a bad paymaster but the engineers recruited from Institutes of Higher Learning have grandiose ambitions that the market forces cannot allow the Company to fulfil within the present financial constraints. (*e*) There is more demand than supply so why should you bother about marketing the Company aggressively.

You realize, by dint of your exposure to international business, that this is a typical trading firm syndrome and that the senior managers are either unprepared to face up to or unwilling to meet the challenges of globalized market competition.

How will you go about changing the mindset of the men at the top? Should you even attempt to do so? If the men at the top resist change in themselves what moral right do they have to enforce it on others?

You decide to call in an HRD expert from IIM (Bangalore) who after studying the situation suggested that the mindsets of senior managers needs to be changed first of all. You do not have time to moot a prolonged HR intervention as suggested by the expert. So you decide to handle the matter yourself. Consequently you book a hotel in Ooty and take the senior managers over for weekend of brainstorming and a free for all discussion on issues germane to the organization's future.

You invite the HR Expert from IIM (Bangalore) to accompany you as an external–impartial facilitator. He declines the offer and suggests that you keep it an internal affair first. You feel let down but all the same proceed as per your original plan.

What will be the message you would like to convey to the managers and in what direction should the brainstorming exercise move? Why?

BANERJEE AND CHATTERJEE CONSTRUCTIONS

CASE # 5

Banerjee and Chatterjee Constructions is a reputable and large Civil Engineering company in Calcutta with an annual turnover of ₹ 500 Crores and involved in developing specific projects has gone in for business process re-engineering in 1993. The whole operation has been divided into eight Focus Groups that are evolving into independent profit centres. Each profit centre will have its own sales cell, accounts cell, administrative cell, and planning cell. Of course there are some corporate functions like HRD, finance, marketing, strategic planning, and environmental management, which service the needs of each of these eight focus groups. The focus group concept has by and large worked very well.

The Chief of each focus group acts as a mini CEO and is extremely powerful. Due to a healthy rivalry for a greater slice of the total corporate profit, each focus group is competing with one another in containing costs. As a result of this, training is seen as a cost, which will be incurred only when the market/client needs so require. Otherwise the thinking is that why should the company train an employee if there is little guarantee that he will stay on anyway. Marketing is another function that is paid lip service to and the focus group chief actually goes out and gets the customer himself. Each focus group exists independently of the rest and there is little interaction between them except on matters of common business interests. Hence the organization in terms of people and process has grown but not really developed.

As an economist who graduated in industrial relations from XLRI and who is now looking after the HR function, you have made a private analysis, which now stands vindicated. When the business cycle was on an upswing profits were not diverted into people and process development activities with the result that when the recession came, the company had no funds for these kind of activities, which remained under-developed. With the liberalization, privatization and globalization, of the Indian economy the Company has to have the required competitive edge to battle foreign capital intruding into the national market. This it seriously lacks and is loosing out to competition. It is conceivable that a Korean Firm may make a bid to take over your Company unless you had the financial muscle to offset its threat, since the economy has now opened its doors to direct private foreign investment. The Company needs the inflow of capital badly but cannot raise it nor can it withstand foreign competition in terms of quality of output and meeting client's required delivery schedules.

The top management has a sort of mind block. They want to make money but are not willing to make the initial investment. They want to find that much needed capital investment from accumulated profits and whereas they speak of loyalty, trust, and good human relations, they are parsimonious with their monetary handouts. The oft played record before the employees is that we shall pay more when we make profit without realizing that more profits do not come without sizeable initial investments and having a corpus fund.

Traditionally HR has also been treated, as a support function not directly involved in managerial strategy formulation. There was clearly another Catch 22 type of situation looming large on the horizon and as the HR chief you are at your wits end on what to do. Your managing director now realizes that HR ought to be part of corporate policy formulation and looks upon you to provide a strategy for survival. He has asked you to come up with an action plan and present it at the next key managers meeting. You have 10 working days in hand. You do not know for sure that top management actually wants you to place a seal and stamp of professionalism on what they are thinking or do they really want you to bail them out of a sticky situation.

You ask for a frank and free discussion with the managing director to know what he actually wants but are politely told that he would rather discuss things with you at length only after you come up with a strategy. Can strategy come out of an unclear vision or can a very strong strategy help to formulate a clearer corporate vision? Traditionally you know that vision precedes strategy but can an exception not be made?

Will you think and act in a conservative manner playing by the book or will you venture to become constructively unreasonable only to achieve an innovative breakthrough in managerial philosophy? How will you react and why?

RAJU'S GARAGE

CASE # 6

Rafique Sheikh, alias Raju was a motor mechanic who worked for TELCO Pune and had to return home to take care of his family when his father died. Not being able to maintain the family without a steady income, he used the land with a 10,000 square foot area to start the only business he knew: the repair of trucks. This was in 1970 and Raju soon became well known among the truckers who plied the Bombay–Poona (now Mumbai–Pune) Highway. There was small Tea Stall attached to the garage where the truckers could get a bite to eat and rest a while. Even today there is a small garage in Navi Mumbai named Raju's Garage, which specialized in repairing broken down trucks, and four wheelers on the national highway ever since it began. Raju's son who had passed his B.Sc., unlike his father who had no formal education whatsoever, took over in 1980 and gave the garage a new decor by concreting the floor and building a proper Tea Stall that even served *dhaba* (wayside inn) food. Both father and son go by the same nick name of Raju.

However, since 1993 the development of the Mahape–Turbhe–Thane–Belapur industrial belt led to an inordinate growth in the business of this garage. It developed into small workshop to meet the growing demand with facilities for servicing, maintenance, and painting vehicles in 1995. A year later it also obtained a permit to trade in second hand vehicles, which thrived with the growth of Navi Mumbai. To this was added a small restaurant (Raju's Hotel) and in 1997 a Petrol Pump was due to be added to the business.

Annual sales turnover in 1980 was ₹ 1 lakh but in 1993, it had risen to ₹ 250 lakhs. By 1996, Raju's Garage was a roaring business and the proprietor had started a machine shop with five lathe machines and three milling machine employing 20 persons. His business was set up to service the needs of small-scale industries in the region, which may off load work on contract. From a mechanic, he became a trader and now he is an industrialist. Raju had purchased a Mercedes Benz car and his life style was nothing but opulent. The net profit figures were not very impressive though. Raju's Garage barely made ₹ 10 lakhs per annum after paying back the banks and the other creditors. It was not adequate to support his life style but the regular sales turnover had helped pay his bills. The bank manager advised him to professionalize his business and have a second in command was well known who could help streamline functions. However, Raju was insecure so he consciously refrained from taking on an assistant who would be able to professionalize his business. Instead, he continued to say openly that he was a professional himself so his business was professional too. He seldom if ever shared his views about the business with his assistants saying that they would not understand his ideas anyway. However, he had a group of friends with whom he regularly went for a drink and who were his chief advisors. These friends, though well-meaning, were clearly out of their depth in business matters and often ended up supporting Raju's original views rather than correcting them.

In 1999, Raju made a deal with Wadia and Co, who had a dubious business reputation and dealt in imported motorcars and parts. Wadia also had links with the underworld, knew quite a few police officers who acted as willing accomplices to his money lending and extortion rackets. Wadia was also was a well-known money launderer with friends in the civil service, the financial sector and the accompanying bureaucracy. He operated with the help of an equally devious individual who passed himself off as a vegetable wholesaler. Between the two of them and a bent lawyer they had become feared adversaries to simple minded fold who unwittingly trusted them and fell for their smooth talking ways. Wadia and Co had managed to control the cartel of imported cars and parts that operated in Maharashtra, Goa, Gujarat, and Karnataka.

On the advice of his friends, Raju warmed himself into their good books and through the cartel managed to get quite a few lucrative deals that helped his business interests. In return, Raju's Garage could act as a convenient and unsuspecting outlet for sale of illegally imported motor parts.

This newfound relationship not only gave Raju an avenue to enlarge his business interests and with it his income but also made his attitude towards the future quite cavalier. The relationship with Wadia and Co began on a good note and there was *bon homey.* Raju learnt to cut corners, manage the officialdom for giving benefits to Raju's garage. Lady fate was indeed smiling at Raju's Garage.

In the meanwhile, Navi Mumbai itself went through a bad patch and development was stymied. There were many reasons for it and some of these were as follows: The area was notorious for malaria carrying mosquitoes and people hesitated to move into the flats that they had invested in. Business that was to have moved to CBD Belapur went to the Bandra Kurla Complex instead.

With the CII-SEBI initiative towards bringing about corporate governance, smaller players who operated on the fringe of the Bombay Stock Exchange began to feel the heat and legitimate business declined. One such player was Wadia and Co that began to cover its tracks and erase all signs of corruption that they had indulged in for over a decade. They had little time for partners and friends.

When the police began to wage an unending war on the underworld in Mumbai, the lesser-known criminals shifted base to Navi Mumbai and Thane (Rural) making the residents quite insecure. With the Central Excise intensifying their raids, selling off illegally imported motor parts became difficult. Indian products too gave stiff completion to these imported motor parts both on the cost price and the quality-dependability fronts. The opening up of the economy in the Second Generation Reforms and the New WTO regime lurking around the corner business transparency became a major issue and this further clipped the wings of Wadia and Co. What the company lost on the stock market had to be made up elsewhere.

Accordingiy, the cartel that operated in the second-hand imported car and parts market artificially prices of imported motor parts. This affected Raju's clientele who now began to replace imported car parts with the Indian ones. The State Housing Scheme unfortunately flopped when construction defects were found to be glaring and there were fewer takers as news spread. In sum the infrastructure expected by Raju in the initial years of his venture failed to materialize in the immediate environment of his business.

With the recession setting in at the end of 1997, Raju was already in deep trouble. After 2000 the second hand car business was not earning much revenue since most people went in for new cars where bank finance was available. Banks like ICII, ABM-AMRO, and Standard Chartered were aggressive as were finance companies like Citi Finance and GE-Countywide.

It was well known that they often used unethical and heavy-handed methods of recovery of defaulting loans.

By this time, Raju had seen through the real face of Wadia and Co. In addition Raju was wise enough not to go the above mentioned finance agencies for a bail out. Raju's Hotel no longer attracted the clientele it once did since better hotels had sprung up. Industry in the area too was not doing do well so contract jobs were no longer available. To add to this, Raju had to pay back to the bankers ₹ 45 lakhs, which he had borrowed when things were looking up for his business. Wadia and Co. would not bail out Raju since they were conscience less carpetbaggers. In fact they even surreptitiously made a bid to take over Raju's Garage for a song. Raju was caught between the euphemistic devil and deep blue sea.

Raju's woes were far from over. A mile away from Raju's Garage was Modern Motors a firm set up by two graduates from IIT (Bombay) who had obtained MMS Degree from the University of Mumbai. After a preliminary but methodical survey of the environment, they decided to compete with Raju's Garage. They took 1 year to study the market, carve out a niche and through a conscious strategy developed that niche'. For them it was vital to have a plan first and then develop that plan. Identifying their customer was of great importance to them. Their aim was give such high quality service that customers turned into clients. Accordingly, they bought land, took a bank loan and started the garage with ₹ 25 lakh venture capital. Within 5 years they had built a showroom and sold Maruti Cars for which they had obtained a small franchize. They even had a tie up with a bank to finance loans to persons who would purchase a car from them. However, they made one thing sure. Everyone who mattered was fully involved in the decision-making process and held accountable for deliverables. Today Modern Motors was still in the automobile business, had not ventured into horizontal integration, but in spite of the recession were still doing well. From selling new cars, they had begun to sell second hand cars now and their garage had a steady clientele from the various industries, which had entered contracts for vehicle maintenance with them. Net business growth at steady rate of 50 per cent per annum had been retained.

Raju was seriously contemplating selling out his business but he did not want to throw it away into the hands of the wily Wadia whom he had begun to loath. He wanted to diversify but did not know how to do so. He suddenly recalled the advice his banker had given him years ago to have someone on his team who understood finance and who could share his vision. Somehow, too much water had flowed from under the bridge and time was running out on Raju's Garage. He even considered proposing a merger with his competitor modern motors but was not sure how to start the ball rolling.

What could Raju offer modern motors should the merger deal come though? What was his core competence that could be traded? Surely Raju could not call the shots since he was no longer in a position of strength at the bargaining table.

What had strategically gone wrong for Raju? After all, both the businesses were identical in many ways and operated within the same environment. Using Raju's example, develop strategic HR practices for a small sales and service organization.

M.N. KASTOORI LIMITED

CASE # 7

M.N. Kastoori Limited was an Indian-based transnational, which operated in the Middle East and West Africa as a Construction Engineering Company in a major way since 1980. It had the distinction of building two international airports, three palaces for Sheikhs and five major highways linking the capitals of ECOWAS countries. The Kasturi Group also had trading firms that supplied construction material like cement, mild steel rods, sand, paint and so forth.

As a conscious policy it had bifurcated its operations into geographical areas by forming one company in each region. Each such company had a different name, a different business policy team and a very different managerial style but followed certain broad guidelines set up by the Corporate Office in Mumbai. Although each such company had its own Vision Statement, Mission Statement, and Quality Policy, it stated on its letterhead that it was a part of the M.N. Kastoori Group of Companies. It is of course possible for a company looking after Africa, for instance, to bid for a contract in Middle East, if it felt it had the expertise required. Such was the level of autonomy that prevailed.

The Corporate Office has an HR Wing, a Marketing Wing, and a Strategic Planning Wing, which theoretically supported the Group Companies, but in practice the Companies were very autonomous. The CEO of each company was either a hard core Construction Engineer or an Architect who had either joined the Company soon after passing out of College or had a long innings with the Company. They were the team of old faithful soldiers who had always stood by their General (Mr M.N. Kastoori who was now in his eighties). However, they were non-conformist in the sense that proper systems and procedures for administering projects were never developed and each project was handled uniquely.

Many a time decisions were taken without due analysis and entirely based on misplaced sentiment. For instance, M.N. Kastoori had given a lucrative sub-contract to a petty civil contractor with no real experience in major construction work that operated from Andheri West in Mumbai. The decision was taken because the father of the proprietor's wife, Mr Sorabji, had been a long time friend of Mr Kasturi but unfortunately, he had gone to his Maker a decade before the daughter actually approached Mr Kastoori for a favour in early 1988. His team of internal experts were not consulted and Kasturi played the old Samaritan routine in helping the couple. It took Mr Kastoori exactly 3 months to see the error of his decision since the civil contractor had experience only in whitewashing and painting buildings besides taking up minor internal structural alterations of existing flats in Mumbai. Kasturi was furious with himself and from then on vowed never to bypass the Old Faithful Soldiers again. For a giant as Kasturi and Co. the loss due to this erroneous decision was infinitesimal but it cost the small civil engineering company dearly when the contract was unceremoniously terminated midstream and word about their technical incompetence became public knowledge.

In early 1996, a very prestigious UN sponsored development project in Latin America invited tenders for taking up the re-building of a small country that had been devastated by a prolonged civil war. As it happened three of the 10 companies whose bids were short listed belonged to the M.N. Kastoori Group and were invited to make presentations before a team of international experts in Santiago later that year. One group company was unaware neither that the other was invited nor that they had bid for the same tender. In fact there was no personal acquaintance between the various executives of companies within the same group either.

When the representatives landed up in Santiago it was then that they knew that they belonged to the same group. No investment in manpower was made, nor was adequate planning done since the CEO's was convinced that once the project was finalized they would deliver the goods. None was awarded the contract and through an influential local resident Indian, they decided to find out more. The three group company representatives managed to informally obtain the UN Team's opinion on what went wrong. They learnt that the reason none of them had got the eventual contract was partly because each of them had a separate way of computing their quoted price, each had a different parameter and none could convince the UN Team that it had a realistic HR intervention policy at their base which took care of internal customer satisfaction. The most powerful objection was if the three companies in the same group did not know how the others were bidding, they had no internal co-ordination and could not be expected to have good co-ordination where a major reconstruction project involving several major companies would be involved.

On their return the result of the feedback was placed before the Corporate Office Strategic Management Team. There was eerie silence, one that could literally be cut with a knife! After some deliberation, the management team agreed to start afresh and employ an HR Expert with sound business sense to head the corporate strategy management team. They agreed that something should be done and in once voice resolved that such an error should never be repeated.

Suppose you were as an HR expert were to Head the corporate strategic management team for the M.N. Kastoori Group what would you do?

INDIA PHARMACEUTICALS

CASE # 8

India Pharmaceuticals was a small firm that had grown remarkably well in the face of competition from the other giants in the field. However, you as the General Manager were hell bent on making as much money for the CEO before the year 2005 AD when GATT imperatives on patents would be promulgated. This was the message you gave to the sales manager who in turn conveyed it to his young sales force and along with the HRD manager you devised an incentive scheme, which linked rewards to sales revenue.

The sales force took up the challenge and in their enthusiasm to earn greater revenue fought zealously to guard their turf but thought nothing of cutting corners and encroaching on their colleague's market segment. To add to all this, delivery contracts with hospitals were signed with fluid specifications so the customer in the midst of the contract often altered conditions. Also, commitments were made only to gain immediate benefits with little concern for retaining the clientele in the long run. As a result, quality of product as well as service suffered. Claims of products were not supported by scientific evidence as well as market performance. So the credibility of the sales pitch was in doubt. Salesmen found newer ways to sell their products and outdo each other. Many a time separate teams approached the same client from the same company making a separate sales pitch.

What had started as healthy competition in 1990 had degenerated into an undeclared cold war between factions and sales teams. Sales persons became more and more ruthless and trust relations at the customer level plummeted to an all time low. The market image too was fast loosing its erstwhile glitter as customer complaints rose. In their zeal to better than the rest, Sales persons did not share information and resources were not being used for the overall good of the organization. The general manager was very concerned with what was happening and rightly realized that organizational aims and market goodwill were being overlooked for the sake of short run revenue. He took up the matter with the CEO and it was decided that the General Manager calls a "general meeting" and along with the HRD manager starts laying down the do's and don'ts of sales practices.

You agree to the CEO's suggestion and tell the HRD manager that the meeting is scheduled for the Friday and today is a Monday. The HRD manager insists that the sales manager be asked to call the meeting instead and invite you, the general manager, and the HRD manager to attend. Therein, he says that decisions should be taken democratically but enforced autocratically. This is not in consonance with what you and the CEO had agreed. It was a time-honoured practice that corporate decisions were taken at the top and at the lower levels people met to democratically decide how to implement them.

What will your strategic response be and why?

ALL INDIA METALLURGICAL LABORATORY

CASE # 9

The All India Metallurgical Laboratory (AIML) was set up in Adityapur (just outside the steel city of Jamshedpur) during the 1950s to service the needs of local industry in the Chota Nagpur Region of Bihar (now Jharkhand). In 1990 this Government of India body received a major boost with the CII intervening to promote industry. Teams of analysts were created by geographical location and by industry kind. So there were two teams that looked after coal, one that looked after iron ore, one that looked after mica and manganese ore, one that looked after imported ore like ferro chrome, two that look after automobiles and four that looked after steel products. Each such dedicated team consisted of eight to 10 top-level metallurgists taken from prime engineering colleges.

The support function consisted of three cost accountants, two chartered accountants, three security officers, two librarians, three stores and purchase officers, and one personnel officer under whom the time keeping function came. Strict security was maintained and owing to the confidential nature of business neither summer vacation trainees nor outside consultants were permitted in the premises. HR intervention was unknown at AIML. The Director and his Senior Research Coordinator who sent the persons for specific need based training outside the organization decided upon technical training.

However, those who were recruited from other industry with 3–5 years experience were offered a salary of something like ₹ 2.0 Lakhs per annum. Those who had joined the laboratory straight from College through campus recruitment were given a salary of ₹ 0.8 Lakhs on joining and after 3 years could expect no more than ₹ 1.5 Lakhs per annum. The argument given was that good talent for research and analysis was hard to find and one had to pay a little extra to poach such talent from industry. Salaries very often depended on the bargaining ability of the candidate at the interview. Also, teams working with the Automobile Sector were usually given a higher rate of incentive so that they do not leave the Laboratory and join industry. Teams working on Mica and Manganese Ores were particularly hard done by.

During the period 1985–1990 the annual turnover rate for manpower was fluctuating between 14 per cent and 18 per cent per annum. In 1991 it had risen to 20 per cent and by 1995 it had touched the 35 per cent mark. However, there was always manpower available from the vast reserve army of unemployed graduates in India. The real problem was that the new entrants had to be paid more than the salaries of those who left. This added to the cost of employment. Also, the new entrants took time to get set into the grove and there was a loss of output during this breaking-in period. Some of these new entrants had to be trained in specific skills and training costs mounted as well.

You saw that there was a problem, realized that it was not within your field of expertise and asked the personnel manager for an opinion. The manager hemmed and hawed but gave you no solution and offered no advice. You felt very frustrated. An expert from XLRI was called in by you to assess the situation and he recommended immediate wage parity be given to all groups. This was implemented after a 4-month study. Everything seemed to have reverted to normalcy when in 2000 there was a sudden rise in attrition. The immigration policy to the

USA has been one reason why people quit while the other reason was the expected turbulence caused by the formation of a new Jharkhand State within which the organization would fall. The Director has called a meeting. As the senior most managers it is your work that suffers most due to attrition and you are genuinely concerned.

However, you are a top Research Scientist at best and a mediocre Technocrat at worst. You are willing to listen to an expert and you strongly believe that the Personnel Manager is not the right person to advise since he is 55 years old, has not been exposed to HRM and too set in his ways. You know that something should be done and some expert from outside should be called in. You had called in an expert from XLRI years ago and acted on his advice to good effect. Now the personnel manager is resisting your calling an outside expert and wants time to "solve" the problem himself.

How will you position yourself and put forward your views at the meeting? Will you do so at all? Should it not be the Director's job to think of such things anyway?

BOMBAY INFOTECH LIMITED

CASE # 10

Dr Asutosh Dubey is a top-level specialist in just about anything that has to do with information technology. He is a much sought after consultant by the Government of India, has had a stint with the United Nations, is a Professor at the Indian Institute of Technology (Powai) and at the age of 60 was made Professor Emeritus at Bombay University. In 1992 by special permission of the Senate, the Academic Council of Bombay University permitted him to take over as the Executive Director of a software company named Bombay Infotech owned wholly by the Government of India in Pune. Dr Dubey reported directly to an ex-IAS officer who was named Mr Chaugule and who was the Managing Director of the Company since 1983. The Company had been performing very poorly and in 1991 the Government of India was actually thinking of selling it off to private capitalists.

Mr Chaugule is a polite, well-mannered, and sophisticated person who also happens to be the cousin of a senior politician and has a lot of influence in Delhi. Policymaking, reward allocation, target setting, recognition, etc. fell within the purview of Mr Chaugule. Leading the team, meeting the targets, delivering results and servicing customers was within the purview of Dr Dubey. It sounded like a sensible arrangement and Dr Dubey was glad not to be encumbered with administrative detail.

Dr Dubey led by example had excellent rapport with the team, worked day and night to turn around the Company. In 1995 the Company was awarded a major contract in Indonesia followed by a contract in the Middle East. Every newspaper published a lead story when the Company bagged a major contract in the United States against competitive bids from Europe and the US itself. For a Company, which had lost contract after contract in 1985, and had been declared sick in 1990 this been a remarkable feat? However, Mr Chaugule being an astute person managed to project himself as the architect of the turnaround. Being a person wedded to his work Dr Dubey did not seem to mind.

However between 1994 and 1998 the number of software engineers who left the Company had risen substantially and most used the newfound good name in the market to get lucrative jobs overseas. When he went deep into the matter, he discovered that the Company paid its employees less than its competitors did and the training budget was very low. The young men and women who left the Company sang the same refrain: Sir you are a great boss but this Company has a lousy personnel policy. When he broached the subject with Mr Chaugule he was told that he was a scientist and should not concern himself with company policy, since the Government of India had an ex-IAS man (in him) to do just that. In 1996, Dr Dubey actively pleaded the case with the Central Government for a re look at the entire personnel policy but to no avail. His major concerns were attrition and the declining morale of his team.

He told the Ministry of Science and Technology that he did not want to make Personnel Policy but unless the issue was addressed soon he was placed in an embarrassing position before his team. The Ministry replied that this was within Mr Chaugule's portfolio and not his. Furthermore, he was a scientist who should not bother about pay scales, etc., which were after all mundane issues. In frustration he resigned.

When the Minister of Science and Technology heard that he had resigned, Dr Dubey was invited for a meeting at which the Minister of Human Resources was also present. They asked him, in the nation's interest to take back his resignation. At this, Dr Dubey lambasted both men and said that if nothing were done in 3 months time, his resignation would stand tendered.

As a parting shot, he asked: " Why did you have to wait for me to resign before you woke up? " He added "What prevents you from going back to your old ways once I rescind my letter? Have you not read the book: *Who Moved My Cheese?* I recommend you do so."

You are the Minister of Science and Technology and you do not want him to leave. What will you do?

SECTION TWO

Short Case Studies in TRAINING AND DEVELOPMENT

SECTION TWO

Short Case Studies in TRAINING AND DEVELOPMENT

THREE ASPECTS OF PERFORMANCE COUNSELING

CASE # 11

[This is a set of three shorter cases on the subject aimed at distinguishing performance counselling at three levels taken from the same company group.]

SENIOR EXECUTIVE PERFORMANCE COUNSELLING [INDIVIDUAL]

Modern Pharmaceuticals Limited is a medium-scale Company located in MIDC Marol and has taken full advantage of the fact that it is in Mumbai to expand its activities. It holds franchisees from several Indian firms and has a very young and dedicated sales team as well as a workforce, which has contributed to its high market growth since 1993. Mr Prakash Desai (PD) is the Senior Manager (Sales) who heads this team. He is a B.Sc. (Pharma) graduate who has completed his MBA from the Institute of Global Management and Research at Bandra (Mumbai). With the spectre of 2005 AD looming large on the horizon, PD wants to increase sales revenue before the GATT strictures on patent rights begin to bite.

He addressed his sales team in January 1995 and laid down the cards face upwards. The team went in for a "hard sell" drive. Overall sales rose by 300 per cent since then and revenues rose by 500 per cent. Incentives rose by 200 per cent and salaries by 100 per cent between 1995 and 1997. However, during 1997 the attrition rate had increased from 10 per cent per annum to 25 per cent per annum (a condition which shocked everyone since the economy had entered a recessionary phase). The Manager (Sales), Mr Bakul Parikh (BP) felt that incentives ought to rise but it is the salary component, which must raised more if persons have to be retained. PD disagreed, felt that BP had got it all wrong and even accused him of becoming an unwitting spokesman for his team: something managers are not supposed to do. PD further added that it was the job of the salesman to sell and he was paid a wage for it. What he did extra was his incentive. The sales team all along felt that if wages were raised proportionately then they would not think of leaving the Company, which had always treated them well.

In January 1998, the quarterly figures were analysed and it was found that sales during the fourth quarter of 1997 was 23 per cent lower than that in the third quarter and this, in turn was 40 per cent lower than sales in the second quarter of the year. Whereas, profits continued to be made, motivation levels had fallen and attrition rates had risen.

PD blamed BP for this situation and in the annual performance appraisal rated him poorly. PD felt that BP was not acting like a manager but as a team representative. Consequently he was given a 5 per cent increment in salary.

BP felt that PD was insensitive to the situation, misread the intention of feedback and wanted to shift the responsibility for failure to his subordinate so as to look good in the eyes of top management. Consequently, as a protest he has refused to accept the annual increment saying that the recognition was unjustifiably low.

PD has written a stiff letter to you as the General Manager recommending that you take disciplinary action against BP since refusing an increment amounts to misconduct under the company rules.

Who will you counsel, what will you say and why?

SENIOR EXECUTIVE PERFORMANCE COUNSELLING [GROUP]

Greenfields Ltd is a Company, which specializes in biotechnology. It has a well-equipped laboratory and research centre, a team of highly competent scientists drawn from various disciplines and involved in public awareness campaigns. It has a projects division, which looks after the development of "environment friendly systems" which would form a part of growing townships or rural development. It has a Biotech Division, which looks after the development and use of pesticides, fertilizers, and chemicals for the agricultural sector. It has an Industries Division, which is in charge of pollution control and industrial waste disposal. Finally, it has a Research Division, which is dedicated to the analysis of existing products and developing new products. Each division is an autonomous unit and a core group at the corporate office, which is involved in strategy formulation and corporate planning, supports the federal structure of Greenfields Ltd.

Mr S.K. Gupta, a genuinely polite person who is considered to be a wizard in biotech development of new geographical locations, heads the Projects Division. He is the Vice President who is more concerned with his work than with anything else. His second in command is Mr A.K. Sinha who is basically a town planner with a penchant for environmental concerns. Mr Sinha is the General Manager under whom the entire division operates. There is a Senior Manager for each support service like Accounts, Personnel, Sales, and Administration who reports to Mr S.K. Gupta directly. It is generally felt that Mr S.K. Gupta is a scholar who finds any administration cumbersome. It is also felt that Mr A.K. Sinha is a hard taskmaster and an action-oriented manager whose bonafides, efficiency and effectiveness is unquestioned. But he is alienated from the rest of his division because of his status consciousness and reluctance to communicate his thoughts openly and freely. There is a feeling of "us" and "them" quite visible between the Management and the Techno-scientists, which perhaps adds to the feeling of alienation. Several attempts made to communicate this to Mr Sinha by the HRM have failed. The team under Mr A.K. Sinha consists of 30 very competent techno-scientists each with his own specialization. This team of 30 techno-scientists is divided into three groups of 10 persons each and each group has an office support team of three persons who look after clerical and routine tasks. Individually the performance of the techo-scientific team members is very good but cumulatively it is not. The company is doing well as is the Division. The moot point is that it is not doing as well as it should and is losing out on the opportunity cost front, therefore. The performance of the projects division found to be is well below par by the annual target evaluation exercise. You are the Vice President Corporate Strategy and you find out (after interaction with the various persons in that Division) that there is a serious problem that must be addressed.

How will you counsel your colleague Mr. Gupta?

EXECUTIVE PERFORMANCE COUNSELLING (ORGANIZATIONAL)

Bharat Steel Company manufactures stainless steel rods, flats, and bars for export. It has a steel melting shop in Nashik, which produced billets. These are out sourced to several special steels plants for rolling into rods and bars. These are then sent to the Pune Plant of Bharat Steel Company for annealing, pickling, straightening, grinding, and despatching.

The General Manager (Pune) and General Manager (Nashik) report to you, who are the Vice President (Production) located in the corporate office in Mumbai. Both the Pune Plant and the Nashik plant are individually doing quite well and the group quarterly incentive paid on the basis of output + dispatch has been consistently high.

Now, a major consignment sent to Germany has been rejected for poor quality and this has cost the company ₹ 1 crore plus a loss of goodwill. The customer is not even prepared to buy your product as an inferior quality steal and pay you less for it. Besides, you have to pay for its shipment back to India. This will also mean that the group incentive payable for that quarter will be low and this will cause a ripple effect in terms of frustration and de-motivation amongst the employees. You are very upset and have called both GMs separately for a close door meeting.

The GM (Nashik) blames the GM (Pune) for dispatching goods without proper inspection and the special steel plants, to which the work was sub-contracted, for rolling defects. The GM (Pune) blames the GM (Nashik) for defects at the steel melting stage and showing laboratory reports in support of his claim. Both GMs accuse each other (in absentia) of covering up for the incompetence of their respective units. The result is that the organizational interests are suffering and overall performance is being adversely affected.

You are not satisfied with that the GMs tell you since you know that there is an element of truth in both versions. Therefore, you decide to discuss the matter with the corporate HRM Manager who informs you that the calibre of staff in the quality control cell is poor and since their organizational status is low, many a time line managers succeed in bulldozing their products past the inspection stage. You then call both the GMs in for a joint meeting for a counselling session to promote the overall organizational interest.

- ***What will you say to them? Will you involve the HRM at this stage? Give reasons. Should you not address the issue of organizational structure and design so that functional parity is maintained?***

LAKSHYA CONSULTANCY SERVICES

CASE # 12

Five students who successfully completed their PGDBM from Lakshya Institute of Management Studies and Research and since all of them hailed from Pune they have got together and started a HR consultancy service. Since all the students had *majored* in Human Resources at the postgraduate level they knew each other well, understood each other's strengths and weaknesses and the comfort level for working in a cohesive team was high. They named their consultancy out of sheer love and respect for their *alma mater* whose name they even adopted i.e. Lakshya Consultancy Services (LCS) and began operations from Pune where they took up an office on Junglee Maharaj Road, which was the heart of the city. The motto of this LCS was to deliver value-based and value-driven services to corporate houses and small-scale industries that approached them such that every single customer would be converted into a confirmed and reliable client. The background of the five members is given in brief below.

1. Richa: An amiable M.Com. postgraduate with a flair for numbers and data. She was comfortable with analysis of data using a computer but was by no means a computer programmer. She was an introvert of sorts and did not like to meet customers for the first time. But once the customer was prepared to discuss requirements then Richa would invariably sit in on the discussion, take notes ask clarifications and then disappear in the back office to deliver the requirements. She has written short pieces for newspapers and even published some of her poems but had no work experience before joining Lakshya. She loved taking short training sessions and this was something she realized during her summer project with a corporate training organization. Her minor specialization had been *Finance*.

2. Arjun: An extrovert to the core he was a B.A. in English Literature who boasted that he could sell a refrigerator to an Eskimo in the middle of the Alaskan winter. He handled media very well, did the publicity for functions at the institute when he was a student and now continued to do so as a partner for the consultancy. He could talk well and was an outdoor man but asking him to sit behind a desk was a tough job. He had worked selling space for a newspaper for 2 years after graduation and before joining Lakshya Institute of Management. His minor specialization had been *Marketing*.

3. Charlie: An electrical engineer with a penchant for gadgets, he loved developing programs on the computer, assembling stereo music systems, and repairing electrical goods for his friends. He was a hard worker who did not flinch at a challenge but when he relaxed on weekends he was the wild party animal. He liked abstract mathematics and people with the same zeal and so he was in many ways two persons built into one. He chose to talk less but when the time came to speak his mind he could be painfully forthright. In the Business Analysis Quiz held for leading B-Schools he had helped the Lakshya Team, which had bagged the first prize in India. Before joining Lakshya he had worked as a Data Entry Operator and then as a Team Member for two software companies in Mumbai for 4 years. His minor specialization had been *Systems.*

4. Sangeeta: With a B.Sc. degree in Botany and Zoology she was a persuasive talker. She hated numbers with a passion but loved being with people. Her Public Relations skills were excellent and preferred to liaise and operate from an office desk instead of going into the field. She was the senior most in the group and had been a schoolteacher in science for 7 years before going back to academics at Lakshya. Being on the Placement Committee, she had good corporate contacts and invariably accompanied Arjun for the first customer call after she had set up the meeting. At present she was perusing a PG Diploma in Training and Development, which she hoped to complete in 6 months time. She had taken *Marketing* as a minor specialization but was not really interested in the subject since she loved to teach more than to sell.

5. Gautam: A Mechanical Engineer who had worked for 5 years on the shop floor of an automobile company and developed a liking for People Management. He had been particularly successful with handling workers on the production line. This is what prompted him to go back to academics and join Lakshya. As a student he had excelled in Industrial Relations and his summer project was with an NGO that worked with educating workers in the small-scale industries sector. He was pursuing a Degree in Law and hoped to complete the same next year. He was always there to champion the cause of weaker sections of society and was a great animal lover. In particular he had continued to be in touch with the NGO and trained taught workers in basic shop floor skills under its umbrella. He had opted for *Operations* as a minor specialization since this was closest to his work experience.

On graduating from Lakshya the five of them had taken up HR jobs in the corporate sector. But 4 years thereafter they met up in an alumnus meeting got on to sharing their frustrations and decided to set up LCS. All five of the partners are mature, in their thirties, and very serious about whatever they do. But LCS has been in business for 2 years now and there seems to be lack of clarity regarding their purpose, focus and division of duties. Very often they hire training facilitators to assist them in meeting customer needs but the experience with almost half of such facilitators has been far from satisfactory. There is moreover little linkage between one training session and another in the same programme. So the five have regrouped for a rethink.

Break up the class into three groups. And each group will collectively address the following issues through discussion. Only when you have agreed upon a focus and a target area will you return to make a presentation. You have exactly one week to do so. Come back with a clear strategy and make a presentation in the next class.

Issue No. 1. What will be the HRD consultancy services that LCS will offer?

Issue No. 2. Who will be their target customers?

Issue No. 3. Will the services be niche? Customer specific? Core competency based?

Issue No. 4. How will the organization and functional structure of LCS be set up?

Issue No. 5. How will the services be provided and who will provide them?

Issue No. 6. If they hire outside facilitators how should the programmes be handled?

RADHA FERTILIZERS AND CHEMICALS

CASE # 13

RADHA Fertilizers and Chemicals was a small firm that had grown remarkably well in the face of competition from the other giants in the field. It also had sizeable exports especially to East Asia and West Africa. The name RADHA was an acronym for the five persons who had initially got together, pooled their capital and set up the company. Set up in 1960 it had registered modest growth up until 1980 after which things had picked up. Two reasons were generally ascribed for this. Their five sons, who ran the show and had a more international exposure, having studied abroad succeeded the first generation (founder) entrepreneurs. Corporate policy changed from admitting that while profits were needed for growth, people who worked for the organization also needed looking after. What was badly needed was a long-term view of organizational growth that could match global competition. RADHA Fertilizers and Chemicals did not have any such well-articulated plan and virtually "managed in the moment." In pursuance of this ideal they have recruited you as General from a multinational firm in 1982. There is no doubt that you being a Finance specialist from XIMB are forever looking at the bottom line without letting your long-term development perspective be adversely effected. However, you understand very well that you are not an HR Expert but nevertheless people management is important for growth. Within 3 years of your joining the organization you have recruited a young lad who has been trained at SIBM and is considered by his alma mater as a "small guru" in training and development. The CEO wants the growth chart to register a visible increase and the financial standing to improve. You as the General Manager were hell bent on making as much money for the CEO before the year 2007 AD when the two founding fathers of the company would be superannuating. This was the message you gave to the sales manager who in turn conveyed it to his young sales force. After negotiation and consultation with the Sales Head you devised an incentive scheme, which linked rewards to sales revenue. The term value in context of the company when used by you in the early stages of the campaign to promote sales related only to value addition and this was measured in the form of returns on sales. You were looking at the financial dimension only.

The Sales Head believed that as long as financial returns were pouring in the manner in which sales were to be achieved was not important. At the end of the day it was profits that counted. Quality was controlled in terms of cost and the ability to force sales in the market. For instance, three products had registered very high sales levels since 1998 in spite of the fact that their efficacy was highly debatable. The first was a potency pill called *Power Plus*, which in fact was a strong multivitamin but sold @ ₹ 200 for a sachet of four pills. The second was *disposable syringes* that cost ₹ 50 more than the best market competitor. The only reason municipal hospitals bought these were that they were not disposable could be reused to last for a long time and bureaucrats' palms were greased with impunity to promote their procurement. The third was named *Malarial Caps*, whose process patent was blatantly pirated from Germany.

The sales force took up the challenge and in their enthusiasm to earn greater revenue fought zealously to guard their turf but thought nothing of cutting corners and encroaching on their colleague's market segment. To add to all this, delivery contracts with hospitals were signed with fluid specifications so the customer in the midst of the contract often altered conditions. Also, commitments were made only to gain immediate benefits with little concern for retaining the clientele in the long run. As a result, quality of product as well as service suffered. The market was sooner or later likely to realize that the three products were not quite what they claimed to be and that would adversely effect future sales. This was the fear of the sales team. Claims of products were not supported by scientific evidence as well as market performance. So the credibility of the sales pitch itself was in doubt. Salesmen found newer ways to sell their products and outdo each other. Many a time separate teams approached the same client from the same company making a separate sales pitch. What had started as healthy competition in 1990 had degenerated into an undeclared cold war between factions and sales teams. Sales persons became more and more ruthless and trust relations at the customer level plummeted to an all time low. The market image too was fast loosing its erstwhile glitter as customer complaints rose. In their zeal to better than the rest, sales persons did not share information and resources were not being used for the overall good of the organization. There seemed to be no clear organizational bonding between teams.

In the summer of 1991–92 a student from XLRI was doing his summer placement program at RADHA Fertilizers and Chemicals and presented a very articulate, factual, and candid report on the marketing function of the company. You had accidentally read it when you found it lying on the desk of the HRD manager, asked for it and quite uncaringly it was passed on to you. You subsequently discovered that several such summer placement reports had been submitted over the years and routinely they were sent to the stores. Nobody including the HRD manager ever read them!

You as the general manager realize that what started out as a good intention turned sour because there was no clarity of strategy. Naturally you are very concerned with the situation when you understood the gravity of what was happening and rightly realize that organizational aims and market goodwill were being overlooked for the sake of short run revenue. You took up the matter with the CEO and it was decided that the general manager calls a "general meeting" and along with the HRD manager starts laying down the do's and don'ts of sales practices. You agree to the CEO's suggestion and tell the HRD Manager that the meeting is scheduled for the friday and today is a monday. The HRD Manager insists that the sales manager be asked to call the meeting instead and that he invites you, the general manager, and the HRD manager to attend. Therein, he says that decisions should be taken democratically but enforced autocratically. This is not in consonance with what you and the CEO had agreed. It was a time-honoured practice that corporate decisions were taken at the top and no reasons were given to anyone as to why these decisions were taken. At the lower levels people met to democratically decide how to implement them.

- ***Did the training and development function fail to address the needs of organizational growth? What should you, as the general manager, have done in the first place? What will your response be to the stand taken by the HRD manager and why? How can such a situation be avoided in the future?***

INTERNATIONAL INFORMATICS INCORPORATED

CASE # 14

International Informatics Inc. (TRIPLE I) was an outstanding market performer whose base was in Chicago, USA but which had subsidiaries in 21 countries across the world. It was well known for manufacturing computer hardware and gave stiff competition to the well-known names like IBM and HP. In 1985, it began to offer software solutions and within a decade made a mark for itself global market. Started by a migrant German Jew with a philanthropic bent of mind ever since its inception in 1970, TRIPLE I funded research projects in Universities on Management Informatics Systems (MIS) and Management Control Systems (MCS). This funding of projects was soon extended in the Third World and scholarships were offered to deserving candidates based purely on merit. The company treated its employees exceedingly well and as a result, the attrition (employee separation) levels at TRIPLE I was well below the industry average. When projects were not available, the company paid the employees all the same and did not believe in retrenchment as an option. Instead, the lean periods were when training was given to the employees to keep them updated with technology and retain their morale.

However, the activities of the personnel department besides hiring and firing remained at the level of employee welfare and employee concern. Training and development did not feature in the scheme of things for Personnel Department that was very powerful but traditional. In 1981 the HR Department sent its entire workforce in batches for skill training in systems, marketing and finance. By 1993 the world economy had steadily become unipolar with the USA at the apex. It was a fact that TRIPLE I often sold the same or marginally different software solutions to different clients while charging them the full cost for developing the solution all the same. It similarly sold computer hardware with minor changes in the configurations for major clients claimed that the same for specifically developed and charged them for the entire cost. The research funded by TRIPLE I invariably came up with different patents and each of these was registered under the name of TRIPLE I with a token award to the research scholar/discoverer.

The US Press carried stories of how TRIPLE I found its way around the various tax laws and carefully cut corners to save millions of $. Nothing was ever proved. The Third World Press similarly carried articles highlighting the blatant exploitation of their resources by the Company but the Governments did nothing about it. It was well known that the Company had influential friends in high places. Competitors often accused TRIPLE I of indulging in industrial espionage and using high-level political leverage to gain an unfair trade advantage. Somehow the accusations never ended in a court case and a settlement out of court was reached.

Just then an eminent research scholar named Dr Escobar of Portugal came up with revelation in his book *Exploitation Unlimited* that beneath that bright veneer of philanthropy hid a dark demon of exploitation. He questioned how contract after contract in the Third World was awarded to TRIPLE I when better-known players in the market existed and had a proven record of accomplishment, which was better. The scholar pointed an accusing finger at the nexus between the state and the multinational corporation, which was draining the country's economy. Value generation, he pointed out had been personalized and restricted to imply the generation of wealth by any means. The ghost of primitive accumulation of capital and wealth had returned to haunt the business, he further said. The Public Relations Officer went on the television and the radio to defend their company and stated that in a competitive world it was fair game to pull the rug from under your competitor's feet. Moreover TRIPLE I was in business for profit and not in religion for conversion. A two-page declaration to that effect in the leading newspapers followed next morning.

TRIPLE I took strong objection to the book and mounted a virulent personal attack on the author. It also pulled the right strings by doing which the Government of Portugal banned the book within weeks of its publication in 1998. But the text somehow appeared on the Internet site and journalists raised a public outcry. Other Third World countries, where TRIPLE I had business operations, like Pakistan and Chile followed suit and joined the outcry. The company mounted a public relations campaign to show that it had supplied quality products and generated employment in the Third World, benefiting the economy thereby. It also carried a cover story in Newsweek that showed pictures of its employees at various locations in an ebullient mood. It also seemed a classic case where the external customer was exploited to keep the internal customer satisfied. Which of the two groups of stakeholders was more important to the company was the issue at hand.

- ***Deliberate on the value system of TRIPLE I in the context of an organization or an institution you are familiar with.***
- ***Are the values and ethics of TRIPLE I synonymous concepts?***
- ***Should training and development function be outsourced? If so should it not be guided by an internal HR policy?***
- ***Should personnel management be concerned with the welfare of the internal customer only or look after the interests of all stakeholders including society at large? Why?***
- ***Is it enough for an organization to be value driven on.***
- ***Should attitudinal and behavioural training not accompany skill training? If so what ought to have been done and what can be done now?***
- ***What would you have done if you were to advise those at the helm of affairs at TRIPLE I?***

MAHAKAL ELECTRONICS LIMITED

CASE # 15

With the opening up of markets and the globalization of competition Indian business were in the throes of strategic alliances involving take-overs, mergers, and acquisitions. Mahakal Electronics Limited is an unusually successful firm. It was so named since it was located near a very famous Mahakal Temple and the owners believed that it was the great deity that had brought them all success and glory. However it is relatively small and is being eyed for a take-over by several multinational companies. On its part Mahakal cherished its corporate independence and wanted to retain its identity. However the current global recession of 2001–2002 has placed the company under considerable strain. The Chief Executive Officer was a financial wizard and his name was Deen Dayal Agarwal. He had good man management skills, was loved and respected by all, had a soft corner for his weekend golf and pursued an open door policy at work. Besides he championed the cause of fairness and equity at work with a passion. Mahakal Electronics Limited prides itself for having a vibrant and value based corporate culture. People fondly called him Chief. Deen Dayal was 58 years old and wanted to see someone who would succeed him in 2 years time. That someone, he felt, would have to share his zeal, subscribe to the values of the organization, pursued a policy of egalitarianism and meritocracy, and also be able to successfully negotiate the company out of hostile hands and retain its identity.

The company had a personnel manager who looked after hiring, firing, welfare, legal compliance and personal records. However, the personal records of all persons including and above the rank of manager were maintained by the CEO's Secretariat and the Personnel Department was neither involved nor was it consulted in relation to matters concerning Managers. The company also had an HRD Manager but his department's activities were restricted to training workers and supervisors. As far as Managerial Staff was concerned the HRD Manager had no role to play and say at all in respect of training and personal development. Generally training was seen as something, which Senior Managers did not need and consequently they carried on working the way they wanted. The HRD Manager and the Personnel Manager were good friends but their functions seldom if ever overlapped or coincided. Both reported separately to the CEO of the Company who was benevolent, paternalistic tradition bound.

A senior Vice President's position is about to open up at Mahakal Electronics, the internationally acclaimed maker of components for audio and visual equipment and computers. It is very possible that the incumbent would take over as the Chief in 2 years time. The head office of the organization is in New Delhi whereas the factory is located in Jaipur. Whosoever fills the position will surely be one of the six most powerful people in the company and may one day become its Chief Executive Officer. So the whole company has been watching the political skirmishes among the three leading candidates: Anurag Singh, Jayanti Pillai, and Bharat Sinha. All three of them have proved their worth many time over. They are successful executives who are known to be personally very ethical but at the same time very ambitious. All of them command the respect of those who work under them and who have professionally dealt with them.

All three contenders for the position are known to lead from the front and lead by example. None of them canvassed for themselves yet did prevent others from doing so.

Anurag Sinha, currently Head of the Research and Development division, has worked this way up through the engineering ranks. Of the three candidates, he alone has a Ph.D. (in electrical engineering from BITS, Pilani), and he is the acknowledged genius behind the company's most innovative products. One of the current Vice Presidents, Hira Lal Yadav himself an engineer and a man with strong political connections both at the State and Centre levels canvassed on behalf of Anurag who is comfortable with figures, charts, and reports. He is, in true sense, a genius. He is often seen as a recluse and is visibly uncomfortable with man management. Instead of discussions and meetings he is more prone to issue memos and exchange e-mails with his peers. However his stint as a new Vice President over the last year has been very successful. He has just turned 53 last week.

Jayanti Pillai has only a Bachelor's Degree who has spent years on the job and earned a reputation as an outstanding salesperson of Mahakal products. She has worked her way up the Marketing Division by sheer merit. She knows just enough about what she calls the "guts" of Mahakal`s technological network to get by. But she is very good at marketing the product and had has a big hand in promoting the brand image of Mahakal Electronics Limited. She is a very good leader and motivator. She was promoted as a Vice President about 2 years ago and has developed a reputation for being an honest go-getter. Ramanujam Nair, another Vice President, has always had a soft corner for Jayanti and has been filling the Chief's ear with praises about her. Jayanti however, did not quit understand Finance as well as he would have liked. She is a master negotiator and does not succumb to pressure. Though she is 48 years old Jayanti looks considerably younger. She is known to be efficient, loyal, truthful, and trustworthy.

Of the three candidates, Bharat Sinha is the youngest being 45 years of age, and has the least experience at Mahakal. Like the Chief, he has a PGDBM from XLRI and a very sharp mind for Finance. He understands the stock market better than anyone else and the Chief has credited him with turning the company's financial situation around, although some others in the company believe that Anurag's product knowledge or proven selling ability really deserves the credit instead of his command over business finance. Bharat Sinha does not make enemies but has no particular champions among Mahakal's top executives, but he is the only other golf player the Chief has located in the company, and the two play a few rounds of golf every weekend. Invariably they would end up at the 19th hole for a few quick ones before going home. By nature he is flamboyant, charismatic and an extrovert. However, he looks tired and 10 years older than he is. Bharat Sinha seems to be indifferent to the race for promotion. He spent time on the phone and in front of the computer screen, reporting by e-mail to the Chief regularly on the Company's financial successes. Although he kept his distance from the Chief at work, he never missed a golf game.

Hira Lal Yadav and Ramanujam Nair are already 58 years old and so the question of their succeeding the chief is ruled out. But they are efficient and reliable in delivering what is expected. They are both keen to have someone they like to grace that Sr VP's chair. They have noticed that the company's financial decisions often get made during the cooling off period following a golf game. Both Yadav and Nair have a sharp mind but by nature are interested in minding other people's business and criticizing others behind their back. They always take a self-righteous position and try to paint themselves as being "holier than thou"

In the month preceding the Chief's decision, the two vice presidents have been busy. Yadav was Head of National Engineering Association (a professional body to which it was very prestigious to belong). He had been known to have worked very hard to help Anurag to win an achievement award from the Association. He ensured a splendid Press Coverage of the event. And 2 weeks before the naming of the Senior Vice President, he threw the most lavish banquet in the company's history to announce the awards. When introducing Anurag as the guest of honour. Yadav made a long impassioned speech detailing his accomplishment and heralding him as "the future of Mahakal Electronics Limited". When this happened everyone including the Chief was embarrassed and their body language showed this.

Ramanujam Nair has moved slowly and subtly. Since the public relations function came under his ambit he used this to good effect. Over the years he would send news snippets and interesting articles to the Chief. Recently he gave the Chief one article from a psychology magazine about the "cloning effect" i.e. the tendency of powerful executives to choose successors who are most like themselves. He also passed on to the Chief a Fortune article arguing that many American corporations are floundering because financial people are running them rather than people who really know the company's business. To top it all he submitted a research Report from the IIM (A), which stated that women made better executives, and were less prone to corruption than their male counterparts. He also flooded bulletin boards and the chief desk with news clipping about the value of having women and minorities at the top levels of the company.

Deen Dayal Agarwal was a well-known name in IIM (Ahmedabad) as he had been invited several times as an expert guest lecturer to build industry–academic interaction. He lost no time in contacting two of his old acquaintances who were retired Senior Professors at IIM (A) and secretly invited them to come to New Delhi post haste. When they arrived Agarwal himself received them at the airport and whisked them away to a plush location on the road to Bhivani where he had made provision for their stay. For the next 3 days the three old friends debated and discussed who should succeed as the next Senior Vice President of the Company.

An idea of getting an outsider to fill the post was also mooted during these discussions but there was a genuine fear of his acceptance by those who were already in the company. This was because competition for the post had become quite intense and the atmosphere had been charged. So it was decided to give a special extension of 6 months to 1 year to the superannuating Senior Vice President so that the transition of the new person (whoever he/she may be) could be smooth. They agreed that corporate culture at the company needed to be reviewed urgently so that competition remains healthy and devoid of politics.

- ***Does HRD have a role to play in building corporate culture? What is that role? How should the role be fulfilled?***

BHARAT STEEL COMPANY

CASE # 16

Bharat Steel Company was located in Bihar and began to be known for its good quality products as well as for its humane nature of man management. The company was set up 50 years ago by a group of entrepreneurs who had inherited ancestral wealth and wished to put the same to good use for the betterment of the national economy. They went out of their way to attract talent and created a Board of Directors from the professional experts to whom they entrusted the future of the company. The manpower strength of the company was 5,000 workers and 500 executives.

Being one of the seven sons of a village mukhiya (headsman), A.D. Pandey was brought up in relative poverty. Though he had been given good upbringing the craving for money began to lure him quite early in life. He understood that to earn and retain money one needed power. So he set about single-mindedly to acquire power. He joined the IAS and as an officer, who had risen from rather modest beginnings, he served the Government of India well. He rose to the rank of Secretary and wielded a lot of power when he was posted in Bihar. He had also developed very good relations with the entrepreneurs who had started Bharat Steel Company. However, public sector and state sector salaries were no match for private sector compensations and so he began to think of switching jobs.

In the early 1960s there was a strong political movement to employ "sons of the soil" in the State of Bihar and accordingly A.D. Pandey grabbed the opportunity and resigned from Government Service to join Bharat Steel Company as its Director (Administration). It was well known that Pandey was hobnobbing with senior government officials and could make things easy or difficult for the opposition depending on what was at stake for him personally. The Company placated the Government of Bihar by appointing Pandey, a son of the soil, as its non-executive Director. Three years later he was invited to join the Board of Directors and was appointed as Director-in-Charge of the Company. The company's ties with the state government improved, the offshoot of which was easy access to the *License and Quota Raj* that was prevalent in India at the time. Pandey played a proactive and leading role in facilitating the company's case before the government and all parties stood to gain as a result of this. Net profits for Bharat Steel Company doubled within 5 years of Pandey's joining the company. This was partly because the company could now get the license to import modern technology and thus the per capita productivity of labour rose substantially during the period.

In stages, Pandey had rendered the HR department impotent. The Department was concerned with skill training, attitudinal training and behavioural training at all levels. It was also allowed to conduct these training programs but it was observed that these programs did not convert themselves into recognisable benefits once the employees returned to their workstations. The Personnel Manager was a stooge and could not assert himself. Hence he became a pawn in the game plan of Pandey to whom he reported. When the profits increased, the Workers Union put up a demand for increased wages. They argued that the per capita productivity of the workers increased leading to higher profit and so they too must be given their due share. The workers went straight to Pandey.

Pandey argued that it was the imported technology in which the company had invested that was the reason for the profits. There was a major stand-off leading to a strike. Pandey played the waiting game, used the contacts in the government to brow beat the leaders, declared the strike illegal and terminated the services of 500 men who were taking an active role in the strike. Having sacked these men, he employed 500 *sons of the soil* in their place and thereby placated the government. The Board of the Company too was happy that relations with the Government had improved and the strike had fizzled out. Pandey became a blue-eyed boy of the entrepreneurs who gave him substantially increased powers. He then made a rule to the effect that 50 per cent of all persons recruited in the company should be sons of the soil. He thus became a folk hero who had done well for the people of his state.

By nature he would help anyone who hailed from Bihar and was known (for them) to be a compassionate person by nature. But for non-Biharis he was quite the opposite. Pandey also began to sub-contract a lot of the work such as township maintenance, disposal of scrap and building of company quarters to his friends (who it was alleged) gave him a hefty cut from the proceeds. Pandey began to quietly build a small but palatial mansion in Patna from where he hailed and a bigger mansion in Muzaffarpur where his wife came from. He sent all his 10 children to study in elite schools and colleges in USA. In the state of Bihar, Pandey was hailed as a champion of the sons of the soil and songs of praise were written in his honour all over the state of Bihar. His village (just outside Patna) was truly proud of him as was everyone said how much good he had done for his fellow men. It was done openly and so nobody suspected that the finance for these projects might have come from the coffers of Bharat Steel Company or from kickbacks.

Suddenly one day a dismissed union leader gave an interview to the local daily newspaper pointing out these lavish investments and raised questions about the way funds have been raise. He even distributed copies of documents that supposedly substantiated this claim. The Workers Union began to take up the question and banners appeared in strange places on which was written *gali gali men shore hain, Pandeyjee chor hain.* Things were getting too hot for comfort. To save his own neck Pandey had to now break the unity of the workers so he played the caste card. His henchmen sowed a rift between the three castes among the Union leadership: the Rajputs, the Bhumiars, and the Brahamins. Union leaders were so busy fighting against each other that nobody bothered with either Pandey or the Company any more. Profits continued to increase and the industrial relations scene remained quiet. This caster politics so divided the working class that they could not mount any strike action against the management. Business prospered and peace remained on the shop floor. Worker wages remained static even as market prices and company profits rose. Pandey took the credit for this.

- ***Should CEOs in the private sector also start hobnobbing with the government to get prime postings as is usually being resorted to in the public sector?***
- ***Can any organization survive for long when the personnel function has been emasculated? Should the policy of divide and rule be encouraged?***

SUDARSHAN MILD STEELS

CASE # 17

Mr Pradeep Sudarshan was an old man who had come to India after the partition. It was clear that he was tired of life but the craze for making money had not left him even as he turned 80 years of age in 2000. He had inherited his family property after a bitter dispute with his brother whom he had deprived of his rightful share. A lot of skulduggery, arm-twisting and threats had been resorted to before the inheritance was gained. He then set up a small foundry in Central Mumbai, way back in 1965, wherein he manufactured steel strips. These were sold to industries that used it as raw material for their cold rolling plants and, in turn, manufactured finished steel for use in the housing industry as well as for the manufacture of household utensils. He had two sons who having completed their engineering in 1980 and had started to work in the family business. They believed in training and development but Sudarshan did not.

Despite the well-intentioned protests from his sons Pradeep Sudarshan continued to call the shots and his style of management was highly autocratic. He had no scruples about contravening the law of the land. He was well known for his policies of exploiting the workers and consistently paid them below the market rate of wage. His decision-making was never transparent and he believed in the managerial right to hire and fire at will without the need to give any reason. He had a lot of informers strategically placed in the company. These were the old timers that resisted all change. To them he was paternalistic. His policy was to check and cross-check everything himself since he did not trust anyone. However, as far as his old timers were concerned he was convinced that they could neither err nor go against him.

When Navi Mumbai started to develop in the 1990s, he set up a steel foundry, which occupied an area six times, that of the Central Mumbai unit. Management of this unit was handed over to his elder son, Sanjay, who was a mechanical engineer. Although Pradeep liked to interfere and call the shots, technology had been quite advanced and the *de facto* control of the new unit was in the hands of Rahul. It was common knowledge that Pradeep and Sanjay did not see eye to eye on many matters relating to management policies and practices. Under pressure from the trade unions, Sanjay had developed a reactive style of management. Here there was a fair amount of delegation and mutual respect among managers but people took decisions only after the need arose to do so. Planning was always for the immediate to the short term.

The younger son Ajit was more liberal in his views and although he stayed back to assist Pradeep in the Central Mumbai Unit he was surely but steadily moving into the proactive style of management. All marketing functions came under the control of Ajit. There was a lot of empowerment and accountability among managers. People were encouraged to plan ahead and take calculated risks in the interest of the organization. However, whenever Pradeep Sudarshan came to know of individual initiatives he would interfere and get the managers to seek his approval before they proceeded further. Since Pradeep Sudarshan still controlled the purse strings the progress made by Ajit and Sanjay were limited. Moreover, there was no clear vision, mission, role, or goal laid down for the two units of Sudarshan Mild Steels.

The only real change organizational structure came with the appointment of an HR manager who would look after both plants: Navi Mumbai and Central Mumbai. The HR manager was well meaning and competent in personnel management but when it came to Training and development he would hire outside specialists for workers and send the supervisors/managers to some place like NITIE to undergo training. The HRD manager had easy access to both Sanjay and Ajit who were willing to listen to him. The problem was that the HRD manager was insecure, feared the wrath of the old man and despite provocation refused to proactively influence the pace of change.

The culture of Sudarshan Mild Steel was one wherein management operated in the feudal–mercantile–trader mode. But Ajit and Sanjay wanted desperately to move towards a culture where managers operated in the innovative–creative–entrepreneurial mode. Both Ajit and Sanjay would do consequently things behind the back of the old man and even managers began to ape this habit. As a result, whenever Pradeep Sudarshan found out about (what he thought was) an irregularity in management functioning he would throw a tantrum and become his old vindictive self again. Invariably it was the old timers who would spill the beans. He was prone to be very autocratic and singularly money minded so each time there was a deviation from the norm he perceived a threat to his dream.

When the recessionary spiral combined with the post September 11, 2001 scenario began to bite into the stainless steel exports of India, Sudarshan Mild Steels began to reel under the shock. The old timer located in every pocket of the company went straight to the old man and told him that a liberal culture was the cause for the loss in profits. Pradeep then took away many of the powers from his sons, began to run the company in his own way. Many professionals who had joined the company during the last 5 years quit and profits plummeted further. It became clear that something had to be done and old man Sudarshan had to be convinced to tow the line since he still controlled the finances.

- ***Who would you have employed to do this task of convincing the old man of his folly if you were his son?***
- ***Had HRD not abrogated its corporate responsibility totally and thereby let down the organization? Can organizational change be brought about without personal conviction?***
- ***What could have been done to avoid this situation had you been the HRD Manager in the company?***
- ***What would you have done to the HRD Manager if you were either Sanjay or Ajit?***
- ***What sort of a corporate culture would you try to evolve in such an organization? Why? How?***

BRIGHT-WAY COMMUNICATIONS

CASE STUDY # 18

Two former telephone executives, Deepak Mehta and Ashok Bhargav, founded Bright-Way Communications 6 years ago, in 1995. Their goal was to create a long-distance telephone company that would compete with the larger Long Distance Sea and Road carriers without imposing the bureaucratic culture associated with the larger government companies. The company with 400 employees now provides long-distance service to the entire Thane Belapur zone and is still owned and headed by its enterprising founders. Both employees bring a lot of energy and spirit to the company and seek employees with similar levels of drive and determination. Bright-Way Communications recruits many entry-level managers from several top business schools. "Newly minded graduates have no pre-established ideas about how communication companies should operate", says Deepak. "They are like a blank slate onto which we transfer a new work culture". Employees at Bright-Way are energetic and youthful the average age of the workforce being 31 years. Their work life is best described as "one great jamboree".

In an effort to turn Bright-Way into a viable nation-wide long-distance carrier, employees are encouraged to seek innovative solutions, try risky alternatives, and work long hours. Most salaried employees work between 50 and 60 hours a week. From the start Deepak and Ashok have maintained open lines of communication with all employees. The official policy states that any employee can discuss problems, issues, or ideas with any other employee at any time. According to Ashok, "We're in the business to foster communications. We have an obligation to our customers to facilitate open communication both within and outside our corporate boundaries. Many inside Bright-Way credited the open communication policy for allowing innovative ideas to circulate throughout the company. Employees bounce ideas off one another and proposals often develop into tangible services offered to the customers. To maintain an invigorating climate the employees are eligible for a general annual bonus based on individual and team performance and on company profit measures. Both Deepak and Ashok are avid cricketers and the company cricket team frequently participates in local matches. Employees who score a 'century' in any match receive a personalized decorative wall plaque denoting entrance into "The Century Club". Similar plaques are awarded to the maximum wicket takers and they find their entry into "The Best Bowler Club". Through these and other acts, all employees at Bright-Way are made aware of the importance of achieving difficult goals. The work life revolves around meeting short run targets and everyone lives in the present moment only.

- ***If you as an HRD expert were to be given a free hand in changing the quality of work life of the company in order to make it value based as well as value driven, what would you do and how would you go about introducing the desired change?***

MODERN SOFTWARE LIMITED

CASE # 19

Modern Software Limited was started in the High Tech Zone newly created in Navi Mumbai. It was a spin off from a small computer software firm established in Pune by two friends and which came to be known as the Page–Patil Group. The original company in Pune was a proprietorship firm that assembled personal computers for sale through retail outlets to private consumers. From its very modest beginnings in 1985 it had grown in size and expanded its operations. Its products were relatively dependable and its after sales service was above average. In 1990, the company started writing customized computer programs for small firms operating in Pimpri and Chinchwad industrial zones. It had two distinct units: a hardware unit headed by Prakash Page located in Chinchwad and a software unit headed by Chandrakant Patil located in Pimpri. In 1991, there were 175 employees in the hardware unit and 80 employees in the software unit. With encouragement from the Ministry of Industrial Development and the computer-aided technology aptly leveraged by the calculated risk-taking attitude of the two entrepreneurs, there was literally no looking back. The company was relocated at Navi Mumbai in 1990 and there it made steady progress in the next 7 years. Both Page and Patil were both basically honest businessmen who have a keen eye for detail and wanted to make a quick buck but stopped short of indulging in downright unethical practices.

The company's sales turnover had been Rupees 60 crores in 1991 and it rose to Rupees 450 crores in 1998. Its manpower strength in the hardware unit was 350 employees at the time and in the software unit it was 220 employees, most of whom were computer professionals of one sort or another. Patil was a B.Sc. Degree holder with specialization in Mathematics who had a keen sense of business. Page had a B.Sc. Degree who had specialized in Physics and also completed a Diploma in Management Studies from a Management Institute in Pune. Both of them had a fascination and a penchant for computers from the very beginning of their careers. In 1989–90 they had gone public with their shares on the equity market and made huge profits playing the bull market.

In 1997, they meet the proprietor of a small construction company with a dubious reputation, called SEAFACE (because he operated from Bandra Seaface where he had havala links with partners in Arab countries) and through him they were introduced to a wheeler-dealer located in Mauritius. He was commonly known as Rafique. He had more recently came to be known as the "king of havala". He visited India once or twice a year and was usually accompanied by gorgeous ladies of questionable integrity. One of them was the wife of a noted journalist who helped cover his tracks through her husband. He had convinced the Page–Patil Group that it would pay them well to deal in foreign-made computer spares as an offshoot of Modern Software Limited. He had even arranged for the two friends Page and Patil to meet some underworld dons based overseas, but sanity prevailed and the two friends backed out of the meeting. However, they could not evade the guile and deceit of either Rafique or his smooth-talking friends.

Modern Software Limited entered a series of contracts to import computer parts, microprocessors, and other telecommunication equipment from East Asian countries. Through a carefully planned program of under-invoicing imports and over-invoicing exports, they had amassed huge profits between 1989 and 1992.

They had also made a large profit when the stock market had plunged after the scam in 1992–93. The Page–Patil group had traded (speculated) on futures and now played the bear market successfully as well. In 1998, Chandrakant Patil went to New York to assess the market since he was thinking of starting a body shopping operation in Mumbai. While in New York he had attended a seminar on "developing core competencies" to which he had been invited by a business contact. He came back duly impressed and employed a senior level HRD Consultant named Milind Desai to help develop the Company. He strongly believed that if the Company had to thrive in the next century it would have to first identify and then enhance its core competence. He set about this task with missionary zeal.

In 1999, Prakash Page especially went to attend a 6-week program at a Summer School in England on "building corporate culture". He returned home full of new ideas and a few contacts too. He wanted the Modern Software limited to have a corporate culture founded on trust, transparency, and teamwork. Page came back duly enthused and asked the HR Consultant to come on board as a Vice President HR. He detailed the two main thrust areas for Milind Desai: to create a vibrant corporate culture and enhance its core competency such that the company could develop into a major global player. He gave Milind Desai a free hand, empowered him, but also asked him to set his targets and benchmark his progress with other players in the market.

Both Page and Patil always wanted to lead from the front and were known to walk their talk. So they began by setting their own targets and made these targets known to all employees. Their decision-making processes became more transparent each month and very soon, the three Ts (trust, transparency, and teamwork) became the watchwords of Company Policy. Simultaneously, Milind Desai introduced a system of group target setting and objective performance appraisals. He also asked Page and Patil to adopt an open door policy like him. Employees could walk in and speak to any of these three gentlemen in confidence and rest assured that even if they disagreed with the company, they could be sure that there would be no victimization. The work climate dramatically improved and with it also improved the per capita output and net profit figures. The software development team, the maintenance team, and the quality team began to work in harmony and the usual frictions, during project work, between them began to ebb away. The mood of employees was buoyant and the external customers, judging from market feedback, were more satisfied than before.

Soon, it became apparent that a group of managers was opposing these moves to liberalize the internal environment. As weeks went by, their opposition became more vocal. Sensing trouble, Milind Desai immediately handpicked a group of eight young lads whose potential appraisals had showed that they had future promise. He formed a core team of these eight men and brought in a reputed firm to introduce Corporate Governance in the Company. The Corporate Governance team started to examine each function and department in detail. Organizational structure, chain of command, authority flows, and accountability norms were examined and modified whenever it was required. All such modifications were made in association with the people involved so that change was never imposed but agreed upon.

The groups of managers, opposing liberalization then made the Corporate Governance team, its target and started a smear campaign. Milind Desai stepped into the breach with urgent dispatch. He looked into the personal files of each of these managers and found that in some way or another they were linked to Rafique. They either had regularly dealt with him on behalf of the company or had been appointed on his recommendation. On further scrutiny, it became apparent that there was a great reduction in the twin tasks of under-invoicing and over-invoicing. In two cases it was found that funds were even siphoned to militant outfits operating from Pakistan. Yet profits had not stopped rising. This convinced Milind Desai that there was more to it than met the eye. He confided in Page and Patil who agreed with his observation. They then made some discrete inquiries and found that when the under-invoicing and over-invoicing tasks were at a peak, Rafique had made more profits, as the principle middleman, than had the Company. It did not take them long to understand that the managers who were objecting to liberalising the environment were doing so at the behest of Rafique.

Page and Patil called a joint meeting of all senior level managers and declared that Corporate Transparency and Public Accountability were there to stay and anyone who did not agree with the company policy could flourish elsewhere. Of the disgruntled managers, 50 per cent resigned and 25 per cent visibly changed their ways of work. The rest were known to be on the look out for jobs elsewhere. This meant that attrition of high-level managers became a reality and would likely increase. Milind Desai was unruffled and prevailed on Page and Patil to remain cool.

- ***What kind of a change leader was Milind Desai? Was he too laid back for his own good? Explain.***
- ***Did Page and Patil do the right thing when they were confronted with the facts? Should they not have acted earlier?***
- ***How could a middle man-fixer like Rafique make such inroads into the company and why did the leadership allow it to happen all along?***

RAJASTHAN TEXTILE MILLS

CASE # 20

The year was 1970 when Girilal Arya, the benevolent patriarch from Jodhpur in Rajasthan had chosen to move to Bhivandi in Maharashta to set up his small-scale textile mills. Arya himself was a textile engineer who had passed out with distinction from that elitist institute, TITS Bhivani, and had gone to North Western University Chicago to do his MBA. Having returned in 1960 he joined the Birla Group of Companies and within a few years decided to use his ancestral wealth to set up a medium scale factory of his own named Rajasthan Textile Mills. Having decided he planned well and within no time at all was ready to set up shop. Those days Western India was a safe haven for investing in textiles so he opted to set up his plant there and in Bhivandi on the outskirts of Mumbai. Business grew and his manpower strength rose from 300 employees in 1970 to 5,000 employees in 1990. There were now four separate units set up and which were linked up a scientifically designed process chain within a single compound. There were security guards that manned the two entry–exit points (one to the north and the other to the south of the Mills). The first unit was the Spinning Plant being looked after by Dinesh Kapoor, a finance specialist who also looked after security, administration, and the colony-related functions. The second was the Weaving Plant being looked after by Pradeep Ray, a specialist in production management. The third was the Dyeing Plant that was looked after by Jacob Abraham, a specialist in law and chemistry. The fourth was the Packaging and Export Unit that was looked after by Arvind Naik who was a specialist in strategic marketing. All the four CEOs had sufficient autonomy, powers were delegated, and accountability was clearly assigned. All four were located in a single sprawling compound. Though independent in functioning and style these four CEOs worked in harmony with one another. They also shared Arya's views on social responsibility of business. There was a monthly meeting presided by Arya and a weekly meeting where the four met and compared notes so as to reset targets. Since the license and quota raj was still going strong in India Arya became involved in corporate finance and high-level liaison with the government, leaving the production, administration, and sales to the four CEOs. By 1985 Rajasthan Textile Mills was already the jewel in the crown of Bhivandi and its export orders were flattering, as was its high quality. No worker was exploited, no child labour was used and the women were given more than an equal opportunity all along.

The top management style in the company was originally paternalistic but soon evolved into being reactive and by 1985 it was clearly proactive. The corporate culture was based on trust, teamwork, and transparency. The management–labour relations were congenial and in its entire history there had never been even a single day's production lost in the company due to trade union problems. Even when the Datta Samant led wave of labour unrest swept up Western India (1983–88) this company had remained unaffected. For Rajasthan Textile Mills it was business as usual. All the four CEOs were highly respected persons who knew how to handle their men, materials, machines and money very well. More importantly they worked, as a homogeneous team whose decisions were always *value driven* and whose style of management was *value based*.

As per company policy, every employee was comprehensively insured and a school bus was provided to take their children to Thane City every morning and bring them back in the afternoons. Children in the bus came from all types of families and mixed freely irrespective of caste, religion, or class considerations. Students, who were wards of employees, and who did exceptionally well in either studies or sports got scholarships to see them through their graduation.

There was a medium-scale workers colony near the company premises where the workforce was housed. There were three categories of flats, which provided for workers, supervisors, and managers, respectively. The colony was on the northern side of the Mills whereas the senior management resided on the southern side of the Mills. This had more to do with land availability than intentional social segregation.

The sanitation and health aspects were also not forgotten. Besides, the colony had one co-operative store, a medical store, two restaurants, a cyber cafe, and a textile showroom cum sales centre. There was also an arrangement with the Thane Hospital for free medical treatment to the workers and their immediate family. In addition there was a small clinic with two company doctors and two nurses who were available on call though out the day and night. There was a transport officer under who were one jeep, an air-conditioned ambulance, two school buses, and a mini-bus to be used in emergencies.

In addition there were five beautiful row houses in which Arya, Kapoor, Ray, Abraham, and Naik lived a little away from the factory on the southern side. There was also a corporate guesthouse, which could accommodate four VIPs and their spouses at a time, and to which was attached an excellent dinning room and bar. This is also where the five would retire for a tipple after their monthly meetings and spend weekends playing Bridge. The housing colony on the northern side had a workers clubhouse, an officers club, a gymnasium, a park, and a playground. Both management and workers were a happy lot and attrition levels never exceeded 8 per cent per annum. In addition, Arya was well known for his sense of charity and worked ceaselessly with the International Centre for the Advancement of Philanthropy (ICAP). His was clearly a socially responsible management and he was an ideal corporate-social citizen.

The 1991–92 watershed followed and the first generation economic reforms ushered in a climate of liberalization. The license and quota raj was withering away and so Arya increasingly concentrated on philanthropy and social projects. The four CEOs became more production and quality conscious than before as competitive pressures mounted. It was quite common for one CEO to visit the other CEO's office to sort out issues then and there. One day Arya convened a 3-day brainstorming meeting to share his views and agree on the strategy for the future of the company in the light of economic changes. The five retired to a hotel in Khandala to sort things out away from their daily business.

There was general agreement that owing to their predisposition all four CEOs were good people managers and did not need an HRD Expert to tell them how to treat their employees. The employees too, they agreed, were efficient enough and worked well.

They agreed that Rajasthan Textile Mills had a vibrant as well as a robust corporate culture that had stood everyone in good stead. Change in the way they did business, however, was the need of the hour. Now the company must go for an ISO 9000 certification since global buyers increasingly insisted on it. They also agreed to appoint a high level Quality Assurance Expert to facilitate this transition. However on the question of further expenditure on workers facilities and social causes there was a difference of opinion. This was because the company had to increasingly convert its core competence into competitive advantage in the global markets. In spite of all this their export performance needed to be enhanced since Indian textiles were loosing out to the products from Indonesia, Malaysia, Thailand, and China. In addition foreign players would soon be entering India giving them tough competition on the home front. Salient features of what the five actually said (on this point) are given below in such a way that no part of the argument is lost.

Arya: I have all along believed that we are the trustees of society above all else. God has granted us money and we cannot be niggardly with it. Charity is our sacred duty to society and we must not forget that we are mere stewards of social wealth for the time being. We were born with nothing and shall take nothing back when we pass on to the other world. All that will remain is evidence of our deeds and history will judge us thereupon. And charity is also a great corporate brand builder. But what of our employees? Today every big company has an HRD Manager and we do not have one. Let us not forget that.

Kapoor: Please, Girilalji let us not get carried away. We wanted a level playing field all along and now that we have got one, let us use it well. There is only one social responsibility of business and that is to generate wealth without cutting corners or slitting throats. All else is a luxury that we cannot afford in a competitive world. There is nothing like a free meal any more. People management through HRD is a window dressing and an additional cost. Why add to our cost when we are doing so well anyway?

Abraham: Hold it friends! Do not forget Dinesh that we are loyal to nothing but to our own values and are responsible to nobody but the larger society. Today we have power, wealth, and all else. If we fail to use it in a manner that society things is appropriate then we will, in due time, loose it. Remember what happened to the Russian Tsar? So let us temper our new found free market ideology will restraint. Let our self-interest be an enlightened one. Let us get a consultant in to study the situation and tell us whether we actually need an HRD manager and do our employees really need training?

Ray: Maybe I would prefer to take each social issue on its merits and not take an all-encompassing view like Jacob suggests. Let us first recognize the issues at hand in its correct perspective analyse it threadbare and only then try to resolve them. This will take time and we must give the process due time. Do you not think we are rushing things? Also let us review the way we think. For one, we should start talking of social responsiveness rather than social responsibility? Let us wait and observe the environment and then respond to changes in it in an appropriate manner. HRD and all other things can wait till we have made more money and are comfortable enough to splash it around.

Naik: Being a marketing man I would desist from clubbing everything together as my friend Pradeep has already suggested. Let us isolate issues and then deal with them one at a time. If a goal or core belief is threatened we shall react appropriately and ward off the threat. If our competition comes across strongly we shall take steps to ward of their challenge through advertisement. We shall ask around for the public opinion in the changed scenario and fall in line. But above all else, let us put our heads together and see how events will unfold in the post reform era and pre-empt it through strategic intervention.

Arya: All through my life, you know that I have stood by and acted on my ideals and held my basic value system as being something sacred. They have not let me down. We have all along acted on the principle that the basis of social responsibility lies in our inherent values and beliefs. Having heard each other, we shall recognize the changed situation and act without compromising either the future of this lovely company that we have built or my cherished beliefs we have all so far shared. Let us go back, think things through and when the new Head of Quality Assurance joins, let us meet again in 3 months time. In the meanwhile I will see if we can locate a trust worthy consultant who will do what we ask him to. By then our Dr Manmohan Singh would have also completed his first year in office as the Finance Minister and things would be clearer. Reality cannot be seen in terms of black and white. There is a lot of grey area in between. Things are not as clear as the distinction between chalk and cheese. We may have to make selective civic interventions based on what we can do best. But are our employees really happy and do they have unsatisfied needs? How do we know that they too are growing like our corporate bank account?

On this note the five agreed to re-assemble for another 3–day brainstorming session in July 1993.

- ***Assume that you were the invisible bystander who witnessed this three-day meeting and heard the varying positions taken by the five functional heads. What would your precise stand as an HRD expert be on the new company policy with regard to its responsibility towards its employees and the society at large?***
- ***In a competitive world where organizations must thrive on the cutting edge of market competition and be more technology savvy than their competitors, what will be the importance of HRD as a specialised management function?***
- ***Is it acceptable to have organizations without HRD Managers? Should the entire HR function be out sourced? Can a good line manager not be a good people manager too? Why employ HR experts with hefty pay packages if you can do without them?***
- ***Take a logical position as an expert and then explain your stand.***

SECTION THREE

Short Case Studies in HUMAN RESOURCES PLANNING

JHARKHAND MOTORS LIMITED

CASE # 21

Jharkhand Motors Limited is a very prestigious company with a track record especially since 1980 in planned people development. It was originally set up in 1950 and it manufactures chassis that can be used for either a truck or a bus depending on the kind of body that is built on it. What rolls out of the assembly lines is a chassis with a cabin for the driver and no other embellishments attached to it. The plant in the year 2002–2003 produced 60,000 chassis a year, with a manufacturing cost of l 10 lakhs per chassis and the rejection rate is 0.5 per cent. The total number of manpower employed by the company numbers 30,000 and is distributed between the Forge, the Foundry, the Machine Shop, the Auto Division and the Assembly Line. The company has a full-fledged Materials Management Department that looks after stores, purchase, and raw materials. It also has full-fledged accounts and finance department which looks after wages and salaries, costing of production and fund flows. In addition it has a well-equipped HR department, which has a sub-section for HRP, one for IR, one for HRA, and one for HRIS besides a very well-equipped HRD section.

However, the comprehensive climate survey conducted recently threw up the following issues and which top management would like the HRD section to address expeditiously and effectively.

Attrition rate had risen from a benign 8 per cent per annum to a whopping 20 per cent per among Graduate Engineers below the age of 30 years. They lacked a sense of belonging to the corporate ethos and saw themselves as being above the traditional manager who had slogged up the hierarchy in a hard way.

The managers in turn looked upon every graduate engineer as a renegade who was getting to big for his boots while being still green behind his ears and needed to be cut to size at the earliest opportunity.

The supervisory staff was highly skilled in very specialised tasks and very unaware of other functions even within the same department. Hence job rotation was becoming difficult. Attrition at this level of staff was little less than 2 per cent per annum and those who left were either superannuated or had died on duty. Nobody had resigned in the last 5 years.

The Managerial staff looked upon workers with an attitude of "us" and "them" with the result that communication between these two categories usually was routed through informants or supervisors.

The workers distanced themselves from both the managers and the trade union leaders and made their own norms of behaviour, which were not always conducive to either discipline or efficiency.

The trade union leaders were a pampered lot and did not actually work on their jobs. They spent their time politicking. They had chauffeur driven cars and behaved like managers. There was a sense of alienation among the workforce that had been responsible for trade union leaders becoming managers of discontent, which was a role they often created to justify their position.

Targeting setting exercises had not been very successful nor had small group activity. These initiatives had been started with good intentions but had remained there just for the namesake with nobody taking them seriously.

The company was now on the eve of a major expansion to meet the needs of the newly liberalised economy and globalized markets. Top management felt that an overall HR initiative was called for to enhance skills, make supervisors multi-functional, improved attitudes to work and condition behaviour to suit the challenges of the new market competition.

You are the Chief HR manager and you have a team of senior experts as well as bright eyed and efficient MBAs working under you who have been exposed to training and development both at their postgraduate level and at subsequent industry sponsored programmes to XLRI and IIM (A). Formulate a comprehensive planning intervention so as to address the problems highlighted above and prepare the company for the new business environment. Explain how you propose to implement the training intervention and evaluate its impact.

HINDUSTAN COMPUTER CORPORATION

CASE # 22

Hindustan Computer Corporation better known as HCC was a software company set up by a group of Non-resident Indians who wanted to invest in their own country since the political economy of East Africa had been in such a turmoil during the late 1970s that they wanted a secure source of income in case things really went wrong for them. Consequently, an Indian business house from Nairobi and another from Kampala joined hands and floated a company in Pune.

Since they were essentially traders who knew nothing about computers but knew just enough to invest in that industry as a safe bet, representatives of the promoters went to the USA and hired five Indians who would come back and use their funds to set up a company for them. These five Indians were all specialists in various aspects of software technology who were given a clear mandate: To give the investors a good company within 3 years using the state of the art know how.

With such a broad but clear mandate, and virtually no interference from the promoters, the five technocrats set up HCC in Pune in 1980. Restrictions imposed by an almost closed Indian economy, on the transfer of technology made their task very difficult and they restricted themselves to taking on projects that used low-end technology to begin with. So they started to take on contracts from Indian book and journal publishers to key in their texts so as to publish. Desktop publishing was a new concept in India and so they did not make much profit. This was especially because the low budget journals preferred the conventional printing to desktop publishing and partly due to the conservative mindset of the publishers and editors. HCC also went into software development and customized their programs for meeting the needs of local industry. HCC undertook jobs such as devising computer controlled assembly line production systems, computerized on line material flows for inventory control and computer controlled panels for furnace monitoring.

By 1983 their manpower strength increased from a meagre 15 technicians and 25 data entry operators in 1981 to 50 computer software engineers and 50 computer hardware engineers plus a support staff of 100 data entry operators. By 1986 the strength had almost doubled on all three levels. HCC had now started to take on small export orders in respect of porting jobs for bigger clients. HCC had also tried to make an entry into data warehousing but had fallen short of it and started taking on electronic processing jobs for scientific journals in USA. By 1986 the five initial technocrats from USA who had started the company decided to divide the Company into three separate and smaller Companies. These would have separate chairmen but these five gentlemen would be on the Board of Directors of each of these companies. Each of these was formally set up within the same year 1987.

HINDUSTAN COMPUTER CORPORATION

Hindustan Computer Co. Hindustan Software Co. Hindustan Publishing Co.

There was one director from each of the promoters on the board of each of the three companies. The chairman of each company was an expert in the field of business chosen by HCC and the other directors had a free hand in running the company. However, the directors on the board who represented the two promoters also had executive powers in respect of finance and portfolio management. However, they seldom interfered with technical decisions.

HCC did not give up its identity. It housed the registered offices of the three newer companies and took care of common functions as human resources management, corporate communications, finance, corporate planning, and company secretaryship. Moreover, all persons of the rank of General Manager and above in the small concerns were termed as "covenanted staff" and were employees of the parent company HCC. They enjoyed many benefits and were given a share in the profits of the particular (new) company they helped to manage. Hence they had a financial stake in the future of the company.

The new companies were Hindustan Computers Company (HCC), Hindustan Software company (HSC), and Hindustan Publishing Company (HPC). Everyone below the rank of a covenanted staff belonged to the payroll of the particular company to which they were attached. Each of these companies had their own Personnel and Administrative Function, their own payroll cell with their own salary scales and fitment norms. This was because they were treated as separate companies with a separate identity and separate clientele. Job rotation within the same company was not always encouraged and inter-company transfers were unheard of. Management would prefer that disgruntled employees leave the organization rather than be transferred to a sister company. This was because, they believed that giving one transfer would open flood gates for people trying to switch over and gain newer skills.

Each company had its own marketing function and its own training cell. It was the task of top management in each of the newer companies to earn profits and expand its business. Since the infotech industry was market driven and there was always a demand for the products, marketing as a function did not have to be very proactive. Similarly since the technology was so rapidly changing, training had to be skill-based and need/client-based. Since the two functions of developing markets and clients as well as training of employees both incurred a cost, which ate into the profit margins, it was felt that this could be kept to a manageable minimum. Each company managed its own manpower and recruited its own personnel.

HINDUSTAN COMPUTERS COMPANY

Hindustan Computers Company (HCC) was accordingly floated with a clear vision that it would be involved in the assembly of personal computers for sale in India. They would also be involved in setting up and executing annual maintenance contracts (AMCs) for both their corporate and their private/individual clients. This Company required both hard ware and software engineers and assemblers. However, the bulk of the specialist manpower was from an Engineering background with a specialization in electrical or electronics engineering. They were, in short, computer hardware engineers with an aptitude for software development and/or marketing.

The company began by manufacturing and selling its own assembled personal desktop computer with the brand name of Hind PC. It later went into manufacturing laptop computers with the brand name of Hind Lapo. For this, the manpower requirement was of a rather loosely defined kind: It grew into setting up customized systems with electronic circuit boards using CAD/CAM, in-house security systems, and modems according to customer specifications. For this the kind of activity, the manpower required was specialized and came from a formal engineering background.

Manpower in HCC was of five kinds. (*a*) The front enders were those who serviced clients and interacted in the market place. (*b*) The back enders who were involved in tasks such as contract creation and account maintenance. (*c*) The support persons who would provide software demonstration to the clients and write programs and reports of a non-development nature. (*d*) The persons who actually assembled the computer with the help of drawings and circuit diagrams provided to them. (*e*) The administrative, accounts, and security support persons.

The administrative, security, and accounts personnel had skills and training of a general nature and so finding persons with the correct profile was not a problem. The assemblers were college and schools drop outs with hands on experience of a year or two, as well as persons who were on their first job after graduation. This category was replaceable and persons tended to stay on in the company between 6 months to 4 years. Attrition in this company for the other three categories of staff also showed a healthy trend and since the skills were not so unique that they were not irreplaceable, and staffing did not present a major problem. Moreover, the front enders, tended to be those who loved to work in the market place, interface with clients and were generally outspoken, so management would know if someone was disgruntled and no surprises would be sprung by way of resignations. It is only later when HCC went into report writing by introducing the graphic user interface (GUI) that attrition levels became slightly high. However, the reserve army of unemployed persons in the country and the low-end specialization skills needed by HCC ensured a steady flow of job seekers.

The Company had its own distribution network and operated both directly and through accepted and accredited vendors who were carefully selected and consciously developed. Since the vendor network existed, attrition at the sales and marketing staff levels did not create immediate problems of staffing.

Similarly, the mushrooming of industries in the wake of the Central Government's Policies of Liberalization, Privatisation and Globalization ensured a steady clientele that needed the specialized skills and products of HCC. Hence, too much attention was not given to developing newer client accounts or expanding the market share. Demand seemed to be pulling the supply. However, there was an attrition level lower than the industry average because HCC salaries were comparatively higher and the style of management was such that it believed in delegating responsibility and holding persons accountable for their performance.

In spite of the fact that salaries were not below the industry average and the level of technology was low, attrition levels created problems. First of all, in terms of knowledge, there was a low value addition and this was not attractive for potential entrants, Although the hardware and the software engineers were performing complimentary functions, the former were treated better than the latter and this created friction and this led to lower productivity and the rise of one-up-man-ship.

HINDUSTAN SOFTWARE COMPANY

The next company floated was called Hindustan Software Company (HSC), which would be involved in customizing requirements for industrial and non-industrial business clients as per the client's specifications. They were involved in setting up a vast array of facilities ranging from low-end security systems such as time keeping machines to highly automated and sophisticated computer-aided production systems for the textile mills, automobile manufacturers and the steel plants. In many cases, the projects undertaken involved knowledge of CAD/CAM which invariably every young engineer possessed.

Each activity in HSC was project related and had a long time frame for completion. There would be a new learning curve on each occasion since each customized requirement would be unique. The top man in each project undertaken was either an accounts person or a general operations manager. Since he had no real unique functional specialization he was easily replaceable. Only if the top man was a functional specialist that his leaving could have led to a structural collapse, as he would take keep personnel with him. One such experience had convinced top management at HCC not to repeat the error of appointing a functional specialist for such a position. By the very nature of the company's functions software developers were crucial to its success and were treated as blue-eyed boys.

In so far as customizing software for industrial use in the manufacturing sector (steel, textiles, automobiles, general engineering, and chemicals) was concerned, the company had a very good name. The clients were quite pleased with the product quality as well as after sales service. When it came to the question of customizing software in the banking industry or in the transportation industry was concerned it came within the range of the second or third best players. However, when it came to the question of porting, re-engineering or migration, it was no match for bigger players like Tata Consultancy Services and Infosys. Hence, it wisely stayed away from this market.

However, this company had its own problems. Once a project had started the contingent of manpower employed to nurture and service, the project was not stable. Young persons in the infotech industry were known to be job hoppers and there was a problem containing them. Clients would get un-nerved when they found that upwards of 30 per cent of the project team had left the company between the beginning and the end of the project. Projects similarly went through a cycle of phases and when the level of activity was at low ebb, attrition levels rose. The dependability and quality of deliverables was not below par but despite the fact that systems were in place, monitoring of projects did not seem to be adequate. The very idea of functionally dividing a project group into a development group, a maintenance group, and a quality assurance group was questioned. The inability of persons to move from one dedicated and functional sub-group to another caused a little bitterness as did the fact that everyone wanted to work on development projects irrespective of the level of their talent or their conditioned ability to do so. Knowledge sharing between sub-groups within the project group was low and this added to the feeling of alienation. Communication channels were unclear and there was an air of uncertainty about the fellow employees' attitudes towards one another. On the plus side, management was ethical and benevolent and took individual care of the employee's welfare in a paternalistic manner.

The problem faced by this company was chiefly that the younger engineers looked for overseas placements, did not have patience to stick on and grow with a company and looked for short run benefits. Salaries were above the industry average so recruitment was relatively easy but salaries were not sufficiently high to retain persons. Moreover, the bigger players in the industry would attract the better talent and this company was left with the second rates. When deadlines had to be met, the manpower force worked literally round the clock and made sure that the company was not let down. Those who were at the high end of the knowledge worker scale, were very ambitious and ego-centric. Hence, they had to be constantly placated. As a result, the compensation policy was not as streamlined as might have been desired and over a period, a lot of subjectivity had unavoidably crept in. Since the management was paternalistic, decision-making was not transparent and this aggravated the feeling of alienation.

HINDUSTAN PUBLISHING COMPANY

The last company set up was Hindustan Publishing Company (HPC), which was the first large desktop publishing company of its kind. It brought out a quarterly semi-academic journal named International Computers and a monthly business journal called Infotech World. For this it had hired two editors, three full time consultants, and a dozen editorial staff. This company also took on electronic publishing jobs on behalf of outside clients.

The company had a huge sunk cost in terms of a large number of desktop computers, customized programs, and a minimal training to the operators so that functional accuracy can be attained. Manpower required for this company was of two kinds. At one level were the developers, researchers, and programmers who made the data warehousing job possible. At the other end was the employee operating at a low-end technology. These varieties, composed of college drop outs, housewives, and semi-retired persons with computer operations knowledge and reliability in data entry work. It also needed some persons with an artistic bent of mind to create websites and source clients.

Since the nature of the job was repetitive and there was little value addition by way of knowledge, people tended to take on this job when they could get no other. To that extent the manpower employed was relatively stable. However, at the higher levels (tool developers and program writers) attrition levels had reached an all time high of 45 per cent.

COMMON ISSUES

The company was a very reputed employer known for its ethics and fairness. It did not believe in the American system of hire and fire and nurtured its workforce paternalistically. Its salaries were not low nor were they very high. Therefore, attrition levels remained from 30 per cent to 50 per cent among the three companies. Job rotation was desired but not possible so that created a little bit of frustration.

It is felt strongly in certain circles that if the company does not grow, it will be overtaken by competition. With this end in view the companies have taken a conscious decision to grow the size as a well as the scope of their business both in India and overseas. With a consistent record of operating at increasing returns to scale the mood is buoyant on the part of the Board.

The Board of Directors deliberated at length for several days on the issue and has come to the conclusion that growth is the only option open to them. But to grow systematically they need a corporate image and a common corporate culture, which appears to be lacking now.

This Group Culture in the short run is aimed at consolidating the policies and practices of the three companies with two clear objectives: to plan for the effective allocation and utilization of manpower and to develop into a major market player by planned expansion program.

In the end the Group wants to play in the major league and emerge as market leader in the niche area of addressing the software (development, maintenance and quality control) needs of other local corporate clients. It does not want to enter into the export sector for another five years. It is well known that the Y2K or Year 2000 problem for the computer industry would cost India a conservatively estimated sum of ₹700 million. If Indian expertise is to be used gainfully in the export market to service this problem globally there is a potential market, which is considerably higher in value and waiting to be tapped. This is what the Company wants to do. It has started building the infrastructure required for it and developing its marketing function for the last one year. The major issue before the company is sourcing the manpower required for this expansion of business. However, in the immediate future, the Board has had trained its sights on bidding for an upcoming Y2K contract of the Government of India.

As a senior consultant with years of experience behind you, what will you recommend and why? Should the company that is doing reasonably well risk an expansion program?

MARKS AND SPARKS (INDIA) LIMITED

CASE # 23

As a result of the IMF conditionalities in 1991 the Indian Economy was forced to liberate its market mechanism, privatize its means of production and globalize its competition. This caused a substantial devaluation of the Indian Rupee vis a vis the US Dollar and made India an attractive venue for direct private foreign investment. However, rather than an influx of infrastructure building industries with the exception of power generation, most investments were in the areas of FMCGs and the service sector (both financial and non-financial). Among the notable contenders for establishing outlets in India was the famous Marks and Sparks Chain Stores of Europe.

As soon as it was known that M and S was interested, a well-known firm, based in Goa, D'Souza Consultants, entered the fray. Based on the subtle hint received from a business house, D'Souza Consultants organized a team of experts, which flew to England to study the way the Chain operated. This was done in a hurry and in a rather clandestine manner. Their analyses were genuine guestimates of what would be entailed. The team flew back and reported the findings to its Firm, which in turn got in touch with a large business house in India. This business house got in touch with its subsidiary Information Technologies limited (ITL) and passed on the findings of Messrs. D'Souza Consultants to them. Accordingly, the Chief Commercial Manager Mr T. Srinivasan was deputed by ITL to go to Europe and begin consultations with Marks and Sparks. Along with Srinivasan went the Marketing Manager Ghanshyam Boriwal. Srinivasan was always perceived as a man from the business house rather than from the subsidiary company. Boriwal functionally reported to Srinivasan and they got on well.

Based on that report, ITL made a bid against other contenders for setting up the MIS for the Indian operations of M and S. ITL had an indigenously developed ERP package, which was operated on Windows 95 and which, was being used by several leading warehouse chains in India. Being the lowest bid it bagged the order. The business house sent its marketing team to England to negotiate the deal and very soon, a contract was signed. The figures given by Messrs. D'Souza Consultants were taken as benchmarks for the tender bidding and for the estimate of costs and expected profits.

In their hurry to enter India Marks and Sparks gave a rather loose systems requirement specification and assumed that the bidding firm would do all the necessary homework. Their policy was not to hide any detail from the bidding firms while at the same time not to give out more than necessary information on its own. They required an Indian Company to set up their MIS and invited open tenders. It was visibly delighted when the lowest bid belonged to Information Technologies limited (ITL), which was a very respectable company in its own right. The contract was awarded a team of software experts was dedicated to the project.

Ghanshyam Boriwal was a sèasoned marketing manager with several years of experience and successful projects to his credit. He was an ambitious enterprising person and wrapped up a neat contract before long. There was a kick off meeting followed by a press conference and a cocktail party in Delhi.

Marks and Sparks is a well-known company for high-quality products and a higher quality of service to its customers. Over the years, it has built up enviable brand equity. In England except for the British Home Stores, Harrods, and a few more chains that could be counted on one's fingertips, M and S is a jewel in the crown of Europe. It's strict standards of deliverable deadlines, its commitment to customer service and its penchant for excellence in whatever it undertook made its products sold under the brand name of *St Andrews* a household name universally. After detailed deliberations and prolonged negotiations with the Indian governmental bureaucracy, M and S set up eight major departmental stores in India and they were simultaneously opened to the public on January 1, 1998.

As per the terms of reference 51 per cent of the equity capital was raised by Indians and M and S put up the remaining 48 per cent. There was a public share issue in Delhi, Mumbai, Kolkata and Chennai for the 51 per cent equity capital and the National Stock Index showed a prolonged Bull Run for its share prices all through 1998 and 1999. The Headquarters of M and S in India remained Delhi where the Registered Office was located but its Stores in Mumbai, Calcutta, Hyderabad, Chennai, Bangalore, Chandigarh, and Cochin operated under the independent charge of Heads of these Strategic Business Units. Policies on all matters were uniform as was the systems they adopted. A thin silver line ran through the chain and the control finally rested in Delhi Office and through them in London.

However, as far it was concerned, before it opened its doors to the customers M and S had done its homework well. It had chosen the most prestigious Business House in India to set up its MIS (Management Information Systems) but unknown to the Business House it had transplanted its MCS (Management Control Systems) from England. This Business House had a Subsidiary Company named Information Technology limited or ITL, which was assigned the task of setting up the MIS for the chain of outlets in India.

ITL appointed C.M. Fernandes to head the project. Fernandes was a hard worker who did not have a good technical background but years of experience had helped him to scale the corporate ladder. With a lot of publicity in the Press the project was kicked off on March 1, 1997. ITL had perfected Oracle-based software which would operate as an ERP mechanism for all functional specializations ranging from personnel to sales and from stocks and inventories to receivables and from quality assurance to sales and marketing. This was implemented without much ado and the Chain of Stores opened to the public. It was an ERP package, which was a hybrid of sorts. The best features of Peoplesoft, BAAN, SAP, and others were taken to develop this new package, which was implemented for the first time on a large scale on the M and S project.

It was an open secret that Boriwal and Fernandes did not see eye to eye on several matters. Fernandes was miffed about the fact that he had been invited to the kickoff meeting in Delhi but nobody had consulted him about the project all through.

Fernandes was a stickler for detail and was often termed a slow coach. However, he would seldom stick his head out and his over cautious nature would easily be mistaken for him having a negative attitude. Consequently, Boriwal did not take him along for any future negotiations with Marks and Sparks.

Srinivasan who had a major hand in the decision to appoint Fernandes argued that with Fernandes's penchant for detail the cavalier attitude of Boriwal would be compensated for. With Boriwal's savvy for Marketing and Client Relations the abrasive nature of Fernandes would be off set. Mr Fernandes would look after the technical side while Mr Boriwal would look after the commercial and client relations side. Fernandes set to work and began to find fault with the contractual arrangements. As could be expected by Boriwal the client–contractor relations began to suffer. Marks and Sparks would call up Boriwal who was based in Delhi and he would somehow pacify the client. Marks and Sparks were very happy to deal with Boriwal who was an amiable person with the gift of the gab. They preferred not to deal with Fernandes the Project Manager since there were too many ifs and buts in everything that Fernandes did or said. As on January 1, 1998, the chain of M and S began operations without a fully reliable MIS but a time-tested MCS.

There arose five specific problems at the very outset. (*i*) The new ERP package had not been suitably pilot tested and there were a lot of bugs that needed to be removed before it could be fully implementable. It had worked well on Windows 95 but M and S had introduced Windows 98, which caused problems for software implementation. (*ii*) The price of the ERP package was bid low as Boriwal argued, ITL did not have to spend time and money to develop the MIS and could adopt its ERP package with minor alterations. So the ERP package was introduced to take care of the major managerial functions. It was however not equipped to handle specific functions like linking incentives to sales and multiple products which were differentiated by their brand and thus by their price. Similarly, it could not handle Euro-Conversion, which M and S had assumed since its base was in Europe. (*iii*) The ERP package had been developed on Oracle keeping in mind Compaq Personal Computers. M and S on the other hand had their own brand of British Computers, which were not 100 per cent compatible with Compaq. Fernandes had pointed this out but since he was dubbed as a person with a negative attitude, his objections were taken lightly. (*iv*) The cost of implementation worked out (according to Fernandes) to be three times more than what was originally quoted since a lot more alterations to the ERP package were called for before it would be fully implementable. (*v*) Finally the MIS program was incompatible with the MCS program and this caused major hiccups for M and S since there was a 18-month project overshoot.

Fernandes took up the matter with Srinivasan who was unable to resolve the issue since he had all along assumed that Fernandes would raise objections. He had counted on Boriwal to make up for this lacuna though his personal charm with the client. Boriwal maintained that Fernades was making much ado about nothing while Fernandes argued that Boriwal had no business to by-pass the project manager and deal with the client directly.

Fernades adopted the position that since he was not taken into confidence when the deal was negotiated he should not be held liable for any delays. Boriwal took the position that Fernandes was a born bureaucrat who would never flourish in a competitive world. Further, Boriwal argued that Fernandes never bothered to speak to him and resorted to going straight to Srinivasan each time a problem occurred. And every time Srinivasan would manage to cool the tempers.

Boriwal indirectly encouraged Marks and Sparks to deal directly with him. To this the foreign company readily agreed and relations between Ferandes and Boriwal on the one hand and between Fernades and Marks and Sparks on the other hand suffered further.

The situation deteriorated steadily until a point was reached in February 1999 when communication between Fernandes the Project Manager and Marks and Sparks ground to a halt. All communications from the foreign firm would go through Boriwal and when they were routed to Fernandes he would raise objections and work would not be done. Things came to a head when team of senior executives flew in from London and threatened to sever connections with ITL and sue them for the cost incurred in finding another Firm that would fit the bill on the terms laid down by M and S. The local executives of ITL called this dirty imperialist politics and a war of attrition ensued. The Business House intervened at this juncture and a hastily summoned meeting revealed the following.

(*a*) The team sent by ITL consisted of marketing experts with only a working knowledge of MIS and MCS. Hence, their assumptions of compatibility of systems were flawed.

(*b*) The project manager had a serious attitude problem, which was not brought to the notice of HRD and kept under wraps.

(*c*) There was low client involvement in decisions taken by ITL and therefore a lot of paper work was generated. This could have been avoided if they had just bothered to amicably talk to one another.

(*d*) ITL was at sea regarding many of the expectations of Marks and Sparks since the standards of quality expected by them were far higher than what the Indian clients had earlier expected from ITL.

The Business House made it a prestige issue, intervened directly and took over the control of the project *de facto* from April 1999. Srinivasan who had excellent relations with the Business House was asked to personally deal with M and S and see that the project was completed. Boriwal resigned and Fernandes went on long leave on medical grounds. Replacements were found and the project was back on the rails before long. M and S was happy and things were running smoothly. In the meanwhile, ITL had incurred sufficient losses and would be lucky even it broke even at the end of the day. However, the project would be completed by the target date of December 31, 1999, and about this there was no doubt. The company was keen to have a market share well before the new WTO regime of 2005 set in.

Analyse the entire situation from a critical and strategic HR viewpoint. What would you say about the insider information used by D'Souza Consultants?

- ***Who was ultimately responsible for the mess-up?***
- ***Could the project delay have been avoided?***
- ***Did the Business House do the right thing by appointing Srinivasan to complete the project?***

CUBIC ZIRCONA SYSTEMS

CASE # 24

Om Prakash Gupta was an entrepreneur with a social conscience. He was from a small village in the Punjab, had joined the navy and become adept in fields of wireless and transmission. On retirement after the Indo-Pak war of 1971 he set up a small workshop in Ghaziabad where he repaired television sets, transistor radios, and tape recorders. His business grew and he acquired a dealership in a leading brand of television sets. From then on there was no looking back for him or for his business. He retained his workshop but purchased a showroom in Delhi.

A man of sound principles and morals, Gupta always liked to play according to the rules and never tried to circumvent the law. However, Om Prakash Gupta (or OPG as he was fondly called) was highly trusting and yet superstitious by nature. Consequently, attributed his success to a very large cubic zircona that graced the gold ring on his left hand. During his travels when in the Indian Navy he had gone to Madagascar where he had met a gypsy woman who divined into the future by gazing into her crystal bowl. This woman had advised him to wear a ring with a cubic zircona on it for luck. This was in 1965 and ever since then his personal and professional life had improved considerably. He had bought a row house in Delhi and named it Cubic Zircona Villa, he had named his workshop similarly (Cubic Zircona Radios). Now the same name stuck on to his showroom too (Cubic Zircona Televisions).

During his attempts to increase his business ventures Gupta had met a retired civil servant with some experience in agriculture management who managed to gain OPG's confidence with his smooth talk and persuasive manner of conduct. This man was Vivek Mohan Thakurda who originally hailed from Bangladesh but who had settled in Mumbai and had been all around the country, knew a number of politicians on a personal level. On premature retirement from the civil service he had become an effective middleman between businessmen and the state bureaucrats, which made him quite important for those who traded on the fringes of the market. The day Mr. Thakurda joined the company finally OPG bagged a large contract from the Army General Stores to supply television sets. Being superstitious he thought Thakurda brought him good luck, even though the purchase order agreement had been signed a fortnight before Thakurda joined the company. That the period was marked by the great stock market boom of early 1990s did not convince OPG that the growth was market driven.

Over the years Thakurda had developed a friendship with OPG and gained his trust. In return, Thakurda ran odd errands for OPG at the Mantralaya and the Customs Office, for a retainer. Thakurda was a very smooth talker and could charm anyone with his words. However he was unscrupulous and would stoop to any level to gain his desired ends. He had, it was reported, left the civil service under a cloud. That notwithstanding, he could work his way into many a corridor of power and get government clearances with ease. That had proved to be an asset for the company.

Thakurda's sons and daughters were well settled abroad. So he and his wife took a small flat next to the company guesthouse and lived just outside the premises of the company. This enabled Thakurda to drop in at odd hours to see if work was going on well. This spot-checking helped the company keep its supervisors on their toes all the time. However, it also created a feeling that management did not quite trust the supervisors completely and "big brother was watching you".

However, Thakurda had other merits. He had succeeded in extricating the company from a serious legal tangle in which it had inadvertently walked in and would have had to be shit down had matters not been controlled. Thakurda had spent endless hours in the Delhi Offices of the government bureaucracy sorting things out. On another occasion he had flown to the Gulf Countries on a whirlwind mission covering six countries in a month and procured orders for the company, which helped it out of a financial fix. If not, the company would have hand to go in for a bank loan to finance its expansion plans.

Nature had blessed OPG with three sons who had been educated well and all of who had secured their Masters Degrees from BITS (Pilani) successfully. In addition all of them were straight forward, upright social citizens who would scoff at the very thought of politicking. They respected their father immensely and consciously did not wish to cross his views for fear of hurting the old man's sentiments. The eldest was Alok Gupta who took over the workshop and expanded it. The second son was Ashok Gupta who managed the showroom and began to rake in profits at every turn. The third and youngest son was Arvind Gupta. He was a computer buff and wanted to start a software engineering firm in Noida. He prevailed upon his family to support his idea and grudgingly they agreed to do so. Accordingly, Cubic Zircona Systems was set up.

It was decided to merge the three ventures under one corporate umbrella and a Board of Directors was appointed to look after the entire investments. A bank loan of ₹30 crores was obtained to update the technology and a further loan of ₹20 crores was taken to open marketing outlets all over India and some offices abroad. OPG was the Chairman of the Board, his sons were the Directors and Thakurda became the Group Head (Administration). The three sons did not like him and had warned OPG against trusting Thakurda but to no avail.

The chartered accounting firm appointed by Thakurda was a well-known medium-scale business owned by some young men who had put together their personal funds to start the business 10 years ago. The firm had all along given the Zircona Group of Companies a clean chit. So the sons did not doubt the stories of success.

For a while all went well but then Thakurda started playing favorites. He had his henchmen who would report against their bosses and though threat and sheer blackmail Thakurda began to control the senior officers. Those managers who wanted to curry favors used to sit for long hours with Mr Thakurda after office hours, chit chatting, and bad mouthing managers who were not present there. Thakurda who has little else to look forward to welcomed these gossip sessions because it gave him vital information about what was going on, and thus tighten his grip.

All administration would no longer be the task of human resources department but rest directly in Thakurda's hands. Human resources was reduced to recruitment, training, and legal compliance under Indian Labour Laws. Thakurda was apprehensive of self-confident and efficient managers in whom he visualized some threat to his position. So he would adopt the *divide and rule* policy whereby all managers began to distrust each other and could put up a united front against Thakurda.

Telephones were regularly tapped, e-mail messages were intercepted and security guards

Telephones were regularly tapped, e-mail messages were intercepted and security guards kept a record (for Thakurda), of which senior officer came to work, when and with whom. An atmosphere of mistrust developed and fear psychosis reared its ugly head. Creativity went out of the window and everyone was too busy guarding their back to have time to look in front. It seemed that Thakurda derived an insidious delight from this.

Things came to a head when it was discovered that Thakurda had conveniently placed a clerk in the office of each of the sons and had a very efficient though unofficial reporting chain built up. Nothing that the sons did in the office escaped Thakurda's knowledge. This included when they went out for lunch (and with whom) when the left for home and who were the visitors every day that called on them. When OPG was confronted with these facts, OPG tried to shield Thakurda and asked the sons to give the old man another chance. In his heart OPG was scared that if Thakurda left the company, his good luck streak would follow out and/or Thakurda knew enough to shop the company. The sons tried in vain to debunk that myth. In June the three sons privately and jointly conducted a management audit. The sons found that things were not as rosy as they had been made out. Three major questions arose.

Alok asked a simple question: *How did the company continue to invest for the last three years when the cost of borrowing was less than the rate of return?*

Ashok stated that *the payment made for procurement of technology was higher than what it would generally fetch in the market.*

Arvind wanted to know why *the level of motivation and trust relationships were at such a low ebb when the three brothers had all along been transparent in their dealings and the wage rates were market competitive.*

One question that plagued all three of them and remained unanswered was: *Why is Thakurda, who is so comfortably well off and whose family is well-settled still working as if his very life depended on it? He certainly did not need the funds and the remuneration he got was not really worth the bother. Unless, of course, he had sources of income they knew nothing of and/or he had an ulterior political interest in knowing how the company functioned.*

However, none of the brothers was actually sure of what Thakurda was doing or besides liaison what his core competency was. Quite perturbed, the three brothers jointly approached OPG to call a meeting of senior managers and find out the real state of the business. But owing to pressures from Thakurda on OPG, who feared loss of market goodwill if the news leaked, they did not raise the issue publicly.

In the meanwhile (November 1998) business fortunes began to visibly and rapidly falter just as the stock market fell. The fall in average stock prices was less than the fall in the prices of the company shares even when their financial fundamentals were supposedly strong. Alok smelt a rat and called his two brothers over for an *official* dinner one evening leaving Thakurda and OPG out (for the first time in years). They agreed that they were not themselves competent and had to get professional help to have the entire business audited properly. They also agreed to keep OPG and Thakurda out of it. However they wanted to get their own facts right so they wanted to involve the three chiefs (human resources, accounts, and production). This move was to ensure certain cross-referencing of information could be made possible,

A week later they met again for a confidential official lunch meeting in a hotel away from the city and this time the chief of human resources, the chief of accounts, and the chief of technology joined them. The meeting continued well into the evening and by then the whole

Group's operations had been fairly well analyzed. They all decided to call for expert opinion before confronting OPG with the facts.

Next day Ashok contacted his close friend in Hyderabad and got a very notable Professor of Finance from ASCI to agree to come down and see the factory. Arvind knew a Professor of Industrial Engineering who was an authority in Production Management as well. So he telephoned him in NITIE and had him come over too. Their cousin was a Professor of Human Resources at Symbiosis at Pune and they roped him in as well. All along Thakurda and OPG were kept in the dark.

In January 1999 at the monthly meeting, Alok announced that three Professors were going to be in Delhi and they had been asked to visit the business premises and give a considered opinion. OPG welcomed the move but Thakurda wanted to know more about each of the men visiting and stated that he wanted to know whether they were working for the competitors. For the first time, the three brothers united publicly, overruled Thakurda and OPG was candidly but politely told that it was time for him to retire. Being a very amiable person OPG agreed but Shikdar opposed the move tooth and nail. The meeting ended when the three brothers stormed out after Thakurda started talking in a very arrogant and highhanded fashion and OPG did not object.

The trauma of the fall out was too much for old OPG to take and he suffered a cardiac attack that very night. The doctors told him to take things easy for a while and so he accepted that he would leave the matter of running the business in the hands of his three sons and Thakurda. Not wanting to displease the father, the sons agreed. Everything went well until during Diwali of 2000, OPG suffered a massive cardiac attack and could not survive it.

Thakurda became the self-appointed boss of the company and started running things the way he wanted. The sons were still recovering from the shock of loosing OPG and did not realize this until the much delayed and much awaited management audit by the three Professors was due in December. To their shock, the sons found out that 3 weeks before the demise of OPG, acting unilaterally Thakurda had cancelled this audit. The professors were surprised but had waited for clarification to follow.

Immediately they shot of letters of apology, explained the mix-up without casting aspersions on anyone including Thakurda. They also revived the exercise and asked the professors to indicate when their schedules would permit another long visit to the organizational premises.

Thereafter the sons reacted swiftly and called a meeting of the Board. At that fateful meeting, they stripped Thakurda of his financial powers, identified every one of his known reporters and terminated their services (without further inquiry but with a golden handshake). Thakurda reacted by getting the state and central government bureaucrats to make things difficult for Cubic Zirconia in every possible way. The Board agreed to induct an expert in Corporate Governance at once and start setting things in order within the Group. They pledged that trust and transparency would be practiced to the letter as well as spirit of the avowed intention. They were preparing for a bureaucratic crack down from the civil service. This never happened but the organizational climate improved as a result of the new transparency. The much delayed management audit was conducted and a lot of skeletons began to tumble out of the cupboards.

Six months later, in late 2000, the Board asked Thakurda to put in his papers and steeled themselves to face the bureaucratic aftermath, which could follow such a decision. {Just for records, nothing untoward happened.}

- ***Was the top-level managerial mindset in dire need of change? Why? How?***
- ***What went wrong? Why was the management audit delayed?***
- ***To what extent was OPG to blame and to what extent were the three sons to be held answerable for the delayed reaction?***
- ***Should Thakurda have been empowered without being given adequate accountability?***
- ***Why was Thakurda still working when he clearly did not need to?***
- ***Is this not a case where the corporate culture needs to be re-examined and the position of strategic HR needs to be re-asserted?***

KOLKATA MANAGEMENT CONSULTANTS

CASE # 25

Kolkata Management Consultants (KMC) is a private firm with a small group of professionals located in Turbhe and they service the Finance and Accounts needs of industries, which fall within the purview of the Howrah Industries Association. Basically Mr Pradeep Mahajan ran a series of highly successful training programs in company costing and accounts under the auspices of the Howrah Industries Association in 1995. It then dawned on Mr Mahajan that if he were to have a small group of highly specialized professionals he would effectively be able to service the needs of industries in that belt. He conducted a pilot survey and employed Mr Thomas Mathew a well-known placement agent and management consultant to recruit a team of young professionals with the express idea of floating KMC.

Given the expected and promised revenues from industry the pay scales offered were lavish by local standards. Those recruited were first class graduates in cost accountancy with an (AICWA) qualification. With this group were thrown in three chartered accountants, one lawyer, and one person with a qualification in company secretaryship.

KMC started with a bang and got seven retainers in 1 year. However, from the group of 21 persons recruited initially only three remained with the Company in December 1997. The reason for this high rate of attrition was puzzling and Mr Mahajan called in an expert from TISS to analyse the situation. Records were examined and ex-employers were spoken to at length.

What came across was that very few had left the Company due to salary reasons. The main thing was that Mr Mathew had taken the task seriously and employed the cream of the accountants from institutes of higher learning. But the job content offered by the industries was what a bookkeeping clerk or an accounts assistant could handle. There was no challenge and no job satisfaction as a result of which the incumbents thought that they were spoiling their time and missing out on better opportunities elsewhere. Clearly the goal of KMC was unclear, as was the role of the incumbents. In between project assignments there were lull periods during which the accountants had no workload and no value addition took place as a result thereof, this added to their frustration.

Armed with this finding Mr Mahajan re-approached Mr Mathew who now went to Under-Graduate Colleges in the area and recruited replacements with a simple First Class B.Com. Degree and a flair for oral communication. They were selected after a group discussion followed by a brief interview. Some PGDBM students from lower level management institutes also came for the interview and were recruited. These recruits were very satisfied with the salaries they received; did not have high expectations from their job and in January 1998 all of them were still working with KMC.

The wage bill of the company fell as the demands of these new recruits was modest. The clients were happy with the turnout of reports, the employees were happy and there was some amount of stability in MMC. Now the company was looking at the possibility of lending software support to the industries in the area by developing and servicing their EDP departments. However, when the Howrah Industries Association sent them the new contract to service ten industries in the area, they asked for electronics engineers with postgraduate qualifications in Computer Software Technology and Hardware Maintenance. This idea did not please Mr Mahajan but he wanted this contract very badly since he would thereby be able to rake in a lot of funds even during a period of recession in the economy. He was on the horns of a dilemma.

- ***If you were Mr Mahajan how would you react and why? You do not wish to make the same mistake twice and yet you need the new contract. You also know that getting qualified manpower is not a big problem but retaining them is.***

THE UNESCO PROJECT

CASE # 26

Professor Ikenna Nzimero was given the task of formulating socio-economic indicators for Africa. He was a very well-known social scientist and an astute theoretician. But his problem was that he spoke very little and assumed that everyone understood him completely. He had succeeded in getting a UNESCO funding for the project and promptly appointed 26 well known scholars to man the project. He also appointed Mr Makhdoom Khan to head the project team since is extremely good at writing software programs and making computer based analyses for large research projects. Mr Khan had stated that the research would take at least 18 months with 30 persons working, but Professor Nzimero wanted the funding so he quoted the time required as 12 months with a team of 26 persons working on it. Against competing bids from other Universities, the University of Nigeria represented by Professor Nzimero, Mr Khan and their team got the project. Their bid was the cheapest and needed the least time for completion.

Mr Makhdoom Khan is a hard working project leader who has a dedicated and hand picked team working for him on a project involving the development of socio-economic indicators for Africa. He was a student of Dr Kaiyan Kaikobad an internationally reputed scholar and statesman originally from Rawalpindi but now based in London. The project is very well-funded by UNESCO and consists of persons drawn from diverse disciplines like economics, sociology, anthropology, statistics, political science, and history. All the team members were computer proficient though only two were involved in writing the program. The amount of data generated by the investigation was large by any standards of social science research. However, the modalities of the investigation are such that not all persons are gainfully employed all the time and whereas some were involved in the project formulation stage, others contributed to the data collection while some were involved in data analysis.

All the variables were placed on the computer and a complicated simulation program had been developed to compute a Single Index Number (SIN). The higher the SIN recorded for a country, the higher was its stage of economic development.

When the final result came out it was found that countries like Chad and Niger were placed higher on the developmental scale than countries like South Africa and Zimbabwe. Clearly something was wrong. Professor Nzimero dismissed the finding out of hand. Time was running out and the deadline for submitting the report to UNESCO was fast approaching. Mr. Khan stated that the deadline was unrealistic and wanted an extension to be sought. But Professor Nzimero would have nothing of it. He said "why did you not put your foot down earlier if you felt so strongly?"

A crisis meeting was called and to his horror, Professor Nzimero discovered that each scholar knew his onions but had little idea of what the colleague was doing. Both he and Mr Khan had assumed to the contrary all along. And nobody had bothered to tell them that they were wrong.

This was clearly a case of individual excellence and a collective mediocrity. There was no way in which the UNESCO deadline could be breached since it would mean that no future research projects would come their way again. And the University of Nigeria badly needed funds, which such projects could generate.

Mr Makhdoom Khan rose to the occasion. He took the data generated by each of the 26 research scholars and keyed in the data again, reformulated the simulation and came up with the more realistic answers. UNESCO officials were very pleased and secretly told Professor Nzimero that they had not expected the deadline to be met since the estimate had been too ambitious. The deadline was met but Mr. Khan fell violently ill due to overwork and mental fatigue. Mr Khan swore that he would never be a part of Professor Nzimero's project again.

- ***You are a trained HR professional. As a dispassionate and objective observer with years of managerial experience, what do you think went wrong? What lessons can be learnt from this?***

T & L INCORPORATED

CASE # 27

Sree Bhagwan Tibrewal (SBT) and Bajrang Lal Agarwal (BLA) were childhood friends who were partners in A and T Inc. They hailed from the same school in Udaipur and went to the same university for their Bachelors Degree. However, at the postgraduate level BLA went to Cambridge, UK, and specialized in finance and economics. He earned a Doctorate and returned home to serve the House of Tatas. SBT in the meanwhile had gone to Cambridge, MA, and specialized in materials management and systems. He too earned a doctorate and returned home to serve the House of Birlas. Both friends were located in Mumbai at the respective head offices in Bombay House and Industry House ever since their return to India in 1970.

In 1975 BLA left the service of Tatas and went to Noida near Delhi to set up his own small scale unit in the manufacture of ball bearings. His younger brother had expertise in this field of manufacture. The following year S.B. Tebriwal and B.L. Agarwal's decided with the consent of their children that SBT's daughter Tara is married to BLA's son Lalit. The ball bearing factory was re-named T & L Incorporated, after the newly weds, and SBT agreed to move to Noida and become an equal partner in the new firm.

T and L Inc. began with a modest sales turnover of ₹ 5 crore in 1978 and by 1988 it had reached the ¦ 50 crore mark. In 1996, the sales turnover rose to ₹ 75 crore and the partners were more than pleased with their progress. Growth though gradual was well planned. The men on roll position (m.o.r) rose from 100 in 1970 to 500 in 1980 and 1,500 in 1990.

Most employees has at least 3 years of work experience, after graduation, before being hired by T & L Inc. The average age of the employees was 30 years and the average age of the executives was 40 years. Annual employee turnover varied from 7 per cent to 10 per cent although the salary scales were 15 per cent above the industry average in the case of employees and staff while they were 20 per cent above the industry average in the case of executives. The employers paid well and looked after their staff well but they expected a lot of dedication for the facilitation of which a climate was painstakingly created. Both BLA and SBT were scrupulously honest and their managerial practices were well above board.

However, they recognized that they did not have the required managerial talent in the field of marketing. They then scouted for talent globally and in 1992, found Vijay Poojari from Gwalior to head the effort as Senior VP (Marketing), when the sales turnover had stood at ¦ 52 Crore per annum. On joining T & L Inc. Poojari scanned the markets and gave the partners a detailed report. Arising out of this report T & L Inc. appointed Young & Ernst Consultancy to find them a person who would facilitate the expansion effort internally so that Poojari could develop the leads externally. In three months time the hunt ended and Tinu Prasad Shah of Ahmedabad came on board as Senior VP (Human Resources).

Soon thereafter, a top-level management meeting was called in December 1992. Three decisions were taken:

1. T & L Inc. would have a sales turnover of ₹ 700 Crore by 2000 AD.
2. To make that happen the company would have to go public to raise equity capital.
3. The company would be divided into Strategic Business Units (SBUs) and Strategic Service Units (SSUs). The formers were profit centres while the latter were cost centres purely for purposes of account keeping.

T and L Inc. had a very good infrastructure, a dedicated workforce and an excellent credit rating so the expansion plans were not wildly ambitious. BLA undertook to source the market for funds since he had excellent relations with the financial institutions. SBT undertook to liaison with the stock exchange and the Governmental bodies since his strength lay in that area.

- ***What should be the intervention from a Strategic Human Resources viewpoint, which must now be undertaken to make T and L Inc. a ₹ 700 Crore Company?***

NAINAN AND SON

CASE # 28

Mr Gopal was a straightforward businessman who had sacrificed his career many a time at the altar of his principles. He had retired as a Major in the Indian Army when his colleagues had retired as Colonels. Nevertheless he had no regrets and had even been decorated for bravery in combat. He had his own brand of ethics but was very paternalistic. He certainly did not have a mind set fit for business. So he went back to his farm in Trivandrum and began to cultivate bees. This was his secret hobby and passion. He had no children save a son named Rakesh who grew up to be a lawyer and had joined a software engineering company. He knew how to bend rules without breaking them. Unlike his father, who was a straight talker, Rakesh was very diplomatic and was particularly good at the play of words. He was good-natured, kind and got along with people at all levels.

Rakesh had made a lot of money and by the time he was 30 years old he had made his first million. He had made some astute business deals and cut corners in the process. In 1992 Rakesh entered the arena of real estate on behalf of his employers and by making some questionable private speculative deals he had made his second million by 1994. The following year, he quit and joined his retired father in Trivandrum. He used the old Major's land to use as mortgage and pledged his own shares as well. Together they planned to set up a software factory in Trivandrum since Rakesh had married a lady named Dr Asha Nainan who had a Doctorate from Chicago and presently was a Professor of Computer Applications at IIM Calicut.

Major Nainan wanted to do something that would *add value* and use high-end technology. He did not wish to see Indians being used as sophisticated wage labour by foreigners. Rakesh wanted to do something that would *rake in revenue* and he was not concerned with the level of technology needed. After a lot of argument, it was decided that they would not, after all, set up a software factory which is another name for a dedicated manufacturing unit for a principal company abroad.

Nainan and Son as a partnership firm had been formed. They employed Arthur Anderson to provide them with a project report so that they could set up a firm that would service Y2K orders from USA and Japan in the first instance. They planned to then go into software architecture and develop specific systems for client needs. Dr Nainan (Rakesh's wife) liked the idea and agreed to quit her job to take over the Technical Director's post in the new family owned company.

However, the three Nainans have three different decision-making styles. Major takes long to decide but once he makes up his mind he does not waver or change easily. Rakesh is easy to convince and very impulsive. He has a razor sharp brain but he ends up contradicting himself quite often. Dr Asha Nainan cannot take a decision since she is engrossed in too many imponderables

At no point in time could any action taken by any of the Nainans be called even remotely immoral although it was clear that their decisions were not always identical. The heart of the matter was that their core values were more or less the same. E.g. do not exploit the poor and needy, do not commit theft, do not commit what you cannot deliver, or do not break the law of the land.].

You are a management consultant with a strong HRD background and who specializes in business process re-engineering and organizational Change. You enjoy the confidence of all the three Nainans. Hence, they have approached you for advice. You were given a copy of the report submitted by Ander Arthurson, a highly respected consultancy firm, and asked to study it carefully. You have been retained as a permanent consultant of the firm.

After a series of meetings it was agreed that:

- Nainan and Son would set up its company headquarters in Cochin.
- It would remain a proprietary firm.
- It would employ 50 software engineers in the first instance and add 50 more each year.
- It would employ a marketing man to source the markets for Y2K abroad.
- A well known head hunting firm called Change Proactive from Chennai was retained to recruit manpower.
- The State Bank of Travancore and Cochin has agreed to finance the project.
- A ready-made and air-conditioned building with three floors has been rented to start operations.
- Computers have been ordered and the operations will be on line within three months of initiation.

There are three aspects that you wish that the Nainans did not loose sight of.

(*a*) The product of the company will be people driven

(*b*) The loyalty of knowledge workers lies in their ability to enhance their technology skills.

(*c*) The bottom line must be well managed but long-term development cannot be overlooked.

In response, to the above, the Nainans have asked you to draw up a clear vision, mission, goal, and role for top management. In addition:

- Major Nainan insisted that everything should be ethical and above board.
- Doctor Nainan wanted the company to operate professionally at all levels.
- Rakesh Nainan wanted to ensure that both the client and the employee are kept happy.

How will you go about the assignment?

BROACHA STEELS LIMITED

CASE # 29

Sarosh Broacha was an MS in Metallurgy from the famous Carnegie Mellon Institute of Technology, USA and had inherited the steel company, which his illustrious father and his two uncles had started way back in 1940. Due to the untimely death of his father and his uncles in a plane crash, in spite of a good technical degree Sarosh had to learn how to be a Director of a well known but privately owned Steel Company, in the school of hard knocks. Ever since he took up the post of Director in 1960 he was uncomfortable with the returns to scale generated by the plant which was located in Chaibasa, a mofusil township 30 miles from Jamshedpur and which was also the District Head Quarters. Things came to ahead in 1991 when the Indian markets were liberated by reforms. This was in spite of the fact that the company had up to date technology, which was both efficient and competitive.

Sarosh had long since realized that the Chota Nagpur Region of Eastern India is the lifeblood of raw material needed for Indian industry and yet, it is the one of the poorest geo-physical areas that one can come across. Entrepreneurs with a mercantilist-trader mentality from Rajasthan and Punjab have a set up industries in the small-scale sector as have the erstwhile landed bourgeoisie from North Bihar who exploit the people of Jharkhand with impunity. The Christian missionaries who proliferate in the area are often more keen to convert people to their line of thought than their socio-cultural up-liftment. In this regards, the Jesuits were the only exception. The much-needed political platform has been debauched by the scams that have rocked the party representing these tribal peoples. To add to this was the fact that the State-owned companies within the mining industry in that region were not doing too well since their captive buyers were now free to buy from the best seller. Moreover, the super structure of the state owned mining industry is too heavy for the infrastructure to withstand. The situation in the manufacturing sector is quite similar. And imbalance (in and between both sectors) is creating greater disequilibria as the battle for competition raged on.

The question was begged: How much value addition does a factor of production make? The answer to that question exposed the behaviour of the capitalist in respect of investment. Conventional Human Resources specialists invited as consultants by Sarosh did not have the answer since they were forever trapped in the vicious cycle of conducting climate surveys, compensation surveys and performance appraisals. Since they did not take up projects, which have to be designed, developed and then implemented, their exercises remained at the level of the intellectual fornication. Despite his four general managers (finance, manufacturing, marketing, and human resources) maintaining that all was well Sarosh had his doubts.

So he employed the services of three young MBAs who had joined the company from prestigious institutions like IIM(A), IIM(C) and XLRI to do some fact finding research for hi.

From the table given below, it was clear that although there had been a decline in productivity for all the steel plants during the period 1976–77 to 1980–81, there had been a steady increase in nominal earnings. On the face of it this appeared to be a clear violation of the marginal productivity theory. It did not take a genius to realize that along with the rise in nominal wages if one considered the rise in price level, one would find that there had virtually been no increase in real wages.

On the contrary, the rise in the money wages had not been sufficient to offset the rise in prices. During the period of late 1970s and early 1980s prices rose at the rate of 12–14 per cent per annum. The increase in nominal earning had rarely succeeded in maintaining the level of real wages. Thus, Sarosh found that a declining trend in productivity had been accompanied by a virtually unchanged or at times slightly falling real wages.

TABLE 1

AVERAGE EARNING PER EMPLOYEE PER YEAR WITH CORRESPONDING LABOUR PRODUCTIVITY INGOT TONES PER MAN-YEAR

Plant	1976-77	1977-78	1978-79	1979-80	1980-81
Bhilai	13,311 82	15,657 87	16,294 80	19,519 76	20,383 69
Durgapur	11,635 49	12,890 49	14,837 43	18,956 40	20,393 33
Rourkela	11,955 62	12,046 56	15,084 52	15,563 49	17,873 43
Bokaro	8,752 70	9,863 59	10,477 67	12,582 69	13,953 48
Tisco	NA	12,504 72	13,065 65	16,151 62	16,380 63
Broacha	NA	7,550 50	9,980 55	12,020 58	14,050 60

Next, the three MBAs considered the productivity and average earnings of his employees over the five-year period ranging from 1989-90 to 1993-94. In this case study, "employees" include all employees working inside the works and does not restrict itself to the definition of "worker" as given in the factories Act, 1948. Moreover, they had considered the production of both hot metal as well as work saleable steady during this period so that the analysis is made more relevant.

TABLE 2

Year	*No. of workers inside works (making steel)*	*Total hot metal prod (Tons)*	*Per worker prod. (Tons)*	*Total workers saleable*	*Per worker prod. steel (Tons)*
	1	2	2/1	3	3/1
1989–90	25,571	2,268,959	88.75	1,966,046	76.88
1990–91	26,516	2,320,628	87.52	1,944,338	73.32
1991–92	27,703	2,400,932	86.67	2,037,958	73.56
1992–93	28,395	2,427,659	86.15	2,123,675	75.05
1993–94	29,140	2,597,755	89.15	2,153,725	73.91

As any economist will tell, the theoretical instrument to be used for the measurement of the relative worth of the capital and the labour inputs, respectively, is the Constant Elasticity of Supply (CES) Production Function. The Cobb–Douglas Production Function is a more malleable function to be used in the case of the primary industries like agriculture. Whereas it could be used in the case of raw materials also, it needs to be explained precisely why it was chosen, as we have. A short description of the two can be gleaned from any textbook and need not be entered into here.

It was found that the elasticity coefficient of capital for hot metal production is 0.25. In other words, a unit increase in capital increased the output by 0.25 units. The issue of factor intensity was then taken up. In case of Cobb-Douglas production function, factor intensity is given by the ratio of a to $(1-a)$. Hence, in the case under study, factor intensity is $a/(1-a)$ = 0.75/0.25 = 3. Therefore, the hot metal production in the company was found to be highly labour intensive.

TABLE 3

Year	*Average salary per month (₹)*	*%age increase over previous year*	*Rate of inflation*
1989–90	5,966	—	6%
1990–91	6,460	8.28	11%
1991–92	7,003	8.40	12.62%
1992–93	7,601	8.54	9.15%
1993–94	8,259	8.65	6.45%

Thus, the MBAs found in case of the company, over the 5-year period from 1989 to 90, there was virtually no increase in productivity either in hot metal production or in MS steel production. On the other hand, there was steady increase of more than 8 per cent per annum in salaries. This would seem to contradict the marginal productivity theory. However, if we were to take into consideration, the MBAs argued, the rate inflation during the same period, they would find that in real terms the wages were in fact falling or at best they had remained constant.

They further realized that the same reasoning held true for the entire iron and steel industry in India. While they found that the productivity had remained constant or showed very little increase, wages had always shown a steady increase. However, one must take into account the fact that inflation rate has been high throughout the planned era (with the notable exception of the First 5-Year Plan). Hence what appeared as a very little increase in productivity was actually a constant or even slightly declining level of real wages. Therefore, it could be concluded that marginal productivity theory held true for the Indian iron and steel industry in this limited sense only. In other words, a more or less constant level of real wages had accompanied an unchanged productivity of workers.

It was apparent to Sarosh that with the markets opening up, an increase in productivity will lead to an enhancement of the competitive edge and therefore growth which will invariably lead to more effective employment in the aggregate. With this in mind he called for a high-powered meeting to be attended by the four general managers, their technical assistants and the three MBAs who had prepared the report. With everyone armed with a copy of the report submitted to them well in advance, Sarosh laid down the future manpower planning strategy.

- Have a lean and mean organization structure.
- To gauge weather or not any activity actually adds value to the organization and dispense with those persons, processes, and products lines that did not add value.

- To emphasize on the growth of the efficient vital few and dispense with the inefficient trivial many.
- To create a healthy work culture where people come first but where empowerment and accountability go hand in hand.
- To have quality built into the process rather than be inspected at the end of the value chain.

This meant clearly that a voluntary retirement scheme was on the cards and many of the old guard had to leave.

The four general managers found this to be a complete turnaround from what was practiced in the past. They vehemently objected and stated in a uniform voice that things should be allowed to remain very much as they were, and not rock the boat. Sarosh argued that since there was enough disequilibria in the market caused by foreign players entering the field at lower prices and better quality, Broacha Steels had to change or perish. There was an obvious deadlock so the meeting was adjourned and they agreed to meet again in a week's time.

- ***Assuming that you are the three MBAs, put up a stiff defence by way of a policy report, on behalf of Sarosh such that the four general managers have to accept this change of manpower strategy.***

INDO ARAB OIL INC.

CASE # 30

Indo-Arab Oil Inc., the petroleum giant, with an annual turnover of over 1.10, 000 crore and being over 20 years old, was going through a massive modernization phase in the late 1990s and early 2000s. The Indian partners were the landed gentry who had become rich by using the license and quota raj effectively for massing personal wealth of the Directors who shamefacedly used political connections to get lucrative contracts and the concomitant kickbacks. The reason given was that global markets had opened up, that Europe was re-uniting as a customs union and the company wanted to exploit the situation to its fullest advantage. Oil prices were rising and technology needed to produce oil at competitive prices was just not adequate to absorb the fall in demand and resultant fall in profits. It had all along dominated the pricing policy of the Government of India and many of its welfare measures even preceded state legislation on working class rights and privileges. With foreign oil extracting technology having been rated more efficient than its Indian counterpart, the interests of Arab countries shifting towards a global jihad, it was time, the Indian Directors of the company felt, to sever the Arab link and depend on the crude found by the Ambanis and others in Western India. In addition, the level of quality requirement having taken quantum leaps, Indo-Arab Inc. was fast loosing that pride of place it had enjoyed for decades. Due to vertical and horizontal integration of the production process, and by virtue of government patronage the company had a controlling interest in a number of smaller oil concerns all over India. The company was based in Rajkot and the management policy was to deal with the working class directly. Dialogues were a regular feature and there was a progressive union in the company, which was alive to employee welfare, market conditions, as well as, managerial constraints.

The Company has grown from strength to strength and was ranked No.3 on the turnover rankings, up until it lost that position 5 years ago. The company had always been associated with far-sightedness and had started thinking in terms of export in a big way with the goal of becoming one of the major global players at least a decade before India liberated its markets. Exports had always been a part of the company's turnover, but it never was able to rise above the 15 per cent mark.

Top Management made a historic decision in 1995, according to which the Arab connection was severed. Simultaneously complete modernisation of its plant, in five phases, was scheduled to get over by 2003. What Manojbhai Patel, its feudal-mercantilist minded Chairman, did not anticipate was the global recession of 2001 would hit the industrial sector so devastatingly, and it was only through the financial wizardry of Sailesh Hude, their Director of Finance, that they managed to avoid defaulting payments to suppliers of raw materials. Even in 1999, the financial liquidity position was not very impressive. The Company no longer remained the "byword" as far as petroleum went in India. The erstwhile public sector giants were doing better than expected and even the business deviousness and underhanded dealings of Kasande Bhai Kumar its Director of Production and Marketing, could not rescue the company's fortunes. They very reluctantly called up a professional agency to look into the matter. This was especially a sad thing to happen since all along Patel, Hude and Kumar had boasted that they could handle almost any situation. The findings of this agency were:

(*i*) The Company was overstaffed by 30 per cent and about 50 per cent of the manpower performed below acceptable efficiency levels.

(*ii*) Modernization was the need of the hour and the Arab connection had to be severed.

(*iii*) Lines of responsibility were not specific so goal and role clarity was needed.

(*iv*) There was too much centralization of management control and not adequate willingness to play by the rules.

(*v*) Costs of production had to be reduced at any cost if the company was to survive global competition.

(*vi*) Per capita productivity of labour needed to be raised by at least 100 per cent.

(*vii*) The company needed to generate revenue for financing the proposed modernization programme.

(*viii*) The Director of Personnel, the Vice President of Finance and the Vice President of Corporate Affairs should be located in a central office, if diversification of control was not an acceptable proposition.

(*ix*) Both authority and accountability should be delegated down the line and horizontally in a clear manner.

(*x*) Directors should stop taking frequent trips abroad ostensibly for business purposes but in reality to maintain their bohemian lifestyles. Audit reports had thrown up quite a few questions that were difficult to answer with a straight face.

Since the plant modernization programme was already in progress, top management focused their attention, primarily, to just one major problem at a time. They zeroed in on another issue, that of over-staffing, hoping that in so doing, they would also be addressing the question of *per capita* productivity of labour. They further argued, that even if 30 per cent manpower could be reduced, it would lead to cost reduction and the profit cycle could start moving upwards again.

Options: Top management, which was known for making delayed decisions, studied the problem for full 2 years and only then decided that the various options could be narrowed down to three areas viz.

(i) Retrenchment: On paper, this was the most effective method of reducing over-staffing and its chief advantage was that the dead wood could be weeded out but not quite comfortably. The corporate culture was such that the word "retrenchment" was anathema since many caste and village affiliations dictated who got which position in the company. Top management struggled with the idea of retrenchment knowing that cost reduction could take place easily. Using this option would have to be at the cost of goodwill and since it did not have a good name in the market for ethical practices anyway, they did not want to make matters worse. It was decided, therefore, to forego this option.

(ii) Re-deployment: This was the second option open to the top management. It was reasoned that the surplus manpower could be shifted to those companies where the Directors had a controlling interest or sent to the village where they had sizeable agricultural land and even a brewery. The plan was that there would be a mixture of the "good" and the "bad" who would be shifted to the villages so as not to upset the vote bank, since one of the patriarchs of the family was in active politics make the allied companies have the worst of it. However, when a study of the allied companies was conducted, it was found that apart from the new ball-bearing plant in Cochin, none of the companies had any openings.

(iii) Voluntary Retirement Scheme (VRS): This third alternative was agreeable to top management and not opposed by the union, since it was offering a benevolent golden handshake and there would be no socio-cultural fallouts in the villages that could upset the vote bank. Furthermore, it was made optional and not compulsory to soften the blow.

The report of the agency were kept strictly confidential and all that the senior managers were given was a covering letter signed by the Chairman, giving a short summary of what the Chairman thought the problems were. The primary reason for this was that the Director of Finance had gone on record to state that the company did not have enough liquid cash to embark on the VRS. His objections were steam-rolled by the Chairman, who felt that he could use the VRS dole-outs to be re-cycled into the company exchequer to finance the modernisation scheme.

The Chairman constituted a task force to formulate the terms and conditions of the golden handshake. Yet another tasl: force was formed to liase with the governmental bureaucracy. It sought the approval of the Central Board of Direct Taxes to enable the company to have operationalized the VRS. A third task force, headed by the Director of Personnel, the grandson of the political patriarch of the family took charge of the implementation of the VRS. The task force, which was to deal with the state bureaucracy, reported directly to the Vice President (Corporate Affairs), located in Mumbai. The task force, which was to work out the financial package, reported to the Vice President (Finance), who was also the Managing Director of the ball bearing plant at Nashik. The Director of Personnel reported to the Managing Director at the headquarters located at Rajkot.

Implementation: The Director of Personnel, first of all, decided to formally confer with the Union. Interestingly, the Union decided to remain "neutral" on this issue supposedly since the level of trust on top management's commitments was low. A circular was then sent out to all the departments though pre-chosen heads so that the scheme could get due publicity. Every employee received details about the financial offer, terms and conditions. Suggestions were also given on how to utilise the "cash carrot" being offered. This circular was designed chiefly to eliminate all communication gaps and quell the possibility of rumour mongering, while opening the door for re-investment of employee funds into the company's exchequer.

Terms and Conditions: The worked out terms and conditions had the following the salient features:

- Employees should be 40 years of age or should have at least 15 years of completed service to their credit.
- While every eligible employee was free for VRS, the acceptance of the application was discretionary. This was in accordance with the provisions of the Finance Act 1999. The aim was to stop the 'critical workers' from leaving the organization.
- The financial offer was substantial and generally quite acceptable.
- The company paid an annual interest equal to what the banks paid but far below what the workers would get if they invested in the share market.

Effect: In a dialogue with workers, the Chairman stated that preference would be given to those who were willing to re-invest funds in the company. A fortnight later, the scheme was launched with a lot of pomp and pageantry.

Three things happened on the morning when the VRS was announced:

(*i*) An editorial in the Gujarat Samachar appeared stating that it was improper for any company to offer VRS on the condition that funds would be ploughed back.

(*ii*) The statements issued by the Vice President (Finance) to the Indian Express, by the Director (Personnel) to the Sakal and by the Vice President (Corporate Affairs) to Lok Satta were incongruent. The first stated that VRS was introduced mainly to cut production costs. The second stated that the VRS was introduced mainly to help the workers who could invest funds and live off the interest. The third stated that the VRS was introduced to streamline the organization, making it lean, mean and effective. The local Gujarati paper, "Lal Vavta", as well as its Hindi and Marathi editions highlighted this point.

(*iii*) The President of the Union, when interviewed by the local All India Radio Station, Vadodara, stated that he had not agreed to the VRS and there was no signed document to prove his acceptance.

The VRS scheme was launched on December 31, 1999. Employees declared extra to the standard force by the Industrial Engineering Department were targeted for the VRS. As of February 18, 1995, only 500 out of the targetted population of 5,000 workers, took Voluntary Retirement. 1000 non targeted manpower, however, left the company using the VRS. This was an unexpected blow. Sixty per cent of the managers in the Computer Services Department opted for the scheme and left the country. The Voluntary Retirement Scheme was more favourably accepted by executives rather than the supervisors and workers. According to the terms and conditions of eligibility for VRS, the employee had to be either '40 years of age or have 15 years of experience'. Young executives in their mid-thirties, who had joined straight after college, fitted the requirements of the VRS and started leaving the organization in search of greener pastures with solid work experience under their belts and a solid bank account, thanks to the VRS. There was no favourable response to the VRS from people who originally hailed from Rajkot or had already built their own houses in the city.

This was the situation in which the oil giant found itself in early 2003. The VRS was ignominiously scrapped.

- ***Where lies the accountability for the failure of the Voluntary Retirement Scheme? Where did the Manpower Planning exercise go wrong?***
- ***Was it good managerial practice for the top management not to divulge the consulting agency's report to the managers? How can there be trust without transparency?***
- ***What were the main reasons for the exodus of good men from the company?***
- ***Was the union's attitude to the VRS politically proper?***

SECTION FOUR

Short Case Studies in CORPORATE CULTURE

SECTION FOUR

Short Case Studies in CORPORATE CULTURE

BABY CARE LIMITED

CASE # 31

In 1980, a group of eight ex-students from XLRI joined hands to start a venture in Mumbai. Through their old connections they managed to get a franchisee from a Swiss Multinational Company for manufacturing baby care products. Each was a specialist in one core aspect of management and so his expertise complemented that of his partners. Each had served industry for a period ranging from 8 to 12 years before tying up with this venture. Each as prepared to invest ₹10 Lakhs at once and a further ₹5 lakhs by 1982 the factory was set up in MIDC Marol in Mumbai.

Each founding alumnus took charge of one core function viz.: Finance, marketing, strategic planning, systems and control, administration and liaison, production and quality control. All major decisions were taken jointly and collectively, which invariably took time. But once the decision was taken it was implemented with complete devotion and precision.

By 1990, the sales turnover had reached the ₹300 Crore mark. And their childcare products were fast becoming household names due their unrelenting emphasis on quality. It was the only partnership firm, to get both an ISO 9000 and an ISO 14000 certification within ten years of going into business.

It was agreed that at least 80 per cent of the net profits would be ploughed back into the company for developmental work and expansion. The firm believed in converting every customer into a client and their advertisement read: *Our product is so damned good that it sells itself. Our service is better!*

Market reports were very favourable and in every possible way they were an ideal employer. However, unknown to most people the eight partners had set up a research facility in MIDC Mahape (Navi Mumbai) some 50 km away from their factory. There they had set up a smaller company called Strategic Research Facility but known only as SRF. Some of the best brains in pharmacy, pharmacology, chemistry, biology, and nutrition had been employed there at very good salaries. 70 per cent of the annual budget of the company was diverted to SRF. The partners (rightly) saw SRF as their insurance against the year 2005 AD when GATT strictures on patents and trademarks would ring the death knell of many third world pharmaceutical companies.

The two companies Baby Care and SRF were separated by not just by distance but also by work culture. SRF had one general manager, one administrative manager, 30 senior scientists, 50 scientists, 70 laboratory technicians, and 30 support staff.

The work climate in MIDC Marol was thoroughly professional while that in MIDC Mahape was absolutely bohemian. Both units, although located within Greater Mumbai, had their own separate agenda, budgets and targets, which were more than adequately met. The annual climate survey using the Udai Pareek-T.V. Rao methodology consistently gave Baby Pharmaceuticals a very good rating. The annual HRD work ethic survey using the XLRI methodology consistently gave a very good report to SRF. The spirit of stakeholdership pervaded both the companies by design since this was the culture they had brought with them when these ex-students of XLRI had got together.

In April 1997 one Senior Scientist committed suicide and the autopsy revealed that it was a case of *suicide under influence of hallucinogenic substances.* Nothing like this had ever happened before. In fact nobody had ever misbehaved under the influence of drugs or alcohol. The partners wanted the matter investigated thoroughly by experts. An industrial psychologist from Sri Ram Centre of HR and IR (Delhi), a sociologist from Bombay University and a Social Work expert from TISS were invited to study the problem. Dr Theo Mathias was invited over from XLRI to lead the team of experts. After a complete study, it revealed the following:

Negative: (*i*) Alcoholism and the use of drugs was rampant in SRF. (*ii*) Almost every employee was sexually liberated and had multiple partners. (*iii*) Fifteen of the staff admitted being homosexuals while six admitted being lesbians.

Positive: (*i*) Productivity and creativity *per capita* was at an all time high. (*ii*) There was no instance of disorderly conduct within the premises. (*iii*) Each employee added value at about 10–15 times their salary on an average.

Neutral: (*i*) Everyone lived in their own world and worked for the sheer joy of it. However, there was no team leader and people often worked divergently rather than convergently. (*ii*) Although there was a high level of professional ethics, there was a low level of acceptable social morality. (*iii*) A spirit of detached interest in everything that went around them pervaded the psyche of most employees. (*iv*) Everyone had either no domestic life or a disturbed one. (*v*) Nobody worked with a specific competitive spirit. If they competed then it was against science, their own knowledge and against time.

The committee of experts submitted the report and purely out of his missionary zeal, Dr Mathias stayed behind in Mumbai to help the lads through this rough patch. Faced with a copy of this report the eight partners sat down in silent cogitation to deliberate at length on the findings. The four questions uppermost in their minds were:

(*a*) Can competition not be converted into cooperation?

(*b*) Is discipline a necessary condition for companies to perform well?

(*c*) Can there not be a highly productive but leaderless group?

(*d*) Is there any case for HR intervention?

As an HR specialist how would you deal with such a situation and how would you answer the three questions, which have been posed above?

IIMEE (CHENNAI)

CASE # 32

Chanda Murmu was an extremely good looking, polite and well-mannered young lady who hailed from a modest tribal background in the Chota Nagpur Region of South Bihar, now Jharkhand. She was dark skinned but the simplicity of her nature only enhanced her beauty as an individual. She carried herself with dignity, was always well-composed and spoke little by choice. In addition, she could write very well and had excellent analytical skills.

Having graduated with industrial psychology from Ranchi University, she had earned a scholarship to come to Bombay for her second Masters Degree, in industrial sociology. On completing her second MA she was recruited on a reservation quota as an HR Executive in the Indian Institute of Managerial Excellence and Entrepreneurship (IIMEE) in Chennai.

IIMEE was set up by the Central Government and came under the joint purview of the Ministry of HRD and the Ministry of Economic Development. It began in 1970 by training supervisors in the art of management and then took on consultancy assignments in the small-scale industries sector by 1979. In 1982, it started a specialized wing to promote entrepreneurial talent and had set up its own energy generation (*gobar gas plant)* as a part of this scheme.

The institute was located in the heart of the city not far from the University itself. It had a staff strength of 700 personnel of whom there were 60 trainers, and unfortunately not even three had any national level standing. Chanda was the *de facto* administrative head reporting to the Registrar, Mr Jose Abraham. She was also the Chief Examination Officer of IIMEE.

The Director of the Institute of Dr Kumar Guruswamy who, by training was an engineer, but over the years had become an administrator. From a small institute in 1960, today IIMEE had a name known nationally as an institute for training. The credit for this went entirely to the Director and the Registrar. They had worked hard and built the institute together. Unfortunately, Dr Guruswaamy was very casteist and known to have been openly partial towards persons and especially Brahmins from South India. He was sometimes disparaging in his remarks about the persons from the lower strata of Hindu society. He did not apologize for it: indeed he thought it was a sign of his superiority.

Mr N. Abraham was lay preacher and loved his alcohol. It was common knowledge that in the evenings he would be usually inebriated. He also liked the company of young women and although he had a family he was a known womaniser. There were several nefarious rumours about his behaviour and secretaries would shiver at the thought of going to his room to take dictation. Although he had been known to molest several of them, no woman dared to complain for fear of losing her job and gaining a bad reputation by default. He would employ people and not issue appointment letters but leave the matter at an offer and an acceptance letter. Therefore, the full terms of employment were never spelled out. This gave him room to be choosy about what he did with whom and how.

One afternoon when Chanda was working in her office, a girl named Rohini Kamath rushed in and started hysterically sobbing. It transpired that Mr Abraham had called Rohini under the pretext of giving a dictation and started acting quite intimately with her. Rohini resented this and he tried to molest her. When her requests for leaving her alone, fell on deaf ears she had panicked. To avoid her dignity being violated, she had hit him on the head and ran out of the office in the nick of time.

Chanda Murmu offered her a glass of water, ordered tea and then took a signed statement from Rohini in front of a witness. She then sent Rohini to the local doctor (not the institute doctor) and obtained a medical report, which confirmed her fears. The girl bore evidence of fresh and deep scratches on here bosom and gash on her belly. Her sari too had been torn in three places and her blouse was ripped open at the seams. Chanda advised the girl to go to a lawyer and get an affidavit signed.

Next morning Chanda went to Dr Guruswamy with the Doctor's Report, the Affidavit and the Signed Testimony of Rohini. At first Dr Guruswamy dismissed it as a malicious rumor, but when Chanda was unrelenting, he said:

Chanda, this is the real world and such things happen. You too are a very good-looking woman and you live on the campus. Did Abraham not approach you yet? I am surprised. That must be because you are a tribal. May be that is why you cannot understand Chennai just as yet. I can always get another clerk but where will I get another Registrar? IIMEE needs Abraham and does not need Rohini. See if you can her pay her off and ask her to resign. If she does not agree, then call for an inquiry, find her guilty of hitting the Registrar, and sack her. That is an order.

Chanda was visibly shocked and stated that she did not expect this from the Director.

Do not forget that Abraham is your boss and you are inciting employees against him. By the way, have you got your confirmation letter yet?

Next day Chanda took a flight to Delhi and went straight to the Ministry of HRD armed with the evidence. You are also an alumnus of Madras University but now you are the Under Secretary to the Ministry of HRD and Chanda is now sitting in front of your desk. She has told you that she intends to go to the Ministry of Tribal Welfare in the afternoon.. You know Dr Guruswamy well and also know that Abraham has a cousin who holds a high rank in the Central Civil Service.

- ***What will you do, as a senior bureaucrat in the Ministry on whose desk this case has come and you are an HR man yourself? What should companies do to prevent such an occurrence in their premises?***

MEGA SYSTEMS LIMITED

CASE # 33

You are the Chief Project Manager employed by a software management company in Nashik named MEGA SYSTEMS LIMITED. It is a family owned business, which is tightly controlled, and as a matter of policy its figures are not divulged to Business magazines. Hence the managers have to accept what top level says about its performance. Of late there have been whisperings about the company losing a lot of foreign contracts to competitors and rumour has it that the cash flow statements do not appear encouraging. To add to all this the company has major problems with manpower attrition. By educational qualification you are a Commerce Graduate but who learnt about computers as a part of your masters degree program. The Company is small and the HR Manager is a young man, full of ideas but still green behind the ears in experience. You have obtained a Masters Degree in Business Economics from MIT (Cambridge) and ten years work experience (but not in software) to your credit. You got the job because you are a good man manager and a brilliant trouble-shooter. Your job besides looking after the line functions is (*a*) to help HR in recruiting the correct talent required by the company and (*b*) retain the talent that is on rolls. The issue addressed is how can we retain staffs that are attracted by greener pastures overseas? Most of the migrants or potential leavers are knowledge workers who have a high self-esteem and know that there is market demand for their skills. Your first task is to try and understand the system. So you go to the roots of the technology used in this company and the following are your findings in brief.

There are different kinds of software. The first type relates to network software and systems software. The second kind relates to applications software of various kinds. The third kind relates to data management of various sorts including data warehousing, data storage, and retrieval and data entry. The fourth type consists of tools, utilities, and aids such as case tools; de-buggers, sorters etc. Hierarchically one could see the first type as the Architecture, the second as the Builder, the third as Production Worker, and the fourth as a Maintenance Worker.

The computer itself could be a Main Frame, a Mid Range Machine, a Personal Computer, or a Notebook. The expertise for the lower end technology is not easy to get hold of since it is something, which the developed countries are not interested in. In the Third World, labour is cheap and available for these low-end technology jobs. There are some well-known packages developed by companies such as Word Lord developed by the Software Research Group, Hospital Management Systems developed by Thermax, Tally developed by Peutronics, Signbank, Microbanker and Easydeal developed by Citil and Banks 2000 developed by Infosys. Indian labour is used for these conversion jobs and both head-hunting as well as job hopping become lucrative trades.

Also, there is the Legacy Systems or the old systems, which have long since not been used in the developed world but which are still being used in the third world. Skills that are required to man the legacy systems are no longer plentiful in the devolved world. But nevertheless there are programs which were developed on and which work on legacy systems. These need to be made more client friendly and so they have to be "migrated" on to another platform for which a case tool may have to be created or the system itself be "ported" from one platform to another. For this kind of work, contracts are given to Indian companies and Indian workers are body shopped to foreign customers. For both sides of the wage-negotiating table this is a good proposition since the Indian Rupee is weak and the Indian Labour comes cheap to hire.

On subsequent reading of available literature in the company you learn that way back in the 1960s a number of systems across the United States were linked by a computer network called DARPA-NET (Defence Advanced Research Project Agency). The Department of Defence, (D of D) which had the three Cs firmly in its grasp, controlled this: *command, communication*, and *control.* In the name of strategic defence of the country, various networks spread across the USA in various universities could be linked but only the D of D could encode and decode the various outputs and make complete sense of it. In 1967 Norman Abramson was responsible for putting up a link between Hawaii and an Indonesian satellite named PALAPA. This linked Hawaii to the computer network in the rest of the United States and was known as ALOHA-NET. The modern Internet is an offshoot of the old DARPA-NET so it stands to reason to say that the controls still lie in the hands of the US Department of Defence. Hence, the claim that Internet is an independent international network is questionable. This, of course, is just one and covert aspect of US attempts to dominate the capitalist world economy.

You also discover the softer and overt side of US imperialism: the concept of setting up dedicated units in India also known as software factories. This idea appeals to you and you discuss it with your CEO who listens patiently. You float the idea gingerly amongst your top management team and find that there is no opposition to the idea in principle.

- ***But you original problems persist: How do you retain talent? How can attrition be prevented?***

WHAT PRICE SUCCESS?

CASE # 34

Raipur Engineering Systems (RES) was a company set up by seven friends who pooled in their life's savings to set up a software company in 1990. Each came from a different discipline and so each took over as the Director-in Charge of one function viz: production and maintenance, technology and research, marketing, finance, corporate governance, and HR, Legal and Secretarial Matters, and PR and Liaison with the State Bureaucracy. There was complete synergy between the Directors but their subordinates began to isolate themselves and there was little interaction between them.

Initially the company concentrated on body shopping and even took on small projects for the leading giants in India like Tata Consultancy Services, Wipro, and HCL-HP but soon began to make a name for them. In 1992, they got their first big chance when a Saudi Arabian banking company asked RES to develop a computerized software package. The package would link the 15 branches of the bank throughout the country and enable clients to get up-to-date balances of their accounting transactions. The project was completed in 1994 and RES had entered the global software market. A year later the same company approached RES to develop a migration tool to port an existing program from an RDBMS platform on to a Windows 95 program. Despite many glitches the project was completed and RES seriously started moving into the European and American markets. By 1996, RES had marketing teams in Tokyo, Osaka, London, Chicago, New York, Zurich, Milan, and Paris.

The growth of the company was sporadic and there seemed to be no time for rules to be structured and codes to be formulated. Role and goal clarity often emerged by default and was never clearly laid down. But the software market was buoyant and the global demand pulled up the company in the market. It had a very able workforce, which helped matters a great deal.

Dynamic young men and women with degrees in software technology as well as a flair for marketing, who were given the title of Overseas Software Consultant (OSC) headed the external offices at various locations. He/she were remunerated well and earned extra bonuses for every lead, which they could successfully into an account. These bonuses did not always come in terms of monetary sums but were converted into additional annual increments. Hence the OSC was keen to get more accounts for RES. The OSCs reported to one of the seven Directors who was exclusively in charge of Marketing. The OSCs were involved in outsourcing manpower (body shopping), getting new customers and converting old customers into clients.

At first the OSCs did not wish to attend the program on the excuse that there was too much pressure of work. But HR prevailed on Top Management and convinced the company that training was an investment in the future not a cost to be met in the present. Consequently it was made mandatory that all OSCs should attend seminars organized by RES.

So when in 1996 two senior professors from IIM (A) addressed a 3-day seminar at the Taj Mahal Hotel every OSC was nominated for it. Everybody so nominated had to attend it. Three messages were communicated to the participants by the learned professors. (*i*) Whereas actual costs are important, do not lose sight of the opportunity costs. (*ii*) Always keep communication lines open and share information unflinchingly with everyone in your company. (*iii*) A sale is not completed until the revenue from it has been received. However, as events unfolded, the OSCs were so keen to make their own mark that they forgot that competition is not necessarily contradictory to cooperation. A *dog eat dog* mentality crept in unsuspectingly upon the OSCs and they began to vie with one another for more leads.

Traditionally the OSCs looked down on the project teams and *vice versa* each waiting for the other to goof up and appeal for help. Each watched the other minutely and waited for mistakes to be made so that they could pounce upon them. Information was concealed and invasion of another person's turf in the name of capitalist competition was rampant. Consequently, an atmosphere of trust was lacking and as a result of which there was little transparency in the activities of each of these sets of knowledge workers.

After the Frankfurt Trade fair in February 1997, Dinesh (a dashing young OSC) reported to Mumbai that he was about tie up a deal on a contract which he had been negotiating for the last 6 months, for the ESIS1-800 Rapid Reporting System. This came as a surprise to the RES team in Mumbai who wished they had been consulted or at least informed that such a deal was in the offing. The OSC conducted a full systems study and the SRS as well as the partial database design on site for the project and came to India to give RES the good news of his having bagged a project.

Earlier RES had struck a deal with another client regarding the SVR Project (which was still in process and running simultaneously with the 1-800 project). Here again it was Dinesh who had brought home the new account. Dinesh told the new client that since RES already had experience on the SVR project and since the two projects were so alike, there would no problem in executing the same. Dinesh had assumed that a large portion of the database could easily be copied from the SVR system. The GUI as well as the source code for the master screens could similarly be picked up from the SVR System. The same was the case with the 57 state reports required for the new project and Dinesh brought back a prototype screen from the site. The client wanted the delivery date hastened since Dinesh gave the impression that project delivery was going to be easy since two identical projects were being executed at once by RES. Dinesh made a presentation in Mumbai and was commended by all. All that the team in Mumbai had to do was develop one master screen, the main transaction screen, one query screen and a few extra reports.

Sudhir, the technical genius of the company, and who had been there from the start had been employed as a high-level trouble shooter. Sudhir had his doubts. He was uneasy by the way in which Dinesh had charged into the project and was unhappy with the claims that he had made at the presentation. He wrote a confidential memo to Dinesh pointing out the following:

1. He would have been more comfortable if Dinesh had conducted a feasibility study as well so that they could be sure the database could be copied from the SVR System.
2. Whereas there was common functionality between the two master screens, SVR was an Internet based project while 1-800 was a Client Server project. He did not see any option but to re-write the entire codes.

3. RES had earlier developed controllers and code generators for the GESCO project, which were in-house libraries for the Visual Basic projects. The SVR Project had not used any code generators at all and so the assumption of Dinesh was flawed.
4. Since SVR was using an Internet explorer as a container for displaying the state reports. However, no agreement, (to his knowledge), had been reached between RES and the client as to which container was to be used. He wanted this clarified.
5. Since RES did not have the source code for the Main transaction screen the same might have to be re-written completely.
6. He did not see the wisdom of RES committing to deliver on the 1-800 Project and the SVR Project simultaneously. It would stretch the Mumbai boys beyond their limit.

Sudhir was low profile, mild mannered, and hardworking, non-nonsense gentleman who knew his work inside out. He spent a lot of time on action research, which would help RES. He liked structure and form in everything he did. Everyone respected him and he wielded a lot of power but seldom made a show of it. His word was enough to swing the balance in case of technological dispute. Being a man of few words he hardly ever offended anyone.

Dinesh was a flamboyant salesman, known for his cavalier attitude to work and an utter disdain for documentation, which he considered a clerical activity. Hence records of transactions between him and the client were not there and one had to take his word for every query raised. He worked by his wits and delivered almost by magic. He did not believe in systems since he was a great individualist.

As expected, Dinesh did not reply to the memo but telephonically told Sudhir that though he was a very good technocrat he knew little about marketing. So he should not worry too much about the project and leave things to those who knew the job better. Dinesh wanted to take the matter up with the marketing director to inform him about Sudhir's unsolicited advice but at the last minute decided against it. Hence the Marketing Director was unaware of the potential problems that this project could give the company. Sudhir too did not take the matter up further although he felt strongly about it.

Suddenly, the RES were caught in a bind. Frederick the brain behind both project deliveries for SVR and 1-800 died in a car accident and a replacement had to be found since the future of the project and the company was at stake. A new Project Leader was hastily appointed and his name was Viraf, He had only 6 months experience in Visual Basic though he was proficient in SQL but had no experience in working on Design projects. Acting logically, according to the book, he divided his team of six persons into groups of two: two for development, two for quality control, and two for maintenance. Viraf was frustrated by the utter lack of documentation both at his end and at the OSC's end. There seemed to be no clarity about what the client wanted.

Dinesh too had his share of frustrations. The client had altered his requirements several times and left Dinesh to explain matters to Mumbai. After several set backs, several exchanges of fax messages between the OSC and Mumbai the 1-800 project actually started in June 1997.

The SVR Project, which had started 6 months prior to the 1-800 projects, was in full swing and Viraf's attention was divided between the two projects. He had not taken a weekend off in three months and nor had his next in command. Everyone was working his/her butt off. There was no time for him to have project meetings and appraise the teams of what was going on. With the result the maintenance people knew little about what the development people did and they in turn were unsure of what the quality people did. Anything they knew was through unofficial channels and everyone was guarding their turf. Similarly the 1-800 team and the SVR hardly ever communicated officially with one another. What they knew about the other's work was the stray bits picked up during meal times or while having a smoke in the cafeteria.

In comparison the Directors exchanged information between themselves freely so each knew what was going on down the line. The Director (Technology and Research) called Sudhir and asked him to oversee the projects discretely which he began to do. Viraf was unaware of this development and Sudhir did not see it fit to tell him.

The culture of RES was such that OSC was the buffer rather than the facilitator between the Mumbai team and the client abroad. The client would communicate with the OSC who in turn would relay the message to Mumbai. Neither Viraf nor anyone from his team ever communicated with the client directly. When specifications were changed mid-course things became choppier and frustrations grew.

Yet, working night and day, Viraf's team completed the first deliverable in the 1-800 system in January 1998. Dinesh took the deliverables back to the client and was told that there were too many bugs, which had to be removed first. GUI changes as well as Development of New screens were involved and top management on the personal intervention of Sudhir sanctioned a 41 man-days enhancement.

One master screen (account profile maintenance) had to be re-developed since the functionality needed by the client was different from that provided for by the RES crew. A new master screen (country master) had to be developed and this would have an impact on all master screens. Viraf tore his hair in anguish since he had not been properly informed about the client requirements. He went to Sudhir who knew what was going on, stopped his research work and plunged into the project to lend Viraf a hand. Dinesh sent them a sample form in Visual Basic and a document on screen layouts without any explanation or functionality description to accompany it. Both Sudhir and Viraf wanted an extra resource for the 1-800 project and sent their requirement to Personnel Department. An internal advertisement was circulated and Peter volunteered since he stated that he wanted to work on Visual Basic and this was a chance he would not miss.

Peter was pulled out of the SVR project and given to the 1-800 Project. His work at the SVR project had to be completed by someone else. Viraf had objected to it but the Personnel department prevailed on him in the interest of employee development. Viraf agreed hesitatingly to Peter's transfer. But within a short while Peter wanted to go back to the SVR Project since he found out that the project was using controllers for programming, which was something he had not known. On further inquiry it was found that he was not interested in working on the Visual Basic project after all since the libraries available in RES were not as user-friendly as he had expected. Also, it was found out that Peter had opted for the transfer since he felt that Visual Basic skills were highly marketable in the USA where he wished to migrate to.

The Personnel Department cut a sorry figure since they bolstered Peter's case. Viraf was feeling let down and somewhat cheated by Peter. And everyone seemed to be nonplussed by what happened. The Directors maintained a stoic silence in all this.

To add to this the hardware provided to the team involved in the 1-800 project were very slow and they were not updated on time despite several requests by Viraf to the Chief Project Manager. Sometimes the project files would take up to 45 minutes to load. Sudhir himself took up the matter and at last things began to improve. The accounts department had objected to all purchases of hardware unless complete justification for their use was not put up and proved. This took time and often the hardware was procured well after the project had begun.

As the senior most member of the 1-800 teams, Kulkarni, directly reported to Viraf who was very good at development work but liked to work alone, did not share information and did not treat his team members as equals. He thought of himself as the cat's whiskers and looked down on all others including Viraf. He saw himself as a research man doing a project job and that hurt his ego. He had asked for a transfer to work under Sudhir but that request went un-answered. The result of his behaviour was that when he wanted help to meet deadlines no one would volunteer to help. He had the bad habit of finding fault with and ridiculing his junior colleagues openly. The team respected his knowledge but not his person. The Personnel Department had agreed to transfer him to Sudhir's department after the project was over but neither Viraf nor Kulkarni was aware of this.

After a lot of hard work, Sudhir and Viraf managed to put the almost derailed 1-800 project back on the path. They acted proactively and got a new girl named Anita from another Software Company to supplement the team effort on 1-800 project. Anita had a very positive approach and assisted in the integration of State Reports. The client came back with further queries and further corrections and these were made. But things were not easy since uncertainty about client needs hung in the air. Team members did not officially share information nor did they find time to review the progress periodically. So everyone knew just about what he or she was doing. Clarity of roles seemed non existent and there was a noticeable lack of synergy. They were a group of people working on a project but far from becoming a real dedicated project team. The development team was working with half information and made several blunders. The maintenance team felt that they were the dog's body and their morale was low.

It was common knowledge that the team members were looking out for other jobs. The quality team was perpetually in a state of alienation and appeared to care a damn for anything and everything. All of them had one common complaint: the OSC never told them the whole story and they were fed up with the ego-related behaviour of Kulkarni.

Among themselves at a personal level everyone was friendly but officially they could just not work as a team. Somehow in September 1998 the project was delivered and the Company was happy about the fact that Viraf had delivered in spite of odds albeit 6 months late. A letter from the client was sent expressing their gratitude but people were not sure that the client would come to RES again. Frustration with the situation was at an all time high and yet none seemed to take the bull by the horns and make things change. Rather they either stood by or watched with an air of indifference or waited for a nice time to quit. Everyone was job hunting and everyone knew it.

The Directors decided to declare the bonus and the kudos to the team to synchronize with the New Year Party. With this at the back of the mind, the top management issued congratulatory letters to all team members in October for Divali but withheld the remunerative hikes until January of the following year. To everyone's shock, in late October, Sudhir applied for long leave to complete his long pending PhD Shortly thereafter Viraf quit RES to join a competitor for the same salary, and so did three other senior members of his team. Kulkarni and Dinesh were not very happy but stayed behind to reap the laurels. This came as a shock to top management that was planning to promote Viraf and reward the team for the splendid performance.

- ***What really went wrong? Where did the problem begin? Who is to blame?***

NATIONAL RESEARCH BUREAU OF INDIA

CASE # 35

As India began to liberalize its markets, privatize its means of production and globalization its competition, new imperatives dawned on industry. Firms were increasingly expected to convert their core competence into competitive advantage and thrive on the cutting edge of technology. All this needed free availability and flow of technical expertise and up to date research facilities to keep one step ahead of the competition. In 1995, some big industrial houses got together and set up six research centres, each of which would be located at the chosen six metropolitan cities. These six research centres would be controlled by a firm called National Research Bureau of India Limited and capital for the initial setting up of operations would be shared equally from public (governmental) and private (industry) sources. Each centre would be the reservoir of data required by industries to compete globally and state of the art quality assurance systems so that processes and products could be more competitively placed. Data would be shared between the centres and any firm that was a subscribing member of this bureau could (*a*) access data, (*b*) test the quality of their products, and (*c*) share technological know-how for common gain. Accordingly, one centre each was opened in Kalkata, Chennai, Bangalore, Mumbai, Delhi and Chandigarh. A contingent of research staff was be also employed to man each of these six centres. By 1998 these centres would be equipped to keep track of R & D on various products meant for export and produced in the geo-physical region near the centre. However, since data could be accessed from any part of India, complete systems integration was called for in each centre.

Since the Government of India was a principal partner, a lot of red tape and bureaucracy came along with its involvement. The Contract to install the hardware as well as the software at each centre was signed in Delhi under the watchful eyes of the Ministry of Telecommunication as well as the Ministry of Industrial Development. Based on L1 bids a number of firms were given the contract to install the systems. Naturally, proximity of the contracting firm to the research centre was a major consideration in awarding the contract. However, no presence of the contracting firm near the other six centres was needed and most often did not exist. Hence all inquiries, complaints and amendments needed by the client (subscribing firm) would have to be routed through the Government of India, which had set up an Administrative Cell in Delhi for managing the technical requirements of all six centres.

The private industries that had contributed the remainder 50 per cent of the capital appointed the manpower for running the centres and meeting client needs. This was looked after by a hand-picked team of technocrats called the projects cell. It was located at each centre and all the six project cells worked as a cohesive team. Each project cell had a team of logistics support staff who would eventually approve what software and hardware we to be acquired and for what purpose. The projects cell and the Logistics Staff both had regular meetings within themselves and amongst each other wherein they freely exchanged data. There was a symbiotic relationship among the Project Cells, which assisted the subscribing members greatly. However, the needs of the subscribing members varied and perfect systems integration held the key to success.

However, the project cell did not document their work adequately and when new recruits arrived they had a lot of catching up to do just to be in sync. Attrition in the software industry is known to be high and there were always new faces around in the National Research Bureau of India.

There seemed to be something terribly wrong as the National Research Bureau even with the best intentions was not being able to deliver the service expected of it by industry. Customer complaints reached a fever pitch in September 1998. Uncertainty about what went wrong prolonged through the last few months of 1998. Blaming the Administrative Cell, unfortunately, for just about everything became almost a ritual at these regular meetings of the Project Cell.

In January 1999, the Projects Cell gave a confidential report to all the industries that has helped to set up the National Research Bureau stating the following. (*a*) Free flow of data was impinged because of major operating difficulties. (*b*) In spite of their best efforts systems breakdowns were recurrent. (*c*) Testing for quality was not nationally consistent as the software was not supportive enough.

A high power team of industrialists met to deliberate on the report. Indian industry was beginning to doubt its own wisdom in setting up these six centres. At the meeting, the subscribing members had one major complaint, and that was this. Nobody had bothered to train them (the final end user) on the software supplied to them by the Centre for Quality Control. Hence they had to learn many things themselves and were still not completely proficient. This, they felt, was gross unfair. The project team retorted that their task was implementation and facilitation not training end users. Representatives from Industry were not amused and insisted that if they had invested so heavily in the National Research Bureau, they had a right to expect customer friendly conduct.

The administrative cell and the projects cell were very soon developing unfriendly relations with each other. It appeared the crores of rupees pumped into the six centres would be wasted away. The administrative cell was blaming the projects cell of intransigence and intellectual arrogance. On its part, the projects cell was blaming the Administrative Cell of indulging in counter-productive bureaucracy. For three full months prolonged discussions continued with no result. A dead-end seemed to be in sight.

Then an exasperated CII interfered and arranged for awkward questions to be raised in Parliament. The Prime Minister's Office was forced to intervene and a select team of experts from various vocations was formed. It was called the Technological Think Tank and its task was to study the situation and submit its report to the PMO by August 31, 1999. One thing, however, was clear to all and that was the fact that *contract verification* had been taken very lightly by all concerned. The following were the highlights of the report of the Technical Think Tank.

- The L1 bids were accepted based on geographical proximity to the Centre. The PC/ Server/HW Set at each Centre was only about 80% compatible at best. In Chennai the compatibility was lowest as 50 per cent.
- Similarly, the MIS/ERP/software and data migration systems at each centre were only 70 per cent compatible at best. At Mumbai the compatibility was the lowest at 45 per cent.
- The subscribing members had all along insisted on and were promised that they would get a system with 266 MHRZ while the Centres were actually supplied systems

with a capacity of 166 MHRZ. On scrutiny, it was found that the initial tender document had specified a requirement of 166 MHRZ. Nobody from industry had verified the contract.

- The PCs used had the same configuration at each Centre no doubt but the motherboards used were different so the RAMs varied greatly. This was because the proximity of the hardware supplier to the Centre had been the chief consideration for allocating the contract.
- Since the PCs bought were as per specifications but based on L1 quotes they were mostly the lesser known brands that did not have a national presence and servicing during breakdowns was a major problem. Also scavenging was not easy as the motherboards varied.
- It was rumoured that the suppliers of the hardware were "close" to certain bureaucrats in the government and the bids may well have been doctored. Suspicions ran high and there seemed to be some truth in them. There was, however, no conclusive proof of impropriety.
- The Antiviral Software used in Chennai and Bangalore was P-Cellin, in Chandigarh and Delhi it was Norton, in Mumbai and Kolkata it was McCafe. There were several viruses that went undetected in each location and when data was transferred, there were major glitches.
- The support services, which were set up to assist each Centre and to liase with the other Centres, was not measuring up to expectations. They reported to the Administrative Cell whereas the management of each Centre reported to the Project Cell.
- The software in Chennai and Bangalore did not work well on the hardware platform in Delhi and Chandigarh. Mumbai and Kolkata too had problems but they did not seem to be as severe. The crux of the matter was that although the RDBMS platform was universally Oracle-based and the Operating System was UnixWare, the versions were incompatible. Hence a national database was not entirely possible and there were several bugs in the system that prevented easy retrieval of information. It was clear that nobody had bothered with the Compatibility Matrix during installation.
- The cabling for the entire system in all six locations was not at all conducive to the technology used. This was because the administrative cell had used firms specializing in electrical cabling rather than network cabling. Again, the villain of the piece was the L1 tender.
- Lack of synergy between the project cell and the administrative cell had placed a big question mark on this national level systems integration project.
- There did not appear to be a master plan according to which the national level systems integration project would be installed.

The project cell of each centre collectively met in Delhi and jointly gave a memorandum to the PMO and to the subscribing members. It stated that:

1. Developing software at each location to keep track of R & D activities for export products was a pipe dream until the entire system was put into shape.
2. Why did the administrative cell without getting the approval of the end user, i.e. the project cell, release the payments in full to the various suppliers?

3. How were the contracts awarded to parties that did not have a presence in each Centre location?
4. Why should all queries be routed to the supplier through the administrative cell, which was bureaucratic, commercial, and non-technical?
5. If the contract was signed specifying 166 MHRZ when the requirement and expectation was 266 MHRZ why was there no back-to-back contract?
6. Why was there no system that would vet the contract and ensure the realistic dates and schedules for the deliverables at both ends?

A copy of the same was sent by the PMO to the administrative cell for its comments. The latter was miffed that the project cell chose to send the report to PMO with a copy to all subscribing members but overlooked to send them a copy.

The administrative cell met, deliberated at length and similarly raised a few queries that it sent them to the PMO with copies to the subscribing members (but not to the project cell). It stated that:

1. Why did the project cell, which claimed to be technologically well informed, not bother to verify the contract a copy of which was available at each Centre from the first day?
2. Every supplier complied with the broad specifications given in the tender bid. Why did the industrialists not specify the intricate details if they mattered so much?
3. The Project Cell was washing its hands off from a deal that gone sour because they had not bothered to insure compliance all along.
4. Lip service was being paid all along to total quality management and to Corporate Governance. This should be replaced by action.

- ***You as an HR specialist are a senior member of the technological think tank. How would you react and why? Do you agree with the four issues raised above? Do you have anything more to add?***

CHANDMAL SOFTWARE LIMITED

CASE # 36

The Yakamura Insurance Company in Osaka, Japan had given a contract to Toshiba Nippon Electronics to computerize its systems so that it would become very customer friendly. This meant that accurate, online database management was called for, and Toshiba Nippon Electronics farmed out the entire work to a number of smaller Software Companies in the Third World. One such was an Indian Company named Chandmal Software Limited (CIL).

It was expected that CIL would undertake to develop software that would work on Windows NT. It was also expected that the entire database, which was now on a RDBMS Mainframe platform, would have to be ported on to a Windows NT platform. CIL already had gained some expertise in porting contracts and it had a few software engineers who were proficient in working on RDBMS packages. On the strength of this, a bid was made and on the basis of the lowest quote CIL got the contract. It was assumed all along that an existing package could be implemented with marginal alterations to suit the Japanese Client. This was why marketing had quote so low and bagged the contract which entailed developing an automatic conversion tool and ensuring systems integration on client site.

The Japanese Client, Toshiba Nippon Electronics, had all along believed that CIL would develop an automatic conversion tool so that program conversion would be facilitated. On its part CIL had assured the Japanese client that it could deliver the automatic conversion tool. This was again based on the premise than an existing porting tool could be adapted with some small modifications. Accordingly, a contract was entered into an in January 1998 work began on the project. The Project Manager was Mr Kulkarni who was an introvert but who could easily be ranked high on the technological competence scale. Kulkarni hated putting pen to paper and documenting his work. He somehow believed that documentation was beneath his status and may even expose his (presumed) weaknesses. It was generally believed that if Kulkarni could not do this then that few others in CIL could.

The project manager had a team of 15 persons dedicated to the project. Of these, there were six persons in development, five in quality control, and four in maintenance. By February 1998, a team of five persons from the project team along with Kulkarni flew down to Osaka to see the client site and understand client requirements on the spot. It was then that they realized that CIL had bitten off more than it could chew. Language was a major problem and the translator picked by CIL was not computer savvy and had great difficulty converting client expectations in an understandable fashion to these five persons. In addition, the Japanese were very secretive and were prone to change specifications quite often. The lack of technical expertise on the part of the translator made things worse. This put Kulkarni in soup. He however put up a brave face and continued to develop the porting tool. In July 1998, the team returned for a few days to India, ostensibly for a holiday.

The first thing Kulkarni asked for was to change the translator. But the translator was well known to the MD so that was not possible.

In India, the project team held a meeting and briefed the SBU Head about the extent of the problem. Kulkarni and his team would write a porting program, physically remove the glitches after manual testing and send it across to Japan only to learn that the client did not approve of the quality. What was happening was that the conversion tool was not even semi-automatic and the conversion was actually being done by a number of young engineers manually. The data size was large and this took a lot of time.

Every time CIL converted a set of data and sent it across, it was told that the data was full of glitches, was unreliable and the Japanese end client, the insurance company would never find it acceptable. Yakamura Insurance Company had started to put the pressure on the Japanese client of CIL and the client in turn was turning on the heat on CIL. Six sets of data were sent across to Japan and all six sets were rejected on grounds of quality.

By January 1999, the Japanese client was getting very upset and showed it unmistakably. In February 1998, the Japanese client had sent four Japanese experts to India and they parked themselves at the Project Office. They reported that there was no conversion tool in sight and that the conversion was being done manually. They also stated in their report that the quality control team was only comparing data against certain benchmarks on paper and not actually testing the data for quality. CIL insisted that the automatic conversion tool was almost developed. The client insisted that this was not so. The client office in Osaka sent CIL an ultimatum and threatened to revoke the contract as well as sue the firm for damages. There was a state of panic in CIL. At this point the SBU Head decided to intervene personally. He asked for the details of the progress made from the time the project began and was aghast to find that there was virtually no documentation made. He called in everyone who was involved in the project and had a full day closed door meeting. He let everyone speak first and then gave them a sermon on quality, procedures, teamwork, and documentation. The following facts emerged.

1. Marketing had entered into the contract to deliver the automatic conversion tool but had not paid much heed to the reliability clauses.
2. Project manager stated that the manpower he had was relatively young and experienced and therefore he was sending the data as well as the conversion output without testing completely.
3. The project specifications were being changed quite very frequently and this put too much pressure on the CIL team. In addition, of the original team members only Kulkarni and two others remained with CIL. Others had left the company for better pastures. During the exit interview, each of the leavers had pointed out that Kulkarni was a competent man but a very poor boss. They had all left out of sheer frustration especially when word spread that the exit interviews were a farce as nothing came out of them.
4. The maintenance team did not know what the quality team was doing and they, in turn, did not know what the development team was doing. Only Kulkarni knew what was going on in all the three teams. And Kulkarni would not document anything so there was no way anyone could challenge his word that all was well.
5. There had been not a single project meeting in which everyone was present nor had the SBU head gone to the team members to find out for himself. He would ask Kulkarni who would assure him that all was fine. He in tun would assure the MD that all was fine.

The SBU head realized his error in depending too much on Kulkani's words of assurance and vowed never to make that mistake again. But the periodic rejections by the Japanese client worried him. He knew that Kulkarni was a technically very competent. The SBU head then called on the Group Marketing Head and together they went through the history of the project. Three things emerged that would explain why the Japanese client was unhappy.

1. The client insisted that a quality check be done on the client site in Osaka before the deliverables were accepted and the funds released.
2. The project manager insisted that the testing he did in India was good enough and the client was just being awkward.
3. The emphasis was placed on developing an automatic conversion tool and not much thought was placed on systems integration.

The original contract was called for and scrutinized. The actual requirements of Yakamura Insurance Company were spelt out in fine print but nobody had bothered to study them since they were in Japanese and the translator did not "think" they were important. There they found that in fine print the client had maintained that the automatic conversion tool would have to be tested on site and there would have to be perfect integration of systems between the RDBMS platform and the Windows NT outlet. Also, the client had reserved the right to alter specifications as the need arose. CIL had tamely accepted these in the zeal to bag the account.

The Project manager had assumed this testing was to be on Project Site while the Japanese Firm has all along implied that it mean Client Site. The contract also was silent on how the automatic conversion tool was to be developed, against benchmark what it would be tested and what would be the criteria along which quality tests would be measured. Toshiba Nippon Electronics was all along dealing with the Insurance Company directly and as per the principal client needs the specifications were altered. This had become so frequent that the CIL team was at loss as to what was expected of them.

A high level CIL Management meeting was called. The MD himself flew down to Osaka and met the MD of Toshiba Nippon Electronics and somehow managed to pacify the irate client and buy more time. The MD flew back to India and recruited six high-level software professionals on a specific contract to complete this project. At an enormous delay, heartburn and anxiety, the project was completed. The automatic conversion tool had somehow been developed and accepted by the client. The image of CIL was saved and everyone breathed a sigh of relief.

- ***What do you think had gone wrong and what could be done to have avoided this kind of an occurrence in the future?***

CHOPRA AND COMPANY

CASE # 37

Chopra and Co. is a Kolkata0based plastics manufacturing firm that services the needs of local industry by making the required ancillaries for them. High-grade plastic is used as casings for electronic gadgets, for making electric kitchen equipment and household items, moulded furniture and sheets for conversion into specific use. Having been set up in 1970 the firm celebrated its silver jubilee in 1995. The top management is closely held within the family, which hails from Agra, and as a conscious policy they have given employment to persons who hail from the North, to occupy most important positions.

The firm's relationship with the Government of West Bengal has been excellent and despite a strong presence of left wing unionism in the vicinity of the factory, there has been no strike since 1983. In fact, 10,582 man-days were lost due to management fault: non-availability of raw materials between 1991 and 1993. Wages were always about the average of what the industries paid and most labour law compliance was met. The annual turnover of the firm was ₹ 75 crore. In 1992 and had risen to ₹ 150 crore in 1997. The firm employs 1500 workmen, of whom only 50 are executives, 200 are managers, while the foremen and supervisors account for 250 men on rolls. There are 700 workmen in various categories like skilled, semi skilled and unskilled of whom 25 per cent are women. There are about 300 staff working in offices of whom 75 per cent are women. The average age of workers in the offices is 35 years and in the shop floor, it is 40 years. Attrition levels are low since the poor economic conditions in the region do not permit job-hopping.

The managerial style is one that can be called benevolent despotism and as a conscious strategy the firm employed neither highly qualified persons nor graduates from premier colleges. Creativity and ingenuity are unknown in the firm and all employees are content to tow the line. Bureaucrats are bought over with cash or kind regularly and with impunity. So there is no trouble from the civil services.

In 1997, Chopra and Co. called in B.S. Billimoria and Co. to help prepare the firm for an ISO 9000 series certification. Among the glaring gaps in the systems and procedures identified by the consulting firm, the most startling from a structural-functional viewpoint was the dichotomy within the Human Resources function. In response to the preliminary report of the consulting firm, Chopra and Co. grudgingly appointed a well-qualified person as Vice President (Human Resources) in the person of Dr Dilip Bhatia. The new VP will *functionally* report to the Managing Director Mr Chandrakant Chopra and *operationally* to his wife Mrs Rubina Chopra who was the Joint Managing Director. Between the couple they took all major decisions and passed them down to be executed.

You are Dr Dilip Bhatia and although you come from Delhi, you are extremely cosmopolitan in outlook and very liberal in your views. You are a kind man but a hard taskmaster. It came as a surprise to you to find that there were so few Bengalis in the organization except at the worker level. You found that there were job descriptions for everyone in the executive cadre but none for those at the lower levels. That struck you as odd.

You discover that communication was invariably from the top downwards and it took the form of individual memos and public circulars. The company had a few old timers scattered across the organization, doing unimportant jobs, and no one was sure what they actually did. Rumour had it that they were the informants of top management. When you went deep into analysing the situation at hand, you have discovered that there was a Dy. GM (HRD) Mr Sanjay Misra, who was an industrial psychologist and who reported to the joint managing director. He looked after training, increments and promotions, appraisals, and exit interviews. There was also a Dy. G M (Personnel) Mr. Peter Vase who looked after security, appointment ,labour law compliance, termination and general administration. He reported to the managing director and there was little or no communication between the two departments.

Unlike Peter, Sanjay was very ambitious and a past master at apple polishing and politicking. However, unlike Sanjay, Peter knew his limitations and was viewed as a trusted old timer. Peter's department was bureaucratic, insular in its approach but very effective in traditional management techniques. Sanjay's department was proactive but direction-less. It was also riddled with one-up-man-ship.

The firm also had a history of having a set of HRD consultants on specific projects on an almost ongoing basis. One conducted climate surveys and compensation surveys. The other conducted specific training programs like *women in industry* and *employee health*. They reported to the joint managing director. One was involved in setting up the HRIS function and one was involved in payroll and taxation. These two reported to the managing director. None of the consultants reported to you. There is a consultant's cabin and each comes in for work one day in a week so that none of them meet each other or exchange notes officially. All four consultants are middle-aged women who have a personal equation with top management, are well known socialites and there seems to be a lot of ambiguity about what actually they do. You also discover that some at least one of them has nothing original to offer and all of them hail from the Agra-Delhi area. Senior management meetings were conducted in Hindi and Punjabi. There were at least two non Hindi-speaking Bengalis who attended these meeting and who had to take private Hindi lessons to keep up with what went on in the office. Very often senior managers and executives would fight openly with one another and it appeared that top management revelled in the policy of *divide and rule*. As VP (HR) you decide to grab the bull by the horns. Your task is made difficult since there is no clear direction coming from either the MD or the JMD and yet both seem to wish to interfere with your work. Top management, moreover, gives more importance to line managers than to staff managers and HR is looked upon as one of those unavoidable costs of modernity. Besides, the Chopras believed that having a good HRD facility and a hand full of consultants enhanced the chances of getting an ISO 9000 certification and that would ultimately help the business.

- ***Clearly there is something to be said for their organizational structure and reporting systems. How will you go about planning and executing a strategy for change using all the techniques of Strategic HR intervention you have learnt over the years?***

SALDHANA STEELS

CASE # 38

Mr Pradeep Saldhana was an old man who had come to India from Western Punjab after the partition. It was clear that he was tired of life but the craze for making money had not left him even as he turned 80 years of age in 2000. He had inherited his family property after a bitter dispute with his brother whom he had deprived of his rightful share. He set up a small foundry in Central Kolkata, way back in 1965, wherein he manufactured steel strips. These were sold to industries that used it as raw material for their cold rolling plants and, in turn, manufactured finished steel for use in the housing industry as well as for the manufacture of household utensils. He had two sons who having completed their engineering in 1980 and had started to work in the family business. However, Pradeep Saldhana continued to call the shots and his style of management was highly autocratic. He had no scruples about contravening the law of the land. He was well known for his polices of exploiting the workers and consistently paid them below the market rate of wage. His decision-making was never transparent and he believed in the managerial right to hire and fire at will without the need to give any reason. He had a lot of informers strategically placed in the company. These were the old timers that resisted all change. To them he was paternalistic. His policy was to check and cross check everything himself since he did not trust anyone. However, as far as his old timers were concerned he was convinced that they could neither err nor go against him.

When Greater Kolkata started to develop in the 1990s, he set up a steel foundry, which occupied an area six times, that of the Central Kolkata unit. Management of this unit was handed over to his elder son, Sanjay, who was a mechanical engineer. Although Pradeep liked to interfere and call the shots, technology had been quite advanced and the *de facto* control of the new Unit was in the hands of Rahul. It was common knowledge that Pradeep and Sanjay did not see eye to eye on many matters relating to management policies and practices. Under pressure from the trade unions, Sanjay had developed a reactive style of management. Here there was a fair amount of delegation and mutual respect amongst managers but people took decisions only after the need arose to do so. Planning was always in the immediate to the short term.

The younger son Ajit was more liberal in his views and although he stayed back to assist Pradeep in the Central Kolkata Unit he was surely but steadily moving into the proactive style of management. All marketing functions came under the control of Ajit. There was a lot of empowerment and accountability amongst managers. People were encouraged to plan ahead and take calculated risks in the interest of the organization. However, whenever Pradeep Saldhana came to know of individual initiatives he would interfere and get the managers to seek his approval before they proceeded further. Since Pradeep Saldhana still controlled the purse strings the progress made by Ajit and Sanjay were limited. Moreover, there was no clear vision, mission, role, or goal laid down for the two Units of Saldhana Steels.

The culture of Saldhana Steels was one wherein management operated in the feudal–mercantile–trader mode. But Ajit and Sanjay wanted desperately to move towards a culture where managers operated in the innovative–creative–entrepreneurial mode. Both Ajit and

Sanjay would do consequently things behind the back of the old man and even managers began to ape this habit. As a result, whenever Pradeep Saldhana found out about (what he thought was) an irregularity in management functioning he would throw a tantrum and become his old vindictive self again. Invariably it was the old timers who would spill the beans. He was prone to be very autocratic and singularly money minded so each time there was a deviation from the norm he perceived a threat to his dream.

When the recessionary spiral combined with the post September 11, 2001 scenario began to bite into the stainless steel exports of India, Saldhana Steel Co. began to reel under the shock. The old timer located in every pocket of the company went straight to the old man and told him that a liberal culture was the cause for the loss in profits. Pradeep then took away many of the powers from his sons, began to run the company in his own way. Many professionals who had joined the company during the last 5 years quit and profits plummeted further. Saldhana then went to a soothsayer on the advice of his Administrative Officer who was an Old Faithful. The soothsayer heard the story at length and then said that it was all a matter of his *karma* and that he should not have given up his *dharma*. The dharma in this case was to make money by hook or by crook and the act of giving powers to subordinates was an evil Western influence that would eventually destroy the almost sacrosanct Indian values. This convinced the old man that what he had done was correct. When his sons heard about this soothsayer's advice and their father's resolve they were in a state of shock.

- ***What could have been done to avoid this situation had you been a senior manager in the company?***
- ***Who would you have employed to do this task of convincing the old man of his folly if you were his son?***
- ***What sort of a corporate culture would you try to evolve in such an organization? Why? How?***

SURAT COMMUNICATIONS

CASE STUDY # 39

Two former telephone executives, Deepak Mehta and Ashok Bhargav, suddenly made a huge profit when they came to Pune to bet on horse racing. With the money thus earned from gambling they founded Surat Communications 6 years ago, in 1998. Their goal was to create a long-distance telephone company that would compete with the larger Long Distance Sea and Road carriers without imposing the bureaucratic culture associated with the larger government companies. The company with 400 employees now provides long-distance service to the entire South Gujarat Economic Zone and is still owned and headed by its enterprising founders. Both employees bring a lot of energy and spirit to the company and seek employees with similar levels of drive and determination. Surat Communications recruits many entry-level managers from several top business schools. "Newly minted graduates have no pre-established ideas about how communications companies should operate", says Deepak. "They are like a blank slate onto which we transfer a new work culture". Employees at Surat are energetic and youthful, the average age of the workforce being 34. Their work life is best described as "one great jamboree".

In an effort to turn Surat into a viable nation-wide long-distance carrier, employees were encouraged to seek innovative solutions, try risky alternatives, and work long hours. Most salaried employees worked between 50 and 60 hours a week. From the start Deepak and Ashok have maintained open lines of communication with all employees. The official policy stated that any employee can discuss problems, issues, or ideas with any other employee at any time. According to Ashok, "We're in the business to foster communications. We have an obligation to our customers to facilitate open communication both within and outside our corporate boundaries. Many inside Surat credited the open communication policy for allowing innovative ideas to circulate throughout the company. Employees bounced ideas off one another and proposals often develop into tangible services offered to the customers. To maintain an invigorating climate the employees were eligible for a general annual bonus based on individual and team performance and on company profit measures. Both Deepak and Ashok were avid cricketers and the company cricket team frequently participated in local matches. Employees who scored a 'century' in any match received a personalised decorative wall plaque denoting entrance into "The Century Club". Similar plaques are awarded to the maximum wicket takers and they found their entry into "The Best Bowler Club". Through these and other acts, all employees at Surat are made aware of the importance of achieving difficult goals.

Quite surprisingly all games of chance and gambling were actively discouraged. Everyone lived from day to day. The work life revolved around meeting short run targets and everything was done in the present moment only. At the drop of a handkerchief the top bosses quote Professor Keynes who said (albeit in another context) that *in the long run we shall all be dead.* Hence long run goals were never discussed and even seldom mentioned. The company clearly had a club culture to use the terminology of Blake and Mouton.

With TRAI becoming powerful and with new players entering the communications market, corporate wars for market domination became commonplace. With the second stage of reforms having been unleashed by the Manmohan Singh – P. Chidambaram duo, market competition was bound to increase and create problems for this company especially after 2005. Like an ostrich hides its head in the sand when threatened the management of Surat Communications seemed to ignore this threat and carry on in the same way as they had for the last few years. It did not take a genius to realise that tough times were ahead unless the company became more competitive regionally if not globally. However, one day at a routine top management meeting the chief marketing manager made it clear that the corporate culture had to change and the company had to start strategising for the future if it had to survive even the next few years, let alone the decade. This was a rude revelation for all and everyone realised that something had to be done quickly. The head of human resources remained silent when all this debate was going on as if he was a passive bystander in a street show.

Nobody seemed to have a clue and so by default the chief marketing manager was asked to head a three-person taskforce consisting of the chief of technology and the chief of finance and make recommendations for change within 2 months. On that note the meeting ended.

- ***Describe the quality of work life and culture at Surat Communications. What are its main features?***
- ***List examples of Surat Communications observable work culture, shared values and common assumptions, and then critically comment on each.***
- ***Given what you know about the quality of its work life, is Surat Communications the type of organization that you would like to work for? Why or why not?***
- ***Was it wise to exclude the Head of Human Resources from the task force? Should the Head of HR ever remain passive during situations when organizational change is being discussed or implemented? What would you say about a company's culture if this were to happen as it did in this case?***
- ***If you were given a free hand in changing the quality of work life of the company in order to make it value based as well as value driven, what would you do and how would you go about introducing the desired change?***

DESAI MACHINE TOOLS LIMITED

CASE # 40

Desai Machine Tools Limited was a well-established company in the outskirts of Aurangabad. The company had been started by a mechanical engineer who had studied for his Masters Degree at the Imperial College of Science and Technology in London. Desai had worked in a Machine Tools Company in Slough for 5 years thereafter. Then in 1956 he returned home to set up his own plant just when the Government of India had brought out the Industrial policy resolution. He handpicked a team of engineers who had specialized in different aspects of the manufacture of machine tools. The Company's products catered to small and medium scale industries in Western India and very often these products were custom made for the consumer. Over the years the company had grown in almost every direction but the corporate culture remained pretty much unchanged. The top management style was benevolently paternalistic and the mindset of the Board of Directors was of the feudal–mercantilist–trader variety. This company knew how to take care of the old and faithful employees even though their per capita productivity was below the industry par.

In 1990 a sea change in the economic and business environment of Indian business and industry appeared imminent. They invited a team of four HR experts selected from B-Schools in Pune to study the company and submit a report to management on what could be done to make the firm more competitive. A cursory study convinced the team that there was ambiguity regarding what the company expected of the employee and what the employee thought was expected of him. Obviously there was a lack of clarity between the average employee's perception of his goal and role. So as a first step, the team conducted the Role Efficacy study based on the well-known scale developed by Udai Pareek, worked on by T.V. Rao and implemented by Sadri and Jayashree. The following results were thrown up by the study, which had used the 10 dimensions for measuring the role efficacy following the Pareek – Rao model. The crux of the lengthy report thus stated:

On taking the arithmetic mean it was found that on a scale of –2 to +4 for each dimension the average scores ranged from 2.39 to 3.84, which shows that on an average the executives rated themselves to be effective along the 10 dimensions. The coefficient of variance was less than 0.3 in eight dimensions except in the case of super-ordination (0.42) and influence (0.53). Hence, on the whole, we see that there is not much variation in the responses of the executives for each of the 10 dimensions between the various organizations studied. Some generalization of the findings is therefore permissible given the rigor used by these social scientists.

Centrality: The average score (2.91) indicates that the senior executive perceives herself/himself to be playing a central role in the organization. She/he considers her work to be quite important.

Integration: The average score (3.42) indicates that the executives perceive their training and knowledge to be utilized to a great extent in their present role. They are seen to be enjoying most of the parts of their role. This has to be studied in light of the organization surveyed; a majority fell in the slow moving public sector or tradition-based category.

Productivity: The average score (2.94) indicates that the executives perceive themselves as having a good amount of freedom to take initiative and act on their own in their role.

Creativity: The average score (3.48) indicates that the executives are able to use their creativity effectively in their roles.

Inter-role linkage: The average score (3.48) indicates that the executives perceive themselves as working in close collaboration with their significant others in their organizations. They also perceive that their significant others see their role (the executives) as significant to their own role.

Helping: The average score (3.39) indicates that the executives perceive their environment as being helpful and conducive to their work. They are also seen to be experiencing mutual help in their role. The coefficient of variance in this case is 0.42, which indicates that there is a fair amount of variance on this dimension.

Super-ordination: The average score (2.39) indicates that the executives perceive themselves as not being able to contribute to society to an extent that they would like to do. The coefficient of variance in this case is 0.53, which indicates that on an average the senior executives are not able to relate his role to the society at large. There is a lot of hype and false consciousness.

Influence: The average score (2.82) indicates that the executives perceive themselves as being able to influence important decisions and also be consulted frequently.

Growth: The average score (3.18) indicates that the executives perceive themselves to be growing within their roles. Their role is seen to be contributing to their learning.

Confrontation: The average score (3.85) indicates that the executives perceive themselves as effectively confronting problems through mutual aids.

The Board of Directors of Desai Machine Tools Limited wanted to make trust, transparency and teamwork as the watchwords of the new corporate culture.

- ***Armed with this report, how would you as the Chief OD Facilitator of this company go about changing the corporate culture?***

SECTION FIVE

Short Case Studies in INDUSTRIAL RELATIONS

MANDAL AUTO PARTS LIMITED

CASE # 41

Mandal Auto Parts Limited is a part of a large business group, which operates with its headquarters in Bhubaneshwar, and the plant is located at about 100 kms from Cuttack. The plant had manpower strength of 20,000 employees in 1996 but in 2002 it was reduced to 13,000 as a part of an overall policy to develop a lean and mean organization. However, the total production of Auto Parts in the plant increased raising the annual profit from ₹ 20 to 30 crore during the same period. In addition, the plant expanded its capacity to produce spare parts for two wheelers, auto rickshaws, and six-seater vans. This streamlining of manpower was made possible more due to a consistent policy of attrition rather than one of retrenchment. Large-scale unemployment and poverty levels brought home to the Unions a change of attitude, from one of confrontation with the Management to one of cooperation, in the 2000s.

The Personnel Department had always been manipulative and administered through a management of divide and rule. The labour collectivity was pampered and a labour aristocracy mushroomed. This led to the production, maintenance, materials, and construction divisions having to endure the most of labour unrest and being unable to give the kind of productivity it was capable of giving. The hallmark of the industrial relations environment was the emphasis on 'institutional relationship' as against a 'people-centred relationship', which was looked down upon as nurturing individualism and being occidental.

In the mid-1990s, Mandal Auto Parts Limited turned a new leaf with a new Chief Executive Officer (CEO) at the helm of affairs. Four functional directors assisted him. It became easy to inculcate a corporate culture in the direction of professionalism. This was more so as the Director of Personnel, who had been responsible for pampering the Union leadership, had just retired. He was replaced by a handpicked dynamic and secular-minded person, recently transferred from its sister organization, to inject a new and progressive perspective in industrial relations. The Deputy Director, Personnel, was not promoted. He was re-designated as Director of Administration with reduced managerial powers and made in charge of housing and canteen. This raised the number of Directors to four. Management then initiated the process by which to treat the Union as equal, inspired a sense of maturity in their conduct and held them accountable for production: since they were now partners in progress.

The market for its products was sufficiently good and the inflow of funds was positively progressive. Hence, human resource management (still called personnel management) was not a major concern for the top management. Besides shop floor industrial relations, personnel management in the early stages of the company's growth had concerned itself with traditional functions of welfare management on the shop floor. Slowly its welfare activities grew outside the plant; and schools, hospitals, crèches, and housing came within the ambit of its authority.

As an offshoot of the politics outside the plant, workers became divided on the basis of caste and creed. This process was assisted in by the policies of the Personnel Department, especially up until the 1980s. Many of the middle ranking managers were so divided even today. However, it has been seen in the 60-year history of the Company, that any time a

Manager who was perceived as being principled, he automatically gained respect from all sections of the workforce.

The personnel management was a highly efficient department, which worked in tandem with the desires of the top management as its appendage. Consequently, it was not alienated from top management at any point and any policy pursued by the personnel department had the tacit support from the top.

An HR consultant from XIMB had been commissioned to study the phenomenon of inter-group rivalry at various levels of the organization, since there were some adverse reports about this in the national press. The report stated unequivocally that whereas Mandal Auto Parts had declared in its policy to be secular, reality indicated that the reverse was the case. This report was unceremoniously shelved.

During the 1980s and 1990s, Mandal Auto Parts Limited employed a lot of contract labour. Slowly, the more skilled labour got absorbed into the plant on a permanent basis. Contract labour figures fell from 10,000 in 1986 to 5,000 in 1999. However, there were four groups among the workers, which were brought to surface, based essentially on caste affiliations, in the 1990s and early 2000s possibly due to the general environment in the converted-christian community after the Graham Stains tragedy. To this was added a fifth group in the late 1990s, which called itself the Converted-Christian group.

On a day-to-day basis, the groups worked as a team on the production line, irrespective of their caste affiliations. These caste affiliations would, however, surface only when some people with high personal stakes began to play favourites.

Each group canvassed for the intake of casual labour on a permanent basis, based on caste affiliations. The converted christians felt that they were not given a fair share and a protest movement developed within the working class. This protest movement had the support of political parties who were out to fetch votes, but remained covert. An easy target to voice their dissent was the canteen facilities, which were managed by a contractor, Biseshwar Thakur.

There are two main canteens located at different places within the 105 square kilometre plant. In addition, tea trolleys with snacks are being sent to the shop floor three times a day. During lunch and dinner breaks, workers can either order a packed meal or go to the main canteens to eat. The meals are heavily subsidised.

Two Unions, based on caste grounds, but on paper shown to be affiliated to the INTUC and AITUC, had a lot of influence on the management of the canteen. The converted christians automatically saw the canteen as a target to vent their anger. In the meanwhile, the canteen contractor found out that his manager and some of his supervisors were making money on the sly and he dismissed them after a domestic enquiry. A new manager and six supervisors were appointed. Three of the dismissed supervisors were converted christians and this added fuel to fire.

In July 1999, an important local politician gave an inflammatory speech in the city of Cuttack and fanned the fires of discontent among the converted christians. One of the concessions given in 1989 was the absorption of three Personnel Officers from the newly vocal converted christian category. Yet, the workers in that camp continued to feel persecuted and un-represented. The corporate policy of Mandal Auto Parts Limited did not distinguish on grounds of caste, religion or political ideology between one employee and another. Nevertheless, it was the divide and rule policy of a small section of top management that created such a perception in the minds of the employees. With time, this perception grew stronger.

In 1999, a series of incidents revolving around the canteen took place and are sequentially chronicled below:

1. Some canteen vendors suddenly stopped service in the canteen. They were unsympathetic to the converted christians on grounds that they needlessly interfered with their work.
2. The contractor's manager was forcibly removed from the premises and beaten up by the converted christians on grounds that the food supplied was sub-standard.
3. Twenty-two incidents were reported when the canteen staff had misbehaved with members of the various unions.
4. It was then reported by Thakur that this misbehaviour was caused by sympathy for those employees who had been dismissed. However, the canteen staff counter claimed that it was they who were insulted and framed by persons loyal to Thakur, who had allegedly married a converted christian nurse. According to rumours, he had also converted to christianity and had plans to change the entire canteen staff and replace them by his own clansmen.
5. The new uniform which were of better quality and supplied before Durga Puja, on the same pattern and colour, as the old uniform, were rejected by the canteen staff on grounds that the tailoring was sub standard. A converted christian firm did the tailoring of new uniforms.
6. Thakur claimed that he was being victimised by members of other groups (especially the Muslims) who are putting pieces of string, biddis, and insects in the food thalis. Then these same workers were, he says, making an issue of the unhygienic food and creating chaos.
7. Thakur requested the personnel department to permit him to get a new set of canteen workers so that such chaos was avoided in future. The names of canteen workers, Thakur had submitted, were after all contract labour and not company employees.
8. The personnel department concluded its investigation and replied to Thakur that he could not do so. However, they gave him permission to hire more supervisors to keep a check on the unruly elements.

The CEO was not satisfied with the spate of events. He ordered an inter-functional group to conduct a total management and social audit and asked an outside agency once again the XIMB to help that group in the investigation, to get an unbiased report. The new investigative committee came up with the following findings, annexed to the main report:

- That Thakur had been giving kick-backs to the materials and personnel departments up until 1990. This was stopped when the new CEO had cracked down on inefficiency, corruption in an attempt to promote a healthy work ethic.
- That older members of the personnel department, although Muslims, were instrumental in fomenting unrest among the converted christians.
- The Director of Production, who belonged to the old school of thought, wanted to become the CEO. Nevertheless, since the Board did not appoint him, he had collaborated

with some managers to destabilize the industrial relations scene, using the canteen as a pivotal point of concern. He had been having an extra-marital affair with a converted christian school teacher.

- The new director of administration, under whose control the canteen services directly fell, was a good friend of the Director of Production. They both belonged to the same political party and the same exclusive clubs. They also had a soft corner for enjoying wine and women.
- There is a great divide between the union leadership and the rank and file.
- The Management and Social Audit Report, minus the annexure, were circulated among all the members of the top management to solicit a feedback. Copies of the report by the executive officer of the personnel department, which had earlier been shelved, was also retrieved and circulated selectively among the Top Management.

Soon thereafter, there was a minor argument between two canteen workers and the canteen supervisors loyal to Thakur. The canteen supervisors allegedly used foul language and the converted christian group took up the case of the canteen workers, demanding a public apology from them by Thakur, who refused to oblige. The canteen workers went on strike. Production workers consequently suffered and there was every chance that the situation could escalate into a major work derailment if the situation was not quickly resolved. A high level meeting was called by the CEO to decide whether a new contractor would be appointed in the canteen or to ask the Personnel Division to take over the job of the contractor. This would mean that the 100-contract labour in the canteen would have to be made permanent. The Director of Administration and the Director of Production wanted the company to take on the task of managing the canteen. The Director of Finance said that this was not a feasible solution cost wise. The Director of Personnel wanted a new contractor appointed for the canteen.

The CEO now had the casting vote, as opinion was equally divided among his four senior Directors on the issue. The leaders of converted christians had made it amply clear that their sympathies lie with the CEO, who was generally seen by all employees, as an ethical and fair-minded person. The other Union leaders have taken a position in support of Thakur while the State Government favoured the converted christians.

It may be worthy to note that in the last "Quarterly Open Forum Dialogue" between the employees and the CEO, flanked by his four directors, in August, there had been overwhelming support by the employees for an organizational culture founded on business ethics and free of caste and creed biases. The CEO has sufficient reason to believe that the Union leadership, which supported Thakur, may not be able to carry the regular members along with them. Furthermore, the CEO felt that if a new contractor were to be appointed to manage the canteen, it would take a minimum of 9 months for the new contractor to get established and accepted. During this period, vital production time might be adversely affected a situation that any management would have liked to avoid getting into.

You are an experienced executive who has had considerable exposure in this company and elsewhere in industrial relations matters. Due to your seniority and record of accomplishment, the top management has chosen you to objectively examine the matter and submit an action plan within a week, addressing the issues raised below. Your report will form the basis of management policy. Detail your plan and show how you will activate it.

- ***Why do persons at the helm of affairs seek to compartmentalize employees on grounds of religion, caste and creed and then control them?***
- ***When the mistake is detected or when the problem is defined, why do successive Managements traverse the same route of divide and rule on the basis of religion, caste, and creed?***
- ***Granted that compartmentalizing subordinates on ground of religion, caste, and creed pays dividends in the short term, is it a good policy to adopt in the end?***
- ***Assuming that division on religion, caste, and creed is a social fact, how can fairness and meritocracy be introduced into the system so that trust, legitimacy, and commitment can be nurtured and manifested?***
- ***In this case, what would be your action plan for the CEO?***

DECADE TEXTILE MILLS

CASE # 42

Decade Textile Mills is located in Western India. It has grown from a small enterprise and today is a major exporter of cotton yarn and cotton textiles. The Management of Decade Mills is very orthodox, clan controlled, and traditional. The Board of Directors is a mixture of old timers and fresh blood. The Quality Control Manager, Gopi Haricharan, looks after the HRD function and those employees who have secured an MBA from local colleges while in employment often question his knowledge of the subject. "yes men" as well as his "clansmen" who are different from the "clansmen" of the owners surround him. Anyone with new ideas is welcomed so long as the new ideas fall in line with Haricharan's thinking. He is a trusted officer of the top management, but to the workers, he is a person to be kept at an arms length and given due respect mainly in the light of his position in the company. Decade Textiles does not employ MBAs as a matter of policy because the management feels that these "Johnny come lately" might rock the boat. Management students are permitted to go there for summer training but kept under very strict supervision and if a student begins to ask too many questions, they write an adverse report to the Institute about that student. However, Haricharan is a very persuasive speaker, can convince many a recalcitrant employee and is held in high esteem by the older managers as well as certain academics, whom he obliges from time to time by arranging consultancies for them.

The informal reporting system in the company is very efficient and top management has a finger on every pulse that beats in the organization. Leaders whose election is supervised by the management man the union. Anyone not following the management dictate is summarily dismissed. The consultant on personnel matters to the company is a self-styled OB specialist, Dr Shanker Iyer, who works at a local institute and lends some credibility to many of Haricharan's training plans by virtue of his support. The "style" of management could be described as "benevolent despotism". The wage structure as well as the organization chart is considered confidential documents and job descriptions are a classified document. The span of control is not well laid out, nor is the hierarchy clearly demarcated. Personal equations between certain managers and the top brass are in charge.

The level of technology used in the Mills ranges from the ultra modern to the ultra archaic. The plant has grown with time and the expansion has not been planned in any orderly fashion, as any visitor to the premises will notice. However, this does not present a major "movement of goods" problem. Some parts of the plant are labour intensive, whereas some other plants are capital intensive. The erstwhile policy of advertising all vacancies through out the plant has run into rough waters since the union contends that only those from within the section are being promoted and the company wide advertisement is a wash out. Now with the possible change in leadership of the union looming on the horizon, this is one of the issues on the union agenda.

Every day, at 1:30 PM sharp, the works manager has a spot meeting in the portico outside his office, where senior officers come and keep him up to date with the progress of the day. He maintains that he wants to have the meeting outside, as he does not wish to waste time and let the managers get on with their tasks. Some managers "jokingly" remark that he does so in order to prevent their shoes from soiling his office carpet. But there is no denying the fact that outwardly, everyone appears to be one big happy family. The premises are kept very clean and the shop floors are very tidy. Environmental pollution is at a minimum. The gardens surrounding the offices and the canteens are excellently maintained. The canteen food is subsidized, nutritious, vegetarian, and generally good value for money. On every festive occasion, workers get discount coupons to buy cloth from the retail outlets determined by Decade Textiles for their products: good quality cotton dhotis and cotton saris. The demand for cotton yarn and textiles universally is high and the Decade Mills enjoy a privileged position as a supplier, because of the contacts that the top brass has with the Central Government. Export orders are bountiful and the company is cash rich. For the fifth year in succession, Decade Textiles has made super profits, when their sister company, Decade Rayon, has registered a loss and faces closure.

Decade Textile Mills, through subsidiary holdings, owns cotton plantations. Due to interference from anti-social elements (thugs) and the bad weather conditions, Decade Mills is inclined to sub-contract the growing of cotton, since this is the fourth year in a row that production has been more than actual realization of the crop.

The shares of the sister company, Decade Rayons, located in another district of the same state, have been doing particularly poorly due to financial mismanagement and labour unrest. Haricharan has publicly vowed that history will not repeat itself in his company.

While all this is going on, a scheme has been floated by which retainable staff from Decade Rayon will be transferred to Decade Textiles and instead of filling up vacancies caused by death or superannuating, these will be filled up by transfers from Decade Rayon. This has compounded the problem of labour transfers and resentment is running high on this score.

The union membership is faced with a dilemma. Should it ask for in-company transfers and remain in the condition wherein only in-section transfers take place or should it close up completely and allow transfers from Decade Rayons to go ahead. One group in the Union Committee wants to stop the transfers from Decade Rayons, while the other group wants it to remain untouched, as more important issues are at stake at the moment. This could form the agenda of further action at a later date, they argue.

The management does not believe in hiring female employees and the highest position a woman can aspire for is an Assistant Telephone Operator. Recently, a top-level "lady professor" who is an expert in communication, was slated to take a management development programme on behalf of the Institute that had the contract for in-house management training. Haricharan and Dr Shanker Iyer sidelined the proposal to invite the lady as this invitation; they felt, "might" go against top management's wishes. Although very good friends, the lady professor was seen as an intellectual threat to Dr Shanker Iyer, whose knowledge of his subject lacked both rigour and depth.

Professor Prem Hegde, the other Management Trainer from the same Institute as Dr Shanker Iyer (who was present at the meeting when the lady was dropped from the programme unceremoniously), objected on the grounds that such discrimination was against the fundamental rights guaranteed by the constitution and amounted to a violation of the ILO Charter to which India is a signatory.

When Professor Prem Hegde took up the matter with the Director of his Institute, he was brushed aside. The argument tabled was that the institute was starved of funds and the Director did not think that discrimination against women was something important enough to loose a training consultancy on. Professor Prem Hegde is on the Western India Committee on Discrimination in Employment set up by the Government of India and is very active on morchas and dharnas organized by the body. His report to the ILO on the exploitation of women and children in Indian industry was hailed as a landmark study. Some committee members feel that the discrimination against women is archaic and must be done away with, but they do not know what to do about it. They have confided their feeling to Professor Hegde.

Dinesh Joshi is the General Secretary of the union, which is affiliated to the INTUC. Dinesh has occupied the position since 1984, when he won the election and every third year he has been re-elected to the post. Joshi's reputation is without blemish and the elections were fair. But, because he is not hard headed, workers assume that he is a "management stooge". To be fair, Joshi himself has done little to dispel that image.

The manpower strength is 3,000 workers, of whom about 60 per cent are contract labour and 300 are officers/supervisors. Of those, 40 per cent of the total workforce are permanent, about 60% are card carrying members of the official house union and the rest 40 per cent join the union cause on a case-by-case basis. Labour turnover would have been high if the labour market could accommodate the frictional unemployment.

At the last Annual General Meeting of Decade Mills, two old timers retired from the Boards of Directors. They were replaced by a Finance Expert and a Marketing Expert, both of whom had MBA Degrees from IIM (Calcutta) and IIM (Ahmedabad), respectively. In addition, the post of Vice President (HRD) was created, and although he was not on the Board, he was given wide ranging powers. He reported directly to the Managing Director, who occupied the highest position in the Company's hierarchy.

The Board observed that changes were called for. Wage rates at the plant in Bombay and in the plantations are poor, as is the quality of skill of those employed. The HRD function is non-existent.

The Board also agreed that professionally qualified Managers must be recruited, but without creating a panic among the "old guard". There was no real countervailing tendency within the organization, which could take on the "old guard" and bring about change. So "new blood" at the highest level was scouted for and found.

The new Vice President of Decade Mills, Dr Yashvir Sinha, has a Doctorate from Harvard Business School. He is shocked at the lack or absence of an HRD Function in Decade Mills. He believes that forming an Human Resources Management Department would be the start of a new era and many of the inherited ills of the past orthodoxy will soon disappear, if the Department is successfully set up and made operative.

Both, Dinesh Joshi and Prem Hegde, now agree with Sinha and have volunteered help in setting up such an HRM department at Decade Mills. Haricharan and the old guards feel threatened and are planning to sabotage the move. Joshi is well connected with the Government of Maharashtra and the Press although he does not belong to any political party. Haricharan is distantly related to the Director of the Institute, which has the contract for Management Training, and the Director has friends in "high places". Haricharan, on his own has no clout.

Both, Dinesh Joshi and Prem Hegde, also support Yashvir Sinha's idea of recruiting MBA's and PM specialists from the top institute of India from May 1994 and of not rushing things this year for fear of rocking the boat too much.

The Management at the Annual Meeting on December 31,1992 has declared a dividend of 22 per cent on equity shares and the share prices are rising at an average rate of 35 per cent per annum consistently since 1987.

The inflation rate in Greater Bombay, according to official Government figures for 1991-92, was 8% per annum but the Bombay University Economists have calculated it at 14 per annum during the same period. The unemployment rate for Greater Bombay, according to Government figures for 1991–92, was 25% per annum (for the category employable in Decade Mills) but the Economists calculated it to be in the region of 40 per cent per annum.

Relationship between Dinesh Joshi and his team with the leaders of the "contract labour" is cordial. The leadership of the "contract labour" has promised not to take up the issue of regularisation until the position of both Dinesh Joshi and Yashvir Sinha are secured in Decade Mills. No one is sure whether the leaders can carry the contract labour with them when the crunch comes. Traditionally, the behaviour of contract labour has been "mercurial". Traditionally, the union leadership has been known to be "reactive" and lacks an ideological base. Hence, any change must be initiated by socially conscious members of the management.

The Problem:

1. The workers want a pay increase to keep up with the rise in the cost of living. Dinesh is under pressure from the rank and file to pursue their demand. Dinesh is assured of support by 85 per cent of the workers. When the union action begins in Bombay, the plantation workers will join the struggle. If Dinesh does not agree to their demand, he will loose all credibility, support and respect.
2. But Dinesh has taken a company loan of ₹ 1.5 lakh to buy a flat in Thane. Haricharan has quietly sent word to him that if he leads the strike, Haricharan will have him sacked and demand that the loan be paid back at once. Dinesh has paid up only ₹ 50,000 so far.
3. Militancy among the workers is well known but their real strength has not been tested. They are quite vociferous in their demands, but they are not unreasonable men.
4. The workers who follow Dinesh Joshi are highly skilled. They man a vital section of the Mills and can bring the production to a grinding halt despite being few in number.
5. One group of militant workers who are faithful to Haricharan has united and wants Dinesh removed and are pressing for fresh elections to be held. If that happens, Dinesh is sure to lose, unless he takes up the case of the workers within the week. One other group of militant workers want to tie up with Dr Dutta Samant and disassociate with the INTUC totally, if the workers' case is not taken up. They have no dealings with either Haricharan or with Dinesh.
6. Women's Rights activists from Baroda, Nagpur, Poona, and Greater Bombay are putting pressure on Professor Prem Hegde to expose the discriminatory practices of Decade Mills. In fact, he first brought this discriminatory practice to the knowledge of the Women's Rights activists.
7. Hegde, however, knows that if this is done Dr Shanker Iyer and the Director of the Institute, will gang-up on him and put his employment in jeopardy. Professor Prem Hegde is a family man but also has a conscience.

8. Two union committee members who hail from eastern India see nothing wrong in the indiscrimination against women, but agree to go along with the band wagon if the majority so decide. With their support thus secured, the committee could be used to take up the question of discrimination.
9. Dr Yashvir Sinha has got wind of the situation and has called a secret meeting over dinner at his residence to decide what is to be done. Invited to that dinner are Dinesh Joshi, Prem Hegde, a top-notch politician whose reputation is impeccable and the Regional Editor of a respectable national newspaper who is a common friend of all and can respect a confidence.
10. Prem Hegde and Dinesh Joshi have often felt that Yashvir Sinha is a little too cautious, although his heart is in the right place.

- ***This is the month of September 1993 and if production stops a large foreign contract may be lost. This would adversely affect all parties.***
- ***How will the problem of manpower allocation be handled? Can it be kept on the back burner? If so why?***
- ***What will Dinesh's strategy be in the light of the above scenario? Plan the strategy and justify each move.***
- ***Should Prem go against the Director of the Institute that employs him? How should he go about doing it?***
- ***How can Yashvir help the union leader, the conscientious professor and begin to form a Department for Human Resources Management as soon as possible?***

BHAGWAN STEEL STRIPS (PVT) LIMITED

CASE # 43

Bhagwan Steel Strips (Pvt) Limited was a private Company, set up in 1945 by a Sindhi entrepreneur named Bhagwan Shivdesani whose family had settled in Bombay since 1857. The private company grew from a small concern to major steel strips manufacturing concern located in Khandala, in Maharashtra. In 1957, it was taken over by the Government as per the provisions of the Industrial Policy Resolution 1956 and consciously no attempt to disrupt custom and tradition, in so far as labour policies were concerned, was made after the takeover. Consequently, one of the policies inherited was that of giving employment to at least one dependant of an employee who had put in 15 years of service or to a member of a household that was located in the community for over 15 years. This was not a problem because the Company recorded a steady profitability from 1955 up until 1990, owing to the fact that the Government was the sole buyer and there was little competition in the market. The Management did not attempt to find greener pastures and was content with preserving the *status quo.* The only difference now was that the company had a Board of Directors consisting among others, of an eminent banker, a well-known lawyer, a retired Professor of Metallurgical Engineering. The Chairman was invariably an IAS Officer on a 5-year deputation. Bhagwan Shivdesani's grandson Vasant Shivdeasni was appointed the company's Managing Director. Vasant was a postgraduate in mechanical engineering from University of Brunnel in the UK and had worked with US Steel for 5 years before returning to India in 1988.

Thereafter, the management policy towards capital and labour continued unchanged, due to the cushion provided by Government subsidy and aided by the fact that the high rate of attrition permitted the steady in-take of young persons. Changes in technological requirements of the buyers and the inability of Bhagwan Steel Strips (Pvt) Ltd to modernize, led to stagnation of output and capacity.

In 1990, this policy of providing automatic employment ran into rough weather, as the company did not grow any further nor was the subsidy forthcoming. Other players had entered the market and the size of the clientele had depleted. Profitability fell between 1970 and 1990 by 65 per cent on output and total market share fell from 82 to 43 per cent during the period. In addition, the demand for steel products needed by the manufacturing sector had changed, as the technology demanded greater precision parts and the company had not modernised since the Government takeover. However, labour turnover was minimal and the workforce was committed to management policies, which were rewarding without insisting on either performance or accountability.

There was another shift in the Industrial Policy of the State in 1986. According to this, the subsidy given to Bhagwan Steel Strips (Pvt) Ltd was reduced and the automatic sale of steel strips to larger public sector concerns was no longer valid. The State Government believed in enforcing self-reliance and self-sustenance, but did not provide the means by way of capital investment for such concerns to grow any further. Rather, the Government preferred to start new ventures since the political kickbacks in these were higher. The management also made no effort to change its corporate strategy in view of the changed environment. Incidentally, by

1989, the top management team changed considerably. Old hands retired and newer men, selected by the Government, came to replace them. It may have been a coincidence but the new top management team were all Congress supporters. The perspective of the newer managers at the top was one of opportunism, since they were IAS officers who had little technical background or interest. They were simply careerists.

Bhagwan Steel Workers' Union (BSSWU) was affiliated to the INTUC and was led by a graduate engineer named Sailesh Masal. In fact, Sailesh was politically motivated and had more than one portfolio. He was local Secretary of the INTUC, as well as the right-hand man of the MLA from NCP. He saw himself as somewhat of a power broker in labour related matters and his proximity to the politicians in the Ahmednagar–Loni–Shirdi area made this possible. On a personal front, he was not at all highly principled nor did he follow a strict code of personal discipline. He was a prolific womaniser.

The tribal population respected him and he had a considerable following even outside the company. Sailesh had all along supported the Management of Bhagwan Steel Strips (Pvt) Ltd. because many members of the earlier top management team shared his ideological persuasion. Also being somewhat of a opportunist-careerist himself, he found it easy to work with the new Management as well.

Members of the rival union, CITU, on the other hand, were less opportunistic and really believed that they could make an improvement in the quality of life of workers by their intervention. For instance, in a recent meeting, they took the stand that: had the profits of Bhagwan Steel Strips (Pvt) Ltd been gainfully re-invested (as the Government now claimed it should have been done), the company still had a chance to modernize its operations and meet the market situation.

The Congress Government at Mumbai made it known that Bhagwan Steel Strips (Pvt) Ltd could be privatised in order to ensure growth and profitability. CITU, as well as, INTUC objected to this on ideological grounds. However, since Sailesh saw that privatising Bhagwan Steel Strips Ltd was in the larger interest of the working class, he readily agreed to play along with the management. Sailesh was approached to help in the temporary closure of the company, so that it could be easily privatised after it was declared sick and the matter referred to BIFR.

Accordingly, Sailesh who was well schooled in sugar cooperative politics manipulated some of his supporters to stage an agitation and put forward a 10-point charter of demands. The management retaliated by declaring a lockout. The company was declared sick and referred to BIFR. An investigative team from the Parliament exposed the collaboration between Sailesh and the management. The Board of Directors of Bhagwan Steel Strips Ltd reacted sharply to the report.

The radical faction within the Bhagwan Steel Workers' Union managed to remove Sailesh from his position as General Secretary despite opposition and pressures being brought by politicians from the Ahmednagar–Loni–Shirdi area. However, they did not cancel his membership of either BSSWU or the INTUC. The politicians made conciliatory noises in support of Sailesh Masal but did nothing concrete to assist him. Sailesh was not happy with the treatment meted out to him by his own union as well as his political patrons in the Congress and NCP. The plan to privatise the Company was kept on the back burner on his advice.

Arising out of the changing Government policy and the lack of subsidy received, there was a ban, imposed by the State Government, on further recruitment of personnel, and made effective from 1987. The General Manager in the light of a reduced profitability in the company justified this. From 1989, however, Bhagwan Steel Strips (Pvt) Ltd adopted a dual policy on labour recruitment. It had not given jobs to the dependents of long serving employees and yet had recruited apprentices, each year, in accordance with the Apprentices Act 1961. Since there were few colleges coming up in and around Khandala, and since Pune was not very far away many of the wards had acquired university degrees, but failed to gain employment in Bhawan Steel Strips (Pvt) Ltd, which was the largest industrial concern in the area. Over and above this, the management recruited some Graduate Engineers who had come with weak credentials but strong political recommendation during the same period.

Being dissatisfied with the position taken by the economic situation and fearing the mala fide intention of the General Manager, the local youth formed an Action Committee supported by some of the conscious workers. The parents of the unemployed wards had their sympathy for the Action Committee and silently supported the cause. However, they feared for their jobs and so did not take active part in the agitation. Many of them were old, uneducated and could not hope to obtain alternative employment. Hence, they went along with the management dictate on the surface.

Sailesh, incensed by the treatment meted out to him by his Union and in order to redeem his image, joined the fray and championed the cause of the Action Committee. Very soon, Sailesh emerged as the new leader of the disgruntled youth and joined the Shiv Sena. He now played his union politics as an outsider.

By 1991, manpower was being re-deployed to fill the vacancies caused by superannuating and management sought the support of the recognized collectivity (BSSWU) for doing so. The recognised collectivity agreed with the management in their long-term interest, because they knew that the financial situation of the company was in poor shape and they might be unemployed if the company closed down. The parents of the unemployed wards did not support the position taken by the Union, but they had no choice but to keep silent. Sailesh used his influence in sugar belt to find out that the Government ban on recruitment had been lifted, albeit without fanfare, on April 1, 1990, but the General Manager of Bhagwan Steel Strips (Pvt) Ltd had not made this fact known to the workers.

Sailesh informed the Action Committee of this lapse on the part of the General Manager and used it as a weapon to organize the youth against the company. The Action Committee then began to take subscriptions from members of the BSSWU, who gladly obliged. Some senior officers were known to be openly supportive of the Action Committee. A small office was constructed outside the main gate of the factory and this became the focal point of agitation: with the recognized Union on the one hand, and the officers supporting the General Manager on the other. Gate meetings, pamphleteering and statements to the press were used to pressurise the General Manager. On October 30, 1992, the Action Committee gheraoed the General Manager and blackened his face as he was about to enter the Works premises. The local police was called in and the Action Committee members were dispersed.

The following week (alleged) members of the Action Committee entered the premises and gheraoed the General Manager in his office. Furniture was broken and several computers were destroyed. To break the deadlock, the General Manager agreed to meet the Action Committee to discuss matters further, shortly. The gherao was removed and the Action Committee waited to hear from the General Manager. It was secretly believed that it was the hand of Rafique Sheikh that was behind this hooliganism. Sheikh was a smooth operator, had no scruples whatsoever and managed to have a finger in several pies. In addition he had several known and unknown links with the underworld and was even an active partner in a ladies bar, which was a cover for flesh trade. On January 1, 1993, the Action Committee petitioned the General Manager to honour his words and come to the bargaining table with the Action Committee. At this point, BSSWU called a gate meeting and the General Secretary, Rafique Sheikh, took up the case of the unemployed youth.

On March 31, 1993, the Action Committee called for a 1-day symbolic strike on April 5, 1993, stating that nobody would be allowed to enter the factory in the morning shift, which began at 6:00 am, and the general shift, which began at 8:00 AM. The General Manager refused to negotiate with the Action Committee and on April 14, 1993, issued a circular instructing all officers to report to duty by 5:00 AM the next day and decided to hold back the workers of the night shift of the previous day. The Government declared the strike notice as illegal and the INTUC affiliated BSSWU first sided with the Action Committee and then switch its allegiance (without notice) to the General Manager and went against the Action Committee. It was then that Shiv Sena came out openly in support of the Action Committee. There was a negotiating deadlock that had to be resolved if production was to continue.

The Board of Directors held an emergency meeting and instructed the Managing Director to appoint an HR Consultant of national repute and an impeccable record for credibility and fairness to advise the company on how to break the deadlock and get back into business. A Search Committee was appointed and they have identified you as the person who can deliver the goods. You have accepted this project based assignment on condition that you will be on a retainer as their expert HR consultant once the winds of uncertainty have been blown over. You have brought with you a team of three HR specialists one each in the areas of manpower planning, personnel administration, and human resource information systems. You are the expert on Industrial Relations yourself.

You have called a meeting of your team and briefed them about the facts. You have to give the company a mutually acceptable solution to the employers and the employees and implement the same as soon as possible. What would you do?

- ***Given the fact that you are not really a consultant but a facilitator what will be your role in the immediate future.***
- ***Should physical violence in industrial relations situations be condoned?***
- ***Critically evaluate the roles played by the Government, the General Manager, Sailesh Masal, and the Bhagwan Steel Strips Workers' Union.***
- ***What should Sailesh's next move be?***
- ***Was the demand of the action committee for employment of wards justified?***

THE CHURNING OF VALUES

CASE # 44

Ganesh Pandey was a graduate in industrial relations from XIMB Bhubaneshwar, having secured a consistently high score in all his subjects. On graduation, he joined an international firm, Tandon Forge at Pimpri, Pune, as a Personnel Officer, in the year 1991. He was bubbling with energy, but he also had an intellectual bent of mind. He was principled, polite, well-mannered, and articulate. Unfortunately, for him, the legacy of the personnel department was one wherein managers were expected to have a feudal–mercantilist–trader mindset. The price placed on innovation and creativity was a lot less than that on conformity and servility. Trust, transparency, and teamwork were terms that were spoken about freely but equally freely were the terms scheming, swindling, and backstabbing that were practiced. Ganesh felt like a fish out water and his idealism of student days received a severe jolt when confronted with the reality of work life.

In, 1995 Ganesh was appointed as Senior Personnel Officer of the Hammer Division, which had 2,200 men on rolls. One day, when he was in a meeting with the Union Shop Steward and the Divisional Manager, there was news of a wildcat work stoppage on the shop floor. He rushed to the shop floor to look for the Committee Member, Sheikh Akhtar, and his friend John Jacob, the local opinion leader. However, they were not on the shop floor and Ganesh's attempts to convince the workers to resume work, failed. The workers told him that they had put down their tools on the say so of Akhtar and Jacob. Since the two were not to be found, he sent for them and scheduled a meeting that very afternoon in the Divisional Manager's office.

Those who were present in the meeting, that afternoon, were the Divisional Manager, the Manager, Ganesh Pandey, the Shop Steward, the Committee Member, and the Union Vice President. The Opinion Leader was not present. The Vice President of the Union personally sent for him and Jacob came in a few minutes.

The Committee Member and the Opinion Leader both refused to talk to Ganesh because, they said, he had refused to give them special treatment as was given to them by the Divisional Manager. They complained that Ganesh had falsely implicated their names as troublemakers in his confidential reports to management on the quarterly status of the IR situation. However, if he did not show them preferential treatment, production would suffer and the divisional manager did not like that to happen under any circumstances. Therefore, he re-convened the meeting next morning: The Divisional manager knew very well that the allegation against Ganesh about implicating them as troublemakers was false.

In the absence of every one, Ganesh got a dressing down by the divisional manager. Ganesh said that if the DM so wished, he would show the file to Akhtar and Jacob and make an entry in the file to that effect. This was taken as an insult by the DM. Ganesh had no choice. Either he stuck his neck out and showed a confidential report to the two union authorities, which was against the rules, or showed the report and risk a rebuke at a later date from the self-same DM, who was well known for such contradictory and opportunistic behaviour.

After introspecting all evening, the decision was made. Ganesh would not show them special treatment unless the divisional manager asked him to do so officially. The divisional manager refused to commit himself officially and the fall out was that Ganesh was not invited for the subsequent meeting with the Union. On the recommendation of the DM, acting on the advice of the Union, Ganesh was shunted out to Community Development as a Senior Welfare Officer. The plea taken was that he had failed to maintain an environment of harmonious industrial relations in the division.

In the community development division, Ganesh reported the matter to Miss Bharati Kale. She was single, flirtatious, hardworking, and consequently in the good books of both the Management and the Union. She broke confidentiality with impunity, but was amply rewarded because she maintained a good rapport with the Union. She was a very special friend of the General Manager as well. It was rumoured that she carried a pocket tape recorder and had a lot of compromising information on many people. She was quite feared and nobody crossed swords with her. Everyone kept her happy but she had no real friends.

Ganesh soon found out what the game was. Therefore, he started to come close to the Union office bearers by leaking official data contrary to official rules, but in conformity with the organizational culture, as he understood it. He took care, however, that sensitive information was leaked without the finger of accountability being pointed squarely at him. It was all done in a very subtle way. He also went out of his way to praise Bharati and literally doted on her. This was not done in a subtle way!

Bharati Kale, in turn, was pleased with his work, the attention and praise she received, gave a good performance review report, and recommended that he be promoted: a promotion that was long over due. Ganesh Pandey was no longer the conscientious student from XLRI. He had begun his journey to prosperity, as the capitalist world knew it. Soon, thereafter, he started having an open love affair with Bharati. He did not have enough money to take her to a plush hill resort, so they invariably rented a small room in a moderate hotel in Panvel for weekends. To her, wealth and property were not trivial pursuits. She was not content in her meagre station in life and could stoop to any level as long as she had the power to call the shots. Bharati found a good friend in Ganesh; a friend she never really had. When Ganesh started showering her with all sorts of costly gifts, she slowly moved away from her other (so called) friends including the General Manager. All now knew about her love affair with Ganesh and when she moved in to live with him, the General Manager publicly made sure that both of them knew that he was not pleased about it.

Soon, however, Ganesh was promoted to Divisional Personnel Officer in-charge of the Production Division. Simultaneously Bharati Kale was transferred on promotion to the General Manager's Office. One day, while attending a meeting in the General Manager's office, Ganesh was bluntly told by the Divisional Manager that he would no longer be trusted as he was still sending confidential reports against Jacob and Akhtar the two persons who had earlier been a thorn in his career. This time, however, there was no prolonged dithering. Boldly he walked up to the office, brought the file and showed those present that he had never written any such report. That ended the debate and, to his surprise, the divisional manager did not even raise an eyebrow at the fact that a rule regarding company confidentiality had been broken. The General Manager realized that it would be better to have Ganesh on his side than have the divisional manager who was due to retire in 3 year's time anyway.

Ganesh was yet to get another revelation the same week. Officially, the company policy stated that there were managerial prerogatives, which were unalienable. However, the General Manager, openly stated that if a Union leader complained against any officer, and the complaint was backed by the flimsiest of evidence, that officer would be sacked. Furthermore, managerial prerogatives did not mean a 'bloody thing' to him and all he wanted was productivity.

Ganesh discussed his options with Bharati and they agreed to damn the principles of fairness and equity and grab as much power as possible. She said that power brings wealth and is a great aphrodisiac. One evening soon thereafter, Bharati told Ganesh that the General Manager was going to escort a team of governmental dignitaries through the plant next week and that a fresh contract with the firm depended on them. Bharati and Ganesh hatched a plan. Next day Ganesh took two of his henchmen cum informants Ram Shivade and Mohan Patil into confidence. They were also the top fixers upon whom the trade union leaders depended. He gave them ₹ 5,000 each for creating a problem on the shop floor during the visit. Furthermore, he instructed that, he would come and quell the crisis. In addition, it was agreed that when he shouted at them they would all meekly listen to him in front of the visitors. This stage-managed plan was operationalized and went off smoothly. Ganesh was given a letter of appreciation by the general manager and promoted to divisional manager (Administration).

As DM (Administration), Ganesh was in-charge of personnel, security, and public relations. He invested in property and made a lot of money, doing favours, and arranging contracts. Soon, The general manager took him into greater confidence, gave him more powers and called him in every time for advice there was trouble.

The company even sent Bharati and Ganesh together as their emissaries to Singapore for negotiating a merger. There again, he used his Machiavellian instincts to amass wealth and indulged in every kind of compromise to ensure that personal aggrandisement was the result. While at Singapore, he bought Bharati a full gold and diamond set, costing US$ 25,000. That night however, over a lot of the amber nectar he had tears in his eyes, but Bharati knew not why. She presumed, however, that the tears were of joy as they were having a great time together. When questioned next morning Ganesh confided in her that he could not do anything honourable as the Personnel Division itself has lost all credibility. Over lunch, he discussed the morning's outburst with Bharati further. She found that he had done nothing wrong since the rules of the market rewarded the winner irrespective of the means.

Ganesh stared at Bharati for a long time, lost in a haze of conflicting emotions. Bharati stated that if he could not grow up and did not have the guts to play hardball he should quit and go to some ashram. Then he too got up, took a long solitary walk in silence, and let his heart weep unrestrained. His tears brought forth deep anger, frustration, and agony and, finally, a gentle paced determination. Soon, thereafter, he began his meditative journey in search of the Ganesh Pandey that his inner self was looking for and whom he had left by the wayside so many years ago. Moreover, as he journeyed, his conscience smiled even more. He knew that his affair with Bharati would soon become history and a new Ganesh would emerge from the churning.

Consider yourself to be Ganesh Pandey, Your new goal is to re-instil credibility in the HRM function amidst the turbulent situation of conflicting values in industrial relations as mentioned above.

- ***Would you blame Bharati for your deviance?***
- ***What would be your immediate strategy?***
- ***What would be your long-term strategy?***
- ***Where would you begin? Justify yourself.***

TOTARAM TRANSPORT COMPANY

CASE # 45

Totaram Banarasidas of Ajmer was a shrewd businessman and an astute planner. He strategically and slowly captured the public transport business in the Indore-Bhopal belt of Madhya Pradesh. Indore stood at the crossroads since traffic from the east to the west and from the north to the south of India had to go through Indore. The Madhya Pradesh State Road Transport Corporation (MPSRTC) was a public sector monolith, which was laid back and traditional in its approach to business. Consequently, a number of smaller companies mushroomed and ate into its market. Totaram, who was a highly successful stockbroker, observed this and floated a company that had the financial muscle to buy out a number of these smaller companies under the umbrella of Totaram Transport Company (TTC). For this he took a whopping ₹ 10 Crore loan from the State Bank of Indore and added an equal amount from his own funds to make a corpus to run the business. Totaram had one daughter and one son who were given the charge of the company as Directors. Strategic planning, finance and investment were functions that he retained with him.

Under the able guidance of Totaram, TTC managed its business interests professionally and treated its workers with dignity. His daughter Jaya was a postgraduate scholar who had specialized logistics and operations at IIM (Calcutta) and thereafter in organizational behaviour for her Fellowship at IIM (Bangalore). She was the Director who was in charge on the public relations and human resources fronts. The son Pyarelal who had an M.Tech. in Mechanical Engineering from IIT (Powai) looked after the maintenance and operational fronts, while it was Totaram who as the chairman and managing director laid down the strategy and overall work values.

There was a team of engineers who ran a maintenance shop off Rajender Naka in Indore, which was also bought out, and Totaram's son took over as its Director. The engineers immediately received a monthly pay rise of ₹ 3,000 each, were fitted in a proper scale of pay and assured certain benefits such as Mediclaim Insurance up to a limit of ₹ 2 lakhs and a life insurance of ₹ 5 lakhs each. The work environment was both physically and sociologically improved and a good canteen was added to the premises. Nutri Caterers from Pune were given the contract to run the canteen professionally as well as manage small food outlets at every major point of the bus route through out Madhya Pradesh. Leave rules were introduced and a sense of belongingness was inculcated in every employee. To begin with, every bus that was bought out when Totaram Transport bought out the smaller companies was given an overhaul, refurbished and repainted. Every bus would, as a rule, come to the now named Totaram Maintenance Shop for monthly servicing and for all major breakdowns. Pyarelal tied with all Indian Oil outlets so that the buses could be refuelled *en route* Jaya did the same with all major hospitals en route so that both employees and passengers could get immediate aid in case of accidents. In both cases the bills could be settled by the company on a monthly basis.

Every bus had a driver, a conductor, and a helper who all possessed driving licences and basic knowledge of bus repairs. They were all covered by a Mediclaim Insurance of ₹ 1 lakh and a life insurance of ₹ 2 lakhs. It also had a mobile phone, a first aid box, and a fully equipped tool kit. In addition every bus had a contingency kitty of ₹ 3,000 which could be used only during an emergency. Pay scales for each category were:

Driver : ₹ 4,500 – 100 – 6,500

Conductor : ₹ 3,500 – 50 – 5,500

Helper : ₹ 2,500 – 50 – 4,000

There was only one union for all Totaram Transport Employees controlled by the Party in power Party and the industrial relations climate was peaceful. Relationship with the State bureaucracy was also congenial and officialdom was never an impediment to the company. The Press also was favourable since the employees were treated professionally and received a better deal than any state or privately owned organization.

During the 1-year period before the 2004 elections however, stakes from the INTUC started making trouble and started harassing the employees of Totaram Transport. The Opposition Party used its influence to get the Police to also harass the bus crews. The MPSRTC also put pressure on the Government to limit the expansion of Totaram Transport's business. Many politicians from the Opposition Party applied for and received licences to ply mini buses, which offered fares that were cheap for the passengers. Of course, the company over worked and underpaid employees operating these mini buses. Fringe benefits were virtually non-existent and everyone was on a daily or hourly wage.

This presented a threat to the business interests of Totaram Transport Company since the Indian masses were generally uncaring about safety and comfort as long as the fares were low. The employees of the mini bus companies were contract labour and non-unionized. Totaram went into action at once and contacted his friends in the trade union. He told them to make inroads into the unorganized min bus employees.

The Trade Union controlled by the Party in Power slowly took over the control of these mini-bus employees and championed their cause. They went on a public awareness campaign using the press to show the difference between the benefits given to the employees of Totaram Transport Company and the employees of others. The owners of the mini buses cried foul and filed a case against both the union and owners of Totaram Transport on grounds of inciting workers and causing wilful hindrance to free trade. The Government supported the mini bus owners and the Indore Bench of the MP High Court placed a stay on the union propaganda. The min-bus-business began afresh and the owners summarily dismissed the workers' leaders of the workers were by The Press took up the case of the dismissed workers and top leaders in all major political parties in MP distanced themselves from the issue.

- ***What should Totaram Transport Company do? What should the Trade Union do? What can the Press do to help the cause of the contract workers?***

INCIDENT AT CALICUT REFINERIES

CASE # 46

Calicut Refineries Limited (CRL) is a publicly owned company set up with Saudi collaboration in Kerala. It is situated about 25 kms north of main city. It had the latest equipment when it was set up in 1960 because of a Member of Parliament honouring his electoral pledge to the people. However, since then technology was not updated adequately for a variety of reasons. However, certain amendments had been made in CRL designs and the layout of the shop floor was quite modern by Indian standards. CRL had about 12,000 men-on-rolls and the Head office of the company was located in Cochin, which is also known for its rich petroleum refining resources. About 750 persons manned the Head Office while the General Manager sat in the plant office.

CRL consists of several divisions each of which had a dedicated personnel officer, who reported administratively to the divisional manager, but functionally, reported to the chief personnel manager, CRL, who sat in the head office. The same was true of functions like Finance, Materials and Maintenance.

The trade union, CRL Mazdoor Sangh (CRLMS), was not affiliated to either the CITU or the AITUC but individual workers were members of CITU and AITUC by personal choice. The union consequently enjoyed dual support and had a three-tier organization. The General Secretary and the President were political leaders not in the employment of CRL. Each division had an assistant general secretary and a vice president who were CRL employees, but who were relieved of their job responsibility for full time union work. The third tier consisted of shop stewards who were full time employees of CRL. The assistant general secretary and the vice president were elected every 5 years and experience showed that, once in power, they were never removed. The shop stewards were elected every 3 years and there were instances when persons were not re-elected if they fell foul with the union leadership. There were other small unions, like the one affiliated to the INTUC and the HMS, which were very much on the fringes and did not have a sizeable membership.

It was, therefore, not unexpected that when Sunita Singh, a student from IIM (Calicut) who was majoring in human resources did her summer project at CRL, her findings showed that: (*a*) There was evidence of a labour aristocracy. (*b*) There was a degree of alienation between the regular members and the first and second tier leadership of the union. (*c*) There was some degree of cohesiveness between the regular members and the shop stewards. (*d*) During times of crisis, the shop stewards were known to invariably take an anti-management stand. (*e*) There were also occasions when the shop stewards openly fell out with the second tier leadership but these incidents never escalated.

According to the Personnel Officer in charge of the oil tank division an amount of lethargy and sloth had set into the first and the second tiers of the union leadership essentially because of four reasons:

(*i*) Some senior members of the Personnel Department had pampered the union leaders.

(*ii*) They were too sure of their continuation in office.

(*iii*) Divisional heads had helped union leaders to become sub-contractors through firms opened up in the name of their kith and kin to which the refinery was outsourcing certain functions like transportation and canteen services.

(*iv*) Senior members of the trade union came to work in chauffer driven cars and although they were drawing wages as workmen, they never did a bit of work.

Consequently, a number of sweat heart deals' were struck between some members of the Personnel Department and the Trade Union for mutual benefit. To add to this some strategic changes in policy were also made in the interest of the refinery. For instance, target setting was introduced along with productivity-based incentive schemes in 1994. The workers accepted these after a bit of grumbling and they were working out quite well.

Globalization and liberalization of India's economy coupled with a rise in oil prices in 2004 to a high of US$50 per barrel of crude had placed enormous pressure on the company to perform better. This forced CRL to tighten its belt and cut costs. Since safety costs were conveniently cut, many divisions were forced to gloss over the provisions of the law in respect of industrial safety.

CRL had also traditionally guaranteed a job to one person from the family of every employee who had served 25 years in the company, and one person from the family of every person who had a fatal accident out of and in the course of employment. As a part of the cost cutting exercise, Radhakrishnan Pillai, the General Manager, had arranged with Kallu Rao, the Chief Personnel Manager, and, Srikumar Jayashanker, the Chief Finance Manager, to do away with the automatic employment clause. Every case would henceforth be decided on its individual merit. The union did not object.

On Saturday, attendance in the evening shift was unusually low because of a traditional festival the following day. The shift began at 10:00 PM and ended at 6:00 AM, and the following day having been a festival, the plant had been shut down for routine maintenance giving automatic leave to a majority of employees. One man operating from the cabin and one attendant below giving directions manned the overhead crane. This was usual but what was unusual was the fact that there was no work for the crane after 3:00 AM so the crane operator went to sleep in the cabin above and man working below on the shop floor went off to catch a quick 40 winks behind the huge oil container, which stored processed crude.

The crane driver had overslept. On Sunday morning, the cabin operator opened his eyes to see the morning maintenance crew coming in for work and rather than being found asleep he quickly left the premises and went home. He thought that his crane attendant too may have gone home but that was not the case. Unfortunately, soon after the crane attendant had dozed off, a dumper-tipper had unloaded its waste behind the tank and unwittingly covered the sleeping man with tons of rubbish.

On the following Monday the family members of the (now) dead attendant came to the refinery to find out what had become of their man since he had failed to go home on Sunday. The police who had been alerted accompanied the family but nobody at work had a clue about his whereabouts. The same evening a strong stench came from the unloaded waste and people started searching under the pile for what the stench was from. This was about 9:00 PM and the night shift cam in and found the police, the fire brigade and a mobile crane being employed to clear the waste. An hour or so later the dead body was found.

After the accident was noticed by the workers and supervisors of the Division in night shift, senior officers of the Division were informed and they rushed to the spot. They attempted to send the dead body to the Hospital, for an autopsy, but the workers in the department, as well as some workers of other departments, did not allow the body to be moved. They assembled near the spot. The work in the adjoining departments joined the workers and all work came to a halt. The workers demanded immediate employment to wife/son of the deceased, besides other statutory compensation.

The situation worsened in the morning, in that the dead body of the deceased employee was not allowed to be lifted from the shop floor, even as a mark of respect for the departed soul. More people gathered near the accident site and agitated for immediate employment of wife/son of the deceased. Work on the shop floor in the entire division came to a halt. In spite of several rounds of discussion with the workers, the personnel officer failed to make headway. There was hardly any change in the situation next morning. However, attempts for lifting the dead body and starting of work in the division continued and ultimately, work was resumed and the dead body sent to the hospital in the late evening of Tuesday.

It was an unfortunate event that an accident of this nature took place on the day of the traditional festival. Equally, unfortunate was the fact that the workers did not permit the workman's corpse to be lifted from the spot and sent to the Hospital for well over 36 hr. In addition, this became the causal factor for the work stoppage in the almost entire refinery for one and half days. There was no disagreement by anybody that the said workman died in the accident due to employment injury (injury on works) and that compensation benefits would be given to the family of the deceased, as per the statutory provisions and other rules in force in the Company. The agitation prolonged on the demand for immediate employment of wife/minor son of the deceased workman, which was not justified.

It was revealed during the several rounds of discussions/meetings with workers at various levels, spread over 2 days, that there was lack of awareness about legal provisions relating to injury on work IOW. Under the existing statutory provisions and Memorandum of Settlements of the company, in the case of death of a workman due to IOW, permanent employment of his son/son-in-law was guaranteed, subject to his being found suitable for employment, in addition to the monetary compensation payable under the Workmen's Compensation Act. The agitating workers were asking for immediate employment of the wife of the deceased workman or of the minor son, who was below 18 years of age. The workers' demand was unacceptable by the Company authorities since under the Company's Standing Orders, there was no provision for employment of a person below 18 years of age, and there was genuine difficulty in placing an uneducated woman, who came from an orthodox family background, on a shop floor. Even an assurance to the effect that employment of the son will be considered when he attains the age of 18 years, could cut no ice. Since workers were demanding preparation of employment papers either of the wife or the son before permitting the dead body to be sent to the Hospital, and this was not possible, there was some amount of needless acrimony. Constant counselling had to be done to convince workers about this provision, which revealed total lack of awareness of IOW provisions among workers, supervisors, and managers of the Division.

During the 2 days of volatile situation in the refinery, some of the Union Committee Members showed total indifference to the situation, while others were helpless (because, by that time, external forces had taken over the leadership of the agitation) and some of the committee members joined hands with the agitating workmen. The Union Office-bearer also could not do much to improve the situation.

From the morning shift (6:00 AM – 2:00 PM) of Wednesday, many external forces with stakes including the local Congress Party leader joined the issue and it was felt that leadership in the agitation had been taken over by them. These forces included forces opposed to the recognized Union, temporary workers who were expecting permanency in the Company, neighbours of the deceased employee working in other divisions of the refinery, relatives of the deceased who were employees of the refinery and some other disgruntled elements, with a view to fish in troubled waters. This was the reason that whenever a group of workmen agreed to transfer the dead body to the Hospital, some of these forces provoked the workmen not to do so. Some of the examples were:

- Whenever senior officers of the Division/Company were counselling the workmen, these external forces were very vocal in raising issues on behalf of workers. The issues were: 'Why the deceased person's wife cannot be given employment?', 'Why his son, who is about 18 years old, cannot be given employment and Why his employment papers cannot be made right away?', 'What is the guarantee that after the dead body is lifted from the shop floor, employment of the ward will be provided ?', etc.
- When management attempted to resume work the next morning, these forces would not permit it nor would they allow the body to be lifted.
- During the first day of the agitation, there was no work stoppage in other divisions of the refinery but on the second day, some of the workers, who either were neighbours of the deceased employee or had some axe to grind, took the lead and stopped the work throughout the refinery in the morning shift. Work could be re-started there only after the situation had become normal in the late evening of the second day.

During the whole period of turmoil and indecision, most of the middle managers and supervisors of the refinery showed an attitude of helplessness, either with regard to the issue of the dead body of the workman lying on the shop floor or with regard to the work stoppage in their departments. Investigation revealed that a few of them spoke in tune with the workers, without realizing the implications. This aggravated the situation considerably.

1. ***Why did it take the management so long to remove the dead body?***
2. ***Why was outside workers leadership able to come in and exploit the situation?***
3. ***Examine the role of the Divisional Management, the Supervisors, Union and the HR Department in the light of what transpired in the case.***

WHEN LIBERTY BECOMES LICENSE

CASE # 47

Ajay was in shock as his job was at stake. Sitting in the enquiry officer's room for the first time, in the summer of 1995, he realized how everything was suddenly so different, how vulnerable he was. All along, he had thought that he could do anything he wished. Therefore, there was a gnawing feeling that he may have been used and discarded by the very management who seemed to have empowered him in the first place. Pico Steel was a private sector company with a turnover of over 4,000 crore in 1994–95. The company belonged to a well-diversified group, with the group turnover of over 25,000 crore in 1994–95. Founded way back in 1920s, the company had adopted a technology that was primarily labour intensive. Management, hitherto, felt that the company's strength lay in its ability to produce almost anything, ranging from pins to cranes, 'in-house'. This kind of an attitude on the part of the early planners led to massive investments in several related areas. Therefore, though the investments in fixed assets were substantial, the asset turnover rate was far below industry standards.

With liberalization in the country's economy leading to de-licensing of the industry and de-control of steel, it was evident that something had to be done quickly. Import duties were being slashed and there was widespread belief that free market economy would soon take over. With prices being determined on a competitive basis, it became even more necessary for Pico Steel to cut flab as quickly as possible. Having failed to invest in the state of the art technology, it became imperative for the company to drastically improve upon labour efficiency and productivity, since the already high capital output ratio was adding weight to the sinking company's bottom line. Profitability was gradually but steadily declining over the years and especially after the recent wake of liberalisation, the dip became even more perceptible. In fact, the company was in the red for the past 2 years and had been struggling to stay afloat. The accumulated losses, as on date, were more than 1,000 crore. With the creditors adding more and more strings to their lending, the company had little options but to resort to some drastic measures. The industrial relations scenario, over the years, was largely stable. Barring a few minor disturbances in 1946, 1951, and 1955, the overall relationship was congenial. A bitter experience in the past had led to a lockout of the factory for over 6 months, in 1946, leading to damages of capital equipment itself amounting to several lakhs of rupees. Therefore, to safeguard itself against such similar recurrence, the management decided to keep the union 'satisfied'. Collective bargaining was more or less a formality and the management seldom turned down any issue. There were over 80,000 employees in the organization, of which the workers and supervisors segment comprised of 75,000. The managerial cadre comprised of the rest. The structure was typically pyramidal, with over 14 layers between the highest and the lowest levels. Decision-making was usually top down and the large number of levels was not without its own problems of delays and distortions in communication. Initially, during the 1940s, there were over 25 unions, each vying for membership. The inter-union rivalry was so intensive that management then was at a fix as to how to put an end to it.

The management was quick to realize that with too many unions claiming majority, it would become difficult for the management to strike out a long-term settlement with any source of power that could ensure long-term stability. A conscious effort was put up to unite all those petty unions and thus a representative group was formed, which over the years, consolidated into a single large union with a membership of over 50,000 employees. In fact, this situation has remained for over the past 35 years and has led to the union to grow from strength to strength. Every now and then, the union would flex its muscle and the management would have no other option but to humbly submit to the charter of demands put up by the union. In fact, it became apparent that the management had created its own Frankenstein. Over the years, the company enjoyed monopoly profits and it did not mind keeping the workers satisfied, as long as industrial harmony was not adversely affected. This led to a progressive deterioration in the work culture and ever increasing demands by the union. Now, the management reckoned, the time had come when the company would not only face domestic competition with new technology, but also on the import front, things would be different. The time had come to tighten belts.

Ajay, 29, was a worker in the SMS (Steel Melting Shop) Unit. He had joined the company 5 years back at the lowest level, as a mazdoor. Somehow, things never went right for Ajay, ever since he dropped out from the school in 1980. Having been born in a good upper middle class family, Ajay was the youngest son of his parents. However, he somehow had walked into wrong company and the situation had worsened since then. Not only did he neglect his education, he started smoking and took to alcoholism. Even at his home, there prevailed a tense atmosphere. The family members somehow never seemed to have time for each other. Everyone always seemed too busy with his or her own affairs. The father was a strict disciplinarian, but never cared to help beyond that. Ajay used to get beaten up invariably. He was the problem child for his parents. Therefore, when he dropped out from the school in 1980, his father was so furious that he disowned him and asked him never to come back home again. With nobody to turn to, Ajay undertook odd jobs every now and then, until one day he managed to find employment in Pico Steel, through a family friend. With lack of educational qualifications, he could only gain entry at the mazdoor level. Nevertheless, he accepted the offer, because it was the most that he could get.

As if his problems were not enough, he landed himself into even greater difficulty, when one day, while travelling by the local train, he fell in love with the girl sitting opposite. It was quite an impulsive decision and he got married to her within a week. His wife was a nurse in one of the local hospitals and also a graduate. She was earning more than him. Initially, for the first few months until the glamour lasted, it was all right. However, Ajay was not the kind who could settle down. He was highly temperamental by nature and the slightest provocation was enough to ignite him. Finally, the male chauvinism in him overpowered him, and he forced his wife to quit her job. This was just the beginning of his troubles. He soon became the father of a baby girl and found it almost impossible to make both ends meet.

Alhough the company paid him a substantial salary, it just didn't seem enough. He did manage a couple of over time bookings every month and it barely helped him make both ends meet. One day, his friend suggested to him a way to become rich fast. "Why don't you take a loan from the company and invest it in the stock market? You could get rich overnight". Acting on this suggestion, he managed a loan of 25,000 and invested it in the stock market, on some speculative scrip. As luck would have it, there was an immediate crash in the stock market and almost everything was sunk. This was a major blow to him and he totally lost control. At home, he even started beating his wife on the flimsiest of excuses. In his workplace, there was a marked change in his attitude. He became insincere. His job was to shift bags of raw material on the furnace floor, from the railway wagons to their respective places. Not only was his job physically labour intensive, it was perceived to be non-challenging and non-satisfying. The working environment was very dusty and noisy. Ajay did not have good relations with his colleagues and remained aloof. Although his work started at 6.00 AM, he invariably reported late to duty. Every day he would come up with some excuse for coming late to the factory. After roaming here and there, he would go to the canteen at 8.30 AM and would finally be ready for work by 9.30 AM only. At 10.30 AM, he would again visit the canteen for tea and by 11.30; he would be back at his job, knowing that his supervisor would be out for lunch by then. This way, he effectively managed to dodge work.

There were complaints from all quarters about Ajay. His boss was getting increasingly concerned every day. Not only was Ajay not doing his job, he was setting bad examples for others. However, the boss was hesitant to take any action against Ajay, as Ajay had some connection with the underworld mafia of the city. Earlier also, when Ajay was reprimanded, he had threatened the use of external parties to settle accounts. This way, Ajay almost invariable got his way out. In view of the competitive business environment, the management decided that it would undertake the following measures with immediate effect: (1) All overtime arrangements would be stopped. (2) A card punching system would be introduced, to log in and out time of the workers. (3) Unauthorized absence from work to be strictly dealt with. Although a settlement had to be made with the union representatives on these points, there were quite a few who were not satisfied. For Ajay, this meant a lot of restriction, something that the he was never used to all his life. Until now, overtime was taken for granted. Now, even that had come to an end. The idea of punching card was just too repulsive for him. Only for special cases, it was left to the discretion of the boss to certify late coming to work. Seeing the loopholes in the system, Ajay was confident of getting his daily attendance certified by his boss and he continued to come late every day. On the last day of the month, when Ajay, as expected, produced the certified attendance sheet for approval by his boss, he had a surprise in store for him: a charge sheet was forwarded to him. In addition, the boss was not alone in his office. Seeing the charge sheet, Ajay saw red. How could anyone dare to charge sheet him? The devil in him took over. He resorted to abusive and filthy language in front of everyone. When the boss reprimanded him for his language, Ajay turned on the boss, held his collar and slapped him. Then he charged out of the office. A second charge sheet, with suspension pending enquiry, was immediately typed out in the name of Ajay. It was clear that the boss had stored enough gunpowder to confront Ajay this time. In addition, he was working to a plan.

- ***What could have been done to avoid this ugly scene? Should a stitch in time not have saved the proverbial nine stitches? In industrial relations situations should special concessions be allowed to certain individuals by the HR officer, whatever is the reason?***

KALIMATI FOUNDRY AND FORGE SHOP

CASE # 48

Located 15 kms north of Jamshedpur on the highway to Ranchi, Kalimati Foundry and Forge Shop came into existence in 1980 when industrial giants like Tata Steel, Tata Motors, Indian Tube Co., and Indian Steel & Wire Products started outsourcing their requirements of spares and small machine parts that were not economical to manufacture in their own factories. In spite of being a privately owned Medium Scale private firm, Kalimati Foundry and Forge Shop (KFFS) was managed professionally. Total quality management (TQM) as a byword for their operational processes, and by 1992 it had already applied for the ISO 9002 certification and obtained it the following year.

One early morning in May 1999 while on a surprise cheque of the plant, the General Manager, Mr Shashi Bhushan Tiwari found a group of workers playing cards behind an empty ladle. When he asked them why they were not at work, they replied that the night shift target had been met and since it was only 4:00 AM they were relaxing before the end of shift (i.e. at 6:00 AM). The same evening Mr Tiwari called a meeting of the senior officers and did two things. First, he formed a committee of four persons (the head of production, the head of maintenance, the head of quality and inspection, and the head of human resources, to devise a new productivity linked incentive scheme that would motivate employees to continue working even after the targets were met. Second, he issued instructions to every senior officer above the rank of manager to pay at least two surprise checks on the entire shop floor during each month. All irregularities were to be reported to Mr Tiwari personally next day. The HR officer was, in addition, asked to liase with the trade union to secure their cooperation in this exercise.

Exactly 1 month later to the date Mr Ashutosh Dubey, the Manager of the Heat Treatment section was on a surprise check at 1:00 AM. He found Mr Ram Khelawan, the Supervisor of that section, sleeping on a bench away from the heat of the 30-ton mains frequency induction furnace. Waking him up rudely, Mr Dubey demanded an explanation from Mr Ram Khelawan. It was well known that Mr Ram Khelawan was popular with his workers and although he had an M.Tech. Degree from IIT Kharagpur he never flaunted his qualification or his knowledge. Mr Ram Khelawan responded by stating that since it was an unusually warm night he was exhausted by the high furnace temperature and was merely resting while the heat of the furnace was getting ready to be tapped and he was not asleep. Mr Ashutosh issued him a warning letter next morning and left it at that. Three weeks later when Mr Ram Khelawan was in the night shift again, Mr Dubey went for a surprise check at 2:30 AM. Once again he saw Mr Ram Khelawan sleeping and once again he woke him up rudely. When asked for an explanation, Mr Ram Khelawan repeated exactly what he had said on the previous occasion. This time however, Mr Ram Khelawan added that his statement about the furnace heat waiting to be tapped was correct, as was the case earlier. Mr Dubey found this to be true but to hide his humiliation he issued Mr Ram Khelawan a second written warning.

This time Mr Ram Khelawan replied in writing. He stated that Mr Dubey was a Brahmin and was needlessly picking on Mr Ram Khelawan who was a Bhumihar. He added that Mr Dubey had an inferiority complex since all he had was a Diploma in Engineering from a

Polytechnic and everybody knew that Mr Ram Khelawan was more qualified and skilled than he was. He pooh poohed the issue and went to the extent of accusing Mr Dubey of playing caste-based politics on the shop floor.

You also know that Mr Dubey is an upright man who would never indulge in playing workplace politics. Although he was a Brahmin, Mr Dubey had never displayed a caste bias. He was surely less qualified academically than Mr Ram Khelawan but on the work front his knowledge was insuperable. He was generally an amiable person but was known to have a short temper, which would cool down as soon as it had shot up. He bore no grudges and yet took no nonsense from anyone. During his 8 years career with the company his record was spotless. He was a disciplinarian but was always ruled by his conscience. Such an accusation by Mr Ram Khelawan has both angered Mr Dubey and rendered him distraught.

You are the HR officer in charge of the heat treatment section. Maintaining shop floor discipline is one of your KRAs. Mr Dubey approached you the next morning with the complaint and asked you to advise whether a charge sheet for gross insubordination could be issued. You made independent inquiries and found that Mr Ram Khelawan was indeed in the habit of sleeping during the night shift since he also ran tuition classes and was usually very tired at the end of the day.

- ***What would you, as the HR officer, advise Mr Dubey, the manager of the heat treatment section? Explain why you would take the stand.***

TAKING ON THE OWNERS

CASE # 49

Dr Deepak Mehta was a microbiologist by training who had secured a Doctorate in Management Studies as well. The family to which he belonged was very feudal in its outlook and had their own (substantial) investments in the agriculture, wine making, and transport businesses. However, Deepak looked upon himself as a modern manager who had always been interested in starting his own business. The Mehta family came from a small village some 200 km away from Baroda off the Ahmedabad Highway from where all operations were conducted by remote control. The patriarch of the family was into big time politics and he wielded enormous clout in the rural-industrial sector. His power base came from the Muslim population in his electoral district whom he pampered and even gave special allowances to pilgrims going on Haj every year.

Deepak had married a German lady and lived in India only about 10 days in a month spending the rest of the time abroad. Nobody was quite sure what he actually did but he had contacts with several middle order educational institutions abroad. From time to time some foreign academicians would accompany him to India and the good offices of the family patriarch were used to arrange visits of these foreigners to Indian universities. Deepak started a company dealing with engineering parts, based it in Pune but within 3 years it failed miserably and was wound up in 1995. Deepak decided that his next venture must be in Gujarat where his family had political clout. Two years later he started a drug manufacturing company with Scandinavian collaboration on the Surat–Ahmedabad road. The company was called Mehta Pharmaceutical Drugs and was managed by Deepak's nephew (elder brother's son) Jitendra Mehta. Having a Masters Degree in Management gave Jitendra a kind of false consciousness wherein he saw himself as an industrial magnate. Unfortunately, Jitendra was a little dim witted and very much of a Casanova whose indiscriminate drinking and womanizing record was public knowledge. At heart he was a nice person but was unable to take any decisions on his own and had to rely on Deepak to tele-guide him at every step. Deepak believed in the policy of hire and fire, expected his managers to be transparent although he never was so himself, and except for a handful of persons nobody was employed on a long-term basis. The employment in these cases was contractual and renewable. The company was not a very good paymaster but did not enforce targets, standards, and quality rigidly giving the supervisors a very long rope. Since the company did not pay well, many of its employees were of mediocre quality and many of these ere persons who could not get a job elsewhere.

By 1998 the US-Arab relations had soured and its effect on the import of pharmaceutical drugs had been telling. Deepak grabbed the opportunity and took a few influential Mullahs along with him for a tour of Arab countries in the December of 1998. This is when Mehta pharmaceutical drugs got their first export order and slowly this gambit paid off. Then in 2000 Mehta Pharmaceutical Drugs entered the export market with a bang and by the May of 2003 they became a recognizable player in the export market of pharmaceutical drugs to Arab countries. In order to make profits the company was cutting corners at every step and when George Bush invaded Iraq their profit levels soared.

The quality control manager, Dr Debashish Govind, who was very popular with the employees for his honesty, spoke to the HR manager about the possible problems of chasing profits blindly. The HR Manager replied that this was a policy issue over which he had no control. In frustration Dr Govind wrote a strongly worded confidential letter to Jitendra Mehta pointing out the hazards of some of the drugs supplied to Arab countries by the company and requested management to take a fresh look at things. Instead of appreciating this social concern, Jitendra on the orders of Dr Deepak Mehta tape recorded his telephonic conversations, hacked into his personal e-mail account and on some trumped up charges dismissed Dr Govind in August 2004. It was no wonder that a competitive pharmaceutical drugs firm in Gujarat employed Dr Govind at once, gave him a higher salary and made him in charge of its three plants scattered across the state.

Dr Deepak Mehta then called an impromptu meeting, addressed the other executives and told them that if anyone dared to question company policy, they could look out for other pastures. Soon thereafter three top-level executives known for their knowledge of drug manufacturing quit the company. Mr Jitendra Mehta suddenly became more aggressive and autocratic than before and in the process even antagonised an otherwise conciliatory local trade union leadership.

One day in November 2004 a computer operator accidentally found the letter written by Dr Govind to Jitendra Mehta, took a print out of the same and gave it to the local trade union leaders. They in turn passed in its contents on to the workers in a public rally. The union demanded an explanation from Mr Jitendra Mehta and when this was not forthcoming, they called for an indefinite strike. Mr Jitendra Mehta responded by ordering a lockout and stated that everyone who took part in the spontaneous strike would be covered by the *no work, no pay* dictum. Workers abstained from work *en masse*. The union passed on the letter to the Chief Labour Commissioner and he, in turn, asked the State Government to ask the CBI and the Anti-Corruption Bureau to institute a judicial inquiry. A question was raised during the Zero-Hour debate and next morning the newspapers carried the story in gory detail. Mr Jitendra Mehta sent a lawyer's notice to Dr Govind charging him with breach of professional confidence. Mr Govind calmly passed the letter on to the Press that published it next morning. The Union simultaneously circulated Dr Govind's letter to the workers and gave copies of it to the Press. Along with it came a summary of the well-known report on *banned and banable drugs* by Dr Mira Shiva and Dr Wishwas Rane that was freely distributed. Public outcry against the company followed and civil society in general started supporting the striking workers giving them food, money, etc. The local schools also waved the tuition fees for the children of the striking workmen.

When the company saw that things were getting rough, they lifted the lockout and invited anyone willing to work to come to duty. The HR manager sought police protection for the workers who elected to return to work while secondary picketing outside the factory gates escalated.

The points which Dr Govind had raised questions are summarized below.

Using industrial rather than medicinal glycerol is dangerous and can lead to deaths. In May 2003, there were 15 deaths in Iran and 31 deaths in Iraq as the hospitals were using glycerol supplied by us. The finger of suspicion was pointed towards us but we managed to escape getting blamed. We cannot expect to be lucky next time around.

In UAE we have supplied Rofocoxib regularly. This popular painkiller is known to trigger heart attacks and since the state policy there is not to report drug-related deaths we once again escaped negative PR and possible conviction in 2003.

Severe blood disorders among troops in Iraq were associated with the intake of Analgin, which we supplied to them. The International Red Cross reported this but for want of conclusive evidence we once again escaped the dragnet in early 2004.

The Company and especially Mr Jitendra Mehta was specifically requested by Dr Govind to go slow on chasing profits at the cost of overlooking social responsibility of business. He also cautioned against the continued policy of exporting dangerous drugs especially without the correct expiry date printed on the boxes and sachets, as had been the company practice.

- ***Did the computer operator do the right thing by blowing the whistle when the letter was discovered?***
- ***Did the HR manager act professionally by absolving himself from the issue when Dr Govind sought his counsel?***
- ***Did the trade union do the right thing by taking up a matter that was directly related to industrial relations?***
- ***What kind of management under Dr Deepak Mehta and Jitendra Mehta did the company have and what are the possible HR fallouts in such instances?***

WHEN KNOWLEDGE WORKERS UNIONIZE

CASE # 50

The software engineers at Hyderabad Infotech were very upset. For once, the project leaders, software developers, team members, quality assurers, and maintenance engineers spoke in a united voice. The owners of the company were two twin brothers from Kolkata who had studied for their undergraduate degrees at BIT Mesra, hailed from a very rich family background and who had started the company with ₹ 180 Lakhs of borrowed capital and ₹ 80 lakhs of personal investment. One of them, Dr Lakshmipati Das was an expert in software engineering having earned his PhD from IIT Delhi. The other was Dr Durgacharan Das was an expert in marketing having completed his fellowship in International Business from IIM, Bangalore. When the software boom shifted from Mumbai towards Bangalore and Hyderabad they decided to set up their organization in the south. Owing to poor electrical power supply situation in Bangalore they chose Hyderabad, bought a plot of land and started their company. From modest beginnings in 1990, they had made a name for themselves by 2003. Their size of market had quadrupled and their profits had risen six times over the period. The company was known for sticking to schedules and for ensuring quality deliverables. In 2000 the two brothers took a decision, which was perhaps the reason for their own undoing. Lakshmipati Das decided to concentrate on research and development activities and Durgacharan Das decided to build international contacts so as to take full advantage of the post-2005 WTO regime. For day-to-day operations they appointed a CEO and his name was Mr Manoj Gande. He had an MCM Degree, and although a hard worker, was not very well acquainted with the latest technology but was a past master at networking and getting things done. Above all, Manoj gave the picture of being straightforward and honest. In reality he was just the reverse in character. Leaving the responsibility of day-to-day operations to Manoj and introducing a policy of monthly reporting, both the brothers went about creating fresh opportunities of growth for the company.

In order to show him in good light with the Das brothers, Manoj wanted to demonstrate that he was seriously into cost cutting and generating profits. To him the ends justified the means. Consequently, Manoj became parsimonious with his handouts, started short changing the employees and making promises that he had no intention of keeping. In this he was assisted by two *yes men* one of who was a marketing officer and the other was a handyman who doubled up as the in charge of a computer laboratory, ran personal errands and acted as the executive assistant to Manoj. The employees had derisively nicknamed them as *Twiddle Dum* and *Twiddle Dee.* The third person who lent support to Manoj was a person from his village who had an Australian wife and could be conveniently described as a comprador bourgeois with rural roots. He kept Manoj happy with a stead supply of wine and ostentatious other creature comforts. He was known as the *Kangaroo.* Over a 3-year period Manoj lost touch with the grassroots of the company and was doing exactly what his three relatively dim witted but capricious henchmen told him to do. Uncertainty and frustration started taking its toll as productivity levels fell. This spurred Manoj into declaring that since profit levels were below expectations there would be no annual increments given until the financial situation improved. Many old timers left the organization and new recruits were given a lower starting pay than that was given to their equals when they had joined 3 years ago. This created a little more resentment and employees began to speak openly of things like having a proper grievance handling system, transparent promotion and transfer policies, and proper wage scales for everyone implying an end to the consolidated salary system along with a proper leave policy. There were several spokesmen but no leader in this fomentation of employee discontent. In fact nobody had even mentioned the fact that a union should be formed. All they were speaking of institutionalising systems and processes. What appeared to be a promising business proposition had become sour by May 2004.

Both Lakshmipati and Durgacharan realized that while they were operating in a rarefied business atmosphere and planning along international standards, ground realities in Hyderabad Infotech were steadily regressing both in form and content. They asked Manoj Gande to find an HR specialist who could help set things right.

To begin with he stipulated that all decisions made by project managers must be approved by him and that no expenditure (including travel bills) could be settled without his approval. This took days as a strong office bureaucracy prevailed. This added to everyone's frustration uniting knowledge workers at all levels in the hierarchy.

Manoj left this task to his three henchmen who went about looking for someone who could crush the aspirations of the knowledge workers with an iron fist and prevent them from forming a union. In their quest they found one Dr Ms Shubhada Kumar to be the right person for this job. She was a socialite, had several contacts in high places across the country but was not quite a person who would roll up the sleeves and get on to doing the task. Moreover although she was a good human being, she was a little too confident of her abilities. To her credit lay the fact that she was a persuasive speaker and the ability to charm male members into listening to what she spoke and act accordingly. She assured Manoj that she would keep the situation under control and not allow the knowledge workers to unionize. Accordingly, Manoj assured Lakshmipati and Durgacharan that all would soon be well on the people management front. Next morning (Friday) she issued the following circular.

Dear Colleagues 21.05.2004

It has come to my notice that some of your not too happy with the state of affairs here. Management has taken some very necessary measures with which you are not in agreement. That is natural given the turbulent market situation and our need to keep the company afloat. However, I would like to remind you that unions are for blue collared workers and you as intelligent people should not unite against management for any cause whatsoever. Please remember that nothing is gained without some sacrifice and I am concerned that the level of belongingness towards the company on your part is so low.

I am sure you will not take the rash step of forming a union. To demonstrate the goodwill of management all annual increments that were due and kept in abeyance as from June 2002 will be released for all employees with effect from June 2004. However, if anyone is not satisfied with the arrangement he/she can meet the undersigned in her office and provision for a full and final settlement on existing terms will be made at once.

Looking forward to working with you in the future and assuring you of management's kind consideration at all times.

Yours truly,
Dr Ms Shubhada Kumar
General Manager Human Resources.,
Hyderabad Infotech.

On Monday May 24, 2004, Manoj (who had a soft corner for her in his heart) read the notice and was very happy about her stern stand. He caused the notice to be placed on the bulletin board and issued orders to prepare salary cheques according to the circular giving everyone one increment from June 1, 2004. Everybody seemed to be pleased about it but the pleasure was subdued.

One copy of the circular was also sent to both Durgacharan Das and Lakshmipati Das who were visibly upset at the curt language used. They sent a perfunctory reply acknowledging the work and asking the Managing Director to carry on with genuine people management policies. On June 1, 2004 everybody received their new paycheques and there was even a small picnic organized the following Sunday. Nevertheless, the knowledge workers went ahead and formally registered a trade union naming it *Knowledge Workers' Welfare Association.* Its charter read that the Association would work towards ensuring better standards of treatment to the members and a more transparent and fair culture where a learning organization could flourish. Dr Kumar and Mr Manoj were shocked at what happened and could not hide their feelings. They went to a bar cum restaurant known for its seafood and got well and truly sloshed over the amber nectar in a desperate attempt to forget the gaffe. Unfortunately, the news of their evening rendezvous became a hot topic for conversation in the company next morning leaving top management visibly embarrassed but the two protagonists unruffled.

- ***What went wrong? In addition, explain what could have been done step wise to avoid the formation of a trade union.***

* * *

BIBLIOGRAPHY

While writing any postgraduate dissertation or doctoral thesis the most time consuming and difficult job often is to give a bibliography. We have tried to make this task easy. It would indeed have been better if chapter wise bibliography were to be provided but some references would then appear in several chapters and to constrain space we took the decision to posit a comprehensive bibliography at the end of the textbook.

The academic world is getting more competitive as the years go by. Persons entering the academia based on personal connections and staying on with a casual attitude are slowly but surely being filtered out. There is no future similarly for the cut-copy-paste variety of scholars. There is no replacement for hard work, burning the midnight oil and going over tomes in the library. This selected bibliography was used by the authors and is given herein merely to help the HR scholar in furthering his/her quest for excellence.

1. Abernathy, D. (1999). Thinking outside the evaluation box. *Training and Development* 53(2).
2. Abraham E. and Bhushan Y.K. (eds) (1993) *Management Strategies for a Changing Scenario,* Collected Papers of the AIMS and Canadian Consortium of Management Schools, National Convention 1991-92.
3. Ackers, Peter (2002) "Reframing Employment Relations: The Case for Neo-Pluralism," *Industrial Relations Journal*. Adorno, Theodor, (1964) (1986): *The Jargon of Authenticity*, Routledge and Kegan Paul, London.
4. Ackers, Peter and Wilkinson, Adrian (2003). *Understanding Work and Employment: Industrial Relations in Transition*. Oxford University Press, London.
5. Adorno, Theodor *et al* (1950): *The Authoritarian Personality*, Harper and Bros, New York.
6. Aga, R.D. (1994): *Changing the Mindset: Reflections of a Corporate Executive*, Tata McGraw-Hill, New Delhi.

7. Aguilar, F.J. (1967): *Scanning the Business Environment,* Macmillan, New York.
8. Aguinis Herman (2007): *Performance Management,* Pearson Education, Singapore.
9. Ahamad, Abad and Abraham E (eds) (1993) *Management Research in India,* Papers presented at the AIMS Research Development Workshop. 1991-92.
10. Aitken, Hugh G.J. (1985), *Scientific Management in Action: Taylorism at Watertown Arsenal, 1908-1915*, Princeton, NJ, USA: Republication by Princeton University Press, NJ.
11. Alliger, G.M. and and Horowitz, H.M. (1989). IBM takes the guessing out of testing. *Training and Development,* 43(4).
12. Alliger, G.M. and Janak, E.A. (1989): Kirkpatrick's Levels of Training Criteria – Thirty Years Later, *Personnel Psychology, Vol. 42 Issue 2.*
13. Allio, Robert, L. (1994): *The Practical Strategist,* Harper-Collins New Delhi.
14. Anonymous. (2002): "Three New Surveys Track the Growth of e-HR." *HR Focus* 79 April, 4-6.
15. Argyris, Chris (1956): *Personality and Organisation*, Harper, New York.
16. Argyris, Chris (1964): *Integrating the Individual with the Organisation,* Wiley, New York.
17. Argyris, Chris, (1991): "Teaching Smart People How to Learn", *Harvard Business Review,* May-June.
18. Argyris, C. and Schon, D.A. (1978): *Organisational Learning: A Theory of Action Perspective*, Addison-Wesley, Reading, Mass.
19. Armstrong, Michael (2002). *Employee Reward*. CIPD House.
20. Aron, Raymond (1965): *Main Currents in Sociological Thoughts*, Vol. I & II, Penguin, Harmondsworth.
21. Aswathappa, K. (1999), *Organisational Behavior: Text and Cases,* Himalaya Publishing House, Mumbai.
22. Aquinis, Herman (2007): *Performance Management*, Dorling Kindersley (India) Delhi.
23. Aswathappa, K. (2008) *Human Resource Management and Personnel Management,* McGraw-Hill, Delhi.
24. Atkinson, Dick (1972): *Orthodox Consensus and Radical Alternative*, Heinemann, London.
25. Austin John and. Carr James, E. (2000). *Handbook of Applied Behavior Analysis*, Context Press. Chicago.
26. Austin John, Brethower Dale, and Dickinson Alyce. (2009) *Organizational Behavior Management Network*, www.obmnetwork.com.
27. Bagchi, Amiya Kumar (1982): *The Political Economy of Underdevelopment, Cambridge University Press, Cambridge.*
28. Bakke, E. Wight (1953): *The Fusion Process, a map for the exploration of relationship of people and organisations* (an interim report), Labour and Management Centre, Yale University.

29. Bannerji, K. (1981) Evaluation of Training – A study of supervisory development. *Indian Journal of Training & Development,* 11(4).

30. Barnard, Chester, I. (1968): *The Functions of the Executive*, Harvard University Press, Cambridge Mass.

31. Barr, L. and Barr, N. (1989). *The Leadership Equation: Leadership Management and the Myers-Briggs.* Eakin Press, Austin, Texas.

32. Bartholomew, David (1979): *Statistical Techniques for Manpower Planning*, John Wiley, London.

33. Bashein, B.J., Markus, M.L., & Riley, P. (1994). "Preconditions for BPR Success: And How to Prevent Failures," Information Systems Management, 11(2), Spring.

34. Bassi, L., Gallager, A., and Schroer, E. (1996). *The ASTD Training Data Book*. Alexandria, VA: American Society for Training and Development.

35. Bassi, L. and McMurrer, D., (2007). Maximizing Your Return on People. *Harvard Business Review,* March 2007, Reprint R0703H.

36. Basu, K.S., (1979), *New Dimensions in Personnel Management*, Macmillan & Co. New Delhi.

37. Basu, Debashis (1999): "False Value," *Economic Times*, Mumbai.

38. Bearn, Henry, H. (1996): George Odiorne-proponent of management by objectives, *Business Horizons*¸ Nov-Dec.

39. Beatty, Jack, (1998): *The World According to Drucker*, Universities Press, Hyderabad, (Reprint).

40. Beckhard Richard (1969). *Organization Development: Strategies and Models.* Addison-Wesley, Reading, Mass.

41. Becker Brian, Huselid Mark, A. and Ulrich Dave (2001): *The HR Scorecard: Linking People Strategy and Performance*, Harvard Business School Press, Boston Mass.

42. Becker, G.S., (1976): *Economic Approach to Human Behaviour,* Chicago University Press, Chicago.

43. Beer, M., Spector, B., Lawrence P., Mills, D.Q., and Walton, R. (1984): *Managing Human Assets,* the Free Press, New York.

44. Beissinger, Mark R. (1988), *Scientific Management, Socialist Discipline, and Soviet Power*,: I.B. Tauris & Co. Ltd., London, UK.

45. Bell, Daniel, (1968): (ed.) *Towards the Year of 2000*, Houghton Mifflin. New York.

46. Bell, Daniel, (1988): *The End of Ideology*, Harvard University Press, Cambridge Mass.

47. Bennis, Warren, G., (1969), *Organisation Development: Its Nature, Organisation and Development,* Addison-Wesley, Reading, Mass.

48. Berger Peter and Luckmann, Thomas, (1971): *The Social Construction of Reality*, Penguin Harmondsworth.

49. Bennis, W. (1989). *On Becoming a Leader*. Addison-Wesley. Reading, MA.

50. Bennis, W. and Nanus, B. (1985). *Leaders: The strategies for taking charge*. Harper & Row. New York.

51. Bennis, W., Spreitzer, G.M., and Cummings, T.G. (Eds.). (2001). *The Future of Leadership*: Jossey-Bass. San Francisco.

52. Berger Peter and Luckmann, Thomas, (1971): *The Social Construction of Reality*, Penguin Harmondsworth.

53. Berger, T.G., Smith, M.L., Bengen, B. and Johnson, P.G., (1975): Young Viewers' Troubling Response to T.V. Ads, *Harvard Business Review* (Reprint No. 75601) Nov.-Dec.

54. Bernadine, H.J. and Russell, J.E.A. (1998): *Human Resource Management: An Experiential Approach*, Irwin-McGraw-Hill, Toronto.

55. Bernstein, A.J. and Craft, Rozen, S. (1990): *Dinosaur Brains: Dealing with all those Impossible People at Work,* Ballantine.Pub. New York.

56. Besley, Timothy J. and Burgess, Robin, (2002) (2004). "Can Labour Regulation Hinder Economic Performance? Evidence from India," *CEPR Discussion Papers* 3260, C.E.P.R. LSE UK.

57. Besley, Timothy J., Meads, Neil and Surico, Paolo, (2010):. "Risk Heterogeneity and Credit Supply: Evidence from the Mortgage Market," *Centre for Economic Policy Research,* LSE *Discussion Papers* 7633, C.E.P.R.

58. Besley, Timothy J. and Ghatak, Maitreesh, 2009. "Property Rights and Economic Development," *CEPR Discussion Papers,* LSE 7243, C.E.P.R.

59. Besley Timothy, Pande Rohini and Rao, Vijayendra (2005). "Political Selection and the Quality of Government: Evidence from South India," *Working Papers 921*, Economic Growth Center, Yale University.

60. Beteille, Andre (1965): *Caste Class and Power*, University of California Press, Berkeley.

61. Bhagoliwal, T.N. (1999): *Economics of Labour and Industrial Relations*, S. Chand and Co., New Delhi.

62. Bhowmik, Sharit, K. (2005): Cooperatives and Emancipation of the Marginalised: case studies from two cities in India, Paper Presented at *Membership Based Organisations of the Poor*, Organised by Cornell-SEWA-WEIGO, Ahmedabad 19-21 January.

63. Blake, R.R. and Mouton, J.S. (1964): *The Managerial Grid*, Gulf Pub Co., Houston.

64. Blanchard, K.H. and Hersey Paul (1973): The Importance of Communication Patterns in Implementing Change Strategies, *Journal of Research and Development in Education*, Vol. 6, No. 4, Summer.

65. Blau Peter (1970): A Formal Theory of Differentiations in Organisations, *American Sociological Review*, Vol. 35.

66. Blanchard Kenneth, H. *(2004) The Serving Leader: Five Powerful Actions that Will Transform Your Team, Your Business, and Your Community* HarperCollins Business, October 10.

67. Blanchard Kenneth, H. *(2004) The Secret: What Great Leaders Know and Do* HarperCollins Business, November 1.

68. Bonk, C.J. and Wisher, R.A. (2000). Applying collaborative and e-learning tools to military distance learning: A research framework *Technical Report # 1107*. Alexandria, VA: US Army Research Institute for the Behavioral and Social Sciences.

69. Bose, Arun (1975): Marxian *and Post Marxian Political Economy*, Harmondsworth, Penguin.

70. Boulmetis, J., and Dutwin, P. (2000). *The abc's of evaluation: Timeless Techniques for Program and Project Managers*. Jossey-Bass, San Francisco.

71. Boyatsis Richard (1982): *The Competent Manager*, John Wiley and Sons, New York.

72. Boyett, Joseph H., Jimmie T. Boyett, Row Henson, and Heidi Spirigi-Hebert. (2001) "HR in the New Economy: Trends and Leading Practices in Human Resources Management?' *PeopleSoft White Paper Series*, March.

73. Bradford, D.L. and Burke, W.W. (eds.) (2005): *Organization Development*. Pfeiffer San Francisco.

74. Bradford, D.L. and Burke, W.W. (eds.), (2005): *Reinventing Organization Development*. Pfeiffer. San Francisco.

75. Bramley, Peter (1996): *Evaluating Training Effectiveness*, McGraw-Hill, London.

76. Brech, Edward; Thomson, Andrew; Wilson, John, F. (2010) *Lyndall Urwick, Management Pioneer: A Biography*. Oxford University Press, New York.

77. Bushnell, D.S. (1990). Input, Processing, Output: A Model for Evaluating Training. Training *and Development*, 44(3).

78. Bramley Peter (1996) *Evaluating Training*, Orient Longman Ltd., Hyderabad.

79. Braverman, Harry (1998) [1974], *Labor and Monopoly Capital: The Degradation of Work in the Twentieth Century*, New York, NY, USA: Republication by Monthly Review Press, London.

80. Brethower Dale and Smalley Karolyn (1998). *Performance-based Instruction: Linking Training to Business Results* Pfeiffer; Har/Dis edition. New York.

81. Bridges, William (1994): "The End of the Job", *Fortune*, September.

82. Brown, David. (2002) "eHR — Victim of Unrealistic Expectations." *Canadian HR Reporter*, 15 March 11.

83. Brown, J.A.C. (1954) *The Social Psychology of Industry*, Penguin, Harmondsworth.

84. Budd, John, W. (2004). *Employment with a Human Face: Balancing Efficiency, Equity, and Voice*. Cornell University Press, Cornell.

85. Burke Ronald J: (1969) A Plea for Systematic Evaluation of Training. *Training & Development Journal (USA) August*.

86. Burns, T. and Stalker, G.M. (1961): *The Management of Innovation*, Tavistock Pubs, London.

87. Cafaro, Dan. (2002): "Ashore or Adrift: Using e-HR As a Lifeboat of Efficiency?' *Workspan* 45, July.

88. Camp, R. (1989) *Benchmarking: The search for industry best practices that lead to superior performance*, American Society for Quality Control, Quality Press, Milwaukee, Wisconsin.

89. Campbell, J., Dunnetter M., Lawler, E. and Weick K. (1970). *Managerial Behavior Performance and Effectiveness* McGraw-Hill, New York.

90. Caron, M., Jarvenpaa, S.L. and Stoddard, D.B. (1994) "Business Reengineering at CIGNA Corporation: Experiences and Lessons Learned From the First Five Years," *MIS Quarterly*, September.
91. Cascio, Wayne. E (1998) "The Virtual Workplace: A Reality Now." *TIP* 35 April <http://siop.org/tip/back issues/TIPApri198/Cascio.htm>.
92. Casico W., (1992): *Managing Human Resources* (3rd Edition), McGraw-Hill, New York.
93. Chakraborty, S.K., (1985):, *Human Response in Organisations: Towards the Indian Ethos*, Vivekananda Nidhi, Calcutta.
94. Chan, Kim W and Renee', Mouborgne (2005): *Blue Ocean Strategy*, Harvard Business School Press, New York City.
95. Chandler, A.A. (1962): *Strategy and Structure: Chapters in the History of the American Industrial Enterprise*, MIT Press, Cambridge Mass.
96. Chansarkar, M.A. (1970): Workers Education Program in India, *Indian Journal of Adult Education,* October.
97. Charkham, Jonathan, P. (1994): *Keeping Good Company*, Clarendon Press, Oxford.
98. Christie, Mike.(2001): "e-HR Helps Make Retention a Walk in the Park." *Workspan 44*, November.
99. Clarkson, P. (1989): *Gestalt Counselling in Action,* Sage, London.
100. Clegg, Hugh (1976): *Trade Unionism under Collective Bargaining.* Basil Blackwell, Oxford.
101. Cokins Gary (2009): *Performance Management — Integrating Strategy Execution, Methodologies, Risk, and Analytics* John Wiley & Sons, Inc., London.
102. Cohen, Robin (1987): *The New Helots,* Grover Publishing Company, Brookfield, Vermont.
103. Conger, J. (1992): Learning to lead: The art of transforming managers into Leaders. Jossey-Bass, San Francisco.
104. Covey, S. (1991): *Principle Centred Leadership*, Summit Books, New York.
105. Covey, S.R. and Merrill, A.R. (1994): *First Things First,* Simon and Schuster, Tokyo.
106. Cremer, R.D., Sadri, S. and Zepp, Z.A. (1987): Causes and Consequences in Cremer and Zepp, *Stock Market Crash of 1987,* University of East Asia Press, Hong Kong.
107. Crozier, M. (1964): *The Bureaucratic Phenomenon,* Tavistock Pub. London.
108. Csoka, Louis S., (1995): *Rethinking Human Resources,* The Conference Board, New York.
109. Cummings, T.G. and Worley, C.G. (2007): *Organisational Development and Change,* Thomson-South Western, Singapore.
110. Cyert, Richard and J. March, (1962): *A Behavioural Theory of the Firm*, Prentice Hall Inc., New Jersey.
111. Daigrepont Jeffery, P. (2003): *Automating the Medical Record Second Edition"*: American Medical Association (AMA); November.
112. Dahl, R.A., Harie, M. and Lazarfeld (1959): *Social Science Research on Business,* , Columbia University Press, New York.

113. Dahl, Robert, A. (1970): *After the Revolution? Authority in a good society,* Yale University Press, New Haven.

114. Dahrendorf, Ralf (1959): *Class and Class Conflict in Industrial Society*, Stanford University Press, California.

115. Dandekar, V.M. (1989): "Let Workers Own and Manage, *Economic and Political Weekly,* Vol. XXII, No. 9, Feb 28.

116. Daniels Aubrey, C. (1999): *Bringing out the Best in People*, 2nd edition. McGraw-Hill; London.

117. Daniels, Aubrey C. (ed.) (2006): *Performance Management: Changing Behavior That Drives Organizational Effectiveness* Performance Management Publications, London.

118. Davenport, T.H. and Short, J.E. (1990): "The New Industrial Engineering: Information Technology and Business Process Redesign," *Sloan Management Review*, summer.

119. Davenport, T.H. (1993): *Process Innovation,* Harvard Business School Press, Boston, MA.

120. Davenport, T.H. (1994): "Reengineering: Business Change of Mythic Proportions?" *MIS Quarterly*, July.

121. Davenport, T.H. and Beers, M.C. (1995): "Managing Information about Processes," *Journal of Management Information Systems,* 12(1).

122. Dawson, Michael (2005): *The Consumer Trap: Big Business Marketing in American Life* (paperback ed.), University of Illinois Press Urbana, IL, USA.

123. Dayal Ishwar and Adhikari, Kamini, (1969): *Organisation and Administration,* Progressive Corporation, Bombay.

124. Dayal Ishwar, (1970): *New Concepts and Managing,* Lalwani Pub. Co., Bombay.

125. Dayal Ishwar, (1972): *Automation in Developing Countries*, ILO, Geneva.

126. DeCenzo David and Robins Stephen, (1995): *Human Resource Management Concepts and Practices*, 5th ed., Wiley, New York.

127. DeKlerk, M. (2007): Healing emotional trauma in organizations: An O.D. Framework and Case Study. *Organizational Development Journal,* 25(2).

128. Deal, T.E. and Kennedy (1982): *Corporate Culture: The Rights and Rituals of Corporate Life*, Addison – Wesley, Reading, Massachusetts.

129. Dean, Phyllis (1984): *The Evolution of Economic Ideas*, London, Cambridge University Press.

130. Debroy, Bebek (2000): *Absurdities of Indian Law,* Konark Publications, New Delhi.

131. De, Nitish (1991): *Organizational Scanning,* Prentice Hall of India, New Delhi.

132. De Jong, W.H., Arts, J.H., De Klerk A., Schijf, M.A., Ezendam J, Kuper CF, and Van Loveren, H. (2009) *Toxicology* 261(3): Jul 10.

133. Descartes Rene' (1965): *A Discourse on Method and Other Works,* Washington Square Press, New York.

134. Dessler, Gary (2006): *Human Resource Management* 10th Edition, Pearson Education, New Delhi.

135. Dey, B.R. (1988): *Quality Circle, Concept and Practice*, Macmillan, New Delhi.

136. Dhar, Upinder and Dhar, Santosh (eds.) (2003): *Shaping Management for 21st Century*, Indore Management Association, Excel Books, New Delhi.

137. Dickens, L. (1998): 'What HRM means for gender equality' *Human Resource Management Journal* 8(1).

138. Dore, Ronald (1973): *British Factory Japanese Factory*, University of California Press Berkeley.

139. Dowling, P.J. and Welch, D.E. (1999): International Human Resource Management: managing people in a multinational context, 4th edition, Cenage, Singapore.

140. Drafke, Michael (2008): *The Human Side of Organisations*, Dorling Kindersley (India) Delhi.

141. Dreeze Jean and Sen, Amartya (1999): *India: Economic Development and Social Opportunity* Oxford University Press, New Delhi.

142. Dreher, G.F. and Dougherty, T.W. (2001): *Human Resource Strategy: A Behavioural Perspective for the General Manager*, McGraw-Hill-Irwin, Singapore.

143. Drezler, Gary (2001): *Human Resource Management,* Dorling Kindersley India Pvt. Ltd, Delhi.

144. Drucker, Peter, F. (1982): *The Changing World of Eccentrics*, Allied Publication, New Delhi.

145. Drucker P.F. (1988): 'The Coming of the New Organisation', *Harvard Business Review*, 66(1).

146. Drucker, P.F. (1993): *Managing in Turbulent Times*, Harper Business Books, New York.

147. Drucker, P.F. (1994): *Post-Capitalist Society,* Harper Business Books, New York.

148. Durkheim, Emile (1950): *The Rules of Sociological Method*, Univ of Chicago Press, Chicago.

149. Durkheim, Emile (1951): *Suicide*, Free Press of Glencoe, New York.

150. Durkheim, Emile (1957): *Professional Ethics and Civic Morals*, Routledge, London.

151. Dwivedi, R.S., (1979): *Human Relations in Organisational Behavior*, Oxford and IBH, New Delhi.

152. Dubin, R. (ed.) (1974): *Human Relations in Administration,* Prentice Hall, New Delhi.

153. Dunlop, J.T. (1988): *Industrial Relations Systems,* Holt, New York.

154. Dutta-Gupta, S. (2006): *Comintern and the Destiny of Communism in India: 1919–1943: Dialectics of Real and a Possible History*. Seribaan. Calcutta.

155. Dutta-Ray, K. (1992): *Political Upsurges in Post-War India, 1945-46.* Intellectual Publishing House, New Delhi.

156. Eagleton, T. (1996): *The Illusions of Postmodernism*, Polity Press, Oxford.

157. Earl, M.J., Sampler, J.L. and Short, J.E. (1995): "Strategies for Business Process Reengineering: Evidence from Field Studies," *Journal of Management Information Systems*, 12(1).

158. Eastis, C.M. (1998): Organisational diversity and the production of the social capital: One of these groups is not like the other. *American Behavioural Scientist*, 42.

159. Eddy, Erik R., Dianna L. Stone, and Eugene F. Stone-Romero. (1999): "The Effects of Information Management Policies on Reactions to Human Resource Information Systems: An Integration of Privacy and Procedural Justice Perspectives." *Personnel Psychology* 52, Summer.

160. Edwards, Tony and Rees, Chris (2007): *International Human Resources Management,* Dorling Kindersley (India) Delhi.

161. Eichinger B. and Ulrich Dave (1996): *Human Resource:* State of the Art Council, Human Resource Planning Society Challenges: Today and Tomorrow, New York.

162. Eitington, Julius, E. (1984): *The Winning Trainer,* Gulf Publishing Co., Houston.

163. Engels, Frederick (1952): *The Condition of the Working Class in Britain in 1844,* Allied and Unwin, London.

164. Engels, Frederick (1960): *Anti Duhring,* Foreign Language Press, Peking.

165. Engels, Frederick (1975): *Ludwig Feuerbach and the End of Classical German Philosophy,* Foreign Languages Press, Peking.

166. Eitington, Julins (1984): Using Participative Methods to Evaluate Training. Chapter in the *Winning Trainer.* Gulf Publishing Co. London.

167. Erikson Paul, R. (1990): Evaluating Training Results. *Training and Development Journal,* January.

168. Etzioni Amitai (1972): *A Comparative Analysis of Complex Organisations,* The Free Press, London.

169. Fahey, L., King, W.R. and Narayanan, V.K. (1983): Environmental Scanning and Forecasting in Strategic Planning — the state of the art in Hussey David (ed.): *The Truth about Corporate Planning: International Research into the Practice of Planning,* Pergamon Press, Oxford.

170. Fast, D. (1974): A New Approach to Quantifying Training Programme Effectiveness. *Training and Development Journal.* September.

171. Fayol, Henri (1930): *Industrial and General Administration* translated by J.A. Croubrough, International Management Institute, Geneva.

172. Festinger, L.A. (1957): *The Theory of Cognitive Dissonance,* Row Peterson and Company, Evanston, Illinois.

173. Festinger, L. (1950): Informal Social Communication. *Psychological Review,* 57.

174. Fiedler, F.E. and Garcia, J.E. (1987): *New Approaches to Effective Leadership,* John Wiley, New York.

175. Fitz-enz, Jac (1990): *Human Value Management,* Jossey bass, San Francisco.

176. Fitz-en, Jac (1993): *Benchmarking Staff Performance,* Jossey Bass, San Francisco.

177. Flanders Allan (1968): *Management and Union,* Faber and Faber, London.

178. Flippo, E.B, (1984), *Personnel Management,* McGraw-Hill, International Edition, Singapore.

179. Fox, A. (1974): *Beyond Contract, Work, Power and Trust Relations,* Faber and Faber, London.

180. Fox, A. (1974): *Man Mismanagement,* Hutchinson, London.

181. Foucault, M. (1967), *Nietzsche, Freud, Marx,* Minuit, New York.

182. Foucault, Michel (1971): *Madness and Civilisation: A History of Insanity in The Age of Reason*, Tavistock Publications, London.

183. Fox, A. (1974): *Beyond Contract: Work, Trust and Power Relations*, Faber and Faber, London.

184. Fox, A. (1974): *Man Mismanagement*, Hutchinson, London.

185. Francesco, Anne Marie and Gold, Barry Allen (2006): *International Organisational Behaviour*, Dorling Kindersley (India) Delhi.

186. Fred, R. David (1999): *Strategic Management, Cases and Concepts,* Pearson Education, Singapore.

187. French, J.R.P. and Raven, B. (1959): The Bases of Social Power in D Cartright (ed.) *Studies in Social Power,* Institute of Social Research, University of Michigan Ann Arbour.

188. French, Wendell (1972): *Personnel Management Process: Human Resource Administration*, Houghton, Mifflin, Boston.

189. French, W.L. and Bell, C.H. (1990): *Organisation Development: Behavioural Science Interventions for organisation Improvement* (4th Ed), Englewood Cliffs, NJ: Prentice Hall.

190. Freire, Paolo (1970): *The Pedagogy of the Oppressed,* New York, Continuum Books.

191. Freire, Paolo (1978): *Pedagogy in Process,* Seabway Press, New York.

192. Freud, Sigmund (1933): *New Introductory Lectures on Psychoanalysis*, New York, Norton.

193. Friedman, A. (1977): 'Responsible Autonomy versus Direct Control over the Labour Process' *Capital and Class*, 1.

194. Friedman, Milton (1962): *Capitalism and Freedom*, University of Chicago Press, Chicago.

195. Friedman, Thomas, L. (2005): *The World Is Flat*, Allen Lane, London.

196. Fromm, B. and Schlesinger, L. (1993): *The Real Heroes of Business and Not a CEO Among them*, Currency Doubleday, New York.

197. Gautam, Vinayshil (1992): Issues in Organisational Management – Predictions and Potential, New Global Press, New Delhi.

198. Geary A. Rummler and Brache Alan, P. (1995): *Improving Performance: How to Manage the White Space in the Organization Chart*, 2nd edition. Jossey-Bass; New York.

199. Gellerman, Saul, W. (1989): Managing Ethics from Top Down, *Sloan Management Review* Vol. 10 No. 2, Winter.

200. Gellerman, S.W. (1986): Why Good Managers Make Bad Ethical Choices, *Harvard Business Review*, July-August.

201. Gershon, Richard, (2001): *Telecommunications Management: Industry Structures and Planning Strategies*, Mahwah, NJ, USA: Lawrence Erlbaum Associates.

202. Giddens, Anthony (1989): *Sociology,* Polity Press, Cambridge.

203. Gilbert. Thomas F. (1996): *Human Competence: Engineering Worthy Performance*, Pfeiffer. New York.

204. Gilbert, T. (1998): A Leisurely Look at Worthy Performance. In Woods, J. and Cortada, J. (eds.). *The 1998 ASTD Training and Performance Yearbook*. McGraw-Hill, New York.

205. Gillerman, Saul W. (1970): *Motivation and Productivity*, D.B. Taraporewala & Sons, Bombay.

206. Ginnodo, Bill, (1997): *The Power of Empowerment*, Pride, Arlington Heights, Illinois.

207. Glueck, W.F. and Jaunch, L.R. (1984): *Business Policy and Strategic Management*, McGraw-Hill, New York.

208. Goldstein, I.L. and Ford, J.K. (2007): *Training in Organisations*, Cenage, New Delhi.

209. Goldthorpe, J.E. (1984): *Sociology of the Third World: Disparity and Development*, Cambridge University Press. Cambridge.

210. Gomez-Mejia, L.R., Balkin, D.B. and Cardy, R.L. (2002): *Managing Human Resources*, Prentice Hall of India New Delhi.

211. Goodrich Carter, L. (1975): *The Frontier of Control*, Pluto Press, London.

212. Gorz, Andre (1982): Farewell to the Working Class, Pluto Press, London.

213. Gouldner, Alvin (1947): *The Dialectic of Ideology and Technology, Sealbury Press, New York*.

214. Gouldner Alvin (1971): *The Coming Crisis of Western Sociology*, Heinemann, London.

215. Greame Currie (1995): Learning Theory and the Design of Training in a Health Authority: Health Manpower Management, 21(2).

216. Greer, C.R. (2006): *Strategic Human Resources Management*, Dorling Kindersley (India) Delhi.

217. Grover, V., Jeong, S.R., Kettinger, W.J. and Teng, J.T.C. (1995): "The Implementation of Business Process Reengineering," *Journal of Management Information Systems*, 12(1).

218. Guest, D.E. (1996): 'Human Resource Management, Fit and Performance. Paper presented to the ESCR Seminar Series, *'Contribution of HR Strategy to Business Performance'*, Cranfield, 1st February.

219. Guest, D. and Peccei, R. (1994): 'The Nature and Causes of Effective Human Resource Management', *British Journal of Industrial Relations*, 32(2).

220. Guevara, Ernesto Che' (1967): *Episodes of the Revolutionary War*, Guarias Book Institute, Havana.

221. Gudykunst, W.B., Stewart, L.P. and Ting-Toomey, S. (1985): *Communication, Culture and Organisational Processes*, Sage, Beverley Hills.

222. Guirdham, M. (1999): *Communicating Across Cultures*, Macmillan, London.

223. Habermas, Jurgen (1976): *Legitimisation Crisis*, Policy Press, Cambridge.

224. Habermas, Jurgen (1987): *Theory of Communicative Action*, Polity Press, Cambridge.

225. Hall, R.H. and Tolbert, P.S. (2006): *Organisations: Structures, Processes and Outcomes*, Dorling Kindersley (India) Delhi.

226. Hamblin, A.C. (1974). *Evaluation and control of training*. McGraw-Hill, Maidenhead.

227. Hamel, G., Doz, Y.L. and Prahalad, C.K., (1989): "Collaborate with Your Competitors and Win", *Harvard Business Review*, Vol. 67 No. 1.

228. Hamel, G. and Prahalad, C.K. (1989): Strategic Intent, *Harvard Business Review*, May-June.

229. Hammer, M. (1990): "Reengineering Work: Don't Automate, Obliterate," *Harvard Business Review*, July-August.

230. Hammer, M. and Champy, J.(1993): *Re-engineering the Corporation: A Manifesto for Business Revolution*, Nicholas Brealey, London.

231. Handscombe Richard and Norman Philip (1989): *Strategic Leadership: The Missing Links*, McGraw-Hill, London.

232. Handy, C. (1994): *The Empty Raincoat*, Hutchinson, London.

233. Handy, Charles (1995): *The Age of Unreason*, Arrow Books, London.

234. Handy, Charles (1996): *Beyond Certainty*,. Arrow Business Books, London.

235. Harrington H. James; Esseling K.C. and Van Nimwegen (1997): *"Business Process Improvement Workbook: Documentation, Analysis, Design, and Management of Business Process Improvement"* McGraw-Hill; London.

236. Harris Kimberley, J. (1995): Training Technology in the Hospitality Industry: A Matter of Effectiveness. *International Journal of Contemporary Hospitality Management* 7(6).

237. Harrison, M.I. and Shirom, A. (1998): *Organisational Diagnosis and Assessment: Bridging Theory and Practice*, Sage Pub. London.

238. Hartness, James (1912): *The Human Factor in Works Management*,: McGraw-Hill, New York and London.

239. Harzing, A.W. and Van Ruysseveld, J. (1995): (eds.): *International HRM*, Sage, London.

240. Hashim Junaidah (2001): Training Evaluation: Clients Roles, *Journal of European Industrial Training* 25(7).

241. Hathcock, Bonnie (2002): "Health Plan Gives Employees Power of Choice." *Workspan* 45 July.

242. Head, Simon (2005): *The New Ruthless Economy: Work and Power in the Digital Age*, Oxford University Press, Oxford, UK.

243. Hegde, D.S. and Sadri, S. (1998) On the Questions of Reduction to Dated Labour – Some reflections on Sraffa *The Asian Economic Review*, Vol. XL, No.1 April.

244. Hellriegel Don and Slocum, J.W. Jr (2004): *Organisational Behaviour*, Thomson Asia Pvt. Limited. Singapore.

245. Heredia, Ruth (1997): *The Amul India Story*, Tata McGraw-Hill, Delhi.

246. Hersey, P. and Blanchard, K.H. (1988): *Management of Organisational Behavior*, Prentice Hall Inc., Engelwood Cliffs, 5th Edition, NJ.

247. Hersey, P., Blanchard, K. and Johnson, D. (2008): *Management of Organizational Behavior: Leading Human Resources* (9th ed.). Pearson Education, Upper Saddle River, NJ.

248. Herzberg, F (1966): *Work and the Nature of Man*, Cleveland, Ohio, World Publishers.

249. Herzberg, F. (1976): *The Management Choice to be Different and to be Human,* Dow-Jones, Irwin, Homewood, Illinois.

250. Hicks, J.R. (1969): *Theory of Economic History,* Clarenden Press, Oxford.

251. Hilferding, Rudolf (1985): *Finance Capital* edited by Tom Bottomore, Routledge and Kegan Paul, London.

252. Hirst, P. and Thompson, G. (1996): *Globalisation in Question,* Polity Press, Oxford.

253. Hill, S. and Thurley, K. (1974): Sociology in Industrial Relations, *British Journal of Industrial Relations,* July.

254. Hitt, M.A., Hoskisson, R.E. and Ireland, R.D. (2007): *Management of Strategy: concepts and cases,* Cenage Learning, New Delhi.

255. Hobsbawm Eric, J.E. (1964*): Labouring Men: Studies in the History of Labour,* Weidenfeld and Nicholson, London.

256. Hobsbawm Eric, J.E. (2007): *Globalisation, Democracy and Terrorism,* Little-Brown, London.

257. Hofstede, G. (1984): *Cultures Consequences: Comparing Values, Behaviours, Insitutions and Organisations across Nations, 2nd edition,* Beverly Hills: Sage.

258. Hofstede, G. (1991): *Cultures and Organizations: Software of the mind.*: McGraw-Hill Book Company. London.

259. Holland Stuart (1978): (ed.) *Beyond Capitalist Planning.* Basil Blackwell, Oxford.

260. Hollander, E.P. (1961): Emergent Leadership and Social Influence. In L. Petrullo & B.M. Bass (Eds.), *Leadership and Interpersonal Behavior* Holt, Rinehart, and Winston. New York.

261. Holli, B. and Calabrese, R. (1998): Communication and Education Skills for cietetics professionals (3rd Ed.): Lippincott Williams and Wilkins, Philadelphia.

262. Hollinghead, G. and Leat, M. (1995): *HRM — An International Perspective,* Pitman, London.

263. Homans, George Caspar, and Charles, P. Curtis, Jr. (1934): *An Introduction to Pareto, His Sociology*, Knopf, New York.

264. Hughes, Thomas P. (2004) [1989]: *American Genesis: A Century of Invention and Technological Enthusiasm, 1870-1970* (2nd ed.), Chicago, IL, USA: University of Chicago Press.

265. Human Resource Development Requirements of the Tourism Sector in India, *United Nations, New York, 1999. http:// unescap.org.//ttdw/Publications.*

266. Huselid Mark (1995): The Impact of Human Resource Management Practices on Turnover Productivity and Corporate Financial Performance. *Academy of Management Journal, 38, June.*

267. Husserl, Edmund (1980): *Crisis of European Social Sciences and Transcedental Philosophy,* Translated by D Carr, Northwestern University Press, Evanston.

268. Hussey, D.E. (n.d.) 2nd Ed. *How to Manage Organisational Change,* Kogan Page, India.

269. Hussey, D.E. (1998): *How to Better at Management Change*, Cogan Page, London.

270. Hyman, Richard (1982): *Industrial Relations: A Marxist Introduction,* Macmillan, London.

271. Hyman Richard and Brough Ian (1975): *Social Values and industrial Relations,* Macmillan, London.

272. Illych, Ivan (1973): *De-schooling Society,* Penguin, Harmondsworth.

273. Illych, Ivan (1973): Tools for Conviviality, Harper and Row, New York.

274. Israni, S.D. (2001): "Corporate Governance — The party is over! Its time for real performance "Paper Presented at a *National Symposium* in ICSI-CCRT, Navi Mumbai.

275. Ivancevich, J.M., Szilayyi, A D, and Wallace, M., (1977): *Organisation Behaviour and Performance,* Goodyear, Pub. Co. Santa Monica.

276. Iyer, Radha (1989): A Classic Class Struggle, *Economic and Political Weekly*, Oct. 7.

277. Iyer, Radha (1989): TELCO Dispute: What is it all about? *Economic and Political Weekly,* Dec 23-30.

278. Jacobs, R.L., and Washington, C. (2003): Employee Development & Organizational Performance: A Review of Literature and Directions for Future Research. *Human Resource Development International* 6(3).

279. Jain Puneet (1999): "The Real Bulwark," *Economic Times*, Mumbai.

280. Jackson, T. (2002): *International HRM: A cross cultural approach*, Sage, London.

281. Jacobs, R.L. and Washington, C. (2003): Employee Development & Organizational Performance: A Review of Literature and Directions for Future Research. *Human Resource Development International*, 6(3).

282. Jain, K.K. (1985): Training & Development in public enterprise – A case study of Indian Iron & Steel Industry. *Lok Udyog* 18(11).

283. Jacobson Ralph: *et al* (2001): *Leading for a Change*, Butterworth/ Heinemann, Boston.

284. Jaques, E., (1951): *The Changing Culture of a Factory*, Tavistock Pub., London.

285. Jay, Anthony (1967): *Management and Machiavelli*, Hold Reinhart and Winston New York.

286. Jayashree, S. and Sadri, S. (1998): When the Mediocrity is Empowered: O! Woe to thee HR Professional, *Management and Labour Studies,* winter.

287. Jayashree, S. and Sadri, S. (1998): Managerial Leadership in the Twenty First Century, *Vision,* Vol. 2, No. 1 Jan-June.

288. Jayashree, S. and Sadri, S, (1999): Effective Performance Counselling for Better Project Outcomes, *Indian Journal of Training and Development*, Vol. XXIX, No. 4.

289. Jayashree, S. and Chatterjee, V. (2003): Building Organisational Character through HRIS, *International Journal of Human Resources Development and Management*, Vol. 3.

290. Jayashree, S. and Sadri, S. (2003): Towards a Better Tomorrow: Power, Authority and Ethics in Organisations, *Indian Journal of Training and Development*, Vol. XXXIII, No. 1-2.

291. Jayashree, S. (2005): *What Every MBA should know about HRM,* Himalaya Pub. Co. Mumbai.

292. Jayashree, S. (1995): "Studying Managerial Behaviour in the Indian Environment" in Dharani P. Sinha (ed.) *Redeployment of Labour in South Asia*, AMDISA, Frederich Ebert Stiftung, Delhi.

293. Jayashree, S. (2006): HRD in the Era of LPG *Personnel Today*, Vol. XXVII, No.3, October-December.

294. Jayashree, S. (2006): Converting Core Competence to Competitive Advantage, *Personnel Today*, Vol. XXVI, No. 4, January-March.

295. Jayashree, S., Sadri, S. and Dastoor, D.S. (2008): *The Theory and Practice of Managerial Ethics,* Second Edition Edition Jaico Publications, New Delhi.

296. Jayashree, S. Sadri, S. and Nayak Nitin (2009): *A Strategic Approach to Human Resources Management,* Jaico Publishing Co., Mumbai.

297. Jayashree Sadri and Nayak Madhumita (2010): HR Imperatives for Organisations in the Twenty First Century *IMED Journal of Management and Social Research,* Vol. 3, No. 2.

298. Jethmalani Arun (1999): "Value for Money," *Business Standard,* Mumbai.

299. Joe Perdue, Ninemerier Jack, and Woods Robert (2002): Training Methods for Specific Objectives; Performance of Managers in Private Clubs, *International Journal of Contemporary Hospitality Management*, 14(13).

300. Johnson, Spencer (1998): *Who Moved My Cheese?* Vermilon, London.

301. Johnson Richard Arvid. (1976): *Management, Systems, and Society: An Introduction*: Goodyear Pub. Co. Pacific Palisades, California.

302. Johnson, G. and Scholes, K. (1997): *Exploring Corporate Strategy*, Prentice Hall, New York.

303. Johnston William, B. (1991): Global Workforce 2000: The Globalisation of Labour, *Harvard Business Review,* March-April.

304. Jones, Gareth(2007): *Organizational Theory, Design and Change*, Dorling Kindersley (India) Delhi.

305. Joseph, Jerome (1991): Strategic *Industrial Relations Management*, Global Business Press, Delhi.

306. Jucius, M.J. (1976): *Personnel Management,* Richard, D. Irwin, Homewood, Illinois.

307. Jung, Carl, G. (1946): *Psychological Types,* Harcourt and Brace, New York.

308. Juran, Joseph, M. (1993): Made in USA: A Renaissance in Quality, *Harvard Business Review,* June-July.

309. Kakkar, N.K. (1973): *Workers Education in India,* Sterling Publishers New Delhi.

310. Kanter, R.M. (1989): *When Giants Learn to Dance: Mastering the Challenges of Strategy, Management and Careers in the 1990s*, Simon and Schuster, London.

311. Kanter, R.M. (1992): *The Challenge of Organisational Change — How People Experience and Manage it,*, The Free Press, New York.

312. Kang, J.K. and A. Shivdasani (1995): 'Firm Performance, Corporate Governance, and Top Executive Turnover in Japan', *Journal of Financial Economics*, 38/1.

313. Kaplan, J., Murphy, J. and Swenson, W. (1993): *Compliance Programs and Corporate Sentencing Guidelines,* Deerfield Ill, Clark Boardman Calaghan Pub.

314. Kaplan, R.S. and Norton, D.P. (1996a): The *Balanced Scorecard:* Harvard Business School Press, Boston, MA.

315. Kaplan, R.S. and Norton, D.P. (1996b): 'Strategic Learning and the Balanced Scorecard' *Strategy and Leadership*, September.

316. Karanjia, B.K. (1997): *Godrej: A Hundred Years 1897-1997 in 2 Volumes*, Viking, Penguin Books. New Delhi.

317. Karanjia, B.K. (2000): *The Life and Death of Naval Pirojsha Godrej,* Viking, Penguin Books, New Delhi.

318. Karunakaran, T.K. (1966): 'Multi Union Plants and Labour Relations — A Case Study' Indian *Journal of Industrial Relations,* Vol. 2, No. 2, October.

319. Kast, F. and Rosenzweig, J. (eds.) (1973): *Contingency Views on Organisation and Management,* SRA, Chicago.

320. Katz, D. and Kahn, R.L., (1970): *Social Psychology of Organisations*, Wiley, Eastern, New Delhi.

321. Kaufman, Bruce, E. (2004): *The Global Evolution of Industrial Relations: Events, Ideas, and the IIRA*, International Labour Office, Geneva.

322. Kazmi, Azhar (1992): *Business Policy*, New Delhi, Tata McGraw-Hill.

323. Kelly, John (1998): *Rethinking Industrial Relations: Mobilization, Collectivism and Long Waves*. Routledge, London.

324. Kennedy Van Dusen (1965): *Unions Employers and Government*, Manaktalas, Bombay.

325. Kawasaki, Guy, (1994): *How to Drive your Competition Crazy*, Addison-Wesley, Pub. Co., Reading, Mass.

326. Khurana, Rakesh. (2006): "Book review of *Capitalism, Social Privilege and Managerial Ideologies*." *American Journal of Sociology* 111, No. 5 March.

327. Kim, W. Chan and Mauborgne Renee' (2005): *Blue Ocean Strategy — How to Create Uncontested Market Space and Make the Competition Irrelevant*, Harvard Business School Press, Boston Mass.

328. King, W.R. (1994): "Process Reengineering: The Strategic Dimensions," *Information Systems Management*, 11(2), spring.

329. Klink Van Der, Marcel, R. and Streumer Jan, N. (2002) Effectiveness of on the Job Training: *Journal of European Industrial Training*. 26(4).

330. Kirschenbaum, H. and Henderson, V. (eds.) (1990) *The Carl Rogers Reader*, Constable, London.

331. Knowles, M. (1989) *The Adult Learner: A Neglected Species*: Gulf Publishing, Houston.

332. Klink Van Der, Marcel, R. and Streumer Jan N. (2006) Explaining the (In)effectiveness of on-the-job training *International Journal of Human Resources Development and Management*, Vol. 6, No. 1.

333. Kolb, D.A. (1984): *Experiential Learning: Experience as the Source of Learning and Development,* Prentice Hall, Engelwood Cliffs.

334. Kolb, D.A. and Fry, R. (1975): 'Towards a theory of experimental learning' in Cooper, C.L. (ed.) *Theories of Group Processes*, John Wiley, London.

335. Kolligan Michael, J. and Cohen, Alecxander (1998): Assessing Occupational Safety and Health Training, June, *National Institute for Occupational Safety and Health Publications Dissemination, Columbia Parkway Cincinnati, Ohio. http:// www.cdc.gov/ niosh.*

336. Koontz, H. and Weinrich, H. (2005): *Essentials of Management: An International Perspective*, 6th Ed. Tata McGraw-Hill, New Delhi.

337. Kuhn, Thomas (1962): *The Structure of Scientific Revolutions*, University of Chicago Press, Chicago.

338. Lala, R.M. (1981): *The Creation of Wealth*, Manaktalas, Bombay.

339. Lala, R.M. (1992): *Beyond the Last Blue Mountain*, Viking, Penguin Books New Delhi.

340. Lala, R.M. (1995): *The Joy of Achievement: Conversations with J R D Tata*, Viking for Penguin Books, New Delhi.

341. Lala, R.M. (1997): *In Search of Leadership*, 6th Edition, Vision Books, Delhi

342. Leavitt, H.J., (1972), *Managerial Psychology*, University of Chicago Press, Chicago.

343. LeBell D. and Krammer O.J. (1977): Selecting Environmental Forecasting Techniques for Business Planning Requirements, *Academy of Management Review*, July.

344. Levinson, H. and Rosenthal, S., (1984): *CEO: Corporate Leadership in Action*, Basic Books, New York, NY.

345. Likert, R., (1967): *The Human Organisation: Its Management and Value*, McGraw-Hill, New York.

346. Limerick, D. and Cunnington, B. (1993), *Managing the New Organization: A Blueprint for Networks and Strategic Alliances*, Business and Professional Publications, Sydney.

347. Linara, Carlos Rodrigues (1991): Management Styles in the Education Industry in Hong Kong, *Unpublished Masters Degree Thesis*, East Asia School of Graduate Studies, Hong Kong.

348. Litwin, G. and Stringer, R. (1968): *Motivation and Organizational Climate*. Harvard University Press, Boston.

349. Lucas Georg (1968): *The Pure Alternative: Stalinism or Socialistic Democracy* http/ /www.marxistsorg/archive/Lucas/works/democracy/ch06htm

350. Kanigel, Robert (1997): *The One Best Way: Frederick Winslow Taylor and the Enigma of Efficiency*, Penguin-Viking, New York, NY, USA.

351. Kanter R.M., (1989): *When Elephants Learn to Dance: Mastering the Challenges of Strategy, Management and Careers in the 1990s*, Simon and Schuster., London.

352. Kanter, R. (1983): *The Change Masters*: Simon and Schuster, New York.

353. Kennedy, Van Dusen (1967): *Unions, Employees and Government*, Manaktalas, Bombay.

354. Kerr, C., Dunlop, J.T., Harbison, F.H. and Myres, C.A. (1976): *Industrialisation and Industrial Man*, Penguin Books. London.

355. Kerr, Clark (1964): Labour *and Management in Industrial Society*, Anchor Books, Dobleday, New York.

356. Kettinger, W.J. and Grover, V. (1995): "Special Section: Toward a Theory of Business Process Change Management," *Journal of Management Information Systems*, 12(1).

357. Keynes John Maynard (1936): *The General Theory of Employment Interest and Money.* Macmilllan, London.

358. Kiechel, W., (1990): "The Organization That Learns", *Fortune*, Vol. 6, 12 March.

359. Kirkpatrick, D. (1996): Great ideas revisited. *Training and Development*, 50(1).

360. Kirschenbaum, H. and Henderson, V. (eds.) (1990): *The Carl Rogers Reader*, Constable. London.

361. Kitson Alan and Campbell Robert, (1996) (eds): *Ethical Organisations*, Macmillan, London.

362. Khandwalla, Pradip, N. (1977): *The Design of Organisations,* Harcourt Brace Jovanovich, New York.

363. Khandwalla, Pradip, N. (1988): *Fourth Eye: Excellence through Creativity,* A H Wheeler & Co. Bombay.

364. Khandwalla, P.N. (1992): *Organisation Designs for Excellence*, Tata McGraw-Hill. New Delhi.

365. Khanka, S.S. (2009): *Human Resources Management (text and cases),* S Chand and Co, New Delhi.

366. Klein, Katherine, Amy B. Conn, and Joann S. Sorra. (2001):"Implementing Computerized Technology: An Organizational Analysis." *Journal of Applied Psychology* 86 October.

367. Kolb, D.A. (1984): *Experiential Learning: Experience as the Source of Learning and Development,* Prentice Hall, Engelwood Cliffs.

368. Kolb, D.A. and Fry, R. (1975): 'Towards a theory of experimental learning' in Cooper, C.L. (ed.) *Theories of Group Processes*, John Wiley, London.

369. Koontz H, O'Donnell and Weinrich, H. (1984): *Management,* McGraw-Hill, Tokyo.

370. Kubr, M. (1982) (ed.): *Managing a Management Development Institution,* International Labour Organisation, Geneva.

371. Lala, R.M. (1981): *The Creation of Wealth,* Manaktalas, Bombay.

372. Lala, R.M. (1992): *Beyond the Last Blue Mountain*, Viking, Penguin Books, New Delhi.

373. Lala, R.M. (1995): *The Joy of Achievement: Conversations with J.R.D. Tata,* Viking for Penguin Books, New Delhi.

374. Lala, R.M. (1997): *In Search of Leadership*, 6th Edition, Vision Books, Delhi.

375. Laski, Harold, J. (1936): *The Rise of European Liberalism*, Alan and Unwin, London.

376. Lawrence, P.R. and Lorsch, J.W. (1967): *Organisation and Environment*, Harvard Graduate School of Business, Boston.

377. Lefcourt, Herbert, M. (1976): *Locus of Control: Current Trends in Theory and Research*, Lawrence Eribaum Associates, Hillsdale NJ.

378. Lego, Jennifer. (ed.)(2001)"Creating a Business Case for Your Organization's Web-Based HR Initiative." In Alfred J. Walker, *Web-Based Human Resources.* McGraw-Hill, New York.

379. Lengnick-Hall, Mark L. and Cynthia A. Lengnick-Hall. (2002.) *Human Resource Management in the Knowledge Economy: New Challenges, New Roles, New Capabilities* Berrett-Koehler Publishers . San Francisco.

380. Lentin, Bakhtawar (1993): Business Ethics: Some Reflections, *Third JRD Tata Oration on Ethics in Business*, XLRI, Jamshedpur, January 27.

381. Levinson, H. and Rosenthal, S., (1984): *CEO: Corporate Leadership in Action*, Basic Books, New York.

382. Lewin, K. (1952): *Field Theory in Social Science*, Tavistock, London.

383. Lewin, Kurt (1958): *Group Decision and Social Change*. Holt, Rinehart and Winston, New York.

384. Likert (1961): *New Patterns in Management*. McGraw-Hill, New York.

385. Likert, R. (1967): *The Human Organisation: Its Management and Value*, McGraw-Hill, New York.

386. Limerick, D. and Cunnington, B., (1993): *Managing the New Organization: A Blueprint for Networks and Strategic Alliances*, Business and Professional Publications, Sydney.

387. Locke, Edwin A. (1982): Frederick W Taylor: An Evaluation, *Academy of Management Review*, January.

388. Lockwood, D. (1958): *The Black Coated Worker*, Allen and Unwin, London.

389. Lookatch, R.P. (1991): HRDs Failure to Sell Itself — *Training & Development Journal* 45(7).

390. Lukes, Stephen (1973): *Power*, Macmillan, London.

391. Lukac's, George (1980): *Soul and Form*, MIT Press, Cambridge, Massachusetts.

392. Machiavelli, Niccolò (1961): *The Prince*, Translated by George Bull , Penguin, London.

393. Maheshwari, B.L.(1981): Formal training skills, development and job performance ASCI *Journal of Management*, 11(1).

394. Maiti, Dibiyendu and Sen, Kunal (2010): The Informal Sector in South Asia: Introduction, *Indian Journal of Labour Economics*, Vol. 53, No. 2.

395. Maitland Alison (1999): "The value of virtue in a transparent world," *Business Standard*, Mumbai.

396. Malekar Shamira (ed.) (2010): *Emotional Intelligence and Leadership*, Excel Books, New Delhi.

397. Malinvaud, Edmond (1980): *The Theory of Unemployment Reconsidered* (Yjro Jahnsson Lectures), Basil Blackwell, Oxford.

398. Mamkottam M.K. (1982): Trade *Unionism: Myth and Reality*, Oxford University Press, Delhi.

399. Mamoria, C.B., (1982): *Social Problems and Social Disorganisation in India*, Kitab, Mahal, Allahabad.

400. Mannheim Karl (1936): *Ideology and Utopia*, Kegan Paul, London.

401. Mannheim Karl (1940): *Men and Society in an Age of Reconstruction*, , Kegan Paul, London.

402. Mann, Michael (1973): *Consciousness and Action among the Western Working Classes*, Macmillan, London.

403. Mann Sandi & Evan T. Robertson (1996): What Should Training Evaluation Evaluate? *Journal of European Industrial Training, 26(4).*

404. Mansfield, Harvey (1995): "Machiavelli and the Idea of Progress", in Melzer; Weinberger; Zinman, *History and the Idea of Progress*, Cornell University Press, Cornell.

405. March, J.G. and Simon, H.A., (1958): *Organisations*, Wiley, New York.

406. Marcuse, Herbert (1968): *One Dimensional Man*, Routledge and Kegan Paul, London.

407. Marcuse, Herbert (1969): *An Essay on Liberation*, Beacon Press, Boston.

408. Marks M.L., (1982): "Merging Human Resources: A Review of Current Research", *Mergers and Acquisitions*, Summer.

409. Marshall E. Ray and Briggs Vernon M. Jr. (1989): *Labour Economics: Theory, Institutions and Public Policy*, Irwin, Homewood, Boston.

410. Marshall, V. and Schriver, R. (1994): Using evaluation to improve performance. In D. Kirkpatrick (Ed.) — *Another Look at Evaluating Training Programmes*<Amazon.com

411. Maslow, A. (1943): 'A Theory of Human Motivation' *Psychological Review*, 50(4).

412. Maslow, A. (1987): *Motivation and Personality* (3rd edn), Harper and Row, New York.

413. Mathew, M.J., (1993): *Organisation: Theory and Behaviour*, RBSA Publishers, SMS Highway. Jaipur.

414. Mawhinney, Thomas C Redmon William K. and Johnson Carl Merle. (2001): *Handbook of Organizational Performance*,. Routledge. New York.

415. Marx, Karl (1963): *Grundrisse: Foundation of Political Economy*, Penguin, Harmondsworth.

416. Marx, Karl (1964): *Wage Labour and Capital*, Progress Publishers, Moscow.

417. Marx, K. and Engels F. (1964): *The German Ideology*, Progress Publishers, Moscow.

418. Marx, K. and Engels F. (1968): *Selected works in one volume*, Lawrence and Wishart, London.

419. Maynard, H.B., (ed.), (1970): *Handbook of Business Administration*, McGraw-Hill Book Co., New York.

420. Mayo, Elton, (1933): *The Human Problems of Industrial Civilization*, Macmillan and Co., New York.

421. Mayo, Elton: (1949): *The Social Problem of Industrial Civilisation*, Routledge and Kegan Paul. London.

422. McClleland D.C. (1961): *The Achieving Society*, Van Nostrand, Princeton, NJ.

423. McCormick, Kevin.(2002): The Rise and Rise of e-HR. Retrieved, June 1, 2002: <http://hr.monster.com.hk/articles/6327/>.

424. McDonald, Danielle. (2002): "Radical Change: Breaking Ground for e-HR Implementation" *Workspan* 45 February.

425. McGregor, Douglas, (1960): *The Human Side of Enterprise*, McGraw-Hill Book Co., New York.

426. McLean, G.N., Damme, S.R. and Swanson R.A. (1990): *Performance Appraisal Perspectives on a Quality Management Approach* (703) Ameriacn Society of Training and Develcpment, Alexandria VA.

427. McMurrer, D., Van Buren, M., and Woodwell, W., Jr. (2000): *The 2000 ASTD State of the Industry Report*: American Society for Training & Development, Alexandria, VA.

428. McSween Terry E. (1995): *The Values-Based Safety Process: Improving Your Safety Culture with Behavior-Based Safety*, John Wiley & Sons. London.

429. Mehran, H. (1995): 'Executive Compensation Structure, Ownership, and Firm Performance', *Journal of Financial Economics*, 38.

430. Mehta, B. and Sadri, S. (2003): Corporate Social Responsibility Initiatives of NSE-NIFTY Companies — Content, Implementation, Strategies and Impact, *NSE News*, June.

431. Mehta, K.K. Problems of supervisory and managerial training. *Indian Management*, 1970 9(11).

432. Miles, Raymond, E. Snow, Charles C. Mathews, John A. Miles, Grant Coleman, and Henry J. Jr. (1997): "Organizing in the knowledge age: Anticipating the Cellular Form." *Academy of Management Executive.* 11(4) Nov.

433. Miliband, R. (1969): *The State in Capitalist Society*, Widenfeld and Nicolson, London.

434. Milkovich G., and Bourdreau, J. (1997): *Human Resource Management* 8th ed., Irwin, Chicago.

435. Mill, John Stuart (1959): *The Social Imagination*, Oxford University Press, Fair Lawn, NJ.

436. Mill, John Stuart (1961): *August Comte and Positivism*, Cresset, London.

437. Mill, John Stuart (1967): *On Liberty,* (Reprint), Popular Prakashan, Bombay.

438. Miller D. and Friesen P.H. (1984): *Organisations: A Quantum View*, Prentice Hall. Engelwood Cliffs.

439. Miller, D.C. and Form, W.H., (1964): *Industrial Sociology,* Harper and Row, New York.

440. Mills C. Wright (1948): *The New Men in Power*, Harcourt Brace. New York.

441. Mills C. Wright (1956): *The Power Elite*, Oxford University Press, Oxford.

442. Mills C. Wright (1970): *The Sociological Imagination*, Penguin, Harmondsworth.

443. Mindi McKenna; Daniel Sands (Editor); (2003): *"High Tech Medicine: Building Your Medical Practice with Computers and the Internet"* Fordham University Press.

444. Mintzberg, Henry (1979): *The Nature of Managerial Work*, Harper and Row, New York.

445. Mintzberg, Henry (1979): *The Structuring of Organisations: A Synthesis of the Research*, Prentice Hall, Engelwood Cliffs.

446. Mintzberg, Henry (1983): *Power In and Around Organisations*, Prentice Hall, Englewood Cliffs.

447. Mintzburg, H., Quinn, J.B. and Ghoshal, S. (1996): *The Strategy Process* Prentice Hall, New York.

448. Mirvis, Phillip H. (1993): "Is Human Resources Out of It?" *Across The Board*, September.

449. Mohanty, R.P. (ed.) (2007): *Human Resource Management: Linkages with Organisational Processes*, Excel Books New Delhi.

450. Mohanty, R.P. (ed.) (2008): *Human Resource Management: Multiple Perspectives*, Excel Books, New Delhi.

451. Mohanty, R.P. (2010): Shifting Paradigms of Corporate Social Responsibility in IMED *Journal of Management and Social Sciences Research*, April.

452. Monappa Arun, (1985): *Industrial Relations*, Tata McGraw-Hill, New Delhi.

453. Mooney, J.D., and Reiley, A.C. (1931): *Onward Industry*. Harper and Row, New York.

454. Moorhead, G. and Griffin, R.W. (200): *Organisational Behaviour: Managing People and Organisations*, 3rd Ed. Jaico Pub Co., Mumbai.

455. Moore, Barrington Jr. (1965): *Political Power and Social Theory*, Harper and Row, New York.

456. Morrison, J.H., (1971): *Human Side of Management*, Addison-Wesley, Reading.

457. Morton, B. and Joynt, P. (2006) (eds): *The Global HR Manager*, Jaico Pub. Co., Delhi.

458. Mouzelis, Nicos, (1975): *Organization and Bureaucracy*, Routledge and Kegan Paul, London.

459. Mouzelis, Nicos .(1992): *The Construction of Social Order*, Macmillan, London.

460. Mouzelis, Nicos (1995): *Sociological Theory: What Went Wrong? Diagnosis and Remedies*, Routledge, London.

461. Muchinsky, Paul M. (1977): Organisational Communication: Relationships to Organisational Climates and Job Satisfaction, *Academy of Management Journal*, Vol. 20, No. 4.

462. Mullins, Laurie J. (2004): *Management and Organisational Behaviour* (7th ed.), Financial Times – FT Press – Prentice-Hall – Pearson Education Ltd, Singapore.

463. Myers, C. and Goyal, R.C. (1957): *Management of Personnel*, Manaktalas, Bombay.

464. Myers, C. and Kannappan S. (1970): *Industrial Relations in India*, Asia, Pub. House, Bombay.

465. Myrdal, Gunnar (1968): *Asian Drama, An Inquiry into the Poverty of Nations*, Pelican, London.

466. Myrdal, Gunnar (1971): *The Challenge of World Poverty*, Penguin, Harmondsworth.

467. Myrdal, Gunnar (1971): *Economic Theory and Underdeveloped Regions*, Methuen, London.

468. Naik G. Pandu (2007): Training and Development (Text Research and Cases) Excel Books, New Delhi.

469. Nemeth, Charlan Jeanne. (1997): "Managing Innovation: When less is more," *California Management Review*. 40(1): Fall.

470. Newstorm, J.N. and Davis Keith, (1998): *Organisational Behaviour: Human Behaviour at Work*, Tata McGraw-Hill, New Delhi.

471. Noble, David F. (1984), *Forces of Production: A Social History of Industrial Automation*, Knopf, New York.

472. Nodoushani Omid and Nodoushani Patricia (2009): A Post Modern Theory of Industrial Demicracy, *Journal of Comparative International Management*, http/www/lib/unb/ca/Texts/JCIM/bin/get.cgi?directory+Vol3_1?&filename+noud htm 11/3/2009

473. Noe, R.A. (2008): *Employee Training and Development*, Tata McGraw-Hill New Delhi.

474. Nohria Nitin and Khurana Rakesh (2010): (eds.) *A Handbook of Leadership — Theory and Practice*, a Harvard Business School Centinniel Colloquiem, Harvard Business Press, Boston.

475. Nonaka, I. (1988): "Creating Organizational Order Out of Chaos: Self-renewal in Japanese Firms", *California Management Review*, Vol. 30 No. 3, Spring.

476. Nonaka, I. and Takeuchi, H. (1995): *The Knowledge Creating Company*, Oxford University Press, New York.

477. Ohmae, Kenichi (1990): *The Borderless World,* Harper Collins Business London.

478. O'Keefe, Brian (2002): "Servers, Software, Health Insurance — Yippee!" *Fortune* 145 May 27.

479. Olson, Mancur (1965): *The Logic of Collective Action,* Harvard University Press, Boston.

480. Olson, Mancur (1982): *The Rise and Decline of Nations: Economic growth, stagflation, and social rigidities,* Yale University Press, New Haven, CT.

481. Omahae, K. (1983): *Mind of the Strategist*, Penguin, Harmondsorth.

482. Ouchi, William G. (1981): *Theory Z: How American Business can meet the Japanese Challenge*, Avon Books New York.

483. Pande Bahu (1999): "Wooing Mr. Moneybags," *Business Standard (Strategist)*, Mumbai.

484. Pankow, W., (1976): "Openness as Self-transcendence", in Jantsch, E. and Waddington, C.H. (eds.), *Evolution and Consciousness: Human Systems in Transition*, Addison-Wesley, Reading, MA.

485. Patnaik Prabhat (1997): *Accumulation and Stability under Capitalism*, Clarendon Press. Oxford,

486. Pareek, Udai (1988): *Organisational Behaviour Processes,* Rawat Publications Jaipur.

487. Pareek, Udai (1992): *Conflict and Collaboration in Organizations*, Oxford and IBH, New Delhi.

488. Pareek Udai and Lynton, R.P., (1970): *Training and Development*, Taraporewala, Bombay.

489. Pareek, Udai, *et al* (1982): *Beyond Management*, Oxford and IBH, New Delhi.

490. Pareek Udai, (1988): *Organisational Behaviour Processes*, Rawat, Jaipur.

491. Pareek Udai (2002): *Training Instruments in HRD and OD*, 2nd Ed. Tata McGraw-Hill, New Delhi.

492. Pareek, U. Rao, T.V., Sethumadhavan, P, Abraham, E., and Murthy, P.V.R (1996): *Training Plan for the Rubber Board,* Academy of HRD, Hyderabad.

493. Parsons Talcott and Smelser Neil (1956): *Economy and Society: A Study in the Integration of Economic and Social Theory*, Routledge and Kegan Paul, London.

494. Parukh Soli, K. (1999): *Managing People in Business,* Masters Printers, Mumbai.

495. Pascale, R.T. (1990): *Managing on the Edge*. Simon and Schuster, New York.

496. Paulet, R., & Moult, G. (1987): Putting value into evaluation. *Training and Development*, 41(7),

497. Paz, Octavio (1961): *The Labyrinth of Solitude,* Grove Press. New York.

498. Paz, Octavio (1991): *Alternating Current,* translated by Helen Lane, Arcade Publishing London.

499. Pedler, M. (1991): *Action Learning in Practice*, 2nd ed., Gower. Aldershot.

500. Pelczynski, Z.A. (1988): Solidarity and "the rebirth of civil society". In J. Keane (Ed.). *Civil Society and the State*, Verso, London.

501. Peppers, D. and Rogers, M. (1992): *The One to One Future*, Currency Doubleday, New York.

502. Perls, F.S. (1969): *Ego, Hunger and Aggression*, Basic Books, New York.

503. Pestonjee, D.M. (1987): Executive Stress: Should it always be avoided? *Vikalpa*, 12 (1).

504. Pestonjee, D.M. (1988): *Second Handbook of Psychological and Social Instruments*, Concept, New Delhi.

505. Pestonjee, D.M. (1992): *Stress and Coping: The Indian Experience,* Sage. New Delhi.

506. Pestonjee, D.M. and Muncherjee Nina (1994): Stress Audit: An HRD/OD Intervention, *Indian Journal of Social Work*, 2.

507. Peters Tom (1987): *Thriving on Chaos,* Knopf, New York.

508. Peters Tom (1992): *Liberation Management: Necessary Disorganisation for the Nanosecond Nineties,* Alfred A. Knopf, New York.

509. Peters, T.J. and Waterman, R.H. Jr. (1982) (1987): *In Search of Excellence*, Harper and Row, New York.

510. Pethe, Sanjyot, Chaudhari, Sushama, Dhar, Upinder, (2000): "Occupational Self-Efficacy: Constituent Factors", *Management and Labour Studies*, No. 1, April.

511. Pfeiffer, J. (1994): *Competitive Advantage through People,* Harvard Business School Press, Boston.

512. Pfeffer, Jeffery (1998): *Human Equation*: Harvard Business School Press, Boston.

513. Phillips, J. (1991). *Handbook of Training Evaluation and Measurement Methods* (2nd ed.) Gulf Publishing Company, Houston.

514. Pigors, Paul, and Myers, C.A., (1973): *Personnel Administration*, Koga/Cusha, Tokyo.

515. Pinchot, I.G. (1985): *Intrapreneuring,* Harper and Row, New York.

516. Popper, K.R. (1961): *The Open Society and Its Enemies,* Routledge and Kegan Paul, London.

517. Popper, K.R. (1961): *The Poverty of Historicism,* Routledge and Kegan Paul, London.

518. Porter, Michael E. (1990): *The Competitive Advantage of Nations,* Free Press, New York.

519. Porter, R.W. and Lawler, E.E. (1968): *Managerial Attitude and Performance* Irwin Dorsey Homewood, NJ.

520. Prahalad, C.K. (2005): *Fortune at the Bottom of the Pyramid: Eradicating Poverty through Profits*, The Wharton Press Argument back Series edited by C.K. Prahalad Pearson Publications, Singapore.

521. Proctor P. Reid; W. Dale Compton; Jerome, H. Grossman; and Gary Fanjiang (eds.) *(2005) Building a Better Delivery System: A New Engineering/Health Care Partnership"* National Academies Press, New York.

522. Punekar, S.D. (1950): *Trade Unionism in India*, New Book Company, Bombay.

523. Punekar, S.D., Deodhar, S.B. and Sankaran, S. (1978) (2005): Reprint: *Labour Welfare, Tradev Unionism and Industrial Relations,* Himalaya Publishing House, Mumbai.

524. Putra, A. (2002): Elements of Training Programs for Front Line Associates. Paper presented at Council of Tourism and Hospitality Research Conference, 6-9 February in Fremantle, Australia.

525. Quinn, Jane B. (2002): "No, You're Not to Blame." *Newsweek,* July 8.

526. Rao, T.V., Silvera, D.M., Srivastava, C.M. and Vidyasagar, R. (1994): *HRD in the New Economic Environment,* Tata McGraw-Hill, New Delhi.

527. Rao, T.V. (2008): HR Factored, Evolution of HRD in India, *The Human Factor,* November.

528. Rackham, N. (1973): Recent Thoughts On Evaluation. *Industrial & Commercial Training*, 5, 10.

529. Ramaswamy, E.A. (1984): *Power and Justice: The State in Industrial Relations,* Oxford University Press, Bombay.

530. Rao, T.V. (1990): *The HRD Missionary*, Oxford and IBH, New Delhi.

531. Rao, T.V. (1999): *HRD Audit*, Response Books, New Delhi and London.

532. Rawls, John (1971): *The Theory of Justice*, Harvard University Press Cambridge Mass.

533. Ray, S.K. and Dolke, A.M. (1971): Evaluation of a Supervisory Training Programme-Training & Development Journal, December.

534. Reddin, W.J. (1971): *Effective Management by Objectives: The 3-D Method of MBO,* New Delhi, Tata McGraw-Hill.

535. Roy, Arundhati (2010): Exclusive Essay: India in Crisis, *New Statesman* Septemeber 11.

536. Reddy, Sumati (ed.) (2005): *Performance Appraisals; A Critical View*, ICFAI University Press, Hyderabad.

537. Reich, Robert (1991): *Work of Nations: Preparing Ourselves for 21st Century Capitalism,* Alfred A. Knopf Publications, New York.

538. Revans, R.W. (1981): "Management, Productivity and Risk: The Way Ahead", *Omega,* Vol. 9.

539. Rex, John (1961): *Key Problems in Sociological Theory*, London, Routledge and Kegan Paul.

540. Reynolds, L.G., Master, S.H. and Mosser, C.H. (1986): *Readings in Labour Economics and Labour Relations,* Prentice Hall London.

541. Robbins Stephen, P. and Hunsaker Phillip, L. (2007): *Training in Interpersonal Skills*, Dorling Kindersley (India), Delhi.

542. Roger, C. (1969): *Freedom to Learn*: Charles E. Merrill, Columbus, Ohio.

543. Roger, C. (1970): *Encounter Groups*, Penguin Harmondsworth.

544. Rogers Evan, D., Miles Willford, D. Jr and Biggs, William, D. (1991): The Factor Replicability of the Litwin and Stringer Organisational Climate Questionnaire: An Inter and Intra Organisational Assessment, *Journal of Management,* September.

545. Rosen, Ellen (1993), *Improving Public Sector Productivity: Concepts and Practice*: Sage Publications, Thousand Oaks, CA, USA.

546. Ross, A.M. (1948): *Trade Union Wage Policy* University of California Press, Berkeley.

547. Rousseau, D. (1990): Assessing Organizational Culture: The case for multiple methods. B. Schneider (Eds.). *Organizational Climate and Culture*. San Francisco: Jossey-Bass.

548. Roy Bijoya, (2010): Outsourcing of Services Provisioning and Changing Employment Relationship in Public Sector Hospitals of West Bengal, *Indian Journal of Labour Economics,* Vol. 53, No. 2, April-June.

549. Rudrabasavraj, M.N. (1979): *Dynamics in Personnel Administration,* Himalaya Publishing House, Bombay.

550. Roethlisbuger Fritz J. and Dickson William J.: (1939): *Management and the Worker,* Harvard University Press, Mass, Cambridge.

551. Rother, Mike (2009), *Toyota Kata,* McGraw-Hill, Tokyo.

552. Rousseau, Denis and Greller, Martin (1994): HR Practices: Administrative Contract Makers in *Human Resource Management*, Fall.

553. Russell, Bertrand (1931): *The Scientific Outlook*, George Allen and Unwin, London.

554. Saks, A.M. (1996): The Relationship between the Amount and Helpfulness of Entry Training and Work Outcomes *.Human Relations 49(4).*

555. Sadri, S. (1978): A Critique of the Theory of Industrial Relations, *Indian Journal of Labour Economics,* Vol. XXI, No. 3, October.

556. Sadri, S. and Whitehouse John (1988): "The Social Action Approach to the Study of Organisation Theory (An Exposition)", *Eastern Sociologist,* Vol. 3, Annual Issue.

557. Sadri, S. (1988): Stock Market Turbulence and the Crisis of Economic Theory, *Ilmu Masyarakat,* Kuala Lumpur, Jan-Jun.

558. Sadri, S. (1989): An Approach to the Study of Industrial Organisation, *International Social Science Review,* Ohio, Oct-Dec.

559. Sadri, S. and Williamson, C.J. (1989): Towards a Specific Theory of Industrial Relations, *Occasional Paper*, University of East Asia, Hong Kong.

560. Sadri, S. (1989): Micro Nationalism, Macro Racism or Neo-Schumpeterian Analysis? *Bullentin de Sinologie,* No. 46.

561. Sadri, S. and Lukose, F. (1991): Cross Cultural Industrial Relations, *International Journal of Value Based Management,* January.

562. Sadri, S. and Dastoor, D.S. (1992): Personnel Management in India, *Udyog Pragati,* July-Dec.

563. Sadri, S. and Hegde, D.S. (1993): Corporate Managers and a Liberalised Indian Economy *Economic Times*, July 22.

564. Sadri, S. and Ray, P.: (1993): "Industrial Relations For the India of Tomorrow", *Indian Journal of Industrial Relations*, "October.

565. Sadri, S., Ray, P. and Hegde, D.S. (1994): Are Trade Unions Withering Away? *Indian Journal of Labour Economics*, Summer.

566. Sadri, Akhtar, S. and Singh, A.P. (1994): Exit Policy: An Analysis, *Mainstream*, Vol XXXII, No. 50.

567. Sadri, S. and Jayashree, S. (1995): Imperialism and Underdevelopment Revisited, *Management and Labour Studies,* No. 1, January.

568. Sadri, S. (1995) "The Need for Ethical Leadership", *Monthly Commentary on Indian Economic Conditions,* Delhi.

569. Sadri, S. and Jayashree, S. (1996): Trade Unions and Changing Socio Political Environment *in Man and Development,* June.

570. Sadri, S. (1997): Business Strategy and Manpower Planning: An exposition *Management and Labour Studies,* Vol. 22, No. 3.

571. Sadri, S., Sinha, A.K. and Bonnerjee, P. (1998*): Business Ethics: Concepts and Cases*, Tata McGraw-Hill, New Delhi.

572. Sadri, S., Dastoor, D.S. and Jayashree, S. (1999): *The Theory and Practice of Managerial Ethics,* First Edition, Jaico Publications, New Delhi.

573. Sadri, S. (2001): The Strategic Link, *Paradigm*, Vol. 5, No. 1.

574. Sadri, S., Jayashree, S. and Ajgaonkar, M. (2002): *Geometry of HR*, Himalaya Publishing House, Mumbai.

575. Sadri, S. (2003): Corporate Governance under conditions of Deepening Economic Integration (a considered opinion), *Prayaas*, March.

576. Sadri, S. (2003): Identifying the Character of an Organisation in a Transition Economy, *International Journal of Human Resources Development and Management* Vol. 3.

577. Sadri, S. (2004): Globalisation Policies and the Crises in South Eastern Asian Economies, *SCMS Journal of Indian Management*, Vol. 1, No. 2.

578. Sadri, S. and Jayashree, S. (2005): Business Ethics, Corporate Governance and Organisational Excellence, *Prestige Journal of Management and Research*, Vol. 9, No. 1, April.

579. Sadri, S. (2008): Liberty and Repression of Thought [Towards a National Ethos] *3D — IBA Journal of Management and Leadership*, Autumn.

580. Sadri, S. (2009): Towards a National Ethic: A Strategic Perspective on Caste and Gender, *Journal of the IMS Group*, Vol. 6, No. 2, July-December.

581. Sadri, S. and Jayashree, S. (2011): *Business Ethics and Corporate Governance — Towards Organisational Excellence*, Current Publications, New Delhi.

582. Sadri S, Jayashree S., S.N. Tara and Guha, B.S. (2013): *Manifestations of Excellence in Management,* (forthcoming).

583. Sahu, R.K. (2005): *Training for Development — All You Need to Know*, Excel Books, New Delhi.

584. Saiyadain, Mirza, S. (2000): *Human Resources Management*, Tata McGraw-Hill, New Delhi.

585. Sanchez, R. (1995): Strategic Flexibility in Product Competition, *Strategic Management Journal,* 16 (special issue).

586. Saupriya, Dalpat Rao T.V. and Sethumadhavan, P. (1996): *Measuring Organizational Climate,* Academy of HRD, Hyderabad.

587. Sayles, L., (1964): *Managerial Behaviour,* Harper and Row, New York.

588. Schein, E. (1985): *Organizational Culture and Leadership*. Jossey-Bass San Francisco.

589. Schein, E. (1990): Organizational Culture. *American Psychologist* 45.

590. Schuler, Randall S. (1992): *World Class HR Departments: Six Critical Issues* — A Report prepared for IBM, New York.

591. Schneider, B. (1983): Work climates: An interactionist perspective, in Feimer N. and Geller E. (Eds.), *Environmental Psychology: Directions and Percepectives*. Praeger, New York.

592. Schuler Randall, (1995): *Managing Human Resources,* West Publishing, St. Paul.

593. Schumpeter, J.A. (1942): *Capitalism, Socialism and Democracy,* Allen and Unwin, London.

594. Senge, Peter (1990): *The Fifth Discipline,* Doubleday, New York.

595. Senge Peter, Scharmer, C. Otto, Jaworski, Joseph and Flowers, Betty Sue (2005): *Presence,* Nicholas Brealey Publishing, London.

596. Sengupta Nandini (1999): "When disclosure is a capital idea", *Economic Times*" Mumbai.

597. Seth, N.R. (1967): Social Implications of Wade Incentive Scghemes, *Indian Journal of Industrial Relations,* Vol. 2, No. 4. April.

598. Seth, N.R., (1979), "Industrial Men in India", *Economic and Political Weekly,* XIV (47), Nov. 24.

599. Sharma, Baldev R. (1987): *"Not By Bread Alone" Organisational Climate,* Sri Ram *Centre for Industrial Relations and Human Resources,* New Delhi.

600. Sharma, J. (1988): *Excellence through Quality Circles,* RBSA Publishers, Jaipur.

601. Sharma, Subhash (1996): *Management in New Age:* Western Windows Eastern Doors, New Age Publications, New Delhi.

602. Sharma Subhash (1996): *Management in New Age: Western Windows Eastern Doors,* New Delhi, New Age Publishers.

603. Sharma Subhash: (2003): Western Enlightenment and Eastern Awakening: towards a holistic character, *International Journal of Human Resources Development and Management* Vol. 3.

604. Sheth, N.R. (1968): Trade Unions in India — A Sociological Approach, *Sociological Bulletin*, Vol. XVII, March.

605. Shimmin Silvia and Singh, R. (1973): Industrial Relations and organisational Behaviour: A Critical Appraisal, *Industrial Relations Journal,* autumn.

606. Sikka, S.K. (1985): Management Training Evaluation. *Indian Journal of Industrial Relations,* 1985 20(4).

607. Silverman David (1970): *The Theory of Organisations — A Sociological Perspective,* Heinemann, London.

608. Simon, H.A. (1945): *Administrative Behavior*: Free Press New York.

609. Singh Kavita (2009): *Organisation Change and Development,* Excel Books, New Delhi.

610. Singh Rajendra (1999): Boardroom in the 21st century: Issues and Challenges, *Vision — The Journal of Business Perspective,* Summer.

611. Singh, V.B. (1970) (ed): *Industrial Labour in India,* Indian Society of Labour Economics Publication, Lucknow University.

612. Sinha, D. (1984): Attitudinal changes in training programme. *Indian Journal of Training and Development.,* 14(2).

613. Sinha, J.B.P. (1998): "Work Culture in the Indian Context", *ICSSR Report,* New Delhi.

614. Sinha, Mona (2010): Trade Unions and Changing Socio-Political Environment in India, *IMED Journal of Management and Social Research,* Vol. 3, No. 2.

615. Sinha, Mona and Kalse, Anjali (2010): A Model of IR Audit in Western Maharashtra, *Personnel Today,* winter.

616. Sinha Mona and Klse, Anjali (2011): Evaluation of Training and Development: A Review *Personnel Today,* Jan-June.

617. Sinha, Mona (2011): HR – ERP, BPO and KPO (forthcoming).

618. Skinner, B.F. (1953): *Science and Human Behaviour,* Macmillan New York.

619. Skinner, B.F. (1971): *Beyond Freedom and Dignity,* Knopf New York.

620. Sloma, Richard S. (1980): *How to Measure Managerial Performance,* Macmillan, New York.

621. Smith, A. (1998): *Training and Development in Australia.* 2nd ed. 261. Butterworths, Sydney.

622. Smelser, Neil (1976): *Society of Economic Life,* Prentice Hall, London.

623. Smith, Adam (1966): *The Theory of Moral Sentiments,* Kell. New York.

624. Smith, Adam (1971): *An Inquiry into the Nature and Causes of the Wealth of Nations,* Everyman, London.

625. Smith, M.K. (2001): Kurt Lewin: Groups, Experiential Learning and Action Research. *The encyclopedia of informal education.*

626. Snell, S. and Bohlander, G. (2007): *Human Resource Management,* Thomson Learning, New Delhi.

627. Somogyi, Stephan (1998): "Harnessing Creativity." *Upside.* 10(8): August.

628. Sorel, George (1969): *The Illusions of Progress,* Translated by John and Charlotte Stanley, University of California Press, Berkeley.

629. Sorensen, Charles E. with Williamson, Samuel T. (1956): *My Forty Years with Ford,* Norton. New York.

630. Sorokin, Pitirim (1928): *Contemporary Sociological Theories*, New York, Harper and Brothers.
631. Staw, B.M. (1980): Rationality and Justification in Organisation Life, in Staw and Cummings (eds.) *Research in Organisational Behaviour*, Vol. 2, Jai Press Greenwich.
632. Stern, J.M., Stewart, G.B. III, and Chew, D.H., (eds.), (1989): *Corporate Restructuring and Executive Compensation*, Ballinger, Publishing Co., Cambridge, Massachusetts.
633. Stoddard, D.B. and Jarvenpaa, S.L. (1995): "Business Process Redesign: Tactics for Managing Radical Change," *Journal of Management Information Systems*, 12(1).
634. Stoner, JAF, Freeman, R.E. and Gilbert, D.R. Jr., (2000): *Management 6th Ed.* Prentice Hall, New Delhi.
635. Strauss, George, and Sayles L.R., (1977): *The Human Problems of Management*, Prentice Hall, New Delhi.
636. Strumthall Adolf and Scoville, J.G. (1973): *The International Labour Movement in Transition*, University of Illinois Press, Urbana.
637. Stufflebeam Daniel L. The CIPP Model for Evaluation *an update, a review of the model's development, a checklist to guide implementation* Presented at the 2003 Annual Conference of the Oregon Program Evaluators Network.
638. Sullivan, Arthur; Steven M. Sheffrin (2003): *Economics: Principles in Action*: Pearson Prentice Hall. Upper Saddle River, New Jersey.
639. Swanson Richard, A. and C.M. Sleezer (1987): Training Effectiveness Evaluation. *Journal of European Industrial Training*. 11.4.
640. Richard, A. and C.M. Sleezer (1987): Training Effectiveness Evaluation. *Journal of European Industrial Training*. 11.4.
641. Tannenbaum, Toby J.(1998): "Shifting Paradigms: From Newton to Chaos." *Organizational Dynamics*. 26(4), Spring.
642. Tannenbaum, R. and Schmidt, W.H. (1958): How to Choose a Leadership Pattern. *Harvard Business Review* 36/2.
643. Tara, Sharukh N. (2003): Transparency the Soul of Good Governance in Amita Shiroor and Shubhada Sabade (eds.) *SIBM Essays in Management* Vol. I, Symbiosis, Pune.
644. Tara, Sharukh N. (2005): A Critical Study of Corporate Governance Parctices Among Selected Corporate Houses in Mumbai, *an unpublished Ph.D thesis*, Bharati Vidyapeeth deemed University, Pune.
645. Tas, J. and Sunder, S. (2004), Financial Services Business Process Outsourcing, *Communications of the ACM*, Vol. 47, No. 5, Cover Story.
646. Tawney, R.H. (1952): *Equality*, Allen Unwin, London.
647. Tawney, R.H. (1954): *Religion and the Rise of Capitalism*, Mentor, New American Library, New York.
648. Taylor, F.W. (1947): *The Principles of Scientific Management*, Harper, New York.
649. Taylor, Frederick Winslow (1903): *Shop Management*: American Society of Mechanical Engineers, New York, NY, USA.

650. Taylor, J. (1979), *From Modernization to Modes of Production: A Critique of the Sociologies of Development and Underdevelopment*, Macmillan, London.

651. Taylor, Robert (1980): *Towards a Science of Mankind* McGraw-Hill Book Co. New York.

652. Taylor, Robert (1980): *The Fifth Estate*, Penguin, Harmondsworth.

653. Terrence, D. and Kennedy, A. (1988): *Corporate Cultures*, Penguin, London.

654. The Economist (1999): "The Number Game", *Economic Times*, (reprint) Mumbai.

655. Thomson E.P. (1966): *The Making of the English Working Class*, Vintage Books, London.

656. Thompson, E.P. (1978): *The Poverty of Theory and Other Essays*: Merlin Press, London.

657. Thorley, S. (1969): Evaluation of An In Company Management Training Programme. *Training and Development Journal*, September.

658. Thurley, K.E. and Wood, S. (1983) (eds): *Industrial Relations and Management Strategy*, Cambridge University Press, London.

659. Tocqueville, Alexis de (1840) (1956): *Democracy in America*, Knopf. New York.

660. Toffler Alvin (1991): *Future Shock*, Bantam Books, Massachusetts.

661. Toffler, B.L. (1986): *Tough Choices*, John Wiley and Sons. Singapore.

662. Toffler Alvin and Toffler Heidi (1995): *Creating a New Civilisation: The Politics of the Third Wave*, Turner Publishing Inc. Atlanta Georgia.

663. Tonnies, Ferdinand (1887): *Geimenschaft and Gessellshaft* (Community and Association) in Bottomore, T. and Nisbet, R. (eds.) (1978): *A History of Sociological Analysis*, Heinemann, London.

664. Torrington, D. and Hall, L. (1987): *Personnel Management: A New Approach*, Prentice Hall, London.

665. Towers, B., (2000), *Human Resources Management: A Manual*, Infinity Books, New Delhi.

666. Toyo, E. and Sadri, S. (1982): A Comparative Study of Marxist and Non-Marxist Approaches to Economic Development, *Social Science Quest*, Winter.

667. Tradell Megan (2007): *Gransci: The Turin Years*, posted on 09.04.07 http/www/isj.org.uk/index.php4?id=306&issue=114

668. Trichy, N. and De Vanna, M. (1986): *The Transformational Leader*, John Wiley, New York.

669. Trompenaars, P. (1993): *Riding the Waves of Culture*, Nicholson Brealey Publishing Ltd. London.

670. Tulpule, Bagaram: (1976): "Management and Workers in Public Sector", *Economic and Political Weekly*, Vol. XI, 22, May 29.

671. Tung, R.I. (1981): Selection and Training of Personnel for Overseas Assignments, *Columbia Journal of World Business*, Vol. 16, No. 1.

672. Turner, Jonathan H. (1998): "George C. Homans' Behavioristic Approach" in *The Structure of Sociological Theory*. 6th ed. Wadsworth Belmont, CA.

673. Turner, Terisan and Ferguson B. (1994): *Arise ye Mighty People!: Gender, Class and Racism in Popular Struggles*. Trenton, N.J.: Africa World Press.

674. Tyson, S. (1997): *The Practise of Human Resource Strategy*: Pitman, London.

675. Tyson, S. and Doherty, N. (1999): *Human Resource Excellence Report,* Financial Times., London:

676. Ulrich, D., (1997): *Human Resource Champions,* Harvard Business School Press, Boston.

677. Urdan, T.A. and Weggen, C.C. (2000, March): Corporate e-learning: Exploring a New Frontier, San Francisco, CA: WR Hambrecht. Retrieved June 1, 2001, from http://www.wrhambrecht.com/research/coverage/elearning/ir/ir_explore.pdf

678. Varkkey, B., Dutta, R., and Rao, G.P., (eds.) (2000): *Value Creation: The Challenge of HR in the New Millennium*, Tata McGraw-Hill, New Delhi.

679. Verma Jayant Rama (1997): Corporate Governance in India: Disciplining the dominant shareholder *Management Review.*

680. Wagner, R.J., and Roland, C.C. (1992): How effective is outdoor training? Training and Development Vol. 46, No.7.

681. Walker, Alfred J. (2001): "How the Web and Other Key Trends Are Changing Human Resources." In Alfred J. Walker, (ed.) *Web-Based Human Resources.*: McGraw-Hill, New York.

682. Waltke, Leslie (2002): "How One Company Has Embraced e-HR." *HR Focus* 79 January.

683. Walker, James M. Bieber Eric J. and Frank Richards (2005): *Implementing An Electronic Health Record System"* Springer.

684. Walton, R.E. and McKersie, R.B. (1965): *Behavioural Theory of Labour Negotiations*, McGraw-Hill, New York.

685. Ward, Peter (1999): *360 Degree Feedback: A Management Tool*, Jaico Books, Mumbai.

686. Warr, P., Bird, M., and Rackham, N. (1970): *Evaluation of Management Training* Gower Aldershot.

687. Warr, P., Allan, C., and Birdi, K. (1999): Predicting three levels of training outcome. *Journal of Occupational and Organizational Psychology*, 72(3).

688. Watson Wyatt. (2002) e-*HR: Getting Results Along the Journey — 2002 Survey Report.* Retrieved June 1, <http://www.watsonwyatt.com/research/resrender.asp?id=W-524&page=3#>.

689. Weisbord, Albert (1934): "We break with Trotsky" in *Class Struggle*, Vol. IV, #11 November.

690. Werner, J.M. and DeSimone, R.L. (2006): *Human Resource Development: Foundation, Framework, Application,* Cenage Learning India, New Delhi.

691. Wheelen Thomas L. and Hunger J. David (2000): *Strategic Management and Business Policy,* Pearson Education, Singapore.

692. Webb, Sydney J. and Webb, Beatrice (1889): *Industrial Democracy*, The Seaham Divisional Labour Party, London.

693. Webb, Sidney; Webb, Beatrice (1920): *History of Trade Unionism*. Longmans and Co. London.

694. Weber, Max (1930): *The Protestant Ethic and the Spirit of Capitalism*, Translated by Talcott Parsons, George, Allen and Unwin, London.

695. Weber, Max (1932): *The Theory of Social and Economic Organisations*, Oxford University Press, Fair Lawn, N.J.

696. Weber, Max (1933): *The Methodology of Social Sciences*, The Free Press of Glencoe, New York.

697. Weber, Max (1947): *The Theory of Social and Economic Organisation,* Free Press New York.

698. Wenger, Etienne. (1998): *Communities of Practice*: Cambridge University Press, Cambridge.

699. Werner, J.M. and Desimone, R.L. (2006): Human Resource Development (Foundation, Framework Application) Cenage Learning, New Delhi.

700. Warren, Bill (1982): *Imperialism: Pioneer of Capitalism*, Verso, London.

701. Werther, William, B. and Davis, Keith (1996): *Human Resource Management and Personnel Management,* 5th edition, McGraw-Hill, Delhi.

702. Westergaard, J. (1972): Sociology, the Myth of Classlessness in Blackburn, Robin (ed.) *Ideology and Social Science*, Fontana, London.

703. White, B.J. and Montogomery, B.R. (1980): Corporate Codes of Conduct, *California Management Review*, Vol. 23, No. 2, Winter.

704. Williams, G (1976): The Validity of Methods of Evaluating Learning, *Journal of European Industrial Training*.

705. Wipada Kunaviktikul: *Training of Human Resource for Health.* www.globalhealthtrust.org/doc/abstract/WG2/kunaviktikul

706. Woodroofe, Sir John (1972): *Shakti and Shakta.* Ganesh and Company. Madras.

707. Woodroofe, Sir John (1973): *The Garland of Letters*, Ganesh and Company. Madras.

708. Whyte, W.H. Jr, (1956): *The Organisational Man*, Simon Schuster. New York.

709. Yukl Garry and Wexley K.N. (1983) (eds.): *Readings in Industrial and Organisational Psychology,* Oxford University Press, London.

710. Zuboff, S. (1988): *In the Age of the Smart Machine: The Future of Work and Power*, Basic Books, New York.

Journals referred include several issues between 1995 and 2010 of *Harvard Business Review, Management and Labour Studies, California Management Review, Sloan Management Review, International Journal of Value Based Management, Vikalpa, Vilakshan, South Asian Journal of Management, Asian Economic Review, Indian Journal of Training and Development, Indian Journal of Labour Economics, Indian Journal of Industrial Relations, International Social Science Review, IMED Research Journal of Management and Social Sciences, Journal of the IMG Group, SCMS Journal of Indian Management, Personnel Today, Decision, Prestige Journal of Management and Research, IMED Journal of Management and Social Research and Vision,* (in that order).

Magazines referred include several issues between 2002 and 2010 of *Economic and Political Weekly, Human Capital, Frontline, Business World, Business India Far Eastern Economic Review, the Economist* and *Newsweek* (in that order).

❋ ❋ ❋

QUESTION BANK

Q. 1. What is human resources management and why should it be seen from a strate viewpoint in this day and age?

Q. 2. Is HRM nothing else but personnel management in a new grab like old wine in a new bottle?

Q. 3. How and why should an HRM expert define his position *vis-à-vis* the organization?

Q. 4. Posit and defend a methodology for the study of HR.

Q. 5. Why is HR intervention so concerned with the mediocrat–bureaucrat and who is the person most likely to be?

Q. 6. Why do we place so much importance on values and ethics in modern day HR intervention?

Q. 7. Critically analyse the relevance and utility of the specific theory of HR in the 21st century. Is IR a valid proxy (substitute) for HR in this theorization?

Q. 8. What do you understand by State Capitalism and how does HR under free market capitalism (post–1991 India) differ from that under state capitalism (Nehruvian ideology)?

Q. 9. With the entry of multinational in the Indian economy, do you think this model can be further modified? If so how?

Q. 10. "A multinational corporation is a macro economic entity operation on a micro economic logic." Elucidate this statement in the context of HR in the 21st Century India.

Q. 11. Why should such a chapter be included in a treatment of HRM within postgraduate textbooks? What is the importance of theory in HR and why is it as valid for the student as it is for the management practitioner?

Q. 12. Construct a diagrammatic relationship for various kinds of economics within the unipolar would economy after 1999.

Q. 13. Explain the 5-D approach to HR intervention for effective organizational development practicable? What is the sixth or hidden D and why is it important?

Q. 14. Discuss the role of strategy in the various sub-specialization within HRM.

Q. 15. What is implied by empowering through Intranets and how does it facilitate HRM intervention?

Q: 16. Develop a HRIS for a traditionally managed manufacturing organization of your choice.

Q. 17. Write a note on how each of these will fit into an intervention designed by you, as a HR specialist, for an industrial organization of your choice, (*a*) strategic HR (*b*) the balanced score card, (*c*) assessing strategic potential.

Q. 18. In a software company where most of the project work is restricted porting and migration tasks on the one hand and electronic data processing on the other, what kind of HRIS would you install and why? Also, show what will be the direction of your overall HR strategy will take and why? (All you know about this company is that they need not be seriously considered at this stage. They feel that body — shopping is a better proposition.)

Q. 19. Should there be any linkage between overall corporate strategy and the HR strategy in the case of traditionally managed company? Why? If you were to develop a HR strategy for a high-tech fast growth company, state your main consideration, and show how will you proceed?

Q. 20. Create a meaningful and realistic geometry of HR for a company of your choice.

Q. 21. How do HR concerns and strategies feature in a non-profit-making organization like Shelter vis-à-vis in a profit-making organization like a Management Institute? Explain at length.

Q. 22. State and explain the Cobb–Douglas production function and its later development, the CES production function.

Q. 23. Demonstration how you will use the microeconomic production function to assess the status of a medium-scale stainless steel rolling mill which earns part of its profits through export.

Q. 24. Discuss how you will go about conducting a climate survey in a traditionally managed textile company of your choice.

Q. 25. If you were to conduct a culture survey in an automobile company which has been in operation for over 50 years and which prides itself for being ethically managed, how would you proceed and why?

Q. 26. Discuss the various influences that impinge upon the behaviour of an organization. Is organization's behaviour the same as organizational behaviour in this case?

Q. 27. Describe the relationship between behaviour, the history, the environment, and the ideology in your company.

Q. 28. As an effective HR expert why and when would you consider evaluating the external environment scanning.

Q. 29. Explain to your senior level line managers why strategic planning should be preceded by environmental scanning.

Q. 30. What aspects of the external environment would you as an HRM expert including in the scanning process and why?

Q. 31. Discuss critically Jayashree's research findings in relation to the industrial environment with which you are familiar.

Q. 32. Develop the model for auditing managerial styles and how will such an audit help you as a HR specialist?

Q. 33. What would you follow to convert your manufacturing company into a high growth industrial unit?

Q. 34. As an HR chief why you need to watch out for trouble and what would you do when you spotted it?

Q. 35. Discuss the eight most important signals of impending trouble for your organization that you will consider in your role as the top management's conscience keeper. Can you, from your experience, add any more to this list?

Q. 36. Write a critical essay on the Hay Methodology and show how you will use it in an organization of your choice.

Q. 37. How do you evaluate knowledge workers? How do you monitor faculty feedback in a management institute?

Q. 38. You have just been hired as an external HR facilitator by a tradition bound textile company that needs to globalise its market penetration. How will you diagnose the company's health before you prescribe any kind of HR intervention? What signs will you look out for?

Q. 39. Write a note on each of the following: Group Theory, Systems Theory, and Contingency Theory giving instances when each will apply.

Q: 40. Distinguish between the classical, neo classical, and modern theories of organization.

Q. 41. Critically explain the meaning and relevance of an organization's life cycle from an HR viewpoint.

Q. 42. For a multi-location, multi-product, and multi-process manufacturing company what kind of an organizational structure would you design and why?

Q. 43. What would be the role of the HRM Chief in a highly technologically sophisticated process company using a matrix organizational structure? Elucidate your position.

Q. 44. Distinguish between macro and micro manpower planning. Why is each of concern to the HR strategist?

Q. 45. How would go about planning the manpower requirements for a medium-scale construction from operating in several locations at the same time?

Q. 46. Chalk out a career path for a group of management trainees who have just joined your growing company which is involved in manufacturing highly sophisticated telecommunications and electronic equipment and has 5,000 men on his rolls.

Q. 47. High degree of synergy between HRD, HRA, and HRIS is what makes HRP successful. Discuss the validity of this contention.

Q. 48. How will you plan manpower for a company in the cement industry which has just undergone a hostile take over and which is scaling down its operations? Explain your strategy.

Q. 49. Why and how should the micro manpower planner take into cognisance the national or industry level macro manpower plan?

Q. 50. What do you understand by HRIS for a total HRM intervention in a high-tech company?

Q. 51. What kind of documentation and data is required for developing an HRIS for a total HRM intervention in a high-tech company?

Q. 52. Explain the term personnel audit and show its relevance to the HRM practitioner.

Q. 53. Develop a computer-based HRIS for a financial intermediary that is involved in house building loans and domestic insurance coverage.

Q. 54. Show how you will use collected from performance and potential appraisals to train and develop manpower.

Q. 55. Create a role play exercise for an exit interview in a traditionally managed textile company.

Q. 56. "Data gathered from an exit interview links HRP, HRA, and HRD in a value-based organization since it enable reliable information to lead to beneficial transformation." Elucidate.

Q. 57. What do you mean by the term industrial relations? Is it relevant in the age of the intellect with the preponderance of the knowledge workers?

Q. 58. Critically evaluate the system approach to industrial reactions theory.

Q. 59. Using the history of India's trade union movement, why did the labour aristocrat become some powerful in the 1960–1990 period?

Q. 60. What is the future of trade unionism in knowledge driven economy? Will the withering away of trade unionism auger well for the working man and the economy in the long run?

Q. 61. Critically evaluate the restructuring of both capital and labour after the economic reforms of 1990–91 in India.

Q. 62. What is the exact role of performance appraisals in the overall scheme of HR? Does it change from organization to organization?

Q. 63. Design and develop a performance appraisal system for a chemical factor having a workforce of 5,000 persons and the ratio of employees to managers is 10:1. The process of production involves skilled and highly skilled labour as well as managers with a high level of professional expertise besides managers who are involved in administration mainly.

Q. 64. Define and distinguish between performance appraisal system that can be adapted to most manufacturing organizations? What should its characteristics be?

Q. 65. Is there anything like an ideal performance appraisal and potential appraisal. Which of them is best suited for manufacturing organizations? What should its characteristics be?

Q. 66. How do you remove the bias in a performance and potential appraisal system? Is subjectivity in assessment always bad? Can anyone be always objective?

Q. 67. Is subjectivity and objectivity in any activity that measures input and output a question of the beholder's perception in the ultimate analysis? Elucidate.

Q. 68. Write a note on each of these HRD and OD instruments showing how you will use them in an organization of your choice: (*a*) MBO; (*b*) assessment centres; (*c*) 360-degree feedback; (*d*) psychometric testing, and (*e*) the P-CMM model.

Q. 69. Where and how will you use the concept of flexi-work management to create an atmosphere of trust wherein creativity and innovation can thrive?

Q. 70. You are an expert charged with advising your large client company that has spent ₹ 5 lakhs over the last 3 years on HR interventions on how to evaluate the worth of these interventions. What will you do? (wage bills are never included in HR intervention costs since they are considered usual business costs).

Q. 71. Devise a plan for benchmarking HR interventions in a television program producing company with manpower strength of 7,000.

Q. 72. Your MD has asked you to prepare a speech for him on evaluating organizational change in the 21st Century which he intends to read at the Lions Club dinner next week. How will you go about doing this?

Q. 73. Distinguish between manpower training and development.

Q. 74. What is career planning, career management, and career development?

Q. 75. Under what conditions will you as the HRD expert, encourage your employees to undertake distance learning programs for self-development? Will your company sponsor such programs and if so how and why? [Take note of recent government proclamations on accreditation of such programs].

Q. 76. Develop a logical link between HRP and HRD in a company of your choice. What will be the form and the content of such a link?

Q. 77. Can a company have an HRD function without an equally powerful and developed HRP, HRA, and HRIS functions? What will happen if it does?

Q. 78. Discuss three models of organizational culture and show their relevance to the organizations you are personally aware of.

Q. 79. Which of these propositions is more correct according to you? It makes good business sense to be ethical. Businesses should be ethical anyway irrespective of consequences.

Q. 80. Why have values and beliefs become suddenly so important in the globalized markets today?

Q. 81. Distinguish between values, beliefs, and ideology.

Q. 82. If ethics are person specific culture specific and context specific, can we speak of a Universal Code of Ethics?

Q. 83. What is organizational culture? How can the culture prevailing within the organization?

Q. 84. Briefly, discuss the role of culture in promoting creativity, innovation, and organizational renewal?

Q. 85. How does a strong of organizational culture propel the organizational to attain excellence?

Q. 86. Discuss the role of organization development strategies in building an open and proactive culture.

Q. 87. Describe the effects of globalization on corporate culture and put up a case either for or against global influence on Indian corporate culture.

Q. 88. Make out a case to top management for starting a corporate governance function in your company while making sure that it does not degenerate into petty boo-keeping or spying for the boss.

Q. 89. Do you think that enough is being done by the state and the professional bodies like the Bombay Management Association, the Forum of Free Enterprise, and the Confederation of Indian Industry to promote corporate governance? What more should be done? What is HR intervention supposed to ensure?

Q. 90. In a country like India where "yes men" proliferate and where the mediocrat – bureaucrat rules the roost, will corporate governance be allowed to succeed? What a will you do, as a CEO, who has a keen and principled eye for HR, to make it happen?

Q. 91. Discuss critically the concept of e-governance in the light of the scenario that is unfolding in the wake of the recent stock market turbulence in the periphery of the capitalist world economy.

Q. 92. "Competencies can be thought of as energizer supporting the effective use of team leadership styles." Elaborate.

Q. 93. Identify the competencies critical to re-engineering initiatives within an organization.

Q. 94. " In the coming decades the knowledge industry will increasingly witness the phenomenon of co-operation giving way to competition". Give your views in this regard

Q. 95. "The purpose of competition is not to beat someone down, but to bring out the best in every player." Comment.

Q. 96. Is the HR function itself not in need of re-engineering, reformulation, and reform? How will you go about going this?

Q. 97. Discuss the role played by the HR function in an organization in maintaining a total quality culture.

Q. 98. Briefly describe the process of evolution of the various appraisal models.

Q. 99. Discuss the importance of team building activities such as quality circles in managing quality.

Q. 100. "Focus, methodology, and processes are not the only elements of management system in a quality environment, policies, and practices of management but are also critical to leadership, management, and support." Comment.

Q. 101. "Quality doesn't just happen. Its implementation requires ongoing dedication and support achievement involves both the mind and the heart". Elaborate.

Q. 102. "Management in a quality environment must assume many roles, but none is more important than that of developer of human resource? Why?

Q. 103. Program a benchmarking plan for HR using the balanced score card method for an organization of your choice.

Q. 104. What do you understand by TQM and what makes it a strategic concern for IR?

Q. 105. Critically examine the pros and the cons for a manufacturing company located in a semi-urban setting in the process of becoming a learning organization.

Q. 106. Discuss the ways of dealing with resistance to change initiatives within the organization.

Q. 107. "Being original and creative is to re-express in new and unique ways the fundamentals that hold things together." Elucidate.

Q. 108. "Managers would rather delegate problem that cannot be solved empower subordinates to implement solutions that are apparently difficulty to understand." Comment on the validity of the statement.

Q. 109. "Creativity is not defined by your ability to throw convention and rationale out of the window. That's just reckless foolishness". So how does one identify which rules, conventions and walls one cannot break, while being creative?

Q. 110. What do you mean by business process outsourcing? Which HR functions are usually outsourced and why?

Q. 111. What do you understand by business process re-engineering and why is it necessary for the HR specialist to be well acquainted with its features and modalities?

Q. 112. Explain competency mapping and demonstrate how it is done in companies.

Q. 113. Write a long note on: the theories of motivation according to Maslow, Herzberg, Alderfer, Mc Clelland, and Porter & Lawler from an HR viewpoint.

Q. 114. What is meant by Benchmarking HR and why is it important in the competitive world of today?

Q. 115. What do you understand by industrial relations and why is it referred to as "the jewel in the crown of HRM"?

Q. 116. If a CEO consistently gives administrative orders but fails to put the same on paper, is it reasonable to think that he is unsure of himself or is politicking? If so can he be a good manager from an HR point of view. Elucidate logically.

Q. 117. If an HR expert merely repeats in practice what the CEO says without using his/her own core domain knwledge of the subject, can he/she be called a professional? Explain.

Q. 118. "Trust–transparency–teamwork should be practiced top downwards in an organization if they are to be strategically meaningful rather than merely empty slogans". Do you agree? Why? Give examples.

Q. 119. "IR goes well beyond labour laws and those who depend on a set of rules to be followed by a set of regulators are having a blinkered view of reality" Elucidate.

Q. 120. Discipline and regimentation in any organization is the anthithesis of innovation and creativity. Is such a view tenable from an HR perspective? Explain your position.

Q. 121. For the HR expert, why is understanding OB important for management students? Also explain why OB is known as an interdisciplinary subject?

Q. 122. Name the various training evaluation models? According to you which one would be the best model in today's competitive environment and why?

Q. 123. Define "Leadership". Explain the difference between "Managers" and "Leaders". Give at least two names of individuals who according to you are good leaders and bring out their unique characteristics.

Q. 124. Why is understanding OB important for students of human resource management? Also explain why OB is known as an interdisciplinary subject?

Q. 125. Define the term "Motivation". Why is it necessary for managers to motivate their subordinates? Describe some ways in which a manager could affect intrinsic satisfaction of employees.

Q. 126. What is e-HR? Why and how do you propose to use it in a company of your choice?

Q. 127. Prepare a case for enlarging the scope of workers training programmes as the industrial scenario gets more complex and competitive.

Q. 128. Distinguish between pedagogy and androgy. What is the importance of adult learning programmes?

Q. 129. Critically explain and evaluate the systems approach to industrial relations.

Q. 130. What do you understand by scientific management and why is it seen as a precursor to understanding performance management.

Q. 131. Write a long note on industrial relations audit and discuss the model you are most familiar with.

Q. 132. How would you use the OCTAPACE approach in understanding an organization's culture and climate?

Q. 133. Discuss any three models of HR training bringing out the salient points in each.

Q. 134. Discuss the performance management system in a company of your choice.

Q. 135. Write a note on BPR, BPO, and KPO from an HRM perspective.

Q. 136. "Excellence is like a horizon one moves towards but never reaches." Discuss at length.

Q. 137. "In the long run HR intervention must ensure that organizational excellence cascades (converts) into business sustainability" Elaborate.

Q. 138. Under what conditions should a company go in for BPR and what are the steps involved there in?

Q. 139. What is e-HR and what will be its future form and content?

Q. 140. What is the need for HR interventions to concentrate on issues of work-life balance?

Q. 141. Why is employee engement important especially in the case knowledge workers?

Q. 142. How can we contain attrition of knowledge workers in the IT and ITES sectors?

Q. 143. Trace the progression from employee satisfaction to employee engagement.

Q. 144. Why is it important for employees to be "happy"? How does HR enable this?

Q. 145. How can HR justify breaking traditional patterns of behaviour to justify retention?

Q. 146. What is the future of HR in an environment whre there are no labour unions?

Q. 147. Fill in the blanks: (Do not let space restrict you but be brief)

(*i*) The 360-degree Appraisal is one of the __________ methods of performance appraisal.

(*ii*) Simulation is one of the __________ training method.

(*iii*) BPR is nothing but __________.

(*iv*) According to __________ theory of Kurt Lewin, any behavior is the result of equilibrium between driving and restraining forces.

(*v*) Managerial judgement is one of the __________ techniques.

(*vi*) Cognitive dissonance is nothing but __________.

(*vii*) __________ is the factual statement about person's job responsibility, job titles and department.

(*viii*) __________ is the phase of stabilization, assimilation, and institutionalization of the change which are successfully implemented.

(*ix*) HRD is ___________ in nature.

(*x*) KRS are measured in ___________ systems.

(*xi*) __________ means the development of latent ability in an individual.

(*xii*) The difference between BPO and KPO is ___________

(*xiii*) Organizational excellence must convert into ___________ to be useful.

(*xiv*) Employee engagement is concerned mainly with ___________________________________

(*xv*) Bohemian life styles of knowledge workers must be supported because ___________

(*xvi*) By work life balance we mean ___________

(*xvii*) Employee engement is sure fire way to contain ___________

(*xviii*) The need to belong comes out of the motivation theory of ___________